超有机食品安全标准限量
畜禽及水产品卷（上）

——北京三安科技有限公司企业系列标准

张令玉　主编

中国质检出版社
中国标准出版社

北　京

图书在版编目（CIP）数据

超有机食品安全标准限量. 畜禽及水产品卷：全 2 册/张令玉主编. —北京：中国标准出版社，
2014.11
ISBN 978－7－5066－7756－1

Ⅰ.①超… Ⅱ.①张… Ⅲ.①绿色食品—食品安全—安全标准—中国 ②畜禽—食品加工—
食品安全—安全标准—中国 ③水产品加工—食品安全—安全标准—中国 Ⅳ.①S201.6－65
②TS251 ③TS254.4

中国版本图书馆 CIP 数据核字（2014）第 244609 号

中国质检出版社
中国标准出版社 出版发行

北京市朝阳区和平里西街甲 2 号（100029）
北京市西城区三里河北街 16 号（100045）
网址：www.spc.net.cn
总编室：(010)64275323 发行中心：(010)51780235
读者服务部：(010)68523946
中国标准出版社秦皇岛印刷厂印刷
各地新华书店经销

＊

开本 880×1230 1/16 印张 47.5 字数 1298 千字
2014 年 11 月第一版 2014 年 11 月第一次印刷

＊

定价（上、下册）：360.00 元

编　委　会

主　编：张令玉

副主编：宋宇轩　　李少敏

主要编制人员：

魏　刚　　肖光辉　　瞿国伟　　王　静

张雅妍　　杨　雪　　周　峰　　韩雪梅

序　言

在党中央"确保广大人民群众舌尖上的安全"的战略背景下，张令玉先生及其团队，在多年实践的基础上，又历经多年试验示范编制的北京三安科技有限公司企业系列标准——《超有机食品安全标准限量》和《超有机农业标准操作规程》（简称《标准限量》和《标准操作规程》）即将正式出版，这在北京三安科技有限公司发展的道路上，将成为一个新的里程碑。

当前，食用农产品的安全问题受到了全世界的广泛关注，而关注的焦点则是整个食品链中的源头污染。例如，粮食、蔬菜、水果中的农药残留、重金属和霉菌毒素，以及禽、蛋、水产品、奶中的兽药残留。这些问题将会在相当长的一个历史时期内与人类长期共存。因为不使用这些农业化学投入品，就无法获得足够的产量，无法养活全球七十多亿人口。这就是所谓的"双刃剑"。而土壤受环境污染的影响也是一个世界性的顽症。即便是世界上科技和经济最发达的国家和地区，也还不能有效地解决所有这些问题。

张令玉先生以40年潜心研究所积累的原创性技术，集成了一个由28项生物技术成果组成的，覆盖农、林、牧、副、渔的标准化生产模式，即三安模式。这套系列技术的关键词是：生物技术（不是转基因）、原创性（独立知识产权）、集成和系列化（种植业和养殖业；土壤清洁剂、肥料、生物制剂）、标准化（规范化的生产、操作程序）。这套生产技术，不但能有效清洁已污染的土壤和鱼塘，而且由于根本不使用化肥、农药和兽药，因而不存在残留问题。《超有机食品安全标准限量》中所述的三安超有机食品企业标准要求不但比欧盟、日本等相关标准严格，而且超过了有机食品的要求。大量的权威检测报告有力地表明，三安超有机食品确实是没有农药残留的。更为难能可贵的是，应用三安农业技术生产的各种农副产品与传统技术生产的农副产品比较，不但安全性无可挑剔，而且成本低、产量高、口味好。自2006年起，三安农业技术的试点和应用得到快速发展，全国有100多个市、县应用了三安农业技术，无论是在种植业（粮食、豆类、蔬菜、水果及食用菌）或养殖业（畜、禽、水产品）都取得了难以置信的成功。发展速度之快，充分表现出三安农业技术的强大生命力。为了总结三安农业技术的最新成果，张令玉先生在2008年出版《三安超有机标准化农业系列丛书》之后，又编制了《标准限量》和《标准操作规程》。

三安农业技术的价值，不仅从根本上避免了农产品的化学污染，保障了农产品的安全性，而且由于惠及广大农民，十分有利于国家"三农"政策的实施和加速新农村的建设。其意义深远。

《标准限量》和《标准操作规程》的出版不但显示了企业的实力，而且便于政府相关部门以及社会各界的监督，这无疑将大大促进三安农业技术在我国的继续推广应用。与第一版《质量安全企业标准》相比，这一版标准在各方面都有了更大的提高，对于关心三安农业技术发展的人士，可以从中了解三安农业的发展。相关的技术人员、教育工作者也可以从中获得教益。

科学技术是无止境的，我衷心希望在张令玉先生的领导下，三安农业技术通过实践更上一层楼，取得更多更辉煌的成果，为发展现代农业做出更大贡献。

中国工程院院士

国家食品安全风险评估中心研究员

2014 年 5 月

编 制 说 明

一、编制背景

本套《超有机食品安全标准限量》——北京三安科技有限公司企业系列标准（以下简称《标准限量》），是依托创新的生命信息调控技术（Bio－information Adjustment Technology，简称：Tech－BIA 技术），由张令玉教授历经 40 年的研究，并投资数十亿元资金，在美国、欧盟等十多个国家和地区，以及我国二十多个省市全方位、长达 24 年的大规模实践，根据获得的数十万个数据编制出来的。Tech－BIA 技术激活具有沉睡基因的微生物，再用这些特异性的微生物，制成生物信息肥料、生物信息土壤净化剂、生物信息重金属吸附剂、生物信息植物保护剂、生物信息饲料添加剂等 28 种生物信息制剂。通过这 28 种生物信息制剂，对产地环境实施净化，创造安全的产地环境；通过全生物化的生产手段，实现生产过程安全；通过"零（不得检出）农兽药残留"的标准限量要求，实现对超有机食品的质量安全评价。从而创造系统化的超有机种植、超有机畜禽养殖、超有机水产品养殖、超有机食用菌及超有机中草药栽培等超有机农业模式。超有机农业模式是本套《标准限量》的保障体系。

二、各分卷设置

《超有机食品安全标准限量》共分五卷（10 册），涵盖 12 大类、631 个品种。具体包括：

蔬菜卷（上、中、下）：150 个品种；

水果卷（上、下）：63 个品种；

畜禽及水产品卷（上、下）：畜禽类（肉、蛋、奶）70 个品种，水产品类 3 个品种；

粮油豆茶及食用菌卷（上、下）：粮谷类 9 个品种，油料种子及果实类 14 个品种，豆类 14 个品种，糖料植物类 3 个品种，茶类 7 个品种，香料类 16 个品种，食用菌类 12 个品种；

中草药卷：270 个品种。

三、产品分类

为使本套《标准限量》更具国际化意义，在产品分类上，我们主要依据欧盟标准的分类方法，品种的选择也遵循欧盟标准，因此有些品种及品种的分类没有按照我国常规分类进行。

四、检测项目名称

我们在录入检测项目名称时，遇到了很多中文同名不同音，或中文同名英文名不同，拉丁文名与中文、英文交叉混乱的情况。本着科学、实用的原则，本套《标准限量》检测项目名称主要以欧盟标准项目的英文为准（详见各卷附录一）。

五、检测项目的品类和数量

GB 2763—2014《食品安全国家标准 食品中农药最大残留限量》中的检测项目为 371 项，欧盟食品中农兽药残留限量的检测项目平均为 448 项。然而根据我们的调研结果表明，实际正在使用的农业化学品、农药、兽药多达 900 余项。本着科学、严谨、准确、全面的原则，本套《标准限量》确定的检测项目平均为 734 项，比国家标准增加了 363 项，即增加了 97.8％；比欧盟标准增加了 286 项，即增加了 63.8％。这给我们获取数据，增加了几倍的实验难度和成本投入。

六、检测项目和限量要求标准参照

考虑到欧盟标准在世界上是一套较为严格也较为通用的标准，同时，考虑到本套《标准限量》将首先在中国使用，因此，我们选用《欧盟食品中农兽药残留限量》和 GB 2763—2014 中的检测项目和限量要求作为参照标准。有些项目我们同时参考了日本肯定列表制度中《食品中农业化学品残留限量》常用的一些检测项目。在本套《标准限量》中，12 大类 631 个品种的约 450000 个检测项目的农兽药残留标准限量全部要求为"不得检出"。

七、检测方法

在检测方法中我们尽可能将能够找到的标准一一列出，但仍有一些检测方法难以找到适合的相关标准，只能列出"参照同类标准"或"参照近似标准"。在列举使用中国标准出版社出版的日本肯定列表《食品中农用化学品残留检测方法》及增补本的标准中，由于名称较长，故标注的方法均采用"日本肯定列表"、"日本肯定列表（增补本 1）"、"日本肯定列表（增补本 2）"。引用的国家标准较多，均列出标准编号，如"GB/T 5009.11"或"GB/T 19648"等（详见各卷附录二）。

八、存在的问题

由于本套《标准限量》中农残检测项目过多，而且找不到更多的相关资料可以借鉴，又加之本套《标准限量》的要求较《欧盟食品中农兽药残留限量》、日本肯定列表和 GB 2763—2014 的均严格，因此给我们的编制工作增加了许多难以想象的困难。尽管我们尽了最大的努力，但仍然存在诸多问题。例如：

(1) 有些检测方法未能一一列出，只能参照同类品种的检测方法；

(2) 欧盟标准数据不断更新，有些数据未能及时更换；

(3) 相关的国家标准较多，许多限量未能一一列出，只选择 GB 2763—2014 的数据作为参照。

凡此种种，不一而足。

鉴于编制人员水平所限，加之本套《标准限量》卷帙浩繁，历经两年多，所涉门类繁杂众多，谬误不妥之处在所难免。祈请各位专家学者和广大使用者批评指教！

《超有机食品安全标准限量》编委会

2014 年 5 月 28 日

目 录

上 册

下　册

1　猪(5 种)

1.1　猪肉　Pork

序号	农兽药中文名	农兽药英文名	欧盟标准限量要求 mg/kg	国家标准限量要求 mg/kg	三安超有机食品标准	
					限量要求 mg/kg	检测方法
1	1,1 - 二氯 - 2,2 - 二(4 - 乙苯)乙烷	1,1 - Dichloro - 2,2 - bis(4 - ethylphenyl)ethane	0.01		不得检出	日本肯定列表（增补本 1）
2	1,2 - 二氯乙烷	1,2 - Dichloroethane	0.1		不得检出	SN/T 2238
3	1,3 - 二氯丙烯	1,3 - Dichloropropene	0.01		不得检出	SN/T 2238
4	1 - 萘乙酰胺	1 - Naphthylacetamide	0.05		不得检出	GB/T 20772
5	1 - 萘乙酸	1 - Naphthylacetic acid	0.05		不得检出	SN/T 2228
6	2,4 - 滴丁酸	2,4 - DB	0.05		不得检出	GB/T 20769
7	2,4 - 滴	2,4 - D	0.05		不得检出	GB/T 20772
8	2 - 苯酚	2 - Phenylphenol	0.05		不得检出	GB/T 19650
9	阿维菌素	Abamectin	0.02		不得检出	SN/T 2661
10	乙酰甲胺磷	Acephate			不得检出	GB/T 20772
11	灭螨醌	Acequinocyl	0.01		不得检出	参照同类标准
12	啶虫脒	Acetamiprid	0.05		不得检出	GB/T 20772
13	乙草胺	Acetochlor	0.01		不得检出	GB/T 19650
14	苯并噻二唑	Acibenzolar - S - methyl	0.02		不得检出	GB/T 20772
15	苯草醚	Aclonifen	0.02		不得检出	GB/T 20772
16	氟丙菊酯	Acrinathrin	0.05		不得检出	GB/T 19648
17	甲草胺	Alachlor	0.01		不得检出	GB/T 20772
18	阿苯达唑	Albendazole	100μg/kg		不得检出	GB 29687
19	涕灭威	Aldicarb	0.01		不得检出	GB/T 20772
20	艾氏剂和狄氏剂	Aldrin and dieldrin	0.2	0.2 和 0.2	不得检出	GB/T 19650
21	—	Ametoctradin	0.03		不得检出	参照同类标准
22	酰嘧磺隆	Amidosulfuron	0.02		不得检出	参照同类标准
23	氯氨吡啶酸	Aminopyralid	0.01		不得检出	GB/T 23211
24	—	Amisulbrom	0.01		不得检出	参照同类标准
25	阿莫西林	Amoxicillin	50μg/kg		不得检出	NY/T 830
26	氨苄青霉素	Ampicillin	50μg/kg		不得检出	GB/T 21315
27	敌菌灵	Anilazine	0.01		不得检出	GB/T 20769
28	杀螨特	Aramite	0.01		不得检出	GB/T 19650
29	磺草灵	Asulam	0.1		不得检出	日本肯定列表（增补本 1）
30	印楝素	Azadirachtin	0.01		不得检出	SN/T 3264
31	益棉磷	Azinphos - ethyl	0.01		不得检出	GB/T 19650
32	保棉磷	Azinphos - methyl	0.01		不得检出	GB/T 20772
33	三唑锡和三环锡	Azocyclotin and cyhexatin	0.05		不得检出	SN/T 1990

序号	农兽药中文名	农兽药英文名	欧盟标准限量要求 mg/kg	国家标准限量要求 mg/kg	三安超有机食品标准	
					限量要求 mg/kg	检测方法
34	嘧菌酯	Azoxystrobin	0.05		不得检出	GB/T 20772
35	燕麦灵	Barban	0.05		不得检出	参照同类标准
36	氟丁酰草胺	Beflubutamid	0.05		不得检出	参照同类标准
37	苯霜灵	Benalaxyl	0.05		不得检出	GB/T 20772
38	丙硫克百威	Benfuracarb	0.02		不得检出	GB/T 20772
39	苄青霉素	Benzyl pencillin	50μg/kg		不得检出	GB/T 21315
40	联苯肼酯	Bifenazate	0.01		不得检出	GB/T 20772
41	甲羧除草醚	Bifenox	0.05		不得检出	GB/T 23210
42	联苯菊酯	Bifenthrin	3		不得检出	GB/T 19650
43	乐杀螨	Binapacryl	0.01		不得检出	SN 0523
44	联苯	Biphenyl	0.01		不得检出	GB/T 19650
45	联苯三唑醇	Bitertanol	0.05		不得检出	GB/T 20772
46	—	Bixafen	0.02		不得检出	参照同类标准
47	啶酰菌胺	Boscalid	0.7		不得检出	GB/T 20772
48	溴离子	Bromide ion	0.05		不得检出	GB/T 5009.167
49	溴螨酯	Bromopropylate	0.01		不得检出	GB/T 19650
50	溴苯腈	Bromoxynil	0.05		不得检出	GB/T 20772
51	糠菌唑	Bromuconazole	0.05		不得检出	GB/T 19650
52	乙嘧酚磺酸酯	Bupirimate	0.05		不得检出	GB/T 19650
53	噻嗪酮	Buprofezin	0.05		不得检出	GB/T 20772
54	仲丁灵	Butralin	0.02		不得检出	GB/T 19650
55	丁草敌	Butylate	0.01		不得检出	GB/T 19650
56	硫线磷	Cadusafos	0.01		不得检出	GB/T 19650
57	毒杀芬	Camphechlor	0.05		不得检出	YC/T 180
58	敌菌丹	Captafol	0.01		不得检出	SN 0338
59	克菌丹	Captan	0.02		不得检出	GB/T 19648
60	甲萘威	Carbaryl	0.05		不得检出	GB/T 20796
61	多菌灵和苯菌灵	Carbendazim and benomyl	0.05		不得检出	GB/T 20772
62	长杀草	Carbetamide	0.05		不得检出	GB/T 20772
63	克百威	Carbofuran	0.01		不得检出	GB/T 20772
64	丁硫克百威	Carbosulfan	0.05		不得检出	GB/T 19650
65	萎锈灵	Carboxin	0.05		不得检出	GB/T 20772
66	头孢噻呋	Ceftiofur	1000μg/kg		不得检出	GB/T 21314
67	氯虫苯甲酰胺	Chlorantraniliprole	0.2		不得检出	参照同类标准
68	杀螨醚	Chlorbenside	0.05		不得检出	GB/T 19650
69	氯炔灵	Chlorbufam	0.05		不得检出	GB/T 20772
70	氯丹	Chlordane	0.05	0.05	不得检出	GB/T 19648
71	十氯酮	Chlordecone	0.1		不得检出	参照同类标准
72	杀螨酯	Chlorfenson	0.05		不得检出	GB/T 19650

序号	农兽药中文名	农兽药英文名	欧盟标准限量要求 mg/kg	国家标准限量要求 mg/kg	三安超有机食品标准	
					限量要求 mg/kg	检测方法
73	毒虫畏	Chlorfenvinphos	0.01		不得检出	GB/T 19650
74	氯草敏	Chloridazon	0.05		不得检出	GB/T 20772
75	矮壮素	Chlormequat	0.05		不得检出	日本肯定列表
76	乙酯杀螨醇	Chlorobenzilate	0.1		不得检出	日本肯定列表
77	百菌清	Chlorothalonil	0.02		不得检出	SN/T 2320
78	绿麦隆	Chlortoluron	0.05		不得检出	GB/T 20772
79	枯草隆	Chloroxuron	0.05		不得检出	GB/T 20769
80	氯苯胺灵	Chlorpropham	0.05		不得检出	GB/T 19650
81	甲基毒死蜱	Chlorpyrifos – methyl	0.05		不得检出	GB/T 19650
82	氯磺隆	Chlorsulfuron	0.01		不得检出	GB/T 20769
83	金霉素	Chlortetracycline	100μg/kg		不得检出	GB/T 21317
84	氯酞酸甲酯	Chlorthaldimethyl	0.01		不得检出	GB/T 19650
85	氯硫酰草胺	Chlorthiamid	0.02		不得检出	GB/T 20772
86	烯草酮	Clethodim	0.2		不得检出	GB/T 19648
87	炔草酯	Clodinafop – propargyl			不得检出	GB 2763
88	四螨嗪	Clofentezine	0.05		不得检出	SN/T 1740
89	二氯吡啶酸	Clopyralid	0.05		不得检出	SN/T 2228
90	噻虫胺	Clothianidin	0.02		不得检出	GB/T 20772
91	邻氯青霉素	Cloxacillin	300μg/kg		不得检出	GB/T 21315
92	黏菌素	Colistin	150μg/kg		不得检出	SN 0668
93	铜化合物	Copper compounds	5		不得检出	参照同类标准
94	环烷基酰苯胺	Cyclanilide	0.01		不得检出	参照同类标准
95	噻草酮	Cycloxydim	0.05		不得检出	GB/T 19650
96	环氟菌胺	Cyflufenamid	0.03		不得检出	GB/T 19648
97	氟氯氰菊酯和高效氟氯氰菊酯	Cyfluthrin and beta – cyfluthrin	0.05		不得检出	GB/T 19650
98	霜脲氰	Cymoxanil	0.05		不得检出	GB/T 20772
99	氯氰菊酯和高效氯氰菊酯	Cypermethrin and beta – cypermethrin	20μg/kg		不得检出	GB/T 19650
100	环丙唑醇	Cyproconazole	0.05		不得检出	GB/T 20772
101	嘧菌环胺	Cyprodinil	0.05		不得检出	GB/T 20769
102	灭蝇胺	Cyromazine	0.05		不得检出	GB/T 20772
103	丁酰肼	Daminozide	0.05		不得检出	日本肯定列表
104	滴滴涕	DDT	1	0.2	不得检出	SN/T 0127
105	溴氰菊酯	Deltamethrin	10μg/kg		不得检出	GB/T 19650
106	燕麦敌	Diallate	0.2		不得检出	GB/T 20772
107	二嗪磷	Diazinon	0.05		不得检出	GB/T 19650
108	麦草畏	Dicamba	0.05		不得检出	GB/T 20772
109	敌草腈	Dichlobenil	0.01		不得检出	GB/T 19650

序号	农兽药中文名	农兽药英文名	欧盟标准限量要求 mg/kg	国家标准限量要求 mg/kg	三安超有机食品标准	
					限量要求 mg/kg	检测方法
110	滴丙酸	Dichlorprop	0.05		不得检出	SN/T 2228
111	二氯苯氧基丙酸	Diclofop	0.05		不得检出	参照同类标准
112	氯硝胺	Dicloran	0.01		不得检出	GB/T 19650
113	双氯青霉素	Dicloxacillin	300μg/kg		不得检出	GB/T 21315
114	三氯杀螨醇	Dicofol	0.02		不得检出	GB/T 19650
115	乙霉威	Diethofencarb	0.05		不得检出	GB/T 19650
116	苯醚甲环唑	Difenoconazole	0.05		不得检出	GB/T 19650
117	除虫脲	Diflubenzuron	0.1		不得检出	SN/T 0528
118	吡氟酰草胺	Diflufenican	0.05		不得检出	GB/T 20772
119	二氢链霉素	Dihydro－streptomycin	500μg/kg		不得检出	GB/T 22969
120	油菜安	Dimethachlor	0.02		不得检出	GB/T 20772
121	烯酰吗啉	Dimethomorph	0.05		不得检出	GB/T 20772
122	醚菌胺	Dimoxystrobin	0.05		不得检出	SN/T 2237
123	烯唑醇	Diniconazole	0.01		不得检出	GB/T 19650
124	敌螨普	Dinocap	0.05		不得检出	日本肯定列表（增补本1）
125	地乐酚	Dinoseb	0.01		不得检出	GB/T 20772
126	特乐酚	Dinoterb	0.05		不得检出	GB/T 20772
127	敌噁磷	Dioxathion	0.05		不得检出	GB/T 19650
128	敌草快	Diquat	0.05		不得检出	GB/T 5009.221
129	乙拌磷	Disulfoton	0.01		不得检出	GB/T 20772
130	二氰蒽醌	Dithianon	0.01		不得检出	GB/T 20769
131	二硫代氨基甲酸酯	Dithiocarbamates	0.05		不得检出	SN/T 0157
132	敌草隆	Diuron	0.05		不得检出	SN/T 0645
133	二硝甲酚	DNOC	0.05		不得检出	GB/T 20772
134	多果定	Dodine	0.2		不得检出	SN 0500
135	多拉菌素	Doramectin	40μg/kg		不得检出	GB/T 22968
136	甲氨基阿维菌素苯甲酸盐	Emamectin benzoate	0.01		不得检出	GB/T 20769
137	硫丹	Endosulfan	0.05		不得检出	GB/T 19650
138	异狄氏剂	Endrin	0.05	0.05	不得检出	GB/T 19650
139	氟环唑	Epoxiconazole	0.01		不得检出	GB/T 20772
140	茵草敌	EPTC	0.02		不得检出	GB/T 20772
141	红霉素	Erythromycin	200μg/kg		不得检出	GB/T 20762
142	乙丁烯氟灵	Ethalfluralin	0.01		不得检出	GB/T 19650
143	胺苯磺隆	Ethametsulfuron	0.01		不得检出	NY/T 1616
144	乙烯利	Ethephon	0.05		不得检出	SN 0705
145	乙硫磷	Ethion	0.01		不得检出	GB/T 19650
146	乙嘧酚	Ethirimol	0.05		不得检出	GB/T 20772
147	乙氧呋草黄	Ethofumesate	0.1		不得检出	GB/T 20772

序号	农兽药中文名	农兽药英文名	欧盟标准限量要求 mg/kg	国家标准限量要求 mg/kg	三安超有机食品标准	
					限量要求 mg/kg	检测方法
148	灭线磷	Ethoprophos	0.01		不得检出	GB/T 19650
149	乙氧喹啉	Ethoxyquin	0.05		不得检出	GB/T 20772
150	环氧乙烷	Ethylene oxide	0.02		不得检出	GB/T 23296.11
151	醚菊酯	Etofenprox	0.5		不得检出	GB/T 19650
152	乙螨唑	Etoxazole	0.01		不得检出	GB/T 19648
153	氯唑灵	Etridiazole	0.05		不得检出	GB/T 20769
154	噁唑菌酮	Famoxadone	0.05		不得检出	GB/T 20772
155	苯硫氨酯	Febantel	50μg/kg		不得检出	日本肯定列表
156	咪唑菌酮	Fenamidone	0.01		不得检出	GB/T 19650
157	苯线磷	Fenamiphos	0.02		不得检出	GB/T 19650
158	氯苯嘧啶醇	Fenarimol	0.02		不得检出	GB/T 20772
159	喹螨醚	Fenazaquin	0.01		不得检出	GB/T 19648
160	苯硫苯咪唑	Fenbendazole	50μg/kg		不得检出	SN 0638
161	腈苯唑	Fenbuconazole	0.05		不得检出	GB/T 20772
162	苯丁锡	Fenbutatin oxide	0.05		不得检出	SN 0592
163	环酰菌胺	Fenhexamid	0.05		不得检出	GB/T 20772
164	杀螟硫磷	Fenitrothion	0.01		不得检出	GB/T 20772
165	精噁唑禾草灵	Fenoxaprop – P – ethyl	0.05		不得检出	GB/T 22617
166	双氧威	Fenoxycarb	0.05		不得检出	GB/T 19650
167	苯锈啶	Fenpropidin	0.02		不得检出	GB/T 19650
168	丁苯吗啉	Fenpropimorph	0.02		不得检出	GB/T 20772
169	胺苯吡菌酮	Fenpyrazamine	0.01		不得检出	参照同类标准
170	唑螨酯	Fenpyroximate	0.01		不得检出	GB/T 20769
171	倍硫磷	Fenthion	0.05		不得检出	GB/T 20772
172	薯瘟锡	Fentin acetate	0.05		不得检出	参照同类标准
173	三苯锡	Fentin	0.05		不得检出	日本肯定列表（增补本1）
174	氰戊菊酯和高效氰戊菊酯（RR & SS 异构体总量）	Fenvalerate and esfenvalerate (sum of RR & SS isomers)	0.2		不得检出	GB/T 19650
175	氰戊菊酯和高效氰戊菊酯（RS & SR 异构体总量）	Fenvalerate and esfenvalerate (sum of RS & SR isomers)	0.05		不得检出	GB/T 19650
176	氟虫腈	Fipronil	0.02		不得检出	SN/T 1982
177	氟啶虫酰胺	Flonicamid	0.03		不得检出	SN/T 2796
178	精吡氟禾草灵	Fluazifop – P – butyl	0.05		不得检出	GB/T 5009.142
179	氟啶胺	Fluazinam	0.05		不得检出	SN/T 2150
180	氟苯虫酰胺	Flubendiamide	2		不得检出	SN/T 2581
181	氟环脲	Flucycloxuron	0.05		不得检出	参照同类标准
182	氟氰戊菊酯	Flucythrinate	0.05		不得检出	GB/T 19648
183	咯菌腈	Fludioxonil	0.05		不得检出	GB/T 20772

序号	农兽药中文名	农兽药英文名	欧盟标准限量要求 mg/kg	国家标准限量要求 mg/kg	三安超有机食品标准	
					限量要求 mg/kg	检测方法
184	氟虫脲	Flufenoxuron	0.05		不得检出	SN/T 2150
185	杀螨净	Flufenzin	0.02		不得检出	参照同类标准
186	氟吡菌胺	Fluopicolide	0.01		不得检出	参照同类标准
187	氟吡菌酰胺	Fluopyram	0.1		不得检出	参照同类标准
188	氟离子	Fluoride ion	1		不得检出	GB/T 5009.167
189	氟腈嘧菌酯	Fluoxastrobin	0.05		不得检出	SN/T 2237
190	氟喹唑	Fluquinconazole	2		不得检出	GB/T 19650
191	氟咯草酮	Fluorochloridone	0.05		不得检出	GB/T 20772
192	氟草烟	Fluroxypyr	0.05		不得检出	GB/T 20772
193	氟硅唑	Flusilazole	0.02		不得检出	GB/T 20772
194	氟酰胺	Flutolanil	0.02		不得检出	GB/T 20772
195	粉唑醇	Flutriafol	0.01		不得检出	GB/T 20772
196	—	Fluxapyroxad	0.01		不得检出	参照同类标准
197	氟磺胺草醚	Fomesafen	0.01		不得检出	GB/T 5009.130
198	氯吡脲	Forchlorfenuron	0.05		不得检出	SN/T 3643
199	伐虫脒	Formetanate	0.01		不得检出	NY/T 1453
200	三乙膦酸铝	Fosetyl – aluminium	0.5		不得检出	参照同类标准
201	麦穗宁	Fuberidazole	0.05		不得检出	GB/T 19650
202	呋线威	Furathiocarb	0.01		不得检出	GB/T 20772
203	糠醛	Furfural	1		不得检出	参照同类标准
204	勃激素	Gibberellic acid	0.1		不得检出	GB/T 23211
205	草胺膦	Glufosinate – ammonium	0.1		不得检出	日本肯定列表
206	草甘膦	Glyphosate	0.05		不得检出	NY/T 1096
207	双胍盐	Guazatine	0.1		不得检出	参照同类标准
208	氟吡禾灵	Haloxyfop	0.01		不得检出	SN/T 2228
209	七氯	Heptachlor	0.2	0.2	不得检出	SN 0663
210	六氯苯	Hexachlorobenzene	0.2		不得检出	SN/T 0127
211	六六六(HCH),α–异构体	Hexachlorociclohexane (HCH), alpha – isomer	0.2	0.1	不得检出	SN/T 0127
212	六六六(HCH),β–异构体	Hexachlorociclohexane (HCH), beta – isomer	0.1		不得检出	SN/T 0127
213	噻螨酮	Hexythiazox	0.05		不得检出	GB/T 20772
214	噁霉灵	Hymexazol	0.05		不得检出	GB/T 20772
215	抑霉唑	Imazalil	0.05		不得检出	GB/T 20772
216	甲咪唑烟酸	Imazapic	0.01		不得检出	GB/T 20772
217	咪唑喹啉酸	Imazaquin	0.05		不得检出	GB/T 20772
218	吡虫啉	Imidacloprid	0.1		不得检出	GB/T 20772
219	茚虫威	Indoxacarb	2		不得检出	GB/T 20772
220	碘苯腈	Ioxynil	0.05		不得检出	GB/T 20772

序号	农兽药中文名	农兽药英文名	欧盟标准限量要求 mg/kg	国家标准限量要求 mg/kg	三安超有机食品标准	
					限量要求 mg/kg	检测方法
221	异菌脲	Iprodione	0.05		不得检出	GB/T 19650
222	稻瘟灵	Isoprothiolane	0.01		不得检出	GB/T 20772
223	异丙隆	Isoproturon	0.05		不得检出	GB/T 20772
224	—	Isopyrazam	0.01		不得检出	参照同类标准
225	异噁酰草胺	Isoxaben	0.01		不得检出	GB/T 20772
226	卡那霉素	Kanamycin	100μg/kg		不得检出	GB/T 21323
227	醚菌酯	Kresoxim – methyl	0.02		不得检出	GB/T 20772
228	乳氟禾草灵	Lactofen	0.01		不得检出	GB/T 19650
229	高效氯氟氰菊酯	Lambda – cyhalothrin	0.5		不得检出	GB/T 19648
230	环草定	Lenacil	0.1		不得检出	GB/T 19650
231	林可霉素	Lincomycin	100μg/kg		不得检出	GB/T 20762
232	林丹	Lindane	0.02	0.1	不得检出	NY/T 761
233	虱螨脲	Lufenuron	0.02		不得检出	SN/T 2540
234	马拉硫磷	Malathion	0.02		不得检出	GB/T 19650
235	抑芽丹	Maleic hydrazide	0.05		不得检出	日本肯定列表
236	双炔酰菌胺	Mandipropamid	0.02		不得检出	参照同类标准
237	二甲四氯和二甲四氯丁酸	MCPA and MCPB	0.1		不得检出	SN/T 2228
238	壮棉素	Mepiquat chloride	0.05		不得检出	GB/T 20769
239	消螨多	Meptyldinocap	0.05		不得检出	参照同类标准
240	汞化合物	Mercury compounds	0.01		不得检出	参照同类标准
241	氰氟虫腙	Metaflumizone	0.02		不得检出	SN/T 3852
242	甲霜灵和精甲霜灵	Metalaxyl and metalaxyl – M	0.05		不得检出	GB/T 20772
243	四聚乙醛	Metaldehyde	0.05		不得检出	SN/T 1787
244	苯嗪草酮	Metamitron	0.05		不得检出	GB/T 19650
245	吡唑草胺	Metazachlor	0.05		不得检出	GB/T 19650
246	叶菌唑	Metconazole	0.01		不得检出	GB/T 20769
247	甲基苯噻隆	Methabenzthiazuron	0.05		不得检出	GB/T 19650
248	虫螨畏	Methacrifos	0.01		不得检出	GB/T 20772
249	甲胺磷	Methamidophos	0.01		不得检出	GB/T 20772
250	杀扑磷	Methidathion	0.02		不得检出	GB/T 20772
251	甲硫威	Methiocarb	0.05		不得检出	GB/T 20769
252	灭多威和硫双威	Methomyl and thiodicarb	0.02		不得检出	GB/T 20772
253	烯虫酯	Methoprene	0.05		不得检出	GB/T 19648
254	甲氧滴滴涕	Methoxychlor	0.01		不得检出	GB/T 19648
255	甲氧虫酰肼	Methoxyfenozide	0.2		不得检出	GB/T 20772
256	磺草唑胺	Metosulam	0.01		不得检出	GB/T 20772
257	苯菌酮	Metrafenone	0.05		不得检出	参照同类标准
258	嗪草酮	Metribuzin	0.1		不得检出	GB/T 20769
259	绿谷隆	Monolinuron	0.05		不得检出	GB/T 20772

序号	农兽药中文名	农兽药英文名	欧盟标准限量要求 mg/kg	国家标准限量要求 mg/kg	三安超有机食品标准限量要求 mg/kg	三安超有机食品标准检测方法
260	灭草隆	Monuron	0.01		不得检出	GB/T 20772
261	甲噻吩嘧啶	Morantel	100μg/kg		不得检出	参照同类标准
262	腈菌唑	Myclobutanil	0.01		不得检出	GB/T 20772
263	萘夫西林	Nafcillin	300μg/kg		不得检出	GB/T 22975
264	敌草胺	Napropamide	0.01		不得检出	GB/T 19650
265	新霉素	Neomycin	500μg/kg		不得检出	SN 0646
266	烟嘧磺隆	Nicosulfuron	0.05		不得检出	日本肯定列表（增补本1）
267	除草醚	Nitrofen	0.01		不得检出	GB/T 19648
268	氟酰脲	Novaluron	10		不得检出	GB/T 20769
269	嘧苯胺磺隆	Orthosulfamuron	0.01		不得检出	GB/T 23817
270	苯唑青霉素	Oxacillin	300μg/kg		不得检出	GB/T 21315
271	噁草酮	Oxadiazon	0.05		不得检出	GB/T 19650
272	噁霜灵	Oxadixyl	0.01		不得检出	GB/T 19650
273	环氧嘧磺隆	Oxasulfuron	0.05		不得检出	GB/T 23817
274	奥芬达唑	Oxfendazole	50μg/kg		不得检出	参照同类标准
275	喹菌酮	Oxolinic acid	100μg/kg		不得检出	日本肯定列表
276	氧化萎锈灵	Oxycarboxin	0.05		不得检出	GB/T 19650
277	羟氯柳苯胺	Oxyclozanide	20μg/kg		不得检出	SN/T 2909
278	亚砜磷	Oxydemeton – methyl	0.01		不得检出	参照同类标准
279	乙氧氟草醚	Oxyfluorfen	0.05		不得检出	GB/T 20772
280	土霉素	Oxytetracycline	100μg/kg		不得检出	GB/T 21317
281	多效唑	Paclobutrazol	0.02		不得检出	GB/T 19650
282	对硫磷	Parathion	0.05		不得检出	GB/T 19650
283	甲基对硫磷	Parathion – methyl	0.01		不得检出	GB/T 20772
284	巴龙霉素	Paromomycin	500μg/kg		不得检出	SN/T 2315
285	喷沙西林	Penethamate	50μg/kg		不得检出	参照同类标准
286	戊菌唑	Penconazole	0.05		不得检出	GB/T 20772
287	戊菌隆	Pencycuron	0.05		不得检出	GB/T 19650
288	二甲戊灵	Pendimethalin	0.05		不得检出	GB/T 19648
289	氯菊酯	Permethrin	0.05		不得检出	GB/T 19650
290	甜菜宁	Phenmedipham	0.05		不得检出	GB/T 23205
291	苯醚菊酯	Phenothrin	0.05		不得检出	GB/T 20772
292	甲拌磷	Phorate	0.02		不得检出	GB/T 20772
293	伏杀硫磷	Phosalone	0.01		不得检出	GB/T 20772
294	亚胺硫磷	Phosmet	0.1		不得检出	GB/T 20772
295	—	Phosphines and phosphides	0.01		不得检出	参照同类标准
296	辛硫磷	Phoxim	0.02		不得检出	GB/T 20772
297	氨氯吡啶酸	Picloram	0.2		不得检出	GB/T 23211

序号	农兽药中文名	农兽药英文名	欧盟标准限量要求 mg/kg	国家标准限量要求 mg/kg	三安超有机食品标准 限量要求 mg/kg	三安超有机食品标准 检测方法
298	啶氧菌酯	Picoxystrobin	0.05		不得检出	GB/T 19650
299	抗蚜威	Pirimicarb	0.05		不得检出	GB/T 20772
300	甲基嘧啶磷	Pirimiphos – methyl	0.05		不得检出	GB/T 20772
301	咪鲜胺	Prochloraz	0.1		不得检出	GB/T 19650
302	腐霉利	Procymidone	0.01		不得检出	GB/T 20772
303	丙溴磷	Profenofos	0.05		不得检出	GB/T 20772
304	调环酸	Prohexadione	0.05		不得检出	日本肯定列表
305	毒草安	Propachlor	0.02		不得检出	GB/T 20772
306	扑派威	Propamocarb	0.1		不得检出	GB/T 20772
307	恶草酸	Propaquizafop	0.05		不得检出	GB/T 20772
308	炔螨特	Propargite	0.1		不得检出	GB/T 19650
309	苯胺灵	Propham	0.05		不得检出	GB/T 19650
310	丙环唑	Propiconazole	0.01		不得检出	GB/T 19650
311	异丙草胺	Propisochlor	0.01		不得检出	GB/T 19650
312	残杀威	Propoxur	0.05		不得检出	GB/T 20772
313	炔苯酰草胺	Propyzamide	0.02		不得检出	GB/T 19650
314	苄草丹	Prosulfocarb	0.05		不得检出	GB/T 19648
315	丙硫菌唑	Prothioconazole	0.05		不得检出	参照同类标准
316	吡蚜酮	Pymetrozine	0.01		不得检出	GB/T 20772
317	吡唑醚菌酯	Pyraclostrobin	0.05		不得检出	GB/T 20772
318	吡菌磷	Pyrazophos	0.02		不得检出	GB/T 20772
319	除虫菊素	Pyrethrins	0.05		不得检出	GB/T 20772
320	哒螨灵	Pyridaben	0.02		不得检出	SN/T 2432
321	啶虫丙醚	Pyridalyl	0.01		不得检出	日本肯定列表
322	哒草特	Pyridate	0.05		不得检出	日本肯定列表
323	嘧霉胺	Pyrimethanil	0.05		不得检出	GB/T 19650
324	吡丙醚	Pyriproxyfen	0.05		不得检出	GB/T 19650
325	甲氧磺草胺	Pyroxsulam	0.01		不得检出	SN/T 2325
326	氯甲喹啉酸	Quinmerac	0.05		不得检出	参照同类标准
327	喹氧灵	Quinoxyfen	0.2		不得检出	SN/T 2319
328	五氯硝基苯	Quintozene	0.01		不得检出	GB/T 19650
329	精喹禾灵	Quizalofop – P – ethyl	0.1		不得检出	SN/T 2150
330	灭虫菊	Resmethrin	0.1		不得检出	GB/T 20772
331	鱼藤酮	Rotenone	0.01		不得检出	GB/T 20772
332	西玛津	Simazine	0.01		不得检出	SN 0594
333	壮观霉素	Spectinomycin	300μg/kg		不得检出	GB/T 21323
334	乙基多杀菌素	Spinetoram	0.2		不得检出	参照同类标准
335	多杀霉素	Spinosad	0.05		不得检出	GB/T 20772
336	螺螨酯	Spirodiclofen	0.01		不得检出	GB/T 20772

序号	农兽药中文名	农兽药英文名	欧盟标准限量要求 mg/kg	国家标准限量要求 mg/kg	三安超有机食品标准	
					限量要求 mg/kg	检测方法
337	螺甲螨酯	Spiromesifen	0.01		不得检出	GB/T 23210
338	螺虫乙酯	Spirotetramat	0.01		不得检出	参照同类标准
339	葚孢菌素	Spiroxamine	0.05		不得检出	GB/T 20772
340	链霉素	Streptomycin	500μg/kg		不得检出	GB/T 21323
341	磺草酮	Sulcotrione	0.05		不得检出	参照同类标准
342	磺胺类(所有属于磺胺类的物质)	Sulfonamides (all substances belonging to the sulfonamide-group)	100μg/kg		不得检出	GB 29694
343	乙黄隆	Sulfosulfuron	0.05		不得检出	日本肯定列表(增补本1)
344	硫磺粉	Sulfur	0.5		不得检出	参照同类标准
345	氟胺氰菊酯	Tau – fluvalinate	0.05		不得检出	SN 0691
346	戊唑醇	Tebuconazole	0.1		不得检出	GB/T 20772
347	虫酰肼	Tebufenozide	0.05		不得检出	GB/T 20772
348	吡螨胺	Tebufenpyrad	0.05		不得检出	GB/T 20772
349	四氯硝基苯	Tecnazene	0.05		不得检出	GB/T 19650
350	氟苯脲	Teflubenzuron	0.05		不得检出	SN/T 2150
351	七氟菊酯	Tefluthrin	0.05		不得检出	日本肯定列表
352	得杀草	Tepraloxydim	0.1		不得检出	GB/T 20772
353	特丁硫磷	Terbufos	0.01		不得检出	GB/T 20772
354	特丁津	Terbuthylazine	0.05		不得检出	GB/T 19650
355	四氟醚唑	Tetraconazole	0.05		不得检出	GB/T 20772
356	四环素	Tetracycline	100μg/kg		不得检出	GB/T 21317
357	三氯杀螨砜	Tetradifon	0.05		不得检出	GB/T 19650
358	噻菌灵	Thiabendazole	0.1		不得检出	GB/T 20772
359	噻虫啉	Thiacloprid	0.05		不得检出	GB/T 20772
360	噻虫嗪	Thiamethoxam	0.03		不得检出	GB/T 20772
361	甲砜霉素	Thiamphenicol	50μg/kg		不得检出	GB/T 20756
362	替米考星	Tilmicosin	50μg/kg		不得检出	GB/T 20762
363	禾草丹	Thiobencarb	0.01		不得检出	GB/T 20772
364	甲基硫菌灵	Thiophanate – methyl	0.05		不得检出	SN/T 0162
365	甲基立枯磷	Tolclofos – methyl	0.05		不得检出	GB/T 20772
366	甲苯三嗪酮	Toltrazuril	100μg/kg		不得检出	参照同类标准
367	甲苯氟磺胺	Tolylfluanid	0.1		不得检出	GB/T 19650
368	苯吡唑草酮	Topramezone	0.01		不得检出	参照同类标准
369	三唑酮和三唑醇	Triadimefon and triadimenol	0.1		不得检出	GB/T 20772
370	野麦畏	Triallate	0.05		不得检出	GB/T 20772
371	醚苯磺隆	Triasulfuron	0.05		不得检出	GB/T 20772
372	三唑磷	Triazophos	0.01		不得检出	GB/T 20772

序号	农兽药中文名	农兽药英文名	欧盟标准限量要求 mg/kg	国家标准限量要求 mg/kg	三安超有机食品标准	
					限量要求 mg/kg	检测方法
373	敌百虫	Trichlorphon	0.01		不得检出	GB/T 20772
374	三氯苯哒唑	Triclabendazole	225μg/kg		不得检出	参照同类标准
375	绿草定	Triclopyr	0.05		不得检出	SN/T 2228
376	三环唑	Tricyclazole	0.05		不得检出	GB/T 20769
377	十三吗啉	Tridemorph	0.01		不得检出	GB/T 20772
378	肟菌酯	Trifloxystrobin	0.04		不得检出	GB/T 20769
379	氟菌唑	Triflumizole	0.05		不得检出	GB/T 20769
380	杀铃脲	Triflumuron	0.01		不得检出	GB/T 20772
381	氟乐灵	Trifluralin	0.01		不得检出	GB/T 20772
382	嗪氨灵	Triforine	0.01		不得检出	SN 0695
383	甲氧苄氨嘧啶	Trimethoprim	50μg/kg		不得检出	SN/T 1769
384	三甲基锍阳离子	Trimethyl‐sulfonium cation	0.05		不得检出	参照同类标准
385	抗倒酯	Trinexapac	0.05		不得检出	GB/T 20769
386	灭菌唑	Triticonazole	0.01		不得检出	GB/T 20769
387	三氟甲磺隆	Tritosulfuron	0.01		不得检出	参照同类标准
388	泰乐霉素	Tylosin	50μg/kg		不得检出	GB/T 20762
389	—	Valifenalate	0.01		不得检出	参照同类标准
390	乙烯菌核利	Vinclozolin	0.05		不得检出	GB/T 20772
391	1‐氨基‐2‐乙内酰脲	AHD			不得检出	GB/T 21311
392	2,3,4,5‐四氯苯胺	2,3,4,5‐Tetrachloraniline			不得检出	GB/T 19650
393	2,3,4,5‐四氯甲氧基苯	2,3,4,5‐Tetrachloroanisole			不得检出	GB/T 19650
394	2,3,5,6‐四氯苯胺	2,3,5,6‐Tetrachloroaniline			不得检出	GB/T 19650
395	2,4,5‐涕	2,4,5‐T			不得检出	GB/T 20772
396	o,p'‐滴滴滴	2,4'‐DDD			不得检出	GB/T 19650
397	o,p'‐滴滴伊	2,4'‐DDE			不得检出	GB/T 19650
398	o,p'‐滴滴涕	2,4'‐DDT			不得检出	GB/T 19650
399	2,6‐二氯苯甲酰胺	2,6‐Dichlorobenzamide			不得检出	GB/T 19650
400	3,5‐二氯苯胺	3,5‐Dichloroaniline			不得检出	GB/T 19650
401	p,p'‐滴滴滴	4,4'‐DDD			不得检出	GB/T 19650
402	p,p'‐滴滴伊	4,4'‐DDE			不得检出	GB/T 19650
403	p,p'‐滴滴涕	4,4'‐DDT			不得检出	GB/T 19650
404	4,4'‐二溴二苯甲酮	4,4'‐Dibromobenzophenone			不得检出	GB/T 19650
405	4,4'‐二氯二苯甲酮	4,4'‐Dichlorobenzophenone			不得检出	GB/T 19650
406	二氢苊	Acenaphthene			不得检出	GB/T 19650
407	乙酰丙嗪	Acepromazine			不得检出	GB/T 20763
408	三氟羧草醚	Acifluorfen			不得检出	GB/T 20772
409	涕灭砜威	Aldoxycarb			不得检出	GB/T 20772
410	烯丙菊酯	Allethrin			不得检出	GB/T 20772
411	二丙烯草胺	Allidochlor			不得检出	GB/T 19650

序号	农兽药中文名	农兽药英文名	欧盟标准限量要求 mg/kg	国家标准限量要求 mg/kg	三安超有机食品标准 限量要求 mg/kg	检测方法
412	烯丙孕素	Altrenogest			不得检出	SN/T 1980
413	莠灭净	Ametryn			不得检出	GB/T 19650
414	双甲脒	Amitraz			不得检出	GB/T 19650
415	杀草强	Amitrole			不得检出	SN/T 1737.6
416	5-吗啉甲基-3-氨基-2-噁唑烷基酮	AMOZ			不得检出	GB/T 21311
417	氨丙嘧吡啶	Amprolium			不得检出	SN/T 0276
418	莎稗磷	Anilofos			不得检出	GB/T 19650
419	蒽醌	Anthraquinone			不得检出	GB/T 19650
420	3-氨基-2-噁唑酮	AOZ			不得检出	GB/T 21311
421	安普霉素	Apramycin			不得检出	GB/T 21323
422	丙硫特普	Aspon			不得检出	GB/T 19650
423	羟氨卡青霉素	Aspoxicillin			不得检出	GB/T 21315
424	乙基杀扑磷	Athidathion			不得检出	GB/T 19650
425	莠去通	Atratone			不得检出	GB/T 19650
426	莠去津	Atrazine			不得检出	GB/T 19650
427	脱乙基阿特拉津	Atrazine-desethyl			不得检出	GB/T 19650
428	甲基吡噁磷	Azamethiphos			不得检出	GB/T 20763
429	氮哌酮	Azaperone			不得检出	GB/T 20763
430	叠氮津	Aziprotryne			不得检出	GB/T 19650
431	杆菌肽	Bacitracin			不得检出	GB/T 20743
432	4-溴-3,5-二甲苯基-N-甲基氨基甲酸酯-1	BDMC-1			不得检出	GB/T 19650
433	4-溴-3,5-二甲苯基-N-甲基氨基甲酸酯-2	BDMC-2			不得检出	GB/T 19650
434	噁虫威	Bendiocarb			不得检出	GB/T 20772
435	乙丁氟灵	Benfluralin			不得检出	SN/T 19650
436	呋草黄	Benfuresate			不得检出	GB/T 19650
437	麦锈灵	Benodanil			不得检出	GB/T 19650
438	解草酮	Benoxacor			不得检出	SN/T 19650
439	新燕灵	Benzoylprop-ethyl			不得检出	GB/T 19650
440	倍他米松	Betamethasone			不得检出	SN/T 1970
441	生物烯丙菊酯-1	Bioallethrin-1			不得检出	GB/T 19650
442	生物烯丙菊酯-2	Bioallethrin-2			不得检出	GB/T 19650
443	除草定	Bromacil			不得检出	GB/T 19650
444	溴苯烯磷	Bromfenvinfos			不得检出	GB/T 19650
445	溴硫磷	Bromofos			不得检出	GB/T 19650
446	乙基溴硫磷	Bromophos-ethyl			不得检出	GB/T 19650
447	溴丁酰草胺	Btomobutide			不得检出	GB/T 19650

序号	农兽药中文名	农兽药英文名	欧盟标准限量要求 mg/kg	国家标准限量要求 mg/kg	三安超有机食品标准 限量要求 mg/kg	三安超有机食品标准 检测方法
448	氟丙嘧草酯	Butafenacil			不得检出	GB/T 19650
449	抑草磷	Butamifos			不得检出	GB/T 19650
450	丁草胺	Butaxhlor			不得检出	GB/T 19650
451	苯酮唑	Cafenstrole			不得检出	GB/T 19650
452	角黄素	Canthaxanthin			不得检出	SN/T 2327
453	咔唑心安	Carazolol			不得检出	GB/T 22993
454	卡巴氧	Carbadox			不得检出	GB/T 20746
455	三硫磷	Carbophenothion			不得检出	GB/T 19650
456	唑草酮	Carfentrazone – ethyl			不得检出	GB/T 19650
457	卡洛芬	Carprofen			不得检出	SN/T 2190
458	头孢氨苄	Cefalexin			不得检出	GB/T 22989
459	头孢洛宁	Cefalonium			不得检出	GB/T 22989
460	头孢匹林	Cefapirin			不得检出	GB/T 22989
461	头孢喹肟	Cefquinome			不得检出	GB/T 22989
462	氯氧磷	Chlorethoxyfos			不得检出	GB/T 19650
463	杀螨醇	Chlorfenethol			不得检出	GB/T 19650
464	燕麦酯	Chlorfenprop – methyl			不得检出	GB/T 19650
465	氯甲硫磷	Chlormephos			不得检出	GB/T 19650
466	氯霉素	Chloramphenicolum			不得检出	GB/T 20772
467	氯杀螨砜	Chlorbenside sulfone			不得检出	GB/T 19648
468	氯溴隆	Chlorbromuron			不得检出	GB/T 19648
469	杀虫脒	Chlordimeform			不得检出	GB/T 19648
470	溴虫腈	Chlorfenapyr			不得检出	SN/T 1986
471	氟啶脲	Chlorfluazuron			不得检出	GB/T 20769
472	整形醇	Chlorflurenol			不得检出	GB/T 19650
473	氯地孕酮	Chlormadinone			不得检出	SN/T 1980
474	醋酸氯地孕酮	Chlormadinone acetate			不得检出	GB/T 20753
475	氯苯甲醚	Chloroneb			不得检出	GB/T 19650
476	丙酯杀螨醇	Chloropropylate			不得检出	GB/T 19650
477	氯丙嗪	Chlorpromazine			不得检出	GB/T 20763
478	毒死蜱	Chlorpyrifos			不得检出	GB/T 19650
479	氯硫磷	Chlorthion			不得检出	GB/T 19650
480	虫螨磷	Chlorthiophos			不得检出	GB/T 19650
481	乙菌利	Chlozolinate			不得检出	GB/T 19650
482	顺式－氯丹	cis – Chlordane			不得检出	GB/T 19650
483	顺式－燕麦敌	cis – Diallate			不得检出	GB/T 19650
484	顺式－氯菊酯	cis – Permethrin			不得检出	GB/T 19650
485	克仑特罗	Clenbuterol			不得检出	GB/T 22286
486	异噁草酮	Clomazone			不得检出	GB/T 20772

序号	农兽药中文名	农兽药英文名	欧盟标准限量要求 mg/kg	国家标准限量要求 mg/kg	三安超有机食品标准 限量要求 mg/kg	三安超有机食品标准 检测方法
487	氯甲酰草胺	Clomeprop			不得检出	GB/T 19650
488	氯羟吡啶	Clopidol			不得检出	GB/T 19650
489	解草酯	Cloquintocet – mexyl			不得检出	GB/T 19650
490	蝇毒磷	Coumaphos			不得检出	GB/T 19650
491	鼠立死	Crimidine			不得检出	GB/T 19650
492	巴毒磷	Crotxyphos			不得检出	GB/T 19650
493	育畜磷	Crufomate			不得检出	GB/T 20772
494	苯腈磷	Cyanofenphos			不得检出	GB/T 20772
495	杀螟腈	Cyanophos			不得检出	GB/T 20772
496	环草敌	Cycloate			不得检出	GB/T 20772
497	环莠隆	Cycluron			不得检出	GB/T 20772
498	环丙津	Cyprazine			不得检出	GB/T 20772
499	敌草索	Dacthal			不得检出	GB/T 19650
500	达氟沙星	Danofloxacin			不得检出	GB/T 22985
501	癸氧喹酯	Decoquinate			不得检出	GB/T 20745
502	脱叶磷	DEF			不得检出	GB/T 19650
503	2,2′,4,5,5′－五氯联苯	DE – PCB 101			不得检出	GB/T 19650
504	2,3,4,4′,5－五氯联苯	DE – PCB 118			不得检出	GB/T 19650
505	2,2′,3,4,4′,5－六氯联苯	DE – PCB 138			不得检出	GB/T 19650
506	2,2′,4,4′,5,5′－六氯联苯	DE – PCB 153			不得检出	GB/T 19650
507	2,2′,3,4,4′,5,5′－七氯联苯	DE – PCB 180			不得检出	GB/T 19650
508	2,4,4′－三氯联苯	DE – PCB 28			不得检出	GB/T 19650
509	2,4,5－三氯联苯	DE – PCB 31			不得检出	GB/T 19650
510	2,2′,5,5′－四氯联苯	DE – PCB 52			不得检出	GB/T 19650
511	脱溴溴苯磷	Desbrom – leptophos			不得检出	GB/T 19650
512	脱乙基另丁津	Desethyl – sebuthylazine			不得检出	GB/T 19650
513	敌草净	Desmetryn			不得检出	GB/T 19650
514	地塞米松	Dexamethasone			不得检出	GB/T 21981
515	氯亚胺硫磷	Dialifos			不得检出	GB/T 19650
516	敌菌净	Diaveridine			不得检出	SN/T 1926
517	驱虫特	Dibutyl succinate			不得检出	GB/T 20772
518	异氯磷	Dicapthon			不得检出	GB/T 19650
519	除线磷	Dichlofenthion			不得检出	GB/T 19650
520	苯氟磺胺	Dichlofluanid			不得检出	GB/T 19650
521	烯丙酰草胺	Dichlormid			不得检出	GB/T 19650
522	敌敌畏	Dichlorvos			不得检出	GB/T 19650
523	苄氯三唑醇	Diclobutrazole			不得检出	GB/T 19650
524	禾草灵	Diclofop – methyl			不得检出	GB/T 19650
525	己烯雌酚	Diethylstilbestrol			不得检出	GB/T 21981

序号	农兽药中文名	农兽药英文名	欧盟标准限量要求 mg/kg	国家标准限量要求 mg/kg	三安超有机食品标准	
					限量要求 mg/kg	检测方法
526	双氟沙星	Difloxacin			不得检出	GB/T 20366
527	甲氟磷	Dimefox			不得检出	GB/T 19650
528	哌草丹	Dimepiperate			不得检出	GB/T 19650
529	异戊乙净	Dimethametryn			不得检出	GB/T 19650
530	乐果	Dimethoate			不得检出	GB/T 20772
531	甲基毒虫畏	Dimethylvinphos			不得检出	GB/T 19650
532	地美硝唑	Dimetridazole			不得检出	GB/T 21318
533	二甲草胺	Dinethachlor			不得检出	GB/T 19650
534	二甲酚草胺	Dimethenamid			不得检出	GB/T 19650
535	二硝托安	Dinitolmide			不得检出	GB/T 19650
536	氨氟灵	Dinitramine			不得检出	GB/T 19650
537	消螨通	Dinobuton			不得检出	GB/T 19650
538	呋虫胺	Dinotefuran			不得检出	SN/T 2323
539	苯虫醚－1	Diofenolan－1			不得检出	GB/T 19650
540	苯虫醚－2	Diofenolan－2			不得检出	GB/T 19650
541	蔬果磷	Dioxabenzofos			不得检出	GB/T 19650
542	双苯酰草胺	Diphenamid			不得检出	GB/T 19650
543	二苯胺	Diphenylamine			不得检出	GB/T 19650
544	异丙净	Dipropetryn			不得检出	GB/T 19650
545	灭菌磷	Ditalimfos			不得检出	GB/T 19650
546	氟硫草定	Dithiopyr			不得检出	GB/T 19650
547	强力霉素	Doxycycline			不得检出	GB/T 21317
548	敌瘟磷	Edifenphos			不得检出	GB/T 19650
549	硫丹硫酸盐	Endosulfan－sulfate			不得检出	GB/T 19650
550	异狄氏剂酮	Endrin ketone			不得检出	GB/T 19650
551	恩诺沙星	Enrofloxacin			不得检出	GB/T 22985
552	苯硫磷	EPN			不得检出	GB/T 19650
553	埃普利诺菌素	Eprinomectin			不得检出	GB/T 21320
554	抑草蓬	Erbon			不得检出	GB/T 19650
555	S－氰戊菊酯	Esfenvalerate			不得检出	GB/T 19650
556	戊草丹	Esprocarb			不得检出	GB/T 19650
557	乙环唑－1	Etaconazole－1			不得检出	GB/T 19650
558	乙环唑－2	Etaconazole－2			不得检出	GB/T 19650
559	乙嘧硫磷	Etrimfos			不得检出	GB/T 19650
560	氧乙嘧硫磷	Etrimfos oxon			不得检出	GB/T 19650
561	伐灭磷	Famphur			不得检出	GB/T 19650
562	苯线磷砜	Fenamiphos－sulfone			不得检出	GB/T 19650
563	苯线磷亚砜	Fenamiphos sulfoxide			不得检出	GB/T 19650
564	苯硫苯咪唑	Fenbendazole			不得检出	GB/T 22972

序号	农兽药中文名	农兽药英文名	欧盟标准限量要求 mg/kg	国家标准限量要求 mg/kg	三安超有机食品标准 限量要求 mg/kg	三安超有机食品标准 检测方法
565	氧皮蝇磷	Fenchlorphos oxon			不得检出	GB/T 19650
566	甲呋酰胺	Fenfuram			不得检出	GB/T 19650
567	仲丁威	Fenobucarb			不得检出	GB/T 19650
568	苯硫威	Fenothiocarb			不得检出	GB/T 19650
569	稻瘟酰胺	Fenoxanil			不得检出	GB/T 19650
570	拌种咯	Fenpiclonil			不得检出	GB/T 19650
571	甲氰菊酯	Fenpropathrin			不得检出	GB/T 19650
572	芬螨酯	Fenson			不得检出	GB/T 19650
573	丰索磷	Fensulfothion			不得检出	GB/T 19650
574	倍硫磷亚砜	Fenthion sulfoxide			不得检出	GB/T 19650
575	麦草氟甲酯	Flamprop – methyl			不得检出	GB/T 19650
576	麦草氟异丙酯	Flamprop – isopropyl			不得检出	GB/T 19650
577	氟苯尼考	Florfenicol			不得检出	GB/T 20756
578	吡氟禾草灵	Fluazifop – butyl			不得检出	GB/T 19650
579	啶蜱脲	Fluazuron			不得检出	GB/T 20772
580	氟苯咪唑	Flubendazole			不得检出	GB/T 21324
581	氟噻草胺	Flufenacet			不得检出	GB/T 19650
582	氟甲喹	Flumequin			不得检出	SN/T 1921
583	氟节胺	Flumetralin			不得检出	GB/T 19648
584	唑嘧磺草胺	Flumetsulam			不得检出	GB/T 20772
585	氟烯草酸	Flumiclorac			不得检出	GB/T 19650
586	丙炔氟草胺	Flumioxazin			不得检出	GB/T 19650
587	氟胺烟酸	Flunixin			不得检出	GB/T 20750
588	三氟硝草醚	Fluorodifen			不得检出	GB/T 19650
589	乙羧氟草醚	Fluoroglycofen – ethyl			不得检出	GB/T 19650
590	三氟苯唑	Fluotrimazole			不得检出	GB/T 19650
591	氟啶草酮	Fluridone			不得检出	GB/T 19650
592	呋草酮	Flurtamone			不得检出	GB/T 19650
593	氟草烟 – 1 – 甲庚酯	Fluroxypr – 1 – methylheptyl ester			不得检出	GB/T 19650
594	地虫硫磷	Fonofos			不得检出	GB/T 19650
595	安果	Formothion			不得检出	GB/T 19650
596	呋霜灵	Furalaxyl			不得检出	GB/T 19650
597	庆大霉素	Gentamicin			不得检出	GB/T 21323
598	苄螨醚	Halfenprox			不得检出	GB/T 19650
599	氟哌啶醇	Haloperidol			不得检出	GB/T 20763
600	庚烯磷	Heptanophos			不得检出	GB/T 19650
601	己唑醇	Hexaconazole			不得检出	GB/T 19650
602	环嗪酮	Hexazinone			不得检出	GB/T 19650

序号	农兽药中文名	农兽药英文名	欧盟标准限量要求 mg/kg	国家标准限量要求 mg/kg	三安超有机食品标准 限量要求 mg/kg	三安超有机食品标准 检测方法
603	咪草酸	Imazamethabenz – methyl			不得检出	GB/T 19650
604	脱苯甲基亚胺唑	Imibenconazole – *des* – benzyl			不得检出	GB/T 19650
605	炔咪菊酯 – 1	Imiprothrin – 1			不得检出	GB/T 19650
606	炔咪菊酯 – 2	Imiprothrin – 2			不得检出	GB/T 19650
607	碘硫磷	Iodofenphos			不得检出	GB/T 19650
608	甲基碘磺隆	Iodosulfuron – methyl			不得检出	GB/T 20772
609	异稻瘟净	Iprobenfos			不得检出	GB/T 19650
610	氯唑磷	Isazofos			不得检出	GB/T 19650
611	碳氯灵	Isobenzan			不得检出	GB/T 19650
612	丁咪酰胺	Isocarbamid			不得检出	GB/T 19650
613	水胺硫磷	Isocarbophos			不得检出	GB/T 19650
614	异艾氏剂	Isodrin			不得检出	GB/T 19650
615	异柳磷	Isofenphos			不得检出	GB/T 19650
616	氧异柳磷	Isofenphos oxon			不得检出	GB/T 19650
617	氮氨菲啶	Isometamidium			不得检出	SN/T 2239
618	丁嗪草酮	Isomethiozin			不得检出	GB/T 19650
619	异丙威 – 1	Isoprocarb – 1			不得检出	GB/T 19650
620	异丙威 – 2	Isoprocarb – 2			不得检出	GB/T 19650
621	异丙乐灵	Isopropalin			不得检出	GB/T 19650
622	双苯噁唑酸	Isoxadifen – ethyl			不得检出	GB/T 19650
623	异噁氟草	Isoxaflutole			不得检出	GB/T 20772
624	噁唑啉	Isoxathion			不得检出	GB/T 19650
625	依维菌素	Ivermectin			不得检出	GB/T 21320
626	交沙霉素	Josamycin			不得检出	GB/T 20762
627	拉沙里菌素	Lasalocid			不得检出	GB/T 22983
628	溴苯磷	Leptophos			不得检出	GB/T 19650
629	左旋咪唑	Levanisole			不得检出	GB/T 19650
630	利谷隆	Linuron			不得检出	GB/T 20772
631	麻保沙星	Marbofloxacin			不得检出	GB/T 22985
632	2 – 甲 – 4 – 氯丁氧乙基酯	MCPA – butoxyethyl ester			不得检出	GB/T 19650
633	甲苯咪唑	Mebendazole			不得检出	GB/T 21324
634	灭蚜磷	Mecarbam			不得检出	GB/T 19650
635	二甲四氯丙酸	Mecoprop			不得检出	SN/T 2325
636	苯噻酰草胺	Mefenacet			不得检出	GB/T 19650
637	吡唑解草酯	Mefenpyr – diethyl			不得检出	GB/T 19650
638	醋酸甲地孕酮	Megestrol acetate			不得检出	GB/T 20753
639	醋酸美仑孕酮	Melengestrol acetate			不得检出	GB/T 20753
640	嘧菌胺	Mepanipyrim			不得检出	GB/T 19650
641	地胺磷	Mephosfolan			不得检出	GB/T 19650

序号	农兽药中文名	农兽药英文名	欧盟标准限量要求 mg/kg	国家标准限量要求 mg/kg	三安超有机食品标准	
					限量要求 mg/kg	检测方法
642	灭锈胺	Mepronil			不得检出	GB/T 19650
643	硝磺草酮	Mesotrione			不得检出	GB/T 20772
644	呋菌胺	Methfuroxam			不得检出	GB/T 19650
645	灭梭威砜	Methiocarb sulfone			不得检出	GB/T 19650
646	盖草津	Methoprotryne			不得检出	GB/T 19650
647	甲醚菊酯 – 1	Methothrin – 1			不得检出	GB/T 19650
648	甲醚菊酯 – 2	Methothrin – 2			不得检出	GB/T 19650
649	甲基泼尼松龙	Methylprednisolone			不得检出	GB/T 21981
650	溴谷隆	Metobromuron			不得检出	GB/T 19650
651	甲氧氯普胺	Metoclopramide			不得检出	SN/T 2227
652	异丙甲草胺和 S – 异丙甲草胺	Metolachlor and S – metolachlor			不得检出	GB/T 19650
653	苯氧菌胺 – 1	Metominsstrobin – 1			不得检出	GB/T 20772
654	苯氧菌胺 – 2	Metominsstrobin – 2			不得检出	GB/T 19650
655	甲硝唑	Metronidazole			不得检出	GB/T 21318
656	速灭磷	Mevinphos			不得检出	GB/T 19650
657	兹克威	Mexacarbate			不得检出	GB/T 19650
658	灭蚁灵	Mirex			不得检出	GB/T 19650
659	禾草敌	Molinate			不得检出	GB/T 19650
660	庚酰草胺	Monalide			不得检出	GB/T 19650
661	莫能菌素	Monensin			不得检出	GB/T 20364
662	莫西丁克	Moxidectin			不得检出	SN/T 2442
663	合成麝香	Musk ambrecte			不得检出	GB/T 19650
664	麝香	Musk moskene			不得检出	GB/T 19650
665	西藏麝香	Musk tibeten			不得检出	GB/T 19650
666	二甲苯麝香	Musk xylene			不得检出	GB/T 19650
667	二溴磷	Naled			不得检出	SN/T 0706
668	萘丙胺	Naproanilide			不得检出	GB/T 19650
669	甲基盐霉素	Narasin			不得检出	GB/T 20364
670	甲磺乐灵	Nitralin			不得检出	GB/T 19650
671	三氯甲基吡啶	Nitrapyrin			不得检出	GB/T 19650
672	酞菌酯	Nitrothal – isopropyl			不得检出	GB/T 19650
673	诺氟沙星	Norfloxacin			不得检出	GB/T 20366
674	氟草敏	Norflurazon			不得检出	GB/T 19650
675	新生霉素	Novobiocin			不得检出	SN 0674
676	氟苯嘧啶醇	Nuarimol			不得检出	GB/T 19650
677	八氯苯乙烯	Octachlorostyrene			不得检出	GB/T 19650
678	氧氟沙星	Ofloxacin			不得检出	GB/T 20366

序号	农兽药中文名	农兽药英文名	欧盟标准限量要求 mg/kg	国家标准限量要求 mg/kg	三安超有机食品标准	
					限量要求 mg/kg	检测方法
679	喹乙醇	Olaquindox			不得检出	GB/T 20746
680	竹桃霉素	Oleandomycin			不得检出	GB/T 20762
681	氧乐果	Omethoate			不得检出	GB/T 20772
682	奥比沙星	Orbifloxacin			不得检出	GB/T 22985
683	杀线威	Oxamyl			不得检出	GB/T 20772
684	丙氧苯咪唑	Oxibendazole			不得检出	GB/T 21324
685	氧化氯丹	Oxy – chlordane			不得检出	GB/T 19650
686	对氧磷	Paraoxon			不得检出	GB/T 19650
687	甲基对氧磷	Paraoxon – methyl			不得检出	GB/T 19650
688	克草敌	Pebulate			不得检出	GB/T 19650
689	五氯苯胺	Pentachloroaniline			不得检出	GB/T 19650
690	五氯甲氧基苯	Pentachloroanisole			不得检出	GB/T 19650
691	五氯苯	Pentachlorobenzene			不得检出	GB/T 19650
692	乙滴涕	Perthane			不得检出	GB/T 19650
693	菲	Phenanthrene			不得检出	GB/T 19650
694	稻丰散	Phenthoate			不得检出	GB/T 19650
695	甲拌磷砜	Phorate sulfone			不得检出	GB/T 19650
696	磷胺 – 1	Phosphamidon – 1			不得检出	GB/T 19650
697	磷胺 – 2	Phosphamidon – 2			不得检出	GB/T 19650
698	酞酸苯甲基丁酯	Phthalic acid, benzylbutyl ester			不得检出	GB/T 19650
699	四氯苯肽	Phthalide			不得检出	GB/T 19650
700	邻苯二甲酰亚胺	Phthalimide			不得检出	GB/T 19650
701	氟吡酰草胺	Picolinafen			不得检出	GB/T 19650
702	增效醚	Piperonyl butoxide			不得检出	GB/T 19650
703	哌草磷	Piperophos			不得检出	GB/T 19650
704	乙基虫螨清	Pirimiphos – ethyl			不得检出	GB/T 19650
705	吡利霉素	Pirlimycin			不得检出	GB/T 22988
706	炔丙菊酯	Prallethrin			不得检出	GB/T 19650
707	泼尼松龙	Prednisolone			不得检出	GB/T 21981
708	环丙氟灵	Profluralin			不得检出	GB/T 19650
709	茉莉酮	Prohydrojasmon			不得检出	GB/T 19650
710	扑灭通	Prometon			不得检出	GB/T 19650
711	扑草净	Prometryne			不得检出	GB/T 19650
712	炔丙烯草胺	Pronamide			不得检出	GB/T 19650
713	敌稗	Propanil			不得检出	GB/T 19650
714	扑灭津	Propazine			不得检出	GB/T 19650
715	胺丙畏	Propetamphos			不得检出	GB/T 19650
716	丙酰二甲氨基丙吩噻嗪	Propionylpromazin			不得检出	GB/T 20763
717	丙硫磷	Prothiophos			不得检出	GB/T 19650

序号	农兽药中文名	农兽药英文名	欧盟标准限量要求 mg/kg	国家标准限量要求 mg/kg	三安超有机食品标准 限量要求 mg/kg	三安超有机食品标准 检测方法
718	吡唑硫磷	Pyraclofos			不得检出	GB/T 19650
719	吡草醚	Pyraflufen – ethyl			不得检出	GB/T 19650
720	哒嗪硫磷	Ptridaphenthion			不得检出	GB/T 19650
721	啶斑肟 – 1	Pyrifenox – 1			不得检出	GB/T 19650
722	啶斑肟 – 2	Pyrifenox – 2			不得检出	GB/T 19650
723	环酯草醚	Pyriftalid			不得检出	GB/T 19650
724	嘧草醚	Pyriminobac – methyl			不得检出	GB/T 19650
725	嘧啶磷	Pyrimitate			不得检出	GB/T 19650
726	嘧螨醚	Pyrimidifen			不得检出	GB/T 19650
727	喹硫磷	Quinalphos			不得检出	GB/T 19650
728	灭藻醌	Quinoclamine			不得检出	GB/T 19650
729	精喹禾灵	Quizalofop – P – ethyl			不得检出	GB/T 20772
730	吡咪唑	Rabenzazole			不得检出	GB/T 19650
731	莱克多巴胺	Ractopamine			不得检出	GB/T 21313
732	洛硝达唑	Ronidazole			不得检出	GB/T 21318
733	皮蝇磷	Ronnel			不得检出	GB/T 19650
734	盐霉素	Salinomycin			不得检出	GB/T 20364
735	沙拉沙星	Sarafloxacin			不得检出	GB/T 20366
736	另丁津	Sebutylazine			不得检出	GB/T 19650
737	密草通	Secbumeton			不得检出	GB/T 19650
738	氨基脲	Semduramicin			不得检出	GB/T 19650
739	烯禾啶	Sethoxydim			不得检出	GB/T 19650
740	氟硅菊酯	Silafluofen			不得检出	GB/T 19650
741	硅氟唑	Simeconazole			不得检出	GB/T 19650
742	西玛通	Simetone			不得检出	GB/T 19650
743	西草净	Simetryn			不得检出	GB/T 19650
744	螺旋霉素	Spiramycin			不得检出	GB/T 20762
745	磺胺苯酰	Sulfabenzamide			不得检出	GB/T 21316
746	磺胺醋酰	Sulfacetamide			不得检出	GB/T 21316
747	磺胺氯哒嗪	Sulfachloropyridazine			不得检出	GB/T 21316
748	磺胺嘧啶	Sulfadiazine			不得检出	GB/T 21316
749	磺胺间二甲氧嘧啶	Sulfadimethoxine			不得检出	GB/T 21316
750	磺胺二甲嘧啶	Sulfadimidine			不得检出	GB/T 21316
751	磺胺多辛	Sulfadoxine			不得检出	GB/T 21316
752	磺胺胍	Sulfaguanidine			不得检出	GB/T 21316
753	莱草畏	Sulfallate			不得检出	GB/T 19650
754	磺胺甲嘧啶	Sulfamerazine			不得检出	GB/T 21316
755	新诺明	Sulfamethoxazole			不得检出	GB/T 21316
756	磺胺间甲氧嘧啶	Sulfamonomethoxine			不得检出	GB/T 21316

序号	农兽药中文名	农兽药英文名	欧盟标准限量要求 mg/kg	国家标准限量要求 mg/kg	三安超有机食品标准 限量要求 mg/kg	三安超有机食品标准 检测方法
757	乙酰磺胺对硝基苯	Sulfanitran			不得检出	GB/T 20772
759	磺胺吡啶	Sulfapyridine			不得检出	GB/T 21316
759	磺胺喹沙啉	Sulfaquinoxaline			不得检出	GB/T 21316
760	磺胺噻唑	Sulfathiazole			不得检出	GB/T 21316
761	治螟磷	Sulfotep			不得检出	GB/T 19650
762	硫丙磷	Sulprofos			不得检出	GB/T 19650
763	苯噻硫氰	TCMTB			不得检出	GB/T 19650
764	丁基嘧啶磷	Tebupirimfos			不得检出	GB/T 19650
765	丁噻隆	Tebuthiuron			不得检出	GB/T 20772
766	牧草胺	Tebutam			不得检出	GB/T 19650
767	双硫磷	Temephos			不得检出	GB/T 20772
768	特草灵	Terbucarb			不得检出	GB/T 19650
769	特丁通	Terbumeton			不得检出	GB/T 19650
770	特丁净	Terbutryn			不得检出	GB/T 19650
771	四氢邻苯二甲酰亚胺	Tetrabydrophthalimide			不得检出	GB/T 19650
772	杀虫畏	Tetrachlorvinphos			不得检出	GB/T 19650
773	胺菊酯	Tetramethirn			不得检出	GB/T 19650
774	杀螨氯硫	Tetrasul			不得检出	GB/T 19650
775	噻吩草胺	Thenylchlor			不得检出	GB/T 19650
776	噻唑烟酸	Thiazopyr			不得检出	GB/T 19650
777	噻苯隆	Thidiazuron			不得检出	GB/T 20772
778	噻吩磺隆	Thifensulfuron – methyl			不得检出	GB/T 20772
779	甲基乙拌磷	Thiometon			不得检出	GB/T 20772
780	虫线磷	Thionazin			不得检出	GB/T 19650
781	硫普罗宁	Tiopronin			不得检出	SN/T 2225
782	四溴菊酯	Tralomethrin			不得检出	SN/T 2320
783	反式－氯丹	trans – Chlordane			不得检出	GB/T 19650
784	反式－燕麦敌	trans – Diallate			不得检出	GB/T 19650
785	四氟苯菊酯	Transfluthrin			不得检出	GB/T 19650
786	反式九氯	trans – Nonachlor			不得检出	GB/T 19650
787	反式－氯菊酯	trans – Permethrin			不得检出	GB/T 19650
788	群勃龙	Trenbolone			不得检出	GB/T 21981
789	威菌磷	Triamiphos			不得检出	GB/T 19650
790	毒壤磷	Trichloronate			不得检出	GB/T 19650
791	灭草环	Tridiphane			不得检出	GB/T 19650
792	草达津	Trietazine			不得检出	GB/T 19650
793	三异丁基磷酸盐	Tri – iso – butyl phosphate			不得检出	GB/T 19650
794	三正丁基磷酸盐	Tri – n – butyl phosphate			不得检出	GB/T 19650
795	三苯基磷酸盐	Triphenyl phosphate			不得检出	GB/T 19650

序号	农兽药中文名	农兽药英文名	欧盟标准限量要求 mg/kg	国家标准限量要求 mg/kg	三安超有机食品标准 限量要求 mg/kg	三安超有机食品标准 检测方法
796	烯效唑	Uniconazole			不得检出	GB/T 19650
797	灭草敌	Vernolate			不得检出	GB/T 19650
798	维吉尼霉素	Virginiamycin			不得检出	GB/T 20765
799	杀鼠灵	War farin			不得检出	GB/T 20772
800	甲苯噻嗪	Xylazine			不得检出	GB/T 20763
801	右环十四酮酚	Zeranol			不得检出	GB/T 21982
802	苯酰菌胺	Zoxamide			不得检出	GB/T 19650

1.2 猪瘦肉 Pig Lean Meat

序号	农兽药中文名	农兽药英文名	欧盟标准限量要求 mg/kg	国家标准限量要求 mg/kg	三安超有机食品标准 限量要求 mg/kg	三安超有机食品标准 检测方法
1	1,1-二氯-2,2-二(4-乙苯)乙烷	1,1-Dichloro-2,2-bis(4-ethylphenyl)ethane	0.01		不得检出	日本肯定列表（增补本1）
2	1,2-二氯乙烷	1,2-Dichloroethane	0.1		不得检出	SN/T 2238
3	1,3-二氯丙烯	1,3-Dichloropropene	0.01		不得检出	SN/T 2238
4	1-萘乙酸	1-Naphthylacetic acid	0.05		不得检出	SN/T 2228
5	2,4-滴丁酸	2,4-DB	0.05		不得检出	GB/T 20769
6	2,4-滴	2,4-D	0.05		不得检出	GB/T 20772
7	2-苯酚	2-Phenylphenol	0.05		不得检出	GB/T 19650
8	阿维菌素	Abamectin	0.02		不得检出	SN/T 2661
9	乙酰甲胺磷	Acephate	0.02		不得检出	GB/T 20772
10	灭螨醌	Acequinocyl	0.01		不得检出	参照同类标准
11	啶虫脒	Acetamiprid	0.05		不得检出	GB/T 20772
12	乙草胺	Acetochlor	0.01		不得检出	GB/T 19650
13	苯并噻二唑	Acibenzolar-S-methyl	0.02		不得检出	GB/T 20772
14	苯草醚	Aclonifen	0.02		不得检出	GB/T 20772
15	氟丙菊酯	Acrinathrin	0.05		不得检出	GB/T 19648
16	甲草胺	Alachlor	0.01		不得检出	GB/T 20772
17	阿苯达唑	Albendazole	100μg/kg		不得检出	GB 29687
18	涕灭威	Aldicarb	0.01		不得检出	GB/T 20772
19	艾氏剂和狄氏剂	Aldrin and dieldrin	0.2	0.2和0.2	不得检出	GB/T 19650
20	—	Ametoctradin	0.03		不得检出	参照同类标准
21	酰嘧磺隆	Amidosulfuron	0.02		不得检出	参照同类标准
22	氯氨吡啶酸	Aminopyralid	0.02		不得检出	GB/T 23211
23	—	Amisulbrom	0.01		不得检出	参照同类标准
24	阿莫西林	Amoxicillin	50μg/kg		不得检出	NY/T 830
25	氨苄青霉素	Ampicillin	50μg/kg		不得检出	GB/T 21315

序号	农兽药中文名	农兽药英文名	欧盟标准限量要求 mg/kg	国家标准限量要求 mg/kg	三安超有机食品标准 限量要求 mg/kg	检测方法
26	敌菌灵	Anilazine	0.01	•	不得检出	GB/T 20769
27	杀螨特	Aramite	0.01		不得检出	GB/T 19650
28	磺草灵	Asulam	0.1		不得检出	日本肯定列表（增补本1）
29	印楝素	Azadirachtin	0.01		不得检出	SN/T 3264
30	益棉磷	Azinphos – ethyl	0.01		不得检出	GB/T 19650
31	保棉磷	Azinphos – methyl	0.01		不得检出	GB/T 20772
32	三唑锡和三环锡	Azocyclotin and cyhexatin	0.05		不得检出	SN/T 1990
33	嘧菌酯	Azoxystrobin	0.05		不得检出	GB/T 20772
34	燕麦灵	Barban	0.05		不得检出	参照同类标准
35	氟丁酰草胺	Beflubutamid	0.05		不得检出	参照同类标准
36	苯霜灵	Benalaxyl	0.05		不得检出	GB/T 20772
37	丙硫克百威	Benfuracarb	0.02		不得检出	GB/T 20772
38	苄青霉素	Benzyl pencillin	50μg/kg		不得检出	GB/T 21315
39	联苯肼酯	Bifenazate	0.01		不得检出	GB/T 20772
40	甲羧除草醚	Bifenox	0.05		不得检出	GB/T 23210
41	联苯菊酯	Bifenthrin	3		不得检出	GB/T 19650
42	乐杀螨	Binapacryl	0.01		不得检出	SN 0523
43	联苯	Biphenyl	0.01		不得检出	GB/T 19650
44	联苯三唑醇	Bitertanol	0.05		不得检出	GB/T 20772
45	—	Bixafen	0.02		不得检出	参照同类标准
46	啶酰菌胺	Boscalid	0.7		不得检出	GB/T 20772
47	溴离子	Bromide ion	0.05		不得检出	GB/T 5009.167
48	溴螨酯	Bromopropylate	0.01		不得检出	GB/T 19650
49	溴苯腈	Bromoxynil	0.05		不得检出	GB/T 20772
50	糠菌唑	Bromuconazole	0.05		不得检出	GB/T 19650
51	乙嘧酚磺酸酯	Bupirimate	0.05		不得检出	GB/T 19650
52	噻嗪酮	Buprofezin	0.05		不得检出	GB/T 20772
53	仲丁灵	Butralin	0.02		不得检出	GB/T 19650
54	丁草敌	Butylate	0.01		不得检出	GB/T 19650
55	硫线磷	Cadusafos	0.01		不得检出	GB/T 19650
56	毒杀芬	Camphechlor	0.05		不得检出	YC/T 180
57	敌菌丹	Captafol	0.01		不得检出	GB/T 23210
58	克菌丹	Captan	0.02		不得检出	GB/T 19648
59	甲萘威	Carbaryl	0.05		不得检出	GB/T 20796
60	多菌灵和苯菌灵	Carbendazim and benomyl	0.05		不得检出	GB/T 20772
61	长杀草	Carbetamide	0.05		不得检出	GB/T 20772
62	克百威	Carbofuran	0.01		不得检出	GB/T 20772
63	丁硫克百威	Carbosulfan	0.05		不得检出	GB/T 19650

序号	农兽药中文名	农兽药英文名	欧盟标准限量要求 mg/kg	国家标准限量要求 mg/kg	三安超有机食品标准	
					限量要求 mg/kg	检测方法
64	萎锈灵	Carboxin	0.05		不得检出	GB/T 20772
65	头孢噻呋	Ceftiofur	1000μg/kg		不得检出	GB/T 21314
66	氯虫苯甲酰胺	Chlorantraniliprole	0.2		不得检出	参照同类标准
67	杀螨醚	Chlorbenside	0.05		不得检出	GB/T 19650
68	氯炔灵	Chlorbufam	0.05		不得检出	GB/T 20772
69	氯丹	Chlordane	0.05	0.05	不得检出	GB/T 5009.19
70	十氯酮	Chlordecone	0.1		不得检出	参照同类标准
71	杀螨酯	Chlorfenson	0.05		不得检出	GB/T 19650
72	毒虫畏	Chlorfenvinphos	0.01		不得检出	GB/T 19650
73	氯草敏	Chloridazon	0.05		不得检出	GB/T 20772
74	矮壮素	Chlormequat	0.05		不得检出	GB/T 23211
75	乙酯杀螨醇	Chlorobenzilate	0.1		不得检出	GB/T 23210
76	百菌清	Chlorothalonil	0.07		不得检出	SN/T 2320
77	绿麦隆	Chlortoluron	0.05		不得检出	GB/T 20772
78	枯草隆	Chloroxuron	0.05		不得检出	SN/T 2150
79	氯苯胺灵	Chlorpropham	0.05		不得检出	GB/T 19650
80	甲基毒死蜱	Chlorpyrifos – methyl	0.05		不得检出	GB/T 19650
81	氯磺隆	Chlorsulfuron	0.01		不得检出	GB/T 20772
82	金霉素	Chlortetracycline	100μg/kg		不得检出	GB/T 21317
83	氯酞酸甲酯	Chlorthaldimethyl	0.01		不得检出	GB/T 19650
84	氯硫酰草胺	Chlorthiamid	0.02		不得检出	GB/T 20772
85	烯草酮	Clethodim	0.2		不得检出	GB/T 19650
86	炔草酯	Clodinafop – propargyl	0.02		不得检出	GB/T 19650
87	四螨嗪	Clofentezine	0.05		不得检出	GB/T 20772
88	二氯吡啶酸	Clopyralid	0.05		不得检出	SN/T 2228
89	噻虫胺	Clothianidin	0.02		不得检出	GB/T 20772
90	邻氯青霉素	Cloxacillin	300μg/kg		不得检出	GB/T 18932.25
91	黏菌素	Colistin	150μg/kg		不得检出	参照同类标准
92	铜化合物	Copper compounds	5		不得检出	参照同类标准
93	环烷基酰苯胺	Cyclanilide	0.01		不得检出	参照同类标准
94	噻草酮	Cycloxydim	0.05		不得检出	GB/T 19650
95	环氟菌胺	Cyflufenamid	0.03		不得检出	GB/T 23210
96	氟氯氰菊酯和高效氟氯氰菊酯	Cyfluthrin and beta – cyfluthrin	0.05		不得检出	GB/T 196502
97	霜脲氰	Cymoxanil	0.05		不得检出	GB/T 20772
98	氯氰菊酯和高效氯氰菊酯	Cypermethrin and beta – cypermethrin	20μg/kg		不得检出	GB/T 19650
99	环丙唑醇	Cyproconazole	0.05		不得检出	GB/T 20772
100	嘧菌环胺	Cyprodinil	0.05		不得检出	GB/T 19650

序号	农兽药中文名	农兽药英文名	欧盟标准限量要求 mg/kg	国家标准限量要求 mg/kg	三安超有机食品标准 限量要求 mg/kg	三安超有机食品标准 检测方法
101	灭蝇胺	Cyromazine	0.05		不得检出	GB/T 20772
102	丁酰肼	Daminozide	0.05		不得检出	SN/T 1989
103	滴滴涕	DDT	1	0.2	不得检出	SN/T 0127
104	溴氰菊酯	Deltamethrin	10μg/kg		不得检出	GB/T 19650
105	燕麦敌	Diallate	0.2		不得检出	GB/T 23211
106	二嗪磷	Diazinon	0.05		不得检出	GB/T 19650
107	麦草畏	Dicamba	0.07		不得检出	GB/T 20772
108	敌草腈	Dichlobenil	0.01		不得检出	GB/T 19650
109	滴丙酸	Dichlorprop	0.05		不得检出	SN/T 2228
110	二氯苯氧基丙酸	Diclofop	0.05		不得检出	参照同类标准
111	氯硝胺	Dicloran	0.01		不得检出	GB/T 19650
112	双氯青霉素	Dicloxacillin	300μg/kg		不得检出	GB/T 18932.25
113	三氯杀螨醇	Dicofol	0.02		不得检出	GB/T 19650
114	乙霉威	Diethofencarb	0.05		不得检出	GB/T 19650
115	苯醚甲环唑	Difenoconazole	0.05		不得检出	GB/T 19650
116	除虫脲	Diflubenzuron	0.1		不得检出	SN/T 0528
117	吡氟酰草胺	Diflufenican	0.05		不得检出	GB/T 20772
118	二氢链霉素	Dihydro – streptomycin	500μg/kg		不得检出	GB/T 22969
119	油菜安	Dimethachlor	0.02		不得检出	GB/T 20772
120	烯酰吗啉	Dimethomorph	0.05		不得检出	GB/T 20772
121	醚菌胺	Dimoxystrobin	0.05		不得检出	SN/T 2237
122	烯唑醇	Diniconazole	0.01		不得检出	GB/T 19650
123	敌螨普	Dinocap	0.05		不得检出	日本肯定列表（增补本 1）
124	地乐酚	Dinoseb	0.01		不得检出	GB/T 20772
125	特乐酚	Dinoterb	0.05		不得检出	GB/T 20772
126	敌噁磷	Dioxathion	0.05		不得检出	GB/T 19650
127	敌草快	Diquat	0.05		不得检出	GB/T 5009.221
128	乙拌磷	Disulfoton	0.01		不得检出	GB/T 20772
129	二氰蒽醌	Dithianon	0.01		不得检出	GB/T 20769
130	二硫代氨基甲酸酯	Dithiocarbamates	0.05		不得检出	SN 0139
131	敌草隆	Diuron	0.05		不得检出	SN/T 0645
132	二硝甲酚	DNOC	0.05		不得检出	GB/T 20772
133	多果定	Dodine	0.2		不得检出	SN 0500
134	多拉菌素	Doramectin	40μg/kg		不得检出	GB/T 22968
135	甲氨基阿维菌素苯甲酸盐	Emamectin benzoate	0.02		不得检出	GB/T 20769
136	硫丹	Endosulfan	0.05		不得检出	GB/T 19650
137	异狄氏剂	Endrin	0.05	0.05	不得检出	GB/T 19650
138	氟环唑	Epoxiconazole	0.01		不得检出	GB/T 20772

序号	农兽药中文名	农兽药英文名	欧盟标准限量要求 mg/kg	国家标准限量要求 mg/kg	三安超有机食品标准	
					限量要求 mg/kg	检测方法
139	茵草敌	EPTC	0.02		不得检出	GB/T 20772
140	红霉素	Erythromycin	200μg/kg		不得检出	GB/T 20762
141	乙丁烯氟灵	Ethalfluralin	0.01		不得检出	GB/T 19650
142	胺苯磺隆	Ethametsulfuron	0.01		不得检出	NY/T 1616
143	乙烯利	Ethephon	0.05		不得检出	SN 0705
144	乙硫磷	Ethion	0.01		不得检出	GB/T 19650
145	乙嘧酚	Ethirimol	0.05		不得检出	GB/T 20772
146	乙氧呋草黄	Ethofumesate	0.1		不得检出	GB/T 20772
147	灭线磷	Ethoprophos	0.01		不得检出	GB/T 19650
148	乙氧喹啉	Ethoxyquin	0.05		不得检出	GB/T 20772
149	环氧乙烷	Ethylene oxide	0.02		不得检出	GB/T 23296.11
150	醚菊酯	Etofenprox	0.5		不得检出	GB/T 19650
151	乙螨唑	Etoxazole	0.01		不得检出	GB/T 19650
152	氯唑灵	Etridiazole	0.05		不得检出	GB/T 20772
153	噁唑菌酮	Famoxadone	0.05		不得检出	GB/T 20772
154	苯硫氨酯	Febantel	50μg/kg		不得检出	GB/T 22972
155	咪唑菌酮	Fenamidone	0.01		不得检出	GB/T 19650
156	苯线磷	Fenamiphos	0.02		不得检出	GB/T 19650
157	氯苯嘧啶醇	Fenarimol	0.02		不得检出	GB/T 20772
158	喹螨醚	Fenazaquin	0.01		不得检出	GB/T 19650
159	苯硫苯咪唑	Fenbendazole	50μg/kg		不得检出	SN 0638
160	腈苯唑	Fenbuconazole	0.05		不得检出	GB/T 20772
161	苯丁锡	Fenbutatin oxide	0.05		不得检出	SN/T 3149
162	环酰菌胺	Fenhexamid	0.05		不得检出	GB/T 20772
163	杀螟硫磷	Fenitrothion	0.01		不得检出	GB/T 20772
164	精噁唑禾草灵	Fenoxaprop－P－ethyl	0.05		不得检出	GB/T 22617
165	双氧威	Fenoxycarb	0.05		不得检出	GB/T 19650
166	苯锈啶	Fenpropidin	0.02		不得检出	GB/T 19650
167	丁苯吗啉	Fenpropimorph	0.01		不得检出	GB/T 20772
168	胺苯吡菌酮	Fenpyrazamine	0.01		不得检出	参照同类标准
169	唑螨酯	Fenpyroximate	0.01		不得检出	GB/T 19650
170	倍硫磷	Fenthion	0.05		不得检出	GB/T 20772
171	三苯锡	Fentin	0.05		不得检出	SN/T 3149
172	薯瘟锡	Fentin acetate	0.05		不得检出	参照同类标准
173	氰戊菊酯和高效氰戊菊酯（RR & SS 异构体总量）	Fenvalerate and esfenvalerate（sum of RR & SS isomers）	0.2		不得检出	GB/T 19650
174	氰戊菊酯和高效氰戊菊酯（RS & SR 异构体总量）	Fenvalerate and esfenvalerate（sum of RS & SR isomers）	0.05		不得检出	GB/T 19650
175	氟虫腈	Fipronil	0.1		不得检出	SN/T 1982

序号	农兽药中文名	农兽药英文名	欧盟标准限量要求 mg/kg	国家标准限量要求 mg/kg	三安超有机食品标准 限量要求 mg/kg	检测方法
176	氟啶虫酰胺	Flonicamid	0.02		不得检出	SN/T 2796
177	精吡氟禾草灵	Fluazifop – P – butyl	0.05		不得检出	GB/T 5009.142
178	氟啶胺	Fluazinam	0.05		不得检出	SN/T 2150
179	氟苯虫酰胺	Flubendiamide	2		不得检出	SN/T 2581
180	氟环脲	Flucycloxuron	0.05		不得检出	参照同类标准
181	氟氰戊菊酯	Flucythrinate	0.05		不得检出	GB/T 23210
182	咯菌腈	Fludioxonil	0.05		不得检出	GB/T 20772
183	氟虫脲	Flufenoxuron	0.05		不得检出	SN/T 2150
184	杀螨净	Flufenzin	0.02		不得检出	参照同类标准
185	氟吡菌胺	Fluopicolide	0.01		不得检出	参照同类标准
186	—	Fluopyram	0.05		不得检出	参照同类标准
187	氟离子	Fluoride ion	1		不得检出	GB/T 5009.167
188	氟腈嘧菌酯	Fluoxastrobin	0.05		不得检出	SN/T 2237
189	氟喹唑	Fluquinconazole	2		不得检出	GB/T 19650
190	氟咯草酮	Fluorochloridone	0.05		不得检出	GB/T 20772
191	氟草烟	Fluroxypyr	0.05		不得检出	GB/T 20772
192	氟硅唑	Flusilazole	0.1		不得检出	GB/T 20772
193	氟酰胺	Flutolanil	0.02		不得检出	GB/T 20772
194	粉唑醇	Flutriafol	0.01		不得检出	GB/T 20772
195	—	Fluxapyroxad	0.01		不得检出	参照同类标准
196	氟磺胺草醚	Fomesafen	0.01		不得检出	GB/T 5009.130
197	氯吡脲	Forchlorfenuron	0.05		不得检出	SN/T 3643
198	伐虫脒	Formetanate	0.01		不得检出	NY/T 1453
199	三乙膦酸铝	Fosetyl – aluminium	0.5		不得检出	参照同类标准
200	麦穗宁	Fuberidazole	0.05		不得检出	GB/T 19650
201	呋线威	Furathiocarb	0.01		不得检出	GB/T 20772
202	糠醛	Furfural	1		不得检出	参照同类标准
203	勃激素	Gibberellic acid	0.1		不得检出	GB/T 23211
204	草胺膦	Glufosinate – ammonium	0.1		不得检出	日本肯定列表
205	草甘膦	Glyphosate	0.05		不得检出	SN/T 1923
206	双胍盐	Guazatine	0.1		不得检出	参照同类标准
207	氟吡禾灵	Haloxyfop	0.01		不得检出	SN/T 2228
208	七氯	Heptachlor	0.2	0.2	不得检出	SN 0663
209	六氯苯	Hexachlorobenzene	0.2		不得检出	SN/T 0127
210	六六六（HCH），α-异构体	Hexachlorociclohexane（HCH）, alpha – isomer	0.2	0.1	不得检出	SN/T 0127
211	六六六（HCH），β-异构体	Hexachlorociclohexane（HCH）, beta – isomer	0.1		不得检出	SN/T 0127
212	噻螨酮	Hexythiazox	0.05		不得检出	GB/T 20772

序号	农兽药中文名	农兽药英文名	欧盟标准限量要求 mg/kg	国家标准限量要求 mg/kg	三安超有机食品标准 限量要求 mg/kg	三安超有机食品标准 检测方法
213	噁霉灵	Hymexazol	0.05		不得检出	GB/T 20772
214	抑霉唑	Imazalil	0.05		不得检出	GB/T 20772
215	甲咪唑烟酸	Imazapic	0.01		不得检出	GB/T 20772
216	咪唑喹啉酸	Imazaquin	0.05		不得检出	GB/T 20772
217	吡虫啉	Imidacloprid	0.05		不得检出	GB/T 20772
218	茚虫威	Indoxacarb	2		不得检出	GB/T 20772
219	碘苯腈	Ioxynil	0.05		不得检出	GB/T 20772
220	异菌脲	Iprodione	0.05		不得检出	GB/T 19650
221	缬霉威	Iprovalicarb	0.01		不得检出	GB/T 23205
222	稻瘟灵	Isoprothiolane	0.01		不得检出	GB/T 20772
223	异丙隆	Isoproturon	0.05		不得检出	GB/T 20772
224	异噁酰草胺	Isoxaben	0.01		不得检出	GB/T 20772
225	卡那霉素	Kanamycin	100μg/kg		不得检出	GB/T 21323
226	醚菌酯	Kresoxim – methyl	0.02		不得检出	GB/T 20772
227	乳氟禾草灵	Lactofen	0.01		不得检出	GB/T 19650
228	高效氯氟氰菊酯	Lambda – cyhalothrin	0.5		不得检出	GB/T 23210
229	环草定	Lenacil	0.1		不得检出	GB/T 19650
230	林可霉素	Lincomycin	100μg/kg		不得检出	GB/T 20762
231	林丹	Lindane	0.02	0.1	不得检出	NY/T 761
232	虱螨脲	Lufenuron	0.02		不得检出	SN/T 2540
233	马拉硫磷	Malathion	0.02		不得检出	GB/T 19650
234	抑芽丹	Maleic hydrazide	0.02		不得检出	GB/T 23211
235	双炔酰菌胺	Mandipropamid	0.02		不得检出	参照同类标准
236	二甲四氯和二甲四氯丁酸	MCPA and MCPB	0.1		不得检出	SN/T 2228
237	壮棉素	Mepiquat chloride	0.05		不得检出	GB/T 23211
238	—	Meptyldinocap	0.05		不得检出	参照同类标准
239	汞化合物	Mercury compounds	0.01		不得检出	参照同类标准
240	氰氟虫腙	Metaflumizone	0.02		不得检出	SN/T 3852
241	甲霜灵和精甲霜灵	Metalaxyl and metalaxyl – M	0.05		不得检出	GB/T 20772
242	四聚乙醛	Metaldehyde	0.05		不得检出	SN/T 1787
243	苯嗪草酮	Metamitron	0.05		不得检出	GB/T 19650
244	吡唑草胺	Metazachlor	0.05		不得检出	GB/T 19650
245	叶菌唑	Metconazole	0.01		不得检出	GB/T 20772
246	甲基苯噻隆	Methabenzthiazuron	0.05		不得检出	GB/T 19650
247	虫螨畏	Methacrifos	0.01		不得检出	GB/T 20772
248	甲胺磷	Methamidophos	0.01		不得检出	GB/T 20772
249	杀扑磷	Methidathion	0.02		不得检出	GB/T 20772
250	甲硫威	Methiocarb	0.05		不得检出	GB/T 20770
251	灭多威和硫双威	Methomyl and thiodicarb	0.02		不得检出	GB/T 20772

序号	农兽药中文名	农兽药英文名	欧盟标准限量要求 mg/kg	国家标准限量要求 mg/kg	三安超有机食品标准 限量要求 mg/kg	三安超有机食品标准 检测方法
252	烯虫酯	Methoprene	0.2		不得检出	GB/T 19650
253	甲氧滴滴涕	Methoxychlor	0.01		不得检出	SN/T 0529
254	甲氧虫酰肼	Methoxyfenozide	0.2		不得检出	GB/T 20772
255	磺草唑胺	Metosulam	0.01		不得检出	GB/T 20772
256	苯菌酮	Metrafenone	0.05		不得检出	参照同类标准
257	嗪草酮	Metribuzin	0.1		不得检出	GB/T 19650
258	绿谷隆	Monolinuron	0.05		不得检出	GB/T 20772
259	灭草隆	Monuron	0.01		不得检出	GB/T 20772
260	甲噻吩嘧啶	Morantel	100μg/kg		不得检出	参照同类标准
261	腈菌唑	Myclobutanil	0.01		不得检出	GB/T 20772
262	萘夫西林	Nafcillin	300μg/kg		不得检出	GB/T 22975
263	1-萘乙酰胺	Naphthy lacetamide	0.05		不得检出	GB/T 23205
264	敌草胺	Napropamide	0.01		不得检出	GB/T 19650
265	新霉素	Neomycin	500μg/kg		不得检出	SN 0646
266	烟嘧磺隆	Nicosulfuron	0.05		不得检出	SN/T 2325
267	除草醚	Nitrofen	0.01		不得检出	GB/T 19650
268	氟酰脲	Novaluron	10		不得检出	GB/T 23211
269	嘧苯胺磺隆	Orthosulfamuron	0.01		不得检出	GB/T 23817
270	苯唑青霉素	Oxacillin	300μg/kg		不得检出	GB/T 18932.25
271	噁草酮	Oxadiazon	0.05		不得检出	GB/T 19650
272	噁霜灵	Oxadixyl	0.01		不得检出	GB/T 19650
273	环氧嘧磺隆	Oxasulfuron	0.05		不得检出	GB/T 23817
274	奥芬达唑	Oxfendazole	50μg/kg		不得检出	GB/T 22972
275	喹菌酮	Oxolinic acid	100μg/kg		不得检出	日本肯定列表
276	氧化萎锈灵	Oxycarboxin	0.05		不得检出	GB/T 19650
277	羟氯柳苯胺	Oxyclozanide	20μg/kg		不得检出	SN/T 2909
278	亚砜磷	Oxydemeton-methyl	0.01		不得检出	参照同类标准
279	乙氧氟草醚	Oxyfluorfen	0.05		不得检出	GB/T 20772
280	土霉素	Oxytetracycline	100μg/kg		不得检出	GB/T 21317
281	多效唑	Paclobutrazol	0.02		不得检出	GB/T 19650
282	对硫磷	Parathion	0.05		不得检出	GB/T 19650
283	甲基对硫磷	Parathion-methyl	0.01		不得检出	GB/T 5009.161
284	巴龙霉素	Paromomycin	500μg/kg		不得检出	SN/T 2315
285	戊菌唑	Penconazole	0.05		不得检出	GB/T 20772
286	戊菌隆	Pencycuron	0.05		不得检出	GB/T 19650
287	二甲戊灵	Pendimethalin	0.05		不得检出	GB/T 19650
288	喷沙西林	Penethamate	50μg/kg		不得检出	参照同类标准
289	氯菊酯	Permethrin	0.05		不得检出	GB/T 19650
290	甜菜宁	Phenmedipham	0.05		不得检出	GB/T 23205

序号	农兽药中文名	农兽药英文名	欧盟标准限量要求 mg/kg	国家标准限量要求 mg/kg	三安超有机食品标准 限量要求 mg/kg	三安超有机食品标准 检测方法
291	苯醚菊酯	Phenothrin	0.05		不得检出	GB/T 20772
292	甲拌磷	Phorate	0.01		不得检出	GB/T 20772
293	伏杀硫磷	Phosalone	0.01		不得检出	GB/T 20772
294	亚胺硫磷	Phosmet	0.1		不得检出	GB/T 20772
295	—	Phosphines and phosphides	0.01		不得检出	参照同类标准
296	辛硫磷	Phoxim	0.7		不得检出	GB/T 20772
297	氨氯吡啶酸	Picloram	0.01		不得检出	GB/T 23211
298	啶氧菌酯	Picoxystrobin	0.05		不得检出	GB/T 19650
299	抗蚜威	Pirimicarb	0.05		不得检出	GB/T 20772
300	甲基嘧啶磷	Pirimiphos – methyl	0.05		不得检出	GB/T 20772
301	咪鲜胺	Prochloraz	0.1		不得检出	GB/T 19650
302	腐霉利	Procymidone	0.01		不得检出	GB/T 20772
303	丙溴磷	Profenofos	0.05		不得检出	GB/T 20772
304	调环酸	Prohexadione	0.05		不得检出	日本肯定列表
305	毒草安	Propachlor	0.02		不得检出	GB/T 20772
306	扑派威	Propamocarb	0.1		不得检出	GB/T 20772
307	恶草酸	Propaquizafop	0.05		不得检出	GB/T 20772
308	炔螨特	Propargite	0.1		不得检出	GB/T 19650
309	苯胺灵	Propham	0.05		不得检出	GB/T 19650
310	丙环唑	Propiconazole	0.01		不得检出	GB/T 19650
311	异丙草胺	Propisochlor	0.01		不得检出	GB/T 19650
312	残杀威	Propoxur	0.05		不得检出	GB/T 20772
313	炔苯酰草胺	Propyzamide	0.05		不得检出	GB/T 19650
314	苄草丹	Prosulfocarb	0.05		不得检出	GB/T 19650
315	丙硫菌唑	Prothioconazole	0.05		不得检出	参照同类标准
316	吡蚜酮	Pymetrozine	0.01		不得检出	GB/T 20772
317	吡唑醚菌酯	Pyraclostrobin	0.05		不得检出	GB/T 20772
318	吡菌磷	Pyrazophos	0.02		不得检出	GB/T 20772
319	除虫菊素	Pyrethrins	0.05		不得检出	GB/T 20772
320	哒螨灵	Pyridaben	0.02		不得检出	GB/T 19650
321	啶虫丙醚	Pyridalyl	0.01		不得检出	日本肯定列表
322	哒草特	Pyridate	0.05		不得检出	日本肯定列表
323	嘧霉胺	Pyrimethanil	0.05		不得检出	GB/T 19650
324	吡丙醚	Pyriproxyfen	0.05		不得检出	GB/T 19650
325	甲氧磺草胺	Pyroxsulam	0.01		不得检出	SN/T 2325
326	氯甲喹啉酸	Quinmerac	0.05		不得检出	参照同类标准
327	喹氧灵	Quinoxyfen	0.2		不得检出	SN/T 2319
328	五氯硝基苯	Quintozene	0.01		不得检出	GB/T 19650
329	精喹禾灵	Quizalofop – P – ethyl	0.05		不得检出	SN/T 2150

序号	农兽药中文名	农兽药英文名	欧盟标准限量要求 mg/kg	国家标准限量要求 mg/kg	三安超有机食品标准 限量要求 mg/kg	三安超有机食品标准 检测方法
330	灭虫菊	Resmethrin	0.1		不得检出	GB/T 20772
331	鱼藤酮	Rotenone	0.01		不得检出	GB/T 20772
332	西玛津	Simazine	0.01		不得检出	SN 0594
333	壮观霉素	Spectinomycin	300μg/kg		不得检出	GB/T 21323
334	乙基多杀菌素	Spinetoram	0.01		不得检出	参照同类标准
335	多杀霉素	Spinosad	1		不得检出	GB/T 20772
336	螺螨酯	Spirodiclofen	0.05		不得检出	GB/T 20772
337	螺甲螨酯	Spiromesifen	0.01		不得检出	GB/T 23210
338	螺虫乙酯	Spirotetramat	0.01		不得检出	参照同类标准
339	葚孢菌素	Spiroxamine	0.05		不得检出	GB/T 20772
340	链霉素	Streptomycin	500μg/kg		不得检出	GB/T 21323
341	磺草酮	Sulcotrione	0.05		不得检出	参照同类标准
342	磺胺类（所有属于磺胺类的物质）	Sulfonamides（all substances belonging to the sulfonamide-group）	100μg/kg		不得检出	GB 29694
343	乙黄隆	Sulfosulfuron	0.05		不得检出	SN/T 2325
344	硫磺粉	Sulfur	0.5		不得检出	参照同类标准
345	氟胺氰菊酯	Tau – fluvalinate	0.3		不得检出	SN 0691
346	戊唑醇	Tebuconazole	0.1		不得检出	GB/T 20772
347	虫酰肼	Tebufenozide	0.05		不得检出	GB/T 20772
348	吡螨胺	Tebufenpyrad	0.05		不得检出	GB/T 19650
349	四氯硝基苯	Tecnazene	0.05		不得检出	GB/T 19650
350	氟苯脲	Teflubenzuron	0.05		不得检出	SN/T 2150
351	七氟菊酯	Tefluthrin	0.05		不得检出	GB/T 23210
352	得杀草	Tepraloxydim	0.1		不得检出	GB/T 20772
353	特丁硫磷	Terbufos	0.01		不得检出	GB/T 20772
354	特丁津	Terbuthylazine	0.05		不得检出	GB/T 19650
355	四氟醚唑	Tetraconazole	0.5		不得检出	GB/T 20772
356	四环素	Tetracycline	100μg/kg		不得检出	GB/T 21317
357	三氯杀螨砜	Tetradifon	0.05		不得检出	GB/T 19650
358	噻菌灵	Thiabendazole	0.1		不得检出	GB/T 20772
359	噻虫啉	Thiacloprid	0.05		不得检出	GB/T 20772
360	噻虫嗪	Thiamethoxam	0.03		不得检出	GB/T 20772
361	甲砜霉素	Thiamphenicol	50μg/kg		不得检出	GB/T 20756
362	禾草丹	Thiobencarb	0.01		不得检出	GB/T 20772
363	甲基硫菌灵	Thiophanate – methyl	0.05		不得检出	SN/T 0162
364	替米考星	Tilmicosin	50μg/kg		不得检出	GB/T 20762
365	甲基立枯磷	Tolclofos – methyl	0.05		不得检出	GB/T 19650
366	甲苯三嗪酮	Toltrazuril	100μg/kg		不得检出	参照同类标准

序号	农兽药中文名	农兽药英文名	欧盟标准限量要求 mg/kg	国家标准限量要求 mg/kg	三安超有机食品标准	
					限量要求 mg/kg	检测方法
367	甲苯氟磺胺	Tolylfluanid	0.1		不得检出	GB/T 19650
368	—	Topramezone	0.05		不得检出	参照同类标准
369	三唑酮和三唑醇	Triadimefon and triadimenol	0.1		不得检出	GB/T 20772
370	野麦畏	Triallate	0.05		不得检出	GB/T 20772
371	醚苯磺隆	Triasulfuron	0.05		不得检出	GB/T 20772
372	三唑磷	Triazophos	0.01		不得检出	GB/T 20772
373	敌百虫	Trichlorphon	0.01		不得检出	GB/T 20772
374	三氯苯哒唑	Triclabendazole	225μg/kg		不得检出	参照同类标准
375	绿草定	Triclopyr	0.05		不得检出	SN/T 2228
376	三环唑	Tricyclazole	0.05		不得检出	GB/T 20769
377	十三吗啉	Tridemorph	0.01		不得检出	GB/T 20772
378	肟菌酯	Trifloxystrobin	0.04		不得检出	GB/T 19650
379	氟菌唑	Triflumizole	0.05		不得检出	GB/T 20769
380	杀铃脲	Triflumuron	0.01		不得检出	GB/T 20772
381	氟乐灵	Trifluralin	0.01		不得检出	GB/T 20772
382	嗪氨灵	Triforine	0.01		不得检出	SN 0695
383	甲氧苄氨嘧啶	Trimethoprim	50μg/kg		不得检出	SN/T 1769
384	三甲基锍阳离子	Trimethyl – sulfonium cation	0.05		不得检出	参照同类标准
385	抗倒酯	Trinexapac	0.05		不得检出	GB/T 20769
386	灭菌唑	Triticonazole	0.01		不得检出	GB/T 20772
387	三氟甲磺隆	Tritosulfuron	0.01		不得检出	参照同类标准
388	泰乐霉素	Tylosin	100μg/kg		不得检出	GB/T 22941
389	—	Valifenalate	0.01		不得检出	参照同类标准
390	乙烯菌核利	Vinclozolin	0.05		不得检出	GB/T 20772
391	2,3,4,5 – 四氯苯胺	2,3,4,5 – Tetrachloraniline			不得检出	GB/T 19650
392	2,3,4,5 – 四氯甲氧基苯	2,3,4,5 – Tetrachloroanisole			不得检出	GB/T 19650
393	2,3,5,6 – 四氯苯胺	2,3,5,6 – Tetrachloroaniline			不得检出	GB/T 19650
394	2,4,5 – 涕	2,4,5 – T			不得检出	GB/T 20772
395	o,p' – 滴滴滴	2,4' – DDD			不得检出	GB/T 19650
396	o,p' – 滴滴伊	2,4' – DDE			不得检出	GB/T 19650
397	o,p' – 滴滴涕	2,4' – DDT			不得检出	GB/T 19650
398	2,6 – 二氯苯甲酰胺	2,6 – Dichlorobenzamide			不得检出	GB/T 19650
399	3,5 – 二氯苯胺	3,5 – Dichloroaniline			不得检出	GB/T 19650
400	p,p' – 滴滴滴	4,4' – DDD			不得检出	GB/T 19650
401	p,p' – 滴滴伊	4,4' – DDE			不得检出	GB/T 19650
402	p,p' – 滴滴涕	4,4' – DDT			不得检出	GB/T 19650
403	4,4' – 二溴二苯甲酮	4,4' – Dibromobenzophenone			不得检出	GB/T 19650
404	4,4' – 二氯二苯甲酮	4,4' – Dichlorobenzophenone			不得检出	GB/T 19650
405	二氢苊	Acenaphthene			不得检出	GB/T 19650

序号	农兽药中文名	农兽药英文名	欧盟标准限量要求 mg/kg	国家标准限量要求 mg/kg	三安超有机食品标准 限量要求 mg/kg	检测方法
406	乙酰丙嗪	Acepromazine			不得检出	GB/T 20763
407	三氟羧草醚	Acifluorfen			不得检出	GB/T 20772
408	1－氨基－2－乙内酰脲	AHD			不得检出	GB/T 21311
409	涕灭砜威	Aldoxycarb			不得检出	GB/T 20772
410	烯丙菊酯	Allethrin			不得检出	GB/T 20772
411	二丙烯草胺	Allidochlor			不得检出	GB/T 19650
412	烯丙孕素	Altrenogest			不得检出	SN/T 1980
413	莠灭净	Ametryn			不得检出	GB/T 20772
414	双甲脒	Amitraz			不得检出	GB/T 19650
415	杀草强	Amitrole			不得检出	SN/T 1737.6
416	5－吗啉甲基－3－氨基－2－噁唑烷基酮	AMOZ			不得检出	GB/T 21311
417	氨丙嘧吡啶	Amprolium			不得检出	SN/T 0276
418	莎稗磷	Anilofos			不得检出	GB/T 19650
419	蒽醌	Anthraquinone			不得检出	GB/T 19650
420	3－氨基－2－噁唑酮	AOZ			不得检出	GB/T 21311
421	安普霉素	Apramycin			不得检出	GB/T 21323
422	丙硫特普	Aspon			不得检出	GB/T 19650
423	羟氨卡青霉素	Aspoxicillin			不得检出	GB/T 21315
424	乙基杀扑磷	Athidathion			不得检出	GB/T 19650
425	莠去通	Atratone			不得检出	GB/T 19650
426	莠去津	Atrazine			不得检出	GB/T 20772
427	脱乙基阿特拉津	Atrazine－desethyl			不得检出	GB/T 19650
428	甲基吡噁磷	Azamethiphos			不得检出	GB/T 20763
429	氮哌酮	Azaperone			不得检出	SN/T2221
430	叠氮津	Aziprotryne			不得检出	GB/T 19650
431	杆菌肽	Bacitracin			不得检出	GB/T 20743
432	4－溴－3,5－二甲苯基－N－甲基氨基甲酸酯－1	BDMC－1			不得检出	GB/T 19650
433	4－溴－3,5－二甲苯基－N－甲基氨基甲酸酯－2	BDMC－2			不得检出	GB/T 19650
434	噁虫威	Bendiocarb			不得检出	GB/T 20772
435	乙丁氟灵	Bbenfluralin			不得检出	GB/T 19650
436	呋草黄	Benfuresate			不得检出	GB/T 19650
437	麦锈灵	Benodanil			不得检出	GB/T 19650
438	解草酮	Benoxacor			不得检出	GB/T 19650
439	新燕灵	Benzoylprop－ethyl			不得检出	GB/T 19650
440	倍他米松	Betamethasone			不得检出	SN/T 1970
441	生物烯丙菊酯－1	Bioallethrin－1			不得检出	GB/T 19650

33

序号	农兽药中文名	农兽药英文名	欧盟标准限量要求 mg/kg	国家标准限量要求 mg/kg	三安超有机食品标准	
					限量要求 mg/kg	检测方法
442	生物烯丙菊酯－2	Bioallethrin－2			不得检出	GB/T 19650
443	除草定	Bromacil			不得检出	GB/T 20772
444	溴苯烯磷	Bromfenvinfos			不得检出	GB/T 19650
445	溴烯杀	Bromocylen			不得检出	GB/T 19650
446	溴硫磷	Bromofos			不得检出	GB/T 19650
447	乙基溴硫磷	Bromophos－ethyl			不得检出	GB/T 19650
448	溴丁酰草胺	Btomobutide			不得检出	GB/T 19650
449	氟丙嘧草酯	Butafenacil			不得检出	GB/T 19650
450	抑草磷	Butamifos			不得检出	GB/T 19650
451	丁草胺	Butaxhlor			不得检出	GB/T 19650
452	苯酮唑	Cafenstrole			不得检出	GB/T 19650
453	角黄素	Canthaxanthin			不得检出	SN/T 2327
454	咔唑心安	Carazolol			不得检出	GB/T 20763
455	卡巴氧	Carbadox			不得检出	GB/T 20746
456	三硫磷	Carbophenothion			不得检出	GB/T 19650
457	唑草酮	Carfentrazone－ethyl			不得检出	GB/T 19650
458	卡洛芬	Carprofen			不得检出	SN/T 2190
459	头孢洛宁	Cefalonium			不得检出	GB/T 22989
460	头孢匹林	Cefapirin			不得检出	GB/T 22989
461	头孢喹肟	Cefquinome			不得检出	GB/T 22989
462	头孢氨苄	Cefalexin			不得检出	GB/T 22989
463	氯霉素	Chloramphenicolum			不得检出	GB/T 20772
464	氯杀螨砜	Chlorbenside sulfone			不得检出	GB/T 19650
465	氯溴隆	Chlorbromuron			不得检出	GB/T 19650
466	杀虫脒	Chlordimeform			不得检出	GB/T 19650
467	氯氧磷	Chlorethoxyfos			不得检出	GB/T 19650
468	溴虫腈	Chlorfenapyr			不得检出	GB/T 19650
469	杀螨醇	Chlorfenethol			不得检出	GB/T 19650
470	燕麦酯	Chlorfenprop－methyl			不得检出	GB/T 19650
471	氟啶脲	Chlorfluazuron			不得检出	SN/T 2540
472	整形醇	Chlorflurenol			不得检出	GB/T 19650
473	氯地孕酮	Chlormadinone			不得检出	SN/T 1980
474	醋酸氯地孕酮	Chlormadinone acetate			不得检出	GB/T 20753
475	氯甲硫磷	Chlormephos			不得检出	GB/T 19650
476	氯苯甲醚	Chloroneb			不得检出	GB/T 19650
477	丙酯杀螨醇	Chloropropylate			不得检出	GB/T 19650
478	氯丙嗪	Chlorpromazine			不得检出	GB/T 20763
479	毒死蜱	Chlorpyrifos			不得检出	GB/T 19650
480	氯硫磷	Chlorthion			不得检出	GB/T 19650

序号	农兽药中文名	农兽药英文名	欧盟标准限量要求 mg/kg	国家标准限量要求 mg/kg	三安超有机食品标准	
					限量要求 mg/kg	检测方法
481	虫螨磷	Chlorthiophos			不得检出	GB/T 19650
482	乙菌利	Chlozolinate			不得检出	GB/T 19650
483	顺式 – 氯丹	cis – Chlordane			不得检出	GB/T 19650
484	顺式 – 燕麦敌	cis – Diallate			不得检出	GB/T 19650
485	顺式 – 氯菊酯	cis – Permethrin			不得检出	GB/T 19650
486	克仑特罗	Clenbuterol			不得检出	GB/T 22286
487	异噁草酮	Clomazone			不得检出	GB/T 20772
488	氯甲酰草胺	Clomeprop			不得检出	GB/T 19650
489	氯羟吡啶	Clopidol			不得检出	GB 29700
490	解草酯	Cloquintocet – mexyl			不得检出	GB/T 19650
491	蝇毒磷	Coumaphos			不得检出	GB/T 19650
492	鼠立死	Crimidine			不得检出	GB/T 19650
493	巴毒磷	Crotxyphos			不得检出	GB/T 19650
494	育畜磷	Crufomate			不得检出	GB/T 19650
495	苯腈磷	Cyanofenphos			不得检出	GB/T 19650
496	杀螟腈	Cyanophos			不得检出	GB/T 20772
497	环草敌	Cycloate			不得检出	GB/T 20772
498	环莠隆	Cycluron			不得检出	GB/T 20772
499	环丙津	Cyprazine			不得检出	GB/T 20772
500	敌草索	Dacthal			不得检出	GB/T 19650
501	达氟沙星	Danofloxacin			不得检出	GB/T 22985
502	癸氧喹酯	Decoquinate			不得检出	SN/T 2444
503	脱叶磷	DEF			不得检出	GB/T 19650
504	2,2′,4,5,5′ – 五氯联苯	DE – PCB 101			不得检出	GB/T 19650
505	2,3,4,4′,5 – 五氯联苯	DE – PCB 118			不得检出	GB/T 19650
506	2,2′,3,4,4′,5 – 六氯联苯	DE – PCB 138			不得检出	GB/T 19650
507	2,2′,4,4′,5,5′ – 六氯联苯	DE – PCB 153			不得检出	GB/T 19650
508	2,2′,3,4,4′,5,5′ – 七氯联苯	DE – PCB 180			不得检出	GB/T 19650
509	2,4,4′ – 三氯联苯	DE – PCB 28			不得检出	GB/T 19650
510	2,4,5 – 三氯联苯	DE – PCB 31			不得检出	GB/T 19650
511	2,2′,5,5′ – 四氯联苯	DE – PCB 52			不得检出	GB/T 19650
512	脱溴溴苯磷	Desbrom – leptophos			不得检出	GB/T 19650
513	脱乙基另丁津	Desethyl – sebuthylazine			不得检出	GB/T 19650
514	敌草净	Desmetryn			不得检出	GB/T 19650
515	地塞米松	Dexamethasone			不得检出	SN/T 1970
516	氯亚胺硫磷	Dialifos			不得检出	GB/T 19650
517	敌菌净	Diaveridine			不得检出	SN/T 1926
518	驱虫特	Dibutyl succinate			不得检出	GB/T 20772

序号	农兽药中文名	农兽药英文名	欧盟标准限量要求 mg/kg	国家标准限量要求 mg/kg	三安超有机食品标准 限量要求 mg/kg	检测方法
519	异氯磷	Dicapthon			不得检出	GB/T 20772
520	除线磷	Dichlofenthion			不得检出	GB/T 20772
521	苯氟磺胺	Dichlofluanid			不得检出	GB/T 19650
522	烯丙酰草胺	Dichlormid			不得检出	GB/T 19650
523	敌敌畏	Dichlorvos			不得检出	GB/T 20772
524	苄氯三唑醇	Diclobutrazole			不得检出	GB/T 20772
525	禾草灵	Diclofop – methyl			不得检出	GB/T 19650
526	己烯雌酚	Diethylstilbestrol			不得检出	GB/T 20766
527	双氟沙星	Difloxacin			不得检出	GB/T 20366
528	甲氟磷	Dimefox			不得检出	GB/T 19650
529	哌草丹	Dimepiperate			不得检出	GB/T 19650
530	异戊乙净	Dimethametryn			不得检出	GB/T 19650
531	二甲酚草胺	Dimethenamid			不得检出	GB/T 19650
532	乐果	Dimethoate			不得检出	GB/T 20772
533	甲基毒虫畏	Dimethylvinphos			不得检出	GB/T 19650
534	地美硝唑	Dimetridazole			不得检出	GB/T 21318
535	二硝托安	Dinitolmide			不得检出	SN/T 2453
536	氨氟灵	Dinitramine			不得检出	GB/T 19650
537	消螨通	Dinobuton			不得检出	GB/T 19650
538	呋虫胺	Dinotefuran			不得检出	GB/T 20772
539	苯虫醚 – 1	Diofenolan – 1			不得检出	GB/T 19650
540	苯虫醚 – 2	Diofenolan – 2			不得检出	GB/T 19650
541	蔬果磷	Dioxabenzofos			不得检出	GB/T 19650
542	双苯酰草胺	Diphenamid			不得检出	GB/T 19650
543	二苯胺	Diphenylamine			不得检出	GB/T 19650
544	异丙净	Dipropetryn			不得检出	GB/T 19650
545	灭菌磷	Ditalimfos			不得检出	GB/T 19650
546	氟硫草定	Dithiopyr			不得检出	GB/T 19650
547	强力霉素	Doxycycline			不得检出	GB/T 20764
548	敌瘟磷	Edifenphos			不得检出	GB/T 19650
549	硫丹硫酸盐	Endosulfan – sulfate			不得检出	GB/T 19650
550	异狄氏剂酮	Endrin ketone			不得检出	GB/T 19650
551	恩诺沙星	Enrofloxacin			不得检出	GB/T 20366
552	苯硫磷	EPN			不得检出	GB/T 19650
553	埃普利诺菌素	Eprinomectin			不得检出	GB/T 21320
554	抑草蓬	Erbon			不得检出	GB/T 19650
555	S – 氰戊菊酯	Esfenvalerate			不得检出	GB/T 19650
556	戊草丹	Esprocarb			不得检出	GB/T 19650
557	乙环唑 – 1	Etaconazole – 1			不得检出	GB/T 19650

序号	农兽药中文名	农兽药英文名	欧盟标准限量要求 mg/kg	国家标准限量要求 mg/kg	三安超有机食品标准 限量要求 mg/kg	检测方法
558	乙环唑－2	Etaconazole－2			不得检出	GB/T 19650
559	乙嘧硫磷	Etrimfos			不得检出	GB/T 19650
560	氧乙嘧硫磷	Etrimfos oxon			不得检出	GB/T 19650
561	伐灭磷	Famphur			不得检出	GB/T 19650
562	苯线磷亚砜	Fenamiphos sulfoxide			不得检出	GB/T 19650
563	苯线磷砜	Fenamiphos－sulfone			不得检出	GB/T 19650
564	氧皮蝇磷	Fenchlorphos oxon			不得检出	GB/T 19650
565	甲呋酰胺	Fenfuram			不得检出	GB/T 19650
566	仲丁威	Fenobucarb			不得检出	GB/T 19650
567	苯硫威	Fenothiocarb			不得检出	GB/T 19650
568	稻瘟酰胺	Fenoxanil			不得检出	GB/T 19650
569	拌种咯	Fenpiclonil			不得检出	GB/T 19650
570	甲氰菊酯	Fenpropathrin			不得检出	GB/T 19650
571	芬螨酯	Fenson			不得检出	GB/T 19650
572	丰索磷	Fensulfothion			不得检出	GB/T 19650
573	倍硫磷亚砜	Fenthion sulfoxide			不得检出	GB/T 19650
574	麦草氟异丙酯	Flamprop－isopropyl			不得检出	GB/T 19650
575	麦草氟甲酯	Flamprop－methyl			不得检出	GB/T 19650
576	氟苯尼考	Florfenicol			不得检出	GB/T 20756
577	吡氟禾草灵	Fluazifop－butyl			不得检出	GB/T 19650
578	啶蜱脲	Fluazuron			不得检出	SN/T 2540
579	氟苯咪唑	Flubendazole			不得检出	GB/T 21324
580	氟噻草胺	Flufenacet			不得检出	GB/T 19650
581	氟甲喹	Flumequin			不得检出	SN/T 1921
582	氟节胺	Flumetralin			不得检出	GB/T 19650
583	唑嘧磺草胺	Flumetsulam			不得检出	GB/T 20772
584	氟烯草酸	Flumiclorac			不得检出	GB/T 19650
585	丙炔氟草胺	Flumioxazin			不得检出	GB/T 19650
586	氟胺烟酸	Flunixin			不得检出	GB/T 20750
587	三氟硝草醚	Fluorodifen			不得检出	GB/T 19650
588	乙羧氟草醚	Fluoroglycofen－ethyl			不得检出	GB/T 19650
589	三氟苯唑	Fluotrimazole			不得检出	GB/T 19650
590	氟啶草酮	Fluridone			不得检出	GB/T 19650
591	氟草烟－1－甲庚酯	Fluroxypr－1－methylheptyl es-ter			不得检出	GB/T 19650
592	呋草酮	Flurtamone			不得检出	GB/T 19650
593	地虫硫磷	Fonofos			不得检出	GB/T 19650
594	安果	Formothion			不得检出	GB/T 19650
595	呋霜灵	Furalaxyl			不得检出	GB/T 19650

序号	农兽药中文名	农兽药英文名	欧盟标准限量要求 mg/kg	国家标准限量要求 mg/kg	三安超有机食品标准 限量要求 mg/kg	检测方法
596	庆大霉素	Gentamicin			不得检出	GB/T 21323
597	苄螨醚	Halfenprox			不得检出	GB/T 19650
598	氟哌啶醇	Haloperidol			不得检出	GB/T 20763
599	庚烯磷	Heptanophos			不得检出	GB/T 19650
600	己唑醇	Hexaconazole			不得检出	GB/T 19650
601	环嗪酮	Hexazinone			不得检出	GB/T 19650
602	咪草酸	Imazamethabenz – methyl			不得检出	GB/T 19650
603	脱苯甲基亚胺唑	Imibenconazole – des – benzyl			不得检出	GB/T 19650
604	炔咪菊酯 – 1	Imiprothrin – 1			不得检出	GB/T 19650
605	炔咪菊酯 – 2	Imiprothrin – 2			不得检出	GB/T 19650
606	碘硫磷	Iodofenphos			不得检出	GB/T 19650
607	甲基碘磺隆	Iodosulfuron – methyl			不得检出	GB/T 20772
608	异稻瘟净	Iprobenfos			不得检出	GB/T 19650
609	氯唑磷	Isazofos			不得检出	GB/T 19650
610	碳氯灵	Isobenzan			不得检出	GB/T 19650
611	丁咪酰胺	Isocarbamid			不得检出	GB/T 19650
612	水胺硫磷	Isocarbophos			不得检出	GB/T 19650
613	异艾氏剂	Isodrin			不得检出	GB/T 19650
614	异柳磷	Isofenphos			不得检出	GB/T 19650
615	氧异柳磷	Isofenphos oxon			不得检出	GB/T 19650
616	氮氨菲啶	Isometamidium			不得检出	SN/T 2239
617	丁嗪草酮	Isomethiozin			不得检出	GB/T 19650
618	异丙威 – 1	Isoprocarb – 1			不得检出	GB/T 19650
619	异丙威 – 2	Isoprocarb – 2			不得检出	GB/T 19650
620	异丙乐灵	Isopropalin			不得检出	GB/T 19650
621	双苯噁唑酸	Isoxadifen – ethyl			不得检出	GB/T 19650
622	异噁氟草	Isoxaflutole			不得检出	GB/T 20772
623	噁唑啉	Isoxathion			不得检出	GB/T 19650
624	依维菌素	Ivermectin			不得检出	GB/T 21320
625	交沙霉素	Josamycin			不得检出	GB/T 20762
626	拉沙里菌素	Lasalocid			不得检出	SN 0501
627	溴苯磷	Leptophos			不得检出	GB/T 19650
628	左旋咪唑	Levamisole			不得检出	SN 0349
629	利谷隆	Linuron			不得检出	GB/T 19650
630	麻保沙星	Marbofloxacin			不得检出	GB/T 22985
631	2 – 甲 – 4 – 氯丁氧乙基酯	MCPA – butoxyethyl ester			不得检出	GB/T 19650
632	甲苯咪唑	Mebendazole			不得检出	GB/T 21324
633	灭蚜磷	Mecarbam			不得检出	GB/T 19650
634	二甲四氯丙酸	Mecoprop			不得检出	SN/T 2325

序号	农兽药中文名	农兽药英文名	欧盟标准限量要求 mg/kg	国家标准限量要求 mg/kg	三安超有机食品标准 限量要求 mg/kg	三安超有机食品标准 检测方法
635	苯噻酰草胺	Mefenacet			不得检出	GB/T 19650
636	吡唑解草酯	Mefenpyr – diethyl			不得检出	GB/T 19650
637	醋酸甲地孕酮	Megestrol acetate			不得检出	GB/T 20753
638	醋酸美仑孕酮	Melengestrol acetate			不得检出	GB/T 20753
639	嘧菌胺	Mepanipyrim			不得检出	GB/T 19650
640	地胺磷	Mephosfolan			不得检出	GB/T 19650
641	灭锈胺	Mepronil			不得检出	GB/T 19650
642	硝磺草酮	Mesotrione			不得检出	参照同类标准
643	呋菌胺	Methfuroxam			不得检出	GB/T 19650
644	灭梭威砜	Methiocarb sulfone			不得检出	GB/T 19650
645	异丙甲草胺和 S – 异丙甲草胺	Metolachlor and S – metolachlor			不得检出	GB/T 19650
646	盖草津	Methoprotryne			不得检出	GB/T 19650
647	甲醚菊酯 – 1	Methothrin – 1			不得检出	GB/T 19650
648	甲醚菊酯 – 2	Methothrin – 2			不得检出	GB/T 19650
649	甲基泼尼松龙	Methylprednisolone			不得检出	GB/T 21981
650	溴谷隆	Metobromuron			不得检出	GB/T 19650
651	甲氧氯普胺	Metoclopramide			不得检出	SN/T 2227
652	苯氧菌胺 – 1	Metominsstrobin – 1			不得检出	GB/T 19650
653	苯氧菌胺 –2	Metominsstrobin – 2			不得检出	GB/T 19650
654	甲硝唑	Metronidazole			不得检出	GB/T 21318
655	速灭磷	Mevinphos			不得检出	GB/T 19650
656	兹克威	Mexacarbate			不得检出	GB/T 19650
657	灭蚁灵	Mirex			不得检出	GB/T 19650
658	禾草敌	Molinate			不得检出	GB/T 19650
659	庚酰草胺	Monalide			不得检出	GB/T 19650
660	莫能菌素	Monensin			不得检出	SN 0698
661	莫西丁克	Moxidectin			不得检出	SN/T 2442
662	合成麝香	Musk ambrecte			不得检出	GB/T 19650
663	麝香	Musk moskene			不得检出	GB/T 19650
664	西藏麝香	Musk tibeten			不得检出	GB/T 19650
665	二甲苯麝香	Musk xylene			不得检出	GB/T 19650
666	二溴磷	Naled			不得检出	SN/T 0706
667	萘丙胺	Naproanilide			不得检出	GB/T 19650
668	甲基盐霉素	Narasin			不得检出	GB/T 20364
669	甲磺乐灵	Nitralin			不得检出	GB/T 19650
670	三氯甲基吡啶	Nitrapyrin			不得检出	GB/T 19650
671	酞菌酯	Nitrothal – isopropyl			不得检出	GB/T 19650
672	诺氟沙星	Norfloxacin			不得检出	GB/T 20366

序号	农兽药中文名	农兽药英文名	欧盟标准限量要求 mg/kg	国家标准限量要求 mg/kg	三安超有机食品标准限量要求 mg/kg	检测方法
673	氟草敏	Norflurazon			不得检出	GB/T 19650
674	新生霉素	Novobiocin			不得检出	SN 0674
675	氟苯嘧啶醇	Nuarimol			不得检出	GB/T 19650
676	八氯苯乙烯	Octachlorostyrene			不得检出	GB/T 19650
677	氧氟沙星	Ofloxacin			不得检出	GB/T 20366
678	喹乙醇	Olaquindox			不得检出	GB/T 20746
679	竹桃霉素	Oleandomycin			不得检出	GB/T 20762
680	氧乐果	Omethoate			不得检出	GB/T 19650
681	奥比沙星	Orbifloxacin			不得检出	GB/T 22985
682	杀线威	Oxamyl			不得检出	GB/T 20772
683	丙氧苯咪唑	Oxibendazole			不得检出	GB/T 21324
684	氧化氯丹	Oxy-chlordane			不得检出	GB/T 19650
685	对氧磷	Paraoxon			不得检出	GB/T 19650
686	甲基对氧磷	Paraoxon-methyl			不得检出	GB/T 19650
687	克草敌	Pebulate			不得检出	GB/T 19650
688	五氯苯胺	Pentachloroaniline			不得检出	GB/T 19650
689	五氯甲氧基苯	Pentachloroanisole			不得检出	GB/T 19650
690	五氯苯	Pentachlorobenzene			不得检出	GB/T 19650
691	乙滴涕	Perthane			不得检出	GB/T 19650
692	菲	Phenanthrene			不得检出	GB/T 19650
693	稻丰散	Phenthoate			不得检出	GB/T 19650
694	甲拌磷砜	Phorate sulfone			不得检出	GB/T 19650
695	磷胺-1	Phosphamidon-1			不得检出	GB/T 19650
696	磷胺-2	Phosphamidon-2			不得检出	GB/T 19650
697	酞酸苯甲基丁酯	Phthalic acid,benzylbutyl ester			不得检出	GB/T 19650
698	四氯苯肽	Phthalide			不得检出	GB/T 19650
699	邻苯二甲酰亚胺	Phthalimide			不得检出	GB/T 19650
700	氟吡酰草胺	Picolinafen			不得检出	GB/T 19650
701	增效醚	Piperonyl butoxide			不得检出	GB/T 19650
702	哌草磷	Piperophos			不得检出	GB/T 19650
703	乙基虫螨清	Pirimiphos-ethyl			不得检出	GB/T 19650
704	吡利霉素	Pirlimycin			不得检出	GB/T 22988
705	炔丙菊酯	Prallethrin			不得检出	GB/T 19650
706	泼尼松龙	Prednisolone			不得检出	GB/T 21981
707	环丙氟灵	Profluralin			不得检出	GB/T 19650
708	茉莉酮	Prohydrojasmon			不得检出	GB/T 19650
709	扑灭通	Prometon			不得检出	GB/T 19650
710	扑草净	Prometryne			不得检出	GB/T 19650
711	炔丙烯草胺	Pronamide			不得检出	GB/T 19650

序号	农兽药中文名	农兽药英文名	欧盟标准限量要求 mg/kg	国家标准限量要求 mg/kg	三安超有机食品标准限量要求 mg/kg	检测方法
712	敌稗	Propanil			不得检出	GB/T 19650
713	扑灭津	Propazine			不得检出	GB/T 19650
714	胺丙畏	Propetamphos			不得检出	GB/T 19650
715	丙酰二甲氨基丙吩噻嗪	Propionylpromazin			不得检出	GB/T 20763
716	丙硫磷	Prothiophos			不得检出	GB/T 19650
717	哒嗪硫磷	Ptridaphenthion			不得检出	GB/T 19650
718	吡唑硫磷	Pyraclofos			不得检出	GB/T 19650
719	吡草醚	Pyraflufen – ethyl			不得检出	GB/T 19650
720	啶斑肟 – 1	Pyrifenox – 1			不得检出	GB/T 19650
721	啶斑肟 – 2	Pyrifenox – 2			不得检出	GB/T 19650
722	环酯草醚	Pyriftalid			不得检出	GB/T 19650
723	嘧螨醚	Pyrimidifen			不得检出	GB/T 19650
724	嘧草醚	Pyriminobac – methyl			不得检出	GB/T 19650
725	嘧啶磷	Pyrimitate			不得检出	GB/T 19650
726	喹硫磷	Quinalphos			不得检出	GB/T 19650
727	灭藻醌	Quinoclamine			不得检出	GB/T 19650
728	吡咪唑	Rabenzazole			不得检出	GB/T 19650
729	莱克多巴胺	Ractopamine			不得检出	GB/T 21313
730	洛硝达唑	Ronidazole			不得检出	GB/T 21318
731	皮蝇磷	Ronnel			不得检出	GB/T 19650
732	盐霉素	Salinomycin			不得检出	GB/T 20364
733	沙拉沙星	Sarafloxacin			不得检出	GB/T 20366
734	另丁津	Sebutylazine			不得检出	GB/T 19650
735	密草通	Secbumeton			不得检出	GB/T 19650
736	氨基脲	Semduramicin			不得检出	GB/T 20752
737	烯禾啶	Sethoxydim			不得检出	GB/T 19650
738	氟硅菊酯	Silafluofen			不得检出	GB/T 19650
739	硅氟唑	Simeconazole			不得检出	GB/T 19650
740	西玛通	Simetone			不得检出	GB/T 19650
741	西草净	Simetryn			不得检出	GB/T 19650
742	螺旋霉素	Spiramycin			不得检出	GB/T 20762
743	磺胺苯酰	Sulfabenzamide			不得检出	GB/T 21316
744	磺胺醋酰	Sulfacetamide			不得检出	GB/T 21316
745	磺胺氯哒嗪	Sulfachloropyridazine			不得检出	GB/T 21316
746	磺胺嘧啶	Sulfadiazine			不得检出	GB/T 21316
747	磺胺间二甲氧嘧啶	Sulfadimethoxine			不得检出	GB/T 21316
748	磺胺二甲嘧啶	Sulfadimidine			不得检出	GB/T 21316
749	磺胺多辛	Sulfadoxine			不得检出	GB/T 21316
750	磺胺脒	Sulfaguanidine			不得检出	GB/T 21316

序号	农兽药中文名	农兽药英文名	欧盟标准限量要求 mg/kg	国家标准限量要求 mg/kg	三安超有机食品标准	
					限量要求 mg/kg	检测方法
751	菜草畏	Sulfallate			不得检出	GB/T 19650
752	磺胺甲嘧啶	Sulfamerazine			不得检出	GB/T 21316
753	新诺明	Sulfamethoxazole			不得检出	GB/T 21316
754	磺胺间甲氧嘧啶	Sulfamonomethoxine			不得检出	GB/T 21316
755	乙酰磺胺对硝基苯	Sulfanitran			不得检出	GB/T 20772
756	磺胺吡啶	Sulfapyridine			不得检出	GB/T 21316
757	磺胺喹沙啉	Sulfaquinoxaline			不得检出	GB/T 21316
758	磺胺噻唑	Sulfathiazole			不得检出	GB/T 21316
759	治螟磷	Sulfotep			不得检出	GB/T 19650
760	硫丙磷	Sulprofos			不得检出	GB/T 19650
761	苯噻硫氰	TCMTB			不得检出	GB/T 19650
762	丁基嘧啶磷	Tebupirimfos			不得检出	GB/T 19650
763	牧草胺	Tebutam			不得检出	GB/T 19650
764	丁噻隆	Tebuthiuron			不得检出	GB/T 20772
765	双硫磷	Temephos			不得检出	GB/T 20772
766	特草灵	Terbucarb			不得检出	GB/T 19650
767	特丁通	Terbumeron			不得检出	GB/T 19650
768	特丁净	Terbutryn			不得检出	GB/T 19650
769	四氢邻苯二甲酰亚胺	Tetrabydrophthalimide			不得检出	GB/T 19650
770	杀虫畏	Tetrachlorvinphos			不得检出	GB/T 19650
771	胺菊酯	Tetramethirn			不得检出	GB/T 19650
772	杀螨氯硫	Tetrasul			不得检出	GB/T 19650
773	噻吩草胺	Thenylchlor			不得检出	GB/T 19650
774	噻唑烟酸	Thiazopyr			不得检出	GB/T 19650
775	噻苯隆	Thidiazuron			不得检出	GB/T 20772
776	噻吩磺隆	Thifensulfuron – methyl			不得检出	GB/T 20772
777	甲基乙拌磷	Thiometon			不得检出	GB/T 20772
778	虫线磷	Thionazin			不得检出	GB/T 19650
779	硫普罗宁	Tiopronin			不得检出	SN/T 2225
780	四溴菊酯	Tralomethrin			不得检出	SN/T 2320
781	反式－氯丹	trans – Chlordane			不得检出	GB/T 19650
782	反式－燕麦敌	trans – Diallate			不得检出	GB/T 19650
783	四氟苯菊酯	Transfluthrin			不得检出	GB/T 19650
784	反式九氯	trans – Nonachlor			不得检出	GB/T 19650
785	反式－氯菊酯	trans – Permethrin			不得检出	GB/T 19650
786	群勃龙	Trenbolone			不得检出	GB/T 21981
787	威菌磷	Triamiphos			不得检出	GB/T 19650
788	毒壤磷	Trichloronate			不得检出	GB/T 19650
789	灭草环	Tridiphane			不得检出	GB/T 19650

序号	农兽药中文名	农兽药英文名	欧盟标准限量要求 mg/kg	国家标准限量要求 mg/kg	三安超有机食品标准 限量要求 mg/kg	检测方法
790	草达津	Trietazine			不得检出	GB/T 19650
791	三异丁基磷酸盐	Tri－iso－butyl phosphate			不得检出	GB/T 19650
792	三正丁基磷酸盐	Tri－n－butyl phosphate			不得检出	GB/T 19650
793	三苯基磷酸盐	Triphenyl phosphate			不得检出	GB/T 19650
794	烯效唑	Uniconazole			不得检出	GB/T 19650
795	灭草敌	Vernolate			不得检出	GB/T 19650
796	维吉尼霉素	Virginiamycin			不得检出	GB/T 20765
797	杀鼠灵	War farin			不得检出	GB/T 20772
798	甲苯噻嗪	Xylazine			不得检出	GB/T 20763
799	右环十四酮酚	Zeranol			不得检出	GB/T 21982
800	苯酰菌胺	Zoxamide			不得检出	GB/T 19650

1.3 猪肝脏 Pig Liver

序号	农兽药中文名	农兽药英文名	欧盟标准限量要求 mg/kg	国家标准限量要求 mg/kg	三安超有机食品标准 限量要求 mg/kg	检测方法
1	1,1－二氯－2,2－二(4－乙苯)乙烷	1,1－Dichloro－2,2－bis(4－ethylphenyl)ethane	0.01		不得检出	日本肯定列表（增补本1）
2	1,2－二氯乙烷	1,2－Dichloroethane	0.1		不得检出	SN/T 2238
3	1,3－二氯丙烯	1,3－Dichloropropene	0.01		不得检出	SN/T 2238
4	1－萘乙酸	1－Naphthylacetic acid	0.05		不得检出	SN/T 2228
5	2,4－滴	2,4－D	0.05		不得检出	GB/T 20772
6	2,4－滴丁酸	2,4－DB	0.05		不得检出	GB/T 20769
7	2－苯酚	2－Phenylphenol	0.05		不得检出	GB/T 19650
8	阿维菌素	Abamectin	0.02		不得检出	SN/T 2661
9	乙酰甲胺磷	Acephate			不得检出	GB/T 20772
10	灭螨醌	Acequinocyl	0.01		不得检出	参照同类标准
11	啶虫脒	Acetamiprid	0.1		不得检出	GB/T 20772
12	乙草胺	Acetochlor	0.01		不得检出	GB/T 19650
13	苯并噻二唑	Acibenzolar－S－methyl	0.02		不得检出	GB/T 20772
14	苯草醚	Aclonifen	0.02		不得检出	GB/T 20772
15	氟丙菊酯	Acrinathrin	0.05		不得检出	GB/T 19648
16	甲草胺	Alachlor	0.01		不得检出	GB/T 20772
17	涕灭威	Aldicarb	0.01		不得检出	GB/T 20772
18	艾氏剂和狄氏剂	Aldrin and dieldrin	0.2		不得检出	GB/T 19650
19	烯丙孕素	Altrenogest	4μg/kg		不得检出	SN/T 1980
20	—	Ametoctradin	0.03		不得检出	参照同类标准
21	酰嘧磺隆	Amidosulfuron	0.02		不得检出	参照同类标准

序号	农兽药中文名	农兽药英文名	欧盟标准限量要求 mg/kg	国家标准限量要求 mg/kg	三安超有机食品标准	
					限量要求 mg/kg	检测方法
22	氯氨吡啶酸	Aminopyralid	0.02		不得检出	GB/T 23211
23	—	Amisulbrom	0.01		不得检出	参照同类标准
24	双甲脒	Amitraz	200μg/kg		不得检出	GB/T 19650
25	阿莫西林	Amoxicillin	50μg/kg		不得检出	NY/T 830
26	氨苄青霉素	Ampicillin	50μg/kg		不得检出	GB/T 21315
27	敌菌灵	Anilazine	0.01		不得检出	GB/T 20769
28	杀螨特	Aramite	0.01		不得检出	GB/T 19650
29	磺草灵	Asulam	0.1		不得检出	日本肯定列表（增补本1）
30	阿维拉霉素	Avilamycin	300μg/kg		不得检出	GB/T 19650
31	印楝素	Azadirachtin	0.01		不得检出	SN/T 3264
32	氮哌酮	Azaperone	100μg/kg		不得检出	SN/T2221
33	益棉磷	Azinphos – ethyl	0.01		不得检出	GB/T 19650
34	保棉磷	Azinphos – methyl	0.01		不得检出	GB/T 20772
35	三唑锡和三环锡	Azocyclotin and cyhexatin	0.05		不得检出	SN/T 1990
36	嘧菌酯	Azoxystrobin	0.07		不得检出	GB/T 20772
37	巴喹普林	Baquiloprim	50μg/kg		不得检出	参照同类标准
38	燕麦灵	Barban	0.05		不得检出	参照同类标准
39	氟丁酰草胺	Beflubutamid	0.05		不得检出	参照同类标准
40	苯霜灵	Benalaxyl	0.05		不得检出	GB/T 20772
41	丙硫克百威	Benfuracarb	0.02		不得检出	GB/T 20772
42	苄青霉素	Benzyl penicillin	50μg/kg		不得检出	GB/T 21315
43	倍他米松	Betamethasone	2.0μg/kg		不得检出	SN/T 1970
44	联苯肼酯	Bifenazate	0.01		不得检出	GB/T 19650
45	甲羧除草醚	Bifenox	0.05		不得检出	GB/T 23210
46	联苯菊酯	Bifenthrin	0.2		不得检出	GB/T 20772
47	乐杀螨	Binapacryl	0.01		不得检出	SN 0523
48	联苯	Biphenyl	0.01		不得检出	GB/T 19650
49	联苯三唑醇	Bitertanol	0.05		不得检出	GB/T 20772
50	—	Bixafen	0.02		不得检出	参照同类标准
51	啶酰菌胺	Boscalid	0.2		不得检出	GB/T 20772
52	溴离子	Bromide ion	0.05		不得检出	GB/T 5009.167
53	溴螨酯	Bromopropylate	0.01		不得检出	GB/T 19650
54	溴苯腈	Bromoxynil	0.05		不得检出	GB/T 20772
55	糠菌唑	Bromuconazole	0.05		不得检出	GB/T 19650
56	乙嘧酚磺酸酯	Bupirimate	0.05		不得检出	GB/T 19650
57	噻嗪酮	Buprofezin	0.05		不得检出	GB/T 20772
58	仲丁灵	Butralin	0.02		不得检出	GB/T 19650
59	丁草敌	Butylate	0.01		不得检出	GB/T 19650

序号	农兽药中文名	农兽药英文名	欧盟标准限量要求 mg/kg	国家标准限量要求 mg/kg	三安超有机食品标准	
					限量要求 mg/kg	检测方法
60	硫线磷	Cadusafos	0.01		不得检出	GB/T 19650
61	毒杀芬	Camphechlor	0.05		不得检出	YC/T 180
62	敌菌丹	Captafol	0.01		不得检出	GB/T 23210
63	克菌丹	Captan	0.02		不得检出	GB/T 19648
64	咔唑心安	Carazolol	25μg/kg		不得检出	GB/T 20763
65	甲萘威	Carbaryl	0.05		不得检出	GB/T 20796
66	多菌灵和苯菌灵	Carbendazim and benomyl	0.05		不得检出	GB/T 20772
67	长杀草	Carbetamide	0.05		不得检出	GB/T 20772
68	克百威	Carbofuran	0.01		不得检出	GB/T 20772
69	丁硫克百威	Carbosulfan	0.05		不得检出	GB/T 19650
70	萎锈灵	Carboxin	0.05		不得检出	GB/T 20772
71	头孢喹肟	Cefquinome	100μg/kg		不得检出	GB/T 22989
72	头孢噻呋	Ceftiofur	2000μg/kg		不得检出	GB/T 21314
73	氯虫苯甲酰胺	Chlorantraniliprole	0.2		不得检出	参照同类标准
74	杀螨醚	Chlorbenside	0.05		不得检出	GB/T 19650
75	氯炔灵	Chlorbufam	0.05		不得检出	GB/T 20772
76	氯丹	Chlordane	0.05		不得检出	GB/T 5009.19
77	十氯酮	Chlordecone	0.1		不得检出	参照同类标准
78	杀螨酯	Chlorfenson	0.05		不得检出	GB/T 19650
79	毒虫畏	Chlorfenvinphos	0.01		不得检出	GB/T 19650
80	氯草敏	Chloridazon	0.05		不得检出	GB/T 20772
81	矮壮素	Chlormequat	0.05		不得检出	GB/T 23211
82	乙酯杀螨醇	Chlorobenzilate	0.1		不得检出	GB/T 23210
83	百菌清	Chlorothalonil	0.2		不得检出	SN/T 2320
84	绿麦隆	Chlortoluron	0.05		不得检出	GB/T 20772
85	枯草隆	Chloroxuron	0.05		不得检出	SN/T 2150
86	氯苯胺灵	Chlorpropham	0.05		不得检出	GB/T 19650
87	甲基毒死蜱	Chlorpyrifos – methyl	0.05		不得检出	GB/T 19650
88	氯磺隆	Chlorsulfuron	0.01		不得检出	GB/T 20772
89	金霉素	Chlortetracycline	300μg/kg		不得检出	GB/T 21317
90	金霉素	Chlortetracycline	300μg/kg		不得检出	GB/T 21317
91	氯酞酸甲酯	Chlorthaldimethyl	0.01		不得检出	GB/T 19650
92	氯硫酰草胺	Chlorthiamid	0.02		不得检出	GB/T 20772
93	克拉维酸	Clavulanic acid	200μg/kg		不得检出	SN/T 2488
94	烯草酮	Clethodim	0.2		不得检出	GB/T 19650
95	炔草酯	Clodinafop – propargyl	0.02		不得检出	GB/T 19650
96	四螨嗪	Clofentezine	0.05		不得检出	GB/T 20772
97	二氯吡啶酸	Clopyralid	0.05		不得检出	SN/T 2228
98	噻虫胺	Clothianidin	0.2		不得检出	GB/T 20772

序号	农兽药中文名	农兽药英文名	欧盟标准限量要求 mg/kg	国家标准限量要求 mg/kg	三安超有机食品标准	
					限量要求 mg/kg	检测方法
99	邻氯青霉素	Cloxacillin	300μg/kg		不得检出	GB/T 18932.25
100	黏菌素	Colistin	150μg/kg		不得检出	参照同类标准
101	铜化合物	Copper compounds	30		不得检出	参照同类标准
102	环烷基酰苯胺	Cyclanilide	0.01		不得检出	参照同类标准
103	噻草酮	Cycloxydim	0.05		不得检出	GB/T 19650
104	环氟菌胺	Cyflufenamid	0.03		不得检出	GB/T 23210
105	氟氯氰菊酯和高效氟氯氰菊酯	Cyfluthrin and beta – cyfluthrin	0.05		不得检出	GB/T 19650
106	霜脲氰	Cymoxanil	0.05		不得检出	GB/T 20772
107	氯氰菊酯和高效氯氰菊酯	Cypermethrin and beta – cypermethrin	0.2		不得检出	GB/T 19650
108	环丙唑醇	Cyproconazole	0.5		不得检出	GB/T 20772
109	嘧菌环胺	Cyprodinil	0.05		不得检出	GB/T 19650
110	灭蝇胺	Cyromazine	0.05		不得检出	GB/T 20772
111	丁酰肼	Daminozide	0.05		不得检出	SN/T 1989
112	滴滴涕	DDT	1		不得检出	SN/T 0127
113	溴氰菊酯	Deltamethrin	0.03		不得检出	GB/T 19650
114	地塞米松	Dexamethasone	2μg/kg		不得检出	SN/T 1970
115	燕麦敌	Diallate	0.2		不得检出	GB/T 23211
116	二嗪磷	Diazinon	0.03		不得检出	GB/T 19650
117	麦草畏	Dicamba	0.7		不得检出	GB/T 20772
118	敌草腈	Dichlobenil	0.01		不得检出	GB/T 19650
119	滴丙酸	Dichlorprop	0.05		不得检出	SN/T 2228
120	双氯高灭酸	Diclofenac	5μg/kg		不得检出	参照同类标准
121	二氯苯氧基丙酸	Diclofop	0.05		不得检出	参照同类标准
122	氯硝胺	Dicloran	0.01		不得检出	GB/T 19650
123	三氯杀螨醇	Dicofol	0.02		不得检出	GB/T 19650
124	乙霉威	Diethofencarb	0.05		不得检出	GB/T 19650
125	苯醚甲环唑	Difenoconazole	0.2		不得检出	GB/T 19650
126	双氟沙星	Difloxacin	800μg/kg		不得检出	GB/T 20366
127	除虫脲	Diflubenzuron	0.1		不得检出	SN/T 0528
128	吡氟酰草胺	Diflufenican	0.05		不得检出	GB/T 20772
129	二氢链霉素	Dihydro – streptomycin	500μg/kg		不得检出	GB/T 22969
130	油菜安	Dimethachlor	0.02		不得检出	GB/T 20772
131	烯酰吗啉	Dimethomorph	0.05		不得检出	GB/T 20772
132	醚菌胺	Dimoxystrobin	0.05		不得检出	SN/T 2237
133	烯唑醇	Diniconazole	0.01		不得检出	GB/T 19650
134	敌螨普	Dinocap	0.05		不得检出	日本肯定列表（增补本1）

序号	农兽药中文名	农兽药英文名	欧盟标准限量要求 mg/kg	国家标准限量要求 mg/kg	三安超有机食品标准 限量要求 mg/kg	三安超有机食品标准 检测方法
135	地乐酚	Dinoseb	0.01		不得检出	GB/T 20772
136	特乐酚	Dinoterb	0.05		不得检出	GB/T 20772
137	敌噁磷	Dioxathion	0.05		不得检出	GB/T 19650
138	敌草快	Diquat	0.05		不得检出	GB/T 5009.221
139	乙拌磷	Disulfoton	0.01		不得检出	GB/T 20772
140	二氰蒽醌	Dithianon	0.01		不得检出	GB/T 20769
141	二硫代氨基甲酸酯	Dithiocarbamates	0.05		不得检出	SN 0139
142	敌草隆	Diuron	0.05		不得检出	SN/T 0645
143	二硝甲酚	DNOC	0.05		不得检出	GB/T 20772
144	多果定	Dodine	0.2		不得检出	SN 0500
145	多拉菌素	Doramectin	100μg/kg		不得检出	GB/T 22968
146	强力霉素	Doxycycline	300μg/kg		不得检出	GB/T 20764
147	甲氨基阿维菌素苯甲酸盐	Emamectin benzoate	0.08		不得检出	GB/T 20769
148	硫丹	Endosulfan	0.05	0.1	不得检出	GB/T 19650
149	异狄氏剂	Endrin	0.05		不得检出	GB/T 19650
150	恩诺沙星	Enrofloxacin	200μg/kg		不得检出	GB/T 20366
151	氟环唑	Epoxiconazole	0.2		不得检出	GB/T 20772
152	茵草敌	EPTC	0.02		不得检出	GB/T 20772
153	红霉素	Erythromycin	200μg/kg		不得检出	GB/T 20762
154	乙丁烯氟灵	Ethalfluralin	0.01		不得检出	GB/T 19650
155	胺苯磺隆	Ethametsulfuron	0.01		不得检出	NY/T 1616
156	乙烯利	Ethephon	0.05		不得检出	SN 0705
157	乙硫磷	Ethion	0.01		不得检出	GB/T 19650
158	乙嘧酚	Ethirimol	0.05		不得检出	GB/T 20772
159	乙氧呋草黄	Ethofumesate	0.1		不得检出	GB/T 20772
160	灭线磷	Ethoprophos	0.01		不得检出	GB/T 19650
161	乙氧喹啉	Ethoxyquin	0.05		不得检出	GB/T 20772
162	环氧乙烷	Ethylene oxide	0.02		不得检出	GB/T 23296.11
163	醚菊酯	Etofenprox	0.5		不得检出	GB/T 19650
164	乙螨唑	Etoxazole	0.01		不得检出	GB/T 19650
165	氯唑灵	Etridiazole	0.05		不得检出	GB/T 20772
166	噁唑菌酮	Famoxadone	0.05		不得检出	GB/T 20772
167	苯硫氨酯	Febantel	500μg/kg		不得检出	GB/T 22972
168	咪唑菌酮	Fenamidone	0.01		不得检出	GB/T 19650
169	苯线磷	Fenamiphos	0.02		不得检出	GB/T 19650
170	氯苯嘧啶醇	Fenarimol	0.02		不得检出	GB/T 20772
171	喹螨醚	Fenazaquin	0.01		不得检出	GB/T 19650
172	苯硫苯咪唑	Fenbendazole	500μg/kg		不得检出	SN 0638
173	腈苯唑	Fenbuconazole	0.05		不得检出	GB/T 20772

序号	农兽药中文名	农兽药英文名	欧盟标准限量要求 mg/kg	国家标准限量要求 mg/kg	三安超有机食品标准	
					限量要求 mg/kg	检测方法
174	苯丁锡	Fenbutatin oxide	0.05		不得检出	SN/T 3149
175	环酰菌胺	Fenhexamid	0.05		不得检出	GB/T 20772
176	杀螟硫磷	Fenitrothion	0.01		不得检出	GB/T 20772
177	精噁唑禾草灵	Fenoxaprop – P – ethyl	0.05		不得检出	GB/T 22617
178	双氧威	Fenoxycarb	0.05		不得检出	GB/T 19650
179	苯锈啶	Fenpropidin	0.02		不得检出	GB/T 19650
180	丁苯吗啉	Fenpropimorph	0.3		不得检出	GB/T 20772
181	胺苯吡菌酮	Fenpyrazamine	0.01		不得检出	参照同类标准
182	唑螨酯	Fenpyroximate	0.01		不得检出	GB/T 19650
183	倍硫磷	Fenthion	0.05		不得检出	GB/T 20772
184	三苯锡	Fentin	0.05		不得检出	SN/T 3149
185	薯瘟锡	Fentin acetate	0.05		不得检出	参照同类标准
186	氰戊菊酯和高效氰戊菊酯（RR & SS 异构体总量）	Fenvalerate and esfenvalerate（sum of RR & SS isomers）	0.2		不得检出	GB/T 19650
187	氰戊菊酯和高效氰戊菊酯（RS & SR 异构体总量）	Fenvalerate and esfenvalerate（sum of RS & SR isomers）	0.05		不得检出	GB/T 19650
188	氟虫腈	Fipronil	0.02		不得检出	SN/T 1982
189	氟啶虫酰胺	Flonicamid	0.03		不得检出	SN/T 2796
190	氟苯尼考	Florfenicol	2000μg/kg		不得检出	GB/T 20756
191	精吡氟禾草灵	Fluazifop – P – butyl	0.05		不得检出	GB/T 5009.142
192	氟啶胺	Fluazinam	0.05		不得检出	SN/T 2150
193	氟苯虫酰胺	Flubendiamide	1		不得检出	SN/T 2581
194	氟环脲	Flucycloxuron	0.05		不得检出	参照同类标准
195	氟氰戊菊酯	Flucythrinate	0.05		不得检出	GB/T 23210
196	咯菌腈	Fludioxonil	0.05		不得检出	GB/T 20772
197	氟虫脲	Flufenoxuron	0.05		不得检出	SN/T 2150
198	—	Flufenzin	0.02		不得检出	参照同类标准
199	氟甲喹	Flumequin	500μg/kg		不得检出	SN/T 1921
200	氟胺烟酸	Flunixin	200μg/kg		不得检出	GB/T 20750
201	氟吡菌胺	Fluopicolide	0.01		不得检出	参照同类标准
202	—	Fluopyram	0.7		不得检出	参照同类标准
203	氟离子	Fluoride ion	1		不得检出	GB/T 5009.167
204	氟腈嘧菌酯	Fluoxastrobin	0.1		不得检出	SN/T 2237
205	氟喹唑	Fluquinconazole	0.3		不得检出	GB/T 19650
206	氟咯草酮	Fluorochloridone	0.05		不得检出	GB/T 20772
207	氟草烟	Fluroxypyr	0.05		不得检出	GB/T 20772
208	氟硅唑	Flusilazole	0.1		不得检出	GB/T 20772
209	氟酰胺	Flutolanil	0.2		不得检出	GB/T 20772
210	粉唑醇	Flutriafol	0.01		不得检出	GB/T 20772

序号	农兽药中文名	农兽药英文名	欧盟标准限量要求 mg/kg	国家标准限量要求 mg/kg	三安超有机食品标准	
					限量要求 mg/kg	检测方法
211	—	Fluxapyroxad	0.01		不得检出	参照同类标准
212	氟磺胺草醚	Fomesafen	0.01		不得检出	GB/T 5009.130
213	氯吡脲	Forchlorfenuron	0.05		不得检出	SN/T 3643
214	伐虫脒	Formetanate	0.01		不得检出	NY/T 1453
215	三乙膦酸铝	Fosetyl – aluminium	0.5		不得检出	参照同类标准
216	麦穗宁	Fuberidazole	0.05		不得检出	GB/T 19650
217	呋线威	Furathiocarb	0.01		不得检出	GB/T 20772
218	糠醛	Furfural	1		不得检出	参照同类标准
219	庆大霉素	Gentamicin	200μg/kg		不得检出	GB/T 21323
220	勃激素	Gibberellic acid	0.1		不得检出	GB/T 23211
221	草胺膦	Glufosinate – ammonium	0.1		不得检出	日本肯定列表
222	草甘膦	Glyphosate	0.05		不得检出	SN/T 1923
223	双胍盐	Guazatine	0.1		不得检出	参照同类标准
224	氟吡禾灵	Haloxyfop	0.01		不得检出	SN/T 2228
225	七氯	Heptachlor	0.2		不得检出	SN 0663
226	六氯苯	Hexachlorobenzene	0.2		不得检出	SN/T 0127
227	六六六（HCH），α-异构体	Hexachlorociclohexane（HCH），alpha – isomer	0.2		不得检出	SN/T 0127
228	六六六（HCH），β-异构体	Hexachlorociclohexane（HCH），beta – isomer	0.1		不得检出	SN/T 0127
229	噻螨酮	Hexythiazox	0.05		不得检出	GB/T 20772
230	恶霉灵	Hymexazol	0.05		不得检出	GB/T 20772
231	抑霉唑	Imazalil	0.05		不得检出	GB/T 20772
232	甲咪唑烟酸	Imazapic	0.01		不得检出	GB/T 20772
233	咪唑喹啉酸	Imazaquin	0.05		不得检出	GB/T 20772
234	吡虫啉	Imidacloprid	0.3		不得检出	GB/T 20772
235	茚虫威	Indoxacarb	0.05		不得检出	GB/T 20772
236	碘苯腈	Ioxynil	0.05		不得检出	GB/T 19650
237	异菌脲	Iprodione	0.05		不得检出	GB/T 19650
238	稻瘟灵	Isoprothiolane	0.01		不得检出	GB/T 20772
239	异丙隆	Isoproturon	0.05		不得检出	GB/T 20772
240	—	Isopyrazam	0.01		不得检出	参照同类标准
241	异恶酰草胺	Isoxaben	0.01		不得检出	GB/T 20772
242	依维菌素	Ivermectin	100μg/kg		不得检出	GB/T 21320
243	卡那霉素	Kanamycin	600μg/kg		不得检出	GB/T 21323
244	醚菌酯	Kresoxim – methyl	0.02		不得检出	GB/T 20772
245	乳氟禾草灵	Lactofen	0.01		不得检出	GB/T 19650
246	高效氯氟氰菊酯	Lambda – cyhalothrin	0.5		不得检出	GB/T 23210
247	环草定	Lenacil	0.1		不得检出	GB/T 19650

序号	农兽药中文名	农兽药英文名	欧盟标准限量要求 mg/kg	国家标准限量要求 mg/kg	三安超有机食品标准	
					限量要求 mg/kg	检测方法
248	林可霉素	Lincomycin	500μg/kg		不得检出	GB/T 20762
249	林丹	Lindane	0.02	0.01	不得检出	NY/T 761
250	虱螨脲	Lufenuron	0.02		不得检出	SN/T 2540
251	马拉硫磷	Malathion	0.02		不得检出	GB/T 19650
252	抑芽丹	Maleic hydrazide	0.05		不得检出	GB/T 23211
253	双炔酰菌胺	Mandipropamid	0.02		不得检出	参照同类标准
254	麻保沙星	Marbofloxacin	150μg/kg		不得检出	GB/T 22985
255	二甲四氯和二甲四氯丁酸	MCPA and MCPB	0.1		不得检出	SN/T 2228
256	美洛昔康	Meloxicam	65μg/kg		不得检出	SN/T 2190
257	壮棉素	Mepiquat chloride	0.05		不得检出	GB/T 23211
258	—	Meptyldinocap	0.05		不得检出	参照同类标准
259	汞化合物	Mercury compounds	0.01		不得检出	参照同类标准
260	氰氟虫腙	Metaflumizone	0.02		不得检出	SN/T 3852
261	甲霜灵和精甲霜灵	Metalaxyl and metalaxyl – M	0.05		不得检出	GB/T 20772
262	四聚乙醛	Metaldehyde	0.05		不得检出	SN/T 1787
263	苯嗪草酮	Metamitron	0.05		不得检出	GB/T 19650
264	安乃近	Metamizole	100μg/kg		不得检出	GB/T 20747
265	吡唑草胺	Metazachlor	0.2		不得检出	GB/T 19650
266	叶菌唑	Metconazole	0.01		不得检出	GB/T 20772
267	甲基苯噻隆	Methabenzthiazuron	0.05		不得检出	GB/T 19650
268	虫螨畏	Methacrifos	0.01		不得检出	GB/T 20772
269	甲胺磷	Methamidophos	0.01		不得检出	GB/T 20772
270	杀扑磷	Methidathion	0.02		不得检出	GB/T 20772
271	甲硫威	Methiocarb	0.05		不得检出	GB/T 20770
272	灭多威和硫双威	Methomyl and thiodicarb	0.02		不得检出	GB/T 20772
273	烯虫酯	Methoprene	0.05		不得检出	GB/T 19650
274	甲氧滴滴涕	Methoxychlor	0.01		不得检出	SN/T 0529
275	甲氧虫酰肼	Methoxyfenozide	0.1		不得检出	GB/T 20772
276	磺草唑胺	Metosulam	0.01		不得检出	GB/T 20772
277	苯菌酮	Metrafenone	0.05		不得检出	参照同类标准
278	嗪草酮	Metribuzin	0.1		不得检出	GB/T 19650
279	绿谷隆	Monolinuron	0.05		不得检出	GB/T 20772
280	灭草隆	Monuron	0.01		不得检出	GB/T 20772
281	腈菌唑	Myclobutanil	0.01		不得检出	GB/T 20772
282	1－萘乙酰胺	1 – Naphthylacetamide	0.05		不得检出	GB/T 23205
283	敌草胺	Napropamide	0.01		不得检出	GB/T 19650
284	新霉素	Neomycin	500μg/kg		不得检出	SN 0646
285	烟嘧磺隆	Nicosulfuron	0.05		不得检出	SN/T 2325
286	除草醚	Nitrofen	0.01		不得检出	GB/T 19650

序号	农兽药中文名	农兽药英文名	欧盟标准限量要求 mg/kg	国家标准限量要求 mg/kg	三安超有机食品标准限量要求 mg/kg	三安超有机食品标准检测方法
287	氟酰脲	Novaluron	0.7		不得检出	GB/T 23211
288	嘧苯胺磺隆	Orthosulfamuron	0.01		不得检出	GB/T 23817
289	苯唑青霉素	Oxacillin	300μg/kg		不得检出	GB/T 18932.25
290	噁草酮	Oxadiazon	0.05		不得检出	GB/T 19650
291	噁霜灵	Oxadixyl	0.01		不得检出	GB/T 19650
292	环氧嘧磺隆	Oxasulfuron	0.05		不得检出	GB/T 23817
293	丙氧苯咪唑	Oxibendazole	200μg/kg		不得检出	GB/T 21324
294	喹菌酮	Oxolinic acid	150μg/kg		不得检出	日本肯定列表
295	氧化萎锈灵	Oxycarboxin	0.05		不得检出	GB/T 19650
296	亚砜磷	Oxydemeton – methyl	0.01		不得检出	参照同类标准
297	乙氧氟草醚	Oxyfluorfen	0.05		不得检出	GB/T 20772
298	土霉素	Oxytetracycline	300μg/kg		不得检出	GB/T 21317
299	多效唑	Paclobutrazol	0.02		不得检出	GB/T 19650
300	对硫磷	Parathion	0.05		不得检出	GB/T 19650
301	甲基对硫磷	Parathion – methyl	0.01		不得检出	GB/T 5009.161
302	巴龙霉素	Paromomycin	1500μg/kg		不得检出	SN/T 2315
303	戊菌唑	Penconazole	0.05		不得检出	GB/T 20772
304	戊菌隆	Pencycuron	0.05		不得检出	GB/T 19650
305	二甲戊灵	Pendimethalin	0.05		不得检出	GB/T 19650
306	喷沙西林	Penethamate	50μg/kg		不得检出	参照同类标准
307	氯菊酯	Permethrin	0.05		不得检出	GB/T 19650
308	甜菜宁	Phenmedipham	0.05		不得检出	GB/T 23205
309	苯醚菊酯	Phenothrin	0.05		不得检出	GB/T 20772
310	苯氧甲基青霉素	Phenoxymethylpenicillin	25μg/kg		不得检出	GB/T21315
311	甲拌磷	Phorate	0.02		不得检出	GB/T 20772
312	伏杀硫磷	Phosalone	0.01		不得检出	GB/T 20772
313	亚胺硫磷	Phosmet	0.1		不得检出	GB/T 20772
314	—	Phosphines and phosphides	0.01		不得检出	参照同类标准
315	辛硫磷	Phoxim	0.02		不得检出	GB/T 20772
316	氨氯吡啶酸	Picloram	0.01		不得检出	GB/T 23211
317	啶氧菌酯	Picoxystrobin	0.05		不得检出	GB/T 19650
318	哌嗪	Piperazine	2000μg/kg		不得检出	SN/T2317
319	抗蚜威	Pirimicarb	0.05		不得检出	GB/T 20772
320	甲基嘧啶磷	Pirimiphos – methyl	0.05		不得检出	GB/T 20772
321	咪鲜胺	Prochloraz	0.1		不得检出	GB/T 19650
322	腐霉利	Procymidone	0.01		不得检出	GB/T 20772
323	丙溴磷	Profenofos	0.05		不得检出	GB/T 20772
324	调环酸	Prohexadione	0.05		不得检出	日本肯定列表
325	毒草安	Propachlor	0.02		不得检出	GB/T 20772

序号	农兽药中文名	农兽药英文名	欧盟标准限量要求 mg/kg	国家标准限量要求 mg/kg	三安超有机食品标准 限量要求 mg/kg	检测方法
326	扑派威	Propamocarb	0.1		不得检出	GB/T 20772
327	恶草酸	Propaquizafop	0.05		不得检出	GB/T 20772
328	炔螨特	Propargite	0.1		不得检出	GB/T 19650
329	苯胺灵	Propham	0.05		不得检出	GB/T 19650
330	丙环唑	Propiconazole	0.01		不得检出	GB/T 19650
331	异丙草胺	Propisochlor	0.01		不得检出	GB/T 19650
332	残杀威	Propoxur	0.05		不得检出	GB/T 20772
333	炔苯酰草胺	Propyzamide	0.05		不得检出	GB/T 19650
334	苄草丹	Prosulfocarb	0.05		不得检出	GB/T 19650
335	丙硫菌唑	Prothioconazole	0.5		不得检出	参照同类标准
336	吡蚜酮	Pymetrozine	0.01		不得检出	GB/T 20772
337	吡唑醚菌酯	Pyraclostrobin	0.05		不得检出	GB/T 20772
338	吡菌磷	Pyrazophos	0.02		不得检出	GB/T 20772
339	除虫菊素	Pyrethrins	0.05		不得检出	GB/T 20772
340	哒螨灵	Pyridaben	0.02		不得检出	GB/T 19650
341	啶虫丙醚	Pyridalyl	0.01		不得检出	日本肯定列表
342	哒草特	Pyridate	0.05		不得检出	日本肯定列表
343	嘧霉胺	Pyrimethanil	0.05		不得检出	GB/T 19650
344	吡丙醚	Pyriproxyfen	0.05		不得检出	GB/T 19650
345	甲氧磺草胺	Pyroxsulam	0.01		不得检出	SN/T 2325
346	氯甲喹啉酸	Quinmerac	0.05		不得检出	参照同类标准
347	喹氧灵	Quinoxyfen	0.2		不得检出	SN/T 2319
348	五氯硝基苯	Quintozene	0.01		不得检出	GB/T 19650
349	精喹禾灵	Quizalofop-P-ethyl	0.05		不得检出	SN/T 2150
350	灭虫菊	Resmethrin	0.1		不得检出	GB/T 20772
351	鱼藤酮	Rotenone	0.01		不得检出	GB/T 20772
352	西玛津	Simazine	0.01		不得检出	SN 0594
353	乙基多杀菌素	Spinetoram	0.01		不得检出	参照同类标准
354	多杀霉素	Spinosad	0.5		不得检出	GB/T 20772
355	螺旋霉素	Spiramycin	2000μg/kg		不得检出	GB/T 20762
356	螺螨酯	Spirodiclofen	0.05		不得检出	GB/T 20772
357	螺甲螨酯	Spiromesifen	0.01		不得检出	GB/T 23210
358	螺虫乙酯	Spirotetramat	0.7		不得检出	参照同类标准
359	莔孢菌素	Spiroxamine	0.2		不得检出	GB/T 20772
360	链霉素	Streptomycin	500μg/kg		不得检出	GB/T 20772
361	磺草酮	Sulcotrione	0.05		不得检出	参照同类标准
362	磺胺类（所有属于磺胺类的物质）	Sulfonamides (all substances belonging to the sulfonamide-group)	100μg/kg		不得检出	GB 29694

序号	农兽药中文名	农兽药英文名	欧盟标准限量要求 mg/kg	国家标准限量要求 mg/kg	三安超有机食品标准	
					限量要求 mg/kg	检测方法
363	乙黄隆	Sulfosulfuron	0.05		不得检出	SN/T 2325
364	硫磺粉	Sulfur	0.5		不得检出	参照同类标准
365	氟胺氰菊酯	Tau – fluvalinate	0.01		不得检出	SN 0691
366	戊唑醇	Tebuconazole	0.1		不得检出	GB/T 20772
367	虫酰肼	Tebufenozide	0.05		不得检出	GB/T 20772
368	吡螨胺	Tebufenpyrad	0.05		不得检出	GB/T 19650
369	四氯硝基苯	Tecnazene	0.05		不得检出	GB/T 19650
370	氟苯脲	Teflubenzuron	0.05		不得检出	SN/T 2150
371	七氟菊酯	Tefluthrin	0.05		不得检出	GB/T 23210
372	得杀草	Tepraloxydim	0.1		不得检出	GB/T 20772
373	特丁硫磷	Terbufos	0.01		不得检出	GB/T 20772
374	特丁津	Terbuthylazine	0.05		不得检出	GB/T 19650
375	四氟醚唑	Tetraconazole	1		不得检出	GB/T 20772
376	四环素	Tetracycline	300μg/kg		不得检出	GB/T 21317
377	三氯杀螨砜	Tetradifon	0.05		不得检出	GB/T 19650
378	噻菌灵	Thiabendazole	0.1		不得检出	GB/T 20772
379	噻虫啉	Thiacloprid	0.3		不得检出	GB/T 20772
380	噻虫嗪	Thiamethoxam	0.03		不得检出	GB/T 20772
381	甲砜霉素	Thiamphenicol	50μg/kg		不得检出	GB/T 20756
382	禾草丹	Thiobencarb	0.01		不得检出	GB/T 20772
383	甲基硫菌灵	Thiophanate – methyl	0.05		不得检出	SN/T 0162
384	硫粘菌素	Tiamulin	500μg/kg		不得检出	SN/T 2223
385	泰地罗新	Tildipirosin	5		不得检出	参照同类标准
386	替米考星	Tilmicosin	1		不得检出	GB/T 20762
387	甲基立枯磷	Tolclofos – methyl	0.05		不得检出	GB/T 19650
388	托芬那酸	Tolfenamic acid	400μg/kg		不得检出	SN/T 2190
389	甲苯三嗪酮	Toltrazuril	500μg/kg		不得检出	参照同类标准
390	甲苯氟磺胺	Tolylfluanid	0.1		不得检出	GB/T 19650
391	—	Topramezone	0.05		不得检出	参照同类标准
392	三唑酮和三唑醇	Triadimefon and triadimenol	0.1		不得检出	GB/T 20772
393	野麦畏	Triallate	0.05		不得检出	GB/T 20772
394	醚苯磺隆	Triasulfuron	0.05		不得检出	GB/T 20772
395	三唑磷	Triazophos	0.01		不得检出	GB/T 20772
396	敌百虫	Trichlorphon	0.01		不得检出	GB/T 20772
397	绿草定	Triclopyr	0.05		不得检出	SN/T 2228
398	三环唑	Tricyclazole	0.05		不得检出	GB/T 20769
399	十三吗啉	Tridemorph	0.01		不得检出	GB/T 20772
400	肟菌酯	Trifloxystrobin	0.04		不得检出	GB/T 19650
401	氟菌唑	Triflumizole	0.05		不得检出	GB/T 20769

序号	农兽药中文名	农兽药英文名	欧盟标准限量要求 mg/kg	国家标准限量要求 mg/kg	三安超有机食品标准 限量要求 mg/kg	三安超有机食品标准 检测方法
402	杀铃脲	Triflumuron	0.01		不得检出	GB/T 20772
403	氟乐灵	Trifluralin	0.01		不得检出	GB/T 20772
404	嗪氨灵	Triforine	0.01		不得检出	SN 0695
405	三甲基锍阳离子	Trimethyl – sulfonium cation	0.05		不得检出	参照同类标准
406	抗倒酯	Trinexapac	0.05		不得检出	GB/T 20769
407	灭菌唑	Triticonazole	0.01		不得检出	GB/T 20772
408	三氟甲磺隆	Tritosulfuron	0.01		不得检出	参照同类标准
409	托拉菌素	Tulathromycin	3		不得检出	参照同类标准
410	泰乐菌素	Tylosin	100μg/kg		不得检出	GB/T 20762
411	乙酰异戊酰素乐菌素	Tylvalosin	50μg/kg		不得检出	参照同类标准
412	—	Valifenalate	0.01		不得检出	参照同类标准
413	伐奈莫林	Valnemulin	500μg/kg		不得检出	参照同类标准
414	乙烯菌核利	Vinclozolin	0.05		不得检出	GB/T 20772
415	2,3,4,5 – 四氯苯胺	2,3,4,5 – Tetrachloraniline			不得检出	GB/T 19650
416	2,3,4,5 – 四氯甲氧基苯	2,3,4,5 – Tetrachloroanisole			不得检出	GB/T 19650
417	2,3,5,6 – 四氯苯胺	2,3,5,6 – Tetrachloroaniline			不得检出	GB/T 19650
418	2,4,5 – 涕	2,4,5 – T			不得检出	GB/T 20772
419	o,p' – 滴滴滴	2,4' – DDD			不得检出	GB/T 19650
420	o,p' – 滴滴伊	2,4' – DDE			不得检出	GB/T 19650
421	o,p' – 滴滴涕	2,4' – DDT			不得检出	GB/T 19650
422	2,6 – 二氯苯甲酰胺	2,6 – Dichlorobenzamide			不得检出	GB/T 19650
423	3,5 – 二氯苯胺	3,5 – Dichloroaniline			不得检出	GB/T 19650
424	p,p' – 滴滴滴	4,4' – DDD			不得检出	GB/T 19650
425	p,p' – 滴滴伊	4,4' – DDE			不得检出	GB/T 19650
426	p,p' – 滴滴涕	4,4' – DDT			不得检出	GB/T 19650
427	4,4' – 二溴二苯甲酮	4,4' – Dibromobenzophenone			不得检出	GB/T 19650
428	4,4' – 二氯二苯甲酮	4,4' – Dichlorobenzophenone			不得检出	GB/T 19650
429	二氢苊	Acenaphthene			不得检出	GB/T 19650
430	乙酰丙嗪	Acepromazine			不得检出	GB/T 20763
431	三氟羧草醚	Acifluorfen			不得检出	GB/T 20772
432	1 – 氨基 – 2 – 乙内酰脲	AHD			不得检出	GB/T 21311
433	涕灭砜威	Aldoxycarb			不得检出	GB/T 20772
434	烯丙菊酯	Allethrin			不得检出	GB/T 20772
435	二丙烯草胺	Allidochlor			不得检出	GB/T 19650
436	莠灭净	Ametryn			不得检出	GB/T 20772
437	杀草强	Amitrole			不得检出	SN/T 1737.6
438	5 – 吗啉甲基 – 3 – 氨基 – 2 – 噁唑烷基酮	AMOZ			不得检出	GB/T 21311
439	氨丙嘧吡啶	Amprolium			不得检出	SN/T 0276

序号	农兽药中文名	农兽药英文名	欧盟标准限量要求 mg/kg	国家标准限量要求 mg/kg	三安超有机食品标准 限量要求 mg/kg	三安超有机食品标准 检测方法
440	莎稗磷	Anilofos			不得检出	GB/T 19650
441	蒽醌	Anthraquinone			不得检出	GB/T 19650
442	3－氨基－2－噁唑酮	AOZ			不得检出	GB/T 21311
443	安普霉素	Apramycin			不得检出	GB/T 21323
444	丙硫特普	Aspon			不得检出	GB/T 19650
445	羟氨卡青霉素	Aspoxicillin			不得检出	GB/T 21315
446	乙基杀扑磷	Athidathion			不得检出	GB/T 19650
447	莠去通	Atratone			不得检出	GB/T 19650
448	莠去津	Atrazine			不得检出	GB/T 20772
449	脱乙基阿特拉津	Atrazine－desethyl			不得检出	GB/T 19650
450	甲基吡噁磷	Azamethiphos			不得检出	GB/T 20763
451	叠氮津	Aziprotryne			不得检出	GB/T 19650
452	杆菌肽	Bacitracin			不得检出	GB/T 20743
453	4－溴－3,5－二甲苯基－N－甲基氨基甲酸酯－1	BDMC－1			不得检出	GB/T 19650
454	4－溴－3,5－二甲苯基－N－甲基氨基甲酸酯－2	BDMC－2			不得检出	GB/T 19650
455	噁虫威	Bendiocarb			不得检出	GB/T 20772
456	乙丁氟灵	Bbenfluralin			不得检出	GB/T 19650
457	呋草黄	Benfuresate			不得检出	GB/T 19650
458	麦锈灵	Benodanil			不得检出	GB/T 19650
459	解草酮	Benoxacor			不得检出	GB/T 19650
460	新燕灵	Benzoylprop－ethyl			不得检出	GB/T 19650
461	生物烯丙菊酯－1	Bioallethrin－1			不得检出	GB/T 19650
462	生物烯丙菊酯－2	Bioallethrin－2			不得检出	GB/T 19650
463	除草定	Bromacil			不得检出	GB/T 20772
464	溴苯烯磷	Bromfenvinfos			不得检出	GB/T 19650
465	溴烯杀	Bromocylen			不得检出	GB/T 23210
466	溴硫磷	Bromofos			不得检出	GB/T 19650
467	乙基溴硫磷	Bromophos－ethyl			不得检出	GB/T 19650
468	溴丁酰草胺	Btomobutide			不得检出	GB/T 19650
469	氟丙嘧草酯	Butafenacil			不得检出	GB/T 19650
470	抑草磷	Butamifos			不得检出	GB/T 19650
471	丁草胺	Butaxhlor			不得检出	GB/T 19650
472	苯酮唑	Cafenstrole			不得检出	GB/T 19650
473	角黄素	Canthaxanthin			不得检出	GB/T 19650
474	卡巴氧	Carbadox			不得检出	GB/T 20746
475	三硫磷	Carbophenothion			不得检出	GB/T 19650
476	唑草酮	Carfentrazone－ethyl			不得检出	GB/T 19650

序号	农兽药中文名	农兽药英文名	欧盟标准限量要求 mg/kg	国家标准限量要求 mg/kg	三安超有机食品标准 限量要求 mg/kg	检测方法
477	卡洛芬	Carprofen			不得检出	SN/T 2190
478	头孢洛宁	Cefalonium			不得检出	GB/T 22989
479	头孢匹林	Cefapirin			不得检出	GB/T 22989
480	头孢氨苄	Cefalexin			不得检出	GB/T 22989
481	氯霉素	Chloramphenicolum			不得检出	GB/T 20772
482	氯杀螨砜	Chlorbenside sulfone			不得检出	GB/T 19650
483	氯溴隆	Chlorbromuron			不得检出	GB/T 19650
484	杀虫脒	Chlordimeform			不得检出	GB/T 19650
485	氯氧磷	Chlorethoxyfos			不得检出	GB/T 19650
486	溴虫腈	Chlorfenapyr			不得检出	GB/T 19650
487	杀螨醇	Chlorfenethol			不得检出	GB/T 19650
488	燕麦酯	Chlorfenprop – methyl			不得检出	GB/T 19650
489	氟啶脲	Chlorfluazuron			不得检出	SN/T 2540
490	整形醇	Chlorflurenol			不得检出	GB/T 19650
491	氯地孕酮	Chlormadinone			不得检出	SN/T 1980
492	醋酸氯地孕酮	Chlormadinone acetate			不得检出	GB/T 20753
493	氯甲硫磷	Chlormephos			不得检出	GB/T 19650
494	氯苯甲醚	Chloroneb			不得检出	GB/T 19650
495	丙酯杀螨醇	Chloropropylate			不得检出	GB/T 19650
496	氯丙嗪	Chlorpromazine			不得检出	GB/T 20763
497	氯硫磷	Chlorthion			不得检出	GB/T 19650
498	虫螨磷	Chlorthiophos			不得检出	GB/T 19650
499	乙菌利	Chlozolinate			不得检出	GB/T 19650
500	顺式 – 氯丹	cis – Chlordane			不得检出	GB/T 19650
501	顺式 – 燕麦敌	cis – Diallate			不得检出	GB/T 19650
502	顺式 – 氯菊酯	cis – Permethrin			不得检出	GB/T 19650
503	克仑特罗	Clenbuterol			不得检出	GB/T 22286
504	异噁草酮	Clomazone			不得检出	GB/T 20772
505	氯甲酰草胺	Clomeprop			不得检出	GB/T 19650
506	氯羟吡啶	Clopidol			不得检出	GB 29700
507	解草酯	Cloquintocet – mexyl			不得检出	GB/T 19650
508	蝇毒磷	Coumaphos			不得检出	GB/T 19650
509	鼠立死	Crimidine			不得检出	GB/T 19650
510	巴毒磷	Crotxyphos			不得检出	GB/T 19650
511	育畜磷	Crufomate			不得检出	GB/T 19650
512	苯腈磷	Cyanofenphos			不得检出	GB/T 19650
513	杀螟腈	Cyanophos			不得检出	GB/T 20772
514	环草敌	Cycloate			不得检出	GB/T 20772
515	环莠隆	Cycluron			不得检出	GB/T 20772

序号	农兽药中文名	农兽药英文名	欧盟标准限量要求 mg/kg	国家标准限量要求 mg/kg	三安超有机食品标准 限量要求 mg/kg	三安超有机食品标准 检测方法
516	环丙津	Cyprazine			不得检出	GB/T 20772
517	敌草索	Dacthal			不得检出	GB/T 19650
518	达氟沙星	Danofloxacin			不得检出	GB/T 22985
519	癸氧喹酯	Decoquinate			不得检出	SN/T 2444
520	脱叶磷	DEF			不得检出	GB/T 19650
521	2,2′,4,5,5′-五氯联苯	DE-PCB 101			不得检出	GB/T 19650
522	2,3,4,4′,5-五氯联苯	DE-PCB 118			不得检出	GB/T 19650
523	2,2′,3,4,4′,5-六氯联苯	DE-PCB 138			不得检出	GB/T 19650
524	2,2′,4,4′,5,5′-六氯联苯	DE-PCB 153			不得检出	GB/T 19650
525	2,2′,3,4,4′,5,5′-七氯联苯	DE-PCB 180			不得检出	GB/T 19650
526	2,4,4′-三氯联苯	DE-PCB 28			不得检出	GB/T 19650
527	2,4,5-三氯联苯	DE-PCB 31			不得检出	GB/T 19650
528	2,2′,5,5′-四氯联苯	DE-PCB 52			不得检出	GB/T 19650
529	脱溴溴苯磷	Desbrom-leptophos			不得检出	GB/T 19650
530	脱乙基另丁津	Desethyl-sebuthylazine			不得检出	GB/T 19650
531	敌草净	Desmetryn			不得检出	GB/T 19650
532	氯亚胺硫磷	Dialifos			不得检出	GB/T 19650
533	敌菌净	Diaveridine			不得检出	SN/T 1926
534	驱虫特	Dibutyl succinate			不得检出	GB/T 20772
535	麦草畏	Dicanba			不得检出	GB/T 20772
536	异氯磷	Dicapthon			不得检出	GB/T 20772
537	除线磷	Dichlofenthion			不得检出	GB/T 19650
538	苯氟磺胺	Dichlofluanid			不得检出	GB/T 19650
539	烯丙酰草胺	Dichlormid			不得检出	GB/T 20772
540	敌敌畏	Dichlorvos			不得检出	GB/T 20772
541	苄氯三唑醇	Diclobutrazole			不得检出	GB/T 19650
542	禾草灵	Diclofop-methyl			不得检出	GB/T 20766
543	己烯雌酚	Diethylstilbestrol			不得检出	GB/T 20366
544	双氟沙星	Difloxacin			不得检出	GB/T 22969
545	甲氟磷	Dimefox			不得检出	GB/T 19650
546	哌草丹	Dimepiperate			不得检出	GB/T 19650
547	异戊乙净	Dimethametryn			不得检出	GB/T 19650
548	二甲酚草胺	Dimethenamid			不得检出	GB/T 19650
549	乐果	Dimethoate			不得检出	GB/T 19650
550	甲基毒虫畏	Dimethylvinphos			不得检出	GB/T 20772
551	地美硝唑	Dimetridazole			不得检出	GB/T 19650
552	二硝托安	Dinitolmide			不得检出	SN/T 2453
553	氨氟灵	Dinitramine			不得检出	GB/T 19650

序号	农兽药中文名	农兽药英文名	欧盟标准限量要求 mg/kg	国家标准限量要求 mg/kg	三安超有机食品标准	
					限量要求 mg/kg	检测方法
554	消螨通	Dinobuton			不得检出	GB/T 19650
555	呋虫胺	Dinotefuran			不得检出	GB/T 20772
556	苯虫醚－1	Diofenolan－1			不得检出	GB/T 19650
557	苯虫醚－2	Diofenolan－2			不得检出	GB/T 19650
558	蔬果磷	Dioxabenzofos			不得检出	GB/T 19650
559	双苯酰草胺	Diphenamid			不得检出	GB/T 19650
560	二苯胺	Diphenylamine			不得检出	GB/T 19650
561	异丙净	Dipropetryn			不得检出	GB/T 19650
562	灭菌磷	Ditalimfos			不得检出	GB/T 19650
563	氟硫草定	Dithiopyr			不得检出	GB/T 19650
564	敌瘟磷	Edifenphos			不得检出	GB/T 19650
565	硫丹硫酸盐	Endosulfan－sulfate			不得检出	GB/T 19650
566	异狄氏剂酮	Endrin ketone			不得检出	GB/T 19650
567	苯硫磷	EPN			不得检出	GB/T 19650
568	埃普利诺菌素	Eprinomectin			不得检出	GB/T 21320
569	抑草蓬	Erbon			不得检出	GB/T 19650
570	S－氰戊菊酯	Esfenvalerate			不得检出	GB/T 19650
571	戊草丹	Esprocarb			不得检出	GB/T 19650
572	乙环唑－1	Etaconazole－1			不得检出	GB/T 19650
573	乙环唑－2	Etaconazole－2			不得检出	GB/T 19650
574	乙嘧硫磷	Etrimfos			不得检出	GB/T 19650
575	氧乙嘧硫磷	Etrimfos oxon			不得检出	GB/T 19650
576	伐灭磷	Famphur			不得检出	GB/T 19650
577	苯线磷亚砜	Fenamiphos sulfoxide			不得检出	GB/T 19650
578	苯线磷砜	Fenamiphos－sulfone			不得检出	GB/T 19650
579	苯硫苯咪唑	Fenbendazole			不得检出	SN 0638
580	氧皮蝇磷	Fenchlorphos oxon			不得检出	GB/T 19650
581	甲呋酰胺	Fenfuram			不得检出	GB/T 19650
582	仲丁威	Fenobucarb			不得检出	GB/T 19650
583	苯硫威	Fenothiocarb			不得检出	GB/T 19650
584	稻瘟酰胺	Fenoxanil			不得检出	GB/T 19650
585	拌种咯	Fenpiclonil			不得检出	GB/T 19650
586	甲氰菊酯	Fenpropathr			不得检出	GB/T 19650
587	芬螨酯	Fenson			不得检出	GB/T 19650
588	丰索磷	Fensulfothion			不得检出	GB/T 19650
589	倍硫磷亚砜	Fenthion sulfoxide			不得检出	GB/T 19650
590	麦草氟异丙酯	Flamprop－isopropyl			不得检出	GB/T 19650
591	麦草氟甲酯	Flamprop－methyl			不得检出	GB/T 19650
592	吡氟禾草灵	Fluazifop－butyl			不得检出	GB/T 19650

序号	农兽药中文名	农兽药英文名	欧盟标准限量要求 mg/kg	国家标准限量要求 mg/kg	三安超有机食品标准	
					限量要求 mg/kg	检测方法
593	啶蜱脲	Fluazuron			不得检出	SN/T 2540
594	氟苯咪唑	Flubendazole			不得检出	GB/T 21324
595	氟噻草胺	Flufenacet			不得检出	GB/T 19650
596	氟节胺	Flumetralin			不得检出	GB/T 19650
597	唑嘧磺草胺	Flumetsulam			不得检出	GB/T 20772
598	氟烯草酸	Flumiclorac			不得检出	GB/T 19650
599	丙炔氟草胺	Flumioxazin			不得检出	GB/T 19650
600	氟胺烟酸	Flunixin			不得检出	GB/T 20750
601	三氟硝草醚	Fluorodifen			不得检出	GB/T 19650
602	乙羧氟草醚	Fluoroglycofen – ethyl			不得检出	GB/T 19650
603	三氟苯唑	Fluotrimazole			不得检出	GB/T 19650
604	氟啶草酮	Fluridone			不得检出	GB/T 19650
605	氟草烟 – 1 – 甲庚酯	Fluroxypr – 1 – methylheptyl ester			不得检出	GB/T 19650
606	呋草酮	Flurtamone			不得检出	GB/T 19650
607	地虫硫磷	Fonofos			不得检出	GB/T 19650
608	安果	Formothion			不得检出	GB/T 19650
609	呋霜灵	Furalaxyl			不得检出	GB/T 19650
610	苄螨醚	Halfenprox			不得检出	GB/T 19650
611	氟哌啶醇	Haloperidol			不得检出	GB/T 20763
612	庚烯磷	Heptanophos			不得检出	GB/T 19650
613	己唑醇	Hexaconazole			不得检出	GB/T 19650
614	环嗪酮	Hexazinone			不得检出	GB/T 19650
615	咪草酸	Imazamethabenz – methyl			不得检出	GB/T 19650
616	脱苯甲基亚胺唑	Imibenconazole – des – benzyl			不得检出	GB/T 19650
617	炔咪菊酯 – 1	Imiprothrin – 1			不得检出	GB/T 19650
618	炔咪菊酯 – 2	Imiprothrin – 2			不得检出	SN/T 19650
619	碘硫磷	Iodofenphos			不得检出	GB/T 19650
620	甲基碘磺隆	Iodosulfuron – methyl			不得检出	GB/T 20772
621	异稻瘟净	Iprobenfos			不得检出	GB/T 19650
622	氯唑磷	Isazofos			不得检出	GB/T 19650
623	碳氯灵	Isobenzan			不得检出	GB/T 19650
624	丁咪酰胺	Isocarbamid			不得检出	GB/T 19650
625	水胺硫磷	Isocarbophos			不得检出	GB/T 19650
626	异艾氏剂	Isodrin			不得检出	GB/T 19650
627	异柳磷	Isofenphos			不得检出	GB/T 19650
628	氧异柳磷	Isofenphos oxon			不得检出	GB/T 19650
629	氮氨菲啶	Isometamidium			不得检出	SN/T 2239
630	丁嗪草酮	Isomethiozin			不得检出	GB/T 19650

序号	农兽药中文名	农兽药英文名	欧盟标准限量要求 mg/kg	国家标准限量要求 mg/kg	三安超有机食品标准	
					限量要求 mg/kg	检测方法
631	异丙威－1	Isoprocarb－1			不得检出	GB/T 19650
632	异丙威－2	Isoprocarb－2			不得检出	GB/T 19650
633	异丙乐灵	Isopropalin			不得检出	GB/T 19650
634	双苯噁唑酸	Isoxadifen－ethyl			不得检出	GB/T 19650
635	异噁氟草	Isoxaflutole			不得检出	GB/T 20772
636	噁唑啉	Isoxathion			不得检出	GB/T 19650
637	交沙霉素	Josamycin			不得检出	GB/T 20762
638	拉沙里菌素	Lasalocid			不得检出	GB/T 19650
639	溴苯磷	Leptophos			不得检出	SN 0349
640	左旋咪唑	Levamisole			不得检出	GB/T 19650
641	利谷隆	Linuron			不得检出	GB/T 22985
642	2－甲－4－氯丁氧乙基酯	MCPA－butoxyethyl ester			不得检出	GB/T 19650
643	甲苯咪唑	Mebendazole			不得检出	GB/T 21324
644	灭蚜磷	mecarbam			不得检出	GB/T 19650
645	二甲四氯丙酸	Mecoprop			不得检出	SN/T 2325
646	苯噻酰草胺	Mefenacet			不得检出	GB/T 19650
647	吡唑解草酯	Mefenpyr－diethyl			不得检出	GB/T 19650
648	醋酸甲地孕酮	Megestrol acetate			不得检出	GB/T 20753
649	醋酸美仑孕酮	Melengestrol acetate			不得检出	GB/T 20753
650	嘧菌胺	Mepanipyrim			不得检出	GB/T 19650
651	地胺磷	Mephosfolan			不得检出	GB/T 19650
652	灭锈胺	Mepronil			不得检出	GB/T 20772
653	硝磺草酮	Mesotrione			不得检出	参照同类标准
654	呋菌胺	Methfuroxam			不得检出	GB/T 19650
655	灭梭威砜	Methiocarb sulfone			不得检出	GB/T 19650
656	盖草津	Methoprotryne			不得检出	GB/T 19650
657	甲醚菊酯－1	Methothrin－1			不得检出	GB/T 19650
658	甲醚菊酯－2	Methothrin－2			不得检出	GB/T 19650
659	甲基泼尼松龙	Methylprednisolone			不得检出	GB/T 21981
660	溴谷隆	Metobromuron			不得检出	GB/T 19650
661	甲氧氯普胺	Metoclopramide			不得检出	SN/T 2227
662	苯氧菌胺－1	Metominsstrobin－1			不得检出	GB/T 19650
663	苯氧菌胺－2	Metominsstrobin－2			不得检出	GB/T 19650
664	甲硝唑	Metronidazole			不得检出	GB/T 21318
665	速灭磷	Mevinphos			不得检出	GB/T 19650
666	兹克威	Mexacarbate			不得检出	GB/T 19650
667	灭蚁灵	Mirex			不得检出	GB/T 19650
668	禾草敌	Molinate			不得检出	GB/T 19650
669	庚酰草胺	Monalide			不得检出	GB/T 19650

序号	农兽药中文名	农兽药英文名	欧盟标准限量要求 mg/kg	国家标准限量要求 mg/kg	三安超有机食品标准 限量要求 mg/kg	检测方法
670	莫能菌素	Monensin			不得检出	SN 0698
671	莫西丁克	Moxidectin			不得检出	SN/T 2442
672	合成麝香	Musk ambrecte			不得检出	GB/T 19650
673	麝香	Musk moskene			不得检出	GB/T 19650
674	西藏麝香	Musk tibeten			不得检出	GB/T 19650
675	二甲苯麝香	Musk xylene			不得检出	GB/T 19650
676	萘夫西林	Nafcillin			不得检出	GB/T 22975
677	二溴磷	Naled			不得检出	SN/T 0706
678	萘丙胺	Naproanilide			不得检出	GB/T 19650
679	甲基盐霉素	Narasin			不得检出	GB/T 20364
680	甲磺乐灵	Nitralin			不得检出	GB/T 19650
681	三氯甲基吡啶	Nitrapyrin			不得检出	GB/T 19650
682	酞菌酯	Nitrothal – isopropyl			不得检出	GB/T 19650
683	诺氟沙星	Norfloxacin			不得检出	GB/T 20366
684	氟草敏	Norflurazon			不得检出	GB/T 19650
685	新生霉素	Novobiocin			不得检出	SN 0674
686	氟苯嘧啶醇	Nuarimol			不得检出	GB/T 19650
687	八氯苯乙烯	Octachlorostyrene			不得检出	GB/T 19650
688	氧氟沙星	Ofloxacin			不得检出	GB/T 20366
689	喹乙醇	Olaquindox			不得检出	GB/T 20746
690	竹桃霉素	Oleandomycin			不得检出	GB/T 20762
691	氧乐果	Omethoate			不得检出	GB/T 19650
692	奥比沙星	Orbifloxacin			不得检出	GB/T 22985
693	杀线威	Oxamyl			不得检出	GB/T 20772
694	奥芬达唑	Oxfendazole			不得检出	GB/T 22972
695	丙氧苯咪唑	Oxibendazole			不得检出	GB/T 21324
696	氧化氯丹	Oxy – chlordane			不得检出	GB/T 19650
697	对氧磷	Paraoxon			不得检出	GB/T 19650
698	甲基对氧磷	Paraoxon – methyl			不得检出	GB/T 19650
699	克草敌	Pebulate			不得检出	GB/T 19650
700	五氯苯胺	Pentachloroaniline			不得检出	GB/T 19650
701	五氯甲氧基苯	Pentachloroanisole			不得检出	GB/T 19650
702	五氯苯	Pentachlorobenzene			不得检出	GB/T 19650
703	乙滴涕	Perthane			不得检出	GB/T 19650
704	菲	Phenanthrene			不得检出	GB/T 19650
705	稻丰散	Phenthoate			不得检出	GB/T 19650
706	甲拌磷砜	Phorate sulfone			不得检出	GB/T 19650
707	磷胺 – 1	Phosphamidon – 1			不得检出	GB/T 19650
708	磷胺 – 2	Phosphamidon – 2			不得检出	GB/T 19650

序号	农兽药中文名	农兽药英文名	欧盟标准限量要求 mg/kg	国家标准限量要求 mg/kg	三安超有机食品标准 限量要求 mg/kg	三安超有机食品标准 检测方法
709	酞酸苯甲基丁酯	Phthalic acid, benzylbutyl ester			不得检出	GB/T 19650
710	四氯苯肽	Phthalide			不得检出	GB/T 19650
711	邻苯二甲酰亚胺	Phthalimide			不得检出	GB/T 19650
712	氟吡酰草胺	Picolinafen			不得检出	GB/T 19650
713	增效醚	Piperonyl butoxide			不得检出	GB/T 19650
714	哌草磷	Piperophos			不得检出	GB/T 19650
715	乙基虫螨清	Pirimiphos – ethyl			不得检出	GB/T 19650
716	吡利霉素	Pirlimycin			不得检出	GB/T 22988
717	炔丙菊酯	Prallethrin			不得检出	GB/T 19650
718	泼尼松龙	Prednisolone			不得检出	GB/T 21981
719	丙草胺	Pretilachlor			不得检出	GB/T 19650
720	环丙氟灵	Profluralin			不得检出	GB/T 19650
721	茉莉酮	Prohydrojasmon			不得检出	GB/T 19650
722	扑灭通	Prometon			不得检出	GB/T 19650
723	扑草净	Prometryne			不得检出	GB/T 19650
724	炔丙烯草胺	Pronamide			不得检出	GB/T 19650
725	敌稗	Propanil			不得检出	GB/T 19650
726	扑灭津	Propazine			不得检出	GB/T 19650
727	胺丙畏	Propetamphos			不得检出	GB/T 19650
728	丙酰二甲氨基丙吩噻嗪	Propionylpromazin			不得检出	GB/T 20763
729	丙硫磷	Prothiophos			不得检出	GB/T 19650
730	哒嗪硫磷	Ptridaphenthion			不得检出	GB/T 19650
731	吡唑硫磷	Pyraclofos			不得检出	GB/T 19650
732	吡草醚	Pyraflufen – ethyl			不得检出	GB/T 19650
733	啶斑肟 – 1	Pyrifenox – 1			不得检出	GB/T 19650
734	啶斑肟 – 2	Pyrifenox – 2			不得检出	GB/T 19650
735	环酯草醚	Pyriftalid			不得检出	GB/T 19650
736	嘧螨醚	Pyrimidifen			不得检出	GB/T 19650
737	嘧草醚	Pyriminobac – methyl			不得检出	GB/T 19650
738	嘧啶磷	Pyrimitate			不得检出	GB/T 19650
739	喹硫磷	Quinalphos			不得检出	GB/T 19650
740	灭藻醌	Quinoclamine			不得检出	GB/T 19650
741	精喹禾灵	Quizalofop – P – ethyl			不得检出	GB/T 20769
742	吡咪唑	Rabenzazole			不得检出	GB/T 19650
743	莱克多巴胺	Ractopamine			不得检出	GB/T 21313
744	洛硝达唑	Ronidazole			不得检出	GB/T 21318
745	皮蝇磷	Ronnel			不得检出	GB/T 19650
746	盐霉素	Salinomycin			不得检出	GB/T 20364
747	沙拉沙星	Sarafloxacin			不得检出	GB/T 20366

序号	农兽药中文名	农兽药英文名	欧盟标准限量要求 mg/kg	国家标准限量要求 mg/kg	三安超有机食品标准 限量要求 mg/kg	检测方法
748	另丁津	Sebutylazine			不得检出	GB/T 19650
749	密草通	Secbumeton			不得检出	GB/T 19650
750	氨基脲	Semduramicin			不得检出	GB/T 20752
751	烯禾啶	Sethoxydim			不得检出	GB/T 19650
752	氟硅菊酯	Silafluofen			不得检出	GB/T 19650
753	硅氟唑	Simeconazole			不得检出	GB/T 19650
754	西玛通	Simetone			不得检出	GB/T 19650
755	西草净	Simetryn			不得检出	GB/T 19650
756	壮观霉素	Spectinomycin			不得检出	GB/T 21323
757	磺胺苯酰	Sulfabenzamide			不得检出	GB/T 21316
758	磺胺醋酰	Sulfacetamide			不得检出	GB/T 21316
759	磺胺氯哒嗪	Sulfachloropyridazine			不得检出	GB/T 21316
760	磺胺嘧啶	Sulfadiazine			不得检出	GB/T 21316
761	磺胺间二甲氧嘧啶	Sulfadimethoxine			不得检出	GB/T 21316
762	磺胺二甲嘧啶	Sulfadimidine			不得检出	GB/T 21316
763	磺胺多辛	Sulfadoxine			不得检出	GB/T 21316
764	磺胺脒	Sulfaguanidine			不得检出	GB/T 21316
765	菜草畏	Sulfallate			不得检出	GB/T 19650
766	磺胺甲嘧啶	Sulfamerazine			不得检出	GB/T 21316
767	新诺明	Sulfamethoxazole			不得检出	GB/T 21316
768	磺胺间甲氧嘧啶	Sulfamonomethoxine			不得检出	GB/T 21316
769	乙酰磺胺对硝基苯	Sulfanitran			不得检出	GB/T 20772
770	磺胺吡啶	Sulfapyridine			不得检出	GB/T 21316
771	磺胺喹沙啉	Sulfaquinoxaline			不得检出	GB/T 21316
772	磺胺噻唑	Sulfathiazole			不得检出	GB/T 21316
773	治螟磷	Sulfotep			不得检出	GB/T 19650
774	硫丙磷	Sulprofos			不得检出	GB/T 19650
775	苯噻硫氰	TCMTB			不得检出	GB/T 19650
776	丁基嘧啶磷	Tebupirimfos			不得检出	GB/T 19650
777	牧草胺	Tebutam			不得检出	GB/T 20772
778	丁噻隆	Tebuthiuron			不得检出	GB/T 19650
779	双硫磷	Temephos			不得检出	GB/T 20772
780	特草灵	Terbucarb			不得检出	GB/T 19650
781	特丁通	Terbumeron			不得检出	GB/T 19650
782	特丁净	Terbutryn			不得检出	GB/T 19650
783	四氢邻苯二甲酰亚胺	Tetrabydrophthalimide			不得检出	GB/T 19650
784	杀虫畏	Tetrachlorvinphos			不得检出	GB/T 19650
785	胺菊酯	Tetramethirn			不得检出	GB/T 19650
786	杀螨氯硫	Tetrasul			不得检出	GB/T 19650

序号	农兽药中文名	农兽药英文名	欧盟标准限量要求 mg/kg	国家标准限量要求 mg/kg	三安超有机食品标准	
					限量要求 mg/kg	检测方法
787	噻吩草胺	Thenylchlor			不得检出	GB/T 19650
788	噻唑烟酸	Thiazopyr			不得检出	GB/T 19650
789	噻苯隆	Thidiazuron			不得检出	GB/T 20772
790	噻吩磺隆	Thifensulfuron – methyl			不得检出	GB/T 20772
791	甲基乙拌磷	Thiometon			不得检出	GB/T 20772
792	虫线磷	Thionazin			不得检出	GB/T 19650
793	硫普罗宁	Tiopronin			不得检出	SN/T 2225
794	三甲苯草酮	Tralkoxydim			不得检出	GB/T 19650
795	四溴菊酯	Tralomethrin			不得检出	SN/T 2320
796	反式－氯丹	trans – Chlordane			不得检出	GB/T 19650
797	反式－燕麦敌	trans – Diallate			不得检出	GB/T 19650
798	四氟苯菊酯	Transfluthrin			不得检出	GB/T 19650
799	反式九氯	trans – Nonachlor			不得检出	GB/T 19650
800	反式－氯菊酯	trans – Permethrin			不得检出	GB/T 19650
801	群勃龙	Trenbolone			不得检出	GB/T 21981
802	威菌磷	Triamiphos			不得检出	GB/T 19650
803	毒壤磷	Trichloronate			不得检出	GB/T 19650
804	灭草环	Tridiphane			不得检出	GB/T 19650
805	草达津	Trietazine			不得检出	GB/T 19650
806	三异丁基磷酸盐	Tri – iso – butyl phosphate			不得检出	GB/T 19650
807	甲氧苄氨嘧啶	Trimethoprim			不得检出	SN/T 1769
808	三正丁基磷酸盐	Tri – n – butyl phosphate			不得检出	GB/T 19650
809	三苯基磷酸盐	Triphebyl phosphate			不得检出	GB/T 19650
810	泰乐霉素	Tylosin			不得检出	GB/T 22941
811	烯效唑	Uniconazole			不得检出	GB/T 19650
812	灭草敌	Vernolate			不得检出	GB/T 19650
813	维吉尼霉素	Virginiamycin			不得检出	GB/T 20765
814	杀鼠灵	War farin			不得检出	GB/T 20772
815	甲苯噻嗪	Xylazine			不得检出	GB/T 20763
816	右环十四酮酚	Zeranol			不得检出	GB/T 21982
817	苯酰菌胺	Zoxamide			不得检出	GB/T 19650

1.4 猪肾脏 Pig Kidney

序号	农兽药中文名	农兽药英文名	欧盟标准限量要求 mg/kg	国家标准限量要求 mg/kg	三安超有机食品标准	
					限量要求 mg/kg	检测方法
1	1,1－二氯－2,2－二（4－乙苯）乙烷	1,1 – Dichloro – 2,2 – bis（4 – ethylphenyl）ethane	0.01		不得检出	日本肯定列表（增补本1）

序号	农兽药中文名	农兽药英文名	欧盟标准限量要求 mg/kg	国家标准限量要求 mg/kg	三安超有机食品标准 限量要求 mg/kg	三安超有机食品标准 检测方法
2	1,2 - 二氯乙烷	1,2 - Dichloroethane	0.1		不得检出	SN/T 2238
3	1,3 - 二氯丙烯	1,3 - Dichloropropene	0.01		不得检出	SN/T 2238
4	1 - 萘乙酸	1 - Naphthylacetic acid	0.05		不得检出	SN/T 2228
5	2,4 - 滴	2,4 - D	1		不得检出	GB/T 20772
6	2,4 - 滴丁酸	2,4 - DB	0.1		不得检出	GB/T 20769
7	2 - 苯酚	2 - Phenylphenol	0.05		不得检出	GB/T 19650
8	阿维菌素	Abamectin	0.02		不得检出	SN/T 2661
9	乙酰甲胺磷	Acephate	0.02		不得检出	GB/T 20772
10	灭螨醌	Acequinocyl	0.01		不得检出	参照同类标准
11	啶虫脒	Acetamiprid	0.2		不得检出	GB/T 20772
12	乙草胺	Acetochlor	0.01		不得检出	GB/T 19650
13	苯并噻二唑	Acibenzolar - S - methyl	0.02		不得检出	GB/T 20772
14	苯草醚	Aclonifen	0.02		不得检出	GB/T 20772
15	氟丙菊酯	Acrinathrin	0.05		不得检出	GB/T 19648
16	甲草胺	Alachlor	0.01		不得检出	GB/T 20772
17	涕灭威	Aldicarb	0.01		不得检出	GB/T 20772
18	艾氏剂和狄氏剂	Aldrin and dieldrin	0.2		不得检出	GB/T 19650
19	—	Ametoctradin	0.03		不得检出	参照同类标准
20	酰嘧磺隆	Amidosulfuron	0.02		不得检出	参照同类标准
21	氯氨吡啶酸	Aminopyralid	0.3		不得检出	GB/T 23211
22	—	Amisulbrom	0.01		不得检出	参照同类标准
23	双甲脒	Amitraz	200μg/kg		不得检出	GB/T 19650
24	阿莫西林	Amoxicillin	50μg/kg		不得检出	NY/T 830
25	氨苄青霉素	Ampicillin	50μg/kg		不得检出	GB/T 21315
26	敌菌灵	Anilazine	0.01		不得检出	GB/T 20769
27	杀螨特	Aramite	0.01		不得检出	GB/T 19650
28	磺草灵	Asulam	0.1		不得检出	日本肯定列表（增补本1）
29	阿维拉霉素	Avilamycin	200μg/kg		不得检出	GB 29686
30	印楝素	Azadirachtin	0.01		不得检出	SN/T 3264
31	氮哌酮	Azaperone	100μg/kg		不得检出	SN/T2221
32	益棉磷	Azinphos - ethyl	0.01		不得检出	GB/T 19650
33	保棉磷	Azinphos - methyl	0.01		不得检出	GB/T 20772
34	三唑锡和三环锡	Azocyclotin and cyhexatin	0.05		不得检出	SN/T 1990
35	嘧菌酯	Azoxystrobin	0.07		不得检出	GB/T 20772
36	巴喹普林	Baquiloprim	50μg/kg		不得检出	参照同类标准
37	燕麦灵	Barban	0.05		不得检出	参照同类标准
38	氟丁酰草胺	Beflubutamid	0.05		不得检出	参照同类标准
39	苯霜灵	Benalaxyl	0.05		不得检出	GB/T 20772

序号	农兽药中文名	农兽药英文名	欧盟标准限量要求 mg/kg	国家标准限量要求 mg/kg	三安超有机食品标准 限量要求 mg/kg	三安超有机食品标准 检测方法
40	丙硫克百威	Benfuracarb	0.02		不得检出	GB/T 20772
41	苄青霉素	Benzyl penicillin	50μg/kg		不得检出	GB/T 21315
42	倍他米松	Betamethasone	0.75μg/kg		不得检出	SN/T 1970
43	联苯肼酯	Bifenazate	0.01		不得检出	GB/T 20772
44	甲羧除草醚	Bifenox	0.05		不得检出	GB/T 23210
45	联苯菊酯	Bifenthrin	0.2		不得检出	GB/T 19650
46	乐杀螨	Binapacryl	0.01		不得检出	SN 0523
47	联苯	Biphenyl	0.01		不得检出	GB/T 19650
48	联苯三唑醇	Bitertanol	0.05		不得检出	GB/T 20772
49	—	Bixafen	0.02		不得检出	参照同类标准
50	啶酰菌胺	Boscalid	0.2		不得检出	GB/T 20772
51	溴离子	Bromide ion	0.05		不得检出	GB/T 5009.167
52	溴螨酯	Bromopropylate	0.01		不得检出	GB/T 19650
53	溴苯腈	Bromoxynil	0.05		不得检出	GB/T 20772
54	糠菌唑	Bromuconazole	0.05		不得检出	GB/T 19650
55	乙嘧酚磺酸酯	Bupirimate	0.05		不得检出	GB/T 19650
56	噻嗪酮	Buprofezin	0.05		不得检出	GB/T 20772
57	仲丁灵	Butralin	0.02		不得检出	GB/T 19650
58	丁草敌	Butylate	0.01		不得检出	GB/T 19650
59	硫线磷	Cadusafos	0.01		不得检出	GB/T 19650
60	毒杀芬	Camphechlor	0.05		不得检出	YC/T 180
61	敌菌丹	Captafol	0.01		不得检出	GB/T 23210
62	克菌丹	Captan	0.02		不得检出	GB/T 19648
63	咔唑心安	Carazolol	25μg/kg		不得检出	GB/T 20763
64	甲萘威	Carbaryl	0.05		不得检出	GB/T 20796
65	多菌灵和苯菌灵	Carbendazim and benomyl	0.05		不得检出	GB/T 20772
66	长杀草	Carbetamide	0.05		不得检出	GB/T 20772
67	克百威	Carbofuran	0.01		不得检出	GB/T 20772
68	丁硫克百威	Carbosulfan	0.05		不得检出	GB/T 19650
69	萎锈灵	Carboxin	0.05		不得检出	GB/T 20772
70	头孢喹肟	Cefquinome	200μg/kg		不得检出	GB/T 22989
71	头孢噻呋	Ceftiofur	6000μg/kg		不得检出	GB/T 21314
72	氯虫苯甲酰胺	Chlorantraniliprole	0.2		不得检出	参照同类标准
73	杀螨醚	Chlorbenside	0.05		不得检出	GB/T 19650
74	氯炔灵	Chlorbufam	0.05		不得检出	GB/T 20772
75	氯丹	Chlordane	0.05		不得检出	GB/T 5009.19
76	十氯酮	Chlordecone	0.1		不得检出	参照同类标准
77	杀螨酯	Chlorfenson	0.05		不得检出	GB/T 19650
78	毒虫畏	Chlorfenvinphos	0.01		不得检出	GB/T 19650

序号	农兽药中文名	农兽药英文名	欧盟标准限量要求 mg/kg	国家标准限量要求 mg/kg	三安超有机食品标准 限量要求 mg/kg	检测方法
79	氯草敏	Chloridazon	0.05		不得检出	GB/T 20772
80	矮壮素	Chlormequat	0.05		不得检出	GB/T 23211
81	乙酯杀螨醇	Chlorobenzilate	0.1		不得检出	GB/T 23210
82	百菌清	Chlorothalonil	0.2		不得检出	SN/T 2320
83	绿麦隆	Chlortoluron	0.05		不得检出	GB/T 20772
84	枯草隆	Chloroxuron	0.05		不得检出	SN/T 2150
85	氯苯胺灵	Chlorpropham	0.2		不得检出	GB/T 19650
86	甲基毒死蜱	Chlorpyrifos – methyl	0.05		不得检出	GB/T 19650
87	氯磺隆	Chlorsulfuron	0.01		不得检出	GB/T 20772
88	金霉素	ChlorTetracycline	600μg/kg		不得检出	GB/T 21317
89	氯酞酸甲酯	Chlorthaldimethyl	0.01		不得检出	GB/T 19650
90	氯硫酰草胺	Chlorthiamid	0.02		不得检出	SN/T 2228
91	克拉维酸	Clavulanic acid	400μg/kg		不得检出	SN/T 2488
92	烯草酮	Clethodim	0.2		不得检出	GB/T 19650
93	炔草酯	Clodinafop – propargyl	0.02		不得检出	GB/T 19650
94	四螨嗪	Clofentezine	0.05		不得检出	GB/T 20772
95	二氯吡啶酸	Clopyralid	0.05		不得检出	GB/T 23211
96	噻虫胺	Clothianidin	0.02		不得检出	GB/T 20772
97	邻氯青霉素	Cloxacillin	300μg/kg		不得检出	GB/T 18932.25
98	黏菌素	Colistin	200μg/kg		不得检出	参照同类标准
99	铜化合物	Copper compounds	30		不得检出	参照同类标准
100	环烷基酰苯胺	Cyclanilide	0.01		不得检出	参照同类标准
101	噻草酮	Cycloxydim	0.05		不得检出	GB/T 19650
102	环氟菌胺	Cyflufenamid	0.03		不得检出	GB/T 23210
103	氟氯氰菊酯和高效氟氯氰菊酯	Cyfluthrin and beta – cyfluthrin	0.05		不得检出	GB/T 19650
104	霜脲氰	Cymoxanil	0.05		不得检出	GB/T 20772
105	氯氰菊酯和高效氯氰菊酯	Cypermethrin and beta – cypermethrin	0.2		不得检出	GB/T 19650
106	环丙唑醇	Cyproconazole	0.5		不得检出	GB/T 20772
107	嘧菌环胺	Cyprodinil	0.05		不得检出	GB/T 19650
108	灭蝇胺	Cyromazine	0.05		不得检出	GB/T 20772
109	丁酰肼	Daminozide	0.05		不得检出	SN/T 1989
110	滴滴涕	DDT	1		不得检出	SN/T 0127
111	溴氰菊酯	Deltamethrin	0.03		不得检出	GB/T 19650
112	地塞米松	Dexamethasone	0.75μg/kg		不得检出	SN/T 1970
113	燕麦敌	Diallate	0.2		不得检出	GB/T 23211
114	二嗪磷	Diazinon	0.03		不得检出	GB/T 19650
115	麦草畏	Dicamba	0.7		不得检出	GB/T 20772

序号	农兽药中文名	农兽药英文名	欧盟标准限量要求 mg/kg	国家标准限量要求 mg/kg	三安超有机食品标准	
					限量要求 mg/kg	检测方法
116	敌草腈	Dichlobenil	0.01		不得检出	GB/T 19650
117	滴丙酸	Dichlorprop	0.1		不得检出	SN/T 2228
118	双氯高灭酸	Diclofenac	10μg/kg		不得检出	参照同类标准
119	二氯苯氧基丙酸	Diclofop	0.05		不得检出	参照同类标准
120	氯硝胺	Dicloran	0.01		不得检出	GB/T 19650
121	双氯青霉素	Dicloxacillin	300μg/kg		不得检出	GB/T 18932.25
122	三氯杀螨醇	Dicofol	0.02		不得检出	GB/T 19650
123	乙霉威	Diethofencarb	0.05		不得检出	GB/T 19650
124	苯醚甲环唑	Difenoconazole	0.2		不得检出	GB/T 19650
125	双氟沙星	Difloxacin	800μg/kg		不得检出	GB/T 20366
126	除虫脲	Diflubenzuron	0.1		不得检出	SN/T 0528
127	吡氟酰草胺	Diflufenican	0.05		不得检出	GB/T 20772
128	二氢链霉素	Dihydro – streptomycin	1000μg/kg		不得检出	GB/T 22969
129	油菜安	Dimethachlor	0.02		不得检出	GB/T 20772
130	烯酰吗啉	Dimethomorph	0.05		不得检出	GB/T 20772
131	醚菌胺	Dimoxystrobin	0.05		不得检出	SN/T 2237
132	烯唑醇	Diniconazole	0.01		不得检出	GB/T 19650
133	敌螨普	Dinocap	0.05		不得检出	日本肯定列表（增补本1）
134	地乐酚	Dinoseb	0.01		不得检出	GB/T 20772
135	特乐酚	Dinoterb	0.05		不得检出	GB/T 20772
136	敌噁磷	Dioxathion	0.05		不得检出	GB/T 19650
137	敌草快	Diquat	0.05		不得检出	GB/T 5009.221
138	乙拌磷	Disulfoton	0.01		不得检出	GB/T 20772
139	二氰蒽醌	Dithianon	0.01		不得检出	GB/T 20769
140	二硫代氨基甲酸酯	Dithiocarbamates	0.05		不得检出	SN 0139
141	敌草隆	Diuron	0.05		不得检出	SN/T 0645
142	二硝甲酚	DNOC	0.05		不得检出	GB/T 20772
143	多果定	Dodine	0.2		不得检出	SN 0500
144	多拉菌素	Doramectin	60μg/kg		不得检出	GB/T 22968
145	强力霉素	Doxycycline	600μg/kg		不得检出	GB/T 20764
146	甲氨基阿维菌素苯甲酸盐	Emamectin benzoate	0.08		不得检出	GB/T 20769
147	硫丹	Endosulfan	0.05	0.03	不得检出	GB/T 19650
148	异狄氏剂	Endrin	0.05		不得检出	GB/T 19650
149	恩诺沙星	Enrofloxacin	300μg/kg		不得检出	GB/T 20366
150	氟环唑	Epoxiconazole	0.01		不得检出	GB/T 20772
151	茵草敌	EPTC	0.02		不得检出	GB/T 20772
152	红霉素	Erythromycin	200μg/kg		不得检出	GB/T 20762
153	乙丁烯氟灵	Ethalfluralin	0.01		不得检出	GB/T 19650

序号	农兽药中文名	农兽药英文名	欧盟标准限量要求 mg/kg	国家标准限量要求 mg/kg	三安超有机食品标准	
					限量要求 mg/kg	检测方法
154	胺苯磺隆	Ethametsulfuron	0.01		不得检出	NY/T 1616
155	乙烯利	Ethephon	0.05		不得检出	SN 0705
156	乙硫磷	Ethion	0.01		不得检出	GB/T 19650
157	乙嘧酚	Ethirimol	0.05		不得检出	GB/T 20772
158	乙氧呋草黄	Ethofumesate	0.1		不得检出	GB/T 20772
159	灭线磷	Ethoprophos	0.01		不得检出	GB/T 19650
160	乙氧喹啉	Ethoxyquin	0.05		不得检出	GB/T 20772
161	环氧乙烷	Ethylene oxide	0.02		不得检出	GB/T 23296.11
162	醚菊酯	Etofenprox	0.5		不得检出	GB/T 19650
163	乙螨唑	Etoxazole	0.01		不得检出	GB/T 19650
164	氯唑灵	Etridiazole	0.05		不得检出	GB/T 20772
165	噁唑菌酮	Famoxadone	0.05		不得检出	GB/T 20772
166	苯硫氨酯	Febantel	50μg/kg		不得检出	GB/T 22972
167	咪唑菌酮	Fenamidone	0.01		不得检出	GB/T 19650
168	苯线磷	Fenamiphos	0.02		不得检出	GB/T 19650
169	氯苯嘧啶醇	Fenarimol	0.02		不得检出	GB/T 20772
170	喹螨醚	Fenazaquin	0.01		不得检出	GB/T 19650
171	苯硫苯咪唑	Fenbendazole	50μg/kg		不得检出	SN 0638
172	腈苯唑	Fenbuconazole	0.05		不得检出	GB/T 20772
173	苯丁锡	Fenbutatin oxide	0.05		不得检出	SN/T 3149
174	环酰菌胺	Fenhexamid	0.05		不得检出	GB/T 20772
175	杀螟硫磷	Fenitrothion	0.01		不得检出	GB/T 20772
176	精噁唑禾草灵	Fenoxaprop – P – ethyl	0.05		不得检出	GB/T 22617
177	双氧威	Fenoxycarb	0.05		不得检出	GB/T 19650
178	苯锈啶	Fenpropidin	0.02		不得检出	GB/T 19650
179	丁苯吗啉	Fenpropimorph	0.05		不得检出	GB/T 20772
180	胺苯吡菌酮	Fenpyrazamine	0.01		不得检出	参照同类标准
181	唑螨酯	Fenpyroximate	0.01		不得检出	GB/T 19650
182	倍硫磷	Fenthion	0.05		不得检出	GB/T 20772
183	三苯锡	Fentin	0.05		不得检出	SN/T 3149
184	薯瘟锡	Fentin acetate	0.05		不得检出	参照同类标准
185	氰戊菊酯和高效氰戊菊酯（RR & SS 异构体总量）	Fenvalerate and esfenvalerate (sum of RR & SS isomers)	0.2		不得检出	GB/T 19650
186	氰戊菊酯和高效氰戊菊酯（RS & SR 异构体总量）	Fenvalerate and esfenvalerate (sum of RS & SR isomers)	0.05		不得检出	GB/T 19650
187	氟虫腈	Fipronil	0.02		不得检出	SN/T 1982
188	氟啶虫酰胺	Flonicamid	0.03		不得检出	SN/T 2796
189	氟苯尼考	Florfenicol	500μg/kg		不得检出	GB/T 20756
190	精吡氟禾草灵	Fluazifop – P – butyl	0.05		不得检出	GB/T 5009.142

序号	农兽药中文名	农兽药英文名	欧盟标准限量要求 mg/kg	国家标准限量要求 mg/kg	三安超有机食品标准 限量要求 mg/kg	三安超有机食品标准 检测方法
191	氟啶胺	Fluazinam	0.05		不得检出	SN/T 2150
192	氟苯咪唑	Flubendazole	300μg/kg		不得检出	GB/T 21324
193	氟苯虫酰胺	Flubendiamide	1		不得检出	SN/T 2581
194	氟环脲	Flucycloxuron	0.05		不得检出	参照同类标准
195	氟氰戊菊酯	Flucythrinate	0.05		不得检出	GB/T 23210
196	咯菌腈	Fludioxonil	0.05		不得检出	GB/T 20772
197	氟虫脲	Flufenoxuron	0.05		不得检出	SN/T 2150
198	杀螨净	Flufenzin	0.02		不得检出	参照同类标准
199	氟甲喹	Flumequin	1500μg/kg		不得检出	SN/T 1921
200	氟胺烟酸	Flunixin	30μg/kg		不得检出	GB/T 20750
201	氟吡菌胺	Fluopicolide	0.01		不得检出	参照同类标准
202	—	Fluopyram	0.7		不得检出	参照同类标准
203	氟离子	Fluoride ion	1		不得检出	GB/T 5009.167
204	氟腈嘧菌酯	Fluoxastrobin	0.1		不得检出	SN/T 2237
205	氟喹唑	Fluquinconazole	0.3		不得检出	GB/T 19650
206	氟咯草酮	Fluorochloridone	0.05		不得检出	GB/T 20772
207	氟草烟	Fluroxypyr	0.5		不得检出	GB/T 20772
208	氟硅唑	Flusilazole	0.5		不得检出	GB/T 20772
209	氟酰胺	Flutolanil	0.1		不得检出	GB/T 20772
210	粉唑醇	Flutriafol	0.01		不得检出	GB/T 20772
211	—	Fluxapyroxad	0.01		不得检出	参照同类标准
212	氟磺胺草醚	Fomesafen	0.01		不得检出	GB/T 5009.130
213	氯吡脲	Forchlorfenuron	0.05		不得检出	SN/T 3643
214	伐虫脒	Formetanate	0.01		不得检出	NY/T 1453
215	三乙膦酸铝	Fosetyl – aluminiumuminium	0.5		不得检出	参照同类标准
216	麦穗宁	Fuberidazole	0.05		不得检出	GB/T 19650
217	呋线威	Furathiocarb	0.01		不得检出	GB/T 20772
218	糠醛	Furfural	1		不得检出	参照同类标准
219	庆大霉素	Gentamicin	750μg/kg		不得检出	GB/T 21323
220	勃激素	Gibberellic acid	0.1		不得检出	GB/T 23211
221	草胺膦	Glufosinate – ammonium	0.1		不得检出	日本肯定列表
222	草甘膦	Glyphosate	0.5		不得检出	SN/T 1923
223	双胍盐	Guazatine	0.1		不得检出	参照同类标准
224	氟吡禾灵	Haloxyfop	0.1		不得检出	SN/T 2228
225	七氯	Heptachlor	0.2		不得检出	SN 0663
226	六氯苯	Hexachlorobenzene	0.2		不得检出	SN/T 0127
227	六六六(HCH)，α-异构体	Hexachlorociclohexane（HCH），alpha – isomer	0.2		不得检出	SN/T 0127

序号	农兽药中文名	农兽药英文名	欧盟标准限量要求 mg/kg	国家标准限量要求 mg/kg	三安超有机食品标准 限量要求 mg/kg	三安超有机食品标准 检测方法
228	六六六（HCH），β - 异构体	Hexachlorociclohexane（HCH）, beta - isomer	0.1		不得检出	SN/T 0127
229	噻螨酮	Hexythiazox	0.05		不得检出	GB/T 20772
230	噁霉灵	Hymexazol	0.05		不得检出	GB/T 20772
231	抑霉唑	Imazalil	0.05		不得检出	GB/T 20772
232	甲咪唑烟酸	Imazapic	0.01		不得检出	GB/T 20772
233	咪唑喹啉酸	Imazaquin	0.05		不得检出	GB/T 20772
234	吡虫啉	Imidacloprid	0.3		不得检出	GB/T 20772
235	茚虫威	Indoxacarb	0.05		不得检出	GB/T 20772
236	碘苯腈	Ioxynil	0.05		不得检出	GB/T 20772
237	异菌脲	Iprodione	0.05		不得检出	GB/T 19650
238	稻瘟灵	Isoprothiolane	0.01		不得检出	GB/T 20772
239	异丙隆	Isoproturon	0.05		不得检出	GB/T 20772
240	—	Isopyrazam	0.01		不得检出	参照同类标准
241	异噁酰草胺	Isoxaben	0.01		不得检出	GB/T 20772
242	依维菌素	Ivermectin	30μg/kg		不得检出	GB/T 21320
243	卡那霉素	Kanamycin	2500μg/kg		不得检出	GB/T 21323
244	醚菌酯	Kresoxim - methyl	0.05		不得检出	GB/T 20772
245	乳氟禾草灵	Lactofen	0.01		不得检出	GB/T 19650
246	高效氯氟氰菊酯	Lambda - cyhalothrin	0.5		不得检出	GB/T 23210
247	环草定	Lenacil	0.1		不得检出	GB/T 19650
248	左旋咪唑	Levamisole	10μg/kg		不得检出	SN 0349
249	林可霉素	Lincomycin	1500μg/kg		不得检出	GB/T 20762
250	林丹	Lindane	0.02	0.01	不得检出	NY/T 761
251	虱螨脲	Lufenuron	0.02		不得检出	SN/T 2540
252	马拉硫磷	Malathion	0.02		不得检出	GB/T 19650
253	抑芽丹	Maleic hydrazide	0.5		不得检出	GB/T 23211
254	双炔酰菌胺	Mandipropamid	0.02		不得检出	参照同类标准
255	麻保沙星	Marbofloxacin	150μg/kg		不得检出	GB/T 22985
256	二甲四氯和二甲四氯丁酸	MCPA and MCPB	0.1		不得检出	SN/T 2228
257	美洛昔康	Meloxicam	65μg/kg		不得检出	SN/T 2190
258	壮棉素	Mepiquat chloride	0.05		不得检出	GB/T 23211
259	—	Meptyldinocap	0.05		不得检出	参照同类标准
260	汞化合物	Mercury compounds	0.01		不得检出	参照同类标准
261	氰氟虫腙	Metaflumizone	0.02		不得检出	SN/T 3852
262	甲霜灵和精甲霜灵	Metalaxyl and metalaxyl - M	0.05		不得检出	GB/T 20772
263	四聚乙醛	Metaldehyde	0.05		不得检出	SN/T 1787
264	苯嗪草酮	Metamitron	0.05		不得检出	GB/T 19650
265	安乃近	Metamizole	100μg/kg		不得检出	GB/T 20747

序号	农兽药中文名	农兽药英文名	欧盟标准限量要求 mg/kg	国家标准限量要求 mg/kg	三安超有机食品标准	
					限量要求 mg/kg	检测方法
266	吡唑草胺	Metazachlor	0.05		不得检出	GB/T 19650
267	叶菌唑	Metconazole	0.01		不得检出	GB/T 20772
268	甲基苯噻隆	Methabenzthiazuron	0.05		不得检出	GB/T 19650
269	虫螨畏	Methacrifos	0.01		不得检出	GB/T 20772
270	甲胺磷	Methamidophos	0.01		不得检出	GB/T 20772
271	杀扑磷	Methidathion	0.02		不得检出	GB/T 20772
272	甲硫威	Methiocarb	0.05		不得检出	GB/T 20770
273	灭多威和硫双威	Methomyl and thiodicarb	0.02		不得检出	GB/T 20772
274	烯虫酯	Methoprene	0.05		不得检出	GB/T 19650
275	甲氧滴滴涕	Methoxychlor	0.01		不得检出	SN/T 0529
276	甲氧虫酰肼	Methoxyfenozide	0.1		不得检出	GB/T 20772
277	磺草唑胺	Metosulam	0.01		不得检出	GB/T 20772
278	苯菌酮	Metrafenone	0.05		不得检出	参照同类标准
279	嗪草酮	Metribuzin	0.1		不得检出	GB/T 19650
280	绿谷隆	Monolinuron	0.05		不得检出	GB/T 20772
281	灭草隆	Monuron	0.01		不得检出	GB/T 20772
282	腈菌唑	Myclobutanil	0.01		不得检出	GB/T 20772
283	1–萘乙酰胺	1–Naphthylacetamide	0.05		不得检出	GB/T 23205
284	敌草胺	Napropamide	0.01		不得检出	GB/T 19650
285	新霉素(包括framycetin)	Neomycin (including framycetin)	5000μg/kg		不得检出	SN 0646
286	烟嘧磺隆	Nicosulfuron	0.05		不得检出	SN/T 2325
287	除草醚	Nitrofen	0.01		不得检出	GB/T 19650
288	氟酰脲	Novaluron	0.7		不得检出	GB/T 23211
289	嘧苯胺磺隆	Orthosulfamuron	0.01		不得检出	GB/T 23817
290	苯唑青霉素	Oxacillin	300μg/kg		不得检出	GB/T 18932.25
291	噁草酮	Oxadiazon	0.05		不得检出	GB/T 19650
292	噁霜灵	Oxadixyl	0.01		不得检出	GB/T 19650
293	环氧嘧磺隆	Oxasulfuron	0.05		不得检出	GB/T 23817
294	丙氧苯咪唑	Oxibendazole	100μg/kg		不得检出	GB/T 21324
295	喹菌酮	Oxolinic acid	150μg/kg		不得检出	日本肯定列表
296	氧化萎锈灵	Oxycarboxin	0.05		不得检出	GB/T 19650
297	亚砜磷	Oxydemeton – methyl	0.01		不得检出	参照同类标准
298	乙氧氟草醚	Oxyfluorfen	0.05		不得检出	GB/T 20772
299	土霉素	Oxytetracycline	600μg/kg		不得检出	GB/T 21317
300	多效唑	Paclobutrazol	0.02		不得检出	GB/T 19650
301	对硫磷	Parathion	0.05		不得检出	GB/T 19650
302	甲基对硫磷	Parathion – methyl	0.01		不得检出	GB/T 5009.161
303	巴龙霉素	Paromomycin	1500μg/kg		不得检出	SN/T 2315

序号	农兽药中文名	农兽药英文名	欧盟标准限量要求 mg/kg	国家标准限量要求 mg/kg	三安超有机食品标准 限量要求 mg/kg	三安超有机食品标准 检测方法
304	戊菌唑	Penconazole	0.05		不得检出	GB/T 20772
305	戊菌隆	Pencycuron	0.05		不得检出	GB/T 19650
306	二甲戊灵	Pendimethalin	0.05		不得检出	GB/T 19650
307	喷沙西林	Penethamate	50μg/kg		不得检出	参照同类标准
308	氯菊酯	Permethrin	0.05		不得检出	GB/T 19650
309	甜菜宁	Phenmedipham	0.05		不得检出	GB/T 23205
310	苯醚菊酯	Phenothrin	0.05		不得检出	GB/T 20772
311	苯氧甲基青霉素	Phenoxymethylpenicillin	25μg/kg		不得检出	GB/T 21315
312	甲拌磷	Phorate	0.02		不得检出	GB/T 20772
313	伏杀硫磷	Phosalone	0.01		不得检出	GB/T 20772
314	亚胺硫磷	Phosmet	0.1		不得检出	GB/T 20772
315	—	Phosphines and phosphides	0.01		不得检出	参照同类标准
316	辛硫磷	Phoxim	0.02		不得检出	GB/T 20772
317	氨氯吡啶酸	Picloram	5		不得检出	GB/T 23211
318	啶氧菌酯	Picoxystrobin	0.05		不得检出	GB/T 19650
319	哌嗪	Piperazine	1000μg/kg		不得检出	SN/T2317
320	抗蚜威	Pirimicarb	0.05		不得检出	GB/T 20772
321	甲基嘧啶磷	Pirimiphos – methyl	0.05		不得检出	GB/T 20772
322	咪鲜胺	Prochloraz	0.1		不得检出	GB/T 19650
323	腐霉利	Procymidone	0.01		不得检出	GB/T 20772
324	丙溴磷	Profenofos	0.05		不得检出	GB/T 20772
325	调环酸	Prohexadione	0.05		不得检出	日本肯定列表
326	毒草安	Propachlor	0.02		不得检出	GB/T 20772
327	扑派威	Propamocarb	0.1		不得检出	GB/T 20772
328	恶草酸	Propaquizafop	0.05		不得检出	GB/T 20772
329	炔螨特	Propargite	0.1		不得检出	GB/T 19650
330	苯胺灵	Propham	0.05		不得检出	GB/T 19650
331	丙环唑	Propiconazole	0.01		不得检出	GB/T 19650
332	异丙草胺	Propisochlor	0.01		不得检出	GB/T 19650
333	残杀威	Propoxur	0.05		不得检出	GB/T 20772
334	炔苯酰草胺	Propyzamide	0.05		不得检出	GB/T 19650
335	苄草丹	Prosulfocarb	0.05		不得检出	GB/T 19650
336	丙硫菌唑	Prothioconazole	0.5		不得检出	参照同类标准
337	吡蚜酮	Pymetrozine	0.01		不得检出	GB/T 20772
338	吡唑醚菌酯	Pyraclostrobin	0.05		不得检出	GB/T 20772
339	吡菌磷	Pyrazophos	0.02		不得检出	GB/T 20772
340	除虫菊素	Pyrethrins	0.05		不得检出	GB/T 20772
341	哒螨灵	Pyridaben	0.02		不得检出	GB/T 19650
342	啶虫丙醚	Pyridalyl	0.01		不得检出	日本肯定列表

序号	农兽药中文名	农兽药英文名	欧盟标准限量要求 mg/kg	国家标准限量要求 mg/kg	三安超有机食品标准 限量要求 mg/kg	检测方法
343	哒草特	Pyridate	0.4		不得检出	日本肯定列表
344	嘧霉胺	Pyrimethanil	0.05		不得检出	GB/T 19650
345	吡丙醚	Pyriproxyfen	0.05		不得检出	GB/T 19650
346	甲氧磺草胺	Pyroxsulam	0.01		不得检出	SN/T 2325
347	氯甲喹啉酸	Quinmerac	0.05		不得检出	参照同类标准
348	喹氧灵	Quinoxyfen	0.2		不得检出	SN/T 2319
349	五氯硝基苯	Quintozene	0.01		不得检出	GB/T 19650
350	精喹禾灵	Quizalofop-P-ethyl	0.05		不得检出	SN/T 2150
351	灭虫菊	Resmethrin	0.1		不得检出	GB/T 20772
352	鱼藤酮	Rotenone	0.01		不得检出	GB/T 20772
353	西玛津	Simazine	0.01		不得检出	SN 0594
354	壮观霉素	Spectinomycin	5000μg/kg		不得检出	GB/T 21323
355	乙基多杀菌素	Spinetoram	0.01		不得检出	参照同类标准
356	多杀霉素	Spinosad	0.3		不得检出	GB/T 20772
357	螺旋霉素	Spiramycin	1000μg/kg		不得检出	GB/T 20762
358	螺螨酯	Spirodiclofen	0.05		不得检出	GB/T 20772
359	螺甲螨酯	Spiromesifen	0.01		不得检出	GB/T 23210
360	螺虫乙酯	Spirotetramat	0.03		不得检出	参照同类标准
361	葚孢菌素	Spiroxamine	0.2		不得检出	GB/T 20772
362	链霉素	Streptomycin	1000μg/kg		不得检出	GB/T 21323
363	磺草酮	Sulcotrione	0.05		不得检出	参照同类标准
364	磺胺类（所有属于磺胺类的物质）	Sulfonamides (all substances belonging to the sulfonamide-group)	100μg/kg		不得检出	GB 29694
365	乙黄隆	Sulfosulfuron	0.05		不得检出	SN/T 2325
366	硫磺粉	Sulfur	0.5		不得检出	参照同类标准
367	氟胺氰菊酯	Tau-fluvalinate	0.02		不得检出	SN 0691
368	戊唑醇	Tebuconazole	0.1		不得检出	GB/T 20772
369	虫酰肼	Tebufenozide	0.05		不得检出	GB/T 20772
370	吡螨胺	Tebufenpyrad	0.05		不得检出	GB/T 19650
371	四氯硝基苯	Tecnazene	0.05		不得检出	GB/T 19650
372	氟苯脲	Teflubenzuron	0.05		不得检出	SN/T 2150
373	七氟菊酯	Tefluthrin	0.05		不得检出	GB/T 23210
374	得杀草	Tepraloxydim	0.1		不得检出	GB/T 20772
375	特丁硫磷	Terbufos	0.01		不得检出	GB/T 20772
376	特丁津	Terbuthylazine	0.05		不得检出	GB/T 19650
377	四氟醚唑	Tetraconazole	0.2		不得检出	GB/T 20772
378	四环素	Tetracycline	600μg/kg		不得检出	GB/T 21317
379	三氯杀螨砜	Tetradifon	0.05		不得检出	GB/T 19650

序号	农兽药中文名	农兽药英文名	欧盟标准限量要求 mg/kg	国家标准限量要求 mg/kg	三安超有机食品标准	
					限量要求 mg/kg	检测方法
380	噻菌灵	Thiabendazole	0.1		不得检出	GB/T 20772
381	噻虫啉	Thiacloprid	0.3		不得检出	GB/T 20772
382	噻虫嗪	Thiamethoxam	0.03		不得检出	GB/T 20772
383	甲砜霉素	Thiamphenicol	50μg/kg		不得检出	GB/T 20756
384	禾草丹	Thiobencarb	0.01		不得检出	GB/T 20772
385	甲基硫菌灵	Thiophanate – methyl	0.05		不得检出	SN/T 0162
386	泰地罗新	Tildipirosin	10000μg/kg		不得检出	参照同类标准
387	替米考星	Tilmicosin	1000μg/kg		不得检出	GB/T 20762
388	甲基立枯磷	Tolclofos – methyl	0.05		不得检出	GB/T 19650
389	托芬那酸	Tolfenamic acid	100μg/kg		不得检出	SN/T 2190
390	甲苯三嗪酮	Toltrazuril	250μg/kg		不得检出	参照同类标准
391	甲苯氟磺胺	Tolylfluanid	0.1		不得检出	GB/T 19650
392	—	Topramezone	0.05		不得检出	参照同类标准
393	三唑酮和三唑醇	Triadimefon and triadimenol	0.1		不得检出	GB/T 20772
394	野麦畏	Triallate	0.05		不得检出	GB/T 20772
395	醚苯磺隆	Triasulfuron	0.05		不得检出	GB/T 20772
396	三唑磷	Triazophos	0.01		不得检出	GB/T 20772
397	敌百虫	Trichlorphon	0.01		不得检出	GB/T 20772
398	绿草定	Triclopyr	0.05		不得检出	SN/T 2228
399	三环唑	Tricyclazole	0.05		不得检出	GB/T 20769
400	十三吗啉	Tridemorph	0.01		不得检出	GB/T 20772
401	肟菌酯	Trifloxystrobin	0.04		不得检出	GB/T 19650
402	氟菌唑	Triflumizole	0.05		不得检出	GB/T 20769
403	杀铃脲	Triflumuron	0.01		不得检出	GB/T 20772
404	氟乐灵	Trifluralin	0.01		不得检出	GB/T 20772
405	嗪氨灵	Triforine	0.01		不得检出	SN 0695
406	甲氧苄氨嘧啶	Trimethoprim	50μg/kg		不得检出	SN/T 1769
407	三甲基锍阳离子	Trimethyl – sulfonium cation	0.05		不得检出	参照同类标准
408	抗倒酯	Trinexapac	0.05		不得检出	GB/T 20769
409	灭菌唑	Triticonazole	0.01		不得检出	GB/T 20772
410	三氟甲磺隆	Tritosulfuron	0.01		不得检出	参照同类标准
411	托拉菌素	Tulathromycin	3000μg/kg		不得检出	参照同类标准
412	泰乐霉素	Tylosin	100μg/kg		不得检出	GB/T 22941
413	乙酰异戊酰素乐菌素	Tylvalosin	50μg/kg		不得检出	参照同类标准
414	—	Valifenalate	0.01		不得检出	参照同类标准
415	伐奈莫林	Valnemulin	100μg/kg		不得检出	参照同类标准
416	乙烯菌核利	Vinclozolin	0.05		不得检出	GB/T 20772
417	2,3,4,5 – 四氯苯胺	2,3,4,5 – Tetrachloraniline			不得检出	GB/T 19650
418	2,3,4,5 – 四氯甲氧基苯	2,3,4,5 – Tetrachloroanisole			不得检出	GB/T 19650

序号	农兽药中文名	农兽药英文名	欧盟标准限量要求 mg/kg	国家标准限量要求 mg/kg	三安超有机食品标准限量要求 mg/kg	检测方法
419	2,3,5,6-四氯苯胺	2,3,5,6-Tetrachloroaniline			不得检出	GB/T 19650
420	2,4,5-涕	2,4,5-T			不得检出	GB/T 20772
421	o,p'-滴滴滴	2,4'-DDD			不得检出	GB/T 19650
422	o,p'-滴滴伊	2,4'-DDE			不得检出	GB/T 19650
423	o,p'-滴滴涕	2,4'-DDT			不得检出	GB/T 19650
424	2,6-二氯苯甲酰胺	2,6-Dichlorobenzamide			不得检出	GB/T 19650
425	3,5-二氯苯胺	3,5-Dichloroaniline			不得检出	GB/T 19650
426	p,p'-滴滴滴	4,4'-DDD			不得检出	GB/T 19650
427	p,p'-滴滴伊	4,4'-DDE			不得检出	GB/T 19650
428	p,p'-滴滴涕	4,4'-DDT			不得检出	GB/T 19650
429	4,4'-二溴二苯甲酮	4,4'-Dibromobenzophenone			不得检出	GB/T 19650
430	4,4'-二氯二苯甲酮	4,4'-Dichlorobenzophenone			不得检出	GB/T 19650
431	二氢苊	Acenaphthene			不得检出	GB/T 19650
432	乙酰丙嗪	Acepromazine			不得检出	GB/T 20763
433	三氟羧草醚	Acifluorfen			不得检出	GB/T 20772
434	1-氨基-2-乙内酰脲	AHD			不得检出	GB/T 21311
435	涕灭砜威	Aldoxycarb			不得检出	GB/T 20772
436	烯丙菊酯	Allethrin			不得检出	GB/T 20772
437	二丙烯草胺	Allidochlor			不得检出	GB/T 19650
438	α-六六六	Alpha-HCH			不得检出	GB/T 19650
439	烯丙孕素	Altrenogest			不得检出	SN/T 1980
440	莠灭净	Ametryn			不得检出	GB/T 20772
441	杀草强	Amitrole			不得检出	SN/T 1737.6
442	5-吗啉甲基-3-氨基-2-噁唑烷基酮	AMOZ			不得检出	GB/T 21311
443	氨丙嘧吡啶	Amprolium			不得检出	SN/T 0276
444	莎稗磷	Anilofos			不得检出	GB/T 19650
445	蒽醌	Anthraquinone			不得检出	GB/T 19650
446	3-氨基-2-噁唑酮	AOZ			不得检出	GB/T 21311
447	安普霉素	Apramycin			不得检出	GB/T 21323
448	丙硫特普	Aspon			不得检出	GB/T 19650
449	羟氨卡青霉素	Aspoxicillin			不得检出	GB/T 21315
450	乙基杀扑磷	Athidathion			不得检出	GB/T 19650
451	莠去通	Atratone			不得检出	GB/T 19650
452	莠去津	Atrazine			不得检出	GB/T 20772
453	脱乙基阿特拉津	Atrazine-desethyl			不得检出	GB/T 19650
454	甲基吡噁磷	Azamethiphos			不得检出	GB/T 20763
455	叠氮津	Aziprotryne			不得检出	GB/T 19650
456	杆菌肽	Bacitracin			不得检出	GB/T 20743

序号	农兽药中文名	农兽药英文名	欧盟标准限量要求 mg/kg	国家标准限量要求 mg/kg	三安超有机食品标准 限量要求 mg/kg	检测方法
457	4-溴-3,5-二甲苯基-N-甲基氨基甲酸酯-1	BDMC-1			不得检出	GB/T 19650
458	4-溴-3,5-二甲苯基-N-甲基氨基甲酸酯-2	BDMC-2			不得检出	GB/T 19650
459	噁虫威	Bendiocarb			不得检出	GB/T 20772
460	乙丁氟灵	Benfluralin			不得检出	GB/T 19650
461	呋草黄	Benfuresate			不得检出	GB/T 19650
462	麦锈灵	Benodanil			不得检出	GB/T 19650
463	解草酮	Benoxacor			不得检出	GB/T 19650
464	新燕灵	Benzoylprop-ethyl			不得检出	GB/T 19650
465	苄青霉素	Benzyl pencillin			不得检出	GB/T 21315
466	β-六六六	Beta-HCH			不得检出	GB/T 19650
467	生物烯丙菊酯-1	Bioallethrin-1			不得检出	GB/T 19650
468	生物烯丙菊酯-2	Bioallethrin-2			不得检出	GB/T 19650
469	生物苄呋菊酯	Bioresmethrin			不得检出	GB/T 20772
470	除草定	Bromacil			不得检出	GB/T 20772
471	溴苯烯磷	Bromfenvinfos			不得检出	GB/T 19650
472	溴烯杀	Bromocylen			不得检出	GB/T 19650
473	溴硫磷	Bromofos			不得检出	GB/T 19650
474	乙基溴硫磷	Bromophos-ethyl			不得检出	GB/T 19650
475	溴丁酰草胺	Btomobutide			不得检出	GB/T 19650
476	氟丙嘧草酯	Butafenacil			不得检出	GB/T 19650
477	抑草磷	Butamifos			不得检出	GB/T 19650
478	丁草胺	Butaxhlor			不得检出	GB/T 19650
479	苯酮唑	Cafenstrole			不得检出	GB/T 19650
480	角黄素	Canthaxanthin			不得检出	SN/T 2327
481	卡巴氧	Carbadox			不得检出	GB/T 20746
482	三硫磷	Carbophenothion			不得检出	GB/T 19650
483	唑草酮	Carfentrazone-ethyl			不得检出	GB/T 19650
484	卡洛芬	Carprofen			不得检出	SN/T 2190
485	头孢洛宁	Cefalonium			不得检出	GB/T 22989
486	头孢匹林	Cefapirin			不得检出	GB/T 22989
487	头孢氨苄	Cefalexin			不得检出	GB/T 22989
488	氯霉素	Chloramphenicolum			不得检出	GB/T 20772
489	氯杀螨砜	Chlorbenside sulfone			不得检出	GB/T 19650
490	氯溴隆	Chlorbromuron			不得检出	GB/T 19650
491	杀虫脒	Chlordimeform			不得检出	GB/T 19650
492	氯氧磷	Chlorethoxyfos			不得检出	GB/T 19650
493	溴虫腈	Chlorfenapyr			不得检出	GB/T 19650

序号	农兽药中文名	农兽药英文名	欧盟标准限量要求 mg/kg	国家标准限量要求 mg/kg	三安超有机食品标准	
					限量要求 mg/kg	检测方法
494	杀螨醇	Chlorfenethol			不得检出	GB/T 19650
495	燕麦酯	Chlorfenprop – methyl			不得检出	GB/T 19650
496	氟啶脲	Chlorfluazuron			不得检出	SN/T 2540
497	整形醇	Chlorflurenol			不得检出	GB/T 19650
498	氯地孕酮	Chlormadinone			不得检出	SN/T 1980
499	醋酸氯地孕酮	Chlormadinone acetate			不得检出	GB/T 20753
500	氯甲硫磷	Chlormephos			不得检出	GB/T 19650
501	氯苯甲醚	Chloroneb			不得检出	GB/T 19650
502	丙酯杀螨醇	Chloropropylate			不得检出	GB/T 19650
503	氯丙嗪	Chlorpromazine			不得检出	GB/T 20763
504	毒死蜱	Chlorpyrifos			不得检出	GB/T 19650
505	氯硫磷	Chlorthion			不得检出	GB/T 19650
506	虫螨磷	Chlorthiophos			不得检出	GB/T 19650
507	乙菌利	Chlozolinate			不得检出	GB/T 19650
508	顺式 – 氯丹	cis – Chlordane			不得检出	GB/T 19650
509	顺式 – 燕麦敌	cis – Diallate			不得检出	GB/T 19650
510	顺式 – 氯菊酯	cis – Permethrin			不得检出	GB/T 19650
511	克仑特罗	Clenbuterol			不得检出	GB/T 22286
512	异噁草酮	Clomazone			不得检出	GB/T 20772
513	氯甲酰草胺	Clomeprop			不得检出	GB/T 19650
514	氯羟吡啶	Clopidol			不得检出	GB 29700
515	解草酯	Cloquintocet – mexyl			不得检出	GB/T 19650
516	蝇毒磷	Coumaphos			不得检出	GB/T 19650
517	鼠立死	Crimidine			不得检出	GB/T 19650
518	巴毒磷	Crotxyphos			不得检出	GB/T 19650
519	育畜磷	Crufomate			不得检出	GB/T 19650
520	苯腈磷	Cyanofenphos			不得检出	GB/T 19650
521	杀螟腈	Cyanophos			不得检出	GB/T 20772
522	环草敌	Cycloate			不得检出	GB/T 20772
523	环莠隆	Cycluron			不得检出	GB/T 20772
524	环丙津	Cyprazine			不得检出	GB/T 20772
525	敌草索	Dacthal			不得检出	GB/T 19650
526	达氟沙星	Danofloxacin			不得检出	GB/T 22985
527	癸氧喹酯	Decoquinate			不得检出	SN/T 2444
528	脱叶磷	DEF			不得检出	GB/T 19650
529	δ – 六六六	Delta – HCH			不得检出	GB/T 19650
530	2,2′,4,5,5′ – 五氯联苯	DE – PCB 101			不得检出	GB/T 19650
531	2,3,4,4′,5 – 五氯联苯	DE – PCB 118			不得检出	GB/T 19650
532	2,2′,3,4,4′,5 – 六氯联苯	DE – PCB 138			不得检出	GB/T 19650

序号	农兽药中文名	农兽药英文名	欧盟标准限量要求 mg/kg	国家标准限量要求 mg/kg	三安超有机食品标准 限量要求 mg/kg	三安超有机食品标准 检测方法
533	2,2′,4,4′,5,5′-六氯联苯	DE-PCB 153			不得检出	GB/T 19650
534	2,2′,3,4,4′,5,5′-七氯联苯	DE-PCB 180			不得检出	GB/T 19650
535	2,4,4′-三氯联苯	DE-PCB 28			不得检出	GB/T 19650
536	2,4,5-三氯联苯	DE-PCB 31			不得检出	GB/T 19650
537	2,2′,5,5′-四氯联苯	DE-PCB 52			不得检出	GB/T 19650
538	脱溴溴苯磷	Desbrom-leptophos			不得检出	GB/T 19650
539	脱乙基另丁津	Desethyl-sebuthylazine			不得检出	GB/T 19650
540	敌草净	Desmetryn			不得检出	GB/T 19650
541	氯亚胺硫磷	Dialifos			不得检出	GB/T 19650
542	敌菌净	Diaveridine			不得检出	SN/T 1926
543	驱虫特	Dibutyl succinate			不得检出	GB/T 20772
544	异氯磷	Dicapthon			不得检出	GB/T 20772
545	除线磷	Dichlofenthion			不得检出	GB/T 20772
546	苯氟磺胺	Dichlofluanid			不得检出	GB/T 19650
547	烯丙酰草胺	Dichlormid			不得检出	GB/T 19650
548	敌敌畏	Dichlorvos			不得检出	GB/T 20772
549	苄氯三唑醇	Diclobutrazole			不得检出	GB/T 20772
550	禾草灵	Diclofop-methyl			不得检出	GB/T 19650
551	己烯雌酚	Diethylstilbestrol			不得检出	GB/T 20766
552	二氢链霉素	Dihydro-streptomycin			不得检出	GB/T 22969
553	甲氟磷	Dimefox			不得检出	GB/T 19650
554	哌草丹	Dimepiperate			不得检出	GB/T 19650
555	异戊乙净	Dimethametryn			不得检出	GB/T 19650
556	二甲酚草胺	Dimethenamid			不得检出	GB/T 19650
557	乐果	Dimethoate			不得检出	GB/T 20772
558	甲基毒虫畏	Dimethylvinphos			不得检出	GB/T 19650
559	地美硝唑	Dimetridazole			不得检出	GB/T 21318
560	二硝托安	Dinitolmide			不得检出	SN/T 2453
561	氨氟灵	Dinitramine			不得检出	GB/T 19650
562	消螨通	Dinobuton			不得检出	GB/T 19650
563	呋虫胺	Dinotefuran			不得检出	GB/T 20772
564	苯虫醚-1	Diofenolan-1			不得检出	GB/T 19650
565	苯虫醚-2	Diofenolan-2			不得检出	GB/T 19650
566	蔬果磷	Dioxabenzofos			不得检出	GB/T 19650
567	双苯酰草胺	Diphenamid			不得检出	GB/T 19650
568	二苯胺	Diphenylamine			不得检出	GB/T 19650
569	异丙净	Dipropetryn			不得检出	GB/T 19650
570	灭菌磷	Ditalimfos			不得检出	GB/T 19650

序号	农兽药中文名	农兽药英文名	欧盟标准限量要求 mg/kg	国家标准限量要求 mg/kg	三安超有机食品标准	
					限量要求 mg/kg	检测方法
571	氟硫草定	Dithiopyr			不得检出	GB/T 19650
572	敌瘟磷	Edifenphos			不得检出	GB/T 22968
573	硫丹硫酸盐	Endosulfan – sulfate			不得检出	GB/T 19650
574	异狄氏剂酮	Endrin ketone			不得检出	GB/T 19650
575	苯硫磷	EPN			不得检出	GB/T 19650
576	埃普利诺菌素	Eprinomectin			不得检出	GB/T 19650
577	抑草蓬	Erbon			不得检出	GB/T 21320
578	S – 氰戊菊酯	Esfenvalerate			不得检出	GB/T 19650
579	戊草丹	Esprocarb			不得检出	GB/T 19650
580	乙环唑 – 1	Etaconazole – 1			不得检出	GB/T 19650
581	乙环唑 – 2	Etaconazole – 2			不得检出	GB/T 19650
582	土菌灵	Etridiazol			不得检出	GB/T 19650
583	乙嘧硫磷	Etrimfos			不得检出	GB/T 19650
584	氧乙嘧硫磷	Etrimfos oxon			不得检出	GB/T 19650
585	伐灭磷	Famphur			不得检出	GB/T 19650
586	苯线磷亚砜	Fenamiphos sulfoxide			不得检出	GB/T 19650
587	苯线磷砜	Fenamiphos – sulfone			不得检出	GB/T 19650
588	氧皮蝇磷	Fenchlorphos oxon			不得检出	GB/T 19650
589	甲呋酰胺	Fenfuram			不得检出	GB/T 19650
590	仲丁威	Fenobucarb			不得检出	GB/T 19650
591	苯硫威	Fenothiocarb			不得检出	GB/T 19650
592	稻瘟酰胺	Fenoxanil			不得检出	GB/T 19650
593	拌种咯	Fenpiclonil			不得检出	GB/T 19650
594	甲氰菊酯	Fenpropathrin			不得检出	GB/T 19650
595	芬螨酯	Fenson			不得检出	GB/T 19650
596	丰索磷	Fensulfothion			不得检出	GB/T 19650
597	倍硫磷亚砜	Fenthion sulfoxide			不得检出	GB/T 19650
598	麦草氟异丙酯	Flamprop – isopropyl			不得检出	GB/T 19650
599	麦草氟甲酯	Flamprop – methyl			不得检出	GB/T 19650
600	吡氟禾草灵	Fluazifop – butyl			不得检出	GB/T 19650
601	啶蜱脲	Fluazuron			不得检出	SN/T 2540
602	氟噻草胺	Flufenacet			不得检出	GB/T 19650
603	氟节胺	Flumetralin			不得检出	GB/T 19650
604	唑嘧磺草胺	Flumetsulam			不得检出	GB/T 20772
605	氟烯草酸	Flumiclorac			不得检出	GB/T 19650
606	丙炔氟草胺	Flumioxazin			不得检出	GB/T 20750
607	三氟硝草醚	Fluorodifen			不得检出	GB/T 19650
608	乙羧氟草醚	Fluoroglycofen – ethyl			不得检出	GB/T 19650
609	三氟苯唑	Fluotrimazole			不得检出	GB/T 19650

序号	农兽药中文名	农兽药英文名	欧盟标准限量要求 mg/kg	国家标准限量要求 mg/kg	三安超有机食品标准 限量要求 mg/kg	三安超有机食品标准 检测方法
610	氟啶草酮	Fluridone			不得检出	GB/T 19650
611	氟草烟 - 1 - 甲庚酯	Fluroxypr - 1 - methylheptyl ester			不得检出	GB/T 19650
612	呋草酮	Flurtamone			不得检出	GB/T 19650
613	地虫硫磷	Fonofos			不得检出	GB/T 19650
614	安果	Formothion			不得检出	GB/T 19650
615	呋霜灵	Furalaxyl			不得检出	GB/T 19650
616	苄螨醚	Halfenprox			不得检出	GB/T 19650
617	氟哌啶醇	Haloperidol			不得检出	GB/T 20763
618	ε - 六六六	HCH, epsilon			不得检出	GB/T 19650
619	庚烯磷	Heptanophos			不得检出	GB/T 19650
620	己唑醇	Hexaconazole			不得检出	GB/T 19650
621	环嗪酮	Hexazinone			不得检出	GB/T 19650
622	咪草酸	Imazamethabenz - methyl			不得检出	GB/T 19650
623	脱苯甲基亚胺唑	Imibenconazole - des - benzyl			不得检出	GB/T 19650
624	炔咪菊酯 - 1	Imiprothrin - 1			不得检出	GB/T 19650
625	炔咪菊酯 - 2	Imiprothrin - 2			不得检出	GB/T 19650
626	碘硫磷	Iodofenphos			不得检出	GB/T 19650
627	甲基碘磺隆	Iodosulfuron - methyl			不得检出	GB/T 20772
628	异稻瘟净	Iprobenfos			不得检出	GB/T 19650
629	氯唑磷	Isazofos			不得检出	GB/T 19650
630	碳氯灵	Isobenzan			不得检出	GB/T 19650
631	丁咪酰胺	Isocarbamid			不得检出	GB/T 19650
632	水胺硫磷	Isocarbophos			不得检出	GB/T 19650
633	异艾氏剂	Isodrin			不得检出	GB/T 19650
634	异柳磷	Isofenphos			不得检出	GB/T 19650
635	氧异柳磷	Isofenphos oxon			不得检出	GB/T 19650
636	氮氨菲啶	Isometamidium			不得检出	SN/T 2239
637	丁嗪草酮	Isomethiozin			不得检出	GB/T 19650
638	异丙威 - 1	Isoprocarb - 1			不得检出	GB/T 19650
639	异丙威 - 2	Isoprocarb - 2			不得检出	GB/T 19650
640	异丙乐灵	Isopropalin			不得检出	GB/T 19650
641	双苯恶唑酸	Isoxadifen - ethyl			不得检出	GB/T 19650
642	异恶氟草	Isoxaflutole			不得检出	GB/T 20772
643	恶唑啉	Isoxathion			不得检出	GB/T 19650
644	交沙霉素	Josamycin			不得检出	GB/T 20762
645	拉沙里菌素	Lasalocid			不得检出	SN 0501
646	溴苯磷	Leptophos			不得检出	GB/T 19650
647	利谷隆	Linuron			不得检出	GB/T 19650

序号	农兽药中文名	农兽药英文名	欧盟标准限量要求 mg/kg	国家标准限量要求 mg/kg	三安超有机食品标准 限量要求 mg/kg	三安超有机食品标准 检测方法
648	2-甲-4-氯丁氧乙基酯	MCPA - butoxyethyl ester			不得检出	GB/T 19650
649	甲苯咪唑	Mebendazole			不得检出	GB/T 21324
650	灭蚜磷	Mecarbam			不得检出	GB/T 19650
651	二甲四氯丙酸	MECOPROP			不得检出	SN/T 2325
652	苯噻酰草胺	Mefenacet			不得检出	GB/T 19650
653	吡唑解草酯	Mefenpyr - diethyl			不得检出	GB/T 19650
654	醋酸甲地孕酮	Megestrol acetate			不得检出	GB/T 20753
655	醋酸美仑孕酮	Melengestrol acetate			不得检出	GB/T 20753
656	嘧菌胺	Mepanipyrim			不得检出	GB/T 19650
657	地胺磷	Mephosfolan			不得检出	GB/T 19650
658	灭锈胺	Mepronil			不得检出	GB/T 19650
659	硝磺草酮	Mesotrione			不得检出	参照同类标准
660	呋菌胺	Methfuroxam			不得检出	GB/T 19650
661	灭梭威砜	Methiocarb sulfone			不得检出	GB/T 19650
662	异丙甲草胺和S-异丙甲草胺	Metolachlor and S - metolachlor			不得检出	GB/T 19650
663	盖草津	Methoprotryne			不得检出	GB/T 19650
664	甲醚菊酯-1	Methothrin - 1			不得检出	GB/T 19650
665	甲醚菊酯-2	Methothrin - 2			不得检出	GB/T 19650
666	甲基泼尼松龙	Methylprednisolone			不得检出	GB/T 21981
667	溴谷隆	Metobromuron			不得检出	GB/T 19650
668	甲氧氯普胺	Metoclopramide			不得检出	SN/T 2227
669	苯氧菌胺-1	Metominsstrobin - 1			不得检出	GB/T 19650
670	苯氧菌胺-2	Metominsstrobin - 2			不得检出	GB/T 19650
671	甲硝唑	Metronidazole			不得检出	GB/T 21318
672	速灭磷	Mevinphos			不得检出	GB/T 19650
673	兹克威	Mexacarbate			不得检出	GB/T 19650
674	灭蚁灵	Mirex			不得检出	GB/T 19650
675	禾草敌	Molinate			不得检出	GB/T 19650
676	庚酰草胺	Monalide			不得检出	GB/T 19650
677	莫能菌素	Monensin			不得检出	SN 0698
678	莫西丁克	Moxidectin			不得检出	SN/T 2442
679	合成麝香	Musk ambrecte			不得检出	GB/T 19650
680	麝香	Musk moskene			不得检出	GB/T 19650
681	西藏麝香	Musk tibeten			不得检出	GB/T 19650
682	二甲苯麝香	Musk xylene			不得检出	GB/T 19650
683	萘夫西林	Nafcillin			不得检出	GB/T 22975
684	二溴磷	Naled			不得检出	SN/T 0706
685	萘丙胺	Naproanilide			不得检出	GB/T 19650

序号	农兽药中文名	农兽药英文名	欧盟标准限量要求 mg/kg	国家标准限量要求 mg/kg	三安超有机食品标准	
					限量要求 mg/kg	检测方法
686	甲基盐霉素	Narasin			不得检出	GB/T 20364
687	甲磺乐灵	Nitralin			不得检出	GB/T 19650
688	三氯甲基吡啶	Nitrapyrin			不得检出	GB/T 19650
689	酞菌酯	Nitrothal – isopropyl			不得检出	GB/T 19650
690	诺氟沙星	Norfloxacin			不得检出	GB/T 20366
691	氟草敏	Norflurazon			不得检出	GB/T 19650
692	新生霉素	Novobiocin			不得检出	SN 0674
693	氟苯嘧啶醇	Nuarimol			不得检出	GB/T 19650
694	八氯苯乙烯	Octachlorostyrene			不得检出	GB/T 19650
695	氧氟沙星	Ofloxacin			不得检出	GB/T 20366
696	喹乙醇	Olaquindox			不得检出	GB/T 20746
697	竹桃霉素	Oleandomycin			不得检出	GB/T 20762
698	氧乐果	Omethoate			不得检出	GB/T 19650
699	奥比沙星	Orbifloxacin			不得检出	GB/T 22985
700	杀线威	Oxamyl			不得检出	GB/T 20772
701	奥芬达唑	Oxfendazole			不得检出	GB/T 22972
702	氧化氯丹	Oxy – chlordane			不得检出	GB/T 19650
703	对氧磷	Paraoxon			不得检出	GB/T 19650
704	甲基对氧磷	Paraoxon – methyl			不得检出	GB/T 19650
705	克草敌	Pebulate			不得检出	GB/T 19650
706	五氯苯胺	Pentachloroaniline			不得检出	GB/T 19650
707	五氯甲氧基苯	Pentachloroanisole			不得检出	GB/T 19650
708	五氯苯	Pentachlorobenzene			不得检出	GB/T 19650
709	乙滴涕	Perthane			不得检出	GB/T 19650
710	菲	Phenanthrene			不得检出	GB/T 19650
711	稻丰散	Phenthoate			不得检出	GB/T 19650
712	甲拌磷砜	Phorate sulfone			不得检出	GB/T 19650
713	磷胺 – 1	Phosphamidon – 1			不得检出	GB/T 19650
714	磷胺 – 2	Phosphamidon – 2			不得检出	GB/T 19650
715	酞酸苯甲基丁酯	Phthalic acid, benzylbutyl ester			不得检出	GB/T 19650
716	四氯苯肽	Phthalide			不得检出	GB/T 19650
717	邻苯二甲酰亚胺	Phthalimide			不得检出	GB/T 19650
718	氟吡酰草胺	Picolinafen			不得检出	GB/T 19650
719	增效醚	Piperonyl butoxide			不得检出	GB/T 19650
720	哌草磷	Piperophos			不得检出	GB/T 19650
721	乙基虫螨清	Pirimiphos – ethyl			不得检出	GB/T 19650
722	吡利霉素	Pirlimycin			不得检出	GB/T 22988
723	炔丙菊酯	Prallethrin			不得检出	GB/T 19650
724	泼尼松龙	Prednisolone			不得检出	GB/T 21981

序号	农兽药中文名	农兽药英文名	欧盟标准限量要求 mg/kg	国家标准限量要求 mg/kg	三安超有机食品标准	
					限量要求 mg/kg	检测方法
725	丙草胺	Pretilachlor			不得检出	GB/T 19650
726	环丙氟灵	Profluralin			不得检出	GB/T 19650
727	茉莉酮	Prohydrojasmon			不得检出	GB/T 19650
728	扑灭通	Prometon			不得检出	GB/T 19650
729	扑草净	Prometryne			不得检出	GB/T 19650
730	炔丙烯草胺	Pronamide			不得检出	GB/T 19650
731	敌稗	Propanil			不得检出	GB/T 19650
732	扑灭津	Propazine			不得检出	GB/T 19650
733	胺丙畏	Propetamphos			不得检出	GB/T 19650
734	丙酰二甲氨基丙吩噻嗪	Propionylpromazin			不得检出	GB/T 20763
735	丙硫磷	Prothiophos			不得检出	GB/T 19650
736	哒嗪硫磷	Ptridaphenthion			不得检出	GB/T 19650
737	吡唑硫磷	Pyraclofos			不得检出	GB/T 19650
738	吡草醚	Pyraflufen – ethyl			不得检出	GB/T 19650
739	啶斑肟 – 1	Pyrifenox – 1			不得检出	GB/T 19650
740	啶斑肟 – 2	Pyrifenox – 2			不得检出	GB/T 19650
741	环酯草醚	Pyriftalid			不得检出	GB/T 19650
742	嘧螨醚	Pyrimidifen			不得检出	GB/T 19650
743	嘧草醚	Pyriminobac – methyl			不得检出	GB/T 19650
744	嘧啶磷	Pyrimitate			不得检出	GB/T 19650
745	喹硫磷	Quinalphos			不得检出	GB/T 19650
746	灭藻醌	Quinoclamine			不得检出	GB/T 19650
747	吡咪唑	Rabenzazole			不得检出	GB/T 19650
748	莱克多巴胺	Ractopamine			不得检出	GB/T 21313
749	洛硝达唑	Ronidazole			不得检出	GB/T 21318
750	皮蝇磷	Ronnel			不得检出	GB/T 19650
751	盐霉素	Salinomycin			不得检出	GB/T 20364
752	沙拉沙星	Sarafloxacin			不得检出	GB/T 20366
753	另丁津	Sebutylazine			不得检出	GB/T 19650
754	密草通	Secbumeton			不得检出	GB/T 19650
755	氨基脲	Semduramicinduramicin			不得检出	GB/T 20752
756	烯禾啶	Sethoxydim			不得检出	GB/T 19650
757	氟硅菊酯	Silafluofen			不得检出	GB/T 19650
758	硅氟唑	Simeconazole			不得检出	GB/T 19650
759	西玛通	Simetone			不得检出	GB/T 19650
760	西草净	Simetryn			不得检出	GB/T 19650
761	磺胺苯酰	Sulfabenzamide			不得检出	GB/T 21316
762	磺胺醋酰	Sulfacetamide			不得检出	GB/T 21316
763	磺胺氯哒嗪	Sulfachloropyridazine			不得检出	GB/T 21316

序号	农兽药中文名	农兽药英文名	欧盟标准限量要求 mg/kg	国家标准限量要求 mg/kg	三安超有机食品标准	
					限量要求 mg/kg	检测方法
764	磺胺嘧啶	Sulfadiazine			不得检出	GB/T 21316
765	磺胺间二甲氧嘧啶	Sulfadimethoxine			不得检出	GB/T 21316
766	磺胺二甲嘧啶	Sulfadimidine			不得检出	GB/T 21316
767	磺胺多辛	Sulfadoxine			不得检出	GB/T 21316
768	磺胺脒	Sulfaguanidine			不得检出	GB/T 21316
769	菜草畏	Sulfallate			不得检出	GB/T 19650
770	磺胺甲嘧啶	Sulfamerazine			不得检出	GB/T 21316
771	新诺明	Sulfamethoxazole			不得检出	GB/T 21316
772	磺胺间甲氧嘧啶	Sulfamonomethoxine			不得检出	GB/T 21316
773	乙酰磺胺对硝基苯	Sulfanitran			不得检出	GB/T 20772
774	磺胺吡啶	Sulfapyridine			不得检出	GB/T 21316
775	磺胺喹沙啉	Sulfaquinoxaline			不得检出	GB/T 21316
776	磺胺噻唑	Sulfathiazole			不得检出	GB/T 21316
777	治螟磷	Sulfotep			不得检出	GB/T 19650
778	硫丙磷	Sulprofos			不得检出	GB/T 19650
779	苯噻硫氰	TCMTB			不得检出	GB/T 19650
780	丁基嘧啶磷	Tebupirimfos			不得检出	GB/T 19650
781	牧草胺	Tebutam			不得检出	GB/T 19650
782	丁噻隆	Tebuthiuron			不得检出	GB/T 20772
783	双硫磷	Temephos			不得检出	GB/T 20772
784	特草灵	Terbucarb			不得检出	GB/T 19650
785	特丁通	Terbumeron			不得检出	GB/T 19650
786	特丁净	Terbutryn			不得检出	GB/T 19650
787	四氢邻苯二甲酰亚胺	Tetrabydrophthalimide			不得检出	GB/T 19650
788	杀虫畏	Tetrachlorvinphos			不得检出	GB/T 19650
789	胺菊酯	Tetramethirn			不得检出	GB/T 19650
790	杀螨氯硫	Tetrasul			不得检出	GB/T 19650
791	噻吩草胺	Thenylchlor			不得检出	GB/T 19650
792	噻唑烟酸	Thiazopyr			不得检出	GB/T 19650
793	噻苯隆	Thidiazuron			不得检出	GB/T 20772
794	噻吩磺隆	Thifensulfuron – methyl			不得检出	GB/T 20772
795	甲基乙拌磷	Thiometon			不得检出	GB/T 20772
796	虫线磷	Thionazin			不得检出	GB/T 19650
797	硫普罗宁	Tiopronin			不得检出	SN/T 2225
798	三甲苯草酮	Tralkoxydim			不得检出	GB/T 19650
799	四溴菊酯	Tralomethrin			不得检出	SN/T 2320
800	反式－氯丹	trans – Chlordane			不得检出	GB/T 19650
801	反式－燕麦敌	trans – Diallate			不得检出	GB/T 19650
802	四氟苯菊酯	Transfluthrin			不得检出	GB/T 19650

序号	农兽药中文名	农兽药英文名	欧盟标准限量要求 mg/kg	国家标准限量要求 mg/kg	三安超有机食品标准 限量要求 mg/kg	检测方法
803	反式九氯	*trans* – Nonachlor			不得检出	GB/T 19650
804	反式 – 氯菊酯	*trans* – Permethrin			不得检出	GB/T 19650
805	群勃龙	Trenbolone			不得检出	GB/T 21981
806	威菌磷	Triamiphos			不得检出	GB/T 19650
807	毒壤磷	Trichloronatee			不得检出	GB/T 19650
808	灭草环	Tridiphane			不得检出	GB/T 19650
809	草达津	Trietazine			不得检出	GB/T 19650
810	三异丁基磷酸盐	Tri – *iso* – butyl phosphate			不得检出	GB/T 19650
811	三正丁基磷酸盐	Tri – *n* – butyl phosphate			不得检出	GB/T 19650
812	三苯基磷酸盐	Triphenyl phosphate			不得检出	GB/T 19650
813	烯效唑	Uniconazole			不得检出	GB/T 19650
814	灭草敌	Vernolate			不得检出	GB/T 19650
815	维吉尼霉素	Virginiamycin			不得检出	GB/T 20765
816	杀鼠灵	War farin			不得检出	GB/T 20772
817	甲苯噻嗪	Xylazine			不得检出	GB/T 20763
818	右环十四酮酚	Zeranol			不得检出	GB/T 21982
819	苯酰菌胺	Zoxamide			不得检出	GB/T 19650

1.5 猪可食用下水 Pig Edible Offal

序号	农兽药中文名	农兽药英文名	欧盟标准限量要求 mg/kg	国家标准限量要求 mg/kg	三安超有机食品标准 限量要求 mg/kg	检测方法
1	1,1 – 二氯 – 2,2 – 二(4 – 乙苯)乙烷	1,1 – Dichloro – 2,2 – bis(4 – ethylphenyl)ethane	0.01		不得检出	日本肯定列表（增补本1）
2	1,2 – 二氯乙烷	1,2 – Dichloroethane	0.1		不得检出	SN/T 2238
3	1,3 – 二氯丙烯	1,3 – Dichloropropene	0.01		不得检出	SN/T 2238
4	1 – 萘乙酸	1 – Naphthylacetic acid	0.05		不得检出	SN/T 2228
5	2,4 – 滴丁酸	2,4 – DB	0.05		不得检出	GB/T 20769
6	2,4 – 滴	2,4 – D	0.05		不得检出	GB/T 20772
7	2 – 苯酚	2 – Phenylphenol	0.05		不得检出	GB/T 19650
8	阿维菌素	Abamectin	0.02		不得检出	SN/T 2661
9	乙酰甲胺磷	Acephate	0.02		不得检出	GB/T 20772
10	灭螨醌	Acequinocyl	0.01		不得检出	参照同类标准
11	啶虫脒	Acetamiprid	0.05		不得检出	GB/T 20772
12	乙草胺	Acetochlor	0.01		不得检出	GB/T 19650
13	苯并噻二唑	Acibenzolar – S – methyl	0.02		不得检出	GB/T 20772
14	苯草醚	Aclonifen	0.02		不得检出	GB/T 20772
15	氟丙菊酯	Acrinathrin	0.05		不得检出	GB/T 19648

序号	农兽药中文名	农兽药英文名	欧盟标准限量要求 mg/kg	国家标准限量要求 mg/kg	三安超有机食品标准	
					限量要求 mg/kg	检测方法
16	甲草胺	Alachlor	0.01		不得检出	GB/T 20772
17	涕灭威	Aldicarb	0.01		不得检出	GB/T 20772
18	艾氏剂和狄氏剂	Aldrin and dieldrin	0.2		不得检出	GB/T 19650
19	—	Ametoctradin	0.03		不得检出	参照同类标准
20	酰嘧磺隆	Amidosulfuron	0.02		不得检出	参照同类标准
21	氯氨吡啶酸	Aminopyralid	0.01		不得检出	GB/T 23211
22	—	Amisulbrom	0.01		不得检出	参照同类标准
23	敌菌灵	Anilazine	0.01		不得检出	GB/T 20769
24	杀螨特	Aramite	0.01		不得检出	GB/T 19650
25	磺草灵	Asulam	0.1		不得检出	日本肯定列表（增补本1）
26	印楝素	Azadirachtin	0.01		不得检出	SN/T 3264
27	益棉磷	Azinphos – ethyl	0.01		不得检出	GB/T 19650
28	保棉磷	Azinphos – methyl	0.01		不得检出	GB/T 20772
29	三唑锡和三环锡	Azocyclotin and cyhexatin	0.05		不得检出	SN/T 1990
30	嘧菌酯	Azoxystrobin	0.07		不得检出	GB/T 20772
31	燕麦灵	Barban	0.05		不得检出	参照同类标准
32	氟丁酰草胺	Beflubutamid	0.05		不得检出	参照同类标准
33	苯霜灵	Benalaxyl	0.05		不得检出	GB/T 20772
34	丙硫克百威	Benfuracarb	0.02		不得检出	GB/T 20772
35	联苯肼酯	Bifenazate	0.01		不得检出	GB/T 20772
36	甲羧除草醚	Bifenox	0.05		不得检出	GB/T 23210
37	联苯菊酯	Bifenthrin	0.2		不得检出	GB/T 19650
38	乐杀螨	Binapacryl	0.01		不得检出	SN 0523
39	联苯	Biphenyl	0.01		不得检出	GB/T 19650
40	联苯三唑醇	Bitertanol	0.05		不得检出	GB/T 20772
41	—	Bixafen	0.02		不得检出	参照同类标准
42	啶酰菌胺	Boscalid	0.2		不得检出	GB/T 20772
43	溴离子	Bromide ion	0.05		不得检出	GB/T 5009.167
44	溴螨酯	Bromopropylate	0.01		不得检出	GB/T 19650
45	溴苯腈	Bromoxynil	0.2		不得检出	GB/T 20772
46	糠菌唑	Bromuconazole	0.05		不得检出	GB/T 19650
47	乙嘧酚磺酸酯	Bupirimate	0.05		不得检出	GB/T 19650
48	噻嗪酮	Buprofezin	0.05		不得检出	GB/T 20772
49	仲丁灵	Butralin	0.02		不得检出	GB/T 19650
50	丁草敌	Butylate	0.01		不得检出	GB/T 19650
51	硫线磷	Cadusafos	0.01		不得检出	GB/T 19650
52	毒杀芬	Camphechlor	0.05		不得检出	YC/T 180
53	敌菌丹	Captafol	0.01		不得检出	GB/T 23210

序号	农兽药中文名	农兽药英文名	欧盟标准限量要求 mg/kg	国家标准限量要求 mg/kg	三安超有机食品标准	
					限量要求 mg/kg	检测方法
54	克菌丹	Captan	0.02		不得检出	GB/T 19648
55	甲萘威	Carbaryl	0.05		不得检出	GB/T 20796
56	多菌灵和苯菌灵	Carbendazim and benomyl	0.05		不得检出	GB/T 20772
57	长杀草	Carbetamide	0.05		不得检出	GB/T 20772
58	克百威	Carbofuran	0.01		不得检出	GB/T 20772
59	丁硫克百威	Carbosulfan	0.05		不得检出	GB/T 19650
60	萎锈灵	Carboxin	0.05		不得检出	GB/T 20772
61	氯虫苯甲酰胺	Chlorantraniliprole	0.2		不得检出	参照同类标准
62	杀螨醚	Chlorbenside	0.05		不得检出	GB/T 19650
63	氯炔灵	Chlorbufam	0.05		不得检出	GB/T 20772
64	氯丹	Chlordane	0.05		不得检出	GB/T 5009.19
65	十氯酮	Chlordecone	0.1		不得检出	参照同类标准
66	杀螨酯	Chlorfenson	0.05		不得检出	GB/T 19650
67	毒虫畏	Chlorfenvinphos	0.01		不得检出	GB/T 19650
68	氯草敏	Chloridazon	0.05		不得检出	GB/T 20772
69	矮壮素	Chlormequat	0.05		不得检出	GB/T 23211
70	乙酯杀螨醇	Chlorobenzilate	0.1		不得检出	GB/T 23210
71	百菌清	Chlorothalonil	0.2		不得检出	SN/T 2320
72	绿麦隆	Chlortoluron	0.05		不得检出	GB/T 20772
73	枯草隆	Chloroxuron	0.05		不得检出	SN/T 2150
74	氯苯胺灵	Chlorpropham	0.05		不得检出	GB/T 19650
75	甲基毒死蜱	Chlorpyrifos – methyl	0.05		不得检出	GB/T 19650
76	氯磺隆	Chlorsulfuron	0.01		不得检出	GB/T 20772
77	氯酞酸甲酯	Chlorthaldimethyl	0.01		不得检出	GB/T 19650
78	氯硫酰草胺	Chlorthiamid	0.02		不得检出	GB/T 20772
79	烯草酮	Clethodim	0.2		不得检出	GB/T 19650
80	炔草酯	Clodinafop – propargyl	0.02		不得检出	GB/T 19650
81	四螨嗪	Clofentezine	0.05		不得检出	GB/T 20772
82	二氯吡啶酸	Clopyralid	0.05		不得检出	SN/T 2228
83	噻虫胺	Clothianidin	0.02		不得检出	GB/T 20772
84	铜化合物	Copper compounds	30		不得检出	参照同类标准
85	环烷基酰苯胺	Cyclanilide	0.01		不得检出	参照同类标准
86	噻草酮	Cycloxydim	0.05		不得检出	GB/T 19650
87	环氟菌胺	Cyflufenamid	0.03		不得检出	GB/T 23210
88	氟氯氰菊酯和高效氟氯氰菊酯	Cyfluthrin and beta – cyfluthrin	0.05		不得检出	GB/T 19650
89	霜脲氰	Cymoxanil	0.05		不得检出	GB/T 20772
90	氯氰菊酯和高效氯氰菊酯	Cypermethrin and beta – cypermethrin	0.2		不得检出	GB/T 19650

序号	农兽药中文名	农兽药英文名	欧盟标准限量要求 mg/kg	国家标准限量要求 mg/kg	三安超有机食品标准	
					限量要求 mg/kg	检测方法
91	环丙唑醇	Cyproconazole	0.5		不得检出	GB/T 20772
92	嘧菌环胺	Cyprodinil	0.05		不得检出	GB/T 19650
93	灭蝇胺	Cyromazine	0.05		不得检出	GB/T 20772
94	丁酰肼	Daminozide	0.05		不得检出	SN/T 1989
95	滴滴涕	DDT	1		不得检出	SN/T 0127
96	溴氰菊酯	Deltamethrin	0.5		不得检出	GB/T 19650
97	燕麦敌	Diallate	0.2		不得检出	GB/T 23211
98	二嗪磷	Diazinon	0.01		不得检出	GB/T 19650
99	麦草畏	Dicamba	0.7		不得检出	GB/T 20772
100	敌草腈	Dichlobenil	0.01		不得检出	GB/T 19650
101	滴丙酸	Dichlorprop	0.05		不得检出	SN/T 2228
102	二氯苯氧基丙酸	Diclofop	0.05		不得检出	参照同类标准
103	氯硝胺	Dicloran	0.01		不得检出	GB/T 19650
104	三氯杀螨醇	Dicofol	0.02		不得检出	GB/T 19650
105	乙霉威	Diethofencarb	0.05		不得检出	GB/T 19650
106	苯醚甲环唑	Difenoconazole	0.2		不得检出	GB/T 19650
107	除虫脲	Diflubenzuron	0.1		不得检出	SN/T 0528
108	吡氟酰草胺	Diflufenican	0.05		不得检出	GB/T 20772
109	油菜安	Dimethachlor	0.02		不得检出	GB/T 20772
110	烯酰吗啉	Dimethomorph	0.05		不得检出	GB/T 20772
111	醚菌胺	Dimoxystrobin	0.05		不得检出	SN/T 2237
112	烯唑醇	Diniconazole	0.01		不得检出	GB/T 19650
113	敌螨普	Dinocap	0.05		不得检出	日本肯定列表（增补本1）
114	地乐酚	Dinoseb	0.01		不得检出	GB/T 20772
115	特乐酚	Dinoterb	0.05		不得检出	GB/T 20772
116	敌恶磷	Dioxathion	0.05		不得检出	GB/T 19650
117	敌草快	Diquat	0.05		不得检出	GB/T 5009.221
118	乙拌磷	Disulfoton	0.01		不得检出	GB/T 20772
119	二氰蒽醌	Dithianon	0.01		不得检出	GB/T 20769
120	二硫代氨基甲酸酯	Dithiocarbamates	0.05		不得检出	SN 0139
121	敌草隆	Diuron	0.05		不得检出	SN/T 0645
122	二硝甲酚	DNOC	0.05		不得检出	GB/T 20772
123	多果定	Dodine	0.2		不得检出	SN 0500
124	甲氨基阿维菌素苯甲酸盐	Emamectin benzoate	0.08		不得检出	GB/T 20769
125	硫丹	Endosulfan	0.05		不得检出	GB/T 19650
126	异狄氏剂	Endrin	0.05		不得检出	GB/T 19650
127	氟环唑	Epoxiconazole	0.05		不得检出	GB/T 20772
128	茵草敌	EPTC	0.02		不得检出	GB/T 20772

序号	农兽药中文名	农兽药英文名	欧盟标准限量要求 mg/kg	国家标准限量要求 mg/kg	三安超有机食品标准限量要求 mg/kg	检测方法
129	乙丁烯氟灵	Ethalfluralin	0.01		不得检出	GB/T 19650
130	胺苯磺隆	Ethametsulfuron	0.01		不得检出	NY/T 1616
131	乙烯利	Ethephon	0.05		不得检出	SN 0705
132	乙硫磷	Ethion	0.01		不得检出	GB/T 19650
133	乙嘧酚	Ethirimol	0.05		不得检出	GB/T 20772
134	乙氧呋草黄	Ethofumesate	0.1		不得检出	GB/T 20772
135	灭线磷	Ethoprophos	0.01		不得检出	GB/T 19650
136	乙氧喹啉	Ethoxyquin	0.05		不得检出	GB/T 20772
137	环氧乙烷	Ethylene oxide	0.02		不得检出	GB/T 23296.11
138	醚菊酯	Etofenprox	0.5		不得检出	GB/T 19650
139	乙螨唑	Etoxazole	0.01		不得检出	GB/T 19650
140	土菌灵	Etridiazole	0.05		不得检出	GB/T 20772
141	噁唑菌酮	Famoxadone	0.05		不得检出	GB/T 20772
142	咪唑菌酮	Fenamidone	0.01		不得检出	GB/T 19650
143	苯线磷	Fenamiphos	0.02		不得检出	GB/T 19650
144	氯苯嘧啶醇	Fenarimol	0.02		不得检出	GB/T 20772
145	喹螨醚	Fenazaquin	0.01		不得检出	GB/T 19650
146	腈苯唑	Fenbuconazole	0.05		不得检出	GB/T 20772
147	苯丁锡	Fenbutatin oxide	0.05		不得检出	SN/T 3149
148	环酰菌胺	Fenhexamid	0.05		不得检出	GB/T 20772
149	杀螟硫磷	Fenitrothion	0.01		不得检出	GB/T 20772
150	精噁唑禾草灵	Fenoxaprop-P-ethyl	0.05		不得检出	GB/T 22617
151	双氧威	Fenoxycarb	0.05		不得检出	GB/T 19650
152	苯锈啶	Fenpropidin	0.02		不得检出	GB/T 19650
153	丁苯吗啉	Fenpropimorph	0.01		不得检出	GB/T 20772
154	胺苯吡菌酮	Fenpyrazamine	0.01		不得检出	参照同类标准
155	唑螨酯	Fenpyroximate	0.01		不得检出	GB/T 19650
156	倍硫磷	Fenthion	0.05		不得检出	GB/T 20772
157	三苯锡	Fentin	0.05		不得检出	SN/T 3149
158	薯瘟锡	Fentin acetate	0.05		不得检出	参照同类标准
159	氰戊菊酯和高效氰戊菊酯（RR & SS 异构体总量）	Fenvalerate and esfenvalerate (sum of RR & SS isomers)	0.2		不得检出	GB/T 19650
160	氰戊菊酯和高效氰戊菊酯（RS & SR 异构体总量）	Fenvalerate and esfenvalerate (sum of RS & SR isomers)	0.05		不得检出	GB/T 19650
161	氟虫腈	Fipronil	0.02		不得检出	SN/T 1982
162	氟啶虫酰胺	Flonicamid	0.03		不得检出	SN/T 2796
163	精吡氟禾草灵	Fluazifop-P-butyl	0.05		不得检出	GB/T 5009.142
164	氟啶胺	Fluazinam	0.05		不得检出	SN/T 2150
165	氟苯虫酰胺	Flubendiamide	1		不得检出	SN/T 2581

序号	农兽药中文名	农兽药英文名	欧盟标准限量要求 mg/kg	国家标准限量要求 mg/kg	三安超有机食品标准	
					限量要求 mg/kg	检测方法
166	氟环脲	Flucycloxuron	0.05		不得检出	参照同类标准
167	氟氰戊菊酯	Flucythrinate	0.05		不得检出	GB/T 23210
168	咯菌腈	Fludioxonil	0.05		不得检出	GB/T 20772
169	氟虫脲	Flufenoxuron	0.05		不得检出	SN/T 2150
170	杀螨净	Flufenzin	0.02		不得检出	参照同类标准
171	氟吡菌胺	Fluopicolide	0.01		不得检出	参照同类标准
172	—	Fluopyram	0.7		不得检出	参照同类标准
173	氟离子	Fluoride ion	1		不得检出	GB/T 5009.167
174	氟腈嘧菌酯	Fluoxastrobin	0.05		不得检出	GB/T 19650
175	氟喹唑	Fluquinconazole	0.3		不得检出	GB/T 20772
176	氟咯草酮	Fluorochloridone	0.05		不得检出	SN/T 2237
177	氟草烟	Fluroxypyr	0.05		不得检出	GB/T 20772
178	氟硅唑	Flusilazole	0.5		不得检出	GB/T 20772
179	氟酰胺	Flutolanil	0.02		不得检出	GB/T 20772
180	粉唑醇	Flutriafol	0.01		不得检出	GB/T 20772
181	—	Fluxapyroxad	0.01		不得检出	参照同类标准
182	氟磺胺草醚	Fomesafen	0.01		不得检出	GB/T 5009.130
183	氯吡脲	Forchlorfenuron	0.05		不得检出	SN/T 3643
184	伐虫脒	Formetanate	0.01		不得检出	NY/T 1453
185	三乙膦酸铝	Fosetyl – aluminium	0.5		不得检出	参照同类标准
186	麦穗宁	Fuberidazole	0.05		不得检出	GB/T 19650
187	呋线威	Furathiocarb	0.01		不得检出	GB/T 20772
188	糠醛	Furfural	1		不得检出	参照同类标准
189	勃激素	Gibberellic acid	0.1		不得检出	GB/T 23211
190	草胺膦	Glufosinate – ammonium	0.1		不得检出	日本肯定列表
191	草甘膦	Glyphosate	0.05		不得检出	SN/T 1923
192	双胍盐	Guazatine	0.1		不得检出	参照同类标准
193	氟吡禾灵	Haloxyfop	0.1		不得检出	SN/T 2228
194	七氯	Heptachlor	0.2		不得检出	SN 0663
195	六氯苯	Hexachlorobenzene	0.2		不得检出	SN/T 0127
196	六六六（HCH），α – 异构体	Hexachlorociclohexane（HCH），alpha – isomer	0.2		不得检出	SN/T 0127
197	六六六（HCH），β – 异构体	Hexachlorociclohexane（HCH），beta – isomer	0.1		不得检出	SN/T 0127
198	噻螨酮	Hexythiazox	0.05		不得检出	GB/T 20772
199	噁霉灵	Hymexazol	0.05		不得检出	GB/T 20772
200	抑霉唑	Imazalil	0.05		不得检出	GB/T 20772
201	甲咪唑烟酸	Imazapic	0.01		不得检出	GB/T 20772
202	咪唑喹啉酸	Imazaquin	0.05		不得检出	GB/T 20772

序号	农兽药中文名	农兽药英文名	欧盟标准限量要求 mg/kg	国家标准限量要求 mg/kg	三安超有机食品标准 限量要求 mg/kg	三安超有机食品标准 检测方法
203	吡虫啉	Imidacloprid	0.3		不得检出	GB/T 20772
204	茚虫威	Indoxacarb	0.05		不得检出	GB/T 20772
205	碘苯腈	Ioxynil	0.2		不得检出	GB/T 20772
206	异菌脲	Iprodione	0.05		不得检出	GB/T 19650
207	稻瘟灵	Isoprothiolane	0.01		不得检出	GB/T 20772
208	异丙隆	Isoproturon	0.05		不得检出	GB/T 20772
209	—	Isopyrazam	0.01		不得检出	参照同类标准
210	异噁酰草胺	Isoxaben	0.01		不得检出	GB/T 20772
211	醚菌酯	Kresoxim – methyl	0.02		不得检出	GB/T 20772
212	乳氟禾草灵	Lactofen	0.01		不得检出	GB/T 19650
213	高效氯氟氰菊酯	Lambda – cyhalothrin	0.5		不得检出	GB/T 23210
214	环草定	Lenacil	0.1		不得检出	GB/T 19650
215	林丹	Lindane	0.02	0.01	不得检出	NY/T 761
216	虱螨脲	Lufenuron	0.02		不得检出	SN/T 2540
217	马拉硫磷	Malathion	0.02		不得检出	GB/T 19650
218	抑芽丹	Maleic hydrazide	0.02		不得检出	GB/T 23211
219	双炔酰菌胺	Mandipropamid	0.02		不得检出	参照同类标准
220	二甲四氯和二甲四氯丁酸	MCPA and MCPB	0.5		不得检出	SN/T 2228
221	壮棉素	Mepiquat chloride	0.2		不得检出	GB/T 23211
222	—	Meptyldinocap	0.05		不得检出	参照同类标准
223	汞化合物	Mercury compounds	0.01		不得检出	参照同类标准
224	氰氟虫腙	Metaflumizone	0.02		不得检出	SN/T 3852
225	甲霜灵和精甲霜灵	Metalaxyl and metalaxyl – M	0.05		不得检出	GB/T 20772
226	四聚乙醛	Metaldehyde	0.05		不得检出	SN/T 1787
227	苯嗪草酮	Metamitron	0.05		不得检出	GB/T 19650
228	吡唑草胺	Metazachlor	0.05		不得检出	GB/T 19650
229	叶菌唑	Metconazole	0.01		不得检出	GB/T 20772
230	甲基苯噻隆	Methabenzthiazuron	0.05		不得检出	GB/T 19650
231	虫螨畏	Methacrifos	0.01		不得检出	GB/T 20772
232	甲胺磷	Methamidophos	0.01		不得检出	GB/T 20772
233	杀扑磷	Methidathion	0.02		不得检出	GB/T 20772
234	甲硫威	Methiocarb	0.05		不得检出	GB/T 20770
235	灭多威和硫双威	Methomyl and thiodicarb	0.02		不得检出	GB/T 20772
236	烯虫酯	Methoprene	0.1		不得检出	GB/T 19650
237	甲氧滴滴涕	Methoxychlor	0.01		不得检出	SN/T 0529
238	甲氧虫酰肼	Methoxyfenozide	0.1		不得检出	GB/T 20772
239	磺草唑胺	Metosulam	0.01		不得检出	GB/T 20772
240	苯菌酮	Metrafenone	0.05		不得检出	参照同类标准
241	嗪草酮	Metribuzin	0.1		不得检出	GB/T 19650

序号	农兽药中文名	农兽药英文名	欧盟标准限量要求 mg/kg	国家标准限量要求 mg/kg	三安超有机食品标准	
					限量要求 mg/kg	检测方法
242	绿谷隆	Monolinuron	0.05		不得检出	GB/T 20772
243	灭草隆	Monuron	0.01		不得检出	GB/T 20772
244	腈菌唑	Myclobutanil	0.01		不得检出	GB/T 20772
245	1-萘乙酰胺	1-Naphthylacetamide	0.05		不得检出	GB/T 23205
246	敌草胺	Napropamide	0.01		不得检出	GB/T 19650
247	烟嘧磺隆	Nicosulfuron	0.05		不得检出	SN/T 2325
248	除草醚	Nitrofen	0.01		不得检出	GB/T 19650
249	氟酰脲	Novaluron	0.7		不得检出	GB/T 23211
250	嘧苯胺磺隆	Orthosulfamuron	0.01		不得检出	GB/T 23817
251	噁草酮	Oxadiazon	0.05		不得检出	GB/T 19650
252	噁霜灵	Oxadixyl	0.01		不得检出	GB/T 19650
253	环氧嘧磺隆	Oxasulfuron	0.05		不得检出	GB/T 23817
254	氧化萎锈灵	Oxycarboxin	0.05		不得检出	GB/T 19650
255	亚砜磷	Oxydemeton-methyl	0.01		不得检出	参照同类标准
256	乙氧氟草醚	Oxyfluorfen	0.05		不得检出	GB/T 20772
257	多效唑	Paclobutrazol	0.02		不得检出	GB/T 19650
258	对硫磷	Parathion	0.05		不得检出	GB/T 19650
259	甲基对硫磷	Parathion-methyl	0.01		不得检出	GB/T 5009.161
260	戊菌唑	Penconazole	0.05		不得检出	GB/T 20772
261	戊菌隆	Pencycuron	0.05		不得检出	GB/T 19650
262	二甲戊灵	Pendimethalin	0.05		不得检出	GB/T 19650
263	氯菊酯	Permethrin	0.05		不得检出	GB/T 19650
264	甜菜宁	Phenmedipham	0.05		不得检出	GB/T 23205
265	苯醚菊酯	Phenothrin	0.05		不得检出	GB/T 20772
266	甲拌磷	Phorate	0.02		不得检出	GB/T 20772
267	伏杀硫磷	Phosalone	0.01		不得检出	GB/T 20772
268	亚胺硫磷	Phosmet	0.1		不得检出	GB/T 20772
269	—	Phosphines and phosphides	0.01		不得检出	参照同类标准
270	辛硫磷	Phoxim	0.02		不得检出	GB/T 20772
271	氨氯吡啶酸	Picloram	0.5		不得检出	GB/T 23211
272	啶氧菌酯	Picoxystrobin	0.05		不得检出	GB/T 19650
273	抗蚜威	Pirimicarb	0.05		不得检出	GB/T 20772
274	甲基嘧啶磷	Pirimiphos-methyl	0.05		不得检出	GB/T 20772
275	咪鲜胺	Prochloraz	0.1		不得检出	GB/T 19650
276	腐霉利	Procymidone	0.01		不得检出	GB/T 20772
277	丙溴磷	Profenofos	0.05		不得检出	GB/T 20772
278	调环酸	Prohexadione	0.05		不得检出	日本肯定列表
279	毒草安	Propachlor	0.02		不得检出	GB/T 20772
280	扑派威	Propamocarb	0.1		不得检出	GB/T 20772

序号	农兽药中文名	农兽药英文名	欧盟标准限量要求 mg/kg	国家标准限量要求 mg/kg	三安超有机食品标准 限量要求 mg/kg	检测方法
281	恶草酸	Propaquizafop	0.05		不得检出	GB/T 20772
282	炔螨特	Propargite	0.1		不得检出	GB/T 19650
283	苯胺灵	Propham	0.05		不得检出	GB/T 19650
284	丙环唑	Propiconazole	0.01		不得检出	GB/T 19650
285	异丙草胺	Propisochlor	0.01		不得检出	GB/T 19650
286	残杀威	Propoxur	0.05		不得检出	GB/T 20772
287	炔苯酰草胺	Propyzamide	0.02		不得检出	GB/T 19650
288	苄草丹	Prosulfocarb	0.05		不得检出	GB/T 19650
289	丙硫菌唑	Prothioconazole	0.5		不得检出	参照同类标准
290	吡蚜酮	Pymetrozine	0.01		不得检出	GB/T 20772
291	吡唑醚菌酯	Pyraclostrobin	0.05		不得检出	GB/T 20772
292	吡菌磷	Pyrazophos	0.02		不得检出	GB/T 20772
293	除虫菊素	Pyrethrins	0.05		不得检出	GB/T 20772
294	哒螨灵	Pyridaben	0.02		不得检出	GB/T 19650
295	啶虫丙醚	Pyridalyl	0.01		不得检出	日本肯定列表
296	哒草特	Pyridate	0.05		不得检出	日本肯定列表
297	嘧霉胺	Pyrimethanil	0.05		不得检出	GB/T 19650
298	吡丙醚	Pyriproxyfen	0.05		不得检出	GB/T 19650
299	甲氧磺草胺	Pyroxsulam	0.01		不得检出	SN/T 2325
300	氯甲喹啉酸	Quinmerac	0.05		不得检出	参照同类标准
301	喹氧灵	Quinoxyfen	0.2		不得检出	SN/T 2319
302	五氯硝基苯	Quintozene	0.01		不得检出	GB/T 19650
303	精喹禾灵	Quizalofop – P – ethyl	0.1		不得检出	SN/T 2150
304	灭虫菊	Resmethrin	0.1		不得检出	GB/T 20772
305	鱼藤酮	Rotenone	0.01		不得检出	GB/T 20772
306	西玛津	Simazine	0.01		不得检出	SN 0594
307	乙基多杀菌素	Spinetoram	0.01		不得检出	参照同类标准
308	多杀霉素	Spinosad	0.5		不得检出	GB/T 20772
309	螺螨酯	Spirodiclofen	0.05		不得检出	GB/T 20772
310	螺甲螨酯	Spiromesifen	0.01		不得检出	GB/T 23210
311	螺虫乙酯	Spirotetramat	0.03		不得检出	参照同类标准
312	葚孢菌素	Spiroxamine	0.05		不得检出	GB/T 20772
313	磺草酮	Sulcotrione	0.05		不得检出	参照同类标准
314	乙黄隆	Sulfosulfuron	0.05		不得检出	SN/T 2325
315	硫磺粉	Sulfur	0.5		不得检出	参照同类标准
316	氟胺氰菊酯	Tau – fluvalinate	0.3		不得检出	SN 0691
317	戊唑醇	Tebuconazole	0.1		不得检出	GB/T 20772
318	虫酰肼	Tebufenozide	0.05		不得检出	GB/T 20772
319	吡螨胺	Tebufenpyrad	0.05		不得检出	GB/T 19650

序号	农兽药中文名	农兽药英文名	欧盟标准限量要求 mg/kg	国家标准限量要求 mg/kg	三安超有机食品标准 限量要求 mg/kg	三安超有机食品标准 检测方法
320	四氯硝基苯	Tecnazene	0.05		不得检出	GB/T 19650
321	氟苯脲	Teflubenzuron	0.05		不得检出	SN/T 2150
322	七氟菊酯	Tefluthrin	0.05		不得检出	GB/T 23210
323	得杀草	Tepraloxydim	0.1		不得检出	GB/T 20772
324	特丁硫磷	Terbufos	0.01		不得检出	GB/T 20772
325	特丁津	Terbuthylazine	0.05		不得检出	GB/T 19650
326	四氟醚唑	Tetraconazole	0.05		不得检出	GB/T 20772
327	三氯杀螨砜	Tetradifon	0.05		不得检出	GB/T 19650
328	噻菌灵	Thiabendazole	0.1		不得检出	GB/T 20772
329	噻虫啉	Thiacloprid	0.01		不得检出	GB/T 20772
330	噻虫嗪	Thiamethoxam	0.03		不得检出	GB/T 20772
331	禾草丹	Thiobencarb	0.01		不得检出	GB/T 20772
332	甲基硫菌灵	Thiophanate – methyl	0.05		不得检出	SN/T 0162
333	甲基立枯磷	Tolclofos – methyl	0.05		不得检出	GB/T 19650
334	甲苯氟磺胺	Tolylfluanid	0.1		不得检出	GB/T 19650
335	—	Topramezone	0.05		不得检出	参照同类标准
336	三唑酮和三唑醇	Triadimefon and triadimenol	0.1		不得检出	GB/T 20772
337	野麦畏	Triallate	0.05		不得检出	GB/T 20772
338	醚苯磺隆	Triasulfuron	0.05		不得检出	GB/T 20772
339	三唑磷	Triazophos	0.01		不得检出	GB/T 20772
340	敌百虫	Trichlorphon	0.01		不得检出	GB/T 20772
341	绿草定	Triclopyr	0.05		不得检出	SN/T 2228
342	三环唑	Tricyclazole	0.05		不得检出	GB/T 20769
343	十三吗啉	Tridemorph	0.01		不得检出	GB/T 20772
344	肟菌酯	Trifloxystrobin	0.04		不得检出	GB/T 19650
345	氟菌唑	Triflumizole	0.05		不得检出	GB/T 20769
346	杀铃脲	Triflumuron	0.01		不得检出	GB/T 20772
347	氟乐灵	Trifluralin	0.01		不得检出	GB/T 20772
348	嗪氨灵	Triforine	0.01		不得检出	SN 0695
349	三甲基锍阳离子	Trimethyl – sulfonium cation	0.05		不得检出	参照同类标准
350	抗倒酯	Trinexapac	0.05		不得检出	GB/T 20769
351	灭菌唑	Triticonazole	0.01		不得检出	GB/T 20772
352	三氟甲磺隆	Tritosulfuron	0.01		不得检出	参照同类标准
353	—	Valifenalate	0.01		不得检出	参照同类标准
354	乙烯菌核利	Vinclozolin	0.05		不得检出	GB/T 20772
355	2,3,4,5 – 四氯苯胺	2,3,4,5 – Tetrachloraniline			不得检出	GB/T 19650
356	2,3,4,5 – 四氯甲氧基苯	2,3,4,5 – Tetrachloroanisole			不得检出	GB/T 19650
357	2,3,5,6 – 四氯苯胺	2,3,5,6 – Tetrachloroaniline			不得检出	GB/T 19650
358	2,4,5 – 涕	2,4,5 – T			不得检出	GB/T 20772

序号	农兽药中文名	农兽药英文名	欧盟标准限量要求 mg/kg	国家标准限量要求 mg/kg	三安超有机食品标准 限量要求 mg/kg	三安超有机食品标准 检测方法
359	o,p′-滴滴滴	2,4′-DDD			不得检出	GB/T 19650
360	o,p′-滴滴伊	2,4′-DDE			不得检出	GB/T 19650
361	o,p′-滴滴涕	2,4′-DDT			不得检出	GB/T 19650
362	2,6-二氯苯甲酰胺	2,6-Dichlorobenzamide			不得检出	GB/T 19650
363	3,5-二氯苯胺	3,5-Dichloroaniline			不得检出	GB/T 19650
364	p,p′-滴滴滴	4,4′-DDD			不得检出	GB/T 19650
365	p,p′-滴滴伊	4,4′-DDE			不得检出	GB/T 19650
366	p,p′-滴滴涕	4,4′-DDT			不得检出	GB/T 19650
367	4,4′-二溴二苯甲酮	4,4′-Dibromobenzophenone			不得检出	GB/T 19650
368	4,4′-二氯二苯甲酮	4,4′-Dichlorobenzophenone			不得检出	GB/T 19650
369	二氢苊	Acenaphthene			不得检出	GB/T 19650
370	乙酰丙嗪	Acepromazine			不得检出	GB/T 20763
371	三氟羧草醚	Acifluorfen			不得检出	GB/T 20772
372	1-氨基-2-乙内酰脲	AHD			不得检出	GB/T 21311
373	涕灭砜威	Aldoxycarb			不得检出	GB/T 20772
374	烯丙菊酯	Allethrin			不得检出	GB/T 20772
375	二丙烯草胺	Allidochlor			不得检出	GB/T 19650
376	烯丙孕素	Altrenogest			不得检出	SN/T 1980
377	莠灭净	Ametryn			不得检出	GB/T 20772
378	双甲脒	Amitraz			不得检出	GB/T 19650
379	杀草强	Amitrole			不得检出	SN/T 1737.6
380	5-吗啉甲基-3-氨基-2-噁唑烷基酮	AMOZ			不得检出	GB/T 21311
381	氨苄青霉素	Ampicillin			不得检出	GB/T 21315
382	氨丙嘧吡啶	Amprolium			不得检出	SN/T 0276
383	莎稗磷	Anilofos			不得检出	GB/T 19650
384	蒽醌	Anthraquinone			不得检出	GB/T 19650
385	3-氨基-2-噁唑酮	AOZ			不得检出	GB/T 21311
386	安普霉素	Apramycin			不得检出	GB/T 21323
387	丙硫特普	Aspon			不得检出	GB/T 19650
388	羟氨卡青霉素	Aspoxicillin			不得检出	GB/T 21315
389	乙基杀扑磷	Athidathion			不得检出	GB/T 19650
390	莠去通	Atratone			不得检出	GB/T 19650
391	莠去津	Atrazine			不得检出	GB/T 20772
392	脱乙基阿特拉津	Atrazine-desethyl			不得检出	GB/T 19650
393	甲基吡噁磷	Azamethiphos			不得检出	GB/T 20763
394	氮哌酮	Azaperone			不得检出	SN/T2221
395	叠氮津	Aziprotryne			不得检出	GB/T 19650
396	杆菌肽	Bacitracin			不得检出	GB/T 20743

序号	农兽药中文名	农兽药英文名	欧盟标准限量要求 mg/kg	国家标准限量要求 mg/kg	三安超有机食品标准	
					限量要求 mg/kg	检测方法
397	4 - 溴 - 3,5 - 二甲苯基 - N - 甲基氨基甲酸酯 - 1	BDMC - 1			不得检出	GB/T 19650
398	4 - 溴 - 3,5 - 二甲苯基 - N - 甲基氨基甲酸酯 - 2	BDMC - 2			不得检出	GB/T 19650
399	噁虫威	Bendiocarb			不得检出	GB/T 20772
400	乙丁氟灵	Benfluralin			不得检出	GB/T 19650
401	呋草黄	Benfuresate			不得检出	GB/T 19650
402	麦锈灵	Benodanil			不得检出	GB/T 19650
403	解草酮	Benoxacor			不得检出	GB/T 19650
404	新燕灵	Benzoylprop - ethyl			不得检出	GB/T 19650
405	苄青霉素	Benzyl pencillin			不得检出	GB/T 21315
406	倍他米松	Betamethasone			不得检出	SN/T 1970
407	生物烯丙菊酯 - 1	Bioallethrin - 1			不得检出	GB/T 19650
408	生物烯丙菊酯 - 2	Bioallethrin - 2			不得检出	GB/T 19650
409	除草定	Bromacil			不得检出	GB/T 20772
410	溴苯烯磷	Bromfenvinfos			不得检出	GB/T 19650
411	溴烯杀	Bromocylen			不得检出	GB/T 19650
412	溴硫磷	Bromofos			不得检出	GB/T 19650
413	乙基溴硫磷	Bromophos - ethyl			不得检出	GB/T 19650
414	溴丁酰草胺	Btomobutide			不得检出	GB/T 19650
415	氟丙嘧草酯	Butafenacil			不得检出	GB/T 19650
416	抑草磷	Butamifos			不得检出	GB/T 19650
417	丁草胺	Butaxhlor			不得检出	GB/T 19650
418	苯酮唑	Cafenstrole			不得检出	GB/T 19650
419	角黄素	Canthaxanthin			不得检出	SN/T 2327
420	咔唑心安	Carazolol			不得检出	GB/T 20763
421	卡巴氧	Carbadox			不得检出	GB/T 20746
422	三硫磷	Carbophenothion			不得检出	GB/T 19650
423	唑草酮	Carfentrazone - ethyl			不得检出	GB/T 19650
424	卡洛芬	Carprofen			不得检出	SN/T 2190
425	头孢洛宁	Cefalonium			不得检出	GB/T 22989
426	头孢匹林	Cefapirin			不得检出	GB/T 22989
427	头孢喹肟	Cefquinome			不得检出	GB/T 22989
428	头孢噻呋	Ceftiofur			不得检出	GB/T 21314
429	头孢氨苄	Cefalexin			不得检出	GB/T 22989
430	氯霉素	Chloramphenicolum			不得检出	GB/T 20772
431	氯杀螨砜	Chlorbenside sulfone			不得检出	GB/T 19650
432	氯溴隆	Chlorbromuron			不得检出	GB/T 19650
433	杀虫脒	Chlordimeform			不得检出	GB/T 19650

序号	农兽药中文名	农兽药英文名	欧盟标准限量要求 mg/kg	国家标准限量要求 mg/kg	三安超有机食品标准	
					限量要求 mg/kg	检测方法
434	氯氧磷	Chlorethoxyfos			不得检出	GB/T 19650
435	溴虫腈	Chlorfenapyr			不得检出	GB/T 19650
436	杀螨醇	Chlorfenethol			不得检出	GB/T 19650
437	燕麦酯	Chlorfenprop – methyl			不得检出	GB/T 19650
438	氟啶脲	Chlorfluazuron			不得检出	SN/T 2540
439	整形醇	Chlorflurenol			不得检出	GB/T 19650
440	氯地孕酮	Chlormadinone			不得检出	SN/T 1980
441	醋酸氯地孕酮	Chlormadinone acetate			不得检出	GB/T 20753
442	氯甲硫磷	Chlormephos			不得检出	GB/T 19650
443	氯苯甲醚	Chloroneb			不得检出	GB/T 19650
444	丙酯杀螨醇	Chloropropylate			不得检出	GB/T 19650
445	氯丙嗪	Chlorpromazine			不得检出	GB/T 20763
446	毒死蜱	Chlorpyrifos			不得检出	GB/T 19650
447	金霉素	Chlortetracycline			不得检出	GB/T 21317
448	氯硫磷	Chlorthion			不得检出	GB/T 19650
449	虫螨磷	Chlorthiophos			不得检出	GB/T 19650
450	乙菌利	Chlozolinate			不得检出	GB/T 19650
451	顺式 – 氯丹	cis – Chlordane			不得检出	GB/T 19650
452	顺式 – 燕麦敌	cis – Diallate			不得检出	GB/T 19650
453	顺式 – 氯菊酯	cis – Permethrin			不得检出	GB/T 19650
454	克仑特罗	Clenbuterol			不得检出	GB/T 22286
455	异噁草酮	Clomazone			不得检出	GB/T 20772
456	氯甲酰草胺	Clomeprop			不得检出	GB/T 19650
457	氯羟吡啶	Clopidol			不得检出	GB 29700
458	解草酯	Cloquintocet – mexyl			不得检出	GB/T 19650
458	邻氯青霉素	Cloxacillin			不得检出	GB/T 18932.25
460	蝇毒磷	Coumaphos			不得检出	GB/T 19650
461	鼠立死	Crimidine			不得检出	GB/T 19650
462	巴毒磷	Crotxyphos			不得检出	GB/T 19650
463	育畜磷	Crufomate			不得检出	GB/T 19650
464	苯腈磷	Cyanofenphos			不得检出	GB/T 19650
465	杀螟腈	Cyanophos			不得检出	GB/T 20772
466	环草敌	Cycloate			不得检出	GB/T 20772
467	环莠隆	Cycluron			不得检出	GB/T 20772
468	环丙津	Cyprazine			不得检出	GB/T 20772
469	敌草索	Dacthal			不得检出	GB/T 19650
470	达氟沙星	Danofloxacin			不得检出	GB/T 22985

序号	农兽药中文名	农兽药英文名	欧盟标准限量要求 mg/kg	国家标准限量要求 mg/kg	三安超有机食品标准 限量要求 mg/kg	三安超有机食品标准 检测方法
471	癸氧喹酯	Decoquinate			不得检出	SN/T 2444
472	脱叶磷	DEF			不得检出	GB/T 19650
473	2,2′,4,5,5′-五氯联苯	DE-PCB 101			不得检出	GB/T 19650
474	2,3,4,4′,5-五氯联苯	DE-PCB 118			不得检出	GB/T 19650
475	2,2′,3,4,4′,5-六氯联苯	DE-PCB 138			不得检出	GB/T 19650
476	2,2′,4,4′,5,5′-六氯联苯	DE-PCB 153			不得检出	GB/T 19650
477	2,2′,3,4,4′,5,5′-七氯联苯	DE-PCB 180			不得检出	GB/T 19650
478	2,4,4′-三氯联苯	DE-PCB 28			不得检出	GB/T 19650
479	2,4,5-三氯联苯	DE-PCB 31			不得检出	GB/T 19650
480	2,2′,5,5′-四氯联苯	DE-PCB 52			不得检出	GB/T 19650
481	脱溴溴苯磷	Desbrom-leptophos			不得检出	GB/T 19650
482	脱乙基另丁津	Desethyl-sebuthylazine			不得检出	GB/T 19650
483	敌草净	Desmetryn			不得检出	GB/T 19650
484	地塞米松	Dexamethasone			不得检出	SN/T 1970
485	氯亚胺硫磷	Dialifos			不得检出	GB/T 19650
486	敌菌净	Diaveridine			不得检出	SN/T 1926
487	驱虫特	Dibutyl succinate			不得检出	GB/T 20772
488	异氯磷	Dicapthon			不得检出	GB/T 20772
489	敌草腈	Dichlobenil			不得检出	GB/T 19650
490	除线磷	Dichlofenthion			不得检出	GB/T 20772
491	苯氟磺胺	Dichlofluanid			不得检出	GB/T 19650
492	烯丙酰草胺	Dichlormid			不得检出	GB/T 19650
493	敌敌畏	Dichlorvos			不得检出	GB/T 20772
494	苄氯三唑醇	Diclobutrazole			不得检出	GB/T 20772
495	禾草灵	Diclofop-methyl			不得检出	GB/T 19650
496	双氯青霉素	Dicloxacillin			不得检出	GB/T 18932.25
497	己烯雌酚	Diethylstilbestrol			不得检出	GB/T 20766
498	双氟沙星	Difloxacin			不得检出	GB/T 20366
499	二氢链霉素	Dihydro-streptomycin			不得检出	GB/T 22969
500	甲氟磷	Dimefox			不得检出	GB/T 19650
501	哌草丹	Dimepiperate			不得检出	GB/T 19650
502	异戊乙净	Dimethametryn			不得检出	GB/T 19650
503	二甲酚草胺	Dimethenamid			不得检出	GB/T 19650
504	乐果	Dimethoate			不得检出	GB/T 20772
505	甲基毒虫畏	Dimethylvinphos			不得检出	GB/T 19650
506	地美硝唑	Dimetridazole			不得检出	GB/T 21318
507	二硝托安	Dinitolmide			不得检出	SN/T 2453
508	氨氟灵	Dinitramine			不得检出	GB/T 19650
509	消螨通	Dinobuton			不得检出	GB/T 19650

序号	农兽药中文名	农兽药英文名	欧盟标准限量要求 mg/kg	国家标准限量要求 mg/kg	三安超有机食品标准限量要求 mg/kg	检测方法
510	呋虫胺	Dinotefuran			不得检出	GB/T 20772
511	苯虫醚-1	Diofenolan-1			不得检出	GB/T 19650
512	苯虫醚-2	Diofenolan-2			不得检出	GB/T 19650
513	蔬果磷	Dioxabenzofos			不得检出	GB/T 19650
514	双苯酰草胺	Diphenamid			不得检出	GB/T 19650
515	二苯胺	Diphenylamine			不得检出	GB/T 19650
516	异丙净	Dipropetryn			不得检出	GB/T 19650
517	灭菌磷	Ditalimfos			不得检出	GB/T 19650
518	氟硫草定	Dithiopyr			不得检出	GB/T 19650
519	多拉菌素	Doramectin			不得检出	GB/T 22968
520	强力霉素	Doxycycline			不得检出	GB/ T20764
521	敌瘟磷	Edifenphos			不得检出	GB/T 19650
522	硫丹硫酸盐	Endosulfan-sulfate			不得检出	GB/T 19650
523	异狄氏剂酮	Endrin ketone			不得检出	GB/T 19650
524	恩诺沙星	Enrofloxacin			不得检出	GB/T 20366
525	苯硫磷	EPN			不得检出	GB/T 19650
526	埃普利诺菌素	Eprinomectin			不得检出	GB/T 21320
527	抑草蓬	Erbon			不得检出	GB/T 19650
528	红霉素	Erythromycin			不得检出	GB/T20762
529	S-氰戊菊酯	Esfenvalerate			不得检出	GB/T 19650
530	戊草丹	Esprocarb			不得检出	GB/T 19650
531	乙环唑-1	Etaconazole-1			不得检出	GB/T 19650
532	乙环唑-2	Etaconazole-2			不得检出	GB/T 19650
533	乙嘧硫磷	Etrimfos			不得检出	GB/T 19650
534	氧乙嘧硫磷	Etrimfos oxon			不得检出	GB/T 19650
535	伐灭磷	Famphur			不得检出	GB/T 19650
536	苯线磷亚砜	Fenamiphos sulfoxide			不得检出	GB/T 19650
537	苯线磷砜	Fenamiphos-sulfone			不得检出	GB/T 19650
538	苯硫苯咪唑	Fenbendazole			不得检出	SN 0638
539	氧皮蝇磷	Fenchlorphos oxon			不得检出	GB/T 19650
540	甲呋酰胺	Fenfuram			不得检出	GB/T 19650
541	仲丁威	Fenobucarb			不得检出	GB/T 19650
542	苯硫威	Fenothiocarb			不得检出	GB/T 19650
543	稻瘟酰胺	Fenoxanil			不得检出	GB/T 19650
544	拌种咯	Fenpiclonil			不得检出	GB/T 19650
545	甲氰菊酯	Fenpropathrin			不得检出	GB/T 19650
546	芬螨酯	Fenson			不得检出	GB/T 19650
547	丰索磷	Fensulfothion			不得检出	GB/T 19650
548	倍硫磷亚砜	Fenthion sulfoxide			不得检出	GB/T 19650

序号	农兽药中文名	农兽药英文名	欧盟标准限量要求 mg/kg	国家标准限量要求 mg/kg	三安超有机食品标准	
					限量要求 mg/kg	检测方法
549	麦草氟异丙酯	Flamprop – isopropyl			不得检出	GB/T 19650
550	麦草氟甲酯	Flamprop – methyl			不得检出	GB/T 19650
551	氟苯尼考	Florfenicol			不得检出	GB/T 20756
552	吡氟禾草灵	Fluazifop – butyl			不得检出	GB/T 19650
553	啶蜱脲	Fluazuron			不得检出	SN/T 2540
554	氟苯咪唑	Flubendazole			不得检出	GB/T 21324
555	氟噻草胺	Flufenacet			不得检出	GB/T 19650
556	氟甲喹	Flumequin			不得检出	SN/T 1921
557	氟节胺	Flumetralin			不得检出	GB/T 19650
558	唑嘧磺草胺	Flumetsulam			不得检出	GB/T 20772
559	氟烯草酸	Flumiclorac			不得检出	GB/T 19650
560	丙炔氟草胺	Flumioxazin			不得检出	GB/T 19650
561	氟胺烟酸	Flunixin			不得检出	GB/T 20750
562	三氟硝草醚	Fluorodifen			不得检出	GB/T 19650
563	乙羧氟草醚	Fluoroglycofen – ethyl			不得检出	GB/T 19650
564	三氟苯唑	Fluotrimazole			不得检出	GB/T 19650
565	氟啶草酮	Fluridone			不得检出	GB/T 19650
566	氟草烟 – 1 – 甲庚酯	Fluroxypr – 1 – methylheptyl ester			不得检出	GB/T 19650
567	呋草酮	Flurtamone			不得检出	GB/T 19650
568	地虫硫磷	Fonofos			不得检出	GB/T 19650
569	安果	Formothion			不得检出	GB/T 19650
570	呋霜灵	Furalaxyl			不得检出	GB/T 19650
571	庆大霉素	Gentamicin			不得检出	GB/T 21323
572	苄螨醚	Halfenprox			不得检出	GB/T 19650
573	氟哌啶醇	Haloperidol			不得检出	GB/T 20763
574	庚烯磷	Heptanophos			不得检出	GB/T 19650
575	己唑醇	Hexaconazole			不得检出	GB/T 19650
576	环嗪酮	Hexazinone			不得检出	GB/T 19650
577	咪草酸	Imazamethabenz – methyl			不得检出	GB/T 19650
578	咪唑喹啉酸	Imazaquin			不得检出	GB/T 20772
579	脱苯甲基亚胺唑	Imibenconazole – des – benzyl			不得检出	GB/T 19650
580	炔咪菊酯 – 1	Imiprothrin – 1			不得检出	GB/T 19650
581	炔咪菊酯 – 2	Imiprothrin – 2			不得检出	GB/T 19650
582	碘硫磷	Iodofenphos			不得检出	GB/T 19650
583	甲基碘磺隆	Iodosulfuron – methyl			不得检出	GB/T 20772
584	异稻瘟净	Iprobenfos			不得检出	GB/T 19650
585	氯唑磷	Isazofos			不得检出	GB/T 19650
586	碳氯灵	Isobenzan			不得检出	GB/T 19650

序号	农兽药中文名	农兽药英文名	欧盟标准限量要求 mg/kg	国家标准限量要求 mg/kg	三安超有机食品标准	
					限量要求 mg/kg	检测方法
587	丁咪酰胺	Isocarbamid			不得检出	GB/T 19650
588	水胺硫磷	Isocarbophos			不得检出	GB/T 19650
589	异艾氏剂	Isodrin			不得检出	GB/T 19650
590	异柳磷	Isofenphos			不得检出	GB/T 19650
591	氧异柳磷	Isofenphos oxon			不得检出	GB/T 19650
592	氮氨菲啶	Isometamidium			不得检出	SN/T 2239
593	丁嗪草酮	Isomethiozin			不得检出	GB/T 19650
594	异丙威 – 1	Isoprocarb – 1			不得检出	GB/T 19650
595	异丙威 – 2	Isoprocarb – 2			不得检出	GB/T 19650
596	异丙乐灵	Isopropalin			不得检出	GB/T 19650
597	双苯噁唑酸	Isoxadifen – ethyl			不得检出	GB/T 19650
598	异噁氟草	Isoxaflutole			不得检出	GB/T 20772
599	噁唑啉	Isoxathion			不得检出	GB/T 19650
600	依维菌素	Ivermectin			不得检出	GB/T 21320
601	交沙霉素	Josamycin			不得检出	GB/T 20762
602	卡那霉素	Kanamycin			不得检出	GB/T 21323
603	拉沙里菌素	Lasalocid			不得检出	SN 0501
604	溴苯磷	Leptophos			不得检出	GB/T 19650
605	左旋咪唑	Levamisole			不得检出	SN 0349
606	林可霉素	Lincomycin			不得检出	GB/T 20762
607	利谷隆	Linuron			不得检出	GB/T 19650
608	麻保沙星	Marbofloxacin			不得检出	GB/T 22985
609	2 – 甲 – 4 – 氯丁氧乙基酯	MCPA – butoxyethyl ester			不得检出	GB/T 19650
610	甲苯咪唑	Mebendazole			不得检出	GB/T 21324
611	灭蚜磷	Mecarbam			不得检出	GB/T 19650
612	二甲四氯丙酸	Mecoprop			不得检出	SN/T 2325
613	苯噻酰草胺	Mefenacet			不得检出	GB/T 19650
614	吡唑解草酯	Mefenpyr – diethyl			不得检出	GB/T 19650
615	醋酸甲地孕酮	Megestrol acetate			不得检出	GB/T 20753
616	醋酸美仑孕酮	Melengestrol acetate			不得检出	GB/T 20753
617	嘧菌胺	Mepanipyrim			不得检出	GB/T 19650
618	地胺磷	Mephosfolan			不得检出	GB/T 19650
619	灭锈胺	Mepronil			不得检出	GB/T 19650
620	硝磺草酮	Mesotrione			不得检出	参照同类标准
621	呋菌胺	Methfuroxam			不得检出	GB/T 19650
622	灭梭威砜	Methiocarb sulfone			不得检出	GB/T 19650
623	异丙甲草胺和 S – 异丙甲草胺	Metolachlor and S – metolachlor			不得检出	GB/T 19650
624	盖草津	Methoprotryne			不得检出	GB/T 19650

序号	农兽药中文名	农兽药英文名	欧盟标准限量要求 mg/kg	国家标准限量要求 mg/kg	三安超有机食品标准	
					限量要求 mg/kg	检测方法
625	甲醚菊酯-1	Methothrin-1			不得检出	GB/T 19650
626	甲醚菊酯-2	Methothrin-2			不得检出	GB/T 19650
627	甲基泼尼松龙	Methylprednisolone			不得检出	GB/T 21981
628	溴谷隆	Metobromuron			不得检出	GB/T 19650
629	甲氧氯普胺	Metoclopramide			不得检出	SN/T 2227
630	苯氧菌胺-1	Metominsstrobin-1			不得检出	GB/T 19650
631	苯氧菌胺-2	Metominsstrobin-2			不得检出	GB/T 19650
632	甲硝唑	Metronidazole			不得检出	GB/T 21318
633	速灭磷	Mevinphos			不得检出	GB/T 19650
634	兹克威	Mexacarbate			不得检出	GB/T 19650
635	灭蚁灵	Mirex			不得检出	GB/T 19650
636	禾草敌	Molinate			不得检出	GB/T 19650
637	庚酰草胺	Monalide			不得检出	GB/T 19650
638	莫能菌素	Monensin			不得检出	SN 0698
639	莫西丁克	Moxidectin			不得检出	SN/T 2442
640	合成麝香	Musk ambrecte			不得检出	GB/T 19650
641	麝香	Musk moskene			不得检出	GB/T 19650
642	西藏麝香	Musk tibeten			不得检出	GB/T 19650
643	二甲苯麝香	Musk xylene			不得检出	GB/T 19650
644	萘夫西林	Nafcillin			不得检出	GB/T 22975
645	二溴磷	Naled			不得检出	SN/T 0706
646	萘丙胺	Naproanilide			不得检出	GB/T 19650
647	甲基盐霉素	Narasin			不得检出	GB/T 20364
648	新霉素	Neomycin			不得检出	SN 0646
649	甲磺乐灵	Nitralin			不得检出	GB/T 19650
650	三氯甲基吡啶	Nitrapyrin			不得检出	GB/T 19650
651	酞菌酯	Nitrothal-isopropyl			不得检出	GB/T 19650
652	诺氟沙星	Norfloxacin			不得检出	GB/T 20366
653	氟草敏	Norflurazon			不得检出	GB/T 19650
654	新生霉素	Novobiocin			不得检出	SN 0674
655	氟苯嘧啶醇	Nuarimol			不得检出	GB/T 19650
656	八氯苯乙烯	Octachlorostyrene			不得检出	GB/T 19650
657	氧氟沙星	Ofloxacin			不得检出	GB/T 20366
658	喹乙醇	Olaquindox			不得检出	GB/T 20746
659	竹桃霉素	Oleandomycin			不得检出	GB/T 20762
660	氧乐果	Omethoate			不得检出	GB/T 19650
661	奥比沙星	Orbifloxacin			不得检出	GB/T 22985
662	苯唑青霉素	Oxacillin			不得检出	GB/T 18932.25
663	杀线威	Oxamyl			不得检出	GB/T 20772

序号	农兽药中文名	农兽药英文名	欧盟标准限量要求 mg/kg	国家标准限量要求 mg/kg	三安超有机食品标准	
					限量要求 mg/kg	检测方法
664	奥芬达唑	Oxfendazole			不得检出	GB/T 22972
665	丙氧苯咪唑	Oxibendazole			不得检出	GB/T 21324
666	喹菌酮	Oxolinic acid			不得检出	日本肯定列表
667	氧化氯丹	Oxy – chlordane			不得检出	GB/T 19650
668	土霉素	Oxytetracycline			不得检出	GB/T 21317
669	对氧磷	Paraoxon			不得检出	GB/T 19650
670	甲基对氧磷	Paraoxon – methyl			不得检出	GB/T 19650
671	克草敌	Pebulate			不得检出	GB/T 19650
672	五氯苯胺	Pentachloroaniline			不得检出	GB/T 19650
673	五氯甲氧基苯	Pentachloroanisole			不得检出	GB/T 19650
674	五氯苯	Pentachlorobenzene			不得检出	GB/T 19650
675	乙滴涕	Perthane			不得检出	GB/T 19650
676	菲	Phenanthrene			不得检出	GB/T 19650
677	稻丰散	Phenthoate			不得检出	GB/T 19650
678	甲拌磷砜	Phorate sulfone			不得检出	GB/T 19650
679	磷胺 – 1	Phosphamidon – 1			不得检出	GB/T 19650
680	磷胺 – 2	Phosphamidon – 2			不得检出	GB/T 19650
681	酞酸苯甲基丁酯	Phthalic acid,benzylbutyl ester			不得检出	GB/T 19650
682	四氯苯肽	Phthalide			不得检出	GB/T 19650
683	邻苯二甲酰亚胺	Phthalimide			不得检出	GB/T 19650
684	氟吡酰草胺	Picolinafen			不得检出	GB/T 19650
685	增效醚	Piperonyl butoxide			不得检出	GB/T 19650
686	哌草磷	Piperophos			不得检出	GB/T 19650
687	乙基虫螨清	Pirimiphos – ethyl			不得检出	GB/T 19650
688	吡利霉素	Pirlimycin			不得检出	GB/T 22988
689	炔丙菊酯	Prallethrin			不得检出	GB/T 19650
690	泼尼松龙	Prednisolone			不得检出	GB/T 21981
691	丙草胺	Pretilachlor			不得检出	GB/T 19650
692	环丙氟灵	Profluralin			不得检出	GB/T 19650
693	茉莉酮	Prohydrojasmon			不得检出	GB/T 19650
694	扑灭通	Prometon			不得检出	GB/T 19650
695	扑草净	Prometryne			不得检出	GB/T 19650
696	炔丙烯草胺	Pronamide			不得检出	GB/T 19650
697	敌稗	Propanil			不得检出	GB/T 19650
698	扑灭津	Propazine			不得检出	GB/T 19650
799	胺丙畏	Propetamphos			不得检出	GB/T 19650
700	丙酰二甲氨基丙吩噻嗪	Propionylpromazin			不得检出	GB/T 20763
701	丙硫磷	Prothiophos			不得检出	GB/T 19650
702	哒嗪硫磷	Ptridaphenthion			不得检出	GB/T 19650

序号	农兽药中文名	农兽药英文名	欧盟标准限量要求 mg/kg	国家标准限量要求 mg/kg	三安超有机食品标准	
					限量要求 mg/kg	检测方法
703	吡唑硫磷	Pyraclofos			不得检出	GB/T 19650
704	吡草醚	Pyraflufen – ethyl			不得检出	GB/T 19650
705	啶斑肟 – 1	Pyrifenox – 1			不得检出	GB/T 19650
706	啶斑肟 – 2	Pyrifenox – 2			不得检出	GB/T 19650
707	环酯草醚	Pyriftalid			不得检出	GB/T 19650
708	嘧螨醚	Pyrimidifen			不得检出	GB/T 19650
709	嘧草醚	Pyriminobac – methyl			不得检出	GB/T 19650
710	嘧啶磷	Pyrimitate			不得检出	GB/T 19650
711	喹硫磷	Quinalphos			不得检出	GB/T 19650
712	灭藻醌	Quinoclamine			不得检出	GB/T 19650
713	苯氧喹啉	Quinoxyphen			不得检出	GB/T 19650
714	吡咪唑	Rabenzazole			不得检出	GB/T 19650
715	莱克多巴胺	Ractopamine			不得检出	GB/T 21313
716	洛硝达唑	Ronidazole			不得检出	GB/T 21318
717	皮蝇磷	Ronnel			不得检出	GB/T 19650
718	盐霉素	Salinomycin			不得检出	GB/T 20364
719	沙拉沙星	Sarafloxacin			不得检出	GB/T 20366
720	另丁津	Sebutylazine			不得检出	GB/T 19650
721	密草通	Secbumeton			不得检出	GB/T 19650
722	氨基脲	Semduramicin			不得检出	GB/T 20752
723	烯禾啶	Sethoxydim			不得检出	GB/T 19650
724	氟硅菊酯	Silafluofen			不得检出	GB/T 19650
725	硅氟唑	Simeconazole			不得检出	GB/T 19650
726	西玛通	Simetone			不得检出	GB/T 19650
727	西草净	Simetryn			不得检出	GB/T 19650
728	壮观霉素	Spectinomycin			不得检出	GB/T 21323
729	螺旋霉素	Spiramycin			不得检出	GB/T 20762
730	链霉素	Streptomycin			不得检出	GB/T 21323
731	磺胺苯酰	Sulfabenzamide			不得检出	GB/T 21316
732	磺胺醋酰	Sulfacetamide			不得检出	GB/T 21316
733	磺胺氯哒嗪	Sulfachloropyridazine			不得检出	GB/T 21316
734	磺胺嘧啶	Sulfadiazine			不得检出	GB/T 21316
735	磺胺间二甲氧嘧啶	Sulfadimethoxine			不得检出	GB/T 21316
736	磺胺二甲嘧啶	Sulfadimidine			不得检出	GB/T 21316
737	磺胺多辛	Sulfadoxine			不得检出	GB/T 21316
738	磺胺脒	Sulfaguanidine			不得检出	GB/T 21316
739	菜草畏	Sulfallate			不得检出	GB/T 19650
740	磺胺甲嘧啶	Sulfamerazine			不得检出	GB/T 21316
741	新诺明	Sulfamethoxazole			不得检出	GB/T 21316

序号	农兽药中文名	农兽药英文名	欧盟标准限量要求 mg/kg	国家标准限量要求 mg/kg	三安超有机食品标准	
					限量要求 mg/kg	检测方法
742	磺胺间甲氧嘧啶	Sulfamonomethoxine			不得检出	GB/T 21316
743	乙酰磺胺对硝基苯	Sulfanitran			不得检出	GB/T 20772
744	磺胺吡啶	Sulfapyridine			不得检出	GB/T 21316
745	磺胺喹沙啉	Sulfaquinoxaline			不得检出	GB/T 21316
746	磺胺噻唑	Sulfathiazole			不得检出	GB/T 21316
747	治螟磷	Sulfotep			不得检出	GB/T 19650
748	硫丙磷	Sulprofos			不得检出	GB/T 19650
749	苯噻硫氰	TCMTB			不得检出	GB/T 19650
750	丁基嘧啶磷	Tebupirimfos			不得检出	GB/T 19650
751	牧草胺	Tebutam			不得检出	GB/T 19650
752	丁噻隆	Tebuthiuron			不得检出	GB/T 20772
753	双硫磷	Temephos			不得检出	GB/T 20772
754	特草灵	Terbucarb			不得检出	GB/T 19650
755	特丁通	Terbumeron			不得检出	GB/T 19650
756	特丁净	Terbutryn			不得检出	GB/T 19650
757	四氢邻苯二甲酰亚胺	Tetrabydrophthalimide			不得检出	GB/T 19650
758	杀虫畏	Tetrachlorvinphos			不得检出	GB/T 19650
759	四环素	Tetracycline			不得检出	GB/T 21317
760	胺菊酯	Tetramethirn			不得检出	GB/T 19650
761	杀螨氯硫	Tetrasul			不得检出	GB/T 19650
762	噻吩草胺	Thenylchlor			不得检出	GB/T 19650
763	甲砜霉素	Thiamphenicol			不得检出	GB/T 20756
764	噻唑烟酸	Thiazopyr			不得检出	GB/T 19650
765	噻苯隆	Thidiazuron			不得检出	GB/T 20772
766	噻吩磺隆	Thifensulfuron – methyl			不得检出	GB/T 20772
767	甲基乙拌磷	Thiometon			不得检出	GB/T 20772
768	替米考星	Tilmicosin			不得检出	GB/T 20762
769	硫普罗宁	Tiopronin			不得检出	SN/T 2225
770	三甲苯草酮	Tralkoxydim			不得检出	GB/T 19650
771	四溴菊酯	Tralomethrin			不得检出	GB/T 19650
772	反式－氯丹	trans – Chlordane			不得检出	GB/T 19650
773	反式－燕麦敌	trans – Diallate			不得检出	GB/T 19650
774	四氟苯菊酯	Transfluthrin			不得检出	GB/T 19650
775	反式九氯	trans – Nonachlor			不得检出	GB/T 19650
776	反式－氯菊酯	trans – Permethrin			不得检出	GB/T 19650
777	群勃龙	Trenbolone			不得检出	GB/T 21981
778	威菌磷	Triamiphos			不得检出	GB/T 19650
779	毒壤磷	Trichloronate			不得检出	GB/T 19650
780	灭草环	Tridiphane			不得检出	GB/T 19650

序号	农兽药中文名	农兽药英文名	欧盟标准限量要求 mg/kg	国家标准限量要求 mg/kg	三安超有机食品标准 限量要求 mg/kg	三安超有机食品标准 检测方法
781	草达津	Trietazine			不得检出	GB/T 19650
782	三异丁基磷酸盐	Tri－iso－butyl phosphate			不得检出	GB/T 19650
783	甲氧苄氨嘧啶	Trimethoprim			不得检出	SN/T 1769
784	三正丁基磷酸盐	Tri－n－butyl phosphate			不得检出	GB/T 19650
785	三苯基磷酸盐	Triphenyl phosphate			不得检出	GB/T 19650
786	泰乐霉素	Tylosin			不得检出	GB/T 22941
787	烯效唑	Uniconazole			不得检出	GB/T 19650
788	灭草敌	Vernolate			不得检出	GB/T 19650
789	维吉尼霉素	Virginiamycin			不得检出	GB/T 20765
790	杀鼠灵	War farin			不得检出	GB/T 20772
791	甲苯噻嗪	Xylazine			不得检出	GB/T 20763
792	右环十四酮酚	Zeranol			不得检出	GB/T 21982
793	苯酰菌胺	Zoxamide			不得检出	GB/T 19650

2　牛(5种)

2.1　牛肉　Beef

序号	农兽药中文名	农兽药英文名	欧盟标准限量要求 mg/kg	国家标准限量要求 mg/kg	三安超有机食品标准 限量要求 mg/kg	三安超有机食品标准 检测方法
1	1,1－二氯－2,2－二(4－乙苯)乙烷	1,1－Dichloro－2,2－bis(4－ethylphenyl)ethane	0.01		不得检出	日本肯定列表（增补本1）
2	1,2－二氯乙烷	1,2－Dichloroethane	0.1		不得检出	SN/T 2238
3	1,3－二氯丙烯	1,3－Dichloropropene	0.01		不得检出	SN/T 2238
4	1－萘乙酰胺	1－Naphthylacetamide	0.05		不得检出	GB/T 20772
5	1－萘乙酸	1－Naphthylacetic acid	0.05		不得检出	SN/T 2228
6	2,4－滴丁酸	2,4－DB	0.05		不得检出	GB/T 20769
7	2,4－滴	2,4－D	0.05		不得检出	GB/T 20772
8	2－苯酚	2－Phenylphenol	0.05		不得检出	GB/T 19650
9	阿维菌素	Abamectin	0.02		不得检出	SN/T 2661
10	乙酰甲胺磷	Acephate	0.02		不得检出	GB/T 20772
11	灭螨醌	Acequinocyl	0.01		不得检出	参照同类标准
12	啶虫脒	Acetamiprid	0.05		不得检出	GB/T 20772
13	乙草胺	Acetochlor	0.01		不得检出	GB/T 19650
14	苯并噻二唑	Acibenzolar－S－methyl	0.02		不得检出	GB/T 20772
15	苯草醚	Aclonifen	0.02		不得检出	GB/T 20772
16	氟丙菊酯	Acrinathrin	0.05		不得检出	GB/T 19648
17	甲草胺	Alachlor	0.01		不得检出	GB/T 20772

序号	农兽药中文名	农兽药英文名	欧盟标准限量要求 mg/kg	国家标准限量要求 mg/kg	三安超有机食品标准 限量要求 mg/kg	三安超有机食品标准 检测方法
18	阿苯达唑	Albendazole	100μg/kg		不得检出	GB 29687
19	涕灭威	Aldicarb	0.01		不得检出	GB/T 20772
20	艾氏剂和狄氏剂	Aldrin and dieldrin	0.2	0.2 和 0.2	不得检出	GB/T 19650
21	—	Ametoctradin	0.03		不得检出	参照同类标准
22	酰嘧磺隆	Amidosulfuron	0.02		不得检出	参照同类标准
23	氯氨吡啶酸	Aminopyralid	0.01		不得检出	GB/T 23211
24	—	Amisulbrom	0.01		不得检出	参照同类标准
25	氨苄青霉素	Ampicillin	50μg/kg		不得检出	GB/T 21315
26	阿莫西林	Amoxicillin	50μg/kg		不得检出	GB/T 21315
27	敌菌灵	Anilazine	0.01		不得检出	GB/T 20769
28	杀螨特	Aramite	0.01		不得检出	GB/T 19650
29	磺草灵	Asulam	0.1		不得检出	日本肯定列表（增补本1）
30	印楝素	Azadirachtin	0.01		不得检出	SN/T 3264
31	益棉磷	Azinphos – ethyl	0.01		不得检出	GB/T 19650
32	保棉磷	Azinphos – methyl	0.01		不得检出	GB/T 20772
33	三唑锡和三环锡	Azocyclotin and cyhexatin	0.2		不得检出	SN/T 1990
34	嘧菌酯	Azoxystrobin	0.05		不得检出	GB/T 20772
35	燕麦灵	Barban	0.05		不得检出	参照同类标准
36	氟丁酰草胺	Beflubutamid	0.05		不得检出	参照同类标准
37	苯霜灵	Benalaxyl	0.05		不得检出	GB/T 20772
38	丙硫克百威	Benfuracarb	0.02		不得检出	GB/T 20772
39	苄青霉素	Benzyl pencillin	50μg/kg		不得检出	GB/T 21315
40	联苯肼酯	Bifenazate	0.01		不得检出	GB/T 20772
41	甲羧除草醚	Bifenox	0.05		不得检出	GB/T 23210
42	联苯菊酯	Bifenthrin	3		不得检出	GB/T 19650
43	乐杀螨	Binapacryl	0.01		不得检出	SN 0523
44	联苯	Biphenyl	0.01		不得检出	GB/T 19650
45	联苯三唑醇	Bitertanol	0.05		不得检出	GB/T 20772
46	—	Bixafen	0.15		不得检出	参照同类标准
47	啶酰菌胺	Boscalid	0.7		不得检出	GB/T 20772
48	溴离子	Bromide ion	0.05		不得检出	GB/T 5009.167
49	溴螨酯	Bromopropylate	0.01		不得检出	GB/T 19650
50	溴苯腈	Bromoxynil	0.05		不得检出	GB/T 20772
51	糠菌唑	Bromuconazole	0.05		不得检出	GB/T 19650
52	乙嘧酚磺酸酯	Bupirimate	0.05		不得检出	GB/T 19650
53	噻嗪酮	Buprofezin	0.05		不得检出	GB/T 20772
54	仲丁灵	Butralin	0.02		不得检出	GB/T 19650
55	丁草敌	Butylate	0.01		不得检出	GB/T 19650

序号	农兽药中文名	农兽药英文名	欧盟标准限量要求 mg/kg	国家标准限量要求 mg/kg	三安超有机食品标准 限量要求 mg/kg	三安超有机食品标准 检测方法
56	硫线磷	Cadusafos	0.01		不得检出	GB/T 19650
57	毒杀芬	Camphechlor	0.05		不得检出	YC/T 180
58	敌菌丹	Captafol	0.01		不得检出	SN 0338
59	克菌丹	Captan	0.02		不得检出	GB/T 19648
60	甲萘威	Carbaryl	0.05		不得检出	GB/T 20796
61	多菌灵和苯菌灵	Carbendazim and benomyl	0.05		不得检出	GB/T 20772
62	长杀草	Carbetamide	0.05		不得检出	GB/T 20772
63	克百威	Carbofuran	0.01		不得检出	GB/T 20772
64	丁硫克百威	Carbosulfan	0.05		不得检出	GB/T 19650
65	萎锈灵	Carboxin	0.05		不得检出	GB/T 20772
66	头孢噻呋	Ceftiofur	1000μg/kg		不得检出	GB/T 21314
67	氯虫苯甲酰胺	Chlorantraniliprole	0.2		不得检出	参照同类标准
68	杀螨醚	Chlorbenside	0.05		不得检出	GB/T 19650
69	氯炔灵	Chlorbufam	0.05		不得检出	GB/T 20772
70	氯丹	Chlordane	0.05	0.05	不得检出	GB/T 19648
71	十氯酮	Chlordecone	0.1		不得检出	参照同类标准
72	杀螨酯	Chlorfenson	0.05		不得检出	GB/T 19650
73	毒虫畏	Chlorfenvinphos	0.01		不得检出	GB/T 19650
74	氯草敏	Chloridazon	0.1		不得检出	GB/T 20772
75	矮壮素	Chlormequat	0.05		不得检出	日本肯定列表
76	乙酯杀螨醇	Chlorobenzilate	0.1		不得检出	日本肯定列表
77	百菌清	Chlorothalonil	0.02		不得检出	SN/T 2320
78	绿麦隆	Chlortoluron	0.05		不得检出	GB/T 20772
79	枯草隆	Chloroxuron	0.05		不得检出	GB/T 20769
80	氯苯胺灵	Chlorpropham	0.05		不得检出	GB/T 19650
81	甲基毒死蜱	Chlorpyrifos - methyl	0.05		不得检出	GB/T 19650
82	氯磺隆	Chlorsulfuron	0.01		不得检出	GB/T 20769
83	金霉素	Chlortetracycline	100μg/kg		不得检出	GB/T 21317
84	氯酞酸甲酯	Chlorthaldimethyl	0.01		不得检出	GB/T 19650
85	氯硫酰草胺	Chlorthiamid	0.02		不得检出	GB/T 20772
86	烯草酮	Clethodim	0.2		不得检出	GB/T 19648
87	炔草酯	Clodinafop - propargyl	0.02		不得检出	GB 2763
88	四螨嗪	Clofentezine	0.05		不得检出	SN/T 1740
89	二氯吡啶酸	Clopyralid	0.08		不得检出	SN/T 2228
90	噻虫胺	Clothianidin	0.02		不得检出	GB/T 20772
91	邻氯青霉素	Cloxacillin	300μg/kg		不得检出	GB/T 18932.25
92	黏菌素	Colistin	150μg/kg		不得检出	参照同类标准
93	铜化合物	Copper compounds	5		不得检出	参照同类标准
94	环烷基酰苯胺	Cyclanilide	0.01		不得检出	参照同类标准

序号	农兽药中文名	农兽药英文名	欧盟标准限量要求 mg/kg	国家标准限量要求 mg/kg	三安超有机食品标准 限量要求 mg/kg	三安超有机食品标准 检测方法
95	噻草酮	Cycloxydim	0.05		不得检出	GB/T 19650
96	环氟菌胺	Cyflufenamid	0.03		不得检出	GB/T 19648
97	氟氯氰菊酯和高效氟氯氰菊酯	Cyfluthrin and beta – cyfluthrin	0.05		不得检出	GB/T 19650
98	霜脲氰	Cymoxanil	0.05		不得检出	GB/T 20772
99	氯氰菊酯和高效氯氰菊酯	Cypermethrin and beta – cypermethrin	20μg/kg		不得检出	GB/T 19650
100	环丙唑醇	Cyproconazole	0.05		不得检出	GB/T 20772
101	嘧菌环胺	Cyprodinil	0.05		不得检出	GB/T 20769
102	灭蝇胺	Cyromazine	0.05		不得检出	GB/T 20772
103	丁酰肼	Daminozide	0.05		不得检出	日本肯定列表
104	滴滴涕	DDT	1	0.2	不得检出	SN/T 0127
105	溴氰菊酯	Deltamethrin	10μg/kg		不得检出	GB/T 19650
106	燕麦敌	Diallate	0.2		不得检出	GB/T 20772
107	二嗪磷	Diazinon	0.05		不得检出	GB/T 19650
108	麦草畏	Dicamba	0.5		不得检出	GB/T 20772
109	敌草腈	Dichlobenil	0.01		不得检出	GB/T 19650
110	滴丙酸	Dichlorprop	0.05		不得检出	SN/T 2228
111	二氯苯氧基丙酸	Diclofop	0.05		不得检出	参照同类标准
112	氯硝胺	Dicloran	0.01		不得检出	GB/T 19650
113	双氯青霉素	Dicloxacillin	300μg/kg		不得检出	GB/T 21315
114	三氯杀螨醇	Dicofol	0.02		不得检出	GB/T 19650
115	乙霉威	Diethofencarb	0.05		不得检出	GB/T 19650
116	苯醚甲环唑	Difenoconazole	0.05		不得检出	GB/T 19650
117	除虫脲	Diflubenzuron	0.1		不得检出	SN/T 0528
118	吡氟酰草胺	Diflufenican	0.05		不得检出	GB/T 20772
119	二氢链霉素	Dihydro – streptomycin	500μg/kg		不得检出	GB/T 22969
120	油菜安	Dimethachlor	0.02		不得检出	GB/T 20772
121	烯酰吗啉	Dimethomorph	0.05		不得检出	GB/T 20772
122	醚菌胺	Dimoxystrobin	0.05		不得检出	SN/T 2237
123	烯唑醇	Diniconazole	0.01		不得检出	GB/T 19650
124	敌螨普	Dinocap	0.05		不得检出	日本肯定列表（增补本1）
125	地乐酚	Dinoseb	0.01		不得检出	GB/T 20772
126	特乐酚	Dinoterb	0.05		不得检出	GB/T 20772
127	敌噁磷	Dioxathion	0.05		不得检出	GB/T 19650
128	敌草快	Diquat	0.05		不得检出	GB/T 5009.221
129	乙拌磷	Disulfoton	0.01		不得检出	GB/T 20772
130	二氰蒽醌	Dithianon	0.01		不得检出	GB/T 20769

序号	农兽药中文名	农兽药英文名	欧盟标准限量要求 mg/kg	国家标准限量要求 mg/kg	三安超有机食品标准 限量要求 mg/kg	三安超有机食品标准 检测方法
131	二硫代氨基甲酸酯	Dithiocarbamates	0.05		不得检出	SN/T 0157
132	敌草隆	Diuron	0.05		不得检出	SN/T 0645
133	二硝甲酚	DNOC	0.05		不得检出	GB/T 20772
134	多果定	Dodine	0.2		不得检出	SN 0500
135	多拉菌素	Doramectin	40μg/kg		不得检出	GB/T 22968
136	甲氨基阿维菌素苯甲酸盐	Emamectin benzoate	0.01		不得检出	GB/T 20769
137	硫丹	Endosulfan	0.05		不得检出	GB/T 19650
138	异狄氏剂	Endrin	0.05	0.05	不得检出	GB/T 19650
139	氟环唑	Epoxiconazole	0.01		不得检出	GB/T 20772
140	茵草敌	EPTC	0.02		不得检出	GB/T 20772
141	红霉素	Erythromycin	200μg/kg		不得检出	GB/T 20762
142	乙丁烯氟灵	Ethalfluralin	0.01		不得检出	GB/T 19650
143	胺苯磺隆	Ethametsulfuron	0.01		不得检出	NY/T 1616
144	乙烯利	Ethephon	0.05		不得检出	SN 0705
145	乙硫磷	Ethion	0.01		不得检出	GB/T 19650
146	乙嘧酚	Ethirimol	0.05		不得检出	GB/T 20772
147	乙氧呋草黄	Ethofumesate	0.1		不得检出	GB/T 20772
148	灭线磷	Ethoprophos	0.01		不得检出	GB/T 19650
149	乙氧喹啉	Ethoxyquin	0.05		不得检出	GB/T 20772
150	环氧乙烷	Ethylene oxide	0.02		不得检出	GB/T 23296.11
151	醚菊酯	Etofenprox	0.5		不得检出	GB/T 19650
152	乙螨唑	Etoxazole	0.01		不得检出	GB/T 19648
153	氯唑灵	Etridiazole	0.05		不得检出	GB/T 20769
154	噁唑菌酮	Famoxadone	0.05		不得检出	GB/T 20772
155	苯硫氨酯	Febantel	50μg/kg		不得检出	日本肯定列表
156	咪唑菌酮	Fenamidone	0.01		不得检出	GB/T 19650
157	苯线磷	Fenamiphos	0.02		不得检出	GB/T 19650
158	氯苯嘧啶醇	Fenarimol	0.02		不得检出	GB/T 20772
159	喹螨醚	Fenazaquin	0.01		不得检出	GB/T 19648
160	苯硫苯咪唑	Fenbendazole	50μg/kg		不得检出	SN 0638
161	腈苯唑	Fenbuconazole	0.05		不得检出	GB/T 20772
162	苯丁锡	Fenbutatin oxide	0.05		不得检出	SN 0592
163	环酰菌胺	Fenhexamid	0.05		不得检出	GB/T 20772
164	杀螟硫磷	Fenitrothion	0.01		不得检出	GB/T 20772
165	精噁唑禾草灵	Fenoxaprop – P – ethyl	0.05		不得检出	GB/T 22617
166	双氧威	Fenoxycarb	0.05		不得检出	GB/T 19650
167	苯锈啶	Fenpropidin	0.02		不得检出	GB/T 19650
168	丁苯吗啉	Fenpropimorph	0.02		不得检出	GB/T 20772
169	胺苯吡菌酮	Fenpyrazamine	0.01		不得检出	参照同类标准

序号	农兽药中文名	农兽药英文名	欧盟标准限量要求 mg/kg	国家标准限量要求 mg/kg	三安超有机食品标准限量要求 mg/kg	检测方法
170	唑螨酯	Fenpyroximate	0.01		不得检出	GB/T 20769
171	倍硫磷	Fenthion	0.05		不得检出	GB/T 20772
172	薯瘟锡	Fentin acetate	0.05		不得检出	参照同类标准
173	三苯锡	Fentin	0.05		不得检出	日本肯定列表（增补本1）
174	氰戊菊酯和高效氰戊菊酯（RR & SS 异构体总量）	Fenvalerate and esfenvalerate（sum of RR & SS isomers）	0.2		不得检出	GB/T 19650
175	氰戊菊酯和高效氰戊菊酯（RS & SR 异构体总量）	Fenvalerate and esfenvalerate（sum of RS & SR isomers）	0.05		不得检出	GB/T 19650
176	氟虫腈	Fipronil	0.02		不得检出	SN/T 1982
177	氟啶虫酰胺	Flonicamid	0.03		不得检出	SN/T 2796
178	精吡氟禾草灵	Fluazifop – P – butyl	0.05		不得检出	GB/T 5009.142
179	氟啶胺	Fluazinam	0.05		不得检出	SN/T 2150
180	氟苯虫酰胺	Flubendiamide	2		不得检出	SN/T 2581
181	氟环脲	Flucycloxuron	0.05		不得检出	参照同类标准
182	氟氰戊菊酯	Flucythrinate	0.05		不得检出	GB/T 19648
183	咯菌腈	Fludioxonil	0.05		不得检出	GB/T 20772
184	氟虫脲	Flufenoxuron	0.05		不得检出	SN/T 2150
185	杀螨净	Flufenzin	0.02		不得检出	参照同类标准
186	氟吡菌胺	Fluopicolide	0.01		不得检出	参照同类标准
187	—	Fluopyram	0.1		不得检出	参照同类标准
188	氟离子	Fluoride ion	1		不得检出	GB/T 5009.167
189	氟腈嘧菌酯	Fluoxastrobin	0.05		不得检出	SN/T 2237
190	氟喹唑	Fluquinconazole	2		不得检出	GB/T 19650
191	氟咯草酮	Fluorochloridone	0.05		不得检出	GB/T 20772
192	氟草烟	Fluroxypyr	0.05		不得检出	GB/T 20772
193	氟硅唑	Flusilazole	0.02		不得检出	GB/T 20772
194	氟酰胺	Flutolanil	0.02		不得检出	GB/T 20772
195	粉唑醇	Flutriafol	0.01		不得检出	GB/T 20772
196	—	Fluxapyroxad	0.01		不得检出	参照同类标准
197	氟磺胺草醚	Fomesafen	0.01		不得检出	GB/T 5009.130
198	氯吡脲	Forchlorfenuron	0.05		不得检出	SN/T 3643
199	伐虫脒	Formetanate	0.01		不得检出	NY/T 1453
200	三乙膦酸铝	Fosetyl – aluminium	0.5		不得检出	参照同类标准
201	麦穗宁	Fuberidazole	0.05		不得检出	GB/T 19650
202	呋线威	Furathiocarb	0.01		不得检出	GB/T 20772
203	糠醛	Furfural	1		不得检出	参照同类标准
204	勃激素	Gibberellic acid	0.1		不得检出	GB/T 23211
205	草胺膦	Glufosinate – ammonium	0.1		不得检出	日本肯定列表

序号	农兽药中文名	农兽药英文名	欧盟标准限量要求 mg/kg	国家标准限量要求 mg/kg	三安超有机食品标准 限量要求 mg/kg	三安超有机食品标准 检测方法
206	草甘膦	Glyphosate	0.05		不得检出	NY/T 1096
207	双胍盐	Guazatine	0.1		不得检出	参照同类标准
208	氟吡禾灵	Haloxyfop	0.01		不得检出	SN/T 2228
209	七氯	Heptachlor	0.2	0.2	不得检出	SN 0663
210	六氯苯	Hexachlorobenzene	0.2		不得检出	SN/T 0127
211	六六六（HCH），α－异构体	Hexachlorociclohexane（HCH），alph－isome	0.2	0.1	不得检出	SN/T 0127
212	六六六（HCH），β－异构体	Hexachlorociclohexane（HCH），beta－isomer	0.1		不得检出	SN/T 0127
213	噻螨酮	Hexythiazox	0.05		不得检出	GB/T 20772
214	噁霉灵	Hymexazol	0.05		不得检出	GB/T 20772
215	抑霉唑	Imazalil	0.05		不得检出	GB/T 20772
216	甲咪唑烟酸	Imazapic	0.01		不得检出	GB/T 20772
217	咪唑喹啉酸	Imazaquin	0.05		不得检出	GB/T 20772
218	吡虫啉	Imidacloprid	0.1		不得检出	GB/T 20772
219	茚虫威	Indoxacarb	2		不得检出	GB/T 20772
220	碘苯腈	Ioxynil	0.5		不得检出	GB/T 20772
221	异菌脲	Iprodione	0.05		不得检出	GB/T 19650
222	缬霉威	Iprovalicarb	0.01		不得检出	参照同类标准
223	异丙隆	Isoproturon	0.05		不得检出	GB/T 20769
224	—	Isopyrazam	0.01		不得检出	参照同类标准
225	异噁酰草胺	Isoxaben	0.01		不得检出	GB/T 20772
226	卡那霉素	Kanamycin	100μg/kg		不得检出	GB/T 21323
227	醚菌酯	Kresoxim－methyl	0.02		不得检出	GB/T 20772
228	乳氟禾草灵	Lactofen	0.01		不得检出	GB/T 19650
229	高效氯氟氰菊酯	Lambda－cyhalothrin	0.5		不得检出	GB/T 19648
230	环草定	Lenacil	0.1		不得检出	GB/T 19650
231	林可霉素	Lincomycin	100μg/kg		不得检出	GB/T 20762
232	林丹	Lindane	0.02	0.1	不得检出	NY/T 761
233	虱螨脲	Lufenuron	0.02		不得检出	SN/T 2540
234	马拉硫磷	Malathion	0.02		不得检出	GB/T 19650
235	抑芽丹	Maleic hydrazide	0.05		不得检出	日本肯定列表
236	双炔酰菌胺	Mandipropamid	0.02		不得检出	参照同类标准
237	二甲四氯和二甲四氯丁酸	MCPA and MCPB	0.1		不得检出	SN/T 2228
238	壮棉素	Mepiquat chloride	0.05		不得检出	GB/T 20769
239	—	Meptyldinocap	0.05		不得检出	参照同类标准
240	汞化合物	Mercury compounds	0.01		不得检出	参照同类标准
241	氰氟虫腙	Metaflumizone	0.02		不得检出	SN/T 3852
242	甲霜灵和精甲霜灵	Metalaxyl and metalaxyl－M	0.05		不得检出	GB/T 20772

序号	农兽药中文名	农兽药英文名	欧盟标准限量要求 mg/kg	国家标准限量要求 mg/kg	三安超有机食品标准 限量要求 mg/kg	检测方法
243	四聚乙醛	Metaldehyde	0.05		不得检出	SN/T 1787
244	苯嗪草酮	Metamitron	0.05		不得检出	GB/T 19650
245	吡唑草胺	Metazachlor	0.05		不得检出	GB/T 19650
246	叶菌唑	Metconazole	0.01		不得检出	GB/T 20769
247	甲基苯噻隆	Methabenzthiazuron	0.05		不得检出	GB/T 19650
248	虫螨畏	Methacrifos	0.01		不得检出	GB/T 20772
249	甲胺磷	Methamidophos	0.01		不得检出	GB/T 20772
250	杀扑磷	Methidathion	0.02		不得检出	GB/T 20772
251	甲硫威	Methiocarb	0.05		不得检出	GB/T 20769
252	灭多威和硫双威	Methomyl and thiodicarb	0.02		不得检出	GB/T 20772
253	烯虫酯	Methoprene	0.05		不得检出	GB/T 19648
254	甲氧滴滴涕	Methoxychlor	0.01		不得检出	GB/T 19648
255	甲氧虫酰肼	Methoxyfenozide	0.2		不得检出	GB/T 20772
256	磺草唑胺	Metosulam	0.01		不得检出	GB/T 20772
257	苯菌酮	Metrafenone	0.05		不得检出	参照同类标准
258	嗪草酮	Metribuzin	0.1		不得检出	GB/T 20769
259	绿谷隆	Monolinuron	0.05		不得检出	GB/T 20772
260	灭草隆	Monuron	0.01		不得检出	GB/T 20772
261	甲噻吩嘧啶	Morantel	100μg/kg		不得检出	参照同类标准
262	腈菌唑	Myclobutanil	0.01		不得检出	GB/T 20772
263	奈夫西林	Nafcillin	300μg/kg		不得检出	GB/T 22975
264	敌草胺	Napropamide	0.01		不得检出	GB/T 19650
265	新霉素	Neomycin	500μg/kg		不得检出	SN 0646
266	烟嘧磺隆	Nicosulfuron	0.05		不得检出	日本肯定列表（增补本1）
267	除草醚	Nitrofen	0.01		不得检出	GB/T 19648
268	氟酰脲	Novaluron	10		不得检出	SN/T 20769
269	嘧苯胺磺隆	Orthosulfamuron	0.01		不得检出	GB/T 23817
270	苯唑青霉素	Oxacillin	300μg/kg		不得检出	GB/T 18932.25
271	噁草酮	Oxadiazon	0.05		不得检出	GB/T 19650
272	噁霜灵	Oxadixyl	0.01		不得检出	GB/T 19650
273	环氧嘧磺隆	Oxasulfuron	0.05		不得检出	GB/T 23817
274	奥芬达唑	Oxfendazole	50μg/kg		不得检出	GB/T 22972
275	喹菌酮	Oxolinic acid	100μg/kg		不得检出	日本肯定列表
276	氧化萎锈灵	Oxycarboxin	0.05		不得检出	GB/T 19650
277	亚砜磷	Oxydemeton – methyl	0.01		不得检出	参照同类标准
278	羟氯柳苯胺	Oxyclozanide	20μg/kg		不得检出	SN/T 2909
279	乙氧氟草醚	Oxyfluorfen	0.05		不得检出	GB/T 20772
280	土霉素	Oxytetracycline	100μg/kg		不得检出	GB/T 21317

序号	农兽药中文名	农兽药英文名	欧盟标准限量要求 mg/kg	国家标准限量要求 mg/kg	三安超有机食品标准	
					限量要求 mg/kg	检测方法
281	多效唑	Paclobutrazol	0.02		不得检出	GB/T 19650
282	对硫磷	Parathion	0.05		不得检出	GB/T 19650
283	甲基对硫磷	Parathion – methyl	0.01		不得检出	GB/T 20772
284	巴龙霉素	Paromomycin	500μg/kg		不得检出	SN/T 2315
285	戊菌唑	Penconazole	0.05		不得检出	参照同类标准
286	戊菌隆	Pencycuron	0.05		不得检出	GB/T 20772
287	二甲戊灵	Pendimethalin	0.05		不得检出	GB/T 19650
288	喷沙西林	Penethamate	50μg/kg		不得检出	GB/T 19648
289	氯菊酯	Permethrin	0.05		不得检出	GB/T 19650
290	甜菜宁	Phenmedipham	0.05		不得检出	GB/T 23205
291	苯醚菊酯	Phenothrin	0.05		不得检出	GB/T 20772
292	甲拌磷	Phorate	0.02		不得检出	GB/T 20772
293	伏杀硫磷	Phosalone	0.01		不得检出	GB/T 20772
294	亚胺硫磷	Phosmet	0.1		不得检出	GB/T 20772
295	—	Phosphines and phosphides	0.01		不得检出	参照同类标准
296	辛硫磷	Phoxim	0.02		不得检出	GB/T 20772
297	氨氯吡啶酸	Picloram	0.2		不得检出	参照同类标准
298	啶氧菌酯	Picoxystrobin	0.05		不得检出	GB/T 19650
299	抗蚜威	Pirimicarb	0.05		不得检出	GB/T 20772
300	甲基嘧啶磷	Pirimiphos – methyl	0.05		不得检出	GB/T 20772
301	咪鲜胺	Prochloraz	0.1		不得检出	GB/T 19650
302	腐霉利	Procymidone	0.01		不得检出	GB/T 20772
303	丙溴磷	Profenofos	0.05		不得检出	GB/T 20772
304	调环酸	Prohexadione	0.05		不得检出	日本肯定列表
305	毒草安	Propachlor	0.02		不得检出	GB/T 20772
306	扑派威	Propamocarb	0.1		不得检出	GB/T 20772
307	恶草酸	Propaquizafop	0.05		不得检出	GB/T 20772
308	炔螨特	Propargite	0.1		不得检出	GB/T 19650
309	苯胺灵	Propham	0.05		不得检出	GB/T 19650
310	丙环唑	Propiconazole	0.05		不得检出	GB/T 19650
311	异丙草胺	Propisochlor	0.01		不得检出	GB/T 19650
312	残杀威	Propoxur	0.05		不得检出	GB/T 20772
313	炔苯酰草胺	Propyzamide	0.02		不得检出	GB/T 19650
314	苄草丹	Prosulfocarb	0.05		不得检出	GB/T 19648
315	丙硫菌唑	Prothioconazole	0.05		不得检出	参照同类标准
316	吡蚜酮	Pymetrozine	0.01		不得检出	GB/T 20772
317	吡唑醚菌酯	Pyraclostrobin	0.05		不得检出	GB/T 20772
318	—	Pyrasulfotole	0.01		不得检出	参照同类标准
319	吡菌磷	Pyrazophos	0.02		不得检出	GB/T 20772

序号	农兽药中文名	农兽药英文名	欧盟标准限量要求 mg/kg	国家标准限量要求 mg/kg	三安超有机食品标准	
					限量要求 mg/kg	检测方法
320	除虫菊素	Pyrethrins	0.05		不得检出	GB/T 20772
321	哒螨灵	Pyridaben	0.02		不得检出	SN/T 2432
322	啶虫丙醚	Pyridalyl	0.01		不得检出	日本肯定列表
323	哒草特	Pyridate	0.05		不得检出	日本肯定列表
324	嘧霉胺	Pyrimethanil	0.05		不得检出	GB/T 20769
325	吡丙醚	Pyriproxyfen	0.05		不得检出	GB/T 20769
326	甲氧磺草胺	Pyroxsulam	0.01		不得检出	SN/T 2325
327	氯甲喹啉酸	Quinmerac	0.05		不得检出	参照同类标准
328	喹氧灵	Quinoxyfen	0.2		不得检出	SN/T 2319
329	五氯硝基苯	Quintozene	0.01		不得检出	GB/T 19650
330	精喹禾灵	Quizalofop – P – ethyl	0.1		不得检出	SN/T 2150
331	灭虫菊	Resmethrin	0.1		不得检出	GB/T 20772
332	鱼藤酮	Rotenone	0.01		不得检出	GB/T 20772
333	西玛津	Simazine	0.01		不得检出	SN 0594
334	壮观霉素	Spectinomycin	300μg/kg		不得检出	GB/T 21323
335	乙基多杀菌素	Spinetoram	0.2		不得检出	参照同类标准
336	多杀霉素	Spinosad	0.3		不得检出	GB/T 20772
337	螺螨酯	Spirodiclofen	0.01		不得检出	GB/T 20772
338	螺甲螨酯	Spiromesifen	0.01		不得检出	GB/T 20769
339	螺虫乙酯	Spirotetramat	0.01		不得检出	参照同类标准
340	葚孢菌素	Spiroxamine	0.05		不得检出	GB/T 20772
341	链霉素	Streptomycin	500μg/kg		不得检出	GB/T 21323
342	磺草酮	Sulcotrione	0.05		不得检出	参照同类标准
343	磺胺类(所有属于磺胺类的物质)	Sulfonamides（all substances belonging to the sulfonamide-group）	100μg/kg		不得检出	参照同类标准
344	乙黄隆	Sulfosulfuron	0.05		不得检出	日本肯定列表（增补本1）
345	硫磺粉	Sulfur	0.5		不得检出	参照同类标准
346	氟胺氰菊酯	Tau – fluvalinate	0.05		不得检出	SN 0691
347	戊唑醇	Tebuconazole	0.1		不得检出	GB/T 20772
348	虫酰肼	Tebufenozide	0.05		不得检出	GB/T 20772
349	吡螨胺	Tebufenpyrad	0.05		不得检出	GB/T 20772
350	四氯硝基苯	Tecnazene	0.05		不得检出	GB/T 19650
351	氟苯脲	Teflubenzuron	0.05		不得检出	SN/T 2150
352	七氟菊酯	Tefluthrin	0.05		不得检出	日本肯定列表
353	得杀草	Tepraloxydim	0.1		不得检出	GB/T 20772
354	特丁硫磷	Terbufos	0.01		不得检出	GB/T 20772
355	特丁津	Terbuthylazine	0.05		不得检出	GB/T 19650

序号	农兽药中文名	农兽药英文名	欧盟标准限量要求 mg/kg	国家标准限量要求 mg/kg	三安超有机食品标准 限量要求 mg/kg	检测方法
356	四氟醚唑	Tetraconazole	0.05		不得检出	GB/T 20772
357	四环素	Tetracycline	100μg/kg		不得检出	GB/T 21317
358	三氯杀螨砜	Tetradifon	0.05		不得检出	GB/T 19650
359	噻虫啉	Thiacloprid	0.05		不得检出	GB/T 20772
360	噻虫嗪	Thiamethoxam	0.03		不得检出	GB/T 20772
361	甲砜霉素	Thiamphenicol	50μg/kg		不得检出	GB/T 20756
362	禾草丹	Thiobencarb	0.01		不得检出	GB/T 20762
363	甲基硫菌灵	Thiophanate – methyl	0.05		不得检出	GB/T 20772
364	替米考星	Tilmicosin	50μg/kg		不得检出	GB/T 20762
365	甲基立枯磷	Tolclofos – methyl	0.05		不得检出	GB/T 20772
366	甲苯三嗪酮	Toltrazuril	100μg/kg		不得检出	参照同类标准
367	甲苯氟磺胺	Tolylfluanid	0.1		不得检出	GB/T 19650
368	—	Topramezone	0.01		不得检出	参照同类标准
369	三唑酮和三唑醇	Triadimefon and triadimenol	0.1		不得检出	GB/T 20772
370	野麦畏	Triallate	0.05		不得检出	GB/T 20772
371	醚苯磺隆	Triasulfuron	0.05		不得检出	GB/T 20772
372	三唑磷	Triazophos	0.01		不得检出	GB/T 20772
373	敌百虫	Trichlorphon	0.01		不得检出	GB/T 20772
374	三氯苯哒唑	Triclabendazole	225μg/kg		不得检出	参照同类标准
375	绿草定	Triclopyr	0.05		不得检出	SN/T 2228
376	三环唑	Tricyclazole	0.05		不得检出	GB/T 20769
377	十三吗啉	Tridemorph	0.01		不得检出	GB/T 20772
378	肟菌酯	Trifloxystrobin	0.04		不得检出	GB/T 20769
379	氟菌唑	Triflumizole	0.05		不得检出	GB/T 20769
380	杀铃脲	Triflumuron	0.01		不得检出	GB/T 20772
381	氟乐灵	Trifluralin	0.01		不得检出	GB/T 20772
382	嗪氨灵	Triforine	0.01		不得检出	SN 0695
383	甲氧苄氨嘧啶	Trimethoprim	50μg/kg		不得检出	SN/T 1769
384	三甲基锍阳离子	Trimethyl – sulfonium cation	0.2		不得检出	参照同类标准
385	抗倒酯	Trinexapac	0.05		不得检出	GB/T 20769
386	灭菌唑	Triticonazole	0.01		不得检出	GB/T 20769
387	三氟甲磺隆	Tritosulfuron	0.01		不得检出	参照同类标准
388	泰乐霉素	Tylosin	100μg/kg		不得检出	GB/T 22941
389	—	Valifenalate	0.01		不得检出	参照同类标准
390	乙烯菌核利	Vinclozolin	0.05		不得检出	GB/T 20772
391	1 – 氨基 – 2 – 乙内酰脲	AHD			不得检出	GB/T 21311
392	2,3,4,5 – 四氯苯胺	2,3,4,5 – Tetrachloraniline			不得检出	GB/T 19650
393	2,3,4,5 – 四氯甲氧基苯	2,3,4,5 – Tetrachloroanisole			不得检出	GB/T 19650
394	2,3,5,6 – 四氯苯胺	2,3,5,6 – Tetrachloroaniline			不得检出	GB/T 19650

序号	农兽药中文名	农兽药英文名	欧盟标准限量要求 mg/kg	国家标准限量要求 mg/kg	三安超有机食品标准	
					限量要求 mg/kg	检测方法
395	2,4,5-涕	2,4,5-T			不得检出	GB/T 20772
396	o,p'-滴滴滴	2,4'-DDD			不得检出	GB/T 19650
397	o,p'-滴滴伊	2,4'-DDE			不得检出	GB/T 19650
398	o,p'-滴滴涕	2,4'-DDT			不得检出	GB/T 19650
399	2,6-二氯苯甲酰胺	2,6-Dichlorobenzamide			不得检出	GB/T 19650
400	3,5-二氯苯胺	3,5-Dichloroaniline			不得检出	GB/T 19650
401	p,p'-滴滴滴	4,4'-DDD			不得检出	GB/T 19650
402	p,p'-滴滴伊	4,4'-DDE			不得检出	GB/T 19650
403	p,p'-滴滴涕	4,4'-DDT			不得检出	GB/T 19650
404	4,4'-二溴二苯甲酮	4,4'-Dibromobenzophenone			不得检出	GB/T 19650
405	4,4'-二氯二苯甲酮	4,4'-Dichlorobenzophenone			不得检出	GB/T 19650
406	二氢苊	Acenaphthene			不得检出	GB/T 19650
407	乙酰丙嗪	Acepromazine			不得检出	GB/T 20763
408	三氟羧草醚	Acifluorfen			不得检出	GB/T 20772
409	涕灭砜威	Aldoxycarb			不得检出	GB/T 20772
410	烯丙菊酯	Allethrin			不得检出	GB/T 20772
411	二丙烯草胺	Allidochlor			不得检出	GB/T 19650
412	烯丙孕素	Altrenogest			不得检出	SN/T 1980
413	莠灭净	Ametryn			不得检出	GB/T 19650
414	双甲脒	Amitraz			不得检出	GB/T 19650
415	杀草强	Amitrole			不得检出	SN/T 1737.6
416	5-吗啉甲基-3-氨基-2-噁唑烷基酮	AMOZ			不得检出	GB/T 21311
417	氨丙嘧吡啶	Amprolium			不得检出	SN/T 0276
418	莎稗磷	Anilofos			不得检出	GB/T 19650
419	蒽醌	Anthraquinone			不得检出	GB/T 19650
420	3-氨基-2-噁唑酮	AOZ			不得检出	GB/T 21311
421	安普霉素	Apramycin			不得检出	GB/T 21323
422	丙硫特普	Aspon			不得检出	GB/T 19650
423	羟氨卡青霉素	Aspoxicillin			不得检出	GB/T 21315
424	乙基杀扑磷	Athidathion			不得检出	GB/T 19650
425	莠去通	Atratone			不得检出	GB/T 19650
426	莠去津	Atrazine			不得检出	GB/T 19650
427	脱乙基阿特拉津	Atrazine-desethyl			不得检出	GB/T 19650
428	甲基吡噁磷	Azamethiphos			不得检出	GB/T 20763
429	氮哌酮	Azaperone			不得检出	GB/T 20763
430	杆菌肽	Bacitracin			不得检出	GB/T 20743
431	4-溴-3,5-二甲苯基-N-甲基氨基甲酸酯-1	BDMC-1			不得检出	GB/T 19650

序号	农兽药中文名	农兽药英文名	欧盟标准限量要求 mg/kg	国家标准限量要求 mg/kg	三安超有机食品标准	
					限量要求 mg/kg	检测方法
432	4－溴－3,5－二甲苯基－N－甲基氨基甲酸酯－2	BDMC－2			不得检出	GB/T 19650
433	噁虫威	Bendiocarb			不得检出	GB/T 20772
434	乙丁氟灵	Benfluralin			不得检出	GB/T 19650
435	呋草黄	Benfuresate			不得检出	GB/T 19650
436	麦锈灵	Benodanil			不得检出	GB/T 19650
437	解草酮	Benoxacor			不得检出	GB/T 19650
438	新燕灵	Benzoylprop－ethyl			不得检出	GB/T 19650
439	倍他米松	Betamethasone			不得检出	SN/T 1970
440	生物烯丙菊酯－1	Bioallethrin－1			不得检出	GB/T 19650
441	生物烯丙菊酯－2	Bioallethrin－2			不得检出	GB/T 19650
442	除草定	Bromacil			不得检出	GB/T 19650
443	溴苯烯磷	Bromfenvinfos			不得检出	GB/T 19650
444	溴硫磷	Bromofos			不得检出	GB/T 19650
445	乙基溴硫磷	Bromophos－ethyl			不得检出	GB/T 19650
446	溴丁酰草胺	Btomobutide			不得检出	GB/T 19650
447	氟丙嘧草酯	Butafenacil			不得检出	GB/T 19650
448	抑草磷	Butamifos			不得检出	GB/T 19650
449	丁草胺	Butaxhlor			不得检出	GB/T 19650
450	苯酮唑	Cafenstrole			不得检出	GB/T 19650
451	角黄素	Canthaxanthin			不得检出	SN/T 2327
452	咔唑心安	Carazolol			不得检出	GB/T 22993
453	卡巴氧	Carbadox			不得检出	GB/T 20746
454	三硫磷	Carbophenothion			不得检出	GB/T 19650
455	唑草酮	Carfentrazone－ethyl			不得检出	GB/T 19650
456	卡洛芬	Carprofen			不得检出	SN/T 2190
457	头孢氨苄	Cefalexin			不得检出	GB/T 22989
458	头孢洛宁	Cefalonium			不得检出	GB/T 22989
459	头孢匹林	Cefapirin			不得检出	GB/T 22989
460	头孢喹肟	Cefquinome			不得检出	GB/T 22989
461	氯氧磷	Chlorethoxyfos			不得检出	GB/T 19650
462	杀螨醇	Chlorfenethol			不得检出	GB/T 19650
463	燕麦酯	Chlorfenprop－methyl			不得检出	GB/T 19650
464	氯甲硫磷	Chlormephos			不得检出	GB/T 19650
465	氯霉素	Chloramphenicolum			不得检出	GB/T 20772
466	氯杀螨砜	Chlorbenside sulfone			不得检出	GB/T 19648
467	氯溴隆	Chlorbromuron			不得检出	GB/T 19648
468	杀虫脒	Chlordimeform			不得检出	GB/T 19648
469	溴虫腈	Chlorfenapyr			不得检出	SN/T 1986

序号	农兽药中文名	农兽药英文名	欧盟标准限量要求 mg/kg	国家标准限量要求 mg/kg	三安超有机食品标准 限量要求 mg/kg	三安超有机食品标准 检测方法
470	氟啶脲	Chlorfluazuron			不得检出	GB/T 20769
471	整形醇	Chlorflurenol			不得检出	GB/T 19650
472	氯地孕酮	Chlormadinone			不得检出	SN/T 1980
473	醋酸氯地孕酮	Chlormadinone acetate			不得检出	GB/T 20753
474	氯苯甲醚	Chloroneb			不得检出	GB/T 19650
475	丙酯杀螨醇	Chloropropylate			不得检出	GB/T 19650
476	氯丙嗪	Chlorpromazine			不得检出	GB/T 20763
477	毒死蜱	Chlorpyrifos			不得检出	GB/T 19650
478	氯硫磷	Chlorthion			不得检出	GB/T 19650
479	虫螨磷	Chlorthiophos			不得检出	GB/T 19650
480	乙菌利	Chlozolinate			不得检出	GB/T 19650
481	顺式－氯丹	cis－Chlordane			不得检出	GB/T 19650
482	顺式－燕麦敌	cis－Diallate			不得检出	GB/T 19650
483	顺式－氯菊酯	cis－Permethrin			不得检出	GB/T 19650
484	克仑特罗	Clenbuterol			不得检出	GB/T 22286
485	异噁草酮	Clomazone			不得检出	GB/T 20772
486	氯甲酰草胺	Clomeprop			不得检出	GB/T 19650
487	氯羟吡啶	Clopidol			不得检出	GB/T 19650
488	解草酯	Cloquintocet－mexyl			不得检出	GB/T 19650
489	蝇毒磷	Coumaphos			不得检出	GB/T 19650
490	鼠立死	Crimidine			不得检出	GB/T 19650
491	巴毒磷	Crotxyphos			不得检出	GB/T 19650
492	育畜磷	Crufomate			不得检出	GB/T 20772
493	苯腈磷	Cyanofenphos			不得检出	GB/T 20772
494	杀螟腈	Cyanophos			不得检出	GB/T 20772
495	环草敌	Cycloate			不得检出	GB/T 20772
496	环莠隆	Cycluron			不得检出	GB/T 20772
497	环丙津	Cyprazine			不得检出	GB/T 20772
498	敌草索	Dacthal			不得检出	GB/T 19650
499	达氟沙星	Danofloxacin			不得检出	GB/T 22985
500	癸氧喹酯	Decoquinate			不得检出	GB/T 20745
501	脱叶磷	DEF			不得检出	GB/T 19650
502	2,2′,4,5,5′－五氯联苯	DE－PCB 101			不得检出	GB/T 19650
503	2,3,4,4′,5－五氯联苯	DE－PCB 118			不得检出	GB/T 19650
504	2,2′,3,4,4′,5－六氯联苯	DE－PCB 138			不得检出	GB/T 19650
505	2,2′,4,4′,5,5′－六氯联苯	DE－PCB 153			不得检出	GB/T 19650
506	2,2′,3,4,4′,5,5′－七氯联苯	DE－PCB 180			不得检出	GB/T 19650

序号	农兽药中文名	农兽药英文名	欧盟标准限量要求 mg/kg	国家标准限量要求 mg/kg	三安超有机食品标准	
					限量要求 mg/kg	检测方法
507	2,4,4′-三氯联苯	DE-PCB 28			不得检出	GB/T 19650
508	2,4,5-三氯联苯	DE-PCB 31			不得检出	GB/T 19650
509	2,2′,5,5′-四氯联苯	DE-PCB 52			不得检出	GB/T 19650
510	脱溴溴苯磷	Desbrom-leptophos			不得检出	GB/T 19650
511	脱乙基另丁津	Desethyl-sebuthylazine			不得检出	GB/T 19650
512	敌草净	Desmetryn			不得检出	GB/T 19650
513	地塞米松	Dexamethasone			不得检出	GB/T 21981
514	氯亚胺硫磷	Dialifos			不得检出	GB/T 19650
515	敌菌净	Diaveridine			不得检出	SN/T 1926
516	驱虫特	Dibutyl succinate			不得检出	GB/T 20772
517	异氯磷	Dicapthon			不得检出	GB/T 19650
518	除线磷	Dichlofenthion			不得检出	GB/T 19650
519	苯氟磺胺	Dichlofluanid			不得检出	GB/T 19650
520	烯丙酰草胺	Dichlormid			不得检出	GB/T 19650
521	敌敌畏	Dichlorvos			不得检出	GB/T 19650
522	苄氯三唑醇	Diclobutrazole			不得检出	GB/T 19650
523	禾草灵	Diclofop-methyl			不得检出	GB/T 19650
524	己烯雌酚	Diethylstilbestrol			不得检出	GB/T 21981
525	双氟沙星	Difloxacin			不得检出	GB/T 20366
526	甲氟磷	Dimefox			不得检出	GB/T 19650
527	哌草丹	Dimepiperate			不得检出	GB/T 19650
528	异戊乙净	Dimethametryn			不得检出	GB/T 19650
529	乐果	Dimethoate			不得检出	GB/T 20772
530	甲基毒虫畏	Dimethylvinphos			不得检出	GB/T 19650
531	地美硝唑	Dimetridazole			不得检出	GB/T 21318
532	二甲草胺	Dinethachlor			不得检出	GB/T 19650
533	二甲酚草胺	Dimethenamid			不得检出	GB/T 19650
534	二硝托安	Dinitolmide			不得检出	GB/T 19650
535	氨氟灵	Dinitramine			不得检出	GB/T 19650
536	消螨通	Dinobuton			不得检出	GB/T 19650
537	呋虫胺	Dinotefuran			不得检出	SN/T 2323
538	苯虫醚-1	Diofenolan-1			不得检出	GB/T 19650
539	苯虫醚-2	Diofenolan-2			不得检出	GB/T 19650
540	蔬果磷	Dioxabenzofos			不得检出	GB/T 19650
541	双苯酰草胺	Diphenamid			不得检出	GB/T 19650
542	二苯胺	Diphenylamine			不得检出	GB/T 19650
543	异丙净	Dipropetryn			不得检出	GB/T 19650
544	灭菌磷	Ditalimfos			不得检出	GB/T 19650
545	氟硫草定	Dithiopyr			不得检出	GB/T 19650

序号	农兽药中文名	农兽药英文名	欧盟标准限量要求 mg/kg	国家标准限量要求 mg/kg	三安超有机食品标准	
					限量要求 mg/kg	检测方法
546	强力霉素	Doxycycline			不得检出	GB/T 21317
547	敌瘟磷	Edifenphos			不得检出	GB/T 19650
548	硫丹硫酸盐	Endosulfan – sulfate			不得检出	GB/T 19650
549	异狄氏剂酮	Endrin ketone			不得检出	GB/T 19650
550	恩诺沙星	Enrofloxacin			不得检出	GB/T 22985
551	苯硫磷	EPN			不得检出	GB/T 19650
552	埃普利诺菌素	Eprinomectin			不得检出	GB/T 21320
553	抑草蓬	Erbon			不得检出	GB/T 19650
554	S – 氰戊菊酯	Esfenvalerate			不得检出	GB/T 19650
555	戊草丹	Esprocarb			不得检出	GB/T 19650
556	乙环唑 – 1	Etaconazole – 1			不得检出	GB/T 19650
557	乙环唑 – 2	Etaconazole – 2			不得检出	GB/T 19650
558	乙嘧硫磷	Etrimfos			不得检出	GB/T 19650
559	氧乙嘧硫磷	Etrimfos oxon			不得检出	GB/T 19650
560	伐灭磷	Famphur			不得检出	GB/T 19650
561	苯线磷砜	Fenamiphos – sulfone			不得检出	GB/T 19650
562	苯线磷亚砜	Fenamiphos sulfoxide			不得检出	GB/T 19650
563	氧皮蝇磷	Fenchlorphos oxon			不得检出	GB/T 19650
564	甲呋酰胺	Fenfuram			不得检出	GB/T 19650
565	仲丁威	Fenobucarb			不得检出	GB/T 19650
566	苯硫威	Fenothiocarb			不得检出	GB/T 19650
567	稻瘟酰胺	Fenoxanil			不得检出	GB/T 19650
568	拌种咯	Fenpiclonil			不得检出	GB/T 19650
569	甲氰菊酯	Fenpropathrin			不得检出	GB/T 19650
570	芬螨酯	Fenson			不得检出	GB/T 19650
571	丰索磷	Fensulfothion			不得检出	GB/T 19650
572	倍硫磷亚砜	Fenthion sulfoxide			不得检出	GB/T 19650
573	麦草氟甲酯	Flamprop – methyl			不得检出	GB/T 19650
574	麦草氟异丙酯	Flamprop – isopropyl			不得检出	GB/T 19650
575	氟苯尼考	Florfenicol			不得检出	GB/T 20756
576	吡氟禾草灵	Fluazifop – butyl			不得检出	GB/T 19650
577	啶蜱脲	Fluazuron			不得检出	GB/T 20772
578	氟苯咪唑	Flubendazole			不得检出	GB/T 21324
579	氟噻草胺	Flufenacet			不得检出	GB/T 19650
580	氟甲喹	Flumequin			不得检出	SN/T 1921
581	氟节胺	Flumetralin			不得检出	GB/T 19648
582	唑嘧磺草胺	Flumetsulam			不得检出	GB/T 20772
583	氟烯草酸	Flumiclorac			不得检出	GB/T 19650
584	丙炔氟草胺	Flumioxazin			不得检出	GB/T 19650

序号	农兽药中文名	农兽药英文名	欧盟标准限量要求 mg/kg	国家标准限量要求 mg/kg	三安超有机食品标准 限量要求 mg/kg	检测方法
585	氟胺烟酸	Flunixin			不得检出	GB/T 20750
586	三氟硝草醚	Fluorodifen			不得检出	GB/T 19650
587	乙羧氟草醚	Fluoroglycofen – ethyl			不得检出	GB/T 19650
588	三氟苯唑	Fluotrimazole			不得检出	GB/T 19650
589	氟啶草酮	Fluridone			不得检出	GB/T 19650
590	呋草酮	Flurtamone			不得检出	GB/T 19650
591	氟草烟 – 1 – 甲庚酯	Fluroxypr – 1 – methylheptyl ester			不得检出	GB/T 19650
592	地虫硫磷	Fonofos			不得检出	GB/T 19650
593	安果	Formothion			不得检出	GB/T 19650
594	呋霜灵	Furalaxyl			不得检出	GB/T 19650
595	庆大霉素	Gentamicin			不得检出	GB/T 21323
596	苄螨醚	Halfenprox			不得检出	GB/T 19650
597	氟哌啶醇	Haloperidol			不得检出	GB/T 20763
598	庚烯磷	Heptanophos			不得检出	GB/T 19650
599	己唑醇	Hexaconazole			不得检出	GB/T 19650
600	环嗪酮	Hexazinone			不得检出	GB/T 19650
601	咪草酸	Imazamethabenz – methyl			不得检出	GB/T 19650
602	脱苯甲基亚胺唑	Imibenconazole – des – benzyl			不得检出	GB/T 19650
603	炔咪菊酯 – 1	Imiprothrin – 1			不得检出	GB/T 19650
604	炔咪菊酯 – 2	Imiprothrin – 2			不得检出	GB/T 19650
605	碘硫磷	Iodofenphos			不得检出	GB/T 19650
606	甲基碘磺隆	Iodosulfuron – methyl			不得检出	GB/T 20772
607	异稻瘟净	Iprobenfos			不得检出	GB/T 19650
608	氯唑磷	Isazofos			不得检出	GB/T 19650
609	碳氯灵	Isobenzan			不得检出	GB/T 19650
610	丁咪酰胺	Isocarbamid			不得检出	GB/T 19650
611	水胺硫磷	Isocarbophos			不得检出	GB/T 19650
612	异艾氏剂	Isodrin			不得检出	GB/T 19650
613	异柳磷	Isofenphos			不得检出	GB/T 19650
614	氧异柳磷	Isofenphos oxon			不得检出	GB/T 19650
615	氮氨菲啶	Isometamidium			不得检出	SN/T 2239
616	丁嗪草酮	Isomethiozin			不得检出	GB/T 19650
617	异丙威 – 1	Isoprocarb – 1			不得检出	GB/T 19650
618	异丙威 – 2	Isoprocarb – 2			不得检出	GB/T 19650
619	异丙乐灵	Isopropalin			不得检出	GB/T 19650
620	双苯噁唑酸	Isoxadifen – ethyl			不得检出	GB/T 19650
621	异噁氟草	Isoxaflutole			不得检出	GB/T 20772
622	噁唑啉	Isoxathion			不得检出	GB/T 19650

序号	农兽药中文名	农兽药英文名	欧盟标准限量要求 mg/kg	国家标准限量要求 mg/kg	三安超有机食品标准 限量要求 mg/kg	三安超有机食品标准 检测方法
623	依维菌素	Ivermectin			不得检出	GB/T 21320
624	交沙霉素	Josamycin			不得检出	GB/T 20762
625	拉沙里菌素	Lasalocid			不得检出	GB/T 22983
626	溴苯磷	Leptophos			不得检出	GB/T 19650
627	左旋咪唑	Levanisole			不得检出	GB/T 19650
628	利谷隆	Linuron			不得检出	GB/T 20772
629	麻保沙星	Marbofloxacin			不得检出	GB/T 22985
630	2-甲-4-氯丁氧乙基酯	MCPA - butoxyethyl ester			不得检出	GB/T 19650
631	甲苯咪唑	Mebendazole			不得检出	GB/T 21324
632	灭蚜磷	Mecarbam			不得检出	GB/T 19650
633	二甲四氯丙酸	Mecoprop			不得检出	SN/T 2325
634	苯噻酰草胺	Mefenacet			不得检出	GB/T 19650
635	吡唑解草酯	Mefenpyr - diethyl			不得检出	GB/T 19650
636	醋酸甲地孕酮	Megestrol acetate			不得检出	GB/T 20753
637	醋酸美仑孕酮	Melengestrol acetate			不得检出	GB/T 20753
638	嘧菌胺	Mepanipyrim			不得检出	GB/T 19650
639	地胺磷	Mephosfolan			不得检出	GB/T 19650
640	灭锈胺	Mepronil			不得检出	GB/T 19650
641	硝磺草酮	Mesotrione			不得检出	GB/T 20772
642	呋菌胺	Methfuroxam			不得检出	GB/T 19650
643	灭梭威砜	Methiocarb sulfone			不得检出	GB/T 19650
644	盖草津	Methoprotryne			不得检出	GB/T 19650
645	甲醚菊酯-1	Methothrin - 1			不得检出	GB/T 19650
646	甲醚菊酯-2	Methothrin - 2			不得检出	GB/T 19650
647	甲基泼尼松龙	Methylprednisolone			不得检出	GB/T 21981
648	溴谷隆	Metobromuron			不得检出	GB/T 19650
649	甲氧氯普胺	Metoclopramide			不得检出	SN/T 2227
650	异丙甲草胺和S-异丙甲草胺	Metolachlor and S - metolachlor			不得检出	GB/T 19650
651	苯氧菌胺-1	Metominsstrobin - 1			不得检出	GB/T 20772
652	苯氧菌胺-2	Metominsstrobin - 2			不得检出	GB/T 19650
653	甲硝唑	Metronidazole			不得检出	GB/T 21318
654	速灭磷	Mevinphos			不得检出	GB/T 19650
655	兹克威	Mexacarbate			不得检出	GB/T 19650
656	灭蚁灵	Mirex			不得检出	GB/T 19650
657	禾草敌	Molinate			不得检出	GB/T 19650
658	庚酰草胺	Monalide			不得检出	GB/T 19650
659	莫能菌素	Monensin			不得检出	GB/T 20364

序号	农兽药中文名	农兽药英文名	欧盟标准限量要求 mg/kg	国家标准限量要求 mg/kg	三安超有机食品标准限量要求 mg/kg	三安超有机食品标准检测方法
660	莫西丁	Moxidectin			不得检出	SN/T 2442
661	合成麝香	Musk ambrecte			不得检出	GB/T 19650
662	麝香	Musk moskene			不得检出	GB/T 19650
663	西藏麝香	Musk tibeten			不得检出	GB/T 19650
664	二甲苯麝香	Musk xylene			不得检出	GB/T 19650
665	二溴磷	Naled			不得检出	SN/T 0706
666	萘丙胺	Naproanilide			不得检出	GB/T 19650
667	甲基盐霉素	Narasin			不得检出	GB/T 20364
668	甲磺乐灵	Nitralin			不得检出	GB/T 19650
669	三氯甲基吡啶	Nitrapyrin			不得检出	GB/T 19650
670	酞菌酯	Nitrothal – isopropyl			不得检出	GB/T 19650
671	诺氟沙星	Norfloxacin			不得检出	GB/T 20366
672	氟草敏	Norflurazon			不得检出	GB/T 19650
673	新生霉素	Novobiocin			不得检出	SN 0674
674	氟苯嘧啶醇	Nuarimol			不得检出	GB/T 19650
675	八氯苯乙烯	Octachlorostyrene			不得检出	GB/T 19650
676	氧氟沙星	Ofloxacin			不得检出	GB/T 20366
677	喹乙醇	Olaquindox			不得检出	GB/T 20746
678	竹桃霉素	Oleandomycin			不得检出	GB/T 20762
679	氧乐果	Omethoate			不得检出	GB/T 20772
680	奥比沙星	Orbifloxacin			不得检出	GB/T 22985
681	杀线威	Oxamyl			不得检出	GB/T 20772
682	丙氧苯咪唑	Oxibendazole			不得检出	GB/T 21324
683	氧化氯丹	Oxy – chlordane			不得检出	GB/T 19650
684	对氧磷	Paraoxon			不得检出	GB/T 19650
685	甲基对氧磷	Paraoxon – methyl			不得检出	GB/T 19650
686	克草敌	Pebulate			不得检出	GB/T 19650
687	五氯苯胺	Pentachloroaniline			不得检出	GB/T 19650
688	五氯甲氧基苯	Pentachloroanisole			不得检出	GB/T 19650
689	五氯苯	Pentachlorobenzene			不得检出	GB/T 19650
690	乙滴涕	Perthane			不得检出	GB/T 19650
691	菲	Phenanthrene			不得检出	GB/T 19650
692	稻丰散	Phenthoate			不得检出	GB/T 19650
693	甲拌磷砜	Phorate sulfone			不得检出	GB/T 19650
694	磷胺 – 1	Phosphamidon – 1			不得检出	GB/T 19650
695	磷胺 – 2	Phosphamidon – 2			不得检出	GB/T 19650
696	酞酸苯甲基丁酯	Phthalic acid,benzylbutyl ester			不得检出	GB/T 19650
697	四氯苯肽	Phthalide			不得检出	GB/T 19650
698	邻苯二甲酰亚胺	Phthalimide			不得检出	GB/T 19650

序号	农兽药中文名	农兽药英文名	欧盟标准限量要求 mg/kg	国家标准限量要求 mg/kg	三安超有机食品标准	
					限量要求 mg/kg	检测方法
699	氟吡酰草胺	Picolinafen			不得检出	GB/T 19650
700	增效醚	Piperonyl butoxide			不得检出	GB/T 19650
701	哌草磷	Piperophos			不得检出	GB/T 19650
702	乙基虫螨清	Pirimiphos – ethyl			不得检出	GB/T 19650
703	吡利霉素	Pirlimycin			不得检出	GB/T 22988
704	炔丙菊酯	Prallethrin			不得检出	GB/T 19650
705	泼尼松龙	Prednisolone			不得检出	GB/T 21981
706	环丙氟灵	Profluralin			不得检出	GB/T 19650
707	茉莉酮	Prohydrojasmon			不得检出	GB/T 19650
708	扑灭通	Prometon			不得检出	GB/T 19650
709	扑草净	Prometryne			不得检出	GB/T 19650
710	炔丙烯草胺	Pronamide			不得检出	GB/T 19650
711	敌稗	Propanil			不得检出	GB/T 19650
712	扑灭津	Propazine			不得检出	GB/T 19650
713	胺丙畏	Propetamphos			不得检出	GB/T 19650
714	丙酰二甲氨基丙吩噻嗪	Propionylpromazin			不得检出	GB/T 20763
715	丙硫磷	Prothiophos			不得检出	GB/T 19650
716	吡唑硫磷	Pyraclofos			不得检出	GB/T 19650
717	吡草醚	Pyraflufen – ethyl			不得检出	GB/T 19650
718	哒嗪硫磷	Ptridaphenthion			不得检出	GB/T 19650
719	啶斑肟 – 1	Pyrifenox – 1			不得检出	GB/T 19650
720	啶斑肟 – 2	Pyrifenox – 2			不得检出	GB/T 19650
721	环酯草醚	Pyriftalid			不得检出	GB/T 19650
722	嘧草醚	Pyriminobac – methyl			不得检出	GB/T 19650
723	嘧啶磷	Pyrimitate			不得检出	GB/T 19650
724	嘧螨醚	Pyrimidifen			不得检出	GB/T 19650
725	喹硫磷	Quinalphos			不得检出	GB/T 19650
726	灭藻醌	Quinoclamine			不得检出	GB/T 19650
727	精喹禾灵	Quizalofop – P – ethyl			不得检出	GB/T 20772
728	吡咪唑	Rabenzazole			不得检出	GB/T 19650
729	莱克多巴胺	Ractopamine			不得检出	GB/T 21313
730	洛硝达唑	Ronidazole			不得检出	GB/T 21318
731	皮蝇磷	Ronnel			不得检出	GB/T 19650
732	盐霉素	Salinomycin			不得检出	GB/T 20364
733	沙拉沙星	Sarafloxacin			不得检出	GB/T 20366
734	另丁津	Sebutylazine			不得检出	GB/T 19650
735	密草通	Secbumeton			不得检出	GB/T 19650
736	氨基脲	Semduramicin			不得检出	GB/T 19650
737	烯禾啶	Sethoxydim			不得检出	GB/T 19650

序号	农兽药中文名	农兽药英文名	欧盟标准限量要求 mg/kg	国家标准限量要求 mg/kg	三安超有机食品标准	
					限量要求 mg/kg	检测方法
738	氟硅菊酯	Silafluofen			不得检出	GB/T 19650
739	硅氟唑	Simeconazole			不得检出	GB/T 19650
740	西玛通	Simetone			不得检出	GB/T 19650
741	西草净	Simetryn			不得检出	GB/T 19650
742	螺旋霉素	Spiramycin			不得检出	GB/T 20762
743	磺胺苯酰	Sulfabenzamide			不得检出	GB/T 21316
744	磺胺醋酰	Sulfacetamide			不得检出	GB/T 21316
745	磺胺氯哒嗪	Sulfachloropyridazine			不得检出	GB/T 21316
746	磺胺嘧啶	Sulfadiazine			不得检出	GB/T 21316
747	磺胺间二甲氧嘧啶	Sulfadimethoxine			不得检出	GB/T 21316
748	磺胺二甲嘧啶	Sulfadimidine			不得检出	GB/T 21316
749	磺胺多辛	Sulfadoxine			不得检出	GB/T 21316
750	磺胺脒	Sulfaguanidine			不得检出	GB/T 21316
751	菜草畏	Sulfallate			不得检出	GB/T 19650
752	磺胺甲嘧啶	Sulfamerazine			不得检出	GB/T 21316
753	新诺明	Sulfamethoxazole			不得检出	GB/T 21316
754	磺胺间甲氧嘧啶	Sulfamonomethoxine			不得检出	GB/T 21316
755	乙酰磺胺对硝基苯	Sulfanitran			不得检出	GB/T 20772
756	磺胺吡啶	Sulfapyridine			不得检出	GB/T 21316
757	磺胺喹沙啉	Sulfaquinoxaline			不得检出	GB/T 21316
758	磺胺噻唑	Sulfathiazole			不得检出	GB/T 21316
759	治螟磷	Sulfotep			不得检出	GB/T 19650
760	硫丙磷	Sulprofos			不得检出	GB/T 19650
761	苯噻硫氰	TCMTB			不得检出	GB/T 19650
762	丁基嘧啶磷	Tebupirimfos			不得检出	GB/T 19650
763	丁噻隆	Tebuthiuron			不得检出	GB/T 20772
764	牧草胺	Tebutam			不得检出	GB/T 19650
765	双硫磷	Temephos			不得检出	GB/T 20772
766	特草灵	Terbucarb			不得检出	GB/T 19650
767	特丁通	Terbumeton			不得检出	GB/T 19650
768	特丁净	Terbutryn			不得检出	GB/T 19650
769	四氢邻苯二甲酰亚胺	Tetrabydrophthalimide			不得检出	GB/T 19650
770	杀虫畏	Tetrachlorvinphos			不得检出	GB/T 19650
771	胺菊酯	Tetramethirn			不得检出	GB/T 19650
772	杀螨氯硫	Tetrasul			不得检出	GB/T 19650
773	噻吩草胺	Thenylchlor			不得检出	GB/T 19650
774	噻唑烟酸	Thiazopyr			不得检出	GB/T 19650
775	噻苯隆	Thidiazuron			不得检出	GB/T 20772
776	噻吩磺隆	Thifensulfuron – methyl			不得检出	GB/T 20772

序号	农兽药中文名	农兽药英文名	欧盟标准限量要求 mg/kg	国家标准限量要求 mg/kg	三安超有机食品标准	
					限量要求 mg/kg	检测方法
777	甲基乙拌磷	Thiometon			不得检出	GB/T 20772
778	虫线磷	Thionazin			不得检出	GB/T 19650
779	硫普罗宁	Tiopronin			不得检出	SN/T 2225
780	四溴菊酯	Tralomethrin			不得检出	SN/T 2320
781	反式－氯丹	trans－Chlordane			不得检出	GB/T 19650
782	反式－燕麦敌	trans－Diallate			不得检出	GB/T 19650
783	四氟苯菊酯	Transfluthrin			不得检出	GB/T 19650
784	反式九氯	trans－Nonachlor			不得检出	GB/T 19650
785	反式－氯菊酯	trans－Permethrin			不得检出	GB/T 19650
786	群勃龙	Trenbolone			不得检出	GB/T 21981
787	威菌磷	Triamiphos			不得检出	GB/T 19650
788	毒壤磷	Trichloronate			不得检出	GB/T 19650
789	灭草环	Tridiphane			不得检出	GB/T 19650
790	草达津	Trietazine			不得检出	GB/T 19650
791	三异丁基磷酸盐	Tri－iso－butyl phosphate			不得检出	GB/T 19650
792	三正丁基磷酸盐	Tri－n－butyl phosphate			不得检出	GB/T 19650
793	三苯基磷酸盐	Triphenyl phosphate			不得检出	GB/T 19650
794	烯效唑	Uniconazole			不得检出	GB/T 19650
795	灭草敌	Vernolate			不得检出	GB/T 19650
796	维吉尼霉素	Virginiamycin			不得检出	GB/T 20765
797	杀鼠灵	War farin			不得检出	GB/T 20772
798	甲苯噻嗪	Xylazine			不得检出	GB/T 20763
799	右环十四酮酚	Zeranol			不得检出	GB/T 21982
800	苯酰菌胺	Zoxamide			不得检出	GB/T 19650

2.2　牛脂肪　Cattle Fat

序号	农兽药中文名	农兽药英文名	欧盟标准限量要求 mg/kg	国家标准限量要求 mg/kg	三安超有机食品标准	
					限量要求 mg/kg	检测方法
1	1,1－二氯－2,2－二(4－乙苯)乙烷	1,1－Dichloro－2,2－bis(4－ethylphenyl)ethane	0.01		不得检出	日本肯定列表（增补本1）
2	1,2－二氯乙烷	1,2－Dichloroethane	0.1		不得检出	SN/T 2238
3	1,3－二氯丙烯	1,3－Dichloropropene	0.01		不得检出	SN/T 2238
4	1－萘乙酸	1－Naphthylacetic acid	0.05		不得检出	SN/T 2228
5	2,4－滴	2,4－D	0.05		不得检出	GB/T 20772
6	2,4－滴丁酸	2,4－DB	0.05		不得检出	GB/T 20769
7	2－苯酚	2－Phenylphenol	0.05		不得检出	GB/T 19650
8	阿维菌素	Abamectin	0.02		不得检出	SN/T 2661

序号	农兽药中文名	农兽药英文名	欧盟标准限量要求 mg/kg	国家标准限量要求 mg/kg	三安超有机食品标准 限量要求 mg/kg	检测方法
9	灭螨醌	Acequinocyl	0.01		不得检出	参照同类标准
10	啶虫脒	Acetamiprid	0.05		不得检出	GB/T 20772
11	乙草胺	Acetochlor	0.01		不得检出	GB/T 19650
12	苯并噻二唑	Acibenzolar – S – methyl	0.02		不得检出	GB/T 20772
13	苯草醚	Aclonifen	0.02		不得检出	GB/T 20772
14	氟丙菊酯	Acrinathrin	0.05		不得检出	GB/T 19648
15	甲草胺	Alachlor	0.01		不得检出	GB/T 20772
16	阿苯达唑	Albendazole	100μg/kg		不得检出	GB 29687
17	氧阿苯达唑	Albendazole oxide	100μg/kg		不得检出	参照同类标准
18	涕灭威	Aldicarb	0.01		不得检出	GB/T 20772
19	艾氏剂和狄氏剂	Aldrin and dieldrin	0.2	0.2 和 0.2	不得检出	GB/T 19650
20	顺式氯氰菊酯	Alpha – cypermethrin	200μg/kg		不得检出	GB/T 19650
21	—	Ametoctradin	0.03		不得检出	参照同类标准
22	酰嘧磺隆	Amidosulfuron	0.02		不得检出	参照同类标准
23	氯氨吡啶酸	Aminopyralid	0.02		不得检出	GB/T 23211
24	—	Amisulbrom	0.01		不得检出	参照同类标准
25	双甲脒	Amitraz	200μg/kg		不得检出	GB/T 19650
26	阿莫西林	Amoxicillin	50μg/kg		不得检出	NY/T 830
27	氨苄青霉素	Ampicillin	50μg/kg		不得检出	GB/T 21315
28	敌菌灵	Anilazine	0.01		不得检出	GB/T 20769
29	阿布拉霉素	Apramycin	1000μg/kg		不得检出	GB/T 21323
30	杀螨特	Aramite	0.01		不得检出	GB/T 19650
31	磺草灵	Asulam	0.1		不得检出	日本肯定列表（增补本1）
32	印楝素	Azadirachtin	0.01		不得检出	SN/T 3264
33	益棉磷	Azinphos – ethyl	0.01		不得检出	GB/T 19650
34	保棉磷	Azinphos – methyl	0.01		不得检出	GB/T 20772
35	三唑锡和三环锡	Azocyclotin and cyhexatin	0.05		不得检出	SN/T 1990
36	嘧菌酯	Azoxystrobin	0.05		不得检出	GB/T 20772
37	巴喹普林	Baquiloprim	10μg/kg		不得检出	参照同类标准
38	燕麦灵	Barban	0.05		不得检出	参照同类标准
39	氟丁酰草胺	Beflubutamid	0.05		不得检出	参照同类标准
40	苯霜灵	Benalaxyl	0.05		不得检出	GB/T 20772
41	丙硫克百威	Benfuracarb	0.02		不得检出	GB/T 20772
42	苄青霉素	Benzyl penicillin	50μg/kg		不得检出	GB/T 21315
43	联苯肼酯	Bifenazate	0.01		不得检出	GB/T 20772
44	甲羧除草醚	Bifenox	0.05		不得检出	GB/T 23210
45	联苯菊酯	Bifenthrin	3		不得检出	GB/T 19650
46	乐杀螨	Binapacryl	0.01		不得检出	SN 0523

序号	农兽药中文名	农兽药英文名	欧盟标准限量要求 mg/kg	国家标准限量要求 mg/kg	三安超有机食品标准 限量要求 mg/kg	检测方法
47	联苯	Biphenyl	0.01		不得检出	GB/T 19650
48	联苯三唑醇	Bitertanol	0.05		不得检出	GB/T 20772
49	—	Bixafen	0.4		不得检出	参照同类标准
50	啶酰菌胺	Boscalid	0.7		不得检出	GB/T 20772
51	溴离子	Bromide ion	0.05		不得检出	GB/T 5009.167
52	溴螨酯	Bromopropylate	0.01		不得检出	GB/T 19650
53	溴苯腈	Bromoxynil	0.05		不得检出	GB/T 20772
54	糠菌唑	Bromuconazole	0.05		不得检出	GB/T 19650
55	乙嘧酚磺酸酯	Bupirimate	0.05		不得检出	GB/T 19650
56	噻嗪酮	Buprofezin	0.05		不得检出	GB/T 20772
57	仲丁灵	Butralin	0.02		不得检出	GB/T 19650
58	丁草敌	Butylate	0.01		不得检出	GB/T 19650
59	硫线磷	Cadusafos	0.01		不得检出	GB/T 19650
60	毒杀芬	Camphechlor	0.05		不得检出	YC/T 180
61	敌菌丹	Captafol	0.01		不得检出	GB/T 23210
62	克菌丹	Captan	0.02		不得检出	GB/T 19648
63	咔唑心安	Carazolol	5μg/kg		不得检出	GB/T 20763
64	甲萘威	Carbaryl	0.05		不得检出	GB/T 20796
65	多菌灵和苯菌灵	Carbendazim and benomyl	0.05		不得检出	GB/T 20772
66	长杀草	Carbetamide	0.05		不得检出	GB/T 20772
67	克百威	Carbofuran	0.01		不得检出	GB/T 20772
68	丁硫克百威	Carbosulfan	0.05		不得检出	GB/T 19650
69	萎锈灵	Carboxin	0.05		不得检出	GB/T 20772
70	卡洛芬	Carprofen	1000μg/kg		不得检出	SN/T 2190
71	头孢吡啉	Cefapirin	50μg/kg		不得检出	GB/T 22989
72	头孢喹肟	Cefquinome	50μg/kg		不得检出	GB/T 22989
73	头孢噻呋	Ceftiofur	2000μg/kg		不得检出	GB/T 21314
74	头孢氨苄	Cefalexin	200μg/kg		不得检出	GB/T 22989
75	氯虫苯甲酰胺	Chlorantraniliprole	0.2		不得检出	参照同类标准
76	杀螨醚	Chlorbenside	0.05		不得检出	GB/T 19650
77	氯炔灵	Chlorbufam	0.05		不得检出	GB/T 20772
78	氯丹	Chlordane	0.05	0.05	不得检出	GB/T 5009.19
79	十氯酮	Chlordecone	0.1		不得检出	参照同类标准
80	杀螨酯	Chlorfenson	0.05		不得检出	GB/T 19650
81	毒虫畏	Chlorfenvinphos	0.01		不得检出	GB/T 19650
82	氯草敏	Chloridazon	0.1		不得检出	GB/T 20772
83	氯地孕酮	Chlormadinone	4μg/kg		不得检出	SN/T 1980
84	矮壮素	Chlormequat	0.05		不得检出	GB/T 23211
85	乙酯杀螨醇	Chlorobenzilate	0.1		不得检出	GB/T 23210

序号	农兽药中文名	农兽药英文名	欧盟标准限量要求 mg/kg	国家标准限量要求 mg/kg	三安超有机食品标准 限量要求 mg/kg	检测方法
86	百菌清	Chlorothalonil	0.07		不得检出	SN/T 2320
87	绿麦隆	Chlortoluron	0.05		不得检出	GB/T 20772
88	枯草隆	Chloroxuron	0.05		不得检出	SN/T 2150
89	氯苯胺灵	Chlorpropham	0.05		不得检出	GB/T 19650
90	甲基毒死蜱	Chlorpyrifos - methyl	0.05		不得检出	GB/T 19650
91	氯磺隆	Chlorsulfuron	0.01		不得检出	GB/T 20772
92	氯酞酸甲酯	Chlorthaldimethyl	0.01		不得检出	GB/T 19650
93	氯硫酰草胺	Chlorthiamid	0.02		不得检出	GB/T 20772
94	克拉维酸	Clavulanic acid	100μg/kg		不得检出	SN/T 2488
95	烯草酮	Clethodim	0.2		不得检出	GB/T 19650
96	炔草酯	Clodinafop - propargyl	0.02		不得检出	GB/T 19650
97	四螨嗪	Clofentezine	0.05		不得检出	GB/T 20772
98	二氯吡啶酸	Clopyralid	0.05		不得检出	SN/T 2228
99	氯氰碘柳胺	Closantel	3000μg/kg		不得检出	SN/T 1628
100	噻虫胺	Clothianidin	0.02		不得检出	GB/T 20772
101	邻氯青霉素	Cloxacillin	300μg/kg		不得检出	GB/T 18932.25
102	黏菌素	Colistin	150μg/kg		不得检出	参照同类标准
103	铜化合物	Copper compounds	5		不得检出	参照同类标准
104	环烷基酰苯胺	Cyclanilide	0.01		不得检出	参照同类标准
105	噻草酮	Cycloxydim	0.05		不得检出	GB/T 19650
106	环氟菌胺	Cyflufenamid	0.03		不得检出	GB/T 23210
107	氟氯氰菊酯和高效氟氯氰菊酯	Cyfluthrin and beta - cyfluthrin	0.05		不得检出	GB/T 19650
108	氯氟氰菊酯和高效氯氟氰菊酯	Cyhalothrin and beta - cyhalothrin	500μg/kg		不得检出	SN/T 2151
109	霜脲氰	Cymoxanil	0.05		不得检出	GB/T 20772
110	氯氰菊酯	Cypermethrin	2		不得检出	GB/T 19650
111	环丙唑醇	Cyproconazole	0.05		不得检出	GB/T 20772
112	嘧菌环胺	Cyprodinil	0.05		不得检出	GB/T 19650
113	灭蝇胺	Cyromazine	0.05		不得检出	GB/T 20772
114	丁酰肼	Daminozide	0.05		不得检出	SN/T 1989
115	达氟沙星	Danofloxacin	100μg/kg		不得检出	GB/T 22985
116	滴滴涕	DDT	1	2	不得检出	SN/T 0127
117	溴氰菊酯	Deltamethrin	50μg/kg		不得检出	GB/T 19650
118	燕麦敌	Diallate	0.2		不得检出	GB/T 23211
119	二嗪磷	Diazinon	700μg/kg		不得检出	GB/T 19650
120	麦草畏	Dicamba	0.07		不得检出	GB/T 20772
121	敌草腈	Dichlobenil	0.01		不得检出	GB/T 19650
122	滴丙酸	Dichlorprop	0.05		不得检出	SN/T 2228

序号	农兽药中文名	农兽药英文名	欧盟标准限量要求 mg/kg	国家标准限量要求 mg/kg	三安超有机食品标准	
					限量要求 mg/kg	检测方法
123	双氯高灭酸	Diclofenac	1μg/kg		不得检出	参照同类标准
124	二氯苯氧基丙酸	Diclofop	0.05		不得检出	参照同类标准
125	氯硝胺	Dicloran	0.01		不得检出	GB/T 19650
126	双氯青霉素	Dicloxacillin	300μg/kg		不得检出	GB/T 18932.25
127	三氯杀螨醇	Dicofol	0.02		不得检出	GB/T 19650
128	乙霉威	Diethofencarb	0.05		不得检出	GB/T 19650
129	苯醚甲环唑	Difenoconazole	0.05		不得检出	GB/T 19650
130	双氟沙星	Difloxacin	100μg/kg		不得检出	GB/T 20366
131	除虫脲	Diflubenzuron	0.1		不得检出	SN/T 0528
132	吡氟酰草胺	Diflufenican	0.05		不得检出	GB/T 20772
133	二氢链霉素	Dihydro – streptomycin	500μg/kg		不得检出	GB/T 22969
134	油菜安	Dimethachlor	0.02		不得检出	GB/T 20772
135	烯酰吗啉	Dimethomorph	0.05		不得检出	GB/T 20772
136	醚菌胺	Dimoxystrobin	0.05		不得检出	SN/T 2237
137	烯唑醇	Diniconazole	0.01		不得检出	GB/T 19650
138	敌螨普	Dinocap	0.05		不得检出	日本肯定列表（增补本1）
139	地乐酚	Dinoseb	0.01		不得检出	GB/T 20772
140	特乐酚	Dinoterb	0.05		不得检出	GB/T 20772
141	敌恶磷	Dioxathion	0.05		不得检出	GB/T 19650
142	敌草快	Diquat	0.05		不得检出	GB/T 5009.221
143	乙拌磷	Disulfoton	0.01		不得检出	GB/T 20772
144	二氰蒽醌	Dithianon	0.01		不得检出	GB/T 20769
145	二硫代氨基甲酸酯	Dithiocarbamates	0.05		不得检出	SN 0139
146	敌草隆	Diuron	0.05		不得检出	SN/T 0645
147	二硝甲酚	DNOC	0.05		不得检出	GB/T 20772
148	多果定	Dodine	0.2		不得检出	SN 0500
149	多拉菌素	Doramectin	150μg/kg		不得检出	GB/T 22968
150	甲氨基阿维菌素苯甲酸盐	Emamectin benzoate	0.02		不得检出	GB/T 20769
151	硫丹	Endosulfan	0.05		不得检出	GB/T 19650
152	异狄氏剂	Endrin	0.05	0.05	不得检出	GB/T 19650
153	恩诺沙星	Enrofloxacin	100μg/kg		不得检出	GB/T 20366
154	氟环唑	Epoxiconazole	0.01		不得检出	GB/T 20772
155	埃普利诺菌素	Eprinomectin	250μg/kg		不得检出	GB/T 21320
156	茵草敌	EPTC	0.02		不得检出	GB/T 20772
157	红霉素	Erythromycin	200μg/kg		不得检出	GB/T20762
158	乙丁烯氟灵	Ethalfluralin	0.01		不得检出	GB/T 19650
159	胺苯磺隆	Ethametsulfuron	0.01		不得检出	NY/T 1616
160	乙烯利	Ethephon	0.05		不得检出	SN 0705

序号	农兽药中文名	农兽药英文名	欧盟标准限量要求 mg/kg	国家标准限量要求 mg/kg	三安超有机食品标准限量要求 mg/kg	检测方法
161	乙硫磷	Ethion	0.01		不得检出	GB/T 19650
162	乙嘧酚	Ethirimol	0.05		不得检出	GB/T 20772
163	乙氧呋草黄	Ethofumesate	0.1		不得检出	GB/T 20772
164	灭线磷	Ethoprophos	0.01		不得检出	GB/T 19650
165	乙氧喹啉	Ethoxyquin	0.05		不得检出	GB/T 20772
166	环氧乙烷	Ethylene oxide	0.02		不得检出	GB/T 23296.11
167	醚菊酯	Etofenprox	0.5		不得检出	GB/T 19650
168	氯唑灵	Etridiazole	0.05		不得检出	GB/T 20772
169	噁唑菌酮	Famoxadone	0.05		不得检出	GB/T 20772
170	苯硫氨酯	Febantel	50μg/kg		不得检出	GB/T 22972
171	咪唑菌酮	Fenamidone	0.01		不得检出	GB/T 19650
172	苯线磷	Fenamiphos	0.02		不得检出	GB/T 19650
173	氯苯嘧啶醇	Fenarimol	0.02		不得检出	GB/T 20772
174	喹螨醚	Fenazaquin	0.01		不得检出	GB/T 19650
175	苯硫苯咪唑	Fenbendazole	50μg/kg		不得检出	SN 0638
176	腈苯唑	Fenbuconazole	0.05		不得检出	GB/T 20772
177	苯丁锡	Fenbutatin oxide	0.05		不得检出	SN/T 3149
178	环酰菌胺	Fenhexamid	0.05		不得检出	GB/T 20772
179	杀螟硫磷	Fenitrothion	0.01		不得检出	GB/T 20772
180	精噁唑禾草灵	Fenoxaprop – P – ethyl	0.05		不得检出	GB/T 22617
181	双氧威	Fenoxycarb	0.05		不得检出	GB/T 19650
182	苯锈啶	Fenpropidin	0.02		不得检出	GB/T 19650
183	丁苯吗啉	Fenpropimorph	0.01		不得检出	GB/T 20772
184	胺苯吡菌酮	Fenpyrazamine	0.01		不得检出	参照同类标准
185	唑螨酯	Fenpyroximate	0.02		不得检出	GB/T 19650
186	倍硫磷	Fenthion	0.05		不得检出	GB/T 20772
187	三苯锡	Fentin	0.05		不得检出	SN/T 3149
188	薯瘟锡	Fentin acetate	0.05		不得检出	参照同类标准
189	氰戊菊酯	Fenvalerate	250μg/kg		不得检出	GB/T 19650
190	氰戊菊酯和高效氰戊菊酯（RR & SS 异构体总量）	Fenvalerate and esfenvalerate (sum of RR & SS isomers)	0.2		不得检出	GB/T 19650
191	氰戊菊酯和高效氰戊菊酯（RS & SR 异构体总量）	Fenvalerate and esfenvalerate (sum of RS & SR isomers)	0.05		不得检出	GB/T 19650
192	氟虫腈	Fipronil	0.5		不得检出	SN/T 1982
193	氟啶虫酰胺	Flonicamid	0.02		不得检出	SN/T 2796
194	精吡氟禾草灵	Fluazifop – P – butyl	0.05		不得检出	GB/T 5009.142
195	氟啶胺	Fluazinam	0.05		不得检出	SN/T 2150
196	啶蜱脲	Fluazuron	7000μg/kg		不得检出	SN/T 2540

序号	农兽药中文名	农兽药英文名	欧盟标准限量要求 mg/kg	国家标准限量要求 mg/kg	三安超有机食品标准	
					限量要求 mg/kg	检测方法
197	氟苯虫酰胺	Flubendiamide	2		不得检出	SN/T 2581
198	氟环脲	Flucycloxuron	0.05		不得检出	参照同类标准
199	氟氰戊菊酯	Flucythrinate	0.05		不得检出	GB/T 23210
200	咯菌腈	Fludioxonil	0.05		不得检出	GB/T 20772
201	氟虫脲	Flufenoxuron	0.05		不得检出	SN/T 2150
202	杀螨净	Flufenzin	0.02		不得检出	参照同类标准
203	氟甲喹	Flumequin	300μg/kg		不得检出	SN/T 1921
204	氟氯苯氰菊酯	Flumethrin	150μg/kg		不得检出	农业部781号公告-7
205	氟胺烟酸	Flunixin	30μg/kg		不得检出	GB/T 20750
206	氟吡菌胺	Fluopicolide	0.01		不得检出	参照同类标准
207	—	Fluopyram	0.1		不得检出	参照同类标准
208	氟离子	Fluoride ion	1		不得检出	GB/T 5009.167
209	氟腈嘧菌酯	Fluoxastrobin	0.05		不得检出	SN/T 2237
210	氟喹唑	Fluquinconazole	2		不得检出	GB/T 19650
211	氟咯草酮	Fluorochloridone	0.05		不得检出	GB/T 20772
212	氟草烟	Fluroxypyr	0.05		不得检出	GB/T 20772
213	氟硅唑	Flusilazole	0.1		不得检出	GB/T 20772
214	氟酰胺	Flutolanil	0.02		不得检出	GB/T 20772
215	粉唑醇	Flutriafol	0.01		不得检出	GB/T 20772
216	—	Fluxapyroxad	0.05		不得检出	参照同类标准
217	氟磺胺草醚	Fomesafen	0.01		不得检出	GB/T 5009.130
218	氯吡脲	Forchlorfenuron	0.05		不得检出	SN/T 3643
219	伐虫脒	Formetanate	0.01		不得检出	NY/T 1453
220	三乙膦酸铝	Fosetyl – aluminium	0.5		不得检出	参照同类标准
221	麦穗宁	Fuberidazole	0.05		不得检出	GB/T 19650
222	呋线威	Furathiocarb	0.01		不得检出	GB/T 20772
223	糠醛	Furfural	1		不得检出	参照同类标准
224	加米霉素	Gamithromycin	20μg/kg		不得检出	参照同类标准
225	庆大霉素	Gentamicin	50μg/kg		不得检出	GB/T 21323
226	勃激素	Gibberellic acid	0.1		不得检出	GB/T 23211
227	草铵膦	Glufosinate – ammonium	0.1		不得检出	日本肯定列表
228	草甘膦	Glyphosate	0.05		不得检出	SN/T 1923
229	双胍盐	Guazatine	0.1		不得检出	参照同类标准
230	常山酮	Halofuginone	25μg/kg		不得检出	GB 29693
231	氟吡禾灵	Haloxyfop	0.01		不得检出	SN/T 2228
232	七氯	Heptachlor	0.2		不得检出	SN 0663
233	六氯苯	Hexachlorobenzene	0.2		不得检出	SN/T 0127

序号	农兽药中文名	农兽药英文名	欧盟标准限量要求 mg/kg	国家标准限量要求 mg/kg	三安超有机食品标准限量要求 mg/kg	检测方法
234	六六六（HCH），α－异构体	Hexachlorociclohexane（HCH），alpha－isomer	0.2	1	不得检出	SN/T 0127
235	六六六（HCH），β－异构体	Hexachlorociclohexane（HCH），beta－isomer	0.1		不得检出	SN/T 0127
236	噻螨酮	Hexythiazox	0.05		不得检出	GB/T 20772
237	噁霉灵	Hymexazol	0.05		不得检出	GB/T 20772
238	抑霉唑	Imazalil	0.05		不得检出	GB/T 20772
239	甲咪唑烟酸	Imazapic	0.01		不得检出	GB/T 20772
240	咪唑喹啉酸	Imazaquin	0.05		不得检出	GB/T 20772
241	吡虫啉	Imidacloprid	0.05		不得检出	GB/T 20772
242	双咪苯脲	Imidocarb	50μg/kg		不得检出	SN/T 2314
243	茚虫威	Indoxacarb	2		不得检出	GB/T 20772
244	碘苯腈	Ioxynil	1，5		不得检出	GB/T 20772
245	异菌脲	Iprodione	0.05		不得检出	GB/T 19650
246	稻瘟灵	Isoprothiolane	0.01		不得检出	GB/T 20772
247	异丙隆	Isoproturon	0.05		不得检出	GB/T 20772
248	—	Isopyrazam	0.01		不得检出	参照同类标准
249	异噁酰草胺	Isoxaben	0.01		不得检出	GB/T 20772
250	依维菌素	Ivermectin	100μg/kg		不得检出	GB/T 21320
251	卡那霉素	Kanamycin	100μg/kg		不得检出	GB/T 21323
252	醚菌酯	Kresoxim－methyl	0.02		不得检出	GB/T 20772
253	乳氟禾草灵	Lactofen	0.01		不得检出	GB/T 19650
254	高效氯氟氰菊酯	Lambda－cyhalothrin	0.5		不得检出	GB/T 23210
255	拉沙里菌素	Lasalocid	20μg/kg		不得检出	SN 0501
256	环草定	Lenacil	0.1		不得检出	GB/T 19650
257	左旋咪唑	Levamisole	10μg/kg		不得检出	SN 0349
258	林可霉素	Lincomycin	50μg/kg		不得检出	GB/T 20762
259	林丹	Lindane	0.02	1	不得检出	NY/T 761
260	虱螨脲	Lufenuron	0.02		不得检出	SN/T 2540
261	马拉硫磷	Malathion	0.02		不得检出	GB/T 19650
262	抑芽丹	Maleic hydrazide	0.02		不得检出	GB/T 23211
263	双炔酰菌胺	Mandipropamid	0.02		不得检出	参照同类标准
264	麻保沙星	Marbofloxacin	50μg/kg		不得检出	GB/T 22985
265	二甲四氯和二甲四氯丁酸	MCPA and MCPB	0.1		不得检出	SN/T 2228
266	壮棉素	Mepiquat chloride	0.05		不得检出	GB/T 23211
267	—	Meptyldinocap	0.05		不得检出	参照同类标准
268	汞化合物	Mercury compounds	0.01		不得检出	参照同类标准
269	氰氟虫腙	Metaflumizone	0.02		不得检出	SN/T 3852
270	甲霜灵和精甲霜灵	Metalaxyl and metalaxyl－M	0.05		不得检出	GB/T 20772

序号	农兽药中文名	农兽药英文名	欧盟标准限量要求 mg/kg	国家标准限量要求 mg/kg	三安超有机食品标准	
					限量要求 mg/kg	检测方法
271	四聚乙醛	Metaldehyde	0.05		不得检出	SN/T 1787
272	苯嗪草酮	Metamitron	0.05		不得检出	GB/T 19650
273	安乃近	Metamizole	100μg/kg		不得检出	GB/T 20747
274	吡唑草胺	Metazachlor	0.05		不得检出	GB/T 19650
275	叶菌唑	Metconazole	0.01		不得检出	GB/T 20772
276	甲基苯噻隆	Methabenzthiazuron	0.05		不得检出	GB/T 19650
277	虫螨畏	Methacrifos	0.01		不得检出	GB/T 20772
278	甲胺磷	Methamidophos	0.01		不得检出	GB/T 20772
279	杀扑磷	Methidathion	0.02		不得检出	GB/T 20772
280	甲硫威	Methiocarb	0.05		不得检出	GB/T 20770
281	灭多威和硫双威	Methomyl and thiodicarb	0.02		不得检出	GB/T 20772
282	烯虫酯	Methoprene	0.2		不得检出	GB/T 19650
283	甲氧滴滴涕	Methoxychlor	0.01		不得检出	SN/T 0529
284	甲氧虫酰肼	Methoxyfenozide	0.2		不得检出	GB/T 20772
285	甲基泼尼松龙	Methylprednisolone	10μg/kg		不得检出	GB/T 21981
286	磺草唑胺	Metosulam	0.01		不得检出	GB/T 20772
287	苯菌酮	Metrafenone	0.05		不得检出	参照同类标准
288	嗪草酮	Metribuzin	0.1		不得检出	GB/T 19650
289	莫能菌素	Monensin	10μg/kg		不得检出	SN 0698
290	绿谷隆	Monolinuron	0.05		不得检出	GB/T 20772
291	灭草隆	Monuron	0.01		不得检出	GB/T 20772
292	甲噻吩嘧啶	Morantel	100μg/kg		不得检出	参照同类标准
293	莫西丁克	Moxidectin	500μg/kg		不得检出	SN/T 2442
294	腈菌唑	Myclobutanil	0.01		不得检出	GB/T 20772
295	奈夫西林	Nafcillin	300μg/kg		不得检出	GB/T 22975
296	1－萘乙酰胺	1－Naphthylacetamide	0.05		不得检出	GB/T 23205
297	敌草胺	Napropamide	0.01		不得检出	GB/T 19650
298	新霉素(包括 framycetin)	Neomycin (including framycetin)	500μg/kg		不得检出	SN 0646
299	尼托比明	Netobimin	100μg/kg		不得检出	参照同类标准
300	烟嘧磺隆	Nicosulfuron	0.05		不得检出	SN/T 2325
301	除草醚	Nitrofen	0.01		不得检出	GB/T 19650
302	硝碘酚腈	Nitroxinil	200μg/kg		不得检出	参照同类标准
303	诺孕美特	Norgestomet	0.2μg/kg		不得检出	参照同类标准
304	氟酰脲	Novaluron	10		不得检出	GB/T 23211
305	嘧苯胺磺隆	Orthosulfamuron	0.01		不得检出	GB/T 23817
306	苯唑青霉素	Oxacillin	300μg/kg		不得检出	GB/T 18932.25
307	噁草酮	Oxadiazon	0.05		不得检出	GB/T 19650
308	噁霜灵	Oxadixyl	0.01		不得检出	GB/T 19650

序号	农兽药中文名	农兽药英文名	欧盟标准限量要求 mg/kg	国家标准限量要求 mg/kg	三安超有机食品标准 限量要求 mg/kg	检测方法
309	环氧嘧磺隆	Oxasulfuron	0.05		不得检出	GB/T 23817
310	奥芬达唑	Oxfendazole	50μg/kg		不得检出	GB/T 22972
311	喹菌酮	Oxolinic acid	50μg/kg		不得检出	日本肯定列表
312	氧化莠锈灵	Oxycarboxin	0.05		不得检出	GB/T 19650
313	羟氯柳苯胺	Oxyclozanide	20μg/kg		不得检出	SN/T 2909
314	亚砜磷	Oxydemeton – methyl	0.01		不得检出	参照同类标准
315	乙氧氟草醚	Oxyfluorfen	0.05		不得检出	GB/T 20772
316	多效唑	Paclobutrazol	0.02		不得检出	GB/T 19650
317	对硫磷	Parathion	0.05		不得检出	GB/T 19650
318	甲基对硫磷	Parathion – methyl	0.01		不得检出	GB/T 5009.161
319	戊菌唑	Penconazole	0.05		不得检出	GB/T 20772
320	戊菌隆	Pencycuron	0.05		不得检出	GB/T 19650
321	二甲戊灵	Pendimethalin	0.05		不得检出	GB/T 19650
322	喷沙西林	Penethamate	50μg/kg		不得检出	参照同类标准
323	氯菊酯	Permethrin	500μg/kg		不得检出	GB/T 19650
324	甜菜宁	Phenmedipham	0.05		不得检出	GB/T 23205
325	苯醚菊酯	Phenothrin	0.05		不得检出	GB/T 20772
326	甲拌磷	Phorate	0.01		不得检出	GB/T 20772
327	伏杀硫磷	Phosalone	0.01		不得检出	GB/T 20772
328	亚胺硫磷	Phosmet	0.1		不得检出	GB/T 20772
329	—	Phosphines and phosphides	0.01		不得检出	参照同类标准
330	辛硫磷	Phoxim	0.02		不得检出	GB/T 20772
331	氨氯吡啶酸	Picloram	0.2		不得检出	GB/T 23211
332	啶氧菌酯	Picoxystrobin	0.05		不得检出	GB/T 19650
333	抗蚜威	Pirimicarb	0.05		不得检出	GB/T 20772
334	甲基嘧啶磷	Pirimiphos – methyl	0.05		不得检出	GB/T 20772
335	吡利霉素	Pirlimycin	100μg/kg		不得检出	GB/T 22988
336	泼尼松龙	Prednisolone	4μg/kg		不得检出	GB/T 21981
337	咪鲜胺	Prochloraz	0.2		不得检出	GB/T 19650
338	腐霉利	Procymidone	0.01		不得检出	GB/T 20772
339	丙溴磷	Profenofos	0.05		不得检出	GB/T 20772
340	调环酸	Prohexadione	0.05		不得检出	日本肯定列表
341	毒草安	Propachlor	0.02		不得检出	GB/T 20772
342	扑派威	Propamocarb	0.1		不得检出	GB/T 20772
343	恶草酸	Propaquizafop	0.05		不得检出	GB/T 20772
344	炔螨特	Propargite	0.1		不得检出	GB/T 19650
345	苯胺灵	Propham	0.05		不得检出	GB/T 19650
346	丙环唑	Propiconazole	0.05		不得检出	GB/T 19650
347	异丙草胺	Propisochlor	0.01		不得检出	GB/T 19650

序号	农兽药中文名	农兽药英文名	欧盟标准限量要求 mg/kg	国家标准限量要求 mg/kg	三安超有机食品标准 限量要求 mg/kg	三安超有机食品标准 检测方法
348	残杀威	Propoxur	0.05		不得检出	GB/T 20772
349	炔苯酰草胺	Propyzamide	0.05		不得检出	GB/T 19650
350	苄草丹	Prosulfocarb	0.05		不得检出	GB/T 19650
351	丙硫菌唑	Prothioconazole	0.05		不得检出	参照同类标准
352	吡蚜酮	Pymetrozine	0.01		不得检出	GB/T 20772
353	吡唑醚菌酯	Pyraclostrobin	0.05		不得检出	GB/T 20772
354	—	Pyrasulfotole	0.01		不得检出	参照同类标准
355	吡菌磷	Pyrazophos	0.02		不得检出	GB/T 20772
356	除虫菊素	Pyrethrins	0.05		不得检出	GB/T 20772
357	哒螨灵	Pyridaben	0.02		不得检出	GB/T 19650
358	啶虫丙醚	Pyridalyl	0.01		不得检出	日本肯定列表
359	哒草特	Pyridate	0.05		不得检出	日本肯定列表
360	嘧霉胺	Pyrimethanil	0.05		不得检出	GB/T 19650
361	吡丙醚	Pyriproxyfen	0.05		不得检出	GB/T 19650
362	甲氧磺草胺	Pyroxsulam	0.01		不得检出	SN/T 2325
363	氯甲喹啉酸	Quinmerac	0.05		不得检出	参照同类标准
364	喹氧灵	Quinoxyfen	0.2		不得检出	SN/T 2319
365	五氯硝基苯	Quintozene	0.01		不得检出	GB/T 19650
366	精喹禾灵	Quizalofop-P-ethyl	0.05		不得检出	SN/T 2150
367	雷复尼特	Rafoxanide	30μg/kg		不得检出	SN/T1987
368	灭虫菊	Resmethrin	0.1		不得检出	GB/T 20772
369	鱼藤酮	Rotenone	0.01		不得检出	GB/T 20772
370	西玛津	Simazine	0.01		不得检出	SN 0594
371	壮观霉素	Spectinomycin	500μg/kg		不得检出	GB/T 21323
372	乙基多杀菌素	Spinetoram	0.01		不得检出	参照同类标准
373	多杀霉素	Spinosad	3		不得检出	GB/T 20772
374	螺旋霉素	Spiramycin	300μg/kg		不得检出	GB/T 20762
375	螺螨酯	Spirodiclofen	0.05		不得检出	GB/T 20772
376	螺甲螨酯	Spiromesifen	0.01		不得检出	GB/T 23210
377	螺虫乙酯	Spirotetramat	0.01		不得检出	参照同类标准
378	萜孢菌素	Spiroxamine	0.05		不得检出	GB/T 20772
379	链霉素	Streptomycin	500μg/kg		不得检出	GB/T 21323
380	磺草酮	Sulcotrione	0.05		不得检出	参照同类标准
381	磺胺类（所有属于磺胺类的物质）	Sulfonamides（all substances belonging to the sulfonamide-group）	100μg/kg		不得检出	GB 29694
382	乙黄隆	Sulfosulfuron	0.05		不得检出	SN/T 2325
383	硫磺粉	Sulfur	0.5		不得检出	参照同类标准
384	氟胺氰菊酯	Tau-fluvalinate	0.3		不得检出	SN 0691

序号	农兽药中文名	农兽药英文名	欧盟标准限量要求 mg/kg	国家标准限量要求 mg/kg	三安超有机食品标准	
					限量要求 mg/kg	检测方法
385	戊唑醇	Tebuconazole	0.1		不得检出	GB/T 20772
386	虫酰肼	Tebufenozide	0.05		不得检出	GB/T 20772
387	吡螨胺	Tebufenpyrad	0.05		不得检出	GB/T 19650
388	四氯硝基苯	Tecnazene	0.05		不得检出	GB/T 19650
389	氟苯脲	Teflubenzuron	0.05		不得检出	SN/T 2150
390	七氟菊酯	Tefluthrin	0.05		不得检出	GB/T 23210
391	得杀草	Tepraloxydim	0.1		不得检出	GB/T 20772
392	特丁硫磷	Terbufos	0.01		不得检出	GB/T 20772
393	特丁津	Terbuthylazine	0.05		不得检出	GB/T 19650
394	四氟醚唑	Tetraconazole	0.5		不得检出	GB/T 20772
395	三氯杀螨砜	Tetradifon	0.05		不得检出	GB/T 19650
396	噻菌灵	Thiabendazole	100μg/kg		不得检出	GB/T 20772
397	噻虫啉	Thiacloprid	0.05		不得检出	GB/T 20772
398	噻虫嗪	Thiamethoxam	0.03		不得检出	GB/T 20772
399	甲砜霉素	Thiamphenicol	50μg/kg		不得检出	GB/T 20756
400	禾草丹	Thiobencarb	0.01		不得检出	GB/T 20772
401	甲基硫菌灵	Thiophanate - methyl	0.05		不得检出	SN/T 0162
402	泰地罗新	Tildipirosin	200μg/kg		不得检出	参照同类标准
403	替米考星	Tilmicosin	50μg/kg		不得检出	GB/T 20762
404	甲基立枯磷	Tolclofos - methyl	0.05		不得检出	GB/T 19650
405	甲苯三嗪酮	Toltrazuril	150μg/kg		不得检出	参照同类标准
406	—	Topramezone	0.05		不得检出	参照同类标准
407	三唑酮和三唑醇	Triadimefon and triadimenol	0.1		不得检出	GB/T 20772
408	野麦畏	Triallate	0.05		不得检出	GB/T 20772
409	醚苯磺隆	Triasulfuron	0.05		不得检出	GB/T 20772
410	三唑磷	Triazophos	0.01		不得检出	GB/T 20772
411	敌百虫	Trichlorphon	0.01		不得检出	GB/T 20772
412	三氯苯哒唑	Triclabendazole	100μg/kg		不得检出	参照同类标准
413	绿草定	Triclopyr	0.05		不得检出	SN/T 2228
414	三环唑	Tricyclazole	0.05		不得检出	GB/T 20769
415	肟菌酯	Trifloxystrobin	0.04		不得检出	GB/T 19650
416	氟菌唑	Triflumizole	0.05		不得检出	GB/T 20769
417	杀铃脲	Triflumuron	0.01		不得检出	GB/T 20772
418	氟乐灵	Trifluralin	0.01		不得检出	GB/T 20772
419	嗪氨灵	Triforine	0.01		不得检出	SN 0695
420	甲氧苄氨嘧啶	Trimethoprim	50μg/kg		不得检出	SN/T 1769
421	三甲基锍阳离子	Trimethyl - sulfonium cation	0.05		不得检出	参照同类标准
422	抗倒酯	Trinexapac	0.05		不得检出	GB/T 20769
423	灭菌唑	Triticonazole	0.01		不得检出	GB/T 20772

序号	农兽药中文名	农兽药英文名	欧盟标准限量要求 mg/kg	国家标准限量要求 mg/kg	三安超有机食品标准 限量要求 mg/kg	三安超有机食品标准 检测方法
424	三氟甲磺隆	Tritosulfuron	0.01		不得检出	参照同类标准
425	托拉菌素	Tulathromycin	100μg/kg		不得检出	参照同类标准
426	泰乐菌素	Tylosin	100μg/kg		不得检出	GB/T 22941
427	—	Valifenalate	0.01		不得检出	参照同类标准
428	乙烯菌核利	Vinclozolin	0.05		不得检出	GB/T 20772
429	2,3,4,5-四氯苯胺	2,3,4,5-Tetrachloraniline			不得检出	GB/T 19650
430	2,3,4,5-四氯甲氧基苯	2,3,4,5-Tetrachloroanisole			不得检出	GB/T 19650
431	2,3,5,6-四氯苯胺	2,3,5,6-Tetrachloroaniline			不得检出	GB/T 19650
432	2,4,5-涕	2,4,5-T			不得检出	GB/T 20772
433	o,p'-滴滴滴	2,4'-DDD			不得检出	GB/T 19650
434	o,p'-滴滴伊	2,4'-DDE			不得检出	GB/T 19650
435	o,p'-滴滴涕	2,4'-DDT			不得检出	GB/T 19650
436	2,6-二氯苯甲酰胺	2,6-Dichlorobenzamide			不得检出	GB/T 19650
437	3,5-二氯苯胺	3,5-Dichloroaniline			不得检出	GB/T 19650
438	p,p'-滴滴滴	4,4'-DDD			不得检出	GB/T 19650
439	p,p'-滴滴伊	4,4'-DDE			不得检出	GB/T 19650
440	p,p'-滴滴涕	4,4'-DDT			不得检出	GB/T 19650
441	4,4'-二溴二苯甲酮	4,4'-Dibromobenzophenone			不得检出	GB/T 19650
442	4,4'-二氯二苯甲酮	4,4'-Dichlorobenzophenone			不得检出	GB/T 19650
443	二氢苊	Acenaphthene			不得检出	GB/T 19650
444	乙酰丙嗪	Acepromazine			不得检出	GB/T 20763
445	三氟羧草醚	Acifluorfen			不得检出	GB/T 20772
446	1-氨基-2-乙内酰脲	AHD			不得检出	GB/T 21311
447	涕灭砜威	Aldoxycarb			不得检出	GB/T 20772
448	烯丙菊酯	Allethrin			不得检出	GB/T 20772
449	二丙烯草胺	Allidochlor			不得检出	GB/T 19650
450	烯丙孕素	Altrenogest			不得检出	SN/T 1980
451	莠灭净	Ametryn			不得检出	GB/T 20772
452	杀草强	Amitrole			不得检出	SN/T 1737.6
453	5-吗啉甲基-3-氨基-2-噁唑烷基酮	AMOZ			不得检出	GB/T 21311
454	氨丙嘧吡啶	Amprolium			不得检出	SN/T 0276
455	莎稗磷	Anilofos			不得检出	GB/T 19650
456	蒽醌	Anthraquinone			不得检出	GB/T 19650
457	3-氨基-2-噁唑酮	AOZ			不得检出	GB/T 21311
458	丙硫特普	Aspon			不得检出	GB/T 19650
459	羟氨卡青霉素	Aspoxicillin			不得检出	GB/T 21315
460	乙基杀扑磷	Athidathion			不得检出	GB/T 19650
461	莠去通	Atratone			不得检出	GB/T 19650

序号	农兽药中文名	农兽药英文名	欧盟标准限量要求 mg/kg	国家标准限量要求 mg/kg	三安超有机食品标准 限量要求 mg/kg	检测方法
462	莠去津	Atrazine			不得检出	GB/T 20772
463	脱乙基阿特拉津	Atrazine – desethyl			不得检出	GB/T 19650
464	甲基吡噁磷	Azamethiphos			不得检出	GB/T 20763
465	氮哌酮	Azaperone			不得检出	SN/T2221
466	叠氮津	Aziprotryne			不得检出	GB/T 19650
467	杆菌肽	Bacitracin			不得检出	GB/T 20743
468	4–溴–3,5–二甲苯基–N–甲基氨基甲酸酯–1	BDMC – 1			不得检出	GB/T 19650
469	4–溴–3,5–二甲苯基–N–甲基氨基甲酸酯–2	BDMC – 2			不得检出	GB/T 19650
470	噁虫威	Bendiocarb			不得检出	GB/T 20772
471	乙丁氟灵	Benfluralin			不得检出	GB/T 19650
472	呋草黄	Benfuresate			不得检出	GB/T 19650
473	麦锈灵	Benodanil			不得检出	GB/T 19650
474	解草酮	Benoxacor			不得检出	GB/T 19650
475	新燕灵	Benzoylprop – ethyl			不得检出	GB/T 19650
476	倍他米松	Betamethasone			不得检出	SN/T 1970
477	生物烯丙菊酯–1	Bioallethrin – 1			不得检出	GB/T 19650
478	生物烯丙菊酯–2	Bioallethrin – 2			不得检出	GB/T 19650
479	生物苄呋菊酯	Bioresmethrin			不得检出	GB/T 20772
480	除草定	Bromacil			不得检出	GB/T 20772
481	溴苯烯磷	Bromfenvinfos			不得检出	GB/T 19650
482	溴烯杀	Bromocylen			不得检出	GB/T 19650
483	溴硫磷	Bromofos			不得检出	GB/T 19650
484	乙基溴硫磷	Bromophos – ethyl			不得检出	GB/T 19650
485	溴丁酰草胺	Btomobutide			不得检出	GB/T 19650
486	氟丙嘧草酯	Butafenacil			不得检出	GB/T 19650
487	抑草磷	Butamifos			不得检出	GB/T 19650
488	丁草胺	Butaxhlor			不得检出	GB/T 19650
489	苯酮唑	Cafenstrole			不得检出	GB/T 19650
490	角黄素	Canthaxanthin			不得检出	SN/T 2327
491	卡巴氧	Carbadox			不得检出	GB/T 20746
492	三硫磷	Carbophenothion			不得检出	GB/T 19650
493	唑草酮	Carfentrazone – ethyl			不得检出	GB/T 19650
494	头孢洛宁	Cefalonium			不得检出	GB/T 22989
495	氯霉素	Chloramphenicolum			不得检出	GB/T 20772
496	氯杀螨砜	Chlorbenside sulfone			不得检出	GB/T 19650
497	氯溴隆	Chlorbromuron			不得检出	GB/T 19650
498	杀虫脒	Chlordimeform			不得检出	GB/T 19650

序号	农兽药中文名	农兽药英文名	欧盟标准限量要求 mg/kg	国家标准限量要求 mg/kg	三安超有机食品标准	
					限量要求 mg/kg	检测方法
499	氯氧磷	Chlorethoxyfos			不得检出	GB/T 19650
500	溴虫腈	Chlorfenapyr			不得检出	GB/T 19650
501	杀螨醇	Chlorfenethol			不得检出	GB/T 19650
502	燕麦酯	Chlorfenprop – methyl			不得检出	GB/T 19650
503	氟啶脲	Chlorfluazuron			不得检出	SN/T 2540
504	整形醇	Chlorflurenol			不得检出	GB/T 19650
505	氯甲硫磷	Chlormephos			不得检出	GB/T 19650
506	氯苯甲醚	Chloroneb			不得检出	GB/T 19650
507	丙酯杀螨醇	Chloropropylate			不得检出	GB/T 19650
508	氯丙嗪	Chlorpromazine			不得检出	GB/T 20763
509	毒死蜱	Chlorpyrifos			不得检出	GB/T 19650
510	金霉素	Chlortetracycline			不得检出	GB/T 21317
511	氯硫磷	Chlorthion			不得检出	GB/T 19650
512	虫螨磷	Chlorthiophos			不得检出	GB/T 19650
513	乙菌利	Chlozolinate			不得检出	GB/T 19650
514	顺式 – 氯丹	cis – Chlordane			不得检出	GB/T 19650
515	顺式 – 燕麦敌	cis – Diallate			不得检出	GB/T 19650
516	顺式 – 氯菊酯	cis – Permethrin			不得检出	GB/T 19650
517	克仑特罗	Clenbuterol			不得检出	GB/T 22286
518	异噁草酮	Clomazone			不得检出	GB/T 20772
519	氯甲酰草胺	Clomeprop			不得检出	GB/T 19650
520	氯羟吡啶	Clopidol			不得检出	GB 29700
521	解草酯	Cloquintocet – mexyl			不得检出	GB/T 19650
522	蝇毒磷	Coumaphos			不得检出	GB/T 19650
523	鼠立死	Crimidine			不得检出	GB/T 19650
524	巴毒磷	Crotxyphos			不得检出	GB/T 19650
525	育畜磷	Crufomate			不得检出	GB/T 19650
526	苯腈磷	Cyanofenphos			不得检出	GB/T 19650
527	杀螟腈	Cyanophos			不得检出	GB/T 20772
528	环草敌	Cycloate			不得检出	GB/T 20772
529	环莠隆	Cycluron			不得检出	GB/T 20772
530	环丙津	Cyprazine			不得检出	GB/T 20772
531	敌草索	Dacthal			不得检出	GB/T 19650
532	癸氧喹酯	Decoquinate			不得检出	SN/T 2444
533	脱叶磷	DEF			不得检出	GB/T 19650
534	2,2′,4,5,5′ – 五氯联苯	DE – PCB 101			不得检出	GB/T 19650
535	2,3,4,4′,5 – 五氯联苯	DE – PCB 118			不得检出	GB/T 19650
536	2,2′,3,4,4′,5 – 六氯联苯	DE – PCB 138			不得检出	GB/T 19650
537	2,2′,4,4′,5,5′ – 六氯联苯	DE – PCB 153			不得检出	GB/T 19650

序号	农兽药中文名	农兽药英文名	欧盟标准限量要求 mg/kg	国家标准限量要求 mg/kg	三安超有机食品标准	
					限量要求 mg/kg	检测方法
538	2,2',3,4,4',5,5'-七氯联苯	DE-PCB 180			不得检出	GB/T 19650
539	2,4,4'-三氯联苯	DE-PCB 28			不得检出	GB/T 19650
540	2,4,5-三氯联苯	DE-PCB 31			不得检出	GB/T 19650
541	2,2',5,5'-四氯联苯	DE-PCB 52			不得检出	GB/T 19650
542	脱溴溴苯磷	Desbrom-leptophos			不得检出	GB/T 19650
543	脱乙基另丁津	Desethyl-sebuthylazine			不得检出	GB/T 19650
544	敌草净	Desmetryn			不得检出	GB/T 19650
545	地塞米松	Dexamethasone			不得检出	SN/T 1970
546	氯亚胺硫磷	Dialifos			不得检出	GB/T 19650
547	敌菌净	Diaveridine			不得检出	SN/T 1926
548	驱虫特	Dibutyl succinate			不得检出	GB/T 20772
549	异氯磷	Dicapthon			不得检出	GB/T 20772
550	除线磷	Dichlofenthion			不得检出	GB/T 20772
551	苯氟磺胺	Dichlofluanid			不得检出	GB/T 19650
552	烯丙酰草胺	Dichlormid			不得检出	GB/T 19650
553	敌敌畏	Dichlorvos			不得检出	GB/T 20772
554	苄氯三唑醇	Diclobutrazole			不得检出	GB/T 20772
555	禾草灵	Diclofop-methyl			不得检出	GB/T 19650
556	己烯雌酚	Diethylstilbestrol			不得检出	GB/T 20766
557	二氢链霉素	Dihydro-streptomycin			不得检出	GB/T 22969
558	甲氟磷	Dimefox			不得检出	GB/T 19650
559	哌草丹	Dimepiperate			不得检出	GB/T 19650
560	异戊乙净	Dimethametryn			不得检出	GB/T 19650
561	二甲酚草胺	Dimethenamid			不得检出	GB/T 19650
562	乐果	Dimethoate			不得检出	GB/T 20772
563	甲基毒虫畏	Dimethylvinphos			不得检出	GB/T 19650
564	地美硝唑	Dimetridazole			不得检出	GB/T 21318
565	二硝托安	Dinitolmide			不得检出	SN/T 2453
566	氨氟灵	Dinitramine			不得检出	GB/T 19650
567	消螨通	Dinobuton			不得检出	GB/T 19650
568	呋虫胺	Dinotefuran			不得检出	GB/T 20772
569	苯虫醚-1	Diofenolan-1			不得检出	GB/T 19650
570	苯虫醚-2	Diofenolan-2			不得检出	GB/T 19650
571	蔬果磷	Dioxabenzofos			不得检出	GB/T 19650
572	双苯酰草胺	Diphenamid			不得检出	GB/T 19650
573	二苯胺	Diphenylamine			不得检出	GB/T 19650
574	异丙净	Dipropetryn			不得检出	GB/T 19650
575	灭菌磷	Ditalimfos			不得检出	GB/T 19650

序号	农兽药中文名	农兽药英文名	欧盟标准限量要求 mg/kg	国家标准限量要求 mg/kg	三安超有机食品标准 限量要求 mg/kg	检测方法
576	氟硫草定	Dithiopyr			不得检出	GB/T 19650
577	强力霉素	Doxycycline			不得检出	GB/T 20764
578	敌瘟磷	Edifenphos			不得检出	GB/T 19650
579	硫丹硫酸盐	Endosulfan – sulfate			不得检出	GB/T 19650
580	异狄氏剂酮	Endrin ketone			不得检出	GB/T 19650
581	苯硫磷	EPN			不得检出	GB/T 19650
582	抑草蓬	Erbon			不得检出	GB/T 19650
583	S – 氰戊菊酯	Esfenvalerate			不得检出	GB/T 19650
584	戊草丹	Esprocarb			不得检出	GB/T 19650
585	乙环唑 – 1	Etaconazole – 1			不得检出	GB/T 19650
586	乙环唑 – 2	Etaconazole – 2			不得检出	GB/T 19650
587	乙嘧硫磷	Etrimfos			不得检出	GB/T 19650
588	氧乙嘧硫磷	Etrimfos oxon			不得检出	GB/T 19650
589	伐灭磷	Famphur			不得检出	GB/T 19650
590	苯线磷亚砜	Fenamiphos sulfoxide			不得检出	GB/T 19650
591	苯线磷砜	Fenamiphos – sulfone			不得检出	GB/T 19650
592	氧皮蝇磷	Fenchlorphos oxon			不得检出	GB/T 19650
593	甲呋酰胺	Fenfuram			不得检出	GB/T 19650
594	仲丁威	Fenobucarb			不得检出	GB/T 19650
595	苯硫威	Fenothiocarb			不得检出	GB/T 19650
596	稻瘟酰胺	Fenoxanil			不得检出	GB/T 19650
597	拌种咯	Fenpiclonil			不得检出	GB/T 19650
598	甲氰菊酯	Fenpropathrin			不得检出	GB/T 19650
599	芬螨酯	Fenson			不得检出	GB/T 19650
600	丰索磷	Fensulfothion			不得检出	GB/T 19650
601	倍硫磷亚砜	Fenthion sulfoxide			不得检出	GB/T 19650
602	麦草氟异丙酯	Flamprop – isopropyl			不得检出	GB/T 19650
603	麦草氟甲酯	Flamprop – methyl			不得检出	GB/T 19650
604	氟苯尼考	Florfenicol			不得检出	GB/T 20756
605	吡氟禾草灵	Fluazifop – butyl			不得检出	GB/T 19650
606	氟苯咪唑	Flubendazole			不得检出	GB/T 21324
607	氟噻草胺	Flufenacet			不得检出	GB/T 19650
608	氟节胺	Flumetralin			不得检出	GB/T 19650
609	唑嘧磺草胺	Flumetsulam			不得检出	GB/T 20772
610	氟烯草酸	Flumiclorac			不得检出	GB/T 19650
611	丙炔氟草胺	Flumioxazin			不得检出	GB/T 19650
612	三氟硝草醚	Fluorodifen			不得检出	GB/T 19650
613	乙羧氟草醚	Fluoroglycofen – ethyl			不得检出	GB/T 19650
614	三氟苯唑	Fluotrimazole			不得检出	GB/T 19650

序号	农兽药中文名	农兽药英文名	欧盟标准限量要求 mg/kg	国家标准限量要求 mg/kg	三安超有机食品标准 限量要求 mg/kg	三安超有机食品标准 检测方法
615	氟啶草酮	Fluridone			不得检出	GB/T 19650
616	氟草烟 - 1 - 甲庚酯	Fluroxypr - 1 - methylheptyl ester			不得检出	GB/T 19650
617	呋草酮	Flurtamone			不得检出	GB/T 19650
618	地虫硫磷	Fonofos			不得检出	GB/T 19650
619	安果	Formothion			不得检出	GB/T 19650
620	呋霜灵	Furalaxyl			不得检出	GB/T 19650
621	苄螨醚	Halfenprox			不得检出	GB/T 19650
622	氟哌啶醇	Haloperidol			不得检出	GB/T 20763
623	庚烯磷	Heptanophos			不得检出	GB/T 19650
624	己唑醇	Hexaconazole			不得检出	GB/T 19650
625	环嗪酮	Hexazinone			不得检出	GB/T 19650
626	咪草酸	Imazamethabenz - methyl			不得检出	GB/T 19650
627	脱苯甲基亚胺唑	Imibenconazole - des - benzyl			不得检出	GB/T 19650
628	炔咪菊酯 - 1	Imiprothrin - 1			不得检出	GB/T 19650
629	炔咪菊酯 - 2	Imiprothrin - 2			不得检出	GB/T 19650
630	碘硫磷	Iodofenphos			不得检出	GB/T 19650
631	甲基碘磺隆	Iodosulfuron - methyl			不得检出	GB/T 20772
632	异稻瘟净	Iprobenfos			不得检出	GB/T 19650
633	氯唑磷	Isazofos			不得检出	GB/T 19650
634	碳氯灵	Isobenzan			不得检出	GB/T 19650
635	丁咪酰胺	Isocarbamid			不得检出	GB/T 19650
636	水胺硫磷	Isocarbophos			不得检出	GB/T 19650
637	异艾氏剂	Isodrin			不得检出	GB/T 19650
638	异柳磷	Isofenphos			不得检出	GB/T 19650
639	氧异柳磷	Isofenphos oxon			不得检出	GB/T 19650
640	氮氨菲啶	Isometamidium			不得检出	SN/T 2239
641	丁嗪草酮	Isomethiozin			不得检出	GB/T 19650
642	异丙威 - 1	Isoprocarb - 1			不得检出	GB/T 19650
643	异丙威 - 2	Isoprocarb - 2			不得检出	GB/T 19650
644	异丙乐灵	Isopropalin			不得检出	GB/T 19650
645	双苯噁唑酸	Isoxadifen - ethyl			不得检出	GB/T 19650
646	异噁氟草	Isoxaflutole			不得检出	GB/T 20772
647	噁唑啉	Isoxathion			不得检出	GB/T 19650
648	交沙霉素	Josamycin			不得检出	GB/T 20762
649	溴苯磷	Leptophos			不得检出	GB/T 19650
650	利谷隆	Linuron			不得检出	GB/T 19650
651	2 - 甲 - 4 - 氯丁氧乙基酯	MCPA - butoxyethyl ester			不得检出	GB/T 19650
652	甲苯咪唑	Mebendazole			不得检出	GB/T 21324

序号	农兽药中文名	农兽药英文名	欧盟标准限量要求 mg/kg	国家标准限量要求 mg/kg	三安超有机食品标准 限量要求 mg/kg	检测方法
653	灭蚜磷	Mecarbam			不得检出	GB/T 19650
654	二甲四氯丙酸	Mecoprop			不得检出	SN/T 2325
655	苯噻酰草胺	Mefenacet			不得检出	GB/T 19650
656	吡唑解草酯	Mefenpyr – diethyl			不得检出	GB/T 19650
657	醋酸甲地孕酮	Megestrol acetate			不得检出	GB/T 20753
658	醋酸美仑孕酮	Melengestrol acetate			不得检出	GB/T 20753
659	嘧菌胺	Mepanipyrim			不得检出	GB/T 19650
660	地胺磷	Mephosfolan			不得检出	GB/T 19650
661	灭锈胺	Mepronil			不得检出	GB/T 19650
662	硝磺草酮	Mesotrione			不得检出	参照同类标准
663	呋菌胺	Methfuroxam			不得检出	GB/T 19650
664	灭梭威砜	Methiocarb sulfone			不得检出	GB/T 19650
665	盖草津	Methoprotryne			不得检出	GB/T 19650
666	甲醚菊酯 – 1	Methothrin – 1			不得检出	GB/T 19650
667	甲醚菊酯 – 2	Methothrin – 2			不得检出	GB/T 19650
668	溴谷隆	Metobromuron			不得检出	GB/T 19650
669	甲氧氯普胺	Metoclopramide			不得检出	SN/T 2227
670	苯氧菌胺 – 1	Metominsstrobin – 1			不得检出	GB/T 19650
671	苯氧菌胺 – 2	Metominsstrobin – 2			不得检出	GB/T 19650
672	甲硝唑	Metronidazole			不得检出	GB/T 21318
673	速灭磷	Mevinphos			不得检出	GB/T 19650
674	兹克威	Mexacarbate			不得检出	GB/T 19650
675	灭蚁灵	Mirex			不得检出	GB/T 19650
676	禾草敌	Molinate			不得检出	GB/T 19650
677	庚酰草胺	Monalide			不得检出	GB/T 19650
678	合成麝香	Musk ambrecte			不得检出	GB/T 19650
679	麝香	Musk moskene			不得检出	GB/T 19650
680	西藏麝香	Musk tibeten			不得检出	GB/T 19650
681	二甲苯麝香	Musk xylene			不得检出	GB/T 19650
682	二溴磷	Naled			不得检出	SN/T 0706
683	萘丙胺	Naproanilide			不得检出	GB/T 19650
684	甲基盐霉素	Narasin			不得检出	GB/T 20364
685	甲磺乐灵	Nitralin			不得检出	GB/T 19650
686	三氯甲基吡啶	Nitrapyrin			不得检出	GB/T 19650
687	酞菌酯	Nitrothal – isopropyl			不得检出	GB/T 19650
688	诺氟沙星	Norfloxacin			不得检出	GB/T 20366
689	氟草敏	Norflurazon			不得检出	GB/T 19650
690	新生霉素	Novobiocin			不得检出	SN 0674
691	氟苯嘧啶醇	Nuarimol			不得检出	GB/T 19650

序号	农兽药中文名	农兽药英文名	欧盟标准限量要求 mg/kg	国家标准限量要求 mg/kg	三安超有机食品标准 限量要求 mg/kg	三安超有机食品标准 检测方法
692	八氯苯乙烯	Octachlorostyrene			不得检出	GB/T 19650
693	氧氟沙星	Ofloxacin			不得检出	GB/T 20366
694	呋酰胺	Ofurace			不得检出	GB/T 19650
695	喹乙醇	Olaquindox			不得检出	GB/T 20746
696	竹桃霉素	Oleandomycin			不得检出	GB/T 20762
697	氧乐果	Omethoate			不得检出	GB/T 19650
698	奥比沙星	Orbifloxacin			不得检出	GB/T 22985
699	杀线威	Oxamyl			不得检出	GB/T 20772
700	丙氧苯咪唑	Oxibendazole			不得检出	GB/T 21324
701	氧化氯丹	Oxy – chlordane			不得检出	GB/T 19650
702	土霉素	Oxytetracycline			不得检出	GB/T 21317
703	对氧磷	Paraoxon			不得检出	GB/T 19650
704	甲基对氧磷	Paraoxon – methyl			不得检出	GB/T 19650
705	克草敌	Pebulate			不得检出	GB/T 19650
706	五氯苯胺	Pentachloroaniline			不得检出	GB/T 19650
707	五氯甲氧基苯	Pentachloroanisole			不得检出	GB/T 19650
708	五氯苯	Pentachlorobenzene			不得检出	GB/T 19650
709	乙滴涕	Perthane			不得检出	GB/T 19650
710	菲	Phenanthrene			不得检出	GB/T 19650
711	稻丰散	Phenthoate			不得检出	GB/T 19650
712	甲拌磷砜	Phorate sulfone			不得检出	GB/T 19650
713	磷胺 – 1	Phosphamidon – 1			不得检出	GB/T 19650
714	磷胺 – 2	Phosphamidon – 2			不得检出	GB/T 19650
715	酞酸苯甲基丁酯	Phthalic acid, benzylbutyl ester			不得检出	GB/T 19650
716	四氯苯肽	Phthalide			不得检出	GB/T 19650
717	邻苯二甲酰亚胺	Phthalimide			不得检出	GB/T 19650
718	氟吡酰草胺	Picolinafen			不得检出	GB/T 19650
719	增效醚	Piperonyl butoxide			不得检出	GB/T 19650
720	哌草磷	Piperophos			不得检出	GB/T 19650
721	乙基虫螨清	Pirimiphos – ethyl			不得检出	GB/T 19650
722	炔丙菊酯	Prallethrin			不得检出	GB/T 19650
723	丙草胺	Pretilachlor			不得检出	GB/T 19650
724	环丙氟灵	Profluralin			不得检出	GB/T 19650
725	茉莉酮	Prohydrojasmon			不得检出	GB/T 19650
726	扑灭通	Prometon			不得检出	GB/T 19650
727	扑草净	Prometryne			不得检出	GB/T 19650
728	炔丙烯草胺	Pronamide			不得检出	GB/T 19650
729	敌稗	Propanil			不得检出	GB/T 19650
730	扑灭津	Propazine			不得检出	GB/T 19650

序号	农兽药中文名	农兽药英文名	欧盟标准限量要求 mg/kg	国家标准限量要求 mg/kg	三安超有机食品标准	
					限量要求 mg/kg	检测方法
731	胺丙畏	Propetamphos			不得检出	GB/T 19650
732	丙酰二甲氨基丙吩噻嗪	Propionylpromazin			不得检出	GB/T 20763
733	丙硫磷	Prothiophos			不得检出	GB/T 19650
734	哒嗪硫磷	Ptridaphenthion			不得检出	GB/T 19650
735	吡唑硫磷	Pyraclofos			不得检出	GB/T 19650
736	吡草醚	Pyraflufen – ethyl			不得检出	GB/T 19650
737	啶斑肟 – 1	Pyrifenox – 1			不得检出	GB/T 19650
738	啶斑肟 – 2	Pyrifenox – 2			不得检出	GB/T 19650
739	环酯草醚	Pyriftalid			不得检出	GB/T 19650
740	嘧螨醚	Pyrimidifen			不得检出	GB/T 19650
741	嘧草醚	Pyriminobac – methyl			不得检出	GB/T 19650
742	嘧啶磷	Pyrimitate			不得检出	GB/T 19650
743	喹硫磷	Quinalphos			不得检出	GB/T 19650
744	灭藻醌	Quinoclamine			不得检出	GB/T 19650
745	苯氧喹啉	Quinoxyphen			不得检出	GB/T 19650
746	吡咪唑	Rabenzazole			不得检出	GB/T 19650
747	莱克多巴胺	Ractopamine			不得检出	GB/T 21313
748	洛硝达唑	Ronidazole			不得检出	GB/T 21318
749	皮蝇磷	Ronnel			不得检出	GB/T 19650
750	盐霉素	Salinomycin			不得检出	GB/T 20364
751	沙拉沙星	Sarafloxacin			不得检出	GB/T 20366
752	另丁津	Sebutylazine			不得检出	GB/T 19650
753	密草通	Secbumeton			不得检出	GB/T 19650
754	氨基脲	Semduramicin			不得检出	GB/T 20752
755	烯禾啶	Sethoxydim			不得检出	GB/T 19650
756	氟硅菊酯	Silafluofen			不得检出	GB/T 19650
757	硅氟唑	Simeconazole			不得检出	GB/T 19650
758	西玛通	Simetone			不得检出	GB/T 19650
759	西草净	Simetryn			不得检出	GB/T 19650
760	磺胺苯酰	Sulfabenzamide			不得检出	GB/T 21316
761	磺胺醋酰	Sulfacetamide			不得检出	GB/T 21316
762	磺胺氯哒嗪	Sulfachloropyridazine			不得检出	GB/T 21316
763	磺胺嘧啶	Sulfadiazine			不得检出	GB/T 21316
764	磺胺间二甲氧嘧啶	Sulfadimethoxine			不得检出	GB/T 21316
765	磺胺二甲嘧啶	Sulfadimidine			不得检出	GB/T 21316
766	磺胺多辛	Sulfadoxine			不得检出	GB/T 21316
767	磺胺脒	Sulfaguanidine			不得检出	GB/T 21316
768	菜草畏	Sulfallate			不得检出	GB/T 19650
769	磺胺甲嘧啶	Sulfamerazine			不得检出	GB/T 21316

序号	农兽药中文名	农兽药英文名	欧盟标准限量要求 mg/kg	国家标准限量要求 mg/kg	三安超有机食品标准	
					限量要求 mg/kg	检测方法
770	新诺明	Sulfamethoxazole			不得检出	GB/T 21316
771	磺胺间甲氧嘧啶	Sulfamonomethoxine			不得检出	GB/T 21316
772	乙酰磺胺对硝基苯	Sulfanitran			不得检出	GB/T 20772
773	磺胺吡啶	Sulfapyridine			不得检出	GB/T 21316
774	磺胺喹沙啉	Sulfaquinoxaline			不得检出	GB/T 21316
775	磺胺噻唑	Sulfathiazole			不得检出	GB/T 21316
776	治螟磷	Sulfotep			不得检出	GB/T 19650
777	硫丙磷	Sulprofos			不得检出	GB/T 19650
778	苯噻硫氰	TCMTB			不得检出	GB/T 19650
779	丁基嘧啶磷	Tebupirimfos			不得检出	GB/T 19650
780	牧草胺	Tebutam			不得检出	GB/T 19650
781	丁噻隆	Tebuthiuron			不得检出	GB/T 20772
782	双硫磷	Temephos			不得检出	GB/T 20772
783	特草灵	Terbucarb			不得检出	GB/T 19650
784	特丁通	Terbumeron			不得检出	GB/T 19650
785	特丁净	Terbutryn			不得检出	GB/T 19650
786	四氢邻苯二甲酰亚胺	Tetrabydrophthalimide			不得检出	GB/T 19650
787	杀虫畏	Tetrachlorvinphos			不得检出	GB/T 19650
788	四环素	Tetracycline			不得检出	GB/T 21317
789	胺菊酯	Tetramethirn			不得检出	GB/T 19650
790	杀螨氯硫	Tetrasul			不得检出	GB/T 19650
791	噻吩草胺	Thenylchlor			不得检出	GB/T 19650
792	噻唑烟酸	Thiazopyr			不得检出	GB/T 19650
793	噻苯隆	Thidiazuron			不得检出	GB/T 20772
794	噻吩磺隆	Thifensulfuron – methyl			不得检出	GB/T 20772
795	甲基乙拌磷	Thiometon			不得检出	GB/T 20772
796	虫线磷	Thionazin			不得检出	GB/T 19650
797	硫普罗宁	Tiopronin			不得检出	SN/T 2225
798	三甲苯草酮	Tralkoxydim			不得检出	GB/T 19650
799	四溴菊酯	Tralomethrin			不得检出	SN/T 2320
800	反式－氯丹	trans – Chlordane			不得检出	GB/T 19650
801	反式－燕麦敌	trans – Diallate			不得检出	GB/T 19650
802	四氟苯菊酯	Transfluthrin			不得检出	GB/T 19650
803	反式九氯	trans – Nonachlor			不得检出	GB/T 19650
804	反式－氯菊酯	trans – Permethrin			不得检出	GB/T 19650
805	群勃龙	Trenbolone			不得检出	GB/T 21981
806	威菌磷	Triamiphos			不得检出	GB/T 19650
807	毒壤磷	Trichloronate			不得检出	GB/T 19650
808	灭草环	Tridiphane			不得检出	GB/T 19650

序号	农兽药中文名	农兽药英文名	欧盟标准限量要求 mg/kg	国家标准限量要求 mg/kg	三安超有机食品标准	
					限量要求 mg/kg	检测方法
809	草达津	Trietazine			不得检出	GB/T 19650
810	三异丁基磷酸盐	Tri – iso – butyl phosphate			不得检出	GB/T 19650
811	三正丁基磷酸盐	Tri – n – butyl phosphate			不得检出	GB/T 19650
812	三苯基磷酸盐	Triphenyl phosphate			不得检出	GB/T 19650
813	烯效唑	Uniconazole			不得检出	GB/T 19650
814	灭草敌	Vernolate			不得检出	GB/T 19650
815	维吉尼霉素	Virginiamycin			不得检出	GB/T 20765
816	杀鼠灵	War farin			不得检出	GB/T 20772
817	甲苯噻嗪	Xylazine			不得检出	GB/T 20763
818	右环十四酮酚	Zeranol			不得检出	GB/T 21982
819	苯酰菌胺	Zoxamide			不得检出	GB/T 19650

2.3 牛肝脏 Cattle Liver

序号	农兽药中文名	农兽药英文名	欧盟标准限量要求 mg/kg	国家标准限量要求 mg/kg	三安超有机食品标准	
					限量要求 mg/kg	检测方法
1	1,1 – 二氯 – 2,2 – 二(4 – 乙苯)乙烷	1,1 – Dichloro – 2,2 – bis(4 – ethylphenyl)ethane	0.01		不得检出	日本肯定列表(增补本 1)
2	1,2 – 二氯乙烷	1,2 – Dichloroethane	0.1		不得检出	SN/T 2238
3	1,3 – 二氯丙烯	1,3 – Dichloropropene	0.01		不得检出	SN/T 2238
4	1 – 萘乙酸	1 – Naphthylacetic acid	0.05		不得检出	SN/T 2228
5	2,4 – 滴	2,4 – D	0.05		不得检出	GB/T 20772
6	2,4 – 滴丁酸	2,4 – DB	0.1		不得检出	GB/T 20769
7	2 – 苯酚	2 – Phenylphenol	0.05		不得检出	GB/T 19650
8	阿维菌素	Abamectin	0.02		不得检出	SN/T 2661
9	乙酰甲胺磷	Acephate			不得检出	GB/T 20772
10	灭螨醌	Acequinocyl	0.01		不得检出	参照同类标准
11	啶虫脒	Acetamiprid	0.1		不得检出	GB/T 20772
12	乙草胺	Acetochlor	0.01		不得检出	GB/T 19650
13	苯并噻二唑	Acibenzolar – S – methyl	0.05		不得检出	GB/T 20772
14	苯草醚	Aclonifen	0.02		不得检出	GB/T 20772
15	氟丙菊酯	Acrinathrin	0.05		不得检出	GB/T 19648
16	甲草胺	Alachlor	0.01		不得检出	GB/T 20772
17	阿苯达唑	Albendazole	1000μg/kg		不得检出	GB 29687
18	氧阿苯达唑	Albendazole oxide	1000μg/kg		不得检出	参照同类标准
19	涕灭威	Aldicarb	0.01		不得检出	GB/T 20772
20	艾氏剂和狄氏剂	Aldrin and dieldrin	0.2		不得检出	GB/T 19650
21	顺式氯氰菊酯	Alpha – cypermethrin	20μg/kg		不得检出	GB/T 19650

序号	农兽药中文名	农兽药英文名	欧盟标准限量要求 mg/kg	国家标准限量要求 mg/kg	三安超有机食品标准	
					限量要求 mg/kg	检测方法
22	—	Ametoctradin	0.03		不得检出	参照同类标准
23	酰嘧磺隆	Amidosulfuron	0.02		不得检出	参照同类标准
24	氯氨吡啶酸	Aminopyralid	0.02		不得检出	GB/T 23211
25	—	Amisulbrom	0.01		不得检出	参照同类标准
26	双甲脒	Amitraz	200μg/kg		不得检出	GB/T 19650
27	阿莫西林	Amoxicillin	50μg/kg		不得检出	NY/T 830
28	氨苄青霉素	Ampicillin	50μg/kg		不得检出	GB/T 21315
29	敌菌灵	Anilazine	0.01		不得检出	GB/T 20769
30	阿布拉霉素	Apramycin	10000μg/kg		不得检出	GB/T 21323
31	杀螨特	Aramite	0.01		不得检出	GB/T 19650
32	磺草灵	Asulam	0.1		不得检出	日本肯定列表（增补本1）
33	印楝素	Azadirachtin	0.01		不得检出	SN/T 3264
34	益棉磷	Azinphos – ethyl	0.01		不得检出	GB/T 19650
35	保棉磷	Azinphos – methyl	0.01		不得检出	GB/T 20772
36	三唑锡和三环锡	Azocyclotin and cyhexatin	0.05		不得检出	SN/T 1990
37	嘧菌酯	Azoxystrobin	0.07		不得检出	GB/T 20772
38	巴喹普林	Baquiloprim	300μg/kg		不得检出	参照同类标准
39	燕麦灵	Barban	0.05		不得检出	参照同类标准
40	氟丁酰草胺	Beflubutamid	0.05		不得检出	参照同类标准
41	苯霜灵	Benalaxyl	0.05		不得检出	GB/T 20772
42	丙硫克百威	Benfuracarb	0.02		不得检出	GB/T 20772
43	苄青霉素	Benzyl pencillin	50μg/kg		不得检出	GB/T 21315
44	倍他米松	Betamethasone	2.0μg/kg		不得检出	SN/T 1970
45	联苯肼酯	Bifenazate	0.01		不得检出	GB/T 20772
46	甲羧除草醚	Bifenox	0.05		不得检出	GB/T 23210
47	联苯菊酯	Bifenthrin	0.2		不得检出	GB/T 19650
48	乐杀螨	Binapacryl	0.01		不得检出	SN 0523
49	联苯	Biphenyl	0.01		不得检出	GB/T 19650
50	联苯三唑醇	Bitertanol	0.05		不得检出	GB/T 20772
51	—	Bixafen	1.5		不得检出	参照同类标准
52	啶酰菌胺	Boscalid	0.2		不得检出	GB/T 20772
53	溴离子	Bromide ion	0.05		不得检出	GB/T 5009.167
54	溴螨酯	Bromopropylate	0.01		不得检出	GB/T 19650
55	溴苯腈	Bromoxynil	0.05		不得检出	GB/T 20772
56	糠菌唑	Bromuconazole	0.05		不得检出	GB/T 19650
57	乙嘧酚磺酸酯	Bupirimate	0.05		不得检出	GB/T 19650
58	噻嗪酮	Buprofezin	0.05		不得检出	GB/T 20772
59	仲丁灵	Butralin	0.02		不得检出	GB/T 19650

序号	农兽药中文名	农兽药英文名	欧盟标准限量要求 mg/kg	国家标准限量要求 mg/kg	三安超有机食品标准 限量要求 mg/kg	检测方法
60	丁草敌	Butylate	0.01		不得检出	GB/T 19650
61	硫线磷	Cadusafos	0.01		不得检出	GB/T 19650
62	毒杀芬	Camphechlor	0.05		不得检出	YC/T 180
63	敌菌丹	Captafol	0.01		不得检出	GB/T 23210
64	克菌丹	Captan	0.02		不得检出	GB/T 19648
65	咔唑心安	Carazolol	15μg/kg		不得检出	GB/T 20763
66	甲萘威	Carbaryl	0.05		不得检出	GB/T 20796
67	多菌灵和苯菌灵	Carbendazim and benomyl	0.05		不得检出	GB/T 20772
68	长杀草	Carbetamide	0.05		不得检出	GB/T 20772
69	克百威	Carbofuran	0.01		不得检出	GB/T 20772
70	丁硫克百威	Carbosulfan	0.05		不得检出	GB/T 19650
71	萎锈灵	Carboxin	0.05		不得检出	GB/T 20772
72	卡洛芬	Carprofen	1000μg/kg		不得检出	SN/T 2190
73	头孢喹肟	Cefquinome	100μg/kg		不得检出	GB/T 22989
74	头孢噻呋	Ceftiofur	2000μg/kg		不得检出	GB/T 21314
75	头孢氨苄	Cefalexin	200μg/kg		不得检出	GB/T 22989
76	氯虫苯甲酰胺	Chlorantraniliprole	0.2		不得检出	参照同类标准
77	杀螨醚	Chlorbenside	0.05		不得检出	GB/T 19650
78	氯炔灵	Chlorbufam	0.05		不得检出	GB/T 20772
79	氯丹	Chlordane	0.05		不得检出	GB/T 5009.19
80	十氯酮	Chlordecone	0.1		不得检出	参照同类标准
81	杀螨酯	Chlorfenson	0.05		不得检出	GB/T 19650
82	毒虫畏	Chlorfenvinphos	0.01		不得检出	GB/T 19650
83	氯草敏	Chloridazon	0.1		不得检出	GB/T 20772
84	氯地孕酮	Chlormadinone	2μg/kg		不得检出	SN/T 1980
85	矮壮素	Chlormequat	0.1		不得检出	GB/T 23211
86	乙酯杀螨醇	Chlorobenzilate	0.1		不得检出	GB/T 23210
87	百菌清	Chlorothalonil	0.2		不得检出	SN/T 2320
88	绿麦隆	Chlortoluron	0.05		不得检出	GB/T 20772
89	枯草隆	Chloroxuron	0.05		不得检出	SN/T 2150
90	氯苯胺灵	Chlorpropham	0.05		不得检出	GB/T 19650
91	甲基毒死蜱	Chlorpyrifos-methyl	0.05		不得检出	GB/T 19650
92	氯磺隆	Chlorsulfuron	0.01		不得检出	GB/T 20772
93	金霉素	Chlortetracycline	300μg/kg		不得检出	GB/T 21317
94	氯酞酸甲酯	Chlorthaldimethyl	0.01		不得检出	GB/T 19650
95	氯硫酰草胺	Chlorthiamid	0.02		不得检出	GB/T 20772
96	克拉维酸	Clavulanic acid	200μg/kg		不得检出	SN/T 2488
97	盐酸克仑特罗	Clenbuterol hydrochloride	0.5μg/kg		不得检出	GB/T 22147
98	烯草酮	Clethodim	0.2		不得检出	GB/T 19650

序号	农兽药中文名	农兽药英文名	欧盟标准限量要求 mg/kg	国家标准限量要求 mg/kg	三安超有机食品标准 限量要求 mg/kg	检测方法
99	炔草酯	Clodinafop - propargyl	0.02		不得检出	GB/T 19650
100	四螨嗪	Clofentezine	0.1		不得检出	GB/T 20772
101	二氯吡啶酸	Clopyralid	0.06		不得检出	SN/T 2228
102	氯舒隆	Clorsulon	100μg/kg		不得检出	SN/T 2908
103	氯氰碘柳胺	Closantel	1000μg/kg		不得检出	SN/T 1628
104	噻虫胺	Clothianidin	0.2		不得检出	GB/T 20772
105	邻氯青霉素	Cloxacillin	300μg/kg		不得检出	GB/T 18932.25
106	黏菌素	Colistin	150μg/kg		不得检出	参照同类标准
107	铜化合物	Copper compounds	30		不得检出	参照同类标准
108	环烷基酰苯胺	Cyclanilide	0.01		不得检出	参照同类标准
109	噻草酮	Cycloxydim	0.05		不得检出	GB/T 19650
110	环氟菌胺	Cyflufenamid	0.03		不得检出	GB/T 23210
111	氟氯氰菊酯和高效氟氯氰菊酯	Cyfluthrin and beta - cyfluthrin	10μg/kg		不得检出	GB/T 19650
112	霜脲氰	Cymoxanil	0.05		不得检出	GB/T 20772
113	氯氰菊酯和高效氯氰菊酯	Cypermethrin and beta - cypermethrin	20μg/kg		不得检出	GB/T 19650
114	环丙唑醇	Cyproconazole	0.5		不得检出	GB/T 20772
115	嘧菌环胺	Cyprodinil	0.05		不得检出	GB/T 19650
116	灭蝇胺	Cyromazine	0.05		不得检出	GB/T 20772
117	丁酰肼	Daminozide	0.05		不得检出	SN/T 1989
118	滴滴涕	DDT	1		不得检出	SN/T 0127
119	溴氰菊酯	Deltamethrin	10μg/kg		不得检出	GB/T 19650
120	地塞米松	Dexamethasone	2μg/kg		不得检出	SN/T 1970
121	燕麦敌	Diallate	0.2		不得检出	GB/T 23211
122	二嗪磷	Diazinon	0.03		不得检出	GB/T 19650
123	麦草畏	Dicamba	0.7		不得检出	GB/T 20772
124	敌草腈	Dichlobenil	0.01		不得检出	GB/T 19650
125	滴丙酸	Dichlorprop	0.1		不得检出	SN/T 2228
126	双氯高灭酸	Diclofenac	5μg/kg		不得检出	参照同类标准
127	二氯苯氧基丙酸	Diclofop	0.1		不得检出	参照同类标准
128	氯硝胺	Dicloran	0.01		不得检出	GB/T 19650
129	双氯青霉素	Dicloxacillin	300μg/kg		不得检出	GB/T 18932.25
130	乙霉威	Diethofencarb	0.05		不得检出	GB/T 19650
131	苯醚甲环唑	Difenoconazole	0.2		不得检出	GB/T 19650
132	双氟沙星	Difloxacin	1400μg/kg		不得检出	GB/T 20366
133	除虫脲	Diflubenzuron	0.1		不得检出	SN/T 0528
134	吡氟酰草胺	Diflufenican	0.05		不得检出	GB/T 20772
135	二氢链霉素	Dihydro - streptomycin	500μg/kg		不得检出	GB/T 22969

序号	农兽药中文名	农兽药英文名	欧盟标准限量要求 mg/kg	国家标准限量要求 mg/kg	三安超有机食品标准 限量要求 mg/kg	三安超有机食品标准 检测方法
136	油菜安	Dimethachlor	0.02		不得检出	GB/T 20772
137	烯酰吗啉	Dimethomorph	0.05		不得检出	GB/T 20772
138	醚菌胺	Dimoxystrobin	0.05		不得检出	SN/T 2237
139	烯唑醇	Diniconazole	0.01		不得检出	GB/T 19650
140	敌螨普	Dinocap	0.05		不得检出	日本肯定列表(增补本1)
141	地乐酚	Dinoseb	0.01		不得检出	GB/T 20772
142	特乐酚	Dinoterb	0.05		不得检出	GB/T 20772
143	敌噁磷	Dioxathion	0.05		不得检出	GB/T 19650
144	敌草快	Diquat	0.05		不得检出	GB/T 5009.221
145	乙拌磷	Disulfoton	0.01		不得检出	GB/T 20772
146	二氰蒽醌	Dithianon	0.01		不得检出	GB/T 20769
147	二硫代氨基甲酸酯	Dithiocarbamates	0.05		不得检出	SN 0139
148	敌草隆	Diuron	0.05		不得检出	SN/T 0645
149	二硝甲酚	DNOC	0.05		不得检出	GB/T 20772
150	多果定	Dodine	0.2		不得检出	SN 0500
151	多拉菌素	Doramectin	100μg/kg		不得检出	GB/T 22968
152	强力霉素	Doxycycline	300μg/kg		不得检出	GB/T 20764
153	甲氨基阿维菌素苯甲酸盐	Emamectin benzoate	0.08		不得检出	GB/T 20769
154	硫丹	Endosulfan	0.05	0.1	不得检出	GB/T 19650
155	异狄氏剂	Endrin	0.05		不得检出	GB/T 19650
156	恩诺沙星	Enrofloxacin	300μg/kg		不得检出	GB/T 20366
157	氟环唑	Epoxiconazole	0.2		不得检出	GB/T 20772
158	茵草敌	EPTC	0.02		不得检出	GB/T 20772
159	红霉素	Erythromycin	200μg/kg		不得检出	GB/T 20762
160	乙丁烯氟灵	Ethalfluralin	0.01		不得检出	GB/T 19650
161	胺苯磺隆	Ethametsulfuron	0.01		不得检出	NY/T 1616
162	乙烯利	Ethephon	0.05		不得检出	SN 0705
163	乙硫磷	Ethion	0.01		不得检出	GB/T 19650
164	乙嘧酚	Ethirimol	0.05		不得检出	GB/T 20772
165	乙氧呋草黄	Ethofumesate	0.1		不得检出	GB/T 20772
166	灭线磷	Ethoprophos	0.01		不得检出	GB/T 19650
167	乙氧喹啉	Ethoxyquin	0.05		不得检出	GB/T 20772
168	环氧乙烷	Ethylene oxide	0.02		不得检出	GB/T 23296.11
169	醚菊酯	Etofenprox	0.5		不得检出	GB/T 19650
170	乙螨唑	Etoxazole	0.01		不得检出	GB/T 19650
171	氯唑灵	Etridiazole	0.05		不得检出	GB/T 20772
172	噁唑菌酮	Famoxadone	0.05		不得检出	GB/T 20772
173	苯硫氨酯	Febantel	500μg/kg		不得检出	GB/T 22972

序号	农兽药中文名	农兽药英文名	欧盟标准限量要求 mg/kg	国家标准限量要求 mg/kg	三安超有机食品标准 限量要求 mg/kg	三安超有机食品标准 检测方法
174	咪唑菌酮	Fenamidone	0.01		不得检出	GB/T 19650
175	苯线磷	Fenamiphos	0.02		不得检出	GB/T 19650
176	氯苯嘧啶醇	Fenarimol	0.02		不得检出	GB/T 20772
177	喹螨醚	Fenazaquin	0.01		不得检出	GB/T 19650
178	苯硫苯咪唑	Fenbendazole	500μg/kg		不得检出	SN 0638
179	腈苯唑	Fenbuconazole	0.05		不得检出	GB/T 20772
180	苯丁锡	Fenbutatin oxide	0.05		不得检出	SN/T 3149
181	环酰菌胺	Fenhexamid	0.05		不得检出	GB/T 20772
182	杀螟硫磷	Fenitrothion	0.01		不得检出	GB/T 20772
183	精噁唑禾草灵	Fenoxaprop-P-ethyl	0.1		不得检出	GB/T 22617
184	双氧威	Fenoxycarb	0.05		不得检出	GB/T 19650
185	苯锈啶	Fenpropidin	0.03		不得检出	GB/T 19650
186	丁苯吗啉	Fenpropimorph	0.3		不得检出	GB/T 20772
187	胺苯吡菌酮	Fenpyrazamine	0.01		不得检出	参照同类标准
188	唑螨酯	Fenpyroximate	0.01		不得检出	GB/T 19650
189	倍硫磷	Fenthion	0.05		不得检出	GB/T 20772
190	三苯锡	Fentin	0.05		不得检出	SN/T 3149
191	薯瘟锡	Fentin acetate	0.05		不得检出	参照同类标准
192	氰戊菊酯和高效氰戊菊酯（RR & SS 异构体总量）	Fenvalerate and esfenvalerate (sum of RR & SS isomers)	25μg/kg		不得检出	GB/T 19650
193	氰戊菊酯和高效氰戊菊酯（RS & SR 异构体总量）	Fenvalerate and esfenvalerate (sum of RS & SR isomers)	25μg/kg		不得检出	GB/T 19650
194	氟虫腈	Fipronil	0.1		不得检出	SN/T 1982
195	氟啶虫酰胺	Flonicamid	0.03		不得检出	SN/T 2796
196	氟苯尼考	Florfenicol	3000μg/kg		不得检出	GB/T 20756
197	精吡氟禾草灵	Fluazifop-P-butyl	0.05		不得检出	GB/T 5009.142
198	啶蜱脲	Fluazuron	500μg/kg		不得检出	SN/T 2540
199	氟环脲	Flucycloxuron	0.05		不得检出	参照同类标准
200	氟氰戊菊酯	Flucythrinate	0.05		不得检出	GB/T 23210
201	咯菌腈	Fludioxonil	0.05		不得检出	GB/T 20772
202	氟虫脲	Flufenoxuron	0.05		不得检出	SN/T 2150
203	杀螨净	Flufenzin	0.02		不得检出	参照同类标准
204	氟甲喹	Flumequin	500μg/kg		不得检出	SN/T 1921
205	氟氯苯氰菊酯	Flumethrin	20μg/kg		不得检出	农业部781号公告-7
206	氟胺烟酸	Flunixin	300μg/kg		不得检出	GB/T 20750
207	氟吡菌胺	Fluopicolide	0.01		不得检出	参照同类标准
208	—	Fluopyram	0.7		不得检出	参照同类标准
209	氟离子	Fluoride ion	1		不得检出	GB/T 5009.167

序号	农兽药中文名	农兽药英文名	欧盟标准限量要求 mg/kg	国家标准限量要求 mg/kg	三安超有机食品标准 限量要求 mg/kg	检测方法
210	氟腈嘧菌酯	Fluoxastrobin	0.05		不得检出	SN/Y 2237
211	氟喹唑	Fluquinconazole	0.3		不得检出	GB/T 19650
212	氟咯草酮	Fluorochloridone	0.05		不得检出	GB/T 20772
213	氟草烟	Fluroxypyr	0.05		不得检出	GB/T 20772
214	氟硅唑	Flusilazole	0.1		不得检出	GB/T 20772
215	氟酰胺	Flutolanil	0.2		不得检出	GB/T 20772
216	粉唑醇	Flutriafol	0.01		不得检出	GB/T 20772
217	—	Fluxapyroxad	0.03		不得检出	参照同类标准
218	氟磺胺草醚	Fomesafen	0.01		不得检出	GB/T 5009.130
219	氯吡脲	Forchlorfenuron	0.05		不得检出	SN/T 3643
220	伐虫脒	Formetanate	0.01		不得检出	NY/T 1453
221	三乙膦酸铝	Fosetyl – aluminium	0.5		不得检出	参照同类标准
222	麦穗宁	Fuberidazole	0.05		不得检出	GB/T 19650
223	呋线威	Furathiocarb	0.01		不得检出	GB/T 20772
224	糠醛	Furfural	1		不得检出	参照同类标准
225	加米霉素	Gamithromycin	200μg/kg		不得检出	参照同类标准
226	庆大霉素	Gentamicin	200μg/kg		不得检出	GB/T 21323
227	勃激素	Gibberellic acid	0.1		不得检出	GB/T 23211
228	草胺膦	Glufosinate – ammonium	0.2		不得检出	日本肯定列表
229	草甘膦	Glyphosate	0.2		不得检出	SN/T 1923
230	双胍盐	Guazatine	0.1		不得检出	参照同类标准
231	常山酮	Halofuginone	30μg/kg		不得检出	GB 29693
232	氟吡禾灵	Haloxyfop	0.01		不得检出	SN/T 2228
233	七氯	Heptachlor	0.2		不得检出	SN 0663
234	六氯苯	Hexachlorobenzene	0.2		不得检出	SN/T 0127
235	六六六（HCH），α-异构体	Hexachlorociclohexane（HCH），alpha – isomer	0.2		不得检出	SN/T 0127
236	六六六（HCH），β-异构体	Hexachlorociclohexane（HCH），beta – isomer	0.1		不得检出	SN/T 0127
237	噻螨酮	Hexythiazox	0.05		不得检出	GB/T 20772
238	噁霉灵	Hymexazol	0.05		不得检出	GB/T 20772
239	抑霉唑	Imazalil	0.05		不得检出	GB/T 20772
240	甲咪唑烟酸	Imazapic	0.01		不得检出	GB/T 20772
241	咪唑喹啉酸	Imazaquin	0.05		不得检出	GB/T 20772
242	吡虫啉	Imidacloprid	0.3		不得检出	GB/T 20772
243	双咪苯脲	Imidocarb	2000μg/kg		不得检出	SN/T 2314
244	茚虫威	Indoxacarb	0.05		不得检出	GB/T 20772
245	碘苯腈	Ioxynil	1		不得检出	GB/T 20772
246	异菌脲	Iprodione	0.05		不得检出	GB/T 19650

序号	农兽药中文名	农兽药英文名	欧盟标准限量要求 mg/kg	国家标准限量要求 mg/kg	三安超有机食品标准限量要求 mg/kg	三安超有机食品标准检测方法
247	稻瘟灵	Isoprothiolane	0.01		不得检出	GB/T 20772
248	异丙隆	Isoproturon	0.05		不得检出	GB/T 20772
249	—	Isopyrazam	0.01		不得检出	参照同类标准
250	异噁酰草胺	Isoxaben	0.01		不得检出	GB/T 20772
251	依维菌素	Ivermectin	100μg/kg		不得检出	GB/T 21320
252	卡那霉素	Kanamycin	600μg/kg		不得检出	GB/T 21323
253	醚菌酯	Kresoxim – methyl	0.02		不得检出	GB/T 20772
254	乳氟禾草灵	Lactofen	0.01		不得检出	GB/T 19650
255	高效氯氟氰菊酯	Lambda – cyhalothrin	0.5		不得检出	GB/T 23210
256	拉沙里菌素	Lasalocid	100μg/kg		不得检出	SN 0501
257	环草定	Lenacil	0.1		不得检出	GB/T 19650
258	林可霉素	Lincomycin	500μg/kg		不得检出	GB/T 20762
259	林丹	Lindane	0.02	0.01	不得检出	NY/T 761
260	虱螨脲	Lufenuron	0.02		不得检出	SN/T 2540
261	马拉硫磷	Malathion	0.02		不得检出	GB/T 19650
262	抑芽丹	Maleic hydrazide	0.05		不得检出	GB/T 23211
263	双炔酰菌胺	Mandipropamid	0.02		不得检出	参照同类标准
264	麻保沙星	Marbofloxacin	150μg/kg		不得检出	GB/T 22985
265	二甲四氯和二甲四氯丁酸	MCPA and MCPB	0.1		不得检出	SN/T 2228
266	美洛昔康	Meloxicam	65μg/kg		不得检出	SN/T 2190
267	壮棉素	Mepiquat chloride	0.05		不得检出	GB/T 23211
268	—	Meptyldinocap	0.05		不得检出	参照同类标准
269	汞化合物	Mercury compounds	0.01		不得检出	参照同类标准
270	氰氟虫腙	Metaflumizone	0.02		不得检出	SN/T 3852
271	甲霜灵和精甲霜灵	Metalaxyl and metalaxyl – M	0.05		不得检出	GB/T 20772
272	四聚乙醛	Metaldehyde	0.05		不得检出	SN/T 1787
273	苯嗪草酮	Metamitron	0.05		不得检出	GB/T 19650
274	安乃近	Metamizole	100μg/kg		不得检出	GB/T 20747
275	吡唑草胺	Metazachlor	0.3		不得检出	GB/T 19650
276	叶菌唑	Metconazole	0.05		不得检出	GB/T 20772
277	甲基苯噻隆	Methabenzthiazuron	0.05		不得检出	GB/T 19650
278	虫螨畏	Methacrifos	0.01		不得检出	GB/T 20772
279	甲胺磷	Methamidophos	0.01		不得检出	GB/T 20772
280	杀扑磷	Methidathion	0.02		不得检出	GB/T 20772
281	甲硫威	Methiocarb	0.05		不得检出	GB/T 20770
282	灭多威和硫双威	Methomyl and thiodicarb	0.02		不得检出	GB/T 20772
283	烯虫酯	Methoprene	0.05		不得检出	GB/T 19650
284	甲氧滴滴涕	Methoxychlor	0.01		不得检出	SN/T 0529
285	甲氧虫酰肼	Methoxyfenozide	0.1		不得检出	GB/T 20772

序号	农兽药中文名	农兽药英文名	欧盟标准限量要求 mg/kg	国家标准限量要求 mg/kg	三安超有机食品标准	
					限量要求 mg/kg	检测方法
286	甲基泼尼松龙	Methylprednisolone	10μg/kg		不得检出	GB/T 21981
287	磺草唑胺	Metosulam	0.01		不得检出	GB/T 20772
288	苯菌酮	Metrafenone	0.05		不得检出	参照同类标准
289	嗪草酮	Metribuzin	0.1		不得检出	GB/T 19650
290	莫能菌素	Monensin	50μg/kg		不得检出	SN 0698
291	绿谷隆	Monolinuron	0.05		不得检出	GB/T 20772
292	灭草隆	Monuron	0.01		不得检出	GB/T 20772
293	甲噻吩嘧啶	Morantel	800μg/kg		不得检出	参照同类标准
294	莫西丁克	Moxidectin	100μg/kg		不得检出	SN/T 2442
295	腈菌唑	Myclobutanil	0.01		不得检出	GB/T 20772
296	奈夫西林	Nafcillin	300μg/kg		不得检出	GB/T 22975
297	1-萘乙酰胺	1-Naphthylacetamide	0.05		不得检出	GB/T 23205
298	敌草胺	Napropamide	0.01		不得检出	GB/T 19650
299	新霉素	Neomycin	500μg/kg		不得检出	SN 0646
300	尼托比明	Netobimin	1000μg/kg		不得检出	参照同类标准
301	烟嘧磺隆	Nicosulfuron	0.05		不得检出	SN/T 2325
302	除草醚	Nitrofen	0.01		不得检出	GB/T 19650
303	硝碘酚腈	Nitroxinil	20μg/kg		不得检出	参照同类标准
304	诺孕美特	Norgestomet	0.2μg/kg		不得检出	参照同类标准
305	氟酰脲	Novaluron	0.7		不得检出	GB/T 23211
306	嘧苯胺磺隆	Orthosulfamuron	0.01		不得检出	GB/T 23817
307	苯唑青霉素	Oxacillin	300μg/kg		不得检出	GB/T 18932.25
308	噁草酮	Oxadiazon	0.05		不得检出	GB/T 19650
309	噁霜灵	Oxadixyl	0.01		不得检出	GB/T 19650
310	环氧嘧磺隆	Oxasulfuron	0.05		不得检出	GB/T 23817
311	奥芬达唑	Oxfendazole	50μg/kg		不得检出	参照同类标准
312	喹菌酮	Oxolinic acid	150μg/kg		不得检出	日本肯定列表
313	氧化萎锈灵	Oxycarboxin	0.05		不得检出	GB/T 19650
314	羟氯柳苯胺	Oxyclozanide	500μg/kg		不得检出	SN/T 2909
315	亚砜磷	Oxydemeton-methyl	0.01		不得检出	参照同类标准
316	乙氧氟草醚	Oxyfluorfen	0.05		不得检出	GB/T 20772
317	土霉素	Oxytetracycline	300μg/kg		不得检出	GB/T 21317
318	多效唑	Paclobutrazol	0.02		不得检出	GB/T 19650
319	对硫磷	Parathion	0.05		不得检出	GB/T 19650
320	甲基对硫磷	Parathion-methyl	0.01		不得检出	GB/T 5009.161
321	巴龙霉素	Paromomycin	1500μg/kg		不得检出	SN/T 2315
322	戊菌唑	Penconazole	0.05		不得检出	GB/T 20772
323	戊菌隆	Pencycuron	0.05		不得检出	GB/T 19650
324	二甲戊灵	Pendimethalin	0.05		不得检出	GB/T 19650

序号	农兽药中文名	农兽药英文名	欧盟标准限量要求 mg/kg	国家标准限量要求 mg/kg	三安超有机食品标准限量要求 mg/kg	检测方法
325	喷沙西林	Penethamate	50μg/kg		不得检出	参照同类标准
326	氯菊酯	Permethrin	0.05		不得检出	GB/T 19650
327	甜菜宁	Phenmedipham	0.05		不得检出	GB/T 23205
328	苯醚菊酯	Phenothrin	0.05		不得检出	GB/T 20772
329	甲拌磷	Phorate	0.02		不得检出	GB/T 20772
330	伏杀硫磷	Phosalone	0.05		不得检出	GB/T 20772
331	亚胺硫磷	Phosmet	0.1		不得检出	GB/T 20772
332	—	Phosphines and phosphides	0.01		不得检出	参照同类标准
333	辛硫磷	Phoxim	0.02		不得检出	GB/T 20772
334	氨氯吡啶酸	Picloram	0.01		不得检出	GB/T 23211
335	啶氧菌酯	Picoxystrobin	0.05		不得检出	GB/T 19650
336	抗蚜威	Pirimicarb	0.05		不得检出	GB/T 20772
337	甲基嘧啶磷	Pirimiphos – methyl	0.05		不得检出	GB/T 20772
338	吡利霉素	Pirlimycin	1000μg/kg		不得检出	GB/T 22988
339	泼尼松龙	Prednisolone	10μg/kg		不得检出	GB/T 21981
340	咪鲜胺	Prochloraz	2		不得检出	GB/T 19650
341	腐霉利	Procymidone	0.01		不得检出	GB/T 20772
342	丙溴磷	Profenofos	0.05		不得检出	GB/T 20772
343	调环酸	Prohexadione	0.05		不得检出	日本肯定列表
344	毒草安	Propachlor	0.02		不得检出	GB/T 20772
345	扑派威	Propamocarb	0.1		不得检出	GB/T 20772
346	恶草酸	Propaquizafop	0.05		不得检出	GB/T 20772
347	炔螨特	Propargite	0.1		不得检出	GB/T 19650
348	苯胺灵	Propham	0.05		不得检出	GB/T 19650
349	丙环唑	Propiconazole	0.01		不得检出	GB/T 19650
350	异丙草胺	Propisochlor	0.01		不得检出	GB/T 19650
351	残杀威	Propoxur	0.05		不得检出	GB/T 20772
352	炔苯酰草胺	Propyzamide	0.05		不得检出	GB/T 19650
353	苄草丹	Prosulfocarb	0.05		不得检出	GB/T 19650
354	丙硫菌唑	Prothioconazole	0.5		不得检出	参照同类标准
355	吡蚜酮	Pymetrozine	0.01		不得检出	GB/T 20772
356	吡唑醚菌酯	Pyraclostrobin	0.05		不得检出	GB/T 20772
357	—	Pyrasulfotole	1		不得检出	参照同类标准
358	吡菌磷	Pyrazophos	0.02		不得检出	GB/T 20772
359	除虫菊素	Pyrethrins	0.05		不得检出	GB/T 20772
360	哒螨灵	Pyridaben	0.02		不得检出	GB/T 19650
361	啶虫丙醚	Pyridalyl	0.01		不得检出	日本肯定列表
362	哒草特	Pyridate	0.05		不得检出	日本肯定列表
363	嘧霉胺	Pyrimethanil	0.05		不得检出	GB/T 19650

序号	农兽药中文名	农兽药英文名	欧盟标准限量要求 mg/kg	国家标准限量要求 mg/kg	三安超有机食品标准 限量要求 mg/kg	三安超有机食品标准 检测方法
364	吡丙醚	Pyriproxyfen	0.05		不得检出	GB/T 19650
365	甲氧磺草胺	Pyroxsulam	0.01		不得检出	SN/T 2325
366	氯甲喹啉酸	Quinmerac	0.05		不得检出	参照同类标准
367	喹氧灵	Quinoxyfen	0.2		不得检出	SN/T 2319
368	五氯硝基苯	Quintozene	0.01		不得检出	GB/T 19650
369	精喹禾灵	Quizalofop – P – ethyl	0.05		不得检出	SN/T 2150
370	雷复尼特	Rafoxanide	10μg/kg		不得检出	SN/T 1987
371	灭虫菊	Resmethrin	0.1		不得检出	GB/T 20772
372	鱼藤酮	Rotenone	0.01		不得检出	GB/T 20772
373	西玛津	Simazine	0.01		不得检出	SN 0594
374	乙基多杀菌素	Spinetoram	0.01		不得检出	参照同类标准
375	多杀霉素	Spinosad	2		不得检出	GB/T 20772
376	螺旋霉素	Spiramycin	300μg/kg		不得检出	GB/T 20762
377	螺螨酯	Spirodiclofen	0.05		不得检出	GB/T 20772
378	螺甲螨酯	Spiromesifen	0.01		不得检出	GB/T 23210
379	螺虫乙酯	Spirotetramat	0.03		不得检出	参照同类标准
380	葚孢菌素	Spiroxamine	0.2		不得检出	GB/T 20772
381	链霉素	Streptomycin	500μg/kg		不得检出	GB/T 21323
382	磺草酮	Sulcotrione	0.05		不得检出	参照同类标准
383	磺胺类(所有属于磺胺类的物质)	Sulfonamides (all substances belonging to the sulfonamide-group)	100μg/kg		不得检出	GB 29694
384	乙黄隆	Sulfosulfuron	0.05		不得检出	SN/T 2325
385	硫磺粉	Sulfur	0.5		不得检出	参照同类标准
386	氟胺氰菊酯	Tau – fluvalinate	0.01		不得检出	SN 0691
387	戊唑醇	Tebuconazole	0.1		不得检出	GB/T 20772
388	虫酰肼	Tebufenozide	0.05		不得检出	GB/T 20772
389	吡螨胺	Tebufenpyrad	0.05		不得检出	GB/T 19650
390	四氯硝基苯	Tecnazene	0.05		不得检出	GB/T 19650
391	氟苯脲	Teflubenzuron	0.05		不得检出	SN/T 2150
392	七氟菊酯	Tefluthrin	0.05		不得检出	GB/T 23210
393	得杀草	Tepraloxydim	0.1		不得检出	GB/T 20772
394	特丁硫磷	Terbufos	0.01		不得检出	GB/T 20772
395	特丁津	Terbuthylazine	0.05		不得检出	GB/T 19650
396	四氟醚唑	Tetraconazole	1		不得检出	GB/T 20772
397	四环素	Tetracycline	300μg/kg		不得检出	GB/T 21317
398	三氯杀螨砜	Tetradifon	0.05		不得检出	GB/T 19650
399	噻菌灵	Thiabendazole	100μg/kg		不得检出	GB/T 20772
400	噻虫啉	Thiacloprid	0.3		不得检出	GB/T 20772

序号	农兽药中文名	农兽药英文名	欧盟标准限量要求 mg/kg	国家标准限量要求 mg/kg	三安超有机食品标准限量要求 mg/kg	检测方法
401	噻虫嗪	Thiamethoxam	0.03		不得检出	GB/T 20772
402	甲砜霉素	Thiamphenicol	50μg/kg		不得检出	GB/T 20756
403	禾草丹	Thiobencarb	0.01		不得检出	GB/T 20772
404	甲基硫菌灵	Thiophanate-methyl	0.05		不得检出	SN/T 0162
405	泰地罗新	Tildipirosin	2000μg/kg		不得检出	参照同类标准
406	替米考星	Tilmicosin	1000μg/kg		不得检出	GB/T 20762
407	甲基立枯磷	Tolclofos-methyl	0.05		不得检出	GB/T 19650
408	托芬那酸	Tolfenamic acid	400μg/kg		不得检出	SN/T 2190
409	甲苯三嗪酮	Toltrazuril	500μg/kg		不得检出	参照同类标准
410	甲苯氟磺胺	Tolylfluanid	0.1		不得检出	GB/T 19650
411	—	Topramezone	0.2		不得检出	参照同类标准
412	三唑酮和三唑醇	Triadimefon and triadimenol	0.1		不得检出	GB/T 20772
413	野麦畏	Triallate	0.05		不得检出	GB/T 20772
414	醚苯磺隆	Triasulfuron	0.05		不得检出	GB/T 20772
415	三唑磷	Triazophos	0.01		不得检出	GB/T 20772
416	敌百虫	Trichlorphon	0.01		不得检出	GB/T 20772
417	三氯苯哒唑	Triclabendazole	250μg/kg		不得检出	参照同类标准
418	绿草定	Triclopyr	0.05		不得检出	SN/T 2228
419	三环唑	Tricyclazole	0.05		不得检出	GB/T 20769
420	十三吗啉	Tridemorph	0.01		不得检出	GB/T 20772
421	肟菌酯	Trifloxystrobin	0.04		不得检出	GB/T 19650
422	氟菌唑	Triflumizole	0.05		不得检出	GB/T 20769
423	杀铃脲	Triflumuron	0.01		不得检出	GB/T 20772
424	氟乐灵	Trifluralin	0.01		不得检出	GB/T 20772
425	嗪氨灵	Triforine	0.01		不得检出	SN 0695
426	三甲基锍阳离子	Trimethyl-sulfonium cation	0.5		不得检出	参照同类标准
427	抗倒酯	Trinexapac	0.05		不得检出	GB/T 20769
428	灭菌唑	Triticonazole	0.01		不得检出	GB/T 20772
429	三氟甲磺隆	Tritosulfuron	0.01		不得检出	参照同类标准
430	托拉菌素	Tulathromycin	3000μg/kg		不得检出	参照同类标准
431	泰乐霉素	Tylosin	100μg/kg		不得检出	GB/T 22941
432	—	Valifenalate	0.01		不得检出	参照同类标准
433	乙烯菌核利	Vinclozolin	0.05		不得检出	GB/T 20772
434	2,3,4,5-四氯苯胺	2,3,4,5-Tetrachloraniline			不得检出	GB/T 19650
435	2,3,4,5-四氯甲氧基苯	2,3,4,5-Tetrachloroanisole			不得检出	GB/T 19650
436	2,3,5,6-四氯苯胺	2,3,5,6-Tetrachloroaniline			不得检出	GB/T 19650
437	2,4,5-涕	2,4,5-T			不得检出	GB/T 20772
438	o,p'-滴滴滴	2,4'-DDD			不得检出	GB/T 19650
439	o,p'-滴滴伊	2,4'-DDE			不得检出	GB/T 19650

序号	农兽药中文名	农兽药英文名	欧盟标准限量要求 mg/kg	国家标准限量要求 mg/kg	三安超有机食品标准限量要求 mg/kg	三安超有机食品标准检测方法
440	o,p'-滴滴涕	2,4'-DDT			不得检出	GB/T 19650
441	2,6-二氯苯甲酰胺	2,6-Dichlorobenzamide			不得检出	GB/T 19650
442	3,5-二氯苯胺	3,5-Dichloroaniline			不得检出	GB/T 19650
443	p,p'-滴滴滴	4,4'-DDD			不得检出	GB/T 19650
444	p,p'-滴滴伊	4,4'-DDE			不得检出	GB/T 19650
445	p,p'-滴滴涕	4,4'-DDT			不得检出	GB/T 19650
446	4,4'-二溴二苯甲酮	4,4'-Dibromobenzophenone			不得检出	GB/T 19650
447	4,4'-二氯二苯甲酮	4,4'-Dichlorobenzophenone			不得检出	GB/T 19650
448	二氢苊	Acenaphthene			不得检出	GB/T 19650
449	乙酰丙嗪	Acepromazine			不得检出	GB/T 20763
450	三氟羧草醚	Acifluorfen			不得检出	GB/T 20772
451	1-氨基-2-乙内酰脲	AHD			不得检出	GB/T 21311
452	涕灭砜威	Aldoxycarb			不得检出	GB/T 20772
453	烯丙菊酯	Allethrin			不得检出	GB/T 20772
454	二丙烯草胺	Allidochlor			不得检出	GB/T 19650
455	烯丙孕素	Altrenogest			不得检出	SN/T 1980
456	莠灭净	Ametryn			不得检出	GB/T 20772
457	杀草强	Amitrole			不得检出	SN/T 1737.6DW
458	5-吗啉甲基-3-氨基-2-噁唑烷基酮	AMOZ			不得检出	GB/T 21311
459	氨丙嘧吡啶	Amprolium			不得检出	SN/T 0276
460	莎稗磷	Anilofos			不得检出	GB/T 19650
461	蒽醌	Anthraquinone			不得检出	GB/T 19650
462	3-氨基-2-噁唑酮	AOZ			不得检出	GB/T 21311
463	安普霉素	Apramycin			不得检出	GB/T 21323
464	丙硫特普	Aspon			不得检出	GB/T 19650
465	羟氨卡青霉素	Aspoxicillin			不得检出	GB/T 21315
466	乙基杀扑磷	Athidathion			不得检出	GB/T 19650
467	莠去通	Atratone			不得检出	GB/T 19650
468	莠去津	Atrazine			不得检出	GB/T 20772
469	脱乙基阿特拉津	Atrazine-desethyl			不得检出	GB/T 19650
470	甲基吡噁磷	Azamethiphos			不得检出	GB/T 20763
471	氮哌酮	Azaperone			不得检出	SN/T 2221
472	叠氮津	Aziprotryne			不得检出	GB/T 19650
473	杆菌肽	Bacitracin			不得检出	GB/T 20743
474	4-溴-3,5-二甲苯基-N-甲基氨基甲酸酯-1	BDMC-1			不得检出	GB/T 19650

序号	农兽药中文名	农兽药英文名	欧盟标准限量要求 mg/kg	国家标准限量要求 mg/kg	三安超有机食品标准 限量要求 mg/kg	检测方法
475	4－溴－3,5－二甲苯基－N－甲基氨基甲酸酯－2	BDMC－2			不得检出	GB/T 19650
476	噁虫威	Bendiocarb			不得检出	GB/T 20772
477	乙丁氟灵	Bbenfluralin			不得检出	GB/T 19650
478	呋草黄	Benfuresate			不得检出	GB/T 19650
479	麦锈灵	Benodanil			不得检出	GB/T 19650
480	解草酮	Benoxacor			不得检出	GB/T 19650
481	新燕灵	Benzoylprop－ethyl			不得检出	GB/T 19650
482	生物烯丙菊酯－1	Bioallethrin－1			不得检出	GB/T 19650
483	生物烯丙菊酯－2	Bioallethrin－2			不得检出	GB/T 19650
484	除草定	Bromacil			不得检出	GB/T 20772
485	溴苯烯磷	Bromfenvinfos			不得检出	GB/T 19650
486	溴烯杀	Bromocylen			不得检出	GB/T 19650
487	溴硫磷	Bromofos			不得检出	GB/T 19650
488	乙基溴硫磷	Bromophos－ethyl			不得检出	GB/T 19650
489	溴丁酰草胺	Btomobutide			不得检出	GB/T 19650
490	氟丙嘧草酯	Butafenacil			不得检出	GB/T 19650
491	抑草磷	Butamifos			不得检出	GB/T 19650
492	丁草胺	Butaxhlor			不得检出	GB/T 19650
493	苯酮唑	Cafenstrole			不得检出	GB/T 19650
494	角黄素	Canthaxanthin			不得检出	SN/T 2327
495	卡巴氧	Carbadox			不得检出	GB/T 20746
496	三硫磷	Carbophenothion			不得检出	GB/T 19650
497	唑草酮	Carfentrazone－ethyl			不得检出	GB/T 19650
498	头孢洛宁	Cefalonium			不得检出	GB/T 22989
499	头孢匹林	Cefapirin			不得检出	GB/T 22989
500	氯霉素	Chloramphenicolum			不得检出	GB/T 20772
501	氯杀螨砜	Chlorbenside sulfone			不得检出	GB/T 19650
502	氯溴隆	Chlorbromuron			不得检出	GB/T 19650
503	杀虫脒	Chlordimeform			不得检出	GB/T 19650
504	氯氧磷	Chlorethoxyfos			不得检出	GB/T 19650
505	溴虫腈	Chlorfenapyr			不得检出	GB/T 19650
506	杀螨醇	Chlorfenethol			不得检出	GB/T 19650
507	燕麦酯	Chlorfenprop－methyl			不得检出	GB/T 19650
508	氟啶脲	Chlorfluazuron			不得检出	SN/T 2540
509	整形醇	Chlorflurenol			不得检出	GB/T 19650
510	醋酸氯地孕酮	Chlormadinone acetate			不得检出	GB/T 20753
511	氯甲硫磷	Chlormephos			不得检出	GB/T 19650
512	氯苯甲醚	Chloroneb			不得检出	GB/T 19650

序号	农兽药中文名	农兽药英文名	欧盟标准限量要求 mg/kg	国家标准限量要求 mg/kg	三安超有机食品标准 限量要求 mg/kg	检测方法
513	丙酯杀螨醇	Chloropropylate			不得检出	GB/T 19650
514	氯丙嗪	Chlorpromazine			不得检出	GB/T 20763
515	毒死蜱	Chlorpyrlfos			不得检出	GB/T 19650
516	氯硫磷	Chlorthion			不得检出	GB/T 19650
517	虫螨磷	Chlorthiophos			不得检出	GB/T 19650
518	乙菌利	Chlozolinate			不得检出	GB/T 19650
519	顺式 - 氯丹	cis - Chlordane			不得检出	GB/T 19650
520	顺式 - 燕麦敌	cis - Diallate			不得检出	GB/T 19650
521	顺式 - 氯菊酯	cis - Permethrin			不得检出	GB/T 19650
522	克仑特罗	Clenbuterol			不得检出	GB/T 22286
523	异噁草酮	Clomazone			不得检出	GB/T 20772
524	氯甲酰草胺	Clomeprop			不得检出	GB/T 19650
525	氯羟吡啶	Clopidol			不得检出	GB 29700
526	解草酯	Cloquintocet - mexyl			不得检出	GB/T 19650
527	蝇毒磷	Coumaphos			不得检出	GB/T 19650
528	鼠立死	Crimidine			不得检出	GB/T 19650
529	巴毒磷	Crotxyphos			不得检出	GB/T 19650
530	育畜磷	Crufomate			不得检出	GB/T 19650
531	苯腈磷	Cyanofenphos			不得检出	GB/T 19650
532	杀螟腈	Cyanophos			不得检出	GB/T 20772
533	环草敌	Cycloate			不得检出	GB/T 20772
534	环莠隆	Cycluron			不得检出	GB/T 20772
535	环丙津	Cyprazine			不得检出	GB/T 20772
536	敌草索	Dacthal			不得检出	GB/T 19650
537	达氟沙星	Danofloxacin			不得检出	GB/T 22985
538	癸氧喹酯	Decoquinate			不得检出	SN/T 2444
539	脱叶磷	DEF			不得检出	GB/T 19650
540	2,2′,4,5,5′ - 五氯联苯	DE - PCB 101			不得检出	GB/T 19650
541	2,3,4,4′,5 - 五氯联苯	DE - PCB 118			不得检出	GB/T 19650
542	2,2′,3,4,4′,5 - 六氯联苯	DE - PCB 138			不得检出	GB/T 19650
543	2,2′,4,4′,5,5′ - 六氯联苯	DE - PCB 153			不得检出	GB/T 19650
544	2,2′,3,4,4′,5,5′ - 七氯联苯	DE - PCB 180			不得检出	GB/T 19650
545	2,4,4′ - 三氯联苯	DE - PCB 28			不得检出	GB/T 19650
546	2,4,5 - 三氯联苯	DE - PCB 31			不得检出	GB/T 19650
547	2,2′,5,5′ - 四氯联苯	DE - PCB 52			不得检出	GB/T 19650
548	脱溴溴苯磷	Desbrom - leptophos			不得检出	GB/T 19650
549	脱乙基另丁津	Desethyl - sebuthylazine			不得检出	GB/T 19650
550	敌草净	Desmetryn			不得检出	GB/T 19650

序号	农兽药中文名	农兽药英文名	欧盟标准限量要求 mg/kg	国家标准限量要求 mg/kg	三安超有机食品标准	
					限量要求 mg/kg	检测方法
551	氯亚胺硫磷	Dialifos			不得检出	GB/T 19650
552	敌菌净	Diaveridine			不得检出	SN/T 1926
553	驱虫特	Dibutyl succinate			不得检出	GB/T 20772
554	异氯磷	Dicapthon			不得检出	GB/T 20772
555	除线磷	Dichlofenthion			不得检出	GB/T 20772
556	苯氟磺胺	Dichlofluanid			不得检出	GB/T 19650
557	烯丙酰草胺	Dichlormid			不得检出	GB/T 19650
558	敌敌畏	Dichlorvos			不得检出	GB/T 20772
559	苄氯三唑醇	Diclobutrazole			不得检出	GB/T 20772
560	禾草灵	Diclofop – methyl			不得检出	GB/T 19650
561	己烯雌酚	Diethylstilbestrol			不得检出	GB/T 20766
562	甲氟磷	Dimefox			不得检出	GB/T 19650
563	哌草丹	Dimepiperate			不得检出	GB/T 19650
564	异戊乙净	Dimethametryn			不得检出	GB/T 19650
565	二甲酚草胺	Dimethenamid			不得检出	GB/T 19650
566	乐果	Dimethoate			不得检出	GB/T 20772
567	甲基毒虫畏	Dimethylvinphos			不得检出	GB/T 19650
568	地美硝唑	Dimetridazole			不得检出	GB/T 21318
569	二硝托安	Dinitolmide			不得检出	SN/T 2453
570	氨氟灵	Dinitramine			不得检出	GB/T 19650
571	消螨通	Dinobuton			不得检出	GB/T 19650
572	呋虫胺	Dinotefuran			不得检出	GB/T 20772
573	苯虫醚 – 1	Diofenolan – 1			不得检出	GB/T 19650
574	苯虫醚 – 2	Diofenolan – 2			不得检出	GB/T 19650
575	蔬果磷	Dioxabenzofos			不得检出	GB/T 19650
576	双苯酰草胺	Diphenamid			不得检出	GB/T 19650
577	二苯胺	Diphenylamine			不得检出	GB/T 19650
578	异丙净	Dipropetryn			不得检出	GB/T 19650
579	灭菌磷	Ditalimfos			不得检出	GB/T 19650
580	氟硫草定	Dithiopyr			不得检出	GB/T 19650
581	敌瘟磷	Edifenphos			不得检出	GB/T 19650
582	硫丹硫酸盐	Endosulfan – sulfate			不得检出	GB/T 19650
583	异狄氏剂酮	Endrin ketone			不得检出	GB/T 19650
584	苯硫磷	EPN			不得检出	GB/T 19650
585	埃普利诺菌素	Eprinomectin			不得检出	GB/T 21320
586	抑草蓬	Erbon			不得检出	GB/T 19650
587	戊草丹	Esprocarb			不得检出	GB/T 19650
588	乙环唑 – 1	Etaconazole – 1			不得检出	GB/T 19650
589	乙环唑 – 2	Etaconazole – 2			不得检出	GB/T 19650

序号	农兽药中文名	农兽药英文名	欧盟标准限量要求 mg/kg	国家标准限量要求 mg/kg	三安超有机食品标准 限量要求 mg/kg	三安超有机食品标准 检测方法
590	乙嘧硫磷	Etrimfos			不得检出	GB/T 19650
591	氧乙嘧硫磷	Etrimfos oxon			不得检出	GB/T 19650
592	伐灭磷	Famphur			不得检出	GB/T 19650
593	苯线磷亚砜	Fenamiphos sulfoxide			不得检出	GB/T 19650
594	苯线磷砜	Fenamiphos – sulfone			不得检出	GB/T 19650
595	氧皮蝇磷	Fenchlorphos oxon			不得检出	GB/T 19650
596	甲呋酰胺	Fenfuram			不得检出	GB/T 19650
597	仲丁威	Fenobucarb			不得检出	GB/T 19650
598	苯硫威	Fenothiocarb			不得检出	GB/T 19650
599	稻瘟酰胺	Fenoxanil			不得检出	GB/T 19650
600	拌种咯	Fenpiclonil			不得检出	GB/T 19650
601	甲氰菊酯	Fenpropathrin			不得检出	GB/T 19650
602	芬螨酯	Fenson			不得检出	GB/T 19650
603	丰索磷	Fensulfothion			不得检出	GB/T 19650
604	倍硫磷亚砜	Fenthion sulfoxide			不得检出	GB/T 19650
605	麦草氟异丙酯	Flamprop – isopropyl			不得检出	GB/T 19650
606	麦草氟甲酯	Flamprop – methyl			不得检出	GB/T 19650
607	吡氟禾草灵	Fluazifop – butyl			不得检出	GB/T 19650
608	氟苯咪唑	Flubendazole			不得检出	GB/T 21324
609	氟噻草胺	Flufenacet			不得检出	GB/T 19650
610	氟节胺	Flumetralin			不得检出	GB/T 19650
611	唑嘧磺草胺	Flumetsulam			不得检出	GB/T 20772
612	氟烯草酸	Flumiclorac			不得检出	GB/T 19650
613	丙炔氟草胺	Flumioxazin			不得检出	GB/T 19650
614	三氟硝草醚	Fluorodifen			不得检出	GB/T 19650
615	乙羧氟草醚	Fluoroglycofen – ethyl			不得检出	GB/T 19650
616	三氟苯唑	Fluotrimazole			不得检出	GB/T 19650
617	氟啶草酮	Fluridone			不得检出	GB/T 19650
618	氟草烟 – 1 – 甲庚酯	Fluroxypr – 1 – methylheptyl ester			不得检出	GB/T 19650
619	呋草酮	Flurtamone			不得检出	GB/T 19650
620	地虫硫磷	Fonofos			不得检出	GB/T 19650
621	安果	Formothion			不得检出	GB/T 19650
622	呋霜灵	Furalaxyl			不得检出	GB/T 19650
623	苄螨醚	Halfenprox			不得检出	GB/T 19650
624	氟哌啶醇	Haloperidol			不得检出	GB/T 20763
625	庚烯磷	Heptanophos			不得检出	GB/T 19650
626	己唑醇	Hexaconazole			不得检出	GB/T 19650
627	环嗪酮	Hexazinone			不得检出	GB/T 19650

序号	农兽药中文名	农兽药英文名	欧盟标准限量要求 mg/kg	国家标准限量要求 mg/kg	三安超有机食品标准限量要求 mg/kg	三安超有机食品标准检测方法
628	咪草酸	Imazamethabenz – methyl			不得检出	GB/T 19650
629	脱苯甲基亚胺唑	Imibenconazole – des – benzyl			不得检出	GB/T 19650
630	炔咪菊酯 – 1	Imiprothrin – 1			不得检出	GB/T 19650
631	炔咪菊酯 – 2	Imiprothrin – 2			不得检出	GB/T 19650
632	碘硫磷	Iodofenphos			不得检出	GB/T 19650
633	甲基碘磺隆	Iodosulfuron – methyl			不得检出	GB/T 20772
634	异稻瘟净	Iprobenfos			不得检出	GB/T 19650
635	氯唑磷	Isazofos			不得检出	GB/T 19650
636	碳氯灵	Isobenzan			不得检出	GB/T 19650
637	丁咪酰胺	Isocarbamid			不得检出	GB/T 19650
638	水胺硫磷	Isocarbophos			不得检出	GB/T 19650
639	异艾氏剂	Isodrin			不得检出	GB/T 19650
640	异柳磷	Isofenphos			不得检出	GB/T 19650
641	氧异柳磷	Isofenphos oxon			不得检出	GB/T 19650
642	氮氨菲啶	Isometamidium			不得检出	SN/T 2239
643	丁嗪草酮	Isomethiozin			不得检出	GB/T 19650
644	异丙威 – 1	Isoprocarb – 1			不得检出	GB/T 19650
645	异丙威 – 2	Isoprocarb – 2			不得检出	GB/T 19650
646	异丙乐灵	Isopropalin			不得检出	GB/T 19650
647	双苯噁唑酸	Isoxadifen – ethyl			不得检出	GB/T 19650
648	噁唑啉	Isoxathion			不得检出	GB/T 19650
649	异噁氟草	Isoxaflutole			不得检出	GB/T 20772
650	交沙霉素	Josamycin			不得检出	GB/T 20762
651	溴苯磷	Leptophos			不得检出	GB/T 19650
652	左旋咪唑	Levamisole			不得检出	SN 0349
653	利谷隆	Linuron			不得检出	GB/T 19650
654	2 – 甲 – 4 – 氯丁氧乙基酯	MCPA – butoxyethyl ester			不得检出	GB/T 19650
655	甲苯咪唑	Mebendazole			不得检出	GB/T 21324
656	灭蚜磷	Mecarbam			不得检出	GB/T 19650
657	二甲四氯丙酸	Mecoprop			不得检出	SN/T 2325
658	苯噻酰草胺	Mefenacet			不得检出	GB/T 19650
659	吡唑解草酯	Mefenpyr – diethyl			不得检出	GB/T 19650
660	醋酸甲地孕酮	Megestrol acetate			不得检出	GB/T 20753
661	醋酸美仑孕酮	Melengestrol acetate			不得检出	GB/T 20753
662	嘧菌胺	Mepanipyrim			不得检出	GB/T 19650
663	地胺磷	Mephosfolan			不得检出	GB/T 19650
664	灭锈胺	Mepronil			不得检出	GB/T 19650
665	硝磺草酮	Mesotrione			不得检出	参照同类标准
666	呋菌胺	Methfuroxam			不得检出	GB/T 19650

序号	农兽药中文名	农兽药英文名	欧盟标准限量要求 mg/kg	国家标准限量要求 mg/kg	三安超有机食品标准	
					限量要求 mg/kg	检测方法
667	灭梭威砜	Methiocarb sulfone			不得检出	GB/T 19650
668	盖草津	Methoprotryne			不得检出	GB/T 19650
669	甲醚菊酯－1	Methothrin－1			不得检出	GB/T 19650
670	甲醚菊酯－2	Methothrin－2			不得检出	GB/T 19650
671	溴谷隆	Metobromuron			不得检出	GB/T 19650
672	甲氧氯普胺	Metoclopramide			不得检出	SN/T 2227
673	苯氧菌胺－1	Metominsstrobin－1			不得检出	GB/T 19650
674	苯氧菌胺－2	Metominsstrobin－2			不得检出	GB/T 19650
675	甲硝唑	Metronidazole			不得检出	GB/T 21318
676	速灭磷	Mevinphos			不得检出	GB/T 19650
677	兹克威	Mexacarbate			不得检出	GB/T 19650
678	灭蚁灵	Mirex			不得检出	GB/T 19650
679	禾草敌	Molinate			不得检出	GB/T 19650
680	庚酰草胺	Monalide			不得检出	GB/T 19650
681	合成麝香	Musk ambrecte			不得检出	GB/T 19650
682	麝香	Musk moskene			不得检出	GB/T 19650
683	西藏麝香	Musk tibeten			不得检出	GB/T 19650
684	二甲苯麝香	Musk xylene			不得检出	GB/T 19650
685	二溴磷	Naled			不得检出	SN/T 0706
686	萘丙胺	Naproanilide			不得检出	GB/T 19650
687	甲基盐霉素	Narasin			不得检出	GB/T 20364
688	甲磺乐灵	Nitralin			不得检出	GB/T 19650
689	三氯甲基吡啶	Nitrapyrin			不得检出	GB/T 19650
690	酞菌酯	Nitrothal－isopropyl			不得检出	GB/T 19650
691	诺氟沙星	Norfloxacin			不得检出	GB/T 20366
692	氟草敏	Norflurazon			不得检出	GB/T 19650
693	新生霉素	Novobiocin			不得检出	SN 0674
694	氟苯嘧啶醇	Nuarimol			不得检出	GB/T 19650
695	八氯苯乙烯	Octachlorostyrene			不得检出	GB/T 19650
696	氧氟沙星	Ofloxacin			不得检出	GB/T 20366
697	呋酰胺	Ofurace			不得检出	GB/T 19650
698	喹乙醇	Olaquindox			不得检出	GB/T 20746
699	竹桃霉素	Oleandomycin			不得检出	GB/T 20762
700	氧乐果	Omethoate			不得检出	GB/T 19650
701	奥比沙星	Orbifloxacin			不得检出	GB/T 22985
702	杀线威	Oxamyl			不得检出	GB/T 20772
703	奥芬达唑	Oxfendazole			不得检出	GB/T 22972
704	丙氧苯咪唑	Oxibendazole			不得检出	GB/T 21324
705	氧化氯丹	Oxy－chlordane			不得检出	GB/T 19650

序号	农兽药中文名	农兽药英文名	欧盟标准限量要求 mg/kg	国家标准限量要求 mg/kg	三安超有机食品标准	
					限量要求 mg/kg	检测方法
706	对氧磷	Paraoxon			不得检出	GB/T 19650
707	甲基对氧磷	Paraoxon – methyl			不得检出	GB/T 19650
708	克草敌	Pebulate			不得检出	GB/T 19650
709	五氯苯胺	Pentachloroaniline			不得检出	GB/T 19650
710	五氯甲氧基苯	Pentachloroanisole			不得检出	GB/T 19650
711	五氯苯	Pentachlorobenzene			不得检出	GB/T 19650
712	乙滴涕	Perthane			不得检出	GB/T 19650
713	菲	Phenanthrene			不得检出	GB/T 19650
714	稻丰散	Phenthoate			不得检出	GB/T 19650
715	甲拌磷砜	Phorate sulfone			不得检出	GB/T 19650
716	磷胺－1	Phosphamidon – 1			不得检出	GB/T 19650
717	磷胺－2	Phosphamidon – 2			不得检出	GB/T 19650
718	酞酸苯甲基丁酯	Phthalic acid,benzylbutyl ester			不得检出	GB/T 19650
719	四氯苯肽	Phthalide			不得检出	GB/T 19650
720	邻苯二甲酰亚胺	Phthalimide			不得检出	GB/T 19650
721	氟吡酰草胺	Picolinafen			不得检出	GB/T 19650
722	增效醚	Piperonyl butoxide			不得检出	GB/T 19650
723	哌草磷	Piperophos			不得检出	GB/T 19650
724	乙基虫螨清	Pirimiphos – ethyl			不得检出	GB/T 19650
725	炔丙菊酯	Prallethrin			不得检出	GB/T 19650
726	丙草胺	Pretilachlor			不得检出	GB/T 19650
727	环丙氟灵	Profluralin			不得检出	GB/T 19650
728	茉莉酮	Prohydrojasmon			不得检出	GB/T 19650
729	扑灭通	Prometon			不得检出	GB/T 19650
730	扑草净	Prometryne			不得检出	GB/T 19650
731	炔丙烯草胺	Pronamide			不得检出	GB/T 19650
732	敌稗	Propanil			不得检出	GB/T 19650
733	扑灭津	Propazine			不得检出	GB/T 19650
734	胺丙畏	Propetamphos			不得检出	GB/T 19650
735	丙酰二甲氨基丙吩噻嗪	Propionylpromazin			不得检出	GB/T 20763
736	丙硫磷	Prothiophos			不得检出	GB/T 19650
737	哒嗪硫磷	Ptridaphenthion			不得检出	GB/T 19650
738	吡唑硫磷	Pyraclofos			不得检出	GB/T 19650
739	吡草醚	Pyraflufen – ethyl			不得检出	GB/T 19650
740	啶斑肟－1	Pyrifenox – 1			不得检出	GB/T 19650
741	啶斑肟－2	Pyrifenox – 2			不得检出	GB/T 19650
742	环酯草醚	Pyriftalid			不得检出	GB/T 19650
743	嘧螨醚	Pyrimidifen			不得检出	GB/T 19650
744	嘧草醚	Pyriminobac – methyl			不得检出	GB/T 19650

序号	农兽药中文名	农兽药英文名	欧盟标准限量要求 mg/kg	国家标准限量要求 mg/kg	三安超有机食品标准 限量要求 mg/kg	三安超有机食品标准 检测方法
745	嘧啶磷	Pyrimitate			不得检出	GB/T 19650
746	喹硫磷	Quinalphos			不得检出	GB/T 19650
747	灭藻醌	Quinoclamine			不得检出	GB/T 19650
748	精喹禾灵	Quizalofop – P – ethyl			不得检出	GB/T 20769
749	吡咪唑	Rabenzazole			不得检出	GB/T 19650
750	莱克多巴胺	Ractopamine			不得检出	GB/T 21313
751	洛硝达唑	Ronidazole			不得检出	GB/T 21318
752	皮蝇磷	Ronnel			不得检出	GB/T 19650
753	盐霉素	Salinomycin			不得检出	GB/T 20364
754	沙拉沙星	Sarafloxacin			不得检出	GB/T 20366
755	另丁津	Sebutylazine			不得检出	GB/T 19650
756	密草通	Secbumeton			不得检出	GB/T 19650
757	氨基脲	Semduramicin			不得检出	GB/T 20752
758	烯禾啶	Sethoxydim			不得检出	GB/T 19650
759	氟硅菊酯	Silafluofen			不得检出	GB/T 19650
760	硅氟唑	Simeconazole			不得检出	GB/T 19650
761	西玛通	Simetone			不得检出	GB/T 19650
762	西草净	Simetryn			不得检出	GB/T 19650
763	壮观霉素	Spectinomycin			不得检出	GB/T 21323
764	磺胺苯酰	Sulfabenzamide			不得检出	GB/T 21316
765	磺胺醋酰	Sulfacetamide			不得检出	GB/T 21316
766	磺胺氯哒嗪	Sulfachloropyridazine			不得检出	GB/T 21316
767	磺胺嘧啶	Sulfadiazine			不得检出	GB/T 21316
768	磺胺间二甲氧嘧啶	Sulfadimethoxine			不得检出	GB/T 21316
769	磺胺二甲嘧啶	Sulfadimidine			不得检出	GB/T 21316
770	磺胺多辛	Sulfadoxine			不得检出	GB/T 21316
771	磺胺脒	Sulfaguanidine			不得检出	GB/T 21316
772	菜草畏	Sulfallate			不得检出	GB/T 19650
773	磺胺甲嘧啶	Sulfamerazine			不得检出	GB/T 21316
774	新诺明	Sulfamethoxazole			不得检出	GB/T 21316
775	磺胺间甲氧嘧啶	Sulfamonomethoxine			不得检出	GB/T 21316
776	乙酰磺胺对硝基苯	Sulfanitran			不得检出	GB/T 20772
777	磺胺吡啶	Sulfapyridine			不得检出	GB/T 21316
778	磺胺喹沙啉	Sulfaquinoxaline			不得检出	GB/T 21316
779	磺胺噻唑	Sulfathiazole			不得检出	GB/T 21316
780	治螟磷	Sulfotep			不得检出	GB/T 19650
781	硫丙磷	Sulprofos			不得检出	GB/T 19650
782	苯噻硫氰	TCMTB			不得检出	GB/T 19650
783	丁基嘧啶磷	Tebupirimfos			不得检出	GB/T 19650

序号	农兽药中文名	农兽药英文名	欧盟标准限量要求 mg/kg	国家标准限量要求 mg/kg	三安超有机食品标准	
					限量要求 mg/kg	检测方法
784	牧草胺	Tebutam			不得检出	GB/T 19650
785	丁噻隆	Tebuthiuron			不得检出	GB/T 20772
786	双硫磷	Temephos			不得检出	GB/T 20772
787	特草灵	Terbucarb			不得检出	GB/T 19650
788	特丁通	Terbumeron			不得检出	GB/T 19650
789	特丁净	Terbutryn			不得检出	GB/T 19650
790	四氢邻苯二甲酰亚胺	Tetrabydrophthalimide			不得检出	GB/T 19650
791	杀虫畏	Tetrachlorvinphos			不得检出	GB/T 19650
792	胺菊酯	Tetramethirn			不得检出	GB/T 19650
793	杀螨氯硫	Tetrasul			不得检出	GB/T 19650
794	噻吩草胺	Thenylchlor			不得检出	GB/T 19650
795	噻唑烟酸	Thiazopyr			不得检出	GB/T 19650
796	噻苯隆	Thidiazuron			不得检出	GB/T 20772
797	噻吩磺隆	Thifensulfuron – methyl			不得检出	GB/T 20772
798	甲基乙拌磷	Thiometon			不得检出	GB/T 20772
799	虫线磷	Thionazin			不得检出	GB/T 19650
800	硫普罗宁	Tiopronin			不得检出	SN/T 2225
801	三甲苯草酮	Tralkoxydim			不得检出	GB/T 19650
802	四溴菊酯	Tralomethrin			不得检出	SN/T 2320
803	反式 – 氯丹	trans – Chlordane			不得检出	GB/T 19650
804	反式 – 燕麦敌	trans – Diallate			不得检出	GB/T 19650
805	四氟苯菊酯	Transfluthrin			不得检出	GB/T 19650
806	反式九氯	trans – Nonachlor			不得检出	GB/T 19650
807	反式 – 氯菊酯	trans – Permethrin			不得检出	GB/T 19650
808	群勃龙	Trenbolone			不得检出	GB/T 21981
809	威菌磷	Triamiphos			不得检出	GB/T 19650
810	毒壤磷	Trichloronate			不得检出	GB/T 19650
811	灭草环	Tridiphane			不得检出	GB/T 19650
812	草达津	Trietazine			不得检出	GB/T 19650
813	三异丁基磷酸盐	Tri – iso – butyl phosphate			不得检出	GB/T 19650
814	甲氧苄氨嘧啶	Trimethoprim			不得检出	GB/T 19650
815	三正丁基磷酸盐	Tri – n – butyl phosphate			不得检出	GB/T 19650
816	三苯基磷酸盐	Triphenyl phosphate			不得检出	GB/T 19650
817	烯效唑	Uniconazole			不得检出	GB/T 19650
818	灭草敌	Vernolate			不得检出	GB/T 19650
819	维吉尼霉素	Virginiamycin			不得检出	GB/T 20765
820	杀鼠灵	War farin			不得检出	GB/T 20772
821	甲苯噻嗪	Xylazine			不得检出	GB/T 20763
822	右环十四酮酚	Zeranol			不得检出	GB/T 21982

序号	农兽药中文名	农兽药英文名	欧盟标准限量要求 mg/kg	国家标准限量要求 mg/kg	三安超有机食品标准 限量要求 mg/kg	检测方法
823	苯酰菌胺	Zoxamide			不得检出	GB/T 19650

2.4 牛肾脏 Cattle Kidney

序号	农兽药中文名	农兽药英文名	欧盟标准限量要求 mg/kg	国家标准限量要求 mg/kg	三安超有机食品标准 限量要求 mg/kg	检测方法
1	1,1－二氯－2,2－二(4－乙苯)乙烷	1,1－Dichloro－2,2－bis(4－ethylphenyl)ethane	0.01		不得检出	日本肯定列表(增补本1)
2	1,2－二氯乙烷	1,2－Dichloroethane	0.1		不得检出	SN/T 2238
3	1,3－二氯丙烯	1,3－Dichloropropene	0.01		不得检出	SN/T 2238
4	1－萘乙酸	1－Naphthylacetic acid	0.05		不得检出	SN/T 2228
5	2,4－滴	2,4－D	1		不得检出	GB/T 20772
6	2,4－滴丁酸	2,4－DB	0.1		不得检出	GB/T 20769
7	2－苯酚	2－Phenylphenol	0.05		不得检出	GB/T 19650
8	阿维菌素	Abamectin	0.02		不得检出	SN/T 2661
9	乙酰甲胺磷	Acephate	0.02		不得检出	GB/T 20772
10	灭螨醌	Acequinocyl	0.01		不得检出	参照同类标准
11	啶虫脒	Acetamiprid	0.2		不得检出	GB/T 20772
12	乙草胺	Acetochlor	0.01		不得检出	GB/T 19650
13	苯并噻二唑	Acibenzolar－S－methyl	0.02		不得检出	GB/T 20772
14	苯草醚	Aclonifen	0.02		不得检出	GB/T 20772
15	氟丙菊酯	Acrinathrin	0.05		不得检出	GB/T 19648
16	甲草胺	Alachlor	0.01		不得检出	GB/T 20772
17	阿苯达唑	Albendazole	500μg/kg		不得检出	GB 29687
18	氧阿苯达唑	Albendazole oxide	500μg/kg		不得检出	参照同类标准
19	涕灭威	Aldicarb	0.01		不得检出	GB/T 20772
20	艾氏剂和狄氏剂	Aldrin and dieldrin	0.2		不得检出	GB/T 19650
21	顺式氯氰菊酯	Alpha－cypermethrin	20μg/kg		不得检出	GB/T 19650
22	—	Ametoctradin	0.03		不得检出	参照同类标准
23	酰嘧磺隆	Amidosulfuron	0.15		不得检出	参照同类标准
24	氯氨吡啶酸	Aminopyralid	0.1		不得检出	GB/T 23211
25	—	Amisulbrom	0.01		不得检出	参照同类标准
26	双甲脒	Amitraz	200μg/kg		不得检出	GB/T 19650
27	阿莫西林	Amoxicillin	50μg/kg		不得检出	NY/T 830
28	氨苄青霉素	Ampicillin	50μg/kg		不得检出	GB/T 21315
29	敌菌灵	Anilazine	0.01		不得检出	GB/T 20769
30	阿布拉霉素	Apramycin	20000μg/kg		不得检出	GB/T 21323
31	杀螨特	Aramite	0.01		不得检出	GB/T 19650

序号	农兽药中文名	农兽药英文名	欧盟标准限量要求 mg/kg	国家标准限量要求 mg/kg	三安超有机食品标准	
					限量要求 mg/kg	检测方法
32	磺草灵	Asulam	0.1		不得检出	日本肯定列表（增补本1）
33	印楝素	Azadirachtin	0.01		不得检出	SN/T 3264
34	益棉磷	Azinphos－ethyl	0.01		不得检出	GB/T 19650
35	保棉磷	Azinphos－methyl	0.01		不得检出	GB/T 20772
36	三唑锡和三环锡	Azocyclotin and cyhexatin	0.05		不得检出	SN/T 1990
37	嘧菌酯	Azoxystrobin	0.07		不得检出	GB/T 20772
38	巴喹普林	Baquiloprim	150μg/kg		不得检出	参照同类标准
39	燕麦灵	Barban	0.05		不得检出	参照同类标准
40	氟丁酰草胺	Beflubutamid	0.05		不得检出	参照同类标准
41	苯霜灵	Benalaxyl	0.05		不得检出	GB/T 20772
42	丙硫克百威	Benfuracarb	0.02		不得检出	GB/T 20772
43	苄青霉素	Benzyl penicillin	50μg/kg		不得检出	GB/T 21315
44	倍他米松	Betamethasone	0.75μg/kg		不得检出	SN/T 1970
45	联苯肼酯	Bifenazate	0.01		不得检出	GB/T 20772
46	甲羧除草醚	Bifenox	0.05		不得检出	GB/T 23210
47	联苯菊酯	Bifenthrin	0.2		不得检出	GB/T 19650
48	乐杀螨	Binapacryl	0.01		不得检出	SN 0523
49	联苯	Biphenyl	0.01		不得检出	GB/T 19650
50	联苯三唑醇	Bitertanol	0.05		不得检出	GB/T 20772
51	—	Bixafen	0.3		不得检出	参照同类标准
52	啶酰菌胺	Boscalid	0.3		不得检出	GB/T 20772
53	溴离子	Bromide ion	0.05		不得检出	GB/T 5009.167
54	溴螨酯	Bromopropylate	0.01		不得检出	GB/T 19650
55	溴苯腈	Bromoxynil	0.05		不得检出	GB/T 20772
56	糠菌唑	Bromuconazole	0.05		不得检出	GB/T 19650
57	乙嘧酚磺酸酯	Bupirimate	0.05		不得检出	GB/T 19650
58	噻嗪酮	Buprofezin	0.05		不得检出	GB/T 20772
59	仲丁灵	Butralin	0.02		不得检出	GB/T 19650
60	丁草敌	Butylate	0.01		不得检出	GB/T 19650
61	硫线磷	Cadusafos	0.01		不得检出	GB/T 19650
62	毒杀芬	Camphechlor	0.05		不得检出	YC/T 180
63	敌菌丹	Captafol	0.01		不得检出	GB/T 23210
64	克菌丹	Captan	0.02		不得检出	GB/T 19648
65	咔唑心安	Carazolol	15μg/kg		不得检出	GB/T 20763
66	甲萘威	Carbaryl	0.05		不得检出	GB/T 20796
67	多菌灵和苯菌灵	Carbendazim and benomyl	0.05		不得检出	GB/T 20772
68	长杀草	Carbetamide	0.05		不得检出	GB/T 20772
69	克百威	Carbofuran	0.01		不得检出	GB/T 20772

序号	农兽药中文名	农兽药英文名	欧盟标准限量要求 mg/kg	国家标准限量要求 mg/kg	三安超有机食品标准	
					限量要求 mg/kg	检测方法
70	丁硫克百威	Carbosulfan	0.05		不得检出	GB/T 19650
71	萎锈灵	Carboxin	0.05		不得检出	GB/T 20772
72	卡洛芬	Carprofen	1000μg/kg		不得检出	SN/T 2190
73	头孢氨苄	Cefalexin	1000μg/kg		不得检出	GB/T 22989
74	头孢吡啉	Cefapirin	100μg/kg		不得检出	GB/T 22989
75	头孢喹肟	Cefquinome	200μg/kg		不得检出	GB/T 22989
76	头孢噻呋	Ceftiofur	6000μg/kg		不得检出	GB/T 21314
77	氯虫苯甲酰胺	Chlorantraniliprole	0.2		不得检出	参照同类标准
78	杀螨醚	Chlorbenside	0.05		不得检出	GB/T 19650
79	氯炔灵	Chlorbufam	0.05		不得检出	GB/T 20772
80	氯丹	Chlordane	0.05		不得检出	GB/T 5009.19
81	十氯酮	Chlordecone	0.1		不得检出	参照同类标准
82	杀螨酯	Chlorfenson	0.05		不得检出	GB/T 19650
83	毒虫畏	Chlorfenvinphos	0.01		不得检出	GB/T 19650
84	氯草敏	Chloridazon	0.1		不得检出	GB/T 20772
85	矮壮素	Chlormequat	0.2		不得检出	GB/T 23211
86	乙酯杀螨醇	Chlorobenzilate	0.1		不得检出	GB/T 23210
87	百菌清	Chlorothalonil	0.3		不得检出	SN/T 2320
88	绿麦隆	Chlortoluron	0.05		不得检出	GB/T 20772
89	枯草隆	Chloroxuron	0.05		不得检出	SN/T 2150
90	氯苯胺灵	Chlorpropham	0.2		不得检出	GB/T 19650
91	甲基毒死蜱	Chlorpyrifos – methyl	0.05		不得检出	GB/T 19650
92	氯磺隆	Chlorsulfuron	0.01		不得检出	GB/T 20772
93	金霉素	ChlorTetracycline	600μg/kg		不得检出	GB/T 21317
94	氯酞酸甲酯	Chlorthaldimethyl	0.01		不得检出	GB/T 19650
95	氯硫酰草胺	Chlorthiamid	0.02		不得检出	GB/T 20772
96	克拉维酸	Clavulanic acid	400μg/kg		不得检出	SN/T 2488
97	盐酸克仑特罗	Clenbuterol hydrochloride	0.5μg/kg		不得检出	GB/T 22147
98	烯草酮	Clethodim	0.2		不得检出	GB/T 19650
99	炔草酯	Clodinafop – propargyl	0.02		不得检出	GB/T 19650
100	四螨嗪	Clofentezine	0.05		不得检出	GB/T 20772
101	二氯吡啶酸	Clopyralid	0.4		不得检出	SN/T 2228
102	氯舒隆	Clorsulon	200μg/kg		不得检出	SN/T 2908
103	氯氰碘柳胺	Closantel	3000μg/kg		不得检出	SN/T 1628
104	噻虫胺	Clothianidin	0.02		不得检出	GB/T 20772
105	邻氯青霉素	Cloxacillin	300μg/kg		不得检出	GB/T 18932.25
106	黏菌素	Colistin	200μg/kg		不得检出	参照同类标准
107	铜化合物	Copper compounds	30		不得检出	参照同类标准
108	环烷基酰苯胺	Cyclanilide	0.01		不得检出	参照同类标准

序号	农兽药中文名	农兽药英文名	欧盟标准限量要求 mg/kg	国家标准限量要求 mg/kg	三安超有机食品标准 限量要求 mg/kg	三安超有机食品标准 检测方法
109	噻草酮	Cycloxydim	0.05		不得检出	GB/T 19650
110	环氟菌胺	Cyflufenamid	0.03		不得检出	GB/T 23210
111	氟氯氰菊酯和高效氟氯氰菊酯	Cyfluthrin and beta – cyfluthrin	0.05		不得检出	GB/T 19650
112	氯氟氰菊酯和高效氯氟氰菊酯	Cyhalothrin and lambda – cyhalothrin	50μg/kg		不得检出	SN/T 2151
113	霜脲氰	Cymoxanil	0.05		不得检出	GB/T 20772
114	氯氰菊酯和高效氯氰菊酯	Cypermethrin and beta – cypermethrin	0.2		不得检出	GB/T 19650
115	环丙唑醇	Cyproconazole	0.5		不得检出	GB/T 20772
116	嘧菌环胺	Cyprodinil	0.05		不得检出	GB/T 19650
117	灭蝇胺	Cyromazine	0.05		不得检出	GB/T 20772
118	丁酰肼	Daminozide	0.05		不得检出	SN/T 1989
119	达氟沙星	Danofloxacin	400μg/kg		不得检出	GB/T 22985
120	滴滴涕	DDT	1		不得检出	SN/T 0127
121	溴氰菊酯	Deltamethrin	0.03		不得检出	GB/T 19650
122	地塞米松	Dexamethasone	0.75μg/kg		不得检出	SN/T 1970
123	燕麦敌	Diallate	0.2		不得检出	GB/T 23211
124	二嗪磷	Diazinon	0.03		不得检出	GB/T 19650
125	麦草畏	Dicamba	0.7		不得检出	GB/T 20772
126	敌草腈	Dichlobenil	0.01		不得检出	GB/T 19650
127	滴丙酸	Dichlorprop	0.7		不得检出	SN/T 2228
128	双氯高灭酸	Diclofenac	10μg/kg		不得检出	参照同类标准
129	二氯苯氧基丙酸	Diclofop	0.1		不得检出	参照同类标准
130	氯硝胺	Dicloran	0.01		不得检出	GB/T 19650
131	双氯青霉素	Dicloxacillin	300μg/kg		不得检出	GB/T 18932.25
132	三氯杀螨醇	Dicofol	0.02		不得检出	GB/T 19650
133	乙霉威	Diethofencarb	0.05		不得检出	GB/T 19650
134	苯醚甲环唑	Difenoconazole	0.2		不得检出	GB/T 19650
135	双氟沙星	Difloxacin	800μg/kg		不得检出	GB/T 20366
136	除虫脲	Diflubenzuron	0.1		不得检出	SN/T 0528
137	吡氟酰草胺	Diflufenican	0.05		不得检出	GB/T 20772
138	二氢链霉素	Dihydro – streptomycin	1000μg/kg		不得检出	GB/T 22969
139	油菜安	Dimethachlor	0.02		不得检出	GB/T 20772
140	烯酰吗啉	Dimethomorph	0.05		不得检出	GB/T 20772
141	醚菌胺	Dimoxystrobin	0.05		不得检出	SN/T 2237
142	烯唑醇	Diniconazole	0.01		不得检出	GB/T 19650
143	敌螨普	Dinocap	0.05		不得检出	日本肯定列表（增补本1）

序号	农兽药中文名	农兽药英文名	欧盟标准限量要求 mg/kg	国家标准限量要求 mg/kg	三安超有机食品标准限量要求 mg/kg	检测方法
144	地乐酚	Dinoseb	0.01		不得检出	GB/T 20772
145	特乐酚	Dinoterb	0.05		不得检出	GB/T 20772
146	敌噁磷	Dioxathion	0.05		不得检出	GB/T 19650
147	敌草快	Diquat	0.05		不得检出	GB/T 5009.221
148	乙拌磷	Disulfoton	0.01		不得检出	GB/T 20772
149	二氰蒽醌	Dithianon	0.01		不得检出	GB/T 20769
150	二硫代氨基甲酸酯	Dithiocarbamates	0.05		不得检出	SN 0139
151	敌草隆	Diuron	0.05		不得检出	SN/T 0645
152	二硝甲酚	DNOC	0.05		不得检出	GB/T 20772
153	多果定	Dodine	0.2		不得检出	SN 0500
154	多拉菌素	Doramectin	60μg/kg		不得检出	GB/T 22968
155	强力霉素	Doxycycline	600μg/kg		不得检出	GB/T 20764
156	甲氨基阿维菌素苯甲酸盐	Emamectin benzoate	0.08		不得检出	GB/T 20769
157	硫丹	Endosulfan	0.05	0.03	不得检出	GB/T 19650
158	异狄氏剂	Endrin	0.05		不得检出	GB/T 19650
159	恩诺沙星	Enrofloxacin	200μg/kg		不得检出	GB/T 20366
160	氟环唑	Epoxiconazole	0.02		不得检出	GB/T 20772
161	埃普利诺菌素	Eprinomectin	300μg/kg		不得检出	GB/T 21320
162	茵草敌	EPTC	0.02		不得检出	GB/T 20772
163	红霉素	Erythromycin	200μg/kg		不得检出	GB/T 20762
164	乙丁烯氟灵	Ethalfluralin	0.01		不得检出	GB/T 19650
165	胺苯磺隆	Ethametsulfuron	0.01		不得检出	NY/T 1616
166	乙烯利	Ethephon	0.05		不得检出	SN 0705
167	乙硫磷	Ethion	0.01		不得检出	GB/T 19650
168	乙嘧酚	Ethirimol	0.05		不得检出	GB/T 20772
169	乙氧呋草黄	Ethofumesate	0.1		不得检出	GB/T 20772
170	灭线磷	Ethoprophos	0.01		不得检出	GB/T 19650
171	乙氧喹啉	Ethoxyquin	0.05		不得检出	GB/T 20772
172	环氧乙烷	Ethylene oxide	0.02		不得检出	GB/T 23296.11
173	醚菊酯	Etofenprox	0.5		不得检出	GB/T 19650
174	乙螨唑	Etoxazole	0.01		不得检出	GB/T 19650
175	氯唑灵	Etridiazole	0.05		不得检出	GB/T 20772
176	噁唑菌酮	Famoxadone	0.05		不得检出	GB/T 20772
177	苯硫氨酯	Febantel	50μg/kg		不得检出	GB/T 22972
178	咪唑菌酮	Fenamidone	0.01		不得检出	GB/T 19650
179	苯线磷	Fenamiphos	0.02		不得检出	GB/T 19650
180	氯苯嘧啶醇	Fenarimol	0.02		不得检出	GB/T 20772
181	杀螨醚	Fenazaquin	0.01		不得检出	GB/T 19650
182	苯硫苯咪唑	Fenbendazole	50μg/kg		不得检出	SN 0638

序号	农兽药中文名	农兽药英文名	欧盟标准限量要求 mg/kg	国家标准限量要求 mg/kg	三安超有机食品标准	
					限量要求 mg/kg	检测方法
183	腈苯唑	Fenbuconazole	0.05		不得检出	GB/T 20772
184	苯丁锡	Fenbutatin oxide	0.05		不得检出	SN/T 3149
185	环酰菌胺	Fenhexamid	0.05		不得检出	GB/T 20772
186	杀螟硫磷	Fenitrothion	0.01		不得检出	GB/T 20772
187	精噁唑禾草灵	Fenoxaprop – P – ethyl	0.1		不得检出	GB/T 22617
188	双氧威	Fenoxycarb	0.05		不得检出	GB/T 19650
189	苯锈啶	Fenpropidin	0.03		不得检出	GB/T 19650
190	丁苯吗啉	Fenpropimorph	0.05		不得检出	GB/T 20772
191	胺苯吡菌酮	Fenpyrazamine	0.01		不得检出	参照同类标准
192	唑螨酯	Fenpyroximate	0.01		不得检出	GB/T 19650
193	倍硫磷	Fenthion	0.05		不得检出	GB/T 20772
194	三苯锡	Fentin	0.05		不得检出	SN/T 3149
195	薯瘟锡	Fentin acetate	0.05		不得检出	参照同类标准
196	氰戊菊酯和高效氰戊菊酯（RR & SS 异构体总量）	Fenvalerate and esfenvalerate（sum of RR & SS isomers）	0.2		不得检出	GB/T 19650
197	氰戊菊酯和高效氰戊菊酯（RS & SR 异构体总量）	Fenvalerate and esfenvalerate（sum of RS & SR isomers）	0.05		不得检出	GB/T 19650
198	氟虫腈	Fipronil	0.02		不得检出	SN/T 1982
199	氟啶虫酰胺	Flonicamid	0.03		不得检出	SN/T 2796
200	氟苯尼考	Florfenicol	300μg/kg		不得检出	GB/T 20756
201	精吡氟禾草灵	Fluazifop – P – butyl	0.05		不得检出	GB/T 5009.142
202	氟啶胺	Fluazinam	0.05		不得检出	SN/T 2150
203	啶蜱脲	Fluazuron	500μg/kg		不得检出	SN/T 2540
204	氟苯虫酰胺	Flubendiamide	1		不得检出	SN/T 2581
205	氟环脲	Flucycloxuron	0.05		不得检出	参照同类标准
206	氟氰戊菊酯	Flucythrinate	0.05		不得检出	GB/T 23210
207	咯菌腈	Fludioxonil	0.05		不得检出	GB/T 20772
208	氟虫脲	Flufenoxuron	0.05		不得检出	SN/T 2150
209	杀螨净	Flufenzin	0.02		不得检出	参照同类标准
210	氟甲喹	Flumequin	1500μg/kg		不得检出	SN/T 1921
211	氟氯苯氰菊酯	Flumethrin	10μg/kg		不得检出	农业部781号公告 – 7
212	氟胺烟酸	Flunixin	100μg/kg		不得检出	GB/T 20750
213	氟吡菌胺	Fluopicolide	0.01		不得检出	参照同类标准
214	—	Fluopyram	0.7		不得检出	参照同类标准
215	氟离子	Fluoride ion	1		不得检出	GB/T 5009.167
216	氟腈嘧菌酯	Fluoxastrobin	0.1		不得检出	SN/T 2237
217	氟喹唑	Fluquinconazole	0.3		不得检出	GB/T 19650
218	氟咯草酮	Fluorochloridone	0.05		不得检出	GB/T 20772

序号	农兽药中文名	农兽药英文名	欧盟标准限量要求 mg/kg	国家标准限量要求 mg/kg	三安超有机食品标准限量要求 mg/kg	三安超有机食品标准检测方法
219	氟草烟	Fluroxypyr	0.5		不得检出	GB/T 20772
220	氟硅唑	Flusilazole	0.5		不得检出	GB/T 20772
221	氟酰胺	Flutolanil	0.1		不得检出	GB/T 20772
222	粉唑醇	Flutriafol	0.01		不得检出	GB/T 20772
223	—	Fluxapyroxad	0.01		不得检出	参照同类标准
224	氟磺胺草醚	Fomesafen	0.01		不得检出	GB/T 5009.130
225	氯吡脲	Forchlorfenuron	0.05		不得检出	SN/T 3643
226	伐虫脒	Formetanate	0.01		不得检出	NY/T 1453
227	三乙膦酸铝	Fosetyl – aluminium	0.5		不得检出	参照同类标准
228	麦穗宁	Fuberidazole	0.05		不得检出	GB/T 19650
229	呋线威	Furathiocarb	0.01		不得检出	GB/T 20772
230	糠醛	Furfural	1		不得检出	参照同类标准
231	加米霉素	Gamithromycin	100μg/kg		不得检出	参照同类标准
232	庆大霉素	Gentamicin	750μg/kg		不得检出	GB/T 21323
233	勃激素	Gibberellic acid	0.1		不得检出	GB/T 23211
234	草胺膦	Glufosinate – ammonium	0.1		不得检出	日本肯定列表
235	草甘膦	Glyphosate	2		不得检出	SN/T 1923
236	双胍盐	Guazatine	0.1		不得检出	参照同类标准
237	常山酮	Halofuginone	30μg/kg		不得检出	GB 29693
238	氟吡禾灵	Haloxyfop	0.1		不得检出	SN/T 2228
239	七氯	Heptachlor	0.2		不得检出	SN 0663
240	六氯苯	Hexachlorobenzene	0.2		不得检出	SN/T 0127
241	六六六(HCH),α-异构体	Hexachlorociclohexane (HCH), alpha – isomer	0.2		不得检出	SN/T 0127
242	六六六(HCH),β-异构体	Hexachlorociclohexane (HCH), beta – isomer	0.1		不得检出	SN/T 0127
243	噻螨酮	Hexythiazox	0.05		不得检出	GB/T 20772
244	噁霉灵	Hymexazol	0.05		不得检出	GB/T 20772
245	抑霉唑	Imazalil	0.05		不得检出	GB/T 20772
246	甲咪唑烟酸	Imazapic	0.01		不得检出	GB/T 20772
247	咪唑喹啉酸	Imazaquin	0.05		不得检出	GB/T 20772
248	吡虫啉	Imidacloprid	0.3		不得检出	GB/T 20772
249	双咪苯脲	Imidocarb	1500μg/kg		不得检出	SN/T 2314
250	茚虫威	Indoxacarb	0.05		不得检出	GB/T 20772
251	碘苯腈	Ioxynil	2,5		不得检出	GB/T 20772
252	异菌脲	Iprodione	0.05		不得检出	GB/T 19650
253	稻瘟灵	Isoprothiolane	0.01		不得检出	GB/T 20772
254	异丙隆	Isoproturon	0.05		不得检出	GB/T 20772
255	—	Isopyrazam	0.01		不得检出	参照同类标准

序号	农兽药中文名	农兽药英文名	欧盟标准限量要求 mg/kg	国家标准限量要求 mg/kg	三安超有机食品标准 限量要求 mg/kg	三安超有机食品标准 检测方法
256	异噁酰草胺	Isoxaben	0.01		不得检出	GB/T 20772
257	依维菌素	Ivermectin	30μg/kg		不得检出	GB/T 21320
258	卡那霉素	Kanamycin	2500μg/kg		不得检出	GB/T 21323
259	醚菌酯	Kresoxim – methyl	0.05		不得检出	GB/T 20772
260	乳氟禾草灵	Lactofen	0.01		不得检出	GB/T 19650
261	高效氯氟氰菊酯	Lambda – cyhalothrin	0.5		不得检出	GB/T 23210
262	拉沙里菌素	Lasalocid	20μg/kg		不得检出	SN 0501
263	环草定	Lenacil	0.1		不得检出	GB/T 19650
264	左旋咪唑	Levamisole	10μg/kg		不得检出	SN 0349
265	林可霉素	Lincomycin	1500μg/kg		不得检出	GB/T 20762
266	林丹	Lindane	0.02	0.01	不得检出	NY/T 761
267	虱螨脲	Lufenuron	0.02		不得检出	SN/T 2540
268	马拉硫磷	Malathion	0.02		不得检出	GB/T 19650
269	抑芽丹	Maleic hydrazide	0.5		不得检出	GB/T 23211
270	双炔酰菌胺	Mandipropamid	0.02		不得检出	参照同类标准
271	麻保沙星	Marbofloxacin	150μg/kg		不得检出	GB/T 22985
272	二甲四氯和二甲四氯丁酸	MCPA and MCPB	0.1		不得检出	SN/T 2228
273	美洛昔康	Meloxicam	65μg/kg		不得检出	SN/T 2190
274	壮棉素˙	Mepiquat chloride	0.05		不得检出	GB/T 23211
275	—	Meptyldinocap	0.05		不得检出	参照同类标准
276	汞化合物	Mercury compounds	0.01		不得检出	参照同类标准
277	氰氟虫腙	Metaflumizone	0.02		不得检出	SN/T 3852
278	甲霜灵和精甲霜灵	Metalaxyl and metalaxyl – M	0.05		不得检出	GB/T 20772
279	四聚乙醛	Metaldehyde	0.05		不得检出	SN/T 1787
280	苯嗪草酮	Metamitron	0.05		不得检出	GB/T 19650
281	安乃近	Metamizole	100μg/kg		不得检出	GB/T 20747
282	吡唑草胺	Metazachlor	0.05		不得检出	GB/T 19650
283	叶菌唑	Metconazole	0.01		不得检出	GB/T 20772
284	甲基苯噻隆	Methabenzthiazuron	0.05		不得检出	GB/T 19650
285	虫螨畏	Methacrifos	0.01		不得检出	GB/T 20772
286	甲胺磷	Methamidophos	0.01		不得检出	GB/T 20772
287	杀扑磷	Methidathion	0.02		不得检出	GB/T 20772
288	甲硫威	Methiocarb	0.05		不得检出	GB/T 20770
289	灭多威和硫双威	Methomyl and thiodicarb	0.02		不得检出	GB/T 20772
290	烯虫酯	Methoprene	0.05		不得检出	GB/T 19650
291	甲氧滴滴涕	Methoxychlor	0.01		不得检出	SN/T 0529
292	甲氧虫酰肼	Methoxyfenozide	0.1		不得检出	GB/T 20772
293	甲基泼尼松龙	Methylprednisolone	10μg/kg		不得检出	GB/T 21981
294	磺草唑胺	Metosulam	0.01		不得检出	GB/T 20772

序号	农兽药中文名	农兽药英文名	欧盟标准限量要求 mg/kg	国家标准限量要求 mg/kg	三安超有机食品标准 限量要求 mg/kg	三安超有机食品标准 检测方法
295	苯菌酮	Metrafenone	0.05		不得检出	参照同类标准
296	嗪草酮	Metribuzin	0.1		不得检出	GB/T 19650
297	莫能菌素	Monensin	10μg/kg		不得检出	SN 0698
298	绿谷隆	Monolinuron	0.05		不得检出	GB/T 20772
299	灭草隆	Monuron	0.01		不得检出	GB/T 20772
300	甲噻吩嘧啶	Morantel	200μg/kg		不得检出	参照同类标准
301	莫西丁克	Moxidectin	50μg/kg		不得检出	SN/T 2442
302	腈菌唑	Myclobutanil	0.01		不得检出	GB/T 20772
303	奈夫西林	Nafcillin	300μg/kg		不得检出	GB/T 22975
304	1-萘乙酰胺	1-Naphthylacetamide	0.05		不得检出	GB/T 23205
305	敌草胺	Napropamide	0.01		不得检出	GB/T 19650
306	新霉素(包括framycetin)	Neomycin(including framycetin)	5000μg/kg		不得检出	SN 0646
307	尼托比明	Netobimin	500μg/kg		不得检出	参照同类标准
308	烟嘧磺隆	Nicosulfuron	0.05		不得检出	SN/T 2325
309	除草醚	Nitrofen	0.01		不得检出	GB/T 19650
310	硝碘酚腈	Nitroxinil	400μg/kg		不得检出	参照同类标准
311	诺孕美特	Norgestomet	0.2μg/kg		不得检出	参照同类标准
312	氟酰脲	Novaluron	0.7		不得检出	GB/T 23211
313	嘧苯胺磺隆	Orthosulfamuron	0.01		不得检出	GB/T 23817
314	苯唑青霉素	Oxacillin	300μg/kg		不得检出	GB/T 18932.25
315	噁草酮	Oxadiazon	0.05		不得检出	GB/T 19650
316	噁霜灵	Oxadixyl	0.01		不得检出	GB/T 19650
317	环氧嘧磺隆	Oxasulfuron	0.05		不得检出	GB/T 23817
318	奥芬达唑	Oxfendazole	500μg/kg		不得检出	GB/T 22972
319	喹菌酮	Oxolinic acid	150μg/kg		不得检出	日本肯定列表
320	氧化萎锈灵	Oxycarboxin	0.05		不得检出	GB/T 19650
321	羟氯柳苯胺	Oxyclozanide	100μg/kg		不得检出	SN/T 2909
322	亚砜磷	Oxydemeton-methyl	0.01		不得检出	参照同类标准
323	乙氧氟草醚	Oxyfluorfen	0.05		不得检出	GB/T 20772
324	土霉素	Oxytetracycline	600μg/kg		不得检出	GB/T 21317
325	多效唑	Paclobutrazol	0.02		不得检出	GB/T 19650
326	对硫磷	Parathion	0.05		不得检出	GB/T 19650
327	甲基对硫磷	Parathion-methyl	0.01		不得检出	GB/T 5009.161
328	巴龙霉素	Paromomycin	1500μg/kg		不得检出	SN/T 2315
329	戊菌唑	Penconazole	0.05		不得检出	GB/T 20772
330	戊菌隆	Pencycuron	0.05		不得检出	GB/T 19650
331	二甲戊灵	Pendimethalin	0.05		不得检出	GB/T 19650
332	喷沙西林	Penethamate	50μg/kg		不得检出	参照同类标准

序号	农兽药中文名	农兽药英文名	欧盟标准限量要求 mg/kg	国家标准限量要求 mg/kg	三安超有机食品标准 限量要求 mg/kg	三安超有机食品标准 检测方法
333	氯菊酯	Permethrin	0.05		不得检出	GB/T 19650
334	甜菜宁	Phenmedipham	0.05		不得检出	GB/T 23205
335	苯醚菊酯	Phenothrin	0.05		不得检出	GB/T 20772
336	甲拌磷	Phorate	0.02		不得检出	GB/T 20772
337	伏杀硫磷	Phosalone	0.01		不得检出	GB/T 20772
338	亚胺硫磷	Phosmet	0.1		不得检出	GB/T 20772
339	—	Phosphines and phosphides	0.01		不得检出	参照同类标准
340	辛硫磷	Phoxim	0.02		不得检出	GB/T 20772
341	氨氯吡啶酸	Picloram	5		不得检出	GB/T 23211
342	啶氧菌酯	Picoxystrobin	0.05		不得检出	GB/T 19650
343	抗蚜威	Pirimicarb	0.05		不得检出	GB/T 20772
344	甲基嘧啶磷	Pirimiphos – methyl	0.05		不得检出	GB/T 20772
345	吡利霉素	Pirlimycin	400μg/kg		不得检出	GB/T 22988
346	泼尼松龙	Prednisolone	10μg/kg		不得检出	GB/T 21981
347	咪鲜胺	Prochloraz	0.5		不得检出	GB/T 19650
348	腐霉利	Procymidone	0.01		不得检出	GB/T 20772
349	丙溴磷	Profenofos	0.05		不得检出	GB/T 20772
350	调环酸	Prohexadione	0.05		不得检出	日本肯定列表
351	毒草安	Propachlor	0.02		不得检出	GB/T 20772
352	扑派威	Propamocarb	0.1		不得检出	GB/T 20772
353	恶草酸	Propaquizafop	0.05		不得检出	GB/T 20772
354	炔螨特	Propargite	0.1		不得检出	GB/T 19650
355	苯胺灵	Propham	0.05		不得检出	GB/T 19650
356	丙环唑	Propiconazole	0.05		不得检出	GB/T 19650
357	异丙草胺	Propisochlor	0.01		不得检出	GB/T 19650
358	残杀威	Propoxur	0.05		不得检出	GB/T 20772
359	炔苯酰草胺	Propyzamide	0.05		不得检出	GB/T 19650
360	苄草丹	Prosulfocarb	0.05		不得检出	GB/T 19650
361	丙硫菌唑	Prothioconazole	0.5		不得检出	参照同类标准
362	吡蚜酮	Pymetrozine	0.01		不得检出	GB/T 20772
363	吡唑醚菌酯	Pyraclostrobin	0.05		不得检出	GB/T 20772
364	—	Pyrasulfotole	0.2		不得检出	参照同类标准
365	吡菌磷	Pyrazophos	0.02		不得检出	GB/T 20772
366	除虫菊素	Pyrethrins	0.05		不得检出	GB/T 20772
367	哒螨灵	Pyridaben	0.02		不得检出	GB/T 19650
368	啶虫丙醚	Pyridalyl	0.01		不得检出	日本肯定列表
369	哒草特	Pyridate	0.4		不得检出	日本肯定列表
370	嘧霉胺	Pyrimethanil	0.05		不得检出	GB/T 19650
371	吡丙醚	Pyriproxyfen	0.05		不得检出	GB/T 19650

序号	农兽药中文名	农兽药英文名	欧盟标准限量要求 mg/kg	国家标准限量要求 mg/kg	三安超有机食品标准	
					限量要求 mg/kg	检测方法
372	甲氧磺草胺	Pyroxsulam	0.01		不得检出	SN/T 2325
373	氯甲喹啉酸	Quinmerac	0.05		不得检出	参照同类标准
374	喹氧灵	Quinoxyfen	0.2		不得检出	SN/T 2319
375	五氯硝基苯	Quintozene	0.01		不得检出	GB/T 19650
376	精喹禾灵	Quizalofop – P – ethyl	0.05		不得检出	SN/T 2150
377	雷复尼特	Rafoxanide	40μg/kg		不得检出	SN/T 1987
378	灭虫菊	Resmethrin	0.1		不得检出	GB/T 20772
379	鱼藤酮	Rotenone	0.01		不得检出	GB/T 20772
380	西玛津	Simazine	0.01		不得检出	SN 0594
381	壮观霉素	Spectinomycin	5000μg/kg		不得检出	GB/T 21323
382	乙基多杀菌素	Spinetoram	0.01		不得检出	参照同类标准
383	多杀霉素	Spinosad	1		不得检出	GB/T 20772
384	螺旋霉素	Spiramycin	300μg/kg		不得检出	GB/T 20762
385	螺螨酯	Spirodiclofen	0.05		不得检出	GB/T 20772
386	螺甲螨酯	Spiromesifen	0.01		不得检出	GB/T 23210
387	螺虫乙酯	Spirotetramat	0.03		不得检出	参照同类标准
388	葚孢菌素	Spiroxamine	0.2		不得检出	GB/T 20772
389	链霉素	Streptomycin	1000μg/kg		不得检出	GB/T 21323
390	磺草酮	Sulcotrione	0.05		不得检出	参照同类标准
391	磺胺类（所有属于磺胺类的物质）	Sulfonamides（all substances belonging to the sulfonamide-group）	100μg/kg		不得检出	GB 29694
392	乙黄隆	Sulfosulfuron	0.05		不得检出	SN/T 2325
393	硫磺粉	Sulfur	0.5		不得检出	参照同类标准
394	氟胺氰菊酯	Tau – fluvalinate	0.02		不得检出	SN 0691
395	戊唑醇	Tebuconazole	0.1		不得检出	GB/T 20772
396	虫酰肼	Tebufenozide	0.05		不得检出	GB/T 20772
397	吡螨胺	Tebufenpyrad	0.05		不得检出	GB/T 19650
398	四氯硝基苯	Tecnazene	0.05		不得检出	GB/T 19650
399	氟苯脲	Teflubenzuron	0.05		不得检出	SN/T 2150
400	七氟菊酯	Tefluthrin	0.05		不得检出	GB/T 23210
401	得杀草	Tepraloxydim	0.1		不得检出	GB/T 20772
402	特丁硫磷	Terbufos	0.01		不得检出	GB/T 20772
403	特丁津	Terbuthylazine	0.05		不得检出	GB/T 19650
404	四氟醚唑	Tetraconazole	0.2		不得检出	GB/T 20772
405	四环素	Tetracycline	600μg/kg		不得检出	GB/T 21317
406	三氯杀螨砜	Tetradifon	0.05		不得检出	GB/T 19650
407	噻菌灵	Thiabendazole	100μg/kg		不得检出	GB/T 20772
408	噻虫啉	Thiacloprid	0.3		不得检出	GB/T 20772

序号	农兽药中文名	农兽药英文名	欧盟标准限量要求 mg/kg	国家标准限量要求 mg/kg	三安超有机食品标准 限量要求 mg/kg	检测方法
409	噻虫嗪	Thiamethoxam	0.03		不得检出	GB/T 20772
410	甲砜霉素	Thiamphenicol	50μg/kg		不得检出	GB/T 20756
411	禾草丹	Thiobencarb	0.01		不得检出	GB/T 20772
412	甲基硫菌灵	Thiophanate－methyl	0.05		不得检出	SN/T 0162
413	泰地罗新	Tildipirosin	3000μg/kg		不得检出	参照同类标准
414	替米考星	Tilmicosin	1000μg/kg		不得检出	GB/T 20762
415	甲基立枯磷	Tolclofos－methyl	0.05		不得检出	GB/T 19650
416	托芬那酸	Tolfenamic acid	100μg/kg		不得检出	SN/T 2190
417	甲苯氟磺胺	Tolylfluanid	0.1		不得检出	GB/T 19650
418	—	Topramezone	1		不得检出	参照同类标准
419	三唑酮和三唑醇	Triadimefon and triadimenol	0.1		不得检出	GB/T 20772
420	野麦畏	Triallate	0.05		不得检出	GB/T 20772
421	醚苯磺隆	Triasulfuron	0.05		不得检出	GB/T 20772
422	三唑磷	Triazophos	0.01		不得检出	GB/T 20772
423	敌百虫	Trichlorphon	0.01		不得检出	GB/T 20772
424	三氯苯哒唑	Triclabendazole	150μg/kg		不得检出	参照同类标准
425	绿草定	Triclopyr	0.2		不得检出	SN/T 2228
426	三环唑	Tricyclazole	0.05		不得检出	GB/T 20769
427	十三吗啉	Tridemorph	0.01		不得检出	GB/T 20772
428	肟菌酯	Trifloxystrobin	0.04		不得检出	GB/T 19650
429	氟菌唑	Triflumizole	0.05		不得检出	GB/T 20769
430	杀铃脲	Triflumuron	0.01		不得检出	GB/T 20772
431	氟乐灵	Trifluralin	0.01		不得检出	GB/T 20772
432	嗪氨灵	Triforine	0.01		不得检出	SN 0695
433	甲氧苄氨嘧啶	Trimethoprim	50μg/kg		不得检出	SN/T 1769
434	三甲基锍阳离子	Trimethyl－sulfonium cation	0.2		不得检出	参照同类标准
435	抗倒酯	Trinexapac	0.05		不得检出	GB/T 20769
436	灭菌唑	Triticonazole	0.01		不得检出	GB/T 20772
437	三氟甲磺隆	Tritosulfuron	0.01		不得检出	参照同类标准
438	托拉菌素	Tulathromycin	3000μg/kg		不得检出	参照同类标准
439	泰乐霉素	Tylosin	100μg/kg		不得检出	GB/T 22941
440	—	Valifenalate	0.01		不得检出	参照同类标准
441	乙烯菌核利	Vinclozolin	0.05		不得检出	GB/T 20772
442	2,3,4,5－四氯苯胺	2,3,4,5－Tetrachloraniline			不得检出	GB/T 19650
443	2,3,4,5－四氯甲氧基苯	2,3,4,5－Tetrachloroanisole			不得检出	GB/T 19650
444	2,3,5,6－四氯苯胺	2,3,5,6－Tetrachloroaniline			不得检出	GB/T 19650
445	2,4,5－涕	2,4,5－T			不得检出	GB/T 20772
446	o,p′－滴滴滴	2,4′－DDD			不得检出	GB/T 19650
447	o,p′－滴滴伊	2,4′－DDE			不得检出	GB/T 19650

序号	农兽药中文名	农兽药英文名	欧盟标准限量要求 mg/kg	国家标准限量要求 mg/kg	三安超有机食品标准	
					限量要求 mg/kg	检测方法
448	o,p'-滴滴涕	2,4'-DDT			不得检出	GB/T 19650
449	2,6-二氯苯甲酰胺	2,6-Dichlorobenzamide			不得检出	GB/T 19650
450	3,5-二氯苯胺	3,5-Dichloroaniline			不得检出	GB/T 19650
451	p,p'-滴滴滴	4,4'-DDD			不得检出	GB/T 19650
452	p,p'-滴滴伊	4,4'-DDE			不得检出	GB/T 19650
453	p,p'-滴滴涕	4,4'-DDT			不得检出	GB/T 19650
454	4,4'-二溴二苯甲酮	4,4'-Dibromobenzophenone			不得检出	GB/T 19650
455	4,4'-二氯二苯甲酮	4,4'-Dichlorobenzophenone			不得检出	GB/T 19650
456	二氢苊	Acenaphthene			不得检出	GB/T 19650
457	乙酰丙嗪	Acepromazine			不得检出	GB/T 20763
458	三氟羧草醚	Acifluorfen			不得检出	GB/T 20772
459	1-氨基-2-乙内酰脲	AHD			不得检出	GB/T 21311
460	涕灭砜威	Aldoxycarb			不得检出	GB/T 20772
461	烯丙菊酯	Allethrin			不得检出	GB/T 20772
462	二丙烯草胺	Allidochlor			不得检出	GB/T 19650
463	α-六六六	Alpha-HCH			不得检出	GB/T 19650
464	烯丙孕素	Altrenogest			不得检出	SN/T 1980
465	莠灭净	Ametryn			不得检出	GB/T 20772
466	杀草强	Amitrole			不得检出	SN/T 1737.6
467	5-吗啉甲基-3-氨基-2-噁唑烷基酮	AMOZ			不得检出	GB/T 21311
468	氨丙嘧吡啶	Amprolium			不得检出	SN/T 0276
469	莎稗磷	Anilofos			不得检出	GB/T 19650
470	蒽醌	Anthraquinone			不得检出	GB/T 19650
471	3-氨基-2-噁唑酮	AOZ			不得检出	GB/T 21311
472	丙硫特普	Aspon			不得检出	GB/T 19650
473	羟氨卡青霉素	Aspoxicillin			不得检出	GB/T 21315
474	乙基杀扑磷	Athidathion			不得检出	GB/T 19650
475	莠去通	Atratone			不得检出	GB/T 19650
476	莠去津	Atrazine			不得检出	GB/T 20772
477	脱乙基阿特拉津	Atrazine-desethyl			不得检出	GB/T 19650
478	甲基吡噁磷	Azamethiphos			不得检出	GB/T 20763
479	氮哌酮	Azaperone			不得检出	SN/T 2221
480	叠氮津	Aziprotryne			不得检出	GB/T 19650
481	杆菌肽	Bacitracin			不得检出	GB/T 20743
482	4-溴-3,5-二甲苯基-N-甲基氨基甲酸酯-1	BDMC-1			不得检出	GB/T 19650
483	4-溴-3,5-二甲苯基-N-甲基氨基甲酸酯-2	BDMC-2			不得检出	GB/T 19650

序号	农兽药中文名	农兽药英文名	欧盟标准限量要求 mg/kg	国家标准限量要求 mg/kg	三安超有机食品标准 限量要求 mg/kg	三安超有机食品标准 检测方法
484	噁虫威	Bendiocarb			不得检出	GB/T 20772
485	乙丁氟灵	Benfluralin			不得检出	GB/T 19650
486	丙硫克百威	Benfuracard			不得检出	GB/T 20772
487	呋草黄	Benfuresate			不得检出	GB/T 19650
488	麦锈灵	Benodanil			不得检出	GB/T 19650
489	解草酮	Benoxacor			不得检出	GB/T 19650
490	新燕灵	Benzoylprop – ethyl			不得检出	GB/T 19650
491	β－六六六	Beta – HCH			不得检出	GB/T 19650
492	生物烯丙菊酯－1	Bioallethrin – 1			不得检出	GB/T 19650
493	生物烯丙菊酯－2	Bioallethrin – 2			不得检出	GB/T 19650
494	生物苄呋菊酯	Bioresmethrin			不得检出	GB/T 20772
495	除草定	Bromacil			不得检出	GB/T 20772
496	溴苯烯磷	Bromfenvinfos			不得检出	GB/T 19650
497	溴烯杀	Bromocylen			不得检出	GB/T 19650
498	溴硫磷	Bromofos			不得检出	GB/T 19650
499	乙基溴硫磷	Bromophos – ethyl			不得检出	GB/T 19650
500	溴丁酰草胺	Btomobutide			不得检出	GB/T 19650
501	氟丙嘧草酯	Butafenacil			不得检出	GB/T 19650
502	抑草磷	Butamifos			不得检出	GB/T 19650
503	丁草胺	Butaxhlor			不得检出	GB/T 19650
504	苯酮唑	Cafenstrole			不得检出	GB/T 19650
505	角黄素	Canthaxanthin			不得检出	SN/T 2327
506	卡巴氧	Carbadox			不得检出	GB/T 20746
507	三硫磷	Carbophenothion			不得检出	GB/T 19650
508	唑草酮	Carfentrazone – ethyl			不得检出	GB/T 19650
509	头孢洛宁	Cefalonium			不得检出	GB/T 22989
510	氯霉素	Chloramphenicolum			不得检出	GB/T 20772
511	氯杀螨砜	Chlorbenside sulfone			不得检出	GB/T 19650
512	氯溴隆	Chlorbromuron			不得检出	GB/T 19650
513	杀虫脒	Chlordimeform			不得检出	GB/T 19650
514	氯氧磷	Chlorethoxyfos			不得检出	GB/T 19650
515	溴虫腈	Chlorfenapyr			不得检出	GB/T 19650
516	杀螨醇	Chlorfenethol			不得检出	GB/T 19650
517	燕麦酯	Chlorfenprop – methyl			不得检出	GB/T 19650
518	氟啶脲	Chlorfluazuron			不得检出	SN/T 2540
519	整形醇	Chlorflurenol			不得检出	GB/T 19650
520	氯地孕酮	Chlormadinone			不得检出	SN/T 1980
521	醋酸氯地孕酮	Chlormadinone acetate			不得检出	GB/T 20753
522	氯甲硫磷	Chlormephos			不得检出	GB/T 19650

序号	农兽药中文名	农兽药英文名	欧盟标准限量要求 mg/kg	国家标准限量要求 mg/kg	三安超有机食品标准 限量要求 mg/kg	检测方法
523	氯苯甲醚	Chloroneb			不得检出	GB/T 19650
524	丙酯杀螨醇	Chloropropylate			不得检出	GB/T 19650
525	氯丙嗪	Chlorpromazine			不得检出	GB/T 20763
526	毒死蜱	Chlorpyrifos			不得检出	GB/T 19650
527	氯硫磷	Chlorthion			不得检出	GB/T 19650
528	虫螨磷	Chlorthiophos			不得检出	GB/T 19650
529	乙菌利	Chlozolinate			不得检出	GB/T 19650
530	顺式－氯丹	cis－Chlordane			不得检出	GB/T 19650
531	顺式－燕麦敌	cis－Diallate			不得检出	GB/T 19650
532	顺式－氯菊酯	cis－Permethrin			不得检出	GB/T 19650
533	克仑特罗	Clenbuterol			不得检出	GB/T 22286
534	异噁草酮	Clomazone			不得检出	GB/T 20772
535	氯甲酰草胺	Clomeprop			不得检出	GB/T 19650
536	氯羟吡啶	Clopidol			不得检出	GB 29700
537	解草酯	Cloquintocet－mexyl			不得检出	GB/T 19650
538	蝇毒磷	Coumaphos			不得检出	GB/T 19650
539	鼠立死	Crimidine			不得检出	GB/T 19650
540	巴毒磷	Crotxyphos			不得检出	GB/T 19650
541	育畜磷	Crufomate			不得检出	GB/T 19650
542	苯腈磷	Cyanofenphos			不得检出	GB/T 19650
543	杀螟腈	Cyanophos			不得检出	GB/T 20772
544	环草敌	Cycloate			不得检出	GB/T 20772
545	环莠隆	Cycluron			不得检出	GB/T 20772
546	环丙津	Cyprazine			不得检出	GB/T 20772
547	敌草索	Dacthal			不得检出	GB/T 19650
548	癸氧喹酯	Decoquinate			不得检出	SN/T 2444
549	脱叶磷	DEF			不得检出	GB/T 19650
550	δ－六六六	Delta－HCH			不得检出	GB/T 19650
551	2,2′,4,5,5′－五氯联苯	DE－PCB 101			不得检出	GB/T 19650
552	2,3,4,4′,5－五氯联苯	DE－PCB 118			不得检出	GB/T 19650
553	2,2′,3,4,4′,5－六氯联苯	DE－PCB 138			不得检出	GB/T 19650
554	2,2′,4,4′,5,5′－六氯联苯	DE－PCB 153			不得检出	GB/T 19650
555	2,2′,3,4,4′,5,5′－七氯联苯	DE－PCB 180			不得检出	GB/T 19650
556	2,4,4′－三氯联苯	DE－PCB 28			不得检出	GB/T 19650
557	2,4,5－三氯联苯	DE－PCB 31			不得检出	GB/T 19650
558	2,2′,5,5′－四氯联苯	DE－PCB 52			不得检出	GB/T 19650
559	脱溴溴苯磷	Desbrom－leptophos			不得检出	GB/T 19650
560	脱乙基另丁津	Desethyl－sebuthylazine			不得检出	GB/T 19650

序号	农兽药中文名	农兽药英文名	欧盟标准限量要求 mg/kg	国家标准限量要求 mg/kg	三安超有机食品标准	
					限量要求 mg/kg	检测方法
561	敌草净	Desmetryn			不得检出	GB/T 19650
562	氯亚胺硫磷	Dialifos			不得检出	GB/T 19650
563	敌菌净	Diaveridine			不得检出	SN/T 1926
564	驱虫特	Dibutyl succinate			不得检出	GB/T 20772
565	异氯磷	Dicapthon			不得检出	GB/T 20772
566	除线磷	Dichlofenthion			不得检出	GB/T 20772
567	苯氟磺胺	Dichlofluanid			不得检出	GB/T 19650
568	烯丙酰草胺	Dichlormid			不得检出	GB/T 19650
569	敌敌畏	Dichlorvos			不得检出	GB/T 20772
570	苄氯三唑醇	Diclobutrazole			不得检出	GB/T 20772
571	禾草灵	Diclofop – methyl			不得检出	GB/T 19650
572	己烯雌酚	Diethylstilbestrol			不得检出	GB/T 20766
573	二氢链霉素	Dihydro – streptomycin			不得检出	GB/T 22969
574	甲氟磷	Dimefox			不得检出	GB/T 19650
575	哌草丹	Dimepiperate			不得检出	GB/T 19650
576	异戊乙净	Dimethametryn			不得检出	GB/T 19650
577	二甲酚草胺	Dimethenamid			不得检出	GB/T 19650
578	乐果	Dimethoate			不得检出	GB/T 20772
579	甲基毒虫畏	Dimethylvinphos			不得检出	GB/T 19650
580	地美硝唑	Dimetridazole			不得检出	GB/T 21318
581	二硝托安	Dinitolmide			不得检出	SN/T 2453
582	氨氟灵	Dinitramine			不得检出	GB/T 19650
583	消螨通	Dinobuton			不得检出	GB/T 19650
584	呋虫胺	Dinotefuran			不得检出	GB/T 20772
585	苯虫醚 – 1	Diofenolan – 1			不得检出	GB/T 19650
586	苯虫醚 – 2	Diofenolan – 2			不得检出	GB/T 19650
587	蔬果磷	Dioxabenzofos			不得检出	GB/T 19650
588	双苯酰草胺	Diphenamid			不得检出	GB/T 19650
589	二苯胺	Diphenylamine			不得检出	GB/T 19650
590	异丙净	Dipropetryn			不得检出	GB/T 19650
591	灭菌磷	Ditalimfos			不得检出	GB/T 19650
592	氟硫草定	Dithiopyr			不得检出	GB/T 19650
593	敌瘟磷	Edifenphos			不得检出	GB/T 19650
594	硫丹硫酸盐	Endosulfan – sulfate			不得检出	GB/T 19650
595	异狄氏剂酮	Endrin ketone			不得检出	GB/T 19650
596	苯硫磷	EPN			不得检出	GB/T 19650
597	抑草蓬	Erbon			不得检出	GB/T 19650
598	S – 氰戊菊酯	Esfenvalerate			不得检出	GB/T 19650
599	戊草丹	Esprocarb			不得检出	GB/T 19650

序号	农兽药中文名	农兽药英文名	欧盟标准限量要求 mg/kg	国家标准限量要求 mg/kg	三安超有机食品标准	
					限量要求 mg/kg	检测方法
600	乙环唑-1	Etaconazole-1			不得检出	GB/T 19650
601	乙环唑-2	Etaconazole-2			不得检出	GB/T 19650
602	乙嘧硫磷	Etrimfos			不得检出	GB/T 19650
603	氧乙嘧硫磷	Etrimfos oxon			不得检出	GB/T 19650
604	伐灭磷	Famphur			不得检出	GB/T 19650
605	苯线磷亚砜	Fenamiphos sulfoxide			不得检出	GB/T 19650
606	苯线磷砜	Fenamiphos-sulfone			不得检出	GB/T 19650
607	氧皮蝇磷	Fenchlorphos oxon			不得检出	GB/T 19650
608	甲呋酰胺	Fenfuram			不得检出	GB/T 19650
609	仲丁威	Fenobucarb			不得检出	GB/T 19650
610	苯硫威	Fenothiocarb			不得检出	GB/T 19650
611	稻瘟酰胺	Fenoxanil			不得检出	GB/T 19650
612	拌种咯	Fenpiclonil			不得检出	GB/T 19650
613	甲氰菊酯	Fenpropathrin			不得检出	GB/T 19650
614	芬螨酯	Fenson			不得检出	GB/T 19650
615	丰索磷	Fensulfothion			不得检出	GB/T 19650
616	倍硫磷亚砜	Fenthion sulfoxide			不得检出	GB/T 19650
617	麦草氟异丙酯	Flamprop-isopropyl			不得检出	GB/T 19650
618	麦草氟甲酯	Flamprop-methyl			不得检出	GB/T 19650
619	吡氟禾草灵	Fluazifop-butyl			不得检出	GB/T 19650
620	氟苯咪唑	Flubendazole			不得检出	GB/T 21324
621	氟噻草胺	Flufenacet			不得检出	GB/T 19650
622	氟节胺	Flumetralin			不得检出	GB/T 19650
623	唑嘧磺草胺	Flumetsulam			不得检出	GB/T 20772
624	氟烯草酸	Flumiclorac			不得检出	GB/T 19650
625	丙炔氟草胺	Flumioxazin			不得检出	GB/T 19650
626	三氟硝草醚	Fluorodifen			不得检出	GB/T 19650
627	乙羧氟草醚	Fluoroglycofen-ethyl			不得检出	GB/T 19650
628	三氟苯唑	Fluotrimazole			不得检出	GB/T 19650
629	氟啶草酮	Fluridone			不得检出	GB/T 19650
630	氟草烟-1-甲庚酯	Fluroxypr-1-methylheptyl ester			不得检出	GB/T 19650
631	呋草酮	Flurtamone			不得检出	GB/T 19650
632	地虫硫磷	Fonofos			不得检出	GB/T 19650
633	安果	Formothion			不得检出	GB/T 19650
634	呋霜灵	Furalaxyl			不得检出	GB/T 19650
635	苄螨醚	Halfenprox			不得检出	GB/T 19650
636	氟哌啶醇	Haloperidol			不得检出	GB/T 20763
637	ε-六六六	HCH,epsilon			不得检出	GB/T 19650

序号	农兽药中文名	农兽药英文名	欧盟标准限量要求 mg/kg	国家标准限量要求 mg/kg	三安超有机食品标准	
					限量要求 mg/kg	检测方法
638	庚烯磷	Heptanophos			不得检出	GB/T 19650
639	己唑醇	Hexaconazole			不得检出	GB/T 19650
640	环嗪酮	Hexazinone			不得检出	GB/T 19650
641	咪草酸	Imazamethabenz – methyl			不得检出	GB/T 19650
642	脱苯甲基亚胺唑	Imibenconazole – des – benzyl			不得检出	GB/T 19650
643	炔咪菊酯 – 1	Imiprothrin – 1			不得检出	GB/T 19650
644	炔咪菊酯 – 2	Imiprothrin – 2			不得检出	GB/T 19650
645	碘硫磷	Iodofenphos			不得检出	GB/T 19650
646	甲基碘磺隆	Iodosulfuron – methyl			不得检出	GB/T 20772
647	异稻瘟净	Iprobenfos			不得检出	GB/T 19650
648	氯唑磷	Isazofos			不得检出	GB/T 19650
649	碳氯灵	Isobenzan			不得检出	GB/T 19650
650	丁咪酰胺	Isocarbamid			不得检出	GB/T 19650
651	水胺硫磷	Isocarbophos			不得检出	GB/T 19650
652	异艾氏剂	Isodrin			不得检出	GB/T 19650
653	异柳磷	Isofenphos			不得检出	GB/T 19650
654	氧异柳磷	Isofenphos oxon			不得检出	GB/T 19650
655	氮氨菲啶	Isometamidium			不得检出	SN/T 2239
656	丁嗪草酮	Isomethiozin			不得检出	GB/T 19650
657	异丙威 – 1	Isoprocarb – 1			不得检出	GB/T 19650
658	异丙威 – 2	Isoprocarb – 2			不得检出	GB/T 19650
659	异丙乐灵	Isopropalin			不得检出	GB/T 19650
660	双苯噁唑酸	Isoxadifen – ethyl			不得检出	GB/T 19650
661	异噁氟草	Isoxaflutole			不得检出	GB/T 20772
662	噁唑啉	Isoxathion			不得检出	GB/T 19650
663	交沙霉素	Josamycin			不得检出	GB/T 20762
664	溴苯磷	Leptophos			不得检出	GB/T 19650
665	利谷隆	Linuron			不得检出	GB/T 19650
666	2 – 甲 – 4 – 氯丁氧乙基酯	MCPA – butoxyethyl ester			不得检出	GB/T 19650
667	甲苯咪唑	Mebendazole			不得检出	GB/T 21324
668	灭蚜磷	Mecarbam			不得检出	GB/T 19650
669	二甲四氯丙酸	MECOPROP			不得检出	SN/T 2325
670	苯噻酰草胺	Mefenacet			不得检出	GB/T 19650
671	吡唑解草酯	Mefenpyr – diethyl			不得检出	GB/T 19650
672	醋酸甲地孕酮	Megestrol acetate			不得检出	GB/T 20753
673	醋酸美仑孕酮	Melengestrol acetate			不得检出	GB/T 20753
674	嘧菌胺	Mepanipyrim			不得检出	GB/T 19650
675	地胺磷	Mephosfolan			不得检出	GB/T 19650
676	灭锈胺	Mepronil			不得检出	GB/T 19650

序号	农兽药中文名	农兽药英文名	欧盟标准限量要求 mg/kg	国家标准限量要求 mg/kg	三安超有机食品标准 限量要求 mg/kg	检测方法
677	硝磺草酮	Mesotrione			不得检出	参照同类标准
678	呋菌胺	Methfuroxam			不得检出	GB/T 19650
679	灭梭威砜	Methiocarb sulfone			不得检出	GB/T 19650
680	异丙甲草胺和 S - 异丙甲草胺	Metolachlor and S - metolachlor			不得检出	GB/T 19650
681	甲醚菊酯 - 1	Methothrin - 1			不得检出	GB/T 19650
682	甲醚菊酯 - 2	Methothrin - 2			不得检出	GB/T 19650
683	溴谷隆	Metobromuron			不得检出	GB/T 19650
684	甲氧氯普胺	Metoclopramide			不得检出	SN/T 2227
685	苯氧菌胺 - 1	Metominsstrobin - 1			不得检出	GB/T 19650
686	苯氧菌胺 - 2	Metominsstrobin - 2			不得检出	GB/T 19650
687	盖草津	Metoprotryh			不得检出	GB/T 19650
688	甲硝唑	Metronidazole			不得检出	GB/T 21318
689	速灭磷	Mevinphos			不得检出	GB/T 19650
690	兹克威	Mexacarbate			不得检出	GB/T 19650
691	灭蚁灵	Mirex			不得检出	GB/T 19650
692	禾草敌	Molinate			不得检出	GB/T 19650
693	庚酰草胺	Monalide			不得检出	GB/T 19650
694	合成麝香	Musk ambrecte			不得检出	GB/T 19650
695	麝香	Musk moskene			不得检出	GB/T 19650
696	西藏麝香	Musk tibeten			不得检出	GB/T 19650
697	二甲苯麝香	Musk xylene			不得检出	GB/T 19650
698	二溴磷	Naled			不得检出	SN/T 0706
699	萘丙胺	Naproanilide			不得检出	GB/T 19650
700	甲基盐霉素	Narasin			不得检出	GB/T 20364
701	甲磺乐灵	Nitralin			不得检出	GB/T 19650
702	三氯甲基吡啶	Nitrapyrin			不得检出	GB/T 19650
703	酞菌酯	Nitrothal - isopropyl			不得检出	GB/T 19650
704	诺氟沙星	Norfloxacin			不得检出	GB/T 20366
705	氟草敏	Norflurazon			不得检出	GB/T 19650
706	新生霉素	Novobiocin			不得检出	SN 0674
707	氟苯嘧啶醇	Nuarimol			不得检出	GB/T 19650
708	八氯苯乙烯	Octachlorostyrene			不得检出	GB/T 19650
709	氧氟沙星	Ofloxacin			不得检出	GB/T 20366
710	喹乙醇	Olaquindox			不得检出	GB/T 20746
711	竹桃霉素	Oleandomycin			不得检出	GB/T 20762
712	氧乐果	Omethoate			不得检出	GB/T 19650
713	奥比沙星	Orbifloxacin			不得检出	GB/T 22985
714	杀线威	Oxamyl			不得检出	GB/T 20772

序号	农兽药中文名	农兽药英文名	欧盟标准限量要求 mg/kg	国家标准限量要求 mg/kg	三安超有机食品标准 限量要求 mg/kg	三安超有机食品标准 检测方法
715	丙氧苯咪唑	Oxibendazole			不得检出	GB/T 21324
716	氧化氯丹	Oxy - chlordane			不得检出	GB/T 19650
717	对氧磷	Paraoxon			不得检出	GB/T 19650
718	甲基对氧磷	Paraoxon - methyl			不得检出	GB/T 19650
719	克草敌	Pebulate			不得检出	GB/T 19650
720	五氯苯胺	Pentachloroaniline			不得检出	GB/T 19650
721	五氯甲氧基苯	Pentachloroanisole			不得检出	GB/T 19650
722	五氯苯	Pentachlorobenzene			不得检出	GB/T 19650
723	乙滴涕	Perthane			不得检出	GB/T 19650
724	菲	Phenanthrene			不得检出	GB/T 19650
725	稻丰散	Phenthoate			不得检出	GB/T 19650
726	甲拌磷砜	Phorate sulfone			不得检出	GB/T 19650
727	磷胺 - 1	Phosphamidon - 1			不得检出	GB/T 19650
728	磷胺 - 2	Phosphamidon - 2			不得检出	GB/T 19650
729	酞酸苯甲基丁酯	Phthalic acid, benzylbutyl ester			不得检出	GB/T 19650
730	四氯苯肽	Phthalide			不得检出	GB/T 19650
731	邻苯二甲酰亚胺	Phthalimide			不得检出	GB/T 19650
732	氟吡酰草胺	Picolinafen			不得检出	GB/T 19650
733	增效醚	Piperonyl butoxide			不得检出	GB/T 19650
734	哌草磷	Piperophos			不得检出	GB/T 19650
735	乙基虫螨清	Pirimiphos - ethyl			不得检出	GB/T 19650
736	炔丙菊酯	Prallethrin			不得检出	GB/T 19650
737	丙草胺	Pretilachlor			不得检出	GB/T 19650
738	环丙氟灵	Profluralin			不得检出	GB/T 19650
739	茉莉酮	Prohydrojasmon			不得检出	GB/T 19650
740	扑灭通	Prometon			不得检出	GB/T 19650
741	扑草净	Prometryne			不得检出	GB/T 19650
742	炔丙烯草胺	Pronamide			不得检出	GB/T 19650
743	敌稗	Propanil			不得检出	GB/T 19650
744	扑灭津	Propazine			不得检出	GB/T 19650
745	胺丙畏	Propetamphos			不得检出	GB/T 19650
746	丙酰二甲氨基丙吩噻嗪	Propionylpromazin			不得检出	GB/T 20763
747	丙硫磷	Prothiophos			不得检出	GB/T 19650
748	哒嗪硫磷	Ptridaphenthion			不得检出	GB/T 19650
749	吡唑硫磷	Pyraclofos			不得检出	GB/T 19650
750	吡草醚	Pyraflufen - ethyl			不得检出	GB/T 19650
751	啶斑肟 - 1	Pyrifenox - 1			不得检出	GB/T 19650
752	啶斑肟 - 2	Pyrifenox - 2			不得检出	GB/T 19650
753	环酯草醚	Pyriftalid			不得检出	GB/T 19650

序号	农兽药中文名	农兽药英文名	欧盟标准限量要求 mg/kg	国家标准限量要求 mg/kg	三安超有机食品标准	
					限量要求 mg/kg	检测方法
754	嘧螨醚	Pyrimidifen			不得检出	GB/T 19650
755	嘧草醚	Pyriminobac－methyl			不得检出	GB/T 19650
756	嘧啶磷	Pyrimitate			不得检出	GB/T 19650
757	喹硫磷	Quinalphos			不得检出	GB/T 19650
758	灭藻醌	Quinoclamine			不得检出	GB/T 19650
759	精喹禾灵	Quizalofop－P－ethyl			不得检出	GB/T 20769
760	吡咪唑	Rabenzazole			不得检出	GB/T 19650
761	莱克多巴胺	Ractopamine			不得检出	GB/T 21313
762	洛硝达唑	Ronidazole			不得检出	GB/T 21318
763	皮蝇磷	Ronnel			不得检出	GB/T 19650
764	盐霉素	Salinomycin			不得检出	GB/T 20364
765	沙拉沙星	Sarafloxacin			不得检出	GB/T 20366
766	另丁津	Sebutylazine			不得检出	GB/T 19650
767	密草通	Secbumeton			不得检出	GB/T 19650
768	氨基脲	Semduramicinduramicin			不得检出	GB/T 20752
769	烯禾啶	Sethoxydim			不得检出	GB/T 19650
770	氟硅菊酯	Silafluofen			不得检出	GB/T 19650
771	硅氟唑	Simeconazole			不得检出	GB/T 19650
772	西玛通	Simetone			不得检出	GB/T 19650
773	西草净	Simetryn			不得检出	GB/T 19650
774	磺胺苯酰	Sulfabenzamide			不得检出	GB/T 21316
775	磺胺醋酰	Sulfacetamide			不得检出	GB/T 21316
776	磺胺氯哒嗪	Sulfachloropyridazine			不得检出	GB/T 21316
777	磺胺嘧啶	Sulfadiazine			不得检出	GB/T 21316
778	磺胺间二甲氧嘧啶	Sulfadimethoxine			不得检出	GB/T 21316
779	磺胺二甲嘧啶	Sulfadimidine			不得检出	GB/T 21316
780	磺胺多辛	Sulfadoxine			不得检出	GB/T 21316
781	磺胺脒	Sulfaguanidine			不得检出	GB/T 21316
782	菜草畏	Sulfallate			不得检出	GB/T 19650
783	磺胺甲嘧啶	Sulfamerazine			不得检出	GB/T 21316
784	新诺明	Sulfamethoxazole			不得检出	GB/T 21316
785	磺胺间甲氧嘧啶	Sulfamonomethoxine			不得检出	GB/T 21316
786	乙酰磺胺对硝基苯	Sulfanitran			不得检出	GB/T 20772
787	磺胺吡啶	Sulfapyridine			不得检出	GB/T 21316
788	磺胺喹沙啉	Sulfaquinoxaline			不得检出	GB/T 21316
789	磺胺噻唑	Sulfathiazole			不得检出	GB/T 21316
790	治螟磷	Sulfotep			不得检出	GB/T 19650
791	硫丙磷	Sulprofos			不得检出	GB/T 19650
792	苯噻硫氰	TCMTB			不得检出	GB/T 19650

序号	农兽药中文名	农兽药英文名	欧盟标准限量要求 mg/kg	国家标准限量要求 mg/kg	三安超有机食品标准限量要求 mg/kg	检测方法
793	丁基嘧啶磷	Tebupirimfos			不得检出	GB/T 19650
794	牧草胺	Tebutam			不得检出	GB/T 19650
795	丁噻隆	Tebuthiuron			不得检出	GB/T 20772
796	双硫磷	Temephos			不得检出	GB/T 20772
797	特草灵	Terbucarb			不得检出	GB/T 19650
798	特丁通	Terbumeron			不得检出	GB/T 19650
799	特丁净	Terbutryn			不得检出	GB/T 19650
800	四氢邻苯二甲酰亚胺	Tetrabydrophthalimide			不得检出	GB/T 19650
801	杀虫畏	Tetrachlorvinphos			不得检出	GB/T 19650
802	胺菊酯	Tetramethirn			不得检出	GB/T 19650
803	杀螨氯硫	Tetrasul			不得检出	GB/T 19650
804	噻吩草胺	Thenylchlor			不得检出	GB/T 19650
805	噻唑烟酸	Thiazopyr			不得检出	GB/T 19650
806	噻苯隆	Thidiazuron			不得检出	GB/T 20772
807	噻吩磺隆	Thifensulfuron – methyl			不得检出	GB/T 20772
808	甲基乙拌磷	Thiometon			不得检出	GB/T 20772
809	虫线磷	Thionazin			不得检出	GB/T 19650
810	硫普罗宁	Tiopronin			不得检出	SN/T 2225
811	三甲苯草酮	Tralkoxydim			不得检出	GB/T 19650
812	四溴菊酯	Tralomethrin			不得检出	SN/T 2320
813	反式 – 氯丹	trans – Chlordane			不得检出	GB/T 19650
814	反式 – 燕麦敌	trans – Diallate			不得检出	GB/T 19650
815	四氟苯菊酯	Transfluthrin			不得检出	GB/T 19650
816	反式九氯	trans – Nonachlor			不得检出	GB/T 19650
817	反式 – 氯菊酯	trans – Permethrin			不得检出	GB/T 19650
818	群勃龙	Trenbolone			不得检出	GB/T 21981
819	威菌磷	Triamiphos			不得检出	GB/T 19650
820	毒壤磷	Trichloronatee			不得检出	GB/T 19650
821	灭草环	Tridiphane			不得检出	GB/T 19650
822	草达津	Trietazine			不得检出	GB/T 19650
823	三异丁基磷酸盐	Tri – iso – butyl phosphate			不得检出	GB/T 19650
824	三正丁基磷酸盐	Tri – n – butyl phosphate			不得检出	GB/T 19650
825	三苯基磷酸盐	Triphenyl phosphate			不得检出	GB/T 19650
826	烯效唑	Uniconazole			不得检出	GB/T 19650
827	灭草敌	Vernolate			不得检出	GB/T 19650
828	维吉尼霉素	Virginiamycin			不得检出	GB/T 20765
829	杀鼠灵	War farin			不得检出	GB/T 20772
830	甲苯噻嗪	Xylazine			不得检出	GB/T 20763
831	右环十四酮酚	Zeranol			不得检出	GB/T 21982

序号	农兽药中文名	农兽药英文名	欧盟标准限量要求 mg/kg	国家标准限量要求 mg/kg	三安超有机食品标准	
					限量要求 mg/kg	检测方法
832	苯酰菌胺	Zoxamide			不得检出	GB/T 19650

2.5 牛可食用下水 Cattle Edible Offal

序号	农兽药中文名	农兽药英文名	欧盟标准限量要求 mg/kg	国家标准限量要求 mg/kg	三安超有机食品标准	
					限量要求 mg/kg	检测方法
1	1,1－二氯－2,2－二(4－乙苯)乙烷	1,1－Dichloro－2,2－bis(4－ethylphenyl)ethane	0.01		不得检出	日本肯定列表（增补本1）
2	1,2－二氯乙烷	1,2－Dichloroethane	0.1		不得检出	SN/T 2238
3	1,3－二氯丙烯	1,3－Dichloropropene	0.01		不得检出	SN/T 2238
4	1－萘乙酸	1－Naphthylacetic acid	0.05		不得检出	SN/T 2228
5	2,4－滴丁酸	2,4－DB	0.05		不得检出	GB/T 20769
6	2,4－滴	2,4－D	0.05		不得检出	GB/T 20772
7	2－苯酚	2－Phenylphenol	0.05		不得检出	GB/T 19650
8	阿维菌素	Abamectin	0.02		不得检出	SN/T 2661
9	乙酰甲胺磷	Acephate	0.02		不得检出	GB/T 20772
10	灭螨醌	Acequinocyl	0.01		不得检出	参照同类标准
11	啶虫脒	Acetamiprid	0.05		不得检出	GB/T 20772
12	乙草胺	Acetochlor	0.01		不得检出	GB/T 19650
13	苯并噻二唑	Acibenzolar－S－methyl	0.02		不得检出	GB/T 20772
14	苯草醚	Aclonifen	0.02		不得检出	GB/T 20772
15	氟丙菊酯	Acrinathrin	0.05		不得检出	GB/T 19648
16	甲草胺	Alachlor	0.01		不得检出	GB/T 20772
17	涕灭威	Aldicarb	0.01		不得检出	GB/T 20772
18	艾氏剂和狄氏剂	Aldrin and dieldrin	0.2		不得检出	GB/T 19650
19	—	Ametoctradin	0.03		不得检出	参照同类标准
20	酰嘧磺隆	Amidosulfuron	0.02		不得检出	参照同类标准
21	氯氨吡啶酸	Aminopyralid	0.01		不得检出	GB/T 23211
22	—	Amisulbrom	0.01		不得检出	参照同类标准
23	敌菌灵	Anilazine	0.01		不得检出	GB/T 20769
24	杀螨特	Aramite	0.01		不得检出	GB/T 19650
25	磺草灵	Asulam	0.1		不得检出	日本肯定列表（增补本1）
26	印楝素	Azadirachtin	0.01		不得检出	SN/T 3264
27	益棉磷	Azinphos－ethyl	0.01		不得检出	GB/T 19650
28	保棉磷	Azinphos－methyl	0.01		不得检出	GB/T 20772
29	三唑锡和三环锡	Azocyclotin and cyhexatin	0.05		不得检出	SN/T 1990
30	嘧菌酯	Azoxystrobin	0.07		不得检出	GB/T 20772

序号	农兽药中文名	农兽药英文名	欧盟标准限量要求 mg/kg	国家标准限量要求 mg/kg	三安超有机食品标准	
					限量要求 mg/kg	检测方法
31	燕麦灵	Barban	0.05		不得检出	参照同类标准
32	氟丁酰草胺	Beflubutamid	0.05		不得检出	参照同类标准
33	苯霜灵	Benalaxyl	0.05		不得检出	GB/T 20772
34	丙硫克百威	Benfuracarb	0.02		不得检出	GB/T 20772
35	联苯肼酯	Bifenazate	0.01		不得检出	GB/T 20772
36	甲羧除草醚	Bifenox	0.05		不得检出	GB/T 23210
37	联苯菊酯	Bifenthrin	0.2		不得检出	GB/T 19650
38	乐杀螨	Binapacryl	0.01		不得检出	SN 0523
39	联苯	Biphenyl	0.01		不得检出	GB/T 19650
40	联苯三唑醇	Bitertanol	0.05		不得检出	GB/T 20772
41	—	Bixafen	0.02		不得检出	参照同类标准
42	啶酰菌胺	Boscalid	0.3		不得检出	GB/T 20772
43	溴离子	Bromide ion	0.05		不得检出	GB/T 5009.167
44	溴螨酯	Bromopropylate	0.01		不得检出	GB/T 19650
45	溴苯腈	Bromoxynil	0.2		不得检出	GB/T 20772
46	糠菌唑	Bromuconazole	0.05		不得检出	GB/T 19650
47	乙嘧酚磺酸酯	Bupirimate	0.05		不得检出	GB/T 19650
48	噻嗪酮	Buprofezin	0.05		不得检出	GB/T 20772
49	仲丁灵	Butralin	0.02		不得检出	GB/T 19650
50	丁草敌	Butylate	0.01		不得检出	GB/T 19650
51	硫线磷	Cadusafos	0.01		不得检出	GB/T 19650
52	毒杀芬	Camphechlor	0.05		不得检出	YC/T 180
53	敌菌丹	Captafol	0.01		不得检出	GB/T 23210
54	克菌丹	Captan	0.02		不得检出	GB/T 19648
55	甲萘威	Carbaryl	0.05		不得检出	GB/T 20796
56	多菌灵和苯菌灵	Carbendazim and benomyl	0.05		不得检出	GB/T 20772
57	长杀草	Carbetamide	0.05		不得检出	GB/T 20772
58	克百威	Carbofuran	0.01		不得检出	GB/T 20772
59	丁硫克百威	Carbosulfan	0.05		不得检出	GB/T 19650
60	萎锈灵	Carboxin	0.05		不得检出	GB/T 20772
61	氯虫苯甲酰胺	Chlorantraniliprole	0.2		不得检出	参照同类标准
62	杀螨醚	Chlorbenside	0.05		不得检出	GB/T 19650
63	氯炔灵	Chlorbufam	0.05		不得检出	GB/T 20772
64	氯丹	Chlordane	0.05		不得检出	GB/T 5009.19
65	十氯酮	Chlordecone	0.1		不得检出	参照同类标准
66	杀螨酯	Chlorfenson	0.05		不得检出	GB/T 19650
67	毒虫畏	Chlorfenvinphos	0.01		不得检出	GB/T 19650
68	氯草敏	Chloridazon	0.1		不得检出	GB/T 20772
69	矮壮素	Chlormequat	0.05		不得检出	GB/T 23211

序号	农兽药中文名	农兽药英文名	欧盟标准限量要求 mg/kg	国家标准限量要求 mg/kg	三安超有机食品标准	
					限量要求 mg/kg	检测方法
70	乙酯杀螨醇	Chlorobenzilate	0.1		不得检出	GB/T 23210
71	百菌清	Chlorothalonil	0.2		不得检出	SN/T 2320
72	绿麦隆	Chlortoluron	0.05		不得检出	GB/T 20772
73	枯草隆	Chloroxuron	0.05		不得检出	SN/T 2150
74	氯苯胺灵	Chlorpropham	0.05		不得检出	GB/T 19650
75	甲基毒死蜱	Chlorpyrifos – methyl	0.05		不得检出	GB/T 19650
76	氯磺隆	Chlorsulfuron	0.01		不得检出	GB/T 20772
77	氯酞酸甲酯	Chlorthaldimethyl	0.01		不得检出	GB/T 19650
78	氯硫酰草胺	Chlorthiamid	0.02		不得检出	GB/T 20772
79	烯草酮	Clethodim	0.2		不得检出	GB/T 19650
80	炔草酯	Clodinafop – propargyl	0.02		不得检出	GB/T 19650
81	四螨嗪	Clofentezine	0.05		不得检出	GB/T 20772
82	二氯吡啶酸	Clopyralid	0.05		不得检出	SN/T 2228
83	噻虫胺	Clothianidin	0.02		不得检出	GB/T 20772
84	铜化合物	Copper compounds	30		不得检出	参照同类标准
85	环烷基酰苯胺	Cyclanilide	0.01		不得检出	参照同类标准
86	噻草酮	Cycloxydim	0.05		不得检出	GB/T 19650
87	环氟菌胺	Cyflufenamid	0.03		不得检出	GB/T 23210
88	氟氯氰菊酯和高效氟氯氰菊酯	Cyfluthrin and beta – cyfluthrin	0.05		不得检出	GB/T 19650
89	霜脲氰	Cymoxanil	0.05		不得检出	GB/T 20772
90	氯氰菊酯和高效氯氰菊酯	Cypermethrin and beta – cypermethrin	0.2		不得检出	GB/T 19650
91	环丙唑醇	Cyproconazole	0.5		不得检出	GB/T 20772
92	嘧菌环胺	Cyprodinil	0.05		不得检出	GB/T 19650
93	灭蝇胺	Cyromazine	0.05		不得检出	GB/T 20772
94	丁酰肼	Daminozide	0.05		不得检出	SN/T 1989
95	滴滴涕	DDT	1		不得检出	SN/T 0127
96	溴氰菊酯	Deltamethrin	0.5		不得检出	GB/T 19650
97	燕麦敌	Diallate	0.2		不得检出	GB/T 23211
98	二嗪磷	Diazinon	0.01		不得检出	GB/T 19650
99	麦草畏	Dicamba	0.7		不得检出	GB/T 20772
100	敌草腈	Dichlobenil	0.01		不得检出	GB/T 19650
101	滴丙酸	Dichlorprop	0.05		不得检出	SN/T 2228
102	二氯苯氧基丙酸	Diclofop	0.1		不得检出	参照同类标准
103	氯硝胺	Dicloran	0.01		不得检出	GB/T 19650
104	三氯杀螨醇	Dicofol	0.02		不得检出	GB/T 19650
105	乙霉威	Diethofencarb	0.05		不得检出	GB/T 19650
106	苯醚甲环唑	Difenoconazole	0.2		不得检出	GB/T 19650

序号	农兽药中文名	农兽药英文名	欧盟标准限量要求 mg/kg	国家标准限量要求 mg/kg	三安超有机食品标准	
					限量要求 mg/kg	检测方法
107	除虫脲	Diflubenzuron	0.1		不得检出	SN/T 0528
108	吡氟酰草胺	Diflufenican	0.05		不得检出	GB/T 20772
109	油菜安	Dimethachlor	0.02		不得检出	GB/T 20772
110	烯酰吗啉	Dimethomorph	0.05		不得检出	GB/T 20772
111	醚菌胺	Dimoxystrobin	0.05		不得检出	SN/T 2237
112	烯唑醇	Diniconazole	0.01		不得检出	GB/T 19650
113	敌螨普	Dinocap	0.05		不得检出	日本肯定列表（增补本1）
114	地乐酚	Dinoseb	0.01		不得检出	GB/T 20772
115	特乐酚	Dinoterb	0.05		不得检出	GB/T 20772
116	敌噁磷	Dioxathion	0.05		不得检出	GB/T 19650
117	敌草快	Diquat	0.05		不得检出	GB/T 5009.221
118	乙拌磷	Disulfoton	0.01		不得检出	GB/T 20772
119	二氰蒽醌	Dithianon	0.01		不得检出	GB/T 20769
120	二硫代氨基甲酸酯	Dithiocarbamates	0.05		不得检出	SN 0139
121	敌草隆	Diuron	0.05		不得检出	SN/T 0645
122	二硝甲酚	DNOC	0.05		不得检出	GB/T 20772
123	多果定	Dodine	0.2		不得检出	SN 0500
124	甲氨基阿维菌素苯甲酸盐	Emamectin benzoate	0.08		不得检出	GB/T 20769
125	硫丹	Endosulfan	0.05		不得检出	GB/T 19650
126	异狄氏剂	Endrin	0.05		不得检出	GB/T 19650
127	氟环唑	Epoxiconazole	0.02		不得检出	GB/T 20772
128	茵草敌	EPTC	0.02		不得检出	GB/T 20772
129	乙丁烯氟灵	Ethalfluralin	0.01		不得检出	GB/T 19650
130	胺苯磺隆	Ethametsulfuron	0.01		不得检出	NY/T 1616
131	乙烯利	Ethephon	0.05		不得检出	SN 0705
132	乙硫磷	Ethion	0.01		不得检出	GB/T 19650
133	乙嘧酚	Ethirimol	0.05		不得检出	GB/T 20772
134	乙氧呋草黄	Ethofumesate	0.1		不得检出	GB/T 20772
135	灭线磷	Ethoprophos	0.01		不得检出	GB/T 19650
136	乙氧喹啉	Ethoxyquin	0.05		不得检出	GB/T 20772
137	环氧乙烷	Ethylene oxide	0.02		不得检出	GB/T 23296.11
138	醚菊酯	Etofenprox	0.5		不得检出	GB/T 19650
139	乙螨唑	Etoxazole	0.01		不得检出	GB/T 19650
140	氯唑灵	Etridiazole	0.05		不得检出	GB/T 20772
141	噁唑菌酮	Famoxadone	0.05		不得检出	GB/T 20772
142	咪唑菌酮	Fenamidone	0.01		不得检出	GB/T 19650
143	苯线磷	Fenamiphos	0.02		不得检出	GB/T 19650
144	氯苯嘧啶醇	Fenarimol	0.02		不得检出	GB/T 20772

序号	农兽药中文名	农兽药英文名	欧盟标准限量要求 mg/kg	国家标准限量要求 mg/kg	三安超有机食品标准	
					限量要求 mg/kg	检测方法
145	喹螨醚	Fenazaquin	0.01		不得检出	GB/T 19650
146	腈苯唑	Fenbuconazole	0.05		不得检出	GB/T 20772
147	苯丁锡	Fenbutatin oxide	0.05		不得检出	SN/T 3149
148	环酰菌胺	Fenhexamid	0.05		不得检出	GB/T 20772
149	杀螟硫磷	Fenitrothion	0.01		不得检出	GB/T 20772
150	精噁唑禾草灵	Fenoxaprop – P – ethyl	0.05		不得检出	GB/T 22617
151	双氧威	Fenoxycarb	0.05		不得检出	GB/T 19650
152	苯锈啶	Fenpropidin	0.02		不得检出	GB/T 19650
153	丁苯吗啉	Fenpropimorph	0.01		不得检出	GB/T 20772
154	胺苯吡菌酮	Fenpyrazamine	0.01		不得检出	参照同类标准
155	唑螨酯	Fenpyroximate	0.01		不得检出	GB/T 19650
156	倍硫磷	Fenthion	0.05		不得检出	GB/T 20772
157	三苯锡	Fentin	0.05		不得检出	SN/T 3149
158	薯瘟锡	Fentin acetate	0.05		不得检出	参照同类标准
159	氰戊菊酯和高效氰戊菊酯（RR & SS 异构体总量）	Fenvalerate and esfenvalerate（sum of RR & SS isomers）	0.2		不得检出	GB/T 19650
160	氰戊菊酯和高效氰戊菊酯（RS & SR 异构体总量）	Fenvalerate and esfenvalerate（sum of RS & SR isomers）	0.05		不得检出	GB/T 19650
161	氟虫腈	Fipronil	0.02		不得检出	SN/T 1982
162	氟啶虫酰胺	Flonicamid	0.03		不得检出	SN/T 2796
163	精吡氟禾草灵	Fluazifop – P – butyl	0.05		不得检出	GB/T 5009.142
164	氟啶胺	Fluazinam	0.05		不得检出	SN/T 2150
165	氟苯虫酰胺	Flubendiamide	1		不得检出	SN/T 2581
166	氟环脲	Flucycloxuron	0.05		不得检出	参照同类标准
167	氟氰戊菊酯	Flucythrinate	0.05		不得检出	GB/T 23210
168	咯菌腈	Fludioxonil	0.05		不得检出	GB/T 20772
169	氟虫脲	Flufenoxuron	0.05		不得检出	SN/T 2150
170	杀螨净	Flufenzin	0.02		不得检出	参照同类标准
171	氟吡菌胺	Fluopicolide	0.01		不得检出	参照同类标准
172	—	Fluopyram	0.7		不得检出	参照同类标准
173	氟离子	Fluoride ion	1		不得检出	GB/T 5009.167
174	氟腈嘧菌酯	Fluoxastrobin	0.05		不得检出	SN/T 2237
175	氟喹唑	Fluquinconazole	0.3		不得检出	GB/T 19650
176	氟咯草酮	Fluorochloridone	0.05		不得检出	GB/T 20772
177	氟草烟	Fluroxypyr	0.05		不得检出	GB/T 20772
178	氟硅唑	Flusilazole	0.5		不得检出	GB/T 20772
179	氟酰胺	Flutolanil	0.02		不得检出	GB/T 20772
180	粉唑醇	Flutriafol	0.01		不得检出	GB/T 20772
181	—	Fluxapyroxad	0.01		不得检出	参照同类标准

序号	农兽药中文名	农兽药英文名	欧盟标准限量要求 mg/kg	国家标准限量要求 mg/kg	三安超有机食品标准	
					限量要求 mg/kg	检测方法
182	氟磺胺草醚	Fomesafen	0.01		不得检出	GB/T 5009.130
183	氯吡脲	Forchlorfenuron	0.05		不得检出	SN/T 3643
184	伐虫脒	Formetanate	0.01		不得检出	NY/T 1453
185	三乙膦酸铝	Fosetyl – aluminium	0.5		不得检出	参照同类标准
186	麦穗宁	Fuberidazole	0.05		不得检出	GB/T 19650
187	呋线威	Furathiocarb	0.01		不得检出	GB/T 20772
188	糠醛	Furfural	1		不得检出	参照同类标准
189	勃激素	Gibberellic acid	0.1		不得检出	GB/T 23211
190	草胺膦	Glufosinate – ammonium	0.1		不得检出	日本肯定列表
191	草甘膦	Glyphosate	0.05		不得检出	SN/T 1923
192	双胍盐	Guazatine	0.1		不得检出	参照同类标准
193	氟吡禾灵	Haloxyfop	0.1		不得检出	SN/T 2228
194	七氯	Heptachlor	0.2		不得检出	SN 0663
195	六氯苯	Hexachlorobenzene	0.2		不得检出	SN/T 0127
196	六六六（HCH），α–异构体	Hexachlorociclohexane（HCH），alpha – isomer	0.2		不得检出	SN/T 0127
197	六六六（HCH），β–异构体	Hexachlorociclohexane（HCH），beta – isomer	0.1		不得检出	SN/T 0127
198	噻螨酮	Hexythiazox	0.05		不得检出	GB/T 20772
199	噁霉灵	Hymexazol	0.05		不得检出	GB/T 20772
200	抑霉唑	Imazalil	0.05		不得检出	GB/T 20772
201	甲咪唑烟酸	Imazapic	0.01		不得检出	GB/T 20772
202	咪唑喹啉酸	Imazaquin	0.05		不得检出	GB/T 20772
203	吡虫啉	Imidacloprid	0.3		不得检出	GB/T 20772
204	茚虫威	Indoxacarb	0.05		不得检出	GB/T 20772
205	碘苯腈	Ioxynil	0.2		不得检出	GB/T 20772
206	异菌脲	Iprodione	0.05		不得检出	GB/T 19650
207	稻瘟灵	Isoprothiolane	0.01		不得检出	GB/T 20772
208	异丙隆	Isoproturon	0.05		不得检出	GB/T 20772
209	—	Isopyrazam	0.01		不得检出	参照同类标准
210	异噁酰草胺	Isoxaben	0.01		不得检出	GB/T 20772
211	醚菌酯	Kresoxim – methyl	0.02		不得检出	GB/T 20772
212	乳氟禾草灵	Lactofen	0.01		不得检出	GB/T 19650
213	高效氯氟氰菊酯	Lambda – cyhalothrin	0.5		不得检出	GB/T 23210
214	环草定	Lenacil	0.1		不得检出	GB/T 19650
215	林丹	Lindane	0.02	0.01	不得检出	NY/T 761
216	虱螨脲	Lufenuron	0.02		不得检出	SN/T 2540
217	马拉硫磷	Malathion	0.02		不得检出	GB/T 19650
218	抑芽丹	Maleic hydrazide	0.02		不得检出	GB/T 23211

序号	农兽药中文名	农兽药英文名	欧盟标准限量要求 mg/kg	国家标准限量要求 mg/kg	三安超有机食品标准	
					限量要求 mg/kg	检测方法
219	双炔酰菌胺	Mandipropamid	0.02		不得检出	参照同类标准
220	二甲四氯和二甲四氯丁酸	MCPA and MCPB	0.5		不得检出	SN/T 2228
221	壮棉素	Mepiquat chloride	0.2		不得检出	GB/T 23211
222	—	Meptyldinocap	0.05		不得检出	参照同类标准
223	汞化合物	Mercury compounds	0.01		不得检出	参照同类标准
224	氰氟虫腙	Metaflumizone	0.02		不得检出	SN/T 3852
225	甲霜灵和精甲霜灵	Metalaxyl and metalaxyl – M	0.05		不得检出	GB/T 20772
226	四聚乙醛	Metaldehyde	0.05		不得检出	SN/T 1787
227	苯嗪草酮	Metamitron	0.05		不得检出	GB/T 19650
228	吡唑草胺	Metazachlor	0.05		不得检出	GB/T 19650
229	叶菌唑	Metconazole	0.01		不得检出	GB/T 20772
230	甲基苯噻隆	Methabenzthiazuron	0.05		不得检出	GB/T 19650
231	虫螨畏	Methacrifos	0.01		不得检出	GB/T 20772
232	甲胺磷	Methamidophos	0.01		不得检出	GB/T 20772
233	杀扑磷	Methidathion	0.02		不得检出	GB/T 20772
234	甲硫威	Methiocarb	0.05		不得检出	GB/T 20770
235	灭多威和硫双威	Methomyl and thiodicarb	0.02		不得检出	GB/T 20772
236	烯虫酯	Methoprene	0.1		不得检出	GB/T 19650
237	甲氧滴滴涕	Methoxychlor	0.01		不得检出	SN/T 0529
238	甲氧虫酰肼	Methoxyfenozide	0.1		不得检出	GB/T 20772
239	磺草唑胺	Metosulam	0.01		不得检出	GB/T 20772
240	苯菌酮	Metrafenone	0.05		不得检出	参照同类标准
241	嗪草酮	Metribuzin	0.1		不得检出	GB/T 19650
242	绿谷隆	Monolinuron	0.05		不得检出	GB/T 20772
243	灭草隆	Monuron	0.01		不得检出	GB/T 20772
244	腈菌唑	Myclobutanil	0.01		不得检出	GB/T 20772
245	1 - 萘乙酰胺	1 – Naphthylacetamide	0.05		不得检出	GB/T 23205
246	敌草胺	Napropamide	0.01		不得检出	SN/T 19650
247	烟嘧磺隆	Nicosulfuron	0.05		不得检出	SN/T 2325
248	除草醚	Nitrofen	0.01		不得检出	GB/T 19650
249	氟酰脲	Novaluron	0.7		不得检出	GB/T 23211
250	嘧苯胺磺隆	Orthosulfamuron	0.01		不得检出	GB/T 23817
251	噁草酮	Oxadiazon	0.05		不得检出	GB/T 19650
252	噁霜灵	Oxadixyl	0.01		不得检出	GB/T 19650
253	环氧嘧磺隆	Oxasulfuron	0.05		不得检出	GB/T 23817
254	氧化萎锈灵	Oxycarboxin	0.05		不得检出	GB/T 19650
255	亚砜磷	Oxydemeton – methyl	0.01		不得检出	参照同类标准
256	乙氧氟草醚	Oxyfluorfen	0.05		不得检出	GB/T 20772
257	多效唑	Paclobutrazol	0.02		不得检出	GB/T 19650

序号	农兽药中文名	农兽药英文名	欧盟标准限量要求 mg/kg	国家标准限量要求 mg/kg	三安超有机食品标准限量要求 mg/kg	三安超有机食品标准检测方法
258	对硫磷	Parathion	0.05		不得检出	GB/T 19650
259	甲基对硫磷	Parathion – methyl	0.01		不得检出	GB/T 5009.161
260	戊菌唑	Penconazole	0.05		不得检出	GB/T 20772
261	戊菌隆	Pencycuron	0.05		不得检出	GB/T 19650
262	二甲戊灵	Pendimethalin	0.05		不得检出	GB/T 19650
263	氯菊酯	Permethrin	0.05		不得检出	GB/T 19650
264	甜菜宁	Phenmedipham	0.05		不得检出	GB/T 23205
265	苯醚菊酯	Phenothrin	0.05		不得检出	GB/T 20772
266	甲拌磷	Phorate	0.02		不得检出	GB/T 20772
267	伏杀硫磷	Phosalone	0.01		不得检出	GB/T 20772
268	亚胺硫磷	Phosmet	0.1		不得检出	GB/T 20772
269	—	Phosphines and phosphides	0.01		不得检出	参照同类标准
270	辛硫磷	Phoxim	0.02		不得检出	GB/T 20772
271	氨氯吡啶酸	Picloram	0.5		不得检出	GB/T 23211
272	啶氧菌酯	Picoxystrobin	0.05		不得检出	GB/T 19650
273	抗蚜威	Pirimicarb	0.05		不得检出	GB/T 20772
274	甲基嘧啶磷	Pirimiphos – methyl	0.05		不得检出	GB/T 20772
275	咪鲜胺	Prochloraz	0.1		不得检出	GB/T 19650
276	腐霉利	Procymidone	0.01		不得检出	GB/T 20772
277	丙溴磷	Profenofos	0.05		不得检出	GB/T 20772
278	调环酸	Prohexadione	0.05		不得检出	日本肯定列表
279	毒草安	Propachlor	0.02		不得检出	GB/T 20772
280	扑派威	Propamocarb	0.1		不得检出	GB/T 20772
281	恶草酸	Propaquizafop	0.05		不得检出	GB/T 20772
282	炔螨特	Propargite	0.1		不得检出	GB/T 19650
283	苯胺灵	Propham	0.05		不得检出	GB/T 19650
284	丙环唑	Propiconazole	0.01		不得检出	GB/T 19650
285	异丙草胺	Propisochlor	0.01		不得检出	GB/T 19650
286	残杀威	Propoxur	0.05		不得检出	GB/T 20772
287	炔苯酰草胺	Propyzamide	0.02		不得检出	GB/T 19650
288	苄草丹	Prosulfocarb	0.05		不得检出	GB/T 19650
289	丙硫菌唑	Prothioconazole	0.5		不得检出	参照同类标准
290	吡蚜酮	Pymetrozine	0.01		不得检出	GB/T 20772
291	吡唑醚菌酯	Pyraclostrobin	0.05		不得检出	GB/T 20772
292	—	Pyrasulfotole	0.01		不得检出	参照同类标准
293	吡菌磷	Pyrazophos	0.02		不得检出	GB/T 20772
294	除虫菊素	Pyrethrins	0.05		不得检出	GB/T 20772
295	哒螨灵	Pyridaben	0.02		不得检出	GB/T 19650
296	啶虫丙醚	Pyridalyl	0.01		不得检出	日本肯定列表

序号	农兽药中文名	农兽药英文名	欧盟标准限量要求 mg/kg	国家标准限量要求 mg/kg	三安超有机食品标准	
					限量要求 mg/kg	检测方法
297	哒草特	Pyridate	0.05		不得检出	日本肯定列表
298	嘧霉胺	Pyrimethanil	0.05		不得检出	GB/T 19650
299	吡丙醚	Pyriproxyfen	0.05		不得检出	GB/T 19650
300	甲氧磺草胺	Pyroxsulam	0.01		不得检出	SN/T 2325
301	氯甲喹啉酸	Quinmerac	0.05		不得检出	参照同类标准
302	喹氧灵	Quinoxyfen	0.2		不得检出	SN/T 2319
303	五氯硝基苯	Quintozene	0.01		不得检出	GB/T 19650
304	精喹禾灵	Quizalofop－P－ethyl	0.05		不得检出	SN/T 2150
305	灭虫菊	Resmethrin	0.1		不得检出	GB/T 20772
306	鱼藤酮	Rotenone	0.01		不得检出	GB/T 20772
307	西玛津	Simazine	0.01		不得检出	SN 0594
308	乙基多杀菌素	Spinetoram	0.01		不得检出	参照同类标准
309	多杀霉素	Spinosad	0.5		不得检出	GB/T 20772
310	螺螨酯	Spirodiclofen	0.05		不得检出	GB/T 20772
311	螺甲螨酯	Spiromesifen	0.01		不得检出	GB/T 23210
312	螺虫乙酯	Spirotetramat	0.03		不得检出	参照同类标准
313	莥孢菌素	Spiroxamine	0.05		不得检出	GB/T 20772
314	磺草酮	Sulcotrione	0.05		不得检出	参照同类标准
315	乙黄隆	Sulfosulfuron	0.05		不得检出	SN/T 2325
316	硫磺粉	Sulfur	0.5		不得检出	参照同类标准
317	氟胺氰菊酯	Tau－fluvalinate	0.3		不得检出	SN 0691
318	戊唑醇	Tebuconazole	0.1		不得检出	GB/T 20772
319	虫酰肼	Tebufenozide	0.05		不得检出	GB/T 20772
320	吡螨胺	Tebufenpyrad	0.05		不得检出	GB/T 19650
321	四氯硝基苯	Tecnazene	0.05		不得检出	GB/T 19650
322	氟苯脲	Teflubenzuron	0.05		不得检出	SN/T 2150
323	七氟菊酯	Tefluthrin	0.05		不得检出	GB/T 23210
324	得杀草	Tepraloxydim	0.1		不得检出	GB/T 20772
325	特丁硫磷	Terbufos	0.01		不得检出	GB/T 20772
326	特丁津	Terbuthylazine	0.05		不得检出	GB/T 19650
327	四氟醚唑	Tetraconazole	0.5		不得检出	GB/T 20772
328	三氯杀螨砜	Tetradifon	0.05		不得检出	GB/T 19650
329	噻虫啉	Thiacloprid	0.01		不得检出	GB/T 20772
330	噻虫嗪	Thiamethoxam	0.03		不得检出	GB/T 20772
331	禾草丹	Thiobencarb	0.01		不得检出	GB/T 20772
332	甲基硫菌灵	Thiophanate－methyl	0.05		不得检出	SN/T 0162
333	甲基立枯磷	Tolclofos－methyl	0.05		不得检出	GB/T 19650
334	甲苯氟磺胺	Tolylfluanid	0.1		不得检出	GB/T 19650
335	—	Topramezone	0.05		不得检出	参照同类标准

序号	农兽药中文名	农兽药英文名	欧盟标准限量要求 mg/kg	国家标准限量要求 mg/kg	三安超有机食品标准 限量要求 mg/kg	三安超有机食品标准 检测方法
336	三唑酮和三唑醇	Triadimefon and triadimenol	0.1		不得检出	GB/T 20772
337	野麦畏	Triallate	0.05		不得检出	GB/T 20772
338	醚苯磺隆	Triasulfuron	0.05		不得检出	GB/T 20772
339	三唑磷	Triazophos	0.01		不得检出	GB/T 20772
340	敌百虫	Trichlorphon	0.01		不得检出	GB/T 20772
341	绿草定	Triclopyr	0.05		不得检出	SN/T 2228
342	三环唑	Tricyclazole	0.05		不得检出	GB/T 20769
343	十三吗啉	Tridemorph	0.01		不得检出	GB/T 20772
344	肟菌酯	Trifloxystrobin	0.04		不得检出	GB/T 19650
345	氟菌唑	Triflumizole	0.05		不得检出	GB/T 20769
346	杀铃脲	Triflumuron	0.01		不得检出	GB/T 20772
347	氟乐灵	Trifluralin	0.01		不得检出	GB/T 20772
348	嗪氨灵	Triforine	0.01		不得检出	SN 0695
349	三甲基锍阳离子	Trimethyl – sulfonium cation	0.05		不得检出	参照同类标准
350	抗倒酯	Trinexapac	0.05		不得检出	GB/T 20769
351	灭菌唑	Triticonazole	0.01		不得检出	GB/T 20772
352	三氟甲磺隆	Tritosulfuron	0.01		不得检出	参照同类标准
353	—	Valifenalate	0.01		不得检出	参照同类标准
354	乙烯菌核利	Vinclozolin	0.05		不得检出	GB/T 20772
355	2,3,4,5 – 四氯苯胺	2,3,4,5 – Tetrachloraniline			不得检出	GB/T 19650
356	2,3,4,5 – 四氯甲氧基苯	2,3,4,5 – Tetrachloroanisole			不得检出	GB/T 19650
357	2,3,5,6 – 四氯苯胺	2,3,5,6 – Tetrachloroaniline			不得检出	GB/T 19650
358	2,4,5 – 涕	2,4,5 – T			不得检出	GB/T 20772
359	o,p′ – 滴滴滴	2,4′ – DDD			不得检出	GB/T 19650
360	o,p′ – 滴滴伊	2,4′ – DDE			不得检出	GB/T 19650
361	o,p′ – 滴滴涕	2,4′ – DDT			不得检出	GB/T 19650
362	2,6 – 二氯苯甲酰胺	2,6 – Dichlorobenzamide			不得检出	GB/T 19650
363	3,5 – 二氯苯胺	3,5 – Dichloroaniline			不得检出	GB/T 19650
364	p,p′ – 滴滴滴	4,4′ – DDD			不得检出	GB/T 19650
365	p,p′ – 滴滴伊	4,4′ – DDE			不得检出	GB/T 19650
366	p,p′ – 滴滴涕	4,4′ – DDT			不得检出	GB/T 19650
367	4,4′ – 二溴二苯甲酮	4,4′ – Dibromobenzophenone			不得检出	GB/T 19650
368	4,4′ – 二氯二苯甲酮	4,4′ – Dichlorobenzophenone			不得检出	GB/T 19650
369	二氢苊	Acenaphthene			不得检出	GB/T 19650
370	乙酰丙嗪	Acepromazine			不得检出	GB/T 20763
371	三氟羧草醚	Acifluorfen			不得检出	GB/T 20772
372	1 – 氨基 – 2 – 乙内酰脲	AHD			不得检出	GB/T 21311
373	涕灭砜威	Aldoxycarb			不得检出	GB/T 20772
374	烯丙菊酯	Allethrin			不得检出	GB/T 20772

序号	农兽药中文名	农兽药英文名	欧盟标准限量要求 mg/kg	国家标准限量要求 mg/kg	三安超有机食品标准	
					限量要求 mg/kg	检测方法
375	二丙烯草胺	Allidochlor			不得检出	GB/T 19650
376	烯丙孕素	Altrenogest			不得检出	SN/T 1980
377	莠灭净	Ametryn			不得检出	GB/T 20772
378	双甲脒	Amitraz			不得检出	GB/T 19650
379	杀草强	Amitrole			不得检出	SN/T 1737.6
380	5－吗啉甲基－3－氨基－2－噁唑烷基酮	AMOZ			不得检出	GB/T 21311
381	氨苄青霉素	Ampicillin			不得检出	GB/T 21315
382	氨丙嘧吡啶	Amprolium			不得检出	SN/T 0276
383	莎稗磷	Anilofos			不得检出	GB/T 19650
384	蒽醌	Anthraquinone			不得检出	GB/T 19650
385	3－氨基－2－噁唑酮	AOZ			不得检出	GB/T 21311
386	安普霉素	Apramycin			不得检出	GB/T 21323
387	丙硫特普	Aspon			不得检出	GB/T 19650
388	羟氨卡青霉素	Aspoxicillin			不得检出	GB/T 21315
389	乙基杀扑磷	Athidathion			不得检出	GB/T 19650
390	莠去通	Atratone			不得检出	GB/T 19650
391	莠去津	Atrazine			不得检出	GB/T 20772
392	脱乙基阿特拉津	Atrazine－desethyl			不得检出	GB/T 19650
393	甲基吡噁磷	Azamethiphos			不得检出	GB/T 20763
394	氮哌酮	Azaperone			不得检出	SN/T 2221
395	叠氮津	Aziprotryne			不得检出	GB/T 19650
396	杆菌肽	Bacitracin			不得检出	GB/T 20743
397	4－溴－3,5－二甲苯基－N－甲基氨基甲酸酯－1	BDMC－1			不得检出	GB/T 19650
398	4－溴－3,5－二甲苯基－N－甲基氨基甲酸酯－2	BDMC－2			不得检出	GB/T 19650
399	噁虫威	Bendiocarb			不得检出	GB/T 20772
400	乙丁氟灵	Benfluralin			不得检出	GB/T 19650
401	呋草黄	Benfuresate			不得检出	GB/T 19650
402	麦锈灵	Benodanil			不得检出	SN/T 19650
403	解草酮	Benoxacor			不得检出	GB/T 19650
404	新燕灵	Benzoylprop－ethyl			不得检出	GB/T 19650
405	苄青霉素	Benzyl pencillin			不得检出	GB/T 21315
406	倍他米松	Betamethasone			不得检出	SN/T 1970
407	生物烯丙菊酯－1	Bioallethrin－1			不得检出	GB/T 19650
408	生物烯丙菊酯－2	Bioallethrin－2			不得检出	GB/T 19650
409	除草定	Bromacil			不得检出	GB/T 20772
410	溴苯烯磷	Bromfenvinfos			不得检出	GB/T 19650

序号	农兽药中文名	农兽药英文名	欧盟标准限量要求 mg/kg	国家标准限量要求 mg/kg	三安超有机食品标准 限量要求 mg/kg	检测方法
411	溴烯杀	Bromocylen			不得检出	GB/T 19650
412	溴硫磷	Bromofos			不得检出	GB/T 19650
413	乙基溴硫磷	Bromophos – ethyl			不得检出	GB/T 19650
414	溴丁酰草胺	Btomobutide			不得检出	GB/T 19650
415	氟丙嘧草酯	Butafenacil			不得检出	GB/T 19650
416	抑草磷	Butamifos			不得检出	GB/T 19650
417	丁草胺	Butaxhlor			不得检出	GB/T 19650
418	苯酮唑	Cafenstrole			不得检出	GB/T 19650
419	角黄素	Canthaxanthin			不得检出	SN/T 2327
420	咔唑心安	Carazolol			不得检出	GB/T 20763
421	卡巴氧	Carbadox			不得检出	GB/T 20746
422	三硫磷	Carbophenothion			不得检出	GB/T 19650
423	唑草酮	Carfentrazone – ethyl			不得检出	GB/T 19650
424	卡洛芬	Carprofen			不得检出	SN/T 2190
425	头孢洛宁	Cefalonium			不得检出	GB/T 22989
426	头孢匹林	Cefapirin			不得检出	GB/T 22989
427	头孢喹肟	Cefquinome			不得检出	GB/T 22989
428	头孢噻呋	Ceftiofur			不得检出	GB/T 21314
429	头孢氨苄	Cefalexin			不得检出	GB/T 22989
430	氯霉素	Chloramphenicolum			不得检出	GB/T 20772
431	氯杀螨砜	Chlorbenside sulfone			不得检出	GB/T 19650
432	氯溴隆	Chlorbromuron			不得检出	GB/T 19650
433	杀虫脒	Chlordimeform			不得检出	GB/T 19650
434	氯氧磷	Chlorethoxyfos			不得检出	GB/T 19650
435	溴虫腈	Chlorfenapyr			不得检出	GB/T 19650
436	杀螨醇	Chlorfenethol			不得检出	GB/T 19650
437	燕麦酯	Chlorfenprop – methyl			不得检出	GB/T 19650
438	氟啶脲	Chlorfluazuron			不得检出	SN/T 2540
439	整形醇	Chlorflurenol			不得检出	GB/T 19650
440	氯地孕酮	Chlormadinone			不得检出	SN/T 1980
441	醋酸氯地孕酮	Chlormadinone acetate			不得检出	GB/T 20753
442	氯甲硫磷	Chlormephos			不得检出	GB/T 19650
443	氯苯甲醚	Chloroneb			不得检出	GB/T 19650
444	丙酯杀螨醇	Chloropropylate			不得检出	GB/T 19650
445	氯丙嗪	Chlorpromazine			不得检出	GB/T 20763
446	毒死蜱	Chlorpyrifos			不得检出	GB/T 19650
447	金霉素	Chlortetracycline			不得检出	GB/T 21317
448	氯硫磷	Chlorthion			不得检出	GB/T 19650

序号	农兽药中文名	农兽药英文名	欧盟标准限量要求 mg/kg	国家标准限量要求 mg/kg	三安超有机食品标准限量要求 mg/kg	三安超有机食品标准检测方法
449	虫螨磷	Chlorthiophos			不得检出	GB/T 19650
450	乙菌利	Chlozolinate			不得检出	GB/T 19650
451	顺式－氯丹	cis－Chlordane			不得检出	GB/T 19650
452	顺式－燕麦敌	cis－Diallate			不得检出	GB/T 19650
453	顺式－氯菊酯	cis－Permethrin			不得检出	GB/T 19650
454	克仑特罗	Clenbuterol			不得检出	GB/T 22286
455	异噁草酮	Clomazone			不得检出	GB/T 20772
456	氯甲酰草胺	Clomeprop			不得检出	GB/T 19650
457	氯羟吡啶	Clopidol			不得检出	GB 29700
458	解草酯	Cloquintocet－mexyl			不得检出	GB/T 19650
459	邻氯青霉素	Cloxacillin			不得检出	GB/T 18932.25
460	蝇毒磷	Coumaphos			不得检出	GB/T 19650
461	鼠立死	Crimidine			不得检出	GB/T 19650
462	巴毒磷	Crotxyphos			不得检出	GB/T 19650
463	育畜磷	Crufomate			不得检出	GB/T 19650
464	苯腈磷	Cyanofenphos			不得检出	GB/T 19650
465	杀螟腈	Cyanophos			不得检出	GB/T 20772
466	环草敌	Cycloate			不得检出	GB/T 20772
467	环莠隆	Cycluron			不得检出	GB/T 20772
468	环丙津	Cyprazine			不得检出	GB/T 20772
469	敌草索	Dacthal			不得检出	GB/T 19650
470	达氟沙星	Danofloxacin			不得检出	GB/T 22985
471	癸氧喹酯	Decoquinate			不得检出	SN/T 2444
472	脱叶磷	DEF			不得检出	GB/T 19650
473	2,2′,4,5,5′－五氯联苯	DE－PCB 101			不得检出	GB/T 19650
474	2,3,4,4′,5－五氯联苯	DE－PCB 118			不得检出	GB/T 19650
475	2,2′,3,4,4′,5－六氯联苯	DE－PCB 138			不得检出	GB/T 19650
476	2,2′,4,4′,5,5′－六氯联苯	DE－PCB 153			不得检出	GB/T 19650
477	2,2′,3,4,4′,5,5′－七氯联苯	DE－PCB 180			不得检出	GB/T 19650
478	2,4,4′－三氯联苯	DE－PCB 28			不得检出	GB/T 19650
479	2,4,5－三氯联苯	DE－PCB 31			不得检出	GB/T 19650
480	2,2′,5,5′－四氯联苯	DE－PCB 52			不得检出	GB/T 19650
481	脱溴溴苯磷	Desbrom－leptophos			不得检出	GB/T 19650
482	脱乙基另丁津	Desethyl－sebuthylazine			不得检出	GB/T 19650
483	敌草净	Desmetryn			不得检出	GB/T 19650
484	地塞米松	Dexamethasone			不得检出	SN/T 1970
485	氯亚胺硫磷	Dialifos			不得检出	GB/T 19650
486	敌菌净	Diaveridine			不得检出	SN/T 1926

序号	农兽药中文名	农兽药英文名	欧盟标准限量要求 mg/kg	国家标准限量要求 mg/kg	三安超有机食品标准 限量要求 mg/kg	三安超有机食品标准 检测方法
487	驱虫特	Dibutyl succinate			不得检出	GB/T 20772
488	异氯磷	Dicapthon			不得检出	GB/T 20772
489	敌草腈	Dichlobenil			不得检出	GB/T 19650
490	除线磷	Dichlofenthion			不得检出	GB/T 20772
491	苯氟磺胺	Dichlofluanid			不得检出	GB/T 19650
492	烯丙酰草胺	Dichlormid			不得检出	GB/T 19650
493	敌敌畏	Dichlorvos			不得检出	GB/T 20772
494	苄氯三唑醇	Diclobutrazole			不得检出	GB/T 20772
495	禾草灵	Diclofop – methyl			不得检出	GB/T 19650
496	双氯青霉素	Dicloxacillin			不得检出	GB/T 18932.25
497	己烯雌酚	Diethylstilbestrol			不得检出	GB/T 20766
498	双氟沙星	Difloxacin			不得检出	GB/T 20366
499	二氢链霉素	Dihydro – streptomycin			不得检出	GB/T 22969
500	甲氟磷	Dimefox			不得检出	GB/T 19650
501	哌草丹	Dimepiperate			不得检出	GB/T 19650
502	异戊乙净	Dimethametryn			不得检出	GB/T 19650
503	二甲酚草胺	Dimethenamid			不得检出	GB/T 19650
504	乐果	Dimethoate			不得检出	GB/T 20772
505	甲基毒虫畏	Dimethylvinphos			不得检出	GB/T 19650
506	地美硝唑	Dimetridazole			不得检出	GB/T 21318
507	二硝托安	Dinitolmide			不得检出	SN/T 2453
508	氨氟灵	Dinitramine			不得检出	GB/T 19650
509	消螨通	Dinobuton			不得检出	GB/T 19650
510	呋虫胺	Dinotefuran			不得检出	GB/T 20772
511	苯虫醚 – 1	Diofenolan – 1			不得检出	GB/T 19650
512	苯虫醚 – 2	Diofenolan – 2			不得检出	GB/T 19650
513	蔬果磷	Dioxabenzofos			不得检出	GB/T 19650
514	双苯酰草胺	Diphenamid			不得检出	GB/T 19650
515	二苯胺	Diphenylamine			不得检出	GB/T 19650
516	异丙净	Dipropetryn			不得检出	GB/T 19650
517	灭菌磷	Ditalimfos			不得检出	GB/T 19650
518	氟硫草定	Dithiopyr			不得检出	GB/T 19650
519	多拉菌素	Doramectin			不得检出	GB/T 22968
520	强力霉素	Doxycycline			不得检出	GB/ T20764
521	敌瘟磷	Edifenphos			不得检出	GB/T 19650
522	硫丹硫酸盐	Endosulfan – sulfate			不得检出	GB/T 19650
523	异狄氏剂酮	Endrin ketone			不得检出	GB/T 19650
524	恩诺沙星	Enrofloxacin			不得检出	GB/T 20366
525	苯硫磷	EPN			不得检出	GB/T 19650

序号	农兽药中文名	农兽药英文名	欧盟标准限量要求 mg/kg	国家标准限量要求 mg/kg	三安超有机食品标准	
					限量要求 mg/kg	检测方法
526	埃普利诺菌素	Eprinomectin			不得检出	GB/T 21320
527	抑草蓬	Erbon			不得检出	GB/T 19650
528	红霉素	Erythromycin			不得检出	GB/T20762
529	S-氰戊菊酯	Esfenvalerate			不得检出	GB/T 19650
530	戊草丹	Esprocarb			不得检出	GB/T 19650
531	乙环唑-1	Etaconazole-1			不得检出	GB/T 19650
532	乙环唑-2	Etaconazole-2			不得检出	GB/T 19650
533	乙嘧硫磷	Etrimfos			不得检出	GB/T 19650
534	氧乙嘧硫磷	Etrimfos oxon			不得检出	GB/T 19650
535	伐灭磷	Famphur			不得检出	GB/T 19650
536	苯线磷亚砜	Fenamiphos sulfoxide			不得检出	GB/T 19650
537	苯线磷砜	Fenamiphos-sulfone			不得检出	GB/T 19650
538	苯硫苯咪唑	Fenbendazole			不得检出	SN 0638
549	氧皮蝇磷	Fenchlorphos oxon			不得检出	GB/T 19650
540	甲呋酰胺	Fenfuram			不得检出	GB/T 19650
541	仲丁威	Fenobucarb			不得检出	GB/T 19650
542	苯硫威	Fenothiocarb			不得检出	GB/T 19650
543	稻瘟酰胺	Fenoxanil			不得检出	GB/T 19650
544	拌种咯	Fenpiclonil			不得检出	GB/T 19650
545	甲氰菊酯	Fenpropathrin			不得检出	GB/T 19650
546	芬螨酯	Fenson			不得检出	GB/T 19650
547	丰索磷	Fensulfothion			不得检出	GB/T 19650
548	倍硫磷亚砜	Fenthion sulfoxide			不得检出	GB/T 19650
549	麦草氟异丙酯	Flamprop-isopropyl			不得检出	GB/T 19650
550	麦草氟甲酯	Flamprop-methyl			不得检出	GB/T 19650
551	氟苯尼考	Florfenicol			不得检出	GB/T 20756
552	吡氟禾草灵	Fluazifop-butyl			不得检出	GB/T 19650
553	啶蜱脲	Fluazuron			不得检出	SN/T 2540
554	氟苯咪唑	Flubendazole			不得检出	GB/T 21324
555	氟噻草胺	Flufenacet			不得检出	GB/T 19650
556	氟甲喹	Flumequin			不得检出	SN/T 1921
557	氟节胺	Flumetralin			不得检出	GB/T 19650
558	唑嘧磺草胺	Flumetsulam			不得检出	GB/T 20772
559	氟烯草酸	Flumiclorac			不得检出	GB/T 19650
560	丙炔氟草胺	Flumioxazin			不得检出	GB/T 19650
561	氟胺烟酸	Flunixin			不得检出	GB/T 20750
562	三氟硝草醚	Fluorodifen			不得检出	GB/T 19650
563	乙羧氟草醚	Fluoroglycofen-ethyl			不得检出	GB/T 19650
564	三氟苯唑	Fluotrimazole			不得检出	GB/T 19650

序号	农兽药中文名	农兽药英文名	欧盟标准限量要求 mg/kg	国家标准限量要求 mg/kg	三安超有机食品标准 限量要求 mg/kg	检测方法
565	氟啶草酮	Fluridone			不得检出	GB/T 19650
566	氟草烟-1-甲庚酯	Fluroxypr-1-methylheptyl ester			不得检出	GB/T 19650
567	呋草酮	Flurtamone			不得检出	GB/T 19650
568	地虫硫磷	Fonofos			不得检出	GB/T 19650
569	安果	Formothion			不得检出	GB/T 19650
570	呋霜灵	Furalaxyl			不得检出	GB/T 19650
571	庆大霉素	Gentamicin			不得检出	GB/T 21323
572	苄螨醚	Halfenprox			不得检出	GB/T 19650
573	氟哌啶醇	Haloperidol			不得检出	GB/T 20763
574	庚烯磷	Heptanophos			不得检出	GB/T 19650
575	己唑醇	Hexaconazole			不得检出	GB/T 19650
576	环嗪酮	Hexazinone			不得检出	GB/T 19650
577	咪草酸	Imazamethabenz-methyl			不得检出	GB/T 19650
578	咪唑喹啉酸	Imazaquin			不得检出	GB/T 20772
579	脱苯甲基亚胺唑	Imibenconazole-des-benzyl			不得检出	GB/T 19650
580	炔咪菊酯-1	Imiprothrin-1			不得检出	GB/T 19650
581	炔咪菊酯-2	Imiprothrin-2			不得检出	GB/T 19650
582	碘硫磷	Iodofenphos			不得检出	GB/T 19650
583	甲基碘磺隆	Iodosulfuron-methyl			不得检出	GB/T 20772
584	异稻瘟净	Iprobenfos			不得检出	GB/T 19650
585	氯唑磷	Isazofos			不得检出	GB/T 19650
586	碳氯灵	Isobenzan			不得检出	GB/T 19650
587	丁咪酰胺	Isocarbamid			不得检出	GB/T 19650
588	水胺硫磷	Isocarbophos			不得检出	GB/T 19650
589	异艾氏剂	Isodrin			不得检出	GB/T 19650
590	异柳磷	Isofenphos			不得检出	GB/T 19650
591	氧异柳磷	Isofenphos oxon			不得检出	GB/T 19650
592	氮氨菲啶	Isometamidium			不得检出	SN/T 2239
593	丁嗪草酮	Isomethiozin			不得检出	GB/T 19650
594	异丙威-1	Isoprocarb-1			不得检出	GB/T 19650
595	异丙威-2	Isoprocarb-2			不得检出	GB/T 19650
596	异丙乐灵	Isopropalin			不得检出	GB/T 19650
597	双苯噁唑酸	Isoxadifen-ethyl			不得检出	GB/T 19650
598	异噁氟草	Isoxaflutole			不得检出	GB/T 20772
599	噁唑啉	Isoxathion			不得检出	GB/T 19650
600	依维菌素	Ivermectin			不得检出	GB/T 21320
601	交沙霉素	Josamycin			不得检出	GB/T 20762
602	卡那霉素	Kanamycin			不得检出	GB/T 21323

序号	农兽药中文名	农兽药英文名	欧盟标准限量要求 mg/kg	国家标准限量要求 mg/kg	三安超有机食品标准 限量要求 mg/kg	三安超有机食品标准 检测方法
603	拉沙里菌素	Lasalocid			不得检出	SN 0501
604	溴苯磷	Leptophos			不得检出	GB/T 19650
605	左旋咪唑	Levamisole			不得检出	SN 0349
606	林可霉素	Lincomycin			不得检出	GB/T 20762
607	利谷隆	Linuron			不得检出	GB/T 19650
608	麻保沙星	Marbofloxacin			不得检出	GB/T 22985
609	2-甲-4-氯丁氧乙基酯	MCPA-butoxyethyl ester			不得检出	GB/T 19650
610	甲苯咪唑	Mebendazole			不得检出	GB/T 21324
611	灭蚜磷	Mecarbam			不得检出	GB/T 19650
612	二甲四氯丙酸	Mecoprop			不得检出	SN/T 2325
613	苯噻酰草胺	Mefenacet			不得检出	GB/T 19650
614	吡唑解草酯	Mefenpyr-diethyl			不得检出	GB/T 19650
615	醋酸甲地孕酮	Megestrol acetate			不得检出	GB/T 20753
616	醋酸美仑孕酮	Melengestrol acetate			不得检出	GB/T 20753
617	嘧菌胺	Mepanipyrim			不得检出	GB/T 19650
618	地胺磷	Mephosfolan			不得检出	GB/T 19650
619	灭锈胺	Mepronil			不得检出	GB/T 19650
620	硝磺草酮	Mesotrione			不得检出	参照同类标准
621	呋菌胺	Methfuroxam			不得检出	GB/T 19650
622	灭梭威砜	Methiocarb sulfone			不得检出	GB/T 19650
623	异丙甲草胺和S-异丙甲草胺	Metolachlor and S-metolachlor			不得检出	GB/T 19650
624	盖草津	Methoprotryne			不得检出	GB/T 19650
625	甲醚菊酯-1	Methothrin-1			不得检出	GB/T 19650
626	甲醚菊酯-2	Methothrin-2			不得检出	GB/T 19650
627	甲基泼尼松龙	Methylprednisolone			不得检出	GB/T 21981
628	溴谷隆	Metobromuron			不得检出	GB/T 19650
629	甲氧氯普胺	Metoclopramide			不得检出	SN/T 2227
630	苯氧菌胺-1	Metominsstrobin-1			不得检出	GB/T 19650
631	苯氧菌胺-2	Metominsstrobin-2			不得检出	GB/T 19650
632	甲硝唑	Metronidazole			不得检出	GB/T 21318
633	速灭磷	Mevinphos			不得检出	GB/T 19650
634	兹克威	Mexacarbate			不得检出	GB/T 19650
635	灭蚁灵	Mirex			不得检出	GB/T 19650
636	禾草敌	Molinate			不得检出	GB/T 19650
637	庚酰草胺	Monalide			不得检出	GB/T 19650
638	莫能菌素	Monensin			不得检出	SN 0698
639	莫西丁克	Moxidectin			不得检出	SN/T 2442

序号	农兽药中文名	农兽药英文名	欧盟标准限量要求 mg/kg	国家标准限量要求 mg/kg	三安超有机食品标准限量要求 mg/kg	检测方法
640	合成麝香	Musk ambrecte			不得检出	GB/T 19650
641	麝香	Musk moskene			不得检出	GB/T 19650
642	西藏麝香	Musk tibeten			不得检出	GB/T 19650
643	二甲苯麝香	Musk xylene			不得检出	GB/T 19650
644	萘夫西林	Nafcillin			不得检出	GB/T 22975
645	二溴磷	Naled			不得检出	SN/T 0706
646	萘丙胺	Naproanilide			不得检出	GB/T 19650
647	甲基盐霉素	Narasin			不得检出	GB/T 20364
648	新霉素	Neomycin			不得检出	SN 0646
649	甲磺乐灵	Nitralin			不得检出	GB/T 19650
650	三氯甲基吡啶	Nitrapyrin			不得检出	GB/T 19650
651	酞菌酯	Nitrothal – isopropyl			不得检出	GB/T 19650
652	诺氟沙星	Norfloxacin			不得检出	GB/T 20366
653	氟草敏	Norflurazon			不得检出	GB/T 19650
654	新生霉素	Novobiocin			不得检出	SN 0674
655	氟苯嘧啶醇	Nuarimol			不得检出	GB/T 19650
656	八氯苯乙烯	Octachlorostyrene			不得检出	GB/T 19650
657	氧氟沙星	Ofloxacin			不得检出	GB/T 20366
658	喹乙醇	Olaquindox			不得检出	GB/T 20746
659	竹桃霉素	Oleandomycin			不得检出	GB/T 20762
660	氧乐果	Omethoate			不得检出	GB/T 19650
661	奥比沙星	Orbifloxacin			不得检出	GB/T 22985
662	苯唑青霉素	Oxacillin			不得检出	GB/T 18932.25
663	杀线威	Oxamyl			不得检出	GB/T 20772
664	奥芬达唑	Oxfendazole			不得检出	GB/T 22972
665	丙氧苯咪唑	Oxibendazole			不得检出	GB/T 21324
666	喹菌酮	Oxolinic acid			不得检出	日本肯定列表
667	氧化氯丹	Oxy – chlordane			不得检出	GB/T 19650
668	土霉素	Oxytetracycline			不得检出	GB/T 21317
669	对氧磷	Paraoxon			不得检出	GB/T 19650
670	甲基对氧磷	Paraoxon – methyl			不得检出	GB/T 19650
671	克草敌	Pebulate			不得检出	GB/T 19650
672	五氯苯胺	Pentachloroaniline			不得检出	GB/T 19650
673	五氯甲氧基苯	Pentachloroanisole			不得检出	GB/T 19650
674	五氯苯	Pentachlorobenzene			不得检出	GB/T 19650
675	乙滴涕	Perthane			不得检出	GB/T 19650
676	菲	Phenanthrene			不得检出	GB/T 19650
677	稻丰散	Phenthoate			不得检出	GB/T 19650
678	甲拌磷砜	Phorate sulfone			不得检出	GB/T 19650

序号	农兽药中文名	农兽药英文名	欧盟标准限量要求 mg/kg	国家标准限量要求 mg/kg	三安超有机食品标准	
					限量要求 mg/kg	检测方法
679	磷胺-1	Phosphamidon-1			不得检出	GB/T 19650
680	磷胺-2	Phosphamidon-2			不得检出	GB/T 19650
681	酞酸苯甲基丁酯	Phthalic acid, benzylbutyl ester			不得检出	GB/T 19650
682	四氯苯肽	Phthalide			不得检出	GB/T 19650
683	邻苯二甲酰亚胺	Phthalimide			不得检出	GB/T 19650
684	氟吡酰草胺	Picolinafen			不得检出	GB/T 19650
685	增效醚	Piperonyl butoxide			不得检出	GB/T 19650
686	哌草磷	Piperophos			不得检出	GB/T 19650
687	乙基虫螨清	Pirimiphos-ethyl			不得检出	GB/T 19650
688	吡利霉素	Pirlimycin			不得检出	GB/T 22988
689	炔丙菊酯	Prallethrin			不得检出	GB/T 19650
690	泼尼松龙	Prednisolone			不得检出	GB/T 21981
691	丙草胺	Pretilachlor			不得检出	GB/T 19650
692	环丙氟灵	Profluralin			不得检出	GB/T 19650
693	茉莉酮	Prohydrojasmon			不得检出	GB/T 19650
694	扑灭通	Prometon			不得检出	GB/T 19650
695	扑草净	Prometryne			不得检出	GB/T 19650
696	炔丙烯草胺	Pronamide			不得检出	GB/T 19650
697	敌稗	Propanil			不得检出	GB/T 19650
698	扑灭津	Propazine			不得检出	GB/T 19650
699	胺丙畏	Propetamphos			不得检出	GB/T 19650
700	丙酰二甲氨基丙吩噻嗪	Propionylpromazin			不得检出	GB/T 20763
701	丙硫磷	Prothiophos			不得检出	GB/T 19650
702	哒嗪硫磷	Ptridaphenthion			不得检出	GB/T 19650
703	吡唑硫磷	Pyraclofos			不得检出	GB/T 19650
704	吡草醚	Pyraflufen-ethyl			不得检出	GB/T 19650
705	啶斑肟-1	Pyrifenox-1			不得检出	GB/T 19650
706	啶斑肟-2	Pyrifenox-2			不得检出	GB/T 19650
707	环酯草醚	Pyriftalid			不得检出	GB/T 19650
708	嘧螨醚	Pyrimidifen			不得检出	GB/T 19650
709	嘧草醚	Pyriminobac-methyl			不得检出	GB/T 19650
710	嘧啶磷	Pyrimitate			不得检出	GB/T 19650
711	喹硫磷	Quinalphos			不得检出	GB/T 19650
712	灭藻醌	Quinoclamine			不得检出	GB/T 19650
713	苯氧喹啉	Quinoxyphen			不得检出	GB/T 19650
714	吡咪唑	Rabenzazole			不得检出	GB/T 19650
715	莱克多巴胺	Ractopamine			不得检出	GB/T 21313
716	洛硝达唑	Ronidazole			不得检出	GB/T 21318
717	皮蝇磷	Ronnel			不得检出	GB/T 19650

序号	农兽药中文名	农兽药英文名	欧盟标准限量要求 mg/kg	国家标准限量要求 mg/kg	三安超有机食品标准 限量要求 mg/kg	检测方法
718	盐霉素	Salinomycin			不得检出	GB/T 20364
719	沙拉沙星	Sarafloxacin			不得检出	GB/T 20366
720	另丁津	Sebutylazine			不得检出	GB/T 19650
721	密草通	Secbumeton			不得检出	GB/T 19650
722	氨基脲	Semduramicin			不得检出	GB/T 20752
723	烯禾啶	Sethoxydim			不得检出	GB/T 19650
724	氟硅菊酯	Silafluofen			不得检出	GB/T 19650
725	硅氟唑	Simeconazole			不得检出	GB/T 19650
726	西玛通	Simetone			不得检出	GB/T 19650
727	西草净	Simetryn			不得检出	GB/T 19650
728	壮观霉素	Spectinomycin			不得检出	GB/T 21323
729	螺旋霉素	Spiramycin			不得检出	GB/T 20762
730	链霉素	Streptomycin			不得检出	GB/T 21323
731	磺胺苯酰	Sulfabenzamide			不得检出	GB/T 21316
732	磺胺醋酰	Sulfacetamide			不得检出	GB/T 21316
733	磺胺氯哒嗪	Sulfachloropyridazine			不得检出	GB/T 21316
734	磺胺嘧啶	Sulfadiazine			不得检出	GB/T 21316
735	磺胺间二甲氧嘧啶	Sulfadimethoxine			不得检出	GB/T 21316
736	磺胺二甲嘧啶	Sulfadimidine			不得检出	GB/T 21316
737	磺胺多辛	Sulfadoxine			不得检出	GB/T 21316
738	磺胺脒	Sulfaguanidine			不得检出	GB/T 21316
739	菜草畏	Sulfallate			不得检出	GB/T 19650
740	磺胺甲嘧啶	Sulfamerazine			不得检出	GB/T 21316
741	新诺明	Sulfamethoxazole			不得检出	GB/T 21316
742	磺胺间甲氧嘧啶	Sulfamonomethoxine			不得检出	GB/T 21316
743	乙酰磺胺对硝基苯	Sulfanitran			不得检出	GB/T 20772
744	磺胺吡啶	Sulfapyridine			不得检出	GB/T 21316
745	磺胺喹沙啉	Sulfaquinoxaline			不得检出	GB/T 21316
746	磺胺噻唑	Sulfathiazole			不得检出	GB/T 21316
747	治螟磷	Sulfotep			不得检出	GB/T 19650
748	硫丙磷	Sulprofos			不得检出	GB/T 19650
749	苯噻硫氰	TCMTB			不得检出	GB/T 19650
750	丁基嘧啶磷	Tebupirimfos			不得检出	GB/T 19650
751	牧草胺	Tebutam			不得检出	GB/T 19650
752	丁噻隆	Tebuthiuron			不得检出	GB/T 20772
753	双硫磷	Temephos			不得检出	GB/T 20772
754	特草灵	Terbucarb			不得检出	GB/T 19650
755	特丁通	Terbumeron			不得检出	GB/T 19650

序号	农兽药中文名	农兽药英文名	欧盟标准限量要求 mg/kg	国家标准限量要求 mg/kg	三安超有机食品标准 限量要求 mg/kg	检测方法
756	特丁净	Terbutryn			不得检出	GB/T 19650
757	四氢邻苯二甲酰亚胺	Tetrabydrophthalimide			不得检出	GB/T 19650
758	杀虫畏	Tetrachlorvinphos			不得检出	GB/T 19650
759	四环素	Tetracycline			不得检出	GB/T 21317
760	胺菊酯	Tetramethrin			不得检出	GB/T 19650
761	杀螨氯硫	Tetrasul			不得检出	GB/T 19650
762	噻吩草胺	Thenylchlor			不得检出	GB/T 19650
763	甲砜霉素	Thiamphenicol			不得检出	GB/T 20756
764	噻唑烟酸	Thiazopyr			不得检出	GB/T 19650
765	噻苯隆	Thidiazuron			不得检出	GB/T 20772
766	噻吩磺隆	Thifensulfuron – methyl			不得检出	GB/T 20772
767	甲基乙拌磷	Thiometon			不得检出	GB/T 20772
768	替米考星	Tilmicosin			不得检出	GB/T 20762
769	硫普罗宁	Tiopronin			不得检出	SN/T 2225
770	三甲苯草酮	Tralkoxydim			不得检出	GB/T 19650
771	四溴菊酯	Tralomethrin			不得检出	SN/T 2320
772	反式 – 氯丹	trans – Chlordane			不得检出	GB/T 19650
773	反式 – 燕麦敌	trans – Diallate			不得检出	GB/T 19650
774	四氟苯菊酯	Transfluthrin			不得检出	GB/T 19650
775	反式九氯	trans – Nonachlor			不得检出	GB/T 19650
776	反式 – 氯菊酯	trans – Permethrin			不得检出	GB/T 19650
777	群勃龙	Trenbolone			不得检出	GB/T 21981
778	威菌磷	Triamiphos			不得检出	GB/T 19650
779	毒壤磷	Trichloronate			不得检出	GB/T 19650
780	灭草环	Tridiphane			不得检出	GB/T 19650
781	草达津	Trietazine			不得检出	GB/T 19650
782	三异丁基磷酸盐	Tri – iso – butyl phosphate			不得检出	GB/T 19650
783	甲氧苄氨嘧啶	Trimethoprim			不得检出	SN/T 1769
784	三正丁基磷酸盐	Tri – n – butyl phosphate			不得检出	GB/T 19650
785	三苯基磷酸盐	Triphenyl phosphate			不得检出	GB/T 19650
786	泰乐霉素	Tylosin			不得检出	GB/T 22941
787	烯效唑	Uniconazole			不得检出	GB/T 19650
788	灭草敌	Vernolate			不得检出	GB/T 19650
789	维吉尼霉素	Virginiamycin			不得检出	GB/T 20765
790	杀鼠灵	War farin			不得检出	GB/T 20772
791	甲苯噻嗪	Xylazine			不得检出	GB/T 20763
792	右环十四酮酚	Zeranol			不得检出	GB/T 21982
793	苯酰菌胺	Zoxamide			不得检出	GB/T 19650

3 绵羊(5种)

3.1 绵羊肉 Meat of a Sheep

序号	农兽药中文名	农兽药英文名	欧盟标准限量要求 mg/kg	国家标准限量要求 mg/kg	三安超有机食品标准	
					限量要求 mg/kg	检测方法
1	1,1-二氯-2,2-二(4-乙苯)乙烷	1,1-Dichloro-2,2-bis(4-ethylphenyl)ethane	0.01		不得检出	日本肯定列表（增补本1）
2	1,2-二氯乙烷	1,2-Dichloroethane	0.1		不得检出	SN/T 2238
3	1,3-二氯丙烯	1,3-Dichloropropene	0.01		不得检出	SN/T 2238
4	1-萘乙酰胺	1-Naphthylacetamide	0.05		不得检出	GB/T 20772
5	1-萘乙酸	1-Naphthylacetic acid	0.05		不得检出	SN/T 2228
6	2,4-滴丁酸	2,4-DB	0.05		不得检出	GB/T 20769
7	2,4-滴	2,4-D	0.05		不得检出	GB/T 20772
8	2-苯酚	2-Phenylphenol	0.05		不得检出	GB/T 19650
9	阿维菌素	Abamectin	0.02		不得检出	SN/T 2661
10	乙酰甲胺磷	Acephate	0.02		不得检出	GB/T 20772
11	灭螨醌	Acequinocyl	0.01		不得检出	参照同类标准
12	啶虫脒	Acetamiprid	0.05		不得检出	GB/T 20772
13	乙草胺	Acetochlor	0.01		不得检出	GB/T 19650
14	苯并噻二唑	Acibenzolar-S-methyl	0.02		不得检出	GB/T 20772
15	苯草醚	Aclonifen	0.02		不得检出	GB/T 20772
16	氟丙菊酯	Acrinathrin	0.05		不得检出	GB/T 19648
17	甲草胺	Alachlor	0.01		不得检出	GB/T 20772
18	阿苯达唑	Albendazole	100μg/kg		不得检出	GB 29687
19	氧阿苯达唑	Albendazole oxide	100μg/kg		不得检出	参照同类标准
20	涕灭威	Aldicarb	0.01		不得检出	GB/T 20772
21	艾氏剂和狄氏剂	Aldrin and dieldrin	0.2	0.2和0.2	不得检出	GB/T 19650
22	顺式氯氰菊酯	Alpha-cypermethrin	20μg/kg		不得检出	参照同类标准
23	—	Ametoctradin	0.03		不得检出	参照同类标准
24	酰嘧磺隆	Amidosulfuron	0.02		不得检出	参照同类标准
25	氯氨吡啶酸	Aminopyralid	0.01		不得检出	GB/T 23211
26	—	Amisulbrom	0.01		不得检出	参照同类标准
27	阿莫西林	Amoxicillin	50μg/kg		不得检出	NY/T 830
28	氨苄青霉素	Ampicillin	50μg/kg		不得检出	GB/T 21315
29	敌菌灵	Anilazine	0.01		不得检出	GB/T 20769
30	杀螨特	Aramite	0.01		不得检出	GB/T 19650
31	磺草灵	Asulam	0.1		不得检出	日本肯定列表（增补本1）
32	印楝素	Azadirachtin	0.01		不得检出	SN/T 3264
33	益棉磷	Azinphos-ethyl	0.01		不得检出	GB/T 19650
34	保棉磷	Azinphos-methyl	0.01		不得检出	GB/T 20772

序号	农兽药中文名	农兽药英文名	欧盟标准限量要求 mg/kg	国家标准限量要求 mg/kg	三安超有机食品标准	
					限量要求 mg/kg	检测方法
35	三唑锡和三环锡	Azocyclotin and cyhexatin	0.05		不得检出	SN/T 1990
36	嘧菌酯	Azoxystrobin	0.05		不得检出	GB/T 20772
37	燕麦灵	Barban	0.05		不得检出	参照同类标准
38	氟丁酰草胺	Beflubutamid	0.05		不得检出	参照同类标准
39	苯霜灵	Benalaxyl	0.05		不得检出	GB/T 20772
40	丙硫克百威	Benfuracarb	0.02		不得检出	GB/T 20772
41	苄青霉素	Benzyl penicillin	50μg/kg		不得检出	GB/T 21315
42	联苯肼酯	Bifenazate	0.01		不得检出	GB/T 20772
43	甲羧除草醚	Bifenox	0.05		不得检出	GB/T 23210
44	联苯菊酯	Bifenthrin	3		不得检出	GB/T 19650
45	乐杀螨	Binapacryl	0.01		不得检出	SN 0523
46	联苯	Biphenyl	0.01		不得检出	GB/T 19650
47	联苯三唑醇	Bitertanol	0.05		不得检出	GB/T 20772
48	—	Bixafen	0.15		不得检出	参照同类标准
49	啶酰菌胺	Boscalid	0.7		不得检出	GB/T 20772
50	溴离子	Bromide ion	0.05		不得检出	GB/T 5009.167
51	溴螨酯	Bromopropylate	0.01		不得检出	GB/T 19650
52	溴苯腈	Bromoxynil	0.05		不得检出	GB/T 20772
53	糠菌唑	Bromuconazole	0.05		不得检出	GB/T 19650
54	乙嘧酚磺酸酯	Bupirimate	0.05		不得检出	GB/T 19650
55	噻嗪酮	Buprofezin	0.05		不得检出	GB/T 20772
56	仲丁灵	Butralin	0.02		不得检出	GB/T 19650
57	丁草敌	Butylate	0.01		不得检出	GB/T 19650
58	硫线磷	Cadusafos	0.01		不得检出	GB/T 19650
59	毒杀芬	Camphechlor	0.05		不得检出	YC/T 180
60	敌菌丹	Captafol	0.01		不得检出	SN 0338
61	克菌丹	Captan	0.02		不得检出	GB/T 19648
62	甲萘威	Carbaryl	0.05		不得检出	GB/T 20796
63	多菌灵和苯菌灵	Carbendazim and benomyl	0.05		不得检出	GB/T 20772
64	长杀草	Carbetamide	0.05		不得检出	GB/T 20772
65	克百威	Carbofuran	0.01		不得检出	GB/T 20772
66	丁硫克百威	Carbosulfan	0.05		不得检出	GB/T 19650
67	萎锈灵	Carboxin	0.05		不得检出	GB/T 20772
68	头孢噻呋	Ceftiofur	1000μg/kg		不得检出	GB/T 21314
69	氯虫苯甲酰胺	Chlorantraniliprole	0.2		不得检出	参照同类标准
70	杀螨醚	Chlorbenside	0.05		不得检出	GB/T 19650
71	氯炔灵	Chlorbufam	0.05		不得检出	GB/T 20772
72	氯丹	Chlordane	0.05	0.05	不得检出	GB/T 19648
73	十氯酮	Chlordecone	0.1		不得检出	参照同类标准
74	杀螨酯	Chlorfenson	0.05		不得检出	GB/T 19650

序号	农兽药中文名	农兽药英文名	欧盟标准限量要求 mg/kg	国家标准限量要求 mg/kg	三安超有机食品标准 限量要求 mg/kg	三安超有机食品标准 检测方法
75	毒虫畏	Chlorfenvinphos	0.01		不得检出	GB/T 19650
76	氯草敏	Chloridazon	0.1		不得检出	GB/T 20772
77	矮壮素	Chlormequat	0.05		不得检出	日本肯定列表
78	乙酯杀螨醇	Chlorobenzilate	0.1		不得检出	日本肯定列表
79	百菌清	Chlorothalonil	0.02		不得检出	SN/T 2320
80	绿麦隆	Chlortoluron	0.05		不得检出	GB/T 20772
81	枯草隆	Chloroxuron	0.05		不得检出	GB/T 20769
82	氯苯胺灵	Chlorpropham	0.05		不得检出	GB/T 19650
83	甲基毒死蜱	Chlorpyrifos – methyl	0.05		不得检出	GB/T 19650
84	氯磺隆	Chlorsulfuron	0.01		不得检出	GB/T 20769
85	金霉素	Chlortetracycline	100μg/kg		不得检出	GB/T 21317
86	氯酞酸甲酯	Chlorthaldimethyl	0.01		不得检出	GB/T 19650
87	氯硫酰草胺	Chlorthiamid	0.02		不得检出	GB/T 20772
88	烯草酮	Clethodim	0.2		不得检出	GB/T 19648
89	炔草酯	Clodinafop – propargyl	0.02		不得检出	GB 2763
90	四螨嗪	Clofentezine	0.05		不得检出	SN/T 1740
91	二氯吡啶酸	Clopyralid	0.08		不得检出	SN/T 2228
92	氯氰碘柳胺	Closantel	1500μg/kg		不得检出	参照同类标准
93	噻虫胺	Clothianidin	0.02		不得检出	GB/T 20772
94	邻氯青霉素	Cloxacillin	300μg/kg		不得检出	GB/T 21315
95	黏菌素	Colistin	150μg/kg		不得检出	参照同类标准
96	铜化合物	Copper compounds	5		不得检出	参照同类标准
97	环烷基酰苯胺	Cyclanilide	0.01		不得检出	参照同类标准
98	噻草酮	Cycloxydim	0.05		不得检出	GB/T 19650
99	环氟菌胺	Cyflufenamid	0.03		不得检出	GB/T 19648
100	氟氯氰菊酯和高效氟氯氰菊酯	Cyfluthrin and beta – cyfluthrin	0.05		不得检出	GB/T 19650
101	霜脲氰	Cymoxanil	0.05		不得检出	GB/T 20772
102	氯氰菊酯和高效氯氰菊酯	Cypermethrin and beta -- cypermethrin	20μg/kg		不得检出	GB/T 19650
103	环丙唑醇	Cyproconazole	0.05		不得检出	GB/T 20772
104	嘧菌环胺	Cyprodinil	0.05		不得检出	GB/T 20769
105	灭蝇胺	Cyromazine	300μg/kg		不得检出	GB/T 20772
106	丁酰肼	Daminozide	0.05		不得检出	日本肯定列表
107	达氟沙星	Danofloxacin	200μg/kg		不得检出	GB/T 22985
108	滴滴涕	DDT	1	0.2	不得检出	SN/T 0127
109	溴氰菊酯	Deltamethrin	10μg/kg		不得检出	GB/T 19650
110	燕麦敌	Diallate	0.2		不得检出	GB/T 20772
111	二嗪磷	Diazinon	20μg/kg		不得检出	GB/T 19650

序号	农兽药中文名	农兽药英文名	欧盟标准限量要求 mg/kg	国家标准限量要求 mg/kg	三安超有机食品标准 限量要求 mg/kg	三安超有机食品标准 检测方法
112	麦草畏	Dicamba	0.05		不得检出	GB/T 20772
113	敌草腈	Dichlobenil	0.01		不得检出	GB/T 19650
114	滴丙酸	Dichlorprop	0.05		不得检出	SN/T 2228
115	二氯苯氧基丙酸	Diclofop	0.05		不得检出	参照同类标准
116	氯硝胺	Dicloran	0.01		不得检出	GB/T 19650
117	双氯青霉素	Dicloxacillin	300μg/kg		不得检出	GB/T 21315
118	三氯杀螨醇	Dicofol	0.02		不得检出	GB/T 19650
119	地昔尼尔	Dicyclanil	200μg/kg		不得检出	SN/T 2153
120	乙霉威	Diethofencarb	0.05		不得检出	GB/T 19650
121	苯醚甲环唑	Difenoconazole	0.05		不得检出	GB/T 19650
122	双氟沙星	Difloxacin	400μg/kg		不得检出	GB 29692
123	除虫脲	Diflubenzuron	0.1		不得检出	SN/T 0528
124	吡氟酰草胺	Diflufenican	0.05		不得检出	GB/T 20772
125	二氢链霉素	Dihydro－streptomycin	500μg/kg		不得检出	GB/T 22969
126	油菜安	Dimethachlor	0.02		不得检出	GB/T 20772
127	烯酰吗啉	Dimethomorph	0.05		不得检出	GB/T 20772
128	醚菌胺	Dimoxystrobin	0.05		不得检出	SN/T 2237
129	烯唑醇	Diniconazole	0.01		不得检出	GB/T 19650
130	敌螨普	Dinocap	0.05		不得检出	日本肯定列表（增补本1）
131	地乐酚	Dinoseb	0.01		不得检出	GB/T 20772
132	特乐酚	Dinoterb	0.05		不得检出	GB/T 20772
133	敌噁磷	Dioxathion	0.05		不得检出	GB/T 19650
134	敌草快	Diquat	0.05		不得检出	GB/T 5009.221
135	乙拌磷	Disulfoton	0.01		不得检出	GB/T 20772
136	二氰蒽醌	Dithianon	0.01		不得检出	GB/T 20769
137	二硫代氨基甲酸酯	Dithiocarbamates	0.05		不得检出	SN 0157
138	敌草隆	Diuron	0.05		不得检出	SN/T 0645
139	二硝甲酚	DNOC	0.05		不得检出	GB/T 20772
140	多果定	Dodine	0.2		不得检出	SN 0500
141	多拉菌素	Doramectin	40μg/kg		不得检出	GB/T 22968
142	甲氨基阿维菌素苯甲酸盐	Emamectin benzoate	0.01		不得检出	GB/T 20769
143	硫丹	Endosulfan	0.05		不得检出	GB/T 19650
144	异狄氏剂	Endrin	0.05	0.05	不得检出	GB/T 19650
145	恩诺沙星	Enrofloxacin	100μg/kg		不得检出	GB/T 22985
146	氟环唑	Epoxiconazole	0.01		不得检出	GB/T 20772
147	埃普利诺菌素	Eprinomectin	50μg/kg		不得检出	日本肯定列表
148	茵草敌	EPTC	0.02		不得检出	GB/T 20772

序号	农兽药中文名	农兽药英文名	欧盟标准限量要求 mg/kg	国家标准限量要求 mg/kg	三安超有机食品标准	
					限量要求 mg/kg	检测方法
149	红霉素	Erythromycin	200μg/kg		不得检出	GB/T 20762
150	乙丁烯氟灵	Ethalfluralin	0.01		不得检出	GB/T 19650
151	胺苯磺隆	Ethametsulfuron	0.01		不得检出	NY/T 1616
152	乙烯利	Ethephon	0.05		不得检出	SN 0705
153	乙硫磷	Ethion	0.01		不得检出	GB/T 19650
154	乙嘧酚	Ethirimol	0.05		不得检出	GB/T 20772
155	乙氧呋草黄	Ethofumesate	0.1		不得检出	GB/T 20772
156	灭线磷	Ethoprophos	0.01		不得检出	GB/T 19650
157	乙氧喹啉	Ethoxyquin	0.05		不得检出	GB/T 20772
158	环氧乙烷	Ethylene oxide	0.02		不得检出	GB/T 23296.11
159	醚菊酯	Etofenprox	0.5		不得检出	GB/T 19650
160	乙螨唑	Etoxazole	0.01		不得检出	GB/T 19648
161	氯唑灵	Etridiazole	0.05		不得检出	GB/T 20769
162	噁唑菌酮	Famoxadone	0.05		不得检出	GB/T 20772
163	苯硫氨酯	Febantel	50μg/kg		不得检出	日本肯定列表
164	咪唑菌酮	Fenamidone	0.01		不得检出	GB/T 19650
165	苯线磷	Fenamiphos	0.02		不得检出	GB/T 19650
166	氯苯嘧啶醇	Fenarimol	0.02		不得检出	GB/T 20772
167	喹螨醚	Fenazaquin	0.01		不得检出	GB/T 19648
168	苯硫苯咪唑	Fenbendazole	50μg/kg		不得检出	SN 0638
169	腈苯唑	Fenbuconazole	0.05		不得检出	GB/T 20772
170	苯丁锡	Fenbutatin oxide	0.05		不得检出	SN 0592
171	环酰菌胺	Fenhexamid	0.05		不得检出	GB/T 20772
172	杀螟硫磷	Fenitrothion	0.01		不得检出	GB/T 20772
173	精噁唑禾草灵	Fenoxaprop－P－ethyl	0.05		不得检出	GB/T 22617
174	双氧威	Fenoxycarb	0.05		不得检出	GB/T 19650
175	苯锈啶	Fenpropidin	0.02		不得检出	GB/T 19650
176	丁苯吗啉	Fenpropimorph	0.02		不得检出	GB/T 20772
177	胺苯吡菌酮	Fenpyrazamine	0.01		不得检出	参照同类标准
178	唑螨酯	Fenpyroximate	0.01		不得检出	GB/T 20769
179	倍硫磷	Fenthion	0.05		不得检出	GB/T 20772
180	三苯锡	Fentin	0.05		不得检出	参照同类标准
181	薯瘟锡	Fentin acetate	0.05		不得检出	日本肯定列表（增补本1）
182	氰戊菊酯和高效氰戊菊酯（RR & SS 异构体总量）	Fenvalerate and esfenvalerate (sum of RR & SS isomers)	0.2		不得检出	GB/T 19650
183	氰戊菊酯和高效氰戊菊酯（RS & SR 异构体总量）	Fenvalerate and esfenvalerate (sum of RS & SR isomers)	0.05		不得检出	GB/T 19650
184	氟虫腈	Fipronil	0.02		不得检出	SN/T 1982

序号	农兽药中文名	农兽药英文名	欧盟标准限量要求 mg/kg	国家标准限量要求 mg/kg	三安超有机食品标准 限量要求 mg/kg	三安超有机食品标准 检测方法
185	氟啶虫酰胺	Flonicamid	0.03		不得检出	SN/T 2796
186	氟苯尼考	Florfenicol	200μg/kg		不得检出	GB/T 20756
187	精吡氟禾草灵	Fluazifop－P－butyl	0.05		不得检出	GB/T 5009.142
188	氟啶胺	Fluazinam	0.05		不得检出	SN/T 2150
189	氟苯虫酰胺	Flubendiamide	2		不得检出	SN/T 2581
190	氟环脲	Flucycloxuron	0.05		不得检出	参照同类标准
191	氟氰戊菊酯	Flucythrinate	0.05		不得检出	GB/T 19648
192	咯菌腈	Fludioxonil	0.05		不得检出	GB/T 20772
193	氟虫脲	Flufenoxuron	0.05		不得检出	SN/T 2150
194	杀螨净	Flufenzin	0.02		不得检出	参照同类标准
195	醋酸氟孕酮	Flugestone acetate	0.5μg/kg		不得检出	参照同类标准
196	氟甲喹	Flumequin	200μg/kg		不得检出	SN/T 1921
197	氟氯苯氰菊酯	Flumethrin	10μg/kg		不得检出	参照同类标准
198	氟吡菌胺	Fluopicolide	0.01		不得检出	参照同类标准
199	氟吡菌酰胺	Fluopyram	0.1		不得检出	参照同类标准
200	氟离子	Fluoride ion	1		不得检出	GB/T 5009.167
201	氟咯草酮	Fluorochloridone	0.05		不得检出	SN/T 2237
202	氟腈嘧菌酯	Fluoxastrobin	0.05		不得检出	参照同类标准
203	氟喹唑	Fluquinconazole	2		不得检出	GB/T 19650
204	氟草烟	Fluroxypyr	0.05		不得检出	GB/T 20772
205	氟硅唑	Flusilazole	0.02		不得检出	GB/T 20772
206	氟酰胺	Flutolanil	0.02		不得检出	GB/T 20772
207	粉唑醇	Flutriafol	0.01		不得检出	GB/T 20772
208	—	Fluxapyroxad	0.01		不得检出	参照同类标准
209	氟磺胺草醚	Fomesafen	0.01		不得检出	GB/T 5009.130
210	氯吡脲	Forchlorfenuron	0.05		不得检出	SN/T 3643
211	伐虫脒	Formetanate	0.01		不得检出	NY/T 1453
212	三乙膦酸铝	Fosetyl－aluminium	0.5		不得检出	参照同类标准
213	麦穗宁	Fuberidazole	0.05		不得检出	GB/T 19650
214	呋线威	Furathiocarb	0.01		不得检出	GB/T 20772
215	糠醛	Furfural	1		不得检出	参照同类标准
216	勃激素	Gibberellic acid	0.1		不得检出	GB/T 23211
217	草胺膦	Glufosinate－ammonium	0.1		不得检出	日本肯定列表
218	草甘膦	Glyphosate	0.05		不得检出	NY/T 1096
219	氟吡禾灵	Haloxyfop	0.01		不得检出	SN/T 2228
220	七氯	Heptachlor	0.2	0.2	不得检出	SN 0663
221	六氯苯	Hexachlorobenzene	0.2		不得检出	SN/T 0127
222	六六六（HCH），α－异构体	Hexachlorociclohexane（HCH），alpha－isomer	0.2	0.1	不得检出	SN/T 0127

序号	农兽药中文名	农兽药英文名	欧盟标准限量要求 mg/kg	国家标准限量要求 mg/kg	三安超有机食品标准限量要求 mg/kg	检测方法
223	六六六(HCH)，β-异构体	Hexachlorociclohexane（HCH），beta-isomer	0.1		不得检出	SN/T 0127
224	噻螨酮	Hexythiazox	0.05		不得检出	GB/T 20772
225	噁霉灵	Hymexazol	0.05		不得检出	GB/T 20772
226	抑霉唑	Imazalil	0.05		不得检出	GB/T 20772
227	甲咪唑烟酸	Imazapic	0.01		不得检出	GB/T 20772
228	咪唑喹啉酸	Imazaquin	0.05		不得检出	GB/T 20772
229	吡虫啉	Imidacloprid	0.1		不得检出	GB/T 20772
230	双咪苯脲	Imidocarb	300μg/kg		不得检出	SN/T 2314
231	双胍盐	Guazatine	0.1		不得检出	参照同类标准
232	茚虫威	Indoxacarb	2		不得检出	GB/T 20772
233	碘苯腈	Ioxynil	0.5		不得检出	GB/T 20772
234	异菌脲	Iprodione	0.05		不得检出	GB/T 19650
235	稻瘟灵	Isoprothiolane	0.01		不得检出	GB/T 20772
236	异丙隆	Isoproturon	0.05		不得检出	GB/T 20772
237	—	Isopyrazam	0.01		不得检出	参照同类标准
238	异噁酰草胺	Isoxaben	0.01		不得检出	GB/T 20772
239	卡那霉素	Kanamycin	100μg/kg		不得检出	GB/T 21323
240	醚菌酯	Kresoxim-methyl	0.02		不得检出	GB/T 20772
241	乳氟禾草灵	Lactofen	0.01		不得检出	GB/T 19650
242	高效氯氟氰菊酯	Lambda-cyhalothrin	0.5		不得检出	GB/T 19648
243	环草定	Lenacil	0.1		不得检出	GB/T 19650
244	左旋咪唑	Levamisole	10μg/kg		不得检出	SN 0349
245	林可霉素	Lincomycin	100μg/kg		不得检出	GB/T 20762
246	林丹	Lindane	0.02	0.1	不得检出	NY/T 761
247	虱螨脲	Lufenuron	0.02		不得检出	SN/T 2540
248	马拉硫磷	Malathion	0.02		不得检出	GB/T 19650
249	抑芽丹	Maleic hydrazide	0.05		不得检出	日本肯定列表
250	双炔酰菌胺	Mandipropamid	0.02		不得检出	参照同类标准
251	二甲四氯和二甲四氯丁酸	MCPA and MCPB	0.1		不得检出	SN/T 2228
252	甲苯咪唑	Mebendazole	60μg/kg		不得检出	参照同类标准
253	壮棉素	Mepiquat chloride	0.05		不得检出	GB/T 20769
254	—	Meptyldinocap	0.05		不得检出	参照同类标准
255	汞化合物	Mercury compounds	0.01		不得检出	参照同类标准
256	氰氟虫腙	Metaflumizone	0.02		不得检出	SN/T 3852
257	甲霜灵和精甲霜灵	Metalaxyl and metalaxyl-M	0.05		不得检出	GB/T 20772
258	四聚乙醛	Metaldehyde	0.05		不得检出	SN/T 1787
259	苯嗪草酮	Metamitron	0.05		不得检出	GB/T 19650
260	吡唑草胺	Metazachlor	0.05		不得检出	GB/T 19650

序号	农兽药中文名	农兽药英文名	欧盟标准限量要求 mg/kg	国家标准限量要求 mg/kg	三安超有机食品标准 限量要求 mg/kg	三安超有机食品标准 检测方法
261	叶菌唑	Metconazole	0.01		不得检出	GB/T 20769
262	甲基苯噻隆	Methabenzthiazuron	0.05		不得检出	GB/T 19650
263	虫螨畏	Methacrifos	0.01		不得检出	GB/T 20772
264	甲胺磷	Methamidophos	0.01		不得检出	GB/T 20772
265	杀扑磷	Methidathion	0.02		不得检出	GB/T 20772
266	甲硫威	Methiocarb	0.05		不得检出	GB/T 20769
267	灭多威和硫双威	Methomyl and thiodicarb	0.02		不得检出	GB/T 20772
268	烯虫酯	Methoprene	0.05		不得检出	GB/T 19648
269	甲氧滴滴涕	Methoxychlor	0.01		不得检出	GB/T 19648
270	甲氧虫酰肼	Methoxyfenozide	0.2		不得检出	GB/T 20772
271	磺草唑胺	Metosulam	0.01		不得检出	GB/T 20772
272	苯菌酮	Metrafenone	0.05		不得检出	参照同类标准
273	嗪草酮	Metribuzin	0.1		不得检出	GB/T 20769
274	—	Monepantel	700μg/kg		不得检出	参照同类标准
275	绿谷隆	Monolinuron	0.05		不得检出	GB/T 20772
276	灭草隆	Monuron	0.01		不得检出	GB/T 20772
277	甲噻吩嘧啶	Morantel	100μg/kg		不得检出	参照同类标准
278	莫西丁克	Moxidectin	50μg/kg		不得检出	SN/T 2442
279	腈菌唑	Myclobutanil	0.01		不得检出	GB/T 20772
280	奈夫西林	Nafcillin	300μg/kg		不得检出	GB/T 22975
281	敌草胺	Napropamide	0.01		不得检出	GB/T 19650
282	新霉素（包括 framycetin）	Neomycin (including framycetin)	500μg/kg		不得检出	SN 0646
283	尼托比明	Netobimin	100μg/kg		不得检出	参照同类标准
284	烟嘧磺隆	Nicosulfuron	0.05		不得检出	日本肯定列表（增补本1）
285	除草醚	Nitrofen	0.01		不得检出	GB/T 19648
286	硝碘酚腈	Nitroxinil	400μg/kg		不得检出	参照同类标准
287	氟酰脲	Novaluron	10		不得检出	GB/T 20769
288	嘧苯胺磺隆	Orthosulfamuron	0.01		不得检出	GB/T 23817
289	苯唑青霉素	Oxacillin	300μg/kg		不得检出	GB/T 18932.25
290	噁草酮	Oxadiazon	0.05		不得检出	GB/T 19650
291	噁霜灵	Oxadixyl	0.01		不得检出	GB/T 19650
292	环氧嘧磺隆	Oxasulfuron	0.05		不得检出	GB/T 23817
293	奥芬达唑	Oxfendazole	50μg/kg		不得检出	参照同类标准
294	喹菌酮	Oxolinic acid	100μg/kg		不得检出	日本肯定列表
295	氧化萎锈灵	Oxycarboxin	0.05		不得检出	GB/T 19650
296	羟氯柳苯胺	Oxyclozanide	20μg/kg		不得检出	SN/T 2909
297	亚砜磷	Oxydemeton – methyl	0.01		不得检出	参照同类标准

序号	农兽药中文名	农兽药英文名	欧盟标准限量要求 mg/kg	国家标准限量要求 mg/kg	三安超有机食品标准	
					限量要求 mg/kg	检测方法
298	乙氧氟草醚	Oxyfluorfen	0.05		不得检出	GB/T 20772
299	土霉素	Oxytetracycline	100μg/kg		不得检出	GB/T 21317
300	多效唑	Paclobutrazol	0.02		不得检出	GB/T 19650
301	对硫磷	Parathion	0.05		不得检出	GB/T 19650
302	甲基对硫磷	Parathion – methyl	0.01		不得检出	GB/T 20772
303	巴龙霉素	Paromomycin	500μg/kg		不得检出	SN/T 2315
304	戊菌唑	Penconazole	0.05		不得检出	GB/T 20772
305	戊菌隆	Pencycuron	0.05		不得检出	GB/T 19650
306	二甲戊灵	Pendimethalin	0.05		不得检出	GB/T 19648
307	喷沙西林	Penethamate	50μg/kg		不得检出	参照同类标准
308	氯菊酯	Permethrin	0.05		不得检出	GB/T 19650
309	甜菜宁	Phenmedipham	0.05		不得检出	GB/T 23205
310	苯醚菊酯	Phenothrin	0.05		不得检出	GB/T 20772
311	甲拌磷	Phorate	0.02		不得检出	GB/T 20772
312	伏杀硫磷	Phosalone	0.01		不得检出	GB/T 20772
313	亚胺硫磷	Phosmet	0.1		不得检出	GB/T 20772
314	—	Phosphines and phosphides	0.01		不得检出	参照同类标准
315	辛硫磷	Phoxim	50μg/kg		不得检出	GB/T 20772
316	氨氯吡啶酸	Picloram	0.2		不得检出	GB/T 23211
317	啶氧菌酯	Picoxystrobin	0.05		不得检出	GB/T 19650
318	抗蚜威	Pirimicarb	0.05		不得检出	GB/T 20772
319	甲基嘧啶磷	Pirimiphos – methyl	0.05		不得检出	GB/T 20772
320	咪鲜胺	Prochloraz	0.1		不得检出	GB/T 19650
321	腐霉利	Procymidone	0.01		不得检出	GB/T 20772
322	丙溴磷	Profenofos	0.05		不得检出	GB/T 20772
323	调环酸	Prohexadione	0.05		不得检出	日本肯定列表
324	毒草安	Propachlor	0.02		不得检出	GB/T 20772
325	扑派威	Propamocarb	0.1		不得检出	GB/T 20772
326	恶草酸	Propaquizafop	0.05		不得检出	GB/T 20772
327	炔螨特	Propargite	0.1		不得检出	GB/T 19650
328	苯胺灵	Propham	0.05		不得检出	GB/T 19650
329	丙环唑	Propiconazole	0.05		不得检出	GB/T 19650
330	异丙草胺	Propisochlor	0.01		不得检出	GB/T 19650
331	残杀威	Propoxur	0.05		不得检出	GB/T 20772
332	炔苯酰草胺	Propyzamide	0.02		不得检出	GB/T 19650
333	苄草丹	Prosulfocarb	0.05		不得检出	GB/T 19648
334	丙硫菌唑	Prothioconazole	0.05		不得检出	参照同类标准
335	吡蚜酮	Pymetrozine	0.01		不得检出	GB/T 20772
336	吡唑醚菌酯	Pyraclostrobin	0.05		不得检出	GB/T 20772

序号	农兽药中文名	农兽药英文名	欧盟标准限量要求 mg/kg	国家标准限量要求 mg/kg	三安超有机食品标准	
					限量要求 mg/kg	检测方法
337	—	Pyrasulfotole	0.01		不得检出	参照同类标准
338	吡菌磷	Pyrazophos	0.02		不得检出	GB/T 20772
339	除虫菊素	Pyrethrins	0.05		不得检出	GB/T 20772
340	哒螨灵	Pyridaben	0.02		不得检出	SN/T 2432
341	啶虫丙醚	Pyridalyl	0.01		不得检出	日本肯定列表
342	哒草特	Pyridate	0.05		不得检出	日本肯定列表
343	嘧霉胺	Pyrimethanil	0.05		不得检出	GB/T 19650
344	吡丙醚	Pyriproxyfen	0.05		不得检出	GB/T 19650
345	甲氧磺草胺	Pyroxsulam	0.01		不得检出	SN/T 2325
346	氯甲喹啉酸	Quinmerac	0.05		不得检出	参照同类标准
347	喹氧灵	Quinoxyfen	0.2		不得检出	SN/T 2319
348	五氯硝基苯	Quintozene	0.01		不得检出	GB/T 19650
349	精喹禾灵	Quizalofop - *P* - ethyl	0.05		不得检出	SN/T 2150
350	雷复尼特	Rafoxanide	100μg/kg		不得检出	参照同类标准
351	灭虫菊	Resmethrin	0.1		不得检出	GB/T 20772
352	鱼藤酮	Rotenone	0.01		不得检出	GB/T 20772
353	西玛津	Simazine	0.01		不得检出	SN 0594
354	壮观霉素	Spectinomycin	300μg/kg		不得检出	GB/T 21323
355	乙基多杀菌素	Spinetoram	0.2		不得检出	参照同类标准
356	多杀霉素	Spinosad	0.05		不得检出	GB/T 20772
357	螺螨酯	Spirodiclofen	0.01		不得检出	GB/T 20772
358	螺甲螨酯	Spiromesifen	0.01		不得检出	GB/T 23210
359	螺虫乙酯	Spirotetramat	0.01		不得检出	参照同类标准
360	葚孢菌素	Spiroxamine	0.05		不得检出	GB/T 20772
361	链霉素	Streptomycin	500μg/kg		不得检出	GB/T 21323
362	磺草酮	Sulcotrione	0.05		不得检出	参照同类标准
363	磺胺类(所有属于磺胺类的物质)	Sulfonamides (all substances belonging to the sulfonamide-group)	100μg/kg		不得检出	GB 29694
364	乙黄隆	Sulfosulfuron	0.05		不得检出	日本肯定列表(增补本1)
365	硫磺粉	Sulfur	0.5		不得检出	参照同类标准
366	氟胺氰菊酯	Tau - fluvalinate	0.05		不得检出	SN 0691
367	戊唑醇	Tebuconazole	0.1		不得检出	GB/T 20772
368	虫酰肼	Tebufenozide	0.05		不得检出	GB/T 20772
369	吡螨胺	Tebufenpyrad	0.05		不得检出	GB/T 20772
370	四氯硝基苯	Tecnazene	0.05		不得检出	GB/T 19650
371	氟苯脲	Teflubenzuron	0.05		不得检出	SN/T 2150
372	七氟菊酯	Tefluthrin	0.05		不得检出	日本肯定列表

序号	农兽药中文名	农兽药英文名	欧盟标准限量要求 mg/kg	国家标准限量要求 mg/kg	三安超有机食品标准限量要求 mg/kg	三安超有机食品标准检测方法
373	得杀草	Tepraloxydim	0.1		不得检出	GB/T 20772
374	特丁硫磷	Terbufos	0.01		不得检出	GB/T 20772
375	特丁津	Terbuthylazine	0.05		不得检出	GB/T 19650
376	四氟醚唑	Tetraconazole	0.05		不得检出	GB/T 20772
377	四环素	Tetracycline	100μg/kg		不得检出	GB/T 21317
378	三氯杀螨砜	Tetradifon	0.05		不得检出	GB/T 19650
379	噻虫啉	Thiacloprid	0.05		不得检出	GB/T 20772
380	噻虫嗪	Thiamethoxam	0.03		不得检出	GB/T 20772
381	甲砜霉素	Thiamphenicol	50μg/kg		不得检出	GB/T 20756
382	禾草丹	Thiobencarb	0.01		不得检出	GB/T 20762
383	甲基硫菌灵	Thiophanate – methyl	0.05		不得检出	GB/T 20772
384	替米考星	Tilmicosin	50μg/kg		不得检出	SN/T 0162
385	甲基立枯磷	Tolclofos – methyl	0.05		不得检出	GB/T 20772
386	甲苯三嗪酮	Toltrazuril	100μg/kg		不得检出	参照同类标准
387	甲苯氟磺胺	Tolylfluanid	0.1		不得检出	GB/T 19650
388	—	Topramezone	0.01		不得检出	参照同类标准
389	三唑酮和三唑醇	Triadimefon and triadimenol	0.1		不得检出	GB/T 20772
390	野麦畏	Triallate	0.05		不得检出	GB/T 20772
391	醚苯磺隆	Triasulfuron	0.05		不得检出	GB/T 20772
392	三唑磷	Triazophos	0.01		不得检出	GB/T 20772
393	敌百虫	Trichlorphon	0.01		不得检出	GB/T 20772
394	三氯苯哒唑	Triclabendazole	225μg/kg		不得检出	参照同类标准
395	绿草定	Triclopyr	0.05		不得检出	SN/T 2228
396	三环唑	Tricyclazole	0.05		不得检出	GB/T 20769
397	十三吗啉	Tridemorph	0.01		不得检出	GB/T 20772
398	肟菌酯	Trifloxystrobin	0.04		不得检出	GB/T 20769
399	氟菌唑	Triflumizole	0.05		不得检出	GB/T 20769
400	杀铃脲	Triflumuron	0.01		不得检出	GB/T 20772
401	氟乐灵	Trifluralin	0.01		不得检出	GB/T 20772
402	嗪氨灵	Triforine	0.01		不得检出	SN 0695
403	甲氧苄氨嘧啶	Trimethoprim	50μg/kg		不得检出	SN/T 1769
404	三甲基锍阳离子	Trimethyl – sulfonium cation	0.05		不得检出	参照同类标准
405	抗倒酯	Trinexapac	0.05		不得检出	GB/T 20769
406	灭菌唑	Triticonazole	0.01		不得检出	GB/T 20769
407	三氟甲磺隆	Tritosulfuron	0.01		不得检出	参照同类标准
408	泰乐菌素	Tylosin	100μg/kg		不得检出	GB/T 20762
409	—	Valifenalate	0.01		不得检出	参照同类标准
410	乙烯菌核利	Vinclozolin	0.05		不得检出	GB/T 20772
411	1－氨基－2－乙内酰脲	AHD			不得检出	GB/T 21311

序号	农兽药中文名	农兽药英文名	欧盟标准限量要求 mg/kg	国家标准限量要求 mg/kg	三安超有机食品标准	
					限量要求 mg/kg	检测方法
412	2,3,4,5 - 四氯苯胺	2,3,4,5 - Tetrachloraniline			不得检出	GB/T 19650
413	2,3,4,5 - 四氯甲氧基苯	2,3,4,5 - Tetrachloroanisole			不得检出	GB/T 19650
414	2,3,5,6 - 四氯苯胺	2,3,5,6 - Tetrachloroaniline			不得检出	GB/T 19650
415	2,4,5 - 涕	2,4,5 - T			不得检出	GB/T 20772
416	o,p' - 滴滴滴	2,4' - DDD			不得检出	GB/T 19650
417	o,p' - 滴滴伊	2,4' - DDE			不得检出	GB/T 19650
418	o,p' - 滴滴涕	2,4' - DDT			不得检出	GB/T 19650
419	2,6 - 二氯苯甲酰胺	2,6 - Dichlorobenzamide			不得检出	GB/T 19650
420	3,5 - 二氯苯胺	3,5 - Dichloroaniline			不得检出	GB/T 19650
421	p,p' - 滴滴滴	4,4' - DDD			不得检出	GB/T 19650
422	p,p' - 滴滴伊	4,4' - DDE			不得检出	GB/T 19650
423	p,p' - 滴滴涕	4,4' - DDT			不得检出	GB/T 19650
424	4,4' - 二溴二苯甲酮	4,4' - Dibromobenzophenone			不得检出	GB/T 19650
425	4,4' - 二氯二苯甲酮	4,4' - Dichlorobenzophenone			不得检出	GB/T 19650
426	二氢苊	Acenaphthene			不得检出	GB/T 19650
427	乙酰丙嗪	Acepromazine			不得检出	GB/T 20763
428	三氟羧草醚	Acifluorfen			不得检出	GB/T 20772
429	涕灭砜威	Aldoxycarb			不得检出	GB/T 20772
430	烯丙菊酯	Allethrin			不得检出	GB/T 20772
431	二丙烯草胺	Allidochlor			不得检出	GB/T 19650
432	烯丙孕素	Altrenogest			不得检出	SN/T 1980
433	莠灭净	Ametryn			不得检出	GB/T 19650
434	双甲脒	Amitraz			不得检出	GB/T 19650
435	杀草强	Amitrole			不得检出	SN/T 1737.6
436	5 - 吗啉甲基 - 3 - 氨基 - 2 - 噁唑烷基酮	AMOZ			不得检出	GB/T 21311
437	氨丙嘧吡啶	Amprolium			不得检出	SN/T 0276
438	莎稗磷	Anilofos			不得检出	GB/T 19650
439	蒽醌	Anthraquinone			不得检出	GB/T 19650
440	3 - 氨基 - 2 - 噁唑酮	AOZ			不得检出	GB/T 21311
441	安普霉素	Apramycin			不得检出	GB/T 21323
442	丙硫特普	Aspon			不得检出	GB/T 19650
443	羟氨卡青霉素	Aspoxicillin			不得检出	GB/T 21315
444	乙基杀扑磷	Athidathion			不得检出	GB/T 19650
445	莠去通	Atratone			不得检出	GB/T 19650
446	莠去津	Atrazine			不得检出	GB/T 19650
447	脱乙基阿特拉津	Atrazine - desethyl			不得检出	GB/T 19650
448	甲基吡噁磷	Azamethiphos			不得检出	GB/T 20763
449	氮哌酮	Azaperone			不得检出	GB/T 20763

序号	农兽药中文名	农兽药英文名	欧盟标准限量要求 mg/kg	国家标准限量要求 mg/kg	三安超有机食品标准	
					限量要求 mg/kg	检测方法
450	叠氮津	Aziprotryne			不得检出	GB/T 19650
451	杆菌肽	Bacitracin			不得检出	GB/T 20743
452	4-溴-3,5-二甲苯基-N-甲基氨基甲酸酯-1	BDMC-1			不得检出	GB/T 19650
453	4-溴-3,5-二甲苯基-N-甲基氨基甲酸酯-2	BDMC-2			不得检出	GB/T 19650
454	恶虫威	Bendiocarb			不得检出	GB/T 20772
455	乙丁氟灵	Benfluralin			不得检出	GB/T 19650
456	呋草黄	Benfuresate			不得检出	GB/T 19650
457	麦锈灵	Benodanil			不得检出	GB/T 19650
458	解草酮	Benoxacor			不得检出	GB/T 19650
459	新燕灵	Benzoylprop-ethyl			不得检出	GB/T 19650
460	倍他米松	Betamethasone			不得检出	SN/T 1970
461	生物烯丙菊酯-1	Bioallethrin-1			不得检出	GB/T 19650
462	生物烯丙菊酯-2	Bioallethrin-2			不得检出	GB/T 19650
463	除草定	Bromacil			不得检出	GB/T 19650
464	溴苯烯磷	Bromfenvinfos			不得检出	GB/T 19650
465	溴硫磷	Bromofos			不得检出	GB/T 19650
466	乙基溴硫磷	Bromophos-ethyl			不得检出	GB/T 19650
467	溴丁酰草胺	Btomobutide			不得检出	GB/T 19650
468	氟丙嘧草酯	Butafenacil			不得检出	GB/T 19650
469	抑草磷	Butamifos			不得检出	GB/T 19650
470	丁草胺	Butaxhlor			不得检出	GB/T 19650
471	苯酮唑	Cafenstrole			不得检出	GB/T 19650
472	角黄素	Canthaxanthin			不得检出	SN/T 2327
473	咔唑心安	Carazolol			不得检出	GB/T 22993
474	卡巴氧	Carbadox			不得检出	GB/T 20746
475	三硫磷	Carbophenothion			不得检出	GB/T 19650
476	唑草酮	Carfentrazone-ethyl			不得检出	GB/T 19650
477	卡洛芬	Carprofen			不得检出	SN/T 2190
478	头孢氨苄	Cefalexin			不得检出	GB/T 22989
479	头孢洛宁	Cefalonium			不得检出	GB/T 22989
480	头孢匹林	Cefapirin			不得检出	GB/T 22989
481	头孢喹肟	Cefquinome			不得检出	GB/T 22989
482	氯氧磷	Chlorethoxyfos			不得检出	GB/T 19650
483	杀螨醇	Chlorfenethol			不得检出	GB/T 19650
484	燕麦酯	Chlorfenprop-methyl			不得检出	GB/T 19650
485	氯甲硫磷	Chlormephos			不得检出	GB/T 19650
486	氯霉素	Chloramphenicolum			不得检出	GB/T 20772

序号	农兽药中文名	农兽药英文名	欧盟标准限量要求 mg/kg	国家标准限量要求 mg/kg	三安超有机食品标准	
					限量要求 mg/kg	检测方法
487	氯杀螨砜	Chlorbenside sulfone			不得检出	GB/T 19648
488	氯溴隆	Chlorbromuron			不得检出	GB/T 19648
489	杀虫脒	Chlordimeform			不得检出	GB/T 19648
490	溴虫腈	Chlorfenapyr			不得检出	SN/T 1986
491	氟啶脲	Chlorfluazuron			不得检出	GB/T 20769
492	整形醇	Chlorflurenol			不得检出	GB/T 19650
493	氯地孕酮	Chlormadinone			不得检出	SN/T 1980
494	醋酸氯地孕酮	Chlormadinone acetate			不得检出	GB/T 20753
495	氯苯甲醚	Chloroneb			不得检出	GB/T 19650
496	丙酯杀螨醇	Chloropropylate			不得检出	GB/T 19650
497	氯丙嗪	Chlorpromazine			不得检出	GB/T 20763
498	毒死蜱	Chlorpyrifos			不得检出	GB/T 19650
499	氯硫磷	Chlorthion			不得检出	GB/T 19650
500	虫螨磷	Chlorthiophos			不得检出	GB/T 19650
501	乙菌利	Chlozolinate			不得检出	GB/T 19650
502	顺式－氯丹	cis－Chlordane			不得检出	GB/T 19650
503	顺式－燕麦敌	cis－Diallate			不得检出	GB/T 19650
504	顺式－氯菊酯	cis－Permethrin			不得检出	GB/T 19650
505	克仑特罗	Clenbuterol			不得检出	GB/T 22286
506	异噁草酮	Clomazone			不得检出	GB/T 20772
507	氯甲酰草胺	Clomeprop			不得检出	GB/T 19650
508	氯羟吡啶	Clopidol			不得检出	GB/T 19650
509	解草酯	Cloquintocet－mexyl			不得检出	GB/T 19650
510	蝇毒磷	Coumaphos			不得检出	GB/T 19650
511	鼠立死	Crimidine			不得检出	GB/T 19650
512	巴毒磷	Crotxyphos			不得检出	GB/T 19650
513	育畜磷	Crufomate			不得检出	GB/T 20772
514	苯腈磷	Cyanofenphos			不得检出	GB/T 20772
515	杀螟腈	Cyanophos			不得检出	GB/T 20772
516	环草敌	Cycloate			不得检出	GB/T 20772
517	环莠隆	Cycluron			不得检出	GB/T 20772
518	环丙津	Cyprazine			不得检出	GB/T 20772
519	敌草索	Dacthal			不得检出	GB/T 19650
520	癸氧喹酯	Decoquinate			不得检出	GB/T 20745
521	脱叶磷	DEF			不得检出	GB/T 19650
522	2,2′,4,5,5′－五氯联苯	DE－PCB 101			不得检出	GB/T 19650
523	2,3,4,4′,5－五氯联苯	DE－PCB 118			不得检出	GB/T 19650
524	2,2′,3,4,4′,5－六氯联苯	DE－PCB 138			不得检出	GB/T 19650
525	2,2′,4,4′,5,5′－六氯联苯	DE－PCB 153			不得检出	GB/T 19650

序号	农兽药中文名	农兽药英文名	欧盟标准限量要求 mg/kg	国家标准限量要求 mg/kg	三安超有机食品标准限量要求 mg/kg	检测方法
526	2,2′,3,4,4′,5,5′-七氯联苯	DE – PCB 180			不得检出	GB/T 19650
527	2,4,4′-三氯联苯	DE – PCB 28			不得检出	GB/T 19650
528	2,4,5-三氯联苯	DE – PCB 31			不得检出	GB/T 19650
529	2,2′,5,5′-四氯联苯	DE – PCB 52			不得检出	GB/T 19650
530	脱溴溴苯磷	Desbrom – leptophos			不得检出	GB/T 19650
531	脱乙基另丁津	Desethyl – sebuthylazine			不得检出	GB/T 19650
532	敌草净	Desmetryn			不得检出	GB/T 19650
533	地塞米松	Dexamethasone			不得检出	GB/T 21981
534	氯亚胺硫磷	Dialifos			不得检出	GB/T 19650
535	敌菌净	Diaveridine			不得检出	SN/T 1926
536	驱虫特	Dibutyl succinate			不得检出	GB/T 20772
537	异氯磷	Dicapthon			不得检出	GB/T 19650
538	除线磷	Dichlofenthion			不得检出	GB/T 19650
539	苯氟磺胺	Dichlofluanid			不得检出	GB/T 19650
540	烯丙酰草胺	Dichlormid			不得检出	GB/T 19650
541	敌敌畏	Dichlorvos			不得检出	GB/T 19650
542	苄氯三唑醇	Diclobutrazole			不得检出	GB/T 19650
543	禾草灵	Diclofop – methyl			不得检出	GB/T 19650
544	己烯雌酚	Diethylstilbestrol			不得检出	GB/T 21981
545	甲氟磷	Dimefox			不得检出	GB/T 19650
546	哌草丹	Dimepiperate			不得检出	GB/T 19650
547	异戊乙净	Dimethametryn			不得检出	GB/T 19650
548	乐果	Dimethoate			不得检出	GB/T 20772
549	甲基毒虫畏	Dimethylvinphos			不得检出	GB/T 19650
550	地美硝唑	Dimetridazole			不得检出	GB/T 21318
551	二甲草胺	Dinethachlor			不得检出	GB/T 19650
552	二甲酚草胺	Dimethenamid			不得检出	GB/T 19650
553	二硝托安	Dinitolmide			不得检出	GB/T 19650
554	氨氟灵	Dinitramine			不得检出	GB/T 19650
555	消螨通	Dinobuton			不得检出	GB/T 19650
556	呋虫胺	Dinotefuran			不得检出	SN/T 2323
557	苯虫醚-1	Diofenolan – 1			不得检出	GB/T 19650
558	苯虫醚-2	Diofenolan – 2			不得检出	GB/T 19650
559	蔬果磷	Dioxabenzofos			不得检出	GB/T 19650
560	双苯酰草胺	Diphenamid			不得检出	GB/T 19650
561	二苯胺	Diphenylamine			不得检出	GB/T 19650
562	异丙净	Dipropetryn			不得检出	GB/T 19650
563	灭菌磷	Ditalimfos			不得检出	GB/T 19650

序号	农兽药中文名	农兽药英文名	欧盟标准限量要求 mg/kg	国家标准限量要求 mg/kg	三安超有机食品标准 限量要求 mg/kg	三安超有机食品标准 检测方法
564	氟硫草定	Dithiopyr			不得检出	GB/T 19650
565	强力霉素	Doxycycline			不得检出	GB/T 21317
566	敌瘟磷	Edifenphos			不得检出	GB/T 19650
567	硫丹硫酸盐	Endosulfan – sulfate			不得检出	GB/T 19650
568	异狄氏剂酮	Endrin ketone			不得检出	GB/T 19650
569	苯硫磷	EPN			不得检出	GB/T 19650
570	抑草蓬	Erbon			不得检出	GB/T 19650
571	S – 氰戊菊酯	Esfenvalerate			不得检出	GB/T 19650
572	戊草丹	Esprocarb			不得检出	GB/T 19650
573	乙环唑 – 1	Etaconazole – 1			不得检出	GB/T 19650
574	乙环唑 – 2	Etaconazole – 2			不得检出	GB/T 19650
575	乙嘧硫磷	Etrimfos			不得检出	GB/T 19650
576	氧乙嘧硫磷	Etrimfos oxon			不得检出	GB/T 19650
577	伐灭磷	Famphur			不得检出	GB/T 19650
578	苯线磷砜	Fenamiphos – sulfone			不得检出	GB/T 19650
579	苯线磷亚砜	Fenamiphos sulfoxide			不得检出	GB/T 19650
580	氧皮蝇磷	Fenchlorphos oxon			不得检出	GB/T 19650
581	甲呋酰胺	Fenfuram			不得检出	GB/T 19650
582	仲丁威	Fenobucarb			不得检出	GB/T 19650
583	苯硫威	Fenothiocarb			不得检出	GB/T 19650
584	稻瘟酰胺	Fenoxanil			不得检出	GB/T 19650
585	拌种咯	Fenpiclonil			不得检出	GB/T 19650
586	甲氰菊酯	Fenpropathrin			不得检出	GB/T 19650
587	芬螨酯	Fenson			不得检出	GB/T 19650
588	丰索磷	Fensulfothion			不得检出	GB/T 19650
589	倍硫磷亚砜	Fenthion sulfoxide			不得检出	GB/T 19650
590	麦草氟甲酯	Flamprop – methyl			不得检出	GB/T 19650
591	麦草氟异丙酯	Flamprop – isopropyl			不得检出	GB/T 19650
592	吡氟禾草灵	Fluazifop – butyl			不得检出	GB/T 19650
593	啶蜱脲	Fluazuron			不得检出	GB/T 20772
594	氟苯咪唑	Flubendazole			不得检出	GB/T 21324
595	氟噻草胺	Flufenacet			不得检出	GB/T 19650
596	氟节胺	Flumetralin			不得检出	GB/T 19648
597	唑嘧磺草胺	Flumetsulam			不得检出	GB/T 20772
598	氟烯草酸	Flumiclorac			不得检出	GB/T 19650
599	丙炔氟草胺	Flumioxazin			不得检出	GB/T 19650
600	氟胺烟酸	Flunixin			不得检出	GB/T 20750
601	三氟硝草醚	Fluorodifen			不得检出	GB/T 19650
602	乙羧氟草醚	Fluoroglycofen – ethyl			不得检出	GB/T 19650

序号	农兽药中文名	农兽药英文名	欧盟标准限量要求 mg/kg	国家标准限量要求 mg/kg	三安超有机食品标准	
					限量要求 mg/kg	检测方法
603	三氟苯唑	Fluotrimazole			不得检出	GB/T 19650
604	氟啶草酮	Fluridone			不得检出	GB/T 19650
605	呋草酮	Flurtamone			不得检出	GB/T 19650
606	氟草烟-1-甲庚酯	Fluroxypr-1-methylheptyl ester			不得检出	GB/T 19650
607	地虫硫磷	Fonofos			不得检出	GB/T 19650
608	安果	Formothion			不得检出	GB/T 19650
609	呋霜灵	Furalaxyl			不得检出	GB/T 19650
610	庆大霉素	Gentamicin			不得检出	GB/T 21323
611	苄螨醚	Halfenprox			不得检出	GB/T 19650
612	氟哌啶醇	Haloperidol			不得检出	GB/T 20763
613	庚烯磷	Heptanophos			不得检出	GB/T 19650
614	己唑醇	Hexaconazole			不得检出	GB/T 19650
615	环嗪酮	Hexazinone			不得检出	GB/T 19650
616	咪草酸	Imazamethabenz-methyl			不得检出	GB/T 19650
617	脱苯甲基亚胺唑	Imibenconazole-des-benzyl			不得检出	GB/T 19650
618	炔咪菊酯-1	Imiprothrin-1			不得检出	GB/T 19650
619	炔咪菊酯-2	Imiprothrin-2			不得检出	GB/T 19650
620	碘硫磷	Iodofenphos			不得检出	GB/T 19650
621	甲基碘磺隆	Iodosulfuron-methyl			不得检出	GB/T 20772
622	异稻瘟净	Iprobenfos			不得检出	GB/T 19650
623	氯唑磷	Isazofos			不得检出	GB/T 19650
624	碳氯灵	Isobenzan			不得检出	GB/T 19650
625	丁咪酰胺	Isocarbamid			不得检出	GB/T 19650
626	水胺硫磷	Isocarbophos			不得检出	GB/T 19650
627	异艾氏剂	Isodrin			不得检出	GB/T 19650
628	异柳磷	Isofenphos			不得检出	GB/T 19650
629	氧异柳磷	Isofenphos oxon			不得检出	GB/T 19650
630	氮氨菲啶	Isometamidium			不得检出	SN/T 2239
631	丁嗪草酮	Isomethiozin			不得检出	GB/T 19650
632	异丙威-1	Isoprocarb-1			不得检出	GB/T 19650
633	异丙威-2	Isoprocarb-2			不得检出	GB/T 19650
634	异丙乐灵	Isopropalin			不得检出	GB/T 19650
635	双苯噁唑酸	Isoxadifen-ethyl			不得检出	GB/T 19650
636	异噁氟草	Isoxaflutole			不得检出	GB/T 20772
637	噁唑啉	Isoxathion			不得检出	GB/T 19650
638	依维菌素	Ivermectin			不得检出	GB/T 21320
639	交沙霉素	Josamycin			不得检出	GB/T 20762
640	拉沙里菌素	Lasalocid			不得检出	GB/T 22983

序号	农兽药中文名	农兽药英文名	欧盟标准限量要求 mg/kg	国家标准限量要求 mg/kg	三安超有机食品标准 限量要求 mg/kg	检测方法
641	溴苯磷	Leptophos			不得检出	GB/T 19650
642	利谷隆	Linuron			不得检出	GB/T 20772
643	麻保沙星	Marbofloxacin			不得检出	GB/T 22985
644	2-甲-4-氯丁氧乙基酯	MCPA - butoxyethyl ester			不得检出	GB/T 19650
645	灭蚜磷	Mecarbam			不得检出	GB/T 19650
646	二甲四氯丙酸	Mecoprop			不得检出	SN/T 2325
647	苯噻酰草胺	Mefenacet			不得检出	GB/T 19650
648	吡唑解草酯	Mefenpyr - diethyl			不得检出	GB/T 19650
649	醋酸甲地孕酮	Megestrol acetate			不得检出	GB/T 20753
650	醋酸美仑孕酮	Melengestrol acetate			不得检出	GB/T 20753
651	嘧菌胺	Mepanipyrim			不得检出	GB/T 19650
652	地胺磷	Mephosfolan			不得检出	GB/T 19650
653	灭锈胺	Mepronil			不得检出	GB/T 19650
654	硝磺草酮	Mesotrione			不得检出	GB/T 20772
655	呋菌胺	Methfuroxam			不得检出	GB/T 19650
656	灭梭威砜	Methiocarb sulfone			不得检出	GB/T 19650
657	盖草津	Methoprotryne			不得检出	GB/T 19650
658	甲醚菊酯-1	Methothrin - 1			不得检出	GB/T 19650
659	甲醚菊酯-2	Methothrin - 2			不得检出	GB/T 19650
660	甲基泼尼松龙	Methylprednisolone			不得检出	GB/T 21981
661	溴谷隆	Metobromuron			不得检出	GB/T 19650
662	甲氧氯普胺	Metoclopramide			不得检出	SN/T 2227
663	异丙甲草胺和 S-异丙甲草胺	Metolachlor and S - metolachlor			不得检出	GB/T 19650
664	苯氧菌胺-1	Metominsstrobin - 1			不得检出	GB/T 20772
665	苯氧菌胺-2	Metominsstrobin - 2			不得检出	GB/T 19650
666	甲硝唑	Metronidazole			不得检出	GB/T 21318
667	速灭磷	Mevinphos			不得检出	GB/T 19650
668	兹克威	Mexacarbate			不得检出	GB/T 19650
669	灭蚁灵	Mirex			不得检出	GB/T 19650
670	禾草敌	Molinate			不得检出	GB/T 19650
671	庚酰草胺	Monalide			不得检出	GB/T 19650
672	莫能菌素	Monensin			不得检出	GB/T 20364
673	合成麝香	Musk ambrecte			不得检出	GB/T 19650
674	麝香	Musk moskene			不得检出	GB/T 19650
675	西藏麝香	Musk tibeten			不得检出	GB/T 19650
676	二甲苯麝香	Musk xylene			不得检出	GB/T 19650
677	二溴磷	Naled			不得检出	SN/T 0706

序号	农兽药中文名	农兽药英文名	欧盟标准限量要求 mg/kg	国家标准限量要求 mg/kg	三安超有机食品标准 限量要求 mg/kg	三安超有机食品标准 检测方法
678	萘丙胺	Naproanilide			不得检出	GB/T 19650
679	甲基盐霉素	Narasin			不得检出	GB/T 20364
680	甲磺乐灵	Nitralin			不得检出	GB/T 19650
681	三氯甲基吡啶	Nitrapyrin			不得检出	GB/T 19650
682	酞菌酯	Nitrothal – isopropyl			不得检出	GB/T 19650
683	诺氟沙星	Norfloxacin			不得检出	GB/T 20366
684	氟草敏	Norflurazon			不得检出	GB/T 19650
685	新生霉素	Novobiocin			不得检出	SN 0674
686	氟苯嘧啶醇	Nuarimol			不得检出	GB/T 19650
687	八氯苯乙烯	Octachlorostyrene			不得检出	GB/T 19650
688	氧氟沙星	Ofloxacin			不得检出	GB/T 20366
689	喹乙醇	Olaquindox			不得检出	GB/T 20746
690	竹桃霉素	Oleandomycin			不得检出	GB/T 20762
691	氧乐果	Omethoate			不得检出	GB/T 20772
692	奥比沙星	Orbifloxacin			不得检出	GB/T 22985
693	杀线威	Oxamyl			不得检出	GB/T 20772
694	丙氧苯咪唑	Oxibendazole			不得检出	GB/T 21324
695	氧化氯丹	Oxy – chlordane			不得检出	GB/T 19650
696	对氧磷	Paraoxon			不得检出	GB/T 19650
697	甲基对氧磷	Paraoxon – methyl			不得检出	GB/T 19650
698	克草敌	Pebulate			不得检出	GB/T 19650
699	五氯苯胺	Pentachloroaniline			不得检出	GB/T 19650
700	五氯甲氧基苯	Pentachloroanisole			不得检出	GB/T 19650
701	五氯苯	Pentachlorobenzene			不得检出	GB/T 19650
702	乙滴涕	Perthane			不得检出	GB/T 19650
703	菲	Phenanthrene			不得检出	GB/T 19650
704	稻丰散	Phenthoate			不得检出	GB/T 19650
705	甲拌磷砜	Phorate sulfone			不得检出	GB/T 19650
706	磷胺 – 1	Phosphamidon – 1			不得检出	GB/T 19650
707	磷胺 – 2	Phosphamidon – 2			不得检出	GB/T 19650
708	酞酸苯甲基丁酯	Phthalic acid, benzylbutyl ester			不得检出	GB/T 19650
709	四氯苯肽	Phthalide			不得检出	GB/T 19650
710	邻苯二甲酰亚胺	Phthalimide			不得检出	GB/T 19650
711	氟吡酰草胺	Picolinafen			不得检出	GB/T 19650
712	增效醚	Piperonyl butoxide			不得检出	GB/T 19650
713	哌草磷	Piperophos			不得检出	GB/T 19650
714	乙基虫螨清	Pirimiphos – ethyl			不得检出	GB/T 19650
715	吡利霉素	Pirlimycin			不得检出	GB/T 22988
716	炔丙菊酯	Prallethrin			不得检出	GB/T 19650

序号	农兽药中文名	农兽药英文名	欧盟标准限量要求 mg/kg	国家标准限量要求 mg/kg	三安超有机食品标准 限量要求 mg/kg	检测方法
717	泼尼松龙	Prednisolone			不得检出	GB/T 21981
718	环丙氟灵	Profluralin			不得检出	GB/T 19650
719	茉莉酮	Prohydrojasmon			不得检出	GB/T 19650
720	扑灭通	Prometon			不得检出	GB/T 19650
721	扑草净	Prometryne			不得检出	GB/T 19650
722	炔丙烯草胺	Pronamide			不得检出	GB/T 19650
723	敌稗	Propanil			不得检出	GB/T 19650
724	扑灭津	Propazine			不得检出	GB/T 19650
725	胺丙畏	Propetamphos			不得检出	GB/T 19650
726	丙酰二甲氨基丙吩噻嗪	Propionylpromazin			不得检出	GB/T 20763
727	丙硫磷	Prothiophos			不得检出	GB/T 19650
728	吡唑硫磷	Pyraclofos			不得检出	GB/T 19650
729	吡草醚	Pyraflufen – ethyl			不得检出	GB/T 19650
730	哒嗪硫磷	Ptridaphenthion			不得检出	GB/T 19650
731	啶斑肟 – 1	Pyrifenox – 1			不得检出	GB/T 19650
732	啶斑肟 – 2	Pyrifenox – 2			不得检出	GB/T 19650
733	环酯草醚	Pyriftalid			不得检出	GB/T 19650
734	嘧草醚	Pyriminobac – methyl			不得检出	GB/T 19650
735	嘧啶磷	Pyrimitate			不得检出	GB/T 19650
736	嘧螨醚	Pyrimidifen			不得检出	GB/T 19650
737	喹硫磷	Quinalphos			不得检出	GB/T 19650
738	灭藻醌	Quinoclamine			不得检出	GB/T 19650
739	精喹禾灵	Quizalofop – P – ethyl			不得检出	GB/T 20772
740	吡咪唑	Rabenzazole			不得检出	GB/T 19650
741	莱克多巴胺	Ractopamine			不得检出	GB/T 21313
742	洛硝达唑	Ronidazole			不得检出	GB/T 21318
743	皮蝇磷	Ronnel			不得检出	GB/T 19650
744	盐霉素	Salinomycin			不得检出	GB/T 20364
745	沙拉沙星	Sarafloxacin			不得检出	GB/T 20366
746	另丁津	Sebutylazine			不得检出	GB/T 19650
747	密草通	Secbumeton			不得检出	GB/T 19650
748	氨基脲	Semduramicin			不得检出	GB/T 19650
749	烯禾啶	Sethoxydim			不得检出	GB/T 19650
750	氟硅菊酯	Silafluofen			不得检出	GB/T 19650
751	硅氟唑	Simeconazole			不得检出	GB/T 19650
752	西玛通	Simetone			不得检出	GB/T 19650
753	西草净	Simetryn			不得检出	GB/T 19650
754	螺旋霉素	Spiramycin			不得检出	GB/T 20762
755	磺胺苯酰	Sulfabenzamide			不得检出	GB/T 21316

序号	农兽药中文名	农兽药英文名	欧盟标准限量要求 mg/kg	国家标准限量要求 mg/kg	三安超有机食品标准	
					限量要求 mg/kg	检测方法
756	磺胺醋酰	Sulfacetamide			不得检出	GB/T 21316
757	磺胺氯哒嗪	Sulfachloropyridazine			不得检出	GB/T 21316
758	磺胺嘧啶	Sulfadiazine			不得检出	GB/T 21316
759	磺胺间二甲氧嘧啶	Sulfadimethoxine			不得检出	GB/T 21316
760	磺胺二甲嘧啶	Sulfadimidine			不得检出	GB/T 21316
761	磺胺多辛	Sulfadoxine			不得检出	GB/T 21316
762	磺胺脒	Sulfaguanidine			不得检出	GB/T 21316
763	菜草畏	Sulfallate			不得检出	GB/T 19650
764	磺胺甲嘧啶	Sulfamerazine			不得检出	GB/T 21316
765	新诺明	Sulfamethoxazole			不得检出	GB/T 21316
766	磺胺间甲氧嘧啶	Sulfamonomethoxine			不得检出	GB/T 21316
767	乙酰磺胺对硝基苯	Sulfanitran			不得检出	GB/T 20772
768	磺胺吡啶	Sulfapyridine			不得检出	GB/T 21316
769	磺胺喹沙啉	Sulfaquinoxaline			不得检出	GB/T 21316
770	磺胺噻唑	Sulfathiazole			不得检出	GB/T 21316
771	治螟磷	Sulfotep			不得检出	GB/T 19650
772	硫丙磷	Sulprofos			不得检出	GB/T 19650
773	苯噻硫氰	TCMTB			不得检出	GB/T 19650
774	丁基嘧啶磷	Tebupirimfos			不得检出	GB/T 19650
775	丁噻隆	Tebuthiuron			不得检出	GB/T 20772
776	牧草胺	Tebutam			不得检出	GB/T 19650
777	双硫磷	Temephos			不得检出	GB/T 20772
778	特草灵	Terbucarb			不得检出	GB/T 19650
779	特丁通	Terbumeton			不得检出	GB/T 19650
780	特丁净	Terbutryn			不得检出	GB/T 19650
781	四氢邻苯二甲酰亚胺	Tetrabydrophthalimide			不得检出	GB/T 19650
782	杀虫畏	Tetrachlorvinphos			不得检出	GB/T 19650
783	胺菊酯	Tetramethirn			不得检出	GB/T 19650
784	杀螨氯硫	Tetrasul			不得检出	GB/T 19650
785	噻吩草胺	Thenylchlor			不得检出	GB/T 19650
786	噻唑烟酸	Thiazopyr			不得检出	GB/T 19650
787	噻苯隆	Thidiazuron			不得检出	GB/T 20772
788	噻吩磺隆	Thifensulfuron – methyl			不得检出	GB/T 20772
789	甲基乙拌磷	Thiometon			不得检出	GB/T 20772
790	虫线磷	Thionazin			不得检出	GB/T 19650
791	硫普罗宁	Tiopronin			不得检出	SN/T 2225
792	四溴菊酯	Tralomethrin			不得检出	SN/T 2320
793	反式－氯丹	*trans* – Chlordane			不得检出	GB/T 19650
794	反式－燕麦敌	*trans* – Diallate			不得检出	GB/T 19650

序号	农兽药中文名	农兽药英文名	欧盟标准限量要求 mg/kg	国家标准限量要求 mg/kg	三安超有机食品标准	
					限量要求 mg/kg	检测方法
795	四氟苯菊酯	Transfluthrin			不得检出	GB/T 19650
796	反式九氯	*trans* – Nonachlor			不得检出	GB/T 19650
797	反式 – 氯菊酯	*trans* – Permethrin			不得检出	GB/T 19650
798	群勃龙	Trenbolone			不得检出	GB/T 21981
799	威菌磷	Triamiphos			不得检出	GB/T 19650
800	毒壤磷	Trichloronate			不得检出	GB/T 19650
801	灭草环	Tridiphane			不得检出	GB/T 19650
802	草达津	Trietazine			不得检出	GB/T 19650
803	三异丁基磷酸盐	Tri – *iso* – butyl phosphate			不得检出	GB/T 19650
804	三正丁基磷酸盐	Tri – *n* – butyl phosphate			不得检出	GB/T 19650
805	三苯基磷酸盐	Triphenyl phosphate			不得检出	GB/T 19650
806	烯效唑	Uniconazole			不得检出	GB/T 19650
807	灭草敌	Vernolate			不得检出	GB/T 19650
808	维吉尼霉素	Virginiamycin			不得检出	GB/T 20765
809	杀鼠灵	War farin			不得检出	GB/T 20772
810	甲苯噻嗪	Xylazine			不得检出	GB/T 20763
811	右环十四酮酚	Zeranol			不得检出	GB/T 21982
812	苯酰菌胺	Zoxamide			不得检出	GB/T 19650

3.2 绵羊脂肪 Sheep Fat

序号	农兽药中文名	农兽药英文名	欧盟标准限量要求 mg/kg	国家标准限量要求 mg/kg	三安超有机食品标准	
					限量要求 mg/kg	检测方法
1	1,1 – 二氯 – 2,2 – 二（4 – 乙苯）乙烷	1,1 – Dichloro – 2,2 – bis（4 – ethylphenyl）ethane	0.01		不得检出	日本肯定列表（增补本1）
2	1,2 – 二氯乙烷	1,2 – Dichloroethane	0.1		不得检出	SN/T 2238
3	1,3 – 二氯丙烯	1,3 – Dichloropropene	0.01		不得检出	SN/T 2238
4	1 – 萘乙酸	1 – Naphthylacetic acid	0.05		不得检出	SN/T 2228
5	2,4 – 滴	2,4 – D	0.05		不得检出	GB/T 20772
6	2,4 – 滴丁酸	2,4 – DB	0.05		不得检出	GB/T 20769
7	2 – 苯酚	2 – Phenylphenol	0.05		不得检出	GB/T 19650
8	阿维菌素	Abamectin	0.02		不得检出	SN/T 2661
9	乙酰甲胺磷	Acephate	0.02		不得检出	GB/T 20772
10	灭螨醌	Acequinocyl	0.01		不得检出	参照同类标准
11	啶虫脒	Acetamiprid	0.05		不得检出	GB/T 20772
12	乙草胺	Acetochlor	0.01		不得检出	GB/T 19650
13	苯并噻二唑	Acibenzolar – *S* – methyl	0.02		不得检出	GB/T 20772
14	苯草醚	Aclonifen	0.02		不得检出	GB/T 20772

序号	农兽药中文名	农兽药英文名	欧盟标准限量要求 mg/kg	国家标准限量要求 mg/kg	三安超有机食品标准 限量要求 mg/kg	三安超有机食品标准 检测方法
15	氟丙菊酯	Acrinathrin	0.05		不得检出	GB/T 19648
16	甲草胺	Alachlor	0.01		不得检出	GB/T 20772
17	阿苯达唑	Albendazole	100μg/kg		不得检出	GB 29687
18	氧阿苯达唑	Albendazole oxide	100μg/kg		不得检出	参照同类标准
19	涕灭威	Aldicarb	0.01		不得检出	GB/T 20772
20	艾氏剂和狄氏剂	Aldrin and dieldrin	0.2	0.2 和 0.2	不得检出	GB/T 19650
21	顺式氯氰菊酯	Alpha – cypermethrin	200μg/kg		不得检出	GB/T 19650
22	—	Ametoctradin	0.03		不得检出	参照同类标准
23	酰嘧磺隆	Amidosulfuron	0.02		不得检出	参照同类标准
24	氯氨吡啶酸	Aminopyralid	0.02		不得检出	GB/T 23211
25	—	Amisulbrom	0.01		不得检出	参照同类标准
26	双甲脒	Amitraz	400μg/kg		不得检出	GB/T 19650
27	阿莫西林	Amoxicillin	50μg/kg		不得检出	NY/T 830
28	氨苄青霉素	Ampicillin	50μg/kg		不得检出	GB/T 21315
29	敌菌灵	Anilazine	0.01		不得检出	GB/T 20769
30	杀螨特	Aramite	0.01		不得检出	GB/T 19650
31	磺草灵	Asulam	0.1		不得检出	日本肯定列表（增补本1）
32	印楝素	Azadirachtin	0.01		不得检出	SN/T 3264
33	益棉磷	Azinphos – ethyl	0.01		不得检出	GB/T 19650
34	保棉磷	Azinphos – methyl	0.01		不得检出	GB/T 20772
35	三唑锡和三环锡	Azocyclotin and cyhexatin	0.05		不得检出	SN/T 1990
36	嘧菌酯	Azoxystrobin	0.05		不得检出	GB/T 20772
37	燕麦灵	Barban	0.05		不得检出	参照同类标准
38	氟丁酰草胺	Beflubutamid	0.05		不得检出	参照同类标准
39	苯霜灵	Benalaxyl	0.05		不得检出	GB/T 20772
40	丙硫克百威	Benfuracarb	0.02		不得检出	GB/T 20772
41	苄青霉素	Benzyl penicillin	50μg/kg		不得检出	GB/T 21315
42	联苯肼酯	Bifenazate	0.01		不得检出	GB/T 20772
43	甲羧除草醚	Bifenox	0.05		不得检出	GB/T 23210
44	联苯菊酯	Bifenthrin	3		不得检出	GB/T 19650
45	乐杀螨	Binapacryl	0.01		不得检出	SN 0523
46	联苯	Biphenyl	0.01		不得检出	GB/T 19650
47	联苯三唑醇	Bitertanol	0.05		不得检出	GB/T 20772
48	—	Bixafen	0.4		不得检出	参照同类标准
49	啶酰菌胺	Boscalid	0.7		不得检出	GB/T 20772
50	溴离子	Bromide ion	0.05		不得检出	GB/T 5009.167
51	溴螨酯	Bromopropylate	0.01		不得检出	GB/T 19650
52	溴苯腈	Bromoxynil	0.05		不得检出	GB/T 20772

序号	农兽药中文名	农兽药英文名	欧盟标准限量要求 mg/kg	国家标准限量要求 mg/kg	三安超有机食品标准 限量要求 mg/kg	三安超有机食品标准 检测方法
53	糠菌唑	Bromuconazole	0.05		不得检出	GB/T 19650
54	乙嘧酚磺酸酯	Bupirimate	0.05		不得检出	GB/T 19650
55	噻嗪酮	Buprofezin	0.05		不得检出	GB/T 20772
56	仲丁灵	Butralin	0.02		不得检出	GB/T 19650
57	丁草敌	Butylate	0.01		不得检出	GB/T 19650
58	硫线磷	Cadusafos	0.01		不得检出	GB/T 19650
59	毒杀芬	Camphechlor	0.05		不得检出	YC/T 180
60	敌菌丹	Captafol	0.01		不得检出	GB/T 23210
61	克菌丹	Captan	0.02		不得检出	GB/T 19648
62	甲萘威	Carbaryl	0.05		不得检出	GB/T 20796
63	多菌灵和苯菌灵	Carbendazim and benomyl	0.05		不得检出	GB/T 20772
64	长杀草	Carbetamide	0.05		不得检出	GB/T 20772
65	克百威	Carbofuran	0.01		不得检出	GB/T 20772
66	丁硫克百威	Carbosulfan	0.05		不得检出	GB/T 19650
67	萎锈灵	Carboxin	0.05		不得检出	GB/T 20772
68	头孢噻呋	Ceftiofur	2000μg/kg		不得检出	GB/T 21314
69	氯虫苯甲酰胺	Chlorantraniliprole	0.2		不得检出	参照同类标准
70	杀螨醚	Chlorbenside	0.05		不得检出	GB/T 19650
71	氯炔灵	Chlorbufam	0.05		不得检出	GB/T 20772
72	氯丹	Chlordane	0.05	0.05	不得检出	GB/T 5009.19
73	十氯酮	Chlordecone	0.1		不得检出	参照同类标准
74	杀螨酯	Chlorfenson	0.05		不得检出	GB/T 19650
75	毒虫畏	Chlorfenvinphos	0.01		不得检出	GB/T 19650
76	氯草敏	Chloridazon	0.1		不得检出	GB/T 20772
77	矮壮素	Chlormequat	0.05		不得检出	GB/T 23211
78	乙酯杀螨醇	Chlorobenzilate	0.1		不得检出	GB/T 23210
79	百菌清	Chlorothalonil	0.07		不得检出	SN/T 2320
80	绿麦隆	Chlortoluron	0.05		不得检出	GB/T 20772
81	枯草隆	Chloroxuron	0.05		不得检出	SN/T 2150
82	氯苯胺灵	Chlorpropham	0.05		不得检出	GB/T 19650
83	甲基毒死蜱	Chlorpyrifos – methyl	0.05		不得检出	GB/T 19650
84	氯磺隆	Chlorsulfuron	0.01		不得检出	GB/T 20772
85	氯酞酸甲酯	Chlorthaldimethyl	0.01		不得检出	GB/T 19650
86	氯硫酰草胺	Chlorthiamid	0.02		不得检出	GB/T 23211
87	烯草酮	Clethodim	0.2		不得检出	GB/T 19650
88	炔草酯	Clodinafop – propargyl	0.02		不得检出	GB/T 19650
89	四螨嗪	Clofentezine	0.05		不得检出	GB/T 20772
90	二氯吡啶酸	Clopyralid	0.05		不得检出	SN/T 2228
91	氯氰碘柳胺	Closantel	2000μg/kg		不得检出	SN/T 1628

序号	农兽药中文名	农兽药英文名	欧盟标准限量要求 mg/kg	国家标准限量要求 mg/kg	三安超有机食品标准 限量要求 mg/kg	三安超有机食品标准 检测方法
92	噻虫胺	Clothianidin	0.02		不得检出	GB/T 20772
93	邻氯青霉素	Cloxacillin	300μg/kg		不得检出	GB/T 18932.25
94	黏菌素	Colistin	150μg/kg		不得检出	参照同类标准
95	铜化合物	Copper compounds	5		不得检出	参照同类标准
96	环烷基酰苯胺	Cyclanilide	0.01		不得检出	参照同类标准
97	噻草酮	Cycloxydim	0.05		不得检出	GB/T 19650
98	环氟菌胺	Cyflufenamid	0.03		不得检出	GB/T 23210
99	氟氯氰菊酯和高效氟氯氰菊酯	Cyfluthrin and beta – cyfluthrin	0.05		不得检出	GB/T 19650
100	霜脲氰	Cymoxanil	0.05		不得检出	GB/T 20772
101	氯氰菊酯和高效氯氰菊酯	Cypermethrin and beta – cypermethrin	200μg/kg		不得检出	GB/T 19650
102	环丙唑醇	Cyproconazole	0.05		不得检出	GB/T 20772
103	嘧菌环胺	Cyprodinil	0.05		不得检出	GB/T 19650
104	灭蝇胺	Cyromazine	300μg/kg		不得检出	GB/T 20772
105	丁酰肼	Daminozide	0.05		不得检出	SN/T 1989
106	达氟沙星	Danofloxacin	100μg/kg		不得检出	GB/T 22985
107	滴滴涕	DDT	1	2	不得检出	SN/T 0127
108	溴氰菊酯	Deltamethrin	50μg/kg		不得检出	GB/T 19650
109	燕麦敌	Diallate	0.2		不得检出	GB/T 23211
110	二嗪磷	Diazinon	700μg/kg		不得检出	GB/T 19650
111	麦草畏	Dicamba	0.07		不得检出	GB/T 20772
112	敌草腈	Dichlobenil	0.01		不得检出	GB/T 19650
113	滴丙酸	Dichlorprop	0.05		不得检出	SN/T 2228
114	二氯苯氧基丙酸	Diclofop	0.05		不得检出	参照同类标准
115	氯硝胺	Dicloran	0.01		不得检出	GB/T 19650
116	双氯青霉素	Dicloxacillin	300μg/kg		不得检出	GB/T 18932.25
117	三氯杀螨醇	Dicofol	0.02		不得检出	GB/T 19650
118	地昔尼尔	Dicyclanil	150μg/kg		不得检出	SN/T 2153
119	乙霉威	Diethofencarb	0.05		不得检出	GB/T 19650
120	苯醚甲环唑	Difenoconazole	0.05		不得检出	GB/T 19650
121	双氟沙星	Difloxacin	100μg/kg		不得检出	GB/T 20366
122	除虫脲	Diflubenzuron	0.1		不得检出	SN/T 0528
123	吡氟酰草胺	Diflufenican	0.05		不得检出	GB/T 20772
124	二氢链霉素	Dihydro – streptomycin	500μg/kg		不得检出	GB/T 22969
125	油菜安	Dimethachlor	0.02		不得检出	GB/T 20772
126	烯酰吗啉	Dimethomorph	0.05		不得检出	GB/T 20772
127	醚菌胺	Dimoxystrobin	0.05		不得检出	SN/T 2237

序号	农兽药中文名	农兽药英文名	欧盟标准限量要求 mg/kg	国家标准限量要求 mg/kg	三安超有机食品标准	
					限量要求 mg/kg	检测方法
128	烯唑醇	Diniconazole	0.01		不得检出	GB/T 19650
129	敌螨普	Dinocap	0.05		不得检出	日本肯定列表（增补本1）
130	地乐酚	Dinoseb	0.01		不得检出	GB/T 20772
131	特乐酚	Dinoterb	0.05		不得检出	GB/T 20772
132	敌恶磷	Dioxathion	0.05		不得检出	GB/T 19650
133	敌草快	Diquat	0.05		不得检出	GB/T 5009.221
134	乙拌磷	Disulfoton	0.01		不得检出	GB/T 20772
135	二氰蒽醌	Dithianon	0.01		不得检出	GB/T 20769
136	二硫代氨基甲酸酯	Dithiocarbamates	0.05		不得检出	SN 0139
137	敌草隆	Diuron	0.05		不得检出	SN/T 0645
138	二硝甲酚	DNOC	0.05		不得检出	GB/T 20772
139	多果定	Dodine	0.2		不得检出	SN 0500
140	多拉菌素	Doramectin	150μg/kg		不得检出	GB/T 22968
141	甲氨基阿维菌素苯甲酸盐	Emamectin benzoate	0.02		不得检出	GB/T 20769
142	硫丹	Endosulfan	0.05		不得检出	GB/T 19650
143	异狄氏剂	Endrin	0.05	0.05	不得检出	GB/T 19650
144	恩诺沙星	Enrofloxacin	100μg/kg		不得检出	GB/T 20366
145	氟环唑	Epoxiconazole	0.01		不得检出	GB/T 20772
146	埃普利诺菌素	Eprinomectin	250μg/kg		不得检出	GB/T 21320
147	茵草敌	EPTC	0.02		不得检出	GB/T 20772
148	红霉素	Erythromycin	200μg/kg		不得检出	GB/T 20762
149	乙丁烯氟灵	Ethalfluralin	0.01		不得检出	GB/T 19650
150	胺苯磺隆	Ethametsulfuron	0.01		不得检出	NY/T 1616
151	乙烯利	Ethephon	0.05		不得检出	SN 0705
152	乙硫磷	Ethion	0.01		不得检出	GB/T 19650
153	乙嘧酚	Ethirimol	0.05		不得检出	GB/T 20772
154	乙氧呋草黄	Ethofumesate	0.1		不得检出	GB/T 20772
155	灭线磷	Ethoprophos	0.01		不得检出	GB/T 19650
156	乙氧喹啉	Ethoxyquin	0.05		不得检出	GB/T 20772
157	环氧乙烷	Ethylene oxide	0.02		不得检出	GB/T 23296.11
158	醚菊酯	Etofenprox	0.5		不得检出	GB/T 19650
159	乙螨唑	Etoxazole	0.01		不得检出	GB/T 19650
160	氯唑灵	Etridiazole	0.05		不得检出	GB/T 20772
161	恶唑菌酮	Famoxadone	0.05		不得检出	GB/T 20772
162	苯硫氨酯	Febantel	50μg/kg		不得检出	GB/T 22972
163	咪唑菌酮	Fenamidone	0.01		不得检出	GB/T 19650
164	苯线磷	Fenamiphos	0.02		不得检出	GB/T 19650
165	氯苯嘧啶醇	Fenarimol	0.02		不得检出	GB/T 20772

序号	农兽药中文名	农兽药英文名	欧盟标准限量要求 mg/kg	国家标准限量要求 mg/kg	三安超有机食品标准 限量要求 mg/kg	三安超有机食品标准 检测方法
166	喹螨醚	Fenazaquin	0.01		不得检出	GB/T 19650
167	苯硫苯咪唑	Fenbendazole	50μg/kg		不得检出	SN 0638
168	腈苯唑	Fenbuconazole	0.05		不得检出	GB/T 20772
169	苯丁锡	Fenbutatin oxide	0.05		不得检出	SN/T 3149
170	环酰菌胺	Fenhexamid	0.05		不得检出	GB/T 20772
171	杀螟硫磷	Fenitrothion	0.01		不得检出	GB/T 20772
172	精噁唑禾草灵	Fenoxaprop – P – ethyl	0.05		不得检出	GB/T 22617
173	双氧威	Fenoxycarb	0.05		不得检出	GB/T 19650
174	苯锈啶	Fenpropidin	0.02		不得检出	GB/T 19650
175	丁苯吗啉	Fenpropimorph	0.01		不得检出	GB/T 20772
176	胺苯吡菌酮	Fenpyrazamine	0.01		不得检出	参照同类标准
177	唑螨酯	Fenpyroximate	0.01		不得检出	GB/T 19650
178	倍硫磷	Fenthion	0.05		不得检出	GB/T 20772
179	三苯锡	Fentin	0.05		不得检出	SN/T 3149
180	薯瘟锡	Fentin acetate	0.05		不得检出	参照同类标准
181	氰戊菊酯和高效氰戊菊酯（RR & SS 异构体总量）	Fenvalerate and esfenvalerate（sum of RR & SS isomers）	0.2		不得检出	GB/T 19650
182	氰戊菊酯和高效氰戊菊酯（RS & SR 异构体总量）	Fenvalerate and esfenvalerate（sum of RS & SR isomers）	0.05		不得检出	GB/T 19650
183	氟虫腈	Fipronil	0.5		不得检出	SN/T 1982
184	氟啶虫酰胺	Flonicamid	0.02		不得检出	SN/T 2796
185	精吡氟禾草灵	Fluazifop – P – butyl	0.05		不得检出	GB/T 5009.142
186	氟啶胺	Fluazinam	0.05		不得检出	SN/T 2150
187	氟苯虫酰胺	Flubendiamide	2		不得检出	SN/T 2581
188	氟环脲	Flucycloxuron	0.05		不得检出	参照同类标准
189	氟氰戊菊酯	Flucythrinate	0.05		不得检出	GB/T 23210
190	咯菌腈	Fludioxonil	0.05		不得检出	GB/T 20772
191	氟虫脲	Flufenoxuron	0.05		不得检出	SN/T 2150
192	杀螨净	Flufenzin	0.02		不得检出	参照同类标准
193	醋酸氟孕酮	Flugestone acetate	0.5μg/kg		不得检出	参照同类标准
194	氟甲喹	Flumequin	300μg/kg		不得检出	SN/T 1921
195	氟氯苯氰菊酯	Flumethrin	150μg/kg		不得检出	农业部781号公告 – 7
196	氟吡菌胺	Fluopicolide	0.01		不得检出	参照同类标准
197	—	Fluopyram	0.1		不得检出	参照同类标准
198	氟离子	Fluoride ion	1		不得检出	GB/T 5009.167
199	氟腈嘧菌酯	Fluoxastrobin	0.05		不得检出	SN/T 2237
200	氟喹唑	Fluquinconazole	2		不得检出	GB/T 19650
201	氟咯草酮	Fluorochloridone	0.05		不得检出	GB/T 20772

序号	农兽药中文名	农兽药英文名	欧盟标准限量要求 mg/kg	国家标准限量要求 mg/kg	三安超有机食品标准	
					限量要求 mg/kg	检测方法
202	氟草烟	Fluroxypyr	0.05		不得检出	GB/T 20772
203	氟硅唑	Flusilazole	0.1		不得检出	GB/T 20772
204	氟酰胺	Flutolanil	0.02		不得检出	GB/T 20772
205	粉唑醇	Flutriafol	0.01		不得检出	GB/T 20772
206	—	Fluxapyroxad	0.05		不得检出	参照同类标准
207	氟磺胺草醚	Fomesafen	0.01		不得检出	GB/T 5009.130
208	氯吡脲	Forchlorfenuron	0.05		不得检出	SN/T 3643
209	伐虫脒	Formetanate	0.01		不得检出	NY/T 1453
210	三乙膦酸铝	Fosetyl – aluminium	0.5		不得检出	参照同类标准
211	麦穗宁	Fuberidazole	0.05		不得检出	GB/T 19650
212	呋线威	Furathiocarb	0.01		不得检出	GB/T 20772
213	糠醛	Furfural	1		不得检出	参照同类标准
214	勃激素	Gibberellic acid	0.1		不得检出	GB/T 23211
215	草胺膦	Glufosinate – ammonium	0.1		不得检出	日本肯定列表
216	草甘膦	Glyphosate	0.05		不得检出	SN/T 1923
217	氟吡禾灵	Haloxyfop	0.01		不得检出	SN/T 2228
218	七氯	Heptachlor	0.2		不得检出	SN 0663
219	六氯苯	Hexachlorobenzene	0.2		不得检出	SN/T 0127
220	六六六（HCH），α–异构体	Hexachlorociclohexane（HCH），alpha – isomer	0.2	1	不得检出	SN/T 0127
221	六六六（HCH），β–异构体	Hexachlorociclohexane（HCH），beta – isomer	0.1		不得检出	SN/T 0127
222	噻螨酮	Hexythiazox	0.05		不得检出	GB/T 20772
223	噁霉灵	Hymexazol	0.05		不得检出	GB/T 20772
224	抑霉唑	Imazalil	0.05		不得检出	GB/T 20772
225	甲咪唑烟酸	Imazapic	0.01		不得检出	GB/T 20772
226	咪唑喹啉酸	Imazaquin	0.05		不得检出	GB/T 20772
227	吡虫啉	Imidacloprid	0.05		不得检出	GB/T 20772
228	双咪苯脲	Imidocarb	50μg/kg		不得检出	SN/T 2314
229	双胍辛胺	Iminoctadine	0.1		不得检出	日本肯定列表
230	茚虫威	Indoxacarb	2		不得检出	GB/T 20772
231	碘苯腈	Ioxynil	1,5		不得检出	GB/T 20772
232	异菌脲	Iprodione	0.05		不得检出	GB/T 19650
233	异丙隆	Isoproturon	0.05		不得检出	GB/T 20772
234	—	Isopyrazam	0.01		不得检出	参照同类标准
235	异噁酰草胺	Isoxaben	0.01		不得检出	GB/T 20772
236	依维菌素	Ivermectin	100μg/kg		不得检出	GB/T 21320
237	卡那霉素	Kanamycin	100μg/kg		不得检出	GB/T 21323
238	醚菌酯	Kresoxim – methyl	0.02		不得检出	GB/T 20772

序号	农兽药中文名	农兽药英文名	欧盟标准限量要求 mg/kg	国家标准限量要求 mg/kg	三安超有机食品标准	
					限量要求 mg/kg	检测方法
239	乳氟禾草灵	Lactofen	0.01		不得检出	GB/T 19650
240	高效氯氟氰菊酯	Lambda－cyhalothrin	0.5		不得检出	GB/T 23210
241	环草定	Lenacil	0.1		不得检出	GB/T 19650
242	左旋咪唑	Levanisole	10μg/kg		不得检出	SN 0349
243	林可霉素	Lincomycin	50μg/kg		不得检出	GB/T 20762
244	林丹	Lindane	0.02	1	不得检出	NY/T 761
245	虱螨脲	Lufenuron	0.02		不得检出	SN/T 2540
246	马拉硫磷	Malathion	0.02		不得检出	GB/T 19650
247	抑芽丹	Maleic hydrazide	0.02		不得检出	GB/T 23211
248	双炔酰菌胺	Mandipropamid	0.02		不得检出	参照同类标准
249	二甲四氯和二甲四氯丁酸	MCPA and MCPB	0.1		不得检出	SN/T 2228
250	甲苯咪唑	Mebendazole	60μg/kg		不得检出	GB/T 21324
251	壮棉素	Mepiquat chloride	0.05		不得检出	GB/T 23211
252	—	Meptyldinocap	0.05		不得检出	参照同类标准
253	汞化合物	Mercury compounds	0.01		不得检出	参照同类标准
254	氰氟虫腙	Metaflumizone	0.02		不得检出	SN/T 3852
255	甲霜灵和精甲霜灵	Metalaxyl and metalaxyl－M	0.05		不得检出	GB/T 20772
256	四聚乙醛	Metaldehyde	0.05		不得检出	SN/T 1787
257	苯嗪草酮	Metamitron	0.05		不得检出	GB/T 19650
258	吡唑草胺	Metazachlor	0.05		不得检出	GB/T 19650
259	叶菌唑	Metconazole	0.01		不得检出	GB/T 20772
260	甲基苯噻隆	Methabenzthiazuron	0.05		不得检出	GB/T 19650
261	虫螨畏	Methacrifos	0.01		不得检出	GB/T 20772
262	甲胺磷	Methamidophos	0.01		不得检出	GB/T 20772
263	杀扑磷	Methidathion	0.02		不得检出	GB/T 20772
264	甲硫威	Methiocarb	0.05		不得检出	GB/T 20770
265	灭多威和硫双威	Methomyl and thiodicarb	0.02		不得检出	GB/T 20772
266	烯虫酯	Methoprene	0.2		不得检出	GB/T 19650
267	甲氧滴滴涕	Methoxychlor	0.01		不得检出	SN/T 0529
268	甲氧虫酰肼	Methoxyfenozide	0.2		不得检出	GB/T 20772
269	磺草唑胺	Metosulam	0.01		不得检出	GB/T 20772
270	苯菌酮	Metrafenone	0.05		不得检出	参照同类标准
271	嗪草酮	Metribuzin	0.1		不得检出	GB/T 19650
272	—	Monepantel	7000μg/kg		不得检出	参照同类标准
273	绿谷隆	Monolinuron	0.05		不得检出	GB/T 20772
274	灭草隆	Monuron	0.01		不得检出	GB/T 20772
275	甲噻吩嘧啶	Morantel	100μg/kg		不得检出	参照同类标准
276	莫西丁克	Moxidectin	500μg/kg		不得检出	SN/T 2442
277	腈菌唑	Myclobutanil	0.01		不得检出	GB/T 20772

序号	农兽药中文名	农兽药英文名	欧盟标准限量要求 mg/kg	国家标准限量要求 mg/kg	三安超有机食品标准 限量要求 mg/kg	三安超有机食品标准 检测方法
278	奈夫西林	Nafcillin	300μg/kg		不得检出	GB/T 22975
279	1-萘乙酰胺	1-Naphthylacetamide	0.05		不得检出	GB/T 23205
280	敌草胺	Napropamide	0.01		不得检出	GB/T 19650
281	新霉素(包括framycetin)	Neomycin(including framycetin)	500μg/kg		不得检出	SN 0646
282	尼托比明	Netobimin	100μg/kg		不得检出	参照同类标准
283	烟嘧磺隆	Nicosulfuron	0.05		不得检出	SN/T 2325
284	除草醚	Nitrofen	0.01		不得检出	GB/T 19650
285	硝碘酚腈	Nitroxinil	200μg/kg		不得检出	参照同类标准
286	氟酰脲	Novaluron	10		不得检出	GB/T 23211
287	嘧苯胺磺隆	Orthosulfamuron	0.01		不得检出	GB/T 23817
288	苯唑青霉素	Oxacillin	300μg/kg		不得检出	GB/T 18932.25
289	噁草酮	Oxadiazon	0.05		不得检出	GB/T 19650
290	噁霜灵	Oxadixyl	0.01		不得检出	GB/T 19650
291	环氧嘧磺隆	Oxasulfuron	0.05		不得检出	GB/T 23817
292	奥芬达唑	Oxfendazole	50μg/kg		不得检出	GB/T 22972
293	喹菌酮	Oxolinic acid	50μg/kg		不得检出	日本肯定列表
294	氧化萎锈灵	Oxycarboxin	0.05		不得检出	GB/T 19650
295	羟氯柳苯胺	Oxyclozanide	20μg/kg		不得检出	SN/T 2909
296	亚砜磷	Oxydemeton-methyl	0.01		不得检出	参照同类标准
297	乙氧氟草醚	Oxyfluorfen	0.05		不得检出	GB/T 20772
298	多效唑	Paclobutrazol	0.02		不得检出	GB/T 19650
299	对硫磷	Parathion	0.05		不得检出	GB/T 19650
300	甲基对硫磷	Parathion-methyl	0.01		不得检出	GB/T 5009.161
301	戊菌唑	Penconazole	0.05		不得检出	GB/T 20772
302	戊菌隆	Pencycuron	0.05		不得检出	GB/T 19650
303	二甲戊灵	Pendimethalin	0.05		不得检出	GB/T 19650
304	喷沙西林	Penethamate	50μg/kg		不得检出	参照同类标准
305	氯菊酯	Permethrin	0.05		不得检出	GB/T 19650
306	甜菜宁	Phenmedipham	0.05		不得检出	GB/T 23205
307	苯醚菊酯	Phenothrin	0.05		不得检出	GB/T 20772
308	甲拌磷	Phorate	0.01		不得检出	GB/T 20772
309	伏杀硫磷	Phosalone	0.01		不得检出	GB/T 20772
310	亚胺硫磷	Phosmet	0.1		不得检出	GB/T 20772
311	一	Phosphines and phosphides	0.01		不得检出	参照同类标准
312	辛硫磷	Phoxim	0.4		不得检出	GB/T 20772
313	氨氯吡啶酸	Picloram	0.2		不得检出	GB/T 23211
314	啶氧菌酯	Picoxystrobin	0.05		不得检出	GB/T 19650
315	抗蚜威	Pirimicarb	0.05		不得检出	GB/T 20772

序号	农兽药中文名	农兽药英文名	欧盟标准限量要求 mg/kg	国家标准限量要求 mg/kg	三安超有机食品标准	
					限量要求 mg/kg	检测方法
316	甲基嘧啶磷	Pirimiphos - methyl	0.05		不得检出	GB/T 20772
317	咪鲜胺	Prochloraz	0.1		不得检出	GB/T 19650
318	腐霉利	Procymidone	0.01		不得检出	GB/T 20772
319	丙溴磷	Profenofos	0.05		不得检出	GB/T 20772
320	调环酸	Prohexadione	0.05		不得检出	日本肯定列表
321	毒草安	Propachlor	0.02		不得检出	GB/T 20772
322	扑派威	Propamocarb	0.1		不得检出	GB/T 20772
323	恶草酸	Propaquizafop	0.05		不得检出	GB/T 20772
324	炔螨特	Propargite	0.1		不得检出	GB/T 19650
325	苯胺灵	Propham	0.05		不得检出	GB/T 19650
326	丙环唑	Propiconazole	0.05		不得检出	GB/T 19650
327	异丙草胺	Propisochlor	0.01		不得检出	GB/T 19650
328	残杀威	Propoxur	0.05		不得检出	GB/T 20772
329	炔苯酰草胺	Propyzamide	0.05		不得检出	GB/T 19650
330	苄草丹	Prosulfocarb	0.05		不得检出	GB/T 19650
331	丙硫菌唑	Prothioconazole	0.05		不得检出	参照同类标准
332	吡蚜酮	Pymetrozine	0.01		不得检出	GB/T 20772
333	吡唑醚菌酯	Pyraclostrobin	0.05		不得检出	GB/T 20772
334	—	Pyrasulfotole	0.01		不得检出	参照同类标准
335	吡菌磷	Pyrazophos	0.02		不得检出	GB/T 20772
336	除虫菊素	Pyrethrins	0.05		不得检出	GB/T 20772
337	哒螨灵	Pyridaben	0.02		不得检出	GB/T 19650
338	啶虫丙醚	Pyridalyl	0.01		不得检出	日本肯定列表
339	哒草特	Pyridate	0.05		不得检出	日本肯定列表
340	嘧霉胺	Pyrimethanil	0.05		不得检出	GB/T 19650
341	吡丙醚	Pyriproxyfen	0.05		不得检出	GB/T 19650
342	甲氧磺草胺	Pyroxsulam	0.01		不得检出	SN/T 2325
343	氯甲喹啉酸	Quinmerac	0.05		不得检出	参照同类标准
344	喹氧灵	Quinoxyfen	0.2		不得检出	SN/T 2319
345	五氯硝基苯	Quintozene	0.01		不得检出	GB/T 19650
346	精喹禾灵	Quizalofop - P - ethyl	0.05		不得检出	SN/T 2150
347	雷复尼特	Rafoxanide	250μg/kg		不得检出	SN/T1987
348	灭虫菊	Resmethrin	0.1		不得检出	GB/T 20772
349	鱼藤酮	Rotenone	0.01		不得检出	GB/T 20772
350	西玛津	Simazine	0.01		不得检出	SN 0594
351	壮观霉素	Spectinomycin	500μg/kg		不得检出	GB/T 21323
352	乙基多杀菌素	Spinetoram	0.01		不得检出	参照同类标准
353	多杀霉素	Spinosad	2		不得检出	GB/T 20772
354	螺螨酯	Spirodiclofen	0.05		不得检出	GB/T 20772

序号	农兽药中文名	农兽药英文名	欧盟标准限量要求 mg/kg	国家标准限量要求 mg/kg	三安超有机食品标准 限量要求 mg/kg	检测方法
355	螺甲螨酯	Spiromesifen	0.01		不得检出	GB/T 23210
356	螺虫乙酯	Spirotetramat	0.01		不得检出	参照同类标准
357	葚孢菌素	Spiroxamine	0.05		不得检出	GB/T 20772
358	链霉素	Streptomycin	500μg/kg		不得检出	GB/T 21323
359	磺草酮	Sulcotrione	0.05		不得检出	参照同类标准
360	磺胺类（所有属于磺胺类的物质）	Sulfonamides（all substances belonging to the sulfonamide-group）	100μg/kg		不得检出	GB 29694
361	乙黄隆	Sulfosulfuron	0.05		不得检出	SN/T 2325
362	硫磺粉	Sulfur	0.5		不得检出	参照同类标准
363	氟胺氰菊酯	Tau – fluvalinate	0.3		不得检出	SN 0691
364	戊唑醇	Tebuconazole	0.1		不得检出	GB/T 20772
365	虫酰肼	Tebufenozide	0.05		不得检出	GB/T 20772
366	吡螨胺	Tebufenpyrad	0.05		不得检出	GB/T 19650
367	四氯硝基苯	Tecnazene	0.05		不得检出	GB/T 19650
368	氟苯脲	Teflubenzuron	0.05		不得检出	SN/T 2150
369	七氟菊酯	Tefluthrin	0.05		不得检出	GB/T 23210
370	得杀草	Tepraloxydim	0.1		不得检出	GB/T 20772
371	特丁硫磷	Terbufos	0.01		不得检出	GB/T 20772
372	特丁津	Terbuthylazine	0.05		不得检出	GB/T 19650
373	四氟醚唑	Tetraconazole	0.5		不得检出	GB/T 20772
374	三氯杀螨砜	Tetradifon	0.05		不得检出	GB/T 19650
375	噻虫啉	Thiacloprid	0.05		不得检出	GB/T 20772
376	噻虫嗪	Thiamethoxam	0.03		不得检出	GB/T 20772
377	甲砜霉素	Thiamphenicol	50μg/kg		不得检出	GB/T 20756
378	禾草丹	Thiobencarb	0.01		不得检出	GB/T 20772
379	甲基硫菌灵	Thiophanate – methyl	0.05		不得检出	SN/T 0162
380	替米考星	Tilmicosin	50μg/kg		不得检出	GB/T 20762
381	甲基立枯磷	Tolclofos – methyl	0.05		不得检出	GB/T 19650
382	甲苯三嗪酮	Toltrazuril	150μg/kg		不得检出	参照同类标准
383	甲苯氟磺胺	Tolylfluanid	0.1		不得检出	GB/T 19650
384	—	Topramezone	0.05		不得检出	参照同类标准
385	三唑酮和三唑醇	Triadimefon and triadimenol	0.1		不得检出	GB/T 20772
386	野麦畏	Triallate	0.05		不得检出	GB/T 20772
387	醚苯磺隆	Triasulfuron	0.05		不得检出	GB/T 20772
388	三唑磷	Triazophos	0.01		不得检出	GB/T 20772
389	敌百虫	Trichlorphon	0.01		不得检出	GB/T 20772
390	三氯苯哒唑	Triclabendazole	100μg/kg		不得检出	参照同类标准
391	绿草定	Triclopyr	0.05		不得检出	SN/T 2228

序号	农兽药中文名	农兽药英文名	欧盟标准限量要求 mg/kg	国家标准限量要求 mg/kg	三安超有机食品标准	
					限量要求 mg/kg	检测方法
392	三环唑	Tricyclazole	0.05		不得检出	GB/T 20769
393	十三吗啉	Tridemorph	0.01		不得检出	GB/T 20772
394	肟菌酯	Trifloxystrobin	0.04		不得检出	GB/T 19650
395	氟菌唑	Triflumizole	0.05		不得检出	GB/T 20769
396	杀铃脲	Triflumuron	0.01		不得检出	GB/T 20772
397	氟乐灵	Trifluralin	0.01		不得检出	GB/T 20772
398	嗪氨灵	Triforine	0.01		不得检出	SN 0695
399	甲氧苄氨嘧啶	Trimethoprim	50μg/kg		不得检出	SN/T 1769
400	三甲基锍阳离子	Trimethyl – sulfonium cation	0.05		不得检出	参照同类标准
401	抗倒酯	Trinexapac	0.05		不得检出	GB/T 20769
402	灭菌唑	Triticonazole	0.01		不得检出	GB/T 20772
403	三氟甲磺隆	Tritosulfuron	0.01		不得检出	参照同类标准
404	泰乐菌素	Tylosin	100μg/kg		不得检出	GB/T 20762
405	—	Valifenalate	0.01		不得检出	参照同类标准
406	乙烯菌核利	Vinclozolin	0.05		不得检出	GB/T 20772
407	2,3,4,5 – 四氯苯胺	2,3,4,5 – Tetrachloraniline			不得检出	GB/T 19650
408	2,3,4,5 – 四氯甲氧基苯	2,3,4,5 – Tetrachloroanisole			不得检出	GB/T 19650
409	2,3,5,6 – 四氯苯胺	2,3,5,6 – Tetrachloroaniline			不得检出	GB/T 19650
410	2,4,5 – 涕	2,4,5 – T			不得检出	GB/T 20772
411	o,p′ – 滴滴滴	2,4′ – DDD			不得检出	GB/T 19650
412	o,p′ – 滴滴伊	2,4′ – DDE			不得检出	GB/T 19650
413	o,p′ – 滴滴涕	2,4′ – DDT			不得检出	GB/T 19650
414	2,6 – 二氯苯甲酰胺	2,6 – Dichlorobenzamide			不得检出	GB/T 19650
415	3,5 – 二氯苯胺	3,5 – Dichloroaniline			不得检出	GB/T 19650
416	p,p′ – 滴滴滴	4,4′ – DDD			不得检出	GB/T 19650
417	p,p′ – 滴滴伊	4,4′ – DDE			不得检出	GB/T 19650
418	p,p′ – 滴滴涕	4,4′ – DDT			不得检出	GB/T 19650
419	4,4′ – 二溴二苯甲酮	4,4′ – Dibromobenzophenone			不得检出	GB/T 19650
420	4,4′ – 二氯二苯甲酮	4,4′ – Dichlorobenzophenone			不得检出	GB/T 19650
421	二氢苊	Acenaphthene			不得检出	GB/T 19650
422	乙酰丙嗪	Acepromazine			不得检出	GB/T 20763
423	三氟羧草醚	Acifluorfen			不得检出	GB/T 20772
424	1 – 氨基 – 2 – 乙内酰脲	AHD			不得检出	GB/T 21311
425	涕灭砜威	Aldoxycarb			不得检出	GB/T 20772
426	烯丙菊酯	Allethrin			不得检出	GB/T 20772
427	二丙烯草胺	Allidochlor			不得检出	GB/T 19650
428	烯丙孕素	Altrenogest			不得检出	SN/T 1980
429	莠灭净	Ametryn			不得检出	GB/T 20772
430	杀草强	Amitrole			不得检出	SN/T 1737.6

序号	农兽药中文名	农兽药英文名	欧盟标准限量要求 mg/kg	国家标准限量要求 mg/kg	三安超有机食品标准限量要求 mg/kg	三安超有机食品标准检测方法
431	5－吗啉甲基－3－氨基－2－噁唑烷基酮	AMOZ			不得检出	GB/T 21311
432	氨丙嘧吡啶	Amprolium			不得检出	SN/T 0276
433	莎稗磷	Anilofos			不得检出	GB/T 19650
434	蒽醌	Anthraquinone			不得检出	GB/T 19650
435	3－氨基－2－噁唑酮	AOZ			不得检出	GB/T 21311
436	安普霉素	Apramycin			不得检出	GB/T 21323
437	丙硫特普	Aspon			不得检出	GB/T 19650
438	羟氨卡青霉素	Aspoxicillin			不得检出	GB/T 21315
439	乙基杀扑磷	Athidathion			不得检出	GB/T 19650
440	莠去通	Atratone			不得检出	GB/T 19650
441	莠去津	Atrazine			不得检出	GB/T 20772
442	脱乙基阿特拉津	Atrazine－desethyl			不得检出	GB/T 19650
443	甲基吡噁磷	Azamethiphos			不得检出	GB/T 20763
444	氮哌酮	Azaperone			不得检出	SN/T2221
445	叠氮津	Aziprotryne			不得检出	GB/T 19650
446	杆菌肽	Bacitracin			不得检出	GB/T 20743
447	4－溴－3,5－二甲苯基－N－甲基氨基甲酸酯－1	BDMC－1			不得检出	GB/T 19650
448	4－溴－3,5－二甲苯基－N－甲基氨基甲酸酯－2	BDMC－2			不得检出	GB/T 19650
449	噁虫威	Bendiocarb			不得检出	GB/T 20772
450	乙丁氟灵	Benfluralin			不得检出	GB/T 19650
451	呋草黄	Benfuresate			不得检出	GB/T 19650
452	麦锈灵	Benodanil			不得检出	GB/T 19650
453	解草酮	Benoxacor			不得检出	GB/T 19650
454	新燕灵	Benzoylprop－ethyl			不得检出	GB/T 19650
455	倍他米松	Betamethasone			不得检出	SN/T 1970
456	生物烯丙菊酯－1	Bioallethrin－1			不得检出	GB/T 19650
457	生物烯丙菊酯－2	Bioallethrin－2			不得检出	GB/T 19650
458	生物苄呋菊酯	Bioresmethrin			不得检出	GB/T 20772
459	除草定	Bromacil			不得检出	GB/T 20772
460	溴苯烯磷	Bromfenvinfos			不得检出	GB/T 19650
461	溴烯杀	Bromocylen			不得检出	GB/T 19650
462	溴硫磷	Bromofos			不得检出	GB/T 19650
463	乙基溴硫磷	Bromophos－ethyl			不得检出	GB/T 19650
464	溴丁酰草胺	Btomobutide			不得检出	GB/T 19650
465	氟丙嘧草酯	Butafenacil			不得检出	GB/T 19650
466	抑草磷	Butamifos			不得检出	GB/T 19650

序号	农兽药中文名	农兽药英文名	欧盟标准限量要求 mg/kg	国家标准限量要求 mg/kg	三安超有机食品标准	
					限量要求 mg/kg	检测方法
467	丁草胺	Butaxhlor			不得检出	GB/T 19650
468	苯酮唑	Cafenstrole			不得检出	GB/T 19650
469	角黄素	Canthaxanthin			不得检出	SN/T 2327
470	咔唑心安	Carazolol			不得检出	GB/T 20763
471	卡巴氧	Carbadox			不得检出	GB/T 20746
472	三硫磷	Carbophenothion			不得检出	GB/T 19650
473	唑草酮	Carfentrazone – ethyl			不得检出	GB/T 19650
474	卡洛芬	Carprofen			不得检出	SN/T 2190
475	头孢洛宁	Cefalonium			不得检出	GB/T 22989
476	头孢匹林	Cefapirin			不得检出	GB/T 22989
477	头孢喹肟	Cefquinome			不得检出	GB/T 22989
478	头孢氨苄	Cefalexin			不得检出	GB/T 22989
479	氯霉素	Chloramphenicolum			不得检出	GB/T 20772
480	氯杀螨砜	Chlorbenside sulfone			不得检出	GB/T 19650
481	氯溴隆	Chlorbromuron			不得检出	GB/T 19650
482	杀虫脒	Chlordimeform			不得检出	GB/T 19650
483	氯氧磷	Chlorethoxyfos			不得检出	GB/T 19650
484	溴虫腈	Chlorfenapyr			不得检出	GB/T 19650
485	杀螨醇	Chlorfenethol			不得检出	GB/T 19650
486	燕麦酯	Chlorfenprop – methyl			不得检出	GB/T 19650
487	氟啶脲	Chlorfluazuron			不得检出	SN/T 2540
488	整形醇	Chlorflurenol			不得检出	GB/T 19650
489	氯地孕酮	Chlormadinone			不得检出	SN/T 1980
490	醋酸氯地孕酮	Chlormadinone acetate			不得检出	GB/T 20753
491	氯甲硫磷	Chlormephos			不得检出	GB/T 19650
492	氯苯甲醚	Chloroneb			不得检出	GB/T 19650
493	丙酯杀螨醇	Chloropropylate			不得检出	GB/T 19650
494	氯丙嗪	Chlorpromazine			不得检出	GB/T 20763
495	毒死蜱	Chlorpyrifos			不得检出	GB/T 19650
496	金霉素	Chlortetracycline			不得检出	GB/T 21317
497	氯硫磷	Chlorthion			不得检出	GB/T 19650
498	虫螨磷	Chlorthiophos			不得检出	GB/T 19650
499	乙菌利	chlozolinate			不得检出	GB/T 19650
500	顺式 – 氯丹	cis – Chlordane			不得检出	GB/T 19650
501	顺式 – 燕麦敌	cis – Diallate			不得检出	GB/T 19650
502	顺式 – 氯菊酯	cis – Permethrin			不得检出	GB/T 19650
503	克仑特罗	Clenbuterol			不得检出	GB/T 22286
504	异噁草酮	Clomazone			不得检出	GB/T 20772
505	氯甲酰草胺	Clomeprop			不得检出	GB/T 19650

序号	农兽药中文名	农兽药英文名	欧盟标准限量要求 mg/kg	国家标准限量要求 mg/kg	三安超有机食品标准 限量要求 mg/kg	三安超有机食品标准 检测方法
506	氯羟吡啶	Clopidol			不得检出	GB 29700
507	解草酯	Cloquintocet – mexyl			不得检出	GB/T 19650
508	蝇毒磷	Coumaphos			不得检出	GB/T 19650
509	鼠立死	Crimidine			不得检出	GB/T 19650
510	巴毒磷	Crotxyphos			不得检出	GB/T 19650
511	育畜磷	Crufomate			不得检出	GB/T 19650
512	苯腈磷	Cyanofenphos			不得检出	GB/T 19650
513	杀螟腈	Cyanophos			不得检出	GB/T 20772
514	环草敌	Cycloate			不得检出	GB/T 20772
515	环莠隆	Cycluron			不得检出	GB/T 20772
516	环丙津	Cyprazine			不得检出	GB/T 20772
517	敌草索	Dacthal			不得检出	GB/T 19650
518	癸氧喹酯	Decoquinate			不得检出	SN/T 2444
519	脱叶磷	DEF			不得检出	GB/T 19650
520	2,2′,4,5,5′ – 五氯联苯	DE – PCB 101			不得检出	GB/T 19650
521	2,3,4,4′,5 – 五氯联苯	DE – PCB 118			不得检出	GB/T 19650
522	2,2′,3,4,4′,5 – 六氯联苯	DE – PCB 138			不得检出	GB/T 19650
523	2,2′,4,4′,5,5′ – 六氯联苯	DE – PCB 153			不得检出	GB/T 19650
524	2,2′,3,4,4′,5,5′ – 七氯联苯	DE – PCB 180			不得检出	GB/T 19650
525	2,4,4′ – 三氯联苯	DE – PCB 28			不得检出	GB/T 19650
526	2,4,5 – 三氯联苯	DE – PCB 31			不得检出	GB/T 19650
527	2,2′,5,5′ – 四氯联苯	DE – PCB 52			不得检出	GB/T 19650
528	脱溴溴苯磷	Desbrom – leptophos			不得检出	GB/T 19650
529	脱乙基另丁津	Desethyl – sebuthylazine			不得检出	GB/T 19650
530	敌草净	Desmetryn			不得检出	GB/T 19650
531	地塞米松	Dexamethasone			不得检出	SN/T 1970
532	氯亚胺硫磷	Dialifos			不得检出	GB/T 19650
533	敌菌净	Diaveridine			不得检出	SN/T 1926
534	驱虫特	Dibutyl succinate			不得检出	GB/T 20772
535	异氯磷	Dicapthon			不得检出	GB/T 20772
536	除线磷	Dichlofenthion			不得检出	GB/T 20772
537	苯氟磺胺	Dichlofluanid			不得检出	GB/T 19650
538	烯丙酰草胺	Dichlormid			不得检出	GB/T 19650
539	敌敌畏	Dichlorvos			不得检出	GB/T 20772
540	苄氯三唑醇	Diclobutrazole			不得检出	GB/T 20772
541	禾草灵	Diclofop – methyl			不得检出	GB/T 19650
542	己烯雌酚	Diethylstilbestrol			不得检出	GB/T 20766
543	甲氟磷	Dimefox			不得检出	GB/T 19650

序号	农兽药中文名	农兽药英文名	欧盟标准限量要求 mg/kg	国家标准限量要求 mg/kg	三安超有机食品标准 限量要求 mg/kg	检测方法
544	哌草丹	Dimepiperate			不得检出	GB/T 19650
545	异戊乙净	Dimethametryn			不得检出	GB/T 19650
546	二甲酚草胺	Dimethenamid			不得检出	GB/T 19650
547	乐果	Dimethoate			不得检出	GB/T 20772
548	甲基毒虫畏	Dimethylvinphos			不得检出	GB/T 19650
549	地美硝唑	Dimetridazole			不得检出	GB/T 21318
550	二硝托安	Dinitolmide			不得检出	SN/T 2453
551	氨氟灵	Dinitramine			不得检出	GB/T 19650
552	消螨通	Dinobuton			不得检出	GB/T 19650
553	呋虫胺	Dinotefuran			不得检出	GB/T 20772
554	苯虫醚-1	Diofenolan-1			不得检出	GB/T 19650
555	苯虫醚-2	Diofenolan-2			不得检出	GB/T 19650
556	蔬果磷	Dioxabenzofos			不得检出	GB/T 19650
557	双苯酰草胺	Diphenamid			不得检出	GB/T 19650
558	二苯胺	Diphenylamine			不得检出	GB/T 19650
559	异丙净	Dipropetryn			不得检出	GB/T 19650
560	灭菌磷	Ditalimfos			不得检出	GB/T 19650
561	氟硫草定	Dithiopyr			不得检出	GB/T 19650
562	强力霉素	Doxycycline			不得检出	GB/T 20764
563	敌瘟磷	Edifenphos			不得检出	GB/T 19650
564	硫丹硫酸盐	Endosulfan-sulfate			不得检出	GB/T 19650
565	异狄氏剂酮	Endrin ketone			不得检出	GB/T 19650
566	苯硫磷	EPN			不得检出	GB/T 19650
567	抑草蓬	Erbon			不得检出	GB/T 19650
568	S-氰戊菊酯	Esfenvalerate			不得检出	GB/T 19650
569	戊草丹	Esprocarb			不得检出	GB/T 19650
570	乙环唑-1	Etaconazole-1			不得检出	GB/T 19650
571	乙环唑-2	Etaconazole-2			不得检出	GB/T 19650
572	乙嘧硫磷	Etrimfos			不得检出	GB/T 19650
573	氧乙嘧硫磷	Etrimfos oxon			不得检出	GB/T 19650
574	伐灭磷	Famphur			不得检出	GB/T 19650
575	苯线磷亚砜	Fenamiphos sulfoxide			不得检出	GB/T 19650
576	苯线磷砜	Fenamiphos-sulfone			不得检出	GB/T 19650
577	氧皮蝇磷	Fenchlorphos oxon			不得检出	GB/T 19650
578	甲呋酰胺	Fenfuram			不得检出	GB/T 19650
579	仲丁威	Fenobucarb			不得检出	GB/T 19650
580	苯硫威	Fenothiocarb			不得检出	GB/T 19650
581	稻瘟酰胺	Fenoxanil			不得检出	GB/T 19650
582	拌种咯	Fenpiclonil			不得检出	GB/T 19650

序号	农兽药中文名	农兽药英文名	欧盟标准限量要求 mg/kg	国家标准限量要求 mg/kg	三安超有机食品标准 限量要求 mg/kg	检测方法
583	甲氰菊酯	Fenpropathrin			不得检出	GB/T 19650
584	芬螨酯	Fenson			不得检出	GB/T 19650
585	丰索磷	Fensulfothion			不得检出	GB/T 19650
586	倍硫磷亚砜	Fenthion sulfoxide			不得检出	GB/T 19650
587	麦草氟异丙酯	Flamprop – isopropyl			不得检出	GB/T 19650
588	麦草氟甲酯	Flamprop – methyl			不得检出	GB/T 19650
589	氟苯尼考	Florfenicol			不得检出	GB/T 20756
590	吡氟禾草灵	Fluazifop – butyl			不得检出	GB/T 19650
591	啶蜱脲	Fluazuron			不得检出	SN/T 2540
592	氟苯咪唑	Flubendazole			不得检出	GB/T 21324
593	氟噻草胺	Flufenacet			不得检出	GB/T 19650
594	氟节胺	Flumetralin			不得检出	GB/T 19650
595	唑嘧磺草胺	Flumetsulam			不得检出	GB/T 20772
596	氟烯草酸	Flumiclorac			不得检出	GB/T 19650
597	丙炔氟草胺	Flumioxazin			不得检出	GB/T 19650
598	氟胺烟酸	Flunixin			不得检出	GB/T 20750
599	三氟硝草醚	Fluorodifen			不得检出	GB/T 19650
600	乙羧氟草醚	Fluoroglycofen – ethyl			不得检出	GB/T 19650
601	三氟苯唑	Fluotrimazole			不得检出	GB/T 19650
602	氟啶草酮	Fluridone			不得检出	GB/T 19650
603	氟草烟 – 1 – 甲庚酯	Fluroxypr – 1 – methylheptyl ester			不得检出	GB/T 19650
604	呋草酮	Flurtamone			不得检出	GB/T 19650
605	地虫硫磷	Fonofos			不得检出	GB/T 19650
606	安果	Formothion			不得检出	GB/T 19650
607	呋霜灵	Furalaxyl			不得检出	GB/T 19650
608	庆大霉素	Gentamicin			不得检出	GB/T 21323
609	苄螨醚	Halfenprox			不得检出	GB/T 19650
610	氟哌啶醇	Haloperidol			不得检出	GB/T 20763
611	庚烯磷	Heptanophos			不得检出	GB/T 19650
612	己唑醇	Hexaconazole			不得检出	GB/T 19650
613	环嗪酮	Hexazinone			不得检出	GB/T 19650
614	咪草酸	Imazamethabenz – methyl			不得检出	GB/T 19650
615	脱苯甲基亚胺唑	Imibenconazole – des – benzyl			不得检出	GB/T 19650
616	炔咪菊酯 – 1	Imiprothrin – 1			不得检出	SN/T 19650
617	炔咪菊酯 – 2	Imiprothrin – 2			不得检出	GB/T 19650
618	碘硫磷	Iodofenphos			不得检出	GB/T 19650
619	甲基碘磺隆	Iodosulfuron – methyl			不得检出	GB/T 20772
620	异稻瘟净	Iprobenfos			不得检出	GB/T 19650

序号	农兽药中文名	农兽药英文名	欧盟标准限量要求 mg/kg	国家标准限量要求 mg/kg	三安超有机食品标准	
					限量要求 mg/kg	检测方法
621	氯唑磷	Isazofos			不得检出	GB/T 19650
622	碳氯灵	Isobenzan			不得检出	GB/T 19650
623	丁咪酰胺	Isocarbamid			不得检出	GB/T 19650
624	水胺硫磷	Isocarbophos			不得检出	GB/T 19650
625	异艾氏剂	Isodrin			不得检出	GB/T 19650
626	异柳磷	Isofenphos			不得检出	GB/T 19650
627	氧异柳磷	Isofenphos oxon			不得检出	GB/T 19650
628	氮氨菲啶	Isometamidium			不得检出	SN/T 2239
629	丁嗪草酮	Isomethiozin			不得检出	GB/T 19650
630	异丙威－1	Isoprocarb－1			不得检出	GB/T 19650
631	异丙威－2	Isoprocarb－2			不得检出	GB/T 19650
632	异丙乐灵	Isopropalin			不得检出	GB/T 19650
633	稻瘟灵	Isoprothiolane			不得检出	GB/T 20772
634	双苯恶唑酸	Isoxadifen－ethyl			不得检出	GB/T 19650
635	异恶氟草	Isoxaflutole			不得检出	GB/T 20772
636	恶唑啉	Isoxathion			不得检出	GB/T 19650
637	交沙霉素	Josamycin			不得检出	GB/T 20762
638	拉沙里菌素	Lasalocid			不得检出	SN 0501
639	溴苯磷	Leptophos			不得检出	GB/T 19650
640	左旋咪唑	Levamisole			不得检出	SN 0349
641	利谷隆	Linuron			不得检出	GB/T 19650
642	麻保沙星	Marbofloxacin			不得检出	GB/T 22985
643	2－甲－4－氯丁氧乙基酯	MCPA－butoxyethyl ester			不得检出	GB/T 19650
644	灭蚜磷	Mecarbam			不得检出	GB/T 19650
645	二甲四氯丙酸	Mecoprop			不得检出	SN/T 2325
646	苯噻酰草胺	Mefenacet			不得检出	GB/T 19650
647	吡唑解草酯	Mefenpyr－diethyl			不得检出	GB/T 19650
648	醋酸甲地孕酮	Megestrol acetate			不得检出	GB/T 20753
649	醋酸美仑孕酮	Melengestrol acetate			不得检出	GB/T 20753
650	嘧菌胺	Mepanipyrim			不得检出	GB/T 19650
651	地胺磷	Mephosfolan			不得检出	GB/T 19650
652	灭锈胺	Mepronil			不得检出	GB/T 19650
653	硝磺草酮	Mesotrione			不得检出	参照同类标准
654	呋菌胺	Methfuroxam			不得检出	GB/T 19650
655	灭梭威砜	Methiocarb sulfone			不得检出	GB/T 19650
656	盖草津	Methoprotryne			不得检出	GB/T 19650
657	甲醚菊酯－1	Methothrin－1			不得检出	GB/T 19650
658	甲醚菊酯－2	Methothrin－2			不得检出	GB/T 19650
659	甲基泼尼松龙	Methylprednisolone			不得检出	GB/T 21981

序号	农兽药中文名	农兽药英文名	欧盟标准限量要求 mg/kg	国家标准限量要求 mg/kg	三安超有机食品标准	
					限量要求 mg/kg	检测方法
660	溴谷隆	Metobromuron			不得检出	GB/T 19650
661	甲氧氯普胺	Metoclopramide			不得检出	SN/T 2227
662	苯氧菌胺－1	Metominsstrobin－1			不得检出	GB/T 19650
663	苯氧菌胺－2	Metominsstrobin－2			不得检出	GB/T 19650
664	甲硝唑	Metronidazole			不得检出	GB/T 21318
665	速灭磷	Mevinphos			不得检出	GB/T 19650
666	兹克威	Mexacarbate			不得检出	GB/T 19650
667	灭蚁灵	Mirex			不得检出	GB/T 19650
668	禾草敌	Molinate			不得检出	GB/T 19650
669	庚酰草胺	Monalide			不得检出	GB/T 19650
670	莫能菌素	Monensin			不得检出	SN 0698
671	合成麝香	Musk ambrecte			不得检出	GB/T 19650
672	麝香	Musk moskene			不得检出	GB/T 19650
673	西藏麝香	Musk tibeten			不得检出	GB/T 19650
674	二甲苯麝香	Musk xylene			不得检出	GB/T 19650
675	二溴磷	Naled			不得检出	SN/T 0706
676	萘丙胺	Naproanilide			不得检出	GB/T 19650
677	甲基盐霉素	Narasin			不得检出	GB/T 20364
678	甲磺乐灵	Nitralin			不得检出	GB/T 19650
679	三氯甲基吡啶	Nitrapyrin			不得检出	GB/T 19650
680	酞菌酯	Nitrothal－isopropyl			不得检出	GB/T 19650
681	诺氟沙星	Norfloxacin			不得检出	GB/T 20366
682	氟草敏	Norflurazon			不得检出	GB/T 19650
683	新生霉素	Novobiocin			不得检出	SN 0674
684	氟苯嘧啶醇	Nuarimol			不得检出	GB/T 19650
685	八氯苯乙烯	Octachlorostyrene			不得检出	GB/T 19650
686	氧氟沙星	Ofloxacin			不得检出	GB/T 20366
687	呋酰胺	Ofurace			不得检出	GB/T 19650
688	喹乙醇	Olaquindox			不得检出	GB/T 20746
689	竹桃霉素	Oleandomycin			不得检出	GB/T 20762
690	氧乐果	Omethoate			不得检出	GB/T 19650
691	奥比沙星	Orbifloxacin			不得检出	GB/T 22985
692	杀线威	Oxamyl			不得检出	GB/T 20772
693	丙氧苯咪唑	Oxibendazole			不得检出	GB/T 21324
694	氧化氯丹	Oxy－chlordane			不得检出	GB/T 19650
695	土霉素	Oxytetracycline			不得检出	GB/T 21317
696	对氧磷	Paraoxon			不得检出	GB/T 19650
697	甲基对氧磷	Paraoxon－methyl			不得检出	GB/T 19650
698	克草敌	Pebulate			不得检出	GB/T 19650

序号	农兽药中文名	农兽药英文名	欧盟标准限量要求 mg/kg	国家标准限量要求 mg/kg	三安超有机食品标准 限量要求 mg/kg	检测方法
699	五氯苯胺	Pentachloroaniline			不得检出	GB/T 19650
700	五氯甲氧基苯	Pentachloroanisole			不得检出	GB/T 19650
701	五氯苯	Pentachlorobenzene			不得检出	GB/T 19650
702	乙滴涕	Perthane			不得检出	GB/T 19650
703	菲	Phenanthrene			不得检出	GB/T 19650
704	稻丰散	Phenthoate			不得检出	GB/T 19650
705	甲拌磷砜	Phorate sulfone			不得检出	GB/T 19650
706	磷胺 - 1	Phosphamidon - 1			不得检出	GB/T 19650
707	磷胺 - 2	Phosphamidon - 2			不得检出	GB/T 19650
708	酞酸苯甲基丁酯	Phthalic acid,benzylbutyl ester			不得检出	GB/T 19650
709	四氯苯肽	Phthalide			不得检出	GB/T 19650
710	邻苯二甲酰亚胺	Phthalimide			不得检出	GB/T 19650
711	氟吡酰草胺	Picolinafen			不得检出	GB/T 19650
712	增效醚	Piperonyl butoxide			不得检出	GB/T 19650
713	哌草磷	Piperophos			不得检出	GB/T 19650
714	乙基虫螨清	Pirimiphos - ethyl			不得检出	GB/T 19650
715	吡利霉素	Pirlimycin			不得检出	GB/T 22988
716	炔丙菊酯	Prallethrin			不得检出	GB/T 19650
717	泼尼松龙	Prednisolone			不得检出	GB/T 21981
718	丙草胺	Pretilachlor			不得检出	GB/T 19650
719	环丙氟灵	Profluralin			不得检出	GB/T 19650
720	茉莉酮	Prohydrojasmon			不得检出	GB/T 19650
721	扑灭通	Prometon			不得检出	GB/T 19650
722	扑草净	Prometryne			不得检出	GB/T 19650
723	炔丙烯草胺	Pronamide			不得检出	GB/T 19650
724	敌稗	Propanil			不得检出	GB/T 19650
725	扑灭津	Propazine			不得检出	GB/T 19650
726	胺丙畏	Propetamphos			不得检出	GB/T 19650
727	丙酰二甲氨基丙吩噻嗪	Propionylpromazin			不得检出	GB/T 20763
728	丙硫磷	Prothiophos			不得检出	GB/T 19650
729	哒嗪硫磷	Ptridaphenthion			不得检出	GB/T 19650
730	吡唑硫磷	Pyraclofos			不得检出	GB/T 19650
731	吡草醚	Pyraflufen - ethyl			不得检出	GB/T 19650
732	啶斑肟 - 1	Pyrifenox - 1			不得检出	GB/T 19650
733	啶斑肟 - 2	Pyrifenox - 2			不得检出	GB/T 19650
734	环酯草醚	Pyriftalid			不得检出	GB/T 19650
735	嘧螨醚	Pyrimidifen			不得检出	GB/T 19650
736	嘧草醚	Pyriminobac - methyl			不得检出	GB/T 19650
737	嘧啶磷	Pyrimitate			不得检出	GB/T 19650

序号	农兽药中文名	农兽药英文名	欧盟标准限量要求 mg/kg	国家标准限量要求 mg/kg	三安超有机食品标准 限量要求 mg/kg	检测方法
738	喹硫磷	Quinalphos			不得检出	GB/T 19650
739	灭藻醌	Quinoclamine			不得检出	GB/T 19650
740	苯氧喹啉	Quinoxyphen			不得检出	GB/T 19650
741	吡咪唑	Rabenzazole			不得检出	GB/T 19650
742	莱克多巴胺	Ractopamine			不得检出	GB/T 21313
743	洛硝达唑	Ronidazole			不得检出	GB/T 21318
744	皮蝇磷	Ronnel			不得检出	GB/T 19650
745	盐霉素	Salinomycin			不得检出	GB/T 20364
746	沙拉沙星	Sarafloxacin			不得检出	GB/T 20366
747	另丁津	Sebutylazine			不得检出	GB/T 19650
748	密草通	Secbumeton			不得检出	GB/T 19650
749	氨基脲	Semduramicin			不得检出	GB/T 20752
750	烯禾啶	Sethoxydim			不得检出	GB/T 19650
751	氟硅菊酯	Silafluofen			不得检出	GB/T 19650
752	硅氟唑	Simeconazole			不得检出	GB/T 19650
753	西玛通	Simetone			不得检出	GB/T 19650
754	西草净	Simetryn			不得检出	GB/T 19650
755	螺旋霉素	Spiramycin			不得检出	GB/T 20762
756	磺胺苯酰	Sulfabenzamide			不得检出	GB/T 21316
757	磺胺醋酰	Sulfacetamide			不得检出	GB/T 21316
758	磺胺氯哒嗪	Sulfachloropyridazine			不得检出	GB/T 21316
759	磺胺嘧啶	Sulfadiazine			不得检出	GB/T 21316
760	磺胺间二甲氧嘧啶	Sulfadimethoxine			不得检出	GB/T 21316
761	磺胺二甲嘧啶	Sulfadimidine			不得检出	GB/T 21316
762	磺胺多辛	Sulfadoxine			不得检出	GB/T 21316
763	磺胺脒	Sulfaguanidine			不得检出	GB/T 21316
764	菜草畏	Sulfallate			不得检出	GB/T 19650
765	磺胺甲嘧啶	Sulfamerazine			不得检出	GB/T 21316
766	新诺明	Sulfamethoxazole			不得检出	GB/T 21316
767	磺胺间甲氧嘧啶	Sulfamonomethoxine			不得检出	GB/T 21316
768	乙酰磺胺对硝基苯	Sulfanitran			不得检出	GB/T 20772
769	磺胺吡啶	Sulfapyridine			不得检出	GB/T 21316
770	磺胺喹沙啉	Sulfaquinoxaline			不得检出	GB/T 21316
771	磺胺噻唑	Sulfathiazole			不得检出	GB/T 21316
772	治螟磷	Sulfotep			不得检出	GB/T 19650
773	硫丙磷	Sulprofos			不得检出	GB/T 19650
774	苯噻硫氰	TCMTB			不得检出	GB/T 19650
775	丁基嘧啶磷	Tebupirimfos			不得检出	GB/T 19650
776	牧草胺	Tebutam			不得检出	GB/T 19650

序号	农兽药中文名	农兽药英文名	欧盟标准限量要求 mg/kg	国家标准限量要求 mg/kg	三安超有机食品标准	
					限量要求 mg/kg	检测方法
777	丁噻隆	Tebuthiuron			不得检出	GB/T 20772
778	双硫磷	Temephos			不得检出	GB/T 20772
779	特草灵	Terbucarb			不得检出	GB/T 19650
780	特丁通	Terbumeron			不得检出	GB/T 19650
781	特丁净	Terbutryn			不得检出	GB/T 19650
782	四氢邻苯二甲酰亚胺	Tetrabydrophthalimide			不得检出	GB/T 19650
783	杀虫畏	Tetrachlorvinphos			不得检出	GB/T 19650
784	四环素	Tetracycline			不得检出	GB/T 21317
785	胺菊酯	Tetramethirn			不得检出	GB/T 19650
786	杀螨氯硫	Tetrasul			不得检出	GB/T 19650
787	噻吩草胺	Thenylchlor			不得检出	GB/T 19650
788	噻唑烟酸	Thiazopyr			不得检出	GB/T 19650
789	噻苯隆	Thidiazuron			不得检出	GB/T 20772
790	噻吩磺隆	Thifensulfuron – methyl			不得检出	GB/T 20772
791	甲基乙拌磷	Thiometon			不得检出	GB/T 20772
792	虫线磷	Thionazin			不得检出	GB/T 19650
793	硫普罗宁	Tiopronin			不得检出	SN/T 2225
794	三甲苯草酮	Tralkoxydim			不得检出	GB/T 19650
795	四溴菊酯	Tralomethrin			不得检出	SN/T 2320
796	反式 – 氯丹	*trans* – Chlordane			不得检出	GB/T 19650
797	反式 – 燕麦敌	*trans* – Diallate			不得检出	GB/T 19650
798	四氟苯菊酯	Transfluthrin			不得检出	GB/T 19650
799	反式九氯	*trans* – Nonachlor			不得检出	GB/T 19650
800	反式 – 氯菊酯	*trans* – Permethrin			不得检出	GB/T 19650
801	群勃龙	Trenbolone			不得检出	GB/T 21981
802	威菌磷	Triamiphos			不得检出	GB/T 19650
803	毒壤磷	Trichloronate			不得检出	GB/T 19650
804	灭草环	Tridiphane			不得检出	GB/T 19650
805	草达津	Trietazine			不得检出	GB/T 19650
806	三异丁基磷酸盐	Tri – *iso* – butyl phosphate			不得检出	GB/T 19650
807	三正丁基磷酸盐	Tri – *n* – butyl phosphate			不得检出	GB/T 19650
808	三苯基磷酸盐	Triphenyl phosphate			不得检出	GB/T 19650
809	烯效唑	Uniconazole			不得检出	GB/T 19650
810	灭草敌	Vernolate			不得检出	GB/T 19650
811	维吉尼霉素	Virginiamycin			不得检出	GB/T 20765
812	杀鼠灵	War farin			不得检出	GB/T 20772
813	甲苯噻嗪	Xylazine			不得检出	GB/T 20763
814	右环十四酮酚	Zeranol			不得检出	GB/T 21982
815	苯酰菌胺	Zoxamide			不得检出	GB/T 19650

3.3 绵羊肝脏 Sheep Liver

序号	农兽药中文名	农兽药英文名	欧盟标准限量要求 mg/kg	国家标准限量要求 mg/kg	三安超有机食品标准	
					限量要求 mg/kg	检测方法
1	1,1-二氯-2,2-二(4-乙苯)乙烷	1,1-Dichloro-2,2-bis(4-ethylphenyl)ethane	0.01		不得检出	日本肯定列表（增补本1）
2	1,2-二氯乙烷	1,2-Dichloroethane	0.1		不得检出	SN/T 2238
3	1,3-二氯丙烯	1,3-Dichloropropene	0.01		不得检出	SN/T 2238
4	1-萘乙酸	1-Naphthylacetic acid	0.05		不得检出	SN/T 2228
5	2,4-滴	2,4-D	0.05		不得检出	GB/T 20772
6	2,4-滴丁酸	2,4-DB	0.1		不得检出	GB/T 20769
7	2-苯酚	2-Phenylphenol	0.05		不得检出	GB/T 19650
8	阿维菌素	Abamectin	0.02		不得检出	SN/T 2661
9	乙酰甲胺磷	Acephate			不得检出	GB/T 20772
10	灭螨醌	Acequinocyl	0.01		不得检出	参照同类标准
11	啶虫脒	Acetamiprid	0.1		不得检出	GB/T 20772
12	乙草胺	Acetochlor	0.01		不得检出	GB/T 19650
13	苯并噻二唑	Acibenzolar-S-methyl	0.02		不得检出	GB/T 20772
14	苯草醚	Aclonifen	0.02		不得检出	GB/T 20772
15	氟丙菊酯	Acrinathrin	0.05		不得检出	GB/T 19648
16	甲草胺	Alachlor	0.01		不得检出	GB/T 20772
17	阿苯达唑	Albendazole	1000μg/kg		不得检出	GB 29687
18	氧阿苯达唑	Albendazole oxide	1000μg/kg		不得检出	参照同类标准
19	涕灭威	Aldicarb	0.01		不得检出	GB/T 20772
20	艾氏剂和狄氏剂	Aldrin and dieldrin	0.2		不得检出	GB/T 19650
21	顺式-氯氰菊酯	Alpha-cypermethrin	20μg/kg		不得检出	GB/T 19650
22	—	Ametoctradin	0.03		不得检出	参照同类标准
23	酰嘧磺隆	Amidosulfuron	0.02		不得检出	参照同类标准
24	氯氨吡啶酸	Aminopyralid	0.02		不得检出	GB/T 23211
25	—	Amisulbrom	0.01		不得检出	参照同类标准
26	双甲脒	Amitraz	100μg/kg		不得检出	GB/T 19650
27	阿莫西林	Amoxicillin	50μg/kg		不得检出	NY/T 830
28	氨苄青霉素	Ampicillin	50μg/kg		不得检出	GB/T 21315
29	敌菌灵	Anilazine	0.01		不得检出	GB/T 20769
30	杀螨特	Aramite	0.01		不得检出	GB/T 19650
31	磺草灵	Asulam	0.1		不得检出	日本肯定列表（增补本1）
32	印楝素	Azadirachtin	0.01		不得检出	SN/T 3264
33	益棉磷	Azinphos-ethyl	0.01		不得检出	GB/T 19650
34	保棉磷	Azinphos-methyl	0.01		不得检出	GB/T 20772
35	三唑锡和三环锡	Azocyclotin and cyhexatin	0.05		不得检出	SN/T 1990

序号	农兽药中文名	农兽药英文名	欧盟标准限量要求 mg/kg	国家标准限量要求 mg/kg	三安超有机食品标准 限量要求 mg/kg	三安超有机食品标准 检测方法
36	嘧菌酯	Azoxystrobin	0.07		不得检出	GB/T 20772
37	燕麦灵	Barban	0.05		不得检出	参照同类标准
38	氟丁酰草胺	Beflubutamid	0.05		不得检出	参照同类标准
39	苯霜灵	Benalaxyl	0.05		不得检出	GB/T 20772
40	丙硫克百威	Benfuracarb	0.02		不得检出	GB/T 20772
41	苄青霉素	Benzyl pencillin	50μg/kg		不得检出	GB/T 21315
42	联苯肼酯	Bifenazate	0.01		不得检出	GB/T 20772
43	甲羧除草醚	Bifenox	0.05		不得检出	GB/T 23210
44	联苯菊酯	Bifenthrin	0.2		不得检出	GB/T 19650
45	乐杀螨	Binapacryl	0.01		不得检出	SN 0523
46	联苯	Biphenyl	0.01		不得检出	GB/T 19650
47	联苯三唑醇	Bitertanol	0.05		不得检出	GB/T 20772
48	—	Bixafen	1,5		不得检出	参照同类标准
49	啶酰菌胺	Boscalid	0.2		不得检出	GB/T 20772
50	溴离子	Bromide ion	0.05		不得检出	GB/T 5009.167
51	溴螨酯	Bromopropylate	0.01		不得检出	GB/T 19650
52	溴苯腈	Bromoxynil	0.05		不得检出	GB/T 20772
53	糠菌唑	Bromuconazole	0.05		不得检出	GB/T 19650
54	乙嘧酚磺酸酯	Bupirimate	0.05		不得检出	GB/T 19650
55	噻嗪酮	Buprofezin	0.05		不得检出	GB/T 20772
56	仲丁灵	Butralin	0.02		不得检出	GB/T 19650
57	丁草敌	Butylate	0.01		不得检出	GB/T 19650
58	硫线磷	Cadusafos	0.01		不得检出	GB/T 19650
59	毒杀芬	Camphechlor	0.05		不得检出	YC/T 180
60	敌菌丹	Captafol	0.01		不得检出	GB/T 23210
61	克菌丹	Captan	0.02		不得检出	GB/T 19648
62	甲萘威	Carbaryl	0.05		不得检出	GB/T 20796
63	多菌灵和苯菌灵	Carbendazim and benomyl	0.05		不得检出	GB/T 20772
64	长杀草	Carbetamide	0.05		不得检出	GB/T 20772
65	克百威	Carbofuran	0.01		不得检出	GB/T 20772
66	丁硫克百威	Carbosulfan	0.05		不得检出	GB/T 19650
67	萎锈灵	Carboxin	0.05		不得检出	GB/T 20772
68	头孢噻呋	Ceftiofur	2000μg/kg		不得检出	GB/T 21314
69	氯虫苯甲酰胺	Chlorantraniliprole	0.2		不得检出	参照同类标准
70	杀螨醚	Chlorbenside	0.05		不得检出	GB/T 19650
71	氯炔灵	Chlorbufam	0.05		不得检出	GB/T 20772
72	氯丹	Chlordane	0.05		不得检出	GB/T 5009.19
73	十氯酮	Chlordecone	0.1		不得检出	参照同类标准
74	杀螨酯	Chlorfenson	0.05		不得检出	GB/T 19650

序号	农兽药中文名	农兽药英文名	欧盟标准限量要求 mg/kg	国家标准限量要求 mg/kg	三安超有机食品标准	
					限量要求 mg/kg	检测方法
75	毒虫畏	Chlorfenvinphos	0.01		不得检出	GB/T 19650
76	氯草敏	Chloridazon	0.1		不得检出	GB/T 20772
77	矮壮素	Chlormequat	0.05		不得检出	GB/T 23211
78	乙酯杀螨醇	Chlorobenzilate	0.1		不得检出	GB/T 23210
79	百菌清	Chlorothalonil	0.2		不得检出	SN/T 2320
80	绿麦隆	Chlortoluron	0.05		不得检出	GB/T 20772
81	枯草隆	Chloroxuron	0.05		不得检出	SN/T 2150
82	氯苯胺灵	Chlorpropham	0.05		不得检出	GB/T 19650
83	甲基毒死蜱	Chlorpyrifos – methyl	0.05		不得检出	GB/T 19650
84	氯磺隆	Chlorsulfuron	0.01		不得检出	GB/T 20772
85	金霉素	Chlortetracycline	300μg/kg		不得检出	GB/T 21317
86	氯酞酸甲酯	Chlorthaldimethyl	0.01		不得检出	GB/T 19650
87	氯硫酰草胺	Chlorthiamid	0.02		不得检出	GB/T 20772
88	烯草酮	Clethodim	0.2		不得检出	GB/T 19650
89	炔草酯	Clodinafop – propargyl	0.02		不得检出	GB/T 19650
90	四螨嗪	Clofentezine	0.1		不得检出	GB/T 20772
91	二氯吡啶酸	Clopyralid	0.06		不得检出	SN/T 2228
92	氯氰碘柳胺	Closantel	1500μg/kg		不得检出	SN/T 1628
93	噻虫胺	Clothianidin	0.2		不得检出	GB/T 20772
94	邻氯青霉素	Cloxacillin	300μg/kg		不得检出	GB/T 18932.25
95	黏菌素	Colistin	150μg/kg		不得检出	参照同类标准
96	铜化合物	Copper compounds	30		不得检出	参照同类标准
97	环烷基酰苯胺	Cyclanilide	0.01		不得检出	参照同类标准
98	噻草酮	Cycloxydim	0.05		不得检出	GB/T 19650
99	环氟菌胺	Cyflufenamid	0.03		不得检出	GB/T 23210
100	氟氯氰菊酯和高效氟氯氰菊酯	Cyfluthrin and beta – cyfluthrin	0.05		不得检出	GB/T 19650
101	霜脲氰	Cymoxanil	0.05		不得检出	GB/T 20772
102	氯氰菊酯和高效氯氰菊酯	Cypermethrin and beta – cypermethrin	20μg/kg		不得检出	GB/T 19650
103	环丙唑醇	Cyproconazole	0.5		不得检出	GB/T 20772
104	嘧菌环胺	Cyprodinil	0.05		不得检出	GB/T 19650
105	灭蝇胺	Cyromazine	300μg/kg		不得检出	GB/T 20772
106	丁酰肼	Daminozide	0.05		不得检出	SN/T 1989
107	滴滴涕	DDT	1		不得检出	SN/T 0127
108	溴氰菊酯	Deltamethrin	10μg/kg		不得检出	GB/T 19650
109	燕麦敌	Diallate	0.2		不得检出	GB/T 23211
110	二嗪磷	Diazinon	0.03		不得检出	GB/T 19650
111	麦草畏	Dicamba	0.7		不得检出	GB/T 20772

序号	农兽药中文名	农兽药英文名	欧盟标准限量要求 mg/kg	国家标准限量要求 mg/kg	三安超有机食品标准	
					限量要求 mg/kg	检测方法
112	敌草腈	Dichlobenil	0.01		不得检出	GB/T 19650
113	滴丙酸	Dichlorprop	0.1		不得检出	SN/T 2228
114	二氯苯氧基丙酸	Diclofop	0.1		不得检出	参照同类标准
115	氯硝胺	Dicloran	0.01		不得检出	GB/T 19650
116	双氯青霉素	Dicloxacillin	300μg/kg		不得检出	GB/T 18932.25
117	三氯杀螨醇	Dicofol	0.02		不得检出	GB/T 19650
118	地昔尼尔	Dicyclanil	400μg/kg		不得检出	SN/T 2153
119	乙霉威	Diethofencarb	0.05		不得检出	GB/T 19650
120	苯醚甲环唑	Difenoconazole	0.2		不得检出	GB/T 19650
121	双氟沙星	Difloxacin	1400μg/kg		不得检出	GB/T 20366
122	除虫脲	Diflubenzuron	0.1		不得检出	SN/T 0528
123	吡氟酰草胺	Diflufenican	0.05		不得检出	GB/T 20772
124	二氢链霉素	Dihydro – streptomycin	500μg/kg		不得检出	GB/T 22969
125	油菜安	Dimethachlor	0.02		不得检出	GB/T 20772
126	烯酰吗啉	Dimethomorph	0.05		不得检出	GB/T 20772
127	醚菌胺	Dimoxystrobin	0.05		不得检出	SN/T 2237
128	烯唑醇	Diniconazole	0.01		不得检出	GB/T 19650
129	敌螨普	Dinocap	0.05		不得检出	日本肯定列表（增补本1）
130	地乐酚	Dinoseb	0.01		不得检出	GB/T 20772
131	特乐酚	Dinoterb	0.05		不得检出	GB/T 20772
132	敌恶磷	Dioxathion	0.05		不得检出	GB/T 19650
133	敌草快	Diquat	0.05		不得检出	GB/T 5009.221
134	乙拌磷	Disulfoton	0.01		不得检出	GB/T 20772
135	二氰蒽醌	Dithianon	0.01		不得检出	GB/T 20769
136	二硫代氨基甲酸酯	Dithiocarbamates	0.05		不得检出	SN 0139
137	敌草隆	Diuron	0.05		不得检出	SN/T 0645
138	二硝甲酚	DNOC	0.05		不得检出	GB/T 20772
139	多果定	Dodine	0.2		不得检出	SN 0500
140	多拉菌素	Doramectin	100μg/kg		不得检出	GB/T 22968
141	甲氨基阿维菌素苯甲酸盐	Emamectin benzoate	0.08		不得检出	GB/T 20769
142	硫丹	Endosulfan	0.05	0.1	不得检出	GB/T 19650
143	异狄氏剂	Endrin	0.05		不得检出	GB/T 19650
144	恩诺沙星	Enrofloxacin	300μg/kg		不得检出	GB/T 20366
145	氟环唑	Epoxiconazole	0.2		不得检出	GB/T 20772
146	埃普利诺菌素	Eprinomectin	1500μg/kg		不得检出	GB/T 21320
147	茵草敌	EPTC	0.02		不得检出	GB/T 20772
148	红霉素	Erythromycin	200μg/kg		不得检出	GB/T 20762
149	乙丁烯氟灵	Ethalfluralin	0.01		不得检出	GB/T 19650

序号	农兽药中文名	农兽药英文名	欧盟标准限量要求 mg/kg	国家标准限量要求 mg/kg	三安超有机食品标准 限量要求 mg/kg	检测方法
150	胺苯磺隆	Ethametsulfuron	0.01		不得检出	NY/T 1616
151	乙烯利	Ethephon	0.05		不得检出	SN 0705
152	乙硫磷	Ethion	0.01		不得检出	GB/T 19650
153	乙嘧酚	Ethirimol	0.05		不得检出	GB/T 20772
154	乙氧呋草黄	Ethofumesate	0.1		不得检出	GB/T 20772
155	灭线磷	Ethoprophos	0.01		不得检出	GB/T 19650
156	乙氧喹啉	Ethoxyquin	0.05		不得检出	GB/T 20772
157	环氧乙烷	Ethylene oxide	0.02		不得检出	GB/T 23296.11
158	醚菊酯	Etofenprox	0.5		不得检出	GB/T 19650
159	乙螨唑	Etoxazole	0.01		不得检出	GB/T 19650
160	氯唑灵	Etridiazole	0.05		不得检出	GB/T 20772
161	噁唑菌酮	Famoxadone	0.05		不得检出	GB/T 20772
162	苯硫氨酯	Febantel	500μg/kg		不得检出	GB/T 22972
163	咪唑菌酮	Fenamidone	0.01		不得检出	GB/T 19650
164	苯线磷	Fenamiphos	0.02		不得检出	GB/T 19650
165	氯苯嘧啶醇	Fenarimol	0.02		不得检出	GB/T 20772
166	喹螨醚	Fenazaquin	0.01		不得检出	GB/T 19650
167	苯硫苯咪唑	Fenbendazole	500μg/kg		不得检出	SN 0638
168	腈苯唑	Fenbuconazole	0.05		不得检出	GB/T 20772
169	苯丁锡	Fenbutatin oxide	0.05		不得检出	SN/T 3149
170	环酰菌胺	Fenhexamid	0.05		不得检出	GB/T 20772
171	杀螟硫磷	Fenitrothion	0.01		不得检出	GB/T 20772
172	精噁唑禾草灵	Fenoxaprop – P – ethyl	0.05		不得检出	GB/T 22617
173	双氧威	Fenoxycarb	0.05		不得检出	GB 19650
174	苯锈啶	Fenpropidin	0.02		不得检出	GB/T 19650
175	丁苯吗啉	Fenpropimorph	0.3		不得检出	GB/T 20772
176	胺苯吡菌酮	Fenpyrazamine	0.01		不得检出	参照同类标准
177	唑螨酯	Fenpyroximate	0.01		不得检出	GB/T 19650
178	倍硫磷	Fenthion	0.05		不得检出	GB/T 20772
179	三苯锡	Fentin	0.05		不得检出	SN/T 3149
180	薯瘟锡	Fentin acetate	0.05		不得检出	参照同类标准
181	氰戊菊酯和高效氰戊菊酯（RR & SS 异构体总量）	Fenvalerate and esfenvalerate（sum of RR & SS isomers）	0.2		不得检出	GB/T 19650
182	氰戊菊酯和高效氰戊菊酯（RS & SR 异构体总量）	Fenvalerate and esfenvalerate（sum of RS & SR isomers）	0.05		不得检出	GB/T 19650
183	氟虫腈	Fipronil	0.1		不得检出	SN/T 1982
184	氟啶虫酰胺	Flonicamid	0.03		不得检出	SN/T 2796
185	氟苯尼考	Florfenicol	3000μg/kg		不得检出	GB/T 20756
186	精吡氟禾草灵	Fluazifop – P – butyl	0.05		不得检出	GB/T 5009.142

序号	农兽药中文名	农兽药英文名	欧盟标准限量要求 mg/kg	国家标准限量要求 mg/kg	三安超有机食品标准 限量要求 mg/kg	检测方法
187	氟啶胺	Fluazinam	0.05		不得检出	SN/T 2150
188	氟苯虫酰胺	Flubendiamide	1		不得检出	SN/T 2581
189	氟环脲	Flucycloxuron	0.05		不得检出	参照同类标准
190	氟氰戊菊酯	Flucythrinate	0.05		不得检出	GB/T 23210
191	咯菌腈	Fludioxonil	0.05		不得检出	GB/T 20772
192	氟虫脲	Flufenoxuron	0.05		不得检出	SN/T 2150
193	—	Flufenzin	0.02		不得检出	参照同类标准
194	醋酸氟孕酮	Flugestone acetate	0.5μg/kg		不得检出	参照同类标准
195	氟甲喹	Flumequin	500μg/kg		不得检出	SN/T 1921
196	氟氯苯氰菊酯	Flumethrin	20μg/kg		不得检出	农业部781号公告-7
197	氟吡菌胺	Fluopicolide	0.01		不得检出	参照同类标准
198	—	Fluopyram	0.7		不得检出	参照同类标准
199	氟离子	Fluoride ion	1		不得检出	GB/T 5009.167
200	氟腈嘧菌酯	Fluoxastrobin	0.05		不得检出	SN/T 2237
201	氟喹唑	Fluquinconazole	0.3		不得检出	GB/T 19650
202	氟咯草酮	Fluorochloridone	0.05		不得检出	GB/T 20772
203	氟草烟	Fluroxypyr	0.05		不得检出	GB/T 20772
204	氟硅唑	Flusilazole	0.1		不得检出	GB/T 20772
205	氟酰胺	Flutolanil	0.2		不得检出	GB/T 20772
206	粉唑醇	Flutriafol	0.01		不得检出	GB/T 20772
207	—	Fluxapyroxad	0.03		不得检出	参照同类标准
208	氟磺胺草醚	Fomesafen	0.01		不得检出	GB/T 5009.130
209	氯吡脲	Forchlorfenuron	0.05		不得检出	SN/T 3643
210	伐虫脒	Formetanate	0.01		不得检出	NY/T 1453
211	三乙膦酸铝	Fosetyl-aluminium	0.5		不得检出	参照同类标准
212	麦穗宁	Fuberidazole	0.05		不得检出	GB/T 19650
213	呋线威	Furathiocarb	0.01		不得检出	GB/T 20772
214	糠醛	Furfural	1		不得检出	参照同类标准
215	勃激素	Gibberellic acid	0.1		不得检出	GB/T 23211
216	草胺膦	Glufosinate-ammonium	0.1		不得检出	日本肯定列表
217	草甘膦	Glyphosate	0.05		不得检出	SN/T 1923
218	双胍盐	Guazatine	0.1		不得检出	参照同类标准
219	氟吡禾灵	Haloxyfop	0.01		不得检出	SN/T 2228
220	七氯	Heptachlor	0.2		不得检出	SN 0663
221	六氯苯	Hexachlorobenzene	0.2		不得检出	SN/T 0127
222	六六六(HCH)，α-异构体	Hexachlorociclohexane (HCH), alpha-isomer	0.2		不得检出	SN/T 0127

序号	农兽药中文名	农兽药英文名	欧盟标准限量要求 mg/kg	国家标准限量要求 mg/kg	三安超有机食品标准 限量要求 mg/kg	三安超有机食品标准 检测方法
223	六六六(HCH),β-异构体	Hexachlorociclohexane (HCH), beta-isomer	0.1		不得检出	SN/T 0127
224	噻螨酮	Hexythiazox	0.05		不得检出	GB/T 20772
225	噁霉灵	Hymexazol	0.05		不得检出	GB/T 20772
226	抑霉唑	Imazalil	0.05		不得检出	GB/T 20772
227	甲咪唑烟酸	Imazapic	0.01		不得检出	GB/T 20772
228	咪唑喹啉酸	Imazaquin	0.05		不得检出	GB/T 20772
229	吡虫啉	Imidacloprid	0.3		不得检出	GB/T 20772
230	双咪苯脲	Imidocarb	2000μg/kg		不得检出	SN/T 2314
231	茚虫威	Indoxacarb	0.05		不得检出	GB/T 20772
232	碘苯腈	Ioxynil	1		不得检出	GB/T 20772
233	异菌脲	Iprodione	0.05		不得检出	GB/T 19650
234	—	Isoprothiolane	0.01		不得检出	GB/T 20772
235	异丙隆	Isoproturon	0.05		不得检出	GB/T 20772
236	—	Isopyrazam	0.01		不得检出	参照同类标准
237	异噁酰草胺	Isoxaben	0.01		不得检出	GB/T 20772
238	依维菌素	Ivermectin	100μg/kg		不得检出	GB/T 21320
239	卡那霉素	Kanamycin	600μg/kg		不得检出	GB/T 21323
240	醚菌酯	Kresoxim-methyl	0.02		不得检出	GB/T 20772
241	乳氟禾草灵	Lactofen	0.01		不得检出	GB/T 19650
242	高效氯氟氰菊酯	Lambda-cyhalothrin	0.5		不得检出	GB/T 23210
243	环草定	Lenacil	0.1		不得检出	GB/T 19650
244	林可霉素	Lincomycin	500μg/kg		不得检出	GB/T 20762
245	林丹	Lindane	0.02	0.01	不得检出	NY/T 761
246	虱螨脲	Lufenuron	0.02		不得检出	SN/T 2540
247	马拉硫磷	Malathion	0.02		不得检出	GB/T 19650
248	抑芽丹	Maleic hydrazide	0.05		不得检出	GB/T 23211
249	双炔酰菌胺	Mandipropamid	0.02		不得检出	参照同类标准
250	二甲四氯和二甲四氯丁酸	MCPA and MCPB	0.1		不得检出	SN/T 2228
251	甲苯咪唑	Mebendazole	400μg/kg		不得检出	GB/T 21324
252	壮棉素	Mepiquat chloride	0.05		不得检出	GB/T 23211
253	—	Meptyldinocap	0.05		不得检出	参照同类标准
254	汞化合物	Mercury compounds	0.01		不得检出	参照同类标准
255	氰氟虫腙	Metaflumizone	0.02		不得检出	SN/T 3852
256	甲霜灵和精甲霜灵	Metalaxyl and metalaxyl-M	0.05		不得检出	GB/T 20772
257	四聚乙醛	Metaldehyde	0.05		不得检出	SN/T 1787
258	苯嗪草酮	Metamitron	0.05		不得检出	GB/T 19650
259	吡唑草胺	Metazachlor	0.3		不得检出	GB/T 19650
260	叶菌唑	Metconazole	0.01		不得检出	GB/T 20772

序号	农兽药中文名	农兽药英文名	欧盟标准限量要求 mg/kg	国家标准限量要求 mg/kg	三安超有机食品标准	
					限量要求 mg/kg	检测方法
261	甲基苯噻隆	Methabenzthiazuron	0.05		不得检出	GB/T 19650
262	虫螨畏	Methacrifos	0.01		不得检出	GB/T 20772
263	甲胺磷	Methamidophos	0.01		不得检出	GB/T 20772
264	杀扑磷	Methidathion	0.02		不得检出	GB/T 20772
265	甲硫威	Methiocarb	0.05		不得检出	GB/T 20770
266	灭多威和硫双威	Methomyl and thiodicarb	0.02		不得检出	GB/T 20772
267	烯虫酯	Methoprene	0.05		不得检出	GB/T 19650
268	甲氧滴滴涕	Methoxychlor	0.01		不得检出	SN/T 0529
269	甲氧虫酰肼	Methoxyfenozide	0.1		不得检出	GB/T 20772
270	磺草唑胺	Metosulam	0.01		不得检出	GB/T 20772
271	苯菌酮	Metrafenone	0.05		不得检出	参照同类标准
272	嗪草酮	Metribuzin	0.1		不得检出	GB/T 19650
273	—	Monepantel	5000μg/kg		不得检出	参照同类标准
274	绿谷隆	Monolinuron	0.05		不得检出	GB/T 20772
275	灭草隆	Monuron	0.01		不得检出	GB/T 20772
276	甲噻吩嘧啶	Morantel	800μg/kg		不得检出	参照同类标准
277	莫西丁克	Moxidectin	100μg/kg		不得检出	SN/T 2442
278	腈菌唑	Myclobutanil	0.01		不得检出	GB/T 20772
279	奈夫西林	Nafcillin	300μg/kg		不得检出	GB/T 22975
280	1-萘乙酰胺	1-Naphthylacetamide	0.05		不得检出	GB/T 22972
281	敌草胺	Napropamide	0.01		不得检出	GB/T 19650
282	新霉素	Neomycin	500μg/kg		不得检出	SN 0646
283	尼托比明	Netobimin	1000μg/kg		不得检出	参照同类标准
284	烟嘧磺隆	Nicosulfuron	0.05		不得检出	SN/T 2325
285	除草醚	Nitrofen	0.01		不得检出	GB/T 19650
286	硝碘酚腈	Nitroxinil	20μg/kg		不得检出	参照同类标准
287	氟酰脲	Novaluron	0.7		不得检出	GB/T 23211
288	嘧苯胺磺隆	Orthosulfamuron	0.01		不得检出	GB/T 23817
289	苯唑青霉素	Oxacillin	300μg/kg		不得检出	GB/T 18932.25
290	噁霜灵	Oxadixyl	0.01		不得检出	GB/T 19650
291	环氧嘧磺隆	Oxasulfuron	0.05		不得检出	GB/T 23817
292	奥芬达唑	Oxfendazole	50μg/kg		不得检出	参照同类标准
293	喹菌酮	Oxolinic acid	150μg/kg		不得检出	日本肯定列表
294	氧化萎锈灵	Oxycarboxin	0.05		不得检出	GB/T 19650
295	羟氯柳苯胺	Oxyclozanide	500μg/kg		不得检出	SN/T 2909
296	亚砜磷	Oxydemeton-methyl	0.01		不得检出	参照同类标准
297	乙氧氟草醚	Oxyfluorfen	0.05		不得检出	GB/T 20772
298	土霉素	Oxytetracycline	300μg/kg		不得检出	GB/T 21317
299	多效唑	Paclobutrazol	0.02		不得检出	GB/T 19650

序号	农兽药中文名	农兽药英文名	欧盟标准限量要求 mg/kg	国家标准限量要求 mg/kg	三安超有机食品标准 限量要求 mg/kg	检测方法
300	甲基对硫磷	Parathion – methyl	0.01		不得检出	GB/T 5009.161
301	巴龙霉素	Paromomycin	1500μg/kg		不得检出	SN/T 2315
302	戊菌唑	Penconazole	0.05		不得检出	GB/T 20772
303	戊菌隆	Pencycuron	0.05		不得检出	GB/T 19650
304	二甲戊灵	Pendimethalin	0.05		不得检出	GB/T 19650
305	喷沙西林	Penethamate	50μg/kg		不得检出	参照同类标准
306	氯菊酯	Permethrin	0.05		不得检出	GB/T 19650
307	甜菜宁	Phenmedipham	0.05		不得检出	GB/T 23205
308	苯醚菊酯	Phenothrin	0.05		不得检出	GB/T 20772
309	甲拌磷	Phorate	0.02		不得检出	GB/T 20772
310	伏杀硫磷	Phosalone	0.01		不得检出	GB/T 20772
311	亚胺硫磷	Phosmet	0.1		不得检出	GB/T 20772
312	—	Phosphines and phosphides	0.01		不得检出	参照同类标准
313	辛硫磷	Phoxim	0.05		不得检出	GB/T 20772
314	氨氯吡啶酸	Picloram	0.01		不得检出	GB/T 23211
315	啶氧菌酯	Picoxystrobin	0.05		不得检出	GB/T 19650
316	抗蚜威	Pirimicarb	0.05		不得检出	GB/T 20772
317	甲基嘧啶磷	Pirimiphos – methyl	0.05		不得检出	GB/T 20772
318	咪鲜胺	Prochloraz	0.1		不得检出	GB/T 19650
319	腐霉利	Procymidone	0.01		不得检出	GB/T 20772
320	丙溴磷	Profenofos	0.05		不得检出	GB/T 20772
321	调环酸	Prohexadione	0.05		不得检出	日本肯定列表
322	毒草安	Propachlor	0.02		不得检出	GB/T 20772
323	扑派威	Propamocarb	0.1		不得检出	GB/T 20772
324	恶草酸	Propaquizafop	0.05		不得检出	GB/T 20772
325	炔螨特	Propargite	0.1		不得检出	GB/T 19650
326	苯胺灵	Propham	0.05		不得检出	GB/T 19650
327	丙环唑	Propiconazole	0.1		不得检出	SN/T 19650
328	异丙草胺	Propisochlor	0.01		不得检出	GB/T 19650
329	残杀威	Propoxur	0.05		不得检出	GB/T 20772
330	炔苯酰草胺	Propyzamide	0.05		不得检出	GB/T 19650
331	苄草丹	Prosulfocarb	0.05		不得检出	GB/T 19650
332	丙硫菌唑	Prothioconazole	0.5		不得检出	参照同类标准
333	吡蚜酮	Pymetrozine	0.01		不得检出	GB/T 20772
334	吡唑醚菌酯	Pyraclostrobin	0.05		不得检出	GB/T 20772
335	—	Pyrasulfotole	0.01		不得检出	参照同类标准
336	吡菌磷	Pyrazophos	0.02		不得检出	GB/T 20772
337	除虫菊素	Pyrethrins	0.05		不得检出	GB/T 20772
338	哒螨灵	Pyridaben	0.02		不得检出	GB/T 19650

序号	农兽药中文名	农兽药英文名	欧盟标准限量要求 mg/kg	国家标准限量要求 mg/kg	三安超有机食品标准 限量要求 mg/kg	三安超有机食品标准 检测方法
339	啶虫丙醚	Pyridalyl	0.01		不得检出	日本肯定列表
340	哒草特	Pyridate	0.05		不得检出	日本肯定列表
341	嘧霉胺	Pyrimethanil	0.05		不得检出	GB/T 19650
342	吡丙醚	Pyriproxyfen	0.05		不得检出	GB/T 19650
343	甲氧磺草胺	Pyroxsulam	0.01		不得检出	SN/T 2325
344	氯甲喹啉酸	Quinmerac	0.05		不得检出	参照同类标准
345	喹氧灵	Quinoxyfen	0.2		不得检出	SN/T 2319
346	五氯硝基苯	Quintozene	0.01		不得检出	GB/T 19650
347	精喹禾灵	Quizalofop – P – ethyl	0.05		不得检出	SN/T 2150
348	雷复尼特	Rafoxanide	150μg/kg		不得检出	SN/T 1987
349	灭虫菊	Resmethrin	0.1		不得检出	GB/T 20772
350	鱼藤酮	Rotenone	0.01		不得检出	GB/T 20772
351	西玛津	Simazine	0.01		不得检出	SN 0594
352	壮观霉素	Spectinomycin	2000μg/kg		不得检出	GB/T 21323
353	乙基多杀菌素	Spinetoram	0.01		不得检出	参照同类标准
354	多杀霉素	Spinosad	0.5		不得检出	GB/T 20772
355	螺螨酯	Spirodiclofen	0.05		不得检出	GB/T 20772
356	螺甲螨酯	Spiromesifen	0.01		不得检出	GB/T 23210
357	螺虫乙酯	Spirotetramat	0.03		不得检出	参照同类标准
358	萜孢菌素	Spiroxamine	0.2		不得检出	GB/T 20772
359	链霉素	Streptomycin	500μg/kg		不得检出	GB/T 21323
360	磺草酮	Sulcotrione	0.05		不得检出	参照同类标准
361	磺胺类(所有属于磺胺类的物质)	Sulfonamides (all substances belonging to the sulfonamide-group)	100μg/kg		不得检出	GB 29694
362	乙黄隆	Sulfosulfuron	0.05		不得检出	SN/T 2325
363	硫磺粉	Sulfur	0.5		不得检出	参照同类标准
364	氟胺氰菊酯	Tau – fluvalinate	0.01		不得检出	SN 0691
365	戊唑醇	Tebuconazole	0.1		不得检出	GB/T 20772
366	虫酰肼	Tebufenozide	0.05		不得检出	GB/T 20772
367	吡螨胺	Tebufenpyrad	0.05		不得检出	GB/T 19650
368	四氯硝基苯	Tecnazene	0.05		不得检出	GB/T 19650
369	氟苯脲	Teflubenzuron	0.05		不得检出	SN/T 2150
370	七氟菊酯	Tefluthrin	0.05		不得检出	GB/T 23210
371	得杀草	Tepraloxydim	0.1		不得检出	GB/T 20772
372	特丁硫磷	Terbufos	0.01		不得检出	GB/T 20772
373	特丁津	Terbuthylazine	0.05		不得检出	GB/T 19650
374	四氟醚唑	Tetraconazole	1		不得检出	GB/T 20772
375	四环素	Tetracycline	300μg/kg		不得检出	GB/T 21317

序号	农兽药中文名	农兽药英文名	欧盟标准限量要求 mg/kg	国家标准限量要求 mg/kg	三安超有机食品标准 限量要求 mg/kg	三安超有机食品标准 检测方法
376	三氯杀螨砜	Tetradifon	0.05		不得检出	GB/T 19650
377	噻虫啉	Thiacloprid	0.3		不得检出	GB/T 20772
378	噻虫嗪	Thiamethoxam	0.03		不得检出	GB/T 20772
379	甲砜霉素	Thiamphenicol	50μg/kg		不得检出	GB/T 20756
380	甲基硫菌灵	Thiophanate – methyl	0.05		不得检出	SN/T 0162
381	替米考星	Tilmicosin	1000μg/kg		不得检出	GB/T 20762
382	甲基立枯磷	Tolclofos – methyl	0.05		不得检出	GB/T 19650
383	甲苯三嗪酮	Toltrazuril	500μg/kg		不得检出	参照同类标准
384	甲苯氟磺胺	Tolylfluanid	0.1		不得检出	GB/T 19650
385	—	Topramezone	0.05		不得检出	参照同类标准
386	三唑酮和三唑醇	Triadimefon and triadimenol	0.1		不得检出	GB/T 20772
387	野麦畏	Triallate	0.05		不得检出	GB/T 20772
388	醚苯磺隆	Triasulfuron	0.05		不得检出	GB/T 20772
389	三唑磷	Triazophos	0.01		不得检出	GB/T 20772
390	敌百虫	Trichlorphon	0.01		不得检出	GB/T 20772
391	三氯苯哒唑	Triclabendazole	250μg/kg		不得检出	参照同类标准
392	绿草定	Triclopyr	0.05		不得检出	SN/T 2228
393	三环唑	Tricyclazole	0.05		不得检出	GB/T 20769
394	十三吗啉	Tridemorph	0.01		不得检出	GB/T 20772
395	肟菌酯	Trifloxystrobin	0.04		不得检出	GB/T 19650
396	氟菌唑	Triflumizole	0.05		不得检出	GB/T 20769
397	杀铃脲	Triflumuron	0.01		不得检出	GB/T 20772
398	氟乐灵	Trifluralin	0.01		不得检出	GB/T 20772
399	嗪氨灵	Triforine	0.01		不得检出	SN 0695
400	三甲基锍阳离子	Trimethyl – sulfonium cation	0.05		不得检出	参照同类标准
401	抗倒酯	Trinexapac	0.05		不得检出	GB/T 20769
402	灭菌唑	Triticonazole	0.01		不得检出	GB/T 20772
403	三氟甲磺隆	Tritosulfuron	0.01		不得检出	参照同类标准
404	泰乐霉素	Tylosin	100μg/kg		不得检出	GB/T 22941
405	—	Valifenalate	0.01		不得检出	参照同类标准
406	乙烯菌核利	Vinclozolin	0.05		不得检出	GB/T 20772
407	2,3,4,5 – 四氯苯胺	2,3,4,5 – Tetrachloraniline			不得检出	GB/T 19650
408	2,3,4,5 – 四氯甲氧基苯	2,3,4,5 – Tetrachloroanisole			不得检出	GB/T 19650
409	2,3,5,6 – 四氯苯胺	2,3,5,6 – Tetrachloroaniline			不得检出	GB/T 19650
410	2,4,5 – 涕	2,4,5 – T			不得检出	GB/T 20772
411	o,p′ – 滴滴滴	2,4′ – DDD			不得检出	GB/T 19650
412	o,p′ – 滴滴伊	2,4′ – DDE			不得检出	GB/T 19650
413	o,p′ – 滴滴涕	2,4′ – DDT			不得检出	GB/T 19650
414	2,6 – 二氯苯甲酰胺	2,6 – Dichlorobenzamide			不得检出	GB/T 19650

序号	农兽药中文名	农兽药英文名	欧盟标准限量要求 mg/kg	国家标准限量要求 mg/kg	三安超有机食品标准	
					限量要求 mg/kg	检测方法
415	3,5-二氯苯胺	3,5-Dichloroaniline			不得检出	GB/T 19650
416	p,p'-滴滴滴	4,4'-DDD			不得检出	GB/T 19650
417	p,p'-滴滴伊	4,4'-DDE			不得检出	GB/T 19650
418	p,p'-滴滴涕	4,4'-DDT			不得检出	GB/T 19650
419	4,4'-二溴二苯甲酮	4,4'-Dibromobenzophenone			不得检出	GB/T 19650
420	4,4'-二氯二苯甲酮	4,4'-Dichlorobenzophenone			不得检出	GB/T 19650
421	二氢苊	Acenaphthene			不得检出	GB/T 19650
422	乙酰丙嗪	Acepromazine			不得检出	GB/T 20763
423	三氟羧草醚	Acifluorfen			不得检出	GB/T 20772
424	1-氨基-2-乙内酰脲	AHD			不得检出	GB/T 21311
425	涕灭砜威	Aldoxycarb			不得检出	GB/T 20772
426	烯丙菊酯	Allethrin			不得检出	GB/T 20772
427	二丙烯草胺	Allidochlor			不得检出	GB/T 19650
428	烯丙孕素	Altrenogest			不得检出	GB/T 20772
429	莠灭净	Ametryn			不得检出	GB/T 19650
430	杀草强	Amitrole			不得检出	SN/T 1737.6
431	5-吗啉甲基-3-氨基-2-噁唑烷基酮	AMOZ			不得检出	GB/T 21311
432	氨丙嘧吡啶	Amprolium			不得检出	SN/T 0276
433	莎稗磷	Anilofos			不得检出	GB/T 19650
434	蒽醌	Anthraquinone			不得检出	GB/T 19650
435	3-氨基-2-噁唑酮	AOZ			不得检出	GB/T 21311
436	安普霉素	Apramycin			不得检出	GB/T 21323
437	丙硫特普	Aspon			不得检出	GB/T 19650
438	羟氨卡青霉素	Aspoxicillin			不得检出	GB/T 21315
439	乙基杀扑磷	Athidathion			不得检出	GB/T 19650
440	莠去通	Atratone			不得检出	GB/T 19650
441	莠去津	Atrazine			不得检出	GB/T 20772
442	脱乙基阿特拉津	Atrazine-desethyl			不得检出	GB/T 19650
443	甲基吡噁磷	Azamethiphos			不得检出	GB/T 20763
444	氮哌酮	Azaperone			不得检出	SN/T 2221
445	叠氮津	Aziprotryne			不得检出	GB/T 19650
446	杆菌肽	Bacitracin			不得检出	GB/T 20743
447	4-溴-3,5-二甲苯基-N-甲基氨基甲酸酯-1	BDMC-1			不得检出	GB/T 19650
448	4-溴-3,5-二甲苯基-N-甲基氨基甲酸酯-2	BDMC-2			不得检出	GB/T 19650
449	噁虫威	Bendiocarb			不得检出	GB/T 20772
450	乙丁氟灵	Bbenfluralin			不得检出	GB/T 19650

序号	农兽药中文名	农兽药英文名	欧盟标准限量要求 mg/kg	国家标准限量要求 mg/kg	三安超有机食品标准 限量要求 mg/kg	检测方法
451	呋草黄	Benfuresate			不得检出	GB/T 19650
452	麦锈灵	Benodanil			不得检出	GB/T 19650
453	解草酮	Benoxacor			不得检出	GB/T 19650
454	新燕灵	Benzoylprop – ethyl			不得检出	GB/T 19650
455	倍他米松	Betamethasone			不得检出	SN/T 1970
456	生物烯丙菊酯 – 1	Bioallethrin – 1			不得检出	GB/T 19650
457	生物烯丙菊酯 – 2	Bioallethrin – 2			不得检出	GB/T 19650
458	除草定	Bromacil			不得检出	GB/T 20772
459	溴苯烯磷	Bromfenvinfos			不得检出	GB/T 19650
460	溴烯杀	Bromocylen			不得检出	GB/T 19650
461	溴硫磷	Bromofos			不得检出	GB/T 19650
462	乙基溴硫磷	Bromophos – ethyl			不得检出	GB/T 19650
463	溴丁酰草胺	Btomobutide			不得检出	GB/T 19650
464	氟丙嘧草酯	Butafenacil			不得检出	GB/T 19650
465	抑草磷	Butamifos			不得检出	GB/T 19650
466	丁草胺	Butaxhlor			不得检出	GB/T 19650
467	苯酮唑	Cafenstrole			不得检出	GB/T 19650
468	角黄素	Canthaxanthin			不得检出	SN/T 2327
469	咔唑心安	Carazolol			不得检出	GB/T 20763
470	卡巴氧	Carbadox			不得检出	GB/T 20746
471	三硫磷	Carbophenothion			不得检出	GB/T 19650
472	唑草酮	Carfentrazone – ethyl			不得检出	GB/T 19650
473	卡洛芬	Carprofen			不得检出	SN/T 2190
474	头孢洛宁	Cefalonium			不得检出	GB/T 22989
475	头孢匹林	Cefapirin			不得检出	GB/T 22989
476	头孢喹肟	Cefquinome			不得检出	GB/T 22989
477	头孢氨苄	Cefalexin			不得检出	GB/T 22989
478	氯霉素	Chloramphenicolum			不得检出	GB/T 20772
479	氯杀螨砜	Chlorbenside sulfone			不得检出	GB/T 19650
480	氯溴隆	Chlorbromuron			不得检出	GB/T 19650
481	杀虫脒	Chlordimeform			不得检出	GB/T 19650
482	氯氧磷	Chlorethoxyfos			不得检出	GB/T 19650
483	溴虫腈	Chlorfenapyr			不得检出	GB/T 19650
484	杀螨醇	Chlorfenethol			不得检出	GB/T 19650
485	燕麦酯	Chlorfenprop – methyl			不得检出	GB/T 19650
486	氟啶脲	Chlorfluazuron			不得检出	SN/T 2540
487	整形醇	Chlorflurenol			不得检出	GB/T 19650
488	氯地孕酮	Chlormadinone			不得检出	SN/T 1980
489	醋酸氯地孕酮	Chlormadinone acetate			不得检出	GB/T 20753

序号	农兽药中文名	农兽药英文名	欧盟标准限量要求 mg/kg	国家标准限量要求 mg/kg	三安超有机食品标准限量要求 mg/kg	三安超有机食品标准检测方法
490	氯甲硫磷	Chlormephos			不得检出	GB/T 19650
491	氯苯甲醚	Chloroneb			不得检出	GB/T 19650
492	丙酯杀螨醇	Chloropropylate			不得检出	GB/T 19650
493	氯丙嗪	Chlorpromazine			不得检出	GB/T 20763
494	毒死蜱	Chlorpyrifos			不得检出	GB/T 19650
495	氯硫磷	Chlorthion			不得检出	GB/T 19650
496	虫螨磷	Chlorthiophos			不得检出	GB/T 19650
497	乙菌利	Chlozolinate			不得检出	GB/T 19650
498	顺式-氯丹	*cis* - Chlordane			不得检出	GB/T 19650
499	顺式-燕麦敌	*cis* - Diallate			不得检出	GB/T 19650
500	顺式-氯菊酯	*cis* - Permethrin			不得检出	GB/T 19650
501	克仑特罗	Clenbuterol			不得检出	GB/T 22286
502	异噁草酮	Clomazone			不得检出	GB/T 20772
503	氯甲酰草胺	Clomeprop			不得检出	GB/T 19650
504	氯羟吡啶	Clopidol			不得检出	GB 29700
505	解草酯	Cloquintocet - mexyl			不得检出	GB/T 19650
506	蝇毒磷	Coumaphos			不得检出	GB/T 19650
507	鼠立死	Crimidine			不得检出	GB/T 19650
508	巴毒磷	Crotxyphos			不得检出	GB/T 19650
509	育畜磷	Crufomate			不得检出	GB/T 19650
510	苯腈磷	Cyanofenphos			不得检出	GB/T 19650
511	杀螟腈	Cyanophos			不得检出	GB/T 20772
512	环草敌	Cycloate			不得检出	GB/T 20772
513	环莠隆	Cycluron			不得检出	GB/T 20772
514	环丙津	Cyprazine			不得检出	GB/T 20772
515	敌草索	Dacthal			不得检出	GB/T 19650
516	达氟沙星	Danofloxacin			不得检出	GB/T 22985
517	癸氧喹酯	Decoquinate			不得检出	SN/T 2444
518	脱叶磷	DEF			不得检出	GB/T 19650
519	2,2',4,5,5'-五氯联苯	DE - PCB 101			不得检出	GB/T 19650
520	2,3,4,4',5-五氯联苯	DE - PCB 118			不得检出	GB/T 19650
521	2,2',3,4,4',5-六氯联苯	DE - PCB 138			不得检出	GB/T 19650
522	2,2',4,4',5,5'-六氯联苯	DE - PCB 153			不得检出	GB/T 19650
523	2,2',3,4,4',5,5'-七氯联苯	DE - PCB 180			不得检出	GB/T 19650
524	2,4,4'-三氯联苯	DE - PCB 28			不得检出	GB/T 19650
525	2,4,5-三氯联苯	DE - PCB 31			不得检出	GB/T 19650
526	2,2',5,5'-四氯联苯	DE - PCB 52			不得检出	GB/T 19650

序号	农兽药中文名	农兽药英文名	欧盟标准限量要求 mg/kg	国家标准限量要求 mg/kg	三安超有机食品标准 限量要求 mg/kg	检测方法
527	脱溴溴苯磷	Desbrom – leptophos			不得检出	GB/T 19650
528	脱乙基另丁津	Desethyl – sebuthylazine			不得检出	GB/T 19650
529	敌草净	Desmetryn			不得检出	GB/T 19650
530	地塞米松	Dexamethasone			不得检出	SN/T 1970
531	氯亚胺硫磷	Dialifos			不得检出	GB/T 19650
532	敌菌净	Diaveridine			不得检出	SN/T 1926
533	驱虫特	Dibutyl succinate			不得检出	GB/T 20772
534	异氯磷	Dicapthon			不得检出	GB/T 20772
535	除线磷	Dichlofenthion			不得检出	GB/T 20772
536	苯氟磺胺	Dichlofluanid			不得检出	GB/T 19650
537	烯丙酰草胺	Dichlormid			不得检出	GB/T 19650
538	敌敌畏	Dichlorvos			不得检出	GB/T 20772
539	苄氯三唑醇	Diclobutrazole			不得检出	GB/T 20772
540	禾草灵	Diclofop – methyl			不得检出	GB/T 19650
541	己烯雌酚	Diethylstilbestrol			不得检出	GB/T 20766
542	甲氟磷	Dimefox			不得检出	GB/T 19650
543	哌草丹	Dimepiperate			不得检出	GB/T 19650
544	异戊乙净	Dimethametryn			不得检出	GB/T 19650
545	二甲酚草胺	Dimethenamid			不得检出	GB/T 19650
546	乐果	Dimethoate			不得检出	GB/T 20772
547	甲基毒虫畏	Dimethylvinphos			不得检出	GB/T 19650
548	地美硝唑	Dimetridazole			不得检出	GB/T 21318
549	二硝托安	Dinitolmide			不得检出	SN/T 2453
550	氨氟灵	Dinitramine			不得检出	GB/T 19650
551	消螨通	Dinobuton			不得检出	GB/T 19650
552	呋虫胺	Dinotefuran			不得检出	GB/T 20772
553	苯虫醚 – 1	Diofenolan – 1			不得检出	GB/T 19650
554	苯虫醚 – 2	Diofenolan – 2			不得检出	GB/T 19650
555	蔬果磷	Dioxabenzofos			不得检出	GB/T 19650
556	双苯酰草胺	Diphenamid			不得检出	GB/T 19650
557	二苯胺	Diphenylamine			不得检出	GB/T 19650
558	异丙净	Dipropetryn			不得检出	GB/T 19650
559	灭菌磷	Ditalimfos			不得检出	GB/T 19650
560	氟硫草定	Dithiopyr			不得检出	GB/T 19650
561	强力霉素	Doxycycline			不得检出	GB/T 20764
562	敌瘟磷	Edifenphos			不得检出	GB/T 19650
563	硫丹硫酸盐	Endosulfan – sulfate			不得检出	GB/T 19650
564	异狄氏剂酮	Endrin ketone			不得检出	GB/T 19650
565	苯硫磷	EPN			不得检出	GB/T 19650

序号	农兽药中文名	农兽药英文名	欧盟标准限量要求 mg/kg	国家标准限量要求 mg/kg	三安超有机食品标准 限量要求 mg/kg	三安超有机食品标准 检测方法
566	埃普利诺菌素	Eprinomectin			不得检出	GB/T 21320
567	抑草蓬	Erbon			不得检出	GB/T 19650
568	S－氰戊菊酯	Esfenvalerate			不得检出	GB/T 19650
569	戊草丹	Esprocarb			不得检出	GB/T 19650
570	乙环唑－1	Etaconazole－1			不得检出	GB/T 19650
571	乙环唑－2	Etaconazole－2			不得检出	GB/T 19650
572	乙嘧硫磷	Etrimfos			不得检出	GB/T 19650
573	氧乙嘧硫磷	Etrimfos oxon			不得检出	GB/T 19650
574	噁唑菌酮	Famoxaadone			不得检出	
575	伐灭磷	Famphur			不得检出	GB/T 19650
576	苯线磷亚砜	Fenamiphos sulfoxide			不得检出	GB/T 19650
577	苯线磷砜	Fenamiphos－sulfone			不得检出	GB/T 19650
578	苯硫苯咪唑	Fenbendazole			不得检出	SN 0638
579	氧皮蝇磷	Fenchlorphos oxon			不得检出	GB/T 19650
580	甲呋酰胺	Fenfuram			不得检出	GB/T 19650
581	仲丁威	Fenobucarb			不得检出	GB/T 19650
582	苯硫威	Fenothiocarb			不得检出	GB/T 19650
583	稻瘟酰胺	Fenoxanil			不得检出	GB/T 19650
584	拌种咯	Fenpiclonil			不得检出	GB/T 19650
585	甲氰菊酯	Fenpropathrin			不得检出	GB/T 19650
586	芬螨酯	Fenson			不得检出	GB/T 19650
587	丰索磷	Fensulfothion			不得检出	GB/T 19650
588	倍硫磷亚砜	Fenthion sulfoxide			不得检出	GB/T 19650
589	麦草氟异丙酯	Flamprop－isopropyl			不得检出	GB/T 19650
590	麦草氟甲酯	Flamprop－methyl			不得检出	GB/T 19650
591	吡氟禾草灵	Fluazifop－butyl			不得检出	GB/T 19650
592	啶蜱脲	Fluazuron			不得检出	SN/T 2540
593	氟苯咪唑	Flubendazole			不得检出	GB/T 21324
594	氟噻草胺	Flufenacet			不得检出	GB/T 19650
595	氟节胺	Flumetralin			不得检出	SN/T 1921
596	唑嘧磺草胺	Flumetsulam			不得检出	GB/T 20772
597	氟烯草酸	Flumiclorac			不得检出	GB/T 19650
598	丙炔氟草胺	Flumioxazin			不得检出	GB/T 19650
599	氟胺烟酸	Flunixin			不得检出	GB/T 20750
600	三氟硝草醚	Fluorodifen			不得检出	GB/T 19650
601	乙羧氟草醚	Fluoroglycofen－ethyl			不得检出	GB/T 19650
602	三氟苯唑	Fluotrimazole			不得检出	GB/T 19650
603	氟啶草酮	Fluridone			不得检出	GB/T 19650

序号	农兽药中文名	农兽药英文名	欧盟标准限量要求 mg/kg	国家标准限量要求 mg/kg	三安超有机食品标准	
					限量要求 mg/kg	检测方法
604	氟草烟-1-甲庚酯	Fluroxypr-1-methylheptyl ester			不得检出	GB/T 19650
605	呋草酮	Flurtamone			不得检出	GB/T 19650
606	地虫硫磷	Fonofos			不得检出	GB/T 19650
607	安果	Formothion			不得检出	GB/T 19650
608	呋霜灵	Furalaxyl			不得检出	GB/T 19650
609	庆大霉素	Gentamicin			不得检出	GB/T 21323
610	苄螨醚	Halfenprox			不得检出	GB/T 19650
611	氟哌啶醇	Haloperidol			不得检出	GB/T 20763
612	庚烯磷	Heptanophos			不得检出	GB/T 19650
613	己唑醇	Hexaconazole			不得检出	GB/T 19650
614	环嗪酮	Hexazinone			不得检出	GB/T 19650
615	咪草酸	Imazamethabenz-methyl			不得检出	GB/T 19650
616	脱苯甲基亚胺唑	Imibenconazole-des-benzyl			不得检出	GB/T 19650
617	炔咪菊酯-1	Imiprothrin-1			不得检出	GB/T 19650
618	炔咪菊酯-2	Imiprothrin-2			不得检出	GB/T 19650
619	碘硫磷	Iodofenphos			不得检出	GB/T 19650
620	甲基碘磺隆	Iodosulfuron-methyl			不得检出	GB/T 20772
621	异稻瘟净	Iprobenfos			不得检出	GB/T 19650
622	氯唑磷	Isazofos			不得检出	GB/T 19650
623	碳氯灵	Isobenzan			不得检出	GB/T 19650
624	丁咪酰胺	Isocarbamid			不得检出	GB/T 19650
625	水胺硫磷	Isocarbophos			不得检出	GB/T 19650
626	异艾氏剂	Isodrin			不得检出	GB/T 19650
627	异柳磷	Isofenphos			不得检出	GB/T 19650
628	氧异柳磷	Isofenphos oxon			不得检出	GB/T 19650
629	氮氨菲啶	Isometamidium			不得检出	SN/T 2239
630	丁嗪草酮	Isomethiozin			不得检出	GB/T 19650
631	异丙威-1	Isoprocarb-1			不得检出	GB/T 19650
632	异丙威-2	Isoprocarb-2			不得检出	GB/T 19650
633	异丙乐灵	Isopropalin			不得检出	GB/T 19650
634	双苯噁唑酸	Isoxadifen-ethyl			不得检出	GB/T 19650
635	异噁氟草	Isoxaflutole			不得检出	GB/T 20772
636	噁唑啉	Isoxathion			不得检出	GB/T 19650
637	交沙霉素	Josamycin			不得检出	GB/T 20762
638	拉沙里菌素	Lasalocid			不得检出	SN 0501
639	溴苯磷	Leptophos			不得检出	GB/T 19650
640	左旋咪唑	Levamisole			不得检出	SN 0349
641	利谷隆	Linuron			不得检出	GB/T 19650

序号	农兽药中文名	农兽药英文名	欧盟标准限量要求 mg/kg	国家标准限量要求 mg/kg	三安超有机食品标准 限量要求 mg/kg	三安超有机食品标准 检测方法
642	麻保沙星	Marbofloxacin			不得检出	GB/T 22985
643	2-甲-4-氯丁氧乙基酯	MCPA-butoxyethyl ester			不得检出	GB/T 19650
644	灭蚜磷	Mecarbam			不得检出	GB/T 19650
645	二甲四氯丙酸	Mecoprop			不得检出	SN/T 2325
646	苯噻酰草胺	Mefenacet			不得检出	GB/T 19650
647	吡唑解草酯	Mefenpyr-diethyl			不得检出	GB/T 19650
648	醋酸甲地孕酮	Megestrol acetate			不得检出	GB/T 20753
649	醋酸美仑孕酮	Melengestrol acetate			不得检出	GB/T 20753
650	嘧菌胺	Mepanipyrim			不得检出	GB/T 19650
651	地胺磷	Mephosfolan			不得检出	GB/T 19650
652	灭锈胺	Mepronil			不得检出	GB/T 19650
653	硝磺草酮	Mesotrione			不得检出	参照同类标准
654	呋菌胺	Methfuroxam			不得检出	GB/T 19650
655	灭梭威砜	Methiocarb sulfone			不得检出	GB/T 19650
656	盖草津	Methoprotryne			不得检出	GB/T 19650
657	甲醚菊酯-1	Methothrin-1			不得检出	GB/T 19650
658	甲醚菊酯-2	Methothrin-2			不得检出	GB/T 19650
659	甲基泼尼松龙	Methylprednisolone			不得检出	GB/T 21981
660	溴谷隆	Metobromuron			不得检出	GB/T 19650
661	甲氧氯普胺	Metoclopramide			不得检出	SN/T 2227
662	苯氧菌胺-1	Metominsstrobin-1			不得检出	GB/T 19650
663	苯氧菌胺-2	Metominsstrobin-2			不得检出	GB/T 19650
664	甲硝唑	Metronidazole			不得检出	GB/T 21318
665	速灭磷	Mevinphos			不得检出	GB/T 19650
666	兹克威	Mexacarbate			不得检出	GB/T 19650
667	灭蚁灵	Mirex			不得检出	GB/T 19650
668	禾草敌	Molinate			不得检出	GB/T 19650
669	庚酰草胺	Monalide			不得检出	GB/T 19650
670	莫能菌素	Monensin			不得检出	SN 0698
671	合成麝香	Musk ambrecte			不得检出	GB/T 19650
672	麝香	Musk moskene			不得检出	GB/T 19650
673	西藏麝香	Musk tibeten			不得检出	GB/T 19650
674	二甲苯麝香	Musk xylene			不得检出	GB/T 19650
675	萘夫西林	Nafcillin			不得检出	GB/T 22975
676	二溴磷	Naled			不得检出	SN/T 0706
677	萘丙胺	Naproanilide			不得检出	GB/T 19650
678	甲基盐霉素	Narasin			不得检出	GB/T 20364
679	甲磺乐灵	Nitralin			不得检出	GB/T 19650
680	三氯甲基吡啶	Nitrapyrin			不得检出	GB/T 19650

序号	农兽药中文名	农兽药英文名	欧盟标准限量要求 mg/kg	国家标准限量要求 mg/kg	三安超有机食品标准	
					限量要求 mg/kg	检测方法
681	酞菌酯	Nitrothal – isopropyl			不得检出	GB/T 19650
682	诺氟沙星	Norfloxacin			不得检出	GB/T 20366
683	氟草敏	Norflurazon			不得检出	GB/T 19650
684	新生霉素	Novobiocin			不得检出	SN 0674
685	氟苯嘧啶醇	Nuarimol			不得检出	GB/T 19650
686	八氯苯乙烯	Octachlorostyrene			不得检出	GB/T 19650
687	氧氟沙星	Ofloxacin			不得检出	GB/T 20366
688	呋酰胺	Ofurace			不得检出	GB/T 19650
689	喹乙醇	Olaquindox			不得检出	GB/T 20746
690	竹桃霉素	Oleandomycin			不得检出	GB/T 20762
691	氧乐果	Omethoate			不得检出	GB/T 19650
692	奥比沙星	Orbifloxacin			不得检出	GB/T 22985
693	杀线威	Oxamyl			不得检出	GB/T 20772
694	奥芬达唑	Oxfendazole			不得检出	GB/T 22972
695	丙氧苯咪唑	Oxibendazole			不得检出	GB/T 21324
696	氧化氯丹	Oxy – chlordane			不得检出	GB/T 19650
697	对氧磷	Paraoxon			不得检出	GB/T 19650
698	甲基对氧磷	Paraoxon – methyl			不得检出	GB/T 19650
699	克草敌	Pebulate			不得检出	GB/T 19650
700	五氯苯胺	Pentachloroaniline			不得检出	GB/T 19650
701	五氯甲氧基苯	Pentachloroanisole			不得检出	GB/T 19650
702	五氯苯	Pentachlorobenzene			不得检出	GB/T 19650
703	乙滴涕	Perthane			不得检出	GB/T 19650
704	菲	Phenanthrene			不得检出	GB/T 19650
705	稻丰散	Phenthoate			不得检出	GB/T 19650
706	甲拌磷砜	Phorate sulfone			不得检出	GB/T 19650
707	磷胺 – 1	Phosphamidon – 1			不得检出	GB/T 19650
708	磷胺 – 2	Phosphamidon – 2			不得检出	GB/T 19650
709	酞酸苯甲基丁酯	Phthalic acid, benzylbutyl ester			不得检出	GB/T 19650
710	四氯苯肽	Phthalide			不得检出	GB/T 19650
711	邻苯二甲酰亚胺	Phthalimide			不得检出	GB/T 19650
712	氟吡酰草胺	Picolinafen			不得检出	GB/T 19650
713	增效醚	Piperonyl butoxide			不得检出	GB/T 19650
714	哌草磷	Piperophos			不得检出	GB/T 19650
715	乙基虫螨清	Pirimiphos – ethyl			不得检出	GB/T 19650
716	吡利霉素	Pirlimycin			不得检出	GB/T 22988
717	炔丙菊酯	Prallethrin			不得检出	GB/T 19650
718	泼尼松龙	Prednisolone			不得检出	GB/T 21981
719	丙草胺	Pretilachlor			不得检出	GB/T 19650

序号	农兽药中文名	农兽药英文名	欧盟标准限量要求 mg/kg	国家标准限量要求 mg/kg	三安超有机食品标准	
					限量要求 mg/kg	检测方法
720	环丙氟灵	Profluralin			不得检出	GB/T 19650
721	茉莉酮	Prohydrojasmon			不得检出	GB/T 19650
722	扑灭通	Prometon			不得检出	GB/T 19650
723	扑草净	Prometryne			不得检出	GB/T 19650
724	炔丙烯草胺	Pronamide			不得检出	GB/T 19650
725	敌稗	Propanil			不得检出	GB/T 19650
726	扑灭津	Propazine			不得检出	GB/T 19650
727	胺丙畏	Propetamphos			不得检出	GB/T 19650
728	丙酰二甲氨基丙吩噻嗪	Propionylpromazin			不得检出	GB/T 20763
729	丙硫磷	Prothiophos			不得检出	GB/T 19650
730	哒嗪硫磷	Ptridaphenthion			不得检出	GB/T 19650
731	吡唑硫磷	Pyraclofos			不得检出	GB/T 19650
732	吡草醚	Pyraflufen – ethyl			不得检出	GB/T 19650
733	啶斑肟 – 1	Pyrifenox – 1			不得检出	GB/T 19650
734	啶斑肟 – 2	Pyrifenox – 2			不得检出	GB/T 19650
735	环酯草醚	Pyriftalid			不得检出	GB/T 19650
736	嘧螨醚	Pyrimidifen			不得检出	GB/T 19650
737	嘧草醚	Pyriminobac – methyl			不得检出	GB/T 19650
738	嘧啶磷	Pyrimitate			不得检出	GB/T 19650
739	喹硫磷	Quinalphos			不得检出	GB/T 19650
740	灭藻醌	Quinoclamine			不得检出	GB/T 19650
741	精喹禾灵	Quizalofop – P – ethyl			不得检出	GB/T 20769
742	吡咪唑	Rabenzazole			不得检出	GB/T 19650
743	莱克多巴胺	Ractopamine			不得检出	GB/T 21313
744	洛硝达唑	Ronidazole			不得检出	GB/T 21318
745	皮蝇磷	Ronnel			不得检出	GB/T 19650
746	盐霉素	Salinomycin			不得检出	GB/T 20364
747	沙拉沙星	Sarafloxacin			不得检出	GB/T 20366
748	另丁津	Sebutylazine			不得检出	GB/T 19650
749	密草通	Secbumeton			不得检出	GB/T 19650
750	氨基脲	Semduramicin			不得检出	GB/T 20752
751	烯禾啶	Sethoxydim			不得检出	GB/T 19650
752	氟硅菊酯	Silafluofen			不得检出	GB/T 19650
753	硅氟唑	Simeconazole			不得检出	GB/T 19650
754	西玛通	Simetone			不得检出	GB/T 19650
755	西草净	Simetryn			不得检出	GB/T 19650
756	螺旋霉素	Spiramycin			不得检出	GB/T 20762
757	链霉素	Streptomycin			不得检出	GB/T 21323
758	磺胺苯酰	Sulfabenzamide			不得检出	GB/T 21316

序号	农兽药中文名	农兽药英文名	欧盟标准限量要求 mg/kg	国家标准限量要求 mg/kg	三安超有机食品标准	
					限量要求 mg/kg	检测方法
759	磺胺醋酰	Sulfacetamide			不得检出	GB/T 21316
760	磺胺氯哒嗪	Sulfachloropyridazine			不得检出	GB/T 21316
761	磺胺嘧啶	Sulfadiazine			不得检出	GB/T 21316
762	磺胺间二甲氧嘧啶	Sulfadimethoxine			不得检出	GB/T 21316
763	磺胺二甲嘧啶	Sulfadimidine			不得检出	GB/T 21316
764	磺胺多辛	Sulfadoxine			不得检出	GB/T 21316
765	磺胺脒	Sulfaguanidine			不得检出	GB/T 21316
766	菜草畏	Sulfallate			不得检出	GB/T 19650
767	磺胺甲嘧啶	Sulfamerazine			不得检出	GB/T 21316
768	新诺明	Sulfamethoxazole			不得检出	GB/T 21316
769	磺胺间甲氧嘧啶	Sulfamonomethoxine			不得检出	GB/T 21316
770	乙酰磺胺对硝基苯	Sulfanitran			不得检出	GB/T 20772
771	磺胺吡啶	Sulfapyridine			不得检出	GB/T 21316
772	磺胺喹沙啉	Sulfaquinoxaline			不得检出	GB/T 21316
773	磺胺噻唑	Sulfathiazole			不得检出	GB/T 21316
774	治螟磷	Sulfotep			不得检出	GB/T 19650
775	硫丙磷	Sulprofos			不得检出	GB/T 19650
776	苯噻硫氰	TCMTB			不得检出	GB/T 19650
777	丁基嘧啶磷	Tebupirimfos			不得检出	GB/T 19650
778	牧草胺	Tebutam			不得检出	GB/T 19650
779	丁噻隆	Tebuthiuron			不得检出	GB/T 20772
780	双硫磷	Temephos			不得检出	GB/T 20772
781	特草灵	Terbucarb			不得检出	GB/T 19650
782	特丁通	Terbumeron			不得检出	GB/T 19650
783	特丁净	Terbutryn			不得检出	GB/T 19650
784	四氢邻苯二甲酰亚胺	Tetrabydrophthalimide			不得检出	GB/T 19650
785	杀虫畏	Tetrachlorvinphos			不得检出	GB/T 19650
786	胺菊酯	Tetramethirn			不得检出	GB/T 19650
787	杀螨氯硫	Tetrasul			不得检出	GB/T 19650
788	噻吩草胺	Thenylchlor			不得检出	GB/T 19650
789	噻唑烟酸	Thiazopyr			不得检出	GB/T 19650
790	噻苯隆	Thidiazuron			不得检出	GB/T 20772
791	噻吩磺隆	Thifensulfuron – methyl			不得检出	GB/T 20772
792	甲基乙拌磷	Thiometon			不得检出	GB/T 20772
793	虫线磷	Thionazin			不得检出	GB/T 19650
794	硫普罗宁	Tiopronin			不得检出	SN/T 2225
795	三甲苯草酮	Tralkoxydim			不得检出	GB/T 19650
796	四溴菊酯	Tralomethrin			不得检出	SN/T 2320
797	反式 – 氯丹	trans – Chlordane			不得检出	GB/T 19650

序号	农兽药中文名	农兽药英文名	欧盟标准限量要求 mg/kg	国家标准限量要求 mg/kg	三安超有机食品标准 限量要求 mg/kg	三安超有机食品标准 检测方法
798	反式-燕麦敌	*trans* - Diallate			不得检出	GB/T 19650
799	四氟苯菊酯	Transfluthrin			不得检出	GB/T 19650
800	反式九氯	*trans* - Nonachlor			不得检出	GB/T 19650
801	反式-氯菊酯	*trans* - Permethrin			不得检出	GB/T 19650
802	群勃龙	Trenbolone			不得检出	GB/T 21981
803	威菌磷	Triamiphos			不得检出	GB/T 19650
804	毒壤磷	Trichloronate			不得检出	GB/T 19650
805	灭草环	Tridiphane			不得检出	GB/T 19650
806	草达津	Trietazine			不得检出	GB/T 19650
807	三异丁基磷酸盐	Tri - *iso* - butyl phosphate			不得检出	GB/T 19650
808	三正丁基磷酸盐	Tri - *n* - butyl phosphate			不得检出	GB/T 19650
809	三苯基磷酸盐	Triphenyl phosphate			不得检出	GB/T 19650
810	烯效唑	Uniconazole			不得检出	GB/T 19650
811	灭草敌	Vernolate			不得检出	GB/T 19650
812	维吉尼霉素	Virginiamycin			不得检出	GB/T 20765
813	杀鼠灵	War farin			不得检出	GB/T 20772
814	甲苯噻嗪	Xylazine			不得检出	GB/T 20763
815	右环十四酮酚	Zeranol			不得检出	GB/T 21982
816	苯酰菌胺	Zoxamide			不得检出	GB/T 19650

3.4 绵羊肾脏 Sheep Kidney

序号	农兽药中文名	农兽药英文名	欧盟标准限量要求 mg/kg	国家标准限量要求 mg/kg	三安超有机食品标准 限量要求 mg/kg	三安超有机食品标准 检测方法
1	1,1-二氯-2,2-二(4-乙苯)乙烷	1,1 - Dichloro - 2,2 - bis(4 - ethylphenyl)ethane	0.01		不得检出	日本肯定列表（增补本1）
2	1,2-二氯乙烷	1,2 - Dichloroethane	0.1		不得检出	SN/T 2238
3	1,3-二氯丙烯	1,3 - Dichloropropene	0.01		不得检出	SN/T 2238
4	1-萘乙酸	1 - Naphthylacetic acid	0.05		不得检出	SN/T 2228
5	2,4-滴	2,4 - D	1		不得检出	GB/T 20772
6	2,4-滴丁酸	2,4 - DB	0.1		不得检出	GB/T 20769
7	2-苯酚	2 - Phenylphenol	0.05		不得检出	GB/T 19650
8	阿维菌素	Abamectin	0.02		不得检出	SN/T 2661
9	乙酰甲胺磷	Acephate	0.02		不得检出	GB/T 20772
10	灭螨醌	Acequinocyl	0.01		不得检出	参照同类标准
11	啶虫脒	Acetamiprid	0.2		不得检出	GB/T 20772
12	乙草胺	Acetochlor	0.01		不得检出	GB/T 19650
13	苯并噻二唑	Acibenzolar - *S* - methyl	0.02		不得检出	GB/T 20772

序号	农兽药中文名	农兽药英文名	欧盟标准限量要求 mg/kg	国家标准限量要求 mg/kg	三安超有机食品标准 限量要求 mg/kg	检测方法
14	苯草醚	Aclonifen	0.02		不得检出	GB/T 20772
15	氟丙菊酯	Acrinathrin	0.05		不得检出	GB/T 19648
16	甲草胺	Alachlor	0.01		不得检出	GB/T 20772
17	阿苯达唑	Albendazole	500μg/kg		不得检出	GB 29687
18	氧阿苯达唑	Albendazole oxide	500μg/kg		不得检出	参照同类标准
19	涕灭威	Aldicarb	0.01		不得检出	GB/T 20772
20	艾氏剂和狄氏剂	Aldrin and dieldrin	0.2		不得检出	GB/T 19650
21	顺式氯氰菊酯	Alpha – cypermethrin	20μg/kg		不得检出	GB/T 19650
22	—	Ametoctradin	0.03		不得检出	参照同类标准
23	酰嘧磺隆	Amidosulfuron	0.02		不得检出	参照同类标准
24	氯氨吡啶酸	Aminopyralid	0.3		不得检出	GB/T 23211
25	—	Amisulbrom	0.01		不得检出	参照同类标准
26	双甲脒	Amitraz	200μg/kg		不得检出	GB/T 19650
27	阿莫西林	Amoxicillin	50μg/kg		不得检出	NY/T 830
28	氨苄青霉素	Ampicillin	50μg/kg		不得检出	GB/T 21315
29	敌菌灵	Anilazine	0.01		不得检出	GB/T 20769
30	杀螨特	Aramite	0.01		不得检出	GB/T 19650
31	磺草灵	Asulam	0.1		不得检出	日本肯定列表（增补本1）
32	印楝素	Azadirachtin	0.01		不得检出	SN/T 3264
33	益棉磷	Azinphos – ethyl	0.01		不得检出	GB/T 19650
34	保棉磷	Azinphos – methyl	0.01		不得检出	GB/T 20772
35	三唑锡和三环锡	Azocyclotin and cyhexatin	0.05		不得检出	SN/T 1990
36	嘧菌酯	Azoxystrobin	0.07		不得检出	GB/T 20772
37	燕麦灵	Barban	0.05		不得检出	参照同类标准
38	氟丁酰草胺	Beflubutamid	0.05		不得检出	参照同类标准
39	苯霜灵	Benalaxyl	0.05		不得检出	GB/T 20772
40	丙硫克百威	Benfuracarb	0.02		不得检出	GB/T 20772
41	苄青霉素	Benzyl penicillin	50μg/kg		不得检出	GB/T 21315
42	联苯肼酯	Bifenazate	0.01		不得检出	GB/T 20772
43	甲羧除草醚	Bifenox	0.05		不得检出	GB/T 23210
44	联苯菊酯	Bifenthrin	0.2		不得检出	GB/T 19650
45	乐杀螨	Binapacryl	0.01		不得检出	SN 0523
46	联苯	Biphenyl	0.01		不得检出	GB/T 19650
47	联苯三唑醇	Bitertanol	0.05		不得检出	GB/T 20772
48	—	Bixafen	0.3		不得检出	参照同类标准
49	啶酰菌胺	Boscalid	0.3		不得检出	GB/T 20772
50	溴离子	Bromide ion	0.05		不得检出	GB/T 5009.167
51	溴螨酯	Bromopropylate	0.01		不得检出	GB/T 19650

序号	农兽药中文名	农兽药英文名	欧盟标准限量要求 mg/kg	国家标准限量要求 mg/kg	三安超有机食品标准 限量要求 mg/kg	三安超有机食品标准 检测方法
52	溴苯腈	Bromoxynil	0.05		不得检出	GB/T 20772
53	糠菌唑	Bromuconazole	0.05		不得检出	GB/T 19650
54	乙嘧酚磺酸酯	Bupirimate	0.05		不得检出	GB/T 19650
55	噻嗪酮	Buprofezin	0.05		不得检出	GB/T 20772
56	仲丁灵	Butralin	0.02		不得检出	GB/T 19650
57	丁草敌	Butylate	0.01		不得检出	GB/T 19650
58	硫线磷	Cadusafos	0.01		不得检出	GB/T 19650
59	毒杀芬	Camphechlor	0.05		不得检出	YC/T 180
60	敌菌丹	Captafol	0.01		不得检出	GB/T 23210
61	克菌丹	Captan	0.02		不得检出	GB/T 19648
62	甲萘威	Carbaryl	0.05		不得检出	GB/T 20796
63	多菌灵和苯菌灵	Carbendazim and benomyl	0.05		不得检出	GB/T 20772
64	长杀草	Carbetamide	0.05		不得检出	GB/T 20772
65	克百威	Carbofuran	0.01		不得检出	GB/T 20772
66	丁硫克百威	Carbosulfan	0.05		不得检出	GB/T 19650
67	萎锈灵	Carboxin	0.05		不得检出	GB/T 20772
68	头孢噻呋	Ceftiofur	6000μg/kg		不得检出	GB/T 21314
69	氯虫苯甲酰胺	Chlorantraniliprole	0.2		不得检出	参照同类标准
70	杀螨醚	Chlorbenside	0.05		不得检出	GB/T 19650
71	氯炔灵	Chlorbufam	0.05		不得检出	GB/T 20772
72	氯丹	Chlordane	0.05		不得检出	GB/T 5009.19
73	十氯酮	Chlordecone	0.1		不得检出	参照同类标准
74	杀螨酯	Chlorfenson	0.05		不得检出	GB/T 19650
75	毒虫畏	Chlorfenvinphos	0.01		不得检出	GB/T 19650
76	氯草敏	Chloridazon	0.1		不得检出	GB/T 20772
77	矮壮素	Chlormequat	0.05		不得检出	GB/T 23211
78	乙酯杀螨醇	Chlorobenzilate	0.1		不得检出	GB/T 23210
79	百菌清	Chlorothalonil	0.3		不得检出	SN/T 2320
80	绿麦隆	Chlortoluron	0.05		不得检出	GB/T 20772
81	枯草隆	Chloroxuron	0.05		不得检出	SN/T 2150
82	氯苯胺灵	Chlorpropham	0.2		不得检出	GB/T 19650
83	甲基毒死蜱	Chlorpyrifos - methyl	0.05		不得检出	GB/T 19650
84	氯磺隆	Chlorsulfuron	0.01		不得检出	GB/T 20772
85	金霉素	Chlortetracycline	600μg/kg		不得检出	GB/T 21317
86	氯酞酸甲酯	Chlorthaldimethyl	0.01		不得检出	GB/T 19650
87	氯硫酰草胺	Chlorthiamid	0.02		不得检出	GB/T 23211
88	烯草酮	Clethodim	0.2		不得检出	GB/T 19650
89	炔草酯	Clodinafop - propargyl	0.02		不得检出	GB/T 19650
90	四螨嗪	Clofentezine	0.05		不得检出	GB/T 20772

序号	农兽药中文名	农兽药英文名	欧盟标准限量要求 mg/kg	国家标准限量要求 mg/kg	三安超有机食品标准 限量要求 mg/kg	三安超有机食品标准 检测方法
91	二氯吡啶酸	Clopyralid	0.4		不得检出	SN/T 2228
92	氯氰碘柳胺	Closantel	5000μg/kg		不得检出	SN/T 1628
93	噻虫胺	Clothianidin	0.02		不得检出	GB/T 20772
94	邻氯青霉素	Cloxacillin	300μg/kg		不得检出	GB/T 18932.25
95	黏菌素	Colistin	200μg/kg		不得检出	参照同类标准
96	铜化合物	Copper compounds	30		不得检出	参照同类标准
97	环烷基酰苯胺	Cyclanilide	0.01		不得检出	参照同类标准
98	噻草酮	Cycloxydim	0.05		不得检出	GB/T 19650
99	环氟菌胺	Cyflufenamid	0.03		不得检出	GB/T 23210
100	氟氯氰菊酯和高效氟氯氰菊酯	Cyfluthrin and beta – cyfluthrin	0.05		不得检出	GB/T 19650
101	霜脲氰	Cymoxanil	0.05		不得检出	GB/T 20772
102	氯氰菊酯和高效氯氰菊酯	Cypermethrin and beta – cypermethrin	20μg/kg		不得检出	GB/T 19650
103	环丙唑醇	Cyproconazole	0.05		不得检出	GB/T 20772
104	嘧菌环胺	Cyprodinil	0.05		不得检出	GB/T 19650
105	灭蝇胺	Cyromazine	300μg/kg		不得检出	GB/T 20772
106	丁酰肼	Daminozide	0.05		不得检出	SN/T 1989
107	达氟沙星	Danofloxacin	400μg/kg		不得检出	GB/T 22985
108	滴滴涕	DDT	1		不得检出	SN/T 0127
109	溴氰菊酯	Deltamethrin	10μg/kg		不得检出	GB/T 19650
110	燕麦敌	Diallate	0.2		不得检出	GB/T 23211
111	二嗪磷	Diazinon	0.03		不得检出	GB/T 19650
112	麦草畏	Dicamba	0.7		不得检出	GB/T 20772
113	敌草腈	Dichlobenil	0.01		不得检出	GB/T 19650
114	滴丙酸	Dichlorprop	0.7		不得检出	SN/T 2228
115	二氯苯氧基丙酸	Diclofop	0.1		不得检出	参照同类标准
116	氯硝胺	Dicloran	0.01		不得检出	GB/T 19650
117	双氯青霉素	Dicloxacillin	300μg/kg		不得检出	GB/T 18932.25
118	三氯杀螨醇	Dicofol	0.02		不得检出	GB/T 19650
119	地昔尼尔	Dicyclanil	400μg/kg		不得检出	SN/T 2153
120	乙霉威	Diethofencarb	0.05		不得检出	GB/T 19650
121	苯醚甲环唑	Difenoconazole	0.2		不得检出	GB/T 19650
122	双氟沙星	Difloxacin	800μg/kg		不得检出	GB/T 20366
123	除虫脲	Diflubenzuron	0.1		不得检出	SN/T 0528
124	吡氟酰草胺	Diflufenican	0.05		不得检出	GB/T 20772
125	二氢链霉素	Dihydro – streptomycin	1000μg/kg		不得检出	GB/T 22969
126	油菜安	Dimethachlor	0.02		不得检出	GB/T 20772

序号	农兽药中文名	农兽药英文名	欧盟标准限量要求 mg/kg	国家标准限量要求 mg/kg	三安超有机食品标准	
					限量要求 mg/kg	检测方法
127	烯酰吗啉	Dimethomorph	0.05		不得检出	GB/T 20772
128	醚菌胺	Dimoxystrobin	0.05		不得检出	SN/T 2237
129	烯唑醇	Diniconazole	0.01		不得检出	GB/T 19650
130	敌螨普	Dinocap	0.05		不得检出	日本肯定列表（增补本1）
131	地乐酚	Dinoseb	0.01		不得检出	GB/T 20772
132	特乐酚	Dinoterb	0.05		不得检出	GB/T 20772
133	敌噁磷	Dioxathion	0.05		不得检出	GB/T 19650
134	敌草快	Diquat	0.05		不得检出	GB/T 5009.221
135	乙拌磷	Disulfoton	0.01		不得检出	GB/T 20772
136	二氰蒽醌	Dithianon	0.01		不得检出	GB/T 20769
137	二硫代氨基甲酸酯	Dithiocarbamates	0.05		不得检出	SN 0139
138	敌草隆	Diuron	0.05		不得检出	SN/T 0645
139	二硝甲酚	DNOC	0.05		不得检出	GB/T 20772
140	多果定	Dodine	0.2		不得检出	SN 0500
141	多拉菌素	Doramectin	60μg/kg		不得检出	GB/T 22968
142	甲氨基阿维菌素苯甲酸盐	Emamectin benzoate	0.08		不得检出	GB/T 20769
143	硫丹	Endosulfan	0.05	0.03	不得检出	GB/T 19650
144	异狄氏剂	Endrin	0.05		不得检出	GB/T 19650
145	恩诺沙星	Enrofloxacin	200μg/kg		不得检出	GB/T 20366
146	氟环唑	Epoxiconazole	0.02		不得检出	GB/T 20772
147	埃普利诺菌素	Eprinomectin	300μg/kg		不得检出	GB/T 21320
148	茵草敌	EPTC	0.02		不得检出	GB/T 20772
149	红霉素	Erythromycin	200μg/kg		不得检出	GB/T 20762
150	乙丁烯氟灵	Ethalfluralin	0.01		不得检出	GB/T 19650
151	胺苯磺隆	Ethametsulfuron	0.01		不得检出	NY/T 1616
152	乙烯利	Ethephon	0.05		不得检出	SN 0705
153	乙硫磷	Ethion	0.01		不得检出	GB/T 19650
154	乙嘧酚	Ethirimol	0.05		不得检出	GB/T 20772
155	乙氧呋草黄	Ethofumesate	0.1		不得检出	GB/T 20772
156	灭线磷	Ethoprophos	0.01		不得检出	GB/T 19650
157	乙氧喹啉	Ethoxyquin	0.05		不得检出	GB/T 20772
158	环氧乙烷	Ethylene oxide	0.02		不得检出	GB/T 23296.11
159	醚菊酯	Etofenprox	0.5		不得检出	GB/T 19650
160	乙螨唑	Etoxazole	0.01		不得检出	GB/T 19650
161	氯唑灵	Etridiazole	0.05		不得检出	GB/T 20772
162	噁唑菌酮	Famoxadone	0.05		不得检出	GB/T 20772
163	苯硫氨酯	Febantel	50μg/kg		不得检出	GB/T 22972
164	咪唑菌酮	Fenamidone	0.01		不得检出	GB/T 19650

序号	农兽药中文名	农兽药英文名	欧盟标准限量要求 mg/kg	国家标准限量要求 mg/kg	三安超有机食品标准	
					限量要求 mg/kg	检测方法
165	苯线磷	Fenamiphos	0.02		不得检出	GB/T 19650
166	氯苯嘧啶醇	Fenarimol	0.02		不得检出	GB/T 20772
167	喹螨醚	Fenazaquin	0.01		不得检出	GB/T 19650
168	苯硫苯咪唑	Fenbendazole	50μg/kg		不得检出	SN 0638
169	腈苯唑	Fenbuconazole	0.05		不得检出	GB/T 20772
170	苯丁锡	Fenbutatin oxide	0.05		不得检出	SN 0592
171	环酰菌胺	Fenhexamid	0.05		不得检出	GB/T 20772
172	杀螟硫磷	Fenitrothion	0.01		不得检出	GB/T 20772
173	精噁唑禾草灵	Fenoxaprop – P – ethyl	0.05		不得检出	GB/T 22617
174	双氧威	Fenoxycarb	0.05		不得检出	GB/T 19650
175	苯锈啶	Fenpropidin	0.02		不得检出	GB/T 19650
176	丁苯吗啉	Fenpropimorph	0.05		不得检出	GB/T 20772
177	胺苯吡菌酮	Fenpyrazamine	0.01		不得检出	参照同类标准
178	唑螨酯	Fenpyroximate	0.01		不得检出	GB/T 19650
179	倍硫磷	Fenthion	0.05		不得检出	GB/T 20772
180	三苯锡	Fentin	0.05		不得检出	SN/T 3149
181	薯瘟锡	Fentin acetate	0.05		不得检出	参照同类标准
182	氰戊菊酯和高效氰戊菊酯(RR & SS 异构体总量)	Fenvalerate and esfenvalerate (sum of RR & SS isomers)	0.2		不得检出	GB/T 19650
183	氰戊菊酯和高效氰戊菊酯(RS & SR 异构体总量)	Fenvalerate and esfenvalerate (sum of RS & SR isomers)	0.05		不得检出	GB/T 19650
184	氟虫腈	Fipronil	0.02		不得检出	SN/T 1982
185	氟啶虫酰胺	Flonicamid	0.03		不得检出	SN/T 2796
186	氟苯尼考	Florfenicol	300μg/kg		不得检出	GB/T 20756
187	精吡氟禾草灵	Fluazifop – P – butyl	0.05		不得检出	GB/T 5009.142
188	氟啶胺	Fluazinam	0.05		不得检出	SN/T 2150
189	氟苯虫酰胺	Flubendiamide	1		不得检出	SN/T 2581
190	氟环脲	Flucycloxuron	0.05		不得检出	参照同类标准
191	氟氰戊菊酯	Flucythrinate	0.05		不得检出	GB/T 23210
192	咯菌腈	Fludioxonil	0.05		不得检出	GB/T 20772
193	氟虫脲	Flufenoxuron	0.05		不得检出	SN/T 2150
194	杀螨净	Flufenzin	0.02		不得检出	参照同类标准
195	醋酸氟孕酮	Flugestone acetate	0.5μg/kg		不得检出	参照同类标准
196	氟甲喹	Flumequin	1500μg/kg		不得检出	SN/T 1921
197	氟氯苯氰菊酯	Flumethrin	10μg/kg		不得检出	农业部781号公告 – 7
198	氟吡菌胺	Fluopicolide	0.01		不得检出	参照同类标准
199	—	Fluopyram	0.7		不得检出	参照同类标准

序号	农兽药中文名	农兽药英文名	欧盟标准限量要求 mg/kg	国家标准限量要求 mg/kg	三安超有机食品标准 限量要求 mg/kg	三安超有机食品标准 检测方法
200	氟离子	Fluoride ion	1		不得检出	GB/T 5009.167
201	氟腈嘧菌酯	Fluoxastrobin	0.1		不得检出	SN/T 2237
202	氟喹唑	Fluquinconazole	0.3		不得检出	GB/T 19650
203	氟咯草酮	Fluorochloridone	0.05		不得检出	GB/T 20772
204	氟草烟	Fluroxypyr	0.5		不得检出	GB/T 20772
205	氟硅唑	Flusilazole	0.5		不得检出	GB/T 20772
206	氟酰胺	Flutolanil	0.1		不得检出	GB/T 20772
207	粉唑醇	Flutriafol	0.01		不得检出	GB/T 20772
208	—	Fluxapyroxad	0.01		不得检出	参照同类标准
209	氟磺胺草醚	Fomesafen	0.01		不得检出	GB/T 5009.130
210	氯吡脲	Forchlorfenuron	0.05		不得检出	SN/T 3643
211	伐虫脒	Formetanate	0.01		不得检出	NY/T 1453
212	三乙膦酸铝	Fosetyl - aluminium	0.5		不得检出	参照同类标准
213	麦穗宁	Fuberidazole	0.05		不得检出	GB/T 19650
214	呋线威	Furathiocarb	0.01		不得检出	GB/T 20772
215	糠醛	Furfural	1		不得检出	参照同类标准
216	勃激素	Gibberellic acid	0.1		不得检出	GB/T 23211
217	草胺膦	Glufosinate - ammonium	0.1		不得检出	日本肯定列表
218	草甘膦	Glyphosate	0.05		不得检出	SN/T 1923
219	双胍盐	Guazatine	0.1		不得检出	参照同类标准
220	氟吡禾灵	Haloxyfop	0.02		不得检出	SN/T 2228
221	七氯	Heptachlor	0.2		不得检出	SN 0663
222	六氯苯	Hexachlorobenzene	0.2		不得检出	SN/T 0127
223	六六六(HCH),α-异构体	Hexachlorociclohexane (HCH), alpha - isomer	0.2		不得检出	SN/T 0127
224	六六六(HCH),β-异构体	Hexachlorociclohexane (HCH), beta - isomer	0.1		不得检出	SN/T 0127
225	噻螨酮	Hexythiazox	0.05		不得检出	GB/T 20772
226	噁霉灵	Hymexazol	0.05		不得检出	GB/T 20772
227	抑霉唑	Imazalil	0.05		不得检出	GB/T 20772
228	甲咪唑烟酸	Imazapic	0.01		不得检出	GB/T 20772
229	咪唑喹啉酸	Imazaquin	0.05		不得检出	GB/T 20772
230	吡虫啉	Imidacloprid	0.3		不得检出	GB/T 20772
231	双咪苯脲	Imidocarb	1500μg/kg		不得检出	SN/T 2314
232	茚虫威	Indoxacarb	0.05		不得检出	GB/T 20772
233	碘苯腈	Ioxynil	2,5		不得检出	GB/T 20772
234	异菌脲	Iprodione	0.05		不得检出	GB/T 19650
235	稻瘟灵	Isoprothiolane	0.01		不得检出	GB/T 20772
236	异丙隆	Isoproturon	0.05		不得检出	GB/T 20772

序号	农兽药中文名	农兽药英文名	欧盟标准限量要求 mg/kg	国家标准限量要求 mg/kg	三安超有机食品标准限量要求 mg/kg	检测方法
237	—	Isopyrazam	0.01		不得检出	参照同类标准
238	异噁酰草胺	Isoxaben	0.01		不得检出	GB/T 20772
239	依维菌素	Ivermectin	30μg/kg		不得检出	GB/T 21320
240	卡那霉素	Kanamycin	2500μg/kg		不得检出	GB/T 21323
241	醚菌酯	Kresoxim – methyl	0.05		不得检出	GB/T 20772
242	乳氟禾草灵	Lactofen	0.01		不得检出	GB/T 19650
243	高效氯氟氰菊酯	Lambda – cyhalothrin	0.5		不得检出	GB/T 23210
244	环草定	Lenacil	0.1		不得检出	GB/T 19650
245	左旋咪唑	Levamisole	10μg/kg		不得检出	SN 0349
246	林可霉素	Lincomycin	1500μg/kg		不得检出	GB/T 20762
247	林丹	Lindane	0.02	0.01	不得检出	NY/T 761
248	虱螨脲	Lufenuron	0.02		不得检出	SN/T 2540
249	马拉硫磷	Malathion	0.02		不得检出	GB/T 19650
250	抑芽丹	Maleic hydrazide	0.5		不得检出	GB/T 23211
251	双炔酰菌胺	Mandipropamid	0.02		不得检出	参照同类标准
252	二甲四氯和二甲四氯丁酸	MCPA and MCPB	0.1		不得检出	SN/T 2228
253	甲苯咪唑	Mebendazole	60μg/kg		不得检出	GB/T 21324
254	壮棉素	Mepiquat chloride	0.05		不得检出	GB/T 23211
255	—	Meptyldinocap	0.05		不得检出	参照同类标准
256	汞化合物	Mercury compounds	0.01		不得检出	参照同类标准
257	氰氟虫腙	Metaflumizone	0.02		不得检出	SN/T 3852
258	甲霜灵和精甲霜灵	Metalaxyl and metalaxyl – M	0.05		不得检出	GB/T 20772
259	四聚乙醛	Metaldehyde	0.05		不得检出	SN/T 1787
260	苯嗪草酮	Metamitron	0.05		不得检出	GB/T 19650
261	吡唑草胺	Metazachlor	0.05		不得检出	GB/T 19650
262	叶菌唑	Metconazole	0.01		不得检出	GB/T 20772
263	甲基苯噻隆	Methabenzthiazuron	0.05		不得检出	GB/T 19650
264	虫螨畏	Methacrifos	0.01		不得检出	GB/T 20772
265	甲胺磷	Methamidophos	0.01		不得检出	GB/T 20772
266	杀扑磷	Methidathion	0.02		不得检出	GB/T 20772
267	甲硫威	Methiocarb	0.05		不得检出	GB/T 20770
268	灭多威和硫双威	Methomyl and thiodicarb	0.02		不得检出	GB/T 20772
269	烯虫酯	Methoprene	0.05		不得检出	GB/T 19650
270	甲氧滴滴涕	Methoxychlor	0.01		不得检出	SN/T 0529
271	甲氧虫酰肼	Methoxyfenozide	0.1		不得检出	GB/T 20772
272	磺草唑胺	Metosulam	0.01		不得检出	GB/T 20772
273	苯菌酮	Metrafenone	0.05		不得检出	参照同类标准
274	嗪草酮	Metribuzin	0.1		不得检出	GB/T 19650
275	—	Monepantel	2000μg/kg		不得检出	参照同类标准

序号	农兽药中文名	农兽药英文名	欧盟标准限量要求 mg/kg	国家标准限量要求 mg/kg	三安超有机食品标准 限量要求 mg/kg	三安超有机食品标准 检测方法
276	绿谷隆	Monolinuron	0.05		不得检出	GB/T 20772
277	灭草隆	Monuron	0.01		不得检出	GB/T 20772
278	甲噻吩嘧啶	Morantel	200μg/kg		不得检出	参照同类标准
279	莫西丁克	Moxidectin	50μg/kg		不得检出	SN/T 2442
280	腈菌唑	Myclobutanil	0.01		不得检出	GB/T 20772
281	奈夫西林	Nafcillin	300μg/kg		不得检出	GB/T 22975
282	1-萘乙酰胺	1-Naphthylacetamide	0.05		不得检出	GB/T 23205
283	敌草胺	Napropamide	0.01		不得检出	GB/T 19650
284	新霉素(包括framycetin)	Neomycin (including framycetin)	5000μg/kg		不得检出	SN 0646
285	尼托比明	Netobimin	500μg/kg		不得检出	参照同类标准
286	烟嘧磺隆	Nicosulfuron	0.05		不得检出	SN/T 2325
287	除草醚	Nitrofen	0.01		不得检出	GB/T 19650
288	硝碘酚腈	Nitroxinil	400μg/kg		不得检出	参照同类标准
289	氟酰脲	Novaluron	0.7		不得检出	GB/T 23211
290	嘧苯胺磺隆	Orthosulfamuron	0.01		不得检出	GB/T 23817
291	苯唑青霉素	Oxacillin	300μg/kg		不得检出	GB/T 18932.25
292	噁草酮	Oxadiazon	0.05		不得检出	GB/T 19650
293	噁霜灵	Oxadixyl	0.01		不得检出	GB/T 19650
294	环氧嘧磺隆	Oxasulfuron	0.05		不得检出	GB/T 23817
295	奥芬达唑	Oxfendazole	500μg/kg		不得检出	GB/T 22972
296	喹菌酮	Oxolinic acid	150μg/kg		不得检出	日本肯定列表
297	氧化萎锈灵	Oxycarboxin	0.05		不得检出	GB/T 19650
298	羟氯柳苯胺	Oxyclozanide	100μg/kg		不得检出	SN/T 2909
299	亚砜磷	Oxydemeton-methyl	0.01		不得检出	参照同类标准
300	乙氧氟草醚	Oxyfluorfen	0.05		不得检出	GB/T 20772
301	土霉素	Oxytetracycline	600μg/kg		不得检出	GB/T 21317
302	多效唑	Paclobutrazol	0.02		不得检出	GB/T 19650
303	对硫磷	Parathion	0.05		不得检出	GB/T 19650
304	甲基对硫磷	Parathion-methyl	0.01		不得检出	GB/T 5009.161
305	巴龙霉素	Paromomycin	1500μg/kg		不得检出	SN/T 2315
306	戊菌唑	Penconazole	0.05		不得检出	GB/T 20772
307	戊菌隆	Pencycuron	0.05		不得检出	GB/T 19650
308	二甲戊灵	Pendimethalin	0.05		不得检出	GB/T 19650
309	喷沙西林	Penethamate	50μg/kg		不得检出	参照同类标准
310	氯菊酯	Permethrin	0.05		不得检出	GB/T 19650
311	甜菜宁	Phenmedipham	0.05		不得检出	GB/T 23205
312	苯醚菊酯	Phenothrin	0.05		不得检出	GB/T 20772
313	甲拌磷	Phorate	0.02		不得检出	GB/T 20772

序号	农兽药中文名	农兽药英文名	欧盟标准限量要求 mg/kg	国家标准限量要求 mg/kg	三安超有机食品标准 限量要求 mg/kg	三安超有机食品标准 检测方法
314	伏杀硫磷	Phosalone	0.01		不得检出	GB/T 20772
315	亚胺硫磷	Phosmet	0.1		不得检出	GB/T 20772
316	—	Phosphines and phosphides	0.01		不得检出	参照同类标准
317	辛硫磷	Phoxim	50μg/kg		不得检出	GB/T 20772
318	氨氯吡啶酸	Picloram	5		不得检出	GB/T 23211
319	啶氧菌酯	Picoxystrobin	0.05		不得检出	GB/T 19650
320	抗蚜威	Pirimicarb	0.05		不得检出	GB/T 20772
321	甲基嘧啶磷	Pirimiphos – methyl	0.05		不得检出	GB/T 20772
322	咪鲜胺	Prochloraz	0.1		不得检出	GB/T 19650
323	腐霉利	Procymidone	0.01		不得检出	GB/T 20772
324	丙溴磷	Profenofos	0.05		不得检出	GB/T 20772
325	调环酸	Prohexadione	0.05		不得检出	日本肯定列表
326	毒草安	Propachlor	0.02		不得检出	GB/T 20772
327	扑派威	Propamocarb	0.1		不得检出	GB/T 20772
328	恶草酸	Propaquizafop	0.05		不得检出	GB/T 20772
329	炔螨特	Propargite	0.1		不得检出	GB/T 19650
330	苯胺灵	Propham	0.05		不得检出	GB/T 19650
331	丙环唑	Propiconazole	0.05		不得检出	GB/T 19650
332	异丙草胺	Propisochlor	0.01		不得检出	GB/T 19650
333	残杀威	Propoxur	0.05		不得检出	GB/T 20772
334	炔苯酰草胺	Propyzamide	0.05		不得检出	GB/T 19650
335	苄草丹	Prosulfocarb	0.05		不得检出	GB/T 19650
336	丙硫菌唑	Prothioconazole	0.5		不得检出	参照同类标准
337	吡蚜酮	Pymetrozine	0.01		不得检出	GB/T 20772
338	吡唑醚菌酯	Pyraclostrobin	0.05		不得检出	GB/T 20772
339	—	Pyrasulfotole	0.01		不得检出	参照同类标准
340	吡菌磷	Pyrazophos	0.02		不得检出	GB/T 20772
341	除虫菊素	Pyrethrins	0.05		不得检出	GB/T 20772
342	哒螨灵	Pyridaben	0.02		不得检出	GB/T 19650
343	啶虫丙醚	Pyridalyl	0.01		不得检出	日本肯定列表
344	哒草特	Pyridate	0.4		不得检出	日本肯定列表
345	嘧霉胺	Pyrimethanil	0.05		不得检出	GB/T 19650
346	吡丙醚	Pyriproxyfen	0.05		不得检出	GB/T 19650
347	甲氧磺草胺	Pyroxsulam	0.01		不得检出	SN/T 2325
348	氯甲喹啉酸	Quinmerac	0.05		不得检出	参照同类标准
349	喹氧灵	Quinoxyfen	0.2		不得检出	SN/T 2319
350	五氯硝基苯	Quintozene	0.01		不得检出	GB/T 19650
351	精喹禾灵	Quizalofop – P – ethyl	0.05		不得检出	SN/T 2150
352	雷复尼特	Rafoxanide	150μg/kg		不得检出	SN/T 1987

序号	农兽药中文名	农兽药英文名	欧盟标准限量要求 mg/kg	国家标准限量要求 mg/kg	三安超有机食品标准 限量要求 mg/kg	三安超有机食品标准 检测方法
353	灭虫菊	Resmethrin	0.1		不得检出	GB/T 20772
354	鱼藤酮	Rotenone	0.01		不得检出	GB/T 20772
355	西玛津	Simazine	0.01		不得检出	SN 0594
356	壮观霉素	Spectinomycin	5000μg/kg		不得检出	GB/T 21323
357	乙基多杀菌素	Spinetoram	0.01		不得检出	参照同类标准
358	多杀霉素	Spinosad	0.5		不得检出	GB/T 20772
359	螺螨酯	Spirodiclofen	0.05		不得检出	GB/T 20772
360	螺甲螨酯	Spiromesifen	0.01		不得检出	GB/T 23210
361	螺虫乙酯	Spirotetramat	0.03		不得检出	参照同类标准
362	莔孢菌素	Spiroxamine	0.2		不得检出	GB/T 20772
363	链霉素	Streptomycin	1000μg/kg		不得检出	GB/T 21323
364	磺草酮	Sulcotrione	0.05		不得检出	参照同类标准
365	磺胺类(所有属于磺胺类的物质)	Sulfonamides (all substances belonging to the sulfonamide-group)	100μg/kg		不得检出	GB 29694
366	乙黄隆	Sulfosulfuron	0.05		不得检出	SN/T 2325
367	硫磺粉	Sulfur	0.5		不得检出	参照同类标准
368	氟胺氰菊酯	Tau – fluvalinate	0.02		不得检出	SN 0691
369	戊唑醇	Tebuconazole	0.1		不得检出	GB/T 20772
370	虫酰肼	Tebufenozide	0.05		不得检出	GB/T 20772
371	吡螨胺	Tebufenpyrad	0.05		不得检出	GB/T 19650
372	四氯硝基苯	Tecnazene	0.05		不得检出	GB/T 19650
373	氟苯脲	Teflubenzuron	0.05		不得检出	SN/T 2150
374	七氟菊酯	Tefluthrin	0.05		不得检出	GB/T 23210
375	得杀草	Tepraloxydim	0.1		不得检出	GB/T 20772
376	特丁硫磷	Terbufos	0.01		不得检出	GB/T 20772
377	特丁津	Terbuthylazine	0.05		不得检出	GB/T 19650
378	四氟醚唑	Tetraconazole	0.5		不得检出	GB/T 20772
379	四环素	Tetracycline	600μg/kg		不得检出	GB/T 21317
380	三氯杀螨砜	Tetradifon	0.05		不得检出	GB/T 19650
381	噻虫啉	Thiacloprid	0.3		不得检出	GB/T 20772
382	噻虫嗪	Thiamethoxam	0.03		不得检出	GB/T 20772
383	甲砜霉素	Thiamphenicol	50μg/kg		不得检出	GB/T 20756
384	禾草丹	Thiobencarb	0.01		不得检出	GB/T 20772
385	甲基硫菌灵	Thiophanate – methyl	0.05		不得检出	SN/T 0162
386	替米考星	Tilmicosin	1000μg/kg		不得检出	GB/T 20762
387	甲基立枯磷	Tolclofos – methyl	0.05		不得检出	GB/T 19650
388	甲苯三嗪酮	Toltrazuril	250μg/kg		不得检出	参照同类标准
389	甲苯氟磺胺	Tolylfluanid	0.1		不得检出	GB/T 19650

序号	农兽药中文名	农兽药英文名	欧盟标准限量要求 mg/kg	国家标准限量要求 mg/kg	三安超有机食品标准 限量要求 mg/kg	检测方法
390	—	Topramezone	0.05		不得检出	参照同类标准
391	三唑酮和三唑醇	Triadimefon and triadimenol	0.1		不得检出	GB/T 20772
392	野麦畏	Triallate	0.05		不得检出	GB/T 20772
393	醚苯磺隆	Triasulfuron	0.05		不得检出	GB/T 20772
394	三唑磷	Triazophos	0.01		不得检出	GB/T 20772
395	敌百虫	Trichlorphon	0.01		不得检出	GB/T 20772
396	三氯苯哒唑	Triclabendazole	150μg/kg		不得检出	参照同类标准
397	绿草定	Triclopyr	0.2		不得检出	SN/T 2228
398	三环唑	Tricyclazole	0.05		不得检出	GB/T 20769
399	十三吗啉	Tridemorph	0.01		不得检出	GB/T 20772
400	肟菌酯	Trifloxystrobin	0.04		不得检出	GB/T 19650
401	氟菌唑	Triflumizole	0.05		不得检出	GB/T 20769
402	杀铃脲	Triflumuron	0.01		不得检出	GB/T 20772
403	氟乐灵	Trifluralin	0.01		不得检出	GB/T 20772
404	嗪氨灵	Triforine	0.01		不得检出	SN 0695
405	甲氧苄氨嘧啶	Trimethoprim	50μg/kg		不得检出	SN/T 1769
406	三甲基锍阳离子	Trimethyl-sulfonium cation	0.05		不得检出	参照同类标准
407	抗倒酯	Trinexapac	0.05		不得检出	GB/T 20769
408	灭菌唑	Triticonazole	0.01		不得检出	GB/T 20772
409	三氟甲磺隆	Tritosulfuron	0.01		不得检出	参照同类标准
410	泰乐菌素	Tylosin	100μg/kg		不得检出	GB/T 22941
411	—	Valifenalate	0.01		不得检出	参照同类标准
412	乙烯菌核利	Vinclozolin	0.05		不得检出	GB/T 20772
413	2,3,4,5-四氯苯胺	2,3,4,5-Tetrachloraniline			不得检出	GB/T 19650
414	2,3,4,5-四氯甲氧基苯	2,3,4,5-Tetrachloroanisole			不得检出	GB/T 19650
415	2,3,5,6-四氯苯胺	2,3,5,6-Tetrachloroaniline			不得检出	GB/T 19650
416	2,4,5-涕	2,4,5-T			不得检出	GB/T 20772
417	o,p'-滴滴滴	2,4'-DDD			不得检出	GB/T 19650
418	o,p'-滴滴伊	2,4'-DDE			不得检出	GB/T 19650
419	o,p'-滴滴涕	2,4'-DDT			不得检出	GB/T 19650
420	2,6-二氯苯甲酰胺	2,6-Dichlorobenzamide			不得检出	GB/T 19650
421	3,5-二氯苯胺	3,5-Dichloroaniline			不得检出	GB/T 19650
422	p,p'-滴滴滴	4,4'-DDD			不得检出	GB/T 19650
423	p,p'-滴滴伊	4,4'-DDE			不得检出	GB/T 19650
424	p,p'-滴滴涕	4,4'-DDT			不得检出	GB/T 19650
425	4,4'-二溴二苯甲酮	4,4'-Dibromobenzophenone			不得检出	GB/T 19650
426	4,4'-二氯二苯甲酮	4,4'-Dichlorobenzophenone			不得检出	GB/T 19650
427	二氢苊	Acenaphthene			不得检出	GB/T 19650
428	乙酰丙嗪	Acepromazine			不得检出	GB/T 20763

序号	农兽药中文名	农兽药英文名	欧盟标准限量要求 mg/kg	国家标准限量要求 mg/kg	三安超有机食品标准 限量要求 mg/kg	三安超有机食品标准 检测方法
429	三氟羧草醚	Acifluorfen			不得检出	GB/T 20772
430	1－氨基－2－乙内酰脲	AHD			不得检出	GB/T 21311
431	涕灭砜威	Aldoxycarb			不得检出	GB/T 20772
432	烯丙菊酯	Allethrin			不得检出	GB/T 20772
433	二丙烯草胺	Allidochlor			不得检出	GB/T 19650
434	α－六六六	Alpha－HCH			不得检出	GB/T 19650
435	烯丙孕素	Altrenogest			不得检出	SN/T 1980
436	莠灭净	Ametryn			不得检出	GB/T 20772
437	杀草强	Amitrole			不得检出	SN/T 1737.6
438	5－吗啉甲基－3－氨基－2－噁唑烷基酮	AMOZ			不得检出	GB/T 21311
439	氨丙嘧吡啶	Amprolium			不得检出	SN/T 0276
440	莎稗磷	Anilofos			不得检出	GB/T 19650
441	蒽醌	Anthraquinone			不得检出	GB/T 19650
442	3－氨基－2－噁唑酮	AOZ			不得检出	GB/T 21311
443	安普霉素	Apramycin			不得检出	GB/T 21323
444	丙硫特普	Aspon			不得检出	GB/T 19650
445	羟氨卡青霉素	Aspoxicillin			不得检出	GB/T 21315
446	乙基杀扑磷	Athidathion			不得检出	GB/T 19650
447	莠去通	Atratone			不得检出	GB/T 19650
448	莠去津	Atrazine			不得检出	GB/T 20772
449	脱乙基阿特拉津	Atrazine－desethyl			不得检出	GB/T 19650
450	甲基吡噁磷	Azamethiphos			不得检出	GB/T 20763
451	氮哌酮	Azaperone			不得检出	SN/T2221
452	叠氮津	Aziprotryne			不得检出	GB/T 19650
453	杆菌肽	Bacitracin			不得检出	GB/T 20743
454	4－溴－3,5－二甲苯基－N－甲基氨基甲酸酯－1	BDMC－1			不得检出	GB/T 19650
455	4－溴－3,5－二甲苯基－N－甲基氨基甲酸酯－2	BDMC－2			不得检出	GB/T 19650
456	噁虫威	Bendiocarb			不得检出	GB/T 20772
457	乙丁氟灵	Benfluralin			不得检出	GB/T 19650
458	丙硫克百威	Benfuracard			不得检出	GB/T 20772
459	呋草黄	Benfuresate			不得检出	GB/T 19650
460	麦锈灵	Benodanil			不得检出	GB/T 19650
461	解草酮	Benoxacor			不得检出	GB/T 19650
462	新燕灵	Benzoylprop－ethyl			不得检出	GB/T 19650
463	β－六六六	Beta－HCH			不得检出	GB/T 19650
464	倍他米松	Betamethasone			不得检出	SN/T 1970

序号	农兽药中文名	农兽药英文名	欧盟标准限量要求 mg/kg	国家标准限量要求 mg/kg	三安超有机食品标准 限量要求 mg/kg	检测方法
465	生物烯丙菊酯 - 1	Bioallethrin - 1			不得检出	GB/T 19650
466	生物烯丙菊酯 - 2	Bioallethrin - 2			不得检出	GB/T 19650
467	生物苄呋菊酯	Bioresmethrin			不得检出	GB/T 20772
468	除草定	Bromacil			不得检出	GB/T 20772
469	溴苯烯磷	Bromfenvinfos			不得检出	GB/T 19650
470	溴烯杀	Bromocylen			不得检出	GB/T 19650
471	溴硫磷	Bromofos			不得检出	GB/T 19650
472	乙基溴硫磷	Bromophos - ethyl			不得检出	GB/T 19650
473	溴丁酰草胺	Btomobutide			不得检出	GB/T 19650
474	氟丙嘧草酯	Butafenacil			不得检出	GB/T 19650
475	抑草磷	Butamifos			不得检出	GB/T 19650
476	丁草胺	Butaxhlor			不得检出	GB/T 19650
477	苯酮唑	Cafenstrole			不得检出	GB/T 19650
478	角黄素	Canthaxanthin			不得检出	SN/T 2327
479	咔唑心安	Carazolol			不得检出	GB/T 20763
480	卡巴氧	Carbadox			不得检出	GB/T 20746
481	三硫磷	Carbophenothion			不得检出	GB/T 19650
482	唑草酮	Carfentrazone - ethyl			不得检出	GB/T 19650
483	卡洛芬	Carprofen			不得检出	SN/T 2190
484	头孢洛宁	Cefalonium			不得检出	GB/T 22989
485	头孢匹林	Cefapirin			不得检出	GB/T 22989
486	头孢喹肟	Cefquinome			不得检出	GB/T 22989
487	头孢氨苄	Cefalexin			不得检出	GB/T 22989
488	氯霉素	Chloramphenicolum			不得检出	GB/T 20772
489	氯杀螨砜	Chlorbenside sulfone			不得检出	GB/T 19650
490	氯溴隆	Chlorbromuron			不得检出	GB/T 19650
491	杀虫脒	Chlordimeform			不得检出	GB/T 19650
492	氯氧磷	Chlorethoxyfos			不得检出	GB/T 19650
493	溴虫腈	Chlorfenapyr			不得检出	GB/T 19650
494	杀螨醇	Chlorfenethol			不得检出	GB/T 19650
495	燕麦酯	Chlorfenprop - methyl			不得检出	GB/T 19650
496	氟啶脲	Chlorfluazuron			不得检出	SN/T 2540
497	整形醇	Chlorflurenol			不得检出	GB/T 19650
498	氯地孕酮	Chlormadinone			不得检出	SN/T 1980
499	醋酸氯地孕酮	Chlormadinone acetate			不得检出	GB/T 20753
500	氯甲硫磷	Chlormephos			不得检出	GB/T 19650
501	氯苯甲醚	Chloroneb			不得检出	GB/T 19650
502	丙酯杀螨醇	Chloropropylate			不得检出	GB/T 19650
503	氯丙嗪	Chlorpromazine			不得检出	GB/T 20763

序号	农兽药中文名	农兽药英文名	欧盟标准限量要求 mg/kg	国家标准限量要求 mg/kg	三安超有机食品标准 限量要求 mg/kg	三安超有机食品标准 检测方法
504	毒死蜱	Chlorpyrifos			不得检出	GB/T 19650
505	氯硫磷	Chlorthion			不得检出	GB/T 19650
506	虫螨磷	Chlorthiophos			不得检出	GB/T 19650
507	乙菌利	Chlozolinate			不得检出	GB/T 19650
508	顺式－氯丹	cis－Chlordane			不得检出	GB/T 19650
509	顺式－燕麦敌	cis－Diallate			不得检出	GB/T 19650
510	顺式－氯菊酯	cis－Permethrin			不得检出	GB/T 19650
511	克仑特罗	Clenbuterol			不得检出	GB/T 22286
512	异噁草酮	Clomazone			不得检出	GB/T 20772
513	氯甲酰草胺	Clomeprop			不得检出	GB/T 19650
514	氯羟吡啶	Clopidol			不得检出	GB 29700
515	解草酯	Cloquintocet－mexyl			不得检出	GB/T 19650
516	蝇毒磷	Coumaphos			不得检出	GB/T 19650
517	鼠立死	Crimidine			不得检出	GB/T 19650
518	巴毒磷	Crotxyphos			不得检出	GB/T 19650
519	育畜磷	Crufomate			不得检出	GB/T 19650
520	苯腈磷	Cyanofenphos			不得检出	GB/T 19650
521	杀螟腈	Cyanophos			不得检出	GB/T 20772
522	环草敌	Cycloate			不得检出	GB/T 20772
523	环莠隆	Cycluron			不得检出	GB/T 20772
524	环丙津	Cyprazine			不得检出	GB/T 20772
525	敌草索	Dacthal			不得检出	GB/T 19650
526	癸氧喹酯	Decoquinate			不得检出	SN/T 2444
527	脱叶磷	DEF			不得检出	GB/T 19650
528	δ－六六六	Delta－HCH			不得检出	GB/T 19650
529	2,2',4,5,5'－五氯联苯	DE－PCB 101			不得检出	GB/T 19650
530	2,3,4,4',5－五氯联苯	DE－PCB 118			不得检出	GB/T 19650
531	2,2',3,4,4',5－六氯联苯	DE－PCB 138			不得检出	GB/T 19650
532	2,2',4,4',5,5'－六氯联苯	DE－PCB 153			不得检出	GB/T 19650
533	2,2',3,4,4',5,5'－七氯联苯	DE－PCB 180			不得检出	GB/T 19650
534	2,4,4'－三氯联苯	DE－PCB 28			不得检出	GB/T 19650
535	2,4,5－三氯联苯	DE－PCB 31			不得检出	GB/T 19650
536	2,2',5,5'－四氯联苯	DE－PCB 52			不得检出	GB/T 19650
537	脱溴溴苯磷	Desbrom－leptophos			不得检出	GB/T 19650
538	脱乙基另丁津	Desethyl－sebuthylazine			不得检出	GB/T 19650
539	敌草净	Desmetryn			不得检出	GB/T 19650
540	地塞米松	Dexamethasone			不得检出	SN/T 1970
541	氯亚胺硫磷	Dialifos			不得检出	GB/T 19650

序号	农兽药中文名	农兽药英文名	欧盟标准限量要求 mg/kg	国家标准限量要求 mg/kg	三安超有机食品标准	
					限量要求 mg/kg	检测方法
542	敌菌净	Diaveridine			不得检出	SN/T 1926
543	驱虫特	Dibutyl succinate			不得检出	GB/T 20772
544	异氯磷	Dicapthon			不得检出	GB/T 20772
545	除线磷	Dichlofenthion			不得检出	GB/T 20772
546	苯氟磺胺	Dichlofluanid			不得检出	GB/T 19650
547	烯丙酰草胺	Dichlormid			不得检出	GB/T 19650
548	敌敌畏	Dichlorvos			不得检出	GB/T 20772
549	苄氯三唑醇	Diclobutrazole			不得检出	GB/T 20772
550	禾草灵	Diclofop – methyl			不得检出	GB/T 19650
551	己烯雌酚	Diethylstilbestrol			不得检出	GB/T 20766
552	甲氟磷	Dimefox			不得检出	GB/T 19650
553	哌草丹	Dimepiperate			不得检出	GB/T 19650
554	异戊乙净	Dimethametryn			不得检出	GB/T 19650
555	二甲酚草胺	Dimethenamid			不得检出	GB/T 19650
556	乐果	Dimethoate			不得检出	GB/T 20772
557	甲基毒虫畏	Dimethylvinphos			不得检出	GB/T 19650
558	地美硝唑	Dimetridazole			不得检出	GB/T 21318
559	二硝托安	Dinitolmide			不得检出	SN/T 2453
560	氨氟灵	Dinitramine			不得检出	GB/T 19650
561	消螨通	Dinobuton			不得检出	GB/T 19650
562	呋虫胺	Dinotefuran			不得检出	GB/T 20772
563	苯虫醚 – 1	Diofenolan – 1			不得检出	GB/T 19650
564	苯虫醚 – 2	Diofenolan – 2			不得检出	GB/T 19650
565	蔬果磷	Dioxabenzofos			不得检出	GB/T 19650
566	双苯酰草胺	Diphenamid			不得检出	GB/T 19650
567	二苯胺	Diphenylamine			不得检出	GB/T 19650
568	异丙净	Dipropetryn			不得检出	GB/T 19650
569	灭菌磷	Ditalimfos			不得检出	GB/T 19650
570	氟硫草定	Dithiopyr			不得检出	GB/T 19650
571	强力霉素	Doxycycline			不得检出	GB/T 20764
572	敌瘟磷	Edifenphos			不得检出	GB/T 19650
573	硫丹硫酸盐	Endosulfan – sulfate			不得检出	GB/T 19650
574	异狄氏剂酮	Endrin ketone			不得检出	GB/T 19650
575	苯硫磷	EPN			不得检出	GB/T 19650
576	抑草蓬	Erbon			不得检出	GB/T 19650
577	S – 氰戊菊酯	Esfenvalerate			不得检出	GB/T 19650
578	戊草丹	Esprocarb			不得检出	GB/T 19650
579	乙环唑 – 1	Etaconazole – 1			不得检出	GB/T 19650
580	乙环唑 – 2	Etaconazole – 2			不得检出	GB/T 19650

序号	农兽药中文名	农兽药英文名	欧盟标准限量要求 mg/kg	国家标准限量要求 mg/kg	三安超有机食品标准	
					限量要求 mg/kg	检测方法
581	乙嘧硫磷	Etrimfos			不得检出	GB/T 19650
582	氧乙嘧硫磷	Etrimfos oxon			不得检出	GB/T 19650
583	伐灭磷	Famphur			不得检出	GB/T 19650
584	苯线磷亚砜	Fenamiphos sulfoxide			不得检出	GB/T 19650
585	苯线磷砜	Fenamiphos – sulfone			不得检出	GB/T 19650
586	氧皮蝇磷	Fenchlorphos oxon			不得检出	GB/T 19650
587	甲呋酰胺	Fenfuram			不得检出	GB/T 19650
588	仲丁威	Fenobucarb			不得检出	GB/T 19650
589	苯硫威	Fenothiocarb			不得检出	GB/T 19650
590	稻瘟酰胺	Fenoxanil			不得检出	GB/T 19650
591	拌种咯	Fenpiclonil			不得检出	GB/T 19650
592	甲氰菊酯	Fenpropathrin			不得检出	GB/T 19650
593	芬螨酯	Fenson			不得检出	GB/T 19650
594	丰索磷	Fensulfothion			不得检出	GB/T 19650
595	倍硫磷亚砜	Fenthion sulfoxide			不得检出	GB/T 19650
596	麦草氟异丙酯	Flamprop – isopropyl			不得检出	GB/T 19650
597	麦草氟甲酯	Flamprop – methyl			不得检出	GB/T 19650
598	吡氟禾草灵	Fluazifop – butyl			不得检出	GB/T 19650
599	啶蜱脲	Fluazuron			不得检出	SN/T 2540
600	氟苯咪唑	Flubendazole			不得检出	GB/T 21324
601	氟噻草胺	Flufenacet			不得检出	GB/T 19650
602	氟节胺	Flumetralin			不得检出	GB/T 19650
603	唑嘧磺草胺	Flumetsulam			不得检出	GB/T 20772
604	氟烯草酸	Flumiclorac			不得检出	GB/T 19650
605	丙炔氟草胺	Flumioxazin			不得检出	GB/T 19650
606	氟胺烟酸	Flunixin			不得检出	GB/T 20750
607	三氟硝草醚	Fluorodifen			不得检出	GB/T 19650
608	乙羧氟草醚	Fluoroglycofen – ethyl			不得检出	GB/T 19650
609	三氟苯唑	Fluotrimazole			不得检出	GB/T 19650
610	氟啶草酮	Fluridone			不得检出	GB/T 19650
611	氟草烟 – 1 – 甲庚酯	Fluroxypr – 1 – methylheptyl ester			不得检出	GB/T 19650
612	呋草酮	Flurtamone			不得检出	GB/T 19650
613	地虫硫磷	Fonofos			不得检出	GB/T 19650
614	安果	Formothion			不得检出	GB/T 19650
615	呋霜灵	Furalaxyl			不得检出	GB/T 19650
616	庆大霉素	Gentamicin			不得检出	GB/T 21323
617	苄螨醚	Halfenprox			不得检出	GB/T 19650
618	氟哌啶醇	Haloperidol			不得检出	GB/T 20763

序号	农兽药中文名	农兽药英文名	欧盟标准限量要求 mg/kg	国家标准限量要求 mg/kg	三安超有机食品标准 限量要求 mg/kg	检测方法
619	ε-六六六	HCH，epsilon			不得检出	GB/T 19650
620	庚烯磷	Heptanophos			不得检出	GB/T 19650
621	己唑醇	Hexaconazole			不得检出	GB/T 19650
622	环嗪酮	Hexazinone			不得检出	GB/T 19650
623	咪草酸	Imazamethabenz-methyl			不得检出	GB/T 19650
624	脱苯甲基亚胺唑	Imibenconazole-des-benzyl			不得检出	GB/T 19650
625	炔咪菊酯-1	Imiprothrin-1			不得检出	GB/T 19650
626	炔咪菊酯-2	Imiprothrin-2			不得检出	GB/T 19650
627	碘硫磷	Iodofenphos			不得检出	GB/T 19650
628	甲基碘磺隆	Iodosulfuron-methyl			不得检出	GB/T 20772
629	异稻瘟净	Iprobenfos			不得检出	GB/T 19650
630	氯唑磷	Isazofos			不得检出	GB/T 19650
631	碳氯灵	Isobenzan			不得检出	GB/T 19650
632	丁咪酰胺	Isocarbamid			不得检出	GB/T 19650
633	水胺硫磷	Isocarbophos			不得检出	GB/T 19650
634	异艾氏剂	Isodrin			不得检出	GB/T 19650
635	异柳磷	Isofenphos			不得检出	GB/T 19650
636	氧异柳磷	Isofenphos oxon			不得检出	GB/T 19650
637	氮氨菲啶	Isometamidium			不得检出	SN/T 2239
638	丁嗪草酮	Isomethiozin			不得检出	GB/T 19650
639	异丙威-1	Isoprocarb-1			不得检出	GB/T 19650
640	异丙威-2	Isoprocarb-2			不得检出	GB/T 19650
641	异丙乐灵	Isopropalin			不得检出	GB/T 19650
642	双苯噁唑酸	Isoxadifen-ethyl			不得检出	GB/T 19650
643	异噁氟草	Isoxaflutole			不得检出	GB/T 20772
644	噁唑啉	Isoxathion			不得检出	GB/T 19650
645	交沙霉素	Josamycin			不得检出	GB/T 20762
646	拉沙里菌素	Lasalocid			不得检出	SN 0501
647	溴苯磷	Leptophos			不得检出	GB/T 19650
648	利谷隆	Linuron			不得检出	GB/T 19650
649	麻保沙星	Marbofloxacin			不得检出	GB/T 22985
650	2-甲-4-氯丁氧乙基酯	MCPA-butoxyethyl ester			不得检出	GB/T 19650
651	灭蚜磷	Mecarbam			不得检出	GB/T 19650
652	二甲四氯丙酸	MECOPROP			不得检出	SN/T 2325
653	苯噻酰草胺	Mefenacet			不得检出	GB/T 19650
654	吡唑解草酯	Mefenpyr-diethyl			不得检出	GB/T 19650
655	醋酸甲地孕酮	Megestrol acetate			不得检出	GB/T 20753
656	醋酸美仑孕酮	Melengestrol acetate			不得检出	GB/T 20753
657	嘧菌胺	Mepanipyrim			不得检出	GB/T 19650

序号	农兽药中文名	农兽药英文名	欧盟标准限量要求 mg/kg	国家标准限量要求 mg/kg	三安超有机食品标准 限量要求 mg/kg	三安超有机食品标准 检测方法
658	地胺磷	Mephosfolan			不得检出	GB/T 19650
659	灭锈胺	Mepronil			不得检出	GB/T 19650
660	硝磺草酮	Mesotrione			不得检出	参照同类标准
661	呋菌胺	Methfuroxam			不得检出	GB/T 19650
662	灭梭威砜	Methiocarb sulfone			不得检出	GB/T 19650
663	异丙甲草胺和 S – 异丙甲草胺	Metolachlor and S – metolachlor			不得检出	GB/T 19650
664	盖草津	Methoprotryne			不得检出	GB/T 19650
665	甲醚菊酯 – 1	Methothrin – 1			不得检出	GB/T 19650
666	甲醚菊酯 – 2	Methothrin – 2			不得检出	GB/T 19650
667	甲基泼尼松龙	Methylprednisolone			不得检出	GB/T 21981
668	溴谷隆	Metobromuron			不得检出	GB/T 19650
669	甲氧氯普胺	Metoclopramide			不得检出	SN/T 2227
670	苯氧菌胺 – 1	Metominsstrobin – 1			不得检出	GB/T 19650
671	苯氧菌胺 – 2	Metominsstrobin – 2			不得检出	GB/T 19650
672	甲硝唑	Metronidazole			不得检出	GB/T 21318
673	速灭磷	Mevinphos			不得检出	GB/T 19650
674	兹克威	Mexacarbate			不得检出	GB/T 19650
675	灭蚁灵	Mirex			不得检出	GB/T 19650
676	禾草敌	Molinate			不得检出	GB/T 19650
677	庚酰草胺	Monalide			不得检出	GB/T 19650
678	莫能菌素	Monensin			不得检出	SN 0698
679	合成麝香	Musk ambrecte			不得检出	GB/T 19650
680	麝香	Musk moskene			不得检出	GB/T 19650
681	西藏麝香	Musk tibeten			不得检出	GB/T 19650
682	二甲苯麝香	Musk xylene			不得检出	GB/T 19650
683	二溴磷	Naled			不得检出	SN/T 0706
684	萘丙胺	Naproanilide			不得检出	GB/T 19650
685	甲基盐霉素	Narasin			不得检出	GB/T 20364
686	甲磺乐灵	Nitralin			不得检出	GB/T 19650
687	三氯甲基吡啶	Nitrapyrin			不得检出	GB/T 19650
688	酞菌酯	Nitrothal – isopropyl			不得检出	GB/T 19650
689	诺氟沙星	Norfloxacin			不得检出	GB/T 20366
690	氟草敏	Norflurazon			不得检出	GB/T 19650
691	新生霉素	Novobiocin			不得检出	SN 0674
692	氟苯嘧啶醇	Nuarimol			不得检出	GB/T 19650
693	八氯苯乙烯	Octachlorostyrene			不得检出	GB/T 19650
694	氧氟沙星	Ofloxacin			不得检出	GB/T 20366
695	喹乙醇	Olaquindox			不得检出	GB/T 20746

序号	农兽药中文名	农兽药英文名	欧盟标准限量要求 mg/kg	国家标准限量要求 mg/kg	三安超有机食品标准 限量要求 mg/kg	三安超有机食品标准 检测方法
696	竹桃霉素	Oleandomycin			不得检出	GB/T 20762
697	氧乐果	Omethoate			不得检出	GB/T 19650
698	奥比沙星	Orbifloxacin			不得检出	GB/T 22985
699	杀线威	Oxamyl			不得检出	GB/T 20772
700	丙氧苯咪唑	Oxibendazole			不得检出	GB/T 21324
701	氧化氯丹	Oxy – chlordane			不得检出	GB/T 19650
702	对氧磷	Paraoxon			不得检出	GB/T 19650
703	甲基对氧磷	Paraoxon – methyl			不得检出	GB/T 19650
704	克草敌	Pebulate			不得检出	GB/T 19650
705	五氯苯胺	Pentachloroaniline			不得检出	GB/T 19650
706	五氯甲氧基苯	Pentachloroanisole			不得检出	GB/T 19650
707	五氯苯	Pentachlorobenzene			不得检出	GB/T 19650
708	乙滴涕	Perthane			不得检出	GB/T 19650
709	菲	Phenanthrene			不得检出	GB/T 19650
710	稻丰散	Phenthoate			不得检出	GB/T 19650
711	甲拌磷砜	Phorate sulfone			不得检出	GB/T 19650
712	磷胺 – 1	Phosphamidon – 1			不得检出	GB/T 19650
713	磷胺 – 2	Phosphamidon – 2			不得检出	GB/T 19650
714	酞酸苯甲基丁酯	Phthalic acid,benzylbutyl ester			不得检出	GB/T 19650
715	四氯苯肽	Phthalide			不得检出	GB/T 19650
716	邻苯二甲酰亚胺	Phthalimide			不得检出	GB/T 19650
717	氟吡酰草胺	Picolinafen			不得检出	GB/T 19650
718	增效醚	Piperonyl butoxide			不得检出	GB/T 19650
719	哌草磷	Piperophos			不得检出	GB/T 19650
720	乙基虫螨清	Pirimiphos – ethyl			不得检出	GB/T 19650
721	吡利霉素	Pirlimycin			不得检出	GB/T 22988
722	炔丙菊酯	Prallethrin			不得检出	GB/T 19650
723	泼尼松龙	Prednisolone			不得检出	GB/T 21981
724	丙草胺	Pretilachlor			不得检出	GB/T 19650
725	环丙氟灵	Profluralin			不得检出	GB/T 19650
726	茉莉酮	Prohydrojasmon			不得检出	GB/T 19650
727	扑灭通	Prometon			不得检出	GB/T 19650
728	扑草净	Prometryne			不得检出	GB/T 19650
729	炔丙烯草胺	Pronamide			不得检出	GB/T 19650
730	敌稗	Propanil			不得检出	GB/T 19650
731	扑灭津	Propazine			不得检出	GB/T 19650
732	胺丙畏	Propetamphos			不得检出	GB/T 19650
733	丙酰二甲氨基丙吩噻嗪	Propionylpromazin			不得检出	GB/T 20763
734	丙硫磷	Prothiophos			不得检出	GB/T 19650

序号	农兽药中文名	农兽药英文名	欧盟标准限量要求 mg/kg	国家标准限量要求 mg/kg	三安超有机食品标准 限量要求 mg/kg	检测方法
735	哒嗪硫磷	Ptridaphenthion			不得检出	GB/T 19650
736	吡唑硫磷	Pyraclofos			不得检出	GB/T 19650
737	吡草醚	Pyraflufen – ethyl			不得检出	GB/T 19650
738	啶斑肟 – 1	Pyrifenox – 1			不得检出	GB/T 19650
739	啶斑肟 – 2	Pyrifenox – 2			不得检出	GB/T 19650
740	环酯草醚	Pyriftalid			不得检出	GB/T 19650
741	嘧螨醚	Pyrimidifen			不得检出	GB/T 19650
742	嘧草醚	Pyriminobac – methyl			不得检出	GB/T 19650
743	嘧啶磷	Pyrimitate			不得检出	GB/T 19650
744	喹硫磷	Quinalphos			不得检出	GB/T 19650
745	灭藻醌	Quinoclamine			不得检出	GB/T 19650
746	精喹禾灵	Quizalofop – P – ethyl			不得检出	GB/T 20769
747	吡咪唑	Rabenzazole			不得检出	GB/T 19650
748	莱克多巴胺	Ractopamine			不得检出	GB/T 21313
749	洛硝达唑	Ronidazole			不得检出	GB/T 21318
750	皮蝇磷	Ronnel			不得检出	GB/T 19650
751	盐霉素	Salinomycin			不得检出	GB/T 20364
752	沙拉沙星	Sarafloxacin			不得检出	GB/T 20366
753	另丁津	Sebutylazine			不得检出	GB/T 19650
754	密草通	Secbumeton			不得检出	GB/T 19650
755	氨基脲	Semduramicinduramicin			不得检出	GB/T 20752
756	烯禾啶	Sethoxydim			不得检出	GB/T 19650
757	氟硅菊酯	Silafluofen			不得检出	GB/T 19650
758	硅氟唑	Simeconazole			不得检出	GB/T 19650
759	西玛通	Simetone			不得检出	GB/T 19650
760	西草净	Simetryn			不得检出	GB/T 19650
761	螺旋霉素	Spiramycin			不得检出	GB/T 20762
762	磺胺苯酰	Sulfabenzamide			不得检出	GB/T 21316
763	磺胺醋酰	Sulfacetamide			不得检出	GB/T 21316
764	磺胺氯哒嗪	Sulfachloropyridazine			不得检出	GB/T 21316
765	磺胺嘧啶	Sulfadiazine			不得检出	GB/T 21316
766	磺胺间二甲氧嘧啶	Sulfadimethoxine			不得检出	GB/T 21316
767	磺胺二甲嘧啶	Sulfadimidine			不得检出	GB/T 21316
768	磺胺多辛	Sulfadoxine			不得检出	GB/T 21316
769	磺胺脒	Sulfaguanidine			不得检出	GB/T 21316
770	菜草畏	Sulfallate			不得检出	GB/T 19650
771	磺胺甲嘧啶	Sulfamerazine			不得检出	GB/T 21316
772	新诺明	Sulfamethoxazole			不得检出	GB/T 21316
773	磺胺间甲氧嘧啶	Sulfamonomethoxine			不得检出	GB/T 21316

序号	农兽药中文名	农兽药英文名	欧盟标准限量要求 mg/kg	国家标准限量要求 mg/kg	三安超有机食品标准 限量要求 mg/kg	三安超有机食品标准 检测方法
774	乙酰磺胺对硝基苯	Sulfanitran			不得检出	GB/T 20772
775	磺胺吡啶	Sulfapyridine			不得检出	GB/T 21316
776	磺胺喹沙啉	Sulfaquinoxaline			不得检出	GB/T 21316
777	磺胺噻唑	Sulfathiazole			不得检出	GB/T 21316
778	治螟磷	Sulfotep			不得检出	GB/T 19650
779	硫丙磷	Sulprofos			不得检出	GB/T 19650
780	苯噻硫氰	TCMTB			不得检出	GB/T 19650
781	丁基嘧啶磷	Tebupirimfos			不得检出	GB/T 19650
782	牧草胺	Tebutam			不得检出	GB/T 20772
783	丁噻隆	Tebuthiuron			不得检出	GB/T 20772
784	双硫磷	Temephos			不得检出	GB/T 20772
785	特草灵	Terbucarb			不得检出	GB/T 19650
786	特丁通	Terbumeron			不得检出	GB/T 19650
787	特丁净	Terbutryn			不得检出	GB/T 19650
788	四氢邻苯二甲酰亚胺	Tetrabydrophthalimide			不得检出	GB/T 19650
789	杀虫畏	Tetrachlorvinphos			不得检出	GB/T 19650
790	胺菊酯	Tetramethirn			不得检出	GB/T 19650
791	杀螨氯硫	Tetrasul			不得检出	GB/T 19650
792	噻吩草胺	Thenylchlor			不得检出	GB/T 19650
793	噻唑烟酸	Thiazopyr			不得检出	GB/T 19650
794	噻苯隆	Thidiazuron			不得检出	GB/T 20772
795	噻吩磺隆	Thifensulfuron – methyl			不得检出	GB/T 20772
796	甲基乙拌磷	Thiometon			不得检出	GB/T 20772
797	虫线磷	Thionazin			不得检出	GB/T 19650
798	硫普罗宁	Tiopronin			不得检出	SN/T 2225
799	三甲苯草酮	Tralkoxydim			不得检出	GB/T 19650
800	四溴菊酯	Tralomethrin			不得检出	SN/T 2320
801	反式 – 氯丹	*trans* – Chlordane			不得检出	GB/T 19650
802	反式 – 燕麦敌	*trans* – Diallate			不得检出	GB/T 19650
803	四氟苯菊酯	Transfluthrin			不得检出	GB/T 19650
804	反式九氯	*tran*s – Nonachlor			不得检出	GB/T 19650
805	反式 – 氯菊酯	*trans* – Permethrin			不得检出	GB/T 19650
806	群勃龙	Trenbolone			不得检出	GB/T 21981
807	威菌磷	Triamiphos			不得检出	GB/T 19650
808	毒壤磷	Trichloronatee			不得检出	GB/T 19650
809	灭草环	Tridiphane			不得检出	GB/T 19650
810	草达津	Trietazine			不得检出	GB/T 19650
811	三异丁基磷酸盐	Tri – *iso* – butyl phosphate			不得检出	GB/T 19650
812	三正丁基磷酸盐	Tri – *n* – butyl phosphate			不得检出	GB/T 19650

序号	农兽药中文名	农兽药英文名	欧盟标准限量要求 mg/kg	国家标准限量要求 mg/kg	三安超有机食品标准 限量要求 mg/kg	检测方法
813	三苯基磷酸盐	Triphenyl phosphate			不得检出	GB/T 19650
814	烯效唑	Uniconazole			不得检出	GB/T 19650
815	灭草敌	Vernolate			不得检出	GB/T 19650
816	维吉尼霉素	Virginiamycin			不得检出	GB/T 20765
817	杀鼠灵	War farin			不得检出	GB/T 20772
818	甲苯噻嗪	Xylazine			不得检出	GB/T 20763
819	右环十四酮酚	Zeranol			不得检出	GB/T 21982
820	苯酰菌胺	Zoxamide			不得检出	GB/T 19650

3.5 绵羊可食用下水 Sheep Edible Offal

序号	农兽药中文名	农兽药英文名	欧盟标准限量要求 mg/kg	国家标准限量要求 mg/kg	三安超有机食品标准 限量要求 mg/kg	检测方法
1	1,1-二氯-2,2-二(4-乙苯)乙烷	1,1-Dichloro-2,2-bis(4-ethylphenyl)ethane	0.01		不得检出	日本肯定列表（增补本1）
2	1,2-二氯乙烷	1,2-Dichloroethane	0.1		不得检出	SN/T 2238
3	1,3-二氯丙烯	1,3-Dichloropropene	0.01		不得检出	SN/T 2238
4	1-萘乙酸	1-Naphthylacetic acid	0.05		不得检出	SN/T 2228
5	2,4-滴丁酸	2,4-DB	0.05		不得检出	GB/T 20769
6	2,4-滴	2,4-D	0.05		不得检出	GB/T 20772
7	2-苯酚	2-Phenylphenol	0.05		不得检出	GB/T 19650
8	阿维菌素	Abamectin	0.02		不得检出	SN/T 2661
9	乙酰甲胺磷	Acephate	0.02		不得检出	GB/T 20772
10	灭螨醌	Acequinocyl	0.01		不得检出	参照同类标准
11	啶虫脒	Acetamiprid	0.05		不得检出	GB/T 20772
12	乙草胺	Acetochlor	0.01		不得检出	GB/T 19650
13	苯并噻二唑	Acibenzolar-S-methyl	0.02		不得检出	GB/T 20772
14	苯草醚	Aclonifen	0.02		不得检出	GB/T 20772
15	氟丙菊酯	Acrinathrin	0.05		不得检出	GB/T 19648
16	甲草胺	Alachlor	0.01		不得检出	GB/T 20772
17	涕灭威	Aldicarb	0.01		不得检出	GB/T 20772
18	艾氏剂和狄氏剂	Aldrin and dieldrin	0.2		不得检出	GB/T 19650
19	—	Ametoctradin	0.03		不得检出	参照同类标准
20	酰嘧磺隆	Amidosulfuron	0.02		不得检出	参照同类标准
21	氯氨吡啶酸	Aminopyralid	0.01		不得检出	GB/T 23211
22	—	Amisulbrom	0.01		不得检出	参照同类标准
23	敌菌灵	Anilazine	0.01		不得检出	GB/T 20769
24	杀螨特	Aramite	0.01		不得检出	GB/T 19650

序号	农兽药中文名	农兽药英文名	欧盟标准限量要求 mg/kg	国家标准限量要求 mg/kg	三安超有机食品标准	
					限量要求 mg/kg	检测方法
25	磺草灵	Asulam	0.1		不得检出	日本肯定列表（增补本1）
26	印楝素	Azadirachtin	0.01		不得检出	SN/T 3264
27	益棉磷	Azinphos – ethyl	0.01		不得检出	GB/T 19650
28	保棉磷	Azinphos – methyl	0.01		不得检出	GB/T 20772
29	三唑锡和三环锡	Azocyclotin and cyhexatin	0.05		不得检出	SN/T 1990
30	嘧菌酯	Azoxystrobin	0.07		不得检出	GB/T 20772
31	燕麦灵	Barban	0.05		不得检出	参照同类标准
32	氟丁酰草胺	Beflubutamid	0.05		不得检出	参照同类标准
33	苯霜灵	Benalaxyl	0.05		不得检出	GB/T 20772
34	丙硫克百威	Benfuracarb	0.02		不得检出	GB/T 20772
35	联苯肼酯	Bifenazate	0.01		不得检出	GB/T 20772
36	甲羧除草醚	Bifenox	0.05		不得检出	GB/T 23210
37	联苯菊酯	Bifenthrin	0.2		不得检出	GB/T 19650
38	乐杀螨	Binapacryl	0.01		不得检出	SN 0523
39	联苯	Biphenyl	0.01		不得检出	GB/T 19650
40	联苯三唑醇	Bitertanol	0.05		不得检出	GB/T 20772
41	—	Bixafen	0.02		不得检出	参照同类标准
42	啶酰菌胺	Boscalid	0.3		不得检出	GB/T 20772
43	溴离子	Bromide ion	0.05		不得检出	GB/T 5009.167
44	溴螨酯	Bromopropylate	0.01		不得检出	GB/T 19650
45	溴苯腈	Bromoxynil	0.2		不得检出	GB/T 20772
46	糠菌唑	Bromuconazole	0.05		不得检出	GB/T 19650
47	乙嘧酚磺酸酯	Bupirimate	0.05		不得检出	GB/T 19650
48	噻嗪酮	Buprofezin	0.05		不得检出	GB/T 20772
49	仲丁灵	Butralin	0.02		不得检出	GB/T 19650
50	丁草敌	Butylate	0.01		不得检出	GB/T 19650
51	硫线磷	Cadusafos	0.01		不得检出	GB/T 19650
52	毒杀芬	Camphechlor	0.05		不得检出	YC/T 180
53	敌菌丹	Captafol	0.01		不得检出	GB/T 23210
54	克菌丹	Captan	0.02		不得检出	GB/T 19648
55	甲萘威	Carbaryl	0.05		不得检出	GB/T 20796
56	多菌灵和苯菌灵	Carbendazim and benomyl	0.05		不得检出	GB/T 20772
57	长杀草	Carbetamide	0.05		不得检出	GB/T 20772
58	克百威	Carbofuran	0.01		不得检出	GB/T 20772
59	丁硫克百威	Carbosulfan	0.05		不得检出	GB/T 19650
60	萎锈灵	Carboxin	0.05		不得检出	GB/T 20772
61	氯虫苯甲酰胺	Chlorantraniliprole	0.2		不得检出	参照同类标准
62	杀螨醚	Chlorbenside	0.05		不得检出	GB/T 19650

序号	农兽药中文名	农兽药英文名	欧盟标准限量要求 mg/kg	国家标准限量要求 mg/kg	三安超有机食品标准 限量要求 mg/kg	三安超有机食品标准 检测方法
63	氯炔灵	Chlorbufam	0.05		不得检出	GB/T 20772
64	氯丹	Chlordane	0.05		不得检出	GB/T 5009.19
65	十氯酮	Chlordecone	0.1		不得检出	参照同类标准
66	杀螨酯	Chlorfenson	0.05		不得检出	GB/T 19650
67	毒虫畏	Chlorfenvinphos	0.01		不得检出	GB/T 19650
68	氯草敏	Chloridazon	0.1		不得检出	GB/T 20772
69	矮壮素	Chlormequat	0.05		不得检出	GB/T 23211
70	乙酯杀螨醇	Chlorobenzilate	0.1		不得检出	GB/T 23210
71	百菌清	Chlorothalonil	0.2		不得检出	SN/T 2320
72	绿麦隆	Chlortoluron	0.05		不得检出	GB/T 20772
73	枯草隆	Chloroxuron	0.05		不得检出	SN/T 2150
74	氯苯胺灵	Chlorpropham	0.05		不得检出	GB/T 19650
75	甲基毒死蜱	Chlorpyrifos – methyl	0.05		不得检出	GB/T 19650
76	氯磺隆	Chlorsulfuron	0.01		不得检出	GB/T 20772
77	氯酞酸甲酯	Chlorthaldimethyl	0.01		不得检出	GB/T 19650
78	氯硫酰草胺	Chlorthiamid	0.02		不得检出	GB/T 20772
79	烯草酮	Clethodim	0.2		不得检出	GB/T 19650
80	炔草酯	Clodinafop – propargyl	0.02		不得检出	GB/T 19650
81	四螨嗪	Clofentezine	0.05		不得检出	GB/T 20772
82	二氯吡啶酸	Clopyralid	0.05		不得检出	SN/T 2228
83	噻虫胺	Clothianidin	0.02		不得检出	GB/T 20772
84	铜化合物	Copper compounds	30		不得检出	参照同类标准
85	环烷基酰苯胺	Cyclanilide	0.01		不得检出	参照同类标准
86	噻草酮	Cycloxydim	0.05		不得检出	GB/T 19650
87	环氟菌胺	Cyflufenamid	0.03		不得检出	GB/T 23210
88	氟氯氰菊酯和高效氟氯氰菊酯	Cyfluthrin and beta – cyfluthrin	0.05		不得检出	GB/T 19650
89	霜脲氰	Cymoxanil	0.05		不得检出	GB/T 20772
90	氯氰菊酯和高效氯氰菊酯	Cypermethrin and beta – cypermethrin	0.2		不得检出	GB/T 19650
91	环丙唑醇	Cyproconazole	0.5		不得检出	GB/T 20772
92	嘧菌环胺	Cyprodinil	0.05		不得检出	GB/T 19650
93	丁酰肼	Daminozide	0.05		不得检出	SN/T 1989
94	滴滴涕	DDT	1		不得检出	SN/T 0127
95	溴氰菊酯	Deltamethrin	0.5		不得检出	GB/T 19650
96	燕麦敌	Diallate	0.2		不得检出	GB/T 23211
97	二嗪磷	Diazinon	0.01		不得检出	GB/T 19650
98	麦草畏	Dicamba	0.7		不得检出	GB/T 20772
99	敌草腈	Dichlobenil	0.01		不得检出	GB/T 19650

序号	农兽药中文名	农兽药英文名	欧盟标准限量要求 mg/kg	国家标准限量要求 mg/kg	三安超有机食品标准	
					限量要求 mg/kg	检测方法
100	滴丙酸	Dichlorprop	0.05		不得检出	SN/T 2228
101	二氯苯氧基丙酸	Diclofop	0.1		不得检出	参照同类标准
102	氯硝胺	Dicloran	0.01		不得检出	GB/T 19650
103	三氯杀螨醇	Dicofol	0.02		不得检出	GB/T 19650
104	乙霉威	Diethofencarb	0.05		不得检出	GB/T 19650
105	苯醚甲环唑	Difenoconazole	0.2		不得检出	GB/T 19650
106	除虫脲	Diflubenzuron	0.1		不得检出	SN/T 0528
107	吡氟酰草胺	Diflufenican	0.05		不得检出	GB/T 20772
108	油菜安	Dimethachlor	0.02		不得检出	GB/T 20772
109	烯酰吗啉	Dimethomorph	0.05		不得检出	GB/T 20772
110	醚菌胺	Dimoxystrobin	0.05		不得检出	SN/T 2237
111	烯唑醇	Diniconazole	0.01		不得检出	GB/T 19650
112	敌螨普	Dinocap	0.05		不得检出	日本肯定列表（增补本1）
113	地乐酚	Dinoseb	0.01		不得检出	GB/T 20772
114	特乐酚	Dinoterb	0.05		不得检出	GB/T 20772
115	敌恶磷	Dioxathion	0.05		不得检出	GB/T 19650
116	敌草快	Diquat	0.05		不得检出	GB/T 5009.221
117	乙拌磷	Disulfoton	0.01		不得检出	GB/T 20772
118	二氰蒽醌	Dithianon	0.01		不得检出	GB/T 20769
119	二硫代氨基甲酸酯	Dithiocarbamates	0.05		不得检出	SN 0139
120	敌草隆	Diuron	0.05		不得检出	SN/T 0645
121	二硝甲酚	DNOC	0.05		不得检出	GB/T 20772
122	多果定	Dodine	0.2		不得检出	SN 0500
123	甲氨基阿维菌素苯甲酸盐	Emamectin benzoate	0.08		不得检出	GB/T 20769
124	硫丹	Endosulfan	0.05		不得检出	GB/T 19650
125	异狄氏剂	Endrin	0.05		不得检出	GB/T 19650
126	氟环唑	Epoxiconazole	0.02		不得检出	GB/T 20772
127	茵草敌	EPTC	0.02		不得检出	GB/T 20772
128	乙丁烯氟灵	Ethalfluralin	0.01		不得检出	GB/T 19650
129	胺苯磺隆	Ethametsulfuron	0.01		不得检出	NY/T 1616
130	乙烯利	Ethephon	0.05		不得检出	SN 0705
131	乙硫磷	Ethion	0.01		不得检出	GB/T 19650
132	乙嘧酚	Ethirimol	0.05		不得检出	GB/T 20772
133	乙氧呋草黄	Ethofumesate	0.1		不得检出	GB/T 20772
134	灭线磷	Ethoprophos	0.01		不得检出	GB/T 19650
135	乙氧喹啉	Ethoxyquin	0.05		不得检出	GB/T 20772
136	环氧乙烷	Ethylene oxide	0.02		不得检出	GB/T 23296.11
137	醚菊酯	Etofenprox	0.5		不得检出	GB/T 19650

序号	农兽药中文名	农兽药英文名	欧盟标准限量要求 mg/kg	国家标准限量要求 mg/kg	三安超有机食品标准 限量要求 mg/kg	检测方法
138	乙螨唑	Etoxazole	0.01		不得检出	GB/T 19650
139	氯唑灵	Etridiazole	0.05		不得检出	GB/T 20772
140	噁唑菌酮	Famoxadone	0.05		不得检出	GB/T 20772
141	咪唑菌酮	Fenamidone	0.01		不得检出	GB/T 19650
142	苯线磷	Fenamiphos	0.02		不得检出	GB/T 19650
143	氯苯嘧啶醇	Fenarimol	0.02		不得检出	GB/T 20772
144	喹螨醚	Fenazaquin	0.01		不得检出	GB/T 19650
145	腈苯唑	Fenbuconazole	0.05		不得检出	GB/T 20772
146	苯丁锡	Fenbutatin oxide	0.05		不得检出	SN/T 3149
147	环酰菌胺	Fenhexamid	0.05		不得检出	GB/T 20772
148	杀螟硫磷	Fenitrothion	0.01		不得检出	GB/T 20772
149	精噁唑禾草灵	Fenoxaprop-P-ethyl	0.05		不得检出	GB/T 22617
150	双氧威	Fenoxycarb	0.05		不得检出	GB/T 19650
151	苯锈啶	Fenpropidin	0.02		不得检出	GB/T 19650
152	丁苯吗啉	Fenpropimorph	0.01		不得检出	GB/T 20772
153	胺苯吡菌酮	Fenpyrazamine	0.01		不得检出	参照同类标准
154	唑螨酯	Fenpyroximate	0.01		不得检出	GB/T 19650
155	倍硫磷	Fenthion	0.05		不得检出	GB/T 20772
156	三苯锡	Fentin	0.05		不得检出	SN/T 3149
157	薯瘟锡	Fentin acetate	0.05		不得检出	参照同类标准
158	氰戊菊酯和高效氰戊菊酯（RR & SS异构体总量）	Fenvalerate and esfenvalerate (sum of RR & SS isomers)	0.2		不得检出	GB/T 19650
159	氰戊菊酯和高效氰戊菊酯（RS & SR异构体总量）	Fenvalerate and esfenvalerate (sum of RS & SR isomers)	0.05		不得检出	GB/T 19650
160	氟虫腈	Fipronil	0.02		不得检出	SN/T 1982
161	氟啶虫酰胺	Flonicamid	0.03		不得检出	SN/T 2796
162	精吡氟禾草灵	Fluazifop-P-butyl	0.05		不得检出	GB/T 5009.142
163	氟啶胺	Fluazinam	0.05		不得检出	SN/T 2150
164	氟苯虫酰胺	Flubendiamide	1		不得检出	SN/T 2581
165	氟环脲	Flucycloxuron	0.05		不得检出	参照同类标准
166	氟氰戊菊酯	Flucythrinate	0.05		不得检出	GB/T 23210
167	咯菌腈	Fludioxonil	0.05		不得检出	GB/T 20772
168	氟虫脲	Flufenoxuron	0.05		不得检出	SN/T 2150
169	杀螨净	Flufenzin	0.02		不得检出	参照同类标准
170	氟吡菌胺	Fluopicolide	0.01		不得检出	参照同类标准
171	—	Fluopyram	0.7		不得检出	参照同类标准
172	氟离子	Fluoride ion	1		不得检出	GB/T 5009.167
173	氟腈嘧菌酯	Fluoxastrobin	0.05		不得检出	SN/T 2237
174	氟喹唑	Fluquinconazole	0.3		不得检出	GB/T 19650

序号	农兽药中文名	农兽药英文名	欧盟标准限量要求 mg/kg	国家标准限量要求 mg/kg	三安超有机食品标准	
					限量要求 mg/kg	检测方法
175	氟咯草酮	Fluorochloridone	0.05		不得检出	GB/T 20772
176	氟草烟	Fluroxypyr	0.05		不得检出	GB/T 20772
177	氟硅唑	Flusilazole	0.5		不得检出	GB/T 20772
178	氟酰胺	Flutolanil	0.02		不得检出	GB/T 20772
179	粉唑醇	Flutriafol	0.01		不得检出	GB/T 20772
180	—	Fluxapyroxad	0.01		不得检出	参照同类标准
181	氟磺胺草醚	Fomesafen	0.01		不得检出	GB/T 5009.130
182	氯吡脲	Forchlorfenuron	0.05		不得检出	SN/T 3643
183	伐虫脒	Formetanate	0.01		不得检出	NY/T 1453
184	三乙膦酸铝	Fosetyl – aluminium	0.5		不得检出	参照同类标准
185	麦穗宁	Fuberidazole	0.05		不得检出	GB/T 19650
186	呋线威	Furathiocarb	0.01		不得检出	GB/T 20772
187	糠醛	Furfural	1		不得检出	参照同类标准
188	勃激素	Gibberellic acid	0.1		不得检出	GB/T 23211
189	草胺膦	Glufosinate – ammonium	0.1		不得检出	日本肯定列表
190	草甘膦	Glyphosate	0.05		不得检出	SN/T 1923
191	双胍盐	Guazatine	0.1		不得检出	参照同类标准
192	氟吡禾灵	Haloxyfop	0.1		不得检出	SN/T 2228
193	七氯	Heptachlor	0.2		不得检出	SN 0663
194	六氯苯	Hexachlorobenzene	0.2		不得检出	SN/T 0127
195	六六六(HCH),α-异构体	Hexachlorociclohexane（HCH）, alpha – isomer	0.2		不得检出	SN/T 0127
196	六六六(HCH),β-异构体	Hexachlorociclohexane（HCH）, beta – isomer	0.1		不得检出	SN/T 0127
197	噻螨酮	Hexythiazox	0.05		不得检出	GB/T 20772
198	噁霉灵	Hymexazol	0.05		不得检出	GB/T 20772
199	抑霉唑	Imazalil	0.05		不得检出	GB/T 20772
200	甲咪唑烟酸	Imazapic	0.01		不得检出	GB/T 20772
201	咪唑喹啉酸	Imazaquin	0.05		不得检出	GB/T 20772
202	吡虫啉	Imidacloprid	0.3		不得检出	GB/T 20772
203	茚虫威	Indoxacarb	0.05		不得检出	GB/T 20772
204	碘苯腈	Ioxynil	0.2		不得检出	GB/T 20772
205	异菌脲	Iprodione	0.05		不得检出	GB/T 19650
206	稻瘟灵	Isoprothiolane	0.01		不得检出	GB/T 20772
207	异丙隆	Isoproturon	0.05		不得检出	GB/T 20772
208	—	Isopyrazam	0.01		不得检出	参照同类标准
209	异噁酰草胺	Isoxaben	0.01		不得检出	GB/T 20772
210	醚菌酯	Kresoxim – methyl	0.02		不得检出	GB/T 20772
211	乳氟禾草灵	Lactofen	0.01		不得检出	GB/T 19650

序号	农兽药中文名	农兽药英文名	欧盟标准限量要求 mg/kg	国家标准限量要求 mg/kg	三安超有机食品标准 限量要求 mg/kg	三安超有机食品标准 检测方法
212	高效氯氟氰菊酯	Lambda – cyhalothrin	0.5		不得检出	GB/T 23210
213	环草定	Lenacil	0.1		不得检出	GB/T 19650
214	林丹	Lindane	0.02	0.01	不得检出	NY/T 761
215	虱螨脲	Lufenuron	0.02		不得检出	SN/T 2540
216	马拉硫磷	Malathion	0.02		不得检出	GB/T 19650
217	抑芽丹	Maleic hydrazide	0.02		不得检出	GB/T 23211
218	双炔酰菌胺	Mandipropamid	0.02		不得检出	参照同类标准
219	二甲四氯和二甲四氯丁酸	MCPA and MCPB	0.5		不得检出	SN/T 2228
220	壮棉素	Mepiquat chloride	0.2		不得检出	GB/T 23211
221	—	Meptyldinocap	0.05		不得检出	参照同类标准
222	汞化合物	Mercury compounds	0.01		不得检出	参照同类标准
223	氰氟虫腙	Metaflumizone	0.02		不得检出	SN/T 3852
224	甲霜灵和精甲霜灵	Metalaxyl and metalaxyl – M	0.05		不得检出	GB/T 20772
225	四聚乙醛	Metaldehyde	0.05		不得检出	SN/T 1787
226	苯嗪草酮	Metamitron	0.05		不得检出	GB/T 19650
227	吡唑草胺	Metazachlor	0.05		不得检出	GB/T 19650
228	叶菌唑	Metconazole	0.01		不得检出	GB/T 20772
229	甲基苯噻隆	Methabenzthiazuron	0.05		不得检出	GB/T 19650
230	虫螨畏	Methacrifos	0.01		不得检出	GB/T 20772
231	甲胺磷	Methamidophos	0.01		不得检出	GB/T 20772
232	杀扑磷	Methidathion	0.02		不得检出	GB/T 20772
233	甲硫威	Methiocarb	0.05		不得检出	GB/T 20770
234	灭多威和硫双威	Methomyl and thiodicarb	0.02		不得检出	GB/T 20772
235	烯虫酯	Methoprene	0.1		不得检出	GB/T 19650
236	甲氧滴滴涕	Methoxychlor	0.01		不得检出	SN/T 0529
237	甲氧虫酰肼	Methoxyfenozide	0.1		不得检出	GB/T 20772
238	磺草唑胺	Metosulam	0.01		不得检出	GB/T 20772
239	苯菌酮	Metrafenone	0.05		不得检出	参照同类标准
240	嗪草酮	Metribuzin	0.1		不得检出	GB/T 19650
241	绿谷隆	Monolinuron	0.05		不得检出	GB/T 20772
242	灭草隆	Monuron	0.01		不得检出	GB/T 20772
243	腈菌唑	Myclobutanil	0.01		不得检出	GB/T 20772
244	1 – 萘乙酰胺	1 – Naphthylacetamide	0.05		不得检出	GB/T 23205
245	敌草胺	Napropamide	0.01		不得检出	GB/T 19650
246	烟嘧磺隆	Nicosulfuron	0.05		不得检出	SN/T 2325
247	除草醚	Nitrofen	0.01		不得检出	GB/T 19650
248	氟酰脲	Novaluron	0.7		不得检出	GB/T 23211
249	嘧苯胺磺隆	Orthosulfamuron	0.01		不得检出	GB/T 23817
250	噁草酮	Oxadiazon	0.05		不得检出	GB/T 19650

序号	农兽药中文名	农兽药英文名	欧盟标准限量要求 mg/kg	国家标准限量要求 mg/kg	三安超有机食品标准	
					限量要求 mg/kg	检测方法
251	噁霜灵	Oxadixyl	0.01		不得检出	GB/T 19650
252	环氧嘧磺隆	Oxasulfuron	0.05		不得检出	GB/T 23817
253	氧化萎锈灵	Oxycarboxin	0.05		不得检出	GB/T 19650
254	亚砜磷	Oxydemeton – methyl	0.01		不得检出	参照同类标准
255	乙氧氟草醚	Oxyfluorfen	0.05		不得检出	GB/T 20772
256	多效唑	Paclobutrazol	0.02		不得检出	GB/T 19650
257	对硫磷	Parathion	0.05		不得检出	GB/T 19650
258	甲基对硫磷	Parathion – methyl	0.01		不得检出	GB/T 5009.161
259	戊菌唑	Penconazole	0.05		不得检出	GB/T 20772
260	戊菌隆	Pencycuron	0.05		不得检出	GB/T 19650
261	二甲戊灵	Pendimethalin	0.05		不得检出	GB/T 19650
262	氯菊酯	Permethrin	0.05		不得检出	GB/T 19650
263	甜菜宁	Phenmedipham	0.05		不得检出	GB/T 23205
264	苯醚菊酯	Phenothrin	0.05		不得检出	GB/T 20772
265	甲拌磷	Phorate	0.02		不得检出	GB/T 20772
266	伏杀硫磷	Phosalone	0.01		不得检出	GB/T 20772
267	亚胺硫磷	Phosmet	0.1		不得检出	GB/T 20772
268	—	Phosphines and phosphides	0.01		不得检出	参照同类标准
269	辛硫磷	Phoxim	0.02		不得检出	GB/T 20772
270	氨氯吡啶酸	Picloram	0.5		不得检出	GB/T 23211
271	啶氧菌酯	Picoxystrobin	0.05		不得检出	GB/T 19650
272	抗蚜威	Pirimicarb	0.05		不得检出	GB/T 20772
273	甲基嘧啶磷	Pirimiphos – methyl	0.05		不得检出	GB/T 20772
274	咪鲜胺	Prochloraz	0.1		不得检出	GB/T 19650
275	腐霉利	Procymidone	0.01		不得检出	GB/T 20772
276	丙溴磷	Profenofos	0.05		不得检出	GB/T 20772
277	调环酸	Prohexadione	0.05		不得检出	日本肯定列表
278	毒草安	Propachlor	0.02		不得检出	GB/T 20772
279	扑派威	Propamocarb	0.1		不得检出	GB/T 20772
280	恶草酸	Propaquizafop	0.05		不得检出	GB/T 20772
281	炔螨特	Propargite	0.1		不得检出	GB/T 19650
282	苯胺灵	Propham	0.05		不得检出	GB/T 19650
283	丙环唑	Propiconazole	0.01		不得检出	GB/T 19650
284	异丙草胺	Propisochlor	0.01		不得检出	GB/T 19650
285	残杀威	Propoxur	0.05		不得检出	GB/T 20772
286	炔苯酰草胺	Propyzamide	0.02		不得检出	GB/T 19650
287	苄草丹	Prosulfocarb	0.05		不得检出	GB/T 19650
288	丙硫菌唑	Prothioconazole	0.5		不得检出	参照同类标准
289	吡蚜酮	Pymetrozine	0.01		不得检出	GB/T 20772

序号	农兽药中文名	农兽药英文名	欧盟标准限量要求 mg/kg	国家标准限量要求 mg/kg	三安超有机食品标准 限量要求 mg/kg	检测方法
290	吡唑醚菌酯	Pyraclostrobin	0.05		不得检出	GB/T 20772
291	—	Pyrasulfotole	0.01		不得检出	参照同类标准
292	吡菌磷	Pyrazophos	0.02		不得检出	GB/T 20772
293	除虫菊素	Pyrethrins	0.05		不得检出	GB/T 20772
294	哒螨灵	Pyridaben	0.02		不得检出	GB/T 19650
295	啶虫丙醚	Pyridalyl	0.01		不得检出	日本肯定列表
296	哒草特	Pyridate	0.05		不得检出	日本肯定列表
297	嘧霉胺	Pyrimethanil	0.05		不得检出	GB/T 19650
298	吡丙醚	Pyriproxyfen	0.05		不得检出	GB/T 19650
299	甲氧磺草胺	Pyroxsulam	0.01		不得检出	SN/T 2325
300	氯甲喹啉酸	Quinmerac	0.05		不得检出	参照同类标准
301	喹氧灵	Quinoxyfen	0.2		不得检出	SN/T 2319
302	五氯硝基苯	Quintozene	0.01		不得检出	GB/T 19650
303	精喹禾灵	Quizalofop-P-ethyl	0.05		不得检出	SN/T 2150
304	灭虫菊	Resmethrin	0.1		不得检出	GB/T 20772
305	鱼藤酮	Rotenone	0.01		不得检出	GB/T 20772
306	西玛津	Simazine	0.01		不得检出	SN 0594
307	乙基多杀菌素	Spinetoram	0.01		不得检出	参照同类标准
308	多杀霉素	Spinosad	0.5		不得检出	GB/T 20772
309	螺螨酯	Spirodiclofen	0.05		不得检出	GB/T 20772
310	螺甲螨酯	Spiromesifen	0.01		不得检出	GB/T 23210
311	螺虫乙酯	Spirotetramat	0.03		不得检出	参照同类标准
312	莔孢菌素	Spiroxamine	0.05		不得检出	GB/T 20772
313	磺草酮	Sulcotrione	0.05		不得检出	参照同类标准
314	乙黄隆	Sulfosulfuron	0.05		不得检出	SN/T 2325
315	硫磺粉	Sulfur	0.5		不得检出	参照同类标准
316	氟胺氰菊酯	Tau-fluvalinate	0.3		不得检出	SN 0691
317	戊唑醇	Tebuconazole	0.1		不得检出	GB/T 20772
318	虫酰肼	Tebufenozide	0.05		不得检出	GB/T 20772
319	吡螨胺	Tebufenpyrad	0.05		不得检出	GB/T 19650
320	四氯硝基苯	Tecnazene	0.05		不得检出	GB/T 19650
321	氟苯脲	Teflubenzuron	0.05		不得检出	SN/T 2150
322	七氟菊酯	Tefluthrin	0.05		不得检出	GB/T 23210
323	得杀草	Tepraloxydim	0.1		不得检出	GB/T 20772
324	特丁硫磷	Terbufos	0.01		不得检出	GB/T 20772
325	特丁津	Terbuthylazine	0.05		不得检出	GB/T 19650
326	四氟醚唑	Tetraconazole	0.5		不得检出	GB/T 20772
327	三氯杀螨砜	Tetradifon	0.05		不得检出	GB/T 19650
328	噻虫啉	Thiacloprid	0.01		不得检出	GB/T 20772

序号	农兽药中文名	农兽药英文名	欧盟标准限量要求 mg/kg	国家标准限量要求 mg/kg	三安超有机食品标准 限量要求 mg/kg	检测方法
329	噻虫嗪	Thiamethoxam	0.03		不得检出	GB/T 20772
330	禾草丹	Thiobencarb	0.01		不得检出	GB/T 20772
331	甲基硫菌灵	Thiophanate – methyl	0.05		不得检出	SN/T 0162
332	甲基立枯磷	Tolclofos – methyl	0.05		不得检出	GB/T 19650
333	甲苯氟磺胺	Tolylfluanid	0.1		不得检出	GB/T 19650
334	—	Topramezone	0.05		不得检出	参照同类标准
335	三唑酮和三唑醇	Triadimefon and triadimenol	0.1		不得检出	GB/T 20772
336	野麦畏	Triallate	0.05		不得检出	GB/T 20772
337	醚苯磺隆	Triasulfuron	0.05		不得检出	GB/T 20772
338	三唑磷	Triazophos	0.01		不得检出	GB/T 20772
339	敌百虫	Trichlorphon	0.01		不得检出	GB/T 20772
340	绿草定	Triclopyr	0.05		不得检出	SN/T 2228
341	三环唑	Tricyclazole	0.05		不得检出	GB/T 20769
342	十三吗啉	Tridemorph	0.01		不得检出	GB/T 20772
343	肟菌酯	Trifloxystrobin	0.04		不得检出	GB/T 19650
344	氟菌唑	Triflumizole	0.05		不得检出	GB/T 20769
345	杀铃脲	Triflumuron	0.01		不得检出	GB/T 20772
346	氟乐灵	Trifluralin	0.01		不得检出	GB/T 20772
347	嗪氨灵	Triforine	0.01		不得检出	SN 0695
348	三甲基锍阳离子	Trimethyl – sulfonium cation	0.05		不得检出	参照同类标准
349	抗倒酯	Trinexapac	0.05		不得检出	GB/T 20769
350	灭菌唑	Triticonazole	0.01		不得检出	GB/T 20772
351	三氟甲磺隆	Tritosulfuron	0.01		不得检出	参照同类标准
352	—	Valifenalate	0.01		不得检出	参照同类标准
353	乙烯菌核利	Vinclozolin	0.05		不得检出	GB/T 20772
354	2,3,4,5 – 四氯苯胺	2,3,4,5 – Tetrachloraniline			不得检出	GB/T 19650
355	2,3,4,5 – 四氯甲氧基苯	2,3,4,5 – Tetrachloroanisole			不得检出	GB/T 19650
356	2,3,5,6 – 四氯苯胺	2,3,5,6 – Tetrachloroaniline			不得检出	GB/T 19650
357	2,4,5 – 涕	2,4,5 – T			不得检出	GB/T 20772
358	o,p' – 滴滴滴	2,4' – DDD			不得检出	GB/T 19650
359	o,p' – 滴滴伊	2,4' – DDE			不得检出	GB/T 19650
360	o,p' – 滴滴涕	2,4' – DDT			不得检出	GB/T 19650
361	2,6 – 二氯苯甲酰胺	2,6 – Dichlorobenzamide			不得检出	GB/T 19650
362	3,5 – 二氯苯胺	3,5 – Dichloroaniline			不得检出	GB/T 19650
363	p,p' – 滴滴滴	4,4' – DDD			不得检出	GB/T 19650
364	p,p' – 滴滴伊	4,4' – DDE			不得检出	GB/T 19650
365	p,p' – 滴滴涕	4,4' – DDT			不得检出	GB/T 19650
366	4,4' – 二溴二苯甲酮	4,4' – Dibromobenzophenone			不得检出	GB/T 19650
367	4,4' – 二氯二苯甲酮	4,4' – Dichlorobenzophenone			不得检出	GB/T 19650

序号	农兽药中文名	农兽药英文名	欧盟标准限量要求 mg/kg	国家标准限量要求 mg/kg	三安超有机食品标准	
					限量要求 mg/kg	检测方法
368	二氢苊	Acenaphthene			不得检出	GB/T 19650
369	乙酰丙嗪	Acepromazine			不得检出	GB/T 20763
370	三氟羧草醚	Acifluorfen			不得检出	GB/T 20772
371	1-氨基-2-乙内酰脲	AHD			不得检出	GB/T 21311
372	涕灭砜威	Aldoxycarb			不得检出	GB/T 20772
373	烯丙菊酯	Allethrin			不得检出	GB/T 20772
374	二丙烯草胺	Allidochlor			不得检出	GB/T 19650
375	烯丙孕素	Altrenogest			不得检出	SN/T 1980
376	莠灭净	Ametryn			不得检出	GB/T 20772
377	双甲脒	Amitraz			不得检出	GB/T 19650
378	杀草强	Amitrole			不得检出	SN/T 1737.6
379	5-吗啉甲基-3-氨基-2-噁唑烷基酮	AMOZ			不得检出	GB/T 21311
380	氨苄青霉素	Ampicillin			不得检出	GB/T 21315
381	氨丙嘧吡啶	Amprolium			不得检出	SN/T 0276
382	莎稗磷	Anilofos			不得检出	GB/T 19650
383	蒽醌	Anthraquinone			不得检出	GB/T 19650
384	3-氨基-2-噁唑酮	AOZ			不得检出	GB/T 21311
385	安普霉素	Apramycin			不得检出	GB/T 21323
386	丙硫特普	Aspon			不得检出	GB/T 19650
387	羟氨卡青霉素	Aspoxicillin			不得检出	GB/T 21315
388	乙基杀扑磷	Athidathion			不得检出	GB/T 19650
389	莠去通	Atratone			不得检出	GB/T 19650
390	莠去津	Atrazine			不得检出	GB/T 20772
391	脱乙基阿特拉津	Atrazine-desethyl			不得检出	GB/T 19650
392	甲基吡噁磷	Azamethiphos			不得检出	GB/T 20763
393	氮哌酮	Azaperone			不得检出	SN/T 2221
394	叠氮津	Aziprotryne			不得检出	GB/T 19650
395	杆菌肽	Bacitracin			不得检出	GB/T 20743
396	4-溴-3,5-二甲苯基-N-甲基氨基甲酸酯-1	BDMC-1			不得检出	GB/T 19650
397	4-溴-3,5-二甲苯基-N-甲基氨基甲酸酯-2	BDMC-2			不得检出	GB/T 19650
398	噁虫威	Bendiocarb			不得检出	GB/T 20772
399	乙丁氟灵	Bbenfluralin			不得检出	GB/T 19650
400	呋草黄	Benfuresate			不得检出	GB/T 19650
401	麦锈灵	Benodanil			不得检出	GB/T 19650
402	解草酮	Benoxacor			不得检出	GB/T 19650

序号	农兽药中文名	农兽药英文名	欧盟标准限量要求 mg/kg	国家标准限量要求 mg/kg	三安超有机食品标准	
					限量要求 mg/kg	检测方法
403	新燕灵	Benzoylprop – ethyl			不得检出	GB/T 19650
404	苄青霉素	Benzyl pencillin			不得检出	GB/T 21315
405	倍他米松	Betamethasone			不得检出	SN/T 1970
406	生物烯丙菊酯 – 1	Bioallethrin – 1			不得检出	GB/T 19650
407	生物烯丙菊酯 – 2	Bioallethrin – 2			不得检出	GB/T 19650
408	除草定	Bromacil			不得检出	GB/T 20772
409	溴苯烯磷	Bromfenvinfos			不得检出	GB/T 19650
410	溴烯杀	Bromocylen			不得检出	GB/T 19650
411	溴硫磷	Bromofos			不得检出	GB/T 19650
412	乙基溴硫磷	Bromophos – ethyl			不得检出	GB/T 19650
413	溴丁酰草胺	Btomobutide			不得检出	GB/T 19650
414	氟丙嘧草酯	Butafenacil			不得检出	GB/T 19650
415	抑草磷	Butamifos			不得检出	GB/T 19650
416	丁草胺	Butaxhlor			不得检出	GB/T 19650
417	苯酮唑	Cafenstrole			不得检出	GB/T 19650
418	角黄素	Canthaxanthin			不得检出	SN/T 2327
419	咔唑心安	Carazolol			不得检出	GB/T 20763
420	卡巴氧	Carbadox			不得检出	GB/T 20746
421	三硫磷	Carbophenothion			不得检出	GB/T 19650
422	唑草酮	Carfentrazone – ethyl			不得检出	GB/T 19650
423	卡洛芬	Carprofen			不得检出	SN/T 2190
424	头孢洛宁	Cefalonium			不得检出	GB/T 22989
425	头孢匹林	Cefapirin			不得检出	GB/T 22989
426	头孢喹肟	Cefquinome			不得检出	GB/T 22989
427	头孢噻呋	Ceftiofur			不得检出	GB/T 21314
428	头孢氨苄	Cefalexin			不得检出	GB/T 22989
429	氯霉素	Chloramphenicolum			不得检出	GB/T 20772
430	氯杀螨砜	Chlorbenside sulfone			不得检出	GB/T 19650
431	氯溴隆	Chlorbromuron			不得检出	GB/T 19650
432	杀虫脒	Chlordimeform			不得检出	GB/T 19650
433	氯氧磷	Chlorethoxyfos			不得检出	GB/T 19650
434	溴虫腈	Chlorfenapyr			不得检出	GB/T 19650
435	杀螨醇	Chlorfenethol			不得检出	GB/T 19650
436	燕麦酯	Chlorfenprop – methyl			不得检出	GB/T 19650
437	氟啶脲	Chlorfluazuron			不得检出	SN/T 2540
438	整形醇	Chlorflurenol			不得检出	GB/T 19650
439	氯地孕酮	Chlormadinone			不得检出	SN/T 1980
440	醋酸氯地孕酮	Chlormadinone acetate			不得检出	GB/T 20753

序号	农兽药中文名	农兽药英文名	欧盟标准限量要求 mg/kg	国家标准限量要求 mg/kg	三安超有机食品标准	
					限量要求 mg/kg	检测方法
441	氯甲硫磷	Chlormephos			不得检出	GB/T 19650
442	氯苯甲醚	Chloroneb			不得检出	GB/T 19650
443	丙酯杀螨醇	Chloropropylate			不得检出	GB/T 19650
444	氯丙嗪	Chlorpromazine			不得检出	GB/T 20763
445	毒死蜱	Chlorpyrifos			不得检出	GB/T 19650
446	金霉素	Chlortetracycline			不得检出	GB/T 21317
447	氯硫磷	Chlorthion			不得检出	GB/T 19650
448	虫螨磷	Chlorthiophos			不得检出	GB/T 19650
449	乙菌利	chlozolinate			不得检出	GB/T 19650
450	顺式 - 氯丹	cis - Chlordane			不得检出	GB/T 19650
451	顺式 - 燕麦敌	cis - Diallate			不得检出	GB/T 19650
452	顺式 - 氯菊酯	cis - Permethrin			不得检出	GB/T 19650
453	克仑特罗	Clenbuterol			不得检出	GB/T 22286
454	异噁草酮	Clomazone			不得检出	GB/T 20772
455	氯甲酰草胺	Clomeprop			不得检出	GB/T 19650
456	氯羟吡啶	Clopidol			不得检出	GB 29700
457	解草酯	Cloquintocet - mexyl			不得检出	GB/T 19650
458	邻氯青霉素	Cloxacillin			不得检出	GB/T 18932.25
459	蝇毒磷	Coumaphos			不得检出	GB/T 19650
460	鼠立死	Crimidine			不得检出	GB/T 19650
461	巴毒磷	Crotxyphos			不得检出	GB/T 19650
462	育畜磷	Crufomate			不得检出	GB/T 19650
463	苯腈磷	Cyanofenphos			不得检出	GB/T 19650
464	杀螟腈	Cyanophos			不得检出	GB/T 20772
465	环草敌	Cycloate			不得检出	GB/T 20772
466	环莠隆	Cycluron			不得检出	GB/T 20772
467	环丙津	Cyprazine			不得检出	GB/T 20772
468	敌草索	Dacthal			不得检出	GB/T 19650
469	达氟沙星	Danofloxacin			不得检出	GB/T 22985
470	癸氧喹酯	Decoquinate			不得检出	SN/T 2444
471	脱叶磷	DEF			不得检出	GB/T 19650
472	2,2′,4,5,5′ - 五氯联苯	DE - PCB 101			不得检出	GB/T 19650
473	2,3,4,4′,5 - 五氯联苯	DE - PCB 118			不得检出	GB/T 19650
474	2,2′,3,4,4′,5 - 六氯联苯	DE - PCB 138			不得检出	GB/T 19650
475	2,2′,4,4′,5,5′ - 六氯联苯	DE - PCB 153			不得检出	GB/T 19650
476	2,2′,3,4,4′,5,5′ - 七氯联苯	DE - PCB 180			不得检出	GB/T 19650
477	2,4,4′ - 三氯联苯	DE - PCB 28			不得检出	GB/T 19650
478	2,4,5 - 三氯联苯	DE - PCB 31			不得检出	GB/T 19650

序号	农兽药中文名	农兽药英文名	欧盟标准限量要求 mg/kg	国家标准限量要求 mg/kg	三安超有机食品标准	
					限量要求 mg/kg	检测方法
479	2,2′,5,5′-四氯联苯	DE-PCB 52			不得检出	GB/T 19650
480	脱溴溴苯磷	Desbrom-leptophos			不得检出	GB/T 19650
481	脱乙基另丁津	Desethyl-sebuthylazine			不得检出	GB/T 19650
482	敌草净	Desmetryn			不得检出	GB/T 19650
483	地塞米松	Dexamethasone			不得检出	SN/T 1970
484	氯亚胺硫磷	Dialifos			不得检出	GB/T 19650
485	敌菌净	Diaveridine			不得检出	SN/T 1926
486	驱虫特	Dibutyl succinate			不得检出	GB/T 20772
487	异氯磷	Dicapthon			不得检出	GB/T 20772
488	敌草腈	Dichlobenil			不得检出	GB/T 19650
489	除线磷	Dichlofenthion			不得检出	GB/T 20772
490	苯氟磺胺	Dichlofluanid			不得检出	GB/T 19650
491	烯丙酰草胺	Dichlormid			不得检出	GB/T 19650
492	敌敌畏	Dichlorvos			不得检出	GB/T 20772
493	苄氯三唑醇	Diclobutrazole			不得检出	GB/T 20772
494	禾草灵	Diclofop-methyl			不得检出	GB/T 19650
495	双氯青霉素	Dicloxacillin			不得检出	GB/T 18932.25
496	己烯雌酚	Diethylstilbestrol			不得检出	GB/T 20766
497	双氟沙星	Difloxacin			不得检出	GB/T 20366
498	二氢链霉素	Dihydro-streptomycin			不得检出	GB/T 22969
499	甲氟磷	Dimefox			不得检出	GB/T 19650
500	哌草丹	Dimepiperate			不得检出	GB/T 19650
501	异戊乙净	Dimethametryn			不得检出	GB/T 19650
502	二甲酚草胺	Dimethenamid			不得检出	GB/T 19650
503	乐果	Dimethoate			不得检出	GB/T 20772
504	甲基毒虫畏	Dimethylvinphos			不得检出	GB/T 19650
505	地美硝唑	Dimetridazole			不得检出	GB/T 21318
506	二硝托安	Dinitolmide			不得检出	SN/T 2453
507	氨氟灵	Dinitramine			不得检出	GB/T 19650
508	消螨通	Dinobuton			不得检出	GB/T 19650
509	呋虫胺	Dinotefuran			不得检出	GB/T 20772
510	苯虫醚-1	Diofenolan-1			不得检出	GB/T 19650
511	苯虫醚-2	Diofenolan-2			不得检出	SN/T 19650
512	蔬果磷	Dioxabenzofos			不得检出	GB/T 19650
513	双苯酰草胺	Diphenamid			不得检出	GB/T 19650
514	二苯胺	Diphenylamine			不得检出	GB/T 19650
515	异丙净	Dipropetryn			不得检出	GB/T 19650
516	灭菌磷	Ditalimfos			不得检出	GB/T 19650
517	氟硫草定	Dithiopyr			不得检出	GB/T 19650

序号	农兽药中文名	农兽药英文名	欧盟标准限量要求 mg/kg	国家标准限量要求 mg/kg	三安超有机食品标准限量要求 mg/kg	检测方法
518	多拉菌素	Doramectin			不得检出	GB/T 22968
519	强力霉素	Doxycycline			不得检出	GB/T 20764
520	敌瘟磷	Edifenphos			不得检出	GB/T 19650
521	硫丹硫酸盐	Endosulfan – sulfate			不得检出	GB/T 19650
522	异狄氏剂酮	Endrin ketone			不得检出	GB/T 19650
523	恩诺沙星	Enrofloxacin			不得检出	GB/T 20366
524	苯硫磷	EPN			不得检出	GB/T 19650
525	埃普利诺菌素	Eprinomectin			不得检出	GB/T 21320
526	抑草蓬	Erbon			不得检出	GB/T 19650
527	红霉素	Erythromycin			不得检出	GB/T 20762
528	S－氰戊菊酯	Esfenvalerate			不得检出	GB/T 19650
529	戊草丹	Esprocarb			不得检出	GB/T 19650
530	乙环唑－1	Etaconazole – 1			不得检出	GB/T 19650
531	乙环唑－2	Etaconazole – 2			不得检出	GB/T 19650
532	乙嘧硫磷	Etrimfos			不得检出	GB/T 19650
533	氧乙嘧硫磷	Etrimfos oxon			不得检出	GB/T 19650
534	伐灭磷	Famphur			不得检出	GB/T 19650
535	苯线磷亚砜	Fenamiphos sulfoxide			不得检出	GB/T 19650
536	苯线磷砜	Fenamiphos – sulfone			不得检出	GB/T 19650
537	苯硫苯咪唑	Fenbendazole			不得检出	SN 0638
538	氧皮蝇磷	Fenchlorphos oxon			不得检出	GB/T 19650
539	甲呋酰胺	Fenfuram			不得检出	GB/T 19650
540	仲丁威	Fenobucarb			不得检出	GB/T 19650
541	苯硫威	Fenothiocarb			不得检出	GB/T 19650
542	稻瘟酰胺	Fenoxanil			不得检出	GB/T 19650
543	拌种咯	Fenpiclonil			不得检出	GB/T 19650
544	甲氰菊酯	Fenpropathrin			不得检出	GB/T 19650
545	芬螨酯	Fenson			不得检出	GB/T 19650
546	丰索磷	Fensulfothion			不得检出	GB/T 19650
547	倍硫磷亚砜	Fenthion sulfoxide			不得检出	GB/T 19650
548	麦草氟异丙酯	Flamprop – isopropyl			不得检出	GB/T 19650
549	麦草氟甲酯	Flamprop – methyl			不得检出	GB/T 19650
550	氟苯尼考	Florfenicol			不得检出	GB/T 20756
551	吡氟禾草灵	Fluazifop – butyl			不得检出	GB/T 19650
552	啶蜱脲	Fluazuron			不得检出	SN/T 2540
553	氟苯咪唑	Flubendazole			不得检出	GB/T 21324
554	氟噻草胺	Flufenacet			不得检出	GB/T 19650
555	氟甲喹	Flumequin			不得检出	SN/T 1921
556	氟节胺	Flumetralin			不得检出	GB/T 19650

序号	农兽药中文名	农兽药英文名	欧盟标准限量要求 mg/kg	国家标准限量要求 mg/kg	三安超有机食品标准	
					限量要求 mg/kg	检测方法
557	唑嘧磺草胺	Flumetsulam			不得检出	GB/T 20772
558	氟烯草酸	Flumiclorac			不得检出	GB/T 19650
559	丙炔氟草胺	Flumioxazin			不得检出	GB/T 19650
560	氟胺烟酸	Flunixin			不得检出	GB/T 20750
561	三氟硝草醚	Fluorodifen			不得检出	GB/T 19650
562	乙羧氟草醚	Fluoroglycofen – ethyl			不得检出	GB/T 19650
563	三氟苯唑	Fluotrimazole			不得检出	GB/T 19650
564	氟啶草酮	Fluridone			不得检出	GB/T 19650
565	氟草烟 – 1 – 甲庚酯	Fluroxypr – 1 – methylheptyl ester			不得检出	GB/T 19650
566	呋草酮	Flurtamone			不得检出	GB/T 19650
567	地虫硫磷	Fonofos			不得检出	GB/T 19650
568	安果	Formothion			不得检出	GB/T 19650
569	呋霜灵	Furalaxyl			不得检出	GB/T 19650
570	庆大霉素	Gentamicin			不得检出	GB/T 21323
571	苄螨醚	Halfenprox			不得检出	GB/T 19650
572	氟哌啶醇	Haloperidol			不得检出	GB/T 20763
573	庚烯磷	Heptanophos			不得检出	GB/T 19650
574	己唑醇	Hexaconazole			不得检出	GB/T 19650
575	环嗪酮	Hexazinone			不得检出	GB/T 19650
576	咪草酸	Imazamethabenz – methyl			不得检出	GB/T 19650
577	咪唑喹啉酸	Imazaquin			不得检出	GB/T 20772
578	脱苯甲基亚胺唑	Imibenconazole – des – benzyl			不得检出	GB/T 19650
579	炔咪菊酯 – 1	Imiprothrin – 1			不得检出	GB/T 19650
580	炔咪菊酯 – 2	Imiprothrin – 2			不得检出	GB/T 19650
581	碘硫磷	Iodofenphos			不得检出	GB/T 19650
582	甲基碘磺隆	Iodosulfuron – methyl			不得检出	GB/T 20772
583	异稻瘟净	Iprobenfos			不得检出	GB/T 19650
584	氯唑磷	Isazofos			不得检出	GB/T 19650
585	碳氯灵	Isobenzan			不得检出	GB/T 19650
586	丁咪酰胺	Isocarbamid			不得检出	GB/T 19650
587	水胺硫磷	Isocarbophos			不得检出	GB/T 19650
588	异艾氏剂	Isodrin			不得检出	GB/T 19650
589	异柳磷	Isofenphos			不得检出	GB/T 19650
590	氧异柳磷	Isofenphos oxon			不得检出	GB/T 19650
591	氮氨菲啶	Isometamidium			不得检出	SN/T 2239
592	丁嗪草酮	Isomethiozin			不得检出	GB/T 19650
593	异丙威 – 1	Isoprocarb – 1			不得检出	GB/T 19650
594	异丙威 – 2	Isoprocarb – 2			不得检出	GB/T 19650

序号	农兽药中文名	农兽药英文名	欧盟标准限量要求 mg/kg	国家标准限量要求 mg/kg	三安超有机食品标准 限量要求 mg/kg	检测方法
595	异丙乐灵	Isopropalin			不得检出	GB/T 19650
596	双苯噁唑酸	Isoxadifen – ethyl			不得检出	GB/T 19650
597	异噁氟草	Isoxaflutole			不得检出	GB/T 20772
598	噁唑啉	Isoxathion			不得检出	GB/T 19650
599	依维菌素	Ivermectin			不得检出	GB/T 21320
600	交沙霉素	Josamycin			不得检出	GB/T 20762
601	卡那霉素	Kanamycin			不得检出	GB/T 21323
602	拉沙里菌素	Lasalocid			不得检出	SN 0501
603	溴苯磷	Leptophos			不得检出	GB/T 19650
604	左旋咪唑	Levamisole			不得检出	SN 0349
605	林可霉素	Lincomycin			不得检出	GB/T 20762
606	利谷隆	Linuron			不得检出	GB/T 19650
607	麻保沙星	Marbofloxacin			不得检出	GB/T 22985
608	2 – 甲 – 4 – 氯丁氧乙基酯	MCPA – butoxyethyl ester			不得检出	GB/T 19650
609	甲苯咪唑	Mebendazole			不得检出	GB/T 21324
610	灭蚜磷	Mecarbam			不得检出	GB/T 19650
611	二甲四氯丙酸	Mecoprop			不得检出	SN/T 2325
612	苯噻酰草胺	Mefenacet			不得检出	GB/T 19650
613	吡唑解草酯	Mefenpyr – diethyl			不得检出	GB/T 19650
614	醋酸甲地孕酮	Megestrol acetate			不得检出	GB/T 20753
615	醋酸美仑孕酮	Melengestrol acetate			不得检出	GB/T 20753
616	嘧菌胺	Mepanipyrim			不得检出	GB/T 19650
617	地胺磷	Mephosfolan			不得检出	GB/T 19650
618	灭锈胺	Mepronil			不得检出	GB/T 19650
619	硝磺草酮	Mesotrione			不得检出	参照同类标准
620	呋菌胺	Methfuroxam			不得检出	GB/T 19650
621	灭梭威砜	Methiocarb sulfone			不得检出	GB/T 19650
622	异丙甲草胺和 S – 异丙甲草胺	Metolachlor and S – metolachlor			不得检出	GB/T 19650
623	盖草津	Methoprotryne			不得检出	GB/T 19650
624	甲醚菊酯 – 1	Methothrin – 1			不得检出	GB/T 19650
625	甲醚菊酯 – 2	Methothrin – 2			不得检出	GB/T 19650
626	甲基泼尼松龙	Methylprednisolone			不得检出	GB/T 21981
627	溴谷隆	Metobromuron			不得检出	GB/T 19650
628	甲氧氯普胺	Metoclopramide			不得检出	SN/T 2227
629	苯氧菌胺 – 1	Metominsstrobin – 1			不得检出	GB/T 19650
630	苯氧菌胺 – 2	Metominsstrobin – 2			不得检出	GB/T 19650
631	甲硝唑	Metronidazole			不得检出	GB/T 21318
632	速灭磷	Mevinphos			不得检出	GB/T 19650

序号	农兽药中文名	农兽药英文名	欧盟标准限量要求 mg/kg	国家标准限量要求 mg/kg	三安超有机食品标准	
					限量要求 mg/kg	检测方法
633	兹克威	Mexacarbate			不得检出	GB/T 19650
634	灭蚁灵	Mirex			不得检出	GB/T 19650
635	禾草敌	Molinate			不得检出	GB/T 19650
636	庚酰草胺	Monalide			不得检出	GB/T 19650
637	莫能菌素	Monensin			不得检出	SN 0698
638	莫西丁克	Moxidectin			不得检出	SN/T 2442
639	合成麝香	Musk ambrecte			不得检出	GB/T 19650
640	麝香	Musk moskene			不得检出	GB/T 19650
641	西藏麝香	Musk tibeten			不得检出	GB/T 19650
642	二甲苯麝香	Musk xylene			不得检出	GB/T 19650
643	萘夫西林	Nafcillin			不得检出	GB/T 22975
644	二溴磷	Naled			不得检出	SN/T 0706
645	萘丙胺	Naproanilide			不得检出	GB/T 19650
646	甲基盐霉素	Narasin			不得检出	GB/T 20364
647	新霉素	Neomycin			不得检出	SN 0646
648	甲磺乐灵	Nitralin			不得检出	GB/T 19650
649	三氯甲基吡啶	Nitrapyrin			不得检出	GB/T 19650
650	酞菌酯	Nitrothal – isopropyl			不得检出	GB/T 19650
651	诺氟沙星	Norfloxacin			不得检出	GB/T 20366
652	氟草敏	Norflurazon			不得检出	GB/T 19650
653	新生霉素	Novobiocin			不得检出	SN 0674
654	氟苯嘧啶醇	Nuarimol			不得检出	GB/T 19650
655	八氯苯乙烯	Octachlorostyrene			不得检出	GB/T 19650
656	氧氟沙星	Ofloxacin			不得检出	GB/T 20366
657	喹乙醇	Olaquindox			不得检出	GB/T 20746
658	竹桃霉素	Oleandomycin			不得检出	GB/T 20762
659	氧乐果	Omethoate			不得检出	GB/T 19650
660	奥比沙星	Orbifloxacin			不得检出	GB/T 22985
661	苯唑青霉素	Oxacillin			不得检出	GB/T 18932.25
662	杀线威	Oxamyl			不得检出	GB/T 20772
663	奥芬达唑	Oxfendazole			不得检出	GB/T 22972
664	丙氧苯咪唑	Oxibendazole			不得检出	GB/T 21324
665	喹菌酮	Oxolinic acid			不得检出	日本肯定列表
666	氧化氯丹	Oxy – chlordane			不得检出	GB/T 19650
667	土霉素	Oxytetracycline			不得检出	GB/T 21317
668	对氧磷	Paraoxon			不得检出	GB/T 19650
669	甲基对氧磷	Paraoxon – methyl			不得检出	GB/T 19650
670	克草敌	Pebulate			不得检出	GB/T 19650
671	五氯苯胺	Pentachloroaniline			不得检出	GB/T 19650

序号	农兽药中文名	农兽药英文名	欧盟标准限量要求 mg/kg	国家标准限量要求 mg/kg	三安超有机食品标准 限量要求 mg/kg	三安超有机食品标准 检测方法
672	五氯甲氧基苯	Pentachloroanisole			不得检出	GB/T 19650
673	五氯苯	Pentachlorobenzene			不得检出	GB/T 19650
674	乙滴涕	Perthane			不得检出	GB/T 19650
675	菲	Phenanthrene			不得检出	GB/T 19650
676	稻丰散	Phenthoate			不得检出	GB/T 19650
677	甲拌磷砜	Phorate sulfone			不得检出	GB/T 19650
678	磷胺 - 1	Phosphamidon - 1			不得检出	GB/T 19650
679	磷胺 - 2	Phosphamidon - 2			不得检出	GB/T 19650
680	酞酸苯甲基丁酯	Phthalic acid, benzylbutyl ester			不得检出	GB/T 19650
681	四氯苯肽	Phthalide			不得检出	GB/T 19650
682	邻苯二甲酰亚胺	Phthalimide			不得检出	GB/T 19650
683	氟吡酰草胺	Picolinafen			不得检出	GB/T 19650
684	增效醚	Piperonyl butoxide			不得检出	GB/T 19650
685	哌草磷	Piperophos			不得检出	GB/T 19650
686	乙基虫螨清	Pirimiphos - ethyl			不得检出	GB/T 19650
687	吡利霉素	Pirlimycin			不得检出	GB/T 22988
688	炔丙菊酯	Prallethrin			不得检出	GB/T 19650
689	泼尼松龙	Prednisolone			不得检出	GB/T 21981
690	丙草胺	Pretilachlor			不得检出	GB/T 19650
691	环丙氟灵	Profluralin			不得检出	GB/T 19650
692	茉莉酮	Prohydrojasmon			不得检出	GB/T 19650
693	扑灭通	Prometon			不得检出	GB/T 19650
694	扑草净	Prometryne			不得检出	GB/T 19650
695	炔丙烯草胺	Pronamide			不得检出	GB/T 19650
696	敌稗	Propanil			不得检出	GB/T 19650
697	扑灭津	Propazine			不得检出	GB/T 19650
698	胺丙畏	Propetamphos			不得检出	GB/T 19650
699	丙酰二甲氨基丙吩噻嗪	Propionylpromazin			不得检出	GB/T 20763
700	丙硫磷	Prothiophos			不得检出	GB/T 19650
701	哒嗪硫磷	Ptridaphenthion			不得检出	GB/T 19650
702	吡唑硫磷	Pyraclofos			不得检出	GB/T 19650
703	吡草醚	Pyraflufen - ethyl			不得检出	GB/T 19650
704	啶斑肟 - 1	Pyrifenox - 1			不得检出	GB/T 19650
705	啶斑肟 - 2	Pyrifenox - 2			不得检出	GB/T 19650
706	环酯草醚	Pyriftalid			不得检出	GB/T 19650
707	嘧螨醚	Pyrimidifen			不得检出	GB/T 19650
708	嘧草醚	Pyriminobac - methyl			不得检出	GB/T 19650
709	嘧啶磷	Pyrimitate			不得检出	GB/T 19650
710	喹硫磷	Quinalphos			不得检出	GB/T 19650

序号	农兽药中文名	农兽药英文名	欧盟标准限量要求 mg/kg	国家标准限量要求 mg/kg	三安超有机食品标准 限量要求 mg/kg	三安超有机食品标准 检测方法
711	灭藻醌	Quinoclamine			不得检出	GB/T 19650
712	苯氧喹啉	Quinoxyphen			不得检出	GB/T 19650
713	吡咪唑	Rabenzazole			不得检出	GB/T 19650
714	莱克多巴胺	Ractopamine			不得检出	GB/T 21313
715	洛硝达唑	Ronidazole			不得检出	GB/T 21318
716	皮蝇磷	Ronnel			不得检出	GB/T 19650
717	盐霉素	Salinomycin			不得检出	GB/T 20364
718	沙拉沙星	Sarafloxacin			不得检出	GB/T 20366
719	另丁津	Sebutylazine			不得检出	GB/T 19650
720	密草通	Secbumeton			不得检出	GB/T 19650
721	氨基脲	Semduramicin			不得检出	GB/T 20752
722	烯禾啶	Sethoxydim			不得检出	GB/T 19650
723	氟硅菊酯	Silafluofen			不得检出	GB/T 19650
724	硅氟唑	Simeconazole			不得检出	GB/T 19650
725	西玛通	Simetone			不得检出	GB/T 19650
726	西草净	Simetryn			不得检出	GB/T 19650
727	壮观霉素	Spectinomycin			不得检出	GB/T 21323
728	螺旋霉素	Spiramycin			不得检出	GB/T 20762
729	链霉素	Streptomycin			不得检出	GB/T 21323
730	磺胺苯酰	Sulfabenzamide			不得检出	GB/T 21316
731	磺胺醋酰	Sulfacetamide			不得检出	GB/T 21316
732	磺胺氯哒嗪	Sulfachloropyridazine			不得检出	GB/T 21316
733	磺胺嘧啶	Sulfadiazine			不得检出	GB/T 21316
734	磺胺间二甲氧嘧啶	Sulfadimethoxine			不得检出	GB/T 21316
735	磺胺二甲嘧啶	Sulfadimidine			不得检出	GB/T 21316
736	磺胺多辛	Sulfadoxine			不得检出	GB/T 21316
737	磺胺脒	Sulfaguanidine			不得检出	GB/T 21316
738	菜草畏	Sulfallate			不得检出	GB/T 19650
739	磺胺甲嘧啶	Sulfamerazine			不得检出	GB/T 21316
740	新诺明	Sulfamethoxazole			不得检出	GB/T 21316
741	磺胺间甲氧嘧啶	Sulfamonomethoxine			不得检出	GB/T 21316
742	乙酰磺胺对硝基苯	Sulfanitran			不得检出	GB/T 20772
743	磺胺吡啶	Sulfapyridine			不得检出	GB/T 21316
744	磺胺喹沙啉	Sulfaquinoxaline			不得检出	GB/T 21316
745	磺胺噻唑	Sulfathiazole			不得检出	GB/T 21316
746	治螟磷	Sulfotep			不得检出	GB/T 19650
747	硫丙磷	Sulprofos			不得检出	GB/T 19650
748	苯噻硫氰	TCMTB			不得检出	GB/T 19650
749	丁基嘧啶磷	Tebupirimfos			不得检出	GB/T 19650

序号	农兽药中文名	农兽药英文名	欧盟标准限量要求 mg/kg	国家标准限量要求 mg/kg	三安超有机食品标准 限量要求 mg/kg	三安超有机食品标准 检测方法
750	牧草胺	Tebutam			不得检出	GB/T 19650
751	丁噻隆	Tebuthiuron			不得检出	GB/T 20772
752	双硫磷	Temephos			不得检出	GB/T 20772
753	特草灵	Terbucarb			不得检出	GB/T 19650
754	特丁通	Terbumeron			不得检出	GB/T 19650
755	特丁净	Terbutryn			不得检出	GB/T 19650
756	四氢邻苯二甲酰亚胺	Tetrabydrophthalimide			不得检出	GB/T 19650
757	杀虫畏	Tetrachlorvinphos			不得检出	GB/T 19650
758	四环素	Tetracycline			不得检出	GB/T 21317
759	胺菊酯	Tetramethirn			不得检出	GB/T 19650
760	杀螨氯硫	Tetrasul			不得检出	GB/T 19650
761	噻吩草胺	Thenylchlor			不得检出	GB/T 19650
762	甲砜霉素	Thiamphenicol			不得检出	GB/T 20756
763	噻唑烟酸	Thiazopyr			不得检出	GB/T 19650
764	噻苯隆	Thidiazuron			不得检出	GB/T 20772
765	噻吩磺隆	Thifensulfuron – methyl			不得检出	GB/T 20772
766	甲基乙拌磷	Thiometon			不得检出	GB/T 20772
767	虫线磷	Thionazin			不得检出	GB/T 19650
768	替米考星	Tilmicosin			不得检出	GB/T 20762
769	硫普罗宁	Tiopronin			不得检出	SN/T 2225
770	三甲苯草酮	Tralkoxydim			不得检出	GB/T 19650
771	四溴菊酯	Tralomethrin			不得检出	SN/T 2320
772	反式 – 氯丹	trans – Chlordane			不得检出	GB/T 19650
773	反式 – 燕麦敌	trans – Diallate			不得检出	GB/T 19650
774	四氟苯菊酯	Transfluthrin			不得检出	GB/T 19650
775	反式九氯	trans – Nonachlor			不得检出	GB/T 19650
776	反式 – 氯菊酯	trans – Permethrin			不得检出	GB/T 19650
777	群勃龙	Trenbolone			不得检出	GB/T 21981
778	威菌磷	Triamiphos			不得检出	GB/T 19650
779	毒壤磷	Trichloronate			不得检出	GB/T 19650
780	灭草环	Tridiphane			不得检出	GB/T 19650
781	草达津	Trietazine			不得检出	GB/T 19650
782	三异丁基磷酸盐	Tri – iso – butyl phosphate			不得检出	GB/T 19650
783	甲氧苄氨嘧啶	Trimethoprim			不得检出	SN/T 1769
784	三正丁基磷酸盐	Tri – n – butyl phosphate			不得检出	GB/T 19650
785	三苯基磷酸盐	Triphenyl phosphate			不得检出	GB/T 19650
786	泰乐霉素	Tylosin			不得检出	GB/T 22941
787	烯效唑	Uniconazole			不得检出	GB/T 19650
788	灭草敌	Vernolate			不得检出	GB/T 19650

序号	农兽药中文名	农兽药英文名	欧盟标准限量要求 mg/kg	国家标准限量要求 mg/kg	三安超有机食品标准	
					限量要求 mg/kg	检测方法
789	维吉尼霉素	Virginiamycin			不得检出	GB/T 20765
790	杀鼠灵	War farin			不得检出	GB/T 20772
791	甲苯噻嗪	Xylazine			不得检出	GB/T 20763
792	右环十四酮酚	Zeranol			不得检出	GB/T 21982
793	苯酰菌胺	Zoxamide			不得检出	GB/T 19650

4 山羊(5 种)

4.1 山羊肉 Goat Meat

序号	农兽药中文名	农兽药英文名	欧盟标准限量要求 mg/kg	国家标准限量要求 mg/kg	三安超有机食品标准	
					限量要求 mg/kg	检测方法
1	1,1-二氯-2,2-二(4-乙苯)乙烷	1,1-Dichloro-2,2-bis(4-ethylphenyl)ethane	0.01		不得检出	日本肯定列表(增补本1)
2	1,2-二氯乙烷	1,2-Dichloroethane	0.1		不得检出	SN/T 2238
3	1,3-二氯丙烯	1,3-Dichloropropene	0.01		不得检出	SN/T 2238
4	1-萘乙酰胺	1-Naphthylacetamide	0.05		不得检出	GB/T 20772
5	1-萘乙酸	1-Naphthylacetic acid	0.05		不得检出	SN/T 2228
6	2,4-滴丁酸	2,4-DB	0.05		不得检出	GB/T 20769
7	2,4-滴	2,4-D	0.05		不得检出	GB/T 20772
8	2-苯酚	2-Phenylphenol	0.05		不得检出	GB/T 19650
9	阿维菌素	Abamectin	0.02		不得检出	SN/T 2661
10	乙酰甲胺磷	Acephate	0.02		不得检出	GB/T 20772
11	灭螨醌	Acequinocyl	0.01		不得检出	参照同类标准
12	啶虫脒	Acetamiprid	0.05		不得检出	GB/T 20772
13	乙草胺	Acetochlor	0.01		不得检出	GB/T 19650
14	苯并噻二唑	Acibenzolar-S-methyl	0.02		不得检出	GB/T 20772
15	苯草醚	Aclonifen	0.02		不得检出	GB/T 20772
16	氟丙菊酯	Acrinathrin	0.05		不得检出	GB/T 19648
17	甲草胺	Alachlor	0.01		不得检出	GB/T 20772
18	阿苯达唑	Albendazole	100μg/kg		不得检出	GB 29687
19	涕灭威	Aldicarb	0.01		不得检出	GB/T 20772
20	艾氏剂和狄氏剂	Aldrin and dieldrin	0.2	0.2和0.2	不得检出	GB/T 19650
21	—	Ametoctradin	0.03		不得检出	参照同类标准
22	酰嘧磺隆	Amidosulfuron	0.02		不得检出	参照同类标准
23	氯氨吡啶酸	Aminopyralid	0.01		不得检出	GB/T 23211
24	—	Amisulbrom	0.01		不得检出	参照同类标准
25	阿莫西林	Amoxicillin	50μg/kg		不得检出	NY/T 830

序号	农兽药中文名	农兽药英文名	欧盟标准限量要求 mg/kg	国家标准限量要求 mg/kg	三安超有机食品标准	
					限量要求 mg/kg	检测方法
26	氨苄青霉素	Ampicillin	50μg/kg		不得检出	GB/T 21315
27	敌菌灵	Anilazine	0.01		不得检出	GB/T 20769
28	杀螨特	Aramite	0.01		不得检出	GB/T 19650
29	磺草灵	Asulam	0.1		不得检出	日本肯定列表（增补本1）
30	印楝素	Azadirachtin	0.01		不得检出	SN/T 3264
31	益棉磷	Azinphos – ethyl	0.01		不得检出	GB/T 19650
32	保棉磷	Azinphos – methyl	0.01		不得检出	GB/T 20772
33	三唑锡和三环锡	Azocyclotin and cyhexatin	0.05		不得检出	SN/T 1990
34	嘧菌酯	Azoxystrobin	0.05		不得检出	GB/T 20772
35	燕麦灵	Barban	0.05		不得检出	参照同类标准
36	氟丁酰草胺	Beflubutamid	0.05		不得检出	参照同类标准
37	苯霜灵	Benalaxyl	0.05		不得检出	GB/T 20772
38	丙硫克百威	Benfuracarb	0.02		不得检出	GB/T 20772
39	苄青霉素	Benzyl penicillin	50μg/kg		不得检出	GB/T 21315
40	联苯肼酯	Bifenazate	0.01		不得检出	GB/T 20772
41	甲羧除草醚	Bifenox	0.05		不得检出	GB/T 23210
42	联苯菊酯	Bifenthrin	3		不得检出	GB/T 19650
43	乐杀螨	Binapacryl	0.01		不得检出	SN 0523
44	联苯	Biphenyl	0.01		不得检出	GB/T 19650
45	联苯三唑醇	Bitertanol	0.05		不得检出	GB/T 20772
46	—	Bixafen	0.15		不得检出	参照同类标准
47	啶酰菌胺	Boscalid	0.7		不得检出	GB/T 20772
48	溴离子	Bromide ion	0.05		不得检出	GB/T 5009.167
49	溴螨酯	Bromopropylate	0.01		不得检出	GB/T 19650
50	溴苯腈	Bromoxynil	0.05		不得检出	GB/T 20772
51	糠菌唑	Bromuconazole	0.05		不得检出	GB/T 19650
52	乙嘧酚磺酸酯	Bupirimate	0.05		不得检出	GB/T 19650
53	噻嗪酮	Buprofezin	0.05		不得检出	GB/T 20772
54	仲丁灵	Butralin	0.02		不得检出	GB/T 19650
55	丁草敌	Butylate	0.01		不得检出	GB/T 19650
56	硫线磷	Cadusafos	0.01		不得检出	GB/T 19650
57	毒杀芬	Camphechlor	0.05		不得检出	YC/T 180
58	敌菌丹	Captafol	0.01		不得检出	SN 0338
59	克菌丹	Captan	0.02		不得检出	GB/T 19648
60	甲萘威	Carbaryl	0.05		不得检出	GB/T 20796
61	多菌灵和苯菌灵	Carbendazim and benomyl	0.05		不得检出	GB/T 20772
62	长杀草	Carbetamide	0.05		不得检出	GB/T 20772
63	克百威	Carbofuran	0.01		不得检出	GB/T 20772

序号	农兽药中文名	农兽药英文名	欧盟标准限量要求 mg/kg	国家标准限量要求 mg/kg	三安超有机食品标准 限量要求 mg/kg	三安超有机食品标准 检测方法
64	丁硫克百威	Carbosulfan	0.05		不得检出	GB/T 19650
65	萎锈灵	Carboxin	0.05		不得检出	GB/T 20772
66	头孢噻呋	Ceftiofur	1000μg/kg		不得检出	GB/T 21314
67	氯虫苯甲酰胺	Chlorantraniliprole	0.2		不得检出	参照同类标准
68	杀螨醚	Chlorbenside	0.05		不得检出	GB/T 19650
69	氯炔灵	Chlorbufam	0.05		不得检出	GB/T 20772
70	氯丹	Chlordane	0.05	0.05	不得检出	GB/T 19648
71	十氯酮	Chlordecone	0.1		不得检出	参照同类标准
72	杀螨酯	Chlorfenson	0.05		不得检出	GB/T 19650
73	毒虫畏	Chlorfenvinphos	0.01		不得检出	GB/T 19650
74	氯草敏	Chloridazon	0.1		不得检出	GB/T 20772
75	矮壮素	Chlormequat	0.05		不得检出	日本肯定列表
76	乙酯杀螨醇	Chlorobenzilate	0.1		不得检出	日本肯定列表
77	百菌清	Chlorothalonil	0.02		不得检出	SN/T 2320
78	绿麦隆	Chlortoluron	0.05		不得检出	GB/T 20772
79	枯草隆	Chloroxuron	0.05		不得检出	GB/T 20769
80	氯苯胺灵	Chlorpropham	0.05		不得检出	GB/T 19650
81	甲基毒死蜱	Chlorpyrifos – methyl	0.05		不得检出	GB/T 19650
82	氯磺隆	Chlorsulfuron	0.01		不得检出	GB/T 20769
83	金霉素	Chlortetracycline	100μg/kg		不得检出	GB/T 21317
84	氯酞酸甲酯	Chlorthaldimethyl	0.01		不得检出	GB/T 19650
85	氯硫酰草胺	Chlorthiamid	0.02		不得检出	GB/T 20772
86	烯草酮	Clethodim	0.2		不得检出	GB/T 19648
87	炔草酯	Clodinafop – propargyl	0.02		不得检出	GB 2763
88	四螨嗪	Clofentezine	0.05		不得检出	SN/T 1740
89	二氯吡啶酸	Clopyralid	0.08		不得检出	SN/T 2228
90	噻虫胺	Clothianidin	0.02		不得检出	GB/T 20772
91	邻氯青霉素	Cloxacillin	300μg/kg		不得检出	GB/T 21315
92	黏菌素	Colistin	150μg/kg		不得检出	参照同类标准
93	铜化合物	Copper compounds	5		不得检出	参照同类标准
94	环烷基酰苯胺	Cyclanilide	0.01		不得检出	参照同类标准
95	噻草酮	Cycloxydim	0.05		不得检出	GB/T 19650
96	环氟菌胺	Cyflufenamid	0.03		不得检出	GB/T 19648
97	氟氯氰菊酯和高效氟氯氰菊酯	Cyfluthrin and beta – cyfluthrin	10μg/kg		不得检出	GB/T 19650
98	霜脲氰	Cymoxanil	0.05		不得检出	GB/T 20772
99	氯氰菊酯和高效氯氰菊酯	Cypermethrin and beta – cypermethrin	20μg/kg		不得检出	GB/T 19650
100	环丙唑醇	Cyproconazole	0.05		不得检出	GB/T 20772

序号	农兽药中文名	农兽药英文名	欧盟标准限量要求 mg/kg	国家标准限量要求 mg/kg	三安超有机食品标准 限量要求 mg/kg	三安超有机食品标准 检测方法
101	嘧菌环胺	Cyprodinil	0.05		不得检出	GB/T 20769
102	灭蝇胺	Cyromazine	0.05		不得检出	GB/T 20772
103	丁酰肼	Daminozide	0.05		不得检出	日本肯定列表
104	达氟沙星	Danofloxacin	200μg/kg		不得检出	GB 29692
105	滴滴涕	DDT	1	0.2	不得检出	SN/T 0127
106	溴氰菊酯	Deltamethrin	10μg/kg		不得检出	GB/T 19650
107	燕麦敌	Diallate	0.2		不得检出	GB/T 20772
108	二嗪磷	Diazinon	20μg/kg		不得检出	GB/T 19650
109	麦草畏	Dicamba	0.05		不得检出	GB/T 20772
110	敌草腈	Dichlobenil	0.01		不得检出	GB/T 19650
111	滴丙酸	Dichlorprop	0.05		不得检出	SN/T 2228
112	二氯苯氧基丙酸	Diclofop	0.05		不得检出	参照同类标准
113	氯硝胺	Dicloran	0.01		不得检出	GB/T 19650
114	双氯青霉素	Dicloxacillin	300μg/kg		不得检出	GB/T 21315
115	三氯杀螨醇	Dicofol	0.02		不得检出	GB/T 19650
116	乙霉威	Diethofencarb	0.05		不得检出	GB/T 19650
117	苯醚甲环唑	Difenoconazole	0.05		不得检出	GB/T 19650
118	双氟沙星	Difloxacin	400μg/kg		不得检出	GB 29692
119	除虫脲	Diflubenzuron	0.1		不得检出	SN/T 0528
120	吡氟酰草胺	Diflufenican	0.05		不得检出	GB/T 20772
121	二氢链霉素	Dihydro－streptomycin	500μg/kg		不得检出	GB/T 22969
122	油菜安	Dimethachlor	0.02		不得检出	GB/T 20772
123	烯酰吗啉	Dimethomorph	0.05		不得检出	GB/T 20772
124	醚菌胺	Dimoxystrobin	0.05		不得检出	SN/T 2237
125	烯唑醇	Diniconazole	0.01		不得检出	GB/T 19650
126	敌螨普	Dinocap	0.05		不得检出	日本肯定列表（增补本1）
127	地乐酚	Dinoseb	0.01		不得检出	GB/T 20772
128	特乐酚	Dinoterb	0.05		不得检出	GB/T 20772
129	敌噁磷	Dioxathion	0.05		不得检出	GB/T 19650
130	敌草快	Diquat	0.05		不得检出	GB/T 5009.221
131	乙拌磷	Disulfoton	0.01		不得检出	GB/T 20772
132	二氰蒽醌	Dithianon	0.01		不得检出	GB/T 20769
133	二硫代氨基甲酸酯	Dithiocarbamates	0.05		不得检出	SN/T 0157
134	敌草隆	Diuron	0.05		不得检出	SN/T 0645
135	二硝甲酚	DNOC	0.05		不得检出	GB/T 20772
136	多果定	Dodine	0.2		不得检出	SN 0500
137	多拉菌素	Doramectin	40μg/kg		不得检出	GB/T 22968

序号	农兽药中文名	农兽药英文名	欧盟标准限量要求 mg/kg	国家标准限量要求 mg/kg	三安超有机食品标准 限量要求 mg/kg	检测方法
138	甲氨基阿维菌素苯甲酸盐	Emamectin benzoate	0.01		不得检出	GB/T 20769
139	硫丹	Endosulfan	0.05		不得检出	GB/T 19650
140	异狄氏剂	Endrin	0.05	0.05	不得检出	GB/T 19650
141	恩诺沙星	Enrofloxacin	100μg/kg		不得检出	GB/T 22985
142	氟环唑	Epoxiconazole	0.01		不得检出	GB/T 20772
143	埃普利诺菌素	Eprinomectin	50μg/kg		不得检出	日本肯定列表
144	茵草敌	EPTC	0.02		不得检出	GB/T 20772
145	红霉素	Erythromycin	200μg/kg		不得检出	GB/T 20762
146	乙丁烯氟灵	Ethalfluralin	0.01		不得检出	GB/T 19650
147	胺苯磺隆	Ethametsulfuron	0.01		不得检出	NY/T 1616
148	乙烯利	Ethephon	0.05		不得检出	SN 0705
149	乙硫磷	Ethion	0.01		不得检出	GB/T 19650
150	乙嘧酚	Ethirimol	0.05		不得检出	GB/T 20772
151	乙氧呋草黄	Ethofumesate	0.1		不得检出	GB/T 20772
152	灭线磷	Ethoprophos	0.01		不得检出	GB/T 19650
153	乙氧喹啉	Ethoxyquin	0.05		不得检出	GB/T 20772
154	环氧乙烷	Ethylene oxide	0.02		不得检出	GB/T 23296.11
155	醚菊酯	Etofenprox	0.5		不得检出	GB/T 19650
156	乙螨唑	Etoxazole	0.01		不得检出	GB/T 19648
157	氯唑灵	Etridiazole	0.05		不得检出	GB/T 20769
158	噁唑菌酮	Famoxadone	0.05		不得检出	GB/T 20772
159	苯硫氨酯	Febantel	50μg/kg		不得检出	日本肯定列表
160	咪唑菌酮	Fenamidone	0.01		不得检出	GB/T 19650
161	苯线磷	Fenamiphos	0.02		不得检出	GB/T 19650
162	氯苯嘧啶醇	Fenarimol	0.02		不得检出	GB/T 20772
163	喹螨醚	Fenazaquin	0.01		不得检出	GB/T 19648
164	苯硫苯咪唑	Fenbendazole	50μg/kg		不得检出	SN 0638
165	腈苯唑	Fenbuconazole	0.05		不得检出	GB/T 20772
166	苯丁锡	Fenbutatin oxide	0.05		不得检出	SN 0592
167	环酰菌胺	Fenhexamid	0.05		不得检出	GB/T 20772
168	杀螟硫磷	Fenitrothion	0.01		不得检出	GB/T 20772
169	精噁唑禾草灵	Fenoxaprop – P – ethyl	0.05		不得检出	GB/T 22617
170	双氧威	Fenoxycarb	0.05		不得检出	GB/T 19650
171	苯锈啶	Fenpropidin	0.02		不得检出	GB/T 19650
172	丁苯吗啉	Fenpropimorph	0.02		不得检出	GB/T 20772
173	胺苯吡菌酮	Fenpyrazamine	0.01		不得检出	参照同类标准
174	唑螨酯	Fenpyroximate	0.01		不得检出	GB/T 20769
175	倍硫磷	Fenthion	0.05		不得检出	GB/T 20772
176	三苯锡	Fentin	0.05		不得检出	参照同类标准

序号	农兽药中文名	农兽药英文名	欧盟标准限量要求 mg/kg	国家标准限量要求 mg/kg	三安超有机食品标准 限量要求 mg/kg	三安超有机食品标准 检测方法
177	薯瘟锡	Fentin acetate	0.05		不得检出	日本肯定列表（增补本1）
178	氰戊菊酯和高效氰戊菊酯（RR & SS 异构体总量）	Fenvalerate and esfenvalerate（sum of RR & SS isomers）	0.2		不得检出	GB/T 19650
179	氰戊菊酯和高效氰戊菊酯（RS & SR 异构体总量）	Fenvalerate and esfenvalerate（sum of RS & SR isomers）	0.05		不得检出	GB/T 19650
180	氟虫腈	Fipronil	0.02		不得检出	SN/T 1982
181	氟啶虫酰胺	Flonicamid	0.03		不得检出	SN/T 2796
182	氟苯尼考	Florfenicol	200μg/kg		不得检出	GB/T 20756
183	精吡氟禾草灵	Fluazifop – P – butyl	0.05		不得检出	GB/T 5009.142
184	氟啶胺	Fluazinam	0.05		不得检出	SN/T 2150
185	氟苯虫酰胺	Flubendiamide	2		不得检出	SN/T 2581
186	氟环脲	Flucycloxuron	0.05		不得检出	参照同类标准
187	氟氰戊菊酯	Flucythrinate	0.05		不得检出	GB/T 19648
188	咯菌腈	Fludioxonil	0.05		不得检出	GB/T 20772
189	氟虫脲	Flufenoxuron	0.05		不得检出	SN/T 2150
190	杀螨净	Flufenzin	0.02		不得检出	参照同类标准
191	醋酸氟孕酮	Flugestone acetate	0.5μg/kg		不得检出	参照同类标准
192	氟甲喹	Flumequin	200μg/kg		不得检出	SN/T 1921
193	氟吡菌胺	Fluopicolide	0.01		不得检出	参照同类标准
194	氟吡菌酰胺	Fluopyram	0.1		不得检出	参照同类标准
195	氟离子	Fluoride ion	1		不得检出	GB/T 5009.167
196	氟咯草酮	Fluorochloridone	0.05		不得检出	GB/T 20772
197	氟腈嘧菌酯	Fluoxastrobin	0.05		不得检出	SN/T 2237
198	氟喹唑	Fluquinconazole	2		不得检出	GB/T 19650
199	氟草烟	Fluroxypyr	0.05		不得检出	GB/T 20772
200	氟硅唑	Flusilazole	0.02		不得检出	GB/T 20772
201	氟酰胺	Flutolanil	0.05		不得检出	GB/T 20772
202	粉唑醇	Flutriafol	0.01		不得检出	GB/T 20772
203	—	Fluxapyroxad	0.01		不得检出	参照同类标准
204	氟磺胺草醚	Fomesafen	0.01		不得检出	GB/T 5009.130
205	氯吡脲	Forchlorfenuron	0.05		不得检出	SN/T 3643
206	伐虫脒	Formetanate	0.01		不得检出	NY/T 1453
207	三乙膦酸铝	Fosetyl – aluminium	0.5		不得检出	参照同类标准
208	麦穗宁	Fuberidazole	0.05		不得检出	GB/T 19650
209	呋线威	Furathiocarb	0.01		不得检出	GB/T 20772
210	糠醛	Furfural	1		不得检出	参照同类标准
211	勃激素	Gibberellic acid	0.1		不得检出	GB/T 23211
212	草胺膦	Glufosinate – ammonium	0.1		不得检出	日本肯定列表

序号	农兽药中文名	农兽药英文名	欧盟标准限量要求 mg/kg	国家标准限量要求 mg/kg	三安超有机食品标准	
					限量要求 mg/kg	检测方法
213	草甘膦	Glyphosate	0.05		不得检出	NY/T 1096
214	氟吡禾灵	Haloxyfop	0.01		不得检出	SN/T 2228
215	七氯	Heptachlor	0.2	0.2	不得检出	SN 0663
216	六氯苯	Hexachlorobenzene	0.2		不得检出	SN/T 0127
217	六六六（HCH），α-异构体	Hexachlorociclohexane（HCH），alpha-isomer	0.2	0.1	不得检出	SN/T 0127
218	六六六（HCH），β-异构体	Hexachlorociclohexane（HCH），beta-isomer	0.1		不得检出	SN/T 0127
219	噻螨酮	Hexythiazox	0.05		不得检出	GB/T 20772
220	噁霉灵	Hymexazol	0.05		不得检出	GB/T 20772
221	抑霉唑	Imazalil	0.05		不得检出	GB/T 20772
222	甲咪唑烟酸	Imazapic	0.01		不得检出	GB/T 20772
223	咪唑喹啉酸	Imazaquin	0.05		不得检出	GB/T 20772
224	吡虫啉	Imidacloprid	0.1		不得检出	GB/T 20772
225	双胍盐	Guazatine	0.1		不得检出	参照同类标准
226	茚虫威	Indoxacarb	2		不得检出	GB/T 20772
227	碘苯腈	Ioxynil	0.5		不得检出	GB/T 20772
228	异菌脲	Iprodione	0.05		不得检出	GB/T 19650
229	稻瘟灵	Isoprothiolane	0.01		不得检出	GB/T 20772
230	异丙隆	Isoproturon	0.05		不得检出	GB/T 20772
231	—	Isopyrazam	0.01		不得检出	参照同类标准
232	异噁酰草胺	Isoxaben	0.01		不得检出	GB/T 20772
233	卡那霉素	Kanamycin	100μg/kg		不得检出	GB/T 21323
234	醚菌酯	Kresoxim-methyl	0.02		不得检出	GB/T 20772
235	乳氟禾草灵	Lactofen	0.01		不得检出	GB/T 19650
236	高效氯氟氰菊酯	Lambda-cyhalothrin	0.5		不得检出	GB/T 19648
237	环草定	Lenacil	0.1		不得检出	GB/T 19650
238	林可霉素	Lincomycin	100μg/kg		不得检出	GB/T 20762
239	林丹	Lindane	0.02	0.1	不得检出	NY/T 761
240	虱螨脲	Lufenuron	0.02		不得检出	SN/T 2540
241	马拉硫磷	Malathion	0.02		不得检出	GB/T 19650
242	抑芽丹	Maleic hydrazide	0.05		不得检出	日本肯定列表
243	双炔酰菌胺	Mandipropamid	0.02		不得检出	参照同类标准
244	二甲四氯和二甲四氯丁酸	MCPA and MCPB	0.1		不得检出	SN/T 2228
245	甲苯咪唑	Mebendazole	60μg/kg		不得检出	参照同类标准
246	美洛昔康	Meloxicam	20μg/kg		不得检出	SN/T 2443
247	壮棉素	Mepiquat chloride	0.05		不得检出	GB/T 20769
248	消螨多	Meptyldinocap	0.05		不得检出	参照同类标准
249	汞化合物	Mercury compounds	0.01		不得检出	参照同类标准

序号	农兽药中文名	农兽药英文名	欧盟标准限量要求 mg/kg	国家标准限量要求 mg/kg	三安超有机食品标准 限量要求 mg/kg	三安超有机食品标准 检测方法
250	氰氟虫腙	Metaflumizone	0.02		不得检出	SN/T 3852
251	甲霜灵和精甲霜灵	Metalaxyl and metalaxyl – M	0.05		不得检出	GB/T 20772
252	四聚乙醛	Metaldehyde	0.05		不得检出	SN/T 1787
253	苯嗪草酮	Metamitron	0.05		不得检出	GB/T 19650
254	吡唑草胺	Metazachlor	0.05		不得检出	GB/T 19650
255	叶菌唑	Metconazole	0.01		不得检出	GB/T 20769
256	甲基苯噻隆	Methabenzthiazuron	0.05		不得检出	GB/T 19650
257	虫螨畏	Methacrifos	0.01		不得检出	GB/T 20772
258	甲胺磷	Methamidophos	0.01		不得检出	GB/T 20772
259	杀扑磷	Methidathion	0.02		不得检出	GB/T 20772
260	甲硫威	Methiocarb	0.05		不得检出	GB/T 20769
261	灭多威和硫双威	Methomyl and thiodicarb	0.02		不得检出	GB/T 20772
262	烯虫酯	Methoprene	0.05		不得检出	GB/T 19648
263	甲氧滴滴涕	Methoxychlor	0.01		不得检出	GB/T 19648
264	甲氧虫酰肼	Methoxyfenozide	0.2		不得检出	GB/T 20772
265	磺草唑胺	Metosulam	0.01		不得检出	GB/T 20772
266	苯菌酮	Metrafenone	0.05		不得检出	参照同类标准
267	嗪草酮	Metribuzin	0.1		不得检出	GB/T 20769
268	—	Monepantel	700μg/kg		不得检出	参照同类标准
269	绿谷隆	Monolinuron	0.05		不得检出	GB/T 20772
270	灭草隆	Monuron	0.01		不得检出	GB/T 20772
271	甲噻吩嘧啶	Morantel	100μg/kg		不得检出	参照同类标准
272	腈菌唑	Myclobutanil	0.01		不得检出	GB/T 20772
273	奈夫西林	Nafcillin	300μg/kg		不得检出	GB/T 22975
274	敌草胺	Napropamide	0.01		不得检出	GB/T 19650
275	新霉素(包括 framycetin)	Neomycin (including framyce-tin)	500μg/kg		不得检出	SN 0646
276	烟嘧磺隆	Nicosulfuron	0.05		不得检出	日本肯定列表（增补本 1）
277	除草醚	Nitrofen	0.01		不得检出	GB/T 19648
278	氟酰脲	Novaluron	10		不得检出	GB/T 20769
279	嘧苯胺磺隆	Orthosulfamuron	0.01		不得检出	GB/T 23817
280	苯唑青霉素	Oxacillin	300μg/kg		不得检出	GB/T 18932.25
281	噁草酮	Oxadiazon	0.05		不得检出	GB/T 19650
282	噁霜灵	Oxadixyl	0.01		不得检出	GB/T 19650
283	环氧嘧磺隆	Oxasulfuron	0.05		不得检出	GB/T 23817
284	奥芬达唑	Oxfendazole	50μg/kg		不得检出	参照同类标准
285	喹菌酮	Oxolinic acid	100μg/kg		不得检出	日本肯定列表
286	氧化萎锈灵	Oxycarboxin	0.05		不得检出	GB/T 19650

序号	农兽药中文名	农兽药英文名	欧盟标准限量要求 mg/kg	国家标准限量要求 mg/kg	三安超有机食品标准 限量要求 mg/kg	检测方法
287	羟氯柳苯胺	Oxyclozanide	20μg/kg		不得检出	SN/T 2909
288	亚砜磷	Oxydemeton – methyl	0.01		不得检出	参照同类标准
289	乙氧氟草醚	Oxyfluorfen	0.05		不得检出	GB/T 20772
290	土霉素	Oxytetracycline	100μg/kg		不得检出	GB/T 21317
291	多效唑	Paclobutrazol	0.02		不得检出	GB/T 19650
292	对硫磷	Parathion	0.05		不得检出	GB/T 19650
293	甲基对硫磷	Parathion – methyl	0.01		不得检出	GB/T 20772
294	巴龙霉素	Paromomycin	500μg/kg		不得检出	SN/T 2315
295	戊菌唑	Penconazole	0.05		不得检出	GB/T 20772
296	戊菌隆	Pencycuron	0.05		不得检出	GB/T 19650
297	二甲戊灵	Pendimethalin	0.05		不得检出	GB/T 19648
298	喷沙西林	Penethamate	50μg/kg		不得检出	参照同类标准
299	氯菊酯	Permethrin	0.05		不得检出	GB/T 19650
300	甜菜宁	Phenmedipham	0.05		不得检出	GB/T 23205
301	苯醚菊酯	Phenothrin	0.05		不得检出	GB/T 20772
302	甲拌磷	Phorate	0.02		不得检出	GB/T 20772
303	伏杀硫磷	Phosalone	0.01		不得检出	GB/T 20772
304	亚胺硫磷	Phosmet	0.1		不得检出	GB/T 20772
305	—	Phosphines and phosphides	0.01		不得检出	参照同类标准
306	辛硫磷	Phoxim	0.05		不得检出	GB/T 20772
307	氨氯吡啶酸	Picloram	0.2		不得检出	GB/T 23211
308	啶氧菌酯	Picoxystrobin	0.05		不得检出	GB/T 19650
309	抗蚜威	Pirimicarb	0.05		不得检出	GB/T 20772
310	甲基嘧啶磷	Pirimiphos – methyl	0.05		不得检出	GB/T 20772
311	咪鲜胺	Prochloraz	0.1		不得检出	GB/T 19650
312	腐霉利	Procymidone	0.01		不得检出	GB/T 20772
313	丙溴磷	Profenofos	0.05		不得检出	GB/T 20772
314	调环酸	Prohexadione	0.05		不得检出	日本肯定列表
315	毒草安	Propachlor	0.02		不得检出	GB/T 20772
316	扑派威	Propamocarb	0.1		不得检出	GB/T 20772
317	恶草酸	Propaquizafop	0.05		不得检出	GB/T 20772
318	炔螨特	Propargite	0.1		不得检出	GB/T 19650
319	苯胺灵	Propham	0.05		不得检出	GB/T 19650
320	丙环唑	Propiconazole	0.05		不得检出	GB/T 19650
321	异丙草胺	Propisochlor	0.01		不得检出	GB/T 19650
322	残杀威	Propoxur	0.05		不得检出	GB/T 20772
323	炔苯酰草胺	Propyzamide	0.02		不得检出	GB/T 19650
324	苄草丹	Prosulfocarb	0.05		不得检出	GB/T 19648
325	丙硫菌唑	Prothioconazole	0.05		不得检出	参照同类标准

序号	农兽药中文名	农兽药英文名	欧盟标准限量要求 mg/kg	国家标准限量要求 mg/kg	三安超有机食品标准 限量要求 mg/kg	三安超有机食品标准 检测方法
326	吡蚜酮	Pymetrozine	0.01		不得检出	GB/T 20772
327	吡唑醚菌酯	Pyraclostrobin	0.05		不得检出	GB/T 20772
328	磺酰草吡唑	Pyrasulfotole	0.01		不得检出	参照同类标准
329	吡菌磷	Pyrazophos	0.02		不得检出	GB/T 20772
330	除虫菊素	Pyrethrins	0.05		不得检出	GB/T 20772
331	哒螨灵	Pyridaben	0.02		不得检出	SN/T 2432
332	啶虫丙醚	Pyridalyl	0.01		不得检出	日本肯定列表
333	哒草特	Pyridate	0.05		不得检出	日本肯定列表
334	嘧霉胺	Pyrimethanil	0.05		不得检出	GB/T 19650
335	吡丙醚	Pyriproxyfen	0.05		不得检出	GB/T 19650
336	甲氧磺草胺	Pyroxsulam	0.01		不得检出	SN/T 2325
337	氯甲喹啉酸	Quinmerac	0.05		不得检出	参照同类标准
338	喹氧灵	Quinoxyfen	0.2		不得检出	SN/T 2319
339	五氯硝基苯	Quintozene	0.01		不得检出	GB/T 19650
340	精喹禾灵	Quizalofop – P – ethyl	0.05		不得检出	SN/T 2150
341	灭虫菊	Resmethrin	0.1		不得检出	GB/T 20772
342	鱼藤酮	Rotenone	0.01		不得检出	GB/T 20772
343	西玛津	Simazine	0.01		不得检出	SN 0594
344	壮观霉素	Spectinomycin	300μg/kg		不得检出	GB/T 21323
345	乙基多杀菌素	Spinetoram	0.2		不得检出	参照同类标准
346	多杀霉素	Spinosad	0.05		不得检出	GB/T 20772
347	螺螨酯	Spirodiclofen	0.01		不得检出	GB/T 20772
348	螺甲螨酯	Spiromesifen	0.01		不得检出	GB/T 23210
349	螺虫乙酯	Spirotetramat	0.01		不得检出	参照同类标准
350	葚孢菌素	Spiroxamine	0.05		不得检出	GB/T 20772
351	链霉素	Streptomycin	500μg/kg		不得检出	GB/T 21323
352	磺草酮	Sulcotrione	0.05		不得检出	参照同类标准
353	磺胺类（所有属于磺胺类的物质）	Sulfonamides（all substances belonging to the sulfonamide-group）	100μg/kg		不得检出	GB 29694
354	乙黄隆	Sulfosulfuron	0.05		不得检出	日本肯定列表（增补本1）
355	硫磺粉	Sulfur	0.5		不得检出	参照同类标准
356	氟胺氰菊酯	Tau – fluvalinate	0.05		不得检出	SN 0691
357	戊唑醇	Tebuconazole	0.1		不得检出	GB/T 20772
358	虫酰肼	Tebufenozide	0.05		不得检出	GB/T 20772
359	吡螨胺	Tebufenpyrad	0.05		不得检出	GB/T 20772
360	四氯硝基苯	Tecnazene	0.05		不得检出	GB/T 19650
361	氟苯脲	Teflubenzuron	0.05		不得检出	SN/T 2150

序号	农兽药中文名	农兽药英文名	欧盟标准限量要求 mg/kg	国家标准限量要求 mg/kg	三安超有机食品标准 限量要求 mg/kg	检测方法
362	七氟菊酯	Tefluthrin	0.05		不得检出	日本肯定列表
363	得杀草	Tepraloxydim	0.1		不得检出	GB/T 20772
364	特丁硫磷	Terbufos	0.01		不得检出	GB/T 20772
365	特丁津	Terbuthylazine	0.05		不得检出	GB/T 19650
366	四氟醚唑	Tetraconazole	0.5		不得检出	GB/T 20772
367	四环素	Tetracycline	100μg/kg		不得检出	GB/T 21317
368	三氯杀螨砜	Tetradifon	0.05		不得检出	GB/T 19650
369	噻菌灵	Thiabendazole	100μg/kg		不得检出	GB/T 20772
370	噻虫啉	Thiacloprid	0.05		不得检出	GB/T 20772
371	噻虫嗪	Thiamethoxam	0.03		不得检出	GB/T 20772
372	甲砜霉素	Thiamphenicol	50μg/kg		不得检出	GB/T 20756
373	禾草丹	Thiobencarb	0.01		不得检出	GB/T 20762
374	甲基硫菌灵	Thiophanate – methyl	0.05		不得检出	GB/T 20772
375	泰地罗新	Tildipirosin	400μg/kg		不得检出	参照同类标准
376	替米考星	Tilmicosin	50μg/kg		不得检出	SN/T 0162
377	甲基立枯磷	Tolclofos – methyl	0.05		不得检出	GB/T 20772
378	甲苯三嗪酮	Toltrazuril	100μg/kg		不得检出	参照同类标准
379	甲苯氟磺胺	Tolylfluanid	0.1		不得检出	GB/T 19650
380	—	Topramezone	0.01		不得检出	参照同类标准
381	三唑酮和三唑醇	Triadimefon and triadimenol	0.1		不得检出	GB/T 20772
382	野麦畏	Triallate	0.05		不得检出	GB/T 20772
383	醚苯磺隆	Triasulfuron	0.05		不得检出	GB/T 20772
384	三唑磷	Triazophos	0.01		不得检出	GB/T 20772
385	敌百虫	Trichlorphon	0.01		不得检出	GB/T 20772
386	三氯苯哒唑	Triclabendazole	225μg/kg		不得检出	参照同类标准
387	绿草定	Triclopyr	0.05		不得检出	SN/T 2228
388	三环唑	Tricyclazole	0.05		不得检出	GB/T 20769
389	十三吗啉	Tridemorph	0.01		不得检出	GB/T 20772
390	肟菌酯	Trifloxystrobin	0.04		不得检出	GB/T 20769
391	氟菌唑	Triflumizole	0.05		不得检出	GB/T 20769
392	杀铃脲	Triflumuron	0.01		不得检出	GB/T 20772
393	氟乐灵	Trifluralin	0.01		不得检出	GB/T 20772
394	嗪氨灵	Triforine	0.01		不得检出	SN 0695
395	甲氧苄氨嘧啶	Trimethoprim	50μg/kg		不得检出	SN/T 1769
396	三甲基锍阳离子	Trimethyl – sulfonium cation	0.05		不得检出	参照同类标准
397	抗倒酯	Trinexapac	0.05		不得检出	GB/T 20769
398	灭菌唑	Triticonazole	0.01		不得检出	GB/T 20769
399	三氟甲磺隆	Tritosulfuron	0.01		不得检出	参照同类标准
400	泰乐菌素	Tylosin	100μg/kg		不得检出	GB/T 20762

序号	农兽药中文名	农兽药英文名	欧盟标准限量要求 mg/kg	国家标准限量要求 mg/kg	三安超有机食品标准 限量要求 mg/kg	检测方法
401	—	Valifenalate	0.01		不得检出	参照同类标准
402	乙烯菌核利	Vinclozolin	0.05		不得检出	GB/T 20772
403	1-氨基-2-乙内酰脲	AHD			不得检出	GB/T 21311
404	2,3,4,5-四氯苯胺	2,3,4,5-Tetrachloraniline			不得检出	GB/T 19650
405	2,3,4,5-四氯甲氧基苯	2,3,4,5-Tetrachloroanisole			不得检出	GB/T 19650
406	2,3,5,6-四氯苯胺	2,3,5,6-Tetrachloroaniline			不得检出	GB/T 19650
407	2,4,5-涕	2,4,5-T			不得检出	GB/T 20772
408	o,p'-滴滴滴	2,4'-DDD			不得检出	GB/T 19650
409	o,p'-滴滴伊	2,4'-DDE			不得检出	GB/T 19650
410	o,p'-滴滴涕	2,4'-DDT			不得检出	GB/T 19650
411	2,6-二氯苯甲酰胺	2,6-Dichlorobenzamide			不得检出	GB/T 19650
412	3,5-二氯苯胺	3,5-Dichloroaniline			不得检出	GB/T 19650
413	p,p'-滴滴滴	4,4'-DDD			不得检出	GB/T 19650
414	p,p'-滴滴伊	4,4'-DDE			不得检出	GB/T 19650
415	p,p'-滴滴涕	4,4'-DDT			不得检出	GB/T 19650
416	4,4'-二溴二苯甲酮	4,4'-Dibromobenzophenone			不得检出	GB/T 19650
417	4,4'-二氯二苯甲酮	4,4'-Dichlorobenzophenone			不得检出	GB/T 19650
418	二氢苊	Acenaphthene			不得检出	GB/T 19650
419	乙酰丙嗪	Acepromazine			不得检出	GB/T 20763
420	苯并噻二唑	Acibenzolar-S-methyl			不得检出	GB/T 19650
421	三氟羧草醚	Acifluorfen			不得检出	GB/T 20772
422	涕灭砜威	Aldoxycarb			不得检出	GB/T 20772
423	烯丙菊酯	Allethrin			不得检出	GB/T 20772
424	二丙烯草胺	Allidochlor			不得检出	GB/T 19650
425	烯丙孕素	Altrenogest			不得检出	SN/T 1980
426	莠灭净	Ametryn			不得检出	GB/T 19650
427	双甲脒	Amitraz			不得检出	GB/T 19650
428	杀草强	Amitrole			不得检出	SN/T 1737.6
429	5-吗啉甲基-3-氨基-2-噁唑烷基酮	AMOZ			不得检出	GB/T 21311
430	氨丙嘧吡啶	Amprolium			不得检出	SN/T 0276
431	莎稗磷	Anilofos			不得检出	GB/T 19650
432	蒽醌	Anthraquinone			不得检出	GB/T 19650
433	3-氨基-2-噁唑酮	AOZ			不得检出	GB/T 21311
434	安普霉素	Apramycin			不得检出	GB/T 21323
435	丙硫特普	Aspon			不得检出	GB/T 19650
436	羟氨卡青霉素	Aspoxicillin			不得检出	GB/T 21315
437	乙基杀扑磷	Athidathion			不得检出	GB/T 19650
438	莠去通	Atratone			不得检出	GB/T 19650

序号	农兽药中文名	农兽药英文名	欧盟标准限量要求 mg/kg	国家标准限量要求 mg/kg	三安超有机食品标准	
					限量要求 mg/kg	检测方法
439	莠去津	Atrazine			不得检出	GB/T 19650
440	脱乙基阿特拉津	Atrazine – desethyl			不得检出	GB/T 19650
441	甲基吡噁磷	Azamethiphos			不得检出	GB/T 20763
442	氮哌酮	Azaperone			不得检出	GB/T 20763
443	叠氮津	Aziprotryne			不得检出	GB/T 19650
444	杆菌肽	Bacitracin			不得检出	GB/T 20743
445	4－溴－3,5－二甲苯基－N－甲基氨基甲酸酯－1	BDMC－1			不得检出	GB/T 19650
446	4－溴－3,5－二甲苯基－N－甲基氨基甲酸酯－2	BDMC－2			不得检出	GB/T 19650
447	噁虫威	Bendiocarb			不得检出	GB/T 20772
448	乙丁氟灵	Bbenfluralin			不得检出	GB/T 19650
449	呋草黄	Benfuresate			不得检出	GB/T 19650
450	麦锈灵	Benodanil			不得检出	GB/T 19650
451	解草酮	Benoxacor			不得检出	GB/T 19650
452	新燕灵	Benzoylprop – ethyl			不得检出	GB/T 19650
453	倍他米松	Betamethasone			不得检出	SN/T 1970
454	生物烯丙菊酯－1	Bioallethrin－1			不得检出	GB/T 19650
455	生物烯丙菊酯－2	Bioallethrin－2			不得检出	GB/T 19650
456	除草定	Bromacil			不得检出	GB/T 19650
457	溴苯烯磷	Bromfenvinfos			不得检出	GB/T 19650
458	溴硫磷	Bromofos			不得检出	GB/T 19650
459	乙基溴硫磷	Bromophos – ethyl			不得检出	GB/T 19650
460	溴丁酰草胺	Btomobutide			不得检出	GB/T 19650
461	氟丙嘧草酯	Butafenacil			不得检出	GB/T 19650
462	抑草磷	Butamifos			不得检出	GB/T 19650
463	丁草胺	Butaxhlor			不得检出	GB/T 19650
464	苯酮唑	Cafenstrole			不得检出	GB/T 19650
465	角黄素	Canthaxanthin			不得检出	SN/T 2327
466	咔唑心安	Carazolol			不得检出	GB/T 22993
467	卡巴氧	Carbadox			不得检出	GB/T 20746
468	三硫磷	Carbophenothion			不得检出	GB/T 19650
469	唑草酮	Carfentrazone – ethyl			不得检出	GB/T 19650
470	卡洛芬	Carprofen			不得检出	SN/T 2190
471	头孢氨苄	Cefalexin			不得检出	GB/T 22989
472	头孢洛宁	Cefalonium			不得检出	GB/T 22989
473	头孢匹林	Cefapirin			不得检出	GB/T 22989
474	头孢喹肟	Cefquinome			不得检出	GB/T 22989
475	氯氧磷	Chlorethoxyfos			不得检出	GB/T 19650

序号	农兽药中文名	农兽药英文名	欧盟标准限量要求 mg/kg	国家标准限量要求 mg/kg	三安超有机食品标准 限量要求 mg/kg	检测方法
476	杀螨醇	Chlorfenethol			不得检出	GB/T 19650
477	燕麦酯	Chlorfenprop‐methyl			不得检出	GB/T 19650
478	氯甲硫磷	Chlormephos			不得检出	GB/T 19650
479	氯霉素	Chloramphenicolum			不得检出	GB/T 20772
480	氯杀螨砜	Chlorbenside sulfone			不得检出	GB/T 19648
481	氯溴隆	Chlorbromuron			不得检出	GB/T 19648
482	杀虫脒	Chlordimeform			不得检出	GB/T 19648
483	溴虫腈	Chlorfenapyr			不得检出	GB/T 19650
484	氟啶脲	Chlorfluazuron			不得检出	SN/T 1986
485	整形醇	Chlorflurenol			不得检出	GB/T 20769
486	氯地孕酮	Chlormadinone			不得检出	GB/T 19650
487	醋酸氯地孕酮	Chlormadinone acetate			不得检出	SN/T 1980
488	氯苯甲醚	Chloroneb			不得检出	GB/T 20753
489	丙酯杀螨醇	Chloropropylate			不得检出	GB/T 19650
490	氯丙嗪	Chlorpromazine			不得检出	GB/T 20763
491	毒死蜱	Chlorpyrifos			不得检出	GB/T 19650
492	氯硫磷	Chlorthion			不得检出	GB/T 19650
493	虫螨磷	Chlorthiophos			不得检出	GB/T 19650
494	乙菌利	Chlozolinate			不得检出	GB/T 19650
495	顺式‐氯丹	cis‐Chlordane			不得检出	GB/T 19650
496	顺式‐燕麦敌	cis‐Diallate			不得检出	GB/T 19650
497	顺式‐氯菊酯	cis‐Permethrin			不得检出	GB/T 19650
498	克仑特罗	Clenbuterol			不得检出	GB/T 22286
499	异噁草酮	Clomazone			不得检出	GB/T 20772
500	氯甲酰草胺	Clomeprop			不得检出	GB/T 19650
501	氯羟吡啶	Clopidol			不得检出	GB/T 19650
502	解草酯	Cloquintocet‐mexyl			不得检出	GB/T 19650
503	蝇毒磷	Coumaphos			不得检出	GB/T 19650
504	鼠立死	Crimidine			不得检出	GB/T 19650
505	巴毒磷	Crotxyphos			不得检出	GB/T 19650
506	育畜磷	Crufomate			不得检出	GB/T 20772
507	苯腈磷	Cyanofenphos			不得检出	GB/T 20772
508	杀螟腈	Cyanophos			不得检出	GB/T 20772
509	环草敌	Cycloate			不得检出	GB/T 20772
510	环莠隆	Cycluron			不得检出	GB/T 20772
511	环丙津	Cyprazine			不得检出	GB/T 20772
512	敌草索	Dacthal			不得检出	GB/T 19650
513	癸氧喹酯	Decoquinate			不得检出	GB/T 20745
514	脱叶磷	DEF			不得检出	GB/T 19650

序号	农兽药中文名	农兽药英文名	欧盟标准限量要求 mg/kg	国家标准限量要求 mg/kg	三安超有机食品标准 限量要求 mg/kg	检测方法
515	2,2′,4,5,5′-五氯联苯	DE-PCB 101			不得检出	GB/T 19650
516	2,3,4,4′,5-五氯联苯	DE-PCB 118			不得检出	GB/T 19650
517	2,2′,3,4,4′,5-六氯联苯	DE-PCB 138			不得检出	GB/T 19650
518	2,2′,4,4′,5,5′-六氯联苯	DE-PCB 153			不得检出	GB/T 19650
519	2,2′,3,4,4′,5,5′-七氯联苯	DE-PCB 180			不得检出	GB/T 19650
520	2,4,4′-三氯联苯	DE-PCB 28			不得检出	GB/T 19650
521	2,4,5-三氯联苯	DE-PCB 31			不得检出	GB/T 19650
522	2,2′,5,5′-四氯联苯	DE-PCB 52			不得检出	GB/T 19650
523	脱溴溴苯磷	Desbrom-leptophos			不得检出	GB/T 19650
524	脱乙基另丁津	Desethyl-sebuthylazine			不得检出	GB/T 19650
525	敌草净	Desmetryn			不得检出	GB/T 19650
526	地塞米松	Dexamethasone			不得检出	GB/T 21981
527	氯亚胺硫磷	Dialifos			不得检出	GB/T 19650
528	敌菌净	Diaveridine			不得检出	SN/T 1926
529	驱虫特	Dibutyl succinate			不得检出	GB/T 20772
530	异氯磷	Dicapthon			不得检出	GB/T 19650
531	除线磷	Dichlofenthion			不得检出	GB/T 19650
532	苯氟磺胺	Dichlofluanid			不得检出	GB/T 19650
533	烯丙酰草胺	Dichlormid			不得检出	GB/T 19650
534	敌敌畏	Dichlorvos			不得检出	GB/T 19650
535	苄氯三唑醇	Diclobutrazole			不得检出	GB/T 19650
536	禾草灵	Diclofop-methyl			不得检出	GB/T 19650
537	己烯雌酚	Diethylstilbestrol			不得检出	GB/T 21981
538	甲氟磷	Dimefox			不得检出	GB/T 19650
539	哌草丹	Dimepiperate			不得检出	GB/T 19650
540	异戊乙净	Dimethametryn			不得检出	GB/T 19650
541	乐果	Dimethoate			不得检出	GB/T 20772
542	甲基毒虫畏	Dimethylvinphos			不得检出	GB/T 19650
543	地美硝唑	Dimetridazole			不得检出	GB/T 21318
544	二甲草胺	Dinethachlor			不得检出	GB/T 19650
545	二甲酚草胺	Dimethenamid			不得检出	GB/T 19650
546	二硝托安	Dinitolmide			不得检出	GB/T 19650
547	氨氟灵	Dinitramine			不得检出	GB/T 19650
548	消螨通	Dinobuton			不得检出	GB/T 19650
549	呋虫胺	Dinotefuran			不得检出	SN/T 2323
550	苯虫醚-1	Diofenolan-1			不得检出	GB/T 19650
551	苯虫醚-2	Diofenolan-2			不得检出	GB/T 19650
552	蔬果磷	Dioxabenzofos			不得检出	GB/T 19650

序号	农兽药中文名	农兽药英文名	欧盟标准限量要求 mg/kg	国家标准限量要求 mg/kg	三安超有机食品标准	
					限量要求 mg/kg	检测方法
553	双苯酰草胺	Diphenamid			不得检出	GB/T 19650
554	二苯胺	Diphenylamine			不得检出	GB/T 19650
555	异丙净	Dipropetryn			不得检出	GB/T 19650
556	灭菌磷	Ditalimfos			不得检出	GB/T 19650
557	氟硫草定	Dithiopyr			不得检出	GB/T 19650
558	强力霉素	Doxycycline			不得检出	GB/T 21317
559	敌瘟磷	Edifenphos			不得检出	GB/T 19650
560	硫丹硫酸盐	Endosulfan – sulfate			不得检出	GB/T 19650
561	异狄氏剂酮	Endrin ketone			不得检出	GB/T 19650
562	苯硫磷	EPN			不得检出	GB/T 19650
563	抑草蓬	Erbon			不得检出	GB/T 19650
564	S – 氰戊菊酯	Esfenvalerate			不得检出	GB/T 19650
565	戊草丹	Esprocarb			不得检出	GB/T 19650
566	乙环唑 – 1	Etaconazole – 1			不得检出	GB/T 19650
567	乙环唑 – 2	Etaconazole – 2			不得检出	GB/T 19650
568	乙嘧硫磷	Etrimfos			不得检出	GB/T 19650
569	氧乙嘧硫磷	Etrimfos oxon			不得检出	GB/T 19650
570	伐灭磷	Famphur			不得检出	GB/T 19650
571	苯线磷砜	Fenamiphos – sulfone			不得检出	GB/T 19650
572	苯线磷亚砜	Fenamiphos sulfoxide			不得检出	GB/T 19650
573	氧皮蝇磷	Fenchlorphos oxon			不得检出	GB/T 19650
574	甲呋酰胺	Fenfuram			不得检出	GB/T 19650
575	仲丁威	Fenobucarb			不得检出	GB/T 19650
576	苯硫威	Fenothiocarb			不得检出	GB/T 19650
577	稻瘟酰胺	Fenoxanil			不得检出	GB/T 19650
578	拌种咯	Fenpiclonil			不得检出	GB/T 19650
579	甲氰菊酯	Fenpropathrin			不得检出	GB/T 19650
580	芬螨酯	Fenson			不得检出	GB/T 19650
581	丰索磷	Fensulfothion			不得检出	GB/T 19650
582	倍硫磷亚砜	Fenthion sulfoxide			不得检出	GB/T 19650
583	麦草氟甲酯	Flamprop – methyl			不得检出	GB/T 19650
584	麦草氟异丙酯	Flamprop – isopropyl			不得检出	GB/T 19650
585	吡氟禾草灵	Fluazifop – butyl			不得检出	GB/T 19650
586	啶蜱脲	Fluazuron			不得检出	GB/T 20772
587	氟苯咪唑	Flubendazole			不得检出	GB/T 21324
588	氟噻草胺	Flufenacet			不得检出	GB/T 19650
589	氟节胺	Flumetralin			不得检出	GB/T 19648
590	唑嘧磺草胺	Flumetsulam			不得检出	GB/T 20772
591	氟烯草酸	Flumiclorac			不得检出	GB/T 19650

序号	农兽药中文名	农兽药英文名	欧盟标准限量要求 mg/kg	国家标准限量要求 mg/kg	三安超有机食品标准	
					限量要求 mg/kg	检测方法
592	丙炔氟草胺	Flumioxazin			不得检出	GB/T 19650
593	氟胺烟酸	Flunixin			不得检出	GB/T 20750
594	三氟硝草醚	Fluorodifen			不得检出	GB/T 19650
595	乙羧氟草醚	Fluoroglycofen – ethyl			不得检出	GB/T 19650
596	三氟苯唑	Fluotrimazole			不得检出	GB/T 19650
597	氟啶草酮	Fluridone			不得检出	GB/T 19650
598	呋草酮	Flurtamone			不得检出	GB/T 19650
599	氟草烟 – 1 – 甲庚酯	Fluroxypr – 1 – methylheptyl ester			不得检出	GB/T 19650
600	地虫硫磷	Fonofos			不得检出	GB/T 19650
601	安果	Formothion			不得检出	GB/T 19650
602	呋霜灵	Furalaxyl			不得检出	GB/T 19650
603	庆大霉素	Gentamicin			不得检出	GB/T 21323
604	苄螨醚	Halfenprox			不得检出	GB/T 19650
605	氟哌啶醇	Haloperidol			不得检出	GB/T 20763
606	庚烯磷	Heptanophos			不得检出	GB/T 19650
607	己唑醇	Hexaconazole			不得检出	GB/T 19650
608	环嗪酮	Hexazinone			不得检出	GB/T 19650
609	咪草酸	Imazamethabenz – methyl			不得检出	GB/T 19650
610	脱苯甲基亚胺唑	Imibenconazole – des – benzyl			不得检出	GB/T 19650
611	炔咪菊酯 – 1	Imiprothrin – 1			不得检出	GB/T 19650
612	炔咪菊酯 – 2	Imiprothrin – 2			不得检出	GB/T 19650
613	碘硫磷	Iodofenphos			不得检出	GB/T 19650
614	甲基碘磺隆	Iodosulfuron – methyl			不得检出	GB/T 20772
615	异稻瘟净	Iprobenfos			不得检出	GB/T 19650
616	氯唑磷	Isazofos			不得检出	GB/T 19650
617	碳氯灵	Isobenzan			不得检出	GB/T 19650
618	丁咪酰胺	Isocarbamid			不得检出	GB/T 19650
619	水胺硫磷	Isocarbophos			不得检出	GB/T 19650
620	异艾氏剂	Isodrin			不得检出	GB/T 19650
621	异柳磷	Isofenphos			不得检出	GB/T 19650
622	氧异柳磷	Isofenphos oxon			不得检出	GB/T 19650
623	氮氨菲啶	Isometamidium			不得检出	SN/T 2239
624	丁嗪草酮	Isomethiozin			不得检出	GB/T 19650
625	异丙威 – 1	Isoprocarb – 1			不得检出	GB/T 19650
626	异丙威 – 2	Isoprocarb – 2			不得检出	GB/T 19650
627	异丙乐灵	Isopropalin			不得检出	GB/T 19650
628	双苯噁唑酸	Isoxadifen – ethyl			不得检出	GB/T 19650
629	异噁氟草	Isoxaflutole			不得检出	GB/T 20772

序号	农兽药中文名	农兽药英文名	欧盟标准限量要求 mg/kg	国家标准限量要求 mg/kg	三安超有机食品标准 限量要求 mg/kg	三安超有机食品标准 检测方法
630	噁唑啉	Isoxathion			不得检出	GB/T 19650
631	依维菌素	Ivermectin			不得检出	GB/T 21320
632	交沙霉素	Josamycin			不得检出	GB/T 20762
633	拉沙里菌素	Lasalocid			不得检出	GB/T 22983
634	溴苯磷	Leptophos			不得检出	GB/T 19650
635	利谷隆	Linuron			不得检出	GB/T 20772
636	麻保沙星	Marbofloxacin			不得检出	GB/T 22985
637	2-甲-4-氯丁氧乙基酯	MCPA – butoxyethyl ester			不得检出	GB/T 19650
638	灭蚜磷	Mecarbam			不得检出	GB/T 19650
639	二甲四氯丙酸	Mecoprop			不得检出	SN/T 2325
640	苯噻酰草胺	Mefenacet			不得检出	GB/T 19650
641	吡唑解草酯	Mefenpyr – diethyl			不得检出	GB/T 19650
642	醋酸甲地孕酮	Megestrol acetate			不得检出	GB/T 20753
643	醋酸美仑孕酮	Melengestrol acetate			不得检出	GB/T 20753
644	嘧菌胺	Mepanipyrim			不得检出	GB/T 19650
645	地胺磷	Mephosfolan			不得检出	GB/T 19650
646	灭锈胺	Mepronil			不得检出	GB/T 19650
647	硝磺草酮	Mesotrione			不得检出	GB/T 20772
648	呋菌胺	Methfuroxam			不得检出	GB/T 19650
649	灭梭威砜	Methiocarb sulfone			不得检出	GB/T 19650
650	盖草津	Methoprotryne			不得检出	GB/T 19650
651	甲醚菊酯-1	Methothrin – 1			不得检出	GB/T 19650
652	甲醚菊酯-2	Methothrin – 2			不得检出	GB/T 19650
653	甲基泼尼松龙	Methylprednisolone			不得检出	GB/T 21981
654	溴谷隆	Metobromuron			不得检出	GB/T 19650
655	甲氧氯普胺	Metoclopramide			不得检出	SN/T 2227
656	异丙甲草胺和S-异丙甲草胺	Metolachlor and S – metolachlor			不得检出	GB/T 19650
657	苯氧菌胺-1	Metominsstrobin – 1			不得检出	GB/T 20772
658	苯氧菌胺-2	Metominsstrobin – 2			不得检出	GB/T 19650
659	甲硝唑	Metronidazole			不得检出	GB/T 21318
660	速灭磷	Mevinphos			不得检出	GB/T 19650
661	兹克威	Mexacarbate			不得检出	GB/T 19650
662	灭蚁灵	Mirex			不得检出	GB/T 19650
663	禾草敌	Molinate			不得检出	GB/T 19650
664	庚酰草胺	Monalide			不得检出	GB/T 19650
665	莫能菌素	Monensin			不得检出	GB/T 20364
666	合成麝香	Musk ambrecte			不得检出	GB/T 19650

序号	农兽药中文名	农兽药英文名	欧盟标准限量要求 mg/kg	国家标准限量要求 mg/kg	三安超有机食品标准限量要求 mg/kg	检测方法
667	麝香	Musk moskene			不得检出	GB/T 19650
668	西藏麝香	Musk tibeten			不得检出	GB/T 19650
669	二甲苯麝香	Musk xylene			不得检出	GB/T 19650
670	二溴磷	Naled			不得检出	SN/T 0706
671	萘丙胺	Naproanilide			不得检出	GB/T 19650
672	甲基盐霉素	Narasin			不得检出	GB/T 20364
673	甲磺乐灵	Nitralin			不得检出	GB/T 19650
674	三氯甲基吡啶	Nitrapyrin			不得检出	GB/T 19650
675	酞菌酯	Nitrothal – isopropyl			不得检出	GB/T 19650
676	诺氟沙星	Norfloxacin			不得检出	GB/T 20366
677	氟草敏	Norflurazon			不得检出	GB/T 19650
678	新生霉素	Novobiocin			不得检出	SN 0674
679	氟苯嘧啶醇	Nuarimol			不得检出	GB/T 19650
680	八氯苯乙烯	Octachlorostyrene			不得检出	GB/T 19650
681	氧氟沙星	Ofloxacin			不得检出	GB/T 20366
682	喹乙醇	Olaquindox			不得检出	GB/T 20746
683	竹桃霉素	Oleandomycin			不得检出	GB/T 20762
684	氧乐果	Omethoate			不得检出	GB/T 20772
685	奥比沙星	Orbifloxacin			不得检出	GB/T 22985
686	杀线威	Oxamyl			不得检出	GB/T 20772
687	丙氧苯咪唑	Oxibendazole			不得检出	GB/T 21324
688	氧化氯丹	Oxy – chlordane			不得检出	GB/T 19650
689	对氧磷	Paraoxon			不得检出	GB/T 19650
690	甲基对氧磷	Paraoxon – methyl			不得检出	GB/T 19650
691	克草敌	Pebulate			不得检出	GB/T 19650
692	五氯苯胺	Pentachloroaniline			不得检出	GB/T 19650
693	五氯甲氧基苯	Pentachloroanisole			不得检出	GB/T 19650
694	五氯苯	Pentachlorobenzene			不得检出	GB/T 19650
695	乙滴涕	Perthane			不得检出	GB/T 19650
696	菲	Phenanthrene			不得检出	SN/T 19650
697	稻丰散	Phenthoate			不得检出	GB/T 19650
698	甲拌磷砜	Phorate sulfone			不得检出	GB/T 19650
699	磷胺 – 1	Phosphamidon – 1			不得检出	GB/T 19650
700	磷胺 – 2	Phosphamidon – 2			不得检出	GB/T 19650
701	酞酸苯甲基丁酯	Phthalic acid, benzylbutyl ester			不得检出	GB/T 19650
702	四氯苯肽	Phthalide			不得检出	GB/T 19650
703	邻苯二甲酰亚胺	Phthalimide			不得检出	GB/T 19650
704	氟吡酰草胺	Picolinafen			不得检出	GB/T 19650
705	增效醚	Piperonyl butoxide			不得检出	GB/T 19650

序号	农兽药中文名	农兽药英文名	欧盟标准限量要求 mg/kg	国家标准限量要求 mg/kg	三安超有机食品标准	
					限量要求 mg/kg	检测方法
706	哌草磷	Piperophos			不得检出	GB/T 19650
707	乙基虫螨清	Pirimiphos－ethyl			不得检出	GB/T 19650
708	吡利霉素	Pirlimycin			不得检出	GB/T 22988
709	炔丙菊酯	Prallethrin			不得检出	GB/T 19650
710	泼尼松龙	Prednisolone			不得检出	GB/T 21981
711	环丙氟灵	Profluralin			不得检出	GB/T 19650
712	茉莉酮	Prohydrojasmon			不得检出	GB/T 19650
713	扑灭通	Prometon			不得检出	GB/T 19650
714	扑草净	Prometryne			不得检出	GB/T 19650
715	炔丙烯草胺	Pronamide			不得检出	GB/T 19650
716	敌稗	Propanil			不得检出	GB/T 19650
717	扑灭津	Propazine			不得检出	GB/T 19650
718	胺丙畏	Propetamphos			不得检出	GB/T 19650
719	丙酰二甲氨基丙吩噻嗪	Propionylpromazin			不得检出	GB/T 20763
720	丙硫磷	Prothiophos			不得检出	GB/T 19650
721	吡唑硫磷	Pyraclofos			不得检出	GB/T 19650
722	吡草醚	Pyraflufen－ethyl			不得检出	GB/T 19650
723	哒嗪硫磷	Ptridaphenthion			不得检出	GB/T 19650
724	啶斑肟－1	Pyrifenox－1			不得检出	GB/T 19650
725	啶斑肟－2	Pyrifenox－2			不得检出	GB/T 19650
726	环酯草醚	Pyriftalid			不得检出	GB/T 19650
727	嘧草醚	Pyriminobac－methyl			不得检出	GB/T 19650
728	嘧啶磷	Pyrimitate			不得检出	GB/T 19650
729	嘧螨醚	Pyrimidifen			不得检出	GB/T 19650
730	喹硫磷	Quinalphos			不得检出	GB/T 19650
731	灭藻醌	Quinoclamine			不得检出	GB/T 19650
732	精喹禾灵	Quizalofop－P－ethyl			不得检出	GB/T 20772
733	吡咪唑	Rabenzazole			不得检出	GB/T 19650
734	莱克多巴胺	Ractopamine			不得检出	GB/T 21313
735	洛硝达唑	Ronidazole			不得检出	GB/T 21318
736	皮蝇磷	Ronnel			不得检出	GB/T 19650
737	盐霉素	Salinomycin			不得检出	GB/T 20364
738	沙拉沙星	Sarafloxacin			不得检出	GB/T 20366
739	另丁津	Sebutylazine			不得检出	GB/T 19650
740	密草通	Secbumeton			不得检出	GB/T 19650
741	氨基脲	Semduramicin			不得检出	GB/T 19650
742	烯禾啶	Sethoxydim			不得检出	GB/T 19650
743	整形醇	Chlorflurenol			不得检出	GB/T 19650
744	氟硅菊酯	Silafluofen			不得检出	GB/T 19650

序号	农兽药中文名	农兽药英文名	欧盟标准限量要求 mg/kg	国家标准限量要求 mg/kg	三安超有机食品标准	
					限量要求 mg/kg	检测方法
745	硅氟唑	Simeconazole			不得检出	GB/T 19650
746	西玛通	Simetone			不得检出	GB/T 19650
747	西草净	Simetryn			不得检出	GB/T 19650
748	螺旋霉素	Spiramycin			不得检出	GB/T 20762
749	磺胺苯酰	Sulfabenzamide			不得检出	GB/T 21316
750	磺胺醋酰	Sulfacetamide			不得检出	GB/T 21316
751	磺胺氯哒嗪	Sulfachloropyridazine			不得检出	GB/T 21316
752	磺胺嘧啶	Sulfadiazine			不得检出	GB/T 21316
753	磺胺间二甲氧嘧啶	Sulfadimethoxine			不得检出	GB/T 21316
754	磺胺二甲嘧啶	Sulfadimidine			不得检出	GB/T 21316
755	磺胺多辛	Sulfadoxine			不得检出	GB/T 21316
756	磺胺脒	Sulfaguanidine			不得检出	GB/T 21316
757	菜草畏	Sulfallate			不得检出	GB/T 19650
758	磺胺甲嘧啶	Sulfamerazine			不得检出	GB/T 21316
759	新诺明	Sulfamethoxazole			不得检出	GB/T 21316
760	磺胺间甲氧嘧啶	Sulfamonomethoxine			不得检出	GB/T 21316
761	乙酰磺胺对硝基苯	Sulfanitran			不得检出	GB/T 20772
762	磺胺吡啶	Sulfapyridine			不得检出	GB/T 21316
763	磺胺喹沙啉	Sulfaquinoxaline			不得检出	GB/T 21316
764	磺胺噻唑	Sulfathiazole			不得检出	GB/T 21316
765	治螟磷	Sulfotep			不得检出	GB/T 19650
766	硫丙磷	Sulprofos			不得检出	GB/T 19650
767	苯噻硫氰	TCMTB			不得检出	GB/T 19650
768	丁基嘧啶磷	Tebupirimfos			不得检出	GB/T 19650
769	丁噻隆	Tebuthiuron			不得检出	GB/T 20772
770	牧草胺	Tebutam			不得检出	GB/T 19650
771	双硫磷	Temephos			不得检出	GB/T 20772
772	特草灵	Terbucarb			不得检出	GB/T 19650
773	特丁通	Terbumeton			不得检出	GB/T 19650
774	特丁净	Terbutryn			不得检出	GB/T 19650
775	四氢邻苯二甲酰亚胺	Tetrabydrophthalimide			不得检出	GB/T 19650
776	杀虫畏	Tetrachlorvinphos			不得检出	GB/T 19650
777	胺菊酯	Tetramethirn			不得检出	GB/T 19650
778	杀螨氯硫	Tetrasul			不得检出	GB/T 19650
779	噻吩草胺	Thenylchlor			不得检出	GB/T 19650
780	噻唑烟酸	Thiazopyr			不得检出	GB/T 19650
781	噻苯隆	Thidiazuron			不得检出	GB/T 20772
782	噻吩磺隆	Thifensulfuron - methyl			不得检出	GB/T 20772
783	甲基乙拌磷	Thiometon			不得检出	GB/T 20772

序号	农兽药中文名	农兽药英文名	欧盟标准限量要求 mg/kg	国家标准限量要求 mg/kg	三安超有机食品标准	
					限量要求 mg/kg	检测方法
784	虫线磷	Thionazin			不得检出	GB/T 19650
785	硫普罗宁	Tiopronin			不得检出	SN/T 2225
786	三甲苯草酮	Tralkoxydim			不得检出	GB/T 19650
787	四溴菊酯	Tralomethrin			不得检出	SN/T 2320
788	反式－氯丹	*trans* － Chlordane			不得检出	GB/T 19650
789	反式－燕麦敌	*trans* － Diallate			不得检出	GB/T 19650
790	四氟苯菊酯	Transfluthrin			不得检出	GB/T 19650
791	反式九氯	*trans* － Nonachlor			不得检出	GB/T 19650
792	反式－氯菊酯	*trans* － Permethrin			不得检出	GB/T 19650
793	群勃龙	Trenbolone			不得检出	GB/T 21981
794	威菌磷	Triamiphos			不得检出	GB/T 19650
795	毒壤磷	Trichloronate			不得检出	GB/T 19650
796	灭草环	Tridiphane			不得检出	GB/T 19650
797	草达津	Trietazine			不得检出	GB/T 19650
798	三异丁基磷酸盐	Tri － *iso* － butyl phosphate			不得检出	GB/T 19650
799	三正丁基磷酸盐	Tri － *n* － butyl phosphate			不得检出	GB/T 19650
800	三苯基磷酸盐	Triphenyl phosphate			不得检出	GB/T 19650
801	烯效唑	Uniconazole			不得检出	GB/T 19650
802	灭草敌	Vernolate			不得检出	GB/T 19650
803	维吉尼霉素	Virginiamycin			不得检出	GB/T 20765
804	杀鼠灵	Warfarin			不得检出	GB/T 20772
805	甲苯噻嗪	Xylazine			不得检出	GB/T 20763
806	右环十四酮酚	Zeranol			不得检出	GB/T 21982
807	苯酰菌胺	Zoxamide			不得检出	GB/T 19650

4.2　山羊脂肪　Goat Fat

序号	农兽药中文名	农兽药英文名	欧盟标准限量要求 mg/kg	国家标准限量要求 mg/kg	三安超有机食品标准	
					限量要求 mg/kg	检测方法
1	1,1－二氯－2,2－二(4－乙苯)乙烷	1,1 － Dichloro － 2,2 － bis(4 － ethylphenyl)ethane	0.01		不得检出	日本肯定列表（增补本1）
2	1,2－二氯乙烷	1,2 － Dichloroethane	0.1		不得检出	SN/T 2238
3	1,3－二氯丙烯	1,3 － Dichloropropene	0.01		不得检出	SN/T 2238
4	1－萘乙酸	1 － Naphthylacetic acid	0.05		不得检出	SN/T 2228
5	2,4－滴丁酸	2,4 － DB	0.05		不得检出	GB/T 20769
6	2,4－滴	2,4 － D	0.05		不得检出	GB/T 20772
7	2－苯酚	2 － Phenylphenol	0.05		不得检出	GB/T 19650
8	阿维菌素	Abamectin	0.02		不得检出	SN/T 2661

序号	农兽药中文名	农兽药英文名	欧盟标准限量要求 mg/kg	国家标准限量要求 mg/kg	三安超有机食品标准 限量要求 mg/kg	检测方法
9	乙酰甲胺磷	Acephate	0.02		不得检出	GB/T 20772
10	灭螨醌	Acequinocyl	0.01		不得检出	参照同类标准
11	啶虫脒	Acetamiprid	0.05		不得检出	GB/T 20772
12	乙草胺	Acetochlor	0.01		不得检出	GB/T 19650
13	苯并噻二唑	Acibenzolar－S－methyl	0.02		不得检出	GB/T 20772
14	苯草醚	Aclonifen	0.02		不得检出	GB/T 20772
15	氟丙菊酯	Acrinathrin	0.05		不得检出	GB/T 19648
16	甲草胺	Alachlor	0.01		不得检出	GB/T 20772
17	阿苯达唑	Albendazole	100μg/kg		不得检出	GB 29687
18	涕灭威	Aldicarb	0.01		不得检出	GB/T 20772
19	艾氏剂和狄氏剂	Aldrin and dieldrin	0.2	0.2和0.2	不得检出	GB/T 19650
20	—	Ametoctradin	0.03		不得检出	参照同类标准
21	酰嘧磺隆	Amidosulfuron	0.02		不得检出	参照同类标准
22	氯氨吡啶酸	Aminopyralid	0.02		不得检出	GB/T 23211
23	—	Amisulbrom	0.01		不得检出	参照同类标准
24	双甲脒	Amitraz	200μg/kg		不得检出	GB/T 19650
25	阿莫西林	Amoxicillin	50μg/kg		不得检出	NY/T 830
26	氨苄青霉素	Ampicillin	50μg/kg		不得检出	GB/T 21315
27	敌菌灵	Anilazine	0.01		不得检出	GB/T 20769
28	杀螨特	Aramite	0.01		不得检出	GB/T 19650
29	磺草灵	Asulam	0.1		不得检出	日本肯定列表(增补本1)
30	印楝素	Azadirachtin	0.01		不得检出	SN/T 3264
31	益棉磷	Azinphos－ethyl	0.01		不得检出	GB/T 19650
32	保棉磷	Azinphos－methyl	0.01		不得检出	GB/T 20772
33	三唑锡和三环锡	Azocyclotin and cyhexatin	0.05		不得检出	SN/T 1990
34	嘧菌酯	Azoxystrobin	0.05		不得检出	GB/T 20772
35	燕麦灵	Barban	0.05		不得检出	参照同类标准
36	氟丁酰草胺	Beflubutamid	0.05		不得检出	参照同类标准
37	苯霜灵	Benalaxyl	0.05		不得检出	GB/T 20772
38	丙硫克百威	Benfuracarb	0.02		不得检出	GB/T 20772
39	苄青霉素	Benzyl penicillin	50μg/kg		不得检出	GB/T 21315
40	联苯肼酯	Bifenazate	0.01		不得检出	GB/T 20772
41	甲羧除草醚	Bifenox	0.05		不得检出	GB/T 23210
42	联苯菊酯	Bifenthrin	3		不得检出	GB/T 19650
43	乐杀螨	Binapacryl	0.01		不得检出	SN 0523
44	联苯	Biphenyl	0.01		不得检出	GB/T 19650
45	联苯三唑醇	Bitertanol	0.05		不得检出	GB/T 20772
46	—	Bixafen	0.4		不得检出	参照同类标准

序号	农兽药中文名	农兽药英文名	欧盟标准限量要求 mg/kg	国家标准限量要求 mg/kg	三安超有机食品标准 限量要求 mg/kg	三安超有机食品标准 检测方法
47	啶酰菌胺	Boscalid	0.7		不得检出	GB/T 20772
48	溴离子	Bromide ion	0.05		不得检出	GB/T 5009.167
49	溴螨酯	Bromopropylate	0.01		不得检出	GB/T 19650
50	溴苯腈	Bromoxynil	0.05		不得检出	GB/T 20772
51	糠菌唑	Bromuconazole	0.05		不得检出	GB/T 19650
52	乙嘧酚磺酸酯	Bupirimate	0.05		不得检出	GB/T 19650
53	噻嗪酮	Buprofezin	0.05		不得检出	GB/T 20772
54	仲丁灵	Butralin	0.02		不得检出	GB/T 19650
55	丁草敌	Butylate	0.01		不得检出	GB/T 19650
56	硫线磷	Cadusafos	0.01		不得检出	GB/T 19650
57	毒杀芬	Camphechlor	0.05		不得检出	YC/T 180
58	敌菌丹	Captafol	0.01		不得检出	GB/T 23210
59	克菌丹	Captan	0.02		不得检出	GB/T 19648
60	甲萘威	Carbaryl	0.05		不得检出	GB/T 20796
61	多菌灵和苯菌灵	Carbendazim and benomyl	0.05		不得检出	GB/T 20772
62	长杀草	Carbetamide	0.05		不得检出	GB/T 20772
63	克百威	Carbofuran	0.01		不得检出	GB/T 20772
64	丁硫克百威	Carbosulfan	0.05		不得检出	GB/T 19650
65	萎锈灵	Carboxin	0.05		不得检出	GB/T 20772
66	头孢噻呋	Ceftiofur	2000μg/kg		不得检出	GB/T 21314
67	氯虫苯甲酰胺	Chlorantraniliprole	0.2		不得检出	参照同类标准
68	杀螨醚	Chlorbenside	0.05		不得检出	GB/T 19650
69	氯炔灵	Chlorbufam	0.05		不得检出	GB/T 20772
70	氯丹	Chlordane	0.05	0.05	不得检出	GB/T 5009.19
71	十氯酮	Chlordecone	0.1		不得检出	参照同类标准
72	杀螨酯	Chlorfenson	0.05		不得检出	GB/T 19650
73	毒虫畏	Chlorfenvinphos	0.01		不得检出	GB/T 19650
74	氯草敏	Chloridazon	0.1		不得检出	GB/T 20772
75	矮壮素	Chlormequat	0.05		不得检出	GB/T 23211
76	乙酯杀螨醇	Chlorobenzilate	0.1		不得检出	GB/T 23210
77	百菌清	Chlorothalonil	0.07		不得检出	SN/T 2320
78	绿麦隆	Chlortoluron	0.05		不得检出	GB/T 20772
79	枯草隆	Chloroxuron	0.05		不得检出	SN/T 2150
80	氯苯胺灵	Chlorpropham	0.05		不得检出	GB/T 19650
81	甲基毒死蜱	Chlorpyrifos – methyl	0.05		不得检出	GB/T 19650
82	氯磺隆	Chlorsulfuron	0.01		不得检出	GB/T 20772
83	氯酞酸甲酯	Chlorthaldimethyl	0.01		不得检出	GB/T 19650
84	氯硫酰草胺	Chlorthiamid	0.02		不得检出	GB/T 20772
85	烯草酮	Clethodim	0.2		不得检出	GB/T 19650

序号	农兽药中文名	农兽药英文名	欧盟标准限量要求 mg/kg	国家标准限量要求 mg/kg	三安超有机食品标准	
					限量要求 mg/kg	检测方法
86	炔草酯	Clodinafop – propargyl	0.02		不得检出	GB/T 19650
87	四螨嗪	Clofentezine	0.05		不得检出	GB/T 20772
88	二氯吡啶酸	Clopyralid	0.05		不得检出	SN/T 2228
89	噻虫胺	Clothianidin	0.02		不得检出	GB/T 20772
90	邻氯青霉素	Cloxacillin	300μg/kg		不得检出	GB/T 18932.25
91	黏菌素	Colistin	150μg/kg		不得检出	参照同类标准
92	铜化合物	Copper compounds	5		不得检出	参照同类标准
93	环烷基酰苯胺	Cyclanilide	0.01		不得检出	参照同类标准
94	噻草酮	Cycloxydim	0.05		不得检出	GB/T 19650
95	环氟菌胺	Cyflufenamid	0.03		不得检出	GB/T 23210
96	氟氯氰菊酯和高效氟氯氰菊酯	Cyfluthrin and beta – cyfluthrin	50μg/kg		不得检出	GB/T 19650
97	霜脲氰	Cymoxanil	0.05		不得检出	GB/T 20772
98	氯氰菊酯和高效氯氰菊酯	Cypermethrin and beta – cypermethrin	200μg/kg		不得检出	GB/T 19650
99	环丙唑醇	Cyproconazole	0.05		不得检出	GB/T 20772
100	嘧菌环胺	Cyprodinil	0.05		不得检出	GB/T 19650
101	灭蝇胺	Cyromazine	0.05		不得检出	GB/T 20772
102	丁酰肼	Daminozide	0.05		不得检出	SN/T 1989
103	达氟沙星	Danofloxacin	100μg/kg		不得检出	GB/T 22985
104	滴滴涕	DDT	1	2	不得检出	SN/T 0127
105	溴氰菊酯	Deltamethrin	50μg/kg		不得检出	GB/T 19650
106	燕麦敌	Diallate	0.2		不得检出	GB/T 23211
107	二嗪磷	Diazinon	700μg/kg		不得检出	GB/T 19650
108	麦草畏	Dicamba	0.07		不得检出	GB/T 20772
109	敌草腈	Dichlobenil	0.01		不得检出	GB/T 19650
110	滴丙酸	Dichlorprop	0.05		不得检出	SN/T 2228
111	二氯苯氧基丙酸	Diclofop	0.05		不得检出	参照同类标准
112	氯硝胺	Dicloran	0.01		不得检出	GB/T 19650
113	双氯青霉素	Dicloxacillin	300μg/kg		不得检出	GB/T 18932.25
114	三氯杀螨醇	Dicofol	0.02		不得检出	GB/T 19650
115	乙霉威	Diethofencarb	0.05		不得检出	GB/T 19650
116	苯醚甲环唑	Difenoconazole	0.05		不得检出	GB/T 19650
117	双氟沙星	Difloxacin	100μg/kg		不得检出	GB/T 20366
118	除虫脲	Diflubenzuron	0.1		不得检出	SN/T 0528
119	吡氟酰草胺	Diflufenican	0.05		不得检出	GB/T 20772
120	二氢链霉素	Dihydro – streptomycin	500μg/kg		不得检出	GB/T 22969
121	油菜安	Dimethachlor	0.02		不得检出	GB/T 20772
122	烯酰吗啉	Dimethomorph	0.05		不得检出	GB/T 20772

序号	农兽药中文名	农兽药英文名	欧盟标准限量要求 mg/kg	国家标准限量要求 mg/kg	三安超有机食品标准 限量要求 mg/kg	三安超有机食品标准 检测方法
123	醚菌胺	Dimoxystrobin	0.05		不得检出	SN/T 2237
124	烯唑醇	Diniconazole	0.01		不得检出	GB/T 19650
125	敌螨普	Dinocap	0.05		不得检出	日本肯定列表（增补本 1）
126	地乐酚	Dinoseb	0.01		不得检出	GB/T 20772
127	特乐酚	Dinoterb	0.05		不得检出	GB/T 20772
128	敌恶磷	Dioxathion	0.05		不得检出	GB/T 19650
129	敌草快	Diquat	0.05		不得检出	GB/T 5009.221
130	乙拌磷	Disulfoton	0.01		不得检出	GB/T 20772
131	二氰蒽醌	Dithianon	0.01		不得检出	GB/T 20769
132	二硫代氨基甲酸酯	Dithiocarbamates	0.05		不得检出	SN 0139
133	敌草隆	Diuron	0.05		不得检出	SN/T 0645
134	二硝甲酚	DNOC	0.05		不得检出	GB/T 20772
135	多果定	Dodine	0.2		不得检出	SN 0500
136	多拉菌素	Doramectin	150μg/kg		不得检出	GB/T 22968
137	甲氨基阿维菌素苯甲酸盐	Emamectin benzoate	0.02		不得检出	GB/T 20769
138	硫丹	Endosulfan	0.05		不得检出	GB/T 19650
139	异狄氏剂	Endrin	0.05	0.05	不得检出	GB/T 19650
140	恩诺沙星	Enrofloxacin	100μg/kg		不得检出	GB/T 20366
141	氟环唑	Epoxiconazole	0.01		不得检出	GB/T 20772
142	埃普利诺菌素	Eprinomectin	250μg/kg		不得检出	GB/T 21320
143	茵草敌	EPTC	0.02		不得检出	GB/T 20772
144	红霉素	Erythromycin	200μg/kg		不得检出	GB/T 20762
145	乙丁烯氟灵	Ethalfluralin	0.01		不得检出	GB/T 19650
146	胺苯磺隆	Ethametsulfuron	0.01		不得检出	NY/T 1616
147	乙烯利	Ethephon	0.05		不得检出	SN 0705
148	乙硫磷	Ethion	0.01		不得检出	GB/T 19650
149	乙嘧酚	Ethirimol	0.05		不得检出	GB/T 20772
150	乙氧呋草黄	Ethofumesate	0.1		不得检出	GB/T 20772
151	灭线磷	Ethoprophos	0.01		不得检出	GB/T 19650
152	乙氧喹啉	Ethoxyquin	0.05		不得检出	GB/T 20772
153	环氧乙烷	Ethylene oxide	0.02		不得检出	GB/T 23296.11
154	醚菊酯	Etofenprox	0.5		不得检出	GB/T 19650
155	乙螨唑	Etoxazole	0.01		不得检出	GB/T 19650
156	氯唑灵	Etridiazole	0.05		不得检出	GB/T 20772
157	恶唑菌酮	Famoxadone	0.05		不得检出	GB/T 20772
158	苯硫氨酯	Febantel	50μg/kg		不得检出	GB/T 22972
159	咪唑菌酮	Fenamidone	0.01		不得检出	GB/T 19650
160	苯线磷	Fenamiphos	0.02		不得检出	GB/T 19650

序号	农兽药中文名	农兽药英文名	欧盟标准限量要求 mg/kg	国家标准限量要求 mg/kg	三安超有机食品标准	
					限量要求 mg/kg	检测方法
161	氯苯嘧啶醇	Fenarimol	0.02		不得检出	GB/T 20772
162	喹螨醚	Fenazaquin	0.01		不得检出	GB/T 19650
163	苯硫苯咪唑	Fenbendazole	50μg/kg		不得检出	SN 0638
164	腈苯唑	Fenbuconazole	0.05		不得检出	GB/T 20772
165	苯丁锡	Fenbutatin oxide	0.05		不得检出	SN/T 3149
166	环酰菌胺	Fenhexamid	0.05		不得检出	GB/T 20772
167	杀螟硫磷	Fenitrothion	0.01		不得检出	GB/T 20772
168	精噁唑禾草灵	Fenoxaprop – P – ethyl	0.05		不得检出	GB/T 22617
169	双氧威	Fenoxycarb	0.05		不得检出	GB/T 19650
170	苯锈啶	Fenpropidin	0.02		不得检出	GB/T 19650
171	丁苯吗啉	Fenpropimorph	0.01		不得检出	GB/T 20772
172	胺苯吡菌酮	Fenpyrazamine	0.01		不得检出	参照同类标准
173	唑螨酯	Fenpyroximate	0.01		不得检出	GB/T 19650
174	倍硫磷	Fenthion	0.05		不得检出	GB/T 20772
175	三苯锡	Fentin	0.05		不得检出	SN/T 3149
176	薯瘟锡	Fentin acetate	0.05		不得检出	参照同类标准
177	氰戊菊酯和高效氰戊菊酯（RR & SS 异构体总量）	Fenvalerate and esfenvalerate（sum of RR & SS isomers）	0.2		不得检出	GB/T 19650
178	氰戊菊酯和高效氰戊菊酯（RS & SR 异构体总量）	Fenvalerate and esfenvalerate（sum of RS & SR isomers）	0.05		不得检出	GB/T 19650
179	氟虫腈	Fipronil	0.5		不得检出	SN/T 1982
180	氟啶虫酰胺	Flonicamid	0.02		不得检出	SN/T 2796
181	精吡氟禾草灵	Fluazifop – P – butyl	0.05		不得检出	GB/T 5009.142
182	氟啶胺	Fluazinam	0.05		不得检出	SN/T 2150
183	氟苯虫酰胺	Flubendiamide	2		不得检出	SN/T 2581
184	氟环脲	Flucycloxuron	0.05		不得检出	参照同类标准
185	氟氰戊菊酯	Flucythrinate	0.05		不得检出	GB/T 23210
186	咯菌腈	Fludioxonil	0.05		不得检出	GB/T 20772
187	氟虫脲	Flufenoxuron	0.05		不得检出	SN/T 2150
188	杀螨净	Flufenzin	0.02		不得检出	参照同类标准
189	醋酸氟孕酮	Flugestone acetate	0.5μg/kg		不得检出	参照同类标准
190	氟甲喹	Flumequin	300μg/kg		不得检出	SN/T 1921
191	氟吡菌胺	Fluopicolide	0.01		不得检出	参照同类标准
192	—	Fluopyram	0.1		不得检出	参照同类标准
193	氟离子	Fluoride ion	1		不得检出	GB/T 5009.167
194	氟腈嘧菌酯	Fluoxastrobin	0.05		不得检出	SN/T 2237
195	氟喹唑	Fluquinconazole	2		不得检出	GB/T 19650
196	氟咯草酮	Fluorochloridone	0.05		不得检出	GB/T 20772

序号	农兽药中文名	农兽药英文名	欧盟标准限量要求 mg/kg	国家标准限量要求 mg/kg	三安超有机食品标准	
					限量要求 mg/kg	检测方法
197	氟草烟	Fluroxypyr	0.05		不得检出	GB/T 20772
198	氟硅唑	Flusilazole	0.1		不得检出	GB/T 20772
199	氟酰胺	Flutolanil	0.05		不得检出	GB/T 20772
200	粉唑醇	Flutriafol	0.01		不得检出	GB/T 20772
201	—	Fluxapyroxad	0.05		不得检出	参照同类标准
202	氟磺胺草醚	Fomesafen	0.01		不得检出	GB/T 5009.130
203	氯吡脲	Forchlorfenuron	0.05		不得检出	SN/T 3643
204	伐虫脒	Formetanate	0.01		不得检出	NY/T 1453
205	三乙膦酸铝	Fosetyl – aluminiumuminium	0.5		不得检出	参照同类标准
206	麦穗宁	Fuberidazole	0.05		不得检出	GB/T 19650
207	呋线威	Furathiocarb	0.01		不得检出	GB/T 20772
208	糠醛	Furfural	1		不得检出	参照同类标准
209	勃激素	Gibberellic acid	0.1		不得检出	GB/T 23211
210	草胺膦	Glufosinate – ammonium	0.1		不得检出	日本肯定列表
211	草甘膦	Glyphosate	0.05		不得检出	SN/T 1923
212	氟吡禾灵	Haloxyfop	0.01		不得检出	SN/T 2228
213	七氯	Heptachlor	0.2		不得检出	SN 0663
214	六氯苯	Hexachlorobenzene	0.2		不得检出	SN/T 0127
215	六六六(HCH),α－异构体	Hexachlorociclohexane（HCH）, alpha – isomer	0.2	1	不得检出	SN/T 0127
216	六六六(HCH),β－异构体	Hexachlorociclohexane（HCH）, beta – isomer	0.1		不得检出	SN/T 0127
217	噻螨酮	Hexythiazox	0.05		不得检出	GB/T 20772
218	噁霉灵	Hymexazol	0.05		不得检出	GB/T 20772
219	抑霉唑	Imazalil	0.05		不得检出	GB/T 20772
220	甲咪唑烟酸	Imazapic	0.01		不得检出	GB/T 20772
221	咪唑喹啉酸	Imazaquin	0.05		不得检出	GB/T 20772
222	吡虫啉	Imidacloprid	0.05		不得检出	GB/T 20772
223	双胍辛胺	Iminoctadine	0.1		不得检出	日本肯定列表
224	茚虫威	Indoxacarb	2		不得检出	GB/T 20772
225	碘苯腈	Ioxynil	1,5		不得检出	GB/T 20772
226	异菌脲	Iprodione	0.05		不得检出	GB/T 19650
227	稻瘟灵	Isoprothiolane	0.01		不得检出	GB/T 20772
228	异丙隆	Isoproturon	0.05		不得检出	GB/T 20772
229	—	Isopyrazam	0.01		不得检出	参照同类标准
230	异噁酰草胺	Isoxaben	0.01		不得检出	GB/T 20772
231	依维菌素	Ivermectin	100μg/kg		不得检出	GB/T 21320
232	卡那霉素	Kanamycin	100μg/kg		不得检出	GB/T 21323
233	醚菌酯	Kresoxim – methyl	0.02		不得检出	GB/T 20772

序号	农兽药中文名	农兽药英文名	欧盟标准限量要求 mg/kg	国家标准限量要求 mg/kg	三安超有机食品标准	
					限量要求 mg/kg	检测方法
234	乳氟禾草灵	Lactofen	0.01		不得检出	GB/T 19650
235	高效氯氟氰菊酯	Lambda – cyhalothrin	0.5		不得检出	GB/T 23210
236	环草定	Lenacil	0.1		不得检出	GB/T 19650
237	林可霉素	Lincomycin	50μg/kg		不得检出	GB/T 20762
238	林丹	Lindane	0.02	1	不得检出	NY/T 761
239	虱螨脲	Lufenuron	0.02		不得检出	SN/T 2540
240	马拉硫磷	Malathion	0.02		不得检出	GB/T 19650
241	抑芽丹	Maleic hydrazide	0.02		不得检出	GB/T 23211
242	双炔酰菌胺	Mandipropamid	0.02		不得检出	参照同类标准
243	二甲四氯和二甲四氯丁酸	MCPA and MCPB	0.1		不得检出	SN/T 2228
244	甲苯咪唑	Mebendazole	60μg/kg		不得检出	GB/T 21324
245	壮棉素	Mepiquat chloride	0.05		不得检出	GB/T 23211
246	—	Meptyldinocap	0.05		不得检出	参照同类标准
247	汞化合物	Mercury compounds	0.01		不得检出	参照同类标准
248	氰氟虫腙	Metaflumizone	0.02		不得检出	SN/T 3852
249	甲霜灵和精甲霜灵	Metalaxyl and metalaxyl – M	0.05		不得检出	GB/T 20772
250	四聚乙醛	Metaldehyde	0.05		不得检出	SN/T 1787
251	苯嗪草酮	Metamitron	0.05		不得检出	GB/T 19650
252	吡唑草胺	Metazachlor	0.05		不得检出	GB/T 19650
253	叶菌唑	Metconazole	0.01		不得检出	GB/T 20772
254	甲基苯噻隆	Methabenzthiazuron	0.05		不得检出	GB/T 19650
255	虫螨畏	Methacrifos	0.01		不得检出	GB/T 20772
256	甲胺磷	Methamidophos	0.01		不得检出	GB/T 20772
257	杀扑磷	Methidathion	0.02		不得检出	GB/T 20772
258	甲硫威	Methiocarb	0.05		不得检出	GB/T 20770
259	灭多威和硫双威	Methomyl and thiodicarb	0.02		不得检出	GB/T 20772
260	烯虫酯	Methoprene	0.05		不得检出	GB/T 19650
261	甲氧滴滴涕	Methoxychlor	0.01		不得检出	SN/T 0529
262	甲氧虫酰肼	Methoxyfenozide	0.2		不得检出	GB/T 20772
263	磺草唑胺	Metosulam	0.01		不得检出	GB/T 20772
264	苯菌酮	Metrafenone	0.05		不得检出	参照同类标准
265	嗪草酮	Metribuzin	0.1		不得检出	GB/T 19650
266	—	Monepantel	7000μg/kg		不得检出	GB/T 20772
267	绿谷隆	Monolinuron	0.05		不得检出	GB/T 20772
268	灭草隆	Monuron	0.01		不得检出	GB/T 20772
269	甲噻吩嘧啶	Morantel	100μg/kg		不得检出	参照同类标准
270	腈菌唑	Myclobutanil	0.01		不得检出	GB/T 20772
271	奈夫西林	Nafcillin	300μg/kg		不得检出	GB/T 22975
272	1 – 萘乙酰胺	1 – Naphthylacetamide	0.05		不得检出	GB/T 23205

序号	农兽药中文名	农兽药英文名	欧盟标准限量要求 mg/kg	国家标准限量要求 mg/kg	三安超有机食品标准	
					限量要求 mg/kg	检测方法
273	敌草胺	Napropamide	0.01		不得检出	GB/T 19650
274	新霉素（包括 framycetin）	Neomycin (including framycetin)	500μg/kg		不得检出	SN 0646
275	烟嘧磺隆	Nicosulfuron	0.05		不得检出	SN/T 2325
276	除草醚	Nitrofen	0.01		不得检出	GB/T 19650
277	氟酰脲	Novaluron	10		不得检出	GB/T 23211
278	嘧苯胺磺隆	Orthosulfamuron	0.01		不得检出	GB/T 23817
279	苯唑青霉素	Oxacillin	300μg/kg		不得检出	GB/T 18932.25
280	噁草酮	Oxadiazon	0.05		不得检出	GB/T 19650
281	噁霜灵	Oxadixyl	0.01		不得检出	GB/T 19650
282	环氧嘧磺隆	Oxasulfuron	0.05		不得检出	GB/T 23817
283	奥芬达唑	Oxfendazole	50μg/kg		不得检出	GB/T 22972
284	喹菌酮	Oxolinic acid	50μg/kg		不得检出	日本肯定列表
285	氧化萎锈灵	Oxycarboxin	0.05		不得检出	GB/T 19650
286	羟氯柳苯胺	Oxyclozanide	20μg/kg		不得检出	SN/T 2909
287	亚砜磷	Oxydemeton – methyl	0.01		不得检出	参照同类标准
288	乙氧氟草醚	Oxyfluorfen	0.05		不得检出	GB/T 20772
289	多效唑	Paclobutrazol	0.02		不得检出	GB/T 19650
290	对硫磷	Parathion	0.05		不得检出	GB/T 19650
291	甲基对硫磷	Parathion – methyl	0.01		不得检出	GB/T 5009.161
292	戊菌唑	Penconazole	0.05		不得检出	GB/T 20772
293	戊菌隆	Pencycuron	0.05		不得检出	GB/T 19650
294	二甲戊灵	Pendimethalin	0.05		不得检出	GB/T 19650
295	喷沙西林	Penethamate	50μg/kg		不得检出	参照同类标准
296	氯菊酯	Permethrin	0.05		不得检出	GB/T 19650
297	甜菜宁	Phenmedipham	0.05		不得检出	GB/T 23205
298	苯醚菊酯	Phenothrin	0.05		不得检出	GB/T 20772
299	甲拌磷	Phorate	0.01		不得检出	GB/T 20772
300	伏杀硫磷	Phosalone	0.01		不得检出	GB/T 20772
301	亚胺硫磷	Phosmet	0.1		不得检出	GB/T 20772
302	—	Phosphines and phosphides	0.01		不得检出	参照同类标准
303	辛硫磷	Phoxim	0.4		不得检出	GB/T 20772
304	氨氯吡啶酸	Picloram	0.2		不得检出	GB/T 23211
305	啶氧菌酯	Picoxystrobin	0.05		不得检出	GB/T 19650
306	抗蚜威	Pirimicarb	0.05		不得检出	GB/T 20772
307	甲基嘧啶磷	Pirimiphos – methyl	0.05		不得检出	GB/T 20772
308	咪鲜胺	Prochloraz	0.1		不得检出	GB/T 19650
309	腐霉利	Procymidone	0.01		不得检出	GB/T 20772
310	丙溴磷	Profenofos	0.05		不得检出	GB/T 20772

序号	农兽药中文名	农兽药英文名	欧盟标准限量要求 mg/kg	国家标准限量要求 mg/kg	三安超有机食品标准 限量要求 mg/kg	三安超有机食品标准 检测方法
311	调环酸	Prohexadione	0.05		不得检出	日本肯定列表
312	毒草安	Propachlor	0.02		不得检出	GB/T 20772
313	扑派威	Propamocarb	0.1		不得检出	GB/T 20772
314	恶草酸	Propaquizafop	0.05		不得检出	GB/T 20772
315	炔螨特	Propargite	0.1		不得检出	GB/T 19650
316	苯胺灵	Propham	0.05		不得检出	GB/T 19650
317	丙环唑	Propiconazole	0.05		不得检出	GB/T 19650
318	异丙草胺	Propisochlor	0.01		不得检出	GB/T 19650
319	残杀威	Propoxur	0.05		不得检出	GB/T 20772
320	炔苯酰草胺	Propyzamide	0.05		不得检出	GB/T 19650
321	苄草丹	Prosulfocarb	0.05		不得检出	GB/T 19650
322	丙硫菌唑	Prothioconazole	0.05		不得检出	参照同类标准
323	吡蚜酮	Pymetrozine	0.01		不得检出	GB/T 20772
324	吡唑醚菌酯	Pyraclostrobin	0.05		不得检出	GB/T 20772
325	—	Pyrasulfotole	0.01		不得检出	参照同类标准
326	吡菌磷	Pyrazophos	0.02		不得检出	GB/T 20772
327	除虫菊素	Pyrethrins	0.05		不得检出	GB/T 20772
328	哒螨灵	Pyridaben	0.02		不得检出	GB/T 19650
329	啶虫丙醚	Pyridalyl	0.01		不得检出	日本肯定列表
330	哒草特	Pyridate	0.05		不得检出	日本肯定列表
331	嘧霉胺	Pyrimethanil	0.05		不得检出	GB/T 19650
332	吡丙醚	Pyriproxyfen	0.05		不得检出	GB/T 19650
333	甲氧磺草胺	Pyroxsulam	0.01		不得检出	SN/T 2325
334	氯甲喹啉酸	Quinmerac	0.05		不得检出	参照同类标准
335	喹氧灵	Quinoxyfen	0.2		不得检出	SN/T 2319
336	五氯硝基苯	Quintozene	0.01		不得检出	GB/T 19650
337	精喹禾灵	Quizalofop－P－ethyl	0.05		不得检出	SN/T 2150
338	灭虫菊	Resmethrin	0.1		不得检出	GB/T 20772
339	鱼藤酮	Rotenone	0.01		不得检出	GB/T 20772
340	西玛津	Simazine	0.01		不得检出	SN 0594
341	壮观霉素	Spectinomycin	500μg/kg		不得检出	GB/T 21323
342	乙基多杀菌素	Spinetoram	0.01		不得检出	参照同类标准
343	多杀霉素	Spinosad	2		不得检出	GB/T 20772
344	螺螨酯	Spirodiclofen	0.05		不得检出	GB/T 20772
345	螺甲螨酯	Spiromesifen	0.01		不得检出	GB/T 23210
346	螺虫乙酯	Spirotetramat	0.01		不得检出	参照同类标准
347	萜孢菌素	Spiroxamine	0.05		不得检出	GB/T 20772
348	链霉素	Streptomycin	500μg/kg		不得检出	GB/T 21323
349	磺草酮	Sulcotrione	0.05		不得检出	参照同类标准

序号	农兽药中文名	农兽药英文名	欧盟标准限量要求 mg/kg	国家标准限量要求 mg/kg	三安超有机食品标准 限量要求 mg/kg	三安超有机食品标准 检测方法
350	磺胺类(所有属于磺胺类的物质)	Sulfonamides (all substances belonging to the sulfonamide-group)	100μg/kg		不得检出	GB 29694
351	乙黄隆	Sulfosulfuron	0.05		不得检出	SN/T 2325
352	硫磺粉	Sulfur	0.5		不得检出	参照同类标准
353	氟胺氰菊酯	Tau–fluvalinate	0.3		不得检出	SN 0691
354	戊唑醇	Tebuconazole	0.1		不得检出	GB/T 20772
355	虫酰肼	Tebufenozide	0.05		不得检出	GB/T 20772
356	吡螨胺	Tebufenpyrad	0.05		不得检出	GB/T 19650
357	四氯硝基苯	Tecnazene	0.05		不得检出	GB/T 19650
358	氟苯脲	Teflubenzuron	0.05		不得检出	SN/T 2150
359	七氟菊酯	Tefluthrin	0.05		不得检出	GB/T 23210
360	得杀草	Tepraloxydim	0.1		不得检出	GB/T 20772
361	特丁硫磷	Terbufos	0.01		不得检出	GB/T 20772
362	特丁津	Terbuthylazine	0.05		不得检出	GB/T 19650
363	四氟醚唑	Tetraconazole	0.5		不得检出	GB/T 20772
364	三氯杀螨砜	Tetradifon	0.05		不得检出	GB/T 19650
365	噻菌灵	Thiabendazole	100μg/kg		不得检出	GB/T 20772
366	噻虫啉	Thiacloprid	0.05		不得检出	GB/T 20772
367	噻虫嗪	Thiamethoxam	0.03		不得检出	GB/T 20772
368	甲砜霉素	Thiamphenicol	50μg/kg		不得检出	GB/T 20756
369	禾草丹	Thiobencarb	0.01		不得检出	GB/T 20772
370	甲基硫菌灵	Thiophanate–methyl	0.05		不得检出	SN/T 0162
371	泰地罗新	Tildipirosin	200μg/kg		不得检出	参照同类标准
372	替米考星	Tilmicosin	50μg/kg		不得检出	GB/T 20762
373	甲基立枯磷	Tolclofos–methyl	0.05		不得检出	GB/T 19650
374	甲苯三嗪酮	Toltrazuril	150μg/kg		不得检出	参照同类标准
375	甲苯氟磺胺	Tolylfluanid	0.1		不得检出	GB/T 19650
376	—	Topramezone	0.05		不得检出	参照同类标准
377	三唑酮和三唑醇	Triadimefon and triadimenol	0.1		不得检出	GB/T 20772
378	野麦畏	Triallate	0.05		不得检出	GB/T 20772
379	醚苯磺隆	Triasulfuron	0.05		不得检出	GB/T 20772
380	三唑磷	Triazophos	0.01		不得检出	GB/T 20772
381	敌百虫	Trichlorphon	0.01		不得检出	GB/T 20772
382	三氯苯哒唑	Triclabendazole	100μg/kg		不得检出	参照同类标准
383	绿草定	Triclopyr	0.05		不得检出	SN/T 2228
384	三环唑	Tricyclazole	0.05		不得检出	GB/T 20769
385	十三吗啉	Tridemorph	0.01		不得检出	GB/T 20772
386	肟菌酯	Trifloxystrobin	0.04		不得检出	GB/T 19650

序号	农兽药中文名	农兽药英文名	欧盟标准限量要求 mg/kg	国家标准限量要求 mg/kg	三安超有机食品标准 限量要求 mg/kg	三安超有机食品标准 检测方法
387	氟菌唑	Triflumizole	0.05		不得检出	GB/T 20769
388	杀铃脲	Triflumuron	0.01		不得检出	GB/T 20772
389	氟乐灵	Trifluralin	0.01		不得检出	GB/T 20772
390	嗪氨灵	Triforine	0.01		不得检出	SN 0695
391	甲氧苄氨嘧啶	Trimethoprim	50μg/kg		不得检出	SN/T 1769
392	三甲基锍阳离子	Trimethyl – sulfonium cation	0.05		不得检出	参照同类标准
393	抗倒酯	Trinexapac	0.05		不得检出	GB/T 20769
394	灭菌唑	Triticonazole	0.01		不得检出	GB/T 20772
395	三氟甲磺隆	Tritosulfuron	0.01		不得检出	参照同类标准
396	泰乐菌素	Tylosin	100μg/kg		不得检出	GB/T 22941
397	—	Valifenalate	0.01		不得检出	参照同类标准
398	乙烯菌核利	Vinclozolin	0.05		不得检出	GB/T 20772
399	2,3,4,5 – 四氯苯胺	2,3,4,5 – Tetrachloraniline			不得检出	GB/T 19650
400	2,3,4,5 – 四氯甲氧基苯	2,3,4,5 – Tetrachloroanisole			不得检出	GB/T 19650
401	2,3,5,6 – 四氯苯胺	2,3,5,6 – Tetrachloroaniline			不得检出	GB/T 19650
402	2,4,5 – 涕	2,4,5 – T			不得检出	GB/T 20772
403	o,p' – 滴滴滴	2,4' – DDD			不得检出	GB/T 19650
404	o,p' – 滴滴伊	2,4' – DDE			不得检出	GB/T 19650
405	o,p' – 滴滴涕	2,4' – DDT			不得检出	GB/T 19650
406	2,6 – 二氯苯甲酰胺	2,6 – Dichlorobenzamide			不得检出	GB/T 19650
407	3,5 – 二氯苯胺	3,5 – Dichloroaniline			不得检出	GB/T 19650
408	p,p' – 滴滴滴	4,4' – DDD			不得检出	GB/T 19650
409	p,p' – 滴滴伊	4,4' – DDE			不得检出	GB/T 19650
410	p,p' – 滴滴涕	4,4' – DDT			不得检出	GB/T 19650
411	4,4' – 二溴二苯甲酮	4,4' – Dibromobenzophenone			不得检出	GB/T 19650
412	4,4' – 二氯二苯甲酮	4,4' – Dichlorobenzophenone			不得检出	GB/T 19650
413	二氢苊	Acenaphthene			不得检出	GB/T 19650
414	乙酰丙嗪	Acepromazine			不得检出	GB/T 20763
415	三氟羧草醚	Acifluorfen			不得检出	GB/T 20772
416	1 – 氨基 – 2 – 乙内酰脲	AHD			不得检出	GB/T 21311
417	涕灭砜威	Aldoxycarb			不得检出	GB/T 20772
418	烯丙菊酯	Allethrin			不得检出	GB/T 20772
419	二丙烯草胺	Allidochlor			不得检出	GB/T 19650
420	烯丙孕素	Altrenogest			不得检出	SN/T 1980
421	莠灭净	Ametryn			不得检出	GB/T 20772
422	杀草强	Amitrole			不得检出	SN/T 1737.6
423	5 – 吗啉甲基 – 3 – 氨基 – 2 – 噁唑烷基酮	AMOZ			不得检出	GB/T 21311
424	氨丙嘧吡啶	Amprolium			不得检出	SN/T 0276

序号	农兽药中文名	农兽药英文名	欧盟标准限量要求 mg/kg	国家标准限量要求 mg/kg	三安超有机食品标准	
					限量要求 mg/kg	检测方法
425	莎稗磷	Anilofos			不得检出	GB/T 19650
426	蒽醌	Anthraquinone			不得检出	GB/T 19650
427	3-氨基-2-噁唑酮	AOZ			不得检出	GB/T 21311
428	安普霉素	Apramycin			不得检出	GB/T 21323
429	丙硫特普	Aspon			不得检出	GB/T 19650
430	羟氨卡青霉素	Aspoxicillin			不得检出	GB/T 21315
431	乙基杀扑磷	Athidathion			不得检出	GB/T 19650
432	莠去通	Atratone			不得检出	GB/T 19650
433	莠去津	Atrazine			不得检出	GB/T 20772
434	脱乙基阿特拉津	Atrazine-desethyl			不得检出	GB/T 19650
435	甲基吡噁磷	Azamethiphos			不得检出	GB/T 20763
436	氮哌酮	Azaperone			不得检出	SN/T2221
437	叠氮津	Aziprotryne			不得检出	GB/T 19650
438	杆菌肽	Bacitracin			不得检出	GB/T 20743
439	4-溴-3,5-二甲苯基-N-甲基氨基甲酸酯-1	BDMC-1			不得检出	GB/T 19650
440	4-溴-3,5-二甲苯基-N-甲基氨基甲酸酯-2	BDMC-2			不得检出	GB/T 19650
441	噁虫威	Bendiocarb			不得检出	GB/T 20772
442	乙丁氟灵	Benfluralin			不得检出	GB/T 19650
443	呋草黄	Benfuresate			不得检出	GB/T 19650
444	麦锈灵	Benodanil			不得检出	GB/T 19650
445	解草酮	Benoxacor			不得检出	GB/T 19650
446	新燕灵	Benzoylprop-ethyl			不得检出	GB/T 19650
447	倍他米松	Betamethasone			不得检出	SN/T 1970
448	生物烯丙菊酯-1	Bioallethrin-1			不得检出	GB/T 19650
449	生物烯丙菊酯-2	Bioallethrin-2			不得检出	GB/T 19650
450	生物苄呋菊酯	Bioresmethrin			不得检出	GB/T 20772
451	除草定	Bromacil			不得检出	GB/T 19650
452	溴苯烯磷	Bromfenvinfos			不得检出	GB/T 19650
453	溴烯杀	Bromocylen			不得检出	GB/T 19650
454	溴硫磷	Bromofos			不得检出	GB/T 19650
455	乙基溴硫磷	Bromophos-ethyl			不得检出	GB/T 19650
456	溴丁酰草胺	Btomobutide			不得检出	GB/T 19650
457	氟丙嘧草酯	Butafenacil			不得检出	GB/T 19650
458	抑草磷	Butamifos			不得检出	GB/T 19650
459	丁草胺	Butaxhlor			不得检出	GB/T 19650
460	苯酮唑	Cafenstrole			不得检出	GB/T 19650
461	角黄素	Canthaxanthin			不得检出	SN/T 2327

序号	农兽药中文名	农兽药英文名	欧盟标准限量要求 mg/kg	国家标准限量要求 mg/kg	三安超有机食品标准	
					限量要求 mg/kg	检测方法
462	咔唑心安	Carazolol			不得检出	GB/T 20763
463	卡巴氧	Carbadox			不得检出	GB/T 20746
464	三硫磷	Carbophenothion			不得检出	GB/T 19650
465	唑草酮	Carfentrazone－ethyl			不得检出	GB/T 19650
466	卡洛芬	Carprofen			不得检出	SN/T 2190
467	头孢洛宁	Cefalonium			不得检出	GB/T 22989
468	头孢匹林	Cefapirin			不得检出	GB/T 22989
469	头孢喹肟	Cefquinome			不得检出	GB/T 22989
470	头孢氨苄	Cefalexin			不得检出	GB/T 22989
471	氯霉素	Chloramphenicolum			不得检出	GB/T 20772
472	氯杀螨砜	Chlorbenside sulfone			不得检出	GB/T 19650
473	氯溴隆	Chlorbromuron			不得检出	GB/T 19650
474	杀虫脒	Chlordimeform			不得检出	GB/T 19650
475	氯氧磷	Chlorethoxyfos			不得检出	GB/T 19650
476	溴虫腈	Chlorfenapyr			不得检出	GB/T 19650
477	杀螨醇	Chlorfenethol			不得检出	GB/T 19650
478	氟啶脲	Chlorfluazuron			不得检出	SN/T 2540
479	整形醇	Chlorflurenol			不得检出	GB/T 19650
480	氯地孕酮	Chlormadinone			不得检出	SN/T 1980
481	醋酸氯地孕酮	Chlormadinone acetate			不得检出	GB/T 20753
482	氯苯甲醚	Chloroneb			不得检出	GB/T 19650
483	丙酯杀螨醇	Chloropropylate			不得检出	GB/T 19650
484	氯丙嗪	Chlorpromazine			不得检出	GB/T 20763
485	毒死蜱	Chlorpyrifos			不得检出	GB/T 19650
486	金霉素	Chlortetracycline			不得检出	GB/T 21317
487	氯硫磷	Chlorthion			不得检出	GB/T 19650
488	虫螨磷	Chlorthiophos			不得检出	GB/T 19650
489	乙菌利	Chlozolinate			不得检出	GB/T 19650
490	顺式－氯丹	cis－Chlordane			不得检出	GB/T 19650
491	顺式－燕麦敌	cis－Diallate			不得检出	GB/T 19650
492	顺式－氯菊酯	cis－Permethrin			不得检出	GB/T 19650
493	克仑特罗	Clenbuterol			不得检出	GB/T 22286
494	异噁草酮	Clomazone			不得检出	GB/T 20772
495	氯甲酰草胺	Clomeprop			不得检出	GB/T 19650
496	氯羟吡啶	Clopidol			不得检出	GB 29700
497	解草酯	Cloquintocet－mexyl			不得检出	GB/T 19650
498	蝇毒磷	Coumaphos			不得检出	GB/T 19650
499	鼠立死	Crimidine			不得检出	GB/T 19650
500	巴毒磷	Crotxyphos			不得检出	GB/T 19650

序号	农兽药中文名	农兽药英文名	欧盟标准限量要求 mg/kg	国家标准限量要求 mg/kg	三安超有机食品标准 限量要求 mg/kg	三安超有机食品标准 检测方法
501	育畜磷	Crufomate			不得检出	GB/T 19650
502	苯腈磷	Cyanofenphos			不得检出	GB/T 19650
503	杀螟腈	Cyanophos			不得检出	GB/T 20772
504	环草敌	Cycloate			不得检出	GB/T 20772
505	环莠隆	Cycluron			不得检出	GB/T 20772
506	环丙津	Cyprazine			不得检出	GB/T 20772
507	敌草索	Dacthal			不得检出	GB/T 19650
508	癸氧喹酯	Decoquinate			不得检出	SN/T 2444
509	脱叶磷	DEF			不得检出	GB/T 19650
510	2,2′,4,5,5′-五氯联苯	DE-PCB 101			不得检出	GB/T 19650
511	2,3,4,4′,5-五氯联苯	DE-PCB 118			不得检出	GB/T 19650
512	2,2′,3,4,4′,5-六氯联苯	DE-PCB 138			不得检出	GB/T 19650
513	2,2′,4,4′,5,5′-六氯联苯	DE-PCB 153			不得检出	GB/T 19650
514	2,2′,3,4,4′,5,5′-七氯联苯	DE-PCB 180			不得检出	GB/T 19650
515	2,4,4′-三氯联苯	DE-PCB 28			不得检出	GB/T 19650
516	2,4,5-三氯联苯	DE-PCB 31			不得检出	GB/T 19650
517	2,2′,5,5′-四氯联苯	DE-PCB 52			不得检出	GB/T 19650
518	脱溴溴苯磷	Desbrom-leptophos			不得检出	GB/T 19650
519	脱乙基另丁津	Desethyl-sebuthylazine			不得检出	GB/T 19650
520	敌草净	Desmetryn			不得检出	GB/T 19650
521	地塞米松	Dexamethasone			不得检出	SN/T 1970
522	氯亚胺硫磷	Dialifos			不得检出	GB/T 19650
523	敌菌净	Diaveridine			不得检出	SN/T 1926
524	驱虫特	Dibutyl succinate			不得检出	GB/T 20772
525	异氯磷	Dicapthon			不得检出	GB/T 20772
526	除线磷	Dichlofenthion			不得检出	GB/T 20772
527	苯氟磺胺	Dichlofluanid			不得检出	GB/T 19650
528	烯丙酰草胺	Dichlormid			不得检出	GB/T 19650
529	敌敌畏	Dichlorvos			不得检出	GB/T 20772
530	苄氯三唑醇	Diclobutrazole			不得检出	GB/T 20772
531	禾草灵	Diclofop-methyl			不得检出	GB/T 19650
532	己烯雌酚	Diethylstilbestrol			不得检出	GB/T 20766
533	甲氟磷	Dimefox			不得检出	GB/T 19650
534	哌草丹	Dimepiperate			不得检出	GB/T 19650
535	异戊乙净	Dimethametryn			不得检出	GB/T 19650
536	二甲酚草胺	Dimethenamid			不得检出	GB/T 19650
537	乐果	Dimethoate			不得检出	GB/T 20772
538	甲基毒虫畏	Dimethylvinphos			不得检出	GB/T 19650

序号	农兽药中文名	农兽药英文名	欧盟标准限量要求 mg/kg	国家标准限量要求 mg/kg	三安超有机食品标准 限量要求 mg/kg	检测方法
539	地美硝唑	Dimetridazole			不得检出	GB/T 21318
540	二硝托安	Dinitolmide			不得检出	SN/T 2453
541	氨氟灵	Dinitramine			不得检出	GB/T 19650
542	消螨通	Dinobuton			不得检出	GB/T 19650
543	呋虫胺	Dinotefuran			不得检出	GB/T 20772
544	苯虫醚－1	Diofenolan－1			不得检出	GB/T 19650
545	苯虫醚－2	Diofenolan－2			不得检出	GB/T 19650
546	蔬果磷	Dioxabenzofos			不得检出	GB/T 19650
547	双苯酰草胺	Diphenamid			不得检出	GB/T 19650
548	二苯胺	Diphenylamine			不得检出	GB/T 19650
549	异丙净	Dipropetryn			不得检出	GB/T 19650
550	灭菌磷	Ditalimfos			不得检出	GB/T 19650
551	氟硫草定	Dithiopyr			不得检出	GB/T 19650
552	强力霉素	Doxycycline			不得检出	GB/T 20764
553	敌瘟磷	Edifenphos			不得检出	GB/T 19650
554	硫丹硫酸盐	Endosulfan－sulfate			不得检出	GB/T 19650
555	异狄氏剂酮	Endrin ketone			不得检出	GB/T 19650
556	苯硫磷	EPN			不得检出	GB/T 19650
557	抑草蓬	Erbon			不得检出	GB/T 19650
558	S－氰戊菊酯	Esfenvalerate			不得检出	GB/T 19650
559	戊草丹	Esprocarb			不得检出	GB/T 19650
560	乙环唑－1	Etaconazole－1			不得检出	GB/T 19650
561	乙环唑－2	Etaconazole－2			不得检出	GB/T 19650
562	乙嘧硫磷	Etrimfos			不得检出	GB/T 19650
563	氧乙嘧硫磷	Etrimfos oxon			不得检出	GB/T 19650
564	伐灭磷	Famphur			不得检出	GB/T 19650
565	苯线磷亚砜	Fenamiphos sulfoxide			不得检出	GB/T 19650
566	苯线磷砜	Fenamiphos－sulfone			不得检出	GB/T 19650
567	氧皮蝇磷	Fenchlorphos oxon			不得检出	GB/T 19650
568	甲呋酰胺	Fenfuram			不得检出	GB/T 19650
569	仲丁威	Fenobucarb			不得检出	GB/T 19650
570	苯硫威	Fenothiocarb			不得检出	GB/T 19650
571	稻瘟酰胺	Fenoxanil			不得检出	GB/T 19650
572	拌种咯	Fenpiclonil			不得检出	GB/T 19650
573	甲氰菊酯	Fenpropathrin			不得检出	GB/T 19650
574	芬螨酯	Fenson			不得检出	GB/T 19650
575	丰索磷	Fensulfothion			不得检出	GB/T 19650
576	倍硫磷亚砜	Fenthion sulfoxide			不得检出	GB/T 19650

序号	农兽药中文名	农兽药英文名	欧盟标准限量要求 mg/kg	国家标准限量要求 mg/kg	三安超有机食品标准 限量要求 mg/kg	三安超有机食品标准 检测方法
577	麦草氟异丙酯	Flamprop – isopropyl			不得检出	GB/T 19650
578	麦草氟甲酯	Flamprop – methyl			不得检出	GB/T 19650
579	氟苯尼考	Florfenicol			不得检出	GB/T 20756
580	吡氟禾草灵	Fluazifop – butyl			不得检出	GB/T 19650
581	啶蜱脲	Fluazuron			不得检出	SN/T 2540
582	氟苯咪唑	Flubendazole			不得检出	GB/T 21324
583	氟噻草胺	Flufenacet			不得检出	GB/T 19650
584	氟节胺	Flumetralin			不得检出	GB/T 19650
585	唑嘧磺草胺	Flumetsulam			不得检出	GB/T 20772
586	氟烯草酸	Flumiclorac			不得检出	GB/T 19650
587	丙炔氟草胺	Flumioxazin			不得检出	GB/T 19650
588	氟胺烟酸	Flunixin			不得检出	GB/T 20750
589	三氟硝草醚	Fluorodifen			不得检出	GB/T 19650
590	乙羧氟草醚	Fluoroglycofen – ethyl			不得检出	GB/T 19650
591	三氟苯唑	Fluotrimazole			不得检出	GB/T 19650
592	氟啶草酮	Fluridone			不得检出	GB/T 19650
593	氟草烟 – 1 – 甲庚酯	Fluroxypr – 1 – methylheptyl ester			不得检出	GB/T 19650
594	呋草酮	Flurtamone			不得检出	GB/T 19650
595	地虫硫磷	Fonofos			不得检出	GB/T 19650
596	安果	Formothion			不得检出	GB/T 19650
597	呋霜灵	Furalaxyl			不得检出	GB/T 19650
598	庆大霉素	Gentamicin			不得检出	GB/T 21323
599	苄螨醚	Halfenprox			不得检出	GB/T 19650
600	氟哌啶醇	Haloperidol			不得检出	GB/T 20763
601	庚烯磷	Heptanophos			不得检出	GB/T 19650
602	己唑醇	Hexaconazole			不得检出	GB/T 19650
603	环嗪酮	Hexazinone			不得检出	GB/T 19650
604	咪草酸	Imazamethabenz – methyl			不得检出	GB/T 19650
605	脱苯甲基亚胺唑	Imibenconazole – des – benzyl			不得检出	GB/T 19650
606	炔咪菊酯 – 1	Imiprothrin – 1			不得检出	GB/T 19650
607	炔咪菊酯 – 2	Imiprothrin – 2			不得检出	GB/T 19650
608	碘硫磷	Iodofenphos			不得检出	GB/T 19650
609	甲基碘磺隆	Iodosulfuron – methyl			不得检出	GB/T 20772
610	异稻瘟净	Iprobenfos			不得检出	GB/T 19650
611	氯唑磷	Isazofos			不得检出	GB/T 19650
612	碳氯灵	Isobenzan			不得检出	GB/T 19650
613	丁咪酰胺	Isocarbamid			不得检出	GB/T 19650
614	水胺硫磷	Isocarbophos			不得检出	GB/T 19650

序号	农兽药中文名	农兽药英文名	欧盟标准限量要求 mg/kg	国家标准限量要求 mg/kg	三安超有机食品标准 限量要求 mg/kg	检测方法
615	异艾氏剂	Isodrin			不得检出	GB/T 19650
616	异柳磷	Isofenphos			不得检出	GB/T 19650
617	氧异柳磷	Isofenphos oxon			不得检出	GB/T 19650
618	氮氨菲啶	Isometamidium			不得检出	SN/T 2239
619	丁嗪草酮	Isomethiozin			不得检出	GB/T 19650
620	异丙威 – 1	Isoprocarb – 1			不得检出	GB/T 19650
621	异丙威 – 2	Isoprocarb – 2			不得检出	GB/T 19650
622	异丙乐灵	Isopropalin			不得检出	GB/T 19650
623	双苯恶唑酸	Isoxadifen – ethyl			不得检出	GB/T 19650
624	异恶氟草	Isoxaflutole			不得检出	GB/T 20772
625	恶唑啉	Isoxathion			不得检出	GB/T 19650
626	交沙霉素	Josamycin			不得检出	GB/T 20762
627	拉沙里菌素	Lasalocid			不得检出	SN 0501
628	溴苯磷	Leptophos			不得检出	GB/T 19650
629	左旋咪唑	Levamisole			不得检出	SN 0349
630	利谷隆	Linuron			不得检出	GB/T 19650
631	麻保沙星	Marbofloxacin			不得检出	GB/T 22985
632	2 – 甲 – 4 – 氯丁氧乙基酯	MCPA – butoxyethyl ester			不得检出	GB/T 19650
633	灭蚜磷	Mecarbam			不得检出	GB/T 19650
634	二甲四氯丙酸	Mecoprop			不得检出	SN/T 2325
635	苯噻酰草胺	Mefenacet			不得检出	GB/T 19650
636	吡唑解草酯	Mefenpyr – diethyl			不得检出	GB/T 19650
637	醋酸甲地孕酮	Megestrol acetate			不得检出	GB/T 20753
638	醋酸美仑孕酮	Melengestrol acetate			不得检出	GB/T 20753
639	嘧菌胺	Mepanipyrim			不得检出	GB/T 19650
640	地胺磷	Mephosfolan			不得检出	GB/T 19650
641	灭锈胺	Mepronil			不得检出	GB/T 19650
642	硝磺草酮	Mesotrione			不得检出	参照同类标准
643	呋菌胺	Methfuroxam			不得检出	GB/T 19650
644	灭梭威砜	Methiocarb sulfone			不得检出	GB/T 19650
645	盖草津	Methoprotryne			不得检出	GB/T 19650
646	甲醚菊酯 – 1	Methothrin – 1			不得检出	GB/T 19650
647	甲醚菊酯 – 2	Methothrin – 2			不得检出	GB/T 19650
648	甲基泼尼松龙	Methylprednisolone			不得检出	GB/T 21981
649	溴谷隆	Metobromuron			不得检出	GB/T 19650
650	甲氧氯普胺	Metoclopramide			不得检出	SN/T 2227
651	苯氧菌胺 – 1	Metominsstrobin – 1			不得检出	GB/T 19650
652	苯氧菌胺 – 2	Metominsstrobin – 2			不得检出	GB/T 19650

序号	农兽药中文名	农兽药英文名	欧盟标准限量要求 mg/kg	国家标准限量要求 mg/kg	三安超有机食品标准 限量要求 mg/kg	三安超有机食品标准 检测方法
653	甲硝唑	Metronidazole			不得检出	GB/T 21318
654	速灭磷	Mevinphos			不得检出	GB/T 19650
655	兹克威	Mexacarbate			不得检出	GB/T 19650
656	灭蚁灵	Mirex			不得检出	GB/T 19650
657	禾草敌	Molinate			不得检出	GB/T 19650
658	庚酰草胺	Monalide			不得检出	GB/T 19650
659	莫能菌素	Monensin			不得检出	SN 0698
660	莫西丁克	Moxidectin			不得检出	SN/T 2442
661	合成麝香	Musk ambrecte			不得检出	GB/T 19650
662	麝香	Musk moskene			不得检出	GB/T 19650
663	西藏麝香	Musk tibeten			不得检出	GB/T 19650
664	二甲苯麝香	Musk xylene			不得检出	GB/T 19650
665	二溴磷	Naled			不得检出	SN/T 0706
666	萘丙胺	Naproanilide			不得检出	GB/T 19650
667	甲基盐霉素	Narasin			不得检出	GB/T 20364
668	甲磺乐灵	Nitralin			不得检出	GB/T 19650
669	三氯甲基吡啶	Nitrapyrin			不得检出	GB/T 19650
670	酞菌酯	Nitrothal – isopropyl			不得检出	GB/T 19650
671	诺氟沙星	Norfloxacin			不得检出	GB/T 20366
672	氟草敏	Norflurazon			不得检出	GB/T 19650
673	新生霉素	Novobiocin			不得检出	SN 0674
674	氟苯嘧啶醇	Nuarimol			不得检出	GB/T 19650
675	八氯苯乙烯	Octachlorostyrene			不得检出	GB/T 19650
676	氧氟沙星	Ofloxacin			不得检出	GB/T 20366
677	呋酰胺	Ofurace			不得检出	GB/T 20746
678	喹乙醇	Olaquindox			不得检出	GB/T 20746
679	竹桃霉素	Oleandomycin			不得检出	GB/T 20762
680	氧乐果	Omethoate			不得检出	GB/T 19650
681	奥比沙星	Orbifloxacin			不得检出	GB/T 22985
682	杀线威	Oxamyl			不得检出	GB/T 20772
683	丙氧苯咪唑	Oxibendazole			不得检出	GB/T 21324
684	氧化氯丹	Oxy – chlordane			不得检出	GB/T 19650
685	土霉素	Oxytetracycline			不得检出	GB/T 21317
686	对氧磷	Paraoxon			不得检出	GB/T 19650
687	甲基对氧磷	Paraoxon – methyl			不得检出	GB/T 19650
688	克草敌	Pebulate			不得检出	GB/T 19650
689	五氯苯胺	Pentachloroaniline			不得检出	GB/T 19650
690	五氯甲氧基苯	Pentachloroanisole			不得检出	GB/T 19650

序号	农兽药中文名	农兽药英文名	欧盟标准限量要求 mg/kg	国家标准限量要求 mg/kg	三安超有机食品标准 限量要求 mg/kg	三安超有机食品标准 检测方法
691	五氯苯	Pentachlorobenzene			不得检出	GB/T 19650
692	乙滴涕	Perthane			不得检出	GB/T 19650
693	菲	Phenanthrene			不得检出	GB/T 19650
694	稻丰散	Phenthoate			不得检出	GB/T 19650
695	甲拌磷砜	Phorate sulfone			不得检出	GB/T 19650
696	磷胺-1	Phosphamidon-1			不得检出	GB/T 19650
697	磷胺-2	Phosphamidon-2			不得检出	GB/T 19650
698	酞酸苯甲基丁酯	Phthalic acid, benzylbutyl ester			不得检出	GB/T 19650
699	四氯苯肽	Phthalide			不得检出	GB/T 19650
700	邻苯二甲酰亚胺	Phthalimide			不得检出	GB/T 19650
701	氟吡酰草胺	Picolinafen			不得检出	GB/T 19650
702	增效醚	Piperonyl butoxide			不得检出	GB/T 19650
703	哌草磷	Piperophos			不得检出	GB/T 19650
704	乙基虫螨清	Pirimiphos-ethyl			不得检出	GB/T 19650
705	吡利霉素	Pirlimycin			不得检出	GB/T 22988
706	炔丙菊酯	Prallethrin			不得检出	GB/T 19650
707	泼尼松龙	Prednisolone			不得检出	GB/T 21981
708	丙草胺	Pretilachlor			不得检出	GB/T 19650
709	环丙氟灵	Profluralin			不得检出	GB/T 19650
710	茉莉酮	Prohydrojasmon			不得检出	GB/T 19650
711	扑灭通	Prometon			不得检出	GB/T 19650
712	扑草净	Prometryne			不得检出	GB/T 19650
713	炔丙烯草胺	Pronamide			不得检出	GB/T 19650
714	敌稗	Propanil			不得检出	GB/T 19650
715	扑灭津	Propazine			不得检出	GB/T 19650
716	胺丙畏	Propetamphos			不得检出	GB/T 19650
717	丙酰二甲氨基丙吩噻嗪	Propionylpromazin			不得检出	GB/T 20763
718	丙硫磷	Prothiophos			不得检出	GB/T 19650
719	哒嗪硫磷	Ptridaphenthion			不得检出	GB/T 19650
720	吡唑硫磷	Pyraclofos			不得检出	GB/T 19650
721	吡草醚	Pyraflufen-ethyl			不得检出	GB/T 19650
722	啶斑肟-1	Pyrifenox-1			不得检出	GB/T 19650
723	啶斑肟-2	Pyrifenox-2			不得检出	GB/T 19650
724	环酯草醚	Pyriftalid			不得检出	GB/T 19650
725	嘧螨醚	Pyrimidifen			不得检出	GB/T 19650
726	嘧草醚	Pyriminobac-methyl			不得检出	GB/T 19650
727	嘧啶磷	Pyrimitate			不得检出	GB/T 19650
728	喹硫磷	Quinalphos			不得检出	GB/T 19650

序号	农兽药中文名	农兽药英文名	欧盟标准限量要求 mg/kg	国家标准限量要求 mg/kg	三安超有机食品标准	
					限量要求 mg/kg	检测方法
729	灭藻醌	Quinoclamine			不得检出	GB/T 19650
730	吡咪唑	Rabenzazole			不得检出	GB/T 19650
731	莱克多巴胺	Ractopamine			不得检出	GB/T 21313
732	洛硝达唑	Ronidazole			不得检出	GB/T 21318
733	皮蝇磷	Ronnel			不得检出	GB/T 19650
734	盐霉素	Salinomycin			不得检出	GB/T 20364
735	沙拉沙星	Sarafloxacin			不得检出	GB/T 20366
736	另丁津	Sebutylazine			不得检出	GB/T 19650
737	密草通	Secbumeton			不得检出	GB/T 19650
738	氨基脲	Semduramicin			不得检出	GB/T 20752
739	烯禾啶	Sethoxydim			不得检出	GB/T 19650
740	氟硅菊酯	Silafluofen			不得检出	GB/T 19650
741	硅氟唑	Simeconazole			不得检出	GB/T 19650
742	西玛通	Simetone			不得检出	GB/T 19650
743	西草净	Simetryn			不得检出	GB/T 19650
744	螺旋霉素	Spiramycin			不得检出	GB/T 20762
745	磺胺苯酰	Sulfabenzamide			不得检出	GB/T 21316
746	磺胺醋酰	Sulfacetamide			不得检出	GB/T 21316
747	磺胺氯哒嗪	Sulfachloropyridazine			不得检出	GB/T 21316
748	磺胺嘧啶	Sulfadiazine			不得检出	GB/T 21316
749	磺胺间二甲氧嘧啶	Sulfadimethoxine			不得检出	GB/T 21316
750	磺胺二甲嘧啶	Sulfadimidine			不得检出	GB/T 21316
751	磺胺多辛	Sulfadoxine			不得检出	GB/T 21316
752	磺胺脒	Sulfaguanidine			不得检出	GB/T 21316
753	菜草畏	Sulfallate			不得检出	GB/T 19650
754	磺胺甲嘧啶	Sulfamerazine			不得检出	GB/T 21316
755	新诺明	Sulfamethoxazole			不得检出	GB/T 21316
756	磺胺间甲氧嘧啶	Sulfamonomethoxine			不得检出	GB/T 21316
757	乙酰磺胺对硝基苯	Sulfanitran			不得检出	GB/T 20772
758	磺胺吡啶	Sulfapyridine			不得检出	GB/T 21316
759	磺胺喹沙啉	Sulfaquinoxaline			不得检出	GB/T 21316
760	磺胺噻唑	Sulfathiazole			不得检出	GB/T 21316
761	治螟磷	Sulfotep			不得检出	GB/T 19650
762	硫丙磷	Sulprofos			不得检出	GB/T 19650
763	苯噻硫氰	TCMTB			不得检出	GB/T 19650
764	丁基嘧啶磷	Tebupirimfos			不得检出	GB/T 19650
765	牧草胺	Tebutam			不得检出	GB/T 20772
766	丁噻隆	Tebuthiuron			不得检出	GB/T 19650

序号	农兽药中文名	农兽药英文名	欧盟标准限量要求 mg/kg	国家标准限量要求 mg/kg	三安超有机食品标准	
					限量要求 mg/kg	检测方法
767	双硫磷	Temephos			不得检出	GB/T 20772
768	特草灵	Terbucarb			不得检出	GB/T 19650
769	特丁通	Terbumeron			不得检出	GB/T 19650
770	特丁净	Terbutryn			不得检出	GB/T 19650
771	四氢邻苯二甲酰亚胺	Tetrabydrophthalimide			不得检出	GB/T 19650
772	杀虫畏	Tetrachlorvinphos			不得检出	GB/T 19650
773	四环素	Tetracycline			不得检出	GB/T 21317
774	胺菊酯	Tetramethirn			不得检出	GB/T 19650
775	杀螨氯硫	Tetrasul			不得检出	GB/T 19650
776	噻吩草胺	Thenylchlor			不得检出	GB/T 19650
777	噻唑烟酸	Thiazopyr			不得检出	GB/T 19650
778	噻苯隆	Thidiazuron			不得检出	GB/T 20772
779	噻吩磺隆	Thifensulfuron – methyl			不得检出	GB/T 20772
780	甲基乙拌磷	Thiometon			不得检出	GB/T 20772
781	虫线磷	Thionazin			不得检出	GB/T 19650
782	硫普罗宁	Tiopronin			不得检出	SN/T 2225
783	三甲苯草酮	Tralkoxydim			不得检出	GB/T 19650
784	四溴菊酯	Tralomethrin			不得检出	SN/T 2320
785	反式 – 氯丹	*trans* – Chlordane			不得检出	GB/T 19650
786	反式 – 燕麦敌	*trans* – Diallate			不得检出	GB/T 19650
787	四氟苯菊酯	Transfluthrin			不得检出	GB/T 19650
788	反式九氯	*trans* – Nonachlor			不得检出	GB/T 19650
789	反式 – 氯菊酯	*trans* – Permethrin			不得检出	GB/T 19650
790	群勃龙	Trenbolone			不得检出	GB/T 21981
791	威菌磷	Triamiphos			不得检出	GB/T 19650
792	毒壤磷	Trichloronatee			不得检出	GB/T 19650
793	灭草环	Tridiphane			不得检出	GB/T 19650
794	草达津	Trietazine			不得检出	GB/T 19650
795	三异丁基磷酸盐	Tri – *iso* – butyl phosphate			不得检出	GB/T 19650
796	三正丁基磷酸盐	Tri – *n* – butyl phosphate			不得检出	GB/T 19650
797	三苯基磷酸盐	Triphenyl phosphate			不得检出	GB/T 19650
798	烯效唑	Uniconazole			不得检出	GB/T 19650
799	灭草敌	Vernolate			不得检出	GB/T 19650
800	维吉尼霉素	Virginiamycin			不得检出	GB/T 20765
801	杀鼠灵	War farin			不得检出	GB/T 20772
802	甲苯噻嗪	Xylazine			不得检出	GB/T 20763
803	右环十四酮酚	Zeranol			不得检出	GB/T 21982
804	苯酰菌胺	Zoxamide			不得检出	GB/T 19650

4.3　山羊肝脏　Goat Liver

序号	农兽药中文名	农兽药英文名	欧盟标准限量要求 mg/kg	国家标准限量要求 mg/kg	三安超有机食品标准	
					限量要求 mg/kg	检测方法
1	1,1 - 二氯 - 2,2 - 二(4 - 乙苯)乙烷	1,1 - Dichloro - 2,2 - bis(4 - ethylphenyl)ethane	0.01		不得检出	日本肯定列表（增补本1）
2	1,2 - 二氯乙烷	1,2 - Dichloroethane	0.1		不得检出	SN/T 2238
3	1,3 - 二氯丙烯	1,3 - Dichloropropene	0.01		不得检出	SN/T 2238
4	1 - 萘乙酸	1 - Naphthylacetic acid	0.05		不得检出	SN/T 2228
5	2,4 - 滴	2,4 - D	0.05		不得检出	GB/T 20772
6	2,4 - 滴丁酸	2,4 - DB	0.1		不得检出	GB/T 20769
7	2 - 苯酚	2 - Phenylphenol	0.05		不得检出	GB/T 19650
8	阿维菌素	Abamectin	0.02		不得检出	SN/T 2661
9	乙酰甲胺磷	Acephate			不得检出	GB/T 20772
10	灭螨醌	Acequinocyl	0.01		不得检出	参照同类标准
11	啶虫脒	Acetamiprid	0.1		不得检出	GB/T 20772
12	乙草胺	Acetochlor	0.01		不得检出	GB/T 19650
13	苯并噻二唑	Acibenzolar - S - methyl	0.02		不得检出	GB/T 20772
14	苯草醚	Aclonifen	0.02		不得检出	GB/T 20772
15	氟丙菊酯	Acrinathrin	0.05		不得检出	GB/T 19648
16	甲草胺	Alachlor	0.01		不得检出	GB/T 20772
17	阿苯达唑	Albendazole	1000μg/kg		不得检出	GB 29687
18	涕灭威	Aldicarb	0.01		不得检出	GB/T 20772
19	艾氏剂和狄氏剂	Aldrin and dieldrin	0.2		不得检出	GB/T 19650
20	—	Ametoctradin	0.03		不得检出	参照同类标准
21	酰嘧磺隆	Amidosulfuron	0.02		不得检出	参照同类标准
22	氯氨吡啶酸	Aminopyralid	0.02		不得检出	GB/T 23211
23	—	Amisulbrom	0.01		不得检出	参照同类标准
24	双甲脒	Amitraz	100μg/kg		不得检出	GB/T 19650
25	阿莫西林	Amoxicillin	50μg/kg		不得检出	NY/T 830
26	氨苄青霉素	Ampicillin	50μg/kg		不得检出	GB/T 21315
27	敌菌灵	Anilazine	0.01		不得检出	GB/T 20769
28	杀螨特	Aramite	0.01		不得检出	GB/T 19650
29	磺草灵	Asulam	0.1		不得检出	日本肯定列表（增补本1）
30	印楝素	Azadirachtin	0.01		不得检出	SN/T 3264
31	益棉磷	Azinphos - ethyl	0.01		不得检出	GB/T 19650
32	保棉磷	Azinphos - methyl	0.01		不得检出	GB/T 20772
33	三唑锡和三环锡	Azocyclotin and cyhexatin	0.05		不得检出	SN/T 1990
34	嘧菌酯	Azoxystrobin	0.07		不得检出	GB/T 20772
35	燕麦灵	Barban	0.05		不得检出	参照同类标准
36	氟丁酰草胺	Beflubutamid	0.05		不得检出	参照同类标准

序号	农兽药中文名	农兽药英文名	欧盟标准限量要求 mg/kg	国家标准限量要求 mg/kg	三安超有机食品标准	
					限量要求 mg/kg	检测方法
37	苯霜灵	Benalaxyl	0.05		不得检出	GB/T 20772
38	丙硫克百威	Benfuracarb	0.02		不得检出	GB/T 20772
39	苄青霉素	Benzyl pencillin	50μg/kg		不得检出	GB/T 21315
40	联苯肼酯	Bifenazate	0.01		不得检出	GB/T 20772
41	甲羧除草醚	Bifenox	0.05		不得检出	GB/T 23210
42	联苯菊酯	Bifenthrin	0.2		不得检出	GB/T 19650
43	乐杀螨	Binapacryl	0.01		不得检出	SN 0523
44	联苯	Biphenyl	0.01		不得检出	GB/T 19650
45	联苯三唑醇	Bitertanol	0.05		不得检出	GB/T 20772
46	—	Bixafen	1,5		不得检出	参照同类标准
47	啶酰菌胺	Boscalid	0.2		不得检出	GB/T 20772
48	溴离子	Bromide ion	0.05		不得检出	GB/T 5009.167
49	溴螨酯	Bromopropylate	0.01		不得检出	GB/T 19650
50	溴苯腈	Bromoxynil	0.05		不得检出	GB/T 20772
51	糠菌唑	Bromuconazole	0.05		不得检出	GB/T 19650
52	乙嘧酚磺酸酯	Bupirimate	0.05		不得检出	GB/T 19650
53	噻嗪酮	Buprofezin	0.05		不得检出	GB/T 20772
54	仲丁灵	Butralin	0.02		不得检出	GB/T 19650
55	丁草敌	Butylate	0.01		不得检出	GB/T 19650
56	硫线磷	Cadusafos	0.01		不得检出	GB/T 19650
57	毒杀芬	Camphechlor	0.05		不得检出	YC/T 180
58	敌菌丹	Captafol	0.01		不得检出	GB/T 23210
59	克菌丹	Captan	0.02		不得检出	GB/T 19648
60	甲萘威	Carbaryl	0.05		不得检出	GB/T 20796
61	多菌灵和苯菌灵	Carbendazim and benomyl	0.05		不得检出	GB/T 20772
62	长杀草	Carbetamide	0.05		不得检出	GB/T 20772
63	克百威	Carbofuran	0.01		不得检出	GB/T 20772
64	丁硫克百威	Carbosulfan	0.05		不得检出	GB/T 19650
65	萎锈灵	Carboxin	0.05		不得检出	GB/T 20772
66	头孢噻呋	Ceftiofur	2000μg/kg		不得检出	GB/T 21314
67	氯虫苯甲酰胺	Chlorantraniliprole	0.2		不得检出	参照同类标准
68	杀螨醚	Chlorbenside	0.05		不得检出	GB/T 19650
69	氯炔灵	Chlorbufam	0.05		不得检出	GB/T 20772
70	氯丹	Chlordane	0.05		不得检出	GB/T 5009.19
71	十氯酮	Chlordecone	0.1		不得检出	参照同类标准
72	杀螨酯	Chlorfenson	0.05		不得检出	GB/T 19650
73	毒虫畏	Chlorfenvinphos	0.01		不得检出	GB/T 19650
74	氯草敏	Chloridazon	0.1		不得检出	GB/T 20772
75	矮壮素	Chlormequat	0.05		不得检出	GB/T 23211
76	乙酯杀螨醇	Chlorobenzilate	0.1		不得检出	GB/T 23210

序号	农兽药中文名	农兽药英文名	欧盟标准限量要求 mg/kg	国家标准限量要求 mg/kg	三安超有机食品标准	
					限量要求 mg/kg	检测方法
77	百菌清	Chlorothalonil	0.2		不得检出	SN/T 2320
78	绿麦隆	Chlortoluron	0.05		不得检出	GB/T 20772
79	枯草隆	Chloroxuron	0.05		不得检出	SN/T 2150
80	氯苯胺灵	Chlorpropham	0.05		不得检出	GB/T 19650
81	甲基毒死蜱	Chlorpyrifos – methyl	0.05		不得检出	GB/T 19650
82	氯磺隆	Chlorsulfuron	0.01		不得检出	GB/T 20772
83	金霉素	Chlortetracycline	300μg/kg		不得检出	GB/T 21317
84	氯酞酸甲酯	Chlorthaldimethyl	0.01		不得检出	GB/T 19650
85	氯硫酰草胺	Chlorthiamid	0.02		不得检出	GB/T 20772
86	烯草酮	Clethodim	0.2		不得检出	GB/T 19650
87	炔草酯	Clodinafop – propargyl	0.02		不得检出	GB/T 19650
88	四螨嗪	Clofentezine	0.1		不得检出	GB/T 20772
89	二氯吡啶酸	Clopyralid	0.06		不得检出	SN/T 2228
90	噻虫胺	Clothianidin	0.2		不得检出	GB/T 20772
91	邻氯青霉素	Cloxacillin	300μg/kg		不得检出	GB/T 18932.25
92	黏菌素	Colistin	150μg/kg		不得检出	参照同类标准
93	铜化合物	Copper compounds	30		不得检出	参照同类标准
94	环烷基酰苯胺	Cyclanilide	0.01		不得检出	参照同类标准
95	噻草酮	Cycloxydim	0.05		不得检出	GB/T 19650
96	环氟菌胺	Cyflufenamid	0.03		不得检出	GB/T 23210
97	氟氯氰菊酯和高效氟氯氰菊酯	Cyfluthrin and beta – cyfluthrin	10μg/kg		不得检出	GB/T 19650
98	霜脲氰	Cymoxanil	0.05		不得检出	GB/T 20772
99	氯氰菊酯和高效氯氰菊酯	Cypermethrin and beta – cypermethrin	20μg/kg		不得检出	GB/T 19650
100	环丙唑醇	Cyproconazole	0.5		不得检出	GB/T 20772
101	嘧菌环胺	Cyprodinil	0.05		不得检出	GB/T 19650
102	灭蝇胺	Cyromazine	0.05		不得检出	GB/T 20772
103	丁酰肼	Daminozide	0.05		不得检出	SN/T 1989
104	滴滴涕	DDT	1		不得检出	SN/T 0127
105	溴氰菊酯	Deltamethrin	10μg/kg		不得检出	GB/T 19650
106	燕麦敌	Diallate	0.2		不得检出	GB/T 23211
107	二嗪磷	Diazinon	0.03		不得检出	GB/T 19650
108	麦草畏	Dicamba	0.7		不得检出	GB/T 20772
109	敌草腈	Dichlobenil	0.01		不得检出	GB/T 19650
110	滴丙酸	Dichlorprop	0.1		不得检出	SN/T 2228
111	二氯苯氧基丙酸	Diclofop	0.1		不得检出	参照同类标准
112	氯硝胺	Dicloran	0.01		不得检出	GB/T 19650
113	双氯青霉素	Dicloxacillin	300μg/kg		不得检出	GB/T 18932.25

序号	农兽药中文名	农兽药英文名	欧盟标准限量要求 mg/kg	国家标准限量要求 mg/kg	三安超有机食品标准 限量要求 mg/kg	三安超有机食品标准 检测方法
114	三氯杀螨醇	Dicofol	0.02		不得检出	GB/T 19650
115	乙霉威	Diethofencarb	0.05		不得检出	GB/T 19650
116	苯醚甲环唑	Difenoconazole	0.2		不得检出	GB/T 19650
117	双氟沙星	Difloxacin	1400μg/kg		不得检出	GB/T 20366
118	除虫脲	Diflubenzuron	0.1		不得检出	SN/T 0528
119	吡氟酰草胺	Diflufenican	0.05		不得检出	GB/T 20772
120	二氢链霉素	Dihydro – streptomycin	500μg/kg		不得检出	GB/T 22969
121	油菜安	Dimethachlor	0.02		不得检出	GB/T 20772
122	烯酰吗啉	Dimethomorph	0.05		不得检出	GB/T 20772
123	醚菌胺	Dimoxystrobin	0.05		不得检出	SN/T 2237
124	烯唑醇	Diniconazole	0.01		不得检出	GB/T 19650
125	敌螨普	Dinocap	0.05		不得检出	日本肯定列表（增补本1）
126	地乐酚	Dinoseb	0.01		不得检出	GB/T 20772
127	特乐酚	Dinoterb	0.05		不得检出	GB/T 20772
128	敌噁磷	Dioxathion	0.05		不得检出	GB/T 19650
129	敌草快	Diquat	0.05		不得检出	GB/T 5009.221
130	乙拌磷	Disulfoton	0.01		不得检出	GB/T 20772
131	二氰蒽醌	Dithianon	0.01		不得检出	GB/T 20769
132	二硫代氨基甲酸酯	Dithiocarbamates	0.05		不得检出	SN 0139
133	敌草隆	Diuron	0.05		不得检出	SN/T 0645
134	二硝甲酚	DNOC	0.05		不得检出	GB/T 20772
135	多果定	Dodine	0.2		不得检出	SN 0500
136	多拉菌素	Doramectin	100μg/kg		不得检出	GB/T 22968
137	甲氨基阿维菌素苯甲酸盐	Emamectin benzoate	0.08		不得检出	GB/T 20769
138	硫丹	Endosulfan	0.05	0.1	不得检出	GB/T 19650
139	异狄氏剂	Endrin	0.05		不得检出	GB/T 19650
140	恩诺沙星	Enrofloxacin	300μg/kg		不得检出	GB/T 20366
141	氟环唑	Epoxiconazole	0.2		不得检出	GB/T 20772
142	茵草敌	EPTC	0.02		不得检出	GB/T 20772
143	红霉素	Erythromycin	200μg/kg		不得检出	GB/T 20762
144	乙丁烯氟灵	Ethalfluralin	0.01		不得检出	GB/T 19650
145	胺苯磺隆	Ethametsulfuron	0.01		不得检出	NY/T 1616
146	乙烯利	Ethephon	0.05		不得检出	SN 0705
147	乙硫磷	Ethion	0.01		不得检出	GB/T 19650
148	乙嘧酚	Ethirimol	0.05		不得检出	GB/T 20772
149	乙氧呋草黄	Ethofumesate	0.1		不得检出	GB/T 20772
150	灭线磷	Ethoprophos	0.01		不得检出	GB/T 19650
151	乙氧喹啉	Ethoxyquin	0.05		不得检出	GB/T 20772

序号	农兽药中文名	农兽药英文名	欧盟标准限量要求 mg/kg	国家标准限量要求 mg/kg	三安超有机食品标准	
					限量要求 mg/kg	检测方法
152	环氧乙烷	Ethylene oxide	0.02		不得检出	GB/T 23296.11
153	醚菊酯	Etofenprox	0.5		不得检出	GB/T 19650
154	乙螨唑	Etoxazole	0.01		不得检出	GB/T 19650
155	氯唑灵	Etridiazole	0.05		不得检出	GB/T 20772
156	噁唑菌酮	Famoxadone	0.05		不得检出	GB/T 20772
157	苯硫氨酯	Febantel	500μg/kg		不得检出	GB/T 22972
158	咪唑菌酮	Fenamidone	0.01		不得检出	GB/T 19650
159	苯线磷	Fenamiphos	0.02		不得检出	GB/T 19650
160	氯苯嘧啶醇	Fenarimol	0.02		不得检出	GB/T 20772
161	喹螨醚	Fenazaquin	0.01		不得检出	GB/T 19650
162	苯硫苯咪唑	Fenbendazole	500μg/kg		不得检出	SN 0638
163	腈苯唑	Fenbuconazole	0.05		不得检出	GB/T 20772
164	苯丁锡	Fenbutatin oxide	0.05		不得检出	SN/T 3149
165	环酰菌胺	Fenhexamid	0.05		不得检出	GB/T 20772
166	杀螟硫磷	Fenitrothion	0.01		不得检出	GB/T 20772
167	精噁唑禾草灵	Fenoxaprop – P – ethyl	0.05		不得检出	GB/T 22617
168	双氧威	Fenoxycarb	0.05		不得检出	GB/T 19650
169	苯锈啶	Fenpropidin	0.02		不得检出	GB/T 19650
170	丁苯吗啉	Fenpropimorph	0.05		不得检出	GB/T 20772
171	胺苯吡菌酮	Fenpyrazamine	0.01		不得检出	参照同类标准
172	唑螨酯	Fenpyroximate	0.01		不得检出	GB/T 19650
173	倍硫磷	Fenthion	0.05		不得检出	GB/T 20772
174	三苯锡	Fentin	0.05		不得检出	SN/T 3149
175	薯瘟锡	Fentin acetate	0.05		不得检出	参照同类标准
176	氰戊菊酯和高效氰戊菊酯（RR & SS 异构体总量）	Fenvalerate and esfenvalerate（sum of RR & SS isomers）	0.2		不得检出	GB/T 19650
177	氰戊菊酯和高效氰戊菊酯（RS & SR 异构体总量）	Fenvalerate and esfenvalerate（sum of RS & SR isomers）	0.05		不得检出	GB/T 19650
178	氟虫腈	Fipronil	0.1		不得检出	SN/T 1982
179	氟啶虫酰胺	Flonicamid	0.03		不得检出	SN/T 2796
180	氟苯尼考	Florfenicol	3000μg/kg		不得检出	GB/T 20756
181	精吡氟禾草灵	Fluazifop – P – butyl	0.05		不得检出	GB/T 5009.142
182	氟啶胺	Fluazinam	0.05		不得检出	SN/T 2150
183	氟苯虫酰胺	Flubendiamide	1		不得检出	SN/T 2581
184	氟环脲	Flucycloxuron	0.05		不得检出	参照同类标准
185	氟氰戊菊酯	Flucythrinate	0.05		不得检出	GB/T 23210
186	咯菌腈	Fludioxonil	0.05		不得检出	GB/T 20772
187	氟虫脲	Flufenoxuron	0.05		不得检出	SN/T 2150
188	—	Flufenzin	0.02		不得检出	参照同类标准

序号	农兽药中文名	农兽药英文名	欧盟标准限量要求 mg/kg	国家标准限量要求 mg/kg	三安超有机食品标准	
					限量要求 mg/kg	检测方法
189	氟甲喹	Flumequin	500μg/kg		不得检出	SN/T 1921
190	氟吡菌胺	Fluopicolide	0.01		不得检出	参照同类标准
191	—	Fluopyram	0.7		不得检出	参照同类标准
192	氟离子	Fluoride ion	1		不得检出	GB/T 5009.167
193	氟腈嘧菌酯	Fluoxastrobin	0.05		不得检出	SN/T 2237
194	氟喹唑	Fluquinconazole	0.3		不得检出	GB/T 19650
195	氟咯草酮	Fluorochloridone	0.05		不得检出	GB/T 20772
196	氟草烟	Fluroxypyr	0.05		不得检出	GB/T 20772
197	氟硅唑	Flusilazole	0.1		不得检出	GB/T 20772
198	氟酰胺	Flutolanil	0.05		不得检出	GB/T 20772
199	粉唑醇	Flutriafol	0.01		不得检出	GB/T 20772
200	—	Fluxapyroxad	0.03		不得检出	参照同类标准
201	氟磺胺草醚	Fomesafen	0.01		不得检出	GB/T 5009.130
202	氯吡脲	Forchlorfenuron	0.05		不得检出	SN/T 3643
203	伐虫脒	Formetanate	0.01		不得检出	NY/T 1453
204	三乙膦酸铝	Fosetyl – aluminiumuminium	0.5		不得检出	参照同类标准
205	麦穗宁	Fuberidazole	0.05		不得检出	GB/T 19650
206	呋线威	Furathiocarb	0.01		不得检出	GB/T 20772
207	糠醛	Furfural	1		不得检出	参照同类标准
208	勃激素	Gibberellic acid	0.1		不得检出	GB/T 23211
209	草胺膦	Glufosinate – ammonium	0.1		不得检出	日本肯定列表
210	草甘膦	Glyphosate	0.05		不得检出	SN/T 1923
211	双胍盐	Guazatine	0.1		不得检出	参照同类标准
212	氟吡禾灵	Haloxyfop	0.01		不得检出	SN/T 2228
213	七氯	Heptachlor	0.2		不得检出	SN 0663
214	六氯苯	Hexachlorobenzene	0.2		不得检出	SN/T 0127
215	六六六(HCH),α-异构体	Hexachlorociclohexane（HCH）, alpha – isomer	0.2		不得检出	SN/T 0127
216	六六六(HCH),β-异构体	Hexachlorociclohexane（HCH）, beta – isomer	0.1		不得检出	SN/T 0127
217	噻螨酮	Hexythiazox	0.05		不得检出	GB/T 20772
218	噁霉灵	Hymexazol	0.05		不得检出	GB/T 20772
219	抑霉唑	Imazalil	0.05		不得检出	GB/T 20772
220	甲咪唑烟酸	Imazapic	0.01		不得检出	GB/T 20772
221	咪唑喹啉酸	Imazaquin	0.05		不得检出	GB/T 20772
222	吡虫啉	Imidacloprid	0.3		不得检出	GB/T 20772
223	茚虫威	Indoxacarb	0.05		不得检出	GB/T 20772
224	碘苯腈	Ioxynil	1		不得检出	GB/T 20772
225	异菌脲	Iprodione	0.05		不得检出	GB/T 19650

序号	农兽药中文名	农兽药英文名	欧盟标准限量要求 mg/kg	国家标准限量要求 mg/kg	三安超有机食品标准 限量要求 mg/kg	三安超有机食品标准 检测方法
226	稻瘟灵	Isoprothiolane	0.01		不得检出	GB/T 20772
227	异丙隆	Isoproturon	0.05		不得检出	GB/T 20772
228	—	Isopyrazam	0.01		不得检出	参照同类标准
229	异噁酰草胺	Isoxaben	0.01		不得检出	GB/T 20772
230	依维菌素	Ivermectin	100μg/kg		不得检出	GB/T 21320
231	卡那霉素	Kanamycin	600μg/kg		不得检出	GB/T 21323
232	醚菌酯	Kresoxim – methyl	0.02		不得检出	GB/T 20772
233	乳氟禾草灵	Lactofen	0.01		不得检出	GB/T 19650
234	高效氯氟氰菊酯	Lambda – cyhalothrin	0.5		不得检出	GB/T 23210
235	环草定	Lenacil	0.1		不得检出	GB/T 19650
236	林可霉素	Lincomycin	500μg/kg		不得检出	GB/T 20762
237	林丹	Lindane	0.02	0.01	不得检出	NY/T 761
238	虱螨脲	Lufenuron	0.02		不得检出	SN/T 2540
239	马拉硫磷	Malathion	0.02		不得检出	GB/T 19650
240	抑芽丹	Maleic hydrazide	0.05		不得检出	GB/T 23211
241	双炔酰菌胺	Mandipropamid	0.02		不得检出	参照同类标准
242	二甲四氯和二甲四氯丁酸	MCPA and MCPB	0.1		不得检出	SN/T 2228
243	美洛昔康	Meloxicam	65μg/kg		不得检出	SN/T 2190
244	壮棉素	Mepiquat chloride	0.05		不得检出	GB/T 23211
245	—	Meptyldinocap	0.05		不得检出	参照同类标准
246	汞化合物	Mercury compounds	0.01		不得检出	参照同类标准
247	氰氟虫腙	Metaflumizone	0.02		不得检出	SN/T 3852
248	甲霜灵和精甲霜灵	Metalaxyl and metalaxyl – M	0.05		不得检出	GB/T 20772
249	四聚乙醛	Metaldehyde	0.05		不得检出	SN/T 1787
250	苯嗪草酮	Metamitron	0.05		不得检出	GB/T 19650
251	吡唑草胺	Metazachlor	0.3		不得检出	GB/T 19650
252	叶菌唑	Metconazole	0.01		不得检出	GB/T 20772
253	甲基苯噻隆	Methabenzthiazuron	0.05		不得检出	GB/T 19650
254	虫螨畏	Methacrifos	0.01		不得检出	GB/T 20772
255	甲胺磷	Methamidophos	0.01		不得检出	GB/T 20772
256	杀扑磷	Methidathion	0.02		不得检出	GB/T 20772
257	甲硫威	Methiocarb	0.05		不得检出	GB/T 20770
258	灭多威和硫双威	Methomyl and thiodicarb	0.02		不得检出	GB/T 20772
259	烯虫酯	Methoprene	0.05		不得检出	GB/T 19650
260	甲氧滴滴涕	Methoxychlor	0.01		不得检出	SN/T 0529
261	甲氧虫酰肼	Methoxyfenozide	0.1		不得检出	GB/T 20772
262	磺草唑胺	Metosulam	0.01		不得检出	GB/T 20772
263	苯菌酮	Metrafenone	0.05		不得检出	参照同类标准
264	嗪草酮	Metribuzin	0.1		不得检出	GB/T 19650

序号	农兽药中文名	农兽药英文名	欧盟标准限量要求 mg/kg	国家标准限量要求 mg/kg	三安超有机食品标准	
					限量要求 mg/kg	检测方法
265	—	Monepantel	5000μg/kg		不得检出	参照同类标准
266	绿谷隆	Monolinuron	0.05		不得检出	GB/T 20772
267	灭草隆	Monuron	0.01		不得检出	GB/T 20772
268	甲噻吩嘧啶	Morantel	800μg/kg		不得检出	参照同类标准
269	腈菌唑	Myclobutanil	0.01		不得检出	GB/T 20772
270	奈夫西林	Nafcillin	300μg/kg		不得检出	GB/T 22975
271	1-萘乙酰胺	1-Naphthylacetamide	0.05		不得检出	GB/T 23205
272	敌草胺	Napropamide	0.01		不得检出	GB/T 19650
273	新霉素	Neomycin	500μg/kg		不得检出	SN 0646
274	烟嘧磺隆	Nicosulfuron	0.05		不得检出	SN/T 2325
275	除草醚	Nitrofen	0.01		不得检出	GB/T 19650
276	氟酰脲	Novaluron	0.7		不得检出	GB/T 23211
277	嘧苯胺磺隆	Orthosulfamuron	0.01		不得检出	GB/T 23817
278	苯唑青霉素	Oxacillin	300μg/kg		不得检出	GB/T 18932.25
279	噁草酮	Oxadiazon	0.05		不得检出	GB/T 19650
280	噁霜灵	Oxadixyl	0.01		不得检出	GB/T 19650
281	环氧嘧磺隆	Oxasulfuron	0.05		不得检出	GB/T 23817
282	奥芬达唑	Oxfendazole	50μg/kg		不得检出	GB/T 22972
283	喹菌酮	Oxolinic acid	150μg/kg		不得检出	日本肯定列表
284	氧化萎锈灵	Oxycarboxin	0.05		不得检出	GB/T 19650
285	羟氯柳苯胺	Oxyclozanide	500μg/kg		不得检出	SN/T 2909
286	亚砜磷	Oxydemeton-methyl	0.01		不得检出	参照同类标准
287	乙氧氟草醚	Oxyfluorfen	0.05		不得检出	GB/T 20772
288	土霉素	Oxytetracycline	300μg/kg		不得检出	GB/T 21317
289	多效唑	Paclobutrazol	0.02		不得检出	GB/T 19650
290	对硫磷	Parathion	0.05		不得检出	GB/T 19650
291	甲基对硫磷	Parathion-methyl	0.01		不得检出	GB/T 5009.161
292	巴龙霉素	Paromomycin	1500μg/kg		不得检出	SN/T 2315
293	戊菌唑	Penconazole	0.05		不得检出	GB/T 20772
294	戊菌隆	Pencycuron	0.05		不得检出	GB/T 19650
295	二甲戊灵	Pendimethalin	0.05		不得检出	GB/T 19650
296	喷沙西林	Penethamate	50μg/kg		不得检出	参照同类标准
297	氯菊酯	Permethrin	0.05		不得检出	GB/T 19650
298	甜菜宁	Phenmedipham	0.05		不得检出	GB/T 23205
299	苯醚菊酯	Phenothrin	0.05		不得检出	GB/T 20772
300	甲拌磷	Phorate	0.02		不得检出	GB/T 20772
301	伏杀硫磷	Phosalone	0.01		不得检出	GB/T 20772
302	亚胺硫磷	Phosmet	0.1		不得检出	GB/T 20772
303	—	Phosphines and phosphides	0.01		不得检出	参照同类标准

序号	农兽药中文名	农兽药英文名	欧盟标准限量要求 mg/kg	国家标准限量要求 mg/kg	三安超有机食品标准	
					限量要求 mg/kg	检测方法
304	辛硫磷	Phoxim	0.05		不得检出	GB/T 20772
305	氨氯吡啶酸	Picloram	0.01		不得检出	GB/T 23211
306	啶氧菌酯	Picoxystrobin	0.05		不得检出	GB/T 19650
307	抗蚜威	Pirimicarb	0.05		不得检出	GB/T 20772
308	甲基嘧啶磷	Pirimiphos – methyl	0.05		不得检出	GB/T 20772
309	咪鲜胺	Prochloraz	0.1		不得检出	GB/T 19650
310	腐霉利	Procymidone	0.01		不得检出	GB/T 20772
311	丙溴磷	Profenofos	0.05		不得检出	GB/T 20772
312	调环酸	Prohexadione	0.05		不得检出	日本肯定列表
313	毒草安	Propachlor	0.02		不得检出	GB/T 20772
314	扑派威	Propamocarb	0.1		不得检出	GB/T 20772
315	恶草酸	Propaquizafop	0.05		不得检出	GB/T 20772
316	炔螨特	Propargite	0.1		不得检出	GB/T 19650
317	苯胺灵	Propham	0.05		不得检出	GB/T 19650
318	丙环唑	Propiconazole	0.1		不得检出	GB/T 19650
319	异丙草胺	Propisochlor	0.01		不得检出	GB/T 19650
320	残杀威	Propoxur	0.05		不得检出	GB/T 20772
321	炔苯酰草胺	Propyzamide	0.05		不得检出	GB/T 19650
322	苄草丹	Prosulfocarb	0.05		不得检出	GB/T 19650
323	丙硫菌唑	Prothioconazole	0.5		不得检出	参照同类标准
324	吡蚜酮	Pymetrozine	0.01		不得检出	GB/T 20772
325	吡唑醚菌酯	Pyraclostrobin	0.05		不得检出	GB/T 20772
326	—	Pyrasulfotole	0.01		不得检出	参照同类标准
327	吡菌磷	Pyrazophos	0.02		不得检出	GB/T 20772
328	除虫菊素	Pyrethrins	0.05		不得检出	GB/T 20772
329	哒螨灵	Pyridaben	0.02		不得检出	GB/T 19650
330	啶虫丙醚	Pyridalyl	0.01		不得检出	日本肯定列表
331	哒草特	Pyridate	0.05		不得检出	日本肯定列表
332	嘧霉胺	Pyrimethanil	0.05		不得检出	GB/T 19650
333	吡丙醚	Pyriproxyfen	0.05		不得检出	GB/T 19650
334	甲氧磺草胺	Pyroxsulam	0.01		不得检出	SN/T 2325
335	氯甲喹啉酸	Quinmerac	0.05		不得检出	参照同类标准
336	喹氧灵	Quinoxyfen	0.2		不得检出	SN/T 2319
337	五氯硝基苯	Quintozene	0.01		不得检出	GB/T 19650
338	精喹禾灵	Quizalofop – P – ethyl	0.05		不得检出	SN/T 2150
339	灭虫菊	Resmethrin	0.1		不得检出	GB/T 20772
340	鱼藤酮	Rotenone	0.01		不得检出	GB/T 20772
341	西玛津	Simazine	0.01		不得检出	SN 0594
342	乙基多杀菌素	Spinetoram	0.01		不得检出	参照同类标准

序号	农兽药中文名	农兽药英文名	欧盟标准限量要求 mg/kg	国家标准限量要求 mg/kg	三安超有机食品标准	
					限量要求 mg/kg	检测方法
343	多杀霉素	Spinosad	0.5		不得检出	GB/T 20772
344	螺螨酯	Spirodiclofen	0.05		不得检出	GB/T 20772
345	螺甲螨酯	Spiromesifen	0.01		不得检出	GB/T 23210
346	螺虫乙酯	Spirotetramat	0.03		不得检出	参照同类标准
347	葚孢菌素	Spiroxamine	0.2		不得检出	GB/T 20772
348	链霉素	Streptomycin	500μg/kg		不得检出	GB/T 21323
349	磺草酮	Sulcotrione	0.05		不得检出	参照同类标准
350	磺胺类(所有属于磺胺类的物质)	Sulfonamides (all substances belonging to the sulfonamide-group)	100μg/kg		不得检出	GB 29694
351	乙黄隆	Sulfosulfuron	0.05		不得检出	SN/T 2325
352	硫磺粉	Sulfur	0.5		不得检出	参照同类标准
353	氟胺氰菊酯	Tau – fluvalinate	0.01		不得检出	SN 0691
354	戊唑醇	Tebuconazole	0.1		不得检出	GB/T 20772
355	虫酰肼	Tebufenozide	0.05		不得检出	GB/T 20772
356	吡螨胺	Tebufenpyrad	0.05		不得检出	GB/T 19650
357	四氯硝基苯	Tecnazene	0.05		不得检出	GB/T 19650
358	氟苯脲	Teflubenzuron	0.05		不得检出	SN/T 2150
359	七氟菊酯	Tefluthrin	0.05		不得检出	GB/T 23210
360	得杀草	Tepraloxydim	0.1		不得检出	GB/T 20772
361	特丁硫磷	Terbufos	0.01		不得检出	GB/T 20772
362	特丁津	Terbuthylazine	0.05		不得检出	GB/T 19650
363	四氟醚唑	Tetraconazole	1		不得检出	GB/T 20772
364	四环素	Tetracycline	300μg/kg		不得检出	GB/T 21317
365	三氯杀螨砜	Tetradifon	0.05		不得检出	GB/T 19650
366	噻菌灵	Thiabendazole	100μg/kg		不得检出	GB/T 20772
367	噻虫啉	Thiacloprid	0.3		不得检出	GB/T 20772
368	噻虫嗪	Thiamethoxam	0.03		不得检出	GB/T 20772
369	甲砜霉素	Thiamphenicol	50μg/kg		不得检出	GB/T 20756
370	禾草丹	Thiobencarb	0.01		不得检出	GB/T 20772
371	甲基硫菌灵	Thiophanate – methyl	0.05		不得检出	SN/T 0162
372	泰地罗新	Tildipirosin	2000μg/kg		不得检出	参照同类标准
373	替米考星	Tilmicosin	1000μg/kg		不得检出	GB/T 20762
374	甲基立枯磷	Tolclofos – methyl	0.05		不得检出	GB/T 19650
375	甲苯三嗪酮	Toltrazuril	500μg/kg		不得检出	参照同类标准
376	甲苯氟磺胺	Tolylfluanid	0.1		不得检出	GB/T 19650
377	—	Topramezone	0.05		不得检出	参照同类标准
378	三唑酮和三唑醇	Triadimefon and triadimenol	0.1		不得检出	GB/T 20772
379	野麦畏	Triallate	0.05		不得检出	GB/T 20772

序号	农兽药中文名	农兽药英文名	欧盟标准限量要求 mg/kg	国家标准限量要求 mg/kg	三安超有机食品标准	
					限量要求 mg/kg	检测方法
380	醚苯磺隆	Triasulfuron	0.05		不得检出	GB/T 20772
381	三唑磷	Triazophos	0.01		不得检出	GB/T 20772
382	敌百虫	Trichlorphon	0.01		不得检出	GB/T 20772
383	三氯苯哒唑	Triclabendazole	250μg/kg		不得检出	参照同类标准
384	绿草定	Triclopyr	0.05		不得检出	SN/T 2228
385	三环唑	Tricyclazole	0.05		不得检出	GB/T 20769
386	十三吗啉	Tridemorph	0.01		不得检出	GB/T 20772
387	肟菌酯	Trifloxystrobin	0.04		不得检出	GB/T 19650
388	氟菌唑	Triflumizole	0.05		不得检出	GB/T 20769
389	杀铃脲	Triflumuron	0.01		不得检出	GB/T 20772
390	氟乐灵	Trifluralin	0.01		不得检出	GB/T 20772
391	嗪氨灵	Triforine	0.01		不得检出	SN 0695
392	三甲基锍阳离子	Trimethyl – sulfonium cation	0.05		不得检出	参照同类标准
393	抗倒酯	Trinexapac	0.05		不得检出	GB/T 20769
394	灭菌唑	Triticonazole	0.01		不得检出	GB/T 20772
395	三氟甲磺隆	Tritosulfuron	0.01		不得检出	参照同类标准
396	泰乐霉素	Tylosin	100μg/kg		不得检出	GB/T 22941
397	—	Valifenalate	0.01		不得检出	参照同类标准
398	乙烯菌核利	Vinclozolin	0.05		不得检出	GB/T 20772
399	2,3,4,5 – 四氯苯胺	2,3,4,5 – Tetrachloraniline			不得检出	GB/T 19650
400	2,3,4,5 – 四氯甲氧基苯	2,3,4,5 – Tetrachloroanisole			不得检出	GB/T 19650
401	2,3,5,6 – 四氯苯胺	2,3,5,6 – Tetrachloroaniline			不得检出	GB/T 19650
402	2,4,5 – 涕	2,4,5 – T			不得检出	GB/T 20772
403	o,p' – 滴滴滴	2,4' – DDD			不得检出	GB/T 19650
404	o,p' – 滴滴伊	2,4' – DDE			不得检出	GB/T 19650
405	o,p' – 滴滴涕	2,4' – DDT			不得检出	GB/T 19650
406	2,6 – 二氯苯甲酰胺	2,6 – Dichlorobenzamide			不得检出	GB/T 19650
407	3,5 – 二氯苯胺	3,5 – Dichloroaniline			不得检出	GB/T 19650
408	p,p' – 滴滴滴	4,4' – DDD			不得检出	GB/T 19650
409	p,p' – 滴滴伊	4,4' – DDE			不得检出	GB/T 19650
410	p,p' – 滴滴涕	4,4' – DDT			不得检出	GB/T 19650
411	4,4' – 二溴二苯甲酮	4,4' – Dibromobenzophenone			不得检出	GB/T 19650
412	4,4' – 二氯二苯甲酮	4,4' – Dichlorobenzophenone			不得检出	GB/T 19650
413	二氢苊	Acenaphthene			不得检出	GB/T 19650
414	乙酰丙嗪	Acepromazine			不得检出	GB/T 20763
415	三氟羧草醚	Acifluorfen			不得检出	GB/T 20772
416	1 – 氨基 – 2 – 乙内酰脲	AHD			不得检出	GB/T 21311
417	涕灭砜威	Aldoxycarb			不得检出	GB/T 20772
418	烯丙菊酯	Allethrin			不得检出	GB/T 20772

序号	农兽药中文名	农兽药英文名	欧盟标准限量要求 mg/kg	国家标准限量要求 mg/kg	三安超有机食品标准 限量要求 mg/kg	三安超有机食品标准 检测方法
419	二丙烯草胺	Allidochlor			不得检出	GB/T 19650
420	烯丙孕素	Altrenogest			不得检出	SN/T 1980
421	莠灭净	Ametryn			不得检出	GB/T 20772
422	杀草强	Amitrole			不得检出	SN/T 1737.6
423	5-吗啉甲基-3-氨基-2-噁唑烷基酮	AMOZ			不得检出	GB/T 21311
424	氨丙嘧吡啶	Amprolium			不得检出	SN/T 0276
425	莎稗磷	Anilofos			不得检出	GB/T 19650
426	蒽醌	Anthraquinone			不得检出	GB/T 19650
427	3-氨基-2-噁唑酮	AOZ			不得检出	GB/T 21311
428	安普霉素	Apramycin			不得检出	GB/T 21323
429	丙硫特普	Aspon			不得检出	GB/T 19650
430	羟氨卡青霉素	Aspoxicillin			不得检出	GB/T 21315
431	乙基杀扑磷	Athidathion			不得检出	GB/T 19650
432	莠去通	Atratone			不得检出	GB/T 19650
433	莠去津	Atrazine			不得检出	GB/T 20772
434	脱乙基阿特拉津	Atrazine-desethyl			不得检出	GB/T 19650
435	甲基吡噁磷	Azamethiphos			不得检出	GB/T 20763
436	氮哌酮	Azaperone			不得检出	SN/T2221
437	叠氮津	Aziprotryne			不得检出	GB/T 19650
438	杆菌肽	Bacitracin			不得检出	GB/T 20743
439	4-溴-3,5-二甲苯基-N-甲基氨基甲酸酯-1	BDMC-1			不得检出	GB/T 19650
440	4-溴-3,5-二甲苯基-N-甲基氨基甲酸酯-2	BDMC-2			不得检出	GB/T 19650
441	噁虫威	Bendiocarb			不得检出	GB/T 20772
442	乙丁氟灵	Bbenfluralin			不得检出	GB/T 19650
443	呋草黄	Benfuresate			不得检出	GB/T 19650
444	麦锈灵	Benodanil			不得检出	GB/T 19650
445	解草酮	Benoxacor			不得检出	GB/T 19650
446	新燕灵	Benzoylprop-ethyl			不得检出	GB/T 19650
447	倍他米松	Betamethasone			不得检出	SN/T 1970
448	生物烯丙菊酯-1	Bioallethrin-1			不得检出	GB/T 19650
449	生物烯丙菊酯-2	Bioallethrin-2			不得检出	GB/T 19650
450	除草定	Bromacil			不得检出	GB/T 20772
451	溴苯烯磷	Bromfenvinfos			不得检出	GB/T 19650
452	溴烯杀	Bromocylen			不得检出	GB/T 19650
453	溴硫磷	Bromofos			不得检出	GB/T 19650
454	乙基溴硫磷	Bromophos-ethyl			不得检出	GB/T 19650

序号	农兽药中文名	农兽药英文名	欧盟标准限量要求 mg/kg	国家标准限量要求 mg/kg	三安超有机食品标准限量要求 mg/kg	三安超有机食品标准检测方法
455	溴丁酰草胺	Btomobutide			不得检出	GB/T 19650
456	氟丙嘧草酯	Butafenacil			不得检出	GB/T 19650
457	抑草磷	Butamifos			不得检出	GB/T 19650
458	丁草胺	Butaxhlor			不得检出	GB/T 19650
459	苯酮唑	Cafenstrole			不得检出	GB/T 19650
460	角黄素	Canthaxanthin			不得检出	SN/T 2327
461	咔唑心安	Carazolol			不得检出	GB/T 20763
462	卡巴氧	Carbadox			不得检出	GB/T 20746
463	三硫磷	Carbophenothion			不得检出	GB/T 19650
464	唑草酮	Carfentrazone – ethyl			不得检出	GB/T 19650
465	卡洛芬	Carprofen			不得检出	SN/T 2190
466	头孢洛宁	Cefalonium			不得检出	GB/T 22989
467	头孢匹林	Cefapirin			不得检出	GB/T 22989
468	头孢喹肟	Cefquinome			不得检出	GB/T 22989
469	头孢氨苄	Cefalexin			不得检出	GB/T 22989
470	氯霉素	Chloramphenicolum			不得检出	GB/T 20772
471	氯杀螨砜	Chlorbenside sulfone			不得检出	GB/T 19650
472	氯溴隆	Chlorbromuron			不得检出	GB/T 19650
473	杀虫脒	Chlordimeform			不得检出	GB/T 19650
474	氯氧磷	Chlorethoxyfos			不得检出	GB/T 19650
475	溴虫腈	Chlorfenapyr			不得检出	GB/T 19650
476	杀螨醇	Chlorfenethol			不得检出	GB/T 19650
477	燕麦酯	Chlorfenprop – methyl			不得检出	GB/T 19650
478	氟啶脲	Chlorfluazuron			不得检出	SN/T 2540
479	整形醇	Chlorflurenol			不得检出	GB/T 19650
480	氯地孕酮	Chlormadinone			不得检出	SN/T 1980
481	醋酸氯地孕酮	Chlormadinone acetate			不得检出	GB/T 20753
482	氯甲硫磷	Chlormephos			不得检出	GB/T 19650
483	氯苯甲醚	Chloroneb			不得检出	GB/T 19650
484	丙酯杀螨醇	Chloropropylate			不得检出	GB/T 19650
485	氯丙嗪	Chlorpromazine			不得检出	GB/T 20763
486	毒死蜱	Chlorpyrifos			不得检出	GB/T 19650
487	氯硫磷	Chlorthion			不得检出	GB/T 19650
488	虫螨磷	Chlorthiophos			不得检出	GB/T 19650
489	乙菌利	Chlozolinate			不得检出	GB/T 19650
490	顺式 – 氯丹	cis – Chlordane			不得检出	GB/T 19650
491	顺式 – 燕麦敌	cis – Diallate			不得检出	GB/T 19650
492	顺式 – 氯菊酯	cis – Permethrin			不得检出	GB/T 19650

序号	农兽药中文名	农兽药英文名	欧盟标准限量要求 mg/kg	国家标准限量要求 mg/kg	三安超有机食品标准限量要求 mg/kg	检测方法
493	克仑特罗	Clenbuterol			不得检出	GB/T 22286
494	异噁草酮	Clomazone			不得检出	GB/T 20772
495	氯甲酰草胺	Clomeprop			不得检出	GB/T 19650
496	氯羟吡啶	Clopidol			不得检出	GB 29700
497	解草酯	Cloquintocet – mexyl			不得检出	GB/T 19650
498	蝇毒磷	Coumaphos			不得检出	GB/T 19650
499	鼠立死	Crimidine			不得检出	GB/T 19650
500	巴毒磷	Crotxyphos			不得检出	GB/T 19650
501	育畜磷	Crufomate			不得检出	GB/T 19650
502	苯腈磷	Cyanofenphos			不得检出	GB/T 19650
503	杀螟腈	Cyanophos			不得检出	GB/T 20772
504	环草敌	Cycloate			不得检出	GB/T 20772
505	环莠隆	Cycluron			不得检出	GB/T 20772
506	环丙津	Cyprazine			不得检出	GB/T 20772
507	敌草索	Dacthal			不得检出	GB/T 19650
508	达氟沙星	Danofloxacin			不得检出	GB/T 22985
509	癸氧喹酯	Decoquinate			不得检出	SN/T 2444
510	脱叶磷	DEF			不得检出	GB/T 19650
511	2,2′,4,5,5′－五氯联苯	DE – PCB 101			不得检出	GB/T 19650
512	2,3,4,4′,5－五氯联苯	DE – PCB 118			不得检出	GB/T 19650
513	2,2′,3,4,4′,5－六氯联苯	DE – PCB 138			不得检出	GB/T 19650
514	2,2′,4,4′,5,5′－六氯联苯	DE – PCB 153			不得检出	GB/T 19650
515	2,2′,3,4,4′,5,5′－七氯联苯	DE – PCB 180			不得检出	GB/T 19650
516	2,4,4′－三氯联苯	DE – PCB 28			不得检出	GB/T 19650
517	2,4,5－三氯联苯	DE – PCB 31			不得检出	GB/T 19650
518	2,2′,5,5′－四氯联苯	DE – PCB 52			不得检出	GB/T 19650
519	脱溴溴苯磷	Desbrom – leptophos			不得检出	GB/T 19650
520	脱乙基另丁津	Desethyl – sebuthylazine			不得检出	GB/T 19650
521	敌草净	Desmetryn			不得检出	GB/T 19650
522	地塞米松	Dexamethasone			不得检出	SN/T 1970
523	氯亚胺硫磷	Dialifos			不得检出	GB/T 19650
524	敌菌净	Diaveridine			不得检出	SN/T 1926
525	驱虫特	Dibutyl succinate			不得检出	GB/T 20772
526	异氯磷	Dicapthon			不得检出	GB/T 20772
527	除线磷	Dichlofenthion			不得检出	GB/T 19650
528	苯氟磺胺	Dichlofluanid			不得检出	GB/T 19650
529	烯丙酰草胺	Dichlormid			不得检出	GB/T 20772
530	敌敌畏	Dichlorvos			不得检出	GB/T 20772

序号	农兽药中文名	农兽药英文名	欧盟标准限量要求 mg/kg	国家标准限量要求 mg/kg	三安超有机食品标准 限量要求 mg/kg	三安超有机食品标准 检测方法
531	苄氯三唑醇	Diclobutrazole			不得检出	GB/T 19650
532	禾草灵	Diclofop – methyl			不得检出	GB/T 20766
533	己烯雌酚	Diethylstilbestrol			不得检出	GB/T 20366
534	甲氟磷	Dimefox			不得检出	GB/T 19650
535	哌草丹	Dimepiperate			不得检出	GB/T 19650
536	异戊乙净	Dimethametryn			不得检出	GB/T 19650
537	二甲酚草胺	Dimethenamid			不得检出	GB/T 19650
538	乐果	Dimethoate			不得检出	GB/T 19650
539	甲基毒虫畏	Dimethylvinphos			不得检出	GB/T 20772
540	地美硝唑	Dimetridazole			不得检出	GB/T 19650
541	二硝托安	Dinitolmide			不得检出	SN/T 2453
542	氨氟灵	Dinitramine			不得检出	GB/T 19650
543	消螨通	Dinobuton			不得检出	GB/T 19650
544	呋虫胺	Dinotefuran			不得检出	GB/T 20772
545	苯虫醚 – 1	Diofenolan – 1			不得检出	GB/T 19650
546	苯虫醚 – 2	Diofenolan – 2			不得检出	GB/T 19650
547	蔬果磷	Dioxabenzofos·			不得检出	GB/T 19650
548	双苯酰草胺	Diphenamid			不得检出	GB/T 19650
549	二苯胺	Diphenylamine			不得检出	GB/T 19650
550	异丙净	Dipropetryn			不得检出	GB/T 19650
551	灭菌磷	Ditalimfos			不得检出	GB/T 19650
552	氟硫草定	Dithiopyr			不得检出	GB/T 19650
553	强力霉素	Doxycycline			不得检出	GB/T 20764
554	敌瘟磷	Edifenphos			不得检出	GB/T 19650
555	硫丹硫酸盐	Endosulfan – sulfate			不得检出	GB/T 19650
556	异狄氏剂酮	Endrin ketone			不得检出	GB/T 19650
557	苯硫磷	EPN			不得检出	GB/T 19650
558	埃普利诺菌素	Eprinomectin			不得检出	GB/T 21320
559	抑草蓬	Erbon			不得检出	GB/T 19650
560	S – 氰戊菊酯	Esfenvalerate			不得检出	GB/T 19650
561	戊草丹	Esprocarb			不得检出	GB/T 19650
562	乙环唑 – 1	Etaconazole – 1			不得检出	GB/T 19650
563	乙环唑 – 2	Etaconazole – 2			不得检出	GB/T 19650
564	乙嘧硫磷	Etrimfos			不得检出	GB/T 19650
565	氧乙嘧硫磷	Etrimfos oxon			不得检出	GB/T 19650
566	噁唑菌酮	Famoxaadone			不得检出	GB/T 19650
567	伐灭磷	Famphur			不得检出	GB/T 19650
568	苯线磷亚砜	Fenamiphos sulfoxide			不得检出	GB/T 19650
569	苯线磷砜	Fenamiphos – sulfone			不得检出	GB/T 19650

序号	农兽药中文名	农兽药英文名	欧盟标准限量要求 mg/kg	国家标准限量要求 mg/kg	三安超有机食品标准 限量要求 mg/kg	三安超有机食品标准 检测方法
570	氧皮蝇磷	Fenchlorphos oxon			不得检出	GB/T 19650
571	甲呋酰胺	Fenfuram			不得检出	GB/T 19650
572	仲丁威	Fenobucarb			不得检出	GB/T 19650
573	苯硫威	Fenothiocarb			不得检出	GB/T 19650
574	稻瘟酰胺	Fenoxanil			不得检出	GB/T 19650
575	拌种咯	Fenpiclonil			不得检出	GB/T 19650
576	甲氰菊酯	Fenpropathrin			不得检出	GB/T 19650
577	芬螨酯	Fenson			不得检出	GB/T 19650
578	丰索磷	Fensulfothion			不得检出	GB/T 19650
579	倍硫磷亚砜	Fenthion sulfoxide			不得检出	GB/T 19650
580	麦草氟异丙酯	Flamprop – isopropyl			不得检出	GB/T 19650
581	麦草氟甲酯	Flamprop – methyl			不得检出	GB/T 19650
582	吡氟禾草灵	Fluazifop – butyl			不得检出	GB/T 19650
583	啶蜱脲	Fluazuron			不得检出	SN/T 2540
584	氟苯咪唑	Flubendazole			不得检出	GB/T 21324
585	氟噻草胺	Flufenacet			不得检出	GB/T 19650
586	氟节胺	Flumetralin			不得检出	GB/T 19650
587	唑嘧磺草胺	Flumetsulam			不得检出	GB/T 20772
588	氟烯草酸	Flumiclorac			不得检出	GB/T 19650
589	丙炔氟草胺	Flumioxazin			不得检出	GB/T 19650
590	氟胺烟酸	Flunixin			不得检出	GB/T 20750
591	三氟硝草醚	Fluorodifen			不得检出	GB/T 19650
592	乙羧氟草醚	Fluoroglycofen – ethyl			不得检出	GB/T 19650
593	三氟苯唑	Fluotrimazole			不得检出	GB/T 19650
594	氟啶草酮	Fluridone			不得检出	GB/T 19650
595	氟草烟 – 1 – 甲庚酯	Fluroxypr – 1 – methylheptyl ester			不得检出	GB/T 19650
596	呋草酮	Flurtamone			不得检出	GB/T 19650
597	地虫硫磷	Fonofos			不得检出	GB/T 19650
598	安果	Formothion			不得检出	GB/T 19650
599	呋霜灵	Furalaxyl			不得检出	GB/T 19650
600	庆大霉素	Gentamicin			不得检出	GB/T 21323
601	苄螨醚	Halfenprox			不得检出	GB/T 19650
602	氟哌啶醇	Haloperidol			不得检出	GB/T 20763
603	庚烯磷	Heptanophos			不得检出	GB/T 19650
604	己唑醇	Hexaconazole			不得检出	GB/T 19650
605	环嗪酮	Hexazinone			不得检出	GB/T 19650
606	咪草酸	Imazamethabenz – methyl			不得检出	GB/T 19650
607	脱苯甲基亚胺唑	Imibenconazole – des – benzyl			不得检出	GB/T 19650

序号	农兽药中文名	农兽药英文名	欧盟标准限量要求 mg/kg	国家标准限量要求 mg/kg	三安超有机食品标准 限量要求 mg/kg	检测方法
608	炔咪菊酯-1	Imiprothrin-1			不得检出	GB/T 19650
609	炔咪菊酯-2	Imiprothrin-2			不得检出	GB/T 19650
610	碘硫磷	Iodofenphos			不得检出	GB/T 19650
611	甲基碘磺隆	Iodosulfuron-methyl			不得检出	GB/T 20772
612	异稻瘟净	Iprobenfos			不得检出	GB/T 19650
613	氯唑磷	Isazofos			不得检出	GB/T 19650
614	碳氯灵	Isobenzan			不得检出	GB/T 19650
615	丁咪酰胺	Isocarbamid			不得检出	GB/T 19650
616	水胺硫磷	Isocarbophos			不得检出	GB/T 19650
617	异艾氏剂	Isodrin			不得检出	GB/T 19650
618	异柳磷	Isofenphos			不得检出	GB/T 19650
619	氧异柳磷	Isofenphos oxon			不得检出	GB/T 19650
620	氮氨菲啶	Isometamidium			不得检出	SN/T 2239
621	丁嗪草酮	Isomethiozin			不得检出	GB/T 19650
622	异丙威-1	Isoprocarb-1			不得检出	GB/T 19650
623	异丙威-2	Isoprocarb-2			不得检出	GB/T 19650
624	异丙乐灵	Isopropalin			不得检出	GB/T 19650
625	双苯噁唑酸	Isoxadifen-ethyl			不得检出	GB/T 19650
626	异噁氟草	Isoxaflutole			不得检出	GB/T 20772
627	噁唑啉	Isoxathion			不得检出	GB/T 19650
628	交沙霉素	Josamycin			不得检出	GB/T 20762
629	拉沙里菌素	Lasalocid			不得检出	SN 0501
630	溴苯磷	Levamisole			不得检出	GB/T 19650
631	左旋咪唑	Levanisole			不得检出	SN 0349
632	利谷隆	Linuron			不得检出	GB/T 19650
633	麻保沙星	Marbofloxacin			不得检出	GB/T 22985
634	2-甲-4-氯丁氧乙基酯	MCPA-butoxyethyl ester			不得检出	GB/T 19650
635	甲苯咪唑	Mebendazole			不得检出	GB/T 21324
636	灭蚜磷	Mecarbam			不得检出	GB/T 19650
637	二甲四氯丙酸	Mecoprop			不得检出	SN/T 2325
638	苯噻酰草胺	Mefenacet			不得检出	GB/T 19650
639	吡唑解草酯	Mefenpyr-diethyl			不得检出	GB/T 19650
640	醋酸甲地孕酮	Megestrol acetate			不得检出	GB/T 20753
641	醋酸美仑孕酮	Melengestrol acetate			不得检出	GB/T 20753
642	嘧菌胺	Mepanipyrim			不得检出	GB/T 19650
643	地胺磷	Mephosfolan			不得检出	GB/T 19650
644	灭锈胺	Mepronil			不得检出	GB/T 20772
645	硝磺草酮	Mesotrione			不得检出	参照同类标准
646	呋菌胺	Methfuroxam			不得检出	GB/T 19650

序号	农兽药中文名	农兽药英文名	欧盟标准限量要求 mg/kg	国家标准限量要求 mg/kg	三安超有机食品标准 限量要求 mg/kg	检测方法
647	灭梭威砜	Methiocarb sulfone			不得检出	GB/T 19650
648	盖草津	Methoprotryne			不得检出	GB/T 19650
649	甲醚菊酯 – 1	Methothrin – 1			不得检出	GB/T 19650
650	甲醚菊酯 – 2	Methothrin – 2			不得检出	GB/T 19650
651	甲基泼尼松龙	Methylprednisolone			不得检出	GB/T 21981
652	溴谷隆	Metobromuron			不得检出	GB/T 19650
653	甲氧氯普胺	Metoclopramide			不得检出	SN/T 2227
654	苯氧菌胺 – 1	Metominsstrobin – 1			不得检出	GB/T 19650
655	苯氧菌胺 – 2	Metominsstrobin – 2			不得检出	GB/T 19650
656	甲硝唑	Metronidazole			不得检出	GB/T 21318
657	速灭磷	Mevinphos			不得检出	GB/T 19650
658	兹克威	Mexacarbate			不得检出	GB/T 19650
659	灭蚁灵	Mirex			不得检出	GB/T 19650
660	禾草敌	Molinate			不得检出	GB/T 19650
661	庚酰草胺	Monalide			不得检出	GB/T 19650
662	莫能菌素	Monensin			不得检出	SN 0698
663	莫西丁克	Moxidectin			不得检出	SN/T 2442
664	合成麝香	Musk ambrecte			不得检出	GB/T 19650
665	麝香	Musk moskene			不得检出	GB/T 19650
666	西藏麝香	Musk tibeten			不得检出	GB/T 19650
667	二甲苯麝香	Musk xylene			不得检出	GB/T 19650
668	二溴磷	Naled			不得检出	SN/T 0706
669	萘丙胺	Naproanilide			不得检出	GB/T 19650
670	甲基盐霉素	Narasin			不得检出	GB/T 20364
671	甲磺乐灵	Nitralin			不得检出	GB/T 19650
672	三氯甲基吡啶	Nitrapyrin			不得检出	GB/T 19650
673	酞菌酯	Nitrothal – isopropyl			不得检出	GB/T 19650
674	诺氟沙星	Norfloxacin			不得检出	GB/T 20366
675	氟草敏	Norflurazon			不得检出	GB/T 19650
676	新生霉素	Novobiocin			不得检出	SN 0674
677	氟苯嘧啶醇	Nuarimol			不得检出	GB/T 19650
678	八氯苯乙烯	Octachlorostyrene			不得检出	GB/T 19650
679	氧氟沙星	Ofloxacin			不得检出	GB/T 20366
680	喹乙醇	Olaquindox			不得检出	GB/T 20746
681	竹桃霉素	Oleandomycin			不得检出	GB/T 20762
682	氧乐果	Omethoate			不得检出	GB/T 19650
683	奥比沙星	Orbifloxacin			不得检出	GB/T 22985
684	杀线威	Oxamyl			不得检出	GB/T 20772
685	丙氧苯咪唑	Oxibendazole			不得检出	GB/T 21324

序号	农兽药中文名	农兽药英文名	欧盟标准限量要求 mg/kg	国家标准限量要求 mg/kg	三安超有机食品标准 限量要求 mg/kg	三安超有机食品标准 检测方法
686	氧化氯丹	Oxy – chlordane			不得检出	GB/T 19650
687	对氧磷	Paraoxon			不得检出	GB/T 19650
688	甲基对氧磷	Paraoxon – methyl			不得检出	GB/T 19650
689	克草敌	Pebulate			不得检出	GB/T 19650
690	五氯苯胺	Pentachloroaniline			不得检出	GB/T 19650
691	五氯甲氧基苯	Pentachloroanisole			不得检出	GB/T 19650
692	五氯苯	Pentachlorobenzene			不得检出	GB/T 19650
693	乙滴涕	Perthane			不得检出	GB/T 19650
694	菲	Phenanthrene			不得检出	GB/T 19650
695	稻丰散	Phenthoate			不得检出	GB/T 19650
696	甲拌磷砜	Phorate sulfone			不得检出	GB/T 19650
697	磷胺 – 1	Phosphamidon – 1			不得检出	GB/T 19650
698	磷胺 – 2	Phosphamidon – 2			不得检出	GB/T 19650
699	酞酸苯甲基丁酯	Phthalic acid, benzylbutyl ester			不得检出	GB/T 19650
700	四氯苯肽	Phthalide			不得检出	GB/T 19650
701	邻苯二甲酰亚胺	Phthalimide			不得检出	GB/T 19650
702	氟吡酰草胺	Picolinafen			不得检出	GB/T 19650
703	增效醚	Piperonyl butoxide			不得检出	GB/T 19650
704	哌草磷	Piperophos			不得检出	GB/T 19650
705	乙基虫螨清	Pirimiphos – ethyl			不得检出	GB/T 19650
706	吡利霉素	Pirlimycin			不得检出	GB/T 22988
707	炔丙菊酯	Prallethrin			不得检出	GB/T 19650
708	泼尼松龙	Prednisolone			不得检出	GB/T 21981
709	环丙氟灵	Profluralin			不得检出	GB/T 19650
710	茉莉酮	Prohydrojasmon			不得检出	GB/T 19650
711	扑灭通	Prometon			不得检出	GB/T 19650
712	扑草净	Prometryne			不得检出	GB/T 19650
713	炔丙烯草胺	Pronamide			不得检出	GB/T 19650
714	敌稗	Propanil			不得检出	GB/T 19650
715	扑灭津	Propazine			不得检出	GB/T 19650
716	胺丙畏	Propetamphos			不得检出	GB/T 19650
717	丙酰二甲氨基丙吩噻嗪	Propionylpromazin			不得检出	GB/T 20763
718	丙硫磷	Prothiophos			不得检出	GB/T 19650
719	哒嗪硫磷	Ptridaphenthion			不得检出	GB/T 19650
720	吡唑硫磷	Pyraclofos			不得检出	GB/T 19650
721	吡草醚	Pyraflufen – ethyl			不得检出	GB/T 19650
722	啶斑肟 – 1	Pyrifenox – 1			不得检出	GB/T 19650
723	啶斑肟 – 2	Pyrifenox – 2			不得检出	GB/T 19650
724	环酯草醚	Pyriftalid			不得检出	GB/T 19650

序号	农兽药中文名	农兽药英文名	欧盟标准限量要求 mg/kg	国家标准限量要求 mg/kg	三安超有机食品标准限量要求 mg/kg	检测方法
725	嘧螨醚	Pyrimidifen			不得检出	GB/T 19650
726	嘧草醚	Pyriminobac – methyl			不得检出	GB/T 19650
727	嘧啶磷	Pyrimitate			不得检出	GB/T 19650
728	喹硫磷	Quinalphos			不得检出	GB/T 19650
729	灭藻醌	Quinoclamine			不得检出	GB/T 19650
730	精喹禾灵	Quizalofop – P – ethyl			不得检出	GB/T 20769
731	吡咪唑	Rabenzazole			不得检出	GB/T 19650
732	莱克多巴胺	Ractopamine			不得检出	GB/T 21313
733	洛硝达唑	Ronidazole			不得检出	GB/T 21318
734	皮蝇磷	Ronnel			不得检出	GB/T 19650
735	盐霉素	Salinomycin			不得检出	GB/T 20364
736	沙拉沙星	Sarafloxacin			不得检出	GB/T 20366
737	另丁津	Sebutylazine			不得检出	GB/T 19650
738	密草通	Secbumeton			不得检出	GB/T 19650
739	氨基脲	Semduramicinduramicin			不得检出	GB/T 20752
740	烯禾啶	Sethoxydim			不得检出	GB/T 19650
741	氟硅菊酯	Silafluofen			不得检出	GB/T 19650
742	硅氟唑	Simeconazole			不得检出	GB/T 19650
743	西玛通	Simetone			不得检出	GB/T 19650
744	西草净	Simetryn			不得检出	GB/T 19650
745	壮观霉素	Spectinomycin			不得检出	GB/T 21323
746	螺旋霉素	Spiramycin			不得检出	GB/T 20762
747	磺胺苯酰	Sulfabenzamide			不得检出	GB/T 21316
748	磺胺醋酰	Sulfacetamide			不得检出	GB/T 21316
749	磺胺氯哒嗪	Sulfachloropyridazine			不得检出	GB/T 21316
750	磺胺嘧啶	Sulfadiazine			不得检出	GB/T 21316
751	磺胺间二甲氧嘧啶	Sulfadimethoxine			不得检出	GB/T 21316
752	磺胺二甲嘧啶	Sulfadimidine			不得检出	GB/T 21316
753	磺胺多辛	Sulfadoxine			不得检出	GB/T 21316
754	磺胺脒	Sulfaguanidine			不得检出	GB/T 21316
755	菜草畏	Sulfallate			不得检出	GB/T 19650
756	磺胺甲嘧啶	Sulfamerazine			不得检出	GB/T 21316
757	新诺明	Sulfamethoxazole			不得检出	GB/T 21316
758	磺胺间甲氧嘧啶	Sulfamonomethoxine			不得检出	GB/T 21316
759	乙酰磺胺对硝基苯	Sulfanitran			不得检出	GB/T 20772
760	磺胺吡啶	Sulfapyridine			不得检出	GB/T 21316
761	磺胺喹沙啉	Sulfaquinoxaline			不得检出	GB/T 21316
762	磺胺噻唑	Sulfathiazole			不得检出	GB/T 21316
763	治螟磷	Sulfotep			不得检出	GB/T 19650

序号	农兽药中文名	农兽药英文名	欧盟标准限量要求 mg/kg	国家标准限量要求 mg/kg	三安超有机食品标准	
					限量要求 mg/kg	检测方法
764	硫丙磷	Sulprofos			不得检出	GB/T 19650
765	苯噻硫氰	TCMTB			不得检出	GB/T 19650
766	丁基嘧啶磷	Tebupirimfos			不得检出	GB/T 19650
767	牧草胺	Tebutam			不得检出	GB/T 20772
768	丁噻隆	Tebuthiuron			不得检出	GB/T 19650
769	双硫磷	Temephos			不得检出	GB/T 20772
770	特草灵	Terbucarb			不得检出	GB/T 19650
771	特丁通	Terbumeron			不得检出	GB/T 19650
772	特丁净	Terbutryn			不得检出	GB/T 19650
773	四氢邻苯二甲酰亚胺	Tetrabydrophthalimide			不得检出	GB/T 19650
774	杀虫畏	Tetrachlorvinphos			不得检出	GB/T 19650
775	胺菊酯	Tetramethirn			不得检出	GB/T 19650
776	杀螨氯硫	Tetrasul			不得检出	GB/T 19650
777	噻吩草胺	Thenylchlor			不得检出	GB/T 19650
778	噻唑烟酸	Thiazopyr			不得检出	GB/T 19650
779	噻苯隆	Thidiazuron			不得检出	GB/T 20772
780	噻吩磺隆	Thifensulfuron – methyl			不得检出	GB/T 20772
781	甲基乙拌磷	Thiometon			不得检出	GB/T 20772
782	虫线磷	Thionazin			不得检出	GB/T 19650
783	硫普罗宁	Tiopronin			不得检出	SN/T 2225
784	三甲苯草酮	Tralkoxydim			不得检出	GB/T 19650
785	四溴菊酯	Tralomethrin			不得检出	SN/T 2320
786	反式 – 氯丹	*trans* – Chlordane			不得检出	GB/T 19650
787	反式 – 燕麦敌	*trans* – Diallate			不得检出	GB/T 19650
788	四氟苯菊酯	Transfluthrin			不得检出	GB/T 19650
789	反式九氯	*trans* – Nonachlor			不得检出	GB/T 19650
790	反式 – 氯菊酯	*trans* – Permethrin			不得检出	GB/T 19650
791	群勃龙	Trenbolone			不得检出	GB/T 21981
792	威菌磷	Triamiphos			不得检出	GB/T 19650
793	毒壤磷	Trichloronatee			不得检出	GB/T 19650
794	灭草环	Tridiphane			不得检出	GB/T 19650
795	草达津	Trietazine			不得检出	GB/T 19650
796	三异丁基磷酸盐	Tri – *iso* – butyl phosphate			不得检出	GB/T 19650
797	甲氧苄氨嘧啶	Trimethoprim			不得检出	SN/T 1769
798	三正丁基磷酸盐	Tri – *n* – butyl phosphate			不得检出	GB/T 19650
799	三苯基磷酸盐	Triphenyl phosphate			不得检出	GB/T 19650
800	烯效唑	Uniconazole			不得检出	GB/T 19650
801	灭草敌	Vernolate			不得检出	GB/T 19650
802	维吉尼霉素	Virginiamycin			不得检出	GB/T 20765

序号	农兽药中文名	农兽药英文名	欧盟标准限量要求 mg/kg	国家标准限量要求 mg/kg	三安超有机食品标准	
					限量要求 mg/kg	检测方法
803	杀鼠灵	War farin			不得检出	GB/T 20772
804	甲苯噻嗪	Xylazine			不得检出	GB/T 20763
805	右环十四酮酚	Zeranol			不得检出	GB/T 21982
806	苯酰菌胺	Zoxamide			不得检出	GB/T 19650

4.4 山羊肾脏 Goat Kidney

序号	农兽药中文名	农兽药英文名	欧盟标准限量要求 mg/kg	国家标准限量要求 mg/kg	三安超有机食品标准	
					限量要求 mg/kg	检测方法
1	1,1 - 二氯 - 2,2 - 二(4 - 乙苯)乙烷	1,1 - Dichloro - 2,2 - bis(4 - ethylphenyl) ethane	0.01		不得检出	日本肯定列表（增补本1）
2	1,2 - 二氯乙烷	1,2 - Dichloroethane	0.1		不得检出	SN/T 2238
3	1,3 - 二氯丙烯	1,3 - Dichloropropene	0.01		不得检出	SN/T 2238
4	1 - 萘乙酸	1 - Naphthylacetic acid	0.05		不得检出	SN/T 2228
5	2,4 - 滴	2,4 - D	1		不得检出	GB/T 20772
6	2,4 - 滴丁酸	2,4 - DB	0.1		不得检出	GB/T 20769
7	2 - 苯酚	2 - Phenylphenol	0.05		不得检出	GB/T 19650
8	阿维菌素	Abamectin	0.02		不得检出	SN/T 2661
9	乙酰甲胺磷	Acephate	0.02		不得检出	GB/T 20772
10	灭螨醌	Acequinocyl	0.01		不得检出	参照同类标准
11	啶虫脒	Acetamiprid	0.2		不得检出	GB/T 20772
12	乙草胺	Acetochlor	0.01		不得检出	GB/T 19650
13	苯并噻二唑	Acibenzolar - S - methyl	0.02		不得检出	GB/T 20772
14	苯草醚	Aclonifen	0.02		不得检出	GB/T 20772
15	氟丙菊酯	Acrinathrin	0.05		不得检出	GB/T 19648
16	甲草胺	Alachlor	0.01		不得检出	GB/T 20772
17	阿苯达唑	Albendazole	500μg/kg		不得检出	GB 29687
18	涕灭威	Aldicarb	0.01		不得检出	GB/T 20772
19	艾氏剂和狄氏剂	Aldrin and dieldrin	0.2		不得检出	GB/T 19650
20	—	Ametoctradin	0.03		不得检出	参照同类标准
21	酰嘧磺隆	Amidosulfuron	0.02		不得检出	参照同类标准
22	氯氨吡啶酸	Aminopyralid	0.3		不得检出	GB/T 23211
23	—	Amisulbrom	0.01		不得检出	参照同类标准
24	双甲脒	Amitraz	200μg/kg		不得检出	GB/T 19650
25	阿莫西林	Amoxicillin	50μg/kg		不得检出	NY/T 830
26	氨苄青霉素	Ampicillin	50μg/kg		不得检出	GB/T 21315
27	敌菌灵	Anilazine	0.01		不得检出	GB/T 20769
28	杀螨特	Aramite	0.01		不得检出	GB/T 19650

序号	农兽药中文名	农兽药英文名	欧盟标准限量要求 mg/kg	国家标准限量要求 mg/kg	三安超有机食品标准限量要求 mg/kg	检测方法
29	磺草灵	Asulam	0.1		不得检出	日本肯定列表（增补本1）
30	印楝素	Azadirachtin	0.01		不得检出	SN/T 3264
31	益棉磷	Azinphos – ethyl	0.01		不得检出	GB/T 19650
32	保棉磷	Azinphos – methyl	0.01		不得检出	GB/T 20772
33	三唑锡和三环锡	Azocyclotin and cyhexatin	0.05		不得检出	SN/T 1990
34	嘧菌酯	Azoxystrobin	0.07		不得检出	GB/T 20772
35	燕麦灵	Barban	0.05		不得检出	参照同类标准
36	氟丁酰草胺	Beflubutamid	0.05		不得检出	参照同类标准
37	苯霜灵	Benalaxyl	0.05		不得检出	GB/T 20772
38	丙硫克百威	Benfuracarb	0.02		不得检出	GB/T 20772
39	苄青霉素	Benzyl penicillin	50μg/kg		不得检出	GB/T 21315
40	联苯肼酯	Bifenazate	0.01		不得检出	GB/T 20772
41	甲羧除草醚	Bifenox	0.05		不得检出	GB/T 23210
42	联苯菊酯	Bifenthrin	0.2		不得检出	GB/T 19650
43	乐杀螨	Binapacryl	0.01		不得检出	SN 0523
44	联苯	Biphenyl	0.01		不得检出	GB/T 19650
45	联苯三唑醇	Bitertanol	0.05		不得检出	GB/T 20772
46	—	Bixafen	0.3		不得检出	参照同类标准
47	啶酰菌胺	Boscalid	0.3		不得检出	GB/T 20772
48	溴离子	Bromide ion	0.05		不得检出	GB/T 5009.167
49	溴螨酯	Bromopropylate	0.01		不得检出	GB/T 19650
50	溴苯腈	Bromoxynil	0.05		不得检出	GB/T 20772
51	糠菌唑	Bromuconazole	0.05		不得检出	GB/T 19650
52	乙嘧酚磺酸酯	Bupirimate	0.05		不得检出	GB/T 19650
53	噻嗪酮	Buprofezin	0.05		不得检出	GB/T 20772
54	仲丁灵	Butralin	0.02		不得检出	GB/T 19650
55	丁草敌	Butylate	0.01		不得检出	GB/T 19650
56	硫线磷	Cadusafos	0.01		不得检出	GB/T 19650
57	毒杀芬	Camphechlor	0.05		不得检出	YC/T 180
58	敌菌丹	Captafol	0.01		不得检出	GB/T 23210
59	克菌丹	Captan	0.02		不得检出	GB/T 19648
60	甲萘威	Carbaryl	0.05		不得检出	GB/T 20796
61	多菌灵和苯菌灵	Carbendazim and benomyl	0.05		不得检出	GB/T 20772
62	长杀草	Carbetamide	0.05		不得检出	GB/T 20772
63	克百威	Carbofuran	0.01		不得检出	GB/T 20772
64	丁硫克百威	Carbosulfan	0.05		不得检出	GB/T 19650
65	萎锈灵	Carboxin	0.05		不得检出	GB/T 20772
66	头孢噻呋	Ceftiofur	6000μg/kg		不得检出	GB/T 21314

序号	农兽药中文名	农兽药英文名	欧盟标准限量要求 mg/kg	国家标准限量要求 mg/kg	三安超有机食品标准限量要求 mg/kg	检测方法
67	氯虫苯甲酰胺	Chlorantraniliprole	0.2		不得检出	参照同类标准
68	杀螨醚	Chlorbenside	0.05		不得检出	GB/T 19650
69	氯炔灵	Chlorbufam	0.05		不得检出	GB/T 20772
70	氯丹	Chlordane	0.05		不得检出	GB/T 5009.19
71	十氯酮	Chlordecone	0.1		不得检出	参照同类标准
72	杀螨酯	Chlorfenson	0.05		不得检出	GB/T 19650
73	毒虫畏	Chlorfenvinphos	0.01		不得检出	GB/T 19650
74	氯草敏	Chloridazon	0.1		不得检出	GB/T 20772
75	矮壮素	Chlormequat	0.05		不得检出	GB/T 23211
76	乙酯杀螨醇	Chlorobenzilate	0.1		不得检出	GB/T 23210
77	百菌清	Chlorothalonil	0.3		不得检出	SN/T 2320
78	绿麦隆	Chlortoluron	0.05		不得检出	GB/T 20772
79	枯草隆	Chloroxuron	0.05		不得检出	SN/T 2150
80	氯苯胺灵	Chlorpropham	0.2		不得检出	GB/T 19650
81	甲基毒死蜱	Chlorpyrifos－methyl	0.05		不得检出	GB/T 19650
82	氯磺隆	Chlorsulfuron	0.01		不得检出	GB/T 20772
83	金霉素	Chlortetracycline	600μg/kg		不得检出	GB/T 21317
84	氯酞酸甲酯	Chlorthaldimethyl	0.01		不得检出	GB/T 19650
85	氯硫酰草胺	Chlorthiamid	0.02		不得检出	GB/T 20772
86	烯草酮	Clethodim	0.2		不得检出	GB/T 19650
87	炔草酯	Clodinafop－propargyl	0.02		不得检出	GB/T 20772
88	四螨嗪	Clofentezine	0.05		不得检出	GB/T 23211
89	二氯吡啶酸	Clopyralid	0.4		不得检出	SN/T 2228
90	噻虫胺	Clothianidin	0.02		不得检出	GB/T 20772
91	邻氯青霉素	Cloxacillin	300μg/kg		不得检出	GB/T 18932.25
92	黏菌素	Colistin	200μg/kg		不得检出	参照同类标准
93	铜化合物	Copper compounds	30		不得检出	参照同类标准
94	环烷基酰苯胺	Cyclanilide	0.01		不得检出	参照同类标准
95	噻草酮	Cycloxydim	0.05		不得检出	GB/T 19650
96	环氟菌胺	Cyflufenamid	0.03		不得检出	GB/T 23210
97	氟氯氰菊酯和高效氟氯氰菊酯	Cyfluthrin and beta－cyfluthrin	10μg/kg		不得检出	GB/T 19650
98	霜脲氰	Cymoxanil	0.05		不得检出	GB/T 20772
99	氯氰菊酯和高效氯氰菊酯	Cypermethrin and beta－cypermethrin	20μg/kg		不得检出	GB/T 19650
100	环丙唑醇	Cyproconazole	0.5		不得检出	GB/T 20772
101	嘧菌环胺	Cyprodinil	0.05		不得检出	GB/T 19650
102	灭蝇胺	Cyromazine	0.05		不得检出	GB/T 20772
103	丁酰肼	Daminozide	0.05		不得检出	SN/T 1989

序号	农兽药中文名	农兽药英文名	欧盟标准限量要求 mg/kg	国家标准限量要求 mg/kg	三安超有机食品标准 限量要求 mg/kg	三安超有机食品标准 检测方法
104	达氟沙星	Danofloxacin	400μg/kg		不得检出	GB/T 22985
105	滴滴涕	DDT	1		不得检出	SN/T 0127
106	溴氰菊酯	Deltamethrin	10μg/kg		不得检出	GB/T 19650
107	燕麦敌	Diallate	0.2		不得检出	GB/T 23211
108	二嗪磷	Diazinon	0.03		不得检出	GB/T 19650
109	麦草畏	Dicamba	0.7		不得检出	GB/T 20772
110	敌草腈	Dichlobenil	0.01		不得检出	GB/T 19650
111	滴丙酸	Dichlorprop	0.7		不得检出	SN/T 2228
112	二氯苯氧基丙酸	Diclofop	0.1		不得检出	参照同类标准
113	氯硝胺	Dicloran	0.01		不得检出	GB/T 19650
114	双氯青霉素	Dicloxacillin	300μg/kg		不得检出	GB/T 18932.25
115	三氯杀螨醇	Dicofol	0.02		不得检出	GB/T 19650
116	乙霉威	Diethofencarb	0.05		不得检出	GB/T 19650
117	苯醚甲环唑	Difenoconazole	0.2		不得检出	GB/T 19650
118	双氟沙星	Difloxacin	800μg/kg		不得检出	GB/T 20366
119	除虫脲	Diflubenzuron	0.1		不得检出	SN/T 0528
120	吡氟酰草胺	Diflufenican	0.05		不得检出	GB/T 20772
121	二氢链霉素	Dihydro－streptomycin	1000μg/kg		不得检出	GB/T 22969
122	油菜安	Dimethachlor	0.02		不得检出	GB/T 20772
123	烯酰吗啉	Dimethomorph	0.05		不得检出	GB/T 20772
124	醚菌胺	Dimoxystrobin	0.05		不得检出	SN/T 2237
125	烯唑醇	Diniconazole	0.01		不得检出	GB/T 19650
126	敌螨普	Dinocap	0.05		不得检出	日本肯定列表（增补本1）
127	地乐酚	Dinoseb	0.01		不得检出	GB/T 20772
128	特乐酚	Dinoterb	0.05		不得检出	GB/T 20772
129	敌噁磷	Dioxathion	0.05		不得检出	GB/T 19650
130	敌草快	Diquat	0.05		不得检出	GB/T 5009.221
131	乙拌磷	Disulfoton	0.01		不得检出	GB/T 20772
132	二氰蒽醌	Dithianon	0.01		不得检出	GB/T 20769
133	二硫代氨基甲酸酯	Dithiocarbamates	0.05		不得检出	SN 0139
134	敌草隆	Diuron	0.05		不得检出	SN/T 0645
135	二硝甲酚	DNOC	0.05		不得检出	GB/T 20772
136	多果定	Dodine	0.2		不得检出	SN 0500
137	多拉菌素	Doramectin	60μg/kg		不得检出	GB/T 22968
138	甲氨基阿维菌素苯甲酸盐	Emamectin benzoate	0.08		不得检出	GB/T 20769
139	硫丹	Endosulfan	0.05	0.03	不得检出	GB/T 19650
140	异狄氏剂	Endrin	0.05		不得检出	GB/T 19650

序号	农兽药中文名	农兽药英文名	欧盟标准限量要求 mg/kg	国家标准限量要求 mg/kg	三安超有机食品标准	
					限量要求 mg/kg	检测方法
141	恩诺沙星	Enrofloxacin	200μg/kg		不得检出	GB/T 20366
142	氟环唑	Epoxiconazole	0.02		不得检出	GB/T 20772
143	埃普利诺菌素	Eprinomectin	300μg/kg		不得检出	GB/T 21320
144	茵草敌	EPTC	0.02		不得检出	GB/T 20772
145	红霉素	Erythromycin	200μg/kg		不得检出	GB/T 20762
146	乙丁烯氟灵	Ethalfluralin	0.01		不得检出	GB/T 19650
147	胺苯磺隆	Ethametsulfuron	0.01		不得检出	NY/T 1616
148	乙烯利	Ethephon	0.05		不得检出	SN 0705
149	乙硫磷	Ethion	0.01		不得检出	GB/T 19650
150	乙嘧酚	Ethirimol	0.05		不得检出	GB/T 20772
151	乙氧呋草黄	Ethofumesate	0.1		不得检出	GB/T 20772
152	灭线磷	Ethoprophos	0.01		不得检出	GB/T 19650
153	乙氧喹啉	Ethoxyquin	0.05		不得检出	GB/T 20772
154	环氧乙烷	Ethylene oxide	0.02		不得检出	GB/T 23296.11
155	醚菊酯	Etofenprox	0.5		不得检出	GB/T 19650
156	乙螨唑	Etoxazole	0.01		不得检出	GB/T 19650
157	氯唑灵	Etridiazole	0.05		不得检出	GB/T 20772
158	噁唑菌酮	Famoxadone	0.05		不得检出	GB/T 20772
159	苯硫氨酯	Febantel	50μg/kg		不得检出	GB/T 22972
160	咪唑菌酮	Fenamidone	0.01		不得检出	GB/T 19650
161	苯线磷	Fenamiphos	0.02		不得检出	GB/T 19650
162	氯苯嘧啶醇	Fenarimol	0.02		不得检出	GB/T 20772
163	喹螨醚	Fenazaquin	0.01		不得检出	GB/T 19650
164	苯硫苯咪唑	Fenbendazole	50μg/kg		不得检出	SN 0638
165	腈苯唑	Fenbuconazole	0.05		不得检出	GB/T 20772
166	苯丁锡	Fenbutatin oxide	0.05		不得检出	SN/T 3149
167	环酰菌胺	Fenhexamid	0.05		不得检出	GB/T 20772
168	杀螟硫磷	Fenitrothion	0.01		不得检出	GB/T 20772
169	精噁唑禾草灵	Fenoxaprop-P-ethyl	0.05		不得检出	GB/T 22617
170	双氧威	Fenoxycarb	0.05		不得检出	GB/T 19650
171	苯锈啶	Fenpropidin	0.02		不得检出	GB/T 19650
172	丁苯吗啉	Fenpropimorph	0.01		不得检出	GB/T 20772
173	胺苯吡菌酮	Fenpyrazamine	0.01		不得检出	参照同类标准
174	唑螨酯	Fenpyroximate	0.01		不得检出	GB/T 19650
175	倍硫磷	Fenthion	0.05		不得检出	GB/T 20772
176	三苯锡	Fentin	0.05		不得检出	SN/T 3149
177	薯瘟锡	Fentin acetate	0.05		不得检出	参照同类标准
178	氰戊菊酯和高效氰戊菊酯（RR & SS 异构体总量）	Fenvalerate and esfenvalerate (sum of RR & SS isomers)	0.2		不得检出	GB/T 19650

序号	农兽药中文名	农兽药英文名	欧盟标准限量要求 mg/kg	国家标准限量要求 mg/kg	三安超有机食品标准 限量要求 mg/kg	检测方法
179	氰戊菊酯和高效氰戊菊酯（RS & SR 异构体总量）	Fenvalerate and esfenvalerate (sum of RS & SR isomers)	0.05		不得检出	GB/T 19650
180	氟虫腈	Fipronil	0.02		不得检出	SN/T 1982
181	氟啶虫酰胺	Flonicamid	0.03		不得检出	SN/T 2796
182	氟苯尼考	Florfenicol	300μg/kg		不得检出	GB/T 20756
183	精吡氟禾草灵	Fluazifop-P-butyl	0.05		不得检出	GB/T 5009.142
184	氟啶胺	Fluazinam	0.05		不得检出	SN/T 2150
185	氟苯虫酰胺	Flubendiamide	1		不得检出	SN/T 2581
186	氟环脲	Flucycloxuron	0.05		不得检出	参照同类标准
187	氟氰戊菊酯	Flucythrinate	0.05		不得检出	GB/T 23210
188	咯菌腈	Fludioxonil	0.05		不得检出	GB/T 20772
189	氟虫脲	Flufenoxuron	0.05		不得检出	SN/T 2150
190	杀螨净	Flufenzin	0.02		不得检出	参照同类标准
191	醋酸氟孕酮	Flugestone acetate	0.5μg/kg		不得检出	参照同类标准
192	氟甲喹	Flumequin	1500μg/kg		不得检出	SN/T 1921
193	氟吡菌胺	Fluopicolide	0.01		不得检出	参照同类标准
194	—	Fluopyram	0.7		不得检出	参照同类标准
195	氟离子	Fluoride ion	1		不得检出	GB/T 5009.167
196	氟腈嘧菌酯	Fluoxastrobin	0.1		不得检出	SN/T 2237
197	氟喹唑	Fluquinconazole	0.3		不得检出	GB/T 19650
198	氟咯草酮	Fluorochloridone	0.05		不得检出	GB/T 20772
199	氟草烟	Fluroxypyr	0.5		不得检出	GB/T 20772
200	氟硅唑	Flusilazole	0.5		不得检出	GB/T 20772
201	氟酰胺	Flutolanil	0.05		不得检出	GB/T 20772
202	粉唑醇	Flutriafol	0.01		不得检出	GB/T 20772
203	—	Fluxapyroxad	0.01		不得检出	参照同类标准
204	氟磺胺草醚	Fomesafen	0.01		不得检出	GB/T 5009.130
205	氯吡脲	Forchlorfenuron	0.05		不得检出	SN/T 3643
206	伐虫脒	Formetanate	0.01		不得检出	NY/T 1453
207	三乙膦酸铝	Fosetyl-aluminiumuminium	0.5		不得检出	参照同类标准
208	麦穗宁	Fuberidazole	0.05		不得检出	GB/T 19650
209	呋线威	Furathiocarb	0.01		不得检出	GB/T 20772
210	糠醛	Furfural	1		不得检出	参照同类标准
211	勃激素	Gibberellic acid	0.1		不得检出	GB/T 23211
212	草胺膦	Glufosinate-ammonium	0.1		不得检出	日本肯定列表
213	草甘膦	Glyphosate	0.05		不得检出	SN/T 1923
214	双胍盐	Guazatine	0.1		不得检出	参照同类标准
215	氟吡禾灵	Haloxyfop	0.02		不得检出	SN/T 2228
216	七氯	Heptachlor	0.2		不得检出	SN 0663

序号	农兽药中文名	农兽药英文名	欧盟标准限量要求 mg/kg	国家标准限量要求 mg/kg	三安超有机食品标准	
					限量要求 mg/kg	检测方法
217	六氯苯	Hexachlorobenzene	0.2		不得检出	SN/T 0127
218	六六六（HCH），α-异构体	Hexachlorociclohexane（HCH），alpha-isomer	0.2		不得检出	SN/T 0127
219	六六六（HCH），β-异构体	Hexachlorociclohexane（HCH），beta-isomer	0.1		不得检出	SN/T 0127
220	噻螨酮	Hexythiazox	0.05		不得检出	GB/T 20772
221	噁霉灵	Hymexazol	0.05		不得检出	GB/T 20772
222	抑霉唑	Imazalil	0.05		不得检出	GB/T 20772
223	甲咪唑烟酸	Imazapic	0.01		不得检出	GB/T 20772
224	咪唑喹啉酸	Imazaquin	0.05		不得检出	GB/T 20772
225	吡虫啉	Imidacloprid	0.3		不得检出	GB/T 20772
226	茚虫威	Indoxacarb	0.05		不得检出	GB/T 20772
227	碘苯腈	Ioxynil	2,5		不得检出	GB/T 20772
228	异菌脲	Iprodione	0.05		不得检出	GB/T 19650
229	稻瘟灵	Isoprothiolane	0.01		不得检出	GB/T 20772
230	异丙隆	Isoproturon	0.05		不得检出	GB/T 20772
231	—	Isopyrazam	0.01		不得检出	参照同类标准
232	异噁酰草胺	Isoxaben	0.01		不得检出	GB/T 20772
233	依维菌素	Ivermectin	30μg/kg		不得检出	GB/T 21320
234	卡那霉素	Kanamycin	2500μg/kg		不得检出	GB/T 21323
235	醚菌酯	Kresoxim-methyl	0.05		不得检出	GB/T 20772
236	乳氟禾草灵	Lactofen	0.01		不得检出	GB/T 19650
237	高效氯氟氰菊酯	Lambda-cyhalothrin	0.5		不得检出	GB/T 23210
238	环草定	Lenacil	0.1		不得检出	GB/T 19650
239	林可霉素	Lincomycin	1500μg/kg		不得检出	GB/T 20762
240	林丹	Lindane	0.02	0.01	不得检出	NY/T 761
241	虱螨脲	Lufenuron	0.02		不得检出	SN/T 2540
242	马拉硫磷	Malathion	0.02		不得检出	GB/T 19650
243	抑芽丹	Maleic hydrazide	0.5		不得检出	GB/T 23211
244	双炔酰菌胺	Mandipropamid	0.02		不得检出	参照同类标准
245	二甲四氯和二甲四氯丁酸	MCPA and MCPB	0.1		不得检出	SN/T 2228
246	甲苯咪唑	Mebendazole	60μg/kg		不得检出	GB/T 21324
247	美洛昔康	Meloxicam	65μg/kg		不得检出	SN/T 2190
248	壮棉素	Mepiquat chloride	0.05		不得检出	GB/T 23211
249	—	Meptyldinocap	0.05		不得检出	参照同类标准
250	汞化合物	Mercury compounds	0.01		不得检出	参照同类标准
251	氰氟虫腙	Metaflumizone	0.02		不得检出	SN/T 3852
252	甲霜灵和精甲霜灵	Metalaxyl and metalaxyl-M	0.05		不得检出	GB/T 20772
253	四聚乙醛	Metaldehyde	0.05		不得检出	SN/T 1787

序号	农兽药中文名	农兽药英文名	欧盟标准限量要求 mg/kg	国家标准限量要求 mg/kg	三安超有机食品标准 限量要求 mg/kg	检测方法
254	苯嗪草酮	Metamitron	0.05		不得检出	GB/T 19650
255	吡唑草胺	Metazachlor	0.05		不得检出	GB/T 19650
256	叶菌唑	Metconazole	0.01		不得检出	GB/T 20772
257	甲基苯噻隆	Methabenzthiazuron	0.05		不得检出	GB/T 19650
258	虫螨畏	Methacrifos	0.01		不得检出	GB/T 20772
259	甲胺磷	Methamidophos	0.01		不得检出	GB/T 20772
260	杀扑磷	Methidathion	0.02		不得检出	GB/T 20772
261	甲硫威	Methiocarb	0.05		不得检出	GB/T 20770
262	灭多威和硫双威	Methomyl and thiodicarb	0.02		不得检出	GB/T 20772
263	烯虫酯	Methoprene	0.05		不得检出	GB/T 19650
264	甲氧滴滴涕	Methoxychlor	0.01		不得检出	SN/T 0529
265	甲氧虫酰肼	Methoxyfenozide	0.1		不得检出	GB/T 20772
266	磺草唑胺	Metosulam	0.01		不得检出	GB/T 20772
267	苯菌酮	Metrafenone	0.05		不得检出	参照同类标准
268	嗪草酮	Metribuzin	0.1		不得检出	GB/T 19650
269	—	Monepantel	2000μg/kg		不得检出	参照同类标准
270	绿谷隆	Monolinuron	0.05		不得检出	GB/T 20772
271	灭草隆	Monuron	0.01		不得检出	GB/T 20772
272	甲噻吩嘧啶	Morantel	200μg/kg		不得检出	参照同类标准
273	腈菌唑	Myclobutanil	0.01		不得检出	GB/T 20772
274	奈夫西林	Nafcillin	300μg/kg		不得检出	GB/T 22975
275	1-萘乙酰胺	1-Naphthylacetamide	0.05		不得检出	GB/T 23205
276	敌草胺	Napropamide	0.01		不得检出	GB/T 19650
277	新霉素(包括framycetin)	Neomycin (including framycetin)	5000μg/kg		不得检出	SN 0646
278	烟嘧磺隆	Nicosulfuron	0.05		不得检出	SN/T 2325
279	除草醚	Nitrofen	0.01		不得检出	GB/T 19650
280	氟酰脲	Novaluron	0.7		不得检出	GB/T 23211
281	嘧苯胺磺隆	Orthosulfamuron	0.01		不得检出	GB/T 23817
282	苯唑青霉素	Oxacillin	300μg/kg		不得检出	GB/T 18932.25
283	噁草酮	Oxadiazon	0.05		不得检出	GB/T 19650
284	噁霜灵	Oxadixyl	0.01		不得检出	GB/T 19650
285	环氧嘧磺隆	Oxasulfuron	0.05		不得检出	GB/T 23817
286	奥芬达唑	Oxfendazole	500μg/kg		不得检出	GB/T 22972
287	喹菌酮	Oxolinic acid	150μg/kg		不得检出	日本肯定列表
288	氧化萎锈灵	Oxycarboxin	0.05		不得检出	GB/T 19650
289	羟氯柳苯胺	Oxyclozanide	100μg/kg		不得检出	SN/T 2909
290	亚砜磷	Oxydemeton-methyl	0.01		不得检出	参照同类标准
291	乙氧氟草醚	Oxyfluorfen	0.05		不得检出	GB/T 20772

序号	农兽药中文名	农兽药英文名	欧盟标准限量要求 mg/kg	国家标准限量要求 mg/kg	三安超有机食品标准	
					限量要求 mg/kg	检测方法
292	土霉素	Oxytetracycline	600μg/kg		不得检出	GB/T 21317
293	多效唑	Paclobutrazol	0.02		不得检出	GB/T 19650
294	对硫磷	Parathion	0.05		不得检出	GB/T 19650
295	甲基对硫磷	Parathion – methyl	0.01		不得检出	GB/T 5009.161
296	巴龙霉素	Paromomycin	1500μg/kg		不得检出	SN/T 2315
297	戊菌唑	Penconazole	0.05		不得检出	GB/T 20772
298	戊菌隆	Pencycuron	0.05		不得检出	GB/T 19650
299	二甲戊灵	Pendimethalin	0.05		不得检出	GB/T 19650
300	喷沙西林	Penethamate	50μg/kg		不得检出	参照同类标准
301	氯菊酯	Permethrin	0.05		不得检出	GB/T 19650
302	甜菜宁	Phenmedipham	0.05		不得检出	GB/T 23205
303	苯醚菊酯	Phenothrin	0.05		不得检出	GB/T 20772
304	甲拌磷	Phorate	0.02		不得检出	GB/T 20772
305	伏杀硫磷	Phosalone	0.01		不得检出	GB/T 20772
306	亚胺硫磷	Phosmet	0.1		不得检出	GB/T 20772
307	—	Phosphines and phosphides	0.01		不得检出	参照同类标准
308	辛硫磷	Phoxim	0.05		不得检出	GB/T 20772
309	氨氯吡啶酸	Picloram	5		不得检出	GB/T 23211
310	啶氧菌酯	Picoxystrobin	0.05		不得检出	GB/T 19650
311	抗蚜威	Pirimicarb	0.05		不得检出	GB/T 20772
312	甲基嘧啶磷	Pirimiphos – methyl	0.05		不得检出	GB/T 20772
313	咪鲜胺	Prochloraz	0.1		不得检出	GB/T 19650
314	腐霉利	Procymidone	0.01		不得检出	GB/T 20772
315	丙溴磷	Profenofos	0.05		不得检出	GB/T 20772
316	调环酸	Prohexadione	0.05		不得检出	日本肯定列表
317	毒草安	Propachlor	0.02		不得检出	GB/T 20772
318	扑派威	Propamocarb	0.1		不得检出	GB/T 20772
319	恶草酸	Propaquizafop	0.05		不得检出	GB/T 20772
320	炔螨特	Propargite	0.1		不得检出	GB/T 19650
321	苯胺灵	Propham	0.05		不得检出	GB/T 19650
322	丙环唑	Propiconazole	0.05		不得检出	GB/T 19650
323	异丙草胺	Propisochlor	0.01		不得检出	GB/T 19650
324	残杀威	Propoxur	0.05		不得检出	GB/T 20772
325	炔苯酰草胺	Propyzamide	0.05		不得检出	GB/T 19650
326	苄草丹	Prosulfocarb	0.05		不得检出	GB/T 19650
327	丙硫菌唑	Prothioconazole	0.5		不得检出	参照同类标准
328	吡蚜酮	Pymetrozine	0.01		不得检出	GB/T 20772
329	吡唑醚菌酯	Pyraclostrobin	0.05		不得检出	GB/T 20772
330	—	Pyrasulfotole	0.01		不得检出	参照同类标准

序号	农兽药中文名	农兽药英文名	欧盟标准限量要求 mg/kg	国家标准限量要求 mg/kg	三安超有机食品标准	
					限量要求 mg/kg	检测方法
331	吡菌磷	Pyrazophos	0.02		不得检出	GB/T 20772
332	除虫菊素	Pyrethrins	0.05		不得检出	GB/T 20772
333	哒螨灵	Pyridaben	0.02		不得检出	GB/T 19650
334	啶虫丙醚	Pyridalyl	0.01		不得检出	日本肯定列表
335	哒草特	Pyridate	0.4		不得检出	日本肯定列表
336	嘧霉胺	Pyrimethanil	0.05		不得检出	GB/T 19650
337	吡丙醚	Pyriproxyfen	0.05		不得检出	GB/T 19650
338	甲氧磺草胺	Pyroxsulam	0.01		不得检出	SN/T 2325
339	氯甲喹啉酸	Quinmerac	0.05		不得检出	参照同类标准
340	喹氧灵	Quinoxyphen	0.2		不得检出	SN/T 2319
341	五氯硝基苯	Quintozene	0.01		不得检出	GB/T 19650
342	精喹禾灵	Quizalofop – P – ethyl	0.05		不得检出	SN/T 2150
343	灭虫菊	Resmethrin	0.1		不得检出	GB/T 20772
344	鱼藤酮	Rotenone	0.01		不得检出	GB/T 20772
345	西玛津	Simazine	0.01		不得检出	SN 0594
346	壮观霉素	Spectinomycin	5000μg/kg		不得检出	GB/T 21323
347	乙基多杀菌素	Spinetoram	0.01		不得检出	参照同类标准
348	多杀霉素	Spinosad	0.5		不得检出	GB/T 20772
349	螺螨酯	Spirodiclofen	0.05		不得检出	GB/T 20772
350	螺甲螨酯	Spiromesifen	0.01		不得检出	GB/T 23210
351	螺虫乙酯	Spirotetramat	0.03		不得检出	参照同类标准
352	苷孢菌素	Spiroxamine	0.2		不得检出	GB/T 20772
353	链霉素	Streptomycin	1000μg/kg		不得检出	GB/T 21323
354	磺草酮	Sulcotrione	0.05		不得检出	参照同类标准
355	磺胺类（所有属于磺胺类的物质）	Sulfonamides（all substances belonging to the sulfonamide-group）	100μg/kg		不得检出	GB 29694
356	乙黄隆	Sulfosulfuron	0.05		不得检出	SN/T 2325
357	硫磺粉	Sulfur	0.5		不得检出	参照同类标准
358	氟胺氰菊酯	Tau – fluvalinate	0.02		不得检出	SN 0691
359	戊唑醇	Tebuconazole	0.1		不得检出	GB/T 20772
360	虫酰肼	Tebufenozide	0.05		不得检出	GB/T 20772
361	吡螨胺	Tebufenpyrad	0.05		不得检出	GB/T 19650
362	四氯硝基苯	Tecnazene	0.05		不得检出	GB/T 19650
363	氟苯脲	Teflubenzuron	0.05		不得检出	SN/T 2150
364	七氟菊酯	Tefluthrin	0.05		不得检出	GB/T 23210
365	得杀草	Tepraloxydim	0.1		不得检出	GB/T 20772
366	特丁硫磷	Terbufos	0.01		不得检出	GB/T 20772
367	特丁津	Terbuthylazine	0.05		不得检出	GB/T 19650

序号	农兽药中文名	农兽药英文名	欧盟标准限量要求 mg/kg	国家标准限量要求 mg/kg	三安超有机食品标准 限量要求 mg/kg	检测方法
368	四氟醚唑	Tetraconazole	0.5		不得检出	GB/T 20772
369	四环素	Tetracycline	600μg/kg		不得检出	GB/T 21317
370	三氯杀螨砜	Tetradifon	0.05		不得检出	GB/T 19650
371	噻菌灵	Thiabendazole	100μg/kg		不得检出	GB/T 20772
372	噻虫啉	Thiacloprid	0.3		不得检出	GB/T 20772
373	噻虫嗪	Thiamethoxam	0.03		不得检出	GB/T 20772
374	甲砜霉素	Thiamphenicol	50μg/kg		不得检出	GB/T 20756
375	禾草丹	Thiobencarb	0.01		不得检出	GB/T 20772
376	甲基硫菌灵	Thiophanate – methyl	0.05		不得检出	SN/T 0162
377	泰地罗新	Tildipirosin	3000μg/kg		不得检出	参照同类标准
378	替米考星	Tilmicosin	1000μg/kg		不得检出	GB/T 20762
379	甲基立枯磷	Tolclofos – methyl	0.05		不得检出	GB/T 19650
380	甲苯三嗪酮	Toltrazuril	250μg/kg		不得检出	参照同类标准
381	甲苯氟磺胺	Tolylfluanid	0.1		不得检出	GB/T 19650
382	—	Topramezone	0.05		不得检出	参照同类标准
383	三唑酮和三唑醇	Triadimefon and triadimenol	0.1		不得检出	GB/T 20772
384	野麦畏	Triallate	0.05		不得检出	GB/T 20772
385	醚苯磺隆	Triasulfuron	0.05		不得检出	GB/T 20772
386	三唑磷	Triazophos	0.01		不得检出	GB/T 20772
387	敌百虫	Trichlorphon	0.01		不得检出	GB/T 20772
388	三氯苯哒唑	Triclabendazole	150μg/kg		不得检出	参照同类标准
389	绿草定	Triclopyr	0.2		不得检出	SN/T 2228
390	三环唑	Tricyclazole	0.05		不得检出	GB/T 20769
391	十三吗啉	Tridemorph	0.01		不得检出	GB/T 20772
392	肟菌酯	Trifloxystrobin	0.04		不得检出	GB/T 19650
393	氟菌唑	Triflumizole	0.05		不得检出	GB/T 20769
394	杀铃脲	Triflumuron	0.01		不得检出	GB/T 20772
395	氟乐灵	Trifluralin	0.01		不得检出	GB/T 20772
396	嗪氨灵	Triforine	0.01		不得检出	SN 0695
397	甲氧苄氨嘧啶	Trimethoprim	50μg/kg		不得检出	SN/T 1769
398	三甲基锍阳离子	Trimethyl – sulfonium cation	0.05		不得检出	参照同类标准
399	抗倒酯	Trinexapac	0.05		不得检出	GB/T 20769
400	灭菌唑	Triticonazole	0.01		不得检出	GB/T 20772
401	三氟甲磺隆	Tritosulfuron	0.01		不得检出	参照同类标准
402	泰乐菌素	Tylosin	100μg/kg		不得检出	GB/T 22941
403	—	Valifenalate	0.01		不得检出	参照同类标准
404	乙烯菌核利	Vinclozolin	0.05		不得检出	GB/T 20772
405	2,3,4,5 – 四氯苯胺	2,3,4,5 – Tetrachloraniline			不得检出	GB/T 19650
406	2,3,4,5 – 四氯甲氧基苯	2,3,4,5 – Tetrachloroanisole			不得检出	GB/T 19650

序号	农兽药中文名	农兽药英文名	欧盟标准限量要求 mg/kg	国家标准限量要求 mg/kg	三安超有机食品标准	
					限量要求 mg/kg	检测方法
407	2,3,5,6-四氯苯胺	2,3,5,6-Tetrachloroaniline			不得检出	GB/T 19650
408	2,4,5-涕	2,4,5-T			不得检出	GB/T 20772
409	o,p'-滴滴滴	2,4'-DDD			不得检出	GB/T 19650
410	o,p'-滴滴伊	2,4'-DDE			不得检出	GB/T 19650
411	o,p'-滴滴涕	2,4'-DDT			不得检出	GB/T 19650
412	2,6-二氯苯甲酰胺	2,6-Dichlorobenzamide			不得检出	GB/T 19650
413	3,5-二氯苯胺	3,5-Dichloroaniline			不得检出	GB/T 19650
414	p,p'-滴滴滴	4,4'-DDD			不得检出	GB/T 19650
415	p,p'-滴滴伊	4,4'-DDE			不得检出	GB/T 19650
416	p,p'-滴滴涕	4,4'-DDT			不得检出	GB/T 19650
417	4,4'-二溴二苯甲酮	4,4'-Dibromobenzophenone			不得检出	GB/T 19650
418	4,4'-二氯二苯甲酮	4,4'-Dichlorobenzophenone			不得检出	GB/T 19650
419	二氢苊	Acenaphthene			不得检出	GB/T 19650
420	乙酰丙嗪	Acepromazine			不得检出	GB/T 20763
421	三氟羧草醚	Acifluorfen			不得检出	GB/T 20772
422	1-氨基-2-乙内酰脲	AHD			不得检出	GB/T 21311
423	涕灭砜威	Aldoxycarb			不得检出	GB/T 20772
424	烯丙菊酯	Allethrin			不得检出	GB/T 20772
425	二丙烯草胺	Allidochlor			不得检出	GB/T 19650
426	α-六六六	Alpha-HCH			不得检出	GB/T 19650
427	烯丙孕素	Altrenogest			不得检出	SN/T 1980
428	莠灭净	Ametryn			不得检出	GB/T 20772
429	杀草强	Amitrole			不得检出	SN/T 1737.6
430	5-吗啉甲基-3-氨基-2-噁唑烷基酮	AMOZ			不得检出	GB/T 21311
431	氨丙嘧吡啶	Amprolium			不得检出	SN/T 0276
432	莎稗磷	Anilofos			不得检出	GB/T 19650
433	蒽醌	Anthraquinone			不得检出	GB/T 19650
434	3-氨基-2-噁唑酮	AOZ			不得检出	GB/T 21311
435	安普霉素	Apramycin			不得检出	GB/T 21323
436	丙硫特普	Aspon			不得检出	GB/T 19650
437	羟氨卡青霉素	Aspoxicillin			不得检出	GB/T 21315
438	乙基杀扑磷	Athidathion			不得检出	GB/T 19650
439	莠去通	Atratone			不得检出	GB/T 19650
440	莠去津	Atrazine			不得检出	GB/T 20772
441	脱乙基阿特拉津	Atrazine-desethyl			不得检出	GB/T 19650
442	甲基吡噁磷	Azamethiphos			不得检出	GB/T 20763
443	氮哌酮	Azaperone			不得检出	SN/T 2221
444	叠氮津	Aziprotryne			不得检出	GB/T 19650

序号	农兽药中文名	农兽药英文名	欧盟标准限量要求 mg/kg	国家标准限量要求 mg/kg	三安超有机食品标准 限量要求 mg/kg	检测方法
445	杆菌肽	Bacitracin			不得检出	GB/T 20743
446	4－溴－3,5－二甲苯基－N－甲基氨基甲酸酯－1	BDMC－1			不得检出	GB/T 19650
447	4－溴－3,5－二甲苯基－N－甲基氨基甲酸酯－2	BDMC－2			不得检出	GB/T 19650
448	恶虫威	Bendiocarb			不得检出	GB/T 20772
449	乙丁氟灵	Benfluralin			不得检出	GB/T 19650
450	丙硫克百威	Benfuracard			不得检出	GB/T 20772
451	呋草黄	Benfuresate			不得检出	GB/T 19650
452	麦锈灵	Benodanil			不得检出	GB/T 19650
453	解草酮	Benoxacor			不得检出	GB/T 19650
454	新燕灵	Benzoylprop－ethyl			不得检出	GB/T 19650
455	β－六六六	Beta－HCH			不得检出	GB/T 19650
456	倍他米松	Betamethasone			不得检出	SN/T 1970
457	生物烯丙菊酯－1	Bioallethrin－1			不得检出	GB/T 19650
458	生物烯丙菊酯－2	Bioallethrin－2			不得检出	GB/T 19650
459	生物苄呋菊酯	Bioresmethrin			不得检出	GB/T 20772
460	除草定	Bromacil			不得检出	GB/T 20772
461	溴苯烯磷	Bromfenvinfos			不得检出	GB/T 19650
462	溴烯杀	Bromocylen			不得检出	GB/T 19650
463	溴硫磷	Bromofos			不得检出	GB/T 19650
464	乙基溴硫磷	Bromophos－ethyl			不得检出	GB/T 19650
465	溴丁酰草胺	Btomobutide			不得检出	GB/T 19650
466	氟丙嘧草酯	Butafenacil			不得检出	GB/T 19650
467	抑草磷	Butamifos			不得检出	GB/T 19650
468	丁草胺	Butaxhlor			不得检出	GB/T 19650
469	苯酮唑	Cafenstrole			不得检出	GB/T 19650
470	角黄素	Canthaxanthin			不得检出	SN/T 2327
471	咔唑心安	Carazolol			不得检出	GB/T 20763
472	卡巴氧	Carbadox			不得检出	GB/T 20746
473	三硫磷	Carbophenothion			不得检出	GB/T 19650
474	唑草酮	Carfentrazone－ethyl			不得检出	GB/T 19650
475	卡洛芬	Carprofen			不得检出	SN/T 2190
476	头孢洛宁	Cefalonium			不得检出	GB/T 22989
477	头孢匹林	Cefapirin			不得检出	GB/T 22989
478	头孢喹肟	Cefquinome			不得检出	GB/T 22989
479	头孢氨苄	Cefalexin			不得检出	GB/T 22989
480	氯霉素	Chloramphenicolum			不得检出	GB/T 20772
481	氯杀螨砜	Chlorbenside sulfone			不得检出	GB/T 19650

序号	农兽药中文名	农兽药英文名	欧盟标准限量要求 mg/kg	国家标准限量要求 mg/kg	三安超有机食品标准 限量要求 mg/kg	三安超有机食品标准 检测方法
482	氯溴隆	Chlorbromuron			不得检出	GB/T 19650
483	杀虫脒	Chlordimeform			不得检出	GB/T 19650
484	氯氧磷	Chlorethoxyfos			不得检出	GB/T 19650
485	溴虫腈	Chlorfenapyr			不得检出	GB/T 19650
486	杀螨醇	Chlorfenethol			不得检出	GB/T 19650
487	燕麦酯	Chlorfenprop – methyl			不得检出	GB/T 19650
488	氟啶脲	Chlorfluazuron			不得检出	SN/T 2540
489	整形醇	Chlorflurenol			不得检出	GB/T 19650
490	氯地孕酮	Chlormadinone			不得检出	SN/T 1980
491	醋酸氯地孕酮	Chlormadinone acetate			不得检出	GB/T 20753
492	氯甲硫磷	Chlormephos			不得检出	GB/T 19650
493	氯苯甲醚	Chloroneb			不得检出	GB/T 19650
494	丙酯杀螨醇	Chloropropylate			不得检出	GB/T 19650
495	氯丙嗪	Chlorpromazine			不得检出	GB/T 20763
496	毒死蜱	Chlorpyrifos			不得检出	GB/T 19650
497	氯硫磷	Chlorthion			不得检出	GB/T 19650
498	虫螨磷	Chlorthiophos			不得检出	GB/T 19650
499	乙菌利	Chlozolinate			不得检出	GB/T 19650
500	顺式－氯丹	cis – Chlordane			不得检出	GB/T 19650
501	顺式－燕麦敌	cis – Diallate			不得检出	GB/T 19650
502	顺式－氯菊酯	cis – Permethrin			不得检出	GB/T 19650
503	克仑特罗	Clenbuterol			不得检出	GB/T 22286
504	异噁草酮	Clomazone			不得检出	GB/T 20772
505	氯甲酰草胺	Clomeprop			不得检出	GB/T 19650
506	氯羟吡啶	Clopidol			不得检出	GB 29700
507	解草酯	Cloquintocet – mexyl			不得检出	GB/T 19650
508	蝇毒磷	Coumaphos			不得检出	GB/T 19650
509	鼠立死	Crimidine			不得检出	GB/T 19650
510	巴毒磷	Crotxyphos			不得检出	GB/T 19650
511	育畜磷	Crufomate			不得检出	GB/T 19650
512	苯腈磷	Cyanofenphos			不得检出	GB/T 19650
513	杀螟腈	Cyanophos			不得检出	GB/T 20772
514	环草敌	Cycloate			不得检出	GB/T 20772
515	环莠隆	Cycluron			不得检出	GB/T 20772
516	环丙津	Cyprazine			不得检出	GB/T 20772
517	敌草索	Dacthal			不得检出	GB/T 19650
518	癸氧喹酯	Decoquinate			不得检出	SN/T 2444
519	脱叶磷	DEF			不得检出	GB/T 19650
520	δ－六六六	Delta – HCH			不得检出	GB/T 19650

序号	农兽药中文名	农兽药英文名	欧盟标准限量要求 mg/kg	国家标准限量要求 mg/kg	三安超有机食品标准限量要求 mg/kg	三安超有机食品标准检测方法
521	2,2′,4,5,5′-五氯联苯	DE - PCB 101			不得检出	GB/T 19650
522	2,3,4,4′,5-五氯联苯	DE - PCB 118			不得检出	GB/T 19650
523	2,2′,3,4,4′,5-六氯联苯	DE - PCB 138			不得检出	GB/T 19650
524	2,2′,4,4′,5,5′-六氯联苯	DE - PCB 153			不得检出	GB/T 19650
525	2,2′,3,4,4′,5,5′-七氯联苯	DE - PCB 180			不得检出	GB/T 19650
526	2,4,4′-三氯联苯	DE - PCB 28			不得检出	GB/T 19650
527	2,4,5-三氯联苯	DE - PCB 31			不得检出	GB/T 19650
528	2,2′,5,5′-四氯联苯	DE - PCB 52			不得检出	GB/T 19650
529	脱溴溴苯磷	Desbrom - leptophos			不得检出	GB/T 19650
530	脱乙基另丁津	Desethyl - sebuthylazine			不得检出	GB/T 19650
531	敌草净	Desmetryn			不得检出	GB/T 19650
532	地塞米松	Dexamethasone			不得检出	SN/T 1970
533	氯亚胺硫磷	Dialifos			不得检出	GB/T 19650
534	敌菌净	Diaveridine			不得检出	SN/T 1926
535	驱虫特	Dibutyl succinate			不得检出	GB/T 20772
536	异氯磷	Dicapthon			不得检出	GB/T 20772
537	除线磷	Dichlofenthion			不得检出	GB/T 20772
538	苯氟磺胺	Dichlofluanid			不得检出	GB/T 19650
539	烯丙酰草胺	Dichlormid			不得检出	GB/T 19650
540	敌敌畏	Dichlorvos			不得检出	GB/T 20772
541	苄氯三唑醇	Diclobutrazole			不得检出	GB/T 20772
542	禾草灵	Diclofop - methyl			不得检出	GB/T 19650
543	甲氟磷	Dimefox			不得检出	GB/T 20766
544	哌草丹	Dimepiperate			不得检出	GB/T 19650
545	异戊乙净	Dimethametryn			不得检出	GB/T 19650
546	二甲酚草胺	Dimethenamid			不得检出	GB/T 19650
547	乐果	Dimethoate			不得检出	GB/T 19650
548	甲基毒虫畏	Dimethylvinphos			不得检出	GB/T 20772
549	地美硝唑	Dimetridazole			不得检出	GB/T 19650
550	二硝托安	Dinitolmide			不得检出	GB/T 19650
551	氨氟灵	Dinitramine			不得检出	SN/T 2453
552	消螨通	Dinobuton			不得检出	GB/T 19650
553	呋虫胺	Dinotefuran			不得检出	GB/T 19650
554	苯虫醚-1	Diofenolan - 1			不得检出	GB/T 20772
555	苯虫醚-2	Diofenolan - 2			不得检出	GB/T 19650
556	蔬果磷	Dioxabenzofos			不得检出	GB/T 19650
557	双苯酰草胺	Diphenamid			不得检出	GB/T 19650
558	二苯胺	Diphenylamine			不得检出	GB/T 19650

序号	农兽药中文名	农兽药英文名	欧盟标准限量要求 mg/kg	国家标准限量要求 mg/kg	三安超有机食品标准 限量要求 mg/kg	检测方法
559	异丙净	Dipropetryn			不得检出	GB/T 19650
560	灭菌磷	Ditalimfos			不得检出	GB/T 19650
561	氟硫草定	Dithiopyr			不得检出	GB/T 19650
562	强力霉素	Doxycycline			不得检出	GB/T 19650
563	敌瘟磷	Edifenphos			不得检出	GB/T 20764
564	硫丹硫酸盐	Endosulfan – sulfate			不得检出	GB/T 19650
565	异狄氏剂酮	Endrin ketone			不得检出	GB/T 19650
566	苯硫磷	EPN			不得检出	GB/T 19650
567	抑草蓬	Erbon			不得检出	GB/T 19650
568	S–氰戊菊酯	Esfenvalerate			不得检出	GB/T 19650
569	戊草丹	Esprocarb			不得检出	GB/T 19650
570	乙环唑–1	Etaconazole – 1			不得检出	GB/T 19650
571	乙环唑–2	Etaconazole – 2			不得检出	GB/T 19650
572	乙嘧硫磷	Etrimfos			不得检出	GB/T 19650
573	氧乙嘧硫磷	Etrimfos oxon			不得检出	GB/T 19650
574	伐灭磷	Famphur			不得检出	GB/T 19650
575	苯线磷亚砜	Fenamiphos sulfoxide			不得检出	GB/T 19650
576	苯线磷砜	Fenamiphos – sulfone			不得检出	GB/T 19650
577	氧皮蝇磷	Fenchlorphos oxon			不得检出	GB/T 19650
578	甲呋酰胺	Fenfuram			不得检出	GB/T 19650
579	仲丁威	Fenobucarb			不得检出	GB/T 19650
580	苯硫威	Fenothiocarb			不得检出	GB/T 19650
581	稻瘟酰胺	Fenoxanil			不得检出	GB/T 19650
582	拌种咯	Fenpiclonil			不得检出	GB/T 19650
583	甲氰菊酯	Fenpropathrin			不得检出	GB/T 19650
584	芬螨酯	Fenson			不得检出	GB/T 19650
585	丰索磷	Fensulfothion			不得检出	GB/T 19650
586	倍硫磷亚砜	Fenthion sulfoxide			不得检出	GB/T 19650
587	氰戊菊酯	Fenvalerate			不得检出	GB/T 19650
588	麦草氟异丙酯	Flamprop – isopropyl			不得检出	GB/T 19650
589	麦草氟甲酯	Flamprop – methyl			不得检出	GB/T 19650
590	吡氟禾草灵	Fluazifop – butyl			不得检出	GB/T 19650
591	啶蜱脲	Fluazuron			不得检出	SN/T 2540
592	氟苯咪唑	Flubendazole			不得检出	GB/T 21324
593	氟噻草胺	Flufenacet			不得检出	GB/T 19650
594	氟节胺	Flumetralin			不得检出	GB/T 19650
595	唑嘧磺草胺	Flumetsulam			不得检出	GB/T 20772
596	氟烯草酸	Flumiclorac			不得检出	GB/T 19650
597	丙炔氟草胺	Flumioxazin			不得检出	GB/T 19650

序号	农兽药中文名	农兽药英文名	欧盟标准限量要求 mg/kg	国家标准限量要求 mg/kg	三安超有机食品标准	
					限量要求 mg/kg	检测方法
598	氟胺烟酸	Flunixin			不得检出	GB/T 20750
599	三氟硝草醚	Fluorodifen			不得检出	GB/T 19650
600	乙羧氟草醚	Fluoroglycofen – ethyl			不得检出	GB/T 19650
601	三氟苯唑	Fluotrimazole			不得检出	GB/T 19650
602	氟啶草酮	Fluridone			不得检出	GB/T 19650
603	氟草烟 – 1 – 甲庚酯	Fluroxypr – 1 – methylheptyl ester			不得检出	GB/T 19650
604	呋草酮	Flurtamone			不得检出	GB/T 19650
605	地虫硫磷	Fonofos			不得检出	GB/T 19650
606	安果	Formothion			不得检出	GB/T 19650
607	呋霜灵	Furalaxyl			不得检出	GB/T 19650
608	庆大霉素	Gentamicin			不得检出	GB/T 21323
609	苄螨醚	Halfenprox			不得检出	GB/T 19650
610	氟哌啶醇	Haloperidol			不得检出	GB/T 20763
611	ε – 六六六	HCH , epsilon			不得检出	GB/T 19650
612	庚烯磷	Heptanophos			不得检出	GB/T 19650
613	己唑醇	Hexaconazole			不得检出	GB/T 19650
614	环嗪酮	Hexazinone			不得检出	GB/T 19650
615	咪草酸	Imazamethabenz – methyl			不得检出	GB/T 19650
616	脱苯甲基亚胺唑	Imibenconazole – des – benzyl			不得检出	GB/T 19650
617	炔咪菊酯 – 1	Imiprothrin – 1			不得检出	GB/T 19650
618	炔咪菊酯 – 2	Imiprothrin – 2			不得检出	GB/T 19650
619	碘硫磷	Iodofenphos			不得检出	GB/T 19650
620	甲基碘磺隆	Iodosulfuron – methyl			不得检出	GB/T 20772
621	异稻瘟净	Iprobenfos			不得检出	GB/T 19650
622	氯唑磷	Isazofos			不得检出	GB/T 19650
623	碳氯灵	Isobenzan			不得检出	GB/T 19650
624	丁咪酰胺	Isocarbamid			不得检出	GB/T 19650
625	水胺硫磷	Isocarbophos			不得检出	GB/T 19650
626	异艾氏剂	Isodrin			不得检出	GB/T 19650
627	异柳磷	Isofenphos			不得检出	GB/T 19650
628	氧异柳磷	Isofenphos oxon			不得检出	GB/T 19650
629	氮氨菲啶	Isometamidium			不得检出	SN/T 2239
630	丁嗪草酮	Isomethiozin			不得检出	GB/T 19650
631	异丙威 – 1	Isoprocarb – 1			不得检出	GB/T 19650
632	异丙威 – 2	Isoprocarb – 2			不得检出	GB/T 19650
633	异丙乐灵	Isopropalin			不得检出	GB/T 19650
634	双苯噁唑酸	Isoxadifen – ethyl			不得检出	GB/T 19650
635	异噁氟草	Isoxaflutole			不得检出	GB/T 20772

序号	农兽药中文名	农兽药英文名	欧盟标准限量要求 mg/kg	国家标准限量要求 mg/kg	三安超有机食品标准	
					限量要求 mg/kg	检测方法
636	噁唑啉	Isoxathion			不得检出	GB/T 19650
637	交沙霉素	Josamycin			不得检出	GB/T 20762
638	拉沙里菌素	Lasalocid			不得检出	SN 0501
639	溴苯磷	Leptophos			不得检出	GB/T 19650
640	左旋咪唑	Levamisole			不得检出	SN 0349
641	利谷隆	Linuron			不得检出	GB/T 19650
642	麻保沙星	Marbofloxacin			不得检出	GB/T 22985
643	2－甲－4－氯丁氧乙基酯	MCPA－butoxyethyl ester			不得检出	GB/T 19650
644	灭蚜磷	Mecarbam			不得检出	GB/T 19650
645	二甲四氯丙酸	MECOPROP			不得检出	SN/T 2325
646	苯噻酰草胺	Mefenacet			不得检出	GB/T 19650
647	吡唑解草酯	Mefenpyr－diethyl			不得检出	GB/T 19650
648	醋酸甲地孕酮	Megestrol acetate			不得检出	GB/T 20753
649	醋酸美仑孕酮	Melengestrol acetate			不得检出	GB/T 20753
650	嘧菌胺	Mepanipyrim			不得检出	GB/T 19650
651	地胺磷	Mephosfolan			不得检出	GB/T 19650
652	灭锈胺	Mepronil			不得检出	GB/T 19650
653	硝磺草酮	Mesotrione			不得检出	参照同类标准
654	呋菌胺	Methfuroxam			不得检出	GB/T 19650
655	灭梭威砜	Methiocarb sulfone			不得检出	GB/T 19650
656	异丙甲草胺和 S－异丙甲草胺	Metolachlor and S－metolachlor			不得检出	GB/T 19650
657	盖草津	Methoprotryne			不得检出	GB/T 19650
658	甲醚菊酯－1	Methothrin－1			不得检出	GB/T 19650
659	甲醚菊酯－2	Methothrin－2			不得检出	GB/T 19650
660	甲基泼尼松龙	Methylprednisolone			不得检出	GB/T 21981
661	溴谷隆	Metobromuron			不得检出	GB/T 19650
662	甲氧氯普胺	Metoclopramide			不得检出	SN/T 2227
663	苯氧菌胺－1	Metominsstrobin－1			不得检出	GB/T 19650
664	苯氧菌胺－2	Metominsstrobin－2			不得检出	GB/T 19650
665	甲硝唑	Metronidazole			不得检出	GB/T 21318
666	速灭磷	Mevinphos			不得检出	GB/T 19650
667	兹克威	Mexacarbate			不得检出	GB/T 19650
668	灭蚁灵	Mirex			不得检出	GB/T 19650
669	禾草敌	Molinate			不得检出	GB/T 19650
670	庚酰草胺	Monalide			不得检出	GB/T 19650
671	莫能菌素	Monensin			不得检出	SN 0698
672	莫西丁克	Moxidectin			不得检出	SN/T 2442
673	合成麝香	Musk ambrecte			不得检出	GB/T 19650

序号	农兽药中文名	农兽药英文名	欧盟标准限量要求 mg/kg	国家标准限量要求 mg/kg	三安超有机食品标准限量要求 mg/kg	检测方法
674	麝香	Musk moskene			不得检出	GB/T 19650
675	西藏麝香	Musk tibeten			不得检出	GB/T 19650
676	二甲苯麝香	Musk xylene			不得检出	GB/T 19650
677	二溴磷	Naled			不得检出	SN/T 0706
678	萘丙胺	Naproanilide			不得检出	GB/T 19650
679	甲基盐霉素	Narasin			不得检出	GB/T 20364
680	甲磺乐灵	Nitralin			不得检出	GB/T 19650
681	三氯甲基吡啶	Nitrapyrin			不得检出	GB/T 19650
682	酞菌酯	Nitrothal – isopropyl			不得检出	GB/T 19650
683	诺氟沙星	Norfloxacin			不得检出	GB/T 20366
684	氟草敏	Norflurazon			不得检出	GB/T 19650
685	新生霉素	Novobiocin			不得检出	SN 0674
686	氟苯嘧啶醇	Nuarimol			不得检出	GB/T 19650
687	八氯苯乙烯	Octachlorostyrene			不得检出	GB/T 19650
688	氧氟沙星	Ofloxacin			不得检出	GB/T 20366
689	喹乙醇	Olaquindox			不得检出	GB/T 20746
690	竹桃霉素	Oleandomycin			不得检出	GB/T 20762
691	氧乐果	Omethoate			不得检出	GB/T 19650
692	奥比沙星	Orbifloxacin			不得检出	GB/T 22985
693	杀线威	Oxamyl			不得检出	GB/T 20772
694	丙氧苯咪唑	Oxibendazole			不得检出	GB/T 21324
695	氧化氯丹	Oxy – chlordane			不得检出	GB/T 19650
696	对氧磷	Paraoxon			不得检出	GB/T 19650
697	甲基对氧磷	Paraoxon – methyl			不得检出	GB/T 19650
698	克草敌	Pebulate			不得检出	GB/T 19650
699	五氯苯胺	Pentachloroaniline			不得检出	GB/T 19650
700	五氯甲氧基苯	Pentachloroanisole			不得检出	GB/T 19650
701	五氯苯	Pentachlorobenzene			不得检出	GB/T 19650
702	乙滴涕	Perthane			不得检出	GB/T 19650
703	菲	Phenanthrene			不得检出	GB/T 19650
704	稻丰散	Phenthoate			不得检出	GB/T 19650
705	甲拌磷砜	Phorate sulfone			不得检出	GB/T 19650
706	磷胺 – 1	Phosphamidon – 1			不得检出	GB/T 19650
707	磷胺 – 2	Phosphamidon – 2			不得检出	GB/T 19650
708	酞酸苯甲基丁酯	Phthalic acid, benzylbutyl ester			不得检出	GB/T 19650
709	四氯苯肽	Phthalide			不得检出	GB/T 19650
710	邻苯二甲酰亚胺	Phthalimide			不得检出	GB/T 19650
711	氟吡酰草胺	Picolinafen			不得检出	GB/T 19650
712	增效醚	Piperonyl butoxide			不得检出	GB/T 19650

序号	农兽药中文名	农兽药英文名	欧盟标准限量要求 mg/kg	国家标准限量要求 mg/kg	三安超有机食品标准 限量要求 mg/kg	检测方法
713	哌草磷	Piperophos			不得检出	GB/T 19650
714	乙基虫螨清	Pirimiphos – ethyl			不得检出	GB/T 19650
715	吡利霉素	Pirlimycin			不得检出	GB/T 22988
716	炔丙菊酯	Prallethrin			不得检出	GB/T 19650
717	泼尼松龙	Prednisolone			不得检出	GB/T 21981
718	丙草胺	Pretilachlor			不得检出	GB/T 19650
719	环丙氟灵	Profluralin			不得检出	GB/T 19650
720	茉莉酮	Prohydrojasmon			不得检出	GB/T 19650
721	扑灭通	Prometon			不得检出	GB/T 19650
722	扑草净	Prometryne			不得检出	GB/T 19650
723	炔丙烯草胺	Pronamide			不得检出	GB/T 19650
724	敌稗	Propanil			不得检出	GB/T 19650
725	扑灭津	Propazine			不得检出	GB/T 19650
726	胺丙畏	Propetamphos			不得检出	GB/T 19650
727	丙酰二甲氨基丙吩噻嗪	Propionylpromazin			不得检出	GB/T 20763
728	丙硫磷	Prothiophos			不得检出	GB/T 19650
729	哒嗪硫磷	Ptridaphenthion			不得检出	GB/T 19650
730	吡唑硫磷	Pyraclofos			不得检出	GB/T 19650
731	吡草醚	Pyraflufen – ethyl			不得检出	GB/T 19650
732	啶斑肟 – 1	Pyrifenox – 1			不得检出	GB/T 19650
733	啶斑肟 – 2	Pyrifenox – 2			不得检出	GB/T 19650
734	环酯草醚	Pyriftalid			不得检出	GB/T 19650
735	嘧螨醚	Pyrimidifen			不得检出	GB/T 19650
736	嘧草醚	Pyriminobac – methyl			不得检出	GB/T 19650
737	嘧啶磷	Pyrimitate			不得检出	GB/T 19650
738	喹硫磷	Quinalphos			不得检出	GB/T 19650
739	灭藻醌	Quinoclamine			不得检出	GB/T 19650
740	精喹禾灵	Quizalofop – P – ethyl			不得检出	GB/T 20769
741	吡咪唑	Rabenzazole			不得检出	GB/T 19650
742	莱克多巴胺	Ractopamine			不得检出	GB/T 21313
743	洛硝达唑	Ronidazole			不得检出	GB/T 21318
744	皮蝇磷	Ronnel			不得检出	GB/T 19650
745	盐霉素	Salinomycin			不得检出	GB/T 20364
746	沙拉沙星	Sarafloxacin			不得检出	GB/T 20366
747	另丁津	Sebutylazine			不得检出	GB/T 19650
748	密草通	Secbumeton			不得检出	GB/T 19650
749	氨基脲	Semduramicinduramicin			不得检出	GB/T 20752
750	烯禾啶	Sethoxydim			不得检出	GB/T 19650
751	氟硅菊酯	Silafluofen			不得检出	GB/T 19650

序号	农兽药中文名	农兽药英文名	欧盟标准限量要求 mg/kg	国家标准限量要求 mg/kg	三安超有机食品标准	
					限量要求 mg/kg	检测方法
752	硅氟唑	Simeconazole			不得检出	GB/T 19650
753	西玛通	Simetone			不得检出	GB/T 19650
754	西草净	Simetryn			不得检出	GB/T 19650
755	螺旋霉素	Spiramycin			不得检出	GB/T 20762
756	磺胺苯酰	Sulfabenzamide			不得检出	GB/T 21316
757	磺胺醋酰	Sulfacetamide			不得检出	GB/T 21316
758	磺胺氯哒嗪	Sulfachloropyridazine			不得检出	GB/T 21316
759	磺胺嘧啶	Sulfadiazine			不得检出	GB/T 21316
760	磺胺间二甲氧嘧啶	Sulfadimethoxine			不得检出	GB/T 21316
761	磺胺二甲嘧啶	Sulfadimidine			不得检出	GB/T 21316
762	磺胺多辛	Sulfadoxine			不得检出	GB/T 21316
763	磺胺脒	Sulfaguanidine			不得检出	GB/T 21316
764	菜草畏	Sulfallate			不得检出	GB/T 19650
765	磺胺甲嘧啶	Sulfamerazine			不得检出	GB/T 21316
766	新诺明	Sulfamethoxazole			不得检出	GB/T 21316
767	磺胺间甲氧嘧啶	Sulfamonomethoxine			不得检出	GB/T 21316
768	乙酰磺胺对硝基苯	Sulfanitran			不得检出	GB/T 20772
769	磺胺吡啶	Sulfapyridine			不得检出	GB/T 21316
770	磺胺喹沙啉	Sulfaquinoxaline			不得检出	GB/T 21316
771	磺胺噻唑	Sulfathiazole			不得检出	GB/T 21316
772	治螟磷	Sulfotep			不得检出	GB/T 19650
773	硫丙磷	Sulprofos			不得检出	GB/T 19650
774	苯噻硫氰	TCMTB			不得检出	GB/T 19650
775	丁基嘧啶磷	Tebupirimfos			不得检出	GB/T 19650
776	牧草胺	Tebutam			不得检出	GB/T 19650
777	丁噻隆	Tebuthiuron			不得检出	GB/T 20772
778	双硫磷	Temephos			不得检出	GB/T 20772
779	特草灵	Terbucarb			不得检出	GB/T 19650
780	特丁通	Terbumeron			不得检出	GB/T 19650
781	特丁净	Terbutryn			不得检出	GB/T 19650
782	四氢邻苯二甲酰亚胺	Tetrabydrophthalimide			不得检出	GB/T 19650
783	杀虫畏	Tetrachlorvinphos			不得检出	GB/T 19650
784	胺菊酯	Tetramethirn			不得检出	GB/T 19650
785	杀螨氯硫	Tetrasul			不得检出	GB/T 19650
786	噻吩草胺	Thenylchlor			不得检出	GB/T 19650
787	噻唑烟酸	Thiazopyr			不得检出	GB/T 19650
788	噻苯隆	Thidiazuron			不得检出	GB/T 20772
789	噻吩磺隆	Thifensulfuron – methyl			不得检出	GB/T 20772
790	甲基乙拌磷	Thiometon			不得检出	GB/T 20772

序号	农兽药中文名	农兽药英文名	欧盟标准限量要求 mg/kg	国家标准限量要求 mg/kg	三安超有机食品标准	
					限量要求 mg/kg	检测方法
791	虫线磷	Thionazin			不得检出	GB/T 19650
792	硫普罗宁	Tiopronin			不得检出	SN/T 2225
793	三甲苯草酮	Tralkoxydim			不得检出	GB/T 19650
794	四溴菊酯	Tralomethrin			不得检出	SN/T 2320
795	反式－氯丹	trans – Chlordane			不得检出	GB/T 19650
796	反式－燕麦敌	trans – Diallate			不得检出	GB/T 19650
797	四氟苯菊酯	Transfluthrin			不得检出	GB/T 19650
798	反式九氯	trans – Nonachlor			不得检出	GB/T 19650
799	反式－氯菊酯	trans – Permethrin			不得检出	GB/T 19650
800	群勃龙	Trenbolone			不得检出	GB/T 21981
801	威菌磷	Triamiphos			不得检出	GB/T 19650
802	毒壤磷	Trichloronatee			不得检出	GB/T 19650
803	灭草环	Tridiphane			不得检出	GB/T 19650
804	草达津	Trietazine			不得检出	GB/T 19650
805	三异丁基磷酸盐	Tri – iso – butyl phosphate			不得检出	GB/T 19650
806	三正丁基磷酸盐	Tri – n – butyl phosphate			不得检出	GB/T 19650
807	三苯基磷酸盐	Triphenyl phosphate			不得检出	GB/T 19650
808	烯效唑	Uniconazole			不得检出	GB/T 19650
809	灭草敌	Vernolate			不得检出	GB/T 19650
810	维吉尼霉素	Virginiamycin			不得检出	GB/T 20765
811	杀鼠灵	War farin			不得检出	GB/T 20772
812	甲苯噻嗪	Xylazine			不得检出	GB/T 20763
813	右环十四酮酚	Zeranol			不得检出	GB/T 21982
814	苯酰菌胺	Zoxamide			不得检出	GB/T 19650

4.5 山羊可食用下水　Goat Edible Offal

序号	农兽药中文名	农兽药英文名	欧盟标准限量要求 mg/kg	国家标准限量要求 mg/kg	三安超有机食品标准	
					限量要求 mg/kg	检测方法
1	1,1－二氯－2,2－二(4－乙苯)乙烷	1,1 – Dichloro – 2,2 – bis(4 – ethylphenyl)ethane	0.01		不得检出	日本肯定列表（增补本1）
2	1,2－二氯乙烷	1,2 – Dichloroethane	0.1		不得检出	SN/T 2238
3	1,3－二氯丙烯	1,3 – Dichloropropene	0.01		不得检出	SN/T 2238
4	1－萘乙酸	1 – Naphthylacetic acid	0.05		不得检出	SN/T 2228
5	2,4－滴丁酸	2,4 – DB	0.05		不得检出	GB/T 20769
6	2,4－滴	2,4 – D	0.05		不得检出	GB/T 20772
7	2－苯酚	2 – Phenylphenol	0.05		不得检出	GB/T 19650
8	阿维菌素	Abamectin	0.02		不得检出	SN/T 2661

序号	农兽药中文名	农兽药英文名	欧盟标准限量要求 mg/kg	国家标准限量要求 mg/kg	三安超有机食品标准	
					限量要求 mg/kg	检测方法
9	乙酰甲胺磷	Acephate	0.02		不得检出	GB/T 20772
10	灭螨醌	Acequinocyl	0.01		不得检出	参照同类标准
11	啶虫脒	Acetamiprid	0.05		不得检出	GB/T 20772
12	乙草胺	Acetochlor	0.01		不得检出	GB/T 19650
13	苯并噻二唑	Acibenzolar – S – methyl	0.02		不得检出	GB/T 20772
14	苯草醚	Aclonifen	0.02		不得检出	GB/T 20772
15	氟丙菊酯	Acrinathrin	0.05		不得检出	GB/T 19648
16	甲草胺	Alachlor	0.01		不得检出	GB/T 20772
17	涕灭威	Aldicarb	0.01		不得检出	GB/T 20772
18	艾氏剂和狄氏剂	Aldrin and dieldrin	0.2		不得检出	GB/T 19650
19	—	Ametoctradin	0.03		不得检出	参照同类标准
20	酰嘧磺隆	Amidosulfuron	0.02		不得检出	参照同类标准
21	氯氨吡啶酸	Aminopyralid	0.01		不得检出	GB/T 23211
22	—	Amisulbrom	0.01		不得检出	参照同类标准
23	敌菌灵	Anilazine	0.01		不得检出	GB/T 20769
24	杀螨特	Aramite	0.01		不得检出	GB/T 19650
25	磺草灵	Asulam	0.1		不得检出	日本肯定列表（增补本1）
26	印楝素	Azadirachtin	0.01		不得检出	SN/T 3264
27	益棉磷	Azinphos – ethyl	0.01		不得检出	GB/T 19650
28	保棉磷	Azinphos – methyl	0.01		不得检出	GB/T 20772
29	三唑锡和三环锡	Azocyclotin and cyhexatin	0.05		不得检出	SN/T 1990
30	嘧菌酯	Azoxystrobin	0.07		不得检出	GB/T 20772
31	燕麦灵	Barban	0.05		不得检出	参照同类标准
32	氟丁酰草胺	Beflubutamid	0.05		不得检出	参照同类标准
33	苯霜灵	Benalaxyl	0.05		不得检出	GB/T 20772
34	丙硫克百威	Benfuracarb	0.02		不得检出	GB/T 20772
35	联苯肼酯	Bifenazate	0.01		不得检出	GB/T 20772
36	甲羧除草醚	Bifenox	0.05		不得检出	GB/T 23210
37	联苯菊酯	Bifenthrin	0.2		不得检出	GB/T 19650
38	乐杀螨	Binapacryl	0.01		不得检出	SN 0523
39	联苯	Biphenyl	0.01		不得检出	GB/T 19650
40	联苯三唑醇	Bitertanol	0.05		不得检出	GB/T 20772
41	—	Bixafen	0.02		不得检出	参照同类标准
42	啶酰菌胺	Boscalid	0.3		不得检出	GB/T 20772
43	溴离子	Bromide ion	0.05		不得检出	GB/T 5009.167
44	溴螨酯	Bromopropylate	0.01		不得检出	GB/T 19650
45	溴苯腈	Bromoxynil	0.2		不得检出	GB/T 20772
46	糠菌唑	Bromuconazole	0.05		不得检出	GB/T 19650

序号	农兽药中文名	农兽药英文名	欧盟标准限量要求 mg/kg	国家标准限量要求 mg/kg	三安超有机食品标准 限量要求 mg/kg	检测方法
47	乙嘧酚磺酸酯	Bupirimate	0.05		不得检出	GB/T 19650
48	噻嗪酮	Buprofezin	0.05		不得检出	GB/T 20772
49	仲丁灵	Butralin	0.02		不得检出	GB/T 19650
50	丁草敌	Butylate	0.01		不得检出	GB/T 19650
51	硫线磷	Cadusafos	0.01		不得检出	GB/T 19650
52	毒杀芬	Camphechlor	0.05		不得检出	YC/T 180
53	敌菌丹	Captafol	0.01		不得检出	GB/T 23210
54	克菌丹	Captan	0.02		不得检出	GB/T 19648
55	甲萘威	Carbaryl	0.05		不得检出	GB/T 20796
56	多菌灵和苯菌灵	Carbendazim and benomyl	0.05		不得检出	GB/T 20772
57	长杀草	Carbetamide	0.05		不得检出	GB/T 20772
58	克百威	Carbofuran	0.01		不得检出	GB/T 20772
59	丁硫克百威	Carbosulfan	0.05		不得检出	GB/T 19650
60	萎锈灵	Carboxin	0.05		不得检出	GB/T 20772
61	氯虫苯甲酰胺	Chlorantraniliprole	0.2		不得检出	参照同类标准
62	杀螨醚	Chlorbenside	0.05		不得检出	GB/T 19650
63	氯炔灵	Chlorbufam	0.05		不得检出	GB/T 20772
64	氯丹	Chlordane	0.05		不得检出	GB/T 5009.19
65	十氯酮	Chlordecone	0.1		不得检出	参照同类标准
66	杀螨酯	Chlorfenson	0.05		不得检出	GB/T 19650
67	毒虫畏	Chlorfenvinphos	0.01		不得检出	GB/T 19650
68	氯草敏	Chloridazon	0.1		不得检出	GB/T 20772
69	矮壮素	Chlormequat	0.05		不得检出	GB/T 23211
70	乙酯杀螨醇	Chlorobenzilate	0.1		不得检出	GB/T 23210
71	百菌清	Chlorothalonil	0.2		不得检出	SN/T 2320
72	绿麦隆	Chlortoluron	0.05		不得检出	GB/T 20772
73	枯草隆	Chloroxuron	0.05		不得检出	SN/T 2150
74	氯苯胺灵	Chlorpropham	0.05		不得检出	GB/T 19650
75	甲基毒死蜱	Chlorpyrifos – methyl	0.05		不得检出	GB/T 19650
76	氯磺隆	Chlorsulfuron	0.01		不得检出	GB/T 20772
77	氯酞酸甲酯	Chlorthaldimethyl	0.01		不得检出	GB/T 19650
78	氯硫酰草胺	Chlorthiamid	0.02		不得检出	GB/T 20772
79	烯草酮	Clethodim	0.2		不得检出	GB/T 19650
80	炔草酯	Clodinafop – propargyl	0.02		不得检出	GB/T 19650
81	四螨嗪	Clofentezine	0.05		不得检出	GB/T 20772
82	二氯吡啶酸	Clopyralid	0.05		不得检出	SN/T 2228
83	噻虫胺	Clothianidin	0.02		不得检出	GB/T 20772
84	铜化合物	Copper compounds	30		不得检出	参照同类标准
85	环烷基酰苯胺	Cyclanilide	0.01		不得检出	参照同类标准

序号	农兽药中文名	农兽药英文名	欧盟标准限量要求 mg/kg	国家标准限量要求 mg/kg	三安超有机食品标准	
					限量要求 mg/kg	检测方法
86	噻草酮	Cycloxydim	0.05		不得检出	GB/T 19650
87	环氟菌胺	Cyflufenamid	0.03		不得检出	GB/T 23210
88	氟氯氰菊酯和高效氟氯氰菊酯	Cyfluthrin and beta – cyfluthrin	0.05		不得检出	GB/T 19650
89	霜脲氰	Cymoxanil	0.05		不得检出	GB/T 20772
90	氯氰菊酯和高效氯氰菊酯	Cypermethrin and beta – cypermethrin	0.2		不得检出	GB/T 19650
91	环丙唑醇	Cyproconazole	0.5		不得检出	GB/T 20772
92	嘧菌环胺	Cyprodinil	0.05		不得检出	GB/T 19650
93	灭蝇胺	Cyromazine	0.05		不得检出	GB/T 20772
94	丁酰肼	Daminozide	0.05		不得检出	SN/T 1989
95	滴滴涕	DDT	1		不得检出	SN/T 0127
96	溴氰菊酯	Deltamethrin	0.5		不得检出	GB/T 19650
97	燕麦敌	Diallate	0.2		不得检出	GB/T 23211
98	二嗪磷	Diazinon	0.01		不得检出	GB/T 19650
99	麦草畏	Dicamba	0.7		不得检出	GB/T 20772
100	敌草腈	Dichlobenil	0.01		不得检出	GB/T 19650
101	滴丙酸	Dichlorprop	0.05		不得检出	SN/T 2228
102	二氯苯氧基丙酸	Diclofop	0.1		不得检出	参照同类标准
103	氯硝胺	Dicloran	0.01		不得检出	GB/T 19650
104	三氯杀螨醇	Dicofol	0.02		不得检出	GB/T 19650
105	乙霉威	Diethofencarb	0.05		不得检出	GB/T 19650
106	苯醚甲环唑	Difenoconazole	0.2		不得检出	GB/T 19650
107	除虫脲	Diflubenzuron	0.1		不得检出	SN/T 0528
108	吡氟酰草胺	Diflufenican	0.05		不得检出	GB/T 20772
109	油菜安	Dimethachlor	0.02		不得检出	GB/T 20772
110	烯酰吗啉	Dimethomorph	0.05		不得检出	GB/T 20772
111	醚菌胺	Dimoxystrobin	0.05		不得检出	SN/T 2237
112	烯唑醇	Diniconazole	0.01		不得检出	GB/T 19650
113	敌螨普	Dinocap	0.05		不得检出	日本肯定列表（增补本 1）
114	地乐酚	Dinoseb	0.01		不得检出	GB/T 20772
115	特乐酚	Dinoterb	0.05		不得检出	GB/T 20772
116	敌恶磷	Dioxathion	0.05		不得检出	GB/T 19650
117	敌草快	Diquat	0.05		不得检出	GB/T 5009.221
118	乙拌磷	Disulfoton	0.01		不得检出	GB/T 20772
119	二氰蒽醌	Dithianon	0.01		不得检出	GB/T 20769
120	二硫代氨基甲酸酯	Dithiocarbamates	0.05		不得检出	SN 0139
121	敌草隆	Diuron	0.05		不得检出	SN/T 0645

序号	农兽药中文名	农兽药英文名	欧盟标准限量要求 mg/kg	国家标准限量要求 mg/kg	三安超有机食品标准 限量要求 mg/kg	三安超有机食品标准 检测方法
122	二硝甲酚	DNOC	0.05		不得检出	GB/T 20772
123	多果定	Dodine	0.2		不得检出	SN 0500
124	甲氨基阿维菌素苯甲酸盐	Emamectin benzoate	0.08		不得检出	GB/T 20769
125	硫丹	Endosulfan	0.05		不得检出	GB/T 19650
126	异狄氏剂	Endrin	0.05		不得检出	GB/T 19650
127	氟环唑	Epoxiconazole	0.02		不得检出	GB/T 20772
128	茵草敌	EPTC	0.02		不得检出	GB/T 20772
129	乙丁烯氟灵	Ethalfluralin	0.01		不得检出	GB/T 19650
130	胺苯磺隆	Ethametsulfuron	0.01		不得检出	NY/T 1616
131	乙烯利	Ethephon	0.05		不得检出	SN 0705
132	乙硫磷	Ethion	0.01		不得检出	GB/T 19650
133	乙嘧酚	Ethirimol	0.05		不得检出	GB/T 20772
134	乙氧呋草黄	Ethofumesate	0.1		不得检出	GB/T 20772
135	灭线磷	Ethoprophos	0.01		不得检出	GB/T 19650
136	乙氧喹啉	Ethoxyquin	0.05		不得检出	GB/T 20772
137	环氧乙烷	Ethylene oxide	0.02		不得检出	GB/T 23296.11
138	醚菊酯	Etofenprox	0.5		不得检出	GB/T 19650
139	乙螨唑	Etoxazole	0.01		不得检出	GB/T 19650
140	氯唑灵	Etridiazole	0.05		不得检出	GB/T 20772
141	噁唑菌酮	Famoxadone	0.05		不得检出	GB/T 20772
142	咪唑菌酮	Fenamidone	0.01		不得检出	GB/T 19650
143	苯线磷	Fenamiphos	0.02		不得检出	GB/T 19650
144	氯苯嘧啶醇	Fenarimol	0.02		不得检出	GB/T 20772
145	喹螨醚	Fenazaquin	0.01		不得检出	GB/T 19650
146	腈苯唑	Fenbuconazole	0.05		不得检出	GB/T 20772
147	苯丁锡	Fenbutatin oxide	0.05		不得检出	SN/T 3149
148	环酰菌胺	Fenhexamid	0.05		不得检出	GB/T 20772
149	杀螟硫磷	Fenitrothion	0.01		不得检出	GB/T 20772
150	精噁唑禾草灵	Fenoxaprop－P－ethyl	0.05		不得检出	GB/T 22617
151	双氧威	Fenoxycarb	0.05		不得检出	GB/T 19650
152	苯锈啶	Fenpropidin	0.02		不得检出	GB/T 19650
153	丁苯吗啉	Fenpropimorph	0.01		不得检出	GB/T 20772
154	胺苯吡菌酮	Fenpyrazamine	0.01		不得检出	参照同类标准
155	唑螨酯	Fenpyroximate	0.01		不得检出	GB/T 19650
156	倍硫磷	Fenthion	0.05		不得检出	GB/T 20772
157	三苯锡	Fentin	0.05		不得检出	SN/T 3149
158	薯瘟锡	Fentin acetate	0.05		不得检出	参照同类标准
159	氰戊菊酯和高效氰戊菊酯（RR & SS 异构体总量）	Fenvalerate and esfenvalerate（sum of RR & SS isomers）	0.2		不得检出	GB/T 19650

序号	农兽药中文名	农兽药英文名	欧盟标准限量要求 mg/kg	国家标准限量要求 mg/kg	三安超有机食品标准	
					限量要求 mg/kg	检测方法
160	氰戊菊酯和高效氰戊菊酯（RS & SR 异构体总量）	Fenvalerate and esfenvalerate (sum of RS & SR isomers)	0.05		不得检出	GB/T 19650
161	氟虫腈	Fipronil	0.02		不得检出	SN/T 1982
162	氟啶虫酰胺	Flonicamid	0.03		不得检出	SN/T 2796
163	精吡氟禾草灵	Fluazifop – P – butyl	0.05		不得检出	GB/T 5009.142
164	氟啶胺	Fluazinam	0.05		不得检出	SN/T 2150
165	氟苯虫酰胺	Flubendiamide	1		不得检出	SN/T 2581
166	氟环脲	Flucycloxuron	0.05		不得检出	参照同类标准
167	氟氰戊菊酯	Flucythrinate	0.05		不得检出	GB/T 23210
168	咯菌腈	Fludioxonil	0.05		不得检出	GB/T 20772
169	氟虫脲	Flufenoxuron	0.05		不得检出	SN/T 2150
170	杀螨净	Flufenzin	0.02		不得检出	参照同类标准
171	氟吡菌胺	Fluopicolide	0.01		不得检出	参照同类标准
172	—	Fluopyram	0.7		不得检出	参照同类标准
173	氟离子	Fluoride ion	1		不得检出	GB/T 5009.167
174	氟腈嘧菌酯	Fluoxastrobin	0.05		不得检出	SN/T 2237
175	氟喹唑	Fluquinconazole	0.3		不得检出	GB/T 19650
176	氟咯草酮	Fluorochloridone	0.05		不得检出	GB/T 20772
177	氟草烟	Fluroxypyr	0.05		不得检出	GB/T 20772
178	氟硅唑	Flusilazole	0.5		不得检出	GB/T 20772
179	氟酰胺	Flutolanil	0.05		不得检出	GB/T 20772
180	粉唑醇	Flutriafol	0.01		不得检出	GB/T 20772
181	—	Fluxapyroxad	0.01		不得检出	参照同类标准
182	氟磺胺草醚	Fomesafen	0.01		不得检出	GB/T 5009.130
183	氯吡脲	Forchlorfenuron	0.05		不得检出	SN/T 3643
184	伐虫脒	Formetanate	0.01		不得检出	NY/T 1453
185	三乙膦酸铝	Fosetyl – aluminiumuminium	0.5		不得检出	参照同类标准
186	麦穗宁	Fuberidazole	0.05		不得检出	GB/T 19650
187	呋线威	Furathiocarb	0.01		不得检出	GB/T 20772
188	糠醛	Furfural	1		不得检出	参照同类标准
189	勃激素	Gibberellic acid	0.1		不得检出	GB/T 23211
190	草胺膦	Glufosinate – ammonium	0.1		不得检出	日本肯定列表
191	草甘膦	Glyphosate	0.05		不得检出	SN/T 1923
192	双胍盐	Guazatine	0.1		不得检出	参照同类标准
193	氟吡禾灵	Haloxyfop	0.1		不得检出	SN/T 2228
194	七氯	Heptachlor	0.2		不得检出	SN 0663
195	六氯苯	Hexachlorobenzene	0.2		不得检出	SN/T 0127
196	六六六(HCH)，α–异构体	Hexachlorocielohexane (HCH), alpha – isomer	0.2		不得检出	SN/T 0127

序号	农兽药中文名	农兽药英文名	欧盟标准限量要求 mg/kg	国家标准限量要求 mg/kg	三安超有机食品标准	
					限量要求 mg/kg	检测方法
197	六六六(HCH)，β - 异构体	Hexachlorociclohexane（HCH），beta - isomer	0.1		不得检出	SN/T 0127
198	噻螨酮	Hexythiazox	0.05		不得检出	GB/T 20772
199	噁霉灵	Hymexazol	0.05		不得检出	GB/T 20772
200	抑霉唑	Imazalil	0.05		不得检出	GB/T 20772
201	甲咪唑烟酸	Imazapic	0.01		不得检出	GB/T 20772
202	咪唑喹啉酸	Imazaquin	0.05		不得检出	GB/T 20772
203	吡虫啉	Imidacloprid	0.3		不得检出	GB/T 20772
204	茚虫威	Indoxacarb	0.05		不得检出	GB/T 20772
205	碘苯腈	Ioxynil	0.2		不得检出	GB/T 20772
206	异菌脲	Iprodione	0.05		不得检出	GB/T 19650
207	稻瘟灵	Isoprothiolane	0.01		不得检出	GB/T 20772
208	异丙隆	Isoproturon	0.05		不得检出	GB/T 20772
209	—	Isopyrazam	0.01		不得检出	参照同类标准
210	异噁酰草胺	Isoxaben	0.01		不得检出	GB/T 20772
211	醚菌酯	Kresoxim - methyl	0.02		不得检出	GB/T 20772
212	乳氟禾草灵	Lactofen	0.01		不得检出	GB/T 19650
213	高效氯氟氰菊酯	Lambda - cyhalothrin	0.5		不得检出	GB/T 23210
214	环草定	Lenacil	0.1		不得检出	GB/T 19650
215	林丹	Lindane	0.02	0.01	不得检出	NY/T 761
216	虱螨脲	Lufenuron	0.02		不得检出	SN/T 2540
217	马拉硫磷	Malathion	0.02		不得检出	GB/T 19650
218	抑芽丹	Maleic hydrazide	0.02		不得检出	GB/T 23211
219	双炔酰菌胺	Mandipropamid	0.02		不得检出	参照同类标准
220	二甲四氯和二甲四氯丁酸	MCPA and MCPB	0.5		不得检出	SN/T 2228
221	壮棉素	Mepiquat chloride	0.2		不得检出	GB/T 23211
222	—	Meptyldinocap	0.05		不得检出	参照同类标准
223	汞化合物	Mercury compounds	0.01		不得检出	参照同类标准
224	氰氟虫腙	Metaflumizone	0.02		不得检出	SN/T 3852
225	甲霜灵和精甲霜灵	Metalaxyl and metalaxyl - M	0.05		不得检出	GB/T 20772
226	四聚乙醛	Metaldehyde	0.05		不得检出	SN/T 1787
227	苯嗪草酮	Metamitron	0.05		不得检出	GB/T 19650
228	吡唑草胺	Metazachlor	0.05		不得检出	GB/T 19650
229	叶菌唑	Metconazole	0.01		不得检出	GB/T 20772
230	甲基苯噻隆	Methabenzthiazuron	0.05		不得检出	GB/T 19650
231	虫螨畏	Methacrifos	0.01		不得检出	GB/T 20772
232	甲胺磷	Methamidophos	0.01		不得检出	GB/T 20772
233	杀扑磷	Methidathion	0.02		不得检出	GB/T 20772
234	甲硫威	Methiocarb	0.05		不得检出	GB/T 20770

序号	农兽药中文名	农兽药英文名	欧盟标准限量要求 mg/kg	国家标准限量要求 mg/kg	三安超有机食品标准	
					限量要求 mg/kg	检测方法
235	灭多威和硫双威	Methomyl and thiodicarb	0.02		不得检出	GB/T 20772
236	烯虫酯	Methoprene	0.05		不得检出	GB/T 19650
237	甲氧滴滴涕	Methoxychlor	0.01		不得检出	SN/T 0529
238	甲氧虫酰肼	Methoxyfenozide	0.1		不得检出	GB/T 20772
239	磺草唑胺	Metosulam	0.01		不得检出	GB/T 20772
240	苯菌酮	Metrafenone	0.05		不得检出	参照同类标准
241	嗪草酮	Metribuzin	0.1		不得检出	GB/T 19650
242	绿谷隆	Monolinuron	0.05		不得检出	GB/T 20772
243	灭草隆	Monuron	0.01		不得检出	GB/T 20772
244	腈菌唑	Myclobutanil	0.01		不得检出	GB/T 20772
245	1-萘乙酰胺	1-Naphthylacetamide	0.05		不得检出	GB/T 23205
246	敌草胺	Napropamide	0.01		不得检出	GB/T 19650
247	烟嘧磺隆	Nicosulfuron	0.05		不得检出	SN/T 2325
248	除草醚	Nitrofen	0.01		不得检出	GB/T 19650
249	氟酰脲	Novaluron	0.7		不得检出	GB/T 23211
250	嘧苯胺磺隆	Orthosulfamuron	0.01		不得检出	GB/T 23817
251	噁草酮	Oxadiazon	0.05		不得检出	GB/T 19650
252	噁霜灵	Oxadixyl	0.01		不得检出	GB/T 19650
253	环氧嘧磺隆	Oxasulfuron	0.05		不得检出	GB/T 23817
254	氧化萎锈灵	Oxycarboxin	0.05		不得检出	GB/T 19650
255	亚砜磷	Oxydemeton-methyl	0.01		不得检出	参照同类标准
256	乙氧氟草醚	Oxyfluorfen	0.05		不得检出	GB/T 20772
257	多效唑	Paclobutrazol	0.02		不得检出	GB/T 19650
258	对硫磷	Parathion	0.05		不得检出	GB/T 19650
259	甲基对硫磷	Parathion-methyl	0.01		不得检出	GB/T 5009.161
260	戊菌唑	Penconazole	0.05		不得检出	GB/T 20772
261	戊菌隆	Pencycuron	0.05		不得检出	GB/T 19650
262	二甲戊灵	Pendimethalin	0.05		不得检出	GB/T 19650
263	氯菊酯	Permethrin	0.05		不得检出	GB/T 19650
264	甜菜宁	Phenmedipham	0.05		不得检出	GB/T 23205
265	苯醚菊酯	Phenothrin	0.05		不得检出	GB/T 20772
266	甲拌磷	Phorate	0.02		不得检出	GB/T 20772
267	伏杀硫磷	Phosalone	0.01		不得检出	GB/T 20772
268	亚胺硫磷	Phosmet	0.1		不得检出	GB/T 20772
269	—	Phosphines and phosphides	0.01		不得检出	参照同类标准
270	辛硫磷	Phoxim	0.02		不得检出	GB/T 20772
271	氨氯吡啶酸	Picloram	0.5		不得检出	GB/T 23211
272	啶氧菌酯	Picoxystrobin	0.05		不得检出	GB/T 19650
273	抗蚜威	Pirimicarb	0.05		不得检出	GB/T 20772

序号	农兽药中文名	农兽药英文名	欧盟标准限量要求 mg/kg	国家标准限量要求 mg/kg	三安超有机食品标准 限量要求 mg/kg	三安超有机食品标准 检测方法
274	甲基嘧啶磷	Pirimiphos‑methyl	0.05		不得检出	GB/T 20772
275	咪鲜胺	Prochloraz	0.1		不得检出	GB/T 19650
276	腐霉利	Procymidone	0.01		不得检出	GB/T 20772
277	丙溴磷	Profenofos	0.05		不得检出	GB/T 20772
278	调环酸	Prohexadione	0.05		不得检出	日本肯定列表
279	毒草安	Propachlor	0.02		不得检出	GB/T 20772
280	扑派威	Propamocarb	0.1		不得检出	GB/T 20772
281	恶草酸	Propaquizafop	0.05		不得检出	GB/T 20772
282	炔螨特	Propargite	0.1		不得检出	GB/T 19650
283	苯胺灵	Propham	0.05		不得检出	GB/T 19650
284	丙环唑	Propiconazole	0.01		不得检出	GB/T 19650
285	异丙草胺	Propisochlor	0.01		不得检出	GB/T 19650
286	残杀威	Propoxur	0.05		不得检出	GB/T 20772
287	炔苯酰草胺	Propyzamide	0.02		不得检出	GB/T 19650
288	苄草丹	Prosulfocarb	0.05		不得检出	GB/T 19650
289	丙硫菌唑	Prothioconazole	0.5		不得检出	参照同类标准
290	吡蚜酮	Pymetrozine	0.01		不得检出	GB/T 20772
291	吡唑醚菌酯	Pyraclostrobin	0.05		不得检出	GB/T 20772
292	—	Pyrasulfotole	0.01		不得检出	参照同类标准
293	吡菌磷	Pyrazophos	0.02		不得检出	GB/T 20772
294	除虫菊素	Pyrethrins	0.05		不得检出	GB/T 20772
295	哒螨灵	Pyridaben	0.02		不得检出	GB/T 19650
296	啶虫丙醚	Pyridalyl	0.01		不得检出	日本肯定列表
297	哒草特	Pyridate	0.05		不得检出	日本肯定列表
298	嘧霉胺	Pyrimethanil	0.05		不得检出	GB/T 19650
299	吡丙醚	Pyriproxyfen	0.05		不得检出	GB/T 19650
300	甲氧磺草胺	Pyroxsulam	0.01		不得检出	SN/T 2325
301	氯甲喹啉酸	Quinmerac	0.05		不得检出	参照同类标准
302	喹氧灵	Quinoxyphen	0.2		不得检出	SN/T 2319
303	五氯硝基苯	Quintozene	0.01		不得检出	GB/T 19650
304	精喹禾灵	Quizalofop‑P‑ethyl	0.05		不得检出	SN/T 2150
305	灭虫菊	Resmethrin	0.1		不得检出	GB/T 20772
306	鱼藤酮	Rotenone	0.01		不得检出	GB/T 20772
307	西玛津	Simazine	0.01		不得检出	SN 0594
308	乙基多杀菌素	Spinetoram	0.01		不得检出	参照同类标准
309	多杀霉素	Spinosad	0.5		不得检出	GB/T 20772
310	螺螨酯	Spirodiclofen	0.05		不得检出	GB/T 20772
311	螺甲螨酯	Spiromesifen	0.01		不得检出	GB/T 23210
312	螺虫乙酯	Spirotetramat	0.03		不得检出	参照同类标准

序号	农兽药中文名	农兽药英文名	欧盟标准限量要求 mg/kg	国家标准限量要求 mg/kg	三安超有机食品标准	
					限量要求 mg/kg	检测方法
313	葚孢菌素	Spiroxamine	0.05		不得检出	GB/T 20772
314	磺草酮	Sulcotrione	0.05		不得检出	参照同类标准
315	乙黄隆	Sulfosulfuron	0.05		不得检出	SN/T 2325
316	硫磺粉	Sulfur	0.5		不得检出	参照同类标准
317	氟胺氰菊酯	Tau – fluvalinate	0.3		不得检出	SN 0691
318	戊唑醇	Tebuconazole	0.1		不得检出	GB/T 20772
319	虫酰肼	Tebufenozide	0.05		不得检出	GB/T 20772
320	吡螨胺	Tebufenpyrad	0.05		不得检出	GB/T 19650
321	四氯硝基苯	Tecnazene	0.05		不得检出	GB/T 19650
322	氟苯脲	Teflubenzuron	0.05		不得检出	SN/T 2150
323	七氟菊酯	Tefluthrin	0.05		不得检出	GB/T 23210
324	得杀草	Tepraloxydim	0.1		不得检出	GB/T 20772
325	特丁硫磷	Terbufos	0.01		不得检出	GB/T 20772
326	特丁津	Terbuthylazine	0.05		不得检出	GB/T 19650
327	四氟醚唑	Tetraconazole	0.5		不得检出	GB/T 20772
328	三氯杀螨砜	Tetradifon	0.05		不得检出	GB/T 19650
329	噻虫啉	Thiacloprid	0.01		不得检出	GB/T 20772
330	噻虫嗪	Thiamethoxam	0.03		不得检出	GB/T 20772
331	禾草丹	Thiobencarb	0.01		不得检出	GB/T 20772
332	甲基硫菌灵	Thiophanate – methyl	0.05		不得检出	SN/T 0162
333	甲基立枯磷	Tolclofos – methyl	0.05		不得检出	GB/T 19650
334	甲苯氟磺胺	Tolylfluanid	0.1		不得检出	GB/T 19650
335	一	Topramezone	0.05		不得检出	参照同类标准
336	三唑酮和三唑醇	Triadimefon and triadimenol	0.1		不得检出	GB/T 20772
337	野麦畏	Triallate	0.05		不得检出	GB/T 20772
338	醚苯磺隆	Triasulfuron	0.05		不得检出	GB/T 20772
339	三唑磷	Triazophos	0.01		不得检出	GB/T 20772
340	敌百虫	Trichlorphon	0.01		不得检出	GB/T 20772
341	绿草定	Triclopyr	0.05		不得检出	SN/T 2228
342	三环唑	Tricyclazole	0.05		不得检出	GB/T 20769
343	十三吗啉	Tridemorph	0.01		不得检出	GB/T 20772
344	肟菌酯	Trifloxystrobin	0.04		不得检出	GB/T 19650
345	氟菌唑	Triflumizole	0.05		不得检出	GB/T 20769
346	杀铃脲	Triflumuron	0.01		不得检出	GB/T 20772
347	氟乐灵	Trifluralin	0.01		不得检出	GB/T 20772
348	嗪氨灵	Triforine	0.01		不得检出	SN 0695
349	三甲基锍阳离子	Trimethyl – sulfonium cation	0.05		不得检出	参照同类标准
350	抗倒酯	Trinexapac	0.05		不得检出	GB/T 20769
351	灭菌唑	Triticonazole	0.01		不得检出	GB/T 20772

序号	农兽药中文名	农兽药英文名	欧盟标准限量要求 mg/kg	国家标准限量要求 mg/kg	三安超有机食品标准 限量要求 mg/kg	三安超有机食品标准 检测方法
352	三氟甲磺隆	Tritosulfuron	0.01		不得检出	参照同类标准
353	—	Valifenalate	0.01		不得检出	参照同类标准
354	乙烯菌核利	Vinclozolin	0.05		不得检出	GB/T 20772
355	2,3,4,5－四氯苯胺	2,3,4,5－Tetrachloraniline			不得检出	GB/T 19650
356	2,3,4,5－四氯甲氧基苯	2,3,4,5－Tetrachloroanisole			不得检出	GB/T 19650
357	2,3,5,6－四氯苯胺	2,3,5,6－Tetrachloroaniline			不得检出	GB/T 19650
358	2,4,5－涕	2,4,5－T			不得检出	GB/T 20772
359	o,p′－滴滴滴	2,4′－DDD			不得检出	GB/T 19650
360	o,p′－滴滴伊	2,4′－DDE			不得检出	GB/T 19650
361	o,p′－滴滴涕	2,4′－DDT			不得检出	GB/T 19650
362	2,6－二氯苯甲酰胺	2,6－Dichlorobenzamide			不得检出	GB/T 19650
363	3,5－二氯苯胺	3,5－Dichloroaniline			不得检出	GB/T 19650
364	p,p′－滴滴滴	4,4′－DDD			不得检出	GB/T 19650
365	p,p′－滴滴伊	4,4′－DDE			不得检出	GB/T 19650
366	p,p′－滴滴涕	4,4′－DDT			不得检出	GB/T 19650
367	4,4′－二溴二苯甲酮	4,4′－Dibromobenzophenone			不得检出	GB/T 19650
368	4,4′－二氯二苯甲酮	4,4′－Dichlorobenzophenone			不得检出	GB/T 19650
369	二氢苊	Acenaphthene			不得检出	GB/T 19650
370	乙酰丙嗪	Acepromazine			不得检出	GB/T 20763
371	三氟羧草醚	Acifluorfen			不得检出	GB/T 20772
372	1－氨基－2－乙内酰脲	AHD			不得检出	GB/T 21311
373	涕灭砜威	Aldoxycarb			不得检出	GB/T 20772
374	烯丙菊酯	Allethrin			不得检出	GB/T 20772
375	二丙烯草胺	Allidochlor			不得检出	GB/T 19650
376	烯丙孕素	Altrenogest			不得检出	SN/T 1980
377	莠灭净	Ametryn			不得检出	GB/T 20772
378	双甲脒	Amitraz			不得检出	GB/T 19650
379	杀草强	Amitrole			不得检出	SN/T 1737.6
380	5－吗啉甲基－3－氨基－2－噁唑烷基酮	AMOZ			不得检出	GB/T 21311
381	氨苄青霉素	Ampicillin			不得检出	GB/T 21315
382	氨丙嘧吡啶	Amprolium			不得检出	SN/T 0276
383	莎稗磷	Anilofos			不得检出	GB/T 19650
384	蒽醌	Anthraquinone			不得检出	GB/T 19650
385	3－氨基－2－噁唑酮	AOZ			不得检出	GB/T 21311
386	安普霉素	Apramycin			不得检出	GB/T 21323
387	丙硫特普	Aspon			不得检出	GB/T 19650
388	羟氨卡青霉素	Aspoxicillin			不得检出	GB/T 21315
389	乙基杀扑磷	Athidathion			不得检出	GB/T 19650

序号	农兽药中文名	农兽药英文名	欧盟标准限量要求 mg/kg	国家标准限量要求 mg/kg	三安超有机食品标准	
					限量要求 mg/kg	检测方法
390	莠去通	Atratone			不得检出	GB/T 19650
391	莠去津	Atrazine			不得检出	GB/T 20772
392	脱乙基阿特拉津	Atrazine – desethyl			不得检出	GB/T 19650
393	甲基吡噁磷	Azamethiphos			不得检出	GB/T 20763
394	氮哌酮	Azaperone			不得检出	SN/T2221
395	叠氮津	Aziprotryne			不得检出	GB/T 19650
396	杆菌肽	Bacitracin			不得检出	GB/T 20743
397	4－溴－3,5－二甲苯基－N－甲基氨基甲酸酯－1	BDMC－1			不得检出	GB/T 19650
398	4－溴－3,5－二甲苯基－N－甲基氨基甲酸酯－2	BDMC－2			不得检出	GB/T 19650
399	噁虫威	Bendiocarb			不得检出	GB/T 20772
400	乙丁氟灵	Bbenfluralin			不得检出	GB/T 19650
401	呋草黄	Benfuresate			不得检出	GB/T 19650
402	麦锈灵	Benodanil			不得检出	GB/T 19650
403	解草酮	Benoxacor			不得检出	GB/T 19650
404	新燕灵	Benzoylprop – ethyl			不得检出	GB/T 19650
405	苄青霉素	Benzyl pencillin			不得检出	GB/T 21315
406	倍他米松	Betamethasone			不得检出	SN/T 1970
407	生物烯丙菊酯－1	Bioallethrin－1			不得检出	GB/T 19650
408	生物烯丙菊酯－2	Bioallethrin－2			不得检出	GB/T 19650
409	苄呋菊酯	Bioresmethrin			不得检出	GB/T 20772
410	除草定	Bromacil			不得检出	GB/T 20772
411	溴苯烯磷	Bromfenvinfos			不得检出	GB/T 19650
412	溴烯杀	Bromocylen			不得检出	GB/T 19650
413	溴硫磷	Bromofos			不得检出	GB/T 19650
414	乙基溴硫磷	Bromophos – ethyl			不得检出	GB/T 19650
415	溴丁酰草胺	Btomobutide			不得检出	GB/T 19650
416	氟丙嘧草酯	Butafenacil			不得检出	GB/T 19650
417	抑草磷	Butamifos			不得检出	GB/T 19650
418	丁草胺	Butaxhlor			不得检出	GB/T 19650
419	苯酮唑	Cafenstrole			不得检出	GB/T 19650
420	角黄素	Canthaxanthin			不得检出	SN/T 2327
421	咔唑心安	Carazolol			不得检出	GB/T 20763
422	卡巴氧	Carbadox			不得检出	GB/T 20746
423	三硫磷	Carbophenothion			不得检出	GB/T 19650
424	唑草酮	Carfentrazone – ethyl			不得检出	GB/T 19650
425	卡洛芬	Carprofen			不得检出	SN/T 2190
426	头孢洛宁	Cefalonium			不得检出	GB/T 22989

序号	农兽药中文名	农兽药英文名	欧盟标准限量要求 mg/kg	国家标准限量要求 mg/kg	三安超有机食品标准 限量要求 mg/kg	三安超有机食品标准 检测方法
427	头孢匹林	Cefapirin			不得检出	GB/T 22989
428	头孢喹肟	Cefquinome			不得检出	GB/T 22989
429	头孢噻呋	Ceftiofur			不得检出	GB/T 21314
430	头孢氨苄	Cefalexin			不得检出	GB/T 22989
431	氯霉素	Chloramphenicolum			不得检出	GB/T 20772
432	氯杀螨砜	Chlorbenside sulfone			不得检出	GB/T 19650
433	氯溴隆	Chlorbromuron			不得检出	GB/T 19650
434	杀虫脒	Chlordimeform			不得检出	GB/T 19650
435	氯氧磷	Chlorethoxyfos			不得检出	GB/T 19650
436	溴虫腈	Chlorfenapyr			不得检出	GB/T 19650
437	杀螨醇	Chlorfenethol			不得检出	GB/T 19650
438	燕麦酯	Chlorfenprop – methyl			不得检出	GB/T 19650
439	氟啶脲	Chlorfluazuron			不得检出	SN/T 2540
440	整形醇	Chlorflurenol			不得检出	GB/T 19650
441	氯地孕酮	Chlormadinone			不得检出	SN/T 1980
442	醋酸氯地孕酮	Chlormadinone acetate			不得检出	GB/T 20753
443	氯甲硫磷	Chlormephos			不得检出	GB/T 19650
444	氯苯甲醚	Chloroneb			不得检出	GB/T 19650
445	丙酯杀螨醇	Chloropropylate			不得检出	GB/T 19650
446	氯丙嗪	Chlorpromazine			不得检出	GB/T 20763
447	毒死蜱	Chlorpyrifos			不得检出	GB/T 19650
448	金霉素	Chlortetracycline			不得检出	GB/T 21317
449	氯硫磷	Chlorthion			不得检出	GB/T 19650
450	虫螨磷	Chlorthiophos			不得检出	GB/T 19650
451	乙菌利	Chlozolinate			不得检出	GB/T 19650
452	顺式 – 氯丹	cis – Chlordane			不得检出	GB/T 19650
453	顺式 – 燕麦敌	cis – Diallate			不得检出	GB/T 19650
454	顺式 – 氯菊酯	cis – Permethrin			不得检出	GB/T 19650
455	克仑特罗	Clenbuterol			不得检出	GB/T 22286
456	异噁草酮	Clomazone			不得检出	GB/T 20772
457	氯甲酰草胺	Clomeprop			不得检出	GB/T 19650
458	氯羟吡啶	Clopidol			不得检出	GB 29700
459	解草酯	Cloquintocet – mexyl			不得检出	GB/T 19650
460	邻氯青霉素	Cloxacillin			不得检出	GB/T 18932.25
461	蝇毒磷	Coumaphos			不得检出	GB/T 19650
462	鼠立死	Crimidine			不得检出	GB/T 19650
463	巴毒磷	Crotxyphos			不得检出	GB/T 19650
464	育畜磷	Crufomate			不得检出	GB/T 19650
465	苯腈磷	Cyanofenphos			不得检出	GB/T 19650

序号	农兽药中文名	农兽药英文名	欧盟标准限量要求 mg/kg	国家标准限量要求 mg/kg	三安超有机食品标准 限量要求 mg/kg	三安超有机食品标准 检测方法
466	杀螟腈	Cyanophos			不得检出	GB/T 20772
467	环草敌	Cycloate			不得检出	GB/T 20772
468	环莠隆	Cycluron			不得检出	GB/T 20772
469	环丙津	Cyprazine			不得检出	GB/T 20772
470	敌草索	Dacthal			不得检出	GB/T 19650
471	达氟沙星	Danofloxacin			不得检出	GB/T 22985
472	癸氧喹酯	Decoquinate			不得检出	SN/T 2444
473	脱叶磷	DEF			不得检出	GB/T 19650
474	2,2′,4,5,5′-五氯联苯	DE - PCB 101			不得检出	GB/T 19650
475	2,3,4,4′,5-五氯联苯	DE - PCB 118			不得检出	GB/T 19650
476	2,2′,3,4,4′,5-六氯联苯	DE - PCB 138			不得检出	GB/T 19650
477	2,2′,4,4′,5,5′-六氯联苯	DE - PCB 153			不得检出	GB/T 19650
478	2,2′,3,4,4′,5,5′-七氯联苯	DE - PCB 180			不得检出	GB/T 19650
479	2,4,4′-三氯联苯	DE - PCB 28			不得检出	GB/T 19650
480	2,4,5-三氯联苯	DE - PCB 31			不得检出	GB/T 19650
481	2,2′,5,5′-四氯联苯	DE - PCB 52			不得检出	GB/T 19650
482	脱溴溴苯磷	Desbrom - leptophos			不得检出	GB/T 19650
483	脱乙基另丁津	Desethyl - sebuthylazine			不得检出	GB/T 19650
484	敌草净	Desmetryn			不得检出	GB/T 19650
485	地塞米松	Dexamethasone			不得检出	SN/T 1970
486	氯亚胺硫磷	Dialifos			不得检出	GB/T 19650
487	敌菌净	Diaveridine			不得检出	SN/T 1926
488	驱虫特	Dibutyl succinate			不得检出	GB/T 20772
489	异氯磷	Dicapthon			不得检出	GB/T 20772
490	敌草腈	Dichlobenil			不得检出	GB/T 19650
491	除线磷	Dichlofenthion			不得检出	GB/T 20772
492	苯氟磺胺	Dichlofluanid			不得检出	GB/T 19650
493	烯丙酰草胺	Dichlormid			不得检出	GB/T 19650
494	敌敌畏	Dichlorvos			不得检出	GB/T 20772
495	苄氯三唑醇	Diclobutrazole			不得检出	GB/T 20772
496	禾草灵	Diclofop - methyl			不得检出	GB/T 19650
497	双氯青霉素	Dicloxacillin			不得检出	GB/T 18932.25
498	己烯雌酚	Diethylstilbestrol			不得检出	GB/T 20766
599	双氟沙星	Difloxacin			不得检出	GB/T 20366
500	二氢链霉素	Dihydro - streptomycin			不得检出	GB/T 22969
501	甲氟磷	Dimefox			不得检出	GB/T 19650
502	哌草丹	Dimepiperate			不得检出	GB/T 19650
503	异戊乙净	Dimethametryn			不得检出	GB/T 19650

序号	农兽药中文名	农兽药英文名	欧盟标准限量要求 mg/kg	国家标准限量要求 mg/kg	三安超有机食品标准 限量要求 mg/kg	三安超有机食品标准 检测方法
504	二甲酚草胺	Dimethenamid			不得检出	GB/T 19650
505	乐果	Dimethoate			不得检出	GB/T 20772
506	甲基毒虫畏	Dimethylvinphos			不得检出	GB/T 19650
507	地美硝唑	Dimetridazole			不得检出	GB/T 21318
508	二硝托安	Dinitolmide			不得检出	SN/T 2453
509	氨氟灵	Dinitramine			不得检出	GB/T 19650
510	消螨通	Dinobuton			不得检出	GB/T 19650
511	呋虫胺	Dinotefuran			不得检出	GB/T 20772
512	苯虫醚-1	Diofenolan-1			不得检出	GB/T 19650
513	苯虫醚-2	Diofenolan-2			不得检出	GB/T 19650
514	蔬果磷	Dioxabenzofos			不得检出	GB/T 19650
515	双苯酰草胺	Diphenamid			不得检出	GB/T 19650
516	二苯胺	Diphenylamine			不得检出	GB/T 19650
517	异丙净	Dipropetryn			不得检出	GB/T 19650
518	灭菌磷	Ditalimfos			不得检出	GB/T 19650
519	氟硫草定	Dithiopyr			不得检出	GB/T 19650
520	多拉菌素	Doramectin			不得检出	GB/T 22968
521	强力霉素	Doxycycline			不得检出	GB/ T20764
522	敌瘟磷	Edifenphos			不得检出	GB/T 19650
523	硫丹硫酸盐	Endosulfan-sulfate			不得检出	GB/T 19650
524	异狄氏剂酮	Endrin ketone			不得检出	GB/T 19650
525	恩诺沙星	Enrofloxacin			不得检出	GB/T 20366
526	苯硫磷	EPN			不得检出	GB/T 19650
527	埃普利诺菌素	Eprinomectin			不得检出	GB/T 21320
528	抑草蓬	Erbon			不得检出	GB/T 19650
529	红霉素	Erythromycin			不得检出	GB/T 20762
530	S-氰戊菊酯	Esfenvalerate			不得检出	GB/T 19650
531	戊草丹	Esprocarb			不得检出	GB/T 19650
532	乙环唑-1	Etaconazole-1			不得检出	GB/T 19650
533	乙环唑-2	Etaconazole-2			不得检出	GB/T 19650
534	乙嘧硫磷	Etrimfos			不得检出	GB/T 19650
535	氧乙嘧硫磷	Etrimfos oxon			不得检出	GB/T 19650
536	伐灭磷	Famphur			不得检出	GB/T 19650
537	苯线磷亚砜	Fenamiphos sulfoxide			不得检出	GB/T 19650
538	苯线磷砜	Fenamiphos-sulfone			不得检出	GB/T 19650
539	苯硫苯咪唑	Fenbendazole			不得检出	SN 0638
540	氧皮蝇磷	Fenchlorphos oxon			不得检出	GB/T 19650
541	甲呋酰胺	Fenfuram			不得检出	GB/T 19650
542	仲丁威	Fenobucarb			不得检出	GB/T 19650

序号	农兽药中文名	农兽药英文名	欧盟标准限量要求 mg/kg	国家标准限量要求 mg/kg	三安超有机食品标准 限量要求 mg/kg	三安超有机食品标准 检测方法
543	苯硫威	Fenothiocarb			不得检出	GB/T 19650
544	稻瘟酰胺	Fenoxanil			不得检出	GB/T 19650
545	拌种咯	Fenpiclonil			不得检出	GB/T 19650
546	甲氰菊酯	Fenpropathrin			不得检出	GB/T 19650
547	芬螨酯	Fenson			不得检出	GB/T 19650
548	丰索磷	Fensulfothion			不得检出	GB/T 19650
549	倍硫磷亚砜	Fenthion sulfoxide			不得检出	GB/T 19650
550	麦草氟异丙酯	Flamprop – isopropyl			不得检出	GB/T 19650
551	麦草氟甲酯	Flamprop – methyl			不得检出	GB/T 19650
552	氟苯尼考	Florfenicol			不得检出	GB/T 20756
553	吡氟禾草灵	Fluazifop – butyl			不得检出	GB/T 19650
554	啶蜱脲	Fluazuron			不得检出	SN/T 2540
555	氟苯咪唑	Flubendazole			不得检出	GB/T 21324
556	氟噻草胺	Flufenacet			不得检出	GB/T 19650
557	氟甲喹	Flumequin			不得检出	SN/T 1921
558	氟节胺	Flumetralin			不得检出	GB/T 19650
559	唑嘧磺草胺	Flumetsulam			不得检出	GB/T 20772
560	氟烯草酸	Flumiclorac			不得检出	GB/T 19650
561	丙炔氟草胺	Flumioxazin			不得检出	GB/T 19650
562	氟胺烟酸	Flunixin			不得检出	GB/T 20750
563	三氟硝草醚	Fluorodifen			不得检出	GB/T 19650
564	乙羧氟草醚	Fluoroglycofen – ethyl			不得检出	GB/T 19650
565	三氟苯唑	Fluotrimazole			不得检出	GB/T 19650
566	氟啶草酮	Fluridone			不得检出	GB/T 19650
567	氟草烟–1–甲庚酯	Fluroxypr – 1 – methylheptyl ester			不得检出	GB/T 19650
568	呋草酮	Flurtamone			不得检出	GB/T 19650
569	地虫硫磷	Fonofos			不得检出	GB/T 19650
570	安果	Formothion			不得检出	GB/T 19650
571	呋霜灵	Furalaxyl			不得检出	GB/T 19650
572	庆大霉素	Gentamicin			不得检出	GB/T 21323
573	苄螨醚	Halfenprox			不得检出	GB/T 19650
574	氟哌啶醇	Haloperidol			不得检出	GB/T 20763
575	庚烯磷	Heptanophos			不得检出	GB/T 19650
576	己唑醇	Hexaconazole			不得检出	GB/T 19650
577	环嗪酮	Hexazinone			不得检出	GB/T 19650
578	咪草酸	Imazamethabenz – methyl			不得检出	GB/T 19650
579	咪唑喹啉酸	Imazaquin			不得检出	GB/T 20772
580	脱苯甲基亚胺唑	Imibenconazole – des – benzyl			不得检出	GB/T 19650

序号	农兽药中文名	农兽药英文名	欧盟标准限量要求 mg/kg	国家标准限量要求 mg/kg	三安超有机食品标准 限量要求 mg/kg	检测方法
581	炔咪菊酯-1	Imiprothrin-1			不得检出	GB/T 19650
582	炔咪菊酯-2	Imiprothrin-2			不得检出	GB/T 19650
583	碘硫磷	Iodofenphos			不得检出	GB/T 19650
584	甲基碘磺隆	Iodosulfuron-methyl			不得检出	GB/T 20772
585	异稻瘟净	Iprobenfos			不得检出	GB/T 19650
586	氯唑磷	Isazofos			不得检出	GB/T 19650
587	碳氯灵	Isobenzan			不得检出	GB/T 19650
588	丁咪酰胺	Isocarbamid			不得检出	GB/T 19650
589	水胺硫磷	Isocarbophos			不得检出	GB/T 19650
590	异艾氏剂	Isodrin			不得检出	GB/T 19650
591	异柳磷	Isofenphos			不得检出	GB/T 19650
592	氧异柳磷	Isofenphos oxon			不得检出	GB/T 19650
593	氮氨菲啶	Isometamidium			不得检出	SN/T 2239
594	丁嗪草酮	Isomethiozin			不得检出	GB/T 19650
595	异丙威-1	Isoprocarb-1			不得检出	GB/T 19650
596	异丙威-2	Isoprocarb-2			不得检出	GB/T 19650
597	异丙乐灵	Isopropalin			不得检出	GB/T 19650
598	双苯噁唑酸	Isoxadifen-ethyl			不得检出	GB/T 19650
599	异噁氟草	Isoxaflutole			不得检出	GB/T 20772
600	噁唑啉	Isoxathion			不得检出	GB/T 19650
601	依维菌素	Ivermectin			不得检出	GB/T 21320
602	交沙霉素	Josamycin			不得检出	GB/T 20762
603	卡那霉素	Kanamycin			不得检出	GB/T 21323
604	拉沙里菌素	Lasalocid			不得检出	SN 0501
605	溴苯磷	Leptophos			不得检出	GB/T 19650
606	左旋咪唑	Levamisole			不得检出	SN 0349
607	林可霉素	Lincomycin			不得检出	GB/T 20762
608	利谷隆	Linuron			不得检出	GB/T 19650
609	麻保沙星	Marbofloxacin			不得检出	GB/T 22985
610	2-甲-4-氯丁氧乙基酯	MCPA-butoxyethyl ester			不得检出	GB/T 19650
611	甲苯咪唑	Mebendazole			不得检出	GB/T 21324
612	灭蚜磷	Mecarbam			不得检出	GB/T 19650
613	二甲四氯丙酸	MECOPROP			不得检出	SN/T 2325
614	苯噻酰草胺	Mefenacet			不得检出	GB/T 19650
615	吡唑解草酯	Mefenpyr-diethyl			不得检出	GB/T 19650
616	醋酸甲地孕酮	Megestrol acetate			不得检出	GB/T 20753
617	醋酸美仑孕酮	Melengestrol acetate			不得检出	GB/T 20753
618	嘧菌胺	Mepanipyrim			不得检出	GB/T 19650
619	地胺磷	Mephosfolan			不得检出	GB/T 19650

序号	农兽药中文名	农兽药英文名	欧盟标准限量要求 mg/kg	国家标准限量要求 mg/kg	三安超有机食品标准 限量要求 mg/kg	三安超有机食品标准 检测方法
620	灭锈胺	Mepronil			不得检出	GB/T 19650
621	硝磺草酮	Mesotrione			不得检出	参照同类标准
622	呋菌胺	Methfuroxam			不得检出	GB/T 19650
623	灭梭威砜	Methiocarb sulfone			不得检出	GB/T 19650
624	异丙甲草胺和 S - 异丙甲草胺	Metolachlor and S - metolachlor			不得检出	GB/T 19650
625	盖草津	Methoprotryne			不得检出	GB/T 19650
626	甲醚菊酯 - 1	Methothrin - 1			不得检出	GB/T 19650
627	甲醚菊酯 - 2	Methothrin - 2			不得检出	GB/T 19650
628	甲基泼尼松龙	Methylprednisolone			不得检出	GB/T 21981
629	溴谷隆	Metobromuron			不得检出	GB/T 19650
630	甲氧氯普胺	Metoclopramide			不得检出	SN/T 2227
631	苯氧菌胺 - 1	Metominsstrobin - 1			不得检出	GB/T 19650
632	苯氧菌胺 - 2	Metominsstrobin - 2			不得检出	GB/T 19650
633	甲硝唑	Metronidazole			不得检出	GB/T 21318
634	速灭磷	Mevinphos			不得检出	GB/T 19650
635	兹克威	Mexacarbate			不得检出	GB/T 19650
636	灭蚁灵	Mirex			不得检出	GB/T 19650
637	禾草敌	Molinate			不得检出	GB/T 19650
638	庚酰草胺	Monalide			不得检出	GB/T 19650
639	莫能菌素	Monensin			不得检出	SN 0698
640	莫西丁克	Moxidectin			不得检出	SN/T 2442
641	合成麝香	Musk ambrecte			不得检出	GB/T 19650
642	麝香	Musk moskene			不得检出	GB/T 19650
643	西藏麝香	Musk tibeten			不得检出	GB/T 19650
644	二甲苯麝香	Musk xylene			不得检出	GB/T 19650
645	萘夫西林	Nafcillin			不得检出	GB/T 22975
646	二溴磷	Naled			不得检出	SN/T 0706
647	萘丙胺	Naproanilide			不得检出	GB/T 19650
648	甲基盐霉素	Narasin			不得检出	GB/T 20364
649	新霉素	Neomycin			不得检出	SN 0646
650	甲磺乐灵	Nitralin			不得检出	GB/T 19650
651	三氯甲基吡啶	Nitrapyrin			不得检出	GB/T 19650
652	酞菌酯	Nitrothal - isopropyl			不得检出	GB/T 19650
653	诺氟沙星	Norfloxacin			不得检出	GB/T 20366
654	氟草敏	Norflurazon			不得检出	GB/T 19650
655	新生霉素	Novobiocin			不得检出	SN 0674
656	氟苯嘧啶醇	Nuarimol			不得检出	GB/T 19650
657	八氯苯乙烯	Octachlorostyrene			不得检出	GB/T 19650

序号	农兽药中文名	农兽药英文名	欧盟标准限量要求 mg/kg	国家标准限量要求 mg/kg	三安超有机食品标准 限量要求 mg/kg	三安超有机食品标准 检测方法
658	氧氟沙星	Ofloxacin			不得检出	GB/T 20366
659	喹乙醇	Olaquindox			不得检出	GB/T 20746
660	竹桃霉素	Oleandomycin			不得检出	GB/T 20762
661	氧乐果	Omethoate			不得检出	GB/T 19650
662	奥比沙星	Orbifloxacin			不得检出	GB/T 22985
663	苯唑青霉素	Oxacillin			不得检出	GB/T 18932.25
664	杀线威	Oxamyl			不得检出	GB/T 20772
665	奥芬达唑	Oxfendazole			不得检出	GB/T 22972
666	丙氧苯咪唑	Oxibendazole			不得检出	GB/T 21324
667	喹菌酮	Oxolinic acid			不得检出	日本肯定列表
668	氧化氯丹	Oxy – chlordane			不得检出	GB/T 19650
669	土霉素	Oxytetracycline			不得检出	GB/T 21317
670	对氧磷	Paraoxon			不得检出	GB/T 19650
671	甲基对氧磷	Paraoxon – methyl			不得检出	GB/T 19650
672	克草敌	Pebulate			不得检出	GB/T 19650
673	五氯苯胺	Pentachloroaniline			不得检出	GB/T 19650
674	五氯甲氧基苯	Pentachloroanisole			不得检出	GB/T 19650
675	五氯苯	Pentachlorobenzene			不得检出	GB/T 19650
676	乙滴涕	Perthane			不得检出	GB/T 19650
677	菲	Phenanthrene			不得检出	GB/T 19650
678	稻丰散	Phenthoate			不得检出	GB/T 19650
679	甲拌磷砜	Phorate sulfone			不得检出	GB/T 19650
680	磷胺 – 1	Phosphamidon – 1			不得检出	GB/T 19650
681	磷胺 – 2	Phosphamidon – 2			不得检出	GB/T 19650
682	酞酸苯甲基丁酯	Phthalic acid, benzylbutyl ester			不得检出	GB/T 19650
683	四氯苯肽	Phthalide			不得检出	GB/T 19650
684	邻苯二甲酰亚胺	Phthalimide			不得检出	GB/T 19650
685	氟吡酰草胺	Picolinafen			不得检出	GB/T 19650
686	增效醚	Piperonyl butoxide			不得检出	GB/T 19650
687	哌草磷	Piperophos			不得检出	GB/T 19650
688	乙基虫螨清	Pirimiphos – ethyl			不得检出	GB/T 19650
689	吡利霉素	Pirlimycin			不得检出	GB/T 22988
690	炔丙菊酯	Prallethrin			不得检出	GB/T 19650
691	泼尼松龙	Prednisolone			不得检出	GB/T 21981
692	丙草胺	Pretilachlor			不得检出	GB/T 19650
693	环丙氟灵	Profluralin			不得检出	GB/T 19650
694	茉莉酮	Prohydrojasmon			不得检出	GB/T 19650
695	扑灭通	Prometon			不得检出	GB/T 19650
696	扑草净	Prometryne			不得检出	GB/T 19650

序号	农兽药中文名	农兽药英文名	欧盟标准限量要求 mg/kg	国家标准限量要求 mg/kg	三安超有机食品标准	
					限量要求 mg/kg	检测方法
697	炔丙烯草胺	Pronamide			不得检出	GB/T 19650
698	敌稗	Propanil			不得检出	GB/T 19650
699	扑灭津	Propazine			不得检出	GB/T 19650
700	胺丙畏	Propetamphos			不得检出	GB/T 19650
701	丙酰二甲氨基丙吩噻嗪	Propionylpromazin			不得检出	GB/T 20763
702	丙硫磷	Prothiophos			不得检出	GB/T 19650
703	哒嗪硫磷	Ptridaphenthion			不得检出	GB/T 19650
704	吡唑硫磷	Pyraclofos			不得检出	GB/T 19650
705	吡草醚	Pyraflufen – ethyl			不得检出	GB/T 19650
706	啶斑肟 – 1	Pyrifenox – 1			不得检出	GB/T 19650
707	啶斑肟 – 2	Pyrifenox – 2			不得检出	GB/T 19650
708	环酯草醚	Pyriftalid			不得检出	GB/T 19650
709	嘧螨醚	Pyrimidifen			不得检出	GB/T 19650
710	嘧草醚	Pyriminobac – methyl			不得检出	GB/T 19650
711	嘧啶磷	Pyrimitate			不得检出	GB/T 19650
712	喹硫磷	Quinalphos			不得检出	GB/T 19650
713	灭藻醌	Quinoclamine			不得检出	GB/T 19650
714	喹氧灵	Quinoxyphen			不得检出	GB/T 19650
715	吡咪唑	Rabenzazole			不得检出	GB/T 19650
716	莱克多巴胺	Ractopamine			不得检出	GB/T 21313
717	洛硝达唑	Ronidazole			不得检出	GB/T 21318
718	皮蝇磷	Ronnel			不得检出	GB/T 19650
719	盐霉素	Salinomycin			不得检出	GB/T 20364
720	沙拉沙星	Sarafloxacin			不得检出	GB/T 20366
721	另丁津	Sebutylazine			不得检出	GB/T 19650
722	密草通	Secbumeton			不得检出	GB/T 19650
723	氨基脲	Semduramicinduramicin			不得检出	GB/T 20752
724	烯禾啶	Sethoxydim			不得检出	GB/T 19650
725	氟硅菊酯	Silafluofen			不得检出	GB/T 19650
726	硅氟唑	Simeconazole			不得检出	GB/T 19650
727	西玛通	Simetone			不得检出	GB/T 19650
728	西草净	Simetryn			不得检出	GB/T 19650
729	壮观霉素	Spectinomycin			不得检出	GB/T 21323
730	螺旋霉素	Spiramycin			不得检出	GB/T 20762
731	链霉素	Streptomycin			不得检出	GB/T 21323
732	磺胺苯酰	Sulfabenzamide			不得检出	GB/T 21316
733	磺胺醋酰	Sulfacetamide			不得检出	GB/T 21316
734	磺胺氯哒嗪	Sulfachloropyridazine			不得检出	GB/T 21316
735	磺胺嘧啶	Sulfadiazine			不得检出	GB/T 21316

序号	农兽药中文名	农兽药英文名	欧盟标准限量要求 mg/kg	国家标准限量要求 mg/kg	三安超有机食品标准	
					限量要求 mg/kg	检测方法
736	磺胺间二甲氧嘧啶	Sulfadimethoxine			不得检出	GB/T 21316
737	磺胺二甲嘧啶	Sulfadimidine			不得检出	GB/T 21316
738	磺胺多辛	Sulfadoxine			不得检出	GB/T 21316
739	磺胺脒	Sulfaguanidine			不得检出	GB/T 21316
740	菜草畏	Sulfallate			不得检出	GB/T 19650
741	磺胺甲嘧啶	Sulfamerazine			不得检出	GB/T 21316
742	新诺明	Sulfamethoxazole			不得检出	GB/T 21316
743	磺胺间甲氧嘧啶	Sulfamonomethoxine			不得检出	GB/T 21316
744	乙酰磺胺对硝基苯	Sulfanitran			不得检出	GB/T 20772
745	磺胺吡啶	Sulfapyridine			不得检出	GB/T 21316
746	磺胺喹沙啉	Sulfaquinoxaline			不得检出	GB/T 21316
747	磺胺噻唑	Sulfathiazole			不得检出	GB/T 21316
748	治螟磷	Sulfotep			不得检出	GB/T 19650
749	硫丙磷	Sulprofos			不得检出	GB/T 19650
750	苯噻硫氰	TCMTB			不得检出	GB/T 19650
751	丁基嘧啶磷	Tebupirimfos			不得检出	GB/T 19650
752	牧草胺	Tebutam			不得检出	GB/T 19650
753	丁噻隆	Tebuthiuron			不得检出	GB/T 20772
754	双硫磷	Temephos			不得检出	GB/T 20772
755	特草灵	Terbucarb			不得检出	GB/T 19650
756	特丁通	Terbumeron			不得检出	GB/T 19650
757	特丁净	Terbutryn			不得检出	GB/T 19650
758	四氢邻苯二甲酰亚胺	Tetrabydrophthalimide			不得检出	GB/T 19650
759	杀虫畏	Tetrachlorvinphos			不得检出	GB/T 19650
760	四环素	Tetracycline			不得检出	GB/T 21317
761	胺菊酯	Tetramethirn			不得检出	GB/T 19650
762	杀螨氯硫	Tetrasul			不得检出	GB/T 19650
763	噻吩草胺	Thenylchlor			不得检出	GB/T 19650
764	甲砜霉素	Thiamphenicol			不得检出	GB/T 20756
765	噻唑烟酸	Thiazopyr			不得检出	GB/T 19650
766	噻苯隆	Thidiazuron			不得检出	GB/T 20772
767	噻吩磺隆	Thifensulfuron – methyl			不得检出	GB/T 20772
768	甲基乙拌磷	Thiometon			不得检出	GB/T 20772
769	虫线磷	Thionazin			不得检出	GB/T 19650
770	替米考星	Tilmicosin			不得检出	GB/T 20762
771	硫普罗宁	Tiopronin			不得检出	SN/T 2225
772	三甲苯草酮	Tralkoxydim			不得检出	GB/T 19650
773	四溴菊酯	Tralomethrin			不得检出	SN/T 2320
774	反式－氯丹	*trans* – Chlordane			不得检出	GB/T 19650

序号	农兽药中文名	农兽药英文名	欧盟标准限量要求 mg/kg	国家标准限量要求 mg/kg	三安超有机食品标准 限量要求 mg/kg	三安超有机食品标准 检测方法
775	反式－燕麦敌	*trans* – Diallate			不得检出	GB/T 19650
776	四氟苯菊酯	Transfluthrin			不得检出	GB/T 19650
777	反式九氯	*trans* – Nonachlor			不得检出	GB/T 19650
778	反式－氯菊酯	*trans* – Permethrin			不得检出	GB/T 19650
779	群勃龙	Trenbolone			不得检出	GB/T 21981
780	威菌磷	Triamiphos			不得检出	GB/T 19650
781	毒壤磷	Trichloronatee			不得检出	GB/T 19650
782	灭草环	Tridiphane			不得检出	GB/T 19650
783	草达津	Trietazine			不得检出	GB/T 19650
784	三异丁基磷酸盐	Tri – *iso* – butyl phosphate			不得检出	GB/T 19650
785	甲氧苄氨嘧啶	Trimethoprim			不得检出	SN/T 1769
786	三正丁基磷酸盐	Tri – *n* – butyl phosphate			不得检出	GB/T 19650
787	三苯基磷酸盐	Triphenyl phosphate			不得检出	GB/T 19650
788	泰乐霉素	Tylosin			不得检出	GB/T 22941
789	烯效唑	Uniconazole			不得检出	GB/T 19650
790	灭草敌	Vernolate			不得检出	GB/T 19650
791	维吉尼霉素	Virginiamycin			不得检出	GB/T 20765
792	杀鼠灵	War farin			不得检出	GB/T 20772
793	甲苯噻嗪	Xylazine			不得检出	GB/T 20763
794	右环十四酮酚	Zeranol			不得检出	GB/T 21982
795	苯酰菌胺	Zoxamide			不得检出	GB/T 19650

5 马(5 种)

5.1 马肉 Horse Meat

序号	农兽药中文名	农兽药英文名	欧盟标准限量要求 mg/kg	国家标准限量要求 mg/kg	三安超有机食品标准 限量要求 mg/kg	三安超有机食品标准 检测方法
1	1,1－二氯－2,2－二(4－乙苯)乙烷	1,1 – Dichloro – 2,2 – bis(4 – ethylphenyl)ethane	0.01		不得检出	日本肯定列表(增补本1)
2	1,2－二氯乙烷	1,2 – Dichloroethane	0.1		不得检出	SN/T 2238
3	1,3－二氯丙烯	1,3 – Dichloropropene	0.01		不得检出	SN/T 2238
4	1－萘乙酰胺	1 – Naphthylacetamide	0.05		不得检出	GB/T 20772
5	1－萘乙酸	1 – Naphthylacetic acid	0.05		不得检出	SN/T 2228
6	2,4－滴丁酸	2,4 – DB	0.05		不得检出	GB/T 20769
7	2,4－滴	2,4 – D	0.05		不得检出	GB/T 20772
8	2－苯酚	2 – Phenylphenol	0.05		不得检出	GB/T 19650
9	阿维菌素	Abamectin	0.01		不得检出	SN/T 2661

序号	农兽药中文名	农兽药英文名	欧盟标准限量要求 mg/kg	国家标准限量要求 mg/kg	三安超有机食品标准 限量要求 mg/kg	检测方法
10	嘧霉胺	Pyrimethanil	0.05		不得检出	GB/T 20772
11	乙酰甲胺磷	Acephate	0.02		不得检出	参照同类标准
12	灭螨醌	Acequinocyl	0.01		不得检出	GB/T 20772
13	啶虫脒	Acetamiprid	0.05		不得检出	GB/T 19650
14	乙草胺	Acetochlor	0.01		不得检出	GB/T 20772
15	苯并噻二唑	Acibenzolar – S – methyl	0.02		不得检出	GB/T 20772
16	苯草醚	Aclonifen	0.02		不得检出	GB/T 19648
17	氟丙菊酯	Acrinathrin	0.05		不得检出	GB/T 20772
18	甲草胺	Alachlor	0.01		不得检出	GB 29687
19	涕灭威	Aldicarb	0.01		不得检出	GB/T 20772
20	艾氏剂和狄氏剂	Aldrin and dieldrin	0.2	0.2 和 0.2	不得检出	GB/T 19650
21	—	Ametoctradin	0.03		不得检出	参照同类标准
22	酰嘧磺隆	Amidosulfuron	0.02		不得检出	参照同类标准
23	氯氨吡啶酸	Aminopyralid	0.01		不得检出	GB/T 23211
24	—	Amisulbrom	0.01		不得检出	参照同类标准
25	阿莫西林	Amoxicillin	50μg/kg		不得检出	NY/T 830
26	氨苄青霉素	Ampicillin	50μg/kg		不得检出	GB/T 21315
27	敌菌灵	Anilazine	0.01		不得检出	GB/T 20769
28	杀螨特	Aramite	0.01		不得检出	GB/T 19650
29	磺草灵	Asulam	0.1		不得检出	日本肯定列表（增补本1）
30	印楝素	Azadirachtin	0.01		不得检出	SN/T 3264
31	益棉磷	Azinphos – ethyl	0.01		不得检出	GB/T 19650
32	保棉磷	Azinphos – methyl	0.01		不得检出	GB/T 20772
33	三唑锡和三环锡	Azocyclotin and cyhexatin	0.05		不得检出	SN/T 1990
34	嘧菌酯	Azoxystrobin	0.05		不得检出	GB/T 20772
35	燕麦灵	Barban	0.05		不得检出	参照同类标准
36	氟丁酰草胺	Beflubutamid	0.05		不得检出	参照同类标准
37	苯霜灵	Benalaxyl	0.05		不得检出	GB/T 20772
38	丙硫克百威	Benfuracarb	0.02		不得检出	GB/T 20772
39	苄青霉素	Benzyl penicillin	50μg/kg		不得检出	GB/T 21315
40	联苯肼酯	Bifenazate	0.01		不得检出	GB/T 20772
41	甲羧除草醚	Bifenox	0.05		不得检出	GB/T 23210
42	联苯菊酯	Bifenthrin	3		不得检出	GB/T 19650
43	乐杀螨	Binapacryl	0.01		不得检出	SN 0523
44	联苯	Biphenyl	0.01		不得检出	GB/T 19650
45	联苯三唑醇	Bitertanol	0.05		不得检出	GB/T 20772
46	—	Bixafen	0.02		不得检出	参照同类标准
47	啶酰菌胺	Boscalid	0.7		不得检出	GB/T 20772

序号	农兽药中文名	农兽药英文名	欧盟标准限量要求 mg/kg	国家标准限量要求 mg/kg	三安超有机食品标准	
					限量要求 mg/kg	检测方法
48	溴离子	Bromide ion	0.05		不得检出	GB/T 5009.167
49	溴螨酯	Bromopropylate	0.01		不得检出	GB/T 19650
50	溴苯腈	Bromoxynil	0.05		不得检出	GB/T 20772
51	糠菌唑	Bromuconazole	0.05		不得检出	GB/T 19650
52	乙嘧酚磺酸酯	Bupirimate	0.05		不得检出	GB/T 19650
53	噻嗪酮	Buprofezin	0.05		不得检出	GB/T 20772
54	仲丁灵	Butralin	0.02		不得检出	GB/T 19650
55	丁草敌	Butylate	0.01		不得检出	GB/T 19650
56	硫线磷	Cadusafos	0.01		不得检出	GB/T 19650
57	毒杀芬	Camphechlor	0.05		不得检出	YC/T 180
58	敌菌丹	Captafol	0.01		不得检出	SN/T 0338
59	克菌丹	Captan	0.02		不得检出	GB/T 19648
60	甲萘威	Carbaryl	0.05		不得检出	GB/T 20796
61	多菌灵和苯菌灵	Carbendazim and benomyl	0.05		不得检出	GB/T 20772
62	长杀草	Carbetamide	0.05		不得检出	GB/T 20772
63	克百威	Carbofuran	0.01		不得检出	GB/T 20772
64	丁硫克百威	Carbosulfan	0.05		不得检出	GB/T 19650
65	萎锈灵	Carboxin	0.05		不得检出	GB/T 20772
66	卡洛芬	Carprofen	500μg/kg		不得检出	SN/T 2190
67	头孢喹肟	Cefquinome	50μg/kg		不得检出	GB/T 22989
68	头孢噻呋	Ceftiofur	1000μg/kg		不得检出	GB/T 21314
69	氯虫苯甲酰胺	Chlorantraniliprole	0.2		不得检出	参照同类标准
70	杀螨醚	Chlorbenside	0.05		不得检出	GB/T 19650
71	氯炔灵	Chlorbufam	0.05		不得检出	GB/T 20772
72	氯丹	Chlordane	0.05	0.05	不得检出	GB/T 19648
73	十氯酮	Chlordecone	0.1		不得检出	参照同类标准
74	杀螨酯	Chlorfenson	0.05		不得检出	GB/T 19650
75	毒虫畏	Chlorfenvinphos	0.01		不得检出	GB/T 19650
76	氯草敏	Chloridazon	0.1		不得检出	GB/T 20772
77	矮壮素	Chlormequat	0.05		不得检出	日本肯定列表
78	乙酯杀螨醇	Chlorobenzilate	0.1		不得检出	日本肯定列表
79	百菌清	Chlorothalonil	0.02		不得检出	SN/T 2320
80	绿麦隆	Chlortoluron	0.05		不得检出	GB/T 20772
81	枯草隆	Chloroxuron	0.05		不得检出	GB/T 20769
82	氯苯胺灵	Chlorpropham	0.05		不得检出	GB/T 19650
83	甲基毒死蜱	Chlorpyrifos - methyl	0.05		不得检出	GB/T 19650
84	氯磺隆	Chlorsulfuron	0.01		不得检出	GB/T 20769
85	金霉素	Chlortetracycline	100μg/kg		不得检出	GB/T 21317
86	氯酞酸甲酯	Chlorthaldimethyl	0.01		不得检出	GB/T 19650

序号	农兽药中文名	农兽药英文名	欧盟标准限量要求 mg/kg	国家标准限量要求 mg/kg	三安超有机食品标准 限量要求 mg/kg	三安超有机食品标准 检测方法
87	氯硫酰草胺	Chlorthiamid	0.02		不得检出	GB/T 20772
88	盐酸克仑特罗	Clenbuterol hydrochloride	0.1μg/kg		不得检出	GB/T 21313
89	烯草酮	Clethodim	0.2		不得检出	GB/T 19648
90	炔草酯	Clodinafop – propargyl	0.02		不得检出	GB 2763
91	四螨嗪	Clofentezine	0.05		不得检出	SN/T 1740
92	二氯吡啶酸	Clopyralid	0.05		不得检出	SN/T 2228
93	噻虫胺	Clothianidin	0.02		不得检出	GB/T 20772
94	邻氯青霉素	Cloxacillin	300μg/kg		不得检出	GB/T 21315
95	黏菌素	Colistin	150μg/kg		不得检出	参照同类标准
96	铜化合物	Copper compounds	5		不得检出	参照同类标准
97	环烷基酰苯胺	Cyclanilide	0.01		不得检出	参照同类标准
98	噻草酮	Cycloxydim	0.05		不得检出	GB/T 19650
99	环氟菌胺	Cyflufenamid	0.03		不得检出	GB/T 19648
100	氟氯氰菊酯和高效氟氯氰菊酯	Cyfluthrin and beta – cyfluthrin	0.05		不得检出	GB/T 19650
101	霜脲氰	Cymoxanil	0.05		不得检出	GB/T 20772
102	氯氰菊酯和高效氯氰菊酯	Cypermethrin and beta – cypermethrin	2		不得检出	GB/T 19650
103	环丙唑醇	Cyproconazole	0.05		不得检出	GB/T 20772
104	嘧菌环胺	Cyprodinil	0.05		不得检出	GB/T 20769
105	灭蝇胺	Cyromazine	0.05		不得检出	GB/T 20772
106	丁酰肼	Daminozide	0.05		不得检出	日本肯定列表
107	达氟沙星	Danofloxacin	100μg/kg		不得检出	GB/T 21313
108	滴滴涕	DDT	1	0.2	不得检出	SN/T 0127
109	溴氰菊酯	Deltamethrin	0.5		不得检出	GB/T 19650
110	地塞米松	Dexamethasone	0.75μg/kg		不得检出	GB/T 20772
111	燕麦敌	Diallate	0.2		不得检出	GB/T 19650
112	二嗪磷	Diazinon	0.05		不得检出	GB/T 20772
113	麦草畏	Dicamba	0.05		不得检出	SN/T 2127
114	敌草腈	Dichlobenil	0.01		不得检出	GB/T 19650
115	滴丙酸	Dichlorprop	0.05		不得检出	SN/T 2228
116	二氯苯氧基丙酸	Diclofop	0.05		不得检出	参照同类标准
117	氯硝胺	Dicloran	0.01		不得检出	GB/T 19650
118	双氯青霉素	Dicloxacillin	300μg/kg		不得检出	GB 29682
119	三氯杀螨醇	Dicofol	0.02		不得检出	GB/T 19650
120	乙霉威	Diethofencarb	0.05		不得检出	GB/T 19650
121	苯醚甲环唑	Difenoconazole	0.05		不得检出	GB/T 19650
122	双氟沙星	Difloxacin	300μg/kg		不得检出	SN/T 0528
123	除虫脲	Diflubenzuron	0.1		不得检出	GB/T 20772

序号	农兽药中文名	农兽药英文名	欧盟标准限量要求 mg/kg	国家标准限量要求 mg/kg	三安超有机食品标准 限量要求 mg/kg	三安超有机食品标准 检测方法
124	吡氟酰草胺	Diflufenican	0.05		不得检出	GB/T 22969
125	油菜安	Dimethachlor	0.02		不得检出	GB/T 20772
126	烯酰吗啉	Dimethomorph	0.05		不得检出	GB/T 20772
127	醚菌胺	Dimoxystrobin	0.05		不得检出	SN/T 2237
128	烯唑醇	Diniconazole	0.01		不得检出	GB/T 19650
129	敌螨普	Dinocap	0.05		不得检出	日本肯定列表（增补本1）
130	地乐酚	Dinoseb	0.01		不得检出	GB/T 20772
131	特乐酚	Dinoterb	0.05		不得检出	GB/T 20772
132	敌噁磷	Dioxathion	0.05		不得检出	GB/T 19650
133	敌草快	Diquat	0.05		不得检出	GB/T 5009.221
134	乙拌磷	Disulfoton	0.01		不得检出	GB/T 20772
135	二氰蒽醌	Dithianon	0.01		不得检出	GB/T 20769
136	二硫代氨基甲酸酯	Dithiocarbamates	0.05		不得检出	SN/T 0157
137	敌草隆	Diuron	0.05		不得检出	SN/T 0645
138	二硝甲酚	DNOC	0.05		不得检出	GB/T 20772
139	多果定	Dodine	0.2		不得检出	SN 0500
140	多拉菌素	Doramectin	40μg/kg		不得检出	GB/T 22968
141	甲氨基阿维菌素苯甲酸盐	Emamectin benzoate	0.01		不得检出	GB/T 20769
142	硫丹	Endosulfan	0.05		不得检出	GB/T 19650
143	异狄氏剂	Endrin	0.05	0.05	不得检出	GB/T 19650
144	氟环唑	Epoxiconazole	0.01		不得检出	GB/T 20772
145	茵草敌	EPTC	0.02		不得检出	GB/T 20772
146	红霉素	Erythromycin	200μg/kg		不得检出	GB/T 20762
147	乙丁烯氟灵	Ethalfluralin	0.01		不得检出	GB/T 29648
148	胺苯磺隆	Ethametsulfuron	0.01		不得检出	GB/T 19650
149	乙烯利	Ethephon	0.05		不得检出	NY/T 1616
150	乙硫磷	Ethion	0.01		不得检出	SN 0705
151	乙嘧酚	Ethirimol	0.05		不得检出	GB/T 19650
152	乙氧呋草黄	Ethofumesate	0.1		不得检出	GB/T 20772
153	灭线磷	Ethoprophos	0.01		不得检出	GB/T 20772
154	乙氧喹啉	Ethoxyquin	0.05		不得检出	GB/T 19650
155	环氧乙烷	Ethylene oxide	0.02		不得检出	GB/T 20772
156	醚菊酯	Etofenprox	0.5		不得检出	GB/T 23296.11
157	乙螨唑	Etoxazole	0.01		不得检出	GB/T 19650
158	氯唑灵	Etridiazole	0.05		不得检出	GB/T 19648
159	噁唑菌酮	Famoxadone	0.05		不得检出	GB/T 20772
160	苯硫氨酯	Febantel	50μg/kg		不得检出	日本肯定列表
161	咪唑菌酮	Fenamidone	0.01		不得检出	GB/T 19650

序号	农兽药中文名	农兽药英文名	欧盟标准限量要求 mg/kg	国家标准限量要求 mg/kg	三安超有机食品标准 限量要求 mg/kg	检测方法
162	苯线磷	Fenamiphos	0.01		不得检出	GB/T 19650
163	氯苯嘧啶醇	Fenarimol	0.02		不得检出	GB/T 20772
164	喹螨醚	Fenazaquin	0.01		不得检出	GB/T 19648
165	苯硫苯咪唑	Fenbendazole	50μg/kg		不得检出	SN 0638
166	腈苯唑	Fenbuconazole	0.05		不得检出	GB/T 20772
167	苯丁锡	Fenbutatin oxide	0.05		不得检出	SN 0592
168	环酰菌胺	Fenhexamid	0.05		不得检出	GB/T 20772
169	杀螟硫磷	Fenitrothion	0.01		不得检出	GB/T 20772
170	精噁唑禾草灵	Fenoxaprop－P－ethyl	0.05		不得检出	GB/T 22617
171	双氧威	Fenoxycarb	0.05		不得检出	GB/T 19650
172	苯锈啶	Fenpropidin	0.02		不得检出	GB/T 19650
173	丁苯吗啉	Fenpropimorph	0.01		不得检出	GB/T 20772
174	胺苯吡菌酮	Fenpyrazamine	0.01		不得检出	参照同类标准
175	唑螨酯	Fenpyroximate	0.01		不得检出	GB/T 20769
176	倍硫磷	Fenthion	0.05		不得检出	GB/T 20772
177	三苯锡	Fentin	0.05		不得检出	参照同类标准
178	薯瘟锡	Fentin acetate	0.05		不得检出	日本肯定列表（增补本1）
179	氰戊菊酯和高效氰戊菊酯（RR & SS 异构体总量）	Fenvalerate and esfenvalerate (sum of RR & SS isomers)	0.2		不得检出	GB/T 19650
180	氰戊菊酯和高效氰戊菊酯（RS & SR 异构体总量）	Fenvalerate and esfenvalerate (sum of RS & SR isomers)	0.05		不得检出	GB/T 19650
181	氟虫腈	Fipronil	0.01		不得检出	SN/T 1982
182	非罗考昔	Firocoxib	10μg/kg		不得检出	参照同类标准
183	氟啶虫酰胺	Flonicamid	0.03		不得检出	SN/T 2796
184	氟苯尼考	Florfenicol	100μg/kg		不得检出	GB/T 20756
185	精吡氟禾草灵	Fluazifop－P－butyl	0.05		不得检出	GB/T 5009.142
186	氟啶胺	Fluazinam	0.05		不得检出	SN/T 2150
187	氟苯虫酰胺	Flubendiamide	2		不得检出	SN/T 2581
188	氟环脲	Flucycloxuron	0.05		不得检出	参照同类标准
189	氟氰戊菊酯	Flucythrinate	0.05		不得检出	GB/T 19648
190	咯菌腈	Fludioxonil	0.05		不得检出	GB/T 20772
191	氟虫脲	Flufenoxuron	0.05		不得检出	SN/T 2150
192	—	Flufenzin	0.02		不得检出	参照同类标准
193	氟甲喹	Flumequin	200μg/kg		不得检出	SN/T 1921
194	氟胺烟酸	Flunixin	10μg/kg		不得检出	参照同类标准
195	氟吡菌胺	Fluopicolide	0.01		不得检出	参照同类标准
196	—	Fluopyram	0.1		不得检出	参照同类标准
197	氟离子	Fluoride ion	1		不得检出	GB/T 5009.167

序号	农兽药中文名	农兽药英文名	欧盟标准限量要求 mg/kg	国家标准限量要求 mg/kg	三安超有机食品标准 限量要求 mg/kg	检测方法
198	氟咯草酮	Fluorochloridone	0.05		不得检出	SN/T 2237
199	氟腈嘧菌酯	Fluoxastrobin	0.05		不得检出	参照同类标准
200	氟喹唑	Fluquinconazole	2		不得检出	GB/T 19650
201	氟草烟	Fluroxypyr	0.05		不得检出	GB/T 20772
202	氟硅唑	Flusilazole	0.02		不得检出	GB/T 20772
203	氟酰胺	Flutolanil	0.05		不得检出	GB/T 20772
204	粉唑醇	Flutriafol	0.01		不得检出	GB/T 20772
205	—	Fluxapyroxad	0.01		不得检出	参照同类标准
206	氟磺胺草醚	Fomesafen	0.01		不得检出	GB/T 5009.130
207	氯吡脲	Forchlorfenuron	0.05		不得检出	SN/T 3643
208	伐虫脒	Formetanate	0.01		不得检出	NY/T 1453
209	三乙膦酸铝	Fosetyl – aluminiumuminium	0.5		不得检出	参照同类标准
210	麦穗宁	Fuberidazole	0.05		不得检出	GB/T 19650
211	呋线威	Furathiocarb	0.01		不得检出	GB/T 20772
212	糠醛	Furfural	1		不得检出	参照同类标准
213	勃激素	Gibberellic acid	0.1		不得检出	GB/T 23211
214	草胺膦	Glufosinate	0.1		不得检出	日本肯定列表
215	草甘膦	Glyphosate	0.05		不得检出	NY/T 1096
216	氟吡禾灵	Haloxyfop	0.01		不得检出	SN/T 2228
217	七氯	Heptachlor	0.2	0.2	不得检出	SN 0663
218	六氯苯	Hexachlorobenzene	0.2		不得检出	SN/T 0127
219	六六六(HCH),α-异构体	Hexachlorociclohexane (HCH), alpha – isomer	0.2	0.1	不得检出	SN/T 0127
220	六六六(HCH),β-异构体	Hexachlorociclohexane (HCH), beta – isomer	0.1	0.1	不得检出	SN/T 0127
221	噻螨酮	Hexythiazox	0.05		不得检出	GB/T 20772
222	噁霉灵	Hymexazol	0.05		不得检出	GB/T 20772
223	抑霉唑	Imazalil	0.05		不得检出	GB/T 20772
224	甲咪唑烟酸	Imazapic	0.01		不得检出	GB/T 20772
225	咪唑喹啉酸	Imazaquin	0.05		不得检出	GB/T 20772
226	吡虫啉	Imidacloprid	0.1		不得检出	GB/T 20772
227	双胍盐	Guazatine	0.1		不得检出	参照同类标准
228	茚虫威	Indoxacarb	2		不得检出	GB/T 20772
229	碘苯腈	Ioxynil	0.05		不得检出	GB/T 20772
230	异菌脲	Iprodione	0.05		不得检出	GB/T 19650
231	稻瘟灵	Isoprothiolane	0.01		不得检出	GB/T 20772
232	异丙隆	Isoproturon	0.05		不得检出	GB/T 20772
233	—	Isopyrazam	0.01		不得检出	参照同类标准
234	异噁酰草胺	Isoxaben	0.01		不得检出	GB/T 20772

序号	农兽药中文名	农兽药英文名	欧盟标准限量要求 mg/kg	国家标准限量要求 mg/kg	三安超有机食品标准 限量要求 mg/kg	三安超有机食品标准 检测方法
235	卡那霉素	Kanamycin	100μg/kg		不得检出	GB/T 21323
236	醚菌酯	Kresoxim – methyl	0.02		不得检出	GB/T 20772
237	乳氟禾草灵	Lactofen	0.01		不得检出	GB/T 19650
238	高效氯氟氰菊酯	Lambda – cyhalothrin	0.5		不得检出	GB/T 19648
239	环草定	Lenacil	0.1		不得检出	GB/T 19650
240	林可霉素	Lincomycin	100μg/kg		不得检出	GB/T 20762
241	林丹	Lindane	0.02	0.1	不得检出	NY/T 761
242	虱螨脲	Lufenuron	0.02		不得检出	SN/T 2540
243	马拉硫磷	Malathion	0.02		不得检出	GB/T 19650
244	抑芽丹	Maleic hydrazide	0.05		不得检出	日本肯定列表
245	双炔酰菌胺	Mandipropamid	0.02		不得检出	参照同类标准
246	二甲四氯和二甲四氯丁酸	MCPA and MCPB	0.1		不得检出	SN/T 2228
247	甲苯咪唑	Mebendazole	60μg/kg		不得检出	参照同类标准
248	美洛昔康	Meloxicam	20μg/kg		不得检出	SN/T 2443
249	壮棉素	Mepiquat chloride	0.05		不得检出	GB/T 20769
250	—	Meptyldinocap	0.05		不得检出	参照同类标准
251	汞化合物	Mercury compounds	0.01		不得检出	参照同类标准
252	氰氟虫腙	Metaflumizone	0.02		不得检出	SN/T 3852
253	甲霜灵和精甲霜灵	Metalaxyl and metalaxyl – M	0.05		不得检出	GB/T 20772
254	四聚乙醛	Metaldehyde	0.05		不得检出	SN/T 1787
255	苯嗪草酮	Metamitron	0.05		不得检出	GB/T 19650
256	安乃近	Metamizole	100μg/kg		不得检出	参照同类标准
257	吡唑草胺	Metazachlor	0.05		不得检出	GB/T 19650
258	叶菌唑	Metconazole	0.01		不得检出	GB/T 20769
259	甲基苯噻隆	Methabenzthiazuron	0.05		不得检出	GB/T 19650
260	虫螨畏	Methacrifos	0.01		不得检出	GB/T 20772
261	甲胺磷	Methamidophos	0.01		不得检出	GB/T 20772
262	杀扑磷	Methidathion	0.02		不得检出	GB/T 20772
263	甲硫威	Methiocarb	0.05		不得检出	GB/T 20769
264	灭多威和硫双威	Methomyl and thiodicarb	0.02		不得检出	GB/T 20772
265	烯虫酯	Methoprene	0.05		不得检出	GB/T 19648
266	甲氧滴滴涕	Methoxychlor	0.01		不得检出	GB/T 19648
267	甲氧虫酰肼	Methoxyfenozide	0.2		不得检出	GB/T 20772
268	磺草唑胺	Metosulam	0.01		不得检出	GB/T 20772
269	苯菌酮	Metrafenone	0.05		不得检出	参照同类标准
270	嗪草酮	Metribuzin	0.1		不得检出	GB/T 20769
271	绿谷隆	Monolinuron	0.05		不得检出	GB/T 20772
272	灭草隆	Monuron	0.01		不得检出	GB/T 20772
273	莫西丁克	Moxidectin	50μg/kg		不得检出	SN/T 2442

序号	农兽药中文名	农兽药英文名	欧盟标准限量要求 mg/kg	国家标准限量要求 mg/kg	三安超有机食品标准 限量要求 mg/kg	三安超有机食品标准 检测方法
274	腈菌唑	Myclobutanil	0.01		不得检出	GB/T 20772
275	敌草胺	Napropamide	0.01		不得检出	GB/T 19650
276	新霉素(包括framycetin)	Neomycin (including framycetin)	500μg/kg		不得检出	SN 0646
277	烟嘧磺隆	Nicosulfuron	0.05		不得检出	日本肯定列表(增补本1)
278	除草醚	Nitrofen	0.01		不得检出	GB/T 19648
279	氟酰脲	Novaluron	10		不得检出	GB/T 20769
280	嘧苯胺磺隆	Orthosulfamuron	0.01		不得检出	GB/T 23817
281	苯唑青霉素	Oxacillin	300μg/kg		不得检出	GB/T 18932.25
282	噁草酮	Oxadiazon	0.05		不得检出	GB/T 19650
283	噁霜灵	Oxadixyl	0.01		不得检出	GB/T 19650
284	环氧嘧磺隆	Oxasulfuron	0.05		不得检出	GB/T 23817
285	喹菌酮	Oxolinic acid	100μg/kg		不得检出	SN/T 1751.2
286	氧化萎锈灵	Oxycarboxin	0.05		不得检出	SN/T 2909
287	亚砜磷	Oxydemeton – methyl	0.02		不得检出	GB/T 20772
288	乙氧氟草醚	Oxyfluorfen	0.05		不得检出	GB/T 21317
289	土霉素	Oxytetracycline	100μg/kg		不得检出	GB/T 19650
290	多效唑	Paclobutrazol	0.02		不得检出	GB/T 19650
291	对硫磷	Parathion	0.05		不得检出	GB/T 20772
292	甲基对硫磷	Parathion – methyl	0.01		不得检出	SN/T 2315
293	巴龙霉素	Paromomycin	500μg/kg		不得检出	SN/T 2315
294	戊菌唑	Penconazole	0.05		不得检出	GB/T 20772
295	戊菌隆	Pencycuron	0.05		不得检出	GB/T 19650
296	二甲戊灵	Pendimethalin	0.05		不得检出	GB/T 19648
297	喷沙西林	Penethamate	50μg/kg		不得检出	GB/T 19650
298	甜菜宁	Phenmedipham	0.05		不得检出	GB/T 23205
299	苯醚菊酯	Phenothrin	0.05		不得检出	GB/T 20772
300	甲拌磷	Phorate	0.02		不得检出	GB/T 20772
301	伏杀硫磷	Phosalone	0.01		不得检出	GB/T 20772
302	亚胺硫磷	Phosmet	0.1		不得检出	GB/T 20772
303	—	Phosphines and phosphides	0.01		不得检出	参照同类标准
304	辛硫磷	Phoxim	0.02		不得检出	GB/T 20772
305	氨氯吡啶酸	Picloram	0.2		不得检出	GB/T 23211
306	啶氧菌酯	Picoxystrobin	0.05		不得检出	GB/T 19650
307	抗蚜威	Pirimicarb	0.05		不得检出	GB/T 20772
308	甲基嘧啶磷	Pirimiphos – methyl	0.05		不得检出	GB/T 20772
309	泼尼松龙	Prednisolone	4μg/kg		不得检出	SN/T 1970
310	咪鲜胺	Prochloraz	0.1		不得检出	GB/T 19650

序号	农兽药中文名	农兽药英文名	欧盟标准限量要求 mg/kg	国家标准限量要求 mg/kg	三安超有机食品标准	
					限量要求 mg/kg	检测方法
311	腐霉利	Procymidone	0.01		不得检出	GB/T 20772
312	丙溴磷	Profenofos	0.05		不得检出	GB/T 20772
313	调环酸	Prohexadione	0.05		不得检出	日本肯定列表
314	毒草安	Propachlor	0.02		不得检出	GB/T 20772
315	扑派威	Propamocarb	0.1		不得检出	GB/T 20772
316	恶草酸	Propaquizafop	0.05		不得检出	GB/T 20772
317	炔螨特	Propargite	0.1		不得检出	GB/T 19650
318	苯胺灵	Propham	0.05		不得检出	GB/T 19650
319	丙环唑	Propiconazole	0.01		不得检出	GB/T 19650
320	异丙草胺	Propisochlor	0.01		不得检出	GB/T 19650
321	残杀威	Propoxur	0.05		不得检出	GB/T 20772
322	炔苯酰草胺	Propyzamide	0.02		不得检出	GB/T 19650
323	苄草丹	Prosulfocarb	0.05		不得检出	GB/T 19648
324	丙硫菌唑	Prothioconazole	0.05		不得检出	参照同类标准
325	吡蚜酮	Pymetrozine	0.01		不得检出	GB/T 20772
326	吡唑醚菌酯	Pyraclostrobin	0.05		不得检出	GB/T 20772
327	—	Pyrasulfotole	0.01		不得检出	参照同类标准
328	吡菌磷	Pyrazophos	0.02		不得检出	GB/T 20772
329	除虫菊素	Pyrethrins	0.05		不得检出	GB/T 20772
330	哒螨灵	Pyridaben	0.02		不得检出	SN/T 2432
331	啶虫丙醚	Pyridalyl	0.01		不得检出	日本肯定列表
332	哒草特	Pyridate	0.05		不得检出	日本肯定列表
333	吡丙醚	Pyriproxyfen	0.05		不得检出	GB/T 19650
334	甲氧磺草胺	Pyroxsulam	0.01		不得检出	SN/T 2325
335	氯甲喹啉酸	Quinmerac	0.05		不得检出	参照同类标准
336	喹氧灵	Quinoxyfen	0.2		不得检出	SN/T 2319
337	五氯硝基苯	Quintozene	0.01		不得检出	GB/T 19650
338	精喹禾灵	Quizalofop – P – ethyl	0.05		不得检出	SN/T 2150
339	灭虫菊	Resmethrin	0.1		不得检出	GB/T 20772
340	鱼藤酮	Rotenone	0.01		不得检出	GB/T 20772
341	西玛津	Simazine	0.01		不得检出	SN 0594
342	壮观霉素	Spectinomycin	300μg/kg		不得检出	GB/T 21323
343	乙基多杀菌素	Spinetoram	0.2		不得检出	参照同类标准
344	多杀霉素	Spinosad	0.05		不得检出	GB/T 20772
345	螺螨酯	Spirodiclofen	0.01		不得检出	GB/T 20772
346	螺甲螨酯	Spiromesifen	0.01		不得检出	GB/T 23210
347	螺虫乙酯	Spirotetramat	0.01		不得检出	参照同类标准
348	葚孢菌素	Spiroxamine	0.05		不得检出	GB/T 20772
349	磺草酮	Sulcotrione	0.05		不得检出	参照同类标准

序号	农兽药中文名	农兽药英文名	欧盟标准限量要求 mg/kg	国家标准限量要求 mg/kg	三安超有机食品标准	
					限量要求 mg/kg	检测方法
350	磺胺类(所有属于磺胺类的物质)	Sulfonamides (all substances belonging to the sulfonamide-group)	100μg/kg		不得检出	GB 29694
351	乙黄隆	Sulfosulfuron	0.05		不得检出	日本肯定列表(增补本1)
352	硫磺粉	Sulfur	0.5		不得检出	参照同类标准
353	氟胺氰菊酯	Tau – fluvalinate	0.05		不得检出	SN 0691
354	戊唑醇	Tebuconazole	0.1		不得检出	GB/T 20772
355	虫酰肼	Tebufenozide	0.05		不得检出	GB/T 20772
356	吡螨胺	Tebufenpyrad	0.05		不得检出	GB/T 20772
357	四氯硝基苯	Tecnazene	0.05		不得检出	GB/T 19650
358	氟苯脲	Teflubenzuron	0.05		不得检出	SN/T 2150
359	七氟菊酯	Tefluthrin	0.05		不得检出	日本肯定列表
360	得杀草	Tepraloxydim	0.1		不得检出	GB/T 20772
361	特丁硫磷	Terbufos	0.01		不得检出	GB/T 20772
362	特丁津	Terbuthylazine	0.05		不得检出	GB/T 19650
363	四氟醚唑	Tetraconazole	0.5		不得检出	GB/T 21317
364	四环素	Tetracycline	100μg/kg		不得检出	SN/T 2645
365	三氯杀螨砜	Tetradifon	0.05		不得检出	GB/T 19650
366	噻虫啉	Thiacloprid	0.05mgkg		不得检出	GB/T 20772
367	噻虫嗪	Thiamethoxam	0.03		不得检出	GB/T 20772
368	甲砜霉素	Thiamphenicol	50μg/kg		不得检出	GB/T 20756
369	禾草丹	Thiobencarb	0.01		不得检出	GB/T 20762
370	甲基硫菌灵	Thiophanate – methyl	0.05		不得检出	GB/T 20772
371	替米考星	Tilmicosin	50μg/kg		不得检出	SN/T 0162
372	甲基立枯磷	Tolclofos – methyl	0.05		不得检出	GB/T 20772
373	甲苯三嗪酮	Toltrazuril	100μg/kg		不得检出	GB/T 19650
374	甲苯氟磺胺	Tolylfluanid	0.1		不得检出	参照同类标准
375	—	Topramezone	0.01		不得检出	参照同类标准
376	三唑酮和三唑醇	Triadimefon and triadimenol	0.1		不得检出	GB/T 20772
377	野麦畏	Triallate	0.05		不得检出	GB/T 20772
378	醚苯磺隆	Triasulfuron	0.05		不得检出	GB/T 20772
379	三唑磷	Triazophos	0.01		不得检出	GB/T 20772
380	敌百虫	Trichlorphon	0.01		不得检出	SN/T 0125
381	绿草定	Triclopyr	0.05		不得检出	SN/T 2228
382	三环唑	Tricyclazole	0.05		不得检出	GB/T 20769
383	十三吗啉	Tridemorph	0.01		不得检出	GB/T 20772
384	肟菌酯	Trifloxystrobin	0.04		不得检出	GB/T 20769
385	氟菌唑	Triflumizole	0.05		不得检出	GB/T 20769

序号	农兽药中文名	农兽药英文名	欧盟标准限量要求 mg/kg	国家标准限量要求 mg/kg	三安超有机食品标准 限量要求 mg/kg	检测方法
386	杀铃脲	Triflumuron	0.01		不得检出	GB/T 20772
387	氟乐灵	Trifluralin	0.01		不得检出	GB/T 20772
388	嗪氨灵	Triforine	0.01		不得检出	SN 0695
389	甲氧苄氨嘧啶	Trimethoprim	100μg/kg		不得检出	SN/T 1769
390	三甲基锍阳离子	Trimethyl – sulfonium cation	0.05		不得检出	参照同类标准
391	抗倒酯	Trinexapac	0.05		不得检出	GB/T 20769
392	灭菌唑	Triticonazole	0.01		不得检出	GB/T 20769
393	三氟甲磺隆	Tritosulfuron	0.01		不得检出	参照同类标准
394	泰乐菌素	Tylosin	100μg/kg		不得检出	GB/T 20762
395	—	Valifenalate	0.01		不得检出	参照同类标准
396	维达布洛芬	Vedaprofen	50μg/kg		不得检出	参照同类标准
397	乙烯菌核利	Vinclozolin	0.05		不得检出	GB/T 20772
398	1 – 氨基 – 2 – 乙内酰脲	AHD			不得检出	GB/T 21311
399	2,3,4,5 – 四氯苯胺	2,3,4,5 – Tetrachloraniline			不得检出	GB/T 19650
400	2,3,4,5 – 四氯甲氧基苯	2,3,4,5 – Tetrachloroanisole			不得检出	GB/T 19650
401	2,3,5,6 – 四氯苯胺	2,3,5,6 – Tetrachloroaniline			不得检出	GB/T 19650
402	2,4,5 – 涕	2,4,5 – T			不得检出	GB/T 20772
403	o,p' – 滴滴滴	2,4' – DDD			不得检出	GB/T 19650
404	o,p' – 滴滴伊	2,4' – DDE			不得检出	GB/T 19650
405	o,p' – 滴滴涕	2,4' – DDT			不得检出	GB/T 19650
406	2,6 – 二氯苯甲酰胺	2,6 – Dichlorobenzamide			不得检出	GB/T 19650
407	3,5 – 二氯苯胺	3,5 – Dichloroaniline			不得检出	GB/T 19650
408	p,p' – 滴滴滴	4,4' – DDD			不得检出	GB/T 19650
409	p,p' – 滴滴伊	4,4' – DDE			不得检出	GB/T 19650
410	p,p' – 滴滴涕	4,4' – DDT			不得检出	GB/T 19650
411	4,4' – 二溴二苯甲酮	4,4' – Dibromobenzophenone			不得检出	GB/T 19650
412	4,4' – 二氯二苯甲酮	4,4' – Dichlorobenzophenone			不得检出	GB/T 19650
413	二氢苊	Acenaphthene			不得检出	GB/T 19650
414	乙酰丙嗪	Acepromazine			不得检出	GB/T 20763
415	苯并噻二唑	Acibenzolar – S – methyl			不得检出	GB/T 19650
416	三氟羧草醚	Acifluorfen			不得检出	GB/T 20772
417	涕灭砜威	Aldoxycarb			不得检出	GB/T 20772
418	烯丙菊酯	Allethrin			不得检出	GB/T 20772
419	二丙烯草胺	Allidochlor			不得检出	GB/T 19650
420	烯丙孕素	Altrenogest			不得检出	SN/T 1980
421	莠灭净	Ametryn			不得检出	GB/T 19650
422	双甲脒	Amitraz			不得检出	GB/T 19650
423	杀草强	Amitrole			不得检出	SN/T 1737.6

序号	农兽药中文名	农兽药英文名	欧盟标准限量要求 mg/kg	国家标准限量要求 mg/kg	三安超有机食品标准	
					限量要求 mg/kg	检测方法
424	5-吗啉甲基-3-氨基-2-噁唑烷基酮	AMOZ			不得检出	GB/T 21311
425	氨丙嘧吡啶	Amprolium			不得检出	SN/T 0276
426	莎稗磷	Anilofos			不得检出	GB/T 19650
427	蒽醌	Anthraquinone			不得检出	GB/T 19650
428	3-氨基-2-噁唑酮	AOZ			不得检出	GB/T 21311
429	安普霉素	Apramycin			不得检出	GB/T 21323
430	丙硫特普	Aspon			不得检出	GB/T 19650
431	羟氨卡青霉素	Aspoxicillin			不得检出	GB/T 21315
432	乙基杀扑磷	Athidathion			不得检出	GB/T 19650
433	莠去通	Atratone			不得检出	GB/T 19650
434	莠去津	Atrazine			不得检出	GB/T 19650
435	脱乙基阿特拉津	Atrazine-desethyl			不得检出	GB/T 19650
436	甲基吡噁磷	Azamethiphos			不得检出	GB/T 20763
437	氮哌酮	Azaperone			不得检出	GB/T 20763
438	叠氮津	Aziprotryne			不得检出	GB/T 19650
439	杆菌肽	Bacitracin			不得检出	GB/T 20743
440	4-溴-3,5-二甲苯基-N-甲基氨基甲酸酯-1	BDMC-1			不得检出	GB/T 19650
441	4-溴-3,5-二甲苯基-N-甲基氨基甲酸酯-2	BDMC-2			不得检出	GB/T 19650
442	噁虫威	Bendiocarb			不得检出	GB/T 20772
443	乙丁氟灵	Benfluralin			不得检出	GB/T 19650
444	呋草黄	Benfuresate			不得检出	GB/T 19650
445	麦锈灵	Benodanil			不得检出	GB/T 19650
446	解草酮	Benoxacor			不得检出	GB/T 19650
447	新燕灵	Benzoylprop-ethyl			不得检出	GB/T 19650
448	苄青霉素	Benzyl pencillin			不得检出	GB/T 21315
449	倍他米松	Betamethasone			不得检出	SN/T 1970
450	生物烯丙菊酯-1	Bioallethrin-1			不得检出	GB/T 19650
451	生物烯丙菊酯-2	Bioallethrin-2			不得检出	GB/T 19650
452	溴烯杀	Bromocylen			不得检出	GB/T 19648
453	除草定	Bromacil			不得检出	GB/T 19650
454	溴苯烯磷	Bromfenvinfos			不得检出	GB/T 19650
455	溴硫磷	Bromofos			不得检出	GB/T 19650
456	乙基溴硫磷	Bromophos-ethyl			不得检出	GB/T 19650
457	溴丁酰草胺	Btomobutide			不得检出	GB/T 19650
458	氟丙嘧草酯	Butafenacil			不得检出	GB/T 19650
459	抑草磷	Butamifos			不得检出	GB/T 19650

序号	农兽药中文名	农兽药英文名	欧盟标准限量要求 mg/kg	国家标准限量要求 mg/kg	三安超有机食品标准 限量要求 mg/kg	三安超有机食品标准 检测方法
460	丁草胺	Butaxhlor			不得检出	GB/T 19650
461	苯酮唑	Cafenstrole			不得检出	GB/T 19650
462	角黄素	Canthaxanthin			不得检出	SN/T 2327
463	咔唑心安	Carazolol			不得检出	GB/T 22993
464	卡巴氧	Carbadox			不得检出	GB/T 20746
465	三硫磷	Carbophenothion			不得检出	GB/T 19650
466	唑草酮	Carfentrazone – ethyl			不得检出	GB/T 19650
467	头孢氨苄	Cefalexin			不得检出	GB/T 22989
468	头孢洛宁	Cefalonium			不得检出	GB/T 22989
469	头孢匹林	Cefapirin			不得检出	GB/T 22989
470	氯氧磷	Chlorethoxyfos			不得检出	GB/T 19650
471	杀螨醇	Chlorfenethol			不得检出	GB/T 19650
472	燕麦酯	Chlorfenprop – methyl			不得检出	GB/T 19650
473	氯甲硫磷	Chlormephos			不得检出	GB/T 19650
474	氯霉素	Chloramphenicolum			不得检出	GB/T 20772
475	氯杀螨砜	Chlorbenside sulfone			不得检出	GB/T 19648
476	氯溴隆	Chlorbromuron			不得检出	GB/T 19648
477	杀虫脒	Chlordimeform			不得检出	GB/T 19648
478	氟啶脲	Chlorfluazuron			不得检出	GB/T 20769
479	整形醇	Chlorflurenol			不得检出	GB/T 19650
480	氯地孕酮	Chlormadinone			不得检出	SN/T 1980
481	醋酸氯地孕酮	Chlormadinone acetate			不得检出	GB/T 20753
482	氯苯甲醚	Chloroneb			不得检出	GB/T 19650
483	丙酯杀螨醇	Chloropropylate			不得检出	GB/T 19650
484	氯丙嗪	Chlorpromazine			不得检出	GB/T 20763
485	毒死蜱	Chlorpyrifos			不得检出	GB/T 19650
486	氯硫磷	Chlorthion			不得检出	GB/T 19650
487	虫螨磷	Chlorthiophos			不得检出	GB/T 19650
488	乙菌利	Chlozolinate			不得检出	GB/T 19650
489	顺式 – 氯丹	cis – Chlordane			不得检出	GB/T 19650
490	顺式 – 燕麦敌	cis – Diallate			不得检出	GB/T 19650
491	顺式 – 氯菊酯	cis – Permethrin			不得检出	GB/T 19650
492	克仑特罗	Clenbuterol			不得检出	GB/T 22286
493	异噁草酮	Clomazone			不得检出	GB/T 20772
494	氯甲酰草胺	Clomeprop			不得检出	GB/T 19650
495	氯羟吡啶	Clopidol			不得检出	GB/T 19650
496	解草酯	Cloquintocet – mexyl			不得检出	GB/T 19650
497	邻氯青霉素	Cloxacillin			不得检出	GB/T 21324
498	蝇毒磷	Coumaphos			不得检出	GB/T 19650

序号	农兽药中文名	农兽药英文名	欧盟标准限量要求 mg/kg	国家标准限量要求 mg/kg	三安超有机食品标准 限量要求 mg/kg	三安超有机食品标准 检测方法
499	鼠立死	Crimidine			不得检出	GB/T 19650
500	巴毒磷	Crotxyphos			不得检出	GB/T 19650
501	育畜磷	Crufomate			不得检出	GB/T 20772
502	苯腈磷	Cyanofenphos			不得检出	GB/T 20772
503	杀螟腈	Cyanophos			不得检出	GB/T 20772
504	环草敌	Cycloate			不得检出	GB/T 20772
505	噻草酮	Cycloxydim			不得检出	GB/T 20772
506	环莠隆	Cycluron			不得检出	GB/T 20772
507	环丙津	Cyprazine			不得检出	GB/T 19650
508	敌草索	Dacthal			不得检出	GB/T 22985
509	敌草腈	Dichlobenil			不得检出	GB/T 19650
510	癸氧喹酯	Decoquinate			不得检出	GB/T 20745
511	脱叶磷	DEF			不得检出	GB/T 19650
512	2,2′,4,5,5′-五氯联苯	DE – PCB 101			不得检出	GB/T 19650
513	2,3,4,4′,5-五氯联苯	DE – PCB 118			不得检出	GB/T 19650
514	2,2′,3,4,4′,5-六氯联苯	DE – PCB 138			不得检出	GB/T 19650
515	2,2′,4,4′,5,5′-六氯联苯	DE – PCB 153			不得检出	GB/T 19650
516	2,2′,3,4,4′,5,5′-七氯联苯	DE – PCB 180			不得检出	GB/T 19650
517	2,4,4′-三氯联苯	DE – PCB 28			不得检出	GB/T 19650
518	2,4,5-三氯联苯	DE – PCB 31			不得检出	GB/T 19650
519	2,2′,5,5′-四氯联苯	DE – PCB 52			不得检出	GB/T 19650
520	脱溴溴苯磷	Desbrom – leptophos			不得检出	GB/T 19650
521	脱乙基另丁津	Desethyl – sebuthylazine			不得检出	GB/T 19650
522	敌草净	Desmetryn			不得检出	GB/T 19650
523	氯亚胺硫磷	Dialifos			不得检出	GB/T 19650
524	敌菌净	Diaveridine			不得检出	SN/T 1926
525	驱虫特	Dibutyl succinate			不得检出	GB/T 20772
526	异氯磷	Dicapthon			不得检出	GB/T 19650
527	除线磷	Dichlofenthion			不得检出	GB/T 19650
528	苯氟磺胺	Dichlofluanid			不得检出	GB/T 19650
529	烯丙酰草胺	Dichlormid			不得检出	GB/T 19650
530	敌敌畏	Dichlorvos			不得检出	GB/T 19650
531	苄氯三唑醇	Diclobutrazole			不得检出	GB/T 19650
532	禾草灵	Diclofop – methyl			不得检出	GB/T 19650
533	己烯雌酚	Diethylstilbestrol			不得检出	GB/T 21981
534	二氢链霉素	Dihydro – streptomycin			不得检出	GB/T 20366
535	甲氟磷	Dimefox			不得检出	GB/T 19650
536	哌草丹	Dimepiperate			不得检出	GB/T 19650

序号	农兽药中文名	农兽药英文名	欧盟标准限量要求 mg/kg	国家标准限量要求 mg/kg	三安超有机食品标准	
					限量要求 mg/kg	检测方法
537	异戊乙净	Dimethametryn			不得检出	GB/T 19650
538	乐果	Dimethoate			不得检出	GB/T 20772
539	甲基毒虫畏	Dimethylvinphos			不得检出	GB/T 19650
540	地美硝唑	Dimetridazole			不得检出	GB/T 21318
541	二甲草胺	Dinethachlor			不得检出	GB/T 19650
542	二甲酚草胺	Dimethenamid			不得检出	GB/T 19650
543	二硝托安	Dinitolmide			不得检出	GB/T 19650
544	氨氟灵	Dinitramine			不得检出	GB/T 19650
545	消螨通	Dinobuton			不得检出	GB/T 19650
546	呋虫胺	Dinotefuran			不得检出	SN/T 2323
547	苯虫醚-1	Diofenolan-1			不得检出	GB/T 19650
548	苯虫醚-2	Diofenolan-2			不得检出	GB/T 19650
549	蔬果磷	Dioxabenzofos			不得检出	GB/T 19650
550	双苯酰草胺	Diphenamid			不得检出	GB/T 19650
551	二苯胺	Diphenylamine			不得检出	GB/T 19650
552	异丙净	Dipropetryn			不得检出	GB/T 19650
553	灭菌磷	Ditalimfos			不得检出	GB/T 19650
554	氟硫草定	Dithiopyr			不得检出	GB/T 19650
555	强力霉素	Doxycycline			不得检出	GB/T 21317
556	敌瘟磷	Edifenphos			不得检出	GB/T 19650
557	硫丹硫酸盐	Endosulfan-sulfate			不得检出	GB/T 19650
558	异狄氏剂酮	Endrin ketone			不得检出	GB/T 19650
559	恩诺沙星	Enrofloxacin			不得检出	GB/T 22985
560	苯硫磷	EPN			不得检出	GB/T 19650
561	埃普利诺菌素	Eprinomectin			不得检出	GB/T 21320
562	抑草蓬	Erbon			不得检出	GB/T 19650
563	S-氰戊菊酯	Esfenvalerate			不得检出	GB/T 19650
564	戊草丹	Esprocarb			不得检出	GB/T 19650
565	乙环唑-1	Etaconazole-1			不得检出	GB/T 19650
566	乙环唑-2	Etaconazole-2			不得检出	GB/T 19650
567	乙嘧硫磷	Etrimfos			不得检出	GB/T 19650
568	氧乙嘧硫磷	Etrimfos oxon			不得检出	GB/T 19650
569	伐灭磷	Famphur			不得检出	GB/T 19650
570	苯线磷砜	Fenamiphos-sulfone			不得检出	GB/T 19650
571	苯线磷亚砜	Fenamiphos sulfoxide			不得检出	GB/T 19650
572	氧皮蝇磷	Fenchlorphos oxon			不得检出	GB/T 19650
573	甲呋酰胺	Fenfuram			不得检出	GB/T 19650
574	仲丁威	Fenobucarb			不得检出	GB/T 19650
575	苯硫威	Fenothiocarb			不得检出	GB/T 19650

序号	农兽药中文名	农兽药英文名	欧盟标准限量要求 mg/kg	国家标准限量要求 mg/kg	三安超有机食品标准	
					限量要求 mg/kg	检测方法
576	稻瘟酰胺	Fenoxanil			不得检出	GB/T 19650
577	拌种咯	Fenpiclonil			不得检出	GB/T 19650
578	甲氰菊酯	Fenpropathrin			不得检出	GB/T 19650
579	芬螨酯	Fenson			不得检出	GB/T 19650
580	丰索磷	Fensulfothion			不得检出	GB/T 19650
581	倍硫磷亚砜	Fenthion sulfoxide			不得检出	GB/T 19650
582	麦草氟甲酯	Flamprop – methyl			不得检出	GB/T 19650
583	麦草氟异丙酯	Flamprop – isopropyl			不得检出	GB/T 19650
584	吡氟禾草灵	Fluazifop – butyl			不得检出	GB/T 19650
585	啶蜱脲	Fluazuron			不得检出	GB/T 20772
586	氟苯咪唑	Flubendazole			不得检出	GB/T 21324
587	氟噻草胺	Flufenacet			不得检出	GB/T 19650
588	氟节胺	Flumetralin			不得检出	GB/T 19648
589	唑嘧磺草胺	Flumetsulam			不得检出	GB/T 20772
590	氟烯草酸	Flumiclorac			不得检出	GB/T 19650
591	丙炔氟草胺	Flumioxazin			不得检出	GB/T 19650
592	三氟硝草醚	Fluorodifen			不得检出	GB/T 19650
593	乙羧氟草醚	Fluoroglycofen – ethyl			不得检出	GB/T 19650
594	三氟苯唑	Fluotrimazole			不得检出	GB/T 19650
595	氟啶草酮	Fluridone			不得检出	GB/T 19650
596	呋草酮	Flurtamone			不得检出	GB/T 19650
597	氟草烟 – 1 – 甲庚酯	Fluroxypr – 1 – methylheptyl ester			不得检出	GB/T 19650
598	地虫硫磷	Fonofos			不得检出	GB/T 19650
599	安果	Formothion			不得检出	GB/T 19650
600	呋霜灵	Furalaxyl			不得检出	GB/T 19650
601	庆大霉素	Gentamicin			不得检出	GB/T 21323
602	苄螨醚	Halfenprox			不得检出	GB/T 19650
603	氟哌啶醇	Haloperidol			不得检出	GB/T 20763
604	庚烯磷	Heptanophos			不得检出	GB/T 19650
605	己唑醇	Hexaconazole			不得检出	GB/T 19650
606	环嗪酮	Hexazinone			不得检出	GB/T 19650
607	咪草酸	Imazamethabenz – methyl			不得检出	GB/T 19650
608	脱苯甲基亚胺唑	Imibenconazole – *des* – benzyl			不得检出	GB/T 19650
609	炔咪菊酯 – 1	Imiprothrin – 1			不得检出	GB/T 19650
610	炔咪菊酯 – 2	Imiprothrin – 2			不得检出	GB/T 19650
611	碘硫磷	Iodofenphos			不得检出	GB/T 19650
612	甲基碘磺隆	Iodosulfuron – methyl			不得检出	GB/T 20772
613	异稻瘟净	Iprobenfos			不得检出	GB/T 19650

序号	农兽药中文名	农兽药英文名	欧盟标准限量要求 mg/kg	国家标准限量要求 mg/kg	三安超有机食品标准	
					限量要求 mg/kg	检测方法
614	氯唑磷	Isazofos			不得检出	GB/T 19650
615	碳氯灵	Isobenzan			不得检出	GB/T 19650
616	丁咪酰胺	Isocarbamid			不得检出	GB/T 19650
617	水胺硫磷	Isocarbophos			不得检出	GB/T 19650
618	异艾氏剂	Isodrin			不得检出	GB/T 19650
619	异柳磷	Isofenphos			不得检出	GB/T 19650
620	氧异柳磷	Isofenphos oxon			不得检出	GB/T 19650
621	氮氨菲啶	Isometamidium			不得检出	SN/T 2239
622	丁嗪草酮	Isomethiozin			不得检出	GB/T 19650
623	异丙威 – 1	Isoprocarb – 1			不得检出	GB/T 19650
624	异丙威 – 2	Isoprocarb – 2			不得检出	GB/T 19650
625	异丙乐灵	Isopropalin			不得检出	GB/T 19650
626	双苯噁唑酸	Isoxadifen – ethyl			不得检出	GB/T 19650
627	异噁氟草	Isoxaflutole			不得检出	GB/T 20772
628	噁唑啉	Isoxathion			不得检出	GB/T 19650
629	依维菌素	Ivermectin			不得检出	GB/T 21320
630	交沙霉素	Josamycin			不得检出	GB/T 20762
631	拉沙里菌素	Lasalocid			不得检出	GB/T 22983
632	溴苯磷	Leptophos			不得检出	GB/T 19650
633	左旋咪唑	Levanisole			不得检出	GB/T 19650
634	利谷隆	Linuron			不得检出	GB/T 20772
635	麻保沙星	Marbofloxacin			不得检出	GB/T 22985
636	2 – 甲 – 4 – 氯丁氧乙基酯	MCPA – butoxyethyl ester			不得检出	GB/T 19650
637	灭蚜磷	Mecarbam			不得检出	GB/T 19650
638	二甲四氯丙酸	Mecoprop			不得检出	SN/T 2325
639	苯噻酰草胺	Mefenacet			不得检出	GB/T 19650
640	吡唑解草酯	Mefenpyr – diethyl			不得检出	GB/T 19650
641	醋酸甲地孕酮	Megestrol acetate			不得检出	GB/T 20753
642	醋酸美仑孕酮	Melengestrol acetate			不得检出	GB/T 20753
643	嘧菌胺	Mepanipyrim			不得检出	GB/T 19650
644	地胺磷	Mephosfolan			不得检出	GB/T 19650
645	灭锈胺	Mepronil			不得检出	GB/T 19650
646	硝磺草酮	Mesotrione			不得检出	GB/T 20772
647	呋菌胺	Methfuroxam			不得检出	GB/T 19650
648	灭梭威砜	Methiocarb sulfone			不得检出	GB/T 19650
649	盖草津	Methoprotryne			不得检出	GB/T 19650
650	甲醚菊酯 – 1	Methothrin – 1			不得检出	GB/T 19650
651	甲醚菊酯 – 2	Methothrin – 2			不得检出	GB/T 19650

序号	农兽药中文名	农兽药英文名	欧盟标准限量要求 mg/kg	国家标准限量要求 mg/kg	三安超有机食品标准	
					限量要求 mg/kg	检测方法
652	甲基泼尼松龙	Methylprednisolone			不得检出	GB/T 21981
653	溴谷隆	Metobromuron			不得检出	GB/T 19650
654	甲氧氯普胺	Metoclopramide			不得检出	SN/T 2227
655	异丙甲草胺和 S - 异丙甲草胺	Metolachlor and S - metolachlor			不得检出	GB/T 19650
656	苯氧菌胺 - 1	Metominsstrobin - 1			不得检出	GB/T 20772
657	苯氧菌胺 - 2	Metominsstrobin - 2			不得检出	GB/T 19650
658	甲硝唑	Metronidazole			不得检出	GB/T 21318
659	速灭磷	Mevinphos			不得检出	GB/T 19650
660	兹克威	Mexacarbate			不得检出	GB/T 19650
661	灭蚁灵	Mirex			不得检出	GB/T 19650
662	禾草敌	Molinate			不得检出	GB/T 19650
663	庚酰草胺	Monalide			不得检出	GB/T 19650
664	莫能菌素	Monensin			不得检出	GB/T 20364
665	合成麝香	Musk ambrecte			不得检出	SN/T 2442
666	麝香	Musk moskene			不得检出	GB/T 19650
667	西藏麝香	Musk tibeten			不得检出	GB/T 19650
668	二甲苯麝香	Musk xylene			不得检出	GB/T 19650
669	萘夫西林	Nafcillin			不得检出	GB/T 19650
670	二溴磷	Naled			不得检出	SN/T 0706
671	萘丙胺	Naproanilide			不得检出	GB/T 19650
672	甲基盐霉素	Narasin			不得检出	GB/T 20364
673	甲磺乐灵	Nitralin			不得检出	GB/T 19650
674	三氯甲基吡啶	Nitrapyrin			不得检出	GB/T 19650
675	酞菌酯	Nitrothal - isopropyl			不得检出	GB/T 19650
676	诺氟沙星	Norfloxacin			不得检出	GB/T 20366
677	氟草敏	Norflurazon			不得检出	GB/T 19650
678	新生霉素	Novobiocin			不得检出	SN 0674
679	氟苯嘧啶醇	Nuarimol			不得检出	GB/T 19650
680	八氯苯乙烯	Octachlorostyrene			不得检出	GB/T 19650
681	氧氟沙星	Ofloxacin			不得检出	GB/T 20366
682	喹乙醇	Olaquindox			不得检出	GB/T 20746
683	竹桃霉素	Oleandomycin			不得检出	GB/T 20762
684	氧乐果	Omethoate			不得检出	GB/T 20772
685	奥比沙星	Orbifloxacin			不得检出	GB/T 22985
686	杀线威	Oxamyl			不得检出	GB/T 20772
687	奥芬达唑	Oxfendazole			不得检出	GB/T 22972
688	丙氧苯咪唑	Oxibendazole			不得检出	GB/T 21324
689	氧化氯丹	Oxy - chlordane			不得检出	GB/T 19650

序号	农兽药中文名	农兽药英文名	欧盟标准限量要求 mg/kg	国家标准限量要求 mg/kg	三安超有机食品标准 限量要求 mg/kg	检测方法
690	对氧磷	Paraoxon			不得检出	GB/T 19650
691	甲基对氧磷	Paraoxon – methyl			不得检出	GB/T 19650
692	克草敌	Pebulate			不得检出	GB/T 19650
693	五氯苯胺	Pentachloroaniline			不得检出	GB/T 19650
694	五氯甲氧基苯	Pentachloroanisole			不得检出	GB/T 19650
695	五氯苯	Pentachlorobenzene			不得检出	GB/T 19650
696	氯菊酯	Permethrin			不得检出	GB/T 19650
697	乙滴涕	Perthane			不得检出	GB/T 19650
698	菲	Phenanthrene			不得检出	GB/T 19650
699	稻丰散	Phenthoate			不得检出	GB/T 19650
700	甲拌磷砜	Phorate sulfone			不得检出	GB/T 19650
701	磷胺 – 1	Phosphamidon – 1			不得检出	GB/T 19650
702	磷胺 – 2	Phosphamidon – 2			不得检出	GB/T 19650
703	酞酸苯甲基丁酯	Phthalic acid,benzylbutyl ester			不得检出	GB/T 19650
704	四氯苯肽	Phthalide			不得检出	GB/T 19650
705	邻苯二甲酰亚胺	Phthalimide			不得检出	GB/T 19650
706	氟吡酰草胺	Picolinafen			不得检出	GB/T 19650
707	增效醚	Piperonyl butoxide			不得检出	GB/T 19650
708	哌草磷	Piperophos			不得检出	GB/T 19650
709	乙基虫螨清	Pirimiphos – ethyl			不得检出	GB/T 19650
710	吡利霉素	Pirlimycin			不得检出	GB/T 22988
711	炔丙菊酯	Prallethrin			不得检出	GB/T 19650
712	环丙氟灵	Profluralin			不得检出	GB/T 21981
713	茉莉酮	Prohydrojasmon			不得检出	GB/T 19650
714	扑灭通	Prometon			不得检出	GB/T 19650
715	扑草净	Prometryne			不得检出	GB/T 19650
716	炔丙烯草胺	Pronamide			不得检出	GB/T 19650
717	敌稗	Propanil			不得检出	GB/T 19650
718	扑灭津	Propazine			不得检出	GB/T 19650
719	胺丙畏	Propetamphos			不得检出	GB/T 19650
720	丙酰二甲氨基丙吩噻嗪	Propionylpromazin			不得检出	GB/T 19650
721	丙硫磷	Prothiophos			不得检出	GB/T 20763
722	吡唑硫磷	Pyraclofos			不得检出	GB/T 19650
723	吡草醚	Pyraflufen – ethyl			不得检出	GB/T 19650
724	哒嗪硫磷	Ptridaphenthion			不得检出	GB/T 19650
725	啶斑肟 – 1	Pyrifenox – 1			不得检出	GB/T 19650
726	啶斑肟 – 2	Pyrifenox – 2			不得检出	GB/T 19650
727	环酯草醚	Pyriftalid			不得检出	GB/T 19650
728	嘧草醚	Pyriminobac – methyl			不得检出	GB/T 19650

序号	农兽药中文名	农兽药英文名	欧盟标准限量要求 mg/kg	国家标准限量要求 mg/kg	三安超有机食品标准	
					限量要求 mg/kg	检测方法
729	嘧啶磷	Pyrimitate			不得检出	GB/T 19650
730	嘧螨醚	Pyrimidifen			不得检出	GB/T 19650
731	喹硫磷	Quinalphos			不得检出	GB/T 19650
732	灭藻醌	Quinoclamine			不得检出	GB/T 19650
733	苯氧喹啉	Quinoxyphen			不得检出	GB/T 19650
734	精喹禾灵	Quizalofop – P – ethyl			不得检出	GB/T 20772
735	喹禾灵	Quizalofop – ethyl			不得检出	GB/T 20769
736	吡咪唑	Rabenzazole			不得检出	GB/T 19650
737	莱克多巴胺	Ractopamine			不得检出	GB/T 21313
738	洛硝达唑	Ronidazole			不得检出	GB/T 21318
739	皮蝇磷	Ronnel			不得检出	GB/T 19650
740	盐霉素	Salinomycin			不得检出	GB/T 20364
741	沙拉沙星	Sarafloxacin			不得检出	GB/T 20366
742	另丁津	Sebutylazine			不得检出	GB/T 19650
743	密草通	Secbumeton			不得检出	GB/T 19650
744	氨基脲	Semduramicinduramicin			不得检出	GB/T 19650
745	烯禾啶	Sethoxydim			不得检出	GB/T 19650
746	整形醇	Chlorflurenol			不得检出	GB/T 19650
747	氟硅菊酯	Silafluofen			不得检出	GB/T 19650
748	硅氟唑	Simeconazole			不得检出	GB/T 19650
749	西玛通	Simetone			不得检出	GB/T 19650
750	西草净	Simetryn			不得检出	GB/T 19650
751	螺旋霉素	Spiramycin			不得检出	GB/T 20762
752	链霉素	Streptomycin			不得检出	GB/T 21330
753	磺胺苯酰	Sulfabenzamide			不得检出	GB/T 21316
754	磺胺醋酰	Sulfacetamide			不得检出	GB/T 21316
755	磺胺氯哒嗪	Sulfachloropyridazine			不得检出	GB/T 21316
756	磺胺嘧啶	Sulfadiazine			不得检出	GB/T 21316
757	磺胺间二甲氧嘧啶	Sulfadimethoxine			不得检出	GB/T 21316
758	磺胺二甲嘧啶	Sulfadimidine			不得检出	GB/T 21316
759	磺胺多辛	Sulfadoxine			不得检出	GB/T 21316
760	磺胺脒	Sulfaguanidine			不得检出	GB/T 21316
761	莱草畏	Sulfallate			不得检出	GB/T 19650
762	磺胺甲嘧啶	Sulfamerazine			不得检出	GB/T 21316
763	新诺明	Sulfamethoxazole			不得检出	GB/T 21316
764	磺胺间甲氧嘧啶	Sulfamonomethoxine			不得检出	GB/T 21316
765	乙酰磺胺对硝基苯	Sulfanitran			不得检出	GB/T 20772
766	磺胺吡啶	Sulfapyridine			不得检出	GB/T 21316
767	磺胺喹沙啉	Sulfaquinoxaline			不得检出	GB/T 21316

序号	农兽药中文名	农兽药英文名	欧盟标准限量要求 mg/kg	国家标准限量要求 mg/kg	三安超有机食品标准 限量要求 mg/kg	三安超有机食品标准 检测方法
768	磺胺噻唑	Sulfathiazole			不得检出	GB/T 21316
769	治螟磷	Sulfotep			不得检出	GB/T 19650
770	硫丙磷	Sulprofos			不得检出	GB/T 19650
771	苯噻硫氰	TCMTB			不得检出	GB/T 19650
772	丁基嘧啶磷	Tebupirimfos			不得检出	GB/T 19650
773	丁噻隆	Tebuthiuron			不得检出	GB/T 20772
774	牧草胺	Tebutam			不得检出	GB/T 19650
775	双硫磷	Temephos			不得检出	GB/T 20772
776	特草灵	Terbucarb			不得检出	GB/T 19650
777	特丁通	Terbumeton			不得检出	GB/T 19650
778	特丁净	Terbutryn			不得检出	GB/T 19650
779	四氢邻苯二甲酰亚胺	Tetrabydrophthalimide			不得检出	GB/T 19650
780	杀虫畏	Tetrachlorvinphos			不得检出	GB/T 19650
781	胺菊酯	Tetramethirn			不得检出	GB/T 19650
782	杀螨氯硫	Tetrasul			不得检出	GB/T 19650
783	噻吩草胺	Thenylchlor			不得检出	GB/T 19650
784	噻唑烟酸	Thiazopyr			不得检出	GB/T 19650
785	噻苯隆	Thidiazuron			不得检出	GB/T 20772
786	噻吩磺隆	Thifensulfuron – methyl			不得检出	GB/T 20772
787	甲基乙拌磷	Thiometon			不得检出	GB/T 20772
788	虫线磷	Thionazin			不得检出	GB/T 19650
789	硫普罗宁	Tiopronin			不得检出	SN/T 2225
790	三甲苯草酮	Tralkoxydim			不得检出	GB/T 19650
791	四溴菊酯	Tralomethrin			不得检出	SN/T 2320
792	反式 – 氯丹	trans – Chlordane			不得检出	GB/T 19650
793	反式 – 燕麦敌	trans – Diallate			不得检出	GB/T 19650
794	四氟苯菊酯	Transfluthrin			不得检出	GB/T 19650
795	反式九氯	trans – Nonachlor			不得检出	GB/T 19650
796	反式 – 氯菊酯	trans – Permethrin			不得检出	GB/T 19650
797	群勃龙	Trenbolone			不得检出	GB/T 21981
798	威菌磷	Triamiphos			不得检出	GB/T 19650
799	毒壤磷	Trichloronatee			不得检出	GB/T 19650
800	灭草环	Tridiphane			不得检出	GB/T 19650
801	草达津	Trietazine			不得检出	GB/T 19650
802	三异丁基磷酸盐	Tri – iso – butyl phosphate			不得检出	GB/T 19650
803	三正丁基磷酸盐	Tri – n – butyl phosphate			不得检出	GB/T 19650
804	三苯基磷酸盐	Triphenyl phosphate			不得检出	GB/T 19650
805	烯效唑	Uniconazole			不得检出	GB/T 19650
806	灭草敌	Vernolate			不得检出	GB/T 19650

序号	农兽药中文名	农兽药英文名	欧盟标准限量要求 mg/kg	国家标准限量要求 mg/kg	三安超有机食品标准 限量要求 mg/kg	三安超有机食品标准 检测方法
807	维吉尼霉素	Virginiamycin			不得检出	GB/T 20765
808	杀鼠灵	War farin			不得检出	GB/T 20772
809	甲苯噻嗪	Xylazine			不得检出	GB/T 20763
810	右环十四酮酚	Zeranol			不得检出	GB/T 21982
811	苯酰菌胺	Zoxamide			不得检出	GB/T 19650

5.2 马脂肪 Horse Fat

序号	农兽药中文名	农兽药英文名	欧盟标准限量要求 mg/kg	国家标准限量要求 mg/kg	三安超有机食品标准 限量要求 mg/kg	三安超有机食品标准 检测方法
1	1,1-二氯-2,2-二(4-乙苯)乙烷	1,1-Dichloro-2,2-bis(4-ethylphenyl)ethane	0.01		不得检出	日本肯定列表（增补本1）
2	1,2-二氯乙烷	1,2-Dichloroethane	0.1		不得检出	SN/T 2238
3	1,3-二氯丙烯	1,3-Dichloropropene	0.01		不得检出	SN/T 2238
4	1-萘乙酸	1-Naphthylacetic acid	0.05		不得检出	SN/T 2228
5	2,4-滴	2,4-D	0.05		不得检出	GB/T 20772
6	2,4-滴丁酸	2,4-DB	0.05		不得检出	GB/T 20769
7	2-苯酚	2-Phenylphenol	0.05		不得检出	GB/T 19650
8	阿维菌素	Abamectin	0.01		不得检出	SN/T 2661
9	乙酰甲胺磷	Acephate	0.02		不得检出	GB/T 20772
10	灭螨醌	Acequinocyl	0.01		不得检出	参照同类标准
11	啶虫脒	Acetamiprid	0.05		不得检出	GB/T 20772
12	乙草胺	Acetochlor	0.01		不得检出	GB/T 19650
13	苯并噻二唑	Acibenzolar-S-methyl	0.02		不得检出	GB/T 20772
14	苯草醚	Aclonifen	0.02		不得检出	GB/T 20772
15	氟丙菊酯	Acrinathrin	0.05		不得检出	GB/T 19648
16	甲草胺	Alachlor	0.01		不得检出	GB/T 20772
17	涕灭威	Aldicarb	0.01		不得检出	GB/T 20772
18	艾氏剂和狄氏剂	Aldrin and dieldrin	0.2	0.2 和 0.2	不得检出	GB/T 19650
19	烯丙孕素	Altrenogest	4μg/kg		不得检出	SN/T 1980
20	一	Ametoctradin	0.03		不得检出	参照同类标准
21	酰嘧磺隆	Amidosulfuron	0.02		不得检出	参照同类标准
22	氯氨吡啶酸	Aminopyralid	0.02		不得检出	GB/T 23211
23	一	Amisulbrom	0.01		不得检出	参照同类标准
24	阿莫西林	Amoxicillin	50μg/kg		不得检出	NY/T 830
25	氨苄青霉素	Ampicillin	50μg/kg		不得检出	GB/T 21315
26	敌菌灵	Anilazine	0.01		不得检出	GB/T 20769
27	杀螨特	Aramite	0.01		不得检出	GB/T 19650

序号	农兽药中文名	农兽药英文名	欧盟标准限量要求 mg/kg	国家标准限量要求 mg/kg	三安超有机食品标准限量要求 mg/kg	三安超有机食品标准检测方法
28	磺草灵	Asulam	0.1		不得检出	日本肯定列表（增补本1）
29	印楝素	Azadirachtin	0.01		不得检出	SN/T 3264
30	益棉磷	Azinphos – ethyl	0.01		不得检出	GB/T 19650
31	保棉磷	Azinphos – methyl	0.01		不得检出	GB/T 20772
32	三唑锡和三环锡	Azocyclotin and cyhexatin	0.05		不得检出	SN/T 1990
33	嘧菌酯	Azoxystrobin	0.05		不得检出	GB/T 20772
34	燕麦灵	Barban	0.05		不得检出	参照同类标准
35	氟丁酰草胺	Beflubutamid	0.05		不得检出	参照同类标准
36	苯霜灵	Benalaxyl	0.05		不得检出	GB/T 20772
37	丙硫克百威	Benfuracarb	0.02		不得检出	GB/T 20772
38	苄青霉素	Benzyl penicillin	50μg/kg		不得检出	GB/T 21315
39	联苯肼酯	Bifenazate	0.01		不得检出	GB/T 20772
40	甲羧除草醚	Bifenox	0.05		不得检出	GB/T 23210
41	联苯菊酯	Bifenthrin	3		不得检出	GB/T 19650
42	乐杀螨	Binapacryl	0.01		不得检出	SN 0523
43	联苯	Biphenyl	0.01		不得检出	GB/T 19650
44	联苯三唑醇	Bitertanol	0.05		不得检出	GB/T 20772
45	—	Bixafen	0.02		不得检出	参照同类标准
46	啶酰菌胺	Boscalid	0.7		不得检出	GB/T 20772
47	溴离子	Bromide ion	0.05		不得检出	GB/T 5009.167
48	溴螨酯	Bromopropylate	0.01		不得检出	GB/T 19650
49	溴苯腈	Bromoxynil	0.05		不得检出	GB/T 20772
50	糠菌唑	Bromuconazole	0.05		不得检出	GB/T 19650
51	乙嘧酚磺酸酯	Bupirimate	0.05		不得检出	GB/T 19650
52	噻嗪酮	Buprofezin	0.05		不得检出	GB/T 20772
53	仲丁灵	Butralin	0.02		不得检出	GB/T 19650
54	丁草敌	Butylate	0.01		不得检出	GB/T 19650
55	硫线磷	Cadusafos	0.01		不得检出	GB/T 19650
56	毒杀芬	Camphechlor	0.05		不得检出	YC/T 180
57	敌菌丹	Captafol	0.01		不得检出	GB/T 23210
58	克菌丹	Captan	0.02		不得检出	GB/T 19648
59	甲萘威	Carbaryl	0.05		不得检出	GB/T 20796
60	多菌灵和苯菌灵	Carbendazim and benomyl	0.05		不得检出	GB/T 20772
61	长杀草	Carbetamide	0.05		不得检出	GB/T 20772
62	克百威	Carbofuran	0.01		不得检出	GB/T 20772
63	丁硫克百威	Carbosulfan	0.05		不得检出	GB/T 19650
64	萎锈灵	Carboxin	0.05		不得检出	GB/T 20772
65	卡洛芬	Carprofen	1000μg/kg		不得检出	SN/T 2190

序号	农兽药中文名	农兽药英文名	欧盟标准限量要求 mg/kg	国家标准限量要求 mg/kg	三安超有机食品标准	
					限量要求 mg/kg	检测方法
66	头孢喹肟	Cefquinome	50μg/kg		不得检出	GB/T 22989
67	头孢噻呋	Ceftiofur	2000μg/kg		不得检出	GB/T 21314
68	氯虫苯甲酰胺	Chlorantraniliprole	0.2		不得检出	参照同类标准
69	杀螨醚	Chlorbenside	0.05		不得检出	GB/T 19650
70	氯炔灵	Chlorbufam	0.05		不得检出	GB/T 20772
71	氯丹	Chlordane	0.05	0.05	不得检出	GB/T 5009.19
72	十氯酮	Chlordecone	0.1		不得检出	参照同类标准
73	杀螨酯	Chlorfenson	0.05		不得检出	GB/T 19650
74	毒虫畏	Chlorfenvinphos	0.01		不得检出	GB/T 19650
75	氯草敏	Chloridazon	0.1		不得检出	GB/T 20772
76	矮壮素	Chlormequat	0.05		不得检出	GB/T 23211
77	乙酯杀螨醇	Chlorobenzilate	0.1		不得检出	GB/T 23210
78	百菌清	Chlorothalonil	0.07		不得检出	SN/T 2320
79	绿麦隆	Chlortoluron	0.05		不得检出	GB/T 20772
80	枯草隆	Chloroxuron	0.05		不得检出	SN/T 2150
81	氯苯胺灵	Chlorpropham	0.05		不得检出	GB/T 19650
82	甲基毒死蜱	Chlorpyrifos - methyl	0.05		不得检出	GB/T 19650
83	氯磺隆	Chlorsulfuron	0.01		不得检出	GB/T 20772
84	氯酞酸甲酯	Chlorthaldimethyl	0.01		不得检出	GB/T 19650
85	氯硫酰草胺	Chlorthiamid	0.02		不得检出	GB/T 20772
86	烯草酮	Clethodim	0.2		不得检出	GB/T 19650
87	炔草酯	Clodinafop - propargyl	0.02		不得检出	GB/T 19650
88	四螨嗪	Clofentezine	0.05		不得检出	GB/T 20772
89	二氯吡啶酸	Clopyralid	0.05		不得检出	SN/T 2228
90	噻虫胺	Clothianidin	0.02		不得检出	GB/T 20772
91	邻氯青霉素	Cloxacillin	300μg/kg		不得检出	GB/T 18932.25
92	黏菌素	Colistin	150μg/kg		不得检出	参照同类标准
93	铜化合物	Copper compounds	5		不得检出	参照同类标准
94	环烷基酰苯胺	Cyclanilide	0.01		不得检出	参照同类标准
95	噻草酮	Cycloxydim	0.05		不得检出	GB/T 19650
96	环氟菌胺	Cyflufenamid	0.03		不得检出	GB/T 23210
97	氟氯氰菊酯和高效氟氯氰菊酯	Cyfluthrin and beta - cyfluthrin	0.05		不得检出	GB/T 19650
98	霜脲氰	Cymoxanil	0.05		不得检出	GB/T 20772
99	氯氰菊酯和高效氯氰菊酯	Cypermethrin and beta - cypermethrin	2		不得检出	GB/T 19650
100	环丙唑醇	Cyproconazole	0.05		不得检出	GB/T 20772
101	嘧菌环胺	Cyprodinil	0.05		不得检出	GB/T 19650
102	灭蝇胺	Cyromazine	0.05		不得检出	GB/T 20772

序号	农兽药中文名	农兽药英文名	欧盟标准限量要求 mg/kg	国家标准限量要求 mg/kg	三安超有机食品标准 限量要求 mg/kg	检测方法
103	丁酰肼	Daminozide	0.05		不得检出	SN/T 1989
104	达氟沙星	Danofloxacin	50μg/kg		不得检出	GB/T 22985
105	滴滴涕	DDT	1	2	不得检出	SN/T 0127
106	溴氰菊酯	Deltamethrin	0.5		不得检出	GB/T 19650
107	燕麦敌	Diallate	0.2		不得检出	GB/T 23211
108	二嗪磷	Diazinon	0.05		不得检出	GB/T 19650
109	麦草畏	Dicamba	0.07		不得检出	GB/T 20772
110	敌草腈	Dichlobenil	0.01		不得检出	GB/T 19650
111	滴丙酸	Dichlorprop	0.05		不得检出	SN/T 2228
112	二氯苯氧基丙酸	Diclofop	0.05		不得检出	参照同类标准
113	氯硝胺	Dicloran	0.01		不得检出	GB/T 19650
114	双氯青霉素	Dicloxacillin	300μg/kg		不得检出	GB/T 18932.25
115	三氯杀螨醇	Dicofol	0.02		不得检出	GB/T 19650
116	乙霉威	Diethofencarb	0.05		不得检出	GB/T 19650
117	苯醚甲环唑	Difenoconazole	0.05		不得检出	GB/T 19650
118	双氟沙星	Difloxacin	100μg/kg		不得检出	GB/T 20366
119	除虫脲	Diflubenzuron	0.1		不得检出	SN/T 0528
120	吡氟酰草胺	Diflufenican	0.05		不得检出	GB/T 20772
121	油菜安	Dimethachlor	0.02		不得检出	GB/T 20772
122	烯酰吗啉	Dimethomorph	0.05		不得检出	GB/T 20772
123	醚菌胺	Dimoxystrobin	0.05		不得检出	SN/T 2237
124	烯唑醇	Diniconazole	0.01		不得检出	GB/T 19650
125	敌螨普	Dinocap	0.05		不得检出	日本肯定列表（增补本1）
126	地乐酚	Dinoseb	0.01		不得检出	GB/T 20772
127	特乐酚	Dinoterb	0.05		不得检出	GB/T 20772
128	敌噁磷	Dioxathion	0.05		不得检出	GB/T 19650
129	敌草快	Diquat	0.05		不得检出	GB/T 5009.221
130	乙拌磷	Disulfoton	0.01		不得检出	GB/T 20772
131	二氰蒽醌	Dithianon	0.01		不得检出	GB/T 20769
132	二硫代氨基甲酸酯	Dithiocarbamates	0.05		不得检出	SN 0139
133	敌草隆	Diuron	0.05		不得检出	SN/T 0645
134	二硝甲酚	DNOC	0.05		不得检出	GB/T 20772
135	多果定	Dodine	0.2		不得检出	SN 0500
136	多拉菌素	Doramectin	150μg/kg		不得检出	GB/T 22968
137	甲氨基阿维菌素苯甲酸盐	Emamectin benzoate	0.02		不得检出	GB/T 20769
138	硫丹	Endosulfan	0.05		不得检出	GB/T 19650
139	异狄氏剂	Endrin	0.05	0.05	不得检出	GB/T 19650
140	恩诺沙星	Enrofloxacin	100μg/kg		不得检出	GB/T 20366

序号	农兽药中文名	农兽药英文名	欧盟标准限量要求 mg/kg	国家标准限量要求 mg/kg	三安超有机食品标准	
					限量要求 mg/kg	检测方法
141	氟环唑	Epoxiconazole	0.01		不得检出	GB/T 20772
142	茵草敌	EPTC	0.02		不得检出	GB/T 20772
143	红霉素	Erythromycin	200μg/kg		不得检出	GB/T 20762
144	乙丁烯氟灵	Ethalfluralin	0.01		不得检出	GB/T 19650
145	胺苯磺隆	Ethametsulfuron	0.01		不得检出	NY/T 1616
146	乙烯利	Ethephon	0.05		不得检出	SN 0705
147	乙硫磷	Ethion	0.01		不得检出	GB/T 19650
148	乙嘧酚	Ethirimol	0.05		不得检出	GB/T 20772
149	乙氧呋草黄	Ethofumesate	0.1		不得检出	GB/T 20772
150	灭线磷	Ethoprophos	0.01		不得检出	GB/T 19650
151	乙氧喹啉	Ethoxyquin	0.05		不得检出	GB/T 20772
152	环氧乙烷	Ethylene oxide	0.02		不得检出	GB/T 23296.11
153	醚菊酯	Etofenprox	0.5		不得检出	GB/T 19650
154	乙螨唑	Etoxazole	0.01		不得检出	GB/T 19650
155	氯唑灵	Etridiazole	0.05		不得检出	GB/T 20772
156	噁唑菌酮	Famoxadone	0.05		不得检出	GB/T 20772
157	苯硫氨酯	Febantel	50μg/kg		不得检出	GB/T 22972
158	咪唑菌酮	Fenamidone	0.01		不得检出	GB/T 19650
159	苯线磷	Fenamiphos	0.01		不得检出	GB/T 19650
160	氯苯嘧啶醇	Fenarimol	0.02		不得检出	GB/T 20772
161	喹螨醚	Fenazaquin	0.01		不得检出	GB/T 19650
162	苯硫苯咪唑	Fenbendazole	50μg/kg		不得检出	SN 0638
163	腈苯唑	Fenbuconazole	0.05		不得检出	GB/T 20772
164	苯丁锡	Fenbutatin oxide	0.05		不得检出	SN/T 3149
165	环酰菌胺	Fenhexamid	0.05		不得检出	GB/T 20772
166	杀螟硫磷	Fenitrothion	0.01		不得检出	GB/T 20772
167	精噁唑禾草灵	Fenoxaprop − P − ethyl	0.05		不得检出	GB/T 22617
168	双氧威	Fenoxycarb	0.05		不得检出	GB/T 19650
169	苯锈啶	Fenpropidin	0.02		不得检出	GB/T 19650
170	丁苯吗啉	Fenpropimorph	0.01		不得检出	GB/T 20772
171	胺苯吡菌酮	Fenpyrazamine	0.01		不得检出	参照同类标准
172	唑螨酯	Fenpyroximate	0.01		不得检出	GB/T 19650
173	倍硫磷	Fenthion	0.05		不得检出	GB/T 20772
174	三苯锡	Fentin	0.05		不得检出	SN/T 3149
175	薯瘟锡	Fentin acetate	0.05		不得检出	参照同类标准
176	氰戊菊酯和高效氰戊菊酯(RR & SS 异构体总量)	Fenvalerate and esfenvalerate (sum of RR & SS isomers)	0.2		不得检出	GB/T 19650
177	氰戊菊酯和高效氰戊菊酯(RS & SR 异构体总量)	Fenvalerate and esfenvalerate (sum of RS & SR isomers)	0.05		不得检出	GB/T 19650

序号	农兽药中文名	农兽药英文名	欧盟标准限量要求 mg/kg	国家标准限量要求 mg/kg	三安超有机食品标准 限量要求 mg/kg	检测方法
178	氟虫腈	Fipronil	0.01		不得检出	SN/T 1982
179	非罗考昔	Firocoxib	15μg/kg		不得检出	参照同类标准
180	氟啶虫酰胺	Flonicamid	0.02		不得检出	SN/T 2796
181	氟苯尼考	Florfenicol	200μg/kg		不得检出	参照同类标准
182	精吡氟禾草灵	Fluazifop－P－butyl	0.05		不得检出	GB/T 5009.142
183	氟啶胺	Fluazinam	0.05		不得检出	SN/T 2150
184	氟苯虫酰胺	Flubendiamide	2		不得检出	SN/T 2581
185	氟环脲	Flucycloxuron	0.05		不得检出	参照同类标准
186	氟氰戊菊酯	Flucythrinate	0.05		不得检出	GB/T 23210
187	咯菌腈	Fludioxonil	0.05		不得检出	GB/T 20772
188	氟虫脲	Flufenoxuron	0.05		不得检出	SN/T 2150
189	杀螨净	Flufenzin	0.02		不得检出	参照同类标准
190	氟甲喹	Flumequin	250μg/kg		不得检出	SN/T 1921
191	氟胺烟酸	Flunixin	20μg/kg		不得检出	GB/T 20750
192	氟吡菌胺	Fluopicolide	0.01		不得检出	参照同类标准
193	—	Fluopyram	0.02		不得检出	参照同类标准
194	氟离子	Fluoride ion	1		不得检出	GB/T 5009.167
195	氟嘧菌酯	Fluoxastrobin	0.05		不得检出	SN/T 2237
196	氟喹唑	Fluquinconazole	2		不得检出	GB/T 19650
197	氟咯草酮	Fluorochloridone	0.05		不得检出	GB/T 20772
198	氟草烟	Fluroxypyr	0.05		不得检出	GB/T 20772
199	氟硅唑	Flusilazole	0.1		不得检出	GB/T 20772
200	氟酰胺	Flutolanil	0.05		不得检出	GB/T 20772
201	粉唑醇	Flutriafol	0.01		不得检出	GB/T 20772
202	—	Fluxapyroxad	0.01		不得检出	参照同类标准
203	氟磺胺草醚	Fomesafen	0.01		不得检出	GB/T 5009.130
204	氯吡脲	Forchlorfenuron	0.05		不得检出	SN/T 3643
205	伐虫脒	Formetanate	0.01		不得检出	NY/T 1453
206	三乙膦酸铝	Fosetyl－aluminium	0.5		不得检出	参照同类标准
207	麦穗宁	Fuberidazole	0.05		不得检出	GB/T 19650
208	呋线威	Furathiocarb	0.01		不得检出	GB/T 20772
209	糠醛	Furfural	1		不得检出	参照同类标准
210	勃激素	Gibberellic acid	0.1		不得检出	GB/T 23211
211	草铵膦	Glufosinate－ammonium	0.1		不得检出	日本肯定列表
212	草甘膦	Glyphosate	0.05		不得检出	SN/T 1923
213	氟吡禾灵	Haloxyfop	0.01		不得检出	SN/T 2228
214	七氯	Heptachlor	0.2		不得检出	SN 0663
215	六氯苯	Hexachlorobenzene	0.2		不得检出	SN/T 0127

序号	农兽药中文名	农兽药英文名	欧盟标准限量要求 mg/kg	国家标准限量要求 mg/kg	三安超有机食品标准 限量要求 mg/kg	检测方法
216	六六六（HCH），α-异构体	Hexachlorociclohexane（HCH），alpha-isomer	0.2	1	不得检出	SN/T 0127
217	六六六（HCH），β-异构体	Hexachlorociclohexane（HCH），beta-isomer	0.1	1	不得检出	SN/T 0127
218	噻螨酮	Hexythiazox	0.05		不得检出	GB/T 20772
219	噁霉灵	Hymexazol	0.05		不得检出	GB/T 20772
220	抑霉唑	Imazalil	0.05		不得检出	GB/T 20772
221	甲咪唑烟酸	Imazapic	0.01		不得检出	GB/T 20772
222	咪唑喹啉酸	Imazaquin	0.05		不得检出	GB/T 20772
223	吡虫啉	Imidacloprid	0.05		不得检出	GB/T 20772
224	双胍辛胺	Iminoctadine	0.1		不得检出	日本肯定列表
225	茚虫威	Indoxacarb	2		不得检出	GB/T 20772
226	碘苯腈	Ioxynil	0.05		不得检出	GB/T 20772
227	异菌脲	Iprodione	0.05		不得检出	GB/T 19650
228	异丙隆	Isoproturon	0.05		不得检出	GB/T 20772
229	—	Isopyrazam	0.01		不得检出	参照同类标准
230	异噁酰草胺	Isoxaben	0.01		不得检出	GB/T 20772
231	依维菌素	Ivermectin	100μg/kg		不得检出	GB/T 21320
232	卡那霉素	Kanamycin	100μg/kg		不得检出	GB/T 21323
233	醚菌酯	Kresoxim-methyl	0.02		不得检出	GB/T 20772
234	乳氟禾草灵	Lactofen	0.01		不得检出	GB/T 19650
235	高效氯氟氰菊酯	Lambda-cyhalothrin	0.5		不得检出	GB/T 23210
236	环草定	Lenacil	0.1		不得检出	GB/T 19650
237	林可霉素	Lincomycin	50μg/kg		不得检出	GB/T 20762
238	林丹	Lindane	0.02	1	不得检出	NY/T 761
239	虱螨脲	Lufenuron	0.02		不得检出	SN/T 2540
240	马拉硫磷	Malathion	0.02		不得检出	GB/T 19650
241	抑芽丹	Maleic hydrazide	0.02		不得检出	GB/T 23211
242	双炔酰菌胺	Mandipropamid	0.02		不得检出	参照同类标准
243	二甲四氯和二甲四氯丁酸	MCPA and MCPB	0.1		不得检出	SN/T 2228
244	壮棉素	Mepiquat chloride	0.05		不得检出	GB/T 23211
245	—	Meptyldinocap	0.05		不得检出	参照同类标准
246	汞化合物	Mercury compounds	0.01		不得检出	参照同类标准
247	氰氟虫腙	Metaflumizone	0.02		不得检出	SN/T 3852
248	甲霜灵和精甲霜灵	Metalaxyl and metalaxyl-M	0.05		不得检出	GB/T 20772
249	四聚乙醛	Metaldehyde	0.05		不得检出	SN/T 1787
250	苯嗪草酮	Metamitron	0.05		不得检出	GB/T 19650
251	安乃近	Metamizole	100μg/kg		不得检出	GB/T 20747
252	吡唑草胺	Metazachlor	0.05		不得检出	GB/T 19650

序号	农兽药中文名	农兽药英文名	欧盟标准限量要求 mg/kg	国家标准限量要求 mg/kg	三安超有机食品标准	
					限量要求 mg/kg	检测方法
253	叶菌唑	Metconazole	0.01		不得检出	GB/T 20772
254	甲基苯噻隆	Methabenzthiazuron	0.05		不得检出	GB/T 19650
255	虫螨畏	Methacrifos	0.01		不得检出	GB/T 20772
256	甲胺磷	Methamidophos	0.01		不得检出	GB/T 20772
257	杀扑磷	Methidathion	0.02		不得检出	GB/T 20772
258	甲硫威	Methiocarb	0.05		不得检出	GB/T 20770
259	灭多威和硫双威	Methomyl and thiodicarb	0.02		不得检出	GB/T 20772
260	烯虫酯	Methoprene	0.05		不得检出	GB/T 19650
261	甲氧滴滴涕	Methoxychlor	0.01		不得检出	SN/T 0529
262	甲氧虫酰肼	Methoxyfenozide	0.2		不得检出	GB/T 20772
263	磺草唑胺	Metosulam	0.01		不得检出	GB/T 20772
264	苯菌酮	Metrafenone	0.05		不得检出	参照同类标准
265	嗪草酮	Metribuzin	0.1		不得检出	GB/T 19650
266	绿谷隆	Monolinuron	0.05		不得检出	GB/T 20772
267	灭草隆	Monuron	0.01		不得检出	GB/T 20772
268	莫西丁克	Moxidectin	500μg/kg		不得检出	SN/T 2442
269	腈菌唑	Myclobutanil	0.01		不得检出	GB/T 20772
270	1-萘乙酰胺	1-Naphthylacetamide	0.05		不得检出	GB/T 23205
271	敌草胺	Napropamide	0.01		不得检出	GB/T 19650
272	新霉素(包括 framycetin)	Neomycin (including framycetin)	500μg/kg		不得检出	SN 0646
273	烟嘧磺隆	Nicosulfuron	0.05		不得检出	SN/T 2325
274	除草醚	Nitrofen	0.01		不得检出	GB/T 19650
275	氟酰脲	Novaluron	10		不得检出	GB/T 23211
276	嘧苯胺磺隆	Orthosulfamuron	0.01		不得检出	GB/T 23817
277	苯唑青霉素	Oxacillin	300μg/kg		不得检出	GB/T 18932.25
278	噁草酮	Oxadiazone	0.05		不得检出	GB/T 19650
279	噁霜灵	Oxadixyl	0.01		不得检出	GB/T 19650
280	环氧嘧磺隆	Oxasulfuron	0.05		不得检出	GB/T 23817
281	喹菌酮	Oxolinic acid	50μg/kg		不得检出	日本肯定列表
282	氧化萎锈灵	Oxycarboxin	0.05		不得检出	GB/T 19650
283	亚砜磷	Oxydemeton-methyl	0.02		不得检出	参照同类标准
284	乙氧氟草醚	Oxyfluorfen	0.05		不得检出	GB/T 20772
285	多效唑	Paclobutrazol	0.02		不得检出	GB/T 19650
286	对硫磷	Parathion	0.05		不得检出	GB/T 19650
287	甲基对硫磷	Parathion-methyl	0.01		不得检出	GB/T 5009.161
288	戊菌唑	Penconazole	0.05		不得检出	GB/T 20772
289	戊菌隆	Pencycuron	0.05		不得检出	GB/T 19650
290	二甲戊灵	Pendimethalin	0.05		不得检出	GB/T 19650

序号	农兽药中文名	农兽药英文名	欧盟标准限量要求 mg/kg	国家标准限量要求 mg/kg	三安超有机食品标准 限量要求 mg/kg	检测方法
291	喷沙西林	Penethamate	50μg/kg		不得检出	参照同类标准
292	甜菜宁	Phenmedipham	0.05		不得检出	GB/T 23205
293	苯醚菊酯	Phenothrin	0.05		不得检出	GB/T 20772
294	甲拌磷	Phorate	0.01		不得检出	GB/T 20772
295	伏杀硫磷	Phosalone	0.01		不得检出	GB/T 20772
296	亚胺硫磷	Phosmet	0.1		不得检出	GB/T 20772
297	—	Phosphines and phosphides	0.01		不得检出	参照同类标准
298	辛硫磷	Phoxim	0.02		不得检出	GB/T 20772
299	氨氯吡啶酸	Picloram	0.01		不得检出	GB/T 23211
300	啶氧菌酯	Picoxystrobin	0.05		不得检出	GB/T 19650
301	抗蚜威	Pirimicarb	0.05		不得检出	GB/T 20772
302	甲基嘧啶磷	Pirimiphos – methyl	0.05		不得检出	GB/T 20772
303	泼尼松龙	Prednisolone	8μg/kg		不得检出	GB/T 21981
304	咪鲜胺	Prochloraz	0.1		不得检出	GB/T 19650
305	腐霉利	Procymidone	0.01		不得检出	GB/T 20772
306	丙溴磷	Profenofos	0.05		不得检出	GB/T 20772
307	调环酸	Prohexadione	0.05		不得检出	日本肯定列表
308	毒草安	Propachlor	0.02		不得检出	GB/T 20772
309	扑派威	Propamocarb	0.1		不得检出	GB/T 20772
310	恶草酸	Propaquizafop	0.05		不得检出	GB/T 20772
311	炔螨特	Propargite	0.1		不得检出	GB/T 19650
312	苯胺灵	Propham	0.05		不得检出	GB/T 19650
313	丙环唑	Propiconazole	0.01		不得检出	GB/T 19650
314	异丙草胺	Propisochlor	0.01		不得检出	GB/T 19650
315	残杀威	Propoxur	0.05		不得检出	GB/T 20772
316	炔苯酰草胺	Propyzamide	0.05		不得检出	GB/T 19650
317	苄草丹	Prosulfocarb	0.05		不得检出	GB/T 19650
318	丙硫菌唑	Prothioconazole	0.05		不得检出	参照同类标准
319	吡蚜酮	Pymetrozine	0.01		不得检出	GB/T 20772
320	吡唑醚菌酯	Pyraclostrobin	0.05		不得检出	GB/T 20772
321	—	Pyrasulfotole	0.01		不得检出	参照同类标准
322	吡菌磷	Pyrazophos	0.02		不得检出	GB/T 20772
323	除虫菊素	Pyrethrins	0.05		不得检出	GB/T 20772
324	哒螨灵	Pyridaben	0.02		不得检出	GB/T 19650
325	啶虫丙醚	Pyridalyl	0.01		不得检出	日本肯定列表
326	哒草特	Pyridate	0.05		不得检出	日本肯定列表
327	嘧霉胺	Pyrimethanil	0.05		不得检出	GB/T 19650
328	吡丙醚	Pyriproxyfen	0.05		不得检出	GB/T 19650
329	甲氧磺草胺	Pyroxsulam	0.01		不得检出	SN/T 2325

序号	农兽药中文名	农兽药英文名	欧盟标准限量要求 mg/kg	国家标准限量要求 mg/kg	三安超有机食品标准	
					限量要求 mg/kg	检测方法
330	氯甲喹啉酸	Quinmerac	0.05		不得检出	参照同类标准
331	喹氧灵	Quinoxyfen	0.2		不得检出	SN/T 2319
332	五氯硝基苯	Quintozene	0.01		不得检出	GB/T 19650
333	精喹禾灵	Quizalofop – P – ethyl	0.05		不得检出	SN/T 2150
334	灭虫菊	Resmethrin	0.1		不得检出	GB/T 20772
335	鱼藤酮	Rotenone	0.01		不得检出	GB/T 20772
336	西玛津	Simazine	0.01		不得检出	SN 0594
337	壮观霉素	Spectinomycin	500μg/kg		不得检出	GB/T 21323
338	乙基多杀菌素	Spinetoram	0.01		不得检出	参照同类标准
339	多杀霉素	Spinosad	2		不得检出	GB/T 20772
340	螺螨酯	Spirodiclofen	0.05		不得检出	GB/T 20772
341	螺甲螨酯	Spiromesifen	0.01		不得检出	GB/T 23210
342	螺虫乙酯	Spirotetramat	0.01		不得检出	参照同类标准
343	萜孢菌素	Spiroxamine	0.05		不得检出	GB/T 20772
344	磺草酮	Sulcotrione	0.05		不得检出	参照同类标准
345	磺胺类(所有属于磺胺类的物质)	Sulfonamides (all substances belonging to the sulfonamide-group)	100μg/kg		不得检出	GB 29694
346	乙黄隆	Sulfosulfuron	0.05		不得检出	SN/T 2325
347	硫磺粉	Sulfur	0.5		不得检出	参照同类标准
348	氟胺氰菊酯	Tau – fluvalinate	0.3		不得检出	SN 0691
349	戊唑醇	Tebuconazole	0.1		不得检出	GB/T 20772
350	虫酰肼	Tebufenozide	0.05		不得检出	GB/T 20772
351	吡螨胺	Tebufenpyrad	0.05		不得检出	GB/T 19650
352	四氯硝基苯	Tecnazene	0.05		不得检出	GB/T 19650
353	氟苯脲	Teflubenzuron	0.05		不得检出	SN/T 2150
354	七氟菊酯	Tefluthrin	0.05		不得检出	GB/T 23210
355	得杀草	Tepraloxydim	0.1		不得检出	GB/T 20772
356	特丁硫磷	Terbufos	0.01		不得检出	GB/T 20772
357	特丁津	Terbuthylazine	0.05		不得检出	GB/T 19650
358	四氟醚唑	Tetraconazole	0.5		不得检出	GB/T 20772
359	三氯杀螨砜	Tetradifon	0.05		不得检出	GB/T 19650
360	噻虫啉	Thiacloprid	0.05		不得检出	GB/T 20772
361	噻虫嗪	Thiamethoxam	0.03		不得检出	GB/T 20772
362	甲砜霉素	Thiamphenicol	50μg/kg		不得检出	GB/T 20756
363	禾草丹	Thiobencarb	0.01		不得检出	GB/T 20772
364	甲基硫菌灵	Thiophanate – methyl	0.05		不得检出	SN/T 0162
365	替米考星	Tilmicosin	50μg/kg		不得检出	GB/T 20762
366	甲基立枯磷	Tolclofos – methyl	0.05		不得检出	GB/T 19650

序号	农兽药中文名	农兽药英文名	欧盟标准限量要求 mg/kg	国家标准限量要求 mg/kg	三安超有机食品标准	
					限量要求 mg/kg	检测方法
367	甲苯三嗪酮	Toltrazuril	150μg/kg		不得检出	参照同类标准
368	甲苯氟磺胺	Tolylfluanid	0.1		不得检出	GB/T 19650
369	—	Topramezone	0.05		不得检出	参照同类标准
370	三唑酮和三唑醇	Triadimefon and triadimenol	0.1		不得检出	GB/T 20772
371	野麦畏	Triallate	0.05		不得检出	GB/T 20772
372	醚苯磺隆	Triasulfuron	0.05		不得检出	GB/T 20772
373	三唑磷	Triazophos	0.01		不得检出	GB/T 20772
374	敌百虫	Trichlorphon	0.01		不得检出	GB/T 20772
375	绿草定	Triclopyr	0.05		不得检出	SN/T 2228
376	三环唑	Tricyclazole	0.05		不得检出	GB/T 20769
377	十三吗啉	Tridemorph	0.01		不得检出	GB/T 20772
378	肟菌酯	Trifloxystrobin	0.04		不得检出	GB/T 19650
379	氟菌唑	Triflumizole	0.05		不得检出	GB/T 20769
380	杀铃脲	Triflumuron	0.01		不得检出	GB/T 20772
381	氟乐灵	Trifluralin	0.01		不得检出	GB/T 20772
382	嗪氨灵	Triforine	0.01		不得检出	SN 0695
383	甲氧苄氨嘧啶	Trimethoprim	100μg/kg		不得检出	SN/T 1769
384	三甲基锍阳离子	Trimethyl – sulfonium cation	0.05		不得检出	参照同类标准
385	抗倒酯	Trinexapac	0.05		不得检出	GB/T 20769
386	灭菌唑	Triticonazole	0.01		不得检出	GB/T 20772
387	三氟甲磺隆	Tritosulfuron	0.01		不得检出	参照同类标准
388	泰乐菌素	Tylosin	100μg/kg		不得检出	GB/T 22941
389	—	Valifenalate	0.01		不得检出	参照同类标准
390	维达布洛芬	Vedaprofen	20μg/kg		不得检出	参照同类标准
391	乙烯菌核利	Vinclozolin	0.05		不得检出	GB/T 20772
392	2,3,4,5 – 四氯苯胺	2,3,4,5 – Tetrachloraniline			不得检出	GB/T 19650
393	2,3,4,5 – 四氯甲氧基苯	2,3,4,5 – Tetrachloroanisole			不得检出	GB/T 19650
394	2,3,5,6 – 四氯苯胺	2,3,5,6 – Tetrachloroaniline			不得检出	GB/T 19650
395	2,4,5 – 涕	2,4,5 – T			不得检出	GB/T 20772
396	o,p' – 滴滴滴	2,4' – DDD			不得检出	GB/T 19650
397	o,p' – 滴滴伊	2,4' – DDE			不得检出	GB/T 19650
398	o,p' – 滴滴涕	2,4' – DDT			不得检出	GB/T 19650
399	2,6 – 二氯苯甲酰胺	2,6 – Dichlorobenzamide			不得检出	GB/T 19650
400	3,5 – 二氯苯胺	3,5 – Dichloroaniline			不得检出	GB/T 19650
401	p,p' – 滴滴滴	4,4' – DDD			不得检出	GB/T 19650
402	p,p' – 滴滴伊	4,4' – DDE			不得检出	GB/T 19650
403	p,p' – 滴滴涕	4,4' – DDT			不得检出	GB/T 19650
404	4,4' – 二溴二苯甲酮	4,4' – Dibromobenzophenone			不得检出	GB/T 19650
405	4,4' – 二氯二苯甲酮	4,4' – Dichlorobenzophenone			不得检出	GB/T 19650

序号	农兽药中文名	农兽药英文名	欧盟标准限量要求 mg/kg	国家标准限量要求 mg/kg	三安超有机食品标准	
					限量要求 mg/kg	检测方法
406	二氢苊	Acenaphthene			不得检出	GB/T 19650
407	乙酰丙嗪	Acepromazine			不得检出	GB/T 20763
408	三氟羧草醚	Acifluorfen			不得检出	GB/T 20772
409	1－氨基－2－乙内酰脲	AHD			不得检出	GB/T 21311
410	涕灭砜威	Aldoxycarb			不得检出	GB/T 20772
411	烯丙菊酯	Allethrin			不得检出	GB/T 20772
412	二丙烯草胺	Allidochlor			不得检出	GB/T 19650
413	莠灭净	Ametryn			不得检出	GB/T 20772
414	双甲脒	Amitraz			不得检出	GB/T 19650
415	杀草强	Amitrole			不得检出	SN/T 1737.6
416	5－吗啉甲基－3－氨基－2－噁唑烷基酮	AMOZ			不得检出	GB/T 21311
417	氨丙嘧吡啶	Amprolium			不得检出	SN/T 0276
418	莎稗磷	Anilofos			不得检出	GB/T 19650
419	蒽醌	Anthraquinone			不得检出	GB/T 19650
420	3－氨基－2－噁唑酮	AOZ			不得检出	GB/T 21311
421	安普霉素	Apramycin			不得检出	GB/T 21323
422	丙硫特普	Aspon			不得检出	GB/T 19650
423	羟氨卡青霉素	Aspoxicillin			不得检出	GB/T 21315
424	乙基杀扑磷	Athidathion			不得检出	GB/T 19650
425	莠去通	Atratone			不得检出	GB/T 19650
426	莠去津	Atrazine			不得检出	GB/T 20772
427	脱乙基阿特拉津	Atrazine－desethyl			不得检出	GB/T 19650
428	甲基吡噁磷	Azamethiphos			不得检出	GB/T 20763
429	氮哌酮	Azaperone			不得检出	SN/T 2221
430	叠氮津	Aziprotryne			不得检出	GB/T 19650
431	杆菌肽	Bacitracin			不得检出	GB/T 20743
432	4－溴－3,5－二甲苯基－N－甲基氨基甲酸酯－1	BDMC－1			不得检出	GB/T 19650
433	4－溴－3,5－二甲苯基－N－甲基氨基甲酸酯－2	BDMC－2			不得检出	GB/T 19650
434	噁虫威	Bendiocarb			不得检出	GB/T 20772
435	乙丁氟灵	Benfluralin			不得检出	GB/T 19650
436	呋草黄	Benfuresate			不得检出	GB/T 19650
437	麦锈灵	Benodanil			不得检出	GB/T 19650
438	解草酮	Benoxacor			不得检出	GB/T 19650
439	新燕灵	Benzoylprop－ethyl			不得检出	GB/T 19650
440	倍他米松	Betamethasone			不得检出	SN/T 1970
441	生物烯丙菊酯－1	Bioallethrin－1			不得检出	GB/T 19650

序号	农兽药中文名	农兽药英文名	欧盟标准限量要求 mg/kg	国家标准限量要求 mg/kg	三安超有机食品标准	
					限量要求 mg/kg	检测方法
442	生物烯丙菊酯-2	Bioallethrin-2			不得检出	GB/T 19650
443	生物苄呋菊酯	Bioresmethrin			不得检出	GB/T 20772
444	除草定	Bromacil			不得检出	GB/T 20772
445	溴苯烯磷	Bromfenvinfos			不得检出	GB/T 19650
446	溴烯杀	Bromocylen			不得检出	GB/T 19650
447	溴硫磷	Bromofos			不得检出	GB/T 19650
448	乙基溴硫磷	Bromophos-ethyl			不得检出	GB/T 19650
449	溴丁酰草胺	Btomobutide			不得检出	GB/T 19650
450	氟丙嘧草酯	Butafenacil			不得检出	GB/T 19650
451	抑草磷	Butamifos			不得检出	GB/T 19650
452	丁草胺	Butaxhlor			不得检出	GB/T 19650
453	苯酮唑	Cafenstrole			不得检出	GB/T 19650
454	角黄素	Canthaxanthin			不得检出	SN/T 2327
455	咔唑心安	Carazolol			不得检出	GB/T 20763
456	卡巴氧	Carbadox			不得检出	GB/T 20746
457	三硫磷	Carbophenothion			不得检出	GB/T 19650
458	唑草酮	Carfentrazone-ethyl			不得检出	GB/T 19650
459	头孢洛宁	Cefalonium			不得检出	GB/T 22989
460	头孢匹林	Cefapirin			不得检出	GB/T 22989
461	头孢氨苄	Cefalexin			不得检出	GB/T 22989
462	氯霉素	Chloramphenicolum			不得检出	GB/T 20772
463	氯杀螨砜	Chlorbenside sulfone			不得检出	GB/T 19650
464	氯溴隆	Chlorbromuron			不得检出	GB/T 19650
465	杀虫脒	Chlordimeform			不得检出	GB/T 19650
466	氯氧磷	Chlorethoxyfos			不得检出	GB/T 19650
467	溴虫腈	Chlorfenapyr			不得检出	GB/T 19650
468	杀螨醇	Chlorfenethol			不得检出	GB/T 19650
469	燕麦酯	Chlorfenprop-methyl			不得检出	GB/T 19650
470	氟啶脲	Chlorfluazuron			不得检出	SN/T 2540
471	整形醇	Chlorflurenol			不得检出	GB/T 19650
472	氯地孕酮	Chlormadinone			不得检出	SN/T 1980
473	醋酸氯地孕酮	Chlormadinone acetate			不得检出	GB/T 20753
474	氯甲硫磷	Chlormephos			不得检出	GB/T 19650
475	氯苯甲醚	Chloroneb			不得检出	GB/T 19650
476	丙酯杀螨醇	Chloropropylate			不得检出	GB/T 19650
477	氯丙嗪	Chlorpromazine			不得检出	GB/T 20763
478	毒死蜱	Chlorpyrifos			不得检出	GB/T 19650
479	金霉素	Chlortetracycline			不得检出	GB/T 21317
480	氯硫磷	Chlorthion			不得检出	GB/T 19650

序号	农兽药中文名	农兽药英文名	欧盟标准限量要求 mg/kg	国家标准限量要求 mg/kg	三安超有机食品标准 限量要求 mg/kg	检测方法
481	虫螨磷	Chlorthiophos			不得检出	GB/T 19650
482	乙菌利	Chlozolinate			不得检出	GB/T 19650
483	顺式-氯丹	cis-Chlordane			不得检出	GB/T 19650
484	顺式-燕麦敌	cis-Diallate			不得检出	GB/T 19650
485	顺式-氯菊酯	cis-Permethrin			不得检出	GB/T 19650
486	克仑特罗	Clenbuterol			不得检出	GB/T 22286
487	异噁草酮	Clomazone			不得检出	GB/T 20772
488	氯甲酰草胺	Clomeprop			不得检出	GB/T 19650
489	氯羟吡啶	Clopidol			不得检出	GB 29700
490	解草酯	Cloquintocet-mexyl			不得检出	GB/T 19650
491	蝇毒磷	Coumaphos			不得检出	GB/T 19650
492	鼠立死	Crimidine			不得检出	GB/T 19650
493	巴毒磷	Crotxyphos			不得检出	GB/T 19650
494	育畜磷	Crufomate			不得检出	GB/T 19650
495	苯腈磷	Cyanofenphos			不得检出	GB/T 19650
496	杀螟腈	Cyanophos			不得检出	GB/T 20772
497	环草敌	Cycloate			不得检出	GB/T 20772
498	环莠隆	Cycluron			不得检出	GB/T 20772
499	环丙津	Cyprazine			不得检出	GB/T 20772
500	敌草索	Dacthal			不得检出	GB/T 19650
501	癸氧喹酯	Decoquinate			不得检出	SN/T 2444
502	脱叶磷	DEF			不得检出	GB/T 19650
503	2,2',4,5,5'-五氯联苯	DE-PCB 101			不得检出	GB/T 19650
504	2,3,4,4',5-五氯联苯	DE-PCB 118			不得检出	GB/T 19650
505	2,2',3,4,4',5-六氯联苯	DE-PCB 138			不得检出	GB/T 19650
506	2,2',4,4',5,5'-六氯联苯	DE-PCB 153			不得检出	GB/T 19650
507	2,2',3,4,4',5,5'-七氯联苯	DE-PCB 180			不得检出	GB/T 19650
508	2,4,4'-三氯联苯	DE-PCB 28			不得检出	GB/T 19650
509	2,4,5-三氯联苯	DE-PCB 31			不得检出	GB/T 19650
510	2,2',5,5'-四氯联苯	DE-PCB 52			不得检出	GB/T 19650
511	脱溴溴苯磷	Desbrom-leptophos			不得检出	GB/T 19650
512	脱乙基另丁津	Desethyl-sebuthylazine			不得检出	GB/T 19650
513	敌草净	Desmetryn			不得检出	GB/T 19650
514	地塞米松	Dexamethasone			不得检出	SN/T 1970
515	氯亚胺硫磷	Dialifos			不得检出	GB/T 19650
516	敌菌净	Diaveridine			不得检出	SN/T 1926
517	驱虫特	Dibutyl succinate			不得检出	GB/T 20772
518	异氯磷	Dicapthon			不得检出	GB/T 20772

序号	农兽药中文名	农兽药英文名	欧盟标准限量要求 mg/kg	国家标准限量要求 mg/kg	三安超有机食品标准	
					限量要求 mg/kg	检测方法
519	除线磷	Dichlofenthion			不得检出	GB/T 20772
520	苯氟磺胺	Dichlofluanid			不得检出	GB/T 19650
521	烯丙酰草胺	Dichlormid			不得检出	GB/T 19650
522	敌敌畏	Dichlorvos			不得检出	GB/T 20772
523	苄氯三唑醇	Diclobutrazole			不得检出	GB/T 20772
524	禾草灵	Diclofop – methyl			不得检出	GB/T 19650
525	己烯雌酚	Diethylstilbestrol			不得检出	GB/T 20766
526	二氢链霉素	Dihydro – streptomycin			不得检出	GB/T 22969
527	甲氟磷	Dimefox			不得检出	GB/T 19650
528	哌草丹	Dimepiperate			不得检出	GB/T 19650
529	异戊乙净	Dimethametryn			不得检出	GB/T 19650
530	二甲酚草胺	Dimethenamid			不得检出	GB/T 19650
531	乐果	Dimethoate			不得检出	GB/T 20772
532	甲基毒虫畏	Dimethylvinphos			不得检出	GB/T 19650
533	地美硝唑	Dimetridazole			不得检出	GB/T 21318
534	二硝托安	Dinitolmide			不得检出	SN/T 2453
535	氨氟灵	Dinitramine			不得检出	GB/T 19650
536	消螨通	Dinobuton			不得检出	GB/T 19650
537	呋虫胺	Dinotefuran			不得检出	GB/T 20772
538	苯虫醚 – 1	Diofenolan – 1			不得检出	GB/T 19650
539	苯虫醚 – 2	Diofenolan – 2			不得检出	GB/T 19650
540	蔬果磷	Dioxabenzofos			不得检出	GB/T 19650
541	双苯酰草胺	Diphenamid			不得检出	GB/T 19650
542	二苯胺	Diphenylamine			不得检出	GB/T 19650
543	异丙净	Dipropetryn			不得检出	GB/T 19650
544	灭菌磷	Ditalimfos			不得检出	GB/T 19650
545	氟硫草定	Dithiopyr			不得检出	GB/T 19650
546	强力霉素	Doxycycline			不得检出	GB/T 20764
547	敌瘟磷	Edifenphos			不得检出	GB/T 19650
548	硫丹硫酸盐	Endosulfan – sulfate			不得检出	GB/T 19650
549	异狄氏剂酮	Endrin ketone			不得检出	GB/T 19650
550	苯硫磷	EPN			不得检出	GB/T 19650
551	埃普利诺菌素	Eprinomectin			不得检出	GB/T 21320
552	抑草蓬	Erbon			不得检出	GB/T 19650
553	S – 氰戊菊酯	Esfenvalerate			不得检出	GB/T 19650
554	戊草丹	Esprocarb			不得检出	GB/T 19650
555	乙环唑 – 1	Etaconazole – 1			不得检出	GB/T 19650
556	乙环唑 – 2	Etaconazole – 2			不得检出	GB/T 19650
557	乙嘧硫磷	Etrimfos			不得检出	GB/T 19650

序号	农兽药中文名	农兽药英文名	欧盟标准限量要求 mg/kg	国家标准限量要求 mg/kg	三安超有机食品标准 限量要求 mg/kg	三安超有机食品标准 检测方法
558	氧乙嘧硫磷	Etrimfos oxon			不得检出	GB/T 19650
559	伐灭磷	Famphur			不得检出	GB/T 19650
560	苯线磷亚砜	Fenamiphos sulfoxide			不得检出	GB/T 19650
561	苯线磷砜	Fenamiphos – sulfone			不得检出	GB/T 19650
562	氧皮蝇磷	Fenchlorphos oxon			不得检出	GB/T 19650
563	甲呋酰胺	Fenfuram			不得检出	GB/T 19650
564	仲丁威	Fenobucarb			不得检出	GB/T 19650
565	苯硫威	Fenothiocarb			不得检出	GB/T 19650
566	稻瘟酰胺	Fenoxanil			不得检出	GB/T 19650
567	拌种咯	Fenpiclonil			不得检出	GB/T 19650
568	甲氰菊酯	Fenpropathrin			不得检出	GB/T 19650
569	芬螨酯	Fenson			不得检出	GB/T 19650
570	丰索磷	Fensulfothion			不得检出	GB/T 19650
571	倍硫磷亚砜	Fenthion sulfoxide			不得检出	GB/T 19650
572	麦草氟异丙酯	Flamprop – isopropyl			不得检出	GB/T 19650
573	麦草氟甲酯	Flamprop – methyl			不得检出	GB/T 19650
574	吡氟禾草灵	Fluazifop – butyl			不得检出	GB/T 19650
575	啶蜱脲	Fluazuron			不得检出	SN/T 2540
576	氟苯咪唑	Flubendazole			不得检出	GB/T 21324
577	氟噻草胺	Flufenacet			不得检出	GB/T 19650
578	氟节胺	Flumetralin			不得检出	GB/T 19650
579	唑嘧磺草胺	Flumetsulam			不得检出	GB/T 20772
580	氟烯草酸	Flumiclorac			不得检出	GB/T 19650
581	丙炔氟草胺	Flumioxazin			不得检出	GB/T 19650
582	三氟硝草醚	Fluorodifen			不得检出	GB/T 19650
583	乙羧氟草醚	Fluoroglycofen – ethyl			不得检出	GB/T 19650
584	三氟苯唑	Fluotrimazole			不得检出	GB/T 19650
585	氟啶草酮	Fluridone			不得检出	GB/T 19650
586	氟草烟 – 1 – 甲庚酯	Fluroxypr – 1 – methylheptyl ester			不得检出	GB/T 19650
587	呋草酮	flurtamone			不得检出	GB/T 19650
588	地虫硫磷	Fonofos			不得检出	GB/T 19650
589	安果	Formothion			不得检出	GB/T 19650
590	呋霜灵	Furalaxyl			不得检出	GB/T 19650
591	庆大霉素	Gentamicin			不得检出	GB/T 21323
592	苄螨醚	Halfenprox			不得检出	GB/T 19650
593	氟哌啶醇	Haloperidol			不得检出	GB/T 20763
594	庚烯磷	Heptanophos			不得检出	GB/T 19650
595	己唑醇	Hexaconazole			不得检出	GB/T 19650

序号	农兽药中文名	农兽药英文名	欧盟标准限量要求 mg/kg	国家标准限量要求 mg/kg	三安超有机食品标准	
					限量要求 mg/kg	检测方法
596	环嗪酮	Hexazinone			不得检出	GB/T 19650
597	咪草酸	Imazamethabenz – methyl			不得检出	GB/T 19650
598	脱苯甲基亚胺唑	Imibenconazole – des – benzyl			不得检出	GB/T 19650
599	炔咪菊酯 – 1	Imiprothrin – 1			不得检出	GB/T 19650
600	炔咪菊酯 – 2	Imiprothrin – 2			不得检出	GB/T 19650
601	碘硫磷	Iodofenphos			不得检出	GB/T 19650
602	甲基碘磺隆	Iodosulfuron – methyl			不得检出	GB/T 20772
603	异稻瘟净	Iprobenfos			不得检出	GB/T 19650
604	氯唑磷	Isazofos			不得检出	GB/T 19650
605	碳氯灵	Isobenzan			不得检出	GB/T 19650
606	丁咪酰胺	Isocarbamid			不得检出	GB/T 19650
607	水胺硫磷	Isocarbophos			不得检出	GB/T 19650
608	异艾氏剂	Isodrin			不得检出	GB/T 19650
609	异柳磷	Isofenphos			不得检出	GB/T 19650
610	氧异柳磷	Isofenphos oxon			不得检出	GB/T 19650
611	氮氨菲啶	Isometamidium			不得检出	SN/T 2239
612	丁嗪草酮	Isomethiozin			不得检出	GB/T 19650
613	异丙威 – 1	Isoprocarb – 1			不得检出	GB/T 19650
614	异丙威 – 2	Isoprocarb – 2			不得检出	GB/T 19650
615	异丙乐灵	Isopropalin			不得检出	GB/T 19650
616	稻瘟灵	Isoprothiolane			不得检出	GB/T 20772
617	双苯噁唑酸	Isoxadifen – ethyl			不得检出	GB/T 19650
618	异噁氟草	Isoxaflutole			不得检出	GB/T 20772
619	噁唑啉	Isoxathion			不得检出	GB/T 19650
620	交沙霉素	Josamycin			不得检出	GB/T 20762
621	拉沙里菌素	Lasalocid			不得检出	SN 0501
622	溴苯磷	Leptophos			不得检出	GB/T 19650
623	左旋咪唑	Levamisole			不得检出	SN 0349
624	利谷隆	Linuron			不得检出	GB/T 19650
625	麻保沙星	Marbofloxacin			不得检出	GB/T 22985
626	2 – 甲 – 4 – 氯丁氧乙基酯	MCPA – butoxyethyl ester			不得检出	GB/T 19650
627	甲苯咪唑	Mebendazole			不得检出	GB/T 21324
628	灭蚜磷	Mecarbam			不得检出	GB/T 19650
629	二甲四氯丙酸	Mecoprop			不得检出	SN/T 2325
630	苯噻酰草胺	Mefenacet			不得检出	GB/T 19650
631	吡唑解草酯	Mefenpyr – diethyl			不得检出	GB/T 19650
632	醋酸甲地孕酮	Megestrol acetate			不得检出	GB/T 20753
633	醋酸美仑孕酮	Melengestrol acetate			不得检出	GB/T 20753
634	嘧菌胺	Mepanipyrim			不得检出	GB/T 19650

序号	农兽药中文名	农兽药英文名	欧盟标准限量要求 mg/kg	国家标准限量要求 mg/kg	三安超有机食品标准 限量要求 mg/kg	检测方法
635	地胺磷	Mephosfolan			不得检出	GB/T 19650
636	灭锈胺	Mepronil			不得检出	GB/T 19650
637	硝磺草酮	Mesotrione			不得检出	参照同类标准
638	呋菌胺	Methfuroxam			不得检出	GB/T 19650
639	灭梭威砜	Methiocarb sulfone			不得检出	GB/T 19650
640	盖草津	Methoprotryne			不得检出	GB/T 19650
641	甲醚菊酯－1	Methothrin－1			不得检出	GB/T 19650
642	甲醚菊酯－2	Methothrin－2			不得检出	GB/T 19650
643	甲基泼尼松龙	Methylprednisolone			不得检出	GB/T 21981
644	溴谷隆	Metobromuron			不得检出	GB/T 19650
645	甲氧氯普胺	Metoclopramide			不得检出	SN/T 2227
646	苯氧菌胺－1	Metominsstrobin－1			不得检出	GB/T 19650
647	苯氧菌胺－2	Metominsstrobin－2			不得检出	GB/T 19650
648	甲硝唑	Metronidazole			不得检出	GB/T 21318
649	速灭磷	Mevinphos			不得检出	GB/T 19650
650	兹克威	Mexacarbate			不得检出	GB/T 19650
651	灭蚁灵	Mirex			不得检出	GB/T 19650
652	禾草敌	Molinate			不得检出	GB/T 19650
653	庚酰草胺	Monalide			不得检出	GB/T 19650
654	莫能菌素	Monensin			不得检出	SN 0698
655	合成麝香	Musk ambrecte			不得检出	GB/T 19650
656	麝香	Musk moskene			不得检出	GB/T 19650
657	西藏麝香	Musk tibeten			不得检出	GB/T 19650
658	二甲苯麝香	Musk xylene			不得检出	GB/T 19650
659	萘夫西林	Nafcillin			不得检出	GB/T 22975
660	二溴磷	Naled			不得检出	SN/T 0706
661	萘丙胺	Naproanilide			不得检出	GB/T 19650
662	甲基盐霉素	Narasin			不得检出	GB/T 20364
663	甲磺乐灵	Nitralin			不得检出	GB/T 19650
664	三氯甲基吡啶	Nitrapyrin			不得检出	GB/T 19650
665	酞菌酯	Nitrothal－isopropyl			不得检出	GB/T 19650
666	诺氟沙星	Norfloxacin			不得检出	GB/T 20366
667	氟草敏	Norflurazon			不得检出	GB/T 19650
668	新生霉素	Novobiocin			不得检出	SN 0674
669	氟苯嘧啶醇	Nuarimol			不得检出	GB/T 19650
670	八氯苯乙烯	Octachlorostyrene			不得检出	GB/T 19650
671	氧氟沙星	Ofloxacin			不得检出	GB/T 20366
672	呋酰胺	Ofurace			不得检出	GB/T 19650
673	喹乙醇	Olaquindox			不得检出	GB/T 20746

序号	农兽药中文名	农兽药英文名	欧盟标准限量要求 mg/kg	国家标准限量要求 mg/kg	三安超有机食品标准	
					限量要求 mg/kg	检测方法
674	竹桃霉素	Oleandomycin			不得检出	GB/T 20762
675	氧乐果	Omethoate			不得检出	GB/T 19650
676	奥比沙星	Orbifloxacin			不得检出	GB/T 22985
677	杀线威	Oxamyl			不得检出	GB/T 20772
678	奥芬达唑	Oxfendazole			不得检出	GB/T 22972
679	丙氧苯咪唑	Oxibendazole			不得检出	GB/T 21324
680	氧化氯丹	Oxy – chlordane			不得检出	GB/T 19650
681	土霉素	Oxytetracycline			不得检出	GB/T 21317
682	对氧磷	Paraoxon			不得检出	GB/T 19650
683	甲基对氧磷	Paraoxon – methyl			不得检出	GB/T 19650
684	克草敌	Pebulate			不得检出	GB/T 19650
685	五氯苯胺	Pentachloroaniline			不得检出	GB/T 19650
686	五氯甲氧基苯	Pentachloroanisole			不得检出	GB/T 19650
687	五氯苯	Pentachlorobenzene			不得检出	GB/T 19650
688	氯菊酯	Permethrin			不得检出	GB/T 19650
689	乙滴涕	Perthane			不得检出	GB/T 19650
690	菲	Phenanthrene			不得检出	GB/T 19650
691	稻丰散	Phenthoate			不得检出	GB/T 19650
692	甲拌磷砜	Phorate sulfone			不得检出	GB/T 19650
693	磷胺 – 1	Phosphamidon – 1			不得检出	GB/T 19650
694	磷胺 – 2	Phosphamidon – 2			不得检出	GB/T 19650
695	酞酸苯甲基丁酯	Phthalic acid,benzylbutyl ester			不得检出	GB/T 19650
696	四氯苯肽	Phthalide			不得检出	GB/T 19650
697	邻苯二甲酰亚胺	Phthalimide			不得检出	GB/T 19650
698	氟吡酰草胺	Picolinafen			不得检出	GB/T 19650
699	增效醚	Piperonyl butoxide			不得检出	GB/T 19650
700	哌草磷	Piperophos			不得检出	GB/T 19650
701	乙基虫螨清	Pirimiphos – ethyl			不得检出	GB/T 19650
702	吡利霉素	Pirlimycin			不得检出	GB/T 22988
703	炔丙菊酯	Prallethrin			不得检出	GB/T 19650
704	丙草胺	Pretilachlor			不得检出	GB/T 19650
705	环丙氟灵	Profluralin			不得检出	GB/T 19650
706	茉莉酮	Prohydrojasmon			不得检出	GB/T 19650
707	扑灭通	Prometon			不得检出	GB/T 19650
708	扑草净	Prometryne			不得检出	GB/T 19650
709	炔丙烯草胺	Pronamide			不得检出	GB/T 19650
710	敌稗	Propanil			不得检出	GB/T 19650
711	扑灭津	Propazine			不得检出	GB/T 19650
712	胺丙畏	Propetamphos			不得检出	GB/T 19650

序号	农兽药中文名	农兽药英文名	欧盟标准限量要求 mg/kg	国家标准限量要求 mg/kg	三安超有机食品标准	
					限量要求 mg/kg	检测方法
713	丙酰二甲氨基丙吩噻嗪	Propionylpromazin			不得检出	GB/T 20763
714	丙硫磷	Prothiophos			不得检出	GB/T 19650
715	哒嗪硫磷	Ptridaphenthion			不得检出	GB/T 19650
716	吡唑硫磷	Pyraclofos			不得检出	GB/T 19650
717	吡草醚	Pyraflufen – ethyl			不得检出	GB/T 19650
718	啶斑肟 – 1	Pyrifenox – 1			不得检出	GB/T 19650
719	啶斑肟 – 2	Pyrifenox – 2			不得检出	GB/T 19650
720	环酯草醚	Pyriftalid			不得检出	GB/T 19650
721	嘧螨醚	Pyrimidifen			不得检出	GB/T 19650
722	嘧草醚	Pyriminobac – methyl			不得检出	GB/T 19650
723	嘧啶磷	Pyrimitate			不得检出	GB/T 19650
724	喹硫磷	Quinalphos			不得检出	GB/T 19650
725	灭藻醌	Quinoclamine			不得检出	GB/T 19650
726	苯氧喹啉	Quinoxyphen			不得检出	GB/T 19650
727	吡咪唑	Rabenzazole			不得检出	GB/T 19650
728	莱克多巴胺	Ractopamine			不得检出	GB/T 21313
729	洛硝达唑	Ronidazole			不得检出	GB/T 21318
730	皮蝇磷	Ronnel			不得检出	GB/T 19650
731	盐霉素	Salinomycin			不得检出	GB/T 20364
732	沙拉沙星	Sarafloxacin			不得检出	GB/T 20366
733	另丁津	Sebutylazine			不得检出	GB/T 19650
734	密草通	Secbumeton			不得检出	GB/T 19650
735	氨基脲	Semduramicin			不得检出	GB/T 20752
736	烯禾啶	Sethoxydim			不得检出	GB/T 19650
737	氟硅菊酯	Silafluofen			不得检出	GB/T 19650
738	硅氟唑	Simeconazole			不得检出	GB/T 19650
739	西玛通	Simetone			不得检出	GB/T 19650
740	西草净	Simetryn			不得检出	GB/T 19650
741	螺旋霉素	Spiramycin			不得检出	GB/T 20762
742	链霉素	Streptomycin			不得检出	GB/T 21323
743	磺胺苯酰	Sulfabenzamide			不得检出	GB/T 21316
744	磺胺醋酰	Sulfacetamide			不得检出	GB/T 21316
745	磺胺氯哒嗪	Sulfachloropyridazine			不得检出	GB/T 21316
746	磺胺嘧啶	Sulfadiazine			不得检出	GB/T 21316
747	磺胺间二甲氧嘧啶	Sulfadimethoxine			不得检出	GB/T 21316
748	磺胺二甲嘧啶	Sulfadimidine			不得检出	GB/T 21316
749	磺胺多辛	Sulfadoxine			不得检出	GB/T 21316
750	磺胺脒	Sulfaguanidine			不得检出	GB/T 21316
751	菜草畏	Sulfallate			不得检出	GB/T 19650

序号	农兽药中文名	农兽药英文名	欧盟标准限量要求 mg/kg	国家标准限量要求 mg/kg	三安超有机食品标准	
					限量要求 mg/kg	检测方法
752	磺胺甲嘧啶	Sulfamerazine			不得检出	GB/T 21316
753	新诺明	Sulfamethoxazole			不得检出	GB/T 21316
754	磺胺间甲氧嘧啶	Sulfamonomethoxine			不得检出	GB/T 21316
755	乙酰磺胺对硝基苯	Sulfanitran			不得检出	GB/T 20772
756	磺胺吡啶	Sulfapyridine			不得检出	GB/T 21316
757	磺胺喹沙啉	Sulfaquinoxaline			不得检出	GB/T 21316
758	磺胺噻唑	Sulfathiazole			不得检出	GB/T 21316
759	治螟磷	Sulfotep			不得检出	GB/T 19650
760	硫丙磷	Sulprofos			不得检出	GB/T 19650
761	苯噻硫氰	TCMTB			不得检出	GB/T 19650
762	丁基嘧啶磷	Tebupirimfos			不得检出	GB/T 19650
763	牧草胺	Tebutam			不得检出	GB/T 19650
764	丁噻隆	Tebuthiuron			不得检出	GB/T 20772
765	双硫磷	Temephos			不得检出	GB/T 20772
766	特草灵	Terbucarb			不得检出	GB/T 19650
767	特丁通	Terbumeron			不得检出	GB/T 19650
768	特丁净	Terbutryn			不得检出	GB/T 19650
769	四氢邻苯二甲酰亚胺	Tetrabydrophthalimide			不得检出	GB/T 19650
770	杀虫畏	Tetrachlorvinphos			不得检出	GB/T 19650
771	四环素	Tetracycline			不得检出	GB/T 21317
772	胺菊酯	Tetramethirn			不得检出	GB/T 19650
773	杀螨氯硫	Tetrasul			不得检出	GB/T 19650
774	噻吩草胺	Thenylchlor			不得检出	GB/T 19650
775	噻唑烟酸	Thiazopyr			不得检出	GB/T 19650
776	噻苯隆	Thidiazuron			不得检出	GB/T 20772
777	噻吩磺隆	Thifensulfuron – methyl			不得检出	GB/T 20772
778	甲基乙拌磷	Thiometon			不得检出	GB/T 20772
779	虫线磷	Thionazin			不得检出	GB/T 19650
780	硫普罗宁	Tiopronin			不得检出	SN/T 2225
781	三甲苯草酮	Tralkoxydim			不得检出	GB/T 19650
782	四溴菊酯	Tralomethrin			不得检出	SN/T 2320
783	反式－氯丹	trans – Chlordane			不得检出	GB/T 19650
784	反式－燕麦敌	trans – Diallate			不得检出	GB/T 19650
785	四氟苯菊酯	Transfluthrin			不得检出	GB/T 19650
786	反式九氯	trans – Nonachlor			不得检出	GB/T 19650
787	反式－氯菊酯	trans – Permethrin			不得检出	GB/T 19650
788	群勃龙	Trenbolone			不得检出	GB/T 21981
789	威菌磷	Triamiphos			不得检出	GB/T 19650
790	毒壤磷	Trichloronate			不得检出	GB/T 19650

序号	农兽药中文名	农兽药英文名	欧盟标准限量要求 mg/kg	国家标准限量要求 mg/kg	三安超有机食品标准	
					限量要求 mg/kg	检测方法
791	灭草环	Tridiphane			不得检出	GB/T 19650
792	草达津	Trietazine			不得检出	GB/T 19650
793	三异丁基磷酸盐	Tri – iso – butyl phosphate			不得检出	GB/T 19650
794	三正丁基磷酸盐	Tri – n – butyl phosphate			不得检出	GB/T 19650
795	三苯基磷酸盐	Triphenyl phosphate			不得检出	GB/T 19650
796	烯效唑	Uniconazole			不得检出	GB/T 19650
797	灭草敌	Vernolate			不得检出	GB/T 19650
798	维吉尼霉素	Virginiamycin			不得检出	GB/T 20765
799	杀鼠灵	War farin			不得检出	GB/T 20772
800	甲苯噻嗪	Xylazine			不得检出	GB/T 20763
801	右环十四酮酚	Zeranol			不得检出	GB/T 21982
802	苯酰菌胺	Zoxamide			不得检出	GB/T 19650

5.3 马肝脏 Horse Liver

序号	农兽药中文名	农兽药英文名	欧盟标准限量要求 mg/kg	国家标准限量要求 mg/kg	三安超有机食品标准	
					限量要求 mg/kg	检测方法
1	1,1 – 二氯 – 2,2 – 二(4 – 乙苯)乙烷	1,1 – Dichloro – 2,2 – bis(4 – ethylphenyl)ethane	0.01		不得检出	日本肯定列表（增补本1）
2	1,2 – 二氯乙烷	1,2 – Dichloroethane	0.1		不得检出	SN/T 2238
3	1,3 – 二氯丙烯	1,3 – Dichloropropene	0.01		不得检出	SN/T 2238
4	1 – 萘乙酸	1 – Naphthylacetic acid	0.05		不得检出	SN/T 2228
5	2,4 – 滴	2,4 – D	0.05		不得检出	GB/T 20772
6	2,4 – 滴丁酸	2,4 – DB	0.1		不得检出	GB/T 20769
7	2 – 苯酚	2 – Phenylphenol	0.05		不得检出	GB/T 19650
8	阿维菌素	Abamectin	0.02		不得检出	SN/T 2661
9	乙酰甲胺磷	Acephate	0.02		不得检出	GB/T 20772
10	灭螨醌	Acequinocyl	0.01		不得检出	参照同类标准
11	啶虫脒	Acetamiprid	0.1		不得检出	GB/T 20772
12	乙草胺	Acetochlor	0.01		不得检出	GB/T 19650
13	苯并噻二唑	Acibenzolar – S – methyl	0.02		不得检出	GB/T 20772
14	苯草醚	Aclonifen	0.02		不得检出	GB/T 20772
15	氟丙菊酯	Acrinathrin	0.05		不得检出	GB/T 19648
16	甲草胺	Alachlor	0.01		不得检出	GB/T 20772
17	阿苯达唑	Albendazole	1000μg/kg		不得检出	GB 29687
18	涕灭威	Aldicarb	0.01		不得检出	GB/T 20772
19	艾氏剂和狄氏剂	Aldrin and dieldrin	0.2		不得检出	GB/T 19650
20	烯丙孕素	Altrenogest	2μg/kg		不得检出	SN/T 1980

序号	农兽药中文名	农兽药英文名	欧盟标准限量要求 mg/kg	国家标准限量要求 mg/kg	三安超有机食品标准	
					限量要求 mg/kg	检测方法
21	—	Ametoctradin	0.03		不得检出	参照同类标准
22	酰嘧磺隆	Amidosulfuron	0.02		不得检出	参照同类标准
23	氯氨吡啶酸	Aminopyralid	0.02		不得检出	GB/T 23211
24	—	Amisulbrom	0.01		不得检出	参照同类标准
25	阿莫西林	Amoxicillin	50μg/kg			NY/T 830
26	氨苄青霉素	Ampicillin	50μg/kg		不得检出	GB/T 21315
27	敌菌灵	Anilazine	0.01		不得检出	GB/T 20769
28	杀螨特	Aramite	0.01		不得检出	GB/T 19650
29	磺草灵	Asulam	0.1		不得检出	日本肯定列表（增补本1）
30	印楝素	Azadirachtin	0.01		不得检出	SN/T 3264
31	益棉磷	Azinphos – ethyl	0.01		不得检出	GB/T 19650
32	保棉磷	Azinphos – methyl	0.01		不得检出	GB/T 20772
33	三唑锡和三环锡	Azocyclotin and cyhexatin	0.05		不得检出	SN/T 1990
34	嘧菌酯	Azoxystrobin	0.07		不得检出	GB/T 20772
35	燕麦灵	Barban	0.05		不得检出	参照同类标准
36	氟丁酰草胺	Beflubutamid	0.05		不得检出	参照同类标准
37	苯霜灵	Benalaxyl	0.05		不得检出	GB/T 20772
38	丙硫克百威	Benfuracarb	0.02		不得检出	GB/T 20772
39	苄青霉素	Benzyl pencillin	50μg/kg		不得检出	GB/T 21315
40	联苯肼酯	Bifenazate	0.01		不得检出	GB/T 20772
41	甲羧除草醚	Bifenox	0.05		不得检出	GB/T 23210
42	联苯菊酯	Bifenthrin	0.2		不得检出	GB/T 19650
43	乐杀螨	Binapacryl	0.01		不得检出	SN 0523
44	联苯	Biphenyl	0.01		不得检出	GB/T 19650
45	联苯三唑醇	Bitertanol	0.05		不得检出	GB/T 20772
46	—	Bixafen	0.02		不得检出	参照同类标准
47	啶酰菌胺	Boscalid	0.2		不得检出	GB/T 20772
48	溴离子	Bromide ion	0.05		不得检出	GB/T 5009.167
49	溴螨酯	Bromopropylate	0.01		不得检出	GB/T 19650
50	溴苯腈	Bromoxynil	0.05		不得检出	GB/T 20772
51	糠菌唑	Bromuconazole	0.05		不得检出	GB/T 19650
52	乙嘧酚磺酸酯	Bupirimate	0.05		不得检出	GB/T 19650
53	噻嗪酮	Buprofezin	0.05		不得检出	GB/T 20772
54	仲丁灵	Butralin	0.02		不得检出	GB/T 19650
55	丁草敌	Butylate	0.01		不得检出	GB/T 19650
56	硫线磷	Cadusafos	0.01		不得检出	GB/T 19650
57	毒杀芬	Camphechlor	0.05		不得检出	YC/T 180
58	敌菌丹	Captafol	0.01		不得检出	GB/T 23210

序号	农兽药中文名	农兽药英文名	欧盟标准限量要求 mg/kg	国家标准限量要求 mg/kg	三安超有机食品标准 限量要求 mg/kg	三安超有机食品标准 检测方法
59	克菌丹	Captan	0.02		不得检出	GB/T 19648
60	甲萘威	Carbaryl	0.05		不得检出	GB/T 20796
61	多菌灵和苯菌灵	Carbendazim and benomyl	0.05		不得检出	GB/T 20772
62	长杀草	Carbetamide	0.05		不得检出	GB/T 20772
63	克百威	Carbofuran	0.01		不得检出	GB/T 20772
64	丁硫克百威	Carbosulfan	0.05		不得检出	GB/T 19650
65	萎锈灵	Carboxin	0.05		不得检出	GB/T 20772
66	卡洛芬	Carprofen	1000μg/kg		不得检出	SN/T 2190
67	头孢喹肟	Cefquinome	100μg/kg		不得检出	GB/T 22989
68	头孢噻呋	Ceftiofur	2000μg/kg		不得检出	GB/T 21314
69	氯虫苯甲酰胺	Chlorantraniliprole	0.2		不得检出	参照同类标准
70	杀螨醚	Chlorbenside	0.05		不得检出	GB/T 19650
71	氯炔灵	Chlorbufam	0.05		不得检出	GB/T 20772
72	氯丹	Chlordane	0.05		不得检出	GB/T 5009.19
73	十氯酮	Chlordecone	0.1		不得检出	参照同类标准
74	杀螨酯	Chlorfenson	0.05		不得检出	GB/T 19650
75	毒虫畏	Chlorfenvinphos	0.01		不得检出	GB/T 19650
76	氯草敏	Chloridazon	0.1		不得检出	GB/T 20772
77	矮壮素	Chlormequat	0.05		不得检出	GB/T 23211
78	乙酯杀螨醇	Chlorobenzilate	0.1		不得检出	GB/T 23210
79	百菌清	Chlorothalonil	0.2		不得检出	SN/T 2320
80	绿麦隆	Chlortoluron	0.05		不得检出	GB/T 20772
81	枯草隆	Chloroxuron	0.05		不得检出	SN/T 2150
82	氯苯胺灵	Chlorpropham	0.05		不得检出	GB/T 19650
83	甲基毒死蜱	Chlorpyrifos - methyl	0.05		不得检出	GB/T 19650
84	氯磺隆	Chlorsulfuron	0.01		不得检出	GB/T 20772
85	金霉素	Chlortetracycline	300μg/kg		不得检出	GB/T 21317
86	氯酞酸甲酯	Chlorthaldimethyl	0.01		不得检出	GB/T 19650
87	氯硫酰草胺	Chlorthiamid	0.02		不得检出	GB/T 20772
88	盐酸克仑特罗	Clenbuterol hydrochloride	0.5μg/kg		不得检出	GB/T 22147
89	烯草酮	Clethodim	0.2		不得检出	GB/T 19650
90	炔草酯	Clodinafop - propargyl	0.02		不得检出	GB/T 19650
91	四螨嗪	Clofentezine	0.05		不得检出	GB/T 20772
92	二氯吡啶酸	Clopyralid	0.05		不得检出	SN/T 2228
93	噻虫胺	Clothianidin	0.2		不得检出	GB/T 20772
94	邻氯青霉素	Cloxacillin	300μg/kg		不得检出	GB/T 18932.25
95	黏菌素	Colistin	150μg/kg		不得检出	参照同类标准
96	铜化合物	Copper compounds	30		不得检出	参照同类标准
97	环烷基酰苯胺	Cyclanilide	0.01		不得检出	参照同类标准

序号	农兽药中文名	农兽药英文名	欧盟标准限量要求 mg/kg	国家标准限量要求 mg/kg	三安超有机食品标准	
					限量要求 mg/kg	检测方法
98	噻草酮	Cycloxydim	0.05		不得检出	GB/T 19650
99	环氟菌胺	Cyflufenamid	0.03		不得检出	GB/T 23210
100	氟氯氰菊酯和高效氟氯氰菊酯	Cyfluthrin and beta – cyfluthrin	0.05		不得检出	GB/T 19650
101	霜脲氰	Cymoxanil	0.05		不得检出	GB/T 20772
102	氯氰菊酯和高效氯氰菊酯	Cypermethrin and beta – cypermethrin	20μg/kg		不得检出	GB/T 19650
103	环丙唑醇	Cyproconazole	0.5		不得检出	GB/T 20772
104	嘧菌环胺	Cyprodinil	0.05		不得检出	GB/T 19650
105	灭蝇胺	Cyromazine	0.05		不得检出	GB/T 20772
106	丁酰肼	Daminozide	0.05		不得检出	SN/T 1989
107	达氟沙星	Danofloxacin	200μg/kg		不得检出	GB/T 22985
108	滴滴涕	DDT	1		不得检出	SN/T 0127
109	溴氰菊酯	Deltamethrin	10μg/kg		不得检出	GB/T 19650
110	地塞米松	Dexamethasone	2μg/kg		不得检出	SN/T 1970
111	燕麦敌	Diallate	0.2		不得检出	GB/T 23211
112	二嗪磷	Diazinon	0.01		不得检出	GB/T 19650
113	麦草畏	Dicamba	0.7		不得检出	GB/T 20772
114	敌草腈	Dichlobenil	0.01		不得检出	GB/T 19650
115	滴丙酸	Dichlorprop	0.1		不得检出	SN/T 2228
116	二氯苯氧基丙酸	Diclofop	0.05		不得检出	参照同类标准
117	氯硝胺	Dicloran	0.01		不得检出	GB/T 19650
118	双氯青霉素	Dicloxacillin	300μg/kg		不得检出	GB/T 18932.25
119	三氯杀螨醇	Dicofol	0.02		不得检出	GB/T 19650
120	乙霉威	Diethofencarb	0.05		不得检出	GB/T 19650
121	苯醚甲环唑	Difenoconazole	0.2		不得检出	GB/T 19650
122	双氟沙星	Difloxacin	800μg/kg		不得检出	GB/T 20366
123	除虫脲	Diflubenzuron	0.1		不得检出	SN/T 0528
124	吡氟酰草胺	Diflufenican	0.05		不得检出	GB/T 20772
125	二氢链霉素	Dihydro – streptomycin	500μg/kg		不得检出	GB/T 22969
126	油菜安	Dimethachlor	0.02		不得检出	GB/T 20772
127	烯酰吗啉	Dimethomorph	0.05		不得检出	GB/T 20772
128	醚菌胺	Dimoxystrobin	0.05		不得检出	SN/T 2237
129	烯唑醇	Diniconazole	0.01		不得检出	GB/T 19650
130	敌螨普	Dinocap	0.05		不得检出	日本肯定列表（增补本1）
131	地乐酚	Dinoseb	0.01		不得检出	GB/T 20772
132	特乐酚	Dinoterb	0.05		不得检出	GB/T 20772
133	敌噁磷	Dioxathion	0.05		不得检出	GB/T 19650

序号	农兽药中文名	农兽药英文名	欧盟标准限量要求 mg/kg	国家标准限量要求 mg/kg	三安超有机食品标准 限量要求 mg/kg	三安超有机食品标准 检测方法
134	敌草快	Diquat	0.05		不得检出	GB/T 5009.221
135	乙拌磷	Disulfoton	0.01		不得检出	GB/T 20772
136	二氰蒽醌	Dithianon	0.01		不得检出	GB/T 20769
137	二硫代氨基甲酸酯	Dithiocarbamates	0.05		不得检出	SN 0139
138	敌草隆	Diuron	0.05		不得检出	SN/T 0645
139	二硝甲酚	DNOC	0.05		不得检出	GB/T 20772
140	多果定	Dodine	0.2		不得检出	SN 0500
141	多拉菌素	Doramectin	100μg/kg		不得检出	GB/T 22968
142	甲氨基阿维菌素苯甲酸盐	Emamectin benzoate	0.08		不得检出	GB/T 20769
143	硫丹	Endosulfan	0.05	0.1	不得检出	GB/T 19650
144	异狄氏剂	Endrin	0.05		不得检出	GB/T 19650
145	恩诺沙星	Enrofloxacin	200μg/kg		不得检出	GB/T 20366
146	氟环唑	Epoxiconazole	0.2		不得检出	GB/T 20772
147	茵草敌	EPTC	0.02		不得检出	GB/T 20772
148	红霉素	Erythromycin	200μg/kg		不得检出	GB/T 20762
149	乙丁烯氟灵	Ethalfluralin	0.01		不得检出	GB/T 19650
150	胺苯磺隆	Ethametsulfuron	0.01		不得检出	NY/T 1616
151	乙烯利	Ethephon	0.05		不得检出	SN 0705
152	乙硫磷	Ethion	0.01		不得检出	GB/T 19650
153	乙嘧酚	Ethirimol	0.05		不得检出	GB/T 20772
154	乙氧呋草黄	Ethofumesate	0.1		不得检出	GB/T 20772
155	灭线磷	Ethoprophos	0.01		不得检出	GB/T 19650
156	乙氧喹啉	Ethoxyquin	0.05		不得检出	GB/T 20772
157	环氧乙烷	Ethylene oxide	0.02		不得检出	GB/T 23296.11
158	醚菊酯	Etofenprox	0.5		不得检出	GB/T 19650
159	乙螨唑	Etoxazole	0.01		不得检出	GB/T 19650
160	氯唑灵	Etridiazole	0.05		不得检出	GB/T 20772
161	噁唑菌酮	Famoxadone	0.05		不得检出	GB/T 20772
162	苯硫氨酯	Febantel	500μg/kg		不得检出	GB/T 22972
163	咪唑菌酮	Fenamidone	0.01		不得检出	GB/T 19650
164	苯线磷	Fenamiphos	0.01		不得检出	GB/T 19650
165	氯苯嘧啶醇	Fenarimol	0.02		不得检出	GB/T 20772
166	喹螨醚	Fenazaquin	0.01		不得检出	GB/T 19650
167	苯硫苯咪唑	Fenbendazole	500μg/kg		不得检出	SN 0638
168	腈苯唑	Fenbuconazole	0.05		不得检出	GB/T 20772
169	苯丁锡	Fenbutatin oxide	0.05		不得检出	SN/T 3149
170	环酰菌胺	Fenhexamid	0.05		不得检出	GB/T 20772
171	杀螟硫磷	Fenitrothion	0.01		不得检出	GB/T 20772
172	精噁唑禾草灵	Fenoxaprop – P – ethyl	0.05		不得检出	GB/T 22617

序号	农兽药中文名	农兽药英文名	欧盟标准限量要求 mg/kg	国家标准限量要求 mg/kg	三安超有机食品标准 限量要求 mg/kg	三安超有机食品标准 检测方法
173	双氧威	Fenoxycarb	0.05		不得检出	GB/T 19650
174	甲氰菊酯	Fenpropathrin	0.02		不得检出	GB/T 19650
175	丁苯吗啉	Fenpropimorph	0.01		不得检出	GB/T 20772
176	胺苯吡菌酮	Fenpyrazamine	0.01		不得检出	参照同类标准
177	唑螨酯	Fenpyroximate	0.01		不得检出	GB/T 19650
178	倍硫磷	Fenthion	0.05		不得检出	GB/T 20772
179	三苯锡	Fentin	0.05		不得检出	SN/T 3149
180	薯瘟锡	Fentin acetate	0.05		不得检出	参照同类标准
181	氰戊菊酯和高效氰戊菊酯（RR & SS 异构体总量）	Fenvalerate and esfenvalerate（sum of RR & SS isomers）	0.2		不得检出	GB/T 19650
182	氰戊菊酯和高效氰戊菊酯（RS & SR 异构体总量）	Fenvalerate and esfenvalerate（sum of RS & SR isomers）	0.05		不得检出	GB/T 19650
183	氟虫腈	Fipronil	0.01		不得检出	SN/T 1982
184	非罗考昔	Firocoxib	60μg/kg		不得检出	参照同类标准
185	氟啶虫酰胺	Flonicamid	0.03		不得检出	SN/T 2796
186	氟苯尼考	Florfenicol	2000μg/kg		不得检出	GB/T 20756
187	精吡氟禾草灵	Fluazifop – P – butyl	0.05		不得检出	GB/T 5009.142
188	氟啶胺	Fluazinam（F）	0.05		不得检出	SN/T 2150
189	氟苯虫酰胺	Flubendiamide	1		不得检出	SN/T 2581
190	氟环脲	Flucycloxuron	0.05		不得检出	参照同类标准
191	氟氰戊菊酯	Flucythrinate	0.05		不得检出	GB/T 23210
192	咯菌腈	Fludioxonil	0.05		不得检出	GB/T 20772
193	氟虫脲	Flufenoxuron	0.05		不得检出	SN/T 2150
194	—	Flufenzin	0.02		不得检出	参照同类标准
195	氟甲喹	Flumequin	500μg/kg		不得检出	SN/T 1921
196	氟胺烟酸	Flunixin	100μg/kg		不得检出	GB/T 20750
197	氟吡菌胺	Fluopicolide	0.01		不得检出	参照同类标准
198	—	Fluopyram	0.7		不得检出	参照同类标准
199	氟离子	Fluoride ion	1		不得检出	GB/T 5009.167
200	氟腈嘧菌酯	Fluoxastrobin	0.05		不得检出	SN/T 2237
201	氟喹唑	Fluquinconazole	0.3		不得检出	GB/T 19650
202	氟咯草酮	Fluorochloridone	0.05		不得检出	GB/T 20772
203	氟草烟	Fluroxypyr	0.05		不得检出	GB/T 20772
204	氟硅唑	Flusilazole	0.1		不得检出	GB/T 20772
205	氟酰胺	Flutolanil	0.05		不得检出	GB/T 20772
206	粉唑醇	Flutriafol	0.01		不得检出	GB/T 20772
207	—	Fluxapyroxad	0.01		不得检出	参照同类标准
208	氟磺胺草醚	Fomesafen	0.01		不得检出	GB/T 5009.130

序号	农兽药中文名	农兽药英文名	欧盟标准限量要求 mg/kg	国家标准限量要求 mg/kg	三安超有机食品标准 限量要求 mg/kg	三安超有机食品标准 检测方法
209	氯吡脲	Forchlorfenuron	0.05		不得检出	SN/T 3643
210	伐虫脒	Formetanate	0.01		不得检出	NY/T 1453
211	三乙膦酸铝	Fosetyl – aluminium	0.5		不得检出	GB/T 2763
212	麦穗宁	Fuberidazole	0.05		不得检出	GB/T 19650
213	呋线威	Furathiocarb	0.01		不得检出	GB/T 20772
214	糠醛	Furfural	1		不得检出	参照同类标准
215	勃激素	Gibberellic acid	0.1		不得检出	GB/T 23211
216	草胺膦	Glufosinate – ammonium	0.1		不得检出	日本肯定列表
217	草甘膦	Glyphosate	0.05		不得检出	SN/T 1923
218	双胍盐	Guazatine	0.1		不得检出	参照同类标准
219	氟吡禾灵	Haloxyfop	0.01		不得检出	SN/T 2228
220	七氯	Heptachlor	0.2		不得检出	SN 0663
221	六氯苯	Hexachlorobenzene	0.2		不得检出	SN/T 0127
222	六六六(HCH),α – 异构体	Hexachlorociclohexane（HCH）, alpha – isomer	0.2		不得检出	SN/T 0127
223	六六六(HCH),β – 异构体	Hexachlorociclohexane（HCH）, beta – isomer	0.1		不得检出	SN/T 0127
224	噻螨酮	Hexythiazox	0.05		不得检出	GB/T 20772
225	恶霉灵	Hymexazol	0.05		不得检出	GB/T 20772
226	抑霉唑	Imazalil	0.05		不得检出	GB/T 20772
227	甲咪唑烟酸	Imazapic	0.01		不得检出	GB/T 20772
228	咪唑喹啉酸	Imazaquin	0.05		不得检出	GB/T 20772
229	吡虫啉	Imidacloprid	0.3		不得检出	GB/T 20772
230	茚虫威	Indoxacarb	0.05		不得检出	GB/T 20772
231	碘苯腈	Ioxynil	0.05		不得检出	GB/T 20772
232	异菌脲	Iprodione	0.05		不得检出	GB/T 19650
233	—	Isoprothiolane	0.01		不得检出	GB/T 20772
234	异丙隆	Isoproturon	0.05		不得检出	GB/T 20772
235	—	Isopyrazam	0.01		不得检出	参照同类标准
236	异恶酰草胺	Isoxaben	0.01		不得检出	GB/T 20772
237	依维菌素	Ivermectin	100μg/kg		不得检出	GB/T 21320
238	卡那霉素	Kanamycin	600μg/kg		不得检出	GB/T 21323
239	醚菌酯	Kresoxim – methyl	0.02		不得检出	GB/T 20772
240	乳氟禾草灵	Lactofen	0.01		不得检出	GB/T 19650
241	高效氯氟氰菊酯	Lambda – cyhalothrin	0.5		不得检出	GB/T 23210
242	环草定	Lenacil	0.1		不得检出	GB/T 19650
243	林可霉素	Lincomycin	500μg/kg		不得检出	GB/T 20762
244	林丹	Lindane	0.02	0.01	不得检出	NY/T 761
245	虱螨脲	Lufenuron	0.02		不得检出	SN/T 2540

序号	农兽药中文名	农兽药英文名	欧盟标准限量要求 mg/kg	国家标准限量要求 mg/kg	三安超有机食品标准	
					限量要求 mg/kg	检测方法
246	马拉硫磷	Malathion	0.02		不得检出	GB/T 19650
247	抑芽丹	Maleic hydrazide	0.05		不得检出	GB/T 23211
248	双炔酰菌胺	Mandipropamid	0.02		不得检出	参照同类标准
249	二甲四氯和二甲四氯丁酸	MCPA and MCPB	0.1		不得检出	SN/T 2228
250	甲苯咪唑	Mebendazole	400μg/kg		不得检出	GB/T 21324
251	美洛昔康	Meloxicam	65μg/kg		不得检出	SN/T 2190
252	壮棉素	Mepiquat chloride	0.05		不得检出	GB/T 23211
253	—	Meptyldinocap	0.05		不得检出	参照同类标准
254	汞化合物	Mercury compounds	0.01		不得检出	参照同类标准
255	氰氟虫腙	Metaflumizone	0.02		不得检出	SN/T 3852
256	甲霜灵和精甲霜灵	Metalaxyl and metalaxyl – M	0.05		不得检出	GB/T 20772
257	四聚乙醛	Metaldehyde	0.05		不得检出	SN/T 1787
258	苯嗪草酮	Metamitron	0.05		不得检出	GB/T 19650
259	安乃近	Metamizole	100μg/kg		不得检出	GB/T 20747
260	吡唑草胺	Metazachlor	0.05		不得检出	GB/T 19650
261	叶菌唑	Metconazole	0.01		不得检出	GB/T 20772
262	甲基苯噻隆	Methabenzthiazuron	0.05		不得检出	GB/T 19650
263	虫螨畏	Methacrifos	0.01		不得检出	GB/T 20772
264	甲胺磷	Methamidophos	0.01		不得检出	GB/T 20772
265	杀扑磷	Methidathion	0.02		不得检出	GB/T 20772
266	甲硫威	Methiocarb	0.05		不得检出	GB/T 20770
267	灭多威和硫双威	Methomyl and thiodicarb	0.02		不得检出	GB/T 20772
268	烯虫酯	Methoprene	0.05		不得检出	GB/T 19650
269	甲氧滴滴涕	Methoxychlor	0.01		不得检出	SN/T 0529
270	甲氧虫酰肼	Methoxyfenozide	0.1		不得检出	GB/T 20772
271	磺草唑胺	Metosulam	0.01		不得检出	GB/T 20772
272	苯菌酮	Metrafenone	0.05		不得检出	参照同类标准
273	嗪草酮	Metribuzin	0.1		不得检出	GB/T 19650
274	绿谷隆	Monolinuron	0.05		不得检出	GB/T 20772
275	灭草隆	Monuron	0.01		不得检出	GB/T 20772
276	甲噻吩嘧啶	Morantel	800μg/kg		不得检出	参照同类标准
277	莫西丁克	Moxidectin	100μg/kg		不得检出	SN/T 2442
278	腈菌唑	Myclobutanil	0.01		不得检出	GB/T 20772
279	奈夫西林	Nafcillin	300μg/kg		不得检出	GB/T 22975
280	1 – 萘乙酰胺	1 – Naphthylacetamide	0.05		不得检出	GB/T 23205
281	敌草胺	Napropamide	0.01		不得检出	GB/T 19650
282	新霉素(包括 framycetin)	Neomycin（including framycetin）	500μg/kg		不得检出	SN 0646
283	烟嘧磺隆	Nicosulfuron	0.05		不得检出	SN/T 2325
284	除草醚	Nitrofen	0.01		不得检出	GB/T 19650

5 马（5种）

序号	农兽药中文名	农兽药英文名	欧盟标准限量要求 mg/kg	国家标准限量要求 mg/kg	三安超有机食品标准 限量要求 mg/kg	检测方法
285	氟酰脲	Novaluron	0.7		不得检出	GB/T 23211
286	嘧苯胺磺隆	Orthosulfamuron	0.01		不得检出	GB/T 23817
287	苯唑青霉素	Oxacillin	300μg/kg		不得检出	GB/T 18932.25
288	噁草酮	Oxadiazon	0.05		不得检出	GB/T 19650
289	噁霜灵	Oxadixyl	0.01		不得检出	GB/T 19650
290	环氧嘧磺隆	Oxasulfuron	0.05		不得检出	GB/T 23817
291	奥芬达唑	Oxfendazole	50μg/kg		不得检出	参照同类标准
292	喹菌酮	Oxolinic acid	150μg/kg		不得检出	日本肯定列表
293	氧化萎锈灵	Oxycarboxin	0.05		不得检出	GB/T 19650
294	羟氯柳苯胺	Oxyclozanide	500μg/kg		不得检出	SN/T 2909
295	亚砜磷	Oxydemeton-methyl	0.02		不得检出	参照同类标准
296	乙氧氟草醚	Oxyfluorfen	0.05		不得检出	GB/T 20772
297	土霉素	Oxytetracycline	300μg/kg		不得检出	GB/T 21317
298	多效唑	Paclobutrazol	0.02		不得检出	GB/T 19650
299	对硫磷	Parathion	0.05		不得检出	GB/T 19650
300	甲基对硫磷	Parathion-methyl	0.01		不得检出	GB/T 5009.161
301	巴龙霉素	Paromomycin	1500μg/kg		不得检出	SN/T 2315
302	戊菌唑	Penconazole	0.05		不得检出	GB/T 20772
303	戊菌隆	Pencycuron	0.05		不得检出	GB/T 19650
304	二甲戊灵	Pendimethalin	0.05		不得检出	GB/T 19650
305	喷沙西林	Penethamate	50μg/kg		不得检出	参照同类标准
306	甜菜宁	Phenmedipham	0.05		不得检出	GB/T 23205
307	苯醚菊酯	Phenothrin	0.05		不得检出	GB/T 20772
308	甲拌磷	Phorate	0.02		不得检出	GB/T 20772
309	伏杀硫磷	Phosalone	0.01		不得检出	GB/T 20772
310	亚胺硫磷	Phosmet	0.1		不得检出	GB/T 20772
311	—	Phosphines and phosphides	0.01		不得检出	参照同类标准
312	辛硫磷	Phoxim	0.02		不得检出	GB/T 20772
313	氨氯吡啶酸	Picloram	0.01		不得检出	GB/T 23211
314	啶氧菌酯	Picoxystrobin	0.05		不得检出	GB/T 19650
315	抗蚜威	Pirimicarb	0.05		不得检出	GB/T 20772
316	甲基嘧啶磷	Pirimiphos-methyl	0.05		不得检出	GB/T 20772
317	泼尼松龙	Prednisolone	6μg/kg		不得检出	GB/T 21981
318	咪鲜胺	Prochloraz	0.1		不得检出	GB/T 19650
319	腐霉利	Procymidone	0.01		不得检出	GB/T 20772
320	丙溴磷	Profenofos	0.05		不得检出	GB/T 20772
321	调环酸	Prohexadione	0.05		不得检出	日本肯定列表
322	毒草安	Propachlor	0.02		不得检出	GB/T 20772
323	扑派威	Propamocarb	0.1		不得检出	GB/T 20772

序号	农兽药中文名	农兽药英文名	欧盟标准限量要求 mg/kg	国家标准限量要求 mg/kg	三安超有机食品标准 限量要求 mg/kg	检测方法
324	恶草酸	Propaquizafop	0.05		不得检出	GB/T 20772
325	炔螨特	Propargite	0.1		不得检出	GB/T 19650
326	苯胺灵	Propham	0.05		不得检出	GB/T 19650
327	丙环唑	Propiconazole	0.01		不得检出	GB/T 19650
328	异丙草胺	Propisochlor	0.01		不得检出	GB/T 19650
329	残杀威	Propoxur	0.05		不得检出	GB/T 20772
330	炔苯酰草胺	Propyzamide	0.05		不得检出	GB/T 19650
331	苄草丹	Prosulfocarb	0.05		不得检出	GB/T 19650
332	丙硫菌唑	Prothioconazole	0.5		不得检出	参照同类标准
333	吡蚜酮	Pymetrozine	0.01		不得检出	GB/T 20772
334	吡唑醚菌酯	Pyraclostrobin	0.05		不得检出	GB/T 20772
335	—	Pyrasulfotole	0.01		不得检出	参照同类标准
336	吡菌磷	Pyrazophos	0.02		不得检出	GB/T 20772
337	除虫菊素	Pyrethrins	0.05		不得检出	GB/T 20772
338	哒螨灵	Pyridaben	0.02		不得检出	GB/T 19650
339	啶虫丙醚	Pyridalyl	0.01		不得检出	日本肯定列表
340	哒草特	Pyridate	0.05		不得检出	日本肯定列表
341	嘧霉胺	Pyrimethanil	0.05		不得检出	GB/T 19650
342	吡丙醚	Pyriproxyfen	0.05		不得检出	GB/T 19650
343	甲氧磺草胺	Pyroxsulam	0.01		不得检出	SN/T 2325
344	氯甲喹啉酸	Quinmerac	0.05		不得检出	参照同类标准
345	喹氧灵	Quinoxyfen	0.2		不得检出	SN/T 2319
346	五氯硝基苯	Quintozene	0.01		不得检出	GB/T 19650
347	精喹禾灵	Quizalofop－P－ethyl	0.05		不得检出	SN/T 2150
348	灭虫菊	Resmethrin	0.1		不得检出	GB/T 20772
349	鱼藤酮	Rotenone	0.01		不得检出	GB/T 20772
350	西玛津	Simazine	0.01		不得检出	SN 0594
351	乙基多杀菌素	Spinetoram	0.01		不得检出	参照同类标准
352	多杀霉素	Spinosad	0.5		不得检出	GB/T 20772
353	螺螨酯	Spirodiclofen	0.05		不得检出	GB/T 20772
354	螺甲螨酯	Spiromesifen	0.01		不得检出	GB/T 23210
355	螺虫乙酯	Spirotetramat	0.03		不得检出	参照同类标准
356	葚孢菌素	Spiroxamine	0.2		不得检出	GB/T 20772
357	链霉素	Streptomycin	500μg/kg		不得检出	GB/T 21323
358	磺草酮	Sulcotrione	0.05		不得检出	参照同类标准
359	磺胺类(所有属于磺胺类的物质)	Sulfonamides (all substances belonging to the sulfonamide-group)	100μg/kg		不得检出	GB 29694
360	乙黄隆	Sulfosulfuron	0.05		不得检出	SN/T 2325

序号	农兽药中文名	农兽药英文名	欧盟标准限量要求 mg/kg	国家标准限量要求 mg/kg	三安超有机食品标准	
					限量要求 mg/kg	检测方法
361	硫磺粉	Sulfur	0.5		不得检出	参照同类标准
362	氟胺氰菊酯	Tau – fluvalinate	0.01		不得检出	SN 0691
363	戊唑醇	Tebuconazole	0.1		不得检出	GB/T 20772
364	虫酰肼	Tebufenozide	0.05		不得检出	GB/T 20772
365	吡螨胺	Tebufenpyrad	0.05		不得检出	GB/T 19650
366	四氯硝基苯	Tecnazene	0.05		不得检出	GB/T 19650
367	氟苯脲	Teflubenzuron	0.05		不得检出	SN/T 2150
368	七氟菊酯	Tefluthrin	0.05		不得检出	GB/T 23210
369	得杀草	Tepraloxydim	0.1		不得检出	GB/T 20772
370	特丁硫磷	Terbufos	0.01		不得检出	GB/T 20772
371	特丁津	Terbuthylazine	0.05		不得检出	GB/T 19650
372	四氟醚唑	Tetraconazole	1		不得检出	GB/T 20772
373	四环素	Tetracycline	300μg/kg		不得检出	GB/T 21317
374	三氯杀螨砜	Tetradifon	0.05		不得检出	GB/T 19650
375	噻虫啉	Thiacloprid	0.3		不得检出	GB/T 20772
376	噻虫嗪	Thiamethoxam	0.03		不得检出	GB/T 20772
377	甲砜霉素	Thiamphenicol	50μg/kg		不得检出	GB/T 20756
378	禾草丹	Thiobencarb	0.01		不得检出	GB/T 20772
379	甲基硫菌灵	Thiophanate – methyl	0.05		不得检出	SN/T 0162
380	替米考星	Tilmicosin	1000μg/kg		不得检出	GB/T 20762
381	甲基立枯磷	Tolclofos – methyl	0.05		不得检出	GB/T 19650
382	甲苯三嗪酮	Toltrazuril	500μg/kg		不得检出	参照同类标准
383	甲苯氟磺胺	Tolylfluanid	0.1		不得检出	GB/T 19650
384	—	Topramezone	0.05		不得检出	参照同类标准
385	三唑酮和三唑醇	Triadimefon and triadimenol	0.1		不得检出	GB/T 20772
386	野麦畏	Triallate	0.05		不得检出	GB/T 20772
387	醚苯磺隆	Triasulfuron	0.05		不得检出	GB/T 20772
388	三唑磷	Triazophos	0.01		不得检出	GB/T 20772
389	敌百虫	Trichlorphon	0.01		不得检出	GB/T 20772
390	三氯苯哒唑	Triclabendazole	250μg/kg		不得检出	参照同类标准
391	绿草定	Triclopyr	0.05		不得检出	SN/T 2228
392	三环唑	Tricyclazole	0.05		不得检出	GB/T 20769
393	十三吗啉	Tridemorph	0.01		不得检出	GB/T 20772
394	肟菌酯	Trifloxystrobin	0.04		不得检出	GB/T 19650
395	氟菌唑	Triflumizole	0.05		不得检出	GB/T 20769
396	杀铃脲	Triflumuron	0.01		不得检出	GB/T 20772
397	氟乐灵	Trifluralin	0.01		不得检出	GB/T 20772
398	嗪氨灵	Triforine	0.01		不得检出	SN 0695
399	甲氧苄氨嘧啶	Trimethoprim	100μg/kg		不得检出	SN/T 1769

序号	农兽药中文名	农兽药英文名	欧盟标准限量要求 mg/kg	国家标准限量要求 mg/kg	三安超有机食品标准 限量要求 mg/kg	检测方法
400	三甲基锍阳离子	Trimethyl – sulfonium cation	0.05		不得检出	参照同类标准
401	抗倒酯	Trinexapac	0.05		不得检出	GB/T 20769
402	灭菌唑	Triticonazole	0.01		不得检出	GB/T 20772
403	三氟甲磺隆	Tritosulfuron	0.01		不得检出	参照同类标准
404	泰乐霉素	Tylosin	100μg/kg		不得检出	GB/T 22941
405	—	Valifenalate	0.01		不得检出	参照同类标准
406	维达布洛芬	Vedaprofen	100μg/kg		不得检出	参照同类标准
407	乙烯菌核利	Vinclozolin	0.05		不得检出	GB/T 20772
408	2,3,4,5 – 四氯苯胺	2,3,4,5 – Tetrachloraniline			不得检出	GB/T 19650
409	2,3,4,5 – 四氯甲氧基苯	2,3,4,5 – Tetrachloroanisole			不得检出	GB/T 19650
410	2,3,5,6 – 四氯苯胺	2,3,5,6 – Tetrachloroaniline			不得检出	GB/T 19650
411	2,4,5 – 涕	2,4,5 – T			不得检出	GB/T 20772
412	o,p′ – 滴滴滴	2,4′ – DDD			不得检出	GB/T 19650
413	o,p′ – 滴滴伊	2,4′ – DDE			不得检出	GB/T 19650
414	o,p′ – 滴滴涕	2,4′ – DDT			不得检出	GB/T 19650
415	2,6 – 二氯苯甲酰胺	2,6 – Dichlorobenzamide			不得检出	GB/T 19650
416	3,5 – 二氯苯胺	3,5 – Dichloroaniline			不得检出	GB/T 19650
417	p,p′ – 滴滴滴	4,4′ – DDD			不得检出	GB/T 19650
418	p,p′ – 滴滴伊	4,4′ – DDE			不得检出	GB/T 19650
419	p,p′ – 滴滴涕	4,4′ – DDT			不得检出	GB/T 19650
420	4,4′ – 二溴二苯甲酮	4,4′ – Dibromobenzophenone			不得检出	GB/T 19650
421	4,4′ – 二氯二苯甲酮	4,4′ – Dichlorobenzophenone			不得检出	GB/T 19650
422	二氢苊	Acenaphthene			不得检出	GB/T 19650
423	乙酰丙嗪	Acepromazine			不得检出	GB/T 20763
424	三氟羧草醚	Acifluorfen			不得检出	GB/T 20772
425	1 – 氨基 – 2 – 乙内酰脲	AHD			不得检出	GB/T 21311
426	涕灭砜威	Aldoxycarb			不得检出	GB/T 20772
427	烯丙菊酯	Allethrin			不得检出	GB/T 20772
428	二丙烯草胺	Allidochlor			不得检出	GB/T 19650
429	莠灭净	Ametryn			不得检出	GB/T 20772
430	双甲脒	Amitraz			不得检出	GB/T 19650
431	杀草强	Amitrole			不得检出	SN/T 1737.6
432	5 – 吗啉甲基 – 3 – 氨基 – 2 – 噁唑烷基酮	AMOZ			不得检出	GB/T 21311
433	氨丙嘧吡啶	Amprolium			不得检出	SN/T 0276
434	莎稗磷	Anilofos			不得检出	GB/T 19650
435	蒽醌	Anthraquinone			不得检出	GB/T 19650
436	3 – 氨基 – 2 – 噁唑酮	AOZ			不得检出	GB/T 21311
437	安普霉素	Apramycin			不得检出	GB/T 21323

序号	农兽药中文名	农兽药英文名	欧盟标准限量要求 mg/kg	国家标准限量要求 mg/kg	三安超有机食品标准 限量要求 mg/kg	三安超有机食品标准 检测方法
438	丙硫特普	Aspon			不得检出	GB/T 19650
439	羟氨卡青霉素	Aspoxicillin			不得检出	GB/T 21315
440	乙基杀扑磷	Athidathion			不得检出	GB/T 19650
441	莠去通	Atratone			不得检出	GB/T 19650
442	莠去津	Atrazine			不得检出	GB/T 20772
443	脱乙基阿特拉津	Atrazine – desethyl			不得检出	GB/T 19650
444	甲基吡噁磷	Azamethiphos			不得检出	GB/T 20763
445	氮哌酮	Azaperone			不得检出	SN/T2221
446	叠氮津	Aziprotryne			不得检出	GB/T 19650
447	杆菌肽	Bacitracin			不得检出	GB/T 20743
448	4 – 溴 – 3,5 – 二甲苯基 – N – 甲基氨基甲酸酯 – 1	BDMC – 1			不得检出	GB/T 19650
449	4 – 溴 – 3,5 – 二甲苯基 – N – 甲基氨基甲酸酯 – 2	BDMC – 2			不得检出	GB/T 19650
450	噁虫威	Bendiocarb			不得检出	GB/T 20772
451	乙丁氟灵	Bbenfluralin			不得检出	GB/T 19650
452	呋草黄	Benfuresate			不得检出	GB/T 19650
453	麦锈灵	Benodanil			不得检出	GB/T 19650
454	解草酮	Benoxacor			不得检出	GB/T 19650
455	新燕灵	Benzoylprop – ethyl			不得检出	GB/T 19650
456	倍他米松	Betamethasone			不得检出	SN/T 1970
457	生物烯丙菊酯 – 1	Bioallethrin – 1			不得检出	GB/T 19650
458	生物烯丙菊酯 – 2	Bioallethrin – 2			不得检出	GB/T 19650
459	除草定	Bromacil			不得检出	GB/T 20772
460	溴苯烯磷	Bromfenvinfos			不得检出	GB/T 19650
461	溴烯杀	Bromocylen			不得检出	GB/T 19650
462	溴硫磷	Bromofos			不得检出	GB/T 19650
463	乙基溴硫磷	Bromophos – ethyl			不得检出	GB/T 19650
464	溴丁酰草胺	Btomobutide			不得检出	GB/T 19650
465	氟丙嘧草酯	Butafenacil			不得检出	GB/T 19650
466	抑草磷	Butamifos			不得检出	GB/T 19650
467	丁草胺	Butaxhlor			不得检出	GB/T 19650
468	苯酮唑	Cafenstrole			不得检出	GB/T 19650
469	角黄素	Canthaxanthin			不得检出	SN/T 2327
470	咔唑心安	Carazolol			不得检出	GB/T 20763
471	卡巴氧	Carbadox			不得检出	GB/T 20746
472	三硫磷	Carbophenothion			不得检出	GB/T 19650
473	唑草酮	Carfentrazone – ethyl			不得检出	GB/T 19650
474	头孢洛宁	Cefalonium			不得检出	GB/T 22989

序号	农兽药中文名	农兽药英文名	欧盟标准限量要求 mg/kg	国家标准限量要求 mg/kg	三安超有机食品标准限量要求 mg/kg	检测方法
475	头孢匹林	Cefapirin			不得检出	GB/T 22989
476	头孢氨苄	Cefalexin			不得检出	GB/T 22989
477	氯霉素	Chloramphenicolum			不得检出	GB/T 20772
478	氯杀螨砜	Chlorbenside sulfone			不得检出	GB/T 19650
479	氯溴隆	Chlorbromuron			不得检出	GB/T 19650
480	杀虫脒	Chlordimeform			不得检出	GB/T 19650
481	氯氧磷	Chlorethoxyfos			不得检出	GB/T 19650
482	溴虫腈	Chlorfenapyr			不得检出	GB/T 19650
483	杀螨醇	Chlorfenethol			不得检出	GB/T 19650
484	燕麦酯	Chlorfenprop – methyl			不得检出	GB/T 19650
485	氟啶脲	Chlorfluazuron			不得检出	SN/T 2540
486	整形醇	Chlorflurenol			不得检出	GB/T 19650
487	氯地孕酮	Chlormadinone			不得检出	SN/T 1980
488	醋酸氯地孕酮	Chlormadinone acetate			不得检出	GB/T 20753
489	氯甲硫磷	Chlormephos			不得检出	GB/T 19650
490	氯苯甲醚	Chloroneb			不得检出	GB/T 19650
491	丙酯杀螨醇	Chloropropylate			不得检出	GB/T 19650
492	氯丙嗪	Chlorpromazine			不得检出	GB/T 20763
493	毒死蜱	Chlorpyrifos			不得检出	GB/T 19650
494	氯硫磷	Chlorthion			不得检出	GB/T 19650
495	虫螨磷	Chlorthiophos			不得检出	GB/T 19650
496	乙菌利	Chlozolinate			不得检出	GB/T 19650
497	顺式 – 氯丹	cis – Chlordane			不得检出	GB/T 19650
498	顺式 – 燕麦敌	cis – Diallate			不得检出	GB/T 19650
499	顺式 – 氯菊酯	cis – Permethrin			不得检出	GB/T 19650
500	克仑特罗	Clenbuterol			不得检出	GB/T 22286
501	异恶草酮	Clomazone			不得检出	GB/T 20772
502	氯甲酰草胺	Clomeprop			不得检出	GB/T 19650
503	氯羟吡啶	Clopidol			不得检出	GB 29700
504	解草酯	Cloquintocet – mexyl			不得检出	GB/T 19650
505	蝇毒磷	Coumaphos			不得检出	GB/T 19650
506	鼠立死	Crimidine			不得检出	GB/T 19650
507	巴毒磷	Crotxyphos			不得检出	GB/T 19650
508	育畜磷	Crufomate			不得检出	GB/T 19650
509	苯腈磷	Cyanofenphos			不得检出	GB/T 19650
510	杀螟腈	Cyanophos			不得检出	GB/T 20772
511	环草敌	Cycloate			不得检出	GB/T 20772
512	环莠隆	Cycluron			不得检出	GB/T 20772

序号	农兽药中文名	农兽药英文名	欧盟标准限量要求 mg/kg	国家标准限量要求 mg/kg	三安超有机食品标准	
					限量要求 mg/kg	检测方法
513	环丙津	Cyprazine			不得检出	GB/T 20772
514	敌草索	Dacthal			不得检出	GB/T 19650
515	癸氧喹酯	Decoquinate			不得检出	SN/T 2444
516	脱叶磷	DEF			不得检出	GB/T 19650
517	2,2′,4,5,5′-五氯联苯	DE-PCB 101			不得检出	GB/T 19650
518	2,3,4,4′,5-五氯联苯	DE-PCB 118			不得检出	GB/T 19650
519	2,2′,3,4,4′,5-六氯联苯	DE-PCB 138			不得检出	GB/T 19650
520	2,2′,4,4′,5,5′-六氯联苯	DE-PCB 153			不得检出	GB/T 19650
521	2,2′,3,4,4′,5,5′-七氯联苯	DE-PCB 180			不得检出	GB/T 19650
522	2,4,4′-三氯联苯	DE-PCB 28			不得检出	GB/T 19650
523	2,4,5-三氯联苯	DE-PCB 31			不得检出	GB/T 19650
524	2,2′,5,5′-四氯联苯	DE-PCB 52			不得检出	GB/T 19650
525	脱溴溴苯磷	Desbrom-leptophos			不得检出	GB/T 19650
526	脱乙基另丁津	Desethyl-sebuthylazine			不得检出	GB/T 19650
527	敌草净	Desmetryn			不得检出	GB/T 19650
528	氯亚胺硫磷	Dialifos			不得检出	GB/T 19650
529	敌菌净	Diaveridine			不得检出	SN/T 1926
530	驱虫特	Dibutyl succinate			不得检出	GB/T 20772
531	异氯磷	Dicapthon			不得检出	GB/T 20772
532	除线磷	Dichlofenthion			不得检出	GB/T 20772
533	苯氟磺胺	Dichlofluanid			不得检出	GB/T 19650
534	烯丙酰草胺	Dichlormid			不得检出	GB/T 19650
535	敌敌畏	Dichlorvos			不得检出	GB/T 20772
536	苄氯三唑醇	Diclobutrazole			不得检出	GB/T 20772
537	禾草灵	Diclofop-methyl			不得检出	GB/T 19650
538	己烯雌酚	Diethylstilbestrol			不得检出	GB/T 20766
539	甲氟磷	Dimefox			不得检出	GB/T 19650
540	哌草丹	Dimepiperate			不得检出	GB/T 19650
541	异戊乙净	Dimethametryn			不得检出	GB/T 19650
542	二甲酚草胺	Dimethenamid			不得检出	GB/T 19650
543	乐果	Dimethoate			不得检出	GB/T 20772
544	甲基毒虫畏	Dimethylvinphos			不得检出	GB/T 19650
545	地美硝唑	Dimetridazole			不得检出	GB/T 21318
546	二硝托安	Dinitolmide			不得检出	SN/T 2453
547	氨氟灵	Dinitramine			不得检出	GB/T 19650
548	消螨通	Dinobuton			不得检出	GB/T 19650
549	呋虫胺	Dinotefuran			不得检出	GB/T 20772
550	苯虫醚-1	Diofenolan-1			不得检出	GB/T 19650

序号	农兽药中文名	农兽药英文名	欧盟标准限量要求 mg/kg	国家标准限量要求 mg/kg	三安超有机食品标准	
					限量要求 mg/kg	检测方法
551	苯虫醚-2	Diofenolan-2			不得检出	GB/T 19650
552	蔬果磷	Dioxabenzofos			不得检出	GB/T 19650
553	双苯酰草胺	Diphenamid			不得检出	GB/T 19650
554	二苯胺	Diphenylamine			不得检出	GB/T 19650
555	异丙净	Dipropetryn			不得检出	GB/T 19650
556	灭菌磷	Ditalimfos			不得检出	GB/T 19650
557	氟硫草定	Dithiopyr			不得检出	GB/T 19650
558	强力霉素	Doxycycline			不得检出	GB/T 20764
559	敌瘟磷	Edifenphos			不得检出	GB/T 19650
560	硫丹硫酸盐	Endosulfan-sulfate			不得检出	GB/T 19650
561	异狄氏剂酮	Endrin ketone			不得检出	GB/T 19650
562	苯硫磷	EPN			不得检出	GB/T 19650
563	埃普利诺菌素	Eprinomectin			不得检出	GB/T 21320
564	抑草蓬	Erbon			不得检出	GB/T 19650
565	S-氰戊菊酯	Esfenvalerate			不得检出	GB/T 19650
566	戊草丹	Esprocarb			不得检出	GB/T 19650
567	乙环唑-1	Etaconazole-1			不得检出	GB/T 19650
568	乙环唑-2	Etaconazole-2			不得检出	GB/T 19650
569	乙嘧硫磷	Etrimfos			不得检出	GB/T 19650
570	氧乙嘧硫磷	Etrimfos oxon			不得检出	GB/T 19650
571	伐灭磷	Famphur			不得检出	GB/T 19650
572	苯线磷亚砜	Fenamiphos sulfoxide			不得检出	GB/T 19650
573	苯线磷砜	Fenamiphos-sulfone			不得检出	GB/T 19650
574	苯硫苯咪唑	Fenbendazole			不得检出	SN 0638
575	氧皮蝇磷	Fenchlorphos oxon			不得检出	GB/T 19650
576	甲呋酰胺	Fenfuram			不得检出	GB/T 19650
577	仲丁威	Fenobucarb			不得检出	GB/T 19650
578	苯硫威	Fenothiocarb			不得检出	GB/T 19650
579	稻瘟酰胺	Fenoxanil			不得检出	GB/T 19650
580	拌种咯	Fenpiclonil			不得检出	GB/T 19650
581	芬螨酯	Fenson			不得检出	GB/T 19650
582	丰索磷	Fensulfothion			不得检出	GB/T 19650
583	倍硫磷亚砜	Fenthion sulfoxide			不得检出	GB/T 19650
584	麦草氟异丙酯	Flamprop-isopropyl			不得检出	GB/T 19650
585	麦草氟甲酯	Flamprop-methyl			不得检出	GB/T 19650
586	吡氟禾草灵	Fluazifop-butyl			不得检出	GB/T 19650
587	啶蜱脲	Fluazuron			不得检出	SN/T 2540
588	氟苯咪唑	Flubendazole			不得检出	GB/T 21324
589	氟噻草胺	Flufenacet			不得检出	GB/T 19650

序号	农兽药中文名	农兽药英文名	欧盟标准限量要求 mg/kg	国家标准限量要求 mg/kg	三安超有机食品标准 限量要求 mg/kg	三安超有机食品标准 检测方法
590	氟节胺	Flumetralin			不得检出	SN/T 1921
591	唑嘧磺草胺	Flumetsulam			不得检出	GB/T 20772
592	氟烯草酸	Flumiclorac			不得检出	GB/T 19650
593	丙炔氟草胺	Flumioxazin			不得检出	GB/T 19650
594	氟胺烟酸	Flunixin			不得检出	GB/T 20750
595	三氟硝草醚	Fluorodifen			不得检出	GB/T 19650
596	乙羧氟草醚	Fluoroglycofen – ethyl			不得检出	GB/T 19650
597	三氟苯唑	Fluotrimazole			不得检出	GB/T 19650
598	氟啶草酮	Fluridone			不得检出	GB/T 19650
599	氟草烟 – 1 – 甲庚酯	Fluroxypr – 1 – methylheptyl ester			不得检出	GB/T 19650
600	呋草酮	Flurtamone			不得检出	GB/T 19650
601	地虫硫磷	Fonofos			不得检出	GB/T 19650
602	安果	Formothion			不得检出	GB/T 19650
603	呋霜灵	Furalaxyl			不得检出	GB/T 19650
604	庆大霉素	Gentamicin			不得检出	GB/T 21323
605	苄螨醚	Halfenprox			不得检出	GB/T 19650
606	氟哌啶醇	Haloperidol			不得检出	GB/T 20763
607	庚烯磷	Heptanophos			不得检出	GB/T 19650
608	己唑醇	Hexaconazole			不得检出	GB/T 19650
609	环嗪酮	Hexazinone			不得检出	GB/T 19650
610	咪草酸	Imazamethabenz – methyl			不得检出	GB/T 19650
611	脱苯甲基亚胺唑	Imibenconazole – des – benzyl			不得检出	GB/T 19650
612	炔咪菊酯 – 1	Imiprothrin – 1			不得检出	GB/T 19650
613	炔咪菊酯 – 2	Imiprothrin – 2			不得检出	GB/T 19650
614	碘硫磷	Iodofenphos			不得检出	GB/T 19650
615	甲基碘磺隆	Iodosulfuron – methyl			不得检出	GB/T 20772
616	异稻瘟净	Iprobenfos			不得检出	GB/T 19650
617	氯唑磷	Isazofos			不得检出	GB/T 19650
618	碳氯灵	Isobenzan			不得检出	GB/T 19650
619	丁咪酰胺	Isocarbamid			不得检出	GB/T 19650
620	水胺硫磷	Isocarbophos			不得检出	GB/T 19650
621	异艾氏剂	Isodrin			不得检出	GB/T 19650
622	异柳磷	Isofenphos			不得检出	GB/T 19650
623	氧异柳磷	Isofenphos oxon			不得检出	GB/T 19650
624	氮氨菲啶	Isometamidium			不得检出	SN/T 2239
625	丁嗪草酮	Isomethiozin			不得检出	GB/T 19650
626	异丙威 – 1	Isoprocarb – 1			不得检出	GB/T 19650
627	异丙威 – 2	Isoprocarb – 2			不得检出	GB/T 19650

序号	农兽药中文名	农兽药英文名	欧盟标准限量要求 mg/kg	国家标准限量要求 mg/kg	三安超有机食品标准 限量要求 mg/kg	检测方法
628	异丙乐灵	Isopropalin			不得检出	GB/T 19650
629	双苯噁唑酸	Isoxadifen – ethyl			不得检出	GB/T 19650
630	异噁氟草	Isoxaflutole			不得检出	GB/T 20772
631	噁唑啉	Isoxathion			不得检出	GB/T 19650
632	交沙霉素	Josamycin			不得检出	GB/T 20762
633	拉沙里菌素	Lasalocid			不得检出	SN 0501
634	溴苯磷	Leptophos			不得检出	GB/T 19650
635	左旋咪唑	Levamisole			不得检出	SN 0349
636	利谷隆	Linuron			不得检出	GB/T 19650
637	麻保沙星	Marbofloxacin			不得检出	GB/T 22985
638	2-甲-4-氯丁氧乙基酯	MCPA – butoxyethyl ester			不得检出	GB/T 19650
639	灭蚜磷	Mecarbam			不得检出	GB/T 19650
640	二甲四氯丙酸	Mecoprop			不得检出	SN/T 2325
641	苯噻酰草胺	Mefenacet			不得检出	GB/T 19650
642	吡唑解草酯	Mefenpyr – diethyl			不得检出	GB/T 19650
643	醋酸甲地孕酮	Megestrol acetate			不得检出	GB/T 20753
644	醋酸美仑孕酮	Melengestrol acetate			不得检出	GB/T 20753
645	嘧菌胺	Mepanipyrim			不得检出	GB/T 19650
646	地胺磷	Mephosfolan			不得检出	GB/T 19650
647	灭锈胺	Mepronil			不得检出	GB/T 19650
648	硝磺草酮	Mesotrione			不得检出	参照同类标准
649	呋菌胺	Methfuroxam			不得检出	GB/T 19650
650	灭梭威砜	Methiocarb sulfone			不得检出	GB/T 19650
651	灭多威	Methomyl			不得检出	GB/T 20772
652	盖草津	Methoprotryne			不得检出	GB/T 19650
653	甲醚菊酯-1	Methothrin – 1			不得检出	GB/T 19650
654	甲醚菊酯-2	Methothrin – 2			不得检出	GB/T 19650
655	甲基泼尼松龙	Methylprednisolone			不得检出	GB/T 21981
656	溴谷隆	Metobromuron			不得检出	GB/T 19650
657	甲氧氯普胺	Metoclopramide			不得检出	SN/T 2227
658	苯氧菌胺-1	Metominsstrobin – 1			不得检出	GB/T 19650
659	苯氧菌胺-2	Metominsstrobin – 2			不得检出	GB/T 19650
660	甲硝唑	Metronidazole			不得检出	GB/T 21318
661	速灭磷	Mevinphos			不得检出	GB/T 19650
662	兹克威	Mexacarbate			不得检出	GB/T 19650
663	灭蚁灵	Mirex			不得检出	GB/T 19650
664	禾草敌	Molinate			不得检出	GB/T 19650
665	庚酰草胺	Monalide			不得检出	GB/T 19650
666	莫能菌素	Monensin			不得检出	SN 0698

序号	农兽药中文名	农兽药英文名	欧盟标准限量要求 mg/kg	国家标准限量要求 mg/kg	三安超有机食品标准 限量要求 mg/kg	检测方法
667	合成麝香	Musk ambrecte			不得检出	GB/T 19650
668	麝香	Musk moskene			不得检出	GB/T 19650
669	西藏麝香	Musk tibeten			不得检出	GB/T 19650
670	二甲苯麝香	Musk xylene			不得检出	GB/T 19650
671	二溴磷	Naled			不得检出	SN/T 0706
672	萘丙胺	Naproanilide			不得检出	GB/T 19650
673	甲基盐霉素	Narasin			不得检出	GB/T 20364
674	甲磺乐灵	Nitralin			不得检出	GB/T 19650
675	三氯甲基吡啶	Nitrapyrin			不得检出	GB/T 19650
676	酞菌酯	Nitrothal – isopropyl			不得检出	GB/T 19650
677	诺氟沙星	Norfloxacin			不得检出	GB/T 20366
678	氟草敏	Norflurazon			不得检出	GB/T 19650
679	新生霉素	Novobiocin			不得检出	SN 0674
680	氟苯嘧啶醇	Nuarimol			不得检出	GB/T 19650
681	八氯苯乙烯	Octachlorostyrene			不得检出	GB/T 19650
682	氧氟沙星	Ofloxacin			不得检出	GB/T 20366
683	呋酰胺	Ofurace			不得检出	GB/T 19650
684	喹乙醇	Olaquindox			不得检出	GB/T 20746
685	竹桃霉素	Oleandomycin			不得检出	GB/T 20762
686	氧乐果	Omethoate			不得检出	GB/T 19650
687	奥比沙星	Orbifloxacin			不得检出	GB/T 22985
688	杀线威	Oxamyl			不得检出	GB/T 20772
689	奥芬达唑	Oxfendazole			不得检出	GB/T 22972
690	丙氧苯咪唑	Oxibendazole			不得检出	GB/T 21324
691	氧化氯丹	Oxy – chlordane			不得检出	GB/T 19650
692	对氧磷	Paraoxon			不得检出	GB/T 19650
693	甲基对氧磷	Paraoxon – methyl			不得检出	GB/T 19650
694	克草敌	Pebulate			不得检出	GB/T 19650
695	五氯苯胺	Pentachloroaniline			不得检出	GB/T 19650
696	五氯甲氧基苯	Pentachloroanisole			不得检出	GB/T 19650
697	五氯苯	Pentachlorobenzene			不得检出	GB/T 19650
698	氯菊酯	Permethrin			不得检出	GB/T 19650
699	乙滴涕	Perthane			不得检出	GB/T 19650
700	菲	Phenanthrene			不得检出	GB/T 19650
701	稻丰散	Phenthoate			不得检出	GB/T 19650
702	甲拌磷砜	Phorate sulfone			不得检出	GB/T 19650
703	磷胺 – 1	Phosphamidon – 1			不得检出	GB/T 19650
704	磷胺 – 2	Phosphamidon – 2			不得检出	GB/T 19650
705	酞酸苯甲基丁酯	Phthalic acid, benzylbutyl ester			不得检出	GB/T 19650

序号	农兽药中文名	农兽药英文名	欧盟标准限量要求 mg/kg	国家标准限量要求 mg/kg	三安超有机食品标准	
					限量要求 mg/kg	检测方法
706	四氯苯肽	Phthalide			不得检出	GB/T 19650
707	邻苯二甲酰亚胺	Phthalimide			不得检出	GB/T 19650
708	氟吡酰草胺	Picolinafen			不得检出	GB/T 19650
709	增效醚	Piperonyl butoxide			不得检出	GB/T 19650
710	哌草磷	Piperophos			不得检出	GB/T 19650
711	乙基虫螨清	Pirimiphos – ethyl			不得检出	GB/T 19650
712	吡利霉素	Pirlimycin			不得检出	GB/T 22988
713	炔丙菊酯	Prallethrin			不得检出	GB/T 19650
714	丙草胺	Pretilachlor			不得检出	GB/T 19650
715	环丙氟灵	Profluralin			不得检出	GB/T 19650
716	茉莉酮	Prohydrojasmon			不得检出	GB/T 19650
717	扑灭通	Prometon			不得检出	GB/T 19650
718	扑草净	Prometryne			不得检出	GB/T 19650
719	炔丙烯草胺	Pronamide			不得检出	GB/T 19650
720	敌稗	Propanil			不得检出	GB/T 19650
721	扑灭津	Propazine			不得检出	GB/T 19650
722	胺丙畏	Propetamphos			不得检出	GB/T 19650
723	丙酰二甲氨基丙吩噻嗪	Propionylpromazin			不得检出	GB/T 20763
724	丙硫磷	Prothiophos			不得检出	GB/T 19650
725	哒嗪硫磷	Ptridaphenthion			不得检出	GB/T 19650
726	吡唑硫磷	Pyraclofos			不得检出	GB/T 19650
727	吡草醚	Pyraflufen – ethyl			不得检出	GB/T 19650
728	啶斑肟 – 1	Pyrifenox – 1			不得检出	GB/T 19650
729	啶斑肟 – 2	Pyrifenox – 2			不得检出	GB/T 19650
730	环酯草醚	Pyriftalid			不得检出	GB/T 19650
731	嘧螨醚	Pyrimidifen			不得检出	GB/T 19650
732	嘧草醚	Pyriminobac – methyl			不得检出	GB/T 19650
733	嘧啶磷	Pyrimitate			不得检出	GB/T 19650
734	喹硫磷	Quinalphos			不得检出	GB/T 19650
735	灭藻醌	Quinoclamine			不得检出	GB/T 19650
736	精喹禾灵	Quizalofop – P – ethyl			不得检出	GB/T 20769
737	吡咪唑	Rabenzazole			不得检出	GB/T 19650
738	莱克多巴胺	Ractopamine			不得检出	GB/T 21313
739	洛硝达唑	Ronidazole			不得检出	GB/T 21318
740	皮蝇磷	Ronnel			不得检出	GB/T 19650
741	盐霉素	Salinomycin			不得检出	GB/T 20364
742	沙拉沙星	Sarafloxacin			不得检出	GB/T 20366
743	另丁津	Sebutylazine			不得检出	GB/T 19650
744	密草通	Secbumeton			不得检出	GB/T 19650

序号	农兽药中文名	农兽药英文名	欧盟标准限量要求 mg/kg	国家标准限量要求 mg/kg	三安超有机食品标准限量要求 mg/kg	检测方法
745	氨基脲	Semduramicin			不得检出	GB/T 20752
746	烯禾啶	Sethoxydim			不得检出	GB/T 19650
747	氟硅菊酯	Silafluofen			不得检出	GB/T 19650
748	硅氟唑	Simeconazole			不得检出	GB/T 19650
749	西玛通	Simetone			不得检出	GB/T 19650
750	西草净	Simetryn			不得检出	GB/T 19650
751	壮观霉素	Spectinomycin			不得检出	GB/T 21323
752	螺旋霉素	Spiramycin			不得检出	GB/T 20762
753	磺胺苯酰	Sulfabenzamide			不得检出	GB/T 21316
754	磺胺醋酰	Sulfacetamide			不得检出	GB/T 21316
755	磺胺氯哒嗪	Sulfachloropyridazine			不得检出	GB/T 21316
756	磺胺嘧啶	Sulfadiazine			不得检出	GB/T 21316
757	磺胺间二甲氧嘧啶	Sulfadimethoxine			不得检出	GB/T 21316
758	磺胺二甲嘧啶	Sulfadimidine			不得检出	GB/T 21316
759	磺胺多辛	Sulfadoxine			不得检出	GB/T 21316
760	磺胺脒	Sulfaguanidine			不得检出	GB/T 21316
761	菜草畏	Sulfallate			不得检出	GB/T 19650
762	磺胺甲嘧啶	Sulfamerazine			不得检出	GB/T 21316
763	新诺明	Sulfamethoxazole			不得检出	GB/T 21316
764	磺胺间甲氧嘧啶	Sulfamonomethoxine			不得检出	GB/T 21316
765	乙酰磺胺对硝基苯	Sulfanitran			不得检出	GB/T 20772
766	磺胺吡啶	Sulfapyridine			不得检出	GB/T 21316
767	磺胺喹沙啉	Sulfaquinoxaline			不得检出	GB/T 21316
768	磺胺噻唑	Sulfathiazole			不得检出	GB/T 21316
769	治螟磷	Sulfotep			不得检出	GB/T 19650
770	硫丙磷	Sulprofos			不得检出	GB/T 19650
771	苯噻硫氰	TCMTB			不得检出	GB/T 19650
772	丁基嘧啶磷	Tebupirimfos			不得检出	GB/T 19650
773	牧草胺	Tebutam			不得检出	GB/T 19650
774	丁噻隆	Tebuthiuron			不得检出	GB/T 20772
775	双硫磷	Temephos			不得检出	GB/T 20772
776	特草灵	Terbucarb			不得检出	GB/T 19650
777	特丁通	Terbumeron			不得检出	GB/T 19650
778	特丁净	Terbutryn			不得检出	GB/T 19650
779	四氢邻苯二甲酰亚胺	Tetrabydrophthalimide			不得检出	GB/T 19650
780	杀虫畏	Tetrachlorvinphos			不得检出	GB/T 19650
781	胺菊酯	Tetramethirn			不得检出	GB/T 19650
782	杀螨氯硫	Tetrasul			不得检出	GB/T 19650
783	噻吩草胺	Thenylchlor			不得检出	GB/T 19650

序号	农兽药中文名	农兽药英文名	欧盟标准限量要求 mg/kg	国家标准限量要求 mg/kg	三安超有机食品标准	
					限量要求 mg/kg	检测方法
784	噻唑烟酸	Thiazopyr			不得检出	GB/T 19650
785	噻苯隆	Thidiazuron			不得检出	GB/T 20772
786	噻吩磺隆	Thifensulfuron – methyl			不得检出	GB/T 20772
787	甲基乙拌磷	Thiometon			不得检出	GB/T 20772
788	虫线磷	Thionazin			不得检出	GB/T 19650
789	硫普罗宁	Tiopronin			不得检出	SN/T 2225
790	三甲苯草酮	Tralkoxydim			不得检出	GB/T 19650
791	四溴菊酯	Tralomethrin			不得检出	SN/T 2320
792	反式 – 氯丹	*trans* – Chlordane			不得检出	GB/T 19650
793	反式 – 燕麦敌	*trans* – Diallate			不得检出	GB/T 19650
794	四氟苯菊酯	Transfluthrin			不得检出	GB/T 19650
795	反式九氯	*trans* – Nonachlor			不得检出	GB/T 19650
796	反式 – 氯菊酯	*trans* – Permethrin			不得检出	GB/T 19650
797	群勃龙	Trenbolone			不得检出	GB/T 21981
798	威菌磷	Triamiphos			不得检出	GB/T 19650
799	毒壤磷	Trichloronate			不得检出	GB/T 19650
800	灭草环	Tridiphane			不得检出	GB/T 19650
801	草达津	Trietazine			不得检出	GB/T 19650
802	三异丁基磷酸盐	Tri – *iso* – butyl phosphate			不得检出	GB/T 19650
803	三正丁基磷酸盐	Tri – *n* – butyl phosphate			不得检出	GB/T 19650
804	三苯基磷酸盐	Triphenyl phosphate			不得检出	GB/T 19650
805	烯效唑	Uniconazole			不得检出	GB/T 19650
806	灭草敌	Vernolate			不得检出	GB/T 19650
807	维吉尼霉素	Virginiamycin			不得检出	GB/T 20765
808	杀鼠灵	War farin			不得检出	GB/T 20772
809	甲苯噻嗪	Xylazine			不得检出	GB/T 20763
810	右环十四酮酚	Zeranol			不得检出	GB/T 21982
811	苯酰菌胺	Zoxamide			不得检出	GB/T 19650

5.4 马肾脏 Horse Kidney

序号	农兽药中文名	农兽药英文名	欧盟标准限量要求 mg/kg	国家标准限量要求 mg/kg	三安超有机食品标准	
					限量要求 mg/kg	检测方法
1	1,1 – 二氯 – 2,2 – 二(4 – 乙苯)乙烷	1,1 – Dichloro – 2,2 – bis(4 – ethylphenyl)ethane	0.01		不得检出	日本肯定列表（增补本1）
2	1,2 – 二氯乙烷	1,2 – Dichloroethane	0.1		不得检出	SN/T 2238
3	1,3 – 二氯丙烯	1,3 – Dichloropropene	0.01		不得检出	SN/T 2238
4	1 – 萘乙酸	1 – Naphthylacetic acid	0.05		不得检出	SN/T 2228

序号	农兽药中文名	农兽药英文名	欧盟标准限量要求 mg/kg	国家标准限量要求 mg/kg	三安超有机食品标准	
					限量要求 mg/kg	检测方法
5	2,4-滴	2,4-D	1		不得检出	GB/T 20772
6	2,4-滴丁酸	2,4-DB	0.1		不得检出	GB/T 20769
7	2-苯酚	2-Phenylphenol	0.05		不得检出	GB/T 19650
8	阿维菌素	Abamectin	0.01		不得检出	SN/T 2661
9	乙酰甲胺磷	Acephate	0.02		不得检出	GB/T 20772
10	灭螨醌	Acequinocyl	0.01		不得检出	参照同类标准
11	啶虫脒	Acetamiprid	0.2		不得检出	GB/T 20772
12	乙草胺	Acetochlor	0.01		不得检出	GB/T 19650
13	苯并噻二唑	Acibenzolar-S-methyl	0.02		不得检出	GB/T 20772
14	苯草醚	Aclonifen	0.02		不得检出	GB/T 20772
15	氟丙菊酯	Acrinathrin	0.05		不得检出	GB/T 19648
16	甲草胺	Alachlor	0.01		不得检出	GB/T 20772
17	涕灭威	Aldicarb	0.01		不得检出	GB/T 20772
18	艾氏剂和狄氏剂	Aldrin and dieldrin	0.2		不得检出	GB/T 19650
19	—	Ametoctradin	0.03		不得检出	参照同类标准
20	酰嘧磺隆	Amidosulfuron	0.02		不得检出	参照同类标准
21	氯氨吡啶酸	Aminopyralid	0.3		不得检出	GB/T 23211
22	—	Amisulbrom	0.01		不得检出	参照同类标准
23	阿莫西林	Amoxicillin	50μg/kg		不得检出	NY/T 830
24	氨苄青霉素	Ampicillin	50μg/kg		不得检出	GB/T 21315
25	敌菌灵	Anilazine	0.01		不得检出	GB/T 20769
26	杀螨特	Aramite	0.01		不得检出	GB/T 19650
27	磺草灵	Asulam	0.1		不得检出	日本肯定列表（增补本1）
28	印楝素	Azadirachtin	0.01		不得检出	SN/T 3264
29	益棉磷	Azinphos-ethyl	0.01		不得检出	GB/T 19650
30	保棉磷	Azinphos-methyl	0.01		不得检出	GB/T 20772
31	三唑锡和三环锡	Azocyclotin and cyhexatin	0.05		不得检出	SN/T 1990
32	嘧菌酯	Azoxystrobin	0.07		不得检出	GB/T 20772
33	燕麦灵	Barban	0.05		不得检出	参照同类标准
34	氟丁酰草胺	Beflubutamid	0.05		不得检出	参照同类标准
35	苯霜灵	Benalaxyl	0.05		不得检出	GB/T 20772
36	丙硫克百威	Benfuracarb	0.02		不得检出	GB/T 20772
37	苄青霉素	Benzyl penicillin	50μg/kg		不得检出	GB/T 21315
38	联苯肼酯	Bifenazate	0.01		不得检出	GB/T 20772
39	甲羧除草醚	Bifenox	0.05		不得检出	GB/T 23210
40	联苯菊酯	Bifenthrin	0.2		不得检出	GB/T 19650
41	乐杀螨	Binapacryl	0.01		不得检出	SN 0523
42	联苯	Biphenyl	0.01		不得检出	GB/T 19650

序号	农兽药中文名	农兽药英文名	欧盟标准限量要求 mg/kg	国家标准限量要求 mg/kg	三安超有机食品标准 限量要求 mg/kg	三安超有机食品标准 检测方法
43	联苯三唑醇	Bitertanol	0.05		不得检出	GB/T 20772
44	—	Bixafen	0.02		不得检出	参照同类标准
45	啶酰菌胺	Boscalid	0.3		不得检出	GB/T 20772
46	溴离子	Bromide ion	0.05		不得检出	GB/T 5009.167
47	溴螨酯	Bromopropylate	0.01		不得检出	GB/T 19650
48	溴苯腈	Bromoxynil	0.05		不得检出	GB/T 20772
49	糠菌唑	Bromuconazole	0.05		不得检出	GB/T 19650
50	乙嘧酚磺酸酯	Bupirimate	0.05		不得检出	GB/T 19650
51	噻嗪酮	Buprofezin	0.05		不得检出	GB/T 20772
52	仲丁灵	Butralin	0.02		不得检出	GB/T 19650
53	丁草敌	Butylate	0.01		不得检出	GB/T 19650
54	硫线磷	Cadusafos	0.01		不得检出	GB/T 19650
55	毒杀芬	Camphechlor	0.05		不得检出	YC/T 180
56	敌菌丹	Captafol	0.01		不得检出	GB/T 23210
57	克菌丹	Captan	0.02		不得检出	GB/T 19648
58	甲萘威	Carbaryl	0.05		不得检出	GB/T 20796
59	多菌灵和苯菌灵	Carbendazim and benomyl	0.05		不得检出	GB/T 20772
60	长杀草	Carbetamide	0.05		不得检出	GB/T 20772
61	克百威	Carbofuran	0.01		不得检出	GB/T 20772
62	丁硫克百威	Carbosulfan	0.05		不得检出	GB/T 19650
63	萎锈灵	Carboxin	0.05		不得检出	GB/T 20772
64	卡洛芬	Carprofen	1000μg/kg		不得检出	SN/T 2190
65	头孢喹肟	Cefquinome	200μg/kg		不得检出	GB/T 22989
66	头孢噻呋	Ceftiofur	6000μg/kg		不得检出	GB/T 21314
67	氯虫苯甲酰胺	Chlorantraniliprole	0.2		不得检出	参照同类标准
68	杀螨醚	Chlorbenside	0.05		不得检出	GB/T 19650
69	氯炔灵	Chlorbufam	0.05		不得检出	GB/T 20772
70	氯丹	Chlordane	0.05		不得检出	GB/T 5009.19
71	十氯酮	Chlordecone	0.1		不得检出	参照同类标准
72	杀螨酯	Chlorfenson	0.05		不得检出	GB/T 19650
73	毒虫畏	Chlorfenvinphos	0.01		不得检出	GB/T 19650
74	氯草敏	Chloridazon	0.1		不得检出	GB/T 20772
75	矮壮素	Chlormequat	0.05		不得检出	GB/T 23211
76	乙酯杀螨醇	Chlorobenzilate	0.1		不得检出	GB/T 23210
77	百菌清	Chlorothalonil	0.2		不得检出	SN/T 2320
78	绿麦隆	Chlortoluron	0.05		不得检出	GB/T 20772
79	枯草隆	Chloroxuron	0.05		不得检出	SN/T 2150
80	氯苯胺灵	Chlorpropham	0.2		不得检出	GB/T 19650
81	甲基毒死蜱	Chlorpyrifos - methyl	0.05		不得检出	GB/T 19650

序号	农兽药中文名	农兽药英文名	欧盟标准限量要求 mg/kg	国家标准限量要求 mg/kg	三安超有机食品标准 限量要求 mg/kg	三安超有机食品标准 检测方法
82	氯磺隆	Chlorsulfuron	0.01		不得检出	GB/T 20772
83	金霉素	ChlorTetracycline	600μg/kg		不得检出	GB/T 21317
84	氯酞酸甲酯	Chlorthaldimethyl	0.01		不得检出	GB/T 19650
85	氯硫酰草胺	Chlorthiamid	0.02		不得检出	GB/T 23211
86	盐酸克仑特罗	Clenbuterol hydrochloride	0.5μg/kg		不得检出	GB/T 22147
87	烯草酮	Clethodim	0.2		不得检出	GB/T 19650
88	炔草酯	Clodinafop – propargyl	0.02		不得检出	GB/T 19650
89	四螨嗪	Clofentezine	0.05		不得检出	GB/T 20772
90	二氯吡啶酸	Clopyralid	0.05		不得检出	SN/T 2228
91	噻虫胺	Clothianidin	0.02		不得检出	GB/T 20772
92	邻氯青霉素	Cloxacillin	300μg/kg		不得检出	GB/T 18932.25
93	黏菌素	Colistin	200μg/kg		不得检出	参照同类标准
94	铜化合物	Copper compounds	30		不得检出	参照同类标准
95	环烷基酰苯胺	Cyclanilide	0.01		不得检出	参照同类标准
96	噻草酮	Cycloxydim	0.05		不得检出	GB/T 19650
97	环氟菌胺	Cyflufenamid	0.03		不得检出	GB/T 23210
98	氟氯氰菊酯和高效氟氯氰菊酯	Cyfluthrin and beta – cyfluthrin	0.05		不得检出	GB/T 19650
99	霜脲氰	Cymoxanil	0.05		不得检出	GB/T 20772
100	氯氰菊酯和高效氯氰菊酯	Cypermethrin and beta – cypermethrin	0.2		不得检出	GB/T 19650
101	环丙唑醇	Cyproconazole	0.5		不得检出	GB/T 20772
102	嘧菌环胺	Cyprodinil	0.05		不得检出	GB/T 19650
103	灭蝇胺	Cyromazine	0.05		不得检出	GB/T 20772
104	丁酰肼	Daminozide	0.05		不得检出	SN/T 1989
105	达氟沙星	Danofloxacin	200μg/kg		不得检出	GB/T 22985
106	滴滴涕	DDT	1		不得检出	SN/T 0127
107	溴氰菊酯	Deltamethrin	0.03		不得检出	GB/T 19650
108	地塞米松	Dexamethasone	0.75μg/kg		不得检出	SN/T 1970
109	燕麦敌	Diallate	0.2		不得检出	GB/T 23211
110	二嗪磷	Diazinon	0.01		不得检出	GB/T 19650
111	麦草畏	Dicamba	0.7		不得检出	GB/T 20772
112	敌草腈	Dichlobenil	0.01		不得检出	GB/T 19650
113	滴丙酸	Dichlorprop	0.7		不得检出	参照同类标准
114	二氯苯氧基丙酸	Diclofop	0.05		不得检出	参照同类标准
115	氯硝胺	Dicloran	0.01		不得检出	GB/T 19650
116	双氯青霉素	Dicloxacillin	300μg/kg		不得检出	GB/T 18932.25
117	三氯杀螨醇	Dicofol	0.02		不得检出	GB/T 19650
118	乙霉威	Diethofencarb	0.05		不得检出	GB/T 19650

序号	农兽药中文名	农兽药英文名	欧盟标准限量要求 mg/kg	国家标准限量要求 mg/kg	三安超有机食品标准	
					限量要求 mg/kg	检测方法
119	苯醚甲环唑	Difenoconazole	0.2		不得检出	GB/T 19650
120	双氟沙星	Difloxacin	600μg/kg		不得检出	GB/T 20366
121	除虫脲	Diflubenzuron	0.1		不得检出	SN/T 0528
122	吡氟酰草胺	Diflufenican	0.05		不得检出	GB/T 20772
123	油菜安	Dimethachlor	0.02		不得检出	GB/T 20772
124	烯酰吗啉	Dimethomorph	0.05		不得检出	GB/T 20772
125	醚菌胺	Dimoxystrobin	0.05		不得检出	SN/T 2237
126	烯唑醇	Diniconazole	0.01		不得检出	GB/T 19650
127	敌螨普	Dinocap	0.05		不得检出	日本肯定列表（增补本1）
128	地乐酚	Dinoseb	0.01		不得检出	GB/T 20772
129	特乐酚	Dinoterb	0.05		不得检出	GB/T 20772
130	敌噁磷	Dioxathion	0.05		不得检出	GB/T 19650
131	敌草快	Diquat	0.05		不得检出	GB/T 5009.221
132	乙拌磷	Disulfoton	0.01		不得检出	GB/T 20772
133	二氰蒽醌	Dithianon	0.01		不得检出	GB/T 20769
134	二硫代氨基甲酸酯	Dithiocarbamates	0.05		不得检出	SN 0139
135	敌草隆	Diuron	0.05		不得检出	SN/T 0645
136	二硝甲酚	DNOC	0.05		不得检出	GB/T 20772
137	多果定	Dodine	0.2		不得检出	SN 0500
138	多拉菌素	Doramectin	60μg/kg		不得检出	GB/T 22968
139	甲氨基阿维菌素苯甲酸盐	Emamectin benzoate	0.08		不得检出	GB/T 20769
140	硫丹	Endosulfan	0.05	0.03	不得检出	GB/T 19650
141	异狄氏剂	Endrin	0.05		不得检出	GB/T 19650
142	恩诺沙星	Enrofloxacin	200μg/kg		不得检出	GB/T 20366
143	氟环唑	Epoxiconazole	0.02		不得检出	GB/T 20772
144	茵草敌	EPTC	0.02		不得检出	GB/T 20772
145	红霉素	Erythromycin	200μg/kg		不得检出	GB/T 20762
146	乙丁烯氟灵	Ethalfluralin	0.01		不得检出	GB/T 19650
147	胺苯磺隆	Ethametsulfuron	0.01		不得检出	NY/T 1616
148	乙烯利	Ethephon	0.05		不得检出	SN 0705
149	乙硫磷	Ethion	0.01		不得检出	GB/T 19650
150	乙嘧酚	Ethirimol	0.05		不得检出	GB/T 20772
151	乙氧呋草黄	Ethofumesate	0.1		不得检出	GB/T 20772
152	灭线磷	Ethoprophos	0.01		不得检出	GB/T 19650
153	乙氧喹啉	Ethoxyquin	0.05		不得检出	GB/T 20772
154	环氧乙烷	Ethylene oxide	0.02		不得检出	GB/T 23296.11
155	醚菊酯	Etofenprox	0.5		不得检出	GB/T 19650
156	乙螨唑	Etoxazole	0.01		不得检出	GB/T 19650

序号	农兽药中文名	农兽药英文名	欧盟标准限量要求 mg/kg	国家标准限量要求 mg/kg	三安超有机食品标准	
					限量要求 mg/kg	检测方法
157	氯唑灵	Etridiazole	0.05		不得检出	GB/T 20772
158	噁唑菌酮	Famoxadone	0.05		不得检出	GB/T 20772
159	苯硫氨酯	Febantel	50μg/kg		不得检出	参照同类标准
160	咪唑菌酮	Fenamidone	0.01		不得检出	GB/T 19650
161	苯线磷	Fenamiphos	0.01		不得检出	GB/T 19650
162	氯苯嘧啶醇	Fenarimol	0.02		不得检出	GB/T 20772
163	喹螨醚	Fenazaquin	0.01		不得检出	GB/T 19650
164	苯硫苯咪唑	Fenbendazole	50μg/kg		不得检出	SN 0638
165	腈苯唑	Fenbuconazole	0.05		不得检出	GB/T 20772
166	苯丁锡	Fenbutatin oxide	0.05		不得检出	SN/T 3149
167	环酰菌胺	Fenhexamid	0.05		不得检出	GB/T 20772
168	杀螟硫磷	Fenitrothion	0.01		不得检出	GB/T 20772
169	精噁唑禾草灵	Fenoxaprop – P – ethyl	0.05		不得检出	GB/T 22617
170	双氧威	Fenoxycarb	0.05		不得检出	GB/T 19650
171	苯锈啶	Fenpropidin	0.02		不得检出	GB/T 19650
172	丁苯吗啉	Fenpropimorph	0.01		不得检出	GB/T 20772
173	胺苯吡菌酮	Fenpyrazamine	0.01		不得检出	参照同类标准
174	唑螨酯	Fenpyroximate	0.01		不得检出	GB/T 19650
175	倍硫磷	Fenthion	0.05		不得检出	GB/T 20772
176	三苯锡	Fentin	0.05		不得检出	SN/T 3149
177	薯瘟锡	Fentin acetate	0.05		不得检出	参照同类标准
178	氰戊菊酯和高效氰戊菊酯（RR & SS 异构体总量）	Fenvalerate and esfenvalerate（sum of RR & SS isomers）	0.2		不得检出	GB/T 19650
179	氰戊菊酯和高效氰戊菊酯（RS & SR 异构体总量）	Fenvalerate and esfenvalerate（sum of RS & SR isomers）	0.05		不得检出	GB/T 19650
180	氟虫腈	Fipronil	0.01		不得检出	SN/T 1982
181	非罗考昔	Firocoxib	10μg/kg		不得检出	参照同类标准
182	氟啶虫酰胺	Flonicamid	0.03		不得检出	SN/T 2796
183	氟苯尼考	Florfenicol	300μg/kg		不得检出	GB/T 20756
184	精吡氟禾草灵	Fluazifop – P – butyl	0.05		不得检出	GB/T 5009.142
185	氟啶胺	Fluazinam	0.05		不得检出	SN/T 2150
186	氟苯虫酰胺	Flubendiamide	1		不得检出	SN/T 2581
187	氟环脲	Flucycloxuron	0.05		不得检出	参照同类标准
188	氟氰戊菊酯	Flucythrinate	0.05		不得检出	GB/T 23210
189	咯菌腈	Fludioxonil	0.05		不得检出	GB/T 20772
190	氟虫脲	Flufenoxuron	0.05		不得检出	SN/T 2150
191	—	Flufenzin	0.02		不得检出	参照同类标准
192	氟甲喹	Flumequin	1000μg/kg		不得检出	SN/T 1921
193	氟胺烟酸	Flunixin	200μg/kg		不得检出	GB/T 20750

序号	农兽药中文名	农兽药英文名	欧盟标准限量要求 mg/kg	国家标准限量要求 mg/kg	三安超有机食品标准限量要求 mg/kg	检测方法
194	氟吡菌胺	Fluopicolide	0.01		不得检出	参照同类标准
195	—	Fluopyram	0.7		不得检出	参照同类标准
196	氟离子	Fluoride ion	1		不得检出	GB/T 5009.167
197	氟腈嘧菌酯	Fluoxastrobin	0.1		不得检出	SN/T 2237
198	氟喹唑	Fluquinconazole	0.3		不得检出	GB/T 19650
199	氟咯草酮	Fluorochloridone	0.05		不得检出	GB/T 20772
200	氟草烟	Fluroxypyr	0.5		不得检出	GB/T 20772
201	氟硅唑	Flusilazole	0.5		不得检出	GB/T 20772
202	氟酰胺	Flutolanil	0.05		不得检出	GB/T 20772
203	粉唑醇	Flutriafol	0.01		不得检出	GB/T 20772
204	—	Fluxapyroxad	0.01		不得检出	参照同类标准
205	氟磺胺草醚	Fomesafen	0.01		不得检出	GB/T 5009.130
206	氯吡脲	Forchlorfenuron	0.05		不得检出	SN/T 3643
207	伐虫脒	Formetanate	0.01		不得检出	NY/T 1453
208	三乙膦酸铝	Fosetyl – aluminium	0.5		不得检出	参照同类标准
209	麦穗宁	Fuberidazole	0.05		不得检出	GB/T 19650
210	呋线威	Furathiocarb	0.01		不得检出	GB/T 20772
211	糠醛	Furfural	1		不得检出	参照同类标准
212	勃激素	Gibberellic acid	0.1		不得检出	GB/T 23211
213	草胺膦	Glufosinate – ammonium	0.1		不得检出	日本肯定列表
214	草甘膦	Glyphosate	0.05		不得检出	SN/T 1923
215	双胍盐	Guazatine	0.1		不得检出	参照同类标准
216	氟吡禾灵	Haloxyfop	0.02		不得检出	SN/T 2228
217	七氯	Heptachlor	0.2		不得检出	SN 0663
218	六氯苯	Hexachlorobenzene	0.2		不得检出	SN/T 0127
219	六六六(HCH),α–异构体	Hexachlorociclohexane（HCH）, alpha – isomer	0.2		不得检出	SN/T 0127
220	六六六(HCH),β–异构体	Hexachlorociclohexane（HCH）, beta – isomer	0.1		不得检出	SN/T 0127
221	噻螨酮	Hexythiazox	0.05		不得检出	GB/T 20772
222	恶霉灵	Hymexazol	0.05		不得检出	GB/T 20772
223	抑霉唑	Imazalil	0.05		不得检出	GB/T 20772
224	甲咪唑烟酸	Imazapic	0.01		不得检出	GB/T 20772
225	咪唑喹啉酸	Imazaquin	0.05		不得检出	GB/T 20772
226	吡虫啉	Imidacloprid	0.3		不得检出	GB/T 20772
227	茚虫威	Indoxacarb	0.05		不得检出	GB/T 20772
228	碘苯腈	Ioxynil	0.05		不得检出	GB/T 20772
229	异菌脲	Iprodione	0.05		不得检出	GB/T 19650
230	稻瘟灵	Isoprothiolane	0.01		不得检出	GB/T 20772

序号	农兽药中文名	农兽药英文名	欧盟标准限量要求 mg/kg	国家标准限量要求 mg/kg	三安超有机食品标准 限量要求 mg/kg	检测方法
231	异丙隆	Isoproturon	0.05		不得检出	GB/T 20772
232	—	Isopyrazam	0.01		不得检出	参照同类标准
233	异噁酰草胺	Isoxaben	0.01		不得检出	GB/T 20772
234	依维菌素	Ivermectin	30μg/kg		不得检出	参照同类标准
235	卡那霉素	Kanamycin	2500μg/kg		不得检出	GB/T 21323
236	醚菌酯	Kresoxim – methyl	0.05		不得检出	GB/T 20772
237	乳氟禾草灵	Lactofen	0.01		不得检出	GB/T 19650
238	高效氯氟氰菊酯	Lambda – cyhalothrin	0.5		不得检出	GB/T 23210
239	环草定	Lenacil	0.1		不得检出	GB/T 19650
240	林可霉素	Lincomycin	1500μg/kg		不得检出	GB/T 20762
241	林丹	Lindane	0.02	0.01	不得检出	NY/T 761
242	虱螨脲	Lufenuron	0.02		不得检出	SN/T 2540
243	马拉硫磷	Malathion	0.02		不得检出	GB/T 19650
244	抑芽丹	Maleic hydrazide	0.5		不得检出	GB/T 23211
245	双炔酰菌胺	Mandipropamid	0.02		不得检出	参照同类标准
246	二甲四氯和二甲四氯丁酸	MCPA and MCPB	0.1		不得检出	SN/T 2228
247	甲苯咪唑	Mebendazole	60μg/kg		不得检出	GB/T 21324
248	美洛昔康	Meloxicam	65μg/kg		不得检出	SN/T 2190
249	壮棉素	Mepiquat chloride	0.05		不得检出	GB/T 23211
250	—	Meptyldinocap	0.05		不得检出	参照同类标准
251	汞化合物	Mercury compounds	0.01		不得检出	参照同类标准
252	氰氟虫腙	Metaflumizone	0.02		不得检出	SN/T 3852
253	甲霜灵和精甲霜灵	Metalaxyl and metalaxyl – M	0.05		不得检出	GB/T 20772
254	四聚乙醛	Metaldehyde	0.05		不得检出	SN/T 1787
255	苯嗪草酮	Metamitron	0.05		不得检出	GB/T 19650
256	安乃近	Metamizole	100μg/kg		不得检出	GB/T 20747
257	吡唑草胺	Metazachlor	0.05		不得检出	GB/T 19650
258	叶菌唑	Metconazole	0.01		不得检出	GB/T 20772
259	甲基苯噻隆	Methabenzthiazuron	0.05		不得检出	GB/T 19650
260	虫螨畏	Methacrifos	0.01		不得检出	GB/T 20772
261	甲胺磷	Methamidophos	0.01		不得检出	GB/T 20772
262	杀扑磷	Methidathion	0.02		不得检出	GB/T 20772
263	甲硫威	Methiocarb	0.05		不得检出	GB/T 20770
264	灭多威和硫双威	Methomyl and thiodicarb	0.02		不得检出	GB/T 20772
265	烯虫酯	Methoprene	0.05		不得检出	GB/T 19650
266	甲氧滴滴涕	Methoxychlor	0.01		不得检出	SN/T 0529
267	甲氧虫酰肼	Methoxyfenozide	0.1		不得检出	GB/T 20772
268	磺草唑胺	Metosulam	0.01		不得检出	GB/T 20772
269	苯菌酮	Metrafenone	0.05		不得检出	参照同类标准

序号	农兽药中文名	农兽药英文名	欧盟标准限量要求 mg/kg	国家标准限量要求 mg/kg	三安超有机食品标准	
					限量要求 mg/kg	检测方法
270	嗪草酮	Metribuzin	0.1		不得检出	GB/T 19650
271	绿谷隆	Monolinuron	0.05		不得检出	GB/T 20772
272	灭草隆	Monuron	0.01		不得检出	GB/T 20772
273	莫西丁克	Moxidectin	50μg/kg		不得检出	SN/T 2442
274	腈菌唑	Myclobutanil	0.01		不得检出	GB/T 20772
275	1-萘乙酰胺	1-Naphthylacetamide	0.05		不得检出	GB/T 23205
276	敌草胺	Napropamide	0.01		不得检出	GB/T 19650
277	新霉素(包括framycetin)	Neomycin (including framycetin)	5000μg/kg		不得检出	SN 0646
278	烟嘧磺隆	Nicosulfuron	0.05		不得检出	SN/T 2325
279	除草醚	Nitrofen	0.01		不得检出	GB/T 19650
280	氟酰脲	Novaluron	0.7		不得检出	GB/T 23211
281	嘧苯胺磺隆	Orthosulfamuron	0.01		不得检出	GB/T 23817
282	苯唑青霉素	Oxacillin	300μg/kg		不得检出	GB/T 18932.25
283	噁草酮	Oxadiazon	0.05		不得检出	GB/T 19650
284	噁霜灵	Oxadixyl	0.01		不得检出	GB/T 19650
285	环氧嘧磺隆	Oxasulfuron	0.05		不得检出	GB/T 23817
286	喹菌酮	Oxolinic acid	150μg/kg		不得检出	日本肯定列表
287	氧化萎锈灵	Oxycarboxin	0.05		不得检出	GB/T 19650
288	亚砜磷	Oxydemeton-methyl	0.02		不得检出	参照同类标准
289	乙氧氟草醚	Oxyfluorfen	0.05		不得检出	GB/T 20772
290	土霉素	Oxytetracycline	600μg/kg		不得检出	GB/T 21317
291	多效唑	Paclobutrazol	0.02		不得检出	GB/T 19650
292	对硫磷	Parathion	0.05		不得检出	GB/T 19650
293	甲基对硫磷	Parathion-methyl	0.01		不得检出	GB/T 5009.161
294	巴龙霉素	Paromomycin	1500μg/kg		不得检出	SN/T 2315
295	戊菌唑	Penconazole	0.05		不得检出	GB/T 20772
296	戊菌隆	Pencycuron	0.05		不得检出	GB/T 19650
297	二甲戊灵	Pendimethalin	0.05		不得检出	GB/T 19650
298	喷沙西林	Penethamate	50μg/kg		不得检出	SN/T 19650
299	甜菜宁	Phenmedipham	0.05		不得检出	GB/T 23205
300	苯醚菊酯	Phenothrin	0.05		不得检出	GB/T 20772
301	甲拌磷	Phorate	0.02		不得检出	GB/T 20772
302	伏杀硫磷	Phosalone	0.01		不得检出	GB/T 20772
303	亚胺硫磷	Phosmet	0.1		不得检出	GB/T 20772
304	—	Phosphines and phosphides	0.01		不得检出	参照同类标准
305	辛硫磷	Phoxim	0.02		不得检出	GB/T 20772
306	氨氯吡啶酸	Picloram	5		不得检出	GB/T 23211
307	啶氧菌酯	Picoxystrobin	0.05		不得检出	GB/T 19650

序号	农兽药中文名	农兽药英文名	欧盟标准限量要求 mg/kg	国家标准限量要求 mg/kg	三安超有机食品标准 限量要求 mg/kg	三安超有机食品标准 检测方法
308	抗蚜威	Pirimicarb	0.05		不得检出	GB/T 20772
309	甲基嘧啶磷	Pirimiphos – methyl	0.05		不得检出	GB/T 20772
310	泼尼松龙	Prednisolone	15μg/kg		不得检出	GB/T 21981
311	咪鲜胺	Prochloraz	0.1		不得检出	GB/T 19650
312	腐霉利	Procymidone	0.01		不得检出	GB/T 20772
313	丙溴磷	Profenofos	0.05		不得检出	GB/T 20772
314	调环酸	Prohexadione	0.05		不得检出	日本肯定列表
315	毒草安	Propachlor	0.02		不得检出	GB/T 20772
316	扑派威	Propamocarb	0.1		不得检出	GB/T 20772
317	恶草酸	Propaquizafop	0.05		不得检出	GB/T 20772
318	炔螨特	Propargite	0.1		不得检出	GB/T 19650
319	苯胺灵	Propham	0.05		不得检出	GB/T 19650
320	丙环唑	Propiconazole	0.01		不得检出	GB/T 19650
321	异丙草胺	Propisochlor	0.01		不得检出	GB/T 19650
322	残杀威	Propoxur	0.05		不得检出	参照同类标准
323	炔苯酰草胺	Propyzamide	0.05		不得检出	GB/T 20772
324	苄草丹	Prosulfocarb	0.05		不得检出	GB/T 23211
325	丙硫菌唑	Prothioconazole	0.5		不得检出	GB/T 19650
326	吡蚜酮	Pymetrozine	0.01		不得检出	GB/T 20772
327	吡唑醚菌酯	Pyraclostrobin	0.05		不得检出	GB/T 20772
328	—	Pyrasulfotole	0.01		不得检出	GB/T 19650
329	吡菌磷	Pyrazophos	0.02		不得检出	GB/T 20772
330	除虫菊素	Pyrethrins	0.05		不得检出	GB/T 20772
331	哒螨灵	Pyridaben	0.02		不得检出	日本肯定列表
332	啶虫丙醚	Pyridalyl	0.01		不得检出	GB/T 20772
333	哒草特	Pyridate	0.4		不得检出	GB/T 20772
334	嘧霉胺	Pyrimethanil	0.05		不得检出	GB/T 20772
335	吡丙醚	Pyriproxyfen	0.05		不得检出	GB/T 19650
336	甲氧磺草胺	Pyroxsulam	0.01		不得检出	GB/T 19650
337	氯甲喹啉酸	Quinmerac	0.05		不得检出	GB/T 19650
338	喹氧灵	Quinoxyfen	0.2		不得检出	SN/T 2319
339	五氯硝基苯	Quintozene	0.01		不得检出	GB/T 19650
340	精喹禾灵	Quizalofop – P – ethyl	0.05		不得检出	SN/T 2150
341	灭虫菊	Resmethrin	0.1		不得检出	GB/T 20772
342	鱼藤酮	Rotenone	0.01		不得检出	GB/T 20772
343	西玛津	Simazine	0.01		不得检出	SN 0594
344	壮观霉素	Spectinomycin	5000μg/kg		不得检出	GB/T 20772
345	乙基多杀菌素	Spinetoram	0.01		不得检出	GB/T 20772
346	多杀霉素	Spinosad	0.5		不得检出	日本肯定列表

序号	农兽药中文名	农兽药英文名	欧盟标准限量要求 mg/kg	国家标准限量要求 mg/kg	三安超有机食品标准	
					限量要求 mg/kg	检测方法
347	螺螨酯	Spirodiclofen	0.05		不得检出	GB/T 20772
348	螺甲螨酯	Spiromesifen	0.01		不得检出	GB/T 20772
349	螺虫乙酯	Spirotetramat	0.03		不得检出	GB/T 20772
350	莔孢菌素	Spiroxamine	0.2		不得检出	GB/T 19650
351	磺草酮	Sulcotrione	0.05		不得检出	GB/T 19650
352	磺胺类（所有属于磺胺类的物质）	Sulfonamides（all substances belonging to the sulfonamide-group）	100μg/kg		不得检出	GB/T 19650
353	乙黄隆	Sulfosulfuron	0.05		不得检出	GB/T 19650
354	硫磺粉	Sulfur	0.5		不得检出	GB/T 19650
355	氟胺氰菊酯	Tau－fluvalinate	0.02		不得检出	GB/T 20769
356	戊唑醇	Tebuconazole	0.1		不得检出	GB/T 20772
357	虫酰肼	Tebufenozide	0.05		不得检出	GB/T 20772
358	吡螨胺	Tebufenpyrad	0.05		不得检出	SN 0594
359	四氯硝基苯	Tecnazene	0.05		不得检出	GB/T 19650
360	氟苯脲	Teflubenzuron	0.05		不得检出	SN/T 2150
361	七氟菊酯	Tefluthrin	0.05		不得检出	GB/T 23210
362	得杀草	Tepraloxydim	0.1		不得检出	GB/T 20772
363	特丁硫磷	Terbufos	0.01		不得检出	GB/T 20772
364	特丁津	Terbuthylazine	0.05		不得检出	GB/T 19650
365	四氟醚唑	Tetraconazole	0.5		不得检出	GB/T 20772
366	四环素	Tetracycline	600μg/kg		不得检出	GB/T 21317
367	三氯杀螨砜	Tetradifon	0.05		不得检出	GB/T 19650
368	噻虫啉	Thiacloprid	0.3		不得检出	GB/T 20772
369	噻虫嗪	Thiamethoxam	0.03		不得检出	GB/T 20772
370	甲砜霉素	Thiamphenicol	50μg/kg		不得检出	GB/T 20756
371	禾草丹	Thiobencarb	0.01		不得检出	GB/T 20772
372	甲基硫菌灵	Thiophanate－methyl	0.05		不得检出	SN/T 0162
373	替米考星	Tilmicosin	1000μg/kg		不得检出	GB/T 20762
374	甲基立枯磷	Tolclofos－methyl	0.05		不得检出	GB/T 19650
375	甲苯三嗪酮	Toltrazuril	250μg/kg		不得检出	参照同类标准
376	甲苯氟磺胺	Tolylfluanid	0.1		不得检出	GB/T 19650
377	—	Topramezone	0.05		不得检出	参照同类标准
378	三唑酮和三唑醇	Triadimefon and triadimenol	0.1		不得检出	GB/T 20772
379	野麦畏	Triallate	0.05		不得检出	GB/T 20772
380	醚苯磺隆	Triasulfuron	0.05		不得检出	GB/T 20772
381	三唑磷	Triazophos	0.01		不得检出	GB/T 20772
382	敌百虫	Trichlorphon	0.01		不得检出	GB/T 20772
383	绿草定	Triclopyr	0.2		不得检出	SN/T 2228

序号	农兽药中文名	农兽药英文名	欧盟标准限量要求 mg/kg	国家标准限量要求 mg/kg	三安超有机食品标准 限量要求 mg/kg	检测方法
384	三环唑	Tricyclazole	0.05		不得检出	GB/T 20769
385	十三吗啉	Tridemorph	0.01		不得检出	GB/T 20772
386	肟菌酯	Trifloxystrobin	0.04		不得检出	GB/T 19650
387	氟菌唑	Triflumizole	0.05		不得检出	GB/T 20769
388	杀铃脲	Triflumuron	0.01		不得检出	GB/T 20772
389	氟乐灵	Trifluralin	0.01		不得检出	GB/T 20772
390	嗪氨灵	Triforine	0.01		不得检出	SN 0695
391	甲氧苄氨嘧啶	Trimethoprim	100μg/kg		不得检出	SN/T 1769
392	三甲基锍阳离子	Trimethyl–sulfonium cation	0.05		不得检出	参照同类标准
393	抗倒酯	Trinexapac	0.05		不得检出	GB/T 20769
394	灭菌唑	Triticonazole	0.01		不得检出	GB/T 20772
395	三氟甲磺隆	Tritosulfuron	0.01		不得检出	参照同类标准
396	泰乐菌素	Tylosin	100μg/kg		不得检出	GB/T 22941
397	—	Valifenalate	0.01		不得检出	参照同类标准
398	维达布洛芬	Vedaprofen	1000μg/kg		不得检出	参照同类标准
399	乙烯菌核利	Vinclozolin	0.05		不得检出	GB/T 20772
400	2,3,4,5–四氯苯胺	2,3,4,5–Tetrachloraniline			不得检出	GB/T 19650
401	2,3,4,5–四氯甲氧基苯	2,3,4,5–Tetrachloroanisole			不得检出	GB/T 19650
402	2,3,5,6–四氯苯胺	2,3,5,6–Tetrachloroaniline			不得检出	GB/T 19650
403	2,4,5–涕	2,4,5–T			不得检出	GB/T 20772
404	o,p′–滴滴滴	2,4′–DDD			不得检出	GB/T 19650
405	o,p′–滴滴伊	2,4′–DDE			不得检出	GB/T 19650
406	o,p′–滴滴涕	2,4′–DDT			不得检出	GB/T 19650
407	2,6–二氯苯甲酰胺	2,6–Dichlorobenzamide			不得检出	GB/T 19650
408	3,5–二氯苯胺	3,5–Dichloroaniline			不得检出	GB/T 19650
409	p,p′–滴滴滴	4,4′–DDD			不得检出	GB/T 19650
410	p,p′–滴滴伊	4,4′–DDE			不得检出	GB/T 19650
411	p,p′–滴滴涕	4,4′–DDT			不得检出	GB/T 19650
412	4,4′–二溴二苯甲酮	4,4′–Dibromobenzophenone			不得检出	GB/T 19650
413	4,4′–二氯二苯甲酮	4,4′–Dichlorobenzophenone			不得检出	GB/T 19650
414	二氢苊	Acenaphthene			不得检出	GB/T 19650
415	乙酰丙嗪	Acepromazine			不得检出	GB/T 20763
416	三氟羧草醚	Acifluorfen			不得检出	GB/T 20772
417	1–氨基–2–乙内酰脲	AHD			不得检出	GB/T 21311
418	涕灭砜威	Aldoxycarb			不得检出	GB/T 20772
419	烯丙菊酯	Allethrin			不得检出	GB/T 20772
420	二丙烯草胺	Allidochlor			不得检出	GB/T 19650
421	α–六六六	Alpha–HCH			不得检出	GB/T 19650
422	烯丙孕素	Altrenogest			不得检出	SN/T 1980

序号	农兽药中文名	农兽药英文名	欧盟标准限量要求 mg/kg	国家标准限量要求 mg/kg	三安超有机食品标准 限量要求 mg/kg	三安超有机食品标准 检测方法
423	莠灭净	Ametryn			不得检出	GB/T 20772
424	双甲脒	Amitraz			不得检出	GB/T 19650
425	杀草强	Amitrole			不得检出	GB/T 21311
426	5－吗啉甲基－3－氨基－2－噁唑烷基酮	AMOZ			不得检出	GB/T 21311
427	氨丙嘧吡啶	Amprolium			不得检出	SN/T 0276
428	莎稗磷	Anilofos			不得检出	GB/T 19650
429	蒽醌	Anthraquinone			不得检出	GB/T 19650
430	3－氨基－2－噁唑酮	AOZ			不得检出	GB/T 21311
431	安普霉素	Apramycin			不得检出	GB/T 21323
432	丙硫特普	Aspon			不得检出	GB/T 19650
433	羟氨卡青霉素	Aspoxicillin			不得检出	GB/T 21315
434	乙基杀扑磷	Athidathion			不得检出	GB/T 19650
435	莠去通	Atratone			不得检出	GB/T 19650
436	莠去津	Atrazine			不得检出	GB/T 20772
437	脱乙基阿特拉津	Atrazine－desethyl			不得检出	GB/T 19650
438	甲基吡噁磷	Azamethiphos			不得检出	GB/T 20763
439	氮哌酮	Azaperone			不得检出	SN/T2221
440	叠氮津	Aziprotryne			不得检出	GB/T 19650
441	杆菌肽	Bacitracin			不得检出	GB/T 20743
442	4－溴－3,5－二甲苯基－N－甲基氨基甲酸酯－1	BDMC－1			不得检出	GB/T 19650
443	4－溴－3,5－二甲苯基－N－甲基氨基甲酸酯－2	BDMC－2			不得检出	GB/T 19650
444	噁虫威	Bendiocarb			不得检出	GB/T 20772
445	乙丁氟灵	Benfluralin			不得检出	GB/T 19650
446	呋草黄	Benfuresate			不得检出	GB/T 19650
447	麦锈灵	Benodanil			不得检出	GB/T 19650
448	解草酮	Benoxacor			不得检出	GB/T 19650
449	新燕灵	Benzoylprop－ethyl			不得检出	GB/T 19650
450	β－六六六	Beta－HCH			不得检出	GB/T 19650
451	倍他米松	Betamethasone			不得检出	SN/T 1970
452	生物烯丙菊酯－1	Bioallethrin－1			不得检出	GB/T 19650
453	生物烯丙菊酯－2	Bioallethrin－2			不得检出	GB/T 19650
454	生物苄呋菊酯	Bioresmethrin			不得检出	GB/T 20772
455	除草定	Bromacil			不得检出	GB/T 20772
456	溴苯烯磷	Bromfenvinfos			不得检出	GB/T 19650
457	溴烯杀	Bromocylen			不得检出	GB/T 19650
458	溴硫磷	Bromofos			不得检出	GB/T 19650

序号	农兽药中文名	农兽药英文名	欧盟标准限量要求 mg/kg	国家标准限量要求 mg/kg	三安超有机食品标准 限量要求 mg/kg	检测方法
459	乙基溴硫磷	Bromophos – ethyl			不得检出	GB/T 19650
460	溴丁酰草胺	Btomobutide			不得检出	GB/T 19650
461	氟丙嘧草酯	Butafenacil			不得检出	GB/T 19650
462	抑草磷	Butamifos			不得检出	GB/T 19650
463	丁草胺	Butaxhlor			不得检出	GB/T 19650
464	苯酮唑	Cafenstrole			不得检出	GB/T 19650
465	角黄素	Canthaxanthin			不得检出	SN/T 2327
466	咔唑心安	Carazolol			不得检出	GB/T 20763
467	卡巴氧	Carbadox			不得检出	GB/T 20746
468	三硫磷	Carbophenothion			不得检出	GB/T 19650
469	唑草酮	Carfentrazone – ethyl			不得检出	GB/T 19650
470	头孢洛宁	Cefalonium			不得检出	GB/T 22989
471	头孢匹林	Cefapirin			不得检出	GB/T 22989
472	头孢氨苄	Cefalexin			不得检出	GB/T 22989
473	氯霉素	Chloramphenicolum			不得检出	GB/T 20772
474	氯杀螨砜	Chlorbenside sulfone			不得检出	GB/T 19650
475	氯溴隆	Chlorbromuron			不得检出	GB/T 19650
476	杀虫脒	Chlordimeform			不得检出	GB/T 19650
477	氯氧磷	Chlorethoxyfos			不得检出	GB/T 19650
478	溴虫腈	Chlorfenapyr			不得检出	GB/T 19650
479	杀螨醇	Chlorfenethol			不得检出	GB/T 19650
480	燕麦酯	Chlorfenprop – methyl			不得检出	GB/T 19650
481	氟啶脲	Chlorfluazuron			不得检出	SN/T 2540
482	整形醇	Chlorflurenol			不得检出	GB/T 19650
483	氯地孕酮	Chlormadinone			不得检出	SN/T 1980
484	醋酸氯地孕酮	Chlormadinone acetate			不得检出	GB/T 20753
485	氯甲硫磷	Chlormephos			不得检出	GB/T 19650
486	氯苯甲醚	Chloroneb			不得检出	GB/T 19650
487	丙酯杀螨醇	Chloropropylate			不得检出	GB/T 19650
488	氯丙嗪	Chlorpromazine			不得检出	GB/T 20763
489	毒死蜱	Chlorpyrifos			不得检出	GB/T 19650
490	氯硫磷	Chlorthion			不得检出	GB/T 19650
491	虫螨磷	Chlorthiophos			不得检出	GB/T 19650
492	乙菌利	Chlozolinate			不得检出	GB/T 19650
493	顺式 – 氯丹	cis – Chlordane			不得检出	GB/T 19650
494	顺式 – 燕麦敌	cis – Diallate			不得检出	GB/T 19650
495	顺式 – 氯菊酯	cis – Permethrin			不得检出	GB/T 19650
496	克仑特罗	Clenbuterol			不得检出	GB/T 22286
497	炔草酸	Clodinafopacid			不得检出	GB/T 19650

序号	农兽药中文名	农兽药英文名	欧盟标准限量要求 mg/kg	国家标准限量要求 mg/kg	三安超有机食品标准	
					限量要求 mg/kg	检测方法
498	异噁草酮	Clomazone			不得检出	GB/T 20772
499	氯甲酰草胺	Clomeprop			不得检出	GB/T 19650
500	氯羟吡啶	Clopidol			不得检出	GB 29700
501	解草酯	Cloquintocet - mexyl			不得检出	GB/T 19650
502	蝇毒磷	Coumaphos			不得检出	GB/T 19650
503	鼠立死	Crimidine			不得检出	GB/T 19650
504	巴毒磷	Crotxyphos			不得检出	GB/T 19650
505	育畜磷	Crufomate			不得检出	GB/T 19650
506	苯腈磷	Cyanofenphos			不得检出	GB/T 20772
507	杀螟腈	Cyanophos			不得检出	GB/T 20772
508	环草敌	Cycloate			不得检出	GB/T 20772
509	环莠隆	Cycluron			不得检出	GB/T 20772
510	环丙津	Cyprazine			不得检出	GB/T 19650
511	敌草索	Dacthal			不得检出	SN/T 2444
512	癸氧喹酯	Decoquinate			不得检出	GB/T 19650
513	脱叶磷	DEF			不得检出	GB/T 19650
514	δ - 六六六	Delta - HCH			不得检出	GB/T 19650
515	2,2′,4,5,5′ - 五氯联苯	DE - PCB 101			不得检出	GB/T 19650
516	2,3,4,4′,5 - 五氯联苯	DE - PCB 118			不得检出	GB/T 19650
517	2,2′,3,4,4′,5 - 六氯联苯	DE - PCB 138			不得检出	GB/T 19650
518	2,2′,4,4′,5,5′ - 六氯联苯	DE - PCB 153			不得检出	GB/T 19650
519	2,2′,3,4,4′,5,5′ - 七氯联苯	DE - PCB 180			不得检出	GB/T 19650
520	2,4,4′ - 三氯联苯	DE - PCB 28			不得检出	GB/T 19650
521	2,4,5 - 三氯联苯	DE - PCB 31			不得检出	GB/T 19650
522	2,2′,5,5′ - 四氯联苯	DE - PCB 52			不得检出	GB/T 19650
523	脱溴溴苯磷	Desbrom - leptophos			不得检出	GB/T 19650
524	脱乙基另丁津	Desethyl - sebuthylazine			不得检出	GB/T 19650
525	敌草净	Desmetryn			不得检出	GB/T 19650
526	氯亚胺硫磷	Dialifos			不得检出	GB/T 19650
527	敌菌净	Diaveridine			不得检出	SN/T 1926
528	驱虫特	Dibutyl succinate			不得检出	GB/T 20772
529	异氯磷	Dicapthon			不得检出	GB/T 20772
530	除线磷	Dichlofenthion			不得检出	GB/T 19650
531	苯氟磺胺	Dichlofluanid			不得检出	GB/T 19650
532	氯硝胺	Dichloran			不得检出	GB/T 20772
533	烯丙酰草胺	Dichlormid			不得检出	GB/T 20772
534	敌敌畏	Dichlorvos			不得检出	GB/T 19650
535	苄氯三唑醇	Diclobutrazole			不得检出	GB/T 20766

序号	农兽药中文名	农兽药英文名	欧盟标准限量要求 mg/kg	国家标准限量要求 mg/kg	三安超有机食品标准 限量要求 mg/kg	检测方法
536	禾草灵	Diclofop – methyl			不得检出	GB/T 22969
537	己烯雌酚	Diethylstilbestrol			不得检出	GB/T 19650
538	二氢链霉素	Dihydro – streptomycin			不得检出	GB/T 19650
539	甲氟磷	Dimefox			不得检出	GB/T 19650
540	哌草丹	Dimepiperate			不得检出	GB/T 20772
541	异戊乙净	Dimethametryn			不得检出	GB/T 19650
542	二甲酚草胺	Dimethenamid			不得检出	GB/T 19650
543	乐果	Dimethoate			不得检出	GB/T 21318
544	甲基毒虫畏	Dimethylvinphos			不得检出	GB/T 19650
545	地美硝唑	Dimetridazole			不得检出	GB/T 19650
546	二硝托安	Dinitolmide			不得检出	SN/T 2453
547	氨氟灵	Dinitramine			不得检出	GB/T 19650
548	消螨通	Dinobuton			不得检出	GB/T 19650
549	呋虫胺	Dinotefuran			不得检出	GB/T 20772
550	苯虫醚 – 1	Diofenolan – 1			不得检出	GB/T 19650
551	苯虫醚 – 2	Diofenolan – 2			不得检出	GB/T 19650
552	蔬果磷	Dioxabenzofos			不得检出	GB/T 19650
553	双苯酰草胺	Diphenamid			不得检出	GB/T 19650
554	二苯胺	Diphenylamine			不得检出	GB/T 19650
555	异丙净	Dipropetryn			不得检出	GB/T 19650
556	灭菌磷	Ditalimfos			不得检出	GB/T 19650
557	氟硫草定	Dithiopyr			不得检出	GB/T 19650
558	强力霉素	Doxycycline			不得检出	GB/T 20764
559	敌瘟磷	Edifenphos			不得检出	GB/T 19650
560	硫丹硫酸盐	Endosulfan – sulfate			不得检出	GB/T 19650
561	异狄氏剂酮	Endrin ketone			不得检出	GB/T 19650
562	苯硫磷	EPN			不得检出	GB/T 19650
563	埃普利诺菌素	Eprinomectin			不得检出	GB/T 21320
564	抑草蓬	Erbon			不得检出	GB/T 19650
565	S – 氰戊菊酯	Esfenvalerate			不得检出	GB/T 19650
566	戊草丹	Esprocarb			不得检出	GB/T 19650
567	乙环唑 – 1	Etaconazole – 1			不得检出	GB/T 19650
568	乙环唑 – 2	Etaconazole – 2			不得检出	GB/T 19650
569	乙嘧硫磷	Etrimfos			不得检出	GB/T 19650
570	氧乙嘧硫磷	Etrimfos oxon			不得检出	GB/T 19650
571	伐灭磷	Famphur			不得检出	GB/T 19650
572	苯线磷亚砜	Fenamiphos sulfoxide			不得检出	GB/T 19650
573	苯线磷砜	Fenamiphos – sulfone			不得检出	GB/T 19650
574	氧皮蝇磷	Fenchlorphos oxon			不得检出	GB/T 19650

序号	农兽药中文名	农兽药英文名	欧盟标准限量要求 mg/kg	国家标准限量要求 mg/kg	三安超有机食品标准	
					限量要求 mg/kg	检测方法
575	甲呋酰胺	Fenfuram			不得检出	GB/T 19650
576	仲丁威	Fenobucarb			不得检出	GB/T 19650
577	苯硫威	Fenothiocarb			不得检出	GB/T 19650
578	稻瘟酰胺	Fenoxanil			不得检出	GB/T 19650
579	拌种咯	Fenpiclonil			不得检出	GB/T 19650
580	甲氰菊酯	Fenpropathrin			不得检出	GB/T 19650
581	芬螨酯	Fenson			不得检出	GB/T 19650
582	丰索磷	Fensulfothion			不得检出	GB/T 19650
583	倍硫磷亚砜	Fenthion sulfoxide			不得检出	GB/T 19650
584	麦草氟异丙酯	Flamprop – isopropyl			不得检出	GB/T 19650
585	麦草氟甲酯	Flamprop – methyl			不得检出	GB/T 19650
586	吡氟禾草灵	Fluazifop – butyl			不得检出	GB/T 19650
587	啶蜱脲	Fluazuron			不得检出	SN/T 2540
588	氟苯咪唑	Flubendazole			不得检出	GB/T 21324
589	氟噻草胺	Flufenacet			不得检出	GB/T 19650
590	氟节胺	Flumetralin			不得检出	GB/T 19650
591	唑嘧磺草胺	Flumetsulam			不得检出	GB/T 20772
592	氟烯草酸	Flumiclorac			不得检出	GB/T 19650
593	丙炔氟草胺	Flumioxazin			不得检出	GB/T 19650
594	三氟硝草醚	Fluorodifen			不得检出	GB/T 19650
595	乙羧氟草醚	Fluoroglycofen – ethyl			不得检出	GB/T 19650
596	三氟苯唑	Fluotrimazole			不得检出	GB/T 19650
597	氟啶草酮	Fluridone			不得检出	GB/T 19650
598	氟草烟 – 1 – 甲庚酯	Fluroxypr – 1 – methylheptyl ester			不得检出	GB/T 19650
599	呋草酮	Flurtamone			不得检出	GB/T 19650
600	地虫硫磷	Fonofos			不得检出	GB/T 19650
601	安果	Formothion			不得检出	GB/T 19650
602	呋霜灵	Furalaxyl			不得检出	GB/T 19650
603	庆大霉素	Gentamicin			不得检出	GB/T 21323
604	苄螨醚	Halfenprox			不得检出	GB/T 19650
605	氟哌啶醇	Haloperidol			不得检出	GB/T 20763
606	ε – 六六六	HCH, epsilon			不得检出	GB/T 19650
607	庚烯磷	Heptanophos			不得检出	GB/T 19650
608	己唑醇	Hexaconazole			不得检出	GB/T 19650
609	环嗪酮	Hexazinone			不得检出	GB/T 19650
610	咪草酸	Imazamethabenz – methyl			不得检出	GB/T 19650
611	脱苯甲基亚胺唑	Imibenconazole – des – benzyl			不得检出	GB/T 19650
612	炔咪菊酯 – 1	Imiprothrin – 1			不得检出	GB/T 19650

序号	农兽药中文名	农兽药英文名	欧盟标准限量要求 mg/kg	国家标准限量要求 mg/kg	三安超有机食品标准 限量要求 mg/kg	三安超有机食品标准 检测方法
613	炔咪菊酯-2	Imiprothrin-2			不得检出	GB/T 19650
614	碘硫磷	Iodofenphos			不得检出	GB/T 19650
615	甲基碘磺隆	Iodosulfuron-methyl			不得检出	GB/T 20772
616	异稻瘟净	Iprobenfos			不得检出	GB/T 19650
617	氯唑磷	Isazofos			不得检出	GB/T 19650
618	碳氯灵	Isobenzan			不得检出	GB/T 19650
619	丁咪酰胺	Isocarbamid			不得检出	GB/T 19650
620	水胺硫磷	Isocarbophos			不得检出	GB/T 19650
621	异艾氏剂	Isodrin			不得检出	GB/T 19650
622	异柳磷	Isofenphos			不得检出	GB/T 19650
623	氧异柳磷	Isofenphos oxon			不得检出	GB/T 19650
624	氮氨菲啶	Isometamidium			不得检出	SN/T 2239
625	丁嗪草酮	Isomethiozin			不得检出	GB/T 19650
626	异丙威-1	Isoprocarb-1			不得检出	GB/T 19650
627	异丙威-2	Isoprocarb-2			不得检出	GB/T 19650
628	异丙乐灵	Isopropalin			不得检出	GB/T 19650
629	双苯噁唑酸	Isoxadifen-ethyl			不得检出	GB/T 19650
630	异噁氟草	Isoxaflutole			不得检出	GB/T 20772
631	噁唑啉	Isoxathion			不得检出	GB/T 19650
632	交沙霉素	Josamycin			不得检出	GB/T 20762
633	拉沙里菌素	Lasalocid			不得检出	SN 0501
634	溴苯磷	Leptophos			不得检出	GB/T 19650
635	左旋咪唑	Levamisole			不得检出	SN 0349
636	利谷隆	Linuron			不得检出	GB/T 19650
637	麻保沙星	Marbofloxacin			不得检出	GB/T 22985
638	2-甲-4-氯丁氧乙基酯	MCPA-butoxyethyl ester			不得检出	GB/T 19650
639	二甲四氯丁酸	Mecoprop			不得检出	SN/T 2325
640	灭蚜磷	Mecarbam			不得检出	GB/T 19650
641	二甲四氯丙酸	Mecoprop			不得检出	SN/T 2325
642	苯噻酰草胺	Mefenacet			不得检出	GB/T 19650
643	吡唑解草酯	Mefenpyr-diethyl			不得检出	GB/T 19650
644	醋酸甲地孕酮	Megestrol acetate			不得检出	GB/T 20753
645	醋酸美仑孕酮	Melengestrol acetate			不得检出	GB/T 20753
646	嘧菌胺	Mepanipyrim			不得检出	GB/T 19650
647	地胺磷	Mephosfolan			不得检出	GB/T 19650
648	灭锈胺	Mepronil			不得检出	GB/T 19650
649	硝磺草酮	Mesotrione			不得检出	参照同类标准
650	呋菌胺	Methfuroxam			不得检出	GB/T 19650
651	灭梭威砜	Methiocarb sulfone			不得检出	GB/T 19650

序号	农兽药中文名	农兽药英文名	欧盟标准限量要求 mg/kg	国家标准限量要求 mg/kg	三安超有机食品标准 限量要求 mg/kg	检测方法
652	异丙甲草胺和 S – 异丙甲草胺	Metolachlor and S – metolachlor			不得检出	GB/T 19650
653	盖草津	Methoprotryne			不得检出	GB/T 19650
654	甲醚菊酯 – 1	Methothrin – 1			不得检出	GB/T 19650
655	甲醚菊酯 – 2	Methothrin – 2			不得检出	GB/T 19650
656	甲基泼尼松龙	Methylprednisolone			不得检出	GB/T 21981
657	溴谷隆	Metobromuron			不得检出	GB/T 19650
658	甲氧氯普胺	Metoclopramide			不得检出	SN/T 2227
659	苯氧菌胺 – 1	Metominsstrobin – 1			不得检出	GB/T 19650
660	苯氧菌胺 – 2	Metominsstrobin – 2			不得检出	GB/T 19650
661	甲硝唑	Metronidazole			不得检出	GB/T 21318
662	速灭磷	Mevinphos			不得检出	GB/T 19650
663	兹克威	Mexacarbate			不得检出	GB/T 19650
664	灭蚁灵	Mirex			不得检出	GB/T 19650
665	禾草敌	Molinate			不得检出	GB/T 19650
666	庚酰草胺	Monalide			不得检出	GB/T 19650
667	莫能菌素	Monensin			不得检出	SN 0698
668	合成麝香	Musk ambrecte			不得检出	GB/T 19650
669	麝香	Musk moskene			不得检出	GB/T 19650
670	西藏麝香	Musk tibeten			不得检出	GB/T 19650
671	二甲苯麝香	Musk xylene			不得检出	GB/T 19650
672	萘夫西林	Nafcillin			不得检出	GB/T 22975
673	二溴磷	Naled			不得检出	SN/T 0706
674	萘丙胺	Naproanilide			不得检出	GB/T 19650
675	甲基盐霉素	Narasin			不得检出	GB/T 20364
676	甲磺乐灵	Nitralin			不得检出	GB/T 19650
677	三氯甲基吡啶	Nitrapyrin			不得检出	GB/T 19650
678	酞菌酯	Nitrothal – isopropyl			不得检出	GB/T 19650
679	诺氟沙星	Norfloxacin			不得检出	GB/T 20366
680	氟草敏	Norflurazon			不得检出	GB/T 19650
681	新生霉素	Novobiocin			不得检出	SN 0674
682	氟苯嘧啶醇	Nuarimol			不得检出	GB/T 19650
683	八氯苯乙烯	Octachlorostyrene			不得检出	GB/T 19650
684	氧氟沙星	Ofloxacin			不得检出	GB/T 20366
685	喹乙醇	Olaquindox			不得检出	GB/T 20746
686	竹桃霉素	Oleandomycin			不得检出	GB/T 20762
687	氧乐果	Omethoate			不得检出	GB/T 19650
688	奥比沙星	Orbifloxacin			不得检出	GB/T 22985
689	杀线威	Oxamyl			不得检出	GB/T 20772

序号	农兽药中文名	农兽药英文名	欧盟标准限量要求 mg/kg	国家标准限量要求 mg/kg	三安超有机食品标准 限量要求 mg/kg	检测方法
690	奥芬达唑	Oxfendazole			不得检出	GB/T 22972
691	丙氧苯咪唑	Oxibendazole			不得检出	GB/T 20772
692	氧化氯丹	Oxy – chlordane			不得检出	GB/T 19650
693	对氧磷	Paraoxon			不得检出	GB/T 19650
694	甲基对氧磷	Paraoxon – methyl			不得检出	GB/T 19650
695	克草敌	Pebulate			不得检出	GB/T 19650
696	五氯苯胺	Pentachloroaniline			不得检出	GB/T 19650
697	五氯甲氧基苯	Pentachloroanisole			不得检出	GB/T 19650
698	五氯苯	Pentachlorobenzene			不得检出	GB/T 19650
699	乙滴涕	Perthane			不得检出	GB/T 19650
700	菲	Phenanthrene			不得检出	GB/T 19650
701	稻丰散	Phenthoate			不得检出	GB/T 19650
702	甲拌磷砜	Phorate sulfone			不得检出	GB/T 19650
703	磷胺 – 1	Phosphamidon – 1			不得检出	GB/T 19650
704	磷胺 – 2	Phosphamidon – 2			不得检出	GB/T 19650
705	酞酸苯甲基丁酯	Phthalic acid,benzylbutyl ester			不得检出	GB/T 19650
706	四氯苯肽	Phthalide			不得检出	GB/T 19650
707	邻苯二甲酰亚胺	Phthalimide			不得检出	GB/T 19650
708	氟吡酰草胺	Picolinafen			不得检出	GB/T 19650
709	增效醚	Piperonyl butoxide			不得检出	GB/T 19650
710	哌草磷	Piperophos			不得检出	GB/T 19650
711	乙基虫螨清	Pirimiphos – ethyl			不得检出	GB/T 19650
712	吡利霉素	Pirlimycin			不得检出	GB/T 22988
713	炔丙菊酯	Prallethrin			不得检出	GB/T 19650
714	丙草胺	Pretilachlor			不得检出	GB/T 21981
715	环丙氟灵	Profluralin			不得检出	GB/T 19650
716	茉莉酮	Prohydrojasmon			不得检出	GB/T 19650
717	扑灭通	Prometon			不得检出	GB/T 19650
718	扑草净	Prometryne			不得检出	GB/T 19650
719	炔丙烯草胺	Pronamide			不得检出	GB/T 19650
720	敌稗	Propanil			不得检出	GB/T 19650
721	扑灭津	Propazine			不得检出	GB/T 19650
722	胺丙畏	Propetamphos			不得检出	GB/T 19650
723	丙酰二甲氨基丙吩噻嗪	Propionylpromazin			不得检出	GB/T 20763
724	丙硫磷	Prothiophos			不得检出	GB/T 19650
725	哒嗪硫磷	Ptridaphenthion			不得检出	GB/T 19650
726	吡唑硫磷	Pyraclofos			不得检出	GB/T 19650
727	吡草醚	Pyraflufen – ethyl			不得检出	GB/T 19650
728	啶斑肟 – 1	Pyrifenox – 1			不得检出	GB/T 19650

序号	农兽药中文名	农兽药英文名	欧盟标准限量要求 mg/kg	国家标准限量要求 mg/kg	三安超有机食品标准 限量要求 mg/kg	三安超有机食品标准 检测方法
729	啶斑肟-2	Pyrifenox-2			不得检出	GB/T 19650
730	环酯草醚	Pyriftalid			不得检出	GB/T 19650
731	嘧螨醚	Pyrimidifen			不得检出	GB/T 19650
732	嘧草醚	Pyriminobac-methyl			不得检出	GB/T 19650
733	嘧啶磷	Pyrimitate			不得检出	GB/T 19650
734	喹硫磷	Quinalphos			不得检出	GB/T 19650
735	灭藻醌	Quinoclamine			不得检出	GB/T 19650
736	吡咪唑	Rabenzazole			不得检出	GB/T 19650
737	莱克多巴胺	Ractopamine			不得检出	GB/T 21313
738	洛硝达唑	Ronidazole			不得检出	GB/T 21318
739	皮蝇磷	Ronnel			不得检出	GB/T 19650
740	盐霉素	Salinomycin			不得检出	GB/T 20364
741	沙拉沙星	Sarafloxacin			不得检出	GB/T 20366
742	另丁津	Sebutylazine			不得检出	GB/T 19650
743	密草通	Secbumeton			不得检出	GB/T 19650
744	氨基脲	Semduramicinduramicin			不得检出	GB/T 20752
745	烯禾啶	Sethoxydim			不得检出	GB/T 19650
746	氟硅菊酯	Silafluofen			不得检出	GB/T 19650
747	硅氟唑	Simeconazole			不得检出	GB/T 19650
748	西玛通	Simetone			不得检出	GB/T 19650
749	西草净	Simetryn			不得检出	GB/T 19650
750	螺旋霉素	Spiramycin			不得检出	GB/T 20762
751	链霉素	Streptomycin			不得检出	GB/T 21323
752	磺胺苯酰	Sulfabenzamide			不得检出	GB/T 21316
753	磺胺醋酰	Sulfacetamide			不得检出	GB/T 21316
754	磺胺氯哒嗪	Sulfachloropyridazine			不得检出	GB/T 21316
755	磺胺嘧啶	Sulfadiazine			不得检出	GB/T 21316
756	磺胺间二甲氧嘧啶	Sulfadimethoxine			不得检出	GB/T 21316
757	磺胺二甲嘧啶	Sulfadimidine			不得检出	GB/T 21316
758	磺胺多辛	Sulfadoxine			不得检出	GB/T 21316
759	磺胺脒	Sulfaguanidine			不得检出	GB/T 21316
760	菜草畏	Sulfallate			不得检出	GB/T 19650
761	磺胺甲嘧啶	Sulfamerazine			不得检出	GB/T 21316
762	新诺明	Sulfamethoxazole			不得检出	GB/T 21316
763	磺胺间甲氧嘧啶	Sulfamonomethoxine			不得检出	GB/T 21316
764	乙酰磺胺对硝基苯	Sulfanitran			不得检出	GB/T 20772
765	磺胺吡啶	Sulfapyridine			不得检出	GB/T 21316
766	磺胺喹沙啉	Sulfaquinoxaline			不得检出	GB/T 21316
767	磺胺噻唑	Sulfathiazole			不得检出	GB/T 21316

序号	农兽药中文名	农兽药英文名	欧盟标准限量要求 mg/kg	国家标准限量要求 mg/kg	三安超有机食品标准限量要求 mg/kg	检测方法
768	治螟磷	Sulfotep			不得检出	GB/T 19650
769	硫丙磷	Sulprofos			不得检出	GB/T 19650
770	苯噻硫氰	TCMTB			不得检出	GB/T 19650
771	丁基嘧啶磷	Tebupirimfos			不得检出	GB/T 19650
772	牧草胺	Tebutam			不得检出	GB/T 19650
773	丁噻隆	Tebuthiuron			不得检出	GB/T 20772
774	双硫磷	Temephos			不得检出	GB/T 20772
775	特草灵	Terbucarb			不得检出	GB/T 19650
776	特丁通	Terbumeron			不得检出	GB/T 19650
777	特丁净	Terbutryn			不得检出	GB/T 19650
778	四氢邻苯二甲酰亚胺	Tetrabydrophthalimide			不得检出	GB/T 19650
779	杀虫畏	Tetrachlorvinphos			不得检出	GB/T 19650
780	胺菊酯	Tetramethirn			不得检出	GB/T 19650
781	杀螨氯硫	Tetrasul			不得检出	GB/T 19650
782	噻吩草胺	Thenylchlor			不得检出	GB/T 20772
783	噻唑烟酸	Thiazopyr			不得检出	GB/T 19650
784	噻苯隆	Thidiazuron			不得检出	GB/T 20772
785	噻吩磺隆	Thifensulfuron – methyl			不得检出	GB/T 20772
786	甲基乙拌磷	Thiometon			不得检出	GB/T 20772
787	虫线磷	Thionazin			不得检出	GB/T 19650
788	硫普罗宁	Tiopronin			不得检出	SN/T 2225
789	三甲苯草酮	Tralkoxydim			不得检出	GB/T 19650
790	四溴菊酯	Tralomethrin			不得检出	SN/T 2320
791	反式－氯丹	trans – Chlordane			不得检出	GB/T 19650
792	反式－燕麦敌	trans – Diallate			不得检出	GB/T 19650
793	四氟苯菊酯	Transfluthrin			不得检出	GB/T 19650
794	反式九氯	trans – Nonachlor			不得检出	GB/T 19650
795	反式－氯菊酯	trans – Permethrin			不得检出	GB/T 19650
796	群勃龙	Trenbolone			不得检出	GB/T 21981
797	威菌磷	Triamiphos			不得检出	GB/T 19650
798	毒壤磷	Trichloronatee			不得检出	GB/T 19650
799	灭草环	Tridiphane			不得检出	GB/T 19650
800	草达津	Trietazine			不得检出	GB/T 19650
801	三异丁基磷酸盐	Tri – iso – butyl phosphate			不得检出	GB/T 19650
802	三正丁基磷酸盐	Tri – n – butyl phosphate			不得检出	GB/T 19650
803	三苯基磷酸盐	Triphenyl phosphate			不得检出	GB/T 19650
804	烯效唑	Uniconazole			不得检出	GB/T 19650
805	灭草敌	Vernolate			不得检出	GB/T 19650
806	维吉尼霉素	Virginiamycin			不得检出	GB/T 20765

序号	农兽药中文名	农兽药英文名	欧盟标准限量要求 mg/kg	国家标准限量要求 mg/kg	三安超有机食品标准	
					限量要求 mg/kg	检测方法
807	杀鼠灵	War farin			不得检出	GB/T 20772
808	甲苯噻嗪	Xylazine			不得检出	GB/T 20763
809	右环十四酮酚	Zeranol			不得检出	GB/T 21982
810	苯酰菌胺	Zoxamide			不得检出	GB/T 19650

5.5 马可食用下水 Horse Edible Offal

序号	农兽药中文名	农兽药英文名	欧盟标准限量要求 mg/kg	国家标准限量要求 mg/kg	三安超有机食品标准	
					限量要求 mg/kg	检测方法
1	1,1-二氯-2,2-二(4-乙苯)乙烷	1,1-Dichloro-2,2-bis(4-ethylphenyl)ethane	0.01		不得检出	日本肯定列表（增补本1）
2	1,2-二氯乙烷	1,2-Dichloroethane	0.1		不得检出	SN/T 2238
3	1,3-二氯丙烯	1,3-Dichloropropene	0.01		不得检出	SN/T 2238
4	1-萘乙酸	1-Naphthylacetic acid	0.05		不得检出	SN/T 2228
5	2,4-滴丁酸	2,4-DB	0.05		不得检出	GB/T 20769
6	2,4-滴	2,4-D	0.05		不得检出	GB/T 20772
7	2-苯酚	2-Phenylphenol	0.05		不得检出	GB/T 19650
8	阿维菌素	Abamectin	0.02		不得检出	SN/T 2661
9	乙酰甲胺磷	Acephate	0.02		不得检出	GB/T 20772
10	灭螨醌	Acequinocyl	0.01		不得检出	参照同类标准
11	啶虫脒	Acetamiprid	0.05		不得检出	GB/T 20772
12	乙草胺	Acetochlor	0.01		不得检出	GB/T 19650
13	苯并噻二唑	Acibenzolar-S-methyl	0.02		不得检出	GB/T 20772
14	苯草醚	Aclonifen	0.02		不得检出	GB/T 20772
15	氟丙菊酯	Acrinathrin	0.05		不得检出	GB/T 19648
16	甲草胺	Alachlor	0.01		不得检出	GB/T 20772
17	涕灭威	Aldicarb	0.01		不得检出	GB/T 20772
18	艾氏剂和狄氏剂	Aldrin and dieldrin	0.2		不得检出	GB/T 19650
19	—	Ametoctradin	0.03		不得检出	参照同类标准
20	酰嘧磺隆	Amidosulfuron	0.02		不得检出	参照同类标准
21	氯氨吡啶酸	Aminopyralid	0.01		不得检出	GB/T 23211
22	—	Amisulbrom	0.01		不得检出	参照同类标准
23	敌菌灵	Anilazine	0.01		不得检出	GB/T 20769
24	杀螨特	Aramite	0.01		不得检出	GB/T 19650
25	磺草灵	Asulam	0.1		不得检出	日本肯定列表（增补本1）
26	印楝素	Azadirachtin	0.01		不得检出	SN/T 3264
27	益棉磷	Azinphos-ethyl	0.01		不得检出	GB/T 19650

序号	农兽药中文名	农兽药英文名	欧盟标准限量要求 mg/kg	国家标准限量要求 mg/kg	三安超有机食品标准	
					限量要求 mg/kg	检测方法
28	保棉磷	Azinphos – methyl	0.01		不得检出	GB/T 20772
29	三唑锡和三环锡	Azocyclotin and cyhexatin	0.05		不得检出	SN/T 1990
30	嘧菌酯	Azoxystrobin	0.07		不得检出	GB/T 20772
31	燕麦灵	Barban	0.05		不得检出	参照同类标准
32	氟丁酰草胺	Beflubutamid	0.05		不得检出	参照同类标准
33	苯霜灵	Benalaxyl	0.05		不得检出	GB/T 20772
34	丙硫克百威	Benfuracarb	0.02		不得检出	GB/T 20772
35	联苯肼酯	Bifenazate	0.01		不得检出	GB/T 20772
36	甲羧除草醚	Bifenox	0.05		不得检出	GB/T 23210
37	联苯菊酯	Bifenthrin	0.2		不得检出	GB/T 19650
38	乐杀螨	Binapacryl	0.01		不得检出	SN 0523
39	联苯	Biphenyl	0.01		不得检出	GB/T 19650
40	联苯三唑醇	Bitertanol	0.05		不得检出	GB/T 20772
41	—	Bixafen	0.02		不得检出	参照同类标准
42	啶酰菌胺	Boscalid	0.3		不得检出	GB/T 20772
43	溴离子	Bromide ion	0.05		不得检出	GB/T 5009.167
44	溴螨酯	Bromopropylate	0.01		不得检出	GB/T 19650
45	溴苯腈	Bromoxynil	0.02		不得检出	GB/T 20772
46	糠菌唑	Bromuconazole	0.05		不得检出	GB/T 19650
47	乙嘧酚磺酸酯	Bupirimate	0.05		不得检出	GB/T 19650
48	噻嗪酮	Buprofezin	0.05		不得检出	GB/T 20772
49	仲丁灵	Butralin	0.02		不得检出	GB/T 19650
50	丁草敌	Butylate	0.01		不得检出	GB/T 19650
51	硫线磷	Cadusafos	0.01		不得检出	GB/T 19650
52	毒杀芬	Camphechlor	0.05		不得检出	YC/T 180
53	敌菌丹	Captafol	0.01		不得检出	GB/T 23210
54	克菌丹	Captan	0.02		不得检出	GB/T 19648
55	甲萘威	Carbaryl	0.05		不得检出	GB/T 20796
56	多菌灵和苯菌灵	Carbendazim and benomyl	0.05		不得检出	GB/T 20772
57	长杀草	Carbetamide	0.05		不得检出	GB/T 20772
58	克百威	Carbofuran	0.01		不得检出	GB/T 20772
59	丁硫克百威	Carbosulfan	0.05		不得检出	GB/T 19650
60	萎锈灵	Carboxin	0.05		不得检出	GB/T 20772
61	氯虫苯甲酰胺	Chlorantraniliprole	0.2		不得检出	参照同类标准
62	杀螨醚	Chlorbenside	0.05		不得检出	GB/T 19650
63	氯炔灵	Chlorbufam	0.05		不得检出	GB/T 20772
64	氯丹	Chlordane	0.05		不得检出	GB/T 5009.19
65	十氯酮	Chlordecone	0.1		不得检出	参照同类标准
66	杀螨酯	Chlorfenson	0.05		不得检出	GB/T 19650

序号	农兽药中文名	农兽药英文名	欧盟标准限量要求 mg/kg	国家标准限量要求 mg/kg	三安超有机食品标准 限量要求 mg/kg	三安超有机食品标准 检测方法
67	毒虫畏	Chlorfenvinphos	0.01		不得检出	GB/T 19650
68	氯草敏	Chloridazon	0.1		不得检出	GB/T 20772
69	矮壮素	Chlormequat	0.05		不得检出	GB/T 23211
70	乙酯杀螨醇	Chlorobenzilate	0.1		不得检出	GB/T 23210
71	百菌清	Chlorothalonil	0.2		不得检出	SN/T 2320
72	绿麦隆	Chlortoluron	0.05		不得检出	GB/T 20772
73	枯草隆	Chloroxuron	0.05		不得检出	SN/T 2150
74	氯苯胺灵	Chlorpropham	0.05		不得检出	GB/T 19650
75	甲基毒死蜱	Chlorpyrifos – methyl	0.05		不得检出	GB/T 19650
76	氯磺隆	Chlorsulfuron	0.01		不得检出	GB/T 20772
77	氯酞酸甲酯	Chlorthaldimethyl	0.01		不得检出	GB/T 19650
78	氯硫酰草胺	Chlorthiamid	0.02		不得检出	GB/T 20772
79	烯草酮	Clethodim	0.2		不得检出	GB/T 19650
80	炔草酯	Clodinafop – propargyl	0.02		不得检出	GB/T 19650
81	四螨嗪	Clofentezine	0.05		不得检出	GB/T 20772
82	二氯吡啶酸	Clopyralid	0.05		不得检出	SN/T 2228
83	噻虫胺	Clothianidin	0.02		不得检出	GB/T 20772
84	铜化合物	Copper compounds	30		不得检出	参照同类标准
85	环烷基酰苯胺	Cyclanilide	0.01		不得检出	参照同类标准
86	噻草酮	Cycloxydim	0.05		不得检出	GB/T 19650
87	环氟菌胺	Cyflufenamid	0.03		不得检出	GB/T 23210
88	氟氯氰菊酯和高效氟氯氰菊酯	Cyfluthrin and beta – cyfluthrin	0.05		不得检出	GB/T 19650
89	霜脲氰	Cymoxanil	0.05		不得检出	GB/T 20772
90	氯氰菊酯和高效氯氰菊酯	Cypermethrin and beta – cypermethrin	0.2		不得检出	GB/T 19650
91	环丙唑醇	Cyproconazole	0.5		不得检出	GB/T 20772
92	嘧菌环胺	Cyprodinil	0.05		不得检出	GB/T 19650
93	灭蝇胺	Cyromazine	0.05		不得检出	GB/T 20772
94	丁酰肼	Daminozide	0.05		不得检出	SN/T 1989
95	滴滴涕	DDT	1		不得检出	SN/T 0127
96	溴氰菊酯	Deltamethrin	0.5		不得检出	GB/T 19650
97	燕麦敌	Diallate	0.2		不得检出	GB/T 23211
98	二嗪磷	Diazinon	0.01		不得检出	GB/T 19650
99	麦草畏	Dicamba	0.7		不得检出	GB/T 20772
100	敌草腈	Dichlobenil	0.01		不得检出	GB/T 19650
101	滴丙酸	Dichlorprop	0.05		不得检出	SN/T 2228
102	二氯苯氧基丙酸	Diclofop	0.05		不得检出	参照同类标准
103	氯硝胺	Dicloran	0.01		不得检出	GB/T 19650

序号	农兽药中文名	农兽药英文名	欧盟标准限量要求 mg/kg	国家标准限量要求 mg/kg	三安超有机食品标准 限量要求 mg/kg	三安超有机食品标准 检测方法
104	三氯杀螨醇	Dicofol	0.02		不得检出	GB/T 19650
105	乙霉威	Diethofencarb	0.05		不得检出	GB/T 19650
106	苯醚甲环唑	Difenoconazole	0.2		不得检出	GB/T 19650
107	除虫脲	Diflubenzuron	0.1		不得检出	SN/T 0528
108	吡氟酰草胺	Diflufenican	0.05		不得检出	GB/T 20772
109	油菜安	Dimethachlor	0.02		不得检出	GB/T 20772
110	烯酰吗啉	Dimethomorph	0.05		不得检出	GB/T 20772
111	醚菌胺	Dimoxystrobin	0.05		不得检出	SN/T 2237
112	烯唑醇	Diniconazole	0.01		不得检出	GB/T 19650
113	敌螨普	Dinocap	0.05		不得检出	日本肯定列表（增补本 1）
114	地乐酚	Dinoseb	0.01		不得检出	GB/T 20772
115	特乐酚	Dinoterb	0.05		不得检出	GB/T 20772
116	敌噁磷	Dioxathion	0.05		不得检出	GB/T 19650
117	敌草快	Diquat	0.05		不得检出	GB/T 5009.221
118	乙拌磷	Disulfoton	0.01		不得检出	GB/T 20772
119	二氰蒽醌	Dithianon	0.01		不得检出	GB/T 20769
120	二硫代氨基甲酸酯	Dithiocarbamates	0.05		不得检出	SN 0139
121	敌草隆	Diuron	0.05		不得检出	SN/T 0645
122	二硝甲酚	DNOC	0.05		不得检出	GB/T 20772
123	多果定	Dodine	0.2		不得检出	SN 0500
124	甲氨基阿维菌素苯甲酸盐	Emamectin benzoate	0.08		不得检出	GB/T 20769
125	硫丹	Endosulfan	0.05		不得检出	GB/T 19650
126	异狄氏剂	Endrin	0.05		不得检出	GB/T 19650
127	氟环唑	Epoxiconazole	0.2		不得检出	GB/T 20772
128	茵草敌	EPTC	0.02		不得检出	GB/T 20772
129	乙丁烯氟灵	Ethalfluralin	0.01		不得检出	GB/T 19650
130	胺苯磺隆	Ethametsulfuron	0.01		不得检出	NY/T 1616
131	乙烯利	Ethephon	0.05		不得检出	SN 0705
132	乙硫磷	Ethion	0.01		不得检出	GB/T 19650
133	乙嘧酚	Ethirimol	0.05		不得检出	GB/T 20772
134	乙氧呋草黄	Ethofumesate	0.1		不得检出	GB/T 20772
135	灭线磷	Ethoprophos	0.01		不得检出	GB/T 19650
136	乙氧喹啉	Ethoxyquin	0.05		不得检出	GB/T 20772
137	环氧乙烷	Ethylene oxide	0.02		不得检出	GB/T 23296.11
138	醚菊酯	Etofenprox	0.5		不得检出	GB/T 19650
139	乙螨唑	Etoxazole	0.01		不得检出	GB/T 19650
140	氯唑灵	Etridiazole	0.05		不得检出	GB/T 20772
141	噁唑菌酮	Famoxadone	0.05		不得检出	GB/T 20772

序号	农兽药中文名	农兽药英文名	欧盟标准限量要求 mg/kg	国家标准限量要求 mg/kg	三安超有机食品标准	
					限量要求 mg/kg	检测方法
142	咪唑菌酮	Fenamidone	0.01		不得检出	GB/T 19650
143	苯线磷	Fenamiphos	0.01		不得检出	GB/T 19650
144	氯苯嘧啶醇	Fenarimol	0.02		不得检出	GB/T 20772
145	喹螨醚	Fenazaquin	0.01		不得检出	GB/T 19650
146	腈苯唑	Fenbuconazole	0.05		不得检出	GB/T 20772
147	苯丁锡	Fenbutatin oxide	0.05		不得检出	SN/T 3149
148	环酰菌胺	Fenhexamid	0.05		不得检出	GB/T 20772
149	杀螟硫磷	Fenitrothion	0.01		不得检出	GB/T 20772
150	精噁唑禾草灵	Fenoxaprop – P – ethyl	0.05		不得检出	GB/T 22617
151	双氧威	Fenoxycarb	0.05		不得检出	GB/T 19650
152	苯锈啶	Fenpropidin	0.02		不得检出	GB/T 19650
153	丁苯吗啉	Fenpropimorph	0.01		不得检出	GB/T 20772
154	胺苯吡菌酮	Fenpyrazamine	0.01		不得检出	参照同类标准
155	唑螨酯	Fenpyroximate	0.01		不得检出	GB/T 19650
156	倍硫磷	Fenthion	0.05		不得检出	GB/T 20772
157	三苯锡	Fentin	0.05		不得检出	SN/T 3149
158	薯瘟锡	Fentin acetate	0.05		不得检出	参照同类标准
159	氰戊菊酯和高效氰戊菊酯（RR & SS 异构体总量）	Fenvalerate and esfenvalerate（sum of RR & SS isomers）	0.2		不得检出	GB/T 19650
160	氰戊菊酯和高效氰戊菊酯（RS & SR 异构体总量）	Fenvalerate and esfenvalerate（sum of RS & SR isomers）	0.05		不得检出	GB/T 19650
161	氟虫腈	Fipronil	0.01		不得检出	SN/T 1982
162	氟啶虫酰胺	Flonicamid	0.03		不得检出	SN/T 2796
163	精吡氟禾草灵	Fluazifop – P – butyl	0.05		不得检出	GB/T 5009.142
164	氟啶胺	Fluazinam	0.05		不得检出	SN/T 2150
165	氟苯虫酰胺	Flubendiamide	1		不得检出	SN/T 2581
166	氟环脲	Flucycloxuron	0.05		不得检出	参照同类标准
167	氟氰戊菊酯	Flucythrinate	0.05		不得检出	GB/T 23210
168	咯菌腈	Fludioxonil	0.05		不得检出	GB/T 20772
169	氟虫脲	Flufenoxuron	0.05		不得检出	SN/T 2150
170	杀螨净	Flufenzin	0.02		不得检出	参照同类标准
171	氟吡菌胺	Fluopicolide	0.01		不得检出	参照同类标准
172	—	Fluopyram	0.7		不得检出	参照同类标准
173	氟离子	Fluoride ion	1		不得检出	GB/T 5009.167
174	氟腈嘧菌酯	Fluoxastrobin	0.05		不得检出	SN/T 2237
175	氟喹唑	Fluquinconazole	0.3		不得检出	GB/T 19650
176	氟咯草酮	Fluorochloridone	0.05		不得检出	GB/T 20772
177	氟草烟	Fluroxypyr	0.05		不得检出	GB/T 20772
178	氟硅唑	Flusilazole	0.5		不得检出	GB/T 20772

序号	农兽药中文名	农兽药英文名	欧盟标准限量要求 mg/kg	国家标准限量要求 mg/kg	三安超有机食品标准 限量要求 mg/kg	检测方法
179	氟酰胺	Flutolanil	0.05		不得检出	GB/T 20772
180	粉唑醇	Flutriafol	0.01		不得检出	GB/T 20772
181	—	Fluxapyroxad	0.01		不得检出	参照同类标准
182	氟磺胺草醚	Fomesafen	0.01		不得检出	GB/T 5009.130
183	氯吡脲	Forchlorfenuron	0.05		不得检出	SN/T 3643
184	伐虫脒	Formetanate	0.01		不得检出	NY/T 1453
185	三乙膦酸铝	Fosetyl – aluminium	0.5		不得检出	参照同类标准
186	麦穗宁	Fuberidazole	0.05		不得检出	GB/T 19650
187	呋线威	Furathiocarb	0.01		不得检出	GB/T 20772
188	糠醛	Furfural	1		不得检出	参照同类标准
189	勃激素	Gibberellic acid	0.1		不得检出	GB/T 23211
190	草胺膦	Glufosinate – ammonium	0.1		不得检出	日本肯定列表
191	草甘膦	Glyphosate	0.05		不得检出	SN/T 1923
192	双胍盐	Guazatine	0.1		不得检出	参照同类标准
193	氟吡禾灵	Haloxyfop	0.1		不得检出	SN/T 2228
194	七氯	Heptachlor	0.2		不得检出	SN 0663
195	六氯苯	Hexachlorobenzene	0.2		不得检出	SN/T 0127
196	六六六（HCH），α – 异构体	Hexachlorociclohexane（HCH），alpha – isomer	0.2		不得检出	SN/T 0127
197	六六六（HCH），β – 异构体	Hexachlorociclohexane（HCH），beta – isomer	0.1		不得检出	SN/T 0127
198	噻螨酮	Hexythiazox	0.05		不得检出	GB/T 20772
199	噁霉灵	Hymexazol	0.05		不得检出	GB/T 20772
200	抑霉唑	Imazalil	0.05		不得检出	GB/T 20772
201	甲咪唑烟酸	Imazapic	0.01		不得检出	GB/T 20772
202	咪唑喹啉酸	Imazaquin	0.05		不得检出	GB/T 20772
203	吡虫啉	Imidacloprid	0.3		不得检出	GB/T 20772
204	茚虫威	Indoxacarb	0.05		不得检出	GB/T 20772
205	碘苯腈	Ioxynil	0.2		不得检出	GB/T 20772
206	异菌脲	Iprodione	0.05		不得检出	GB/T 19650
207	稻瘟灵	Isoprothiolane	0.01		不得检出	GB/T 20772
208	异丙隆	Isoproturon	0.05		不得检出	GB/T 20772
209	—	Isopyrazam	0.01		不得检出	参照同类标准
210	异噁酰草胺	Isoxaben	0.01		不得检出	GB/T 20772
211	醚菌酯	Kresoxim – methyl	0.02		不得检出	GB/T 20772
212	乳氟禾草灵	Lactofen	0.01		不得检出	GB/T 19650
213	高效氯氟氰菊酯	Lambda – cyhalothrin	0.5		不得检出	GB/T 23210
214	环草定	Lenacil	0.1		不得检出	GB/T 19650
215	林丹	Lindane	0.02	0.01	不得检出	NY/T 761

序号	农兽药中文名	农兽药英文名	欧盟标准限量要求 mg/kg	国家标准限量要求 mg/kg	三安超有机食品标准 限量要求 mg/kg	三安超有机食品标准 检测方法
216	虱螨脲	Lufenuron	0.02		不得检出	SN/T 2540
217	马拉硫磷	Malathion	0.02		不得检出	GB/T 19650
218	抑芽丹	Maleic hydrazide	0.02		不得检出	GB/T 23211
219	双炔酰菌胺	Mandipropamid	0.02		不得检出	参照同类标准
220	二甲四氯和二甲四氯丁酸	MCPA and MCPB	0.5		不得检出	SN/T 2228
221	壮棉素	Mepiquat chloride	0.2		不得检出	GB/T 23211
222	—	Meptyldinocap	0.05		不得检出	参照同类标准
223	汞化合物	Mercury compounds	0.01		不得检出	参照同类标准
224	氰氟虫腙	Metaflumizone	0.02		不得检出	SN/T 3852
225	甲霜灵和精甲霜灵	Metalaxyl and metalaxyl – M	0.05		不得检出	GB/T 20772
226	四聚乙醛	Metaldehyde	0.05		不得检出	SN/T 1787
227	苯嗪草酮	Metamitron	0.05		不得检出	GB/T 19650
228	吡唑草胺	Metazachlor	0.05		不得检出	GB/T 19650
229	叶菌唑	Metconazole	0.01		不得检出	GB/T 20772
230	甲基苯噻隆	Methabenzthiazuron	0.05		不得检出	GB/T 19650
231	虫螨畏	Methacrifos	0.01		不得检出	GB/T 20772
232	甲胺磷	Methamidophos	0.01		不得检出	GB/T 20772
233	杀扑磷	Methidathion	0.02		不得检出	GB/T 20772
234	甲硫威	Methiocarb	0.05		不得检出	GB/T 20770
235	灭多威和硫双威	Methomyl and thiodicarb	0.02		不得检出	GB/T 20772
236	烯虫酯	Methoprene	0.05		不得检出	GB/T 19650
237	甲氧滴滴涕	Methoxychlor	0.01		不得检出	SN/T 0529
238	甲氧虫酰肼	Methoxyfenozide	0.1		不得检出	GB/T 20772
239	磺草唑胺	Metosulam	0.01		不得检出	GB/T 20772
240	苯菌酮	Metrafenone	0.05		不得检出	参照同类标准
241	嗪草酮	Metribuzin	0.1		不得检出	GB/T 19650
242	绿谷隆	Monolinuron	0.05		不得检出	GB/T 20772
243	灭草隆	Monuron	0.01		不得检出	GB/T 20772
244	腈菌唑	Myclobutanil	0.01		不得检出	GB/T 20772
245	1 – 萘乙酰胺	1 – Naphthylacetamide	0.05		不得检出	GB/T 23205
246	敌草胺	Napropamide	0.01		不得检出	GB/T 19650
247	烟嘧磺隆	Nicosulfuron	0.05		不得检出	SN/T 2325
248	除草醚	Nitrofen	0.01		不得检出	GB/T 19650
249	氟酰脲	Novaluron	0.7		不得检出	GB/T 23211
250	嘧苯胺磺隆	Orthosulfamuron	0.01		不得检出	GB/T 23817
251	噁草酮	Oxadiazon	0.05		不得检出	GB/T 19650
252	噁霜灵	Oxadixyl	0.01		不得检出	GB/T 19650
253	环氧嘧磺隆	Oxasulfuron	0.05		不得检出	GB/T 23817
254	氧化萎锈灵	Oxycarboxin	0.05		不得检出	GB/T 19650

序号	农兽药中文名	农兽药英文名	欧盟标准限量要求 mg/kg	国家标准限量要求 mg/kg	三安超有机食品标准	
					限量要求 mg/kg	检测方法
255	亚砜磷	Oxydemeton – methyl	0.02		不得检出	参照同类标准
256	乙氧氟草醚	Oxyfluorfen	0.05		不得检出	GB/T 20772
257	多效唑	Paclobutrazol	0.02		不得检出	GB/T 19650
258	对硫磷	Parathion	0.05		不得检出	GB/T 19650
259	甲基对硫磷	Parathion – methyl	0.01		不得检出	GB/T 5009.161
260	戊菌唑	Penconazole	0.05		不得检出	GB/T 20772
261	戊菌隆	Pencycuron	0.05		不得检出	GB/T 19650
262	二甲戊灵	Pendimethalin	0.05		不得检出	GB/T 19650
263	甜菜宁	Phenmedipham	0.05		不得检出	GB/T 23205
264	苯醚菊酯	Phenothrin	0.05		不得检出	GB/T 20772
265	甲拌磷	Phorate	0.02		不得检出	GB/T 20772
266	伏杀硫磷	Phosalone	0.01		不得检出	GB/T 20772
267	亚胺硫磷	Phosmet	0.1		不得检出	GB/T 20772
268	—	Phosphines and phosphides	0.01		不得检出	参照同类标准
269	辛硫磷	Phoxim	0.02		不得检出	GB/T 20772
270	氨氯吡啶酸	Picloram	0.5		不得检出	GB/T 23211
271	啶氧菌酯	Picoxystrobin	0.05		不得检出	GB/T 19650
272	抗蚜威	Pirimicarb	0.05		不得检出	GB/T 20772
273	甲基嘧啶磷	Pirimiphos – methyl	0.05		不得检出	GB/T 20772
274	咪鲜胺	Prochloraz	0.1		不得检出	GB/T 19650
275	腐霉利	Procymidone	0.01		不得检出	GB/T 20772
276	丙溴磷	Profenofos	0.05		不得检出	GB/T 20772
277	调环酸	Prohexadione	0.05		不得检出	日本肯定列表
278	毒草安	Propachlor	0.02		不得检出	GB/T 20772
279	扑派威	Propamocarb	0.1		不得检出	GB/T 20772
280	恶草酸	Propaquizafop	0.05		不得检出	GB/T 20772
281	炔螨特	Propargite	0.1		不得检出	GB/T 19650
282	苯胺灵	Propham	0.05		不得检出	GB/T 19650
283	丙环唑	Propiconazole	0.01		不得检出	GB/T 19650
284	异丙草胺	Propisochlor	0.01		不得检出	GB/T 19650
285	残杀威	Propoxur	0.05		不得检出	GB/T 20772
286	炔苯酰草胺	Propyzamide	0.02		不得检出	GB/T 19650
287	苄草丹	Prosulfocarb	0.05		不得检出	GB/T 19650
288	丙硫菌唑	Prothioconazole	0.5		不得检出	参照同类标准
289	吡蚜酮	Pymetrozine	0.01		不得检出	GB/T 20772
290	吡唑醚菌酯	Pyraclostrobin	0.05		不得检出	GB/T 20772
291	—	Pyrasulfotole	0.01		不得检出	参照同类标准
292	吡菌磷	Pyrazophos	0.02		不得检出	GB/T 20772
293	除虫菊素	Pyrethrins	0.05		不得检出	GB/T 20772

序号	农兽药中文名	农兽药英文名	欧盟标准限量要求 mg/kg	国家标准限量要求 mg/kg	三安超有机食品标准	
					限量要求 mg/kg	检测方法
294	哒螨灵	Pyridaben	0.02		不得检出	GB/T 19650
295	啶虫丙醚	Pyridalyl	0.01		不得检出	日本肯定列表
296	哒草特	Pyridate	0.05		不得检出	日本肯定列表
297	嘧霉胺	Pyrimethanil	0.05		不得检出	GB/T 19650
298	吡丙醚	Pyriproxyfen	0.05		不得检出	GB/T 19650
299	甲氧磺草胺	Pyroxsulam	0.01		不得检出	SN/T 2325
300	氯甲喹啉酸	Quinmerac	0.05		不得检出	参照同类标准
301	喹氧灵	Quinoxyfen	0.2		不得检出	SN/T 2319
302	五氯硝基苯	Quintozene	0.01		不得检出	GB/T 19650
303	精喹禾灵	Quizalofop – P – ethyl	0.05		不得检出	SN/T 2150
304	灭虫菊	Resmethrin	0.1		不得检出	GB/T 20772
305	鱼藤酮	Rotenone	0.01		不得检出	GB/T 20772
306	西玛津	Simazine	0.01		不得检出	SN 0594
307	乙基多杀菌素	Spinetoram	0.01		不得检出	参照同类标准
308	多杀霉素	Spinosad	0.5		不得检出	GB/T 20772
309	螺螨酯	Spirodiclofen	0.05		不得检出	GB/T 20772
310	螺甲螨酯	Spiromesifen	0.01		不得检出	GB/T 23210
311	螺虫乙酯	Spirotetramat	0.03		不得检出	参照同类标准
312	葚孢菌素	Spiroxamine	0.05		不得检出	GB/T 20772
313	磺草酮	Sulcotrione	0.05		不得检出	参照同类标准
314	乙黄隆	Sulfosulfuron	0.05		不得检出	SN/T 2325
315	硫磺粉	Sulfur	0.5		不得检出	参照同类标准
316	氟胺氰菊酯	Tau – fluvalinate	0.3		不得检出	SN 0691
317	戊唑醇	Tebuconazole	0.1		不得检出	GB/T 20772
318	虫酰肼	Tebufenozide	0.05		不得检出	GB/T 20772
319	吡螨胺	Tebufenpyrad	0.05		不得检出	GB/T 19650
320	四氯硝基苯	Tecnazene	0.05		不得检出	GB/T 19650
321	氟苯脲	Teflubenzuron	0.05		不得检出	SN/T 2150
322	七氟菊酯	Tefluthrin	0.05		不得检出	GB/T 23210
323	得杀草	Tepraloxydim	0.1		不得检出	GB/T 20772
324	特丁硫磷	Terbufos	0.01		不得检出	GB/T 20772
325	特丁津	Terbuthylazine	0.05		不得检出	GB/T 19650
326	四氟醚唑	Tetraconazole	0.5		不得检出	GB/T 20772
327	三氯杀螨砜	Tetradifon	0.05		不得检出	GB/T 19650
328	噻虫啉	Thiacloprid	0.01		不得检出	GB/T 20772
329	噻虫嗪	Thiamethoxam	0.03		不得检出	GB/T 20772
330	禾草丹	Thiobencarb	0.01		不得检出	GB/T 20772
331	甲基硫菌灵	Thiophanate – methyl	0.05		不得检出	SN/T 0162
332	甲基立枯磷	Tolclofos – methyl	0.05		不得检出	参照同类标准

序号	农兽药中文名	农兽药英文名	欧盟标准限量要求 mg/kg	国家标准限量要求 mg/kg	三安超有机食品标准 限量要求 mg/kg	检测方法
333	甲苯氟磺胺	Tolylfluanid	0.1		不得检出	GB/T 19650
334	—	Topramezone	0.05		不得检出	参照同类标准
335	三唑酮和三唑醇	Triadimefon and triadimenol	0.1		不得检出	GB/T 20772
336	野麦畏	Triallate	0.05		不得检出	GB/T 20772
337	醚苯磺隆	Triasulfuron	0.05		不得检出	GB/T 20772
338	三唑磷	Triazophos	0.01		不得检出	GB/T 20772
339	敌百虫	Trichlorphon	0.01		不得检出	GB/T 20772
340	绿草定	Triclopyr	0.05		不得检出	SN/T 2228
341	三环唑	Tricyclazole	0.05		不得检出	GB/T 20769
342	十三吗啉	Tridemorph	0.01		不得检出	GB/T 20772
343	肟菌酯	Trifloxystrobin	0.04		不得检出	GB/T 19650
344	氟菌唑	Triflumizole	0.05		不得检出	GB/T 20769
345	杀铃脲	Triflumuron	0.01		不得检出	GB/T 20772
346	氟乐灵	Trifluralin	0.01		不得检出	GB/T 20772
347	嗪氨灵	Triforine	0.01		不得检出	SN 0695
348	三甲基锍阳离子	Trimethyl – sulfonium cation	0.05		不得检出	参照同类标准
349	抗倒酯	Trinexapac	0.05		不得检出	GB/T 20769
350	灭菌唑	Triticonazole	0.01		不得检出	GB/T 20772
351	三氟甲磺隆	Tritosulfuron	0.01		不得检出	参照同类标准
352	—	Valifenalate	0.01		不得检出	参照同类标准
353	乙烯菌核利	Vinclozolin	0.05		不得检出	GB/T 20772
354	2,3,4,5 – 四氯苯胺	2,3,4,5 – Tetrachloraniline			不得检出	GB/T 19650
355	2,3,4,5 – 四氯甲氧基苯	2,3,4,5 – Tetrachloroanisole			不得检出	GB/T 19650
356	2,3,5,6 – 四氯苯胺	2,3,5,6 – Tetrachloroaniline			不得检出	GB/T 19650
357	2,4,5 – 涕	2,4,5 – T			不得检出	GB/T 20772
358	o,p′ – 滴滴滴	2,4′ – DDD			不得检出	GB/T 19650
359	o,p′ – 滴滴伊	2,4′ – DDE			不得检出	GB/T 19650
360	o,p′ – 滴滴涕	2,4′ – DDT			不得检出	GB/T 19650
361	2,6 – 二氯苯甲酰胺	2,6 – Dichlorobenzamide			不得检出	GB/T 19650
362	3,5 – 二氯苯胺	3,5 – Dichloroaniline			不得检出	GB/T 19650
363	p,p′ – 滴滴滴	4,4′ – DDD			不得检出	GB/T 19650
364	p,p′ – 滴滴伊	4,4′ – DDE			不得检出	GB/T 19650
365	p,p′ – 滴滴涕	4,4′ – DDT			不得检出	GB/T 19650
366	4,4′ – 二溴二苯甲酮	4,4′ – Dibromobenzophenone			不得检出	GB/T 19650
367	4,4′ – 二氯二苯甲酮	4,4′ – Dichlorobenzophenone			不得检出	GB/T 19650
368	二氢苊	Acenaphthene			不得检出	GB/T 19650
369	乙酰丙嗪	Acepromazine			不得检出	GB/T 20763
370	三氟羧草醚	Acifluorfen			不得检出	GB/T 20772
371	1 – 氨基 – 2 – 乙内酰脲	AHD			不得检出	GB/T 21311

序号	农兽药中文名	农兽药英文名	欧盟标准限量要求 mg/kg	国家标准限量要求 mg/kg	三安超有机食品标准	
					限量要求 mg/kg	检测方法
372	涕灭砜威	Aldoxycarb			不得检出	GB/T 20772
373	烯丙菊酯	Allethrin			不得检出	GB/T 20772
374	二丙烯草胺	Allidochlor			不得检出	GB/T 19650
375	烯丙孕素	Altrenogest			不得检出	SN/T 1980
376	莠灭净	Ametryn			不得检出	GB/T 20772
377	双甲脒	Amitraz			不得检出	GB/T 19650
378	杀草强	Amitrole			不得检出	SN/T 1737.6
379	5-吗啉甲基-3-氨基-2-噁唑烷基酮	AMOZ			不得检出	GB/T 21311
380	氨苄青霉素	Ampicillin			不得检出	GB/T 21315
381	氨丙嘧吡啶	Amprolium			不得检出	SN/T 0276
382	莎稗磷	Anilofos			不得检出	GB/T 19650
383	蒽醌	Anthraquinone			不得检出	GB/T 19650
384	3-氨基-2-噁唑酮	AOZ			不得检出	GB/T 21311
385	安普霉素	Apramycin			不得检出	GB/T 21323
386	丙硫特普	Aspon			不得检出	GB/T 19650
387	羟氨卡青霉素	Aspoxicillin			不得检出	GB/T 21315
388	乙基杀扑磷	Athidathion			不得检出	GB/T 19650
389	莠去通	Atratone			不得检出	GB/T 19650
390	莠去津	Atrazine			不得检出	GB/T 20772
391	脱乙基阿特拉津	Atrazine-desethyl			不得检出	GB/T 19650
392	甲基吡噁磷	Azamethiphos			不得检出	GB/T 20763
393	氮哌酮	Azaperone			不得检出	SN/T2221
394	叠氮津	Aziprotryne			不得检出	GB/T 19650
395	杆菌肽	Bacitracin			不得检出	GB/T 20743
396	4-溴-3,5-二甲苯基-N-甲基氨基甲酸酯-1	BDMC-1			不得检出	GB/T 19650
397	4-溴-3,5-二甲苯基-N-甲基氨基甲酸酯-2	BDMC-2			不得检出	GB/T 19650
398	噁虫威	Bendiocarb			不得检出	GB/T 20772
399	乙丁氟灵	Benfluralin			不得检出	GB/T 19650
400	呋草黄	Benfuresate			不得检出	GB/T 19650
401	麦锈灵	Benodanil			不得检出	GB/T 19650
402	解草酮	Benoxacor			不得检出	GB/T 19650
403	新燕灵	Benzoylprop-ethyl			不得检出	GB/T 19650
404	苄青霉素	Benzyl pencillin			不得检出	GB/T 21315
405	倍他米松	Betamethasone			不得检出	SN/T 1970
406	生物烯丙菊酯-1	Bioallethrin-1			不得检出	GB/T 19650
407	生物烯丙菊酯-2	Bioallethrin-2			不得检出	GB/T 19650

序号	农兽药中文名	农兽药英文名	欧盟标准限量要求 mg/kg	国家标准限量要求 mg/kg	三安超有机食品标准限量要求 mg/kg	三安超有机食品标准检测方法
408	苄呋菊酯	Bioresmethrin			不得检出	GB/T 20772
409	除草定	Bromacil			不得检出	GB/T 20772
410	溴苯烯磷	Bromfenvinfos			不得检出	GB/T 19650
411	溴烯杀	Bromocylen			不得检出	GB/T 19650
412	溴硫磷	Bromofos			不得检出	GB/T 19650
413	乙基溴硫磷	Bromophos – ethyl			不得检出	GB/T 19650
414	溴丁酰草胺	Btomobutide			不得检出	GB/T 19650
415	氟丙嘧草酯	Butafenacil			不得检出	GB/T 19650
416	抑草磷	Butamifos			不得检出	GB/T 19650
417	丁草胺	Butaxhlor			不得检出	GB/T 19650
418	苯酮唑	Cafenstrole			不得检出	GB/T 19650
419	角黄素	Canthaxanthin			不得检出	SN/T 2327
420	咔唑心安	Carazolol			不得检出	GB/T 20763
421	卡巴氧	Carbadox			不得检出	GB/T 20746
422	三硫磷	Carbophenothion			不得检出	GB/T 19650
423	唑草酮	Carfentrazone – ethyl			不得检出	GB/T 19650
424	卡洛芬	Carprofen			不得检出	SN/T 2190
425	头孢洛宁	Cefalonium			不得检出	GB/T 22989
426	头孢匹林	Cefapirin			不得检出	GB/T 22989
427	头孢喹肟	Cefquinome			不得检出	GB/T 22989
428	头孢噻呋	Ceftiofur			不得检出	GB/T 21314
429	头孢氨苄	Cefalexin			不得检出	GB/T 22989
430	氯霉素	Chloramphenicolum			不得检出	GB/T 20772
431	氯杀螨砜	Chlorbenside sulfone			不得检出	GB/T 19650
432	氯溴隆	Chlorbromuron			不得检出	GB/T 19650
433	杀虫脒	Chlordimeform			不得检出	GB/T 19650
434	氯氧磷	Chlorethoxyfos			不得检出	GB/T 19650
435	溴虫腈	Chlorfenapyr			不得检出	GB/T 19650
436	杀螨醇	Chlorfenethol			不得检出	GB/T 19650
437	燕麦酯	Chlorfenprop – methyl			不得检出	GB/T 19650
438	氟啶脲	Chlorfluazuron			不得检出	SN/T 2540
439	整形醇	Chlorflurenol			不得检出	GB/T 19650
440	氯地孕酮	Chlormadinone			不得检出	SN/T 1980
441	醋酸氯地孕酮	Chlormadinone acetate			不得检出	GB/T 20753
442	氯甲硫磷	Chlormephos			不得检出	GB/T 19650
443	氯苯甲醚	Chloroneb			不得检出	GB/T 19650
444	丙酯杀螨醇	Chloropropylate			不得检出	GB/T 19650
445	氯丙嗪	Chlorpromazine			不得检出	GB/T 20763

序号	农兽药中文名	农兽药英文名	欧盟标准限量要求 mg/kg	国家标准限量要求 mg/kg	三安超有机食品标准 限量要求 mg/kg	检测方法
446	毒死蜱	Chlorpyrifos			不得检出	GB/T 19650
447	金霉素	Chlortetracycline			不得检出	GB/T 21317
448	氯硫磷	Chlorthion			不得检出	GB/T 19650
449	虫螨磷	Chlorthiophos			不得检出	GB/T 19650
450	乙菌利	Chlozolinate			不得检出	GB/T 19650
451	顺式－氯丹	cis－Chlordane			不得检出	GB/T 19650
452	顺式－燕麦敌	cis－Diallate			不得检出	GB/T 19650
453	顺式－氯菊酯	cis－Permethrin			不得检出	GB/T 19650
454	克仑特罗	Clenbuterol			不得检出	GB/T 22286
455	异噁草酮	Clomazone			不得检出	GB/T 20772
456	氯甲酰草胺	Clomeprop			不得检出	GB/T 19650
457	氯羟吡啶	Clopidol			不得检出	GB 29700
458	解草酯	Cloquintocet－mexyl			不得检出	GB/T 19650
459	邻氯青霉素	Cloxacillin			不得检出	GB/T 18932.25
460	蝇毒磷	Coumaphos			不得检出	GB/T 19650
461	鼠立死	Crimidine			不得检出	GB/T 19650
462	巴毒磷	Crotxyphos			不得检出	GB/T 19650
463	育畜磷	Crufomate			不得检出	GB/T 19650
464	苯腈磷	Cyanofenphos			不得检出	GB/T 19650
465	杀螟腈	Cyanophos			不得检出	GB/T 20772
466	环草敌	Cycloate			不得检出	GB/T 20772
467	环莠隆	Cycluron			不得检出	GB/T 20772
468	环丙津	Cyprazine			不得检出	GB/T 20772
469	敌草索	Dacthal			不得检出	GB/T 19650
470	达氟沙星	Danofloxacin			不得检出	GB/T 22985
471	癸氧喹酯	Decoquinate			不得检出	SN/T 2444
472	脱叶磷	DEF			不得检出	GB/T 19650
473	2,2′,4,5,5′－五氯联苯	DE－PCB 101			不得检出	GB/T 19650
474	2,3,4,4′,5－五氯联苯	DE－PCB 118			不得检出	GB/T 19650
475	2,2′,3,4,4′,5－六氯联苯	DE－PCB 138			不得检出	GB/T 19650
476	2,2′,4,4′,5,5′－六氯联苯	DE－PCB 153			不得检出	GB/T 19650
477	2,2′,3,4,4′,5,5′－七氯联苯	DE－PCB 180			不得检出	GB/T 19650
478	2,4,4′－三氯联苯	DE－PCB 28			不得检出	GB/T 19650
479	2,4,5－三氯联苯	DE－PCB 31			不得检出	GB/T 19650
480	2,2′,5,5′－四氯联苯	DE－PCB 52			不得检出	GB/T 19650
481	脱溴溴苯磷	Desbrom－leptophos			不得检出	GB/T 19650
482	脱乙基另丁津	Desethyl－sebuthylazine			不得检出	GB/T 19650
483	敌草净	Desmetryn			不得检出	GB/T 19650

序号	农兽药中文名	农兽药英文名	欧盟标准限量要求 mg/kg	国家标准限量要求 mg/kg	三安超有机食品标准限量要求 mg/kg	检测方法
484	地塞米松	Dexamethasone			不得检出	SN/T 1970
485	氯亚胺硫磷	Dialifos			不得检出	GB/T 19650
486	敌菌净	Diaveridine			不得检出	SN/T 1926
487	驱虫特	Dibutyl succinate			不得检出	GB/T 20772
488	异氯磷	Dicapthon			不得检出	GB/T 20772
489	除线磷	Dichlofenthion			不得检出	GB/T 20772
490	苯氟磺胺	Dichlofluanid			不得检出	GB/T 19650
491	烯丙酰草胺	Dichlormid			不得检出	GB/T 19650
492	敌敌畏	Dichlorvos			不得检出	GB/T 20772
493	苄氯三唑醇	Diclobutrazole			不得检出	GB/T 20772
494	禾草灵	Diclofop – methyl			不得检出	GB/T 19650
495	双氯青霉素	Dicloxacillin			不得检出	GB/T 18932.25
496	己烯雌酚	Diethylstilbestrol			不得检出	GB/T 20766
497	双氟沙星	Difloxacin			不得检出	GB/T 20366
498	二氢链霉素	Dihydro – streptomycin			不得检出	GB/T 22969
499	甲氟磷	Dimefox			不得检出	GB/T 19650
500	哌草丹	Dimepiperate			不得检出	GB/T 19650
501	异戊乙净	Dimethametryn			不得检出	GB/T 19650
502	二甲酚草胺	Dimethenamid			不得检出	GB/T 19650
503	乐果	Dimethoate			不得检出	GB/T 20772
504	甲基毒虫畏	Dimethylvinphos			不得检出	GB/T 19650
505	地美硝唑	Dimetridazole			不得检出	GB/T 21318
506	二硝托安	Dinitolmide			不得检出	SN/T 2453
507	氨氟灵	Dinitramine			不得检出	GB/T 19650
508	消螨通	Dinobuton			不得检出	GB/T 19650
509	呋虫胺	Dinotefuran			不得检出	GB/T 20772
510	苯虫醚 – 1	Diofenolan – 1			不得检出	GB/T 19650
511	苯虫醚 – 2	Diofenolan – 2			不得检出	GB/T 19650
512	蔬果磷	Dioxabenzofos			不得检出	GB/T 19650
513	双苯酰草胺	Diphenamid			不得检出	GB/T 19650
514	二苯胺	Diphenylamine			不得检出	GB/T 19650
515	异丙净	Dipropetryn			不得检出	GB/T 19650
516	灭菌磷	Ditalimfos			不得检出	GB/T 19650
517	氟硫草定	Dithiopyr			不得检出	GB/T 19650
518	多拉菌素	Doramectin			不得检出	GB/T 22968
519	强力霉素	Doxycycline			不得检出	GB/T 20764
520	敌瘟磷	Edifenphos			不得检出	GB/T 19650
521	硫丹硫酸盐	Endosulfan – sulfate			不得检出	GB/T 19650
522	异狄氏剂酮	Endrin ketone			不得检出	GB/T 19650

序号	农兽药中文名	农兽药英文名	欧盟标准限量要求 mg/kg	国家标准限量要求 mg/kg	三安超有机食品标准 限量要求 mg/kg	检测方法
523	恩诺沙星	Enrofloxacin			不得检出	GB/T 20366
524	苯硫磷	EPN			不得检出	GB/T 19650
525	埃普利诺菌素	Eprinomectin			不得检出	GB/T 21320
526	抑草蓬	Erbon			不得检出	GB/T 19650
527	红霉素	Erythromycin			不得检出	GB/T 20762
528	S-氰戊菊酯	Esfenvalerate			不得检出	GB/T 19650
529	戊草丹	Esprocarb			不得检出	GB/T 19650
530	乙环唑-1	Etaconazole-1			不得检出	GB/T 19650
531	乙环唑-2	Etaconazole-2			不得检出	GB/T 19650
532	乙嘧硫磷	Etrimfos			不得检出	GB/T 19650
533	氧乙嘧硫磷	Etrimfos oxon			不得检出	GB/T 19650
534	伐灭磷	Famphur			不得检出	GB/T 19650
535	苯线磷亚砜	Fenamiphos sulfoxide			不得检出	GB/T 19650
536	苯线磷砜	Fenamiphos-sulfone			不得检出	GB/T 19650
537	苯硫苯咪唑	Fenbendazole			不得检出	SN 0638
538	氧皮蝇磷	Fenchlorphos oxon			不得检出	GB/T 19650
539	甲呋酰胺	Fenfuram			不得检出	GB/T 19650
540	仲丁威	Fenobucarb			不得检出	GB/T 19650
541	苯硫威	Fenothiocarb			不得检出	GB/T 19650
542	稻瘟酰胺	Fenoxanil			不得检出	GB/T 19650
543	拌种咯	Fenpiclonil			不得检出	GB/T 19650
544	甲氰菊酯	Fenpropathrin			不得检出	GB/T 19650
545	芬螨酯	Fenson			不得检出	GB/T 19650
546	丰索磷	Fensulfothion			不得检出	GB/T 19650
547	倍硫磷亚砜	Fenthion sulfoxide			不得检出	GB/T 19650
548	麦草氟异丙酯	Flamprop-isopropyl			不得检出	GB/T 19650
549	麦草氟甲酯	Flamprop-methyl			不得检出	GB/T 19650
550	氟苯尼考	Florfenicol			不得检出	GB/T 20756
551	吡氟禾草灵	Fluazifop-butyl			不得检出	GB/T 19650
552	啶蜱脲	Fluazuron			不得检出	SN/T 2540
553	氟苯咪唑	Flubendazole			不得检出	GB/T 21324
554	氟噻草胺	Flufenacet			不得检出	GB/T 19650
555	氟甲喹	Flumequin			不得检出	SN/T 1921
556	氟节胺	Flumetralin			不得检出	GB/T 19650
557	唑嘧磺草胺	Flumetsulam			不得检出	GB/T 20772
558	氟烯草酸	Flumiclorac			不得检出	GB/T 19650
559	丙炔氟草胺	Flumioxazin			不得检出	GB/T 19650
560	氟胺烟酸	Flunixin			不得检出	GB/T 20750
561	三氟硝草醚	Fluorodifen			不得检出	GB/T 19650

序号	农兽药中文名	农兽药英文名	欧盟标准限量要求 mg/kg	国家标准限量要求 mg/kg	三安超有机食品标准 限量要求 mg/kg	检测方法
562	乙羧氟草醚	Fluoroglycofen – ethyl			不得检出	GB/T 19650
563	三氟苯唑	Fluotrimazole			不得检出	GB/T 19650
564	氟啶草酮	Fluridone			不得检出	GB/T 19650
565	氟草烟 – 1 – 甲庚酯	Fluroxypr – 1 – methylheptyl ester			不得检出	GB/T 19650
566	呋草酮	Flurtamone			不得检出	GB/T 19650
567	地虫硫磷	Fonofos			不得检出	GB/T 19650
568	安果	Formothion			不得检出	GB/T 19650
569	呋霜灵	Furalaxyl			不得检出	GB/T 19650
570	庆大霉素	Gentamicin			不得检出	GB/T 21323
571	苄螨醚	Halfenprox			不得检出	GB/T 19650
572	氟哌啶醇	Haloperidol			不得检出	GB/T 20763
573	庚烯磷	Heptanophos			不得检出	GB/T 19650
574	己唑醇	Hexaconazole			不得检出	GB/T 19650
575	环嗪酮	Hexazinone			不得检出	GB/T 19650
576	咪草酸	Imazamethabenz – methyl			不得检出	GB/T 19650
577	脱苯甲基亚胺唑	Imibenconazole – des – benzyl			不得检出	GB/T 19650
578	炔咪菊酯 – 1	Imiprothrin – 1			不得检出	GB/T 19650
579	炔咪菊酯 – 2	Imiprothrin – 2			不得检出	GB/T 19650
580	碘硫磷	Iodofenphos			不得检出	GB/T 19650
581	甲基碘磺隆	Iodosulfuron – methyl			不得检出	GB/T 20772
582	异稻瘟净	Iprobenfos			不得检出	GB/T 19650
583	氯唑磷	Isazofos			不得检出	GB/T 19650
584	碳氯灵	Isobenzan			不得检出	GB/T 19650
585	丁咪酰胺	Isocarbamid			不得检出	GB/T 19650
586	水胺硫磷	Isocarbophos			不得检出	GB/T 19650
587	异艾氏剂	Isodrin			不得检出	GB/T 19650
588	异柳磷	Isofenphos			不得检出	GB/T 19650
589	氧异柳磷	Isofenphos oxon			不得检出	GB/T 19650
590	氮氨菲啶	Isometamidium			不得检出	SN/T 2239
591	丁嗪草酮	Isomethiozin			不得检出	GB/T 19650
592	异丙威 – 1	Isoprocarb – 1			不得检出	GB/T 19650
593	异丙威 – 2	Isoprocarb – 2			不得检出	GB/T 19650
594	异丙乐灵	Isopropalin			不得检出	GB/T 19650
595	双苯噁唑酸	Isoxadifen – ethyl			不得检出	GB/T 19650
596	异噁氟草	Isoxaflutole			不得检出	GB/T 20772
597	噁唑啉	Isoxathion			不得检出	GB/T 19650
598	依维菌素	Ivermectin			不得检出	GB/T 21320
599	交沙霉素	Josamycin			不得检出	GB/T 20762

序号	农兽药中文名	农兽药英文名	欧盟标准限量要求 mg/kg	国家标准限量要求 mg/kg	三安超有机食品标准	
					限量要求 mg/kg	检测方法
600	卡那霉素	Kanamycin			不得检出	GB/T 21323
601	拉沙里菌素	Lasalocid			不得检出	SN 0501
602	溴苯磷	Leptophos			不得检出	GB/T 19650
603	左旋咪唑	Levamisole			不得检出	SN 0349
604	林可霉素	Lincomycin			不得检出	GB/T 20762
605	利谷隆	Linuron			不得检出	GB/T 19650
606	麻保沙星	Marbofloxacin			不得检出	GB/T 22985
607	2 - 甲 - 4 - 氯丁氧乙基酯	MCPA - butoxyethyl ester			不得检出	GB/T 19650
608	甲苯咪唑	Mebendazole			不得检出	GB/T 21324
609	灭蚜磷	Mecarbam			不得检出	GB/T 19650
610	二甲四氯丙酸	Mecoprop			不得检出	SN/T 2325
611	苯噻酰草胺	Mefenacet			不得检出	GB/T 19650
612	吡唑解草酯	Mefenpyr - diethyl			不得检出	GB/T 19650
613	醋酸甲地孕酮	Megestrol acetate			不得检出	GB/T 20753
614	醋酸美仑孕酮	Melengestrol acetate			不得检出	GB/T 20753
615	嘧菌胺	Mepanipyrim			不得检出	GB/T 19650
616	地胺磷	Mephosfolan			不得检出	GB/T 19650
617	灭锈胺	Mepronil			不得检出	GB/T 19650
618	硝磺草酮	Mesotrione			不得检出	参照同类标准
619	呋菌胺	Methfuroxam			不得检出	GB/T 19650
620	灭梭威砜	Methiocarb sulfone			不得检出	GB/T 19650
621	异丙甲草胺和 S - 异丙甲草胺	Metolachlor and S - metolachlor			不得检出	GB/T 19650
622	盖草津	Methoprotryne			不得检出	GB/T 19650
623	甲醚菊酯 - 1	Methothrin - 1			不得检出	GB/T 19650
624	甲醚菊酯 - 2	Methothrin - 2			不得检出	GB/T 19650
625	甲基泼尼松龙	Methylprednisolone			不得检出	GB/T 21981
626	溴谷隆	Metobromuron			不得检出	GB/T 19650
627	甲氧氯普胺	Metoclopramide			不得检出	SN/T 2227
628	苯氧菌胺 - 1	Metominsstrobin - 1			不得检出	GB/T 19650
629	苯氧菌胺 - 2	Metominsstrobin - 2			不得检出	GB/T 19650
630	甲硝唑	Metronidazole			不得检出	GB/T 21318
631	速灭磷	Mevinphos			不得检出	GB/T 19650
632	兹克威	Mexacarbate			不得检出	GB/T 19650
633	灭蚁灵	Mirex			不得检出	GB/T 19650
634	禾草敌	Molinate			不得检出	GB/T 19650
635	庚酰草胺	Monalide			不得检出	GB/T 19650
636	莫能菌素	Monensin			不得检出	SN 0698
637	莫西丁克	Moxidectin			不得检出	SN/T 2442

序号	农兽药中文名	农兽药英文名	欧盟标准限量要求 mg/kg	国家标准限量要求 mg/kg	三安超有机食品标准 限量要求 mg/kg	检测方法
638	合成麝香	Musk ambrecte			不得检出	GB/T 19650
639	麝香	Musk moskene			不得检出	GB/T 19650
640	西藏麝香	Musk tibeten			不得检出	GB/T 19650
641	二甲苯麝香	Musk xylene			不得检出	GB/T 19650
642	萘夫西林	Nafcillin			不得检出	GB/T 22975
643	二溴磷	Naled			不得检出	SN/T 0706
644	萘丙胺	Naproanilide			不得检出	GB/T 19650
645	甲基盐霉素	Narasin			不得检出	GB/T 20364
646	新霉素	Neomycin			不得检出	SN 0646
647	甲磺乐灵	Nitralin			不得检出	GB/T 19650
648	三氯甲基吡啶	Nitrapyrin			不得检出	GB/T 19650
649	酞菌酯	Nitrothal – isopropyl			不得检出	GB/T 19650
650	诺氟沙星	Norfloxacin			不得检出	GB/T 20366
651	氟草敏	Norflurazon			不得检出	GB/T 19650
652	新生霉素	Novobiocin			不得检出	SN 0674
653	氟苯嘧啶醇	Nuarimol			不得检出	GB/T 19650
654	八氯苯乙烯	Octachlorostyrene			不得检出	GB/T 19650
655	氧氟沙星	Ofloxacin			不得检出	GB/T 20366
656	喹乙醇	Olaquindox			不得检出	GB/T 20746
657	竹桃霉素	Oleandomycin			不得检出	GB/T 20762
658	氧乐果	Omethoate			不得检出	GB/T 19650
659	奥比沙星	Orbifloxacin			不得检出	GB/T 22985
660	苯唑青霉素	Oxacillin			不得检出	GB/T 18932.25
661	杀线威	Oxamyl			不得检出	GB/T 20772
662	奥芬达唑	Oxfendazole			不得检出	GB/T 22972
663	丙氧苯咪唑	Oxibendazole			不得检出	GB/T 21324
664	喹菌酮	Oxolinic acid			不得检出	日本肯定列表
665	氧化氯丹	Oxy – chlordane			不得检出	GB/T 19650
666	土霉素	Oxytetracycline			不得检出	GB/T 21317
667	对氧磷	Paraoxon			不得检出	GB/T 19650
668	甲基对氧磷	Paraoxon – methyl			不得检出	GB/T 19650
669	克草敌	Pebulate			不得检出	GB/T 19650
670	五氯苯胺	Pentachloroaniline			不得检出	GB/T 19650
671	五氯甲氧基苯	Pentachloroanisole			不得检出	GB/T 19650
672	五氯苯	Pentachlorobenzene			不得检出	GB/T 19650
673	氯菊酯	Permethrin			不得检出	GB/T 19650
674	乙滴涕	Perthane			不得检出	GB/T 19650
675	菲	Phenanthrene			不得检出	GB/T 19650
676	稻丰散	Phenthoate			不得检出	GB/T 19650

序号	农兽药中文名	农兽药英文名	欧盟标准限量要求 mg/kg	国家标准限量要求 mg/kg	三安超有机食品标准	
					限量要求 mg/kg	检测方法
677	甲拌磷砜	Phorate sulfone			不得检出	GB/T 19650
678	磷胺 – 1	Phosphamidon – 1			不得检出	GB/T 19650
679	磷胺 – 2	Phosphamidon – 2			不得检出	GB/T 19650
680	酞酸苯甲基丁酯	Phthalic acid, benzylbutyl ester			不得检出	GB/T 19650
681	四氯苯肽	Phthalide			不得检出	GB/T 19650
682	邻苯二甲酰亚胺	Phthalimide			不得检出	GB/T 19650
683	氟吡酰草胺	Picolinafen			不得检出	GB/T 19650
684	增效醚	Piperonyl butoxide			不得检出	GB/T 19650
685	哌草磷	Piperophos			不得检出	GB/T 19650
686	乙基虫螨清	Pirimiphos – ethyl			不得检出	GB/T 19650
687	吡利霉素	Pirlimycin			不得检出	GB/T 22988
688	炔丙菊酯	Prallethrin			不得检出	GB/T 19650
689	泼尼松龙	Prednisolone			不得检出	GB/T 21981
690	丙草胺	Pretilachlor			不得检出	GB/T 19650
691	环丙氟灵	Profluralin			不得检出	GB/T 19650
692	茉莉酮	Prohydrojasmon			不得检出	GB/T 19650
693	扑灭通	Prometon			不得检出	GB/T 19650
694	扑草净	Prometryne			不得检出	GB/T 19650
695	炔丙烯草胺	Pronamide			不得检出	GB/T 19650
696	敌稗	Propanil			不得检出	GB/T 19650
697	扑灭津	Propazine			不得检出	GB/T 19650
698	胺丙畏	Propetamphos			不得检出	GB/T 19650
699	丙酰二甲氨基丙吩噻嗪	Propionylpromazin			不得检出	GB/T 20763
700	丙硫磷	Prothiophos			不得检出	GB/T 19650
701	哒嗪硫磷	Ptridaphenthion			不得检出	GB/T 19650
702	吡唑硫磷	Pyraclofos			不得检出	GB/T 19650
703	吡草醚	Pyraflufen – ethyl			不得检出	GB/T 19650
704	啶斑肟 – 1	Pyrifenox – 1			不得检出	GB/T 19650
705	啶斑肟 – 2	Pyrifenox – 2			不得检出	GB/T 19650
706	环酯草醚	Pyriftalid			不得检出	GB/T 19650
707	嘧螨醚	Pyrimidifen			不得检出	GB/T 19650
708	嘧草醚	Pyriminobac – methyl			不得检出	GB/T 19650
709	嘧啶磷	Pyrimitate			不得检出	GB/T 19650
710	喹硫磷	Quinalphos			不得检出	GB/T 19650
711	灭藻醌	Quinoclamine			不得检出	GB/T 19650
712	苯氧喹啉	Quinoxyphen			不得检出	GB/T 19650
713	吡咪唑	Rabenzazole			不得检出	GB/T 21313
714	莱克多巴胺	Ractopamine			不得检出	GB/T 21318
715	洛硝达唑	Ronidazole			不得检出	GB/T 19650

序号	农兽药中文名	农兽药英文名	欧盟标准限量要求 mg/kg	国家标准限量要求 mg/kg	三安超有机食品标准	
					限量要求 mg/kg	检测方法
716	皮蝇磷	Ronnel			不得检出	GB/T 20364
717	盐霉素	Salinomycin			不得检出	GB/T 20366
718	沙拉沙星	Sarafloxacin			不得检出	GB/T 19650
719	另丁津	Sebutylazine			不得检出	GB/T 19650
720	密草通	Secbumeton			不得检出	GB/T 19650
721	氨基脲	Semduramicin			不得检出	GB/T 20752
722	烯禾啶	Sethoxydim			不得检出	GB/T 19650
723	氟硅菊酯	Silafluofen			不得检出	GB/T 19650
724	硅氟唑	Simeconazole			不得检出	GB/T 19650
725	西玛通	Simetone			不得检出	GB/T 19650
726	西草净	Simetryn			不得检出	GB/T 21323
727	壮观霉素	Spectinomycin			不得检出	GB/T 20762
728	螺旋霉素	Spiramycin			不得检出	GB/T 21323
729	链霉素	Streptomycin			不得检出	GB/T 21316
730	磺胺苯酰	Sulfabenzamide			不得检出	GB/T 21316
731	磺胺醋酰	Sulfacetamide			不得检出	GB/T 21316
732	磺胺氯哒嗪	Sulfachloropyridazine			不得检出	GB/T 21316
733	磺胺嘧啶	Sulfadiazine			不得检出	GB/T 21316
734	磺胺间二甲氧嘧啶	Sulfadimethoxine			不得检出	GB/T 21316
735	磺胺二甲嘧啶	Sulfadimidine			不得检出	GB/T 21316
736	磺胺多辛	Sulfadoxine			不得检出	GB/T 21316
737	磺胺脒	Sulfaguanidine			不得检出	GB/T 19650
738	菜草畏	Sulfallate			不得检出	GB/T 21316
739	磺胺甲嘧啶	Sulfamerazine			不得检出	GB/T 21316
740	新诺明	Sulfamethoxazole			不得检出	GB/T 21316
741	磺胺间甲氧嘧啶	Sulfamonomethoxine			不得检出	GB/T 20772
742	乙酰磺胺对硝基苯	Sulfanitran			不得检出	GB/T 21316
743	磺胺吡啶	Sulfapyridine			不得检出	GB/T 21316
744	磺胺喹沙啉	Sulfaquinoxaline			不得检出	GB/T 21316
745	磺胺噻唑	Sulfathiazole			不得检出	GB/T 19650
746	治螟磷	Sulfotep			不得检出	GB/T 19650
747	硫丙磷	Sulprofos			不得检出	GB/T 19650
748	苯噻硫氰	TCMTB			不得检出	GB/T 19650
749	丁基嘧啶磷	Tebupirimfos			不得检出	GB/T 20772
750	牧草胺	Tebutam			不得检出	GB/T 20772
751	丁噻隆	Tebuthiuron			不得检出	GB/T 19650
752	双硫磷	Temephos			不得检出	GB/T 19650
753	特草灵	Terbucarb			不得检出	GB/T 19650
754	特丁通	Terbumeron			不得检出	GB/T 19650

序号	农兽药中文名	农兽药英文名	欧盟标准限量要求 mg/kg	国家标准限量要求 mg/kg	三安超有机食品标准	
					限量要求 mg/kg	检测方法
755	特丁净	Terbutryn			不得检出	GB/T 19650
756	四氢邻苯二甲酰亚胺	Tetrabydrophthalimide			不得检出	GB/T 19650
757	杀虫畏	Tetrachlorvinphos			不得检出	GB/T 21317
758	四环素	Tetracycline			不得检出	GB/T 19650
759	胺菊酯	Tetramethirn			不得检出	GB/T 19650
760	杀螨氯硫	Tetrasul			不得检出	GB/T 19650
761	噻吩草胺	Thenylchlor			不得检出	GB/T 20772
762	甲砜霉素	Thiamphenicol			不得检出	GB/T 20756
763	噻唑烟酸	Thiazopyr			不得检出	GB/T 19650
764	噻苯隆	Thidiazuron			不得检出	GB/T 20772
765	噻吩磺隆	Thifensulfuron – methyl			不得检出	GB/T 20772
766	甲基乙拌磷	Thiometon			不得检出	GB/T 20772
767	虫线磷	Thionazin			不得检出	GB/T 19650
768	替米考星	Tilmicosin			不得检出	GB/T 20762
769	硫普罗宁	Tiopronin			不得检出	SN/T 2225
770	三甲苯草酮	Tralkoxydim			不得检出	GB/T 19650
771	四溴菊酯	Tralomethrin			不得检出	SN/T 2320
772	反式 – 氯丹	trans – Chlordane			不得检出	GB/T 19650
773	反式 – 燕麦敌	trans – Diallate			不得检出	GB/T 19650
774	四氟苯菊酯	Transfluthrin			不得检出	GB/T 19650
775	反式九氯	trans – Nonachlor			不得检出	GB/T 19650
776	反式 – 氯菊酯	trans – Permethrin			不得检出	GB/T 19650
777	群勃龙	Trenbolone			不得检出	GB/T 21981
778	威菌磷	Triamiphos			不得检出	GB/T 19650
779	毒壤磷	Trichloronate			不得检出	GB/T 19650
780	灭草环	Tridiphane			不得检出	GB/T 19650
781	草达津	Trietazine			不得检出	GB/T 19650
782	三异丁基磷酸盐	Tri – iso – butyl phosphate			不得检出	GB/T 19650
783	甲氧苄氨嘧啶	Trimethoprim			不得检出	SN/T 1769
784	三正丁基磷酸盐	Tri – n – butyl phosphate			不得检出	GB/T 19650
785	三苯基磷酸盐	Triphenyl phosphate			不得检出	GB/T 19650
786	泰乐霉素	Tylosin			不得检出	GB/T 22941
787	烯效唑	Uniconazole			不得检出	GB/T 19650
788	灭草敌	Vernolate			不得检出	GB/T 19650
789	维吉尼霉素	Virginiamycin			不得检出	GB/T 20765
790	杀鼠灵	War farin			不得检出	GB/T 20772
791	甲苯噻嗪	Xylazine			不得检出	GB/T 20763
792	右环十四酮酚	Zeranol			不得检出	GB/T 21982
793	苯酰菌胺	Zoxamide			不得检出	GB/T 19650

6 驴(5种)

6.1 驴肉 Donkey Meat

序号	农兽药中文名	农兽药英文名	欧盟标准限量要求 mg/kg	国家标准限量要求 mg/kg	三安超有机食品标准	
					限量要求 mg/kg	检测方法
1	1,1-二氯-2,2-二(4-乙苯)乙烷	1,1-Dichloro-2,2-bis(4-ethylphenyl)ethane	0.01		不得检出	日本肯定列表（增补本1）
2	1,2-二氯乙烷	1,2-Dichloroethane	0.1		不得检出	SN/T 2238
3	1,3-二氯丙烯	1,3-Dichloropropene	0.01		不得检出	SN/T 2238
4	1-萘乙酰胺	1-Naphthylacetamide	0.05		不得检出	GB/T 20772
5	1-萘乙酸	1-Naphthylacetic acid	0.05		不得检出	SN/T 2228
6	2,4-滴丁酸	2,4-DB	0.05		不得检出	GB/T 20769
7	2,4-滴	2,4-D	0.05		不得检出	GB/T 20772
8	2-苯酚	2-Phenylphenol	0.05		不得检出	GB/T 19650
9	阿维菌素	Abamectin	0.01		不得检出	SN/T 2661
10	乙酰甲胺磷	Acephate	0.02		不得检出	GB/T 20772
11	灭螨醌	Acequinocyl	0.01		不得检出	参照同类标准
12	啶虫脒	Acetamiprid	0.05		不得检出	GB/T 20772
13	乙草胺	Acetochlor	0.01		不得检出	GB/T 19650
14	苯并噻二唑	Acibenzolar-S-methyl	0.02		不得检出	GB/T 20772
15	苯草醚	Aclonifen	0.02		不得检出	GB/T 20772
16	氟丙菊酯	Acrinathrin	0.05		不得检出	GB/T 19648
17	甲草胺	Alachlor	0.01		不得检出	GB/T 20772
18	阿苯达唑	Albendazole	100μg/kg		不得检出	GB 29687
19	涕灭威	Aldicarb	0.01		不得检出	GB/T 20772
20	艾氏剂和狄氏剂	Aldrin and dieldrin	0.2	0.2和0.2	不得检出	GB/T 19650
21	—	Ametoctradin	0.03		不得检出	参照同类标准
22	酰嘧磺隆	Amidosulfuron	0.02		不得检出	参照同类标准
23	氯氨吡啶酸	Aminopyralid	0.01		不得检出	GB/T 23211
24	—	Amisulbrom	0.01		不得检出	参照同类标准
25	阿莫西林	Amoxicillin	50μg/kg		不得检出	NY/T 830
26	氨苄青霉素	Ampicillin	50μg/kg		不得检出	GB/T 21315
27	敌菌灵	Anilazine	0.01		不得检出	GB/T 20769
28	杀螨特	Aramite	0.01		不得检出	GB/T 19650
29	磺草灵	Asulam	0.1		不得检出	日本肯定列表（增补本1）
30	印楝素	Azadirachtin	0.01		不得检出	SN/T 3264
31	益棉磷	Azinphos-ethyl	0.01		不得检出	GB/T 19650
32	保棉磷	Azinphos-methyl	0.01		不得检出	GB/T 20772
33	三唑锡和三环锡	Azocyclotin and cyhexatin	0.05		不得检出	SN/T 1990

535

序号	农兽药中文名	农兽药英文名	欧盟标准限量要求 mg/kg	国家标准限量要求 mg/kg	三安超有机食品标准 限量要求 mg/kg	检测方法
34	嘧菌酯	Azoxystrobin	0.05		不得检出	GB/T 20772
35	燕麦灵	Barban	0.05		不得检出	参照同类标准
36	氟丁酰草胺	Beflubutamid	0.05		不得检出	参照同类标准
37	苯霜灵	Benalaxyl	0.05		不得检出	GB/T 20772
38	丙硫克百威	Benfuracarb	0.02		不得检出	GB/T 20772
39	苄青霉素	Benzyl pencillin	50μg/kg		不得检出	GB/T 21315
40	联苯肼酯	Bifenazate	0.01		不得检出	GB/T 20772
41	甲羧除草醚	Bifenox	0.05		不得检出	GB/T 23210
42	联苯菊酯	Bifenthrin	3		不得检出	GB/T 19650
43	乐杀螨	Binapacryl	0.01		不得检出	SN 0523
44	联苯	Biphenyl	0.01		不得检出	GB/T 19650
45	联苯三唑醇	Bitertanol	0.05		不得检出	GB/T 20772
46	—	Bixafen	0.02		不得检出	参照同类标准
47	啶酰菌胺	Boscalid	0.7		不得检出	GB/T 20772
48	溴离子	Bromide ion	0.05		不得检出	GB/T 5009.167
49	溴螨酯	Bromopropylate	0.01		不得检出	GB/T 19650
50	溴苯腈	Bromoxynil	0.05		不得检出	GB/T 20772
51	糠菌唑	Bromuconazole	0.05		不得检出	GB/T 19650
52	乙嘧酚磺酸酯	Bupirimate	0.05		不得检出	GB/T 19650
53	噻嗪酮	Buprofezin	0.05		不得检出	GB/T 20772
54	仲丁灵	Butralin	0.02		不得检出	GB/T 19650
55	丁草敌	Butylate	0.01		不得检出	GB/T 19650
56	硫线磷	Cadusafos	0.01		不得检出	GB/T 19650
57	毒杀芬	Camphechlor	0.05		不得检出	YC/T 180
58	敌菌丹	Captafol	0.01		不得检出	SN 0338
59	克菌丹	Captan	0.02		不得检出	GB/T 19648
60	甲萘威	Carbaryl	0.05		不得检出	GB/T 20796
61	多菌灵和苯菌灵	Carbendazim and benomyl	0.05		不得检出	GB/T 20772
62	长杀草	Carbetamide	0.05		不得检出	GB/T 20772
63	克百威	Carbofuran	0.01		不得检出	GB/T 20772
64	丁硫克百威	Carbosulfan	0.05		不得检出	GB/T 19650
65	萎锈灵	Carboxin	0.05		不得检出	GB/T 20772
66	头孢噻呋	Ceftiofur	1000μg/kg		不得检出	GB/T 21314
67	氯虫苯甲酰胺	Chlorantraniliprole	0.2		不得检出	参照同类标准
68	杀螨醚	Chlorbenside	0.05		不得检出	GB/T 19650
69	氯炔灵	Chlorbufam	0.05		不得检出	GB/T 20772
70	氯丹	Chlordane	0.05	0.05	不得检出	GB/T 19648
71	十氯酮	Chlordecone	0.1		不得检出	参照同类标准
72	杀螨酯	Chlorfenson	0.05		不得检出	GB/T 19650

序号	农兽药中文名	农兽药英文名	欧盟标准限量要求 mg/kg	国家标准限量要求 mg/kg	三安超有机食品标准限量要求 mg/kg	检测方法
73	毒虫畏	Chlorfenvinphos	0.01		不得检出	GB/T 19650
74	氯草敏	Chloridazon	0.1		不得检出	GB/T 20772
75	矮壮素	Chlormequat	0.05		不得检出	日本肯定列表
76	乙酯杀螨醇	Chlorobenzilate	0.1		不得检出	日本肯定列表
77	百菌清	Chlorothalonil	0.02		不得检出	SN/T 2320
78	绿麦隆	Chlortoluron	0.05		不得检出	GB/T 20772
79	枯草隆	Chloroxuron	0.05		不得检出	GB/T 20769
80	氯苯胺灵	Chlorpropham	0.05		不得检出	GB/T 19650
81	甲基毒死蜱	Chlorpyrifos – methyl	0.05		不得检出	GB/T 19650
82	氯磺隆	Chlorsulfuron	0.01		不得检出	GB/T 20769
83	金霉素	Chlortetracycline	100μg/kg		不得检出	GB/T 21317
84	氯酞酸甲酯	Chlorthaldimethyl	0.01		不得检出	GB/T 19650
85	氯硫酰草胺	Chlorthiamid	0.02		不得检出	GB/T 20772
86	烯草酮	Clethodim	0.05		不得检出	GB/T 19648
87	炔草酯	Clodinafop – propargyl	0.02		不得检出	GB 2763
88	四螨嗪	Clofentezine	0.05		不得检出	SN/T 1740
89	二氯吡啶酸	Clopyralid	0.05		不得检出	SN/T 2228
90	噻虫胺	Clothianidin	0.01		不得检出	GB/T 20772
91	邻氯青霉素	Cloxacillin	300μg/kg		不得检出	GB/T 21315
92	黏菌素	Colistin	150μg/kg		不得检出	参照同类标准
93	铜化合物	Copper compounds	5		不得检出	参照同类标准
94	环烷基酰苯胺	Cyclanilide	0.01		不得检出	参照同类标准
95	噻草酮	Cycloxydim	0.05		不得检出	GB/T 19650
96	环氟菌胺	Cyflufenamid	0.03		不得检出	GB/T 19648
97	氟氯氰菊酯和高效氟氯氰菊酯	Cyfluthrin and beta – cyfluthrin	0.05		不得检出	GB/T 19650
98	霜脲氰	Cymoxanil	0.05		不得检出	GB/T 20772
99	氯氰菊酯和高效氯氰菊酯	Cypermethrin and beta – cypermethrin	20μg/kg		不得检出	GB/T 19650
100	环丙唑醇	Cyproconazole	0.05		不得检出	GB/T 20772
101	嘧菌环胺	Cyprodinil	0.05		不得检出	GB/T 20769
102	灭蝇胺	Cyromazine	0.05		不得检出	GB/T 20772
103	丁酰肼	Daminozide	0.05		不得检出	日本肯定列表
104	滴滴涕	DDT	1	0.2	不得检出	SN/T 0127
105	溴氰菊酯	Deltamethrin	10μg/kg		不得检出	GB/T 19650
106	燕麦敌	Diallate	0.2		不得检出	GB/T 20772
107	二嗪磷	Diazinon	0.05		不得检出	GB/T 19650
108	麦草畏	Dicamba	0.05		不得检出	GB/T 20772
109	敌草腈	Dichlobenil	0.01		不得检出	GB/T 19650

序号	农兽药中文名	农兽药英文名	欧盟标准限量要求 mg/kg	国家标准限量要求 mg/kg	三安超有机食品标准限量要求 mg/kg	检测方法
110	滴丙酸	Dichlorprop	0.05		不得检出	SN/T 2228
111	二氯苯氧基丙酸	Diclofop	0.01		不得检出	参照同类标准
112	氯硝胺	Dicloran	0.01		不得检出	GB/T 19650
113	双氯青霉素	Dicloxacillin	300μg/kg		不得检出	GB/T 21315
114	三氯杀螨醇	Dicofol	0.02		不得检出	GB/T 19650
115	乙霉威	Diethofencarb	0.05		不得检出	GB/T 19650
116	苯醚甲环唑	Difenoconazole	0.1		不得检出	GB/T 19650
117	除虫脲	Diflubenzuron	0.05		不得检出	SN/T 0528
118	吡氟酰草胺	Diflufenican	0.05		不得检出	GB/T 20772
119	二氢链霉素	Dihydro-streptomycin	500μg/kg		不得检出	GB/T 22969
120	油菜安	Dimethachlor	0.02		不得检出	GB/T 20772
121	烯酰吗啉	Dimethomorph	0.05		不得检出	GB/T 20772
122	醚菌胺	Dimoxystrobin	0.05		不得检出	SN/T 2237
123	烯唑醇	Diniconazole	0.01		不得检出	GB/T 19650
124	敌螨普	Dinocap	0.05		不得检出	日本肯定列表（增补本1）
125	地乐酚	Dinoseb	0.01		不得检出	GB/T 20772
126	特乐酚	Dinoterb	0.05		不得检出	GB/T 20772
127	敌恶磷	Dioxathion	0.05		不得检出	GB/T 19650
128	敌草快	Diquat	0.05		不得检出	GB/T 5009.221
129	乙拌磷	Disulfoton	0.01		不得检出	GB/T 20772
130	二氰蒽醌	Dithianon	0.01		不得检出	GB/T 20769
131	二硫代氨基甲酸酯	Dithiocarbamates	0.05		不得检出	SN/T 0157
132	敌草隆	Diuron	0.05		不得检出	SN/T 0645
133	二硝甲酚	DNOC	0.05		不得检出	GB/T 20772
134	多果定	Dodine	0.2		不得检出	SN 0500
135	多拉菌素	Doramectin	40μg/kg		不得检出	GB/T 22968
136	甲氨基阿维菌素苯甲酸盐	Emamectin benzoate	0.01		不得检出	GB/T 20769
137	硫丹	Endosulfan	0.05		不得检出	GB/T 19650
138	异狄氏剂	Endrin	0.05	0.05	不得检出	GB/T 19650
139	氟环唑	Epoxiconazole	0.01		不得检出	GB/T 20772
140	茵草敌	EPTC	0.02		不得检出	GB/T 20772
141	乙丁烯氟灵	Ethalfluralin			不得检出	GB/T 29648
142	胺苯磺隆	Ethametsulfuron	0.01		不得检出	GB/T 19650
143	乙烯利	Ethephon	0.05		不得检出	NY/T 1616
144	乙硫磷	Ethion	0.01		不得检出	SN 0705
145	乙嘧酚	Ethirimol	0.05		不得检出	GB/T 19650
146	乙氧呋草黄	Ethofumesate	0.1		不得检出	GB/T 20772
147	灭线磷	Ethoprophos	0.01		不得检出	GB/T 20772

序号	农兽药中文名	农兽药英文名	欧盟标准限量要求 mg/kg	国家标准限量要求 mg/kg	三安超有机食品标准 限量要求 mg/kg	三安超有机食品标准 检测方法
148	乙氧喹啉	Ethoxyquin	0.05		不得检出	GB/T 19650
149	环氧乙烷	Ethylene oxide	0.02		不得检出	GB/T 20772
150	醚菊酯	Etofenprox	0.5		不得检出	GB/T 23296.11
151	乙螨唑	Etoxazole	0.01		不得检出	GB/T 19650
152	氯唑灵	Etridiazole	0.05		不得检出	GB/T 19648
153	红霉素	Erythromycin	200μg/kg		不得检出	GB/T 20762
154	噁唑菌酮	Famoxadone	0.05		不得检出	GB/T 20772
155	苯硫氨酯	Febantel	50μg/kg		不得检出	日本肯定列表
156	咪唑菌酮	Fenamidone	0.01		不得检出	GB/T 19650
157	苯线磷	Fenamiphos	0.01		不得检出	GB/T 19650
158	氯苯嘧啶醇	Fenarimol	0.02		不得检出	GB/T 20772
159	喹螨醚	Fenazaquin	0.01		不得检出	GB/T 19648
160	苯硫苯咪唑	Fenbendazole	50μg/kg		不得检出	SN 0638
161	腈苯唑	Fenbuconazole	0.05		不得检出	GB/T 20772
162	苯丁锡	Fenbutatin oxide	0.05		不得检出	SN 0592
163	环酰菌胺	Fenhexamid	0.05		不得检出	GB/T 20772
164	杀螟硫磷	Fenitrothion	0.01		不得检出	GB/T 20772
165	精噁唑禾草灵	Fenoxaprop－P－ethyl	0.05		不得检出	GB/T 22617
166	双氧威	Fenoxycarb	0.05		不得检出	GB/T 19650
167	苯锈啶	Fenpropidin	0.02		不得检出	GB/T 19650
168	丁苯吗啉	Fenpropimorph	0.01		不得检出	GB/T 20772
169	胺苯吡菌酮	Fenpyrazamine	0.01		不得检出	参照同类标准
170	唑螨酯	Fenpyroximate	0.01		不得检出	GB/T 20769
171	倍硫磷	Fenthion	0.05		不得检出	GB/T 20772
172	薯瘟锡	Fentin acetate	0.05		不得检出	参照同类标准
173	三苯锡	Fentin	0.05		不得检出	日本肯定列表（增补本1）
174	氰戊菊酯和高效氰戊菊酯（RR & SS 异构体总量）	Fenvalerate and esfenvalerate (sum of RR & SS isomers)	0.2		不得检出	GB/T 19650
175	氰戊菊酯和高效氰戊菊酯（RS & SR 异构体总量）	Fenvalerate and esfenvalerate (sum of RS & SR isomers)	0.05		不得检出	GB/T 19650
176	氟虫腈	Fipronil	0.01		不得检出	SN/T 1982
177	氟啶虫酰胺	Flonicamid	0.03		不得检出	SN/T 2796
178	精吡氟禾草灵	Fluazifop－P－butyl	0.05		不得检出	GB/T 5009.142
179	氟啶胺	Fluazinam	0.05		不得检出	SN/T 2150
180	氟苯虫酰胺	Flubendiamide	2		不得检出	SN/T 2581
181	氟环脲	Flucycloxuron	0.05		不得检出	参照同类标准
182	氟氰戊菊酯	Flucythrinate	0.05		不得检出	GB/T 19648
183	咯菌腈	Fludioxonil	0.05		不得检出	GB/T 20772

序号	农兽药中文名	农兽药英文名	欧盟标准限量要求 mg/kg	国家标准限量要求 mg/kg	三安超有机食品标准 限量要求 mg/kg	检测方法
184	氟虫脲	Flufenoxuron	0.05		不得检出	SN/T 2150
185	—	Flufenzin	0.02		不得检出	参照同类标准
186	氟吡菌胺	Fluopicolide	0.01		不得检出	参照同类标准
187	—	Fluopyram	0.1		不得检出	参照同类标准
188	氟离子	Fluoride ion	1		不得检出	GB/T 5009.167
189	氟嘧菌酯	Fluoxastrobin	0.05		不得检出	SN/T 2237
190	氟喹唑	Fluquinconazole	2		不得检出	GB/T 19650
191	氟咯草酮	Fluorochloridone	0.05		不得检出	GB/T 20772
192	氟草烟	Fluroxypyr	0.05		不得检出	GB/T 20772
193	氟硅唑	Flusilazole	0.02		不得检出	GB/T 20772
194	氟酰胺	Flutolanil	0.02		不得检出	GB/T 20772
195	粉唑醇	Flutriafol	0.01		不得检出	GB/T 20772
196	—	Fluxapyroxad	0.01		不得检出	参照同类标准
197	氟磺胺草醚	Fomesafen	0.01		不得检出	GB/T 5009.130
198	氯吡脲	Forchlorfenuron	0.05		不得检出	SN/T 3643
199	伐虫脒	Formetanate	0.01		不得检出	NY/T 1453
200	三乙膦酸铝	Fosetyl – aluminium	0.5		不得检出	参照同类标准
201	麦穗宁	Fuberidazole	0.05		不得检出	GB/T 19650
202	呋线威	Furathiocarb	0.01		不得检出	GB/T 20772
203	糠醛	Furfural	1		不得检出	参照同类标准
204	勃激素	Gibberellic acid	0.1		不得检出	GB/T 23211
205	草胺膦	Glufosinate – ammonium	0.1		不得检出	日本肯定列表
206	草甘膦	Glyphosate	0.05		不得检出	NY/T 1096
207	双胍盐	Guazatine	0.1		不得检出	参照同类标准
208	氟吡禾灵	Haloxyfop	0.01		不得检出	SN/T 2228
209	七氯	Heptachlor	0.2	0.2	不得检出	SN 0663
210	六氯苯	Hexachlorobenzene	0.2		不得检出	SN/T 0127
211	六六六（HCH），α–异构体	Hexachlorociclohexane（HCH），alpha – isomer	0.2	0.1	不得检出	SN/T 0127
212	六六六（HCH），β–异构体	Hexachlorociclohexane（HCH），beta – isomer	0.1	0.1	不得检出	SN/T 0127
213	噻螨酮	Hexythiazox	0.05		不得检出	GB/T 20772
214	噁霉灵	Hymexazol	0.05		不得检出	GB/T 20772
215	抑霉唑	Imazalil	0.05		不得检出	GB/T 20772
216	甲咪唑烟酸	Imazapic	0.01		不得检出	GB/T 20772
217	咪唑喹啉酸	Imazaquin	0.05		不得检出	GB/T 20772
218	吡虫啉	Imidacloprid	0.1		不得检出	GB/T 20772
219	茚虫威	Indoxacarb	2		不得检出	GB/T 20772
220	碘苯腈	Ioxynil	0.05		不得检出	GB/T 20772

序号	农兽药中文名	农兽药英文名	欧盟标准限量要求 mg/kg	国家标准限量要求 mg/kg	三安超有机食品标准	
					限量要求 mg/kg	检测方法
221	异菌脲	Iprodione	0.05		不得检出	GB/T 19650
222	稻瘟灵	Isoprothiolane	0.01		不得检出	GB/T 20772
223	异丙隆	Isoproturon	0.05		不得检出	GB/T 20772
224	—	Isopyrazam	0.01		不得检出	参照同类标准
225	异噁酰草胺	Isoxaben	0.01		不得检出	GB/T 20772
226	卡那霉素	Kanamycin	100μg/kg		不得检出	GB/T 21323
227	醚菌酯	Kresoxim-methyl	0.02		不得检出	GB/T 20772
228	乳氟禾草灵	Lactofen	0.01		不得检出	GB/T 19650
229	高效氯氟氰菊酯	Lambda-cyhalothrin	0.5		不得检出	GB/T 19648
230	环草定	Lenacil	0.1		不得检出	GB/T 19650
231	林可霉素	Lincomycin	100μg/kg		不得检出	GB/T 20762
232	林丹	Lindane	0.02	0.1	不得检出	NY/T 761
233	虱螨脲	Lufenuron	0.02		不得检出	SN/T 2540
234	马拉硫磷	Malathion	0.02		不得检出	GB/T 19650
235	抑芽丹	Maleic hydrazide	0.05		不得检出	日本肯定列表
236	双炔酰菌胺	Mandipropamid	0.02		不得检出	参照同类标准
237	二甲四氯和二甲四氯丁酸	MCPA and MCPB	0.1		不得检出	SN/T 2228
238	壮棉素	Mepiquat chloride	0.05		不得检出	GB/T 20769
239	—	Meptyldinocap	0.05		不得检出	参照同类标准
240	汞化合物	Mercury compounds	0.01		不得检出	参照同类标准
241	氰氟虫腙	Metaflumizone	0.02		不得检出	SN/T 3852
242	甲霜灵和精甲霜灵	Metalaxyl and metalaxyl-M	0.05		不得检出	GB/T 20772
243	四聚乙醛	Metaldehyde	0.05		不得检出	SN/T 1787
244	苯嗪草酮	Metamitron	0.05		不得检出	GB/T 19650
245	吡唑草胺	Metazachlor	0.05		不得检出	GB/T 19650
246	叶菌唑	Metconazole	0.01		不得检出	GB/T 20769
247	甲基苯噻隆	Methabenzthiazuron	0.05		不得检出	GB/T 19650
248	虫螨畏	Methacrifos	0.01		不得检出	GB/T 20772
249	甲胺磷	Methamidophos	0.01		不得检出	GB/T 20772
250	杀扑磷	Methidathion	0.02		不得检出	GB/T 20772
251	甲硫威	Methiocarb	0.05		不得检出	GB/T 20769
252	灭多威和硫双威	Methomyl and thiodicarb	0.02		不得检出	GB/T 20772
253	烯虫酯	Methoprene	0.05		不得检出	GB/T 19648
254	甲氧滴滴涕	Methoxychlor	0.01		不得检出	GB/T 19648
255	甲氧虫酰肼	Methoxyfenozide	0.2		不得检出	GB/T 20772
256	磺草唑胺	Metosulam	0.01		不得检出	GB/T 20772
257	苯菌酮	Metrafenone	0.05		不得检出	参照同类标准
258	嗪草酮	Metribuzin	0.1		不得检出	GB/T 20769
259	绿谷隆	Monolinuron	0.05		不得检出	GB/T 20772

序号	农兽药中文名	农兽药英文名	欧盟标准限量要求 mg/kg	国家标准限量要求 mg/kg	三安超有机食品标准限量要求 mg/kg	检测方法
260	灭草隆	Monuron	0.01		不得检出	GB/T 20772
261	甲噻吩嘧啶	Morantel	100μg/kg		不得检出	参照同类标准
262	腈菌唑	Myclobutanil	0.01		不得检出	GB/T 20772
263	萘夫西林	Nafcillin	300μg/kg		不得检出	GB/T 22975
264	敌草胺	Napropamide	0.01		不得检出	GB/T 19650
265	新霉素	Neomycin	500μg/kg		不得检出	SN 0646
266	烟嘧磺隆	Nicosulfuron	0.05		不得检出	日本肯定列表（增补本1）
267	除草醚	Nitrofen	0.01		不得检出	GB/T 19648
268	氟酰脲	Novaluron	10		不得检出	GB/T 20769
269	嘧苯胺磺隆	Orthosulfamuron	0.01		不得检出	GB/T 23817
270	苯唑青霉素	Oxacillin	300μg/kg		不得检出	GB/T 18932.25
271	噁草酮	Oxadiazon	0.05		不得检出	GB/T 19650
272	噁霜灵	Oxadixyl	0.01		不得检出	GB/T 19650
273	环氧嘧磺隆	Oxasulfuron	0.05		不得检出	GB/T 23817
274	奥芬达唑	Oxfendazole	50μg/kg		不得检出	参照同类标准
275	氧化萎锈灵	Oxycarboxin	0.05		不得检出	GB/T 19650
276	羟氯柳苯胺	Oxyclozanide	20μg/kg		不得检出	SN/T 2909
277	亚砜磷	Oxydemeton-methyl	0.02		不得检出	参照同类标准
278	乙氧氟草醚	Oxyfluorfen	0.05		不得检出	GB/T 20772
279	喹菌酮	Oxolinic acid	100μg/kg		不得检出	GB/T 21317
280	土霉素	Oxytetracycline	100μg/kg		不得检出	GB/T 19650
281	多效唑	Paclobutrazol	0.02		不得检出	GB/T 19650
282	对硫磷	Parathion	0.05		不得检出	GB/T 20772
283	甲基对硫磷	Parathion-methyl	0.01		不得检出	SN/T 2315
284	巴龙霉素	Paromomycin	500μg/kg		不得检出	SN/T 2315
285	戊菌唑	Penconazole	0.05		不得检出	GB/T 20772
286	戊菌隆	Pencycuron	0.05		不得检出	GB/T 19650
287	二甲戊灵	Pendimethalin	0.05		不得检出	GB/T 19648
288	喷沙西林	Penethamate	50μg/kg		不得检出	GB/T 19650
289	甜菜宁	Phenmedipham	0.05		不得检出	GB/T 23205
290	苯醚菊酯	Phenothrin	0.05		不得检出	GB/T 20772
291	甲拌磷	Phorate	0.02		不得检出	GB/T 20772
292	伏杀硫磷	Phosalone	0.01		不得检出	GB/T 20772
293	亚胺硫磷	Phosmet	0.1		不得检出	GB/T 20772
294	—	Phosphines and phosphides	0.01		不得检出	参照同类标准
295	辛硫磷	Phoxim	0.02		不得检出	GB/T 20772
296	氨氯吡啶酸	Picloram	0.2		不得检出	GB/T 23211
297	啶氧菌酯	Picoxystrobin	0.05		不得检出	GB/T 19650

序号	农兽药中文名	农兽药英文名	欧盟标准限量要求 mg/kg	国家标准限量要求 mg/kg	三安超有机食品标准 限量要求 mg/kg	检测方法
298	抗蚜威	Pirimicarb	0.05		不得检出	GB/T 20772
299	甲基嘧啶磷	Pirimiphos – methyl	0.05		不得检出	GB/T 20772
300	咪鲜胺	Prochloraz	0.1		不得检出	GB/T 19650
301	腐霉利	Procymidone	0.01		不得检出	GB/T 20772
302	丙溴磷	Profenofos	0.05		不得检出	GB/T 20772
303	调环酸	Prohexadione	0.05		不得检出	日本肯定列表
304	毒草安	Propachlor	0.02		不得检出	GB/T 20772
305	扑派威	Propamocarb	0.1		不得检出	GB/T 20772
306	恶草酸	Propaquizafop	0.05		不得检出	GB/T 20772
307	炔螨特	Propargite	0.1		不得检出	GB/T 19650
308	苯胺灵	Propham	0.05		不得检出	GB/T 19650
309	丙环唑	Propiconazole	0.01		不得检出	GB/T 19650
310	异丙草胺	Propisochlor	0.01		不得检出	GB/T 19650
311	残杀威	Propoxur	0.05		不得检出	GB/T 20772
312	炔苯酰草胺	Propyzamide	0.02		不得检出	GB/T 19650
313	苄草丹	Prosulfocarb	0.05		不得检出	GB/T 19648
314	丙硫菌唑	Prothioconazole	0.05		不得检出	参照同类标准
315	吡蚜酮	Pymetrozine	0.01		不得检出	GB/T 20772
316	吡唑醚菌酯	Pyraclostrobin	0.05		不得检出	GB/T 20772
317	—	Pyrasulfotole	0.01		不得检出	参照同类标准
318	吡菌磷	Pyrazophos	0.02		不得检出	GB/T 20772
319	除虫菊素	Pyrethrins	0.05		不得检出	GB/T 20772
320	哒螨灵	Pyridaben	0.02		不得检出	SN/T 2432
321	啶虫丙醚	Pyridalyl	0.01		不得检出	日本肯定列表
322	哒草特	Pyridate	0.05		不得检出	日本肯定列表
323	嘧霉胺	Pyrimethanil	0.05		不得检出	GB/T 19650
324	吡丙醚	Pyriproxyfen	0.05		不得检出	GB/T 19650
325	甲氧磺草胺	Pyroxsulam	0.01		不得检出	SN/T 2325
326	氯甲喹啉酸	Quinmerac	0.05		不得检出	参照同类标准
327	喹氧灵	Quinoxyfen	0.2		不得检出	SN/T 2319
328	五氯硝基苯	Quintozene	0.01		不得检出	GB/T 19650
329	精喹禾灵	Quizalofop – P – ethyl	0.05		不得检出	SN/T 2150
330	灭虫菊	Resmethrin	0.1		不得检出	GB/T 20772
331	鱼藤酮	Rotenone	0.01		不得检出	GB/T 20772
332	西玛津	Simazine	0.01		不得检出	SN 0594
333	壮观霉素	Spectinomycin	300μg/kg		不得检出	GB/T 21323
334	乙基多杀菌素	Spinetoram	0.2		不得检出	参照同类标准
335	多杀霉素	Spinosad	0.02		不得检出	GB/T 20772
336	螺螨酯	Spirodiclofen	0.01		不得检出	GB/T 20772

序号	农兽药中文名	农兽药英文名	欧盟标准限量要求 mg/kg	国家标准限量要求 mg/kg	三安超有机食品标准 限量要求 mg/kg	检测方法
337	螺甲螨酯	Spiromesifen	0.01		不得检出	GB/T 23210
338	螺虫乙酯	Spirotetramat	0.01		不得检出	参照同类标准
339	葚孢菌素	Spiroxamine	0.05		不得检出	GB/T 20772
340	链霉素	Streptomycin	500μg/kg		不得检出	GB/T 21323
341	磺草酮	Sulcotrione	0.05		不得检出	参照同类标准
342	磺胺类（所有属于磺胺类的物质）	Sulfonamides（all substances belonging to the sulfonamide-group）	100μg/kg		不得检出	GB 29694
343	乙黄隆	Sulfosulfuron	0.05		不得检出	日本肯定列表（增补本1）
344	硫磺粉	Sulfur	0.5		不得检出	参照同类标准
345	氟胺氰菊酯	Tau－fluvalinate	0.01		不得检出	SN 0691
346	戊唑醇	Tebuconazole	0.1		不得检出	GB/T 20772
347	虫酰肼	Tebufenozide	0.05		不得检出	GB/T 20772
348	吡螨胺	Tebufenpyrad	0.05		不得检出	GB/T 20772
349	四氯硝基苯	Tecnazene	0.05		不得检出	GB/T 19650
350	氟苯脲	Teflubenzuron	0.05		不得检出	SN/T 2150
351	七氟菊酯	Tefluthrin	0.05		不得检出	日本肯定列表
352	得杀草	Tepraloxydim	0.1		不得检出	GB/T 20772
353	特丁硫磷	Terbufos	0.01		不得检出	GB/T 20772
354	特丁津	Terbuthylazine	0.05		不得检出	GB/T 19650
355	四环素	Tetracycline	100μg/kg		不得检出	GB/T 21317
356	四氟醚唑	Tetraconazole	0.5		不得检出	SN/T 2645
357	三氯杀螨砜	Tetradifon	0.05		不得检出	GB/T 19650
358	噻虫啉	Thiacloprid	0.05		不得检出	GB/T 20772
359	噻虫嗪	Thiamethoxam	0.03		不得检出	GB/T 20772
360	甲砜霉素	Thiamphenicol	50μg/kg		不得检出	GB/T 20756
361	替米考星	Tilmicosin	50μg/kg		不得检出	GB/T 20762
362	禾草丹	Thiobencarb	0.01		不得检出	GB/T 20772
363	甲基硫菌灵	Thiophanate－methyl	0.05		不得检出	SN/T 0162
364	甲基立枯磷	Tolclofos－methyl	0.05		不得检出	GB/T 20772
365	甲苯氟磺胺	Tolylfluanid	0.1		不得检出	GB/T 19650
366	甲苯三嗪酮	Toltrazuril	100μg/kg		不得检出	参照同类标准
367	苯吡唑草酮	Topramezone	0.01		不得检出	参照同类标准
368	三唑酮和三唑醇	Triadimefon and triadimenol	0.1		不得检出	GB/T 20772
369	野麦畏	Triallate	0.05		不得检出	GB/T 20772
370	醚苯磺隆	Triasulfuron	0.05		不得检出	GB/T 20772
371	三唑磷	Triazophos	0.01		不得检出	GB/T 20772
372	敌百虫	Trichlorphon	0.01		不得检出	GB/T 20772

序号	农兽药中文名	农兽药英文名	欧盟标准限量要求 mg/kg	国家标准限量要求 mg/kg	三安超有机食品标准 限量要求 mg/kg	检测方法
373	三氯苯哒唑	Triclabendazole	225μg/kg		不得检出	参照同类标准
374	绿草定	Triclopyr	0.05		不得检出	SN/T 2228
375	三环唑	Tricyclazole	0.05		不得检出	GB/T 20769
376	十三吗啉	Tridemorph	0.01		不得检出	GB/T 20772
377	肟菌酯	Trifloxystrobin	0.04		不得检出	GB/T 20769
378	氟菌唑	Triflumizole	0.05		不得检出	GB/T 20769
379	杀铃脲	Triflumuron	0.01		不得检出	GB/T 20772
380	氟乐灵	Trifluralin	0.01		不得检出	GB/T 20772
381	嗪氨灵	Triforine	0.01		不得检出	SN 0695
382	甲氧苄氨嘧啶	Trimethoprim	50μg/kg		不得检出	SN/T 1769
383	三甲基锍阳离子	Trimethyl-sulfonium cation	0.05		不得检出	参照同类标准
384	抗倒酯	Trinexapac	0.05		不得检出	GB/T 20769
385	灭菌唑	Triticonazole	0.01		不得检出	GB/T 20769
386	三氟甲磺隆	Tritosulfuron	0.01		不得检出	参照同类标准
387	泰乐霉素	Tylosin	50μg/kg		不得检出	GB/T 20762
388	—	Valifenalate	0.01		不得检出	参照同类标准
389	乙烯菌核利	Vinclozolin	0.05		不得检出	GB/T 20772
389	1-氨基-2-乙内酰脲	AHD			不得检出	GB/T 21311
390	2,3,4,5-四氯苯胺	2,3,4,5-Tetrachloraniline			不得检出	GB/T 19650
391	2,3,4,5-四氯甲氧基苯	2,3,4,5-Tetrachloroanisole			不得检出	GB/T 19650
392	2,3,5,6-四氯苯胺	2,3,5,6-Tetrachloroaniline			不得检出	GB/T 19650
393	2,4,5-涕	2,4,5-T			不得检出	GB/T 20772
394	o,p'-滴滴滴	2,4'-DDD			不得检出	GB/T 19650
395	o,p'-滴滴伊	2,4'-DDE			不得检出	GB/T 19650
396	o,p'-滴滴涕	2,4'-DDT			不得检出	GB/T 19650
397	2,6-二氯苯甲酰胺	2,6-Dichlorobenzamide			不得检出	GB/T 19650
398	3,5-二氯苯胺	3,5-Dichloroaniline			不得检出	GB/T 19650
399	p,p'-滴滴滴	4,4'-DDD			不得检出	GB/T 19650
400	p,p'-滴滴伊	4,4'-DDE			不得检出	GB/T 19650
401	p,p'-滴滴涕	4,4'-DDT			不得检出	GB/T 19650
402	4,4'-二溴二苯甲酮	4,4'-Dibromobenzophenone			不得检出	GB/T 19650
403	4,4'-二氯二苯甲酮	4,4'-Dichlorobenzophenone			不得检出	GB/T 19650
404	二氢苊	Acenaphthene			不得检出	GB/T 19650
405	乙酰丙嗪	Acepromazine			不得检出	GB/T 20763
406	苯并噻二唑	Acibenzolar-S-methyl			不得检出	GB/T 19650
407	三氟羧草醚	Acifluorfen			不得检出	GB/T 20772
408	涕灭砜威	Aldoxycarb			不得检出	GB/T 20772
409	烯丙菊酯	Allethrin			不得检出	GB/T 20772
410	二丙烯草胺	Allidochlor			不得检出	GB/T 19650

序号	农兽药中文名	农兽药英文名	欧盟标准限量要求 mg/kg	国家标准限量要求 mg/kg	三安超有机食品标准	
					限量要求 mg/kg	检测方法
411	烯丙孕素	Altrenogest			不得检出	SN/T 1980
412	莠灭净	Ametryn			不得检出	GB/T 19650
413	双甲脒	Amitraz			不得检出	GB/T 19650
414	杀草强	Amitrole			不得检出	SN/T 1737.6
415	5-吗啉甲基-3-氨基-2-噁唑烷基酮	AMOZ			不得检出	GB/T 21311
416	氨丙嘧吡啶	Amprolium			不得检出	SN/T 0276
417	莎稗磷	Anilofos			不得检出	GB/T 19650
418	蒽醌	Anthraquinone			不得检出	GB/T 19650
419	3-氨基-2-噁唑酮	AOZ			不得检出	GB/T 21311
420	安普霉素	Apramycin			不得检出	GB/T 21323
421	丙硫特普	Aspon			不得检出	GB/T 19650
422	羟氨卡青霉素	Aspoxicillin			不得检出	GB/T 21315
423	乙基杀扑磷	Athidathion			不得检出	GB/T 19650
424	莠去通	Atratone			不得检出	GB/T 19650
425	莠去津	Atrazine			不得检出	GB/T 19650
426	脱乙基阿特拉津	Atrazine-desethyl			不得检出	GB/T 19650
427	甲基吡噁磷	Azamethiphos			不得检出	GB/T 20763
428	氮哌酮	Azaperone			不得检出	GB/T 20763
429	叠氮津	Aziprotryne			不得检出	GB/T 19650
430	杆菌肽	Bacitracin			不得检出	GB/T 20743
431	4-溴-3,5-二甲苯基-N-甲基氨基甲酸酯-1	BDMC-1			不得检出	GB/T 19650
432	4-溴-3,5-二甲苯基-N-甲基氨基甲酸酯-2	BDMC-2			不得检出	GB/T 19650
433	噁虫威	Bendiocarb			不得检出	GB/T 20772
434	乙丁氟灵	Benfluralin			不得检出	GB/T 19650
435	呋草黄	Benfuresate			不得检出	GB/T 19650
436	麦锈灵	Benodanil			不得检出	GB/T 19650
437	解草酮	Benoxacor			不得检出	GB/T 19650
438	新燕灵	Benzoylprop-ethyl			不得检出	GB/T 19650
439	倍他米松	Betamethasone			不得检出	SN/T 1970
440	生物烯丙菊酯-1	Bioallethrin-1			不得检出	GB/T 19650
441	生物烯丙菊酯-2	Bioallethrin-2			不得检出	GB/T 19650
442	溴烯杀	Bromocylen			不得检出	GB/T 19648
443	除草定	Bromacil			不得检出	GB/T 19650
444	溴苯烯磷	Bromfenvinfos			不得检出	GB/T 19650
445	溴硫磷	Bromofos			不得检出	GB/T 19650
446	乙基溴硫磷	Bromophos-ethyl			不得检出	GB/T 19650

序号	农兽药中文名	农兽药英文名	欧盟标准限量要求 mg/kg	国家标准限量要求 mg/kg	三安超有机食品标准限量要求 mg/kg	检测方法
447	溴丁酰草胺	Btomobutide			不得检出	GB/T 19650
448	氟丙嘧草酯	Butafenacil			不得检出	GB/T 19650
449	抑草磷	Butamifos			不得检出	GB/T 19650
450	丁草胺	Butaxhlor			不得检出	GB/T 19650
451	苯酮唑	Cafenstrole			不得检出	GB/T 19650
452	角黄素	Canthaxanthin			不得检出	SN/T 2327
453	咔唑心安	Carazolol			不得检出	GB/T 22993
454	卡巴氧	Carbadox			不得检出	GB/T 20746
455	三硫磷	Carbophenothion			不得检出	GB/T 19650
456	唑草酮	Carfentrazone – ethyl			不得检出	GB/T 19650
457	卡洛芬	Carprofen			不得检出	SN/T 2190
458	头孢氨苄	Cefalexin			不得检出	GB/T 22989
459	头孢洛宁	Cefalonium			不得检出	GB/T 22989
460	头孢匹林	Cefapirin			不得检出	GB/T 22989
461	头孢喹肟	Cefquinome			不得检出	GB/T 22989
462	氯氧磷	Chlorethoxyfos			不得检出	GB/T 19650
463	杀螨醇	Chlorfenethol			不得检出	GB/T 19650
464	燕麦酯	Chlorfenprop – methyl			不得检出	GB/T 19650
465	氯甲硫磷	Chlormephos			不得检出	GB/T 19650
466	氯霉素	Chloramphenicolum			不得检出	GB/T 20772
467	氯杀螨砜	Chlorbenside sulfone			不得检出	GB/T 19648
468	氯溴隆	Chlorbromuron			不得检出	GB/T 19648
469	杀虫脒	Chlordimeform			不得检出	GB/T 19648
470	溴虫腈	Chlorfenapyr			不得检出	SN/T 1986
471	氟啶脲	Chlorfluazuron			不得检出	GB/T 20769
472	整形醇	Chlorflurenol			不得检出	GB/T 19650
473	氯地孕酮	Chlormadinone			不得检出	SN/T 1980
474	醋酸氯地孕酮	Chlormadinone acetate			不得检出	GB/T 20753
475	氯苯甲醚	Chloroneb			不得检出	GB/T 19650
476	丙酯杀螨醇	Chloropropylate			不得检出	GB/T 19650
477	氯丙嗪	Chlorpromazine			不得检出	GB/T 20763
478	毒死蜱	Chlorpyrifos			不得检出	GB/T 19650
479	氯硫磷	Chlorthion			不得检出	GB/T 19650
480	虫螨磷	Chlorthiophos			不得检出	GB/T 19650
481	乙菌利	Chlozolinate			不得检出	GB/T 19650
482	顺式 – 氯丹	cis – Chlordane			不得检出	GB/T 19650
483	顺式 – 燕麦敌	cis – Diallate			不得检出	GB/T 19650
484	顺式 – 氯菊酯	cis – Permethrin			不得检出	GB/T 19650
485	克仑特罗	Clenbuterol			不得检出	GB/T 22286

序号	农兽药中文名	农兽药英文名	欧盟标准限量要求 mg/kg	国家标准限量要求 mg/kg	三安超有机食品标准	
					限量要求 mg/kg	检测方法
486	异噁草酮	Clomazone			不得检出	GB/T 20772
487	氯甲酰草胺	Clomeprop			不得检出	GB/T 19650
488	氯羟吡啶	Clopidol			不得检出	GB/T 19650
489	解草酯	Cloquintocet – mexyl			不得检出	GB/T 19650
490	蝇毒磷	Coumaphos			不得检出	GB/T 19650
491	鼠立死	Crimidine			不得检出	GB/T 19650
492	巴毒磷	Crotxyphos			不得检出	GB/T 19650
493	育畜磷	Crufomate			不得检出	GB/T 20772
494	苯腈磷	Cyanofenphos			不得检出	GB/T 20772
495	杀螟腈	Cyanophos			不得检出	GB/T 20772
496	环草敌	Cycloate			不得检出	GB/T 20772
497	环莠隆	Cycluron			不得检出	GB/T 20772
498	环丙津	Cyprazine			不得检出	GB/T 20772
499	敌草索	Dacthal			不得检出	GB/T 19650
500	达氟沙星	Danofloxacin			不得检出	GB/T 22985
501	敌草腈	Dichlobenil			不得检出	GB/T 19650
502	癸氧喹酯	Decoquinate			不得检出	GB/T 20745
503	脱叶磷	DEF			不得检出	GB/T 19650
504	2,2',4,5,5' – 五氯联苯	DE – PCB 101			不得检出	GB/T 19650
505	2,3,4,4',5 – 五氯联苯	DE – PCB 118			不得检出	GB/T 19650
506	2,2',3,4,4',5 – 六氯联苯	DE – PCB 138			不得检出	GB/T 19650
507	2,2',4,4',5,5' – 六氯联苯	DE – PCB 153			不得检出	GB/T 19650
508	2,2',3,4,4',5,5' – 七氯联苯	DE – PCB 180			不得检出	GB/T 19650
509	2,4,4' – 三氯联苯	DE – PCB 28			不得检出	GB/T 19650
510	2,4,5 – 三氯联苯	DE – PCB 31			不得检出	GB/T 19650
511	2,2',5,5' – 四氯联苯	DE – PCB 52			不得检出	GB/T 19650
512	脱溴溴苯磷	Desbrom – leptophos			不得检出	GB/T 19650
513	脱乙基另丁津	Desethyl – sebuthylazine			不得检出	GB/T 19650
514	敌草净	Desmetryn			不得检出	GB/T 19650
515	地塞米松	Dexamethasone			不得检出	GB/T 21981
516	氯亚胺硫磷	Dialifos			不得检出	GB/T 19650
517	敌菌净	Diaveridine			不得检出	SN/T 1926
518	驱虫特	Dibutyl succinate			不得检出	GB/T 20772
519	异氯磷	Dicapthon			不得检出	GB/T 19650
520	除线磷	Dichlofenthion			不得检出	GB/T 19650
521	苯氟磺胺	Dichlofluanid			不得检出	GB/T 19650
522	烯丙酰草胺	Dichlormid			不得检出	GB/T 19650
523	敌敌畏	Dichlorvos			不得检出	GB/T 19650

序号	农兽药中文名	农兽药英文名	欧盟标准限量要求 mg/kg	国家标准限量要求 mg/kg	三安超有机食品标准 限量要求 mg/kg	检测方法
524	苄氯三唑醇	Diclobutrazole			不得检出	GB/T 19650
525	禾草灵	Diclofop – methyl			不得检出	GB/T 19650
526	己烯雌酚	Diethylstilbestrol			不得检出	GB/T 21981
527	双氟沙星	Difloxacin			不得检出	GB/T 20366
528	甲氟磷	Dimefox			不得检出	GB/T 19650
529	哌草丹	Dimepiperate			不得检出	GB/T 19650
530	异戊乙净	Dimethametryn			不得检出	GB/T 19650
531	乐果	Dimethoate			不得检出	GB/T 20772
532	甲基毒虫畏	Dimethylvinphos			不得检出	GB/T 19650
533	地美硝唑	Dimetridazole			不得检出	GB/T 21318
534	二甲草胺	Dinethachlor			不得检出	GB/T 19650
535	二甲酚草胺	Dimethenamid			不得检出	GB/T 19650
536	二硝托安	Dinitolmide			不得检出	GB/T 19650
537	氨氟灵	Dinitramine			不得检出	GB/T 19650
538	消螨通	Dinobuton			不得检出	GB/T 19650
539	呋虫胺	Dinotefuran			不得检出	SN/T 2323
540	苯虫醚 – 1	Diofenolan – 1			不得检出	GB/T 19650
541	苯虫醚 – 2	Diofenolan – 2			不得检出	GB/T 19650
542	蔬果磷	Dioxabenzofos			不得检出	GB/T 19650
543	双苯酰草胺	Diphenamid			不得检出	GB/T 19650
544	二苯胺	Diphenylamine			不得检出	GB/T 19650
545	异丙净	Dipropetryn			不得检出	GB/T 19650
546	灭菌磷	Ditalimfos			不得检出	GB/T 19650
547	氟硫草定	Dithiopyr			不得检出	GB/T 19650
548	强力霉素	Doxycycline			不得检出	GB/T 21317
549	敌瘟磷	Edifenphos			不得检出	GB/T 19650
550	硫丹硫酸盐	Endosulfan – sulfate			不得检出	GB/T 19650
551	异狄氏剂酮	Endrin ketone			不得检出	GB/T 19650
552	恩诺沙星	Enrofloxacin			不得检出	GB/T 22985
553	苯硫磷	EPN			不得检出	GB/T 19650
554	埃普利诺菌素	Eprinomectin			不得检出	GB/T 21320
555	抑草蓬	Erbon			不得检出	GB/T 19650
556	S – 氰戊菊酯	Esfenvalerate			不得检出	GB/T 19650
557	戊草丹	Esprocarb			不得检出	GB/T 19650
558	乙环唑 – 1	Etaconazole – 1			不得检出	GB/T 19650
559	乙环唑 – 2	Etaconazole – 2			不得检出	GB/T 19650
560	乙嘧硫磷	Etrimfos			不得检出	GB/T 19650
561	氧乙嘧硫磷	Etrimfos oxon			不得检出	GB/T 19650
562	伐灭磷	Famphur			不得检出	GB/T 19650

序号	农兽药中文名	农兽药英文名	欧盟标准限量要求 mg/kg	国家标准限量要求 mg/kg	三安超有机食品标准 限量要求 mg/kg	三安超有机食品标准 检测方法
563	苯线磷砜	Fenamiphos – sulfone			不得检出	GB/T 19650
564	苯线磷亚砜	Fenamiphos sulfoxide			不得检出	GB/T 19650
565	氧皮蝇磷	Fenchlorphos oxon			不得检出	GB/T 19650
566	甲呋酰胺	Fenfuram			不得检出	GB/T 19650
567	仲丁威	Fenobucarb			不得检出	GB/T 19650
568	苯硫威	Fenothiocarb			不得检出	GB/T 19650
569	稻瘟酰胺	Fenoxanil			不得检出	GB/T 19650
570	拌种咯	Fenpiclonil			不得检出	GB/T 19650
571	甲氰菊酯	Fenpropathrin			不得检出	GB/T 19650
572	芬螨酯	Fenson			不得检出	GB/T 19650
573	丰索磷	Fensulfothion			不得检出	GB/T 19650
574	倍硫磷亚砜	Fenthion sulfoxide			不得检出	GB/T 19650
575	麦草氟甲酯	Flamprop – methyl			不得检出	GB/T 19650
576	麦草氟异丙酯	Flamprop – isopropyl			不得检出	GB/T 19650
577	氟苯尼考	Florfenicol			不得检出	GB/T 20756
578	吡氟禾草灵	Fluazifop – butyl			不得检出	GB/T 19650
579	啶蜱脲	Fluazuron			不得检出	GB/T 20772
580	氟苯咪唑	Flubendazole			不得检出	GB/T 21324
581	氟噻草胺	Flufenacet			不得检出	GB/T 19650
582	氟甲喹	Flumequin			不得检出	SN/T 1921
583	氟节胺	Flumetralin			不得检出	GB/T 19648
584	唑嘧磺草胺	Flumetsulam			不得检出	GB/T 20772
585	氟烯草酸	Flumiclorac			不得检出	GB/T 19650
586	丙炔氟草胺	Flumioxazin			不得检出	GB/T 19650
587	氟胺烟酸	Flunixin			不得检出	GB/T 20750
588	三氟硝草醚	Fluorodifen			不得检出	GB/T 19650
589	乙羧氟草醚	Fluoroglycofen – ethyl			不得检出	GB/T 19650
590	三氟苯唑	Fluotrimazole			不得检出	GB/T 19650
591	氟啶草酮	Fluridone			不得检出	GB/T 19650
592	呋草酮	Flurtamone			不得检出	GB/T 19650
593	氟草烟 – 1 – 甲庚酯	Fluroxypr – 1 – methylheptyl ester			不得检出	GB/T 19650
594	地虫硫磷	Fonofos			不得检出	GB/T 19650
595	安果	Formothion			不得检出	GB/T 19650
596	呋霜灵	Furalaxyl			不得检出	GB/T 19650
597	庆大霉素	Gentamicin			不得检出	GB/T 21323
598	苄螨醚	Halfenprox			不得检出	GB/T 19650
599	氟哌啶醇	Haloperidol			不得检出	GB/T 20763
600	庚烯磷	Heptanophos			不得检出	GB/T 19650

序号	农兽药中文名	农兽药英文名	欧盟标准限量要求 mg/kg	国家标准限量要求 mg/kg	三安超有机食品标准	
					限量要求 mg/kg	检测方法
601	己唑醇	Hexaconazole			不得检出	GB/T 19650
602	环嗪酮	Hexazinone			不得检出	GB/T 19650
603	咪草酸	Imazamethabenz – methyl			不得检出	GB/T 19650
604	脱苯甲基亚胺唑	Imibenconazole – des – benzyl			不得检出	GB/T 19650
605	炔咪菊酯－1	Imiprothrin – 1			不得检出	GB/T 19650
606	炔咪菊酯－2	Imiprothrin – 2			不得检出	GB/T 19650
607	碘硫磷	Iodofenphos			不得检出	GB/T 19650
608	甲基碘磺隆	Iodosulfuron – methyl			不得检出	GB/T 20772
609	异稻瘟净	Iprobenfos			不得检出	GB/T 19650
610	氯唑磷	Isazofos			不得检出	GB/T 19650
611	碳氯灵	Isobenzan			不得检出	GB/T 19650
612	丁咪酰胺	Isocarbamid			不得检出	GB/T 19650
613	水胺硫磷	Isocarbophos			不得检出	GB/T 19650
614	异艾氏剂	Isodrin			不得检出	GB/T 19650
615	异柳磷	Isofenphos			不得检出	GB/T 19650
616	氧异柳磷	Isofenphos oxon			不得检出	GB/T 19650
617	氮氨菲啶	Isometamidium			不得检出	SN/T 2239
618	丁嗪草酮	Isomethiozin			不得检出	GB/T 19650
619	异丙威－1	Isoprocarb – 1			不得检出	GB/T 19650
620	异丙威－2	Isoprocarb – 2			不得检出	GB/T 19650
621	异丙乐灵	Isopropalin			不得检出	GB/T 19650
622	双苯噁唑酸	Isoxadifen – ethyl			不得检出	GB/T 19650
623	异噁氟草	Isoxaflutole			不得检出	GB/T 20772
624	噁唑啉	Isoxathion			不得检出	GB/T 19650
625	依维菌素	Ivermectin			不得检出	GB/T 21320
626	交沙霉素	Josamycin			不得检出	GB/T 20762
627	拉沙里菌素	Lasalocid			不得检出	GB/T 22983
628	溴苯磷	Leptophos			不得检出	GB/T 19650
629	左旋咪唑	Levanisole			不得检出	GB/T 19650
630	利谷隆	Linuron			不得检出	GB/T 20772
631	麻保沙星	Marbofloxacin			不得检出	GB/T 22985
632	2－甲－4－氯丁氧乙基酯	MCPA – butoxyethyl ester			不得检出	GB/T 19650
633	甲苯咪唑	Mebendazole			不得检出	GB/T 21324
634	灭蚜磷	Mecarbam			不得检出	GB/T 19650
635	二甲四氯丙酸	Mecoprop			不得检出	SN/T 2325
636	苯噻酰草胺	Mefenacet			不得检出	GB/T 19650
637	吡唑解草酯	Mefenpyr – diethyl			不得检出	GB/T 19650
638	醋酸甲地孕酮	Megestrol acetate			不得检出	GB/T 20753
639	醋酸美仑孕酮	Melengestrol acetate			不得检出	GB/T 20753

序号	农兽药中文名	农兽药英文名	欧盟标准限量要求 mg/kg	国家标准限量要求 mg/kg	三安超有机食品标准 限量要求 mg/kg	检测方法
640	嘧菌胺	Mepanipyrim			不得检出	GB/T 19650
641	地胺磷	Mephosfolan			不得检出	GB/T 19650
642	灭锈胺	Mepronil			不得检出	GB/T 19650
643	硝磺草酮	Mesotrione			不得检出	GB/T 20772
644	呋菌胺	Methfuroxam			不得检出	GB/T 19650
645	灭梭威砜	Methiocarb sulfone			不得检出	GB/T 19650
646	盖草津	Methoprotryne			不得检出	GB/T 19650
647	甲醚菊酯-1	Methothrin-1			不得检出	GB/T 19650
648	甲醚菊酯-2	Methothrin-2			不得检出	GB/T 19650
649	甲基泼尼松龙	Methylprednisolone			不得检出	GB/T 21981
650	溴谷隆	Metobromuron			不得检出	GB/T 19650
651	甲氧氯普胺	Metoclopramide			不得检出	SN/T 2227
652	异丙甲草胺和S-异丙甲草胺	Metolachlor and S-metolachlor			不得检出	GB/T 19650
653	苯氧菌胺-1	Metominsstrobin-1			不得检出	GB/T 20772
654	苯氧菌胺-2	Metominsstrobin-2			不得检出	GB/T 19650
655	甲硝唑	Metronidazole			不得检出	GB/T 21318
656	速灭磷	Mevinphos			不得检出	GB/T 19650
657	兹克威	Mexacarbate			不得检出	GB/T 19650
658	灭蚁灵	Mirex			不得检出	GB/T 19650
659	禾草敌	Molinate			不得检出	GB/T 19650
660	庚酰草胺	Monalide			不得检出	GB/T 19650
661	莫能菌素	Monensin			不得检出	GB/T 20364
662	莫西丁克	Moxidectin			不得检出	SN/T 2442
663	合成麝香	Musk ambrecte			不得检出	GB/T 19650
664	麝香	Musk moskene			不得检出	GB/T 19650
665	西藏麝香	Musk tibeten			不得检出	GB/T 19650
666	二甲苯麝香	Musk xylene			不得检出	GB/T 19650
667	二溴磷	Naled			不得检出	SN/T 0706
668	萘丙胺	Naproanilide			不得检出	GB/T 19650
669	甲基盐霉素	Narasin			不得检出	GB/T 20364
670	甲磺乐灵	Nitralin			不得检出	GB/T 19650
671	三氯甲基吡啶	Nitrapyrin			不得检出	GB/T 19650
672	酞菌酯	Nitrothal-isopropyl			不得检出	GB/T 19650
673	诺氟沙星	Norfloxacin			不得检出	GB/T 20366
674	氟草敏	Norflurazon			不得检出	GB/T 19650
675	新生霉素	Novobiocin			不得检出	SN 0674
676	氟苯嘧啶醇	Nuarimol			不得检出	GB/T 19650

序号	农兽药中文名	农兽药英文名	欧盟标准限量要求 mg/kg	国家标准限量要求 mg/kg	三安超有机食品标准 限量要求 mg/kg	三安超有机食品标准 检测方法
677	八氯苯乙烯	Octachlorostyrene			不得检出	GB/T 19650
678	氧氟沙星	Ofloxacin			不得检出	GB/T 20366
679	喹乙醇	Olaquindox			不得检出	GB/T 20746
680	竹桃霉素	Oleandomycin			不得检出	GB/T 20762
681	氧乐果	Omethoate			不得检出	GB/T 20772
682	奥比沙星	Orbifloxacin			不得检出	GB/T 22985
683	杀线威	Oxamyl			不得检出	GB/T 20772
684	奥芬达唑	Oxfendazole			不得检出	GB/T 22972
685	丙氧苯咪唑	Oxibendazole			不得检出	GB/T 21324
686	氧化氯丹	Oxy – chlordane			不得检出	GB/T 19650
687	对氧磷	Paraoxon			不得检出	GB/T 19650
688	甲基对氧磷	Paraoxon – methyl			不得检出	GB/T 19650
689	克草敌	Pebulate			不得检出	GB/T 19650
690	氯菊酯	Permethrin			不得检出	GB/T 19650
691	五氯苯胺	Pentachloroaniline			不得检出	GB/T 19650
692	五氯甲氧基苯	Pentachloroanisole			不得检出	GB/T 19650
693	五氯苯	Pentachlorobenzene			不得检出	GB/T 19650
694	乙滴涕	Perthane			不得检出	GB/T 19650
695	菲	Phenanthrene			不得检出	GB/T 19650
696	稻丰散	Phenthoate			不得检出	GB/T 19650
697	甲拌磷砜	Phorate sulfone			不得检出	GB/T 19650
698	磷胺 – 1	Phosphamidon – 1			不得检出	GB/T 19650
699	磷胺 – 2	Phosphamidon – 2			不得检出	GB/T 19650
700	酞酸苯甲基丁酯	Phthalic acid,benzylbutyl ester			不得检出	GB/T 19650
701	四氯苯肽	Phthalide			不得检出	GB/T 19650
702	邻苯二甲酰亚胺	Phthalimide			不得检出	GB/T 19650
703	氟吡酰草胺	Picolinafen			不得检出	GB/T 19650
704	增效醚	Piperonyl butoxide			不得检出	GB/T 19650
705	哌草磷	Piperophos			不得检出	GB/T 19650
706	乙基虫螨清	Pirimiphos – ethyl			不得检出	GB/T 19650
707	吡利霉素	Pirlimycin			不得检出	GB/T 22988
708	炔丙菊酯	Prallethrin			不得检出	GB/T 19650
709	泼尼松龙	Prednisolone			不得检出	GB/T 21981
710	环丙氟灵	Profluralin			不得检出	GB/T 19650
711	茉莉酮	Prohydro jasmon			不得检出	GB/T 19650
712	扑灭通	Prometon			不得检出	GB/T 19650
713	扑草净	Prometryne			不得检出	GB/T 19650
714	炔丙烯草胺	Pronamide			不得检出	GB/T 19650
715	敌稗	Propanil			不得检出	GB/T 19650

序号	农兽药中文名	农兽药英文名	欧盟标准限量要求 mg/kg	国家标准限量要求 mg/kg	三安超有机食品标准 限量要求 mg/kg	检测方法
716	扑灭津	Propazine			不得检出	GB/T 19650
717	胺丙畏	Propetamphos			不得检出	GB/T 19650
718	丙酰二甲氨基丙吩噻嗪	Propionylpromazin			不得检出	GB/T 20763
719	丙硫磷	Prothiophos			不得检出	GB/T 19650
720	吡唑硫磷	Pyraclofos			不得检出	GB/T 19650
721	吡草醚	Pyraflufen – ethyl			不得检出	GB/T 19650
722	哒嗪硫磷	Ptridaphenthion			不得检出	GB/T 19650
723	啶斑肟 – 1	Pyrifenox – 1			不得检出	GB/T 19650
724	啶斑肟 – 2	Pyrifenox – 2			不得检出	GB/T 19650
725	环酯草醚	Pyriftalid			不得检出	GB/T 19650
726	嘧草醚	Pyriminobac – methyl			不得检出	GB/T 19650
727	嘧啶磷	Pyrimitate			不得检出	GB/T 19650
728	嘧螨醚	Pyrimidifen			不得检出	GB/T 19650
729	喹硫磷	Quinalphos			不得检出	GB/T 19650
730	灭藻醌	Quinoclamine			不得检出	GB/T 19650
731	精喹禾灵	Quizalofop – P – ethyl			不得检出	GB/T 20772
732	喹禾灵	Quizalofop – ethyl			不得检出	GB/T 20769
733	吡咪唑	Rabenzazole			不得检出	GB/T 19650
734	莱克多巴胺	Ractopamine			不得检出	GB/T 21313
735	洛硝达唑	Ronidazole			不得检出	GB/T 21318
736	皮蝇磷	Ronnel			不得检出	GB/T 19650
737	盐霉素	Salinomycin			不得检出	GB/T 20364
738	沙拉沙星	Sarafloxacin			不得检出	GB/T 20366
739	另丁津	Sebutylazine			不得检出	GB/T 19650
740	密草通	Secbumeton			不得检出	GB/T 19650
741	氨基脲	Semduramicin			不得检出	GB/T 19650
742	烯禾啶	Sethoxydim			不得检出	GB/T 19650
743	整形醇	Chlorflurenol			不得检出	GB/T 19650
744	氟硅菊酯	Silafluofen			不得检出	GB/T 19650
745	硅氟唑	Simeconazole			不得检出	GB/T 19650
746	西玛通	Simetone			不得检出	GB/T 19650
747	西草净	Simetryn			不得检出	GB/T 19650
748	螺旋霉素	Spiramycin			不得检出	GB/T 20762
749	磺胺苯酰	Sulfabenzamide			不得检出	GB/T 21316
750	磺胺醋酰	Sulfacetamide			不得检出	GB/T 21316
751	磺胺氯哒嗪	Sulfachloropyridazine			不得检出	GB/T 21316
752	磺胺嘧啶	Sulfadiazine			不得检出	GB/T 21316
753	磺胺间二甲氧嘧啶	Sulfadimethoxine			不得检出	GB/T 21316
754	磺胺二甲嘧啶	Sulfadimidine			不得检出	GB/T 21316

序号	农兽药中文名	农兽药英文名	欧盟标准限量要求 mg/kg	国家标准限量要求 mg/kg	三安超有机食品标准 限量要求 mg/kg	三安超有机食品标准 检测方法
755	磺胺多辛	Sulfadoxine			不得检出	GB/T 21316
756	磺胺脒	Sulfaguanidine			不得检出	GB/T 21316
757	莱草畏	Sulfallate			不得检出	GB/T 19650
758	磺胺甲嘧啶	Sulfamerazine			不得检出	GB/T 21316
759	新诺明	Sulfamethoxazole			不得检出	GB/T 21316
760	磺胺间甲氧嘧啶	Sulfamonomethoxine			不得检出	GB/T 21316
761	乙酰磺胺对硝基苯	Sulfanitran			不得检出	GB/T 20772
762	磺胺吡啶	Sulfapyridine			不得检出	GB/T 21316
763	磺胺喹沙啉	Sulfaquinoxaline			不得检出	GB/T 21316
764	磺胺噻唑	Sulfathiazole			不得检出	GB/T 21316
765	治螟磷	Sulfotep			不得检出	GB/T 19650
766	硫丙磷	Sulprofos			不得检出	GB/T 19650
767	苯噻硫氰	TCMTB			不得检出	GB/T 19650
768	丁基嘧啶磷	Tebupirimfos			不得检出	GB/T 19650
769	丁噻隆	Tebuthiuron			不得检出	GB/T 20772
770	牧草胺	Tebutam			不得检出	GB/T 19650
771	双硫磷	Temephos			不得检出	GB/T 20772
772	特草灵	Terbucarb			不得检出	GB/T 19650
773	特丁通	Terbumeton			不得检出	GB/T 19650
774	特丁净	Terbutryn			不得检出	GB/T 19650
775	四氢邻苯二甲酰亚胺	Tetrabydrophthalimide			不得检出	GB/T 19650
776	杀虫畏	Tetrachlorvinphos			不得检出	GB/T 19650
777	胺菊酯	Tetramethirn			不得检出	GB/T 19650
778	杀螨氯硫	Tetrasul			不得检出	GB/T 19650
779	噻吩草胺	Thenylchlor			不得检出	GB/T 19650
780	噻菌灵	Thiabendazole			不得检出	GB/T 20769
781	噻唑烟酸	Thiazopyr			不得检出	GB/T 19650
782	噻苯隆	Thidiazuron			不得检出	GB/T 20772
783	噻吩磺隆	Thifensulfuron – methyl			不得检出	GB/T 20772
784	甲基乙拌磷	Thiometon			不得检出	GB/T 20772
785	虫线磷	Thionazin			不得检出	GB/T 19650
786	硫普罗宁	Tiopronin			不得检出	SN/T 2225
787	三甲苯草酮	Tralkoxydim			不得检出	GB/T 19650
788	四溴菊酯	Tralomethrin			不得检出	SN/T 2320
789	反式 – 氯丹	trans – Chlordane			不得检出	GB/T 19650
790	反式 – 燕麦敌	trans – Diallate			不得检出	GB/T 19650
791	四氟苯菊酯	Transfluthrin			不得检出	GB/T 19650
792	反式九氯	trans – Nonachlor			不得检出	GB/T 19650
793	反式 – 氯菊酯	trans – Permethrin			不得检出	GB/T 19650

序号	农兽药中文名	农兽药英文名	欧盟标准限量要求 mg/kg	国家标准限量要求 mg/kg	三安超有机食品标准	
					限量要求 mg/kg	检测方法
794	群勃龙	Trenbolone			不得检出	GB/T 21981
795	威菌磷	Triamiphos			不得检出	GB/T 19650
796	毒壤磷	Trichloronate			不得检出	GB/T 19650
797	灭草环	Tridiphane			不得检出	GB/T 19650
798	草达津	Trietazine			不得检出	GB/T 19650
799	三异丁基磷酸盐	Tri – iso – butyl phosphate			不得检出	GB/T 19650
800	三正丁基磷酸盐	Tri – n – butyl phosphate			不得检出	GB/T 19650
801	三苯基磷酸盐	Triphenyl phosphate			不得检出	GB/T 19650
802	烯效唑	Uniconazole			不得检出	GB/T 19650
803	灭草敌	Vernolate			不得检出	GB/T 19650
804	维吉尼霉素	Virginiamycin			不得检出	GB/T 20765
805	杀鼠灵	War farin			不得检出	GB/T 20772
806	甲苯噻嗪	Xylazine			不得检出	GB/T 20763
807	右环十四酮酚	Zeranol			不得检出	GB/T 21982
808	苯酰菌胺	Zoxamide			不得检出	GB/T 19650

6.2 驴脂肪 Asses Fat

序号	农兽药中文名	农兽药英文名	欧盟标准限量要求 mg/kg	国家标准限量要求 mg/kg	三安超有机食品标准	
					限量要求 mg/kg	检测方法
1	1,1 – 二氯 – 2,2 – 二(4 – 乙苯)乙烷	1,1 – Dichloro – 2,2 – bis(4 – ethylphenyl)ethane	0.01		不得检出	日本肯定列表(增补本1)
2	1,2 – 二氯乙烷	1,2 – Dichloroethane	0.1		不得检出	SN/T 2238
3	1,3 – 二氯丙烯	1,3 – Dichloropropene	0.01		不得检出	SN/T 2238
4	1 – 萘乙酸	1 – Naphthylacetic acid	0.05		不得检出	SN/T 2228
5	2,4 – 滴	2,4 – D	0.05		不得检出	GB/T 20772
6	2,4 – 滴丁酸	2,4 – DB	0.05		不得检出	GB/T 20769
7	2 – 苯酚	2 – Phenylphenol	0.05		不得检出	GB/T 19650
8	阿维菌素	Abamectin	0.01		不得检出	SN/T 2661
9	乙酰甲胺磷	Acephate	0.02		不得检出	GB/T 20772
10	灭螨醌	Acequinocyl	0.01		不得检出	参照同类标准
11	啶虫脒	Acetamiprid	0.05		不得检出	GB/T 20772
12	乙草胺	Acetochlor	0.01		不得检出	GB/T 19650
13	苯并噻二唑	Acibenzolar – S – methyl	0.02		不得检出	GB/T 20772
14	苯草醚	Aclonifen	0.02		不得检出	GB/T 20772
15	氟丙菊酯	Acrinathrin	0.05		不得检出	GB/T 19648
16	甲草胺	Alachlor	0.01		不得检出	GB/T 20772
17	涕灭威	Aldicarb	0.01		不得检出	GB/T 20772

序号	农兽药中文名	农兽药英文名	欧盟标准限量要求 mg/kg	国家标准限量要求 mg/kg	三安超有机食品标准 限量要求 mg/kg	三安超有机食品标准 检测方法
18	艾氏剂和狄氏剂	Aldrin and dieldrin	0.2	0.2 和 0.2	不得检出	GB/T 19650
19	烯丙孕素	Altrenogest	4μg/kg		不得检出	SN/T 1980
20	—	Ametoctradin	0.03		不得检出	参照同类标准
21	酰嘧磺隆	Amidosulfuron	0.02		不得检出	参照同类标准
22	氯氨吡啶酸	Aminopyralid	0.02		不得检出	GB/T 23211
23	—	Amisulbrom	0.01		不得检出	参照同类标准
24	阿莫西林	Amoxicillin	50μg/kg		不得检出	NY/T 830
25	氨苄青霉素	Ampicillin	50μg/kg		不得检出	GB/T 21315
26	敌菌灵	Anilazine	0.01		不得检出	GB/T 20769
27	杀螨特	Aramite	0.01		不得检出	GB/T 19650
28	磺草灵	Asulam	0.1		不得检出	日本肯定列表（增补本1）
29	印楝素	Azadirachtin	0.01		不得检出	SN/T 3264
30	益棉磷	Azinphos – ethyl	0.01		不得检出	GB/T 19650
31	保棉磷	Azinphos – methyl	0.01		不得检出	GB/T 20772
32	三唑锡和三环锡	Azocyclotin and cyhexatin	0.05		不得检出	SN/T 1990
33	嘧菌酯	Azoxystrobin	0.05		不得检出	GB/T 20772
34	燕麦灵	Barban	0.05		不得检出	参照同类标准
35	氟丁酰草胺	Beflubutamid	0.05		不得检出	参照同类标准
36	苯霜灵	Benalaxyl	0.05		不得检出	GB/T 20772
37	丙硫克百威	Benfuracarb	0.02		不得检出	GB/T 20772
38	苄青霉素	Benzyl penicillin	50μg/kg		不得检出	GB/T 21315
39	联苯肼酯	Bifenazate	0.01		不得检出	GB/T 20772
40	甲羧除草醚	Bifenox	0.05		不得检出	GB/T 23210
41	联苯菊酯	Bifenthrin	3		不得检出	GB/T 19650
42	乐杀螨	Binapacryl	0.01		不得检出	SN 0523
43	联苯	Biphenyl	0.01		不得检出	GB/T 19650
44	联苯三唑醇	Bitertanol	0.05		不得检出	GB/T 20772
45	—	Bixafen	0.02		不得检出	参照同类标准
46	啶酰菌胺	Boscalid	0.7		不得检出	GB/T 20772
47	溴离子	Bromide ion	0.05		不得检出	GB/T 5009.167
48	溴螨酯	Bromopropylate	0.01		不得检出	GB/T 19650
49	溴苯腈	Bromoxynil	0.05		不得检出	GB/T 20772
50	糠菌唑	Bromuconazole	0.05		不得检出	GB/T 19650
51	乙嘧酚磺酸酯	Bupirimate	0.05		不得检出	GB/T 19650
52	噻嗪酮	Buprofezin	0.05		不得检出	GB/T 20772
53	仲丁灵	Butralin	0.02		不得检出	GB/T 19650
54	丁草敌	Butylate	0.01		不得检出	GB/T 19650
55	硫线磷	Cadusafos	0.01		不得检出	GB/T 19650

序号	农兽药中文名	农兽药英文名	欧盟标准限量要求 mg/kg	国家标准限量要求 mg/kg	三安超有机食品标准 限量要求 mg/kg	三安超有机食品标准 检测方法
56	毒杀芬	Camphechlor	0.05		不得检出	YC/T 180
57	敌菌丹	Captafol	0.01		不得检出	GB/T 23210
58	克菌丹	Captan	0.02		不得检出	GB/T 19648
59	甲萘威	Carbaryl	0.05		不得检出	GB/T 20796
60	多菌灵和苯菌灵	Carbendazim and benomyl	0.05		不得检出	GB/T 20772
61	长杀草	Carbetamide	0.05		不得检出	GB/T 20772
62	克百威	Carbofuran	0.01		不得检出	GB/T 20772
63	丁硫克百威	Carbosulfan	0.05		不得检出	GB/T 19650
64	萎锈灵	Carboxin	0.05		不得检出	GB/T 20772
65	卡洛芬	Carprofen	1000μg/kg		不得检出	SN/T 2190
66	头孢喹肟	Cefquinome	50μg/kg		不得检出	GB/T 22989
67	头孢噻呋	Ceftiofur	2000μg/kg		不得检出	GB/T 21314
68	氯虫苯甲酰胺	Chlorantraniliprole	0.2		不得检出	参照同类标准
69	杀螨醚	Chlorbenside	0.05		不得检出	GB/T 19650
70	氯炔灵	Chlorbufam	0.05		不得检出	GB/T 20772
71	氯丹	Chlordane	0.05	0.05	不得检出	GB/T 5009.19
72	十氯酮	Chlordecone	0.1		不得检出	参照同类标准
73	杀螨酯	Chlorfenson	0.05		不得检出	GB/T 19650
74	毒虫畏	Chlorfenvinphos	0.01		不得检出	GB/T 19650
75	氯草敏	Chloridazon	0.1		不得检出	GB/T 20772
76	矮壮素	Chlormequat	0.05		不得检出	GB/T 23211
77	乙酯杀螨醇	Chlorobenzilate	0.1		不得检出	GB/T 23210
78	百菌清	Chlorothalonil	0.07		不得检出	SN/T 2320
79	绿麦隆	Chlortoluron	0.05		不得检出	GB/T 20772
80	枯草隆	Chloroxuron	0.05		不得检出	SN/T 2150
81	氯苯胺灵	Chlorpropham	0.05		不得检出	GB/T 19650
82	甲基毒死蜱	Chlorpyrifos-methyl	0.05		不得检出	GB/T 19650
83	氯磺隆	Chlorsulfuron	0.01		不得检出	GB/T 20772
84	氯酞酸甲酯	Chlorthaldimethyl	0.01		不得检出	GB/T 19650
85	氯硫酰草胺	Chlorthiamid	0.02		不得检出	GB/T 20772
86	烯草酮	Clethodim	0.05		不得检出	GB/T 19650
87	炔草酯	Clodinafop-propargyl	0.02		不得检出	GB/T 19650
88	四螨嗪	Clofentezine	0.05		不得检出	GB/T 20772
89	二氯吡啶酸	Clopyralid	0.05		不得检出	SN/T 2228
90	噻虫胺	Clothianidin	0.02		不得检出	GB/T 20772
91	邻氯青霉素	Cloxacillin	300μg/kg		不得检出	GB/T 18932.25
92	黏菌素	Colistin	150μg/kg		不得检出	参照同类标准
93	铜化合物	Copper compounds	5		不得检出	参照同类标准
94	环烷基酰苯胺	Cyclanilide	0.01		不得检出	参照同类标准

序号	农兽药中文名	农兽药英文名	欧盟标准限量要求 mg/kg	国家标准限量要求 mg/kg	三安超有机食品标准	
					限量要求 mg/kg	检测方法
95	噻草酮	Cycloxydim	0.05		不得检出	GB/T 19650
96	环氟菌胺	Cyflufenamid	0.03		不得检出	GB/T 23210
97	氟氯氰菊酯和高效氟氯氰菊酯	Cyfluthrin and beta – cyfluthrin	0.05		不得检出	GB/T 19650
98	霜脲氰	Cymoxanil	0.05		不得检出	GB/T 20772
99	氯氰菊酯和高效氯氰菊酯	Cypermethrin and beta – cypermethrin	0.2		不得检出	GB/T 19650
100	环丙唑醇	Cyproconazole	0.05		不得检出	GB/T 20772
101	嘧菌环胺	Cyprodinil	0.05		不得检出	GB/T 19650
102	灭蝇胺	Cyromazine	0.05		不得检出	GB/T 20772
103	丁酰肼	Daminozide	0.05		不得检出	SN/T 1989
104	达氟沙星	Danofloxacin	50μg/kg		不得检出	GB/T 22985
105	滴滴涕	DDT	1	2	不得检出	SN/T 0127
106	溴氰菊酯	Deltamethrin	0.5		不得检出	GB/T 19650
107	燕麦敌	Diallate	0.2		不得检出	GB/T 23211
108	二嗪磷	Diazinon	0.05		不得检出	GB/T 19650
109	麦草畏	Dicamba	0.07		不得检出	GB/T 20772
110	敌草腈	Dichlobenil	0.01		不得检出	GB/T 19650
111	滴丙酸	Dichlorprop	0.05		不得检出	SN/T 2228
112	二氯苯氧基丙酸	Diclofop	0.01		不得检出	参照同类标准
113	氯硝胺	Dicloran	0.01		不得检出	GB/T 19650
114	双氯青霉素	Dicloxacillin	300μg/kg		不得检出	GB/T 18932.25
115	三氯杀螨醇	Dicofol	0.02		不得检出	GB/T 19650
116	乙霉威	Diethofencarb	0.05		不得检出	GB/T 19650
117	苯醚甲环唑	Difenoconazole	0.1		不得检出	GB/T 19650
118	双氟沙星	Difloxacin	100μg/kg		不得检出	GB/T 20366
119	除虫脲	Diflubenzuron	0.05		不得检出	SN/T 0528
120	吡氟酰草胺	Diflufenican	0.05		不得检出	GB/T 20772
121	油菜安	Dimethachlor	0.02		不得检出	GB/T 20772
122	烯酰吗啉	Dimethomorph	0.05		不得检出	GB/T 20772
123	醚菌胺	Dimoxystrobin	0.05		不得检出	SN/T 2237
124	烯唑醇	Diniconazole	0.01		不得检出	GB/T 19650
125	敌螨普	Dinocap	0.05		不得检出	日本肯定列表（增补本1）
126	地乐酚	Dinoseb	0.01		不得检出	GB/T 20772
127	特乐酚	Dinoterb	0.05		不得检出	GB/T 20772
128	敌噁磷	Dioxathion	0.05		不得检出	GB/T 19650
129	敌草快	Diquat	0.05		不得检出	GB/T 5009.221
130	乙拌磷	Disulfoton	0.01		不得检出	GB/T 20772

序号	农兽药中文名	农兽药英文名	欧盟标准限量要求 mg/kg	国家标准限量要求 mg/kg	三安超有机食品标准 限量要求 mg/kg	检测方法
131	二氰蒽醌	Dithianon	0.01		不得检出	GB/T 20769
132	二硫代氨基甲酸酯	Dithiocarbamates	0.05		不得检出	SN 0139
133	敌草隆	Diuron	0.05		不得检出	SN/T 0645
134	二硝甲酚	DNOC	0.05		不得检出	GB/T 20772
135	多果定	Dodine	0.2		不得检出	SN 0500
136	多拉菌素	Doramectin	150μg/kg		不得检出	GB/T 22968
137	甲氨基阿维菌素苯甲酸盐	Emamectin benzoate	0.02		不得检出	GB/T 20769
138	硫丹	Endosulfan	0.05		不得检出	GB/T 19650
139	异狄氏剂	Endrin	0.05	0.05	不得检出	GB/T 19650
140	恩诺沙星	Enrofloxacin	100μg/kg		不得检出	GB/T 20366
141	氟环唑	Epoxiconazole	0.01		不得检出	GB/T 20772
142	茵草敌	EPTC	0.02		不得检出	GB/T 20772
143	红霉素	Erythromycin	200μg/kg		不得检出	GB/T 20762
144	乙丁烯氟灵	Ethalfluralin	0.01		不得检出	GB/T 19650
145	胺苯磺隆	Ethametsulfuron	0.01		不得检出	NY/T 1616
146	乙烯利	Ethephon	0.05		不得检出	SN 0705
147	乙硫磷	Ethion	0.01		不得检出	GB/T 19650
148	乙嘧酚	Ethirimol	0.05		不得检出	GB/T 20772
149	乙氧呋草黄	Ethofumesate	0.1		不得检出	GB/T 20772
150	灭线磷	Ethoprophos	0.01		不得检出	GB/T 19650
151	乙氧喹啉	Ethoxyquin	0.05		不得检出	GB/T 20772
152	环氧乙烷	Ethylene oxide	0.02		不得检出	GB/T 23296.11
153	醚菊酯	Etofenprox	0.5		不得检出	GB/T 19650
154	乙螨唑	Etoxazole	0.01		不得检出	GB/T 19650
155	氯唑灵	Etridiazole	0.05		不得检出	GB/T 20772
156	噁唑菌酮	Famoxadone	0.05		不得检出	GB/T 20772
157	苯硫氨酯	Febantel	50μg/kg		不得检出	GB/T 22972
158	咪唑菌酮	Fenamidone	0.01		不得检出	GB/T 19650
159	苯线磷	Fenamiphos	0.01		不得检出	GB/T 19650
160	氯苯嘧啶醇	Fenarimol	0.02		不得检出	GB/T 20772
161	喹螨醚	Fenazaquin	0.01		不得检出	GB/T 19650
162	苯硫苯咪唑	Fenbendazole	50μg/kg		不得检出	SN 0638
163	腈苯唑	Fenbuconazole	0.05		不得检出	GB/T 20772
164	苯丁锡	Fenbutatin oxide	0.05		不得检出	SN/T 3149
165	环酰菌胺	Fenhexamid	0.05		不得检出	GB/T 20772
166	杀螟硫磷	Fenitrothion	0.01		不得检出	GB/T 20772
167	精噁唑禾草灵	Fenoxaprop-P-ethyl	0.05		不得检出	GB/T 22617
168	双氧威	Fenoxycarb	0.05		不得检出	GB/T 19650
169	苯锈啶	Fenpropidin	0.02		不得检出	GB/T 19650

序号	农兽药中文名	农兽药英文名	欧盟标准限量要求 mg/kg	国家标准限量要求 mg/kg	三安超有机食品标准	
					限量要求 mg/kg	检测方法
170	丁苯吗啉	Fenpropimorph	0.01		不得检出	GB/T 20772
171	胺苯吡菌酮	Fenpyrazamine	0.01		不得检出	参照同类标准
172	唑螨酯	Fenpyroximate	0.01		不得检出	GB/T 19650
173	倍硫磷	Fenthion	0.05		不得检出	GB/T 20772
174	三苯锡	Fentin	0.05		不得检出	SN/T 3149
175	薯瘟锡	Fentin acetate	0.05		不得检出	参照同类标准
176	氰戊菊酯和高效氰戊菊酯（RR & SS 异构体总量）	Fenvalerate and esfenvalerate (sum of RR & SS isomers)	0.2		不得检出	GB/T 19650
177	氰戊菊酯和高效氰戊菊酯（RS & SR 异构体总量）	Fenvalerate and esfenvalerate (sum of RS & SR isomers)	0.05		不得检出	GB/T 19650
178	氟虫腈	Fipronil	0.01		不得检出	SN/T 1982
179	非罗考昔	Firocoxib	15μg/kg		不得检出	参照同类标准
180	氟啶虫酰胺	Flonicamid	0.02		不得检出	SN/T 2796
181	氟苯尼考	Florfenicol	200μg/kg		不得检出	GB/T 20756
182	精吡氟禾草灵	Fluazifop – P – butyl	0.05		不得检出	GB/T 5009.142
183	氟啶胺	Fluazinam	0.05		不得检出	SN/T 2150
184	氟苯虫酰胺	Flubendiamide	2		不得检出	SN/T 2581
185	氟环脲	Flucycloxuron	0.05		不得检出	参照同类标准
186	氟氰戊菊酯	Flucythrinate	0.05		不得检出	GB/T 23210
187	咯菌腈	Fludioxonil	0.05		不得检出	GB/T 20772
188	氟虫脲	Flufenoxuron	0.05		不得检出	SN/T 2150
189	杀螨净	Flufenzin	0.02		不得检出	参照同类标准
190	氟甲喹	Flumequin	250μg/kg		不得检出	SN/T 1921
191	氟胺烟酸	Flunixin	20μg/kg		不得检出	GB/T 20750
192	氟吡菌胺	Fluopicolide	0.01		不得检出	参照同类标准
193	—	Fluopyram	0.02		不得检出	参照同类标准
194	氟离子	Fluoride ion	1		不得检出	GB/T 5009.167
195	氟腈嘧菌酯	Fluoxastrobin	0.05		不得检出	SN/T 2237
196	氟喹唑	Fluquinconazole	2		不得检出	GB/T 19650
197	氟咯草酮	Fluorochloridone	0.05		不得检出	GB/T 20772
198	氟草烟	Fluroxypyr	0.05		不得检出	GB/T 20772
199	氟硅唑	Flusilazole	0.1		不得检出	GB/T 20772
200	氟酰胺	Flutolanil	0.02		不得检出	GB/T 20772
201	粉唑醇	Flutriafol	0.01		不得检出	GB/T 20772
202	—	Fluxapyroxad	0.01		不得检出	参照同类标准
203	氟磺胺草醚	Fomesafen	0.01		不得检出	GB/T 5009.130
204	氯吡脲	Forchlorfenuron	0.05		不得检出	SN/T 3643
205	伐虫脒	Formetanate	0.01		不得检出	NY/T 1453
206	三乙膦酸铝	Fosetyl – aluminium	0.5		不得检出	GB 2763

序号	农兽药中文名	农兽药英文名	欧盟标准限量要求 mg/kg	国家标准限量要求 mg/kg	三安超有机食品标准	
					限量要求 mg/kg	检测方法
207	麦穗宁	Fuberidazole	0.05		不得检出	GB/T 19650
208	呋线威	Furathiocarb	0.01		不得检出	GB/T 20772
209	糠醛	Furfural	1		不得检出	参照同类标准
210	勃激素	Gibberellic acid	0.1		不得检出	GB/T 23211
211	草胺膦	Glufosinate－ammonium	0.1		不得检出	日本肯定列表
212	草甘膦	Glyphosate	0.05		不得检出	SN/T 1923
213	氟吡禾灵	Haloxyfop	0.01		不得检出	SN/T 2228
214	七氯	Heptachlor	0.2		不得检出	SN 0663
215	六氯苯	Hexachlorobenzene	0.2		不得检出	SN/T 0127
216	六六六（HCH），α－异构体	Hexachlorociclohexane（HCH），alpha－isomer	0.2	1	不得检出	SN/T 0127
217	六六六（HCH），β－异构体	Hexachlorociclohexane（HCH），beta－isomer	0.1	1	不得检出	SN/T 0127
218	噻螨酮	Hexythiazox	0.05		不得检出	GB/T 20772
219	噁霉灵	Hymexazol	0.05		不得检出	GB/T 20772
220	抑霉唑	Imazalil	0.05		不得检出	GB/T 20772
221	甲咪唑烟酸	Imazapic	0.01		不得检出	GB/T 20772
222	咪唑喹啉酸	Imazaquin	0.05		不得检出	GB/T 20772
223	吡虫啉	Imidacloprid	0.05		不得检出	GB/T 20772
224	双胍辛胺	Iminoctadine	0.1		不得检出	日本肯定列表
225	茚虫威	Indoxacarb	2		不得检出	GB/T 20772
226	碘苯腈	Ioxynil	0.05		不得检出	GB/T 20772
227	异菌脲	Iprodione	0.05		不得检出	GB/T 19650
228	稻瘟灵	Isoprothiolane	0.01		不得检出	GB/T 20772
229	异丙隆	Isoproturon	0.05		不得检出	GB/T 20772
230	—	Isopyrazam	0.01		不得检出	参照同类标准
231	异噁酰草胺	Isoxaben	0.01		不得检出	GB/T 20772
232	依维菌素	Ivermectin	100μg/kg		不得检出	GB/T 21320
233	卡那霉素	Kanamycin	100μg/kg		不得检出	GB/T 21323
234	醚菌酯	Kresoxim－methyl	0.02		不得检出	GB/T 20772
235	乳氟禾草灵	Lactofen	0.01		不得检出	GB/T 19650
236	高效氯氟氰菊酯	Lambda－cyhalothrin	0.5		不得检出	GB/T 23210
237	环草定	Lenacil	0.1		不得检出	GB/T 19650
238	林可霉素	Lincomycin	50μg/kg		不得检出	GB/T 20762
239	林丹	Lindane	0.02	1	不得检出	NY/T 761
240	虱螨脲	Lufenuron	0.02		不得检出	SN/T 2540
241	马拉硫磷	Malathion	0.02		不得检出	GB/T 19650
242	抑芽丹	Maleic hydrazide	0.02		不得检出	GB/T 23211
243	双炔酰菌胺	Mandipropamid	0.02		不得检出	参照同类标准

序号	农兽药中文名	农兽药英文名	欧盟标准限量要求 mg/kg	国家标准限量要求 mg/kg	三安超有机食品标准 限量要求 mg/kg	三安超有机食品标准 检测方法
244	二甲四氯和二甲四氯丁酸	MCPA and MCPB	0.1		不得检出	SN/T 2228
245	壮棉素	Mepiquat chloride	0.05		不得检出	GB/T 23211
246	—	Meptyldinocap	0.05		不得检出	参照同类标准
247	汞化合物	Mercury compounds	0.01		不得检出	参照同类标准
248	氰氟虫腙	Metaflumizone	0.02		不得检出	SN/T 3852
249	甲霜灵和精甲霜灵	Metalaxyl and metalaxyl – M	0.05		不得检出	GB/T 20772
250	四聚乙醛	Metaldehyde	0.05		不得检出	SN/T 1787
251	苯嗪草酮	Metamitron	0.05		不得检出	GB/T 19650
252	安乃近	Metamizole	100μg/kg		不得检出	GB/T 20747
253	吡唑草胺	Metazachlor	0.05		不得检出	GB/T 19650
254	叶菌唑	Metconazole	0.01		不得检出	GB/T 20772
255	甲基苯噻隆	Methabenzthiazuron	0.05		不得检出	GB/T 19650
256	虫螨畏	Methacrifos	0.01		不得检出	GB/T 20772
257	甲胺磷	Methamidophos	0.01		不得检出	GB/T 20772
258	杀扑磷	Methidathion	0.02		不得检出	GB/T 20772
259	甲硫威	Methiocarb	0.05		不得检出	GB/T 20770
260	灭多威和硫双威	Methomyl and thiodicarb	0.02		不得检出	GB/T 20772
261	烯虫酯	Methoprene	0.05		不得检出	GB/T 19650
262	甲氧滴滴涕	Methoxychlor	0.01		不得检出	SN/T 0529
263	甲氧虫酰肼	Methoxyfenozide	0.2		不得检出	GB/T 20772
264	磺草唑胺	Metosulam	0.01		不得检出	GB/T 20772
265	苯菌酮	Metrafenone	0.05		不得检出	参照同类标准
266	嗪草酮	Metribuzin	0.1		不得检出	GB/T 19650
267	绿谷隆	Monolinuron	0.05		不得检出	GB/T 20772
268	灭草隆	Monuron	0.01		不得检出	GB/T 20772
269	莫西丁克	Moxidectin	500μg/kg		不得检出	SN/T 2442
270	腈菌唑	Myclobutanil	0.01		不得检出	GB/T 20772
271	1 – 萘乙酰胺	1 – Naphthylacetamide	0.05		不得检出	GB/T 23205
272	敌草胺	Napropamide	0.01		不得检出	GB/T 19650
273	新霉素（包括 framycetin）	Neomycin（including framycetin）	500μg/kg		不得检出	SN 0646
274	烟嘧磺隆	Nicosulfuron	0.05		不得检出	SN/T 2325
275	除草醚	Nitrofen	0.01		不得检出	GB/T 19650
276	氟酰脲	Novaluron	10		不得检出	GB/T 23211
277	嘧苯胺磺隆	Orthosulfamuron	0.01		不得检出	GB/T 23817
278	苯唑青霉素	Oxacillin	300μg/kg		不得检出	GB/T 18932.25
279	噁草酮	Oxadiazon	0.05		不得检出	GB/T 19650
280	噁霜灵	Oxadixyl	0.01		不得检出	GB/T 19650
281	环氧嘧磺隆	Oxasulfuron	0.05		不得检出	GB/T 23817

序号	农兽药中文名	农兽药英文名	欧盟标准限量要求 mg/kg	国家标准限量要求 mg/kg	三安超有机食品标准	
					限量要求 mg/kg	检测方法
282	喹菌酮	Oxolinic acid	50μg/kg		不得检出	日本肯定列表
283	氧化萎锈灵	Oxycarboxin	0.05		不得检出	GB/T 19650
284	亚砜磷	Oxydemeton–methyl	0.02		不得检出	参照同类标准
285	乙氧氟草醚	Oxyfluorfen	0.05		不得检出	GB/T 20772
286	多效唑	Paclobutrazol	0.02		不得检出	GB/T 19650
287	对硫磷	Parathion	0.05		不得检出	GB/T 19650
288	甲基对硫磷	Parathion–methyl	0.01		不得检出	GB/T 5009.161
289	戊菌唑	Penconazole	0.05		不得检出	GB/T 20772
290	戊菌隆	Pencycuron	0.05		不得检出	GB/T 19650
291	二甲戊灵	Pendimethalin	0.05		不得检出	GB/T 19650
292	喷沙西林	Penethamate	50μg/kg		不得检出	参照同类标准
293	甜菜宁	Phenmedipham	0.05		不得检出	GB/T 23205
294	苯醚菊酯	Phenothrin	0.05		不得检出	GB/T 20772
295	甲拌磷	Phorate	0.01		不得检出	GB/T 20772
296	伏杀硫磷	Phosalone	0.01		不得检出	GB/T 20772
297	亚胺硫磷	Phosmet	0.1		不得检出	GB/T 20772
298	—	Phosphines and phosphides	0.01		不得检出	参照同类标准
299	辛硫磷	Phoxim	0.02		不得检出	GB/T 20772
300	氨氯吡啶酸	Picloram	0.01		不得检出	GB/T 23211
301	啶氧菌酯	Picoxystrobin	0.05		不得检出	GB/T 19650
302	抗蚜威	Pirimicarb	0.05		不得检出	GB/T 20772
303	甲基嘧啶磷	Pirimiphos–methyl	0.05		不得检出	GB/T 20772
304	泼尼松龙	Prednisolone	8μg/kg		不得检出	GB/T 21981
305	咪鲜胺	Prochloraz	0.1		不得检出	GB/T 19650
306	腐霉利	Procymidone	0.01		不得检出	GB/T 20772
307	丙溴磷	Profenofos	0.05		不得检出	GB/T 20772
308	调环酸	Prohexadione	0.05		不得检出	日本肯定列表
309	毒草安	Propachlor	0.02		不得检出	GB/T 20772
310	扑派威	Propamocarb	0.1		不得检出	GB/T 20772
311	恶草酸	Propaquizafop	0.05		不得检出	GB/T 20772
312	炔螨特	Propargite	0.1		不得检出	GB/T 19650
313	苯胺灵	Propham	0.05		不得检出	GB/T 19650
314	丙环唑	Propiconazole	0.01		不得检出	GB/T 19650
315	异丙草胺	Propisochlor	0.01		不得检出	GB/T 19650
316	残杀威	Propoxur	0.05		不得检出	GB/T 20772
317	炔苯酰草胺	Propyzamide	0.05		不得检出	GB/T 19650
318	苄草丹	Prosulfocarb	0.05		不得检出	GB/T 19650
319	丙硫菌唑	Prothioconazole	0.05		不得检出	参照同类标准
320	吡蚜酮	Pymetrozine	0.01		不得检出	GB/T 20772

序号	农兽药中文名	农兽药英文名	欧盟标准限量要求 mg/kg	国家标准限量要求 mg/kg	三安超有机食品标准 限量要求 mg/kg	三安超有机食品标准 检测方法
321	吡唑醚菌酯	Pyraclostrobin	0.05		不得检出	GB/T 20772
322	—	Pyrasulfotole	0.01		不得检出	参照同类标准
323	吡菌磷	Pyrazophos	0.02		不得检出	GB/T 20772
324	除虫菊素	Pyrethrins	0.05		不得检出	GB/T 20772
325	哒螨灵	Pyridaben	0.02		不得检出	GB/T 19650
326	啶虫丙醚	Pyridalyl	0.01		不得检出	日本肯定列表
327	哒草特	Pyridate	0.05		不得检出	日本肯定列表
328	嘧霉胺	Pyrimethanil	0.05		不得检出	GB/T 19650
329	吡丙醚	Pyriproxyfen	0.05		不得检出	GB/T 19650
330	甲氧磺草胺	Pyroxsulam	0.01		不得检出	SN/T 2325
331	氯甲喹啉酸	Quinmerac	0.05		不得检出	参照同类标准
332	喹氧灵	Quinoxyfen	0.2		不得检出	SN/T 2319
333	五氯硝基苯	Quintozene	0.01		不得检出	GB/T 19650
334	精喹禾灵	Quizalofop – P – ethyl	0.05		不得检出	SN/T 2150
335	灭虫菊	Resmethrin	0.1		不得检出	GB/T 20772
336	鱼藤酮	Rotenone	0.01		不得检出	GB/T 20772
337	西玛津	Simazine	0.01		不得检出	SN 0594
338	壮观霉素	Spectinomycin	500μg/kg		不得检出	GB/T 21323
339	乙基多杀菌素	Spinetoram	0.01		不得检出	参照同类标准
340	多杀霉素	Spinosad	0.02		不得检出	GB/T 20772
341	螺螨酯	Spirodiclofen	0.05		不得检出	GB/T 20772
342	螺甲螨酯	Spiromesifen	0.01		不得检出	GB/T 23210
343	螺虫乙酯	Spirotetramat	0.01		不得检出	参照同类标准
344	葚孢菌素	Spiroxamine	0.05		不得检出	GB/T 20772
345	磺草酮	Sulcotrione	0.05		不得检出	参照同类标准
346	磺胺类（所有属于磺胺类的物质）	Sulfonamides (all substances belonging to the sulfonamide-group)	100μg/kg		不得检出	GB 29694
347	乙黄隆	Sulfosulfuron	0.05		不得检出	SN/T 2325
348	硫磺粉	Sulfur	0.5		不得检出	参照同类标准
349	氟胺氰菊酯	Tau – fluvalinate	0.01		不得检出	SN 0691
350	戊唑醇	Tebuconazole	0.1		不得检出	GB/T 20772
351	虫酰肼	Tebufenozide	0.05		不得检出	GB/T 20772
352	吡螨胺	Tebufenpyrad	0.05		不得检出	GB/T 19650
353	四氯硝基苯	Tecnazene	0.05		不得检出	GB/T 19650
354	氟苯脲	Teflubenzuron	0.05		不得检出	SN/T 2150
355	七氟菊酯	Tefluthrin	0.05		不得检出	GB/T 23210
356	得杀草	Tepraloxydim	0.1		不得检出	GB/T 20772
357	特丁硫磷	Terbufos	0.01		不得检出	GB/T 20772

序号	农兽药中文名	农兽药英文名	欧盟标准限量要求 mg/kg	国家标准限量要求 mg/kg	三安超有机食品标准	
					限量要求 mg/kg	检测方法
358	特丁津	Terbuthylazine	0.05		不得检出	GB/T 19650
359	四氟醚唑	Tetraconazole	0.5		不得检出	GB/T 20772
360	三氯杀螨砜	Tetradifon	0.05		不得检出	GB/T 19650
361	噻虫啉	Thiacloprid	0.05		不得检出	GB/T 20772
362	噻虫嗪	Thiamethoxam	0.03		不得检出	GB/T 20772
363	甲砜霉素	Thiamphenicol	50μg/kg		不得检出	GB/T 20756
364	禾草丹	Thiobencarb	0.01		不得检出	GB/T 20772
365	甲基硫菌灵	Thiophanate-methyl	0.05		不得检出	SN/T 0162
366	替米考星	Tilmicosin	50μg/kg		不得检出	GB/T 20762
367	甲基立枯磷	Tolclofos-methyl	0.05		不得检出	GB/T 19650
368	甲苯三嗪酮	Toltrazuril	150μg/kg		不得检出	参照同类标准
369	甲苯氟磺胺	Tolylfluanid	0.1		不得检出	GB/T 19650
370	—	Topramezone	0.05		不得检出	参照同类标准
371	三唑酮和三唑醇	Triadimefon and triadimenol	0.1		不得检出	GB/T 20772
372	野麦畏	Triallate	0.05		不得检出	GB/T 20772
373	醚苯磺隆	Triasulfuron	0.05		不得检出	GB/T 20772
374	三唑磷	Triazophos	0.01		不得检出	GB/T 20772
375	敌百虫	Trichlorphon	0.01		不得检出	GB/T 20772
376	绿草定	Triclopyr	0.05		不得检出	SN/T 2228
377	三环唑	Tricyclazole	0.05		不得检出	GB/T 20769
378	十三吗啉	Tridemorph	0.01		不得检出	GB/T 20772
379	肟菌酯	Trifloxystrobin	0.04		不得检出	GB/T 19650
380	氟菌唑	Triflumizole	0.05		不得检出	GB/T 20769
381	杀铃脲	Triflumuron	0.01		不得检出	GB/T 20772
382	氟乐灵	Trifluralin	0.01		不得检出	GB/T 20772
383	嗪氨灵	Triforine	0.01		不得检出	SN 0695
384	甲氧苄氨嘧啶	Trimethoprim	100μg/kg		不得检出	SN/T 1769
385	三甲基锍阳离子	Trimethyl-sulfonium cation	0.05		不得检出	参照同类标准
386	抗倒酯	Trinexapac	0.05		不得检出	GB/T 20769
387	灭菌唑	Triticonazole	0.01		不得检出	GB/T 20772
388	三氟甲磺隆	Tritosulfuron	0.01		不得检出	参照同类标准
389	泰乐菌素	Tylosin	100μg/kg		不得检出	GB/T 22941
390	—	Valifenalate	0.01		不得检出	参照同类标准
391	维达布洛芬	Vedaprofen	20μg/kg		不得检出	参照同类标准
392	乙烯菌核利	Vinclozolin	0.05		不得检出	GB/T 20772
393	2,3,4,5-四氯苯胺	2,3,4,5-Tetrachloraniline			不得检出	GB/T 19650
394	2,3,4,5-四氯甲氧基苯	2,3,4,5-Tetrachloroanisole			不得检出	GB/T 19650
395	2,3,5,6-四氯苯胺	2,3,5,6-Tetrachloroaniline			不得检出	GB/T 19650
396	2,4,5-涕	2,4,5-T			不得检出	GB/T 20772

序号	农兽药中文名	农兽药英文名	欧盟标准限量要求 mg/kg	国家标准限量要求 mg/kg	三安超有机食品标准 限量要求 mg/kg	三安超有机食品标准 检测方法
397	o,p′-滴滴滴	2,4′-DDD			不得检出	GB/T 19650
398	o,p′-滴滴伊	2,4′-DDE			不得检出	GB/T 19650
399	o,p′-滴滴涕	2,4′-DDT			不得检出	GB/T 19650
400	2,6-二氯苯甲酰胺	2,6-Dichlorobenzamide			不得检出	GB/T 19650
401	3,5-二氯苯胺	3,5-Dichloroaniline			不得检出	GB/T 19650
402	p,p′-滴滴滴	4,4′-DDD			不得检出	GB/T 19650
403	p,p′-滴滴伊	4,4′-DDE			不得检出	GB/T 19650
404	p,p′-滴滴涕	4,4′-DDT			不得检出	GB/T 19650
405	4,4′-二溴二苯甲酮	4,4′-Dibromobenzophenone			不得检出	GB/T 19650
406	4,4′-二氯二苯甲酮	4,4′-Dichlorobenzophenone			不得检出	GB/T 19650
407	二氢苊	Acenaphthene			不得检出	GB/T 19650
408	乙酰丙嗪	Acepromazine			不得检出	GB/T 20763
409	三氟羧草醚	Acifluorfen			不得检出	GB/T 20772
410	1-氨基-2-乙内酰脲	AHD			不得检出	GB/T 21311
411	涕灭砜威	Aldoxycarb			不得检出	GB/T 20772
412	烯丙菊酯	Allethrin			不得检出	GB/T 20772
413	二丙烯草胺	Allidochlor			不得检出	GB/T 19650
414	莠灭净	Ametryn			不得检出	GB/T 20772
415	双甲脒	Amitraz			不得检出	GB/T 19650
416	杀草强	Amitrole			不得检出	SN/T 1737.6
417	5-吗啉甲基-3-氨基-2-噁唑烷基酮	AMOZ			不得检出	GB/T 21311
418	氨丙嘧吡啶	Amprolium			不得检出	SN/T 0276
419	莎稗磷	Anilofos			不得检出	GB/T 19650
420	蒽醌	Anthraquinone			不得检出	GB/T 19650
421	3-氨基-2-噁唑酮	AOZ			不得检出	GB/T 21311
422	安普霉素	Apramycin			不得检出	GB/T 21323
423	丙硫特普	Aspon			不得检出	GB/T 19650
424	羟氨卡青霉素	Aspoxicillin			不得检出	GB/T 21315
425	乙基杀扑磷	Athidathion			不得检出	GB/T 19650
426	莠去通	Atratone			不得检出	GB/T 19650
427	莠去津	Atrazine			不得检出	GB/T 20772
428	脱乙基阿特拉津	Atrazine-desethyl			不得检出	GB/T 19650
429	甲基吡噁磷	Azamethiphos			不得检出	GB/T 20763
430	氮哌酮	Azaperone			不得检出	SN/T 2221
431	叠氮津	Aziprotryne			不得检出	GB/T 19650
432	杆菌肽	Bacitracin			不得检出	GB/T 20743
433	4-溴-3,5-二甲苯基-N-甲基氨基甲酸酯-1	BDMC-1			不得检出	GB/T 19650

序号	农兽药中文名	农兽药英文名	欧盟标准限量要求 mg/kg	国家标准限量要求 mg/kg	三安超有机食品标准	
					限量要求 mg/kg	检测方法
434	4-溴-3,5-二甲苯基-N-甲基氨基甲酸酯-2	BDMC-2			不得检出	GB/T 19650
435	噁虫威	Bendiocarb			不得检出	GB/T 20772
436	乙丁氟灵	Benfluralin			不得检出	GB/T 19650
437	呋草黄	Benfuresate			不得检出	GB/T 19650
438	麦锈灵	Benodanil			不得检出	GB/T 19650
439	解草酮	Benoxacor			不得检出	GB/T 19650
440	新燕灵	Benzoylprop-ethyl			不得检出	GB/T 19650
441	倍他米松	Betamethasone			不得检出	SN/T 1970
442	生物烯丙菊酯-1	Bioallethrin-1			不得检出	GB/T 19650
443	生物烯丙菊酯-2	Bioallethrin-2			不得检出	GB/T 19650
444	生物苄呋菊酯	Bioresmethrin			不得检出	GB/T 20772
445	除草定	Bromacil			不得检出	GB/T 20772
446	溴苯烯磷	Bromfenvinfos			不得检出	GB/T 19650
447	溴烯杀	Bromocylen			不得检出	GB/T 23210
448	溴硫磷	Bromofos			不得检出	GB/T 19650
449	乙基溴硫磷	Bromophos-ethyl			不得检出	GB/T 19650
450	溴丁酰草胺	Btomobutide			不得检出	GB/T 19650
451	氟丙嘧草酯	Butafenacil			不得检出	GB/T 19650
452	抑草磷	Butamifos			不得检出	GB/T 19650
453	丁草胺	Butaxhlor			不得检出	GB/T 19650
454	苯酮唑	Cafenstrole			不得检出	GB/T 19650
455	角黄素	Canthaxanthin			不得检出	SN/T 2327
456	咔唑心安	Carazolol			不得检出	GB/T 20763
457	卡巴氧	Carbadox			不得检出	GB/T 20746
458	三硫磷	Carbophenothion			不得检出	GB/T 19650
459	唑草酮	Carfentrazone-ethyl			不得检出	GB/T 19650
460	头孢洛宁	Cefalonium			不得检出	GB/T 22989
461	头孢匹林	Cefapirin			不得检出	GB/T 22989
462	头孢氨苄	Cefalexin			不得检出	GB/T 22989
463	氯霉素	Chloramphenicolum			不得检出	GB/T 20772
464	氯杀螨砜	Chlorbenside sulfone			不得检出	GB/T 19650
465	氯溴隆	Chlorbromuron			不得检出	GB/T 19650
466	杀虫脒	Chlordimeform			不得检出	GB/T 19650
467	氯氧磷	Chlorethoxyfos			不得检出	SN/T 19650
468	溴虫腈	Chlorfenapyr			不得检出	GB/T 19650
469	杀螨醇	Chlorfenethol			不得检出	GB/T 19650
470	燕麦酯	Chlorfenprop-methyl			不得检出	GB/T 19650
471	氟啶脲	Chlorfluazuron			不得检出	SN/T 2540

序号	农兽药中文名	农兽药英文名	欧盟标准限量要求 mg/kg	国家标准限量要求 mg/kg	三安超有机食品标准 限量要求 mg/kg	检测方法
472	整形醇	Chlorflurenol			不得检出	GB/T 19650
473	氯地孕酮	Chlormadinone			不得检出	SN/T 1980
474	醋酸氯地孕酮	Chlormadinone acetate			不得检出	GB/T 20753
475	氯甲硫磷	Chlormephos			不得检出	GB/T 19650
476	氯苯甲醚	Chloroneb			不得检出	GB/T 19650
477	丙酯杀螨醇	Chloropropylate			不得检出	GB/T 19650
478	氯丙嗪	Chlorpromazine			不得检出	GB/T 20763
479	毒死蜱	Chlorpyrifos			不得检出	GB/T 19650
480	金霉素	ChlorTetracycline			不得检出	GB/T 21317
481	氯硫磷	Chlorthion			不得检出	GB/T 19650
482	虫螨磷	Chlorthiophos			不得检出	GB/T 19650
483	乙菌利	Chlozolinate			不得检出	GB/T 19650
484	顺式-氯丹	cis-Chlordane			不得检出	GB/T 19650
485	顺式-燕麦敌	cis-Diallate			不得检出	GB/T 19650
486	顺式-氯菊酯	cis-Permethrin			不得检出	GB/T 19650
487	克仑特罗	Clenbuterol			不得检出	GB/T 22286
488	异噁草酮	Clomazone			不得检出	GB/T 20772
489	氯甲酰草胺	Clomeprop			不得检出	GB/T 19650
490	氯羟吡啶	Clopidol			不得检出	GB 29700
491	解草酯	Cloquintocet-mexyl			不得检出	GB/T 19650
492	蝇毒磷	Coumaphos			不得检出	GB/T 19650
493	鼠立死	Crimidine			不得检出	GB/T 19650
494	巴毒磷	Crotxyphos			不得检出	GB/T 19650
495	育畜磷	Crufomate			不得检出	GB/T 19650
496	苯腈磷	Cyanofenphos			不得检出	GB/T 19650
497	杀螟腈	Cyanophos			不得检出	GB/T 20772
498	环草敌	Cycloate			不得检出	GB/T 20772
499	环莠隆	Cycluron			不得检出	GB/T 20772
500	环丙津	Cyprazine			不得检出	GB/T 20772
501	敌草索	Dacthal			不得检出	GB/T 19650
502	癸氧喹酯	Decoquinate			不得检出	SN/T 2444
503	脱叶磷	DEF			不得检出	GB/T 19650
504	2,2′,4,5,5′-五氯联苯	DE-PCB 101			不得检出	GB/T 19650
505	2,3,4,4′,5-五氯联苯	DE-PCB 118			不得检出	GB/T 19650
506	2,2′,3,4,4′,5-六氯联苯	DE-PCB 138			不得检出	GB/T 19650
507	2,2′,4,4′,5,5′-六氯联苯	DE-PCB 153			不得检出	GB/T 19650
508	2,2′,3,4,4′,5,5′-七氯联苯	DE-PCB 180			不得检出	GB/T 19650
509	2,4,4′-三氯联苯	DE-PCB 28			不得检出	GB/T 19650

序号	农兽药中文名	农兽药英文名	欧盟标准限量要求 mg/kg	国家标准限量要求 mg/kg	三安超有机食品标准 限量要求 mg/kg	检测方法
510	2,4,5-三氯联苯	DE－PCB 31			不得检出	GB/T 19650
511	2,2′,5,5′-四氯联苯	DE－PCB 52			不得检出	GB/T 19650
512	脱溴溴苯磷	Desbrom－leptophos			不得检出	GB/T 19650
513	脱乙基另丁津	Desethyl－sebuthylazine			不得检出	GB/T 19650
514	敌草净	Desmetryn			不得检出	GB/T 19650
515	地塞米松	Dexamethasone			不得检出	SN/T 1970
516	氯亚胺硫磷	Dialifos			不得检出	GB/T 19650
517	敌菌净	Diaveridine			不得检出	SN/T 1926
518	驱虫特	Dibutyl succinate			不得检出	GB/T 20772
519	异氯磷	Dicapthon			不得检出	GB/T 20772
520	除线磷	Dichlofenthion			不得检出	GB/T 20772
521	苯氟磺胺	Dichlofluanid			不得检出	GB/T 19650
522	烯丙酰草胺	Dichlormid			不得检出	GB/T 19650
523	敌敌畏	Dichlorvos			不得检出	GB/T 20772
524	苄氯三唑醇	Diclobutrazole			不得检出	GB/T 20772
525	禾草灵	Diclofop－methyl			不得检出	GB/T 19650
526	己烯雌酚	Diethylstilbestrol			不得检出	GB/T 20766
527	二氢链霉素	Dihydro－streptomycin			不得检出	GB/T 22969
528	甲氟磷	Dimefox			不得检出	GB/T 19650
529	哌草丹	Dimepiperate			不得检出	GB/T 19650
530	异戊乙净	Dimethametryn			不得检出	GB/T 19650
531	二甲酚草胺	Dimethenamid			不得检出	GB/T 19650
532	乐果	Dimethoate			不得检出	GB/T 20772
533	甲基毒虫畏	Dimethylvinphos			不得检出	GB/T 19650
534	地美硝唑	Dimetridazole			不得检出	GB/T 21318
535	二硝托安	Dinitolmide			不得检出	SN/T 2453
536	氨氟灵	Dinitramine			不得检出	GB/T 19650
537	消螨通	Dinobuton			不得检出	GB/T 19650
538	呋虫胺	Dinotefuran			不得检出	GB/T 20772
539	苯虫醚-1	Diofenolan－1			不得检出	GB/T 19650
540	苯虫醚-2	Diofenolan－2			不得检出	GB/T 19650
541	蔬果磷	Dioxabenzofos			不得检出	GB/T 19650
542	双苯酰草胺	Diphenamid			不得检出	GB/T 19650
543	二苯胺	Diphenylamine			不得检出	GB/T 19650
544	异丙净	Dipropetryn			不得检出	GB/T 19650
545	灭菌磷	Ditalimfos			不得检出	GB/T 19650
546	氟硫草定	Dithiopyr			不得检出	GB/T 19650
547	强力霉素	Doxycycline			不得检出	GB/T 20764
548	敌瘟磷	Edifenphos			不得检出	GB/T 19650

序号	农兽药中文名	农兽药英文名	欧盟标准限量要求 mg/kg	国家标准限量要求 mg/kg	三安超有机食品标准	
					限量要求 mg/kg	检测方法
549	硫丹硫酸盐	Endosulfan – sulfate			不得检出	GB/T 19650
550	异狄氏剂酮	Endrin ketone			不得检出	GB/T 19650
551	苯硫磷	EPN			不得检出	GB/T 19650
552	埃普利诺菌素	Eprinomectin			不得检出	GB/T 21320
553	抑草蓬	Erbon			不得检出	GB/T 19650
554	S－氰戊菊酯	Esfenvalerate			不得检出	GB/T 19650
555	戊草丹	Esprocarb			不得检出	GB/T 19650
556	乙环唑－1	Etaconazole – 1			不得检出	GB/T 19650
557	乙环唑－2	Etaconazole – 2			不得检出	GB/T 19650
558	乙嘧硫磷	Etrimfos			不得检出	GB/T 19650
559	氧乙嘧硫磷	Etrimfos oxon			不得检出	GB/T 19650
560	伐灭磷	Famphur			不得检出	GB/T 19650
561	苯线磷亚砜	Fenamiphos sulfoxide			不得检出	GB/T 19650
562	苯线磷砜	Fenamiphos – sulfone			不得检出	GB/T 19650
563	氧皮蝇磷	Fenchlorphos oxon			不得检出	GB/T 19650
564	甲呋酰胺	Fenfuram			不得检出	GB/T 19650
565	仲丁威	Fenobucarb			不得检出	GB/T 19650
566	苯硫威	Fenothiocarb			不得检出	GB/T 19650
567	稻瘟酰胺	Fenoxanil			不得检出	GB/T 19650
568	拌种咯	Fenpiclonil			不得检出	GB/T 19650
569	甲氰菊酯	Fenpropathrin			不得检出	GB/T 19650
570	芬螨酯	Fenson			不得检出	GB/T 19650
571	丰索磷	Fensulfothion			不得检出	GB/T 19650
572	倍硫磷亚砜	Fenthion sulfoxide			不得检出	GB/T 19650
573	麦草氟异丙酯	Flamprop – isopropyl			不得检出	GB/T 19650
574	麦草氟甲酯	Flamprop – methyl			不得检出	GB/T 19650
575	吡氟禾草灵	Fluazifop – butyl			不得检出	GB/T 19650
576	啶蜱脲	Fluazuron			不得检出	SN/T 2540
577	氟苯咪唑	Flubendazole			不得检出	GB/T 21324
578	氟噻草胺	Flufenacet			不得检出	GB/T 19650
579	氟节胺	Flumetralin			不得检出	GB/T 19650
580	唑嘧磺草胺	Flumetsulam			不得检出	GB/T 20772
581	氟烯草酸	Flumiclorac			不得检出	GB/T 19650
582	丙炔氟草胺	Flumioxazin			不得检出	GB/T 19650
583	三氟硝草醚	Fluorodifen			不得检出	GB/T 19650
584	乙羧氟草醚	Fluoroglycofen – ethyl			不得检出	GB/T 19650
585	三氟苯唑	Fluotrimazole			不得检出	GB/T 19650
586	氟啶草酮	Fluridone			不得检出	GB/T 19650

序号	农兽药中文名	农兽药英文名	欧盟标准限量要求 mg/kg	国家标准限量要求 mg/kg	三安超有机食品标准	
					限量要求 mg/kg	检测方法
587	氟草烟-1-甲庚酯	Fluroxypr-1-methylheptyl ester			不得检出	GB/T 19650
588	呋草酮	Flurtamone			不得检出	GB/T 19650
589	地虫硫磷	Fonofos			不得检出	GB/T 19650
590	安果	Formothion			不得检出	GB/T 19650
591	呋霜灵	Furalaxyl			不得检出	GB/T 19650
592	庆大霉素	Gentamicin			不得检出	GB/T 21323
593	苄螨醚	Halfenprox			不得检出	GB/T 19650
594	氟哌啶醇	Haloperidol			不得检出	GB/T 20763
595	庚烯磷	Heptanophos			不得检出	GB/T 19650
596	己唑醇	Hexaconazole			不得检出	GB/T 19650
597	环嗪酮	Hexazinone			不得检出	GB/T 19650
598	咪草酸	Imazamethabenz-methyl			不得检出	GB/T 19650
599	脱苯甲基亚胺唑	Imibenconazole-des-benzyl			不得检出	GB/T 19650
600	炔咪菊酯-1	Imiprothrin-1			不得检出	GB/T 19650
601	炔咪菊酯-2	Imiprothrin-2			不得检出	GB/T 19650
602	碘硫磷	Iodofenphos			不得检出	GB/T 19650
603	甲基碘磺隆	Iodosulfuron-methyl			不得检出	GB/T 20772
604	异稻瘟净	Iprobenfos			不得检出	GB/T 19650
605	氯唑磷	Isazofos			不得检出	GB/T 19650
606	碳氯灵	Isobenzan			不得检出	GB/T 19650
607	丁咪酰胺	Isocarbamid			不得检出	GB/T 19650
608	水胺硫磷	Isocarbophos			不得检出	GB/T 19650
609	异艾氏剂	Isodrin			不得检出	GB/T 19650
610	异柳磷	Isofenphos			不得检出	GB/T 19650
611	氧异柳磷	Isofenphos oxon			不得检出	GB/T 19650
612	氮氨菲啶	Isometamidium			不得检出	SN/T 2239
613	丁嗪草酮	Isomethiozin			不得检出	GB/T 19650
614	异丙威-1	Isoprocarb-1			不得检出	GB/T 19650
615	异丙威-2	Isoprocarb-2			不得检出	GB/T 19650
616	异丙乐灵	Isopropalin			不得检出	GB/T 19650
617	双苯噁唑酸	Isoxadifen-ethyl			不得检出	GB/T 19650
618	异噁氟草	Isoxaflutole			不得检出	GB/T 20772
619	噁唑啉	Isoxathion			不得检出	GB/T 19650
620	交沙霉素	Josamycin			不得检出	GB/T 20762
621	拉沙里菌素	Lasalocid			不得检出	SN 0501
622	溴苯磷	Leptophos			不得检出	GB/T 19650
623	左旋咪唑	Levamisole			不得检出	SN 0349
624	利谷隆	Linuron			不得检出	GB/T 19650

序号	农兽药中文名	农兽药英文名	欧盟标准限量要求 mg/kg	国家标准限量要求 mg/kg	三安超有机食品标准 限量要求 mg/kg	检测方法
625	麻保沙星	Marbofloxacin			不得检出	GB/T 22985
626	2-甲-4-氯丁氧乙基酯	MCPA - butoxyethyl ester			不得检出	GB/T 19650
627	甲苯咪唑	Mebendazole			不得检出	GB/T 21324
628	灭蚜磷	Mecarbam			不得检出	GB/T 19650
629	二甲四氯丙酸	Mecoprop			不得检出	SN/T 2325
630	苯噻酰草胺	Mefenacet			不得检出	GB/T 19650
631	吡唑解草酯	Mefenpyr - diethyl			不得检出	GB/T 19650
632	醋酸甲地孕酮	Megestrol acetate			不得检出	GB/T 20753
633	醋酸美仑孕酮	Melengestrol acetate			不得检出	GB/T 20753
634	嘧菌胺	Mepanipyrim			不得检出	GB/T 19650
635	地胺磷	Mephosfolan			不得检出	GB/T 19650
636	灭锈胺	Mepronil			不得检出	GB/T 19650
637	硝磺草酮	Mesotrione			不得检出	参照同类标准
638	呋菌胺	Methfuroxam			不得检出	GB/T 19650
639	灭梭威砜	Methiocarb sulfone			不得检出	GB/T 19650
640	盖草津	Methoprotryne			不得检出	GB/T 19650
641	甲醚菊酯-1	Methothrin - 1			不得检出	GB/T 19650
642	甲醚菊酯-2	Methothrin - 2			不得检出	GB/T 19650
643	甲基泼尼松龙	Methylprednisolone			不得检出	GB/T 21981
644	溴谷隆	Metobromuron			不得检出	GB/T 19650
645	甲氧氯普胺	Metoclopramide			不得检出	SN/T 2227
646	苯氧菌胺-1	Metominsstrobin - 1			不得检出	GB/T 19650
647	苯氧菌胺-2	Metominsstrobin - 2			不得检出	GB/T 19650
648	甲硝唑	Metronidazole			不得检出	GB/T 21318
649	速灭磷	Mevinphos			不得检出	GB/T 19650
650	兹克威	Mexacarbate			不得检出	GB/T 19650
651	灭蚁灵	Mirex			不得检出	GB/T 19650
652	禾草敌	Molinate			不得检出	GB/T 19650
653	庚酰草胺	Monalide			不得检出	GB/T 19650
654	莫能菌素	Monensin			不得检出	SN 0698
655	合成麝香	Musk ambrecte			不得检出	GB/T 19650
656	麝香	Musk moskene			不得检出	GB/T 19650
657	西藏麝香	Musk tibeten			不得检出	GB/T 19650
658	二甲苯麝香	Musk xylene			不得检出	GB/T 19650
659	萘夫西林	Nafcillin			不得检出	GB/T 22975
660	二溴磷	Naled			不得检出	SN/T 0706
661	萘丙胺	Naproanilide			不得检出	GB/T 19650
662	甲基盐霉素	Narasin			不得检出	GB/T 20364
663	甲磺乐灵	Nitralin			不得检出	GB/T 19650

序号	农兽药中文名	农兽药英文名	欧盟标准限量要求 mg/kg	国家标准限量要求 mg/kg	三安超有机食品标准	
					限量要求 mg/kg	检测方法
664	三氯甲基吡啶	Nitrapyrin			不得检出	GB/T 19650
665	酞菌酯	Nitrothal – isopropyl			不得检出	GB/T 19650
666	诺氟沙星	Norfloxacin			不得检出	GB/T 20366
667	氟草敏	Norflurazon			不得检出	GB/T 19650
668	新生霉素	Novobiocin			不得检出	SN 0674
669	氟苯嘧啶醇	Nuarimol			不得检出	GB/T 19650
670	八氯苯乙烯	Octachlorostyrene			不得检出	GB/T 19650
671	氧氟沙星	Ofloxacin			不得检出	GB/T 20366
672	喹乙醇	Olaquindox			不得检出	GB/T 20746
673	竹桃霉素	Oleandomycin			不得检出	GB/T 20762
674	氧乐果	Omethoate			不得检出	GB/T 19650
675	奥比沙星	Orbifloxacin			不得检出	GB/T 22985
676	杀线威	Oxamyl			不得检出	GB/T 20772
677	奥芬达唑	Oxfendazole			不得检出	GB/T 22972
678	丙氧苯咪唑	Oxibendazole			不得检出	GB/T 21324
679	氧化氯丹	Oxy – chlordane			不得检出	GB/T 19650
680	土霉素	Oxytetracycline			不得检出	GB/T 21317
681	对氧磷	Paraoxon			不得检出	GB/T 19650
682	甲基对氧磷	Paraoxon – methyl			不得检出	GB/T 19650
683	克草敌	Pebulate			不得检出	GB/T 19650
684	五氯苯胺	Pentachloroaniline			不得检出	GB/T 19650
685	五氯甲氧基苯	Pentachloroanisole			不得检出	GB/T 19650
686	五氯苯	Pentachlorobenzene			不得检出	GB/T 19650
687	氯菊酯	Permethrin			不得检出	GB/T 19650
688	乙滴涕	Perthane			不得检出	GB/T 19650
689	菲	Phenanthrene			不得检出	GB/T 19650
690	稻丰散	Phenthoate			不得检出	GB/T 19650
691	甲拌磷砜	Phorate sulfone			不得检出	GB/T 19650
692	磷胺 – 1	Phosphamidon – 1			不得检出	GB/T 19650
693	磷胺 – 2	Phosphamidon – 2			不得检出	GB/T 19650
694	酞酸苯甲基丁酯	Phthalic acid, benzylbutyl ester			不得检出	GB/T 19650
695	四氯苯肽	Phthalide			不得检出	GB/T 19650
696	邻苯二甲酰亚胺	Phthalimide			不得检出	GB/T 19650
697	氟吡酰草胺	Picolinafen			不得检出	GB/T 19650
698	增效醚	Piperonyl butoxide			不得检出	GB/T 19650
699	哌草磷	Piperophos			不得检出	GB/T 19650
700	乙基虫螨清	Pirimiphos – ethyl			不得检出	GB/T 19650
701	吡利霉素	Pirlimycin			不得检出	GB/T 22988
702	炔丙菊酯	Prallethrin			不得检出	GB/T 19650

序号	农兽药中文名	农兽药英文名	欧盟标准限量要求 mg/kg	国家标准限量要求 mg/kg	三安超有机食品标准	
					限量要求 mg/kg	检测方法
703	丙草胺	Pretilachlor			不得检出	GB/T 19650
704	环丙氟灵	Profluralin			不得检出	GB/T 19650
705	茉莉酮	Prohydrojasmon			不得检出	GB/T 19650
706	扑灭通	Prometon			不得检出	GB/T 19650
707	扑草净	Prometryne			不得检出	GB/T 19650
708	炔丙烯草胺	Pronamide			不得检出	GB/T 19650
709	敌稗	Propanil			不得检出	GB/T 19650
710	扑灭津	Propazine			不得检出	GB/T 19650
711	胺丙畏	Propetamphos			不得检出	GB/T 19650
712	丙酰二甲氨基丙吩噻嗪	Propionylpromazin			不得检出	GB/T 20763
713	丙硫磷	Prothiophos			不得检出	GB/T 19650
714	哒嗪硫磷	Ptridaphenthion			不得检出	GB/T 19650
715	吡唑硫磷	Pyraclofos			不得检出	GB/T 19650
716	吡草醚	Pyraflufen – ethyl			不得检出	GB/T 19650
717	啶斑肟 – 1	Pyrifenox – 1			不得检出	GB/T 19650
718	啶斑肟 – 2	Pyrifenox – 2			不得检出	GB/T 19650
719	环酯草醚	Pyriftalid			不得检出	GB/T 19650
720	嘧草醚	Pyriminobac – methyl			不得检出	GB/T 19650
721	嘧啶磷	Pyrimitate			不得检出	GB/T 19650
722	嘧螨醚	Pyrimidifen			不得检出	GB/T 19650
723	喹硫磷	Quinalphos			不得检出	GB/T 19650
724	灭藻醌	Quinoclamine			不得检出	GB/T 19650
725	吡咪唑	Rabenzazole			不得检出	GB/T 19650
726	莱克多巴胺	Ractopamine			不得检出	GB/T 21313
727	洛硝达唑	Ronidazole			不得检出	GB/T 21318
728	皮蝇磷	Ronnel			不得检出	GB/T 19650
729	盐霉素	Salinomycin			不得检出	GB/T 20364
730	沙拉沙星	Sarafloxacin			不得检出	GB/T 20366
731	另丁津	Sebutylazine			不得检出	GB/T 19650
732	密草通	Secbumeton			不得检出	GB/T 19650
733	氨基脲	Semduramicin			不得检出	GB/T 20752
734	烯禾啶	Sethoxydim			不得检出	GB/T 19650
735	氟硅菊酯	Silafluofen			不得检出	GB/T 19650
736	硅氟唑	Simeconazole			不得检出	GB/T 19650
737	西玛通	Simetone			不得检出	GB/T 19650
738	西草净	Simetryn			不得检出	GB/T 19650
739	螺旋霉素	Spiramycin			不得检出	GB/T 20762
740	链霉素	Streptomycin			不得检出	GB/T 21323
741	磺胺苯酰	Sulfabenzamide			不得检出	GB/T 21316

序号	农兽药中文名	农兽药英文名	欧盟标准限量要求 mg/kg	国家标准限量要求 mg/kg	三安超有机食品标准 限量要求 mg/kg	三安超有机食品标准 检测方法
742	磺胺醋酰	Sulfacetamide			不得检出	GB/T 21316
743	磺胺氯哒嗪	Sulfachloropyridazine			不得检出	GB/T 21316
744	磺胺嘧啶	Sulfadiazine			不得检出	GB/T 21316
745	磺胺间二甲氧嘧啶	Sulfadimethoxine			不得检出	GB/T 21316
746	磺胺二甲嘧啶	Sulfadimidine			不得检出	GB/T 21316
747	磺胺多辛	Sulfadoxine			不得检出	GB/T 21316
748	磺胺脒	Sulfaguanidine			不得检出	GB/T 21316
749	菜草畏	Sulfallate			不得检出	GB/T 19650
750	磺胺甲嘧啶	Sulfamerazine			不得检出	GB/T 21316
751	新诺明	Sulfamethoxazole			不得检出	GB/T 21316
752	磺胺间甲氧嘧啶	Sulfamonomethoxine			不得检出	GB/T 21316
753	乙酰磺胺对硝基苯	Sulfanitran			不得检出	GB/T 20772
754	磺胺吡啶	Sulfapyridine			不得检出	GB/T 21316
755	磺胺喹沙啉	Sulfaquinoxaline			不得检出	GB/T 21316
756	磺胺噻唑	Sulfathiazole			不得检出	GB/T 21316
757	治螟磷	Sulfotep			不得检出	GB/T 19650
758	硫丙磷	Sulprofos			不得检出	GB/T 19650
759	苯噻硫氰	TCMTB			不得检出	GB/T 19650
760	丁基嘧啶磷	Tebupirimfos			不得检出	GB/T 19650
761	牧草胺	Tebutam			不得检出	GB/T 19650
762	丁噻隆	Tebuthiuron			不得检出	GB/T 20772
763	双硫磷	Temephos			不得检出	GB/T 20772
764	特草灵	Terbucarb			不得检出	GB/T 19650
765	特丁通	Terbumeron			不得检出	GB/T 19650
766	特丁净	Terbutryn			不得检出	GB/T 19650
767	四氢邻苯二甲酰亚胺	Tetrabydrophthalimide			不得检出	GB/T 19650
768	杀虫畏	Tetrachlorvinphos			不得检出	GB/T 19650
769	四环素	Tetracycline			不得检出	GB/T 21317
770	胺菊酯	Tetramethrin			不得检出	GB/T 19650
771	杀螨氯硫	Tetrasul			不得检出	GB/T 19650
772	噻吩草胺	Thenylchlor			不得检出	GB/T 19650
773	噻菌灵	Thiabendazole			不得检出	GB/T 20772
774	噻唑烟酸	Thiazopyr			不得检出	GB/T 19650
775	噻苯隆	Thidiazuron			不得检出	GB/T 20772
776	噻吩磺隆	Thifensulfuron - methyl			不得检出	GB/T 20772
777	甲基乙拌磷	Thiometon			不得检出	GB/T 20772
778	虫线磷	Thionazin			不得检出	GB/T 19650
779	硫普罗宁	Tiopronin			不得检出	SN/T 2225
780	三甲苯草酮	Tralkoxydim			不得检出	GB/T 19650

序号	农兽药中文名	农兽药英文名	欧盟标准限量要求 mg/kg	国家标准限量要求 mg/kg	三安超有机食品标准 限量要求 mg/kg	检测方法
781	四溴菊酯	Tralomethrin			不得检出	SN/T 2320
782	反式－氯丹	*trans*－Chlordane			不得检出	GB/T 19650
783	反式－燕麦敌	*trans*－Diallate			不得检出	GB/T 19650
784	四氟苯菊酯	Transfluthrin			不得检出	GB/T 19650
785	反式九氯	*trans*－Nonachlor			不得检出	GB/T 19650
786	反式－氯菊酯	*trans*－Permethrin			不得检出	GB/T 19650
787	群勃龙	Trenbolone			不得检出	GB/T 21981
788	威菌磷	Triamiphos			不得检出	GB/T 19650
789	毒壤磷	Trichloronate			不得检出	GB/T 19650
790	灭草环	Tridiphane			不得检出	GB/T 19650
791	草达津	Trietazine			不得检出	GB/T 19650
792	三异丁基磷酸盐	Tri－*iso*－butyl phosphate			不得检出	GB/T 19650
793	三正丁基磷酸盐	Tri－*n*－butyl phosphate			不得检出	GB/T 19650
794	三苯基磷酸盐	Triphenyl phosphate			不得检出	GB/T 19650
795	烯效唑	Uniconazole			不得检出	GB/T 19650
796	灭草敌	Vernolate			不得检出	GB/T 19650
797	维吉尼霉素	Virginiamycin			不得检出	GB/T 20765
798	杀鼠灵	War farin			不得检出	GB/T 20772
799	甲苯噻嗪	Xylazine			不得检出	GB/T 20763
800	右环十四酮酚	Zeranol			不得检出	GB/T 21982
801	苯酰菌胺	Zoxamide			不得检出	GB/T 19650

6.3　驴肝脏　Asses Liver

序号	农兽药中文名	农兽药英文名	欧盟标准限量要求 mg/kg	国家标准限量要求 mg/kg	三安超有机食品标准 限量要求 mg/kg	检测方法
1	1,1－二氯－2,2－二(4－乙苯)乙烷	1,1－Dichloro－2,2－bis(4－ethylphenyl)ethane	0.01		不得检出	日本肯定列表（增补本1）
2	1,2－二氯乙烷	1,2－Dichloroethane	0.1		不得检出	SN/T 2238
3	1,3－二氯丙烯	1,3－Dichloropropene	0.01		不得检出	SN/T 2238
4	1－萘乙酸	1－Naphthylacetic acid	0.05		不得检出	SN/T 2228
5	2,4－滴	2,4－D	0.05		不得检出	GB/T 20772
6	2,4－滴丁酸	2,4－DB	0.1		不得检出	GB/T 20769
7	2－苯酚	2－Phenylphenol	0.05		不得检出	GB/T 19650
8	阿维菌素	Abamectin	0.02		不得检出	SN/T 2661
9	乙酰甲胺磷	Acephate	0.02		不得检出	GB/T 20772
10	灭螨醌	Acequinocyl	0.01		不得检出	参照同类标准
11	啶虫脒	Acetamiprid	0.1		不得检出	GB/T 20772

序号	农兽药中文名	农兽药英文名	欧盟标准限量要求 mg/kg	国家标准限量要求 mg/kg	三安超有机食品标准	
					限量要求 mg/kg	检测方法
12	乙草胺	Acetochlor	0.01		不得检出	GB/T 19650
13	苯并噻二唑	Acibenzolar－S－methyl	0.02		不得检出	GB/T 20772
14	苯草醚	Aclonifen	0.02		不得检出	GB/T 20772
15	氟丙菊酯	Acrinathrin	0.05		不得检出	GB/T 19648
16	甲草胺	Alachlor	0.01		不得检出	GB/T 20772
17	涕灭威	Aldicarb	0.01		不得检出	GB/T 20772
18	艾氏剂和狄氏剂	Aldrin and dieldrin	0.2		不得检出	GB/T 19650
19	烯丙孕素	Altrenogest	2μg/kg		不得检出	SN/T 1980
20	—	Ametoctradin	0.03		不得检出	参照同类标准
21	酰嘧磺隆	Amidosulfuron	0.02		不得检出	参照同类标准
22	氯氨吡啶酸	Aminopyralid	0.02		不得检出	GB/T 23211
23	—	Amisulbrom	0.01		不得检出	参照同类标准
24	阿莫西林	Amoxicillin	50μg/kg		不得检出	NY/T 830
25	氨苄青霉素	Ampicillin	50μg/kg		不得检出	GB/T 21315
26	敌菌灵	Anilazine	0.01		不得检出	GB/T 20769
27	杀螨特	Aramite	0.01		不得检出	GB/T 19650
28	磺草灵	Asulam	0.1		不得检出	日本肯定列表（增补本1）
29	印楝素	Azadirachtin	0.01		不得检出	SN/T 3264
30	益棉磷	Azinphos－ethyl	0.01		不得检出	GB/T 19650
31	保棉磷	Azinphos－methyl	0.01		不得检出	GB/T 20772
32	三唑锡和三环锡	Azocyclotin and cyhexatin	0.05		不得检出	SN/T 1990
33	嘧菌酯	Azoxystrobin	0.07		不得检出	GB/T 20772
34	燕麦灵	Barban	0.05		不得检出	参照同类标准
35	氟丁酰草胺	Beflubutamid	0.05		不得检出	参照同类标准
36	苯霜灵	Benalaxyl	0.05		不得检出	GB/T 20772
37	丙硫克百威	Benfuracarb	0.02		不得检出	GB/T 20772
38	苄青霉素	Benzyl pencillin	50μg/kg		不得检出	GB/T 21315
39	联苯肼酯	Bifenazate	0.01		不得检出	GB/T 20772
40	甲羧除草醚	Bifenox	0.05		不得检出	GB/T 23210
41	联苯菊酯	Bifenthrin	0.2		不得检出	GB/T 19650
42	乐杀螨	Binapacryl	0.01		不得检出	SN 0523
43	联苯	Biphenyl	0.01		不得检出	GB/T 19650
44	联苯三唑醇	Bitertanol	0.05		不得检出	GB/T 20772
45	—	Bixafen	0.02		不得检出	参照同类标准
46	啶酰菌胺	Boscalid	0.2		不得检出	GB/T 20772
47	溴离子	Bromide ion	0.05		不得检出	GB/T 5009.167
48	溴螨酯	Bromopropylate	0.01		不得检出	GB/T 19650
49	溴苯腈	Bromoxynil	0.05		不得检出	GB/T 20772

序号	农兽药中文名	农兽药英文名	欧盟标准限量要求 mg/kg	国家标准限量要求 mg/kg	三安超有机食品标准 限量要求 mg/kg	三安超有机食品标准 检测方法
50	糠菌唑	Bromuconazole	0.05		不得检出	GB/T 19650
51	乙嘧酚磺酸酯	Bupirimate	0.05		不得检出	GB/T 19650
52	噻嗪酮	Buprofezin	0.05		不得检出	GB/T 20772
53	仲丁灵	Butralin	0.02		不得检出	GB/T 19650
54	丁草敌	Butylate	0.01		不得检出	GB/T 19650
55	硫线磷	Cadusafos	0.01		不得检出	GB/T 19650
56	毒杀芬	Camphechlor	0.05		不得检出	YC/T 180
57	敌菌丹	Captafol	0.01		不得检出	GB/T 23210
58	克菌丹	Captan	0.02		不得检出	GB/T 19648
59	甲萘威	Carbaryl	0.05		不得检出	GB/T 20796
60	多菌灵和苯菌灵	Carbendazim and benomyl	0.05		不得检出	GB/T 20772
61	长杀草	Carbetamide	0.05		不得检出	GB/T 20772
62	克百威	Carbofuran	0.01		不得检出	GB/T 20772
63	丁硫克百威	Carbosulfan	0.05		不得检出	GB/T 19650
64	萎锈灵	Carboxin	0.05		不得检出	GB/T 20772
65	卡洛芬	Carprofen	1000μg/kg		不得检出	SN/T 2190
66	头孢喹肟	Cefquinome	100μg/kg		不得检出	GB/T 22989
67	头孢噻呋	Ceftiofur	2000μg/kg		不得检出	GB/T 21314
68	氯虫苯甲酰胺	Chlorantraniliprole	0.2		不得检出	参照同类标准
69	杀螨醚	Chlorbenside	0.05		不得检出	GB/T 19650
70	氯炔灵	Chlorbufam	0.05		不得检出	GB/T 20772
71	氯丹	Chlordane	0.05		不得检出	GB/T 5009.19
72	十氯酮	Chlordecone	0.1		不得检出	参照同类标准
73	杀螨酯	Chlorfenson	0.05		不得检出	GB/T 19650
74	毒虫畏	Chlorfenvinphos	0.01		不得检出	GB/T 19650
75	氯草敏	Chloridazon	0.1		不得检出	GB/T 20772
76	矮壮素	Chlormequat	0.05		不得检出	GB/T 23211
77	乙酯杀螨醇	Chlorobenzilate	0.1		不得检出	GB/T 23210
78	百菌清	Chlorothalonil	0.2		不得检出	SN/T 2320
79	绿麦隆	Chlortoluron	0.05		不得检出	GB/T 20772
80	枯草隆	Chloroxuron	0.05		不得检出	SN/T 2150
81	氯苯胺灵	Chlorpropham	0.05		不得检出	GB/T 19650
82	甲基毒死蜱	Chlorpyrifos - methyl	0.05		不得检出	GB/T 19650
83	氯磺隆	Chlorsulfuron	0.01		不得检出	GB/T 20772
84	金霉素	Chlortetracycline	300μg/kg		不得检出	GB/T 21317
85	氯酞酸甲酯	Chlorthaldimethyl	0.01		不得检出	GB/T 19650
86	氯硫酰草胺	Chlorthiamid	0.02		不得检出	GB/T 20772
87	盐酸克仑特罗	Clenbuterol hydrochloride	0.5μg/kg		不得检出	GB/T22147
88	炔草酯	Clodinafop - propargyl	0.02		不得检出	GB/T 19650

序号	农兽药中文名	农兽药英文名	欧盟标准限量要求 mg/kg	国家标准限量要求 mg/kg	三安超有机食品标准 限量要求 mg/kg	三安超有机食品标准 检测方法
89	四螨嗪	Clofentezine	0.05		不得检出	GB/T 20772
90	二氯吡啶酸	Clopyralid	0.05		不得检出	SN/T 2228
91	噻虫胺	Clothianidin	0.2		不得检出	GB/T 20772
92	邻氯青霉素	Cloxacillin	300μg/kg		不得检出	GB/T 18932.25
93	黏菌素	Colistin	150μg/kg		不得检出	参照同类标准
94	铜化合物	Copper compounds	30		不得检出	参照同类标准
95	环烷基酰苯胺	Cyclanilide	0.01		不得检出	参照同类标准
96	噻草酮	Cycloxydim	0.05		不得检出	GB/T 19650
97	环氟菌胺	Cyflufenamid	0.03		不得检出	GB/T 23210
98	氟氯氰菊酯和高效氟氯氰菊酯	Cyfluthrin and beta – cyfluthrin	0.05		不得检出	GB/T 19650
99	霜脲氰	Cymoxanil	0.05		不得检出	GB/T 20772
100	氯氰菊酯和高效氯氰菊酯	Cypermethrin and beta – cypermethrin	0.2		不得检出	GB/T 19650
101	环丙唑醇	Cyproconazole	0.5		不得检出	GB/T 20772
102	嘧菌环胺	Cyprodinil	0.05		不得检出	GB/T 19650
103	灭蝇胺	Cyromazine	0.05		不得检出	GB/T 20772
104	丁酰肼	Daminozide	0.05		不得检出	SN/T 1989
105	达氟沙星	Danofloxacin	200μg/kg		不得检出	GB/T 22985
106	滴滴涕	DDT	1		不得检出	SN/T 0127
107	溴氰菊酯	Deltamethrin	0.03		不得检出	GB/T 19650
108	地塞米松	Dexamethasone	2μg/kg		不得检出	SN/T 1970
109	燕麦敌	Diallate	0.2		不得检出	GB/T 23211
110	二嗪磷	Diazinon	0.01		不得检出	GB/T 19650
111	麦草畏	Dicamba	0.7		不得检出	GB/T 20772
112	敌草腈	Dichlobenil	0.01		不得检出	GB/T 19650
113	滴丙酸	Dichlorprop	0.1		不得检出	SN/T 2228
114	二氯苯氧基丙酸	Diclofop	0.01		不得检出	参照同类标准
115	氯硝胺	Dicloran	0.01		不得检出	GB/T 19650
116	双氯青霉素	Dicloxacillin	300μg/kg		不得检出	GB/T 18932.25
117	三氯杀螨醇	Dicofol	0.02		不得检出	GB/T 19650
118	乙霉威	Diethofencarb	0.05		不得检出	GB/T 19650
119	苯醚甲环唑	Difenoconazole	0.2		不得检出	GB/T 19650
120	双氟沙星	Difloxacin	800μg/kg		不得检出	GB/T 20366
121	除虫脲	Diflubenzuron	0.05		不得检出	SN/T 0528
122	吡氟酰草胺	Diflufenican	0.05		不得检出	GB/T 20772
123	油菜安	Dimethachlor	0.02		不得检出	GB/T 20772
124	烯酰吗啉	Dimethomorph	0.05		不得检出	GB/T 20772
125	醚菌胺	Dimoxystrobin	0.05		不得检出	SN/T 2237

序号	农兽药中文名	农兽药英文名	欧盟标准限量要求 mg/kg	国家标准限量要求 mg/kg	三安超有机食品标准 限量要求 mg/kg	三安超有机食品标准 检测方法
126	烯唑醇	Diniconazole	0.01		不得检出	GB/T 19650
127	敌螨普	Dinocap	0.05		不得检出	日本肯定列表（增补本1）
128	地乐酚	Dinoseb	0.01		不得检出	GB/T 20772
129	特乐酚	Dinoterb	0.05		不得检出	GB/T 20772
130	敌恶磷	Dioxathion	0.05		不得检出	GB/T 19650
131	敌草快	Diquat	0.05		不得检出	GB/T 5009.221
132	乙拌磷	Disulfoton	0.01		不得检出	GB/T 20772
133	二氰蒽醌	Dithianon	0.01		不得检出	GB/T 20769
134	二硫代氨基甲酸酯	Dithiocarbamates	0.05		不得检出	SN 0139
135	敌草隆	Diuron	0.05		不得检出	SN/T 0645
136	二硝甲酚	DNOC	0.05		不得检出	GB/T 20772
137	多果定	Dodine	0.2		不得检出	SN 0500
138	多拉菌素	Doramectin	100μg/kg		不得检出	GB/T 22968
139	甲氨基阿维菌素苯甲酸盐	Emamectin benzoate	0.08		不得检出	GB/T 20769
140	硫丹	Endosulfan	0.05	0.1	不得检出	GB/T 19650
141	异狄氏剂	Endrin	0.05		不得检出	GB/T 19650
142	恩诺沙星	Enrofloxacin	200μg/kg		不得检出	GB/T 20366
143	氟环唑	Epoxiconazole	0.2		不得检出	GB/T 20772
144	茵草敌	EPTC	0.02		不得检出	GB/T 20772
145	红霉素	Erythromycin	200μg/kg		不得检出	GB/T 20762
146	乙丁烯氟灵	Ethalfluralin	0.01		不得检出	GB/T 19650
147	胺苯磺隆	Ethametsulfuron	0.01		不得检出	NY/T 1616
148	乙烯利	Ethephon	0.05		不得检出	SN 0705
149	乙硫磷	Ethion	0.01		不得检出	GB/T 19650
150	乙嘧酚	Ethirimol	0.05		不得检出	GB/T 20772
151	乙氧呋草黄	Ethofumesate	0.1		不得检出	GB/T 20772
152	灭线磷	Ethoprophos	0.01		不得检出	GB/T 19650
153	乙氧喹啉	Ethoxyquin	0.05		不得检出	GB/T 20772
154	环氧乙烷	Ethylene oxide	0.02		不得检出	GB/T 23296.11
155	醚菊酯	Etofenprox	0.5		不得检出	GB/T 19650
156	乙螨唑	Etoxazole	0.01		不得检出	GB/T 19650
157	氯唑灵	Etridiazole	0.05		不得检出	GB/T 20772
158	恶唑菌酮	Famoxadone	0.05		不得检出	GB/T 20772
159	苯硫氨酯	Febantel	500μg/kg		不得检出	GB/T 22972
160	咪唑菌酮	Fenamidone	0.01		不得检出	GB/T 19650
161	苯线磷	Fenamiphos	0.01		不得检出	GB/T 19650
162	氯苯嘧啶醇	Fenarimol	0.02		不得检出	GB/T 20772
163	喹螨醚	Fenazaquin	0.01		不得检出	GB/T 19650

序号	农兽药中文名	农兽药英文名	欧盟标准限量要求 mg/kg	国家标准限量要求 mg/kg	三安超有机食品标准	
					限量要求 mg/kg	检测方法
164	苯硫苯咪唑	Fenbendazole	500μg/kg		不得检出	SN 0638
165	腈苯唑	Fenbuconazole	0.05		不得检出	GB/T 20772
166	苯丁锡	Fenbutatin oxide	0.05		不得检出	SN/T 3149
167	环酰菌胺	Fenhexamid	0.05		不得检出	GB/T 20772
168	杀螟硫磷	Fenitrothion	0.01		不得检出	GB/T 20772
169	精噁唑禾草灵	Fenoxaprop – P – ethyl	0.05		不得检出	GB/T 22617
170	双氧威	Fenoxycarb	0.05		不得检出	GB/T 19650
171	苯锈啶	Fenpropidin	0.02		不得检出	GB/T 19650
172	丁苯吗啉	Fenpropimorph	0.01		不得检出	GB/T 20772
173	胺苯吡菌酮	Fenpyrazamine	0.01		不得检出	参照同类标准
174	唑螨酯	Fenpyroximate	0.01		不得检出	GB/T 19650
175	倍硫磷	Fenthion	0.05		不得检出	GB/T 20772
176	三苯锡	Fentin	0.05		不得检出	SN/T 3149
177	薯瘟锡	Fentin acetate	0.05		不得检出	参照同类标准
178	氰戊菊酯和高效氰戊菊酯（RR & SS 异构体总量）	Fenvalerate and esfenvalerate（sum of RR & SS isomers）	0.2		不得检出	GB/T 19650
179	氰戊菊酯和高效氰戊菊酯（RS & SR 异构体总量）	Fenvalerate and esfenvalerate（sum of RS & SR isomers）	0.05		不得检出	GB/T 19650
180	氟虫腈	Fipronil	0.01		不得检出	SN/T 1982
181	非罗考昔	Firocoxib	60μg/kg		不得检出	参照同类标准
182	氟啶虫酰胺	Flonicamid	0.03		不得检出	SN/T 2796
183	氟苯尼考	Florfenicol	2000μg/kg		不得检出	GB/T 20756
184	精吡氟禾草灵	Fluazifop – P – butyl	0.05		不得检出	GB/T 5009.142
185	氟啶胺	Fluazinam	0.05		不得检出	SN/T 2150
186	氟苯虫酰胺	Flubendiamide	1		不得检出	SN/T 2581
187	氟环脲	Flucycloxuron	0.05		不得检出	参照同类标准
188	氟氰戊菊酯	Flucythrinate	0.05		不得检出	GB/T 23210
189	咯菌腈	Fludioxonil	0.05		不得检出	GB/T 20772
190	氟虫脲	Flufenoxuron	0.05		不得检出	SN/T 2150
191	杀螨净	Flufenzin	0.02		不得检出	参照同类标准
192	氟甲喹	Flumequin	500μg/kg		不得检出	SN/T 1921
193	氟胺烟酸	Flunixin	100μg/kg		不得检出	GB/T 20750
194	氟吡菌胺	Fluopicolide	0.01		不得检出	参照同类标准
195	—	Fluopyram	0.7		不得检出	参照同类标准
196	氟离子	Fluoride ion	1		不得检出	GB/T 5009.167
197	氟腈嘧菌酯	Fluoxastrobin	0.05		不得检出	SN/T 2237
198	氟喹唑	Fluquinconazole	0.3		不得检出	GB/T 19650
199	氟咯草酮	Fluorochloridone	0.05		不得检出	GB/T 20772
200	氟草烟	Fluroxypyr	0.05		不得检出	GB/T 20772

6 驴（5种）

序号	农兽药中文名	农兽药英文名	欧盟标准限量要求 mg/kg	国家标准限量要求 mg/kg	三安超有机食品标准限量要求 mg/kg	检测方法
201	氟硅唑	Flusilazole	0.1		不得检出	GB/T 20772
202	氟酰胺	Flutolanil	0.02		不得检出	GB/T 20772
203	粉唑醇	Flutriafol	0.01		不得检出	GB/T 20772
204	—	Fluxapyroxad	0.01		不得检出	参照同类标准
205	氟磺胺草醚	Fomesafen	0.01		不得检出	GB/T 5009.130
206	氯吡脲	Forchlorfenuron	0.05		不得检出	SN/T 3643
207	伐虫脒	Formetanate	0.01		不得检出	NY/T 1453
208	三乙膦酸铝	Fosetyl – aluminium	0.5		不得检出	参照同类标准
209	麦穗宁	Fuberidazole	0.05		不得检出	GB/T 19650
210	呋线威	Furathiocarb	0.01		不得检出	GB/T 20772
211	糠醛	Furfural	1		不得检出	参照同类标准
212	勃激素	Gibberellic acid	0.1		不得检出	GB/T 23211
213	草胺膦	Glufosinate – ammonium	0.1		不得检出	日本肯定列表
214	草甘膦	Glyphosate	0.05		不得检出	SN/T 1923
215	双胍盐	Guazatine	0.1		不得检出	参照同类标准
216	氟吡禾灵	Haloxyfop	0.01		不得检出	SN/T 2228
217	七氯	Heptachlor	0.2		不得检出	SN 0663
218	六氯苯	Hexachlorobenzene	0.2		不得检出	SN/T 0127
219	六六六（HCH），α–异构体	Hexachlorociclohexane（HCH），alpha – isomer	0.2		不得检出	SN/T 0127
220	六六六（HCH），β–异构体	Hexachlorociclohexane（HCH），beta – isomer	0.1		不得检出	SN/T 0127
221	噻螨酮	Hexythiazox	0.05		不得检出	GB/T 20772
222	噁霉灵	Hymexazol	0.05		不得检出	GB/T 20772
223	抑霉唑	Imazalil	0.05		不得检出	GB/T 20772
224	甲咪唑烟酸	Imazapic	0.01		不得检出	GB/T 20772
225	咪唑喹啉酸	Imazaquin	0.05		不得检出	GB/T 20772
226	吡虫啉	Imidacloprid	0.3		不得检出	GB/T 20772
227	茚虫威	Indoxacarb	0.05		不得检出	GB/T 20772
228	碘苯腈	Ioxynil	0.05		不得检出	GB/T 20772
229	异菌脲	Iprodione	0.05		不得检出	GB/T 19650
230	稻瘟灵	Isoprothiolane	0.01		不得检出	GB/T 20772
231	异丙隆	Isoproturon	0.05		不得检出	GB/T 20772
232	—	Isopyrazam	0.01		不得检出	参照同类标准
233	异噁酰草胺	Isoxaben	0.01		不得检出	GB/T 20772
234	依维菌素	Ivermectin	100μg/kg		不得检出	GB/T 21320
235	卡那霉素	Kanamycin	600μg/kg		不得检出	GB/T 21323
236	醚菌酯	Kresoxim – methyl	0.02		不得检出	GB/T 20772
237	乳氟禾草灵	Lactofen	0.01 -		不得检出	GB/T 19650

583

序号	农兽药中文名	农兽药英文名	欧盟标准限量要求 mg/kg	国家标准限量要求 mg/kg	三安超有机食品标准 限量要求 mg/kg	三安超有机食品标准 检测方法
238	高效氯氟氰菊酯	Lambda – cyhalothrin	0.5		不得检出	GB/T 23210
239	环草定	Lenacil	0.1		不得检出	GB/T 19650
240	林可霉素	Lincomycin	500μg/kg		不得检出	GB/T 20762
241	林丹	Lindane	0.02	0.01	不得检出	NY/T 761
242	虱螨脲	Lufenuron	0.02		不得检出	SN/T 2540
243	马拉硫磷	Malathion	0.02		不得检出	GB/T 19650
244	抑芽丹	Maleic hydrazide	0.05		不得检出	GB/T 23211
245	双炔酰菌胺	Mandipropamid	0.02		不得检出	参照同类标准
246	二甲四氯和二甲四氯丁酸	MCPA and MCPB	0.1		不得检出	SN/T 2228
247	甲苯咪唑	Mebendazole	400μg/kg		不得检出	GB/T 21324
248	美洛昔康	Meloxicam	65μg/kg		不得检出	SN/T 2190
249	壮棉素	Mepiquat chloride	0.05		不得检出	GB/T 23211
250	—	Meptyldinocap	0.05		不得检出	参照同类标准
251	汞化合物	Mercury compounds	0.01		不得检出	参照同类标准
252	氰氟虫腙	Metaflumizone	0.02		不得检出	SN/T 3852
253	甲霜灵和精甲霜灵	Metalaxyl and metalaxyl – M	0.05		不得检出	GB/T 20772
254	四聚乙醛	Metaldehyde	0.05		不得检出	SN/T 1787
255	苯嗪草酮	Metamitron	0.05		不得检出	GB/T 19650
256	安乃近	Metamizole	100μg/kg		不得检出	GB/T 20747
257	吡唑草胺	Metazachlor	0.05		不得检出	GB/T 19650
258	叶菌唑	Metconazole	0.01		不得检出	GB/T 20772
259	甲基苯噻隆	Methabenzthiazuron	0.05		不得检出	GB/T 19650
260	虫螨畏	Methacrifos	0.01		不得检出	GB/T 20772
261	甲胺磷	Methamidophos	0.01		不得检出	GB/T 20772
262	杀扑磷	Methidathion	0.02		不得检出	GB/T 20772
263	甲硫威	Methiocarb	0.05		不得检出	GB/T 20770
264	灭多威和硫双威	Methomyl and thiodicarb	0.02		不得检出	GB/T 20772
265	烯虫酯	Methoprene	0.05		不得检出	GB/T 19650
266	甲氧滴滴涕	Methoxychlor	0.01		不得检出	SN/T 0529
267	甲氧虫酰肼	Methoxyfenozide	0.1		不得检出	GB/T 20772
268	磺草唑胺	Metosulam	0.01		不得检出	GB/T 20772
269	苯菌酮	Metrafenone	0.05		不得检出	参照同类标准
270	嗪草酮	Metribuzin	0.1		不得检出	GB/T 19650
271	绿谷隆	Monolinuron	0.05		不得检出	GB/T 20772
272	灭草隆	Monuron	0.01		不得检出	GB/T 20772
273	莫西丁克	Moxidectin	100μg/kg		不得检出	SN/T 2442
274	腈菌唑	Myclobutanil	0.01		不得检出	GB/T 20772
275	1 – 萘乙酰胺	1 – Naphthylacetamide	0.05		不得检出	GB/T 23205
276	敌草胺	Napropamide	0.01		不得检出	GB/T 19650

序号	农兽药中文名	农兽药英文名	欧盟标准限量要求 mg/kg	国家标准限量要求 mg/kg	三安超有机食品标准	
					限量要求 mg/kg	检测方法
277	新霉素	Neomycin	500μg/kg		不得检出	SN 0646
278	烟嘧磺隆	Nicosulfuron	0.05		不得检出	SN/T 2325
279	除草醚	Nitrofen	0.01		不得检出	GB/T 19650
280	氟酰脲	Novaluron	0.7		不得检出	GB/T 23211
281	嘧苯胺磺隆	Orthosulfamuron	0.01		不得检出	GB/T 23817
282	苯唑青霉素	Oxacillin	300μg/kg		不得检出	GB/T 18932.25
283	噁草酮	Oxadiazon	0.05		不得检出	GB/T 19650
284	噁霜灵	Oxadixyl	0.01		不得检出	GB/T 19650
285	环氧嘧磺隆	Oxasulfuron	0.05		不得检出	GB/T 23817
286	喹菌酮	Oxolinic acid	150μg/kg		不得检出	日本肯定列表
287	氧化萎锈灵	Oxycarboxin	0.05		不得检出	GB/T 19650
288	亚砜磷	Oxydemeton – methyl	0.02		不得检出	参照同类标准
289	乙氧氟草醚	Oxyfluorfen	0.05		不得检出	GB/T 20772
290	土霉素	Oxytetracycline	300μg/kg		不得检出	GB/T 21317
291	多效唑	Paclobutrazol	0.02		不得检出	GB/T 19650
292	对硫磷	Parathion	0.05		不得检出	GB/T 19650
293	甲基对硫磷	Parathion – methyl	0.01		不得检出	GB/T 5009.161
294	巴龙霉素	Paromomycin	1500μg/kg		不得检出	SN/T 2315
295	戊菌唑	Penconazole	0.05		不得检出	GB/T 20772
296	戊菌隆	Pencycuron	0.05		不得检出	GB/T 19650
297	二甲戊灵	Pendimethalin	0.05		不得检出	GB/T 19650
298	喷沙西林	Penethamate	50μg/kg		不得检出	参照同类标准
299	甜菜宁	Phenmedipham	0.05		不得检出	GB/T 23205
300	苯醚菊酯	Phenothrin	0.05		不得检出	GB/T 20772
301	甲拌磷	Phorate	0.02		不得检出	GB/T 20772
302	伏杀硫磷	Phosalone	0.01		不得检出	GB/T 20772
303	亚胺硫磷	Phosmet	0.1		不得检出	GB/T 20772
304	—	Phosphines and phosphides	0.01		不得检出	参照同类标准
305	辛硫磷	Phoxim	0.02		不得检出	GB/T 20772
306	氨氯吡啶酸	Picloram	0.01		不得检出	GB/T 23211
307	啶氧菌酯	Picoxystrobin	0.05		不得检出	GB/T 19650
308	抗蚜威	Pirimicarb	0.05		不得检出	GB/T 20772
309	甲基嘧啶磷	Pirimiphos – methyl	0.05		不得检出	GB/T 20772
310	泼尼松龙	Prednisolone	6μg/kg		不得检出	GB/T 21981
311	咪鲜胺	Prochloraz	0.1		不得检出	GB/T 19650
312	腐霉利	Procymidone	0.01		不得检出	GB/T 20772
313	丙溴磷	Profenofos	0.05		不得检出	GB/T 20772
314	调环酸	Prohexadione	0.05		不得检出	日本肯定列表
315	毒草安	Propachlor	0.02		不得检出	GB/T 20772

序号	农兽药中文名	农兽药英文名	欧盟标准限量要求 mg/kg	国家标准限量要求 mg/kg	三安超有机食品标准 限量要求 mg/kg	检测方法
316	扑派威	Propamocarb	0.1		不得检出	GB/T 20772
317	恶草酸	Propaquizafop	0.05		不得检出	GB/T 20772
318	炔螨特	Propargite	0.1		不得检出	GB/T 19650
319	苯胺灵	Propham	0.05		不得检出	GB/T 19650
320	丙环唑	Propiconazole	0.01		不得检出	GB/T 19650
321	异丙草胺	Propisochlor	0.01		不得检出	GB/T 19650
322	残杀威	Propoxur	0.05		不得检出	GB/T 20772
323	炔苯酰草胺	Propyzamide	0.05		不得检出	GB/T 19650
324	苄草丹	Prosulfocarb	0.05		不得检出	GB/T 19650
325	丙硫菌唑	Prothioconazole	0.5		不得检出	参照同类标准
326	吡蚜酮	Pymetrozine	0.01		不得检出	GB/T 20772
327	吡唑醚菌酯	Pyraclostrobin	0.05		不得检出	GB/T 20772
328	—	Pyrasulfotole	0.01		不得检出	参照同类标准
329	吡菌磷	Pyrazophos	0.02		不得检出	GB/T 20772
330	除虫菊素	Pyrethrins	0.05		不得检出	GB/T 20772
331	哒螨灵	Pyridaben	0.02		不得检出	GB/T 19650
332	啶虫丙醚	Pyridalyl	0.01		不得检出	日本肯定列表
333	哒草特	Pyridate	0.05		不得检出	日本肯定列表
334	嘧霉胺	Pyrimethanil	0.05		不得检出	GB/T 19650
335	吡丙醚	Pyriproxyfen	0.05		不得检出	GB/T 19650
336	甲氧磺草胺	Pyroxsulam	0.01		不得检出	SN/T 2325
337	氯甲喹啉酸	Quinmerac	0.05		不得检出	参照同类标准
338	喹氧灵	Quinoxyfen	0.2		不得检出	SN/T 2319
339	五氯硝基苯	Quintozene	0.01		不得检出	GB/T 19650
340	精喹禾灵	Quizalofop-*P*-ethyl	0.05		不得检出	SN/T 2150
341	灭虫菊	Resmethrin	0.1		不得检出	GB/T 20772
342	鱼藤酮	Rotenone	0.01		不得检出	GB/T 20772
343	西玛津	Simazine	0.01		不得检出	SN 0594
344	乙基多杀菌素	Spinetoram	0.01		不得检出	参照同类标准
345	多杀霉素	Spinosad	0.02		不得检出	GB/T 20772
346	螺螨酯	Spirodiclofen	0.05		不得检出	GB/T 20772
347	螺甲螨酯	Spiromesifen	0.01		不得检出	GB/T 23210
348	螺虫乙酯	Spirotetramat	0.03		不得检出	参照同类标准
349	葚孢菌素	Spiroxamine	0.2		不得检出	GB/T 20772
350	磺草酮	Sulcotrione	0.05		不得检出	参照同类标准
351	磺胺类(所有属于磺胺类的物质)	Sulfonamides (all substances belonging to the sulfonamide-group)	100μg/kg		不得检出	GB 29694
352	乙黄隆	Sulfosulfuron	0.05		不得检出	SN/T 2325

序号	农兽药中文名	农兽药英文名	欧盟标准限量要求 mg/kg	国家标准限量要求 mg/kg	三安超有机食品标准 限量要求 mg/kg	检测方法
353	硫磺粉	Sulfur	0.5		不得检出	参照同类标准
354	氟胺氰菊酯	Tau – fluvalinate	0.01		不得检出	SN 0691
355	戊唑醇	Tebuconazole	0.1		不得检出	GB/T 20772
356	虫酰肼	Tebufenozide	0.05		不得检出	GB/T 20772
357	吡螨胺	Tebufenpyrad	0.05		不得检出	GB/T 19650
358	四氯硝基苯	Tecnazene	0.05		不得检出	GB/T 19650
359	氟苯脲	Teflubenzuron	0.05		不得检出	SN/T 2150
360	七氟菊酯	Tefluthrin	0.05		不得检出	GB/T 23210
361	得杀草	Tepraloxydim	0.1		不得检出	GB/T 20772
362	特丁硫磷	Terbufos	0.01		不得检出	GB/T 20772
363	特丁津	Terbuthylazine	0.05		不得检出	GB/T 19650
364	四氟醚唑	Tetraconazole	0.5		不得检出	GB/T 20772
365	四环素	Tetracycline	300μg/kg		不得检出	GB/T 21317
366	三氯杀螨砜	Tetradifon	0.05		不得检出	GB/T 19650
367	噻虫啉	Thiacloprid	0.3		不得检出	GB/T 20772
368	噻虫嗪	Thiamethoxam	0.03		不得检出	GB/T 20772
369	甲砜霉素	Thiamphenicol	50μg/kg		不得检出	GB/T 20756
370	禾草丹	Thiobencarb	0.01		不得检出	GB/T 20772
371	甲基硫菌灵	Thiophanate – methyl	0.05		不得检出	SN/T 0162
372	替米考星	Tilmicosin	1000μg/kg		不得检出	GB/T 20762
373	甲基立枯磷	Tolclofos – methyl	0.05		不得检出	GB/T 19650
374	甲苯三嗪酮	Toltrazuril	500μg/kg		不得检出	参照同类标准
375	甲苯氟磺胺	Tolylfluanid	0.1		不得检出	GB/T 19650
376	—	Topramezone	0.05		不得检出	参照同类标准
377	三唑酮和三唑醇	Triadimefon and triadimenol	0.1		不得检出	GB/T 20772
378	野麦畏	Triallate	0.05		不得检出	GB/T 20772
379	醚苯磺隆	Triasulfuron	0.05		不得检出	GB/T 20772
380	三唑磷	Triazophos	0.01		不得检出	GB/T 20772
381	敌百虫	Trichlorphon	0.01		不得检出	GB/T 20772
382	绿草定	Triclopyr	0.05		不得检出	SN/T 2228
383	三环唑	Tricyclazole	0.05		不得检出	GB/T 20769
384	十三吗啉	Tridemorph	0.01		不得检出	GB/T 20772
385	肟菌酯	Trifloxystrobin	0.04		不得检出	GB/T 19650
386	氟菌唑	Triflumizole	0.05		不得检出	GB/T 20769
387	杀铃脲	Triflumuron	0.01		不得检出	GB/T 20772
388	氟乐灵	Trifluralin	0.01		不得检出	GB/T 20772
389	嗪氨灵	Triforine	0.01		不得检出	SN 0695
390	甲氧苄氨嘧啶	Trimethoprim	100μg/kg		不得检出	SN/T 1769
391	三甲基锍阳离子	Trimethyl – sulfonium cation	0.05		不得检出	参照同类标准

序号	农兽药中文名	农兽药英文名	欧盟标准限量要求 mg/kg	国家标准限量要求 mg/kg	三安超有机食品标准	
					限量要求 mg/kg	检测方法
392	抗倒酯	Trinexapac	0.05		不得检出	GB/T 20769
393	灭菌唑	Triticonazole	0.01		不得检出	GB/T 20772
394	三氟甲磺隆	Tritosulfuron	0.01		不得检出	参照同类标准
395	泰乐霉素	Tylosin	100μg/kg		不得检出	GB/T 22941
396	—	Valifenalate	0.01		不得检出	参照同类标准
397	维达布洛芬	Vedaprofen	100μg/kg		不得检出	参照同类标准
398	乙烯菌核利	Vinclozolin	0.05		不得检出	GB/T 20772
399	2,3,4,5-四氯苯胺	2,3,4,5-Tetrachloraniline			不得检出	GB/T 19650
400	2,3,4,5-四氯甲氧基苯	2,3,4,5-Tetrachloroanisole			不得检出	GB/T 19650
401	2,3,5,6-四氯苯胺	2,3,5,6-Tetrachloroaniline			不得检出	GB/T 19650
402	2,4,5-涕	2,4,5-T			不得检出	GB/T 20772
403	o,p'-滴滴滴	2,4'-DDD			不得检出	GB/T 19650
404	o,p'-滴滴伊	2,4'-DDE			不得检出	GB/T 19650
405	o,p'-滴滴涕	2,4'-DDT			不得检出	GB/T 19650
406	2,6-二氯苯甲酰胺	2,6-Dichlorobenzamide			不得检出	GB/T 19650
407	3,5-二氯苯胺	3,5-Dichloroaniline			不得检出	GB/T 19650
408	p,p'-滴滴滴	4,4'-DDD			不得检出	GB/T 19650
409	p,p'-滴滴伊	4,4'-DDE			不得检出	GB/T 19650
410	p,p'-滴滴涕	4,4'-DDT			不得检出	GB/T 19650
411	4,4'-二溴二苯甲酮	4,4'-Dibromobenzophenone			不得检出	GB/T 19650
412	4,4'-二氯二苯甲酮	4,4'-Dichlorobenzophenone			不得检出	GB/T 19650
413	二氢苊	Acenaphthene			不得检出	GB/T 19650
414	乙酰丙嗪	Acepromazine			不得检出	GB/T 20763
415	三氟羧草醚	Acifluorfen			不得检出	GB/T 20772
416	1-氨基-2-乙内酰脲	AHD			不得检出	GB/T 21311
417	涕灭砜威	Aldoxycarb			不得检出	GB/T 20772
418	烯丙菊酯	Allethrin			不得检出	GB/T 20772
419	二丙烯草胺	Allidochlor			不得检出	GB/T 19650
420	莠灭净	Ametryn			不得检出	GB/T 20772
421	双甲脒	Amitraz			不得检出	GB/T 19650
422	杀草强	Amitrole			不得检出	SN/T 1737.6
423	5-吗啉甲基-3-氨基-2-噁唑烷基酮	AMOZ			不得检出	GB/T 21311
424	氨丙嘧吡啶	Amprolium			不得检出	SN/T 0276
425	莎稗磷	Anilofos			不得检出	GB/T 19650
426	蒽醌	Anthraquinone			不得检出	GB/T 19650
427	3-氨基-2-噁唑酮	AOZ			不得检出	GB/T 21311
428	安普霉素	Apramycin			不得检出	GB/T 21323
429	丙硫特普	Aspon			不得检出	GB/T 19650

序号	农兽药中文名	农兽药英文名	欧盟标准限量要求 mg/kg	国家标准限量要求 mg/kg	三安超有机食品标准 限量要求 mg/kg	三安超有机食品标准 检测方法
430	羟氨卡青霉素	Aspoxicillin			不得检出	GB/T 21315
431	乙基杀扑磷	Athidathion			不得检出	GB/T 19650
432	莠去通	Atratone			不得检出	GB/T 19650
433	莠去津	Atrazine			不得检出	GB/T 20772
434	脱乙基阿特拉津	Atrazine – desethyl			不得检出	GB/T 19650
435	甲基吡噁磷	Azamethiphos			不得检出	GB/T 20763
436	氮哌酮	Azaperone			不得检出	SN/T2221
437	叠氮津	Aziprotryne			不得检出	GB/T 19650
438	杆菌肽	Bacitracin			不得检出	GB/T 20743
439	4 – 溴 – 3,5 – 二甲苯基 – N – 甲基氨基甲酸酯 – 1	BDMC – 1			不得检出	GB/T 19650
440	4 – 溴 – 3,5 – 二甲苯基 – N – 甲基氨基甲酸酯 – 2	BDMC – 2			不得检出	GB/T 19650
441	噁虫威	Bendiocarb			不得检出	GB/T 20772
442	乙丁氟灵	Benfluralin			不得检出	GB/T 19650
443	呋草黄	Benfuresate			不得检出	GB/T 19650
444	麦锈灵	Benodanil			不得检出	GB/T 19650
445	解草酮	Benoxacor			不得检出	GB/T 19650
446	新燕灵	Benzoylprop – ethyl			不得检出	GB/T 19650
447	倍他米松	Betamethasone			不得检出	SN/T 1970
448	生物烯丙菊酯 – 1	Bioallethrin – 1			不得检出	GB/T 19650
449	生物烯丙菊酯 – 2	Bioallethrin – 2			不得检出	GB/T 19650
450	除草定	Bromacil			不得检出	GB/T 20772
451	溴苯烯磷	Bromfenvinfos			不得检出	GB/T 19650
452	溴烯杀	Bromocylen			不得检出	GB/T 19650
453	溴硫磷	Bromofos			不得检出	GB/T 19650
454	乙基溴硫磷	Bromophos – ethyl			不得检出	GB/T 19650
455	溴丁酰草胺	Btomobutide			不得检出	GB/T 19650
456	氟丙嘧草酯	Butafenacil			不得检出	GB/T 19650
457	抑草磷	Butamifos			不得检出	GB/T 19650
458	丁草胺	Butaxhlor			不得检出	GB/T 19650
459	苯酮唑	Cafenstrole			不得检出	GB/T 19650
460	角黄素	Canthaxanthin			不得检出	SN/T 2327
461	咔唑心安	Carazolol			不得检出	GB/T 20763
462	卡巴氧	Carbadox			不得检出	GB/T 20746
463	三硫磷	Carbophenothion			不得检出	GB/T 19650
464	唑草酮	Carfentrazone – ethyl			不得检出	GB/T 19650
465	头孢洛宁	Cefalonium			不得检出	GB/T 22989
466	头孢匹林	Cefapirin			不得检出	GB/T 22989

序号	农兽药中文名	农兽药英文名	欧盟标准限量要求 mg/kg	国家标准限量要求 mg/kg	三安超有机食品标准	
					限量要求 mg/kg	检测方法
467	头孢氨苄	Cefalexin			不得检出	GB/T 22989
468	氯霉素	Chloramphenicolum			不得检出	GB/T 20772
469	氯杀螨砜	Chlorbenside sulfone			不得检出	GB/T 19650
470	氯溴隆	Chlorbromuron			不得检出	GB/T 19650
471	杀虫脒	Chlordimeform			不得检出	GB/T 19650
472	氯氧磷	Chlorethoxyfos			不得检出	GB/T 19650
473	溴虫腈	Chlorfenapyr			不得检出	GB/T 19650
474	杀螨醇	Chlorfenethol			不得检出	GB/T 19650
475	燕麦酯	Chlorfenprop – methyl			不得检出	GB/T 19650
476	氟啶脲	Chlorfluazuron			不得检出	SN/T 2540
477	整形醇	Chlorflurenol			不得检出	GB/T 19650
478	氯地孕酮	Chlormadinone			不得检出	SN/T 1980
479	醋酸氯地孕酮	Chlormadinone acetate			不得检出	GB/T 20753
480	氯甲硫磷	Chlormephos			不得检出	GB/T 19650
481	氯苯甲醚	Chloroneb			不得检出	GB/T 19650
482	丙酯杀螨醇	Chloropropylate			不得检出	GB/T 19650
483	氯丙嗪	Chlorpromazine			不得检出	GB/T 20763
484	毒死蜱	Chlorpyrifos			不得检出	GB/T 19650
485	氯硫磷	Chlorthion			不得检出	GB/T 19650
486	虫螨磷	Chlorthiophos			不得检出	GB/T 19650
487	乙菌利	Chlozolinate			不得检出	GB/T 19650
488	顺式 – 氯丹	cis – Chlordane			不得检出	GB/T 19650
489	顺式 – 燕麦敌	cis – Diallate			不得检出	GB/T 19650
490	顺式 – 氯菊酯	cis – Permethrin			不得检出	GB/T 19650
491	克仑特罗	Clenbuterol			不得检出	GB/T 22286
492	异噁草酮	Clomazone			不得检出	GB/T 20772
493	氯甲酰草胺	Clomeprop			不得检出	GB/T 19650
494	氯羟吡啶	Clopidol			不得检出	GB 29700
495	解草酯	Cloquintocet – mexyl			不得检出	GB/T 19650
496	蝇毒磷	Coumaphos			不得检出	GB/T 19650
497	鼠立死	Crimidine			不得检出	GB/T 19650
498	巴毒磷	Crotxyphos			不得检出	GB/T 19650
499	育畜磷	Crufomate			不得检出	GB/T 19650
500	苯腈磷	Cyanofenphos			不得检出	GB/T 19650
501	杀螟腈	Cyanophos			不得检出	GB/T 20772
502	环草敌	Cycloate			不得检出	GB/T 20772
503	环莠隆	Cycluron			不得检出	GB/T 20772
504	环丙津	Cyprazine			不得检出	GB/T 20772
505	敌草索	Dacthal			不得检出	GB/T 19650

序号	农兽药中文名	农兽药英文名	欧盟标准限量要求 mg/kg	国家标准限量要求 mg/kg	三安超有机食品标准限量要求 mg/kg	三安超有机食品标准检测方法
506	癸氧喹酯	Decoquinate			不得检出	SN/T 2444
507	脱叶磷	DEF			不得检出	GB/T 19650
508	2,2′,4,5,5′-五氯联苯	DE-PCB 101			不得检出	GB/T 19650
509	2,3,4,4′,5-五氯联苯	DE-PCB 118			不得检出	GB/T 19650
510	2,2′,3,4,4′,5-六氯联苯	DE-PCB 138			不得检出	GB/T 19650
511	2,2′,4,4′,5,5′-六氯联苯	DE-PCB 153			不得检出	GB/T 19650
512	2,2′,3,4,4′,5,5′-七氯联苯	DE-PCB 180			不得检出	GB/T 19650
513	2,4,4′-三氯联苯	DE-PCB 28			不得检出	GB/T 19650
514	2,4,5-三氯联苯	DE-PCB 31			不得检出	GB/T 19650
515	2,2′,5,5′-四氯联苯	DE-PCB 52			不得检出	GB/T 19650
516	脱溴溴苯磷	Desbrom-leptophos			不得检出	GB/T 19650
517	脱乙基另丁津	Desethyl-sebuthylazine			不得检出	GB/T 19650
518	敌草净	Desmetryn			不得检出	GB/T 19650
519	氯亚胺硫磷	Dialifos			不得检出	GB/T 19650
520	敌菌净	Diaveridine			不得检出	SN/T 1926
521	驱虫特	Dibutyl succinate			不得检出	GB/T 20772
522	异氯磷	Dicapthon			不得检出	GB/T 20772
523	除线磷	Dichlofenthion			不得检出	GB/T 20772
524	苯氟磺胺	Dichlofluanid			不得检出	GB/T 19650
525	烯丙酰草胺	Dichlormid			不得检出	GB/T 19650
526	敌敌畏	Dichlorvos			不得检出	GB/T 20772
527	苄氯三唑醇	Diclobutrazole			不得检出	GB/T 20772
528	禾草灵	Diclofop-methyl			不得检出	GB/T 19650
529	己烯雌酚	Diethylstilbestrol			不得检出	GB/T 20766
530	二氢链霉素	Dihydro-streptomycin			不得检出	GB/T 22969
531	甲氟磷	Dimefox			不得检出	GB/T 19650
532	哌草丹	Dimepiperate			不得检出	GB/T 19650
533	异戊乙净	Dimethametryn			不得检出	GB/T 19650
534	二甲酚草胺	Dimethenamid			不得检出	GB/T 19650
535	乐果	Dimethoate			不得检出	GB/T 20772
536	甲基毒虫畏	Dimethylvinphos			不得检出	GB/T 19650
537	地美硝唑	Dimetridazole			不得检出	GB/T 21318
538	二硝托安	Dinitolmide			不得检出	SN/T 2453
539	氨氟灵	Dinitramine			不得检出	GB/T 19650
540	消螨通	Dinobuton			不得检出	GB/T 19650
541	呋虫胺	Dinotefuran			不得检出	GB/T 20772
542	苯虫醚-1	Diofenolan-1			不得检出	GB/T 19650
543	苯虫醚-2	Diofenolan-2			不得检出	GB/T 19650

序号	农兽药中文名	农兽药英文名	欧盟标准限量要求 mg/kg	国家标准限量要求 mg/kg	三安超有机食品标准限量要求 mg/kg	三安超有机食品标准检测方法
544	蔬果磷	Dioxabenzofos			不得检出	GB/T 19650
545	双苯酰草胺	Diphenamid			不得检出	GB/T 19650
546	二苯胺	Diphenylamine			不得检出	GB/T 19650
547	异丙净	Dipropetryn			不得检出	GB/T 19650
548	灭菌磷	Ditalimfos			不得检出	GB/T 19650
549	氟硫草定	Dithiopyr			不得检出	GB/T 19650
550	强力霉素	Doxycycline			不得检出	GB/T 20764
551	敌瘟磷	Edifenphos			不得检出	GB/T 19650
552	硫丹硫酸盐	Endosulfan – sulfate			不得检出	GB/T 19650
553	异狄氏剂酮	Endrin ketone			不得检出	GB/T 19650
554	苯硫磷	EPN			不得检出	GB/T 19650
555	埃普利诺菌素	Eprinomectin			不得检出	GB/T 21320
556	抑草蓬	Erbon			不得检出	GB/T 19650
557	S – 氰戊菊酯	Esfenvalerate			不得检出	GB/T 19650
558	戊草丹	Esprocarb			不得检出	GB/T 19650
559	乙环唑 – 1	Etaconazole – 1			不得检出	GB/T 19650
560	乙环唑 – 2	Etaconazole – 2			不得检出	GB/T 19650
561	乙嘧硫磷	Etrimfos			不得检出	GB/T 19650
562	氧乙嘧硫磷	Etrimfos oxon			不得检出	GB/T 19650
563	伐灭磷	Famphur			不得检出	GB/T 19650
564	苯线磷亚砜	Fenamiphos sulfoxide			不得检出	GB/T 19650
565	苯线磷砜	Fenamiphos – sulfone			不得检出	GB/T 19650
566	苯硫苯咪唑	Fenbendazole			不得检出	SN 0638
567	氧皮蝇磷	Fenchlorphos oxon			不得检出	GB/T 19650
568	甲呋酰胺	Fenfuram			不得检出	GB/T 19650
569	仲丁威	Fenobucarb			不得检出	GB/T 19650
570	苯硫威	Fenothiocarb			不得检出	GB/T 19650
571	稻瘟酰胺	Fenoxanil			不得检出	GB/T 19650
572	拌种咯	Fenpiclonil			不得检出	GB/T 19650
573	甲氰菊酯	Fenpropathrin			不得检出	GB/T 19650
574	芬螨酯	Fenson			不得检出	GB/T 19650
575	丰索磷	Fensulfothion			不得检出	GB/T 19650
576	倍硫磷亚砜	Fenthion sulfoxide			不得检出	GB/T 19650
577	麦草氟异丙酯	Flamprop – isopropyl			不得检出	GB/T 19650
578	麦草氟甲酯	Flamprop – methyl			不得检出	GB/T 19650
579	吡氟禾草灵	Fluazifop – butyl			不得检出	GB/T 19650
580	啶蜱脲	Fluazuron			不得检出	SN/T 2540
581	氟苯咪唑	Flubendazole			不得检出	GB/T 21324
582	氟噻草胺	Flufenacet			不得检出	GB/T 19650

序号	农兽药中文名	农兽药英文名	欧盟标准限量要求 mg/kg	国家标准限量要求 mg/kg	三安超有机食品标准限量要求 mg/kg	检测方法
583	氟节胺	Flumetralin			不得检出	GB/T 19650
584	唑嘧磺草胺	Flumetsulam			不得检出	GB/T 20772
585	氟烯草酸	Flumiclorac			不得检出	GB/T 19650
586	丙炔氟草胺	Flumioxazin			不得检出	GB/T 19650
587	三氟硝草醚	Fluorodifen			不得检出	GB/T 19650
588	乙羧氟草醚	Fluoroglycofen – ethyl			不得检出	GB/T 19650
589	三氟苯唑	Fluotrimazole			不得检出	GB/T 19650
590	氟啶草酮	Fluridone			不得检出	GB/T 19650
591	氟草烟 – 1 – 甲庚酯	Fluroxypr – 1 – methylheptyl ester			不得检出	GB/T 19650
592	呋草酮	flurtamone			不得检出	GB/T 19650
593	地虫硫磷	Fonofos			不得检出	GB/T 19650
594	安果	Formothion			不得检出	GB/T 19650
595	呋霜灵	Furalaxyl			不得检出	GB/T 19650
596	庆大霉素	Gentamicin			不得检出	GB/T 21323
597	苄螨醚	Halfenprox			不得检出	GB/T 19650
598	氟哌啶醇	Haloperidol			不得检出	GB/T 20763
599	庚烯磷	Heptanophos			不得检出	GB/T 19650
600	己唑醇	Hexaconazole			不得检出	GB/T 19650
601	环嗪酮	Hexazinone			不得检出	GB/T 19650
602	咪草酸	Imazamethabenz – methyl			不得检出	GB/T 19650
603	脱苯甲基亚胺唑	Imibenconazole – des – benzyl			不得检出	GB/T 19650
604	炔咪菊酯 – 1	Imiprothrin – 1			不得检出	GB/T 19650
605	炔咪菊酯 – 2	Imiprothrin – 2			不得检出	GB/T 19650
606	碘硫磷	Iodofenphos			不得检出	GB/T 19650
607	甲基碘磺隆	Iodosulfuron – methyl			不得检出	GB/T 20772
608	异稻瘟净	Iprobenfos			不得检出	GB/T 19650
609	氯唑磷	Isazofos			不得检出	GB/T 19650
610	碳氯灵	Isobenzan			不得检出	GB/T 19650
611	丁咪酰胺	Isocarbamid			不得检出	GB/T 19650
612	水胺硫磷	Isocarbophos			不得检出	GB/T 19650
613	异艾氏剂	Isodrin			不得检出	GB/T 19650
614	异柳磷	Isofenphos			不得检出	GB/T 19650
615	氧异柳磷	Isofenphos oxon			不得检出	GB/T 19650
616	氮氨菲啶	Isometamidium			不得检出	SN/T 2239
617	丁嗪草酮	Isomethiozin			不得检出	GB/T 19650
618	异丙威 – 1	Isoprocarb – 1			不得检出	GB/T 19650
619	异丙威 – 2	Isoprocarb – 2			不得检出	GB/T 19650
620	异丙乐灵	Isopropalin			不得检出	GB/T 19650

序号	农兽药中文名	农兽药英文名	欧盟标准限量要求 mg/kg	国家标准限量要求 mg/kg	三安超有机食品标准	
					限量要求 mg/kg	检测方法
621	双苯噁唑酸	Isoxadifen – ethyl			不得检出	GB/T 19650
622	异噁氟草	Isoxaflutole			不得检出	GB/T 20772
623	噁唑啉	Isoxathion			不得检出	GB/T 19650
624	交沙霉素	Josamycin			不得检出	GB/T 20762
625	拉沙里菌素	Lasalocid			不得检出	SN 0501
626	溴苯磷	Leptophos			不得检出	GB/T 19650
627	左旋咪唑	Levamisole			不得检出	SN 0349
628	利谷隆	Linuron			不得检出	GB/T 19650
629	麻保沙星	Marbofloxacin			不得检出	GB/T 22985
630	2 – 甲 – 4 – 氯丁氧乙基酯	MCPA – butoxyethyl ester			不得检出	GB/T 19650
631	灭蚜磷	Mecarbam			不得检出	GB/T 19650
632	二甲四氯丙酸	Mecoprop			不得检出	SN/T 2325
633	苯噻酰草胺	Mefenacet			不得检出	GB/T 19650
634	吡唑解草酯	Mefenpyr – diethyl			不得检出	GB/T 19650
635	醋酸甲地孕酮	Megestrol acetate			不得检出	GB/T 20753
636	醋酸美仑孕酮	Melengestrol acetate			不得检出	GB/T 20753
637	嘧菌胺	Mepanipyrim			不得检出	GB/T 19650
638	地胺磷	Mephosfolan			不得检出	GB/T 19650
639	灭锈胺	Mepronil			不得检出	GB/T 19650
640	硝磺草酮	Mesotrione			不得检出	参照同类标准
641	呋菌胺	Methfuroxam			不得检出	GB/T 19650
642	灭梭威砜	Methiocarb sulfone			不得检出	GB/T 19650
643	盖草津	Methoprotryne			不得检出	GB/T 19650
644	甲醚菊酯 – 1	Methothrin – 1			不得检出	GB/T 19650
645	甲醚菊酯 – 2	Methothrin – 2			不得检出	GB/T 19650
646	甲基泼尼松龙	Methylprednisolone			不得检出	GB/T 21981
647	溴谷隆	Metobromuron			不得检出	GB/T 19650
648	甲氧氯普胺	Metoclopramide			不得检出	SN/T 2227
649	苯氧菌胺 – 1	Metominsstrobin – 1			不得检出	GB/T 19650
650	苯氧菌胺 – 2	Metominsstrobin – 2			不得检出	GB/T 19650
651	甲硝唑	Metronidazole			不得检出	GB/T 21318
652	速灭磷	Mevinphos			不得检出	GB/T 19650
653	兹克威	Mexacarbate			不得检出	GB/T 19650
654	灭蚁灵	Mirex			不得检出	GB/T 19650
655	禾草敌	Molinate			不得检出	GB/T 19650
656	庚酰草胺	Monalide			不得检出	GB/T 19650
657	莫能菌素	Monensin			不得检出	SN 0698
658	合成麝香	Musk ambrecte			不得检出	GB/T 19650
659	麝香	Musk moskene			不得检出	GB/T 19650

序号	农兽药中文名	农兽药英文名	欧盟标准限量要求 mg/kg	国家标准限量要求 mg/kg	三安超有机食品标准	
					限量要求 mg/kg	检测方法
660	西藏麝香	Musk tibeten			不得检出	GB/T 19650
661	二甲苯麝香	Musk xylene			不得检出	GB/T 19650
662	萘夫西林	Nafcillin			不得检出	GB/T 22975
663	二溴磷	Naled			不得检出	SN/T 0706
664	萘丙胺	Naproanilide			不得检出	GB/T 19650
665	甲基盐霉素	Narasin			不得检出	GB/T 20364
666	甲磺乐灵	Nitralin			不得检出	GB/T 19650
667	三氯甲基吡啶	Nitrapyrin			不得检出	GB/T 19650
668	酞菌酯	Nitrothal – isopropyl			不得检出	GB/T 19650
669	诺氟沙星	Norfloxacin			不得检出	GB/T 20366
670	氟草敏	Norflurazon			不得检出	GB/T 19650
671	新生霉素	Novobiocin			不得检出	SN 0674
672	氟苯嘧啶醇	Nuarimol			不得检出	GB/T 19650
673	八氯苯乙烯	Octachlorostyrene			不得检出	GB/T 19650
674	氧氟沙星	Ofloxacin			不得检出	GB/T 20366
675	喹乙醇	Olaquindox			不得检出	GB/T 20746
676	竹桃霉素	Oleandomycin			不得检出	GB/T 20762
677	氧乐果	Omethoate			不得检出	GB/T 19650
678	奥比沙星	Orbifloxacin			不得检出	GB/T 22985
679	杀线威	Oxamyl			不得检出	GB/T 20772
680	奥芬达唑	Oxfendazole			不得检出	GB/T 22972
681	丙氧苯咪唑	Oxibendazole			不得检出	GB/T 21324
682	氧化氯丹	Oxy – chlordane			不得检出	GB/T 19650
683	对氧磷	Paraoxon			不得检出	GB/T 19650
684	甲基对氧磷	Paraoxon – methyl			不得检出	GB/T 19650
685	克草敌	Pebulate			不得检出	GB/T 19650
686	五氯苯胺	Pentachloroaniline			不得检出	GB/T 19650
687	五氯甲氧基苯	Pentachloroanisole			不得检出	GB/T 19650
688	五氯苯	Pentachlorobenzene			不得检出	GB/T 19650
689	氯菊酯	Permethrin			不得检出	GB/T 19650
690	乙滴涕	Perthane			不得检出	GB/T 19650
691	菲	Phenanthrene			不得检出	GB/T 19650
692	稻丰散	Phenthoate			不得检出	GB/T 19650
693	甲拌磷砜	Phorate sulfone			不得检出	GB/T 19650
694	磷胺 – 1	Phosphamidon – 1			不得检出	GB/T 19650
695	磷胺 – 2	Phosphamidon – 2			不得检出	GB/T 19650
696	酞酸苯甲基丁酯	Phthalic acid, benzylbutyl ester			不得检出	GB/T 19650
697	四氯苯肽	Phthalide			不得检出	GB/T 19650
698	邻苯二甲酰亚胺	Phthalimide			不得检出	GB/T 19650

序号	农兽药中文名	农兽药英文名	欧盟标准限量要求 mg/kg	国家标准限量要求 mg/kg	三安超有机食品标准	
					限量要求 mg/kg	检测方法
699	氟吡酰草胺	Picolinafen			不得检出	GB/T 19650
700	增效醚	Piperonyl butoxide			不得检出	GB/T 19650
701	哌草磷	Piperophos			不得检出	GB/T 19650
702	乙基虫螨清	Pirimiphos – ethyl			不得检出	GB/T 19650
703	吡利霉素	Pirlimycin			不得检出	GB/T 22988
704	炔丙菊酯	Prallethrin			不得检出	GB/T 19650
705	丙草胺	Pretilachlor			不得检出	GB/T 19650
706	环丙氟灵	Profluralin			不得检出	GB/T 19650
707	茉莉酮	Prohydrojasmon			不得检出	GB/T 19650
708	扑灭通	Prometon			不得检出	GB/T 19650
709	扑草净	Prometryne			不得检出	GB/T 19650
710	炔丙烯草胺	Pronamide			不得检出	GB/T 19650
711	敌稗	Propanil			不得检出	GB/T 19650
712	扑灭津	Propazine			不得检出	GB/T 19650
713	胺丙畏	Propetamphos			不得检出	GB/T 19650
714	丙酰二甲氨基丙吩噻嗪	Propionylpromazin			不得检出	GB/T 20763
715	丙硫磷	Prothiophos			不得检出	GB/T 19650
716	哒嗪硫磷	Ptridaphenthion			不得检出	GB/T 19650
717	吡唑硫磷	Pyraclofos			不得检出	GB/T 19650
718	吡草醚	Pyraflufen – ethyl			不得检出	GB/T 19650
719	啶斑肟 – 1	Pyrifenox – 1			不得检出	GB/T 19650
720	啶斑肟 – 2	Pyrifenox – 2			不得检出	GB/T 19650
721	环酯草醚	Pyriftalid			不得检出	GB/T 19650
722	嘧螨醚	Pyrimidifen			不得检出	GB/T 19650
723	嘧草醚	Pyriminobac – methyl			不得检出	GB/T 19650
724	嘧啶磷	Pyrimitate			不得检出	GB/T 19650
725	喹硫磷	Quinalphos			不得检出	GB/T 19650
726	灭藻醌	Quinoclamine			不得检出	GB/T 19650
727	精喹禾灵	Quizalofop – P – ethyl			不得检出	GB/T 20769
728	吡咪唑	Rabenzazole			不得检出	GB/T 19650
729	莱克多巴胺	Ractopamine			不得检出	GB/T 21313
730	洛硝达唑	Ronidazole			不得检出	GB/T 21318
731	皮蝇磷	Ronnel			不得检出	GB/T 19650
732	盐霉素	Salinomycin			不得检出	GB/T 20364
733	沙拉沙星	Sarafloxacin			不得检出	GB/T 20366
734	另丁津	Sebutylazine			不得检出	GB/T 19650
735	密草通	Secbumeton			不得检出	GB/T 19650
736	氨基脲	Semduramicin			不得检出	GB/T 20752
737	烯禾啶	Sethoxydim			不得检出	GB/T 19650

序号	农兽药中文名	农兽药英文名	欧盟标准限量要求 mg/kg	国家标准限量要求 mg/kg	三安超有机食品标准 限量要求 mg/kg	三安超有机食品标准 检测方法
738	氟硅菊酯	Silafluofen			不得检出	GB/T 19650
739	硅氟唑	Simeconazole			不得检出	GB/T 19650
740	西玛通	Simetone			不得检出	GB/T 19650
741	西草净	Simetryn			不得检出	GB/T 19650
742	壮观霉素	Spectinomycin			不得检出	GB/T 21323
743	螺旋霉素	Spiramycin			不得检出	GB/T 20762
744	链霉素	Streptomycin			不得检出	GB/T 21323
745	磺胺苯酰	Sulfabenzamide			不得检出	GB/T 21316
746	磺胺醋酰	Sulfacetamide			不得检出	GB/T 21316
747	磺胺氯哒嗪	Sulfachloropyridazine			不得检出	GB/T 21316
748	磺胺嘧啶	Sulfadiazine			不得检出	GB/T 21316
749	磺胺间二甲氧嘧啶	Sulfadimethoxine			不得检出	GB/T 21316
750	磺胺二甲嘧啶	Sulfadimidine			不得检出	GB/T 21316
751	磺胺多辛	Sulfadoxine			不得检出	GB/T 21316
752	磺胺脒	Sulfaguanidine			不得检出	GB/T 21316
753	菜草畏	Sulfallate			不得检出	GB/T 19650
754	磺胺甲嘧啶	Sulfamerazine			不得检出	GB/T 21316
755	新诺明	Sulfamethoxazole			不得检出	GB/T 21316
756	磺胺间甲氧嘧啶	Sulfamonomethoxine			不得检出	GB/T 21316
757	乙酰磺胺对硝基苯	Sulfanitran			不得检出	GB/T 20772
758	磺胺吡啶	Sulfapyridine			不得检出	GB/T 21316
759	磺胺喹沙啉	Sulfaquinoxaline			不得检出	GB/T 21316
760	磺胺噻唑	Sulfathiazole			不得检出	GB/T 21316
761	治螟磷	Sulfotep			不得检出	GB/T 19650
762	硫丙磷	Sulprofos			不得检出	GB/T 19650
763	苯噻硫氰	TCMTB			不得检出	GB/T 19650
764	丁基嘧啶磷	Tebupirimfos			不得检出	GB/T 19650
765	牧草胺	Tebutam			不得检出	GB/T 19650
766	丁噻隆	Tebuthiuron			不得检出	GB/T 20772
767	双硫磷	Temephos			不得检出	GB/T 20772
768	特草灵	Terbucarb			不得检出	GB/T 19650
769	特丁通	Terbumeron			不得检出	GB/T 19650
770	特丁净	Terbutryn			不得检出	GB/T 19650
771	四氢邻苯二甲酰亚胺	Tetrabydrophthalimide			不得检出	GB/T 19650
772	杀虫畏	Tetrachlorvinphos			不得检出	GB/T 19650
773	胺菊酯	Tetramethirn			不得检出	GB/T 19650
774	杀螨氯硫	Tetrasul			不得检出	GB/T 19650
775	噻吩草胺	Thenylchlor			不得检出	GB/T 19650
776	噻菌灵	Thiabendazole			不得检出	GB/T 20772

序号	农兽药中文名	农兽药英文名	欧盟标准限量要求 mg/kg	国家标准限量要求 mg/kg	三安超有机食品标准 限量要求 mg/kg	三安超有机食品标准 检测方法
777	噻唑烟酸	Thiazopyr			不得检出	GB/T 19650
778	噻苯隆	Thidiazuron			不得检出	GB/T 20772
779	噻吩磺隆	Thifensulfuron – methyl			不得检出	GB/T 20772
780	甲基乙拌磷	Thiometon			不得检出	GB/T 20772
781	虫线磷	Thionazin			不得检出	GB/T 19650
782	硫普罗宁	Tiopronin			不得检出	SN/T 2225
783	三甲苯草酮	Tralkoxydim			不得检出	GB/T 19650
784	四溴菊酯	Tralomethrin			不得检出	SN/T 2320
785	反式－氯丹	trans – Chlordane			不得检出	GB/T 19650
786	反式－燕麦敌	trans – Diallate			不得检出	GB/T 19650
787	四氟苯菊酯	Transfluthrin			不得检出	GB/T 19650
788	反式九氯	trans – Nonachlor			不得检出	GB/T 19650
789	反式－氯菊酯	trans – Permethrin			不得检出	GB/T 19650
790	群勃龙	Trenbolone			不得检出	GB/T 21981
791	威菌磷	Triamiphos			不得检出	GB/T 19650
792	毒壤磷	Trichloronate			不得检出	GB/T 19650
793	灭草环	Tridiphane			不得检出	GB/T 19650
794	草达津	Trietazine			不得检出	GB/T 19650
795	三异丁基磷酸盐	Tri – n – butyl phosphate			不得检出	GB/T 19650
796	三正丁基磷酸盐	Tri – n – butyl phosphate			不得检出	GB/T 19650
797	三苯基磷酸盐	Triphenyl phosphate			不得检出	GB/T 19650
798	烯效唑	Uniconazole			不得检出	GB/T 19650
799	灭草敌	Vernolate			不得检出	GB/T 19650
800	维吉尼霉素	Virginiamycin			不得检出	GB/T 20765
801	杀鼠灵	War farin			不得检出	GB/T 20772
802	甲苯噻嗪	Xylazine			不得检出	GB/T 20763
803	右环十四酮酚	Zeranol			不得检出	GB/T 21982
804	苯酰菌胺	Zoxamide			不得检出	GB/T 19650

6.4 驴肾脏 Asses Kidney

序号	农兽药中文名	农兽药英文名	欧盟标准限量要求 mg/kg	国家标准限量要求 mg/kg	三安超有机食品标准 限量要求 mg/kg	三安超有机食品标准 检测方法
1	1,1－二氯－2,2－二(4－乙苯)乙烷	1,1 – Dichloro – 2,2 – bis(4 – ethylphenyl)ethane	0.01		不得检出	日本肯定列表（增补本1）
2	1,2－二氯乙烷	1,2 – Dichloroethane	0.1		不得检出	SN/T 2238
3	1,3－二氯丙烯	1,3 – Dichloropropene	0.01		不得检出	SN/T 2238
4	1－萘乙酸	1 – Naphthylacetic acid	0.05		不得检出	SN/T 2228

序号	农兽药中文名	农兽药英文名	欧盟标准限量要求 mg/kg	国家标准限量要求 mg/kg	三安超有机食品标准 限量要求 mg/kg	三安超有机食品标准 检测方法
5	2,4-滴	2,4-D	1		不得检出	GB/T 20772
6	2,4-滴丁酸	2,4-DB	0.1		不得检出	GB/T 20769
7	2-苯酚	2-Phenylphenol	0.05		不得检出	GB/T 19650
8	阿维菌素	Abamectin	0.01		不得检出	SN/T 2661
9	乙酰甲胺磷	Acephate	0.02		不得检出	GB/T 20772
10	灭螨醌	Acequinocyl	0.01		不得检出	参照同类标准
11	啶虫脒	Acetamiprid	0.2		不得检出	GB/T 20772
12	乙草胺	Acetochlor	0.01		不得检出	GB/T 19650
13	苯并噻二唑	Acibenzolar-S-methyl	0.02		不得检出	GB/T 20772
14	苯草醚	Aclonifen	0.02		不得检出	GB/T 20772
15	氟丙菊酯	Acrinathrin	0.05		不得检出	GB/T 19648
16	甲草胺	Alachlor	0.01		不得检出	GB/T 20772
17	涕灭威	Aldicarb	0.01		不得检出	GB/T 20772
18	艾氏剂和狄氏剂	Aldrin and dieldrin	0.2		不得检出	GB/T 19650
19	—	Ametoctradin	0.03		不得检出	参照同类标准
20	酰嘧磺隆	Amidosulfuron	0.02		不得检出	参照同类标准
21	氯氨吡啶酸	Aminopyralid	0.3		不得检出	GB/T 23211
22	—	Amisulbrom	0.01		不得检出	参照同类标准
23	阿莫西林	Amoxicillin	50μg/kg		不得检出	NY/T 830
24	氨苄青霉素	Ampicillin	50μg/kg		不得检出	GB/T 21315
25	敌菌灵	Anilazine	0.01		不得检出	GB/T 20769
26	杀螨特	Aramite	0.01		不得检出	GB/T 19650
27	磺草灵	Asulam	0.1		不得检出	日本肯定列表（增补本1）
28	印楝素	Azadirachtin	0.01		不得检出	SN/T 3264
29	益棉磷	Azinphos-ethyl	0.01		不得检出	GB/T 19650
30	保棉磷	Azinphos-methyl	0.01		不得检出	GB/T 20772
31	三唑锡和三环锡	Azocyclotin and cyhexatin	0.05		不得检出	SN/T 1990
32	嘧菌酯	Azoxystrobin	0.07		不得检出	GB/T 20772
33	燕麦灵	Barban	0.05		不得检出	参照同类标准
34	氟丁酰草胺	Beflubutamid	0.05		不得检出	参照同类标准
35	苯霜灵	Benalaxyl	0.05		不得检出	GB/T 20772
36	丙硫克百威	Benfuracarb	0.02		不得检出	GB/T 20772
37	苄青霉素	Benzyl penicillin	50μg/kg		不得检出	GB/T 21315
38	联苯肼酯	Bifenazate	0.01		不得检出	GB/T 20772
39	甲羧除草醚	Bifenox	0.05		不得检出	GB/T 23210
40	联苯菊酯	Bifenthrin	0.2		不得检出	GB/T 19650
41	乐杀螨	Binapacryl	0.01		不得检出	SN 0523
42	联苯	Biphenyl	0.01		不得检出	GB/T 19650

序号	农兽药中文名	农兽药英文名	欧盟标准限量要求 mg/kg	国家标准限量要求 mg/kg	三安超有机食品标准	
					限量要求 mg/kg	检测方法
43	联苯三唑醇	Bitertanol	0.05		不得检出	GB/T 20772
44	一	Bixafen	0.02		不得检出	参照同类标准
45	啶酰菌胺	Boscalid	0.3		不得检出	GB/T 20772
46	溴离子	Bromide ion	0.05		不得检出	GB/T 5009.167
47	溴螨酯	Bromopropylate	0.01		不得检出	GB/T 19650
48	溴苯腈	Bromoxynil	0.05		不得检出	GB/T 20772
49	糠菌唑	Bromuconazole	0.05		不得检出	GB/T 19650
50	乙嘧酚磺酸酯	Bupirimate	0.05		不得检出	GB/T 19650
51	噻嗪酮	Buprofezin	0.05		不得检出	GB/T 20772
52	仲丁灵	Butralin	0.02		不得检出	GB/T 19650
53	丁草敌	Butylate	0.01		不得检出	GB/T 19650
54	硫线磷	Cadusafos	0.01		不得检出	GB/T 19650
55	毒杀芬	Camphechlor	0.05		不得检出	YC/T 180
56	敌菌丹	Captafol	0.01		不得检出	GB/T 23210
57	克菌丹	Captan	0.02		不得检出	GB/T 19648
58	甲萘威	Carbaryl	0.05		不得检出	GB/T 20796
59	多菌灵和苯菌灵	Carbendazim and benomyl	0.05		不得检出	GB/T 20772
60	长杀草	Carbetamide	0.05		不得检出	GB/T 20772
61	克百威	Carbofuran	0.01		不得检出	GB/T 20772
62	丁硫克百威	Carbosulfan	0.05		不得检出	GB/T 19650
63	萎锈灵	Carboxin	0.05		不得检出	GB/T 20772
64	卡洛芬	Carprofen	1000μg/kg		不得检出	SN/T 2190
65	头孢喹肟	Cefquinome	200μg/kg		不得检出	GB/T 22989
66	头孢噻呋	Ceftiofur	6000μg/kg		不得检出	GB/T 21314
67	氯虫苯甲酰胺	Chlorantraniliprole	0.2		不得检出	参照同类标准
68	杀螨醚	Chlorbenside	0.05		不得检出	GB/T 19650
69	氯炔灵	Chlorbufam	0.05		不得检出	GB/T 20772
70	氯丹	Chlordane	0.05		不得检出	GB/T 5009.19
71	十氯酮	Chlordecone	0.1		不得检出	参照同类标准
72	杀螨酯	Chlorfenson	0.05		不得检出	GB/T 19650
73	毒虫畏	Chlorfenvinphos	0.01		不得检出	GB/T 19650
74	氯草敏	Chloridazon	0.1		不得检出	GB/T 20772
75	矮壮素	Chlormequat	0.05		不得检出	GB/T 23211
76	乙酯杀螨醇	Chlorobenzilate	0.1		不得检出	GB/T 23210
77	百菌清	Chlorothalonil	0.2		不得检出	SN/T 2320
78	绿麦隆	Chlortoluron	0.05		不得检出	GB/T 20772
79	枯草隆	Chloroxuron	0.05		不得检出	SN/T 2150
80	氯苯胺灵	Chlorpropham	0.2		不得检出	GB/T 19650
81	甲基毒死蜱	Chlorpyrifos - methyl	0.05		不得检出	GB/T 19650

序号	农兽药中文名	农兽药英文名	欧盟标准限量要求 mg/kg	国家标准限量要求 mg/kg	三安超有机食品标准	
					限量要求 mg/kg	检测方法
82	氯磺隆	Chlorsulfuron	0.01		不得检出	GB/T 20772
83	金霉素	Chlortetracycline	600μg/kg		不得检出	GB/T 21317
84	氯酞酸甲酯	Chlorthaldimethyl	0.01		不得检出	GB/T 19650
85	氯硫酰草胺	Chlorthiamid	0.02		不得检出	GB/T 20772
86	盐酸克仑特罗	Clenbuterol hydrochloride	0.5μg/kg		不得检出	GB/T 22147
87	烯草酮	Clethodim	0.05		不得检出	GB/T 19650
88	炔草酯	Clodinafop - propargyl	0.02		不得检出	GB/T 19650
89	四螨嗪	Clofentezine	0.05		不得检出	GB/T 20772
90	二氯吡啶酸	Clopyralid	0.05		不得检出	SN/T 2228
91	噻虫胺	Clothianidin	0.02		不得检出	GB/T 20772
92	邻氯青霉素	Cloxacillin	300μg/kg		不得检出	GB/T 18932.25
93	黏菌素	Colistin	200μg/kg		不得检出	参照同类标准
94	铜化合物	Copper compounds	30		不得检出	参照同类标准
95	环烷基酰苯胺	Cyclanilide	0.01		不得检出	参照同类标准
96	噻草酮	Cycloxydim	0.05		不得检出	GB/T 19650
97	环氟菌胺	Cyflufenamid	0.03		不得检出	GB/T 23210
98	氟氯氰菊酯和高效氟氯氰菊酯	Cyfluthrin and beta - cyfluthrin	0.05		不得检出	GB/T 19650
99	霜脲氰	Cymoxanil	0.05		不得检出	GB/T 20772
100	氯氰菊酯和高效氯氰菊酯	Cypermethrin and beta - cypermethrin	0.2		不得检出	GB/T 19650
101	环丙唑醇	Cyproconazole	0.5		不得检出	GB/T 20772
102	嘧菌环胺	Cyprodinil	0.05		不得检出	GB/T 19650
103	灭蝇胺	Cyromazine	0.05		不得检出	GB/T 20772
104	丁酰肼	Daminozide	0.05		不得检出	SN/T 1989
105	达氟沙星	Danofloxacin	200μg/kg		不得检出	GB/T 22985
106	滴滴涕	DDT	1		不得检出	SN/T 0127
107	溴氰菊酯	Deltamethrin	0.03		不得检出	GB/T 19650
108	地塞米松	Dexamethasone	0.75μg/kg		不得检出	SN/T 1970
109	燕麦敌	Diallate	0.2		不得检出	GB/T 23211
110	二嗪磷	Diazinon	0.01		不得检出	GB/T 19650
111	麦草畏	Dicamba	0.7		不得检出	GB/T 20772
112	敌草腈	Dichlobenil	0.01		不得检出	GB/T 19650
113	滴丙酸	Dichlorprop	0.7		不得检出	SN/T 2228
114	二氯苯氧基丙酸	Diclofop	0.01		不得检出	参照同类标准
115	氯硝胺	Dicloran	0.01		不得检出	GB/T 19650
116	双氯青霉素	Dicloxacillin	300μg/kg		不得检出	GB/T 18932.25
117	三氯杀螨醇	Dicofol	0.02		不得检出	GB/T 19650
118	乙霉威	Diethofencarb	0.05		不得检出	GB/T 19650

序号	农兽药中文名	农兽药英文名	欧盟标准限量要求 mg/kg	国家标准限量要求 mg/kg	三安超有机食品标准 限量要求 mg/kg	检测方法
119	苯醚甲环唑	Difenoconazole	0.2		不得检出	GB/T 19650
120	双氟沙星	Difloxacin	600μg/kg		不得检出	GB/T 20366
121	除虫脲	Diflubenzuron	0.05		不得检出	SN/T 0528
122	吡氟酰草胺	Diflufenican	0.05		不得检出	GB/T 20772
123	油菜安	Dimethachlor	0.02		不得检出	GB/T 20772
124	烯酰吗啉	Dimethomorph	0.05		不得检出	GB/T 20772
125	醚菌胺	Dimoxystrobin	0.05		不得检出	SN/T 2237
126	烯唑醇	Diniconazole	0.01		不得检出	GB/T 19650
127	敌螨普	Dinocap	0.05		不得检出	日本肯定列表（增补本1）
128	地乐酚	Dinoseb	0.01		不得检出	GB/T 20772
129	特乐酚	Dinoterb	0.05		不得检出	GB/T 20772
130	敌噁磷	Dioxathion	0.05		不得检出	GB/T 19650
131	敌草快	Diquat	0.05		不得检出	GB/T 5009.221
132	乙拌磷	Disulfoton	0.01		不得检出	GB/T 20772
133	二氰蒽醌	Dithianon	0.01		不得检出	GB/T 20769
134	二硫代氨基甲酸酯	Dithiocarbamates	0.05		不得检出	SN 0139
135	敌草隆	Diuron	0.05		不得检出	SN/T 0645
136	二硝甲酚	DNOC	0.05		不得检出	GB/T 20772
137	多果定	Dodine	0.2		不得检出	SN 0500
138	多拉菌素	Doramectin	60μg/kg		不得检出	GB/T 22968
139	甲氨基阿维菌素苯甲酸盐	Emamectin benzoate	0.08		不得检出	GB/T 20769
140	硫丹	Endosulfan	0.05	0.03	不得检出	GB/T 19650
141	异狄氏剂	Endrin	0.05		不得检出	GB/T 19650
142	恩诺沙星	Enrofloxacin	200μg/kg		不得检出	GB/T 20366
143	氟环唑	Epoxiconazole	0.02		不得检出	GB/T 20772
144	茵草敌	EPTC	0.02		不得检出	GB/T 20772
145	红霉素	Erythromycin	200μg/kg		不得检出	GB/T 20762
146	乙丁烯氟灵	Ethalfluralin	0.01		不得检出	GB/T 19650
147	胺苯磺隆	Ethametsulfuron	0.01		不得检出	NY/T 1616
148	乙烯利	Ethephon	0.05		不得检出	SN 0705
149	乙硫磷	Ethion	0.01		不得检出	GB/T 19650
150	乙嘧酚	Ethirimol	0.05		不得检出	GB/T 20772
151	乙氧呋草黄	Ethofumesate	0.1		不得检出	GB/T 20772
152	灭线磷	Ethoprophos	0.01		不得检出	GB/T 19650
153	乙氧喹啉	Ethoxyquin	0.05		不得检出	GB/T 20772
154	环氧乙烷	Ethylene oxide	0.02		不得检出	GB/T 23296.11
155	醚菊酯	Etofenprox	0.5		不得检出	GB/T 19650
156	乙螨唑	Etoxazole	0.01		不得检出	GB/T 19650

序号	农兽药中文名	农兽药英文名	欧盟标准限量要求 mg/kg	国家标准限量要求 mg/kg	三安超有机食品标准	
					限量要求 mg/kg	检测方法
157	氯唑灵	Etridiazole	0.05		不得检出	GB/T 20772
158	噁唑菌酮	Famoxadone	0.05		不得检出	GB/T 20772
159	苯硫氨酯	Febantel	50μg/kg		不得检出	GB/T 22972
160	咪唑菌酮	Fenamidone	0.01		不得检出	GB/T 19650
161	苯线磷	Fenamiphos	0.01		不得检出	GB/T 19650
162	氯苯嘧啶醇	Fenarimol	0.02		不得检出	GB/T 20772
163	喹螨醚	Fenazaquin	0.01		不得检出	GB/T 19650
164	苯硫苯咪唑	Fenbendazole	50μg/kg		不得检出	SN 0638
165	腈苯唑	Fenbuconazole	0.05		不得检出	GB/T 20772
166	苯丁锡	Fenbutatin oxide	0.05		不得检出	SN/T 3149
167	环酰菌胺	Fenhexamid	0.05		不得检出	GB/T 20772
168	杀螟硫磷	Fenitrothion	0.01		不得检出	GB/T 20772
169	精噁唑禾草灵	Fenoxaprop – P – ethyl	0.05		不得检出	GB/T 22617
170	双氧威	Fenoxycarb	0.05		不得检出	GB/T 19650
171	苯锈啶	Fenpropidin	0.02		不得检出	GB/T 19650
172	丁苯吗啉	Fenpropimorph	0.01		不得检出	GB/T 20772
173	胺苯吡菌酮	Fenpyrazamine	0.01		不得检出	参照同类标准
174	唑螨酯	Fenpyroximate	0.01		不得检出	GB/T 19650
175	倍硫磷	Fenthion	0.05		不得检出	GB/T 20772
176	三苯锡	Fentin	0.05		不得检出	SN/T 3149
177	薯瘟锡	Fentin acetate	0.05		不得检出	参照同类标准
178	氰戊菊酯和高效氰戊菊酯（RR & SS 异构体总量）	Fenvalerate and esfenvalerate (sum of RR & SS isomers)	0.2		不得检出	GB/T 19650
179	氰戊菊酯和高效氰戊菊酯（RS & SR 异构体总量）	Fenvalerate and esfenvalerate (sum of RS & SR isomers)	0.05		不得检出	GB/T 19650
180	氟虫腈	Fipronil	0.01		不得检出	SN/T 1982
181	非罗考昔	Firocoxib	10μg/kg		不得检出	参照同类标准
182	氟啶虫酰胺	Flonicamid	0.03		不得检出	SN/T 2796
183	氟苯尼考	Florfenicol	300μg/kg		不得检出	GB/T 20756
184	精吡氟禾草灵	Fluazifop – P – butyl	0.05		不得检出	GB/T 5009.142
185	氟啶胺	Fluazinam	0.05		不得检出	SN/T 2150
186	氟苯虫酰胺	Flubendiamide	1		不得检出	SN/T 2581
187	氟环脲	Flucycloxuron	0.05		不得检出	参照同类标准
188	氟氰戊菊酯	Flucythrinate	0.05		不得检出	GB/T 23210
189	咯菌腈	Fludioxonil	0.05		不得检出	GB/T 20772
190	氟虫脲	Flufenoxuron	0.05		不得检出	SN/T 2150
191	—	Flufenzin	0.02		不得检出	参照同类标准
192	氟甲喹	Flumequin	1000μg/kg		不得检出	SN/T 1921
193	氟胺烟酸	Flunixin	200μg/kg		不得检出	GB/T 20750

序号	农兽药中文名	农兽药英文名	欧盟标准限量要求 mg/kg	国家标准限量要求 mg/kg	三安超有机食品标准 限量要求 mg/kg	三安超有机食品标准 检测方法
194	氟吡菌胺	Fluopicolide	0.01		不得检出	参照同类标准
195	—	Fluopyram	0.7		不得检出	参照同类标准
196	氟离子	Fluoride ion	1		不得检出	GB/T 5009.167
197	氟腈嘧菌酯	Fluoxastrobin	0.1		不得检出	SN/T 2237
198	氟喹唑	Fluquinconazole	0.3		不得检出	GB/T 19650
199	氟咯草酮	Fluorochloridone	0.05		不得检出	GB/T 20772
200	氟草烟	Fluroxypyr	0.05		不得检出	GB/T 20772
201	氟硅唑	Flusilazole	0.5		不得检出	GB/T 20772
202	氟酰胺	Flutolanil	0.02		不得检出	GB/T 20772
203	粉唑醇	Flutriafol	0.01		不得检出	GB/T 20772
204	—	Fluxapyroxad	0.01		不得检出	参照同类标准
205	氟磺胺草醚	Fomesafen	0.01		不得检出	GB/T 5009.130
206	氯吡脲	Forchlorfenuron	0.05		不得检出	SN/T 3643
207	伐虫脒	Formetanate	0.01		不得检出	NY/T 1453
208	三乙膦酸铝	Fosetyl – aluminium	0.5		不得检出	参照同类标准
209	麦穗宁	Fuberidazole	0.05		不得检出	GB/T 19650
210	呋线威	Furathiocarb	0.01		不得检出	GB/T 20772
211	糠醛	Furfural	1		不得检出	参照同类标准
212	勃激素	Gibberellic acid	0.1		不得检出	GB/T 23211
213	草胺膦	Glufosinate – ammonium	0.1		不得检出	日本肯定列表
214	草甘膦	Glyphosate	0.05		不得检出	SN/T 1923
215	双胍盐	Guazatine	0.1		不得检出	参照同类标准
216	氟吡禾灵	Haloxyfop	0.02		不得检出	SN/T 2228
217	七氯	Heptachlor	0.2		不得检出	SN 0663
218	六氯苯	Hexachlorobenzene	0.2		不得检出	SN/T 0127
219	六六六（HCH），α - 异构体	Hexachlorociclohexane（HCH）, alpha – isomer	0.2		不得检出	SN/T 0127
220	六六六（HCH），β - 异构体	Hexachlorociclohexane（HCH）, beta – isomer	0.1		不得检出	SN/T 0127
221	噻螨酮	Hexythiazox	0.05		不得检出	GB/T 20772
222	噁霉灵	Hymexazol	0.05		不得检出	GB/T 20772
223	抑霉唑	Imazalil	0.05		不得检出	GB/T 20772
224	甲咪唑烟酸	Imazapic	0.01		不得检出	GB/T 20772
225	咪唑喹啉酸	Imazaquin	0.05		不得检出	GB/T 20772
226	吡虫啉	Imidacloprid	0.3		不得检出	GB/T 20772
227	茚虫威	Indoxacarb	0.05		不得检出	GB/T 20772
228	碘苯腈	Ioxynil	0.05		不得检出	GB/T 20772
229	异菌脲	Iprodione	0.05		不得检出	GB/T 19650

序号	农兽药中文名	农兽药英文名	欧盟标准限量要求 mg/kg	国家标准限量要求 mg/kg	三安超有机食品标准 限量要求 mg/kg	三安超有机食品标准 检测方法
230	稻瘟灵	Isoprothiolane	0.01		不得检出	GB/T 20772
231	异丙隆	Isoproturon	0.05		不得检出	GB/T 20772
232	—	Isopyrazam	0.01		不得检出	参照同类标准
233	异噁酰草胺	Isoxaben	0.01		不得检出	GB/T 20772
234	依维菌素	Ivermectin	30μg/kg		不得检出	GB/T 21320
235	卡那霉素	Kanamycin	2500μg/kg		不得检出	GB/T 21323
236	醚菌酯	Kresoxim – methyl	0.05		不得检出	GB/T 20772
237	乳氟禾草灵	Lactofen	0.01		不得检出	GB/T 19650
238	高效氯氟氰菊酯	Lambda – cyhalothrin	0.5		不得检出	GB/T 23210
239	环草定	Lenacil	0.1		不得检出	GB/T 19650
240	林可霉素	Lincomycin	1500μg/kg		不得检出	GB/T 20762
241	林丹	Lindane	0.02	0.01	不得检出	NY/T 761
242	虱螨脲	Lufenuron	0.02		不得检出	SN/T 2540
243	马拉硫磷	Malathion	0.02		不得检出	GB/T 19650
244	抑芽丹	Maleic hydrazide	0.5		不得检出	GB/T 23211
245	双炔酰菌胺	Mandipropamid	0.02		不得检出	参照同类标准
246	二甲四氯和二甲四氯丁酸	MCPA and MCPB	0.1		不得检出	SN/T 2228
247	甲苯咪唑	Mebendazole	60μg/kg		不得检出	GB/T 21324
248	美洛昔康	Meloxicam	65μg/kg		不得检出	SN/T 2190
249	壮棉素	Mepiquat chloride	0.05		不得检出	GB/T 23211
250	—	Meptyldinocap	0.05		不得检出	参照同类标准
251	汞化合物	Mercury compounds	0.01		不得检出	参照同类标准
252	氰氟虫腙	Metaflumizone	0.02		不得检出	SN/T 3852
253	甲霜灵和精甲霜灵	Metalaxyl and metalaxyl – M	0.05		不得检出	GB/T 20772
254	四聚乙醛	Metaldehyde	0.05		不得检出	SN/T 1787
255	苯嗪草酮	Metamitron	0.05		不得检出	GB/T 19650
256	安乃近	Metamizole	100μg/kg		不得检出	GB/T 20747
257	吡唑草胺	Metazachlor	0.05		不得检出	GB/T 19650
258	叶菌唑	Metconazole	0.01		不得检出	GB/T 20772
259	甲基苯噻隆	Methabenzthiazuron	0.05		不得检出	GB/T 19650
260	虫螨畏	Methacrifos	0.01		不得检出	GB/T 20772
261	甲胺磷	Methamidophos	0.01		不得检出	GB/T 20772
262	杀扑磷	Methidathion	0.02		不得检出	GB/T 20772
263	甲硫威	Methiocarb	0.05		不得检出	GB/T 20770
264	灭多威和硫双威	Methomyl and thiodicarb	0.02		不得检出	GB/T 20772
265	烯虫酯	Methoprene	0.05		不得检出	GB/T 19650
266	甲氧滴滴涕	Methoxychlor	0.01		不得检出	SN/T 0529
267	甲氧虫酰肼	Methoxyfenozide	0.1		不得检出	GB/T 20772
268	磺草唑胺	Metosulam	0.01		不得检出	GB/T 20772

序号	农兽药中文名	农兽药英文名	欧盟标准限量要求 mg/kg	国家标准限量要求 mg/kg	三安超有机食品标准限量要求 mg/kg	检测方法
269	苯菌酮	Metrafenone	0.05		不得检出	参照同类标准
270	嗪草酮	Metribuzin	0.1		不得检出	GB/T 19650
271	绿谷隆	Monolinuron	0.05		不得检出	GB/T 20772
272	灭草隆	Monuron	0.01		不得检出	GB/T 20772
273	莫西丁克	Moxidectin	50μg/kg		不得检出	SN/T 2442
274	腈菌唑	Myclobutanil	0.01		不得检出	GB/T 20772
275	1-萘乙酰胺	1 - Naphthylacetamide	0.05		不得检出	GB/T 23205
276	敌草胺	Napropamide	0.01		不得检出	GB/T 19650
277	新霉素(包括 framycetin)	Neomycin (including framycetin)	5000μg/kg		不得检出	SN 0646
278	烟嘧磺隆	Nicosulfuron	0.05		不得检出	SN/T 2325
279	除草醚	Nitrofen	0.01		不得检出	GB/T 19650
280	氟酰脲	Novaluron	0.7		不得检出	GB/T 23211
281	嘧苯胺磺隆	Orthosulfamuron	0.01		不得检出	GB/T 23817
282	苯唑青霉素	Oxacillin	300μg/kg		不得检出	GB/T 18932.25
283	噁草酮	Oxadiazon	0.05		不得检出	GB/T 19650
284	噁霜灵	Oxadixyl	0.01		不得检出	GB/T 19650
285	环氧嘧磺隆	Oxasulfuron	0.05		不得检出	GB/T 23817
286	喹菌酮	Oxolinic acid	150μg/kg		不得检出	日本肯定列表
287	氧化萎锈灵	Oxycarboxin	0.05		不得检出	GB/T 19650
288	亚砜磷	Oxydemeton - methyl	0.02		不得检出	参照同类标准
289	乙氧氟草醚	Oxyfluorfen	0.05		不得检出	GB/T 20772
290	土霉素	Oxytetracycline	600μg/kg		不得检出	GB/T 21317
291	多效唑	Paclobutrazol	0.02		不得检出	GB/T 19650
292	对硫磷	Parathion	0.05		不得检出	GB/T 19650
293	甲基对硫磷	Parathion - methyl	0.01		不得检出	GB/T 5009.161
294	巴龙霉素	Paromomycin	1500μg/kg		不得检出	SN/T 2315
295	戊菌唑	Penconazole	0.05		不得检出	GB/T 20772
296	戊菌隆	Pencycuron	0.05		不得检出	GB/T 19650
297	二甲戊灵	Pendimethalin	0.05		不得检出	GB/T 19650
298	喷沙西林	Penethamate	50μg/kg		不得检出	GB/T 19650
299	甜菜宁	Phenmedipham	0.05		不得检出	GB/T 23205
300	苯醚菊酯	Phenothrin	0.05		不得检出	GB/T 20772
301	甲拌磷	Phorate	0.02		不得检出	GB/T 20772
302	伏杀硫磷	Phosalone	0.01		不得检出	GB/T 20772
303	亚胺硫磷	Phosmet	0.1		不得检出	GB/T 20772
304	—	Phosphines and phosphides	0.01		不得检出	参照同类标准
305	辛硫磷	Phoxim	0.02		不得检出	GB/T 20772
306	氨氯吡啶酸	Picloram	5		不得检出	GB/T 23211

序号	农兽药中文名	农兽药英文名	欧盟标准限量要求 mg/kg	国家标准限量要求 mg/kg	三安超有机食品标准 限量要求 mg/kg	三安超有机食品标准 检测方法
307	啶氧菌酯	Picoxystrobin	0.05		不得检出	GB/T 19650
308	抗蚜威	Pirimicarb	0.05		不得检出	GB/T 20772
309	甲基嘧啶磷	Pirimiphos – methyl	0.05		不得检出	GB/T 20772
310	泼尼松龙	Prednisolone	15μg/kg		不得检出	GB/T 21981
311	咪鲜胺	Prochloraz	0.1		不得检出	GB/T 19650
312	腐霉利	Procymidone	0.01		不得检出	GB/T 20772
313	丙溴磷	Profenofos	0.05		不得检出	GB/T 20772
314	调环酸	Prohexadione	0.05		不得检出	日本肯定列表
315	毒草安	Propachlor	0.02		不得检出	GB/T 20772
316	扑派威	Propamocarb	0.1		不得检出	GB/T 20772
317	恶草酸	Propaquizafop	0.05		不得检出	GB/T 20772
318	炔螨特	Propargite	0.1		不得检出	GB/T 19650
319	苯胺灵	Propham	0.05		不得检出	GB/T 19650
320	丙环唑	Propiconazole	0.01		不得检出	GB/T 19650
321	异丙草胺	Propisochlor	0.01		不得检出	GB/T 19650
322	残杀威	Propoxur	0.05		不得检出	参照同类标准
323	炔苯酰草胺	Propyzamide	0.05		不得检出	GB/T 20772
324	苄草丹	Prosulfocarb	0.05		不得检出	GB/T 23211
325	丙硫菌唑	Prothioconazole	0.5		不得检出	GB/T 19650
326	吡蚜酮	Pymetrozine	0.01		不得检出	GB/T 20772
327	吡唑醚菌酯	Pyraclostrobin	0.05		不得检出	GB/T 20772
328	—	Pyrasulfotole	0.01		不得检出	GB/T 19650
329	吡菌磷	Pyrazophos	0.02		不得检出	GB/T 20772
330	除虫菊素	Pyrethrins	0.05		不得检出	GB/T 20772
331	哒螨灵	Pyridaben	0.02		不得检出	日本肯定列表
332	啶虫丙醚	Pyridalyl	0.01		不得检出	GB/T 20772
333	哒草特	Pyridate	0.05		不得检出	GB/T 20772
334	嘧霉胺	Pyrimethanil	0.05		不得检出	GB/T 20772
335	吡丙醚	Pyriproxyfen	0.05		不得检出	GB/T 19650
336	甲氧磺草胺	Pyroxsulam	0.01		不得检出	GB/T 19650
337	氯甲喹啉酸	Quinmerac	0.05		不得检出	GB/T 19650
338	喹氧灵	Quinoxyfen	0.2		不得检出	SN/T 2319
339	五氯硝基苯	Quintozene	0.01		不得检出	GB/T 19650
340	精喹禾灵	Quizalofop – P – ethyl	0.05		不得检出	SN/T 2150
341	灭虫菊	Resmethrin	0.1		不得检出	GB/T 20772
342	鱼藤酮	Rotenone	0.01		不得检出	GB/T 20772
343	西玛津	Simazine	0.01		不得检出	SN 0594
344	壮观霉素	Spectinomycin	5000μg/kg		不得检出	GB/T 20772
345	乙基多杀菌素	Spinetoram	0.01		不得检出	GB/T 20772

序号	农兽药中文名	农兽药英文名	欧盟标准限量要求 mg/kg	国家标准限量要求 mg/kg	三安超有机食品标准	
					限量要求 mg/kg	检测方法
346	多杀霉素	Spinosad	0.02		不得检出	日本肯定列表
347	螺螨酯	Spirodiclofen	0.05		不得检出	GB/T 20772
348	螺甲螨酯	Spiromesifen	0.01		不得检出	GB/T 20772
349	螺虫乙酯	Spirotetramat	0.03		不得检出	GB/T 20772
350	葚孢菌素	Spiroxamine	0.2		不得检出	GB/T 19650
351	磺草酮	Sulcotrione	0.05		不得检出	GB/T 19650
352	磺胺类(所有属于磺胺类的物质)	Sulfonamides(all substances belonging to the sulfonamide-group)	100μg/kg		不得检出	GB/T 19650
353	乙黄隆	Sulfosulfuron	0.05		不得检出	GB/T 19650
354	硫磺粉	Sulfur	0.5		不得检出	GB/T 19650
355	氟胺氰菊酯	Tau – fluvalinate	0.01		不得检出	GB/T 20769
356	戊唑醇	Tebuconazole	0.1		不得检出	GB/T 20772
357	虫酰肼	Tebufenozide	0.05		不得检出	GB/T 20772
358	吡螨胺	Tebufenpyrad	0.05		不得检出	SN 0594
359	四氯硝基苯	Tecnazene	0.05		不得检出	GB/T 19650
360	氟苯脲	Teflubenzuron	0.05		不得检出	SN/T 2150
361	七氟菊酯	Tefluthrin	0.05		不得检出	GB/T 23210
362	得杀草	Tepraloxydim	0.1		不得检出	GB/T 20772
363	特丁硫磷	Terbufos	0.01		不得检出	GB/T 20772
364	特丁津	Terbuthylazine	0.05		不得检出	GB/T 19650
365	四氟醚唑	Tetraconazole	0.5		不得检出	GB/T 20772
366	四环素	Tetracycline	600μg/kg		不得检出	GB/T 21317
367	三氯杀螨砜	Tetradifon	0.05		不得检出	GB/T 19650
368	噻虫啉	Thiacloprid	0.3		不得检出	GB/T 20772
369	噻虫嗪	Thiamethoxam	0.03		不得检出	GB/T 20772
370	甲砜霉素	Thiamphenicol	50μg/kg		不得检出	GB/T 20756
371	禾草丹	Thiobencarb	0.01		不得检出	GB/T 20772
372	甲基硫菌灵	Thiophanate – methyl	0.05		不得检出	SN/T 0162
373	替米考星	Tilmicosin	1000μg/kg		不得检出	GB/T 20762
374	甲基立枯磷	Tolclofos – methyl	0.05		不得检出	GB/T 19650
375	甲苯三嗪酮	Toltrazuril	250μg/kg		不得检出	参照同类标准
376	甲苯氟磺胺	Tolylfluanid	0.1		不得检出	GB/T 19650
377	—	Topramezone	0.05		不得检出	参照同类标准
378	三唑酮和三唑醇	Triadimefon and triadimenol	0.1		不得检出	GB/T 20772
379	野麦畏	Triallate	0.05		不得检出	GB/T 20772
380	醚苯磺隆	Triasulfuron	0.05		不得检出	GB/T 20772
381	三唑磷	Triazophos	0.01		不得检出	GB/T 20772
382	敌百虫	Trichlorphon	0.01		不得检出	GB/T 20772

序号	农兽药中文名	农兽药英文名	欧盟标准限量要求 mg/kg	国家标准限量要求 mg/kg	三安超有机食品标准	
					限量要求 mg/kg	检测方法
383	绿草定	Triclopyr	0.05		不得检出	SN/T 2228
384	三环唑	Tricyclazole	0.05		不得检出	GB/T 20769
385	十三吗啉	Tridemorph	0.01		不得检出	GB/T 20772
386	肟菌酯	Trifloxystrobin	0.04		不得检出	GB/T 19650
387	氟菌唑	Triflumizole	0.05		不得检出	GB/T 20769
388	杀铃脲	Triflumuron	0.01		不得检出	GB/T 20772
389	氟乐灵	Trifluralin	0.01		不得检出	GB/T 20772
390	嗪氨灵	Triforine	0.01		不得检出	SN 0695
391	甲氧苄氨嘧啶	Trimethoprim	100μg/kg		不得检出	SN/T 1769
392	三甲基锍阳离子	Trimethyl – sulfonium cation	0.05		不得检出	参照同类标准
393	抗倒酯	Trinexapac	0.05		不得检出	GB/T 20769
394	灭菌唑	Triticonazole	0.01		不得检出	GB/T 20772
395	三氟甲磺隆	Tritosulfuron	0.01		不得检出	参照同类标准
396	泰乐菌素	Tylosin	100μg/kg		不得检出	GB/T 22941
397	—	Valifenalate	0.01		不得检出	参照同类标准
398	维达布洛芬	Vedaprofen	1000μg/kg		不得检出	参照同类标准
399	乙烯菌核利	Vinclozolin	0.05		不得检出	GB/T 20772
400	2,3,4,5 – 四氯苯胺	2,3,4,5 – Tetrachloraniline			不得检出	GB/T 19650
401	2,3,4,5 – 四氯甲氧基苯	2,3,4,5 – Tetrachloroanisole			不得检出	GB/T 19650
402	2,3,5,6 – 四氯苯胺	2,3,5,6 – Tetrachloroaniline			不得检出	GB/T 19650
403	2,4,5 – 涕	2,4,5 – T			不得检出	GB/T 20772
404	o,p′ – 滴滴滴	2,4′ – DDD			不得检出	GB/T 19650
405	o,p′ – 滴滴伊	2,4′ – DDE			不得检出	GB/T 19650
406	o,p′ – 滴滴涕	2,4′ – DDT			不得检出	GB/T 19650
407	2,6 – 二氯苯甲酰胺	2,6 – Dichlorobenzamide			不得检出	GB/T 19650
408	3,5 – 二氯苯胺	3,5 – Dichloroaniline			不得检出	GB/T 19650
409	p,p′ – 滴滴滴	4,4′ – DDD			不得检出	GB/T 19650
410	p,p′ – 滴滴伊	4,4′ – DDE			不得检出	GB/T 19650
411	p,p′ – 滴滴涕	4,4′ – DDT			不得检出	GB/T 19650
412	4,4′ – 二溴二苯甲酮	4,4′ – Dibromobenzophenone			不得检出	GB/T 19650
413	4,4′ – 二氯二苯甲酮	4,4′ – Dichlorobenzophenone			不得检出	GB/T 19650
414	二氢苊	Acenaphthene			不得检出	GB/T 19650
415	乙酰丙嗪	Acepromazine			不得检出	GB/T 20763
416	三氟羧草醚	Acifluorfen			不得检出	GB/T 20772
417	1 – 氨基 – 2 – 乙内酰脲	AHD			不得检出	GB/T 21311
418	涕灭砜威	Aldoxycarb			不得检出	GB/T 20772
419	烯丙菊酯	Allethrin			不得检出	GB/T 20772
420	二丙烯草胺	Allidochlor			不得检出	GB/T 19650
421	α – 六六六	Alpha – HCH			不得检出	GB/T 19650

序号	农兽药中文名	农兽药英文名	欧盟标准限量要求 mg/kg	国家标准限量要求 mg/kg	三安超有机食品标准	
					限量要求 mg/kg	检测方法
422	烯丙孕素	Altrenogest			不得检出	SN/T 1980
423	莠灭净	Ametryn			不得检出	GB/T 20772
424	双甲脒	Amitraz			不得检出	GB/T 19650
425	杀草强	Amitrole			不得检出	GB/T 21311
426	5－吗啉甲基－3－氨基－2－噁唑烷基酮	AMOZ			不得检出	GB/T 21311
427	氨丙嘧吡啶	Amprolium			不得检出	SN/T 0276
428	莎稗磷	Anilofos			不得检出	GB/T 19650
429	蒽醌	Anthraquinone			不得检出	GB/T 19650
430	3－氨基－2－噁唑酮	AOZ			不得检出	GB/T 21311
431	安普霉素	Apramycin			不得检出	GB/T 21323
432	丙硫特普	Aspon			不得检出	GB/T 19650
433	羟氨卡青霉素	Aspoxicillin			不得检出	GB/T 21315
434	乙基杀扑磷	Athidathion			不得检出	GB/T 19650
435	莠去通	Atratone			不得检出	GB/T 19650
436	莠去津	Atrazine			不得检出	GB/T 20772
437	脱乙基阿特拉津	Atrazine－desethyl			不得检出	GB/T 19650
438	甲基吡噁磷	Azamethiphos			不得检出	GB/T 20763
439	氮哌酮	Azaperone			不得检出	SN/T 2221
440	叠氮津	Aziprotryne			不得检出	GB/T 19650
441	杆菌肽	Bacitracin			不得检出	GB/T 20743
442	4－溴－3,5－二甲苯基－N－甲基氨基甲酸酯－1	BDMC－1			不得检出	GB/T 19650
443	4－溴－3,5－二甲苯基－N－甲基氨基甲酸酯－2	BDMC－2			不得检出	GB/T 19650
444	噁虫威	Bendiocarb			不得检出	GB/T 20772
445	乙丁氟灵	Benfluralin			不得检出	GB/T 19650
446	呋草黄	Benfuresate			不得检出	GB/T 19650
447	麦锈灵	Benodanil			不得检出	GB/T 19650
448	解草酮	Benoxacor			不得检出	GB/T 19650
449	新燕灵	Benzoylprop－ethyl			不得检出	GB/T 19650
450	β－六六六	Beta－HCH			不得检出	GB/T 19650
451	倍他米松	Betamethasone			不得检出	SN/T 1970
452	生物烯丙菊酯－1	Bioallethrin－1			不得检出	GB/T 19650
453	生物烯丙菊酯－2	Bioallethrin－2			不得检出	GB/T 19650
454	生物苄呋菊酯	Bioresmethrin			不得检出	GB/T 20772
455	除草定	Bromacil			不得检出	GB/T 20772
456	溴苯烯磷	Bromfenvinfos			不得检出	GB/T 19650
457	溴烯杀	Bromocylen			不得检出	GB/T 19650

序号	农兽药中文名	农兽药英文名	欧盟标准限量要求 mg/kg	国家标准限量要求 mg/kg	三安超有机食品标准 限量要求 mg/kg	三安超有机食品标准 检测方法
458	溴硫磷	Bromofos			不得检出	GB/T 19650
459	乙基溴硫磷	Bromophos – ethyl			不得检出	GB/T 19650
460	溴丁酰草胺	Btomobutide			不得检出	GB/T 19650
461	氟丙嘧草酯	Butafenacil			不得检出	GB/T 19650
462	抑草磷	Butamifos			不得检出	GB/T 19650
463	丁草胺	Butaxhlor			不得检出	GB/T 19650
464	苯酮唑	Cafenstrole			不得检出	GB/T 19650
465	角黄素	Canthaxanthin			不得检出	SN/T 2327
466	咔唑心安	Carazolol			不得检出	GB/T 20763
467	卡巴氧	Carbadox			不得检出	GB/T 20746
468	三硫磷	Carbophenothion			不得检出	GB/T 19650
469	唑草酮	Carfentrazone – ethyl			不得检出	GB/T 19650
470	头孢洛宁	Cefalonium			不得检出	GB/T 22989
471	头孢匹林	Cefapirin			不得检出	GB/T 22989
472	头孢氨苄	Cefalexin			不得检出	GB/T 22989
473	氯霉素	Chloramphenicolum			不得检出	GB/T 20772
474	氯杀螨砜	Chlorbenside sulfone			不得检出	GB/T 19650
475	氯溴隆	Chlorbromuron			不得检出	GB/T 19650
476	杀虫脒	Chlordimeform			不得检出	GB/T 19650
477	氯氧磷	Chlorethoxyfos			不得检出	GB/T 19650
478	溴虫腈	Chlorfenapyr			不得检出	GB/T 19650
479	杀螨醇	Chlorfenethol			不得检出	GB/T 19650
480	燕麦酯	Chlorfenprop – methyl			不得检出	GB/T 19650
481	氟啶脲	Chlorfluazuron			不得检出	SN/T 2540
482	整形醇	Chlorflurenol			不得检出	GB/T 19650
483	氯地孕酮	Chlormadinone			不得检出	SN/T 1980
484	醋酸氯地孕酮	Chlormadinone acetate			不得检出	GB/T 20753
485	氯甲硫磷	Chlormephos			不得检出	GB/T 19650
486	氯苯甲醚	Chloroneb			不得检出	GB/T 19650
487	丙酯杀螨醇	Chloropropylate			不得检出	GB/T 19650
488	氯丙嗪	Chlorpromazine			不得检出	GB/T 20763
489	毒死蜱	Chlorpyrifos .			不得检出	GB/T 19650
490	氯硫磷	Chlorthion			不得检出	GB/T 19650
491	虫螨磷	Chlorthiophos			不得检出	GB/T 19650
492	乙菌利	Chlozolinate			不得检出	GB/T 19650
493	顺式 – 氯丹	cis – Chlordane			不得检出	GB/T 19650
494	顺式 – 燕麦敌	cis – Diallate			不得检出	GB/T 19650
495	顺式 – 氯菊酯	cis – Permethrin			不得检出	GB/T 19650
496	克仑特罗	Clenbuterol			不得检出	GB/T 22286

序号	农兽药中文名	农兽药英文名	欧盟标准限量要求 mg/kg	国家标准限量要求 mg/kg	三安超有机食品标准	
					限量要求 mg/kg	检测方法
497	炔草酸	Clodinafopacid			不得检出	GB/T 19650
498	异噁草酮	Clomazone			不得检出	GB/T 20772
499	氯甲酰草胺	Clomeprop			不得检出	GB/T 19650
500	氯羟吡啶	Clopidol			不得检出	GB 29700
501	解草酯	Cloquintocet – mexyl			不得检出	GB/T 19650
502	蝇毒磷	Coumaphos			不得检出	GB/T 19650
503	鼠立死	Crimidine			不得检出	GB/T 19650
504	巴毒磷	Crotxyphos			不得检出	GB/T 19650
505	育畜磷	Crufomate			不得检出	GB/T 19650
506	苯腈磷	Cyanofenphos			不得检出	GB/T 19650
507	杀螟腈	Cyanophos			不得检出	GB/T 20772
508	环草敌	Cycloate			不得检出	GB/T 20772
509	环莠隆	Cycluron			不得检出	GB/T 20772
510	环丙津	Cyprazine			不得检出	GB/T 20772
511	敌草索	Dacthal			不得检出	GB/T 19650
512	癸氧喹酯	Decoquinate			不得检出	SN/T 2444
513	脱叶磷	DEF			不得检出	GB/T 19650
514	δ – 六六六	Delta – HCH			不得检出	GB/T 19650
515	2,2′,4,5,5′ – 五氯联苯	DE – PCB 101			不得检出	GB/T 19650
516	2,3,4,4′,5 – 五氯联苯	DE – PCB 118			不得检出	GB/T 19650
517	2,2′,3,4,4′,5 – 六氯联苯	DE – PCB 138			不得检出	GB/T 19650
518	2,2′,4,4′,5,5′ – 六氯联苯	DE – PCB 153			不得检出	GB/T 19650
519	2,2′,3,4,4′,5,5′ – 七氯联苯	DE – PCB 180			不得检出	GB/T 19650
520	2,4,4′ – 三氯联苯	DE – PCB 28			不得检出	GB/T 19650
521	2,4,5 – 三氯联苯	DE – PCB 31			不得检出	GB/T 19650
522	2,2′,5,5′ – 四氯联苯	DE – PCB 52			不得检出	GB/T 19650
523	脱溴溴苯磷	Desbrom – leptophos			不得检出	GB/T 19650
524	脱乙基另丁津	Desethyl – sebuthylazine			不得检出	GB/T 19650
525	敌草净	Desmetryn			不得检出	GB/T 19650
526	氯亚胺硫磷	Dialifos			不得检出	GB/T 19650
527	敌菌净	Diaveridine			不得检出	SN/T 1926
528	驱虫特	Dibutyl succinate			不得检出	GB/T 20772
529	异氯磷	Dicapthon			不得检出	GB/T 20772
530	除线磷	Dichlofenthion			不得检出	GB/T 19650
531	苯氟磺胺	Dichlofluanid			不得检出	GB/T 19650
532	氯硝胺	Dichloran			不得检出	GB/T 20772
533	烯丙酰草胺	Dichlormid			不得检出	GB/T 20772
534	敌敌畏	Dichlorvos			不得检出	GB/T 19650

序号	农兽药中文名	农兽药英文名	欧盟标准限量要求 mg/kg	国家标准限量要求 mg/kg	三安超有机食品标准	
					限量要求 mg/kg	检测方法
535	苄氯三唑醇	Diclobutrazole			不得检出	GB/T 20766
536	禾草灵	Diclofop – methyl			不得检出	GB/T 22969
537	己烯雌酚	Diethylstilbestrol			不得检出	GB/T 19650
538	二氢链霉素	Dihydro – streptomycin			不得检出	GB/T 19650
539	甲氟磷	Dimefox			不得检出	GB/T 19650
540	哌草丹	Dimepiperate			不得检出	GB/T 20772
541	异戊乙净	Dimethametryn			不得检出	GB/T 19650
542	二甲酚草胺	Dimethenamid			不得检出	GB/T 19650
543	乐果	Dimethoate			不得检出	GB/T 21318
544	甲基毒虫畏	Dimethylvinphos			不得检出	GB/T 19650
545	地美硝唑	Dimetridazole			不得检出	GB/T 19650
546	二硝托安	Dinitolmide			不得检出	SN/T 2453
547	氨氟灵	Dinitramine			不得检出	GB/T 19650
548	消螨通	Dinobuton			不得检出	GB/T 19650
549	呋虫胺	Dinotefuran			不得检出	GB/T 20772
550	苯虫醚 – 1	Diofenolan – 1			不得检出	GB/T 19650
551	苯虫醚 – 2	Diofenolan – 2			不得检出	GB/T 19650
552	蔬果磷	Dioxabenzofos			不得检出	GB/T 19650
553	双苯酰草胺	Diphenamid			不得检出	GB/T 19650
554	二苯胺	Diphenylamine			不得检出	GB/T 19650
555	异丙净	Dipropetryn			不得检出	GB/T 19650
556	灭菌磷	Ditalimfos			不得检出	GB/T 19650
557	氟硫草定	Dithiopyr			不得检出	GB/T 19650
558	强力霉素	Doxycycline			不得检出	GB/T 20764
559	敌瘟磷	Edifenphos			不得检出	GB/T 19650
560	硫丹硫酸盐	Endosulfan – sulfate			不得检出	GB/T 19650
561	异狄氏剂酮	Endrin ketone			不得检出	GB/T 19650
562	苯硫磷	EPN			不得检出	GB/T 19650
563	埃普利诺菌素	Eprinomectin			不得检出	GB/T 21320
564	抑草蓬	Erbon			不得检出	GB/T 19650
565	S – 氰戊菊酯	Esfenvalerate			不得检出	GB/T 19650
566	戊草丹	Esprocarb			不得检出	GB/T 19650
567	乙环唑 – 1	Etaconazole – 1			不得检出	GB/T 19650
568	乙环唑 – 2	Etaconazole – 2			不得检出	GB/T 19650
569	乙嘧硫磷	Etrimfos			不得检出	GB/T 19650
570	氧乙嘧硫磷	Etrimfos oxon			不得检出	GB/T 19650
571	噁唑菌酮	Famoxaadone			不得检出	GB/T 19650
572	伐灭磷	Famphur			不得检出	GB/T 19650
573	苯线磷亚砜	Fenamiphos sulfoxide			不得检出	GB/T 19650

序号	农兽药中文名	农兽药英文名	欧盟标准限量要求 mg/kg	国家标准限量要求 mg/kg	三安超有机食品标准 限量要求 mg/kg	三安超有机食品标准 检测方法
574	苯线磷砜	Fenamiphos – sulfone			不得检出	GB/T 19650
575	氧皮蝇磷	Fenchlorphos oxon			不得检出	GB/T 19650
576	甲呋酰胺	Fenfuram			不得检出	GB/T 19650
577	仲丁威	Fenobucarb			不得检出	GB/T 19650
578	苯硫威	Fenothiocarb			不得检出	GB/T 19650
579	稻瘟酰胺	Fenoxanil			不得检出	GB/T 19650
580	拌种咯	Fenpiclonil			不得检出	GB/T 19650
581	甲氰菊酯	Fenpropathrin			不得检出	GB/T 19650
582	芬螨酯	Fenson			不得检出	GB/T 19650
583	丰索磷	Fensulfothion			不得检出	GB/T 19650
584	倍硫磷亚砜	Fenthion sulfoxide			不得检出	GB/T 19650
585	麦草氟异丙酯	Flamprop – isopropyl			不得检出	GB/T 19650
586	麦草氟甲酯	Flamprop – methyl			不得检出	GB/T 19650
587	吡氟禾草灵	Fluazifop – butyl			不得检出	GB/T 19650
588	啶蜱脲	Fluazuron			不得检出	SN/T 2540
589	氟苯咪唑	Flubendazole			不得检出	GB/T 21324
590	氟噻草胺	Flufenacet			不得检出	GB/T 19650
591	氟节胺	Flumetralin			不得检出	GB/T 19650
592	唑嘧磺草胺	Flumetsulam			不得检出	GB/T 20772
593	氟烯草酸	Flumiclorac			不得检出	GB/T 19650
594	丙炔氟草胺	Flumioxazin			不得检出	GB/T 19650
595	三氟硝草醚	Fluorodifen			不得检出	GB/T 19650
596	乙羧氟草醚	Fluoroglycofen – ethyl			不得检出	GB/T 19650
597	三氟苯唑	Fluotrimazole			不得检出	GB/T 19650
598	氟啶草酮	Fluridone			不得检出	GB/T 19650
599	氟草烟 – 1 – 甲庚酯	Fluroxypr – 1 – methylheptyl ester			不得检出	GB/T 19650
600	呋草酮	Flurtamone			不得检出	GB/T 19650
601	地虫硫磷	Fonofos			不得检出	GB/T 19650
602	安果	Formothion			不得检出	GB/T 19650
603	呋霜灵	Furalaxyl			不得检出	GB/T 19650
604	庆大霉素	Gentamicin			不得检出	GB/T 21323
605	苄螨醚	Halfenprox			不得检出	GB/T 19650
606	氟哌啶醇	Haloperidol			不得检出	GB/T 20763
607	ε – 六六六	HCH, epsilon			不得检出	GB/T 19650
608	庚烯磷	Heptanophos			不得检出	GB/T 19650
609	己唑醇	Hexaconazole			不得检出	GB/T 19650
610	环嗪酮	Hexazinone			不得检出	GB/T 19650
611	咪草酸	Imazamethabenz – methyl			不得检出	GB/T 19650

序号	农兽药中文名	农兽药英文名	欧盟标准限量要求 mg/kg	国家标准限量要求 mg/kg	三安超有机食品标准限量要求 mg/kg	三安超有机食品标准检测方法
612	脱苯甲基亚胺唑	Imibenconazole - des - benzyl			不得检出	GB/T 19650
613	炔咪菊酯 - 1	Imiprothrin - 1			不得检出	GB/T 19650
614	炔咪菊酯 - 2	Imiprothrin - 2			不得检出	GB/T 19650
615	碘硫磷	Iodofenphos			不得检出	GB/T 19650
616	甲基碘磺隆	Iodosulfuron - methyl			不得检出	GB/T 20772
617	异稻瘟净	Iprobenfos			不得检出	GB/T 19650
618	氯唑磷	Isazofos			不得检出	GB/T 19650
619	碳氯灵	Isobenzan			不得检出	GB/T 19650
620	丁咪酰胺	Isocarbamid			不得检出	GB/T 19650
621	水胺硫磷	Isocarbophos			不得检出	GB/T 19650
622	异艾氏剂	Isodrin			不得检出	GB/T 19650
623	异柳磷	Isofenphos			不得检出	GB/T 19650
624	氧异柳磷	Isofenphos oxon			不得检出	GB/T 19650
625	氮氨菲啶	Isometamidium			不得检出	SN/T 2239
626	丁嗪草酮	Isomethiozin			不得检出	GB/T 19650
627	异丙威 - 1	Isoprocarb - 1			不得检出	GB/T 19650
628	异丙威 - 2	Isoprocarb - 2			不得检出	GB/T 19650
629	异丙乐灵	Isopropalin			不得检出	GB/T 19650
630	双苯恶唑酸	Isoxadifen - ethyl			不得检出	GB/T 19650
631	异恶氟草	Isoxaflutole			不得检出	GB/T 20772
632	恶唑啉	Isoxathion			不得检出	GB/T 19650
633	交沙霉素	Josamycin			不得检出	GB/T 20762
634	拉沙里菌素	Lasalocid			不得检出	SN 0501
635	溴苯磷	Leptophos			不得检出	GB/T 19650
636	左旋咪唑	Levamisole			不得检出	SN 0349
637	利谷隆	Linuron			不得检出	GB/T 19650
638	麻保沙星	Marbofloxacin			不得检出	GB/T 22985
639	2 - 甲 - 4 - 氯丁氧乙基酯	MCPA - butoxyethyl ester			不得检出	GB/T 19650
640	灭蚜磷	Mecarbam			不得检出	GB/T 19650
641	二甲四氯丙酸	Mecoprop			不得检出	SN/T 2325
642	苯噻酰草胺	Mefenacet			不得检出	GB/T 19650
643	吡唑解草酯	Mefenpyr - diethyl			不得检出	GB/T 19650
644	醋酸甲地孕酮	Megestrol acetate			不得检出	GB/T 20753
645	醋酸美仑孕酮	Melengestrol acetate			不得检出	GB/T 20753
646	嘧菌胺	Mepanipyrim			不得检出	GB/T 19650
647	地胺磷	Mephosfolan			不得检出	GB/T 19650
648	灭锈胺	Mepronil			不得检出	GB/T 19650
649	硝磺草酮	Mesotrione			不得检出	参照同类标准
650	呋菌胺	Methfuroxam			不得检出	GB/T 19650

序号	农兽药中文名	农兽药英文名	欧盟标准限量要求 mg/kg	国家标准限量要求 mg/kg	三安超有机食品标准 限量要求 mg/kg	三安超有机食品标准 检测方法
651	灭梭威砜	Methiocarb sulfone			不得检出	GB/T 19650
652	异丙甲草胺和S-异丙甲草胺	Metolachlor and S-metolachlor			不得检出	GB/T 19650
653	盖草津	Methoprotryne			不得检出	GB/T 19650
654	甲醚菊酯-1	Methothrin-1			不得检出	GB/T 19650
655	甲醚菊酯-2	Methothrin-2			不得检出	GB/T 19650
656	甲基泼尼松龙	Methylprednisolone			不得检出	GB/T 21981
657	溴谷隆	Metobromuron			不得检出	GB/T 19650
658	甲氧氯普胺	Metoclopramide			不得检出	SN/T 2227
659	苯氧菌胺-1	Metominsstrobin-1			不得检出	GB/T 19650
660	苯氧菌胺-2	Metominsstrobin-2			不得检出	GB/T 19650
661	甲硝唑	Metronidazole			不得检出	GB/T 21318
662	速灭磷	Mevinphos			不得检出	GB/T 19650
663	兹克威	Mexacarbate			不得检出	GB/T 19650
664	灭蚁灵	Mirex			不得检出	GB/T 19650
665	禾草敌	Molinate			不得检出	GB/T 19650
666	庚酰草胺	Monalide			不得检出	GB/T 19650
667	莫能菌素	Monensin			不得检出	SN 0698
668	合成麝香	Musk ambrecte			不得检出	GB/T 19650
669	麝香	Musk moskene			不得检出	GB/T 19650
670	西藏麝香	Musk tibeten			不得检出	GB/T 19650
671	二甲苯麝香	Musk xylene			不得检出	GB/T 19650
672	萘夫西林	Nafcillin			不得检出	GB/T 22975
673	二溴磷	Naled			不得检出	SN/T 0706
674	萘丙胺	Naproanilide			不得检出	GB/T 19650
675	甲基盐霉素	Narasin			不得检出	GB/T 20364
676	甲磺乐灵	Nitralin			不得检出	GB/T 19650
677	三氯甲基吡啶	Nitrapyrin			不得检出	GB/T 19650
678	酞菌酯	Nitrothal-isopropyl			不得检出	GB/T 19650
679	诺氟沙星	Norfloxacin			不得检出	GB/T 20366
680	氟草敏	Norflurazon			不得检出	GB/T 19650
681	新生霉素	Novobiocin			不得检出	SN 0674
682	氟苯嘧啶醇	Nuarimol			不得检出	GB/T 19650
683	八氯苯乙烯	Octachlorostyrene			不得检出	GB/T 19650
684	氧氟沙星	Ofloxacin			不得检出	GB/T 20366
685	喹乙醇	Olaquindox			不得检出	GB/T 20746
686	竹桃霉素	Oleandomycin			不得检出	GB/T 20762
687	氧乐果	Omethoate			不得检出	GB/T 19650
688	奥比沙星	Orbifloxacin			不得检出	GB/T 22985

序号	农兽药中文名	农兽药英文名	欧盟标准限量要求 mg/kg	国家标准限量要求 mg/kg	三安超有机食品标准	
					限量要求 mg/kg	检测方法
689	杀线威	Oxamyl			不得检出	GB/T 20772
690	奥芬达唑	Oxfendazole			不得检出	GB/T 22972
691	丙氧苯咪唑	Oxibendazole			不得检出	GB/T 20772
692	氧化氯丹	Oxy - chlordane			不得检出	GB/T 19650
693	对氧磷	Paraoxon			不得检出	GB/T 19650
694	甲基对氧磷	Paraoxon - methyl			不得检出	GB/T 19650
695	克草敌	Pebulate			不得检出	GB/T 19650
696	五氯苯胺	Pentachloroaniline			不得检出	GB/T 19650
697	五氯甲氧基苯	Pentachloroanisole			不得检出	GB/T 19650
698	五氯苯	Pentachlorobenzene			不得检出	GB/T 19650
699	氯菊酯	Permethrin			不得检出	GB/T 19650
700	乙滴涕	Perthane			不得检出	GB/T 19650
701	菲	Phenanthrene			不得检出	GB/T 19650
702	稻丰散	Phenthoate			不得检出	GB/T 19650
703	甲拌磷砜	Phorate sulfone			不得检出	GB/T 19650
704	磷胺 - 1	Phosphamidon - 1			不得检出	GB/T 19650
705	磷胺 - 2	Phosphamidon - 2			不得检出	GB/T 19650
706	酞酸苯甲基丁酯	Phthalic acid, benzylbutyl ester			不得检出	GB/T 19650
707	四氯苯肽	Phthalide			不得检出	GB/T 19650
708	邻苯二甲酰亚胺	Phthalimide			不得检出	GB/T 19650
709	氟吡酰草胺	Picolinafen			不得检出	GB/T 19650
710	增效醚	Piperonyl butoxide			不得检出	GB/T 19650
711	哌草磷	Piperophos			不得检出	GB/T 19650
712	乙基虫螨清	Pirimiphos - ethyl			不得检出	GB/T 19650
713	吡利霉素	Pirlimycin			不得检出	GB/T 22988
714	炔丙菊酯	Prallethrin			不得检出	GB/T 19650
715	丙草胺	Pretilachlor			不得检出	GB/T 21981
716	环丙氟灵	Profluralin			不得检出	GB/T 19650
717	茉莉酮	Prohydrojasmon			不得检出	GB/T 19650
718	扑灭通	Prometon			不得检出	GB/T 19650
719	扑草净	Prometryne			不得检出	GB/T 19650
720	炔丙烯草胺	Pronamide			不得检出	GB/T 19650
721	敌稗	Propanil			不得检出	GB/T 19650
722	扑灭津	Propazine			不得检出	GB/T 19650
723	胺丙畏	Propetamphos			不得检出	GB/T 19650
724	丙酰二甲氨基丙吩噻嗪	Propionylpromazin			不得检出	GB/T 20763
725	丙硫磷	Prothiophos			不得检出	GB/T 19650
726	哒嗪硫磷	Ptridaphenthion			不得检出	GB/T 19650
727	吡唑硫磷	Pyraclofos			不得检出	GB/T 19650

序号	农兽药中文名	农兽药英文名	欧盟标准限量要求 mg/kg	国家标准限量要求 mg/kg	三安超有机食品标准 限量要求 mg/kg	三安超有机食品标准 检测方法
728	吡草醚	Pyraflufen – ethyl			不得检出	GB/T 19650
729	啶斑肟 – 1	Pyrifenox – 1			不得检出	GB/T 19650
730	啶斑肟 – 2	Pyrifenox – 2			不得检出	GB/T 19650
731	环酯草醚	Pyriftalid			不得检出	GB/T 19650
732	嘧螨醚	Pyrimidifen			不得检出	GB/T 19650
733	嘧草醚	Pyriminobac – methyl			不得检出	GB/T 19650
734	嘧啶磷	Pyrimitate			不得检出	GB/T 19650
735	喹硫磷	Quinalphos			不得检出	GB/T 19650
736	灭藻醌	Quinoclamine			不得检出	GB/T 19650
737	吡咪唑	Rabenzazole			不得检出	GB/T 19650
738	莱克多巴胺	Ractopamine			不得检出	GB/T 21313
739	洛硝达唑	Ronidazole			不得检出	GB/T 21318
740	皮蝇磷	Ronnel			不得检出	GB/T 19650
741	盐霉素	Salinomycin			不得检出	GB/T 20364
742	沙拉沙星	Sarafloxacin			不得检出	GB/T 20366
743	另丁津	Sebutylazine			不得检出	GB/T 19650
744	密草通	Secbumeton			不得检出	GB/T 19650
745	氨基脲	Semduramicinduramicin			不得检出	GB/T 20752
746	烯禾啶	Sethoxydim			不得检出	GB/T 19650
747	氟硅菊酯	Silafluofen			不得检出	GB/T 19650
748	硅氟唑	Simeconazole			不得检出	GB/T 19650
749	西玛通	Simetone			不得检出	GB/T 19650
750	西草净	Simetryn			不得检出	GB/T 19650
751	螺旋霉素	Spiramycin			不得检出	GB/T 20762
752	链霉素	Streptomycin			不得检出	GB/T 21323
753	磺胺苯酰	Sulfabenzamide			不得检出	GB/T 21316
754	磺胺醋酰	Sulfacetamide			不得检出	GB/T 21316
755	磺胺氯哒嗪	Sulfachloropyridazine			不得检出	GB/T 21316
756	磺胺嘧啶	Sulfadiazine			不得检出	GB/T 21316
757	磺胺间二甲氧嘧啶	Sulfadimethoxine			不得检出	GB/T 21316
758	磺胺二甲嘧啶	Sulfadimidine			不得检出	GB/T 21316
759	磺胺多辛	Sulfadoxine			不得检出	GB/T 21316
760	磺胺脒	Sulfaguanidine			不得检出	GB/T 21316
761	菜草畏	Sulfallate			不得检出	GB/T 19650
762	磺胺甲嘧啶	Sulfamerazine			不得检出	GB/T 21316
763	新诺明	Sulfamethoxazole			不得检出	GB/T 21316
764	磺胺间甲氧嘧啶	Sulfamonomethoxine			不得检出	GB/T 21316
765	乙酰磺胺对硝基苯	Sulfanitran			不得检出	GB/T 20772
766	磺胺吡啶	Sulfapyridine			不得检出	GB/T 21316

序号	农兽药中文名	农兽药英文名	欧盟标准限量要求 mg/kg	国家标准限量要求 mg/kg	三安超有机食品标准	
					限量要求 mg/kg	检测方法
767	磺胺喹沙啉	Sulfaquinoxaline			不得检出	GB/T 21316
768	磺胺噻唑	Sulfathiazole			不得检出	GB/T 21316
769	治螟磷	Sulfotep			不得检出	GB/T 19650
770	硫丙磷	Sulprofos			不得检出	GB/T 19650
771	苯噻硫氰	TCMTB			不得检出	GB/T 19650
772	丁基嘧啶磷	Tebupirimfos			不得检出	GB/T 19650
773	牧草胺	Tebutam			不得检出	GB/T 19650
774	丁噻隆	Tebuthiuron			不得检出	GB/T 20772
775	双硫磷	Temephos			不得检出	GB/T 20772
776	特草灵	Terbucarb			不得检出	GB/T 19650
777	特丁通	Terbumeron			不得检出	GB/T 19650
778	特丁净	Terbutryn			不得检出	GB/T 19650
779	四氢邻苯二甲酰亚胺	Tetrabydrophthalimide			不得检出	GB/T 19650
780	杀虫畏	Tetrachlorvinphos			不得检出	GB/T 19650
781	杀螨氯硫	Tetrasul			不得检出	GB/T 19650
782	噻吩草胺	Thenylchlor			不得检出	GB/T 19650
783	噻菌灵	Thiabendazole			不得检出	GB/T 20772
784	噻唑烟酸	Thiazopyr			不得检出	GB/T 19650
785	噻苯隆	Thidiazuron			不得检出	GB/T 20772
786	噻吩磺隆	Thifensulfuron – methyl			不得检出	GB/T 20772
787	甲基乙拌磷	Thiometon			不得检出	GB/T 20772
788	虫线磷	Thionazin			不得检出	GB/T 19650
789	硫普罗宁	Tiopronin			不得检出	SN/T 2225
790	三甲苯草酮	Tralkoxydim			不得检出	GB/T 19650
791	四溴菊酯	Tralomethrin			不得检出	SN/T 2320
792	反式－氯丹	trans – Chlordane			不得检出	GB/T 19650
793	反式－燕麦敌	trans – Diallate			不得检出	GB/T 19650
794	四氟苯菊酯	Transfluthrin			不得检出	GB/T 19650
795	反式九氯	trans – Nonachlor			不得检出	GB/T 19650
796	反式－氯菊酯	trans – Permethrin			不得检出	GB/T 19650
797	群勃龙	Trenbolone			不得检出	GB/T 21981
798	威菌磷	Triamiphos			不得检出	GB/T 19650
799	毒壤磷	Trichloronatee			不得检出	GB/T 19650
800	灭草环	Tridiphane			不得检出	GB/T 19650
801	草达津	Trietazine			不得检出	GB/T 19650
802	三异丁基磷酸盐	Tri – iso – butyl phosphate			不得检出	GB/T 19650
803	三正丁基磷酸盐	Tri – n – butyl phosphate			不得检出	GB/T 19650
804	三苯基磷酸盐	Triphenyl phosphate			不得检出	GB/T 19650
805	烯效唑	Uniconazole			不得检出	GB/T 19650

序号	农兽药中文名	农兽药英文名	欧盟标准限量要求 mg/kg	国家标准限量要求 mg/kg	三安超有机食品标准	
					限量要求 mg/kg	检测方法
806	灭草敌	Vernolate			不得检出	GB/T 19650
807	维吉尼霉素	Virginiamycin			不得检出	GB/T 20765
808	杀鼠灵	War farin			不得检出	GB/T 20772
809	甲苯噻嗪	Xylazine			不得检出	GB/T 20763
810	右环十四酮酚	Zeranol			不得检出	GB/T 21982
811	苯酰菌胺	Zoxamide			不得检出	GB/T 19650

6.5 驴可食用下水　Asses Edible Offal

序号	农兽药中文名	农兽药英文名	欧盟标准限量要求 mg/kg	国家标准限量要求 mg/kg	三安超有机食品标准	
					限量要求 mg/kg	检测方法
1	1,1 - 二氯 - 2,2 - 二(4 - 乙苯)乙烷	1,1 - Dichloro - 2,2 - bis(4 - ethylphenyl)ethane	0.01		不得检出	日本肯定列表（增补本1）
2	1,2 - 二氯乙烷	1,2 - Dichloroethane	0.1		不得检出	SN/T 2238
3	1,3 - 二氯丙烯	1,3 - Dichloropropene	0.01		不得检出	SN/T 2238
4	1 - 萘乙酸	1 - Naphthylacetic acid	0.05		不得检出	SN/T 2228
5	2,4 - 滴丁酸	2,4 - DB	0.05		不得检出	GB/T 20769
6	2,4 - 滴	2,4 - D	0.05		不得检出	GB/T 20772
7	2 - 苯酚	2 - Phenylphenol	0.05		不得检出	GB/T 19650
8	阿维菌素	Abamectin	0.02		不得检出	SN/T 2661
9	乙酰甲胺磷	Acephate	0.02		不得检出	GB/T 20772
10	灭螨醌	Acequinocyl	0.01		不得检出	参照同类标准
11	啶虫脒	Acetamiprid	0.05		不得检出	GB/T 20772
12	乙草胺	Acetochlor	0.01		不得检出	GB/T 19650
13	苯并噻二唑	Acibenzolar - S - methyl	0.02		不得检出	GB/T 20772
14	苯草醚	Aclonifen	0.02		不得检出	GB/T 20772
15	氟丙菊酯	Acrinathrin	0.05		不得检出	GB/T 19648
16	甲草胺	Alachlor	0.01		不得检出	GB/T 20772
17	涕灭威	Aldicarb	0.01		不得检出	GB/T 20772
18	艾氏剂和狄氏剂	Aldrin and dieldrin	0.2		不得检出	GB/T 19650
19	—	Ametoctradin	0.03		不得检出	参照同类标准
20	酰嘧磺隆	Amidosulfuron	0.02		不得检出	参照同类标准
21	氯氨吡啶酸	Aminopyralid	0.01		不得检出	GB/T 23211
22	—	Amisulbrom	0.01		不得检出	参照同类标准
23	敌菌灵	Anilazine	0.01		不得检出	GB/T 20769
24	杀螨特	Aramite	0.01		不得检出	GB/T 19650
25	磺草灵	Asulam	0.1		不得检出	日本肯定列表（增补本1）

序号	农兽药中文名	农兽药英文名	欧盟标准限量要求 mg/kg	国家标准限量要求 mg/kg	三安超有机食品标准 限量要求 mg/kg	三安超有机食品标准 检测方法
26	印楝素	Azadirachtin	0.01		不得检出	SN/T 3264
27	益棉磷	Azinphos – ethyl	0.01		不得检出	GB/T 19650
28	保棉磷	Azinphos – methyl	0.01		不得检出	GB/T 20772
29	三唑锡和三环锡	Azocyclotin and cyhexatin	0.05		不得检出	SN/T 1990
30	嘧菌酯	Azoxystrobin	0.07		不得检出	GB/T 20772
31	燕麦灵	Barban	0.05		不得检出	参照同类标准
32	氟丁酰草胺	Beflubutamid	0.05		不得检出	参照同类标准
33	苯霜灵	Benalaxyl	0.05		不得检出	GB/T 20772
34	丙硫克百威	Benfuracarb	0.02		不得检出	GB/T 20772
35	联苯肼酯	Bifenazate	0.01		不得检出	GB/T 20772
36	甲羧除草醚	Bifenox	0.05		不得检出	GB/T 23210
37	联苯菊酯	Bifenthrin	0.2		不得检出	GB/T 19650
38	乐杀螨	Binapacryl	0.01		不得检出	SN 0523
39	联苯	Biphenyl	0.01		不得检出	GB/T 19650
40	联苯三唑醇	Bitertanol	0.05		不得检出	GB/T 20772
41	—	Bixafen	0.02		不得检出	参照同类标准
42	啶酰菌胺	Boscalid	0.3		不得检出	GB/T 20772
43	溴离子	Bromide ion	0.05		不得检出	GB/T 5009.167
44	溴螨酯	Bromopropylate	0.01		不得检出	GB/T 19650
45	溴苯腈	Bromoxynil	0.02		不得检出	GB/T 20772
46	糠菌唑	Bromuconazole	0.05		不得检出	GB/T 19650
47	乙嘧酚磺酸酯	Bupirimate	0.05		不得检出	GB/T 19650
48	噻嗪酮	Buprofezin	0.05		不得检出	GB/T 20772
49	仲丁灵	Butralin	0.02		不得检出	GB/T 19650
50	丁草敌	Butylate	0.01		不得检出	GB/T 19650
51	硫线磷	Cadusafos	0.01		不得检出	GB/T 19650
52	毒杀芬	Camphechlor	0.05		不得检出	YC/T 180
53	敌菌丹	Captafol	0.01		不得检出	GB/T 23210
54	克菌丹	Captan	0.02		不得检出	GB/T 19648
55	甲萘威	Carbaryl	0.05		不得检出	GB/T 20796
56	多菌灵和苯菌灵	Carbendazim and benomyl	0.05		不得检出	GB/T 20772
57	长杀草	Carbetamide	0.05		不得检出	GB/T 20772
58	克百威	Carbofuran	0.01		不得检出	GB/T 20772
59	丁硫克百威	Carbosulfan	0.05		不得检出	GB/T 19650
60	萎锈灵	Carboxin	0.05		不得检出	GB/T 20772
61	氯虫苯甲酰胺	Chlorantraniliprole	0.2		不得检出	参照同类标准
62	杀螨醚	Chlorbenside	0.05		不得检出	GB/T 19650
63	氯炔灵	Chlorbufam	0.05		不得检出	GB/T 20772
64	氯丹	Chlordane	0.05		不得检出	GB/T 5009.19

序号	农兽药中文名	农兽药英文名	欧盟标准限量要求 mg/kg	国家标准限量要求 mg/kg	三安超有机食品标准	
					限量要求 mg/kg	检测方法
65	十氯酮	Chlordecone	0.1		不得检出	参照同类标准
66	杀螨酯	Chlorfenson	0.05		不得检出	GB/T 19650
67	毒虫畏	Chlorfenvinphos	0.01		不得检出	GB/T 19650
68	氯草敏	Chloridazon	0.1		不得检出	GB/T 20772
69	矮壮素	Chlormequat	0.05		不得检出	GB/T 23211
70	乙酯杀螨醇	Chlorobenzilate	0.1		不得检出	GB/T 23210
71	百菌清	Chlorothalonil	0.2		不得检出	SN/T 2320
72	绿麦隆	Chlortoluron	0.05		不得检出	GB/T 20772
73	枯草隆	Chloroxuron	0.05		不得检出	SN/T 2150
74	氯苯胺灵	Chlorpropham	0.05		不得检出	GB/T 19650
75	甲基毒死蜱	Chlorpyrifos – methyl	0.05		不得检出	GB/T 19650
76	氯磺隆	Chlorsulfuron	0.01		不得检出	GB/T 20772
77	氯酞酸甲酯	Chlorthaldimethyl	0.01		不得检出	GB/T 19650
78	氯硫酰草胺	Chlorthiamid	0.02		不得检出	GB/T 20772
79	烯草酮	Clethodim	0.2		不得检出	GB/T 19650
80	炔草酯	Clodinafop – propargyl	0.02		不得检出	GB/T 19650
81	四螨嗪	Clofentezine	0.05		不得检出	GB/T 20772
82	二氯吡啶酸	Clopyralid	0.05		不得检出	SN/T 2228
83	噻虫胺	Clothianidin	0.02		不得检出	GB/T 20772
84	铜化合物	Copper compounds	30		不得检出	参照同类标准
85	环烷基酰苯胺	Cyclanilide	0.01		不得检出	参照同类标准
86	噻草酮	Cycloxydim	0.05		不得检出	GB/T 19650
87	环氟菌胺	Cyflufenamid	0.03		不得检出	GB/T 23210
88	氟氯氰菊酯和高效氟氯氰菊酯	Cyfluthrin and beta – cyfluthrin	0.05		不得检出	GB/T 19650
89	霜脲氰	Cymoxanil	0.05		不得检出	GB/T 20772
90	氯氰菊酯和高效氯氰菊酯	Cypermethrin and beta – cypermethrin	0.2		不得检出	GB/T 19650
91	环丙唑醇	Cyproconazole	0.5		不得检出	GB/T 20772
92	嘧菌环胺	Cyprodinil	0.05		不得检出	GB/T 19650
93	灭蝇胺	Cyromazine	0.05		不得检出	GB/T 20772
94	丁酰肼	Daminozide	0.05		不得检出	SN/T 1989
95	滴滴涕	DDT	1		不得检出	SN/T 0127
96	溴氰菊酯	Deltamethrin	0.5		不得检出	GB/T 19650
97	燕麦敌	Diallate	0.2		不得检出	GB/T 23211
98	二嗪磷	Diazinon	0.01		不得检出	GB/T 19650
99	麦草畏	Dicamba	0.7		不得检出	GB/T 20772
100	敌草腈	Dichlobenil	0.01		不得检出	GB/T 19650
101	滴丙酸	Dichlorprop	0.05		不得检出	SN/T 2228

序号	农兽药中文名	农兽药英文名	欧盟标准限量要求 mg/kg	国家标准限量要求 mg/kg	三安超有机食品标准	
					限量要求 mg/kg	检测方法
102	二氯苯氧基丙酸	Diclofop	0.05		不得检出	参照同类标准
103	氯硝胺	Dicloran	0.01		不得检出	GB/T 19650
104	三氯杀螨醇	Dicofol	0.02		不得检出	GB/T 19650
105	乙霉威	Diethofencarb	0.05		不得检出	GB/T 19650
106	苯醚甲环唑	Difenoconazole	0.2		不得检出	GB/T 19650
107	除虫脲	Diflubenzuron	0.1		不得检出	SN/T 0528
108	吡氟酰草胺	Diflufenican	0.05		不得检出	GB/T 20772
109	油菜安	Dimethachlor	0.02		不得检出	GB/T 20772
110	烯酰吗啉	Dimethomorph	0.05		不得检出	GB/T 20772
111	醚菌胺	Dimoxystrobin	0.05		不得检出	SN/T 2237
112	烯唑醇	Diniconazole	0.01		不得检出	GB/T 19650
113	敌螨普	Dinocap	0.05		不得检出	日本肯定列表（增补本1）
114	地乐酚	Dinoseb	0.01		不得检出	GB/T 20772
115	特乐酚	Dinoterb	0.05		不得检出	GB/T 20772
116	敌噁磷	Dioxathion	0.05		不得检出	GB/T 19650
117	敌草快	Diquat	0.05		不得检出	GB/T 5009.221
118	乙拌磷	Disulfoton	0.01		不得检出	GB/T 20772
119	二氰蒽醌	Dithianon	0.01		不得检出	GB/T 20769
120	二硫代氨基甲酸酯	Dithiocarbamates	0.05		不得检出	SN 0139
121	敌草隆	Diuron	0.05		不得检出	SN/T 0645
122	二硝甲酚	DNOC	0.05		不得检出	GB/T 20772
123	多果定	Dodine	0.2		不得检出	SN 0500
124	甲氨基阿维菌素苯甲酸盐	Emamectin benzoate	0.08		不得检出	GB/T 20769
125	硫丹	Endosulfan	0.05		不得检出	GB/T 19650
126	异狄氏剂	Endrin	0.05		不得检出	GB/T 19650
127	氟环唑	Epoxiconazole	0.2		不得检出	GB/T 20772
128	茵草敌	EPTC	0.02		不得检出	GB/T 20772
129	乙丁烯氟灵	Ethalfluralin	0.01		不得检出	GB/T 19650
130	胺苯磺隆	Ethametsulfuron	0.01		不得检出	NY/T 1616
131	乙烯利	Ethephon	0.05		不得检出	SN 0705
132	乙硫磷	Ethion	0.01		不得检出	GB/T 19650
133	乙嘧酚	Ethirimol	0.05		不得检出	GB/T 20772
134	乙氧呋草黄	Ethofumesate	0.1		不得检出	GB/T 20772
135	灭线磷	Ethoprophos	0.01		不得检出	GB/T 19650
136	乙氧喹啉	Ethoxyquin	0.05		不得检出	GB/T 20772
137	环氧乙烷	Ethylene oxide	0.02		不得检出	GB/T 23296.11
138	醚菊酯	Etofenprox	0.5		不得检出	GB/T 19650
139	乙螨唑	Etoxazole	0.01		不得检出	GB/T 19650

序号	农兽药中文名	农兽药英文名	欧盟标准限量要求 mg/kg	国家标准限量要求 mg/kg	三安超有机食品标准	
					限量要求 mg/kg	检测方法
140	氯唑灵	Etridiazole	0.05		不得检出	GB/T 20772
141	噁唑菌酮	Famoxadone	0.05		不得检出	GB/T 20772
142	咪唑菌酮	Fenamidone	0.01		不得检出	GB/T 19650
143	苯线磷	Fenamiphos	0.01		不得检出	GB/T 19650
144	氯苯嘧啶醇	Fenarimol	0.02		不得检出	GB/T 20772
145	喹螨醚	Fenazaquin	0.01		不得检出	GB/T 19650
146	腈苯唑	Fenbuconazole	0.05		不得检出	GB/T 20772
147	苯丁锡	Fenbutatin oxide	0.05		不得检出	SN/T 3149
148	环酰菌胺	Fenhexamid	0.05		不得检出	GB/T 20772
149	杀螟硫磷	Fenitrothion	0.01		不得检出	GB/T 20772
150	精噁唑禾草灵	Fenoxaprop – P – ethyl	0.05		不得检出	GB/T 22617
151	双氧威	Fenoxycarb	0.05		不得检出	GB/T 19650
152	苯锈啶	Fenpropidin	0.02		不得检出	GB/T 19650
153	丁苯吗啉	Fenpropimorph	0.01		不得检出	GB/T 20772
154	胺苯吡菌酮	Fenpyrazamine	0.01		不得检出	参照同类标准
155	唑螨酯	Fenpyroximate	0.01		不得检出	GB/T 19650
156	倍硫磷	Fenthion	0.05		不得检出	GB/T 20772
157	三苯锡	Fentin	0.05		不得检出	SN/T 3149
158	薯瘟锡	Fentin acetate	0.05		不得检出	参照同类标准
159	氰戊菊酯和高效氰戊菊酯(RR & SS 异构体总量)	Fenvalerate and esfenvalerate (sum of RR & SS isomers)	0.2		不得检出	GB/T 19650
160	氰戊菊酯和高效氰戊菊酯(RS & SR 异构体总量)	Fenvalerate and esfenvalerate (sum of RS & SR isomers)	0.05		不得检出	GB/T 19650
161	氟虫腈	Fipronil	0.01		不得检出	SN/T 1982
162	氟啶虫酰胺	Flonicamid	0.03		不得检出	SN/T 2796
163	精吡氟禾草灵	Fluazifop – P – butyl	0.05		不得检出	GB/T 5009.142
164	氟啶胺	Fluazinam	0.05		不得检出	SN/T 2150
165	氟苯虫酰胺	Flubendiamide	1		不得检出	SN/T 2581
166	氟环脲	Flucycloxuron	0.05		不得检出	参照同类标准
167	氟氰戊菊酯	Flucythrinate	0.05		不得检出	GB/T 23210
168	咯菌腈	Fludioxonil	0.05		不得检出	GB/T 20772
169	氟虫脲	Flufenoxuron	0.05		不得检出	SN/T 2150
170	杀螨净	Flufenzin	0.02		不得检出	参照同类标准
171	氟吡菌胺	Fluopicolide	0.01		不得检出	参照同类标准
172	—	Fluopyram	0.7		不得检出	参照同类标准
173	氟离子	Fluoride ion	1		不得检出	GB/T 5009.167
174	氟腈嘧菌酯	Fluoxastrobin	0.05		不得检出	SN/T 2237
175	氟喹唑	Fluquinconazole	0.3		不得检出	GB/T 19650
176	氟咯草酮	Fluorochloridone	0.05		不得检出	GB/T 20772

序号	农兽药中文名	农兽药英文名	欧盟标准限量要求 mg/kg	国家标准限量要求 mg/kg	三安超有机食品标准 限量要求 mg/kg	三安超有机食品标准 检测方法
177	氟草烟	Fluroxypyr	0.05		不得检出	GB/T 20772
178	氟硅唑	Flusilazole	0.5		不得检出	GB/T 20772
179	氟酰胺	Flutolanil	0.05		不得检出	GB/T 20772
180	粉唑醇	Flutriafol	0.01		不得检出	GB/T 20772
181	—	Fluxapyroxad	0.01		不得检出	参照同类标准
182	氟磺胺草醚	Fomesafen	0.01		不得检出	GB/T 5009.130
183	氯吡脲	Forchlorfenuron	0.05		不得检出	SN/T 3643
184	伐虫脒	Formetanate	0.01		不得检出	NY/T 1453
185	三乙膦酸铝	Fosetyl – aluminium	0.5		不得检出	参照同类标准
186	麦穗宁	Fuberidazole	0.05		不得检出	GB/T 19650
187	呋线威	Furathiocarb	0.01		不得检出	GB/T 20772
188	糠醛	Furfural	1		不得检出	参照同类标准
189	勃激素	Gibberellic acid	0.1		不得检出	GB/T 23211
190	草胺膦	Glufosinate – ammonium	0.1		不得检出	日本肯定列表
191	草甘膦	Glyphosate	0.05		不得检出	SN/T 1923
192	双胍盐	Guazatine	0.1		不得检出	参照同类标准
193	氟吡禾灵	Haloxyfop	0.1		不得检出	SN/T 2228
194	七氯	Heptachlor	0.2		不得检出	SN 0663
195	六氯苯	Hexachlorobenzene	0.2		不得检出	SN/T 0127
196	六六六（HCH），α–异构体	Hexachlorociclohexane（HCH），alpha – isomer	0.2		不得检出	SN/T 0127
197	六六六（HCH），β–异构体	Hexachlorociclohexane（HCH），beta – isomer	0.1		不得检出	SN/T 0127
198	噻螨酮	Hexythiazox	0.05		不得检出	GB/T 20772
199	噁霉灵	Hymexazol	0.05		不得检出	GB/T 20772
200	抑霉唑	Imazalil	0.05		不得检出	GB/T 20772
201	甲咪唑烟酸	Imazapic	0.01		不得检出	GB/T 20772
202	咪唑喹啉酸	Imazaquin	0.05		不得检出	GB/T 20772
203	吡虫啉	Imidacloprid	0.3		不得检出	GB/T 20772
204	茚虫威	Indoxacarb	0.05		不得检出	GB/T 20772
205	碘苯腈	Ioxynil	0.2		不得检出	GB/T 20772
206	异菌脲	Iprodione	0.05		不得检出	GB/T 19650
207	稻瘟灵	Isoprothiolane	0.01		不得检出	GB/T 20772
208	异丙隆	Isoproturon	0.05		不得检出	GB/T 20772
209	—	Isopyrazam	0.01		不得检出	参照同类标准
210	异噁酰草胺	Isoxaben	0.01		不得检出	GB/T 20772
211	醚菌酯	Kresoxim – methyl	0.02		不得检出	GB/T 20772
212	乳氟禾草灵	Lactofen	0.01		不得检出	GB/T 19650
213	高效氯氟氰菊酯	Lambda – cyhalothrin	0.5		不得检出	GB/T 23210

序号	农兽药中文名	农兽药英文名	欧盟标准限量要求 mg/kg	国家标准限量要求 mg/kg	三安超有机食品标准限量要求 mg/kg	检测方法
214	环草定	Lenacil	0.1		不得检出	GB/T 19650
215	林丹	Lindane	0.02	0.01	不得检出	NY/T 761
216	虱螨脲	Lufenuron	0.02		不得检出	SN/T 2540
217	马拉硫磷	Malathion	0.02		不得检出	GB/T 19650
218	抑芽丹	Maleic hydrazide	0.02		不得检出	GB/T 23211
219	双炔酰菌胺	Mandipropamid	0.02		不得检出	参照同类标准
220	二甲四氯和二甲四氯丁酸	MCPA and MCPB	0.5		不得检出	SN/T 2228
221	壮棉素	Mepiquat chloride	0.2		不得检出	GB/T 23211
222	—	Meptyldinocap	0.05		不得检出	参照同类标准
223	汞化合物	Mercury compounds	0.01		不得检出	参照同类标准
224	氰氟虫腙	Metaflumizone	0.02		不得检出	SN/T 3852
225	甲霜灵和精甲霜灵	Metalaxyl and metalaxyl – M	0.05		不得检出	GB/T 20772
226	四聚乙醛	Metaldehyde	0.05		不得检出	SN/T 1787
227	苯嗪草酮	Metamitron	0.05		不得检出	GB/T 19650
228	吡唑草胺	Metazachlor	0.05		不得检出	GB/T 19650
229	叶菌唑	Metconazole	0.01		不得检出	GB/T 20772
230	甲基苯噻隆	Methabenzthiazuron	0.05		不得检出	GB/T 19650
231	虫螨畏	Methacrifos	0.01		不得检出	GB/T 20772
232	甲胺磷	Methamidophos	0.01		不得检出	GB/T 20772
233	杀扑磷	Methidathion	0.02		不得检出	GB/T 20772
234	甲硫威	Methiocarb	0.05		不得检出	GB/T 20770
235	灭多威和硫双威	Methomyl and thiodicarb	0.02		不得检出	GB/T 20772
236	烯虫酯	Methoprene	0.05		不得检出	GB/T 19650
237	甲氧滴滴涕	Methoxychlor	0.01		不得检出	SN/T 0529
238	甲氧虫酰肼	Methoxyfenozide	0.1		不得检出	GB/T 20772
239	磺草唑胺	Metosulam	0.01		不得检出	GB/T 20772
240	苯菌酮	Metrafenone	0.05		不得检出	参照同类标准
241	嗪草酮	Metribuzin	0.1		不得检出	GB/T 19650
242	绿谷隆	Monolinuron	0.05		不得检出	GB/T 20772
243	灭草隆	Monuron	0.01		不得检出	GB/T 20772
244	腈菌唑	Myclobutanil	0.01		不得检出	GB/T 20772
245	1 – 萘乙酰胺	1 – Naphthylacetamide	0.05		不得检出	GB/T 23205
246	敌草胺	Napropamide	0.01		不得检出	GB/T 19650
247	烟嘧磺隆	Nicosulfuron	0.05		不得检出	SN/T 2325
248	除草醚	Nitrofen	0.01		不得检出	GB/T 19650
249	氟酰脲	Novaluron	0.7		不得检出	GB/T 23211
250	嘧苯胺磺隆	Orthosulfamuron	0.01		不得检出	GB/T 23817
251	噁草酮	Oxadiazon	0.05		不得检出	GB/T 19650
252	噁霜灵	Oxadixyl	0.01		不得检出	GB/T 19650

序号	农兽药中文名	农兽药英文名	欧盟标准限量要求 mg/kg	国家标准限量要求 mg/kg	三安超有机食品标准 限量要求 mg/kg	三安超有机食品标准 检测方法
253	环氧嘧磺隆	Oxasulfuron	0.05		不得检出	GB/T 23817
254	氧化萎锈灵	Oxycarboxin	0.05		不得检出	GB/T 19650
255	亚砜磷	Oxydemeton – methyl	0.02		不得检出	参照同类标准
256	乙氧氟草醚	Oxyfluorfen	0.05		不得检出	GB/T 20772
257	多效唑	Paclobutrazol	0.02		不得检出	GB/T 19650
258	对硫磷	Parathion	0.05		不得检出	GB/T 19650
259	甲基对硫磷	Parathion – methyl	0.01		不得检出	GB/T 5009.161
260	戊菌唑	Penconazole	0.05		不得检出	GB/T 20772
261	戊菌隆	Pencycuron	0.05		不得检出	GB/T 19650
262	二甲戊灵	Pendimethalin	0.05		不得检出	GB/T 19650
263	甜菜宁	Phenmedipham	0.05		不得检出	GB/T 23205
264	苯醚菊酯	Phenothrin	0.05		不得检出	GB/T 20772
265	甲拌磷	Phorate	0.02		不得检出	GB/T 20772
266	伏杀硫磷	Phosalone	0.01		不得检出	GB/T 20772
267	亚胺硫磷	Phosmet	0.1		不得检出	GB/T 20772
268	—	Phosphines and phosphides	0.01		不得检出	参照同类标准
269	辛硫磷	Phoxim	0.02		不得检出	GB/T 20772
270	氨氯吡啶酸	Picloram	0.5		不得检出	GB/T 23211
271	啶氧菌酯	Picoxystrobin	0.05		不得检出	GB/T 19650
272	抗蚜威	Pirimicarb	0.05		不得检出	GB/T 20772
273	甲基嘧啶磷	Pirimiphos – methyl	0.05		不得检出	GB/T 20772
274	咪鲜胺	Prochloraz	0.1		不得检出	GB/T 19650
275	腐霉利	Procymidone	0.01		不得检出	GB/T 20772
276	丙溴磷	Profenofos	0.05		不得检出	GB/T 20772
277	调环酸	Prohexadione	0.05		不得检出	日本肯定列表
278	毒草安	Propachlor	0.02		不得检出	GB/T 20772
279	扑派威	Propamocarb	0.1		不得检出	GB/T 20772
280	恶草酸	Propaquizafop	0.05		不得检出	GB/T 20772
281	炔螨特	Propargite	0.1		不得检出	GB/T 19650
282	苯胺灵	Propham	0.05		不得检出	GB/T 19650
283	丙环唑	Propiconazole	0.01		不得检出	GB/T 19650
284	异丙草胺	Propisochlor	0.01		不得检出	GB/T 19650
285	残杀威	Propoxur	0.05		不得检出	GB/T 20772
286	炔苯酰草胺	Propyzamide	0.02		不得检出	GB/T 19650
287	苄草丹	Prosulfocarb	0.05		不得检出	GB/T 19650
288	丙硫菌唑	Prothioconazole	0.5		不得检出	参照同类标准
289	吡蚜酮	Pymetrozine	0.01		不得检出	GB/T 20772
290	吡唑醚菌酯	Pyraclostrobin	0.05		不得检出	GB/T 20772
291	—	Pyrasulfotole	0.01		不得检出	参照同类标准

序号	农兽药中文名	农兽药英文名	欧盟标准限量要求 mg/kg	国家标准限量要求 mg/kg	三安超有机食品标准 限量要求 mg/kg	三安超有机食品标准 检测方法
292	吡菌磷	Pyrazophos	0.02		不得检出	GB/T 20772
293	除虫菊素	Pyrethrins	0.05		不得检出	GB/T 20772
294	哒螨灵	Pyridaben	0.02		不得检出	GB/T 19650
295	啶虫丙醚	Pyridalyl	0.01		不得检出	日本肯定列表
296	哒草特	Pyridate	0.05		不得检出	日本肯定列表
297	嘧霉胺	Pyrimethanil	0.05		不得检出	GB/T 19650
298	吡丙醚	Pyriproxyfen	0.05		不得检出	GB/T 19650
299	甲氧磺草胺	Pyroxsulam	0.01		不得检出	SN/T 2325
300	氯甲喹啉酸	Quinmerac	0.05		不得检出	参照同类标准
301	喹氧灵	Quinoxyfen	0.2		不得检出	SN/T 2319
302	五氯硝基苯	Quintozene	0.01		不得检出	GB/T 19650
303	精喹禾灵	Quizalofop – P – ethyl	0.05		不得检出	SN/T 2150
304	灭虫菊	Resmethrin	0.1		不得检出	GB/T 20772
305	鱼藤酮	Rotenone	0.01		不得检出	GB/T 20772
306	西玛津	Simazine	0.01		不得检出	SN 0594
307	乙基多杀菌素	Spinetoram	0.01		不得检出	参照同类标准
308	多杀霉素	Spinosad	0.5		不得检出	GB/T 20772
309	螺螨酯	Spirodiclofen	0.05		不得检出	GB/T 20772
310	螺甲螨酯	Spiromesifen	0.01		不得检出	GB/T 23210
311	螺虫乙酯	Spirotetramat	0.03		不得检出	参照同类标准
312	莔孢菌素	Spiroxamine	0.05		不得检出	GB/T 20772
313	磺草酮	Sulcotrione	0.05		不得检出	参照同类标准
314	乙黄隆	Sulfosulfuron	0.05		不得检出	SN/T 2325
315	硫磺粉	Sulfur	0.5		不得检出	参照同类标准
316	氟胺氰菊酯	Tau – fluvalinate	0.3		不得检出	SN 0691
317	戊唑醇	Tebuconazole	0.1		不得检出	GB/T 20772
318	虫酰肼	Tebufenozide	0.05		不得检出	GB/T 20772
319	吡螨胺	Tebufenpyrad	0.05		不得检出	GB/T 19650
320	四氯硝基苯	Tecnazene	0.05		不得检出	GB/T 19650
321	氟苯脲	Teflubenzuron	0.05		不得检出	SN/T 2150
322	七氟菊酯	Tefluthrin	0.05		不得检出	GB/T 23210
323	得杀草	Tepraloxydim	0.1		不得检出	GB/T 20772
324	特丁硫磷	Terbufos	0.01		不得检出	GB/T 20772
325	特丁津	Terbuthylazine	0.05		不得检出	GB/T 19650
326	四氟醚唑	Tetraconazole	0.5		不得检出	GB/T 20772
327	三氯杀螨砜	Tetradifon	0.05		不得检出	GB/T 19650
328	噻虫啉	Thiacloprid	0.01		不得检出	GB/T 20772
329	噻虫嗪	Thiamethoxam	0.03		不得检出	GB/T 20772
330	禾草丹	Thiobencarb	0.01		不得检出	GB/T 20772

序号	农兽药中文名	农兽药英文名	欧盟标准限量要求 mg/kg	国家标准限量要求 mg/kg	三安超有机食品标准	
					限量要求 mg/kg	检测方法
331	甲基硫菌灵	Thiophanate – methyl	0.05		不得检出	SN/T 0162
332	甲基立枯磷	Tolclofos – methyl	0.05		不得检出	参照同类标准
333	甲苯氟磺胺	Tolylfluanid	0.1		不得检出	GB/T 19650
334	—	Topramezone	0.05		不得检出	参照同类标准
335	三唑酮和三唑醇	Triadimefon and triadimenol	0.1		不得检出	GB/T 20772
336	野麦畏	Triallate	0.05		不得检出	GB/T 20772
337	醚苯磺隆	Triasulfuron	0.05		不得检出	GB/T 20772
338	三唑磷	Triazophos	0.01		不得检出	GB/T 20772
339	敌百虫	Trichlorphon	0.01		不得检出	GB/T 20772
340	绿草定	Triclopyr	0.05		不得检出	SN/T 2228
341	三环唑	Tricyclazole	0.05		不得检出	GB/T 20769
342	十三吗啉	Tridemorph	0.01		不得检出	GB/T 20772
343	肟菌酯	Trifloxystrobin	0.04		不得检出	GB/T 19650
344	氟菌唑	Triflumizole	0.05		不得检出	GB/T 20769
345	杀铃脲	Triflumuron	0.01		不得检出	GB/T 20772
346	氟乐灵	Trifluralin	0.01		不得检出	GB/T 20772
347	嗪氨灵	Triforine	0.01		不得检出	SN 0695
348	三甲基锍阳离子	Trimethyl – sulfonium cation	0.05		不得检出	参照同类标准
349	抗倒酯	Trinexapac	0.05		不得检出	GB/T 20769
350	灭菌唑	Triticonazole	0.01		不得检出	GB/T 20772
351	三氟甲磺隆	Tritosulfuron	0.01		不得检出	参照同类标准
352	—	Valifenalate	0.01		不得检出	参照同类标准
353	乙烯菌核利	Vinclozolin	0.05		不得检出	GB/T 20772
354	2,3,4,5 – 四氯苯胺	2,3,4,5 – Tetrachloraniline			不得检出	GB/T 19650
355	2,3,4,5 – 四氯甲氧基苯	2,3,4,5 – Tetrachloroanisole			不得检出	GB/T 19650
356	2,3,5,6 – 四氯苯胺	2,3,5,6 – Tetrachloroaniline			不得检出	GB/T 19650
357	2,4,5 – 涕	2,4,5 – T			不得检出	GB/T 20772
358	o,p′ – 滴滴滴	2,4′ – DDD			不得检出	GB/T 19650
359	o,p′ – 滴滴伊	2,4′ – DDE			不得检出	GB/T 19650
360	o,p′ – 滴滴涕	2,4′ – DDT			不得检出	GB/T 19650
361	2,6 – 二氯苯甲酰胺	2,6 – Dichlorobenzamide			不得检出	GB/T 19650
362	3,5 – 二氯苯胺	3,5 – Dichloroaniline			不得检出	GB/T 19650
363	p,p′ – 滴滴滴	4,4′ – DDD			不得检出	GB/T 19650
364	p,p′ – 滴滴伊	4,4′ – DDE			不得检出	GB/T 19650
365	p,p′ – 滴滴涕	4,4′ – DDT			不得检出	GB/T 19650
366	4,4′ – 二溴二苯甲酮	4,4′ – Dibromobenzophenone			不得检出	GB/T 19650
367	4,4′ – 二氯二苯甲酮	4,4′ – Dichlorobenzophenone			不得检出	GB/T 19650
368	二氢苊	Acenaphthene			不得检出	GB/T 19650
369	乙酰丙嗪	Acepromazine			不得检出	GB/T 20763

序号	农兽药中文名	农兽药英文名	欧盟标准限量要求 mg/kg	国家标准限量要求 mg/kg	三安超有机食品标准	
					限量要求 mg/kg	检测方法
370	三氟羧草醚	Acifluorfen			不得检出	GB/T 20772
371	1-氨基-2-乙内酰脲	AHD			不得检出	GB/T 21311
372	涕灭砜威	Aldoxycarb			不得检出	GB/T 20772
373	烯丙菊酯	Allethrin			不得检出	GB/T 20772
374	二丙烯草胺	Allidochlor			不得检出	GB/T 19650
375	烯丙孕素	Altrenogest			不得检出	SN/T 1980
376	莠灭净	Ametryn			不得检出	GB/T 20772
377	双甲脒	Amitraz			不得检出	GB/T 19650
378	杀草强	Amitrole			不得检出	SN/T 1737.6
379	5-吗啉甲基-3-氨基-2-噁唑烷基酮	AMOZ			不得检出	GB/T 21311
380	氨苄青霉素	Ampicillin			不得检出	GB/T 21315
381	氨丙嘧吡啶	Amprolium			不得检出	SN/T 0276
382	莎稗磷	Anilofos			不得检出	GB/T 19650
383	蒽醌	Anthraquinone			不得检出	GB/T 19650
384	3-氨基-2-噁唑酮	AOZ			不得检出	GB/T 21311
385	安普霉素	Apramycin			不得检出	GB/T 21323
386	丙硫特普	Aspon			不得检出	GB/T 19650
387	羟氨卡青霉素	Aspoxicillin			不得检出	GB/T 21315
388	乙基杀扑磷	Athidathion			不得检出	GB/T 19650
389	莠去通	Atratone			不得检出	GB/T 19650
390	莠去津	Atrazine			不得检出	GB/T 20772
391	脱乙基阿特拉津	Atrazine-desethyl			不得检出	GB/T 19650
392	甲基吡噁磷	Azamethiphos			不得检出	GB/T 20763
393	氮哌酮	Azaperone			不得检出	SN/T2221
394	叠氮津	Aziprotryne			不得检出	GB/T 19650
395	杆菌肽	Bacitracin			不得检出	GB/T 20743
396	4-溴-3,5-二甲苯基-N-甲基氨基甲酸酯-1	BDMC-1			不得检出	GB/T 19650
397	4-溴-3,5-二甲苯基-N-甲基氨基甲酸酯-2	BDMC-2			不得检出	GB/T 19650
398	噁虫威	Bendiocarb			不得检出	GB/T 20772
399	乙丁氟灵	Benfluralin			不得检出	GB/T 19650
400	呋草黄	Benfuresate			不得检出	GB/T 19650
401	麦锈灵	Benodanil			不得检出	GB/T 19650
402	解草酮	Benoxacor			不得检出	GB/T 19650
403	新燕灵	Benzoylprop-ethyl			不得检出	GB/T 19650
404	苄青霉素	Benzyl penicillin			不得检出	GB/T 21315
405	倍他米松	Betamethasone			不得检出	SN/T 1970

序号	农兽药中文名	农兽药英文名	欧盟标准限量要求 mg/kg	国家标准限量要求 mg/kg	三安超有机食品标准	
					限量要求 mg/kg	检测方法
406	生物烯丙菊酯-1	Bioallethrin-1			不得检出	GB/T 19650
407	生物烯丙菊酯-2	Bioallethrin-2			不得检出	GB/T 19650
408	苄呋菊酯	Bioresmethrin			不得检出	GB/T 20772
409	除草定	Bromacil			不得检出	GB/T 20772
410	溴苯烯磷	Bromfenvinfos			不得检出	GB/T 19650
411	溴烯杀	Bromocylen			不得检出	GB/T 19650
412	溴硫磷	Bromofos			不得检出	GB/T 19650
413	乙基溴硫磷	Bromophos-ethyl			不得检出	GB/T 19650
414	溴丁酰草胺	Btomobutide			不得检出	GB/T 19650
415	氟丙嘧草酯	Butafenacil			不得检出	GB/T 19650
416	抑草磷	Butamifos			不得检出	GB/T 19650
417	丁草胺	Butaxhlor			不得检出	GB/T 19650
418	苯酮唑	Cafenstrole			不得检出	GB/T 19650
419	角黄素	Canthaxanthin			不得检出	SN/T 2327
420	咔唑心安	Carazolol			不得检出	GB/T 20763
421	卡巴氧	Carbadox			不得检出	GB/T 20746
422	三硫磷	Carbophenothion			不得检出	GB/T 19650
423	唑草酮	Carfentrazone-ethyl			不得检出	GB/T 19650
424	卡洛芬	Carprofen			不得检出	SN/T 2190
425	头孢洛宁	Cefalonium			不得检出	GB/T 22989
426	头孢匹林	Cefapirin			不得检出	GB/T 22989
427	头孢喹肟	Cefquinome			不得检出	GB/T 22989
428	头孢噻呋	Ceftiofur			不得检出	GB/T 21314
429	头孢氨苄	Cefalexin			不得检出	GB/T 22989
430	氯霉素	Chloramphenicolum			不得检出	GB/T 20772
431	氯杀螨砜	Chlorbenside sulfone			不得检出	GB/T 19650
432	氯溴隆	Chlorbromuron			不得检出	GB/T 19650
433	杀虫脒	Chlordimeform			不得检出	GB/T 19650
434	氯氧磷	Chlorethoxyfos			不得检出	GB/T 19650
435	溴虫腈	Chlorfenapyr			不得检出	GB/T 19650
436	杀螨醇	Chlorfenethol			不得检出	GB/T 19650
437	燕麦酯	Chlorfenprop-methyl			不得检出	GB/T 19650
438	氟啶脲	Chlorfluazuron			不得检出	SN/T 2540
439	整形醇	Chlorflurenol			不得检出	GB/T 19650
440	氯地孕酮	Chlormadinone			不得检出	SN/T 1980
441	醋酸氯地孕酮	Chlormadinone acetate			不得检出	GB/T 20753
442	氯甲硫磷	Chlormephos			不得检出	GB/T 19650
443	氯苯甲醚	Chloroneb			不得检出	GB/T 19650

序号	农兽药中文名	农兽药英文名	欧盟标准限量要求 mg/kg	国家标准限量要求 mg/kg	三安超有机食品标准 限量要求 mg/kg	检测方法
444	丙酯杀螨醇	Chloropropylate			不得检出	GB/T 19650
445	氯丙嗪	Chlorpromazine			不得检出	GB/T 20763
446	毒死蜱	Chlorpyrifos			不得检出	GB/T 19650
447	金霉素	Chlortetracycline			不得检出	GB/T 21317
448	氯硫磷	Chlorthion			不得检出	GB/T 19650
449	虫螨磷	Chlorthiophos			不得检出	GB/T 19650
450	乙菌利	Chlozolinate			不得检出	GB/T 19650
451	顺式－氯丹	cis－Chlordane			不得检出	GB/T 19650
452	顺式－燕麦敌	cis－Diallate			不得检出	GB/T 19650
453	顺式－氯菊酯	cis－Permethrin			不得检出	GB/T 19650
454	克仑特罗	Clenbuterol			不得检出	GB/T 22286
455	异噁草酮	Clomazone			不得检出	GB/T 20772
456	氯甲酰草胺	Clomeprop			不得检出	GB/T 19650
457	氯羟吡啶	Clopidol			不得检出	GB 29700
458	解草酯	Cloquintocet－mexyl			不得检出	GB/T 19650
459	邻氯青霉素	Cloxacillin			不得检出	GB/T 18932.25
460	蝇毒磷	Coumaphos			不得检出	GB/T 19650
461	鼠立死	Crimidine			不得检出	GB/T 19650
462	巴毒磷	Crotxyphos			不得检出	GB/T 19650
463	育畜磷	Crufomate			不得检出	GB/T 19650
464	苯腈磷	Cyanofenphos			不得检出	GB/T 19650
465	杀螟腈	Cyanophos			不得检出	GB/T 20772
466	环草敌	Cycloate			不得检出	GB/T 20772
467	环莠隆	Cycluron			不得检出	GB/T 20772
468	环丙津	Cyprazine			不得检出	GB/T 20772
469	敌草索	Dacthal			不得检出	GB/T 19650
470	达氟沙星	Danofloxacin			不得检出	GB/T 22985
471	癸氧喹酯	Decoquinate			不得检出	SN/T 2444
472	脱叶磷	DEF			不得检出	GB/T 19650
473	2,2′,4,5,5′－五氯联苯	DE－PCB 101			不得检出	GB/T 19650
474	2,3,4,4′,5－五氯联苯	DE－PCB 118			不得检出	GB/T 19650
475	2,2′,3,4,4′,5－六氯联苯	DE－PCB 138			不得检出	GB/T 19650
476	2,2′,4,4′,5,5′－六氯联苯	DE－PCB 153			不得检出	GB/T 19650
477	2,2′,3,4,4′,5,5′－七氯联苯	DE－PCB 180			不得检出	GB/T 19650
478	2,4,4′－三氯联苯	DE－PCB 28			不得检出	GB/T 19650
479	2,4,5－三氯联苯	DE－PCB 31			不得检出	GB/T 19650
480	2,2′,5,5′－四氯联苯	DE－PCB 52			不得检出	GB/T 19650
481	脱溴溴苯磷	Desbrom－leptophos			不得检出	GB/T 19650

序号	农兽药中文名	农兽药英文名	欧盟标准限量要求 mg/kg	国家标准限量要求 mg/kg	三安超有机食品标准 限量要求 mg/kg	三安超有机食品标准 检测方法
482	脱乙基另丁津	Desethyl – sebuthylazine			不得检出	GB/T 19650
483	敌草净	Desmetryn			不得检出	GB/T 19650
484	地塞米松	Dexamethasone			不得检出	SN/T 1970
485	氯亚胺硫磷	Dialifos			不得检出	GB/T 19650
486	敌菌净	Diaveridine			不得检出	SN/T 1926
487	驱虫特	Dibutyl succinate			不得检出	GB/T 20772
488	异氯磷	Dicapthon			不得检出	GB/T 20772
489	除线磷	Dichlofenthion			不得检出	GB/T 20772
490	苯氟磺胺	Dichlofluanid			不得检出	GB/T 19650
491	烯丙酰草胺	Dichlormid			不得检出	GB/T 19650
492	敌敌畏	Dichlorvos			不得检出	GB/T 20772
493	苄氯三唑醇	Diclobutrazole			不得检出	GB/T 20772
494	禾草灵	Diclofop – methyl			不得检出	GB/T 19650
495	双氯青霉素	Dicloxacillin			不得检出	GB/T 18932.25
496	己烯雌酚	Diethylstilbestrol			不得检出	GB/T 20766
497	双氟沙星	Difloxacin			不得检出	GB/T 20366
498	二氢链霉素	Dihydro – streptomycin			不得检出	GB/T 22969
499	甲氟磷	Dimefox			不得检出	GB/T 19650
500	哌草丹	Dimepiperate			不得检出	GB/T 19650
501	异戊乙净	Dimethametryn			不得检出	GB/T 19650
502	二甲酚草胺	Dimethenamid			不得检出	GB/T 19650
503	乐果	Dimethoate			不得检出	GB/T 20772
504	甲基毒虫畏	Dimethylvinphos			不得检出	GB/T 19650
505	地美硝唑	Dimetridazole			不得检出	GB/T 21318
506	二硝托安	Dinitolmide			不得检出	SN/T 2453
507	氨氟灵	Dinitramine			不得检出	GB/T 19650
508	消螨通	Dinobuton			不得检出	GB/T 19650
509	呋虫胺	Dinotefuran			不得检出	GB/T 20772
510	苯虫醚 – 1	Diofenolan – 1			不得检出	GB/T 19650
511	苯虫醚 – 2	Diofenolan – 2			不得检出	GB/T 19650
512	蔬果磷	Dioxabenzofos			不得检出	GB/T 19650
513	双苯酰草胺	Diphenamid			不得检出	GB/T 19650
514	二苯胺	Diphenylamine			不得检出	GB/T 19650
515	异丙净	Dipropetryn			不得检出	GB/T 19650
516	灭菌磷	Ditalimfos			不得检出	GB/T 19650
517	氟硫草定	Dithiopyr			不得检出	GB/T 19650
518	多拉菌素	Doramectin			不得检出	GB/T 22968
519	强力霉素	Doxycycline			不得检出	GB/T 20764
520	敌瘟磷	Edifenphos			不得检出	GB/T 19650

序号	农兽药中文名	农兽药英文名	欧盟标准限量要求 mg/kg	国家标准限量要求 mg/kg	三安超有机食品标准 限量要求 mg/kg	三安超有机食品标准 检测方法
521	硫丹硫酸盐	Endosulfan – sulfate			不得检出	GB/T 19650
522	异狄氏剂酮	Endrin ketone			不得检出	GB/T 19650
523	恩诺沙星	Enrofloxacin			不得检出	GB/T 20366
524	苯硫磷	EPN			不得检出	GB/T 19650
525	埃普利诺菌素	Eprinomectin			不得检出	GB/T 21320
526	抑草蓬	Erbon			不得检出	GB/T 19650
527	红霉素	Erythromycin			不得检出	GB/T 20762
528	S – 氰戊菊酯	Esfenvalerate			不得检出	GB/T 19650
529	戊草丹	Esprocarb			不得检出	GB/T 19650
530	乙环唑 – 1	Etaconazole – 1			不得检出	GB/T 19650
531	乙环唑 – 2	Etaconazole – 2			不得检出	GB/T 19650
532	乙嘧硫磷	Etrimfos			不得检出	GB/T 19650
533	氧乙嘧硫磷	Etrimfos oxon			不得检出	GB/T 19650
534	伐灭磷	Famphur			不得检出	GB/T 19650
535	苯线磷亚砜	Fenamiphos sulfoxide			不得检出	GB/T 19650
536	苯线磷砜	Fenamiphos – sulfone			不得检出	GB/T 19650
537	苯硫苯咪唑	Fenbendazole			不得检出	SN 0638
538	氧皮蝇磷	Fenchlorphos oxon			不得检出	GB/T 19650
539	甲呋酰胺	Fenfuram			不得检出	GB/T 19650
540	仲丁威	Fenobucarb			不得检出	GB/T 19650
541	苯硫威	Fenothiocarb			不得检出	GB/T 19650
542	稻瘟酰胺	Fenoxanil			不得检出	GB/T 19650
543	拌种咯	Fenpiclonil			不得检出	GB/T 19650
544	甲氰菊酯	Fenpropathrin			不得检出	GB/T 19650
545	芬螨酯	Fenson			不得检出	GB/T 19650
546	丰索磷	Fensulfothion			不得检出	GB/T 19650
547	倍硫磷亚砜	Fenthion sulfoxide			不得检出	GB/T 19650
548	麦草氟异丙酯	Flamprop – isopropyl			不得检出	GB/T 19650
549	麦草氟甲酯	Flamprop – methyl			不得检出	GB/T 19650
550	氟苯尼考	Florfenicol			不得检出	GB/T 20756
551	吡氟禾草灵	Fluazifop – butyl			不得检出	GB/T 19650
552	啶蜱脲	Fluazuron			不得检出	SN/T 2540
553	氟苯咪唑	Flubendazole			不得检出	GB/T 21324
554	氟噻草胺	Flufenacet			不得检出	GB/T 19650
555	氟甲喹	Flumequin			不得检出	SN/T 1921
556	氟节胺	Flumetralin			不得检出	GB/T 19650
557	唑嘧磺草胺	Flumetsulam			不得检出	GB/T 20772
558	氟烯草酸	Flumiclorac			不得检出	GB/T 19650
559	丙炔氟草胺	Flumioxazin			不得检出	GB/T 19650

序号	农兽药中文名	农兽药英文名	欧盟标准限量要求 mg/kg	国家标准限量要求 mg/kg	三安超有机食品标准	
					限量要求 mg/kg	检测方法
560	氟胺烟酸	Flunixin			不得检出	GB/T 20750
561	三氟硝草醚	Fluorodifen			不得检出	GB/T 19650
562	乙羧氟草醚	Fluoroglycofen – ethyl			不得检出	GB/T 19650
563	三氟苯唑	Fluotrimazole			不得检出	GB/T 19650
564	氟啶草酮	Fluridone			不得检出	GB/T 19650
565	氟草烟 – 1 – 甲庚酯	Fluroxypr – 1 – methylheptyl ester			不得检出	GB/T 19650
566	呋草酮	Flurtamone			不得检出	GB/T 19650
567	地虫硫磷	Fonofos			不得检出	GB/T 19650
568	安果	Formothion			不得检出	GB/T 19650
569	呋霜灵	Furalaxyl			不得检出	GB/T 19650
570	庆大霉素	Gentamicin			不得检出	GB/T 21323
571	苄螨醚	Halfenprox			不得检出	GB/T 19650
572	氟哌啶醇	Haloperidol			不得检出	GB/T 20763
573	庚烯磷	Heptanophos			不得检出	GB/T 19650
574	己唑醇	Hexaconazole			不得检出	GB/T 19650
575	环嗪酮	Hexazinone			不得检出	GB/T 19650
576	咪草酸	Imazamethabenz – methyl			不得检出	GB/T 19650
577	脱苯甲基亚胺唑	Imibenconazole – des – benzyl			不得检出	GB/T 19650
578	炔咪菊酯 – 1	Imiprothrin – 1			不得检出	GB/T 19650
579	炔咪菊酯 – 2	Imiprothrin – 2			不得检出	GB/T 19650
580	碘硫磷	Iodofenphos			不得检出	GB/T 19650
581	甲基碘磺隆	Iodosulfuron – methyl			不得检出	GB/T 20772
582	异稻瘟净	Iprobenfos			不得检出	GB/T 19650
583	氯唑磷	Isazofos			不得检出	GB/T 19650
584	碳氯灵	Isobenzan			不得检出	GB/T 19650
585	丁咪酰胺	Isocarbamid			不得检出	GB/T 19650
586	水胺硫磷	Isocarbophos			不得检出	GB/T 19650
587	异艾氏剂	Isodrin			不得检出	GB/T 19650
588	异柳磷	Isofenphos			不得检出	GB/T 19650
589	氧异柳磷	Isofenphos oxon			不得检出	GB/T 19650
590	氮氨菲啶	Isometamidium			不得检出	SN/T 2239
591	丁嗪草酮	Isomethiozin			不得检出	GB/T 19650
592	异丙威 – 1	Isoprocarb – 1			不得检出	GB/T 19650
593	异丙威 – 2	Isoprocarb – 2			不得检出	GB/T 19650
594	异丙乐灵	Isopropalin			不得检出	GB/T 19650
595	双苯噁唑酸	Isoxadifen – ethyl			不得检出	GB/T 19650
596	异噁氟草	Isoxaflutole			不得检出	GB/T 20772
597	噁唑啉	Isoxathion			不得检出	GB/T 19650

序号	农兽药中文名	农兽药英文名	欧盟标准限量要求 mg/kg	国家标准限量要求 mg/kg	三安超有机食品标准	
					限量要求 mg/kg	检测方法
598	依维菌素	Ivermectin			不得检出	GB/T 21320
599	交沙霉素	Josamycin			不得检出	GB/T 20762
600	卡那霉素	Kanamycin			不得检出	GB/T 21323
601	拉沙里菌素	Lasalocid			不得检出	SN 0501
602	溴苯磷	Leptophos			不得检出	GB/T 19650
603	左旋咪唑	Levamisole			不得检出	SN 0349
604	林可霉素	Lincomycin			不得检出	GB/T 20762
605	利谷隆	Linuron			不得检出	GB/T 19650
606	麻保沙星	Marbofloxacin			不得检出	GB/T 22985
607	2-甲-4-氯丁氧乙基酯	MCPA – butoxyethyl ester			不得检出	GB/T 19650
608	甲苯咪唑	Mebendazole			不得检出	GB/T 21324
609	灭蚜磷	Mecarbam			不得检出	GB/T 19650
610	二甲四氯丙酸	Mecoprop			不得检出	SN/T 2325
611	苯噻酰草胺	Mefenacet			不得检出	GB/T 19650
612	吡唑解草酯	Mefenpyr – diethyl			不得检出	GB/T 19650
613	醋酸甲地孕酮	Megestrol acetate			不得检出	GB/T 20753
614	醋酸美仑孕酮	Melengestrol acetate			不得检出	GB/T 20753
615	嘧菌胺	Mepanipyrim			不得检出	GB/T 19650
616	地胺磷	Mephosfolan			不得检出	GB/T 19650
617	灭锈胺	Mepronil			不得检出	GB/T 19650
618	硝磺草酮	Mesotrione			不得检出	参照同类标准
619	呋菌胺	Methfuroxam			不得检出	GB/T 19650
620	灭梭威砜	Methiocarb sulfone			不得检出	GB/T 19650
621	异丙甲草胺和S–异丙甲草胺	Metolachlor and S – metolachlor			不得检出	GB/T 19650
622	盖草津	Methoprotryne			不得检出	GB/T 19650
623	甲醚菊酯-1	Methothrin – 1			不得检出	GB/T 19650
624	甲醚菊酯-2	Methothrin – 2			不得检出	GB/T 19650
625	甲基泼尼松龙	Methylprednisolone			不得检出	GB/T 21981
626	溴谷隆	Metobromuron			不得检出	GB/T 19650
627	甲氧氯普胺	Metoclopramide			不得检出	SN/T 2227
628	苯氧菌胺-1	Metominsstrobin – 1			不得检出	GB/T 19650
629	苯氧菌胺-2	Metominsstrobin – 2			不得检出	GB/T 19650
630	甲硝唑	Metronidazole			不得检出	GB/T 21318
631	速灭磷	Mevinphos			不得检出	GB/T 19650
632	兹克威	Mexacarbate			不得检出	GB/T 19650
633	灭蚁灵	Mirex			不得检出	GB/T 19650
634	禾草敌	Molinate			不得检出	GB/T 19650
635	庚酰草胺	Monalide			不得检出	GB/T 19650

序号	农兽药中文名	农兽药英文名	欧盟标准限量要求 mg/kg	国家标准限量要求 mg/kg	三安超有机食品标准 限量要求 mg/kg	三安超有机食品标准 检测方法
636	莫能菌素	Monensin			不得检出	SN 0698
637	莫西丁克	Moxidectin			不得检出	SN/T 2442
638	合成麝香	Musk ambrecte			不得检出	GB/T 19650
639	麝香	Musk moskene			不得检出	GB/T 19650
640	西藏麝香	Musk tibeten			不得检出	GB/T 19650
641	二甲苯麝香	Musk xylene			不得检出	GB/T 19650
642	萘夫西林	Nafcillin			不得检出	GB/T 22975
643	二溴磷	Naled			不得检出	SN/T 0706
644	萘丙胺	Naproanilide			不得检出	GB/T 19650
645	甲基盐霉素	Narasin			不得检出	GB/T 20364
646	新霉素	Neomycin			不得检出	SN 0646
647	甲磺乐灵	Nitralin			不得检出	GB/T 19650
648	三氯甲基吡啶	Nitrapyrin			不得检出	GB/T 19650
649	酞菌酯	Nitrothal – isopropyl			不得检出	GB/T 19650
650	诺氟沙星	Norfloxacin			不得检出	GB/T 20366
651	氟草敏	Norflurazon			不得检出	GB/T 19650
652	新生霉素	Novobiocin			不得检出	SN 0674
653	氟苯嘧啶醇	Nuarimol			不得检出	GB/T 19650
654	八氯苯乙烯	Octachlorostyrene			不得检出	GB/T 19650
655	氧氟沙星	Ofloxacin			不得检出	GB/T 20366
656	喹乙醇	Olaquindox			不得检出	GB/T 20746
657	竹桃霉素	Oleandomycin			不得检出	GB/T 20762
658	氧乐果	Omethoate			不得检出	GB/T 19650
659	奥比沙星	Orbifloxacin			不得检出	GB/T 22985
660	苯唑青霉素	Oxacillin			不得检出	GB/T 18932.25
661	杀线威	Oxamyl			不得检出	GB/T 20772
662	奥芬达唑	Oxfendazole			不得检出	GB/T 22972
663	丙氧苯咪唑	Oxibendazole			不得检出	GB/T 21324
664	喹菌酮	Oxolinic acid			不得检出	日本肯定列表
665	氧化氯丹	Oxy – chlordane			不得检出	GB/T 19650
666	土霉素	Oxytetracycline			不得检出	GB/T 21317
667	对氧磷	Paraoxon			不得检出	GB/T 19650
668	甲基对氧磷	Paraoxon – methyl			不得检出	GB/T 19650
669	克草敌	Pebulate			不得检出	GB/T 19650
670	五氯苯胺	Pentachloroaniline			不得检出	GB/T 19650
671	五氯甲氧基苯	Pentachloroanisole			不得检出	GB/T 19650
672	五氯苯	Pentachlorobenzene			不得检出	GB/T 19650
673	氯菊酯	Permethrin			不得检出	GB/T 19650
674	乙滴涕	Perthane			不得检出	GB/T 19650

序号	农兽药中文名	农兽药英文名	欧盟标准限量要求 mg/kg	国家标准限量要求 mg/kg	三安超有机食品标准 限量要求 mg/kg	三安超有机食品标准 检测方法
675	菲	Phenanthrene			不得检出	GB/T 19650
676	稻丰散	Phenthoate			不得检出	GB/T 19650
677	甲拌磷砜	Phorate sulfone			不得检出	GB/T 19650
678	磷胺-1	Phosphamidon-1			不得检出	GB/T 19650
679	磷胺-2	Phosphamidon-2			不得检出	GB/T 19650
680	酞酸苯甲基丁酯	Phthalic acid, benzylbutyl ester			不得检出	GB/T 19650
681	四氯苯肽	Phthalide			不得检出	GB/T 19650
682	邻苯二甲酰亚胺	Phthalimide			不得检出	GB/T 19650
683	氟吡酰草胺	Picolinafen			不得检出	GB/T 19650
684	增效醚	Piperonyl butoxide			不得检出	GB/T 19650
685	哌草磷	Piperophos			不得检出	GB/T 19650
686	乙基虫螨清	Pirimiphos-ethyl			不得检出	GB/T 19650
687	吡利霉素	Pirlimycin			不得检出	GB/T 22988
688	炔丙菊酯	Prallethrin			不得检出	GB/T 19650
689	泼尼松龙	Prednisolone			不得检出	GB/T 21981
690	丙草胺	Pretilachlor			不得检出	GB/T 19650
691	环丙氟灵	Profluralin			不得检出	GB/T 19650
692	茉莉酮	Prohydrojasmon			不得检出	GB/T 19650
693	扑灭通	Prometon			不得检出	GB/T 19650
694	扑草净	Prometryne			不得检出	GB/T 19650
695	炔丙烯草胺	Pronamide			不得检出	GB/T 19650
696	敌稗	Propanil			不得检出	GB/T 19650
697	扑灭津	Propazine			不得检出	GB/T 19650
698	胺丙畏	Propetamphos			不得检出	GB/T 19650
699	丙酰二甲氨基丙吩噻嗪	Propionylpromazin			不得检出	GB/T 20763
700	丙硫磷	Prothiophos			不得检出	GB/T 19650
701	哒嗪硫磷	Ptridaphenthion			不得检出	GB/T 19650
702	吡唑硫磷	Pyraclofos			不得检出	GB/T 19650
703	吡草醚	Pyraflufen-ethyl			不得检出	GB/T 19650
704	啶斑肟-1	Pyrifenox-1			不得检出	GB/T 19650
705	啶斑肟-2	Pyrifenox-2			不得检出	GB/T 19650
706	环酯草醚	Pyriftalid			不得检出	GB/T 19650
707	嘧螨醚	Pyrimidifen			不得检出	GB/T 19650
708	嘧草醚	Pyriminobac-methyl			不得检出	GB/T 19650
709	嘧啶磷	Pyrimitate			不得检出	GB/T 19650
710	喹硫磷	Quinalphos			不得检出	GB/T 19650
711	灭藻醌	Quinoclamine			不得检出	GB/T 19650
712	吡咪唑	Rabenzazole			不得检出	GB/T 19650
713	莱克多巴胺	Ractopamine			不得检出	GB/T 21313

序号	农兽药中文名	农兽药英文名	欧盟标准限量要求 mg/kg	国家标准限量要求 mg/kg	三安超有机食品标准限量要求 mg/kg	检测方法
714	洛硝达唑	Ronidazole			不得检出	GB/T 21318
715	皮蝇磷	Ronnel			不得检出	GB/T 19650
716	盐霉素	Salinomycin			不得检出	GB/T 20364
717	沙拉沙星	Sarafloxacin			不得检出	GB/T 20366
718	另丁津	Sebutylazine			不得检出	GB/T 19650
719	密草通	Secbumeton			不得检出	GB/T 19650
720	氨基脲	Semduramicin			不得检出	GB/T 20752
721	烯禾啶	Sethoxydim			不得检出	GB/T 19650
722	氟硅菊酯	Silafluofen			不得检出	GB/T 19650
723	硅氟唑	Simeconazole			不得检出	GB/T 19650
724	西玛通	Simetone			不得检出	GB/T 19650
725	西草净	Simetryn			不得检出	GB/T 19650
726	壮观霉素	Spectinomycin			不得检出	GB/T 21323
727	螺旋霉素	Spiramycin			不得检出	GB/T 20762
728	链霉素	Streptomycin			不得检出	GB/T 21323
729	磺胺苯酰	Sulfabenzamide			不得检出	GB/T 21316
730	磺胺醋酰	Sulfacetamide			不得检出	GB/T 21316
731	磺胺氯哒嗪	Sulfachloropyridazine			不得检出	GB/T 21316
732	磺胺嘧啶	Sulfadiazine			不得检出	GB/T 21316
733	磺胺间二甲氧嘧啶	Sulfadimethoxine			不得检出	GB/T 21316
734	磺胺二甲嘧啶	Sulfadimidine			不得检出	GB/T 21316
735	磺胺多辛	Sulfadoxine			不得检出	GB/T 21316
736	磺胺脒	Sulfaguanidine			不得检出	GB/T 21316
737	菜草畏	Sulfallate			不得检出	GB/T 19650
738	磺胺甲嘧啶	Sulfamerazine			不得检出	GB/T 21316
739	新诺明	Sulfamethoxazole			不得检出	GB/T 21316
740	磺胺间甲氧嘧啶	Sulfamonomethoxine			不得检出	GB/T 21316
741	乙酰磺胺对硝基苯	Sulfanitran			不得检出	GB/T 20772
742	磺胺吡啶	Sulfapyridine			不得检出	GB/T 21316
743	磺胺喹沙啉	Sulfaquinoxaline			不得检出	GB/T 21316
744	磺胺噻唑	Sulfathiazole			不得检出	GB/T 21316
745	治螟磷	Sulfotep			不得检出	GB/T 19650
746	硫丙磷	Sulprofos			不得检出	GB/T 19650
747	苯噻硫氰	TCMTB			不得检出	GB/T 19650
748	丁基嘧啶磷	Tebupirimfos			不得检出	GB/T 19650
749	牧草胺	Tebutam			不得检出	GB/T 19650
750	丁噻隆	Tebuthiuron			不得检出	GB/T 20772
751	双硫磷	Temephos			不得检出	GB/T 20772
752	特草灵	Terbucarb			不得检出	GB/T 19650

序号	农兽药中文名	农兽药英文名	欧盟标准限量要求 mg/kg	国家标准限量要求 mg/kg	三安超有机食品标准	
					限量要求 mg/kg	检测方法
753	特丁通	Terbumeron			不得检出	GB/T 19650
754	特丁净	Terbutryn			不得检出	GB/T 19650
755	四氢邻苯二甲酰亚胺	Tetrabydrophthalimide			不得检出	GB/T 19650
756	杀虫畏	Tetrachlorvinphos			不得检出	GB/T 19650
757	四环素	Tetracycline			不得检出	GB/T 21317
758	胺菊酯	Tetramethirn			不得检出	GB/T 19650
759	杀螨氯硫	Tetrasul			不得检出	GB/T 19650
760	噻吩草胺	Thenylchlor			不得检出	GB/T 19650
761	噻菌灵	Thiabendazole			不得检出	GB/T 20772
762	甲砜霉素	Thiamphenicol			不得检出	GB/T 20756
763	噻唑烟酸	Thiazopyr			不得检出	GB/T 19650
764	噻苯隆	Thidiazuron			不得检出	GB/T 20772
765	噻吩磺隆	Thifensulfuron – methyl			不得检出	GB/T 20772
766	甲基乙拌磷	Thiometon			不得检出	GB/T 20772
767	虫线磷	Thionazin			不得检出	GB/T 19650
768	替米考星	Tilmicosin			不得检出	GB/T 20762
769	硫普罗宁	Tiopronin			不得检出	SN/T 2225
770	三甲苯草酮	Tralkoxydim			不得检出	GB/T 19650
771	四溴菊酯	Tralomethrin			不得检出	SN/T 2320
772	反式 – 氯丹	*trans* – Chlordane			不得检出	GB/T 19650
773	反式 – 燕麦敌	*trans* – Diallate			不得检出	GB/T 19650
774	四氟苯菊酯	Transfluthrin			不得检出	GB/T 19650
775	反式九氯	*trans* – Nonachlor			不得检出	GB/T 19650
776	反式 – 氯菊酯	*trans* – Permethrin			不得检出	GB/T 19650
777	群勃龙	Trenbolone			不得检出	GB/T 21981
778	威菌磷	Triamiphos			不得检出	GB/T 19650
779	毒壤磷	Trichloronate			不得检出	GB/T 19650
780	灭草环	Tridiphane			不得检出	GB/T 19650
781	草达津	Trietazine			不得检出	GB/T 19650
782	三异丁基磷酸盐	Tri – *iso* – butyl phosphate			不得检出	GB/T 19650
783	甲氧苄氨嘧啶	Trimethoprim			不得检出	SN/T 1769
784	三正丁基磷酸盐	Tri – *n* – butyl phosphate			不得检出	GB/T 19650
785	三苯基磷酸盐	Triphenyl phosphate			不得检出	GB/T 19650
786	泰乐霉素	Tylosin			不得检出	GB/T 22941
787	烯效唑	Uniconazole			不得检出	GB/T 19650
788	灭草敌	Vernolate			不得检出	GB/T 19650
789	维吉尼霉素	Virginiamycin			不得检出	GB/T 20765
790	杀鼠灵	War farin			不得检出	GB/T 20772
791	甲苯噻嗪	Xylazine			不得检出	GB/T 20763

序号	农兽药中文名	农兽药英文名	欧盟标准限量要求 mg/kg	国家标准限量要求 mg/kg	三安超有机食品标准 限量要求 mg/kg	检测方法
792	右环十四酮酚	Zeranol			不得检出	GB/T 21982
793	苯酰菌胺	Zoxamide			不得检出	GB/T 19650

7 骡（5 种）

7.1 骡肉　Mules Meat

序号	农兽药中文名	农兽药英文名	欧盟标准限量要求 mg/kg	国家标准限量要求 mg/kg	三安超有机食品标准 限量要求 mg/kg	检测方法
1	1,1-二氯-2,2-二（4-乙苯）乙烷	1,1-Dichloro-2,2-bis(4-ethylphenyl)ethane	0.01		不得检出	日本肯定列表（增补本1）
2	1,2-二氯乙烷	1,2-Dichloroethane	0.1		不得检出	SN/T 2238
3	1,3-二氯丙烯	1,3-Dichloropropene	0.01		不得检出	SN/T 2238
4	1-萘乙酰胺	1-Naphthylacetamide	0.05		不得检出	GB/T 20772
5	1-萘乙酸	1-Naphthylacetic acid	0.05		不得检出	SN/T 2228
6	2,4-滴丁酸	2,4-DB	0.05		不得检出	GB/T 20769
7	2,4-滴	2,4-D	0.05		不得检出	GB/T 20772
8	2-苯酚	2-Phenylphenol	0.05		不得检出	GB/T 19650
9	阿维菌素	Abamectin	0.01		不得检出	SN/T 2661
10	乙酰甲胺磷	Acephate	0.02		不得检出	GB/T 20772
11	灭螨醌	Acequinocyl	0.01		不得检出	参照同类标准
12	啶虫脒	Acetamiprid	0.05		不得检出	GB/T 20772
13	乙草胺	Acetochlor	0.01		不得检出	GB/T 19650
14	苯并噻二唑	Acibenzolar-S-methyl	0.02		不得检出	GB/T 20772
15	苯草醚	Aclonifen	0.02		不得检出	GB/T 20772
16	氟丙菊酯	Acrinathrin	0.05		不得检出	GB/T 19648
17	甲草胺	Alachlor	0.01		不得检出	GB/T 20772
18	阿苯达唑	Albendazole	100μg/kg		不得检出	GB 29687
19	涕灭威	Aldicarb	0.01		不得检出	GB/T 20772
20	艾氏剂和狄氏剂	Aldrin and dieldrin	0.2	0.2 和 0.2	不得检出	GB/T 19650
21	—	Ametoctradin	0.03		不得检出	参照同类标准
22	酰嘧磺隆	Amidosulfuron	0.02		不得检出	参照同类标准
23	氯氨吡啶酸	Aminopyralid	0.01		不得检出	GB/T 23211
24	—	Amisulbrom	0.01		不得检出	参照同类标准
25	阿莫西林	Amoxicillin	50μg/kg		不得检出	NY/T 830
26	氨苄青霉素	Ampicillin	50μg/kg		不得检出	GB/T 21315
27	敌菌灵	Anilazine	0.01		不得检出	GB/T 20769
28	杀螨特	Aramite	0.01		不得检出	GB/T 19650

序号	农兽药中文名	农兽药英文名	欧盟标准限量要求 mg/kg	国家标准限量要求 mg/kg	三安超有机食品标准	
					限量要求 mg/kg	检测方法
29	磺草灵	Asulam	0.1		不得检出	日本肯定列表（增补本1）
30	印楝素	Azadirachtin	0.01		不得检出	SN/T 3264
31	益棉磷	Azinphos-ethyl	0.01		不得检出	GB/T 19650
32	保棉磷	Azinphos-methyl	0.01		不得检出	GB/T 20772
33	三唑锡和三环锡	Azocyclotin and cyhexatin	0.05		不得检出	SN/T 1990
34	嘧菌酯	Azoxystrobin	0.05		不得检出	GB/T 20772
35	燕麦灵	Barban	0.05		不得检出	参照同类标准
36	氟丁酰草胺	Beflubutamid	0.05		不得检出	参照同类标准
37	苯霜灵	Benalaxyl	0.05		不得检出	GB/T 20772
38	丙硫克百威	Benfuracarb	0.02		不得检出	GB/T 20772
39	苄青霉素	Benzyl pencillin	50μg/kg		不得检出	GB/T 21315
40	联苯肼酯	Bifenazate	0.01		不得检出	GB/T 20772
41	甲羧除草醚	Bifenox	0.05		不得检出	GB/T 23210
42	联苯菊酯	Bifenthrin	3		不得检出	GB/T 19650
43	乐杀螨	Binapacryl	0.01		不得检出	SN 0523
44	联苯	Biphenyl	0.01		不得检出	GB/T 19650
45	联苯三唑醇	Bitertanol	0.05		不得检出	GB/T 20772
46	—	Bixafen	0.02		不得检出	参照同类标准
47	啶酰菌胺	Boscalid	0.7		不得检出	GB/T 20772
48	溴离子	Bromide ion	0.05		不得检出	GB/T 5009.167
49	溴螨酯	Bromopropylate	0.01		不得检出	GB/T 19650
50	溴苯腈	Bromoxynil	0.05		不得检出	GB/T 20772
51	糠菌唑	Bromuconazole	0.05		不得检出	GB/T 19650
52	乙嘧酚磺酸酯	Bupirimate	0.05		不得检出	GB/T 19650
53	噻嗪酮	Buprofezin	0.05		不得检出	GB/T 20772
54	仲丁灵	Butralin	0.02		不得检出	GB/T 19650
55	丁草敌	Butylate	0.01		不得检出	GB/T 19650
56	硫线磷	Cadusafos	0.01		不得检出	GB/T 19650
57	毒杀芬	Camphechlor	0.05		不得检出	YC/T 180
58	敌菌丹	Captafol	0.01		不得检出	SN 0338
59	克菌丹	Captan	0.02		不得检出	GB/T 19648
60	甲萘威	Carbaryl	0.05		不得检出	GB/T 20796
61	多菌灵和苯菌灵	Carbendazim and benomyl	0.05		不得检出	GB/T 20772
62	长杀草	Carbetamide	0.05		不得检出	GB/T 20772
63	克百威	Carbofuran	0.01		不得检出	GB/T 20772
64	丁硫克百威	Carbosulfan	0.05		不得检出	GB/T 19650
65	萎锈灵	Carboxin	0.05		不得检出	GB/T 20772
66	头孢噻呋	Ceftiofur	1000μg/kg		不得检出	GB/T 21314

序号	农兽药中文名	农兽药英文名	欧盟标准限量要求 mg/kg	国家标准限量要求 mg/kg	三安超有机食品标准 限量要求 mg/kg	三安超有机食品标准 检测方法
67	氯虫苯甲酰胺	Chlorantraniliprole	0.2		不得检出	参照同类标准
68	杀螨醚	Chlorbenside	0.05		不得检出	GB/T 19650
69	氯炔灵	Chlorbufam	0.05		不得检出	GB/T 20772
70	氯丹	Chlordane	0.05	0.05	不得检出	GB/T 19648
71	十氯酮	Chlordecone	0.1		不得检出	参照同类标准
72	杀螨酯	Chlorfenson	0.05		不得检出	GB/T 19650
73	毒虫畏	Chlorfenvinphos	0.01		不得检出	GB/T 19650
74	氯草敏	Chloridazon	0.1		不得检出	GB/T 20772
75	矮壮素	Chlormequat	0.05		不得检出	日本肯定列表
76	乙酯杀螨醇	Chlorobenzilate	0.1		不得检出	日本肯定列表
77	百菌清	Chlorothalonil	0.02		不得检出	SN/T 2320
78	绿麦隆	Chlortoluron	0.05		不得检出	GB/T 20772
79	枯草隆	Chloroxuron	0.05		不得检出	GB/T 20769
80	氯苯胺灵	Chlorpropham	0.05		不得检出	GB/T 19650
81	甲基毒死蜱	Chlorpyrifos – methyl	0.05		不得检出	GB/T 19650
82	氯磺隆	Chlorsulfuron	0.01		不得检出	GB/T 20769
83	金霉素	Chlortetracycline	100μg/kg		不得检出	GB/T 21317
84	氯酞酸甲酯	Chlorthaldimethyl	0.01		不得检出	GB/T 19650
85	氯硫酰草胺	Chlorthiamid	0.02		不得检出	GB/T 20772
86	烯草酮	Clethodim	0.05		不得检出	GB/T 19648
87	炔草酯	Clodinafop – propargyl	0.02		不得检出	GB 2763
88	四螨嗪	Clofentezine	0.05		不得检出	SN/T 1740
89	二氯吡啶酸	Clopyralid	0.05		不得检出	SN/T 2228
90	噻虫胺	Clothianidin	0.01		不得检出	GB/T 20772
91	邻氯青霉素	Cloxacillin	300μg/kg		不得检出	GB/T 21315
92	黏菌素	Colistin	150μg/kg		不得检出	参照同类标准
93	铜化合物	Copper compounds	5		不得检出	参照同类标准
94	环烷基酰苯胺	Cyclanilide	0.01		不得检出	参照同类标准
95	噻草酮	Cycloxydim	0.05		不得检出	GB/T 19650
96	环氟菌胺	Cyflufenamid	0.03		不得检出	GB/T 19648
97	氟氯氰菊酯和高效氟氯氰菊酯	Cyfluthrin and beta – cyfluthrin	0.05		不得检出	GB/T 19650
98	霜脲氰	Cymoxanil	0.05		不得检出	GB/T 20772
99	氯氰菊酯和高效氯氰菊酯	Cypermethrin and beta – cypermethrin	20μg/kg		不得检出	GB/T 19650
100	环丙唑醇	Cyproconazole	0.05		不得检出	GB/T 20772
101	嘧菌环胺	Cyprodinil	0.05		不得检出	GB/T 20769
102	灭蝇胺	Cyromazine	0.05		不得检出	GB/T 20772
103	丁酰肼	Daminozide	0.05		不得检出	日本肯定列表

序号	农兽药中文名	农兽药英文名	欧盟标准限量要求 mg/kg	国家标准限量要求 mg/kg	三安超有机食品标准 限量要求 mg/kg	检测方法
104	滴滴涕	DDT	1	0.2	不得检出	SN/T 0127
105	溴氰菊酯	Deltamethrin	10μg/kg		不得检出	GB/T 19650
106	燕麦敌	Diallate	0.2		不得检出	GB/T 20772
107	二嗪磷	Diazinon	0.05		不得检出	GB/T 19650
108	麦草畏	Dicamba	0.05		不得检出	GB/T 20772
109	双氯青霉素	Dicloxacillin	300μg/kg		不得检出	SN/T 2127
110	敌草腈	Dichlobenil	0.01		不得检出	GB/T 19650
111	滴丙酸	Dichlorprop	0.05		不得检出	SN/T 2228
112	二氯苯氧基丙酸	Diclofop	0.01		不得检出	参照同类标准
113	氯硝胺	Dicloran	0.01		不得检出	GB/T 19650
114	三氯杀螨醇	Dicofol	0.02		不得检出	GB/T 19650
115	乙霉威	Diethofencarb	0.05		不得检出	GB/T 19650
116	苯醚甲环唑	Difenoconazole	0.1		不得检出	GB/T 19650
117	除虫脲	Diflubenzuron	0.05		不得检出	SN/T 0528
118	吡氟酰草胺	Diflufenican	0.05		不得检出	GB/T 20772
119	二氢链霉素	Dihydro-streptomycin	500μg/kg		不得检出	GB/T 22969
120	油菜安	Dimethachlor	0.02		不得检出	GB/T 20772
121	烯酰吗啉	Dimethomorph	0.05		不得检出	GB/T 20772
122	醚菌胺	Dimoxystrobin	0.05		不得检出	SN/T 2237
123	烯唑醇	Diniconazole	0.01		不得检出	GB/T 19650
124	敌螨普	Dinocap	0.05		不得检出	日本肯定列表（增补本1）
125	地乐酚	Dinoseb	0.01		不得检出	GB/T 20772
126	特乐酚	Dinoterb	0.05		不得检出	GB/T 20772
127	敌噁磷	Dioxathion	0.05		不得检出	GB/T 19650
128	敌草快	Diquat	0.05		不得检出	GB/T 5009.221
129	乙拌磷	Disulfoton	0.01		不得检出	GB/T 20772
130	二氰蒽醌	Dithianon	0.01		不得检出	GB/T 20769
131	二硫代氨基甲酸酯	Dithiocarbamates	0.05		不得检出	SN/T 0157
132	敌草隆	Diuron	0.05		不得检出	SN/T 0645
133	二硝甲酚	DNOC	0.05		不得检出	GB/T 20772
134	多果定	Dodine	0.2		不得检出	SN 0500
135	多拉菌素	Doramectin	40μg/kg		不得检出	GB/T 22968
136	甲氨基阿维菌素苯甲酸盐	Emamectin benzoate	0.01		不得检出	GB/T 20769
137	硫丹	Endosulfan	0.05		不得检出	GB/T 19650
138	异狄氏剂	Endrin	0.05	0.05	不得检出	GB/T 19650
139	氟环唑	Epoxiconazole	0.01		不得检出	GB/T 20772
140	茵草敌	EPTC	0.02		不得检出	GB/T 20772
141	红霉素	Erythromycin	200μg/kg		不得检出	GB/T 20762

序号	农兽药中文名	农兽药英文名	欧盟标准限量要求 mg/kg	国家标准限量要求 mg/kg	三安超有机食品标准	
					限量要求 mg/kg	检测方法
142	乙丁烯氟灵	Ethalfluralin	0.01		不得检出	GB/T 29648
143	胺苯磺隆	Ethametsulfuron	0.01		不得检出	GB/T 19650
144	乙烯利	Ethephon	0.05		不得检出	NY/T 1616
145	乙硫磷	Ethion	0.01		不得检出	SN 0705
146	乙嘧酚	Ethirimol	0.05		不得检出	GB/T 19650
147	乙氧呋草黄	Ethofumesate	0.1		不得检出	GB/T 20772
148	灭线磷	Ethoprophos	0.01		不得检出	GB/T 20772
149	乙氧喹啉	Ethoxyquin	0.05		不得检出	GB/T 19650
150	环氧乙烷	Ethylene oxide	0.02		不得检出	GB/T 20772
151	醚菊酯	Etofenprox	0.5		不得检出	GB/T 23296.11
152	乙螨唑	Etoxazole	0.01		不得检出	GB/T 19650
153	氯唑灵	Etridiazole	0.05		不得检出	GB/T 19648
154	噁唑菌酮	Famoxadone	0.05		不得检出	GB/T 20772
155	苯硫氨酯	Febantel	50μg/kg		不得检出	日本肯定列表
156	咪唑菌酮	Fenamidone	0.01		不得检出	GB/T 19650
157	苯线磷	Fenamiphos	0.01		不得检出	GB/T 19650
158	氯苯嘧啶醇	Fenarimol	0.02		不得检出	GB/T 20772
159	喹螨醚	Fenazaquin	0.01		不得检出	GB/T 19648
160	苯硫苯咪唑	Fenbendazole	50μg/kg		不得检出	SN 0638
161	腈苯唑	Fenbuconazole	0.05		不得检出	GB/T 20772
162	苯丁锡	Fenbutatin oxide	0.05		不得检出	SN 0592
163	环酰菌胺	Fenhexamid	0.05		不得检出	GB/T 20772
164	杀螟硫磷	Fenitrothion	0.01		不得检出	GB/T 20772
165	精噁唑禾草灵	Fenoxaprop – P – ethyl	0.05		不得检出	GB/T 22617
166	双氧威	Fenoxycarb	0.05		不得检出	GB/T 19650
167	苯锈啶	Fenpropidin	0.02		不得检出	GB/T 19650
168	丁苯吗啉	Fenpropimorph	0.01		不得检出	GB/T 20772
169	胺苯吡菌酮	Fenpyrazamine	0.01		不得检出	参照同类标准
170	唑螨酯	Fenpyroximate	0.01		不得检出	GB/T 20769
171	倍硫磷	Fenthion	0.05		不得检出	GB/T 20772
172	薯瘟锡	Fentin acetate	0.05		不得检出	参照同类标准
173	三苯锡	Fentin	0.05		不得检出	日本肯定列表（增补本1）
174	氰戊菊酯和高效氰戊菊酯（RR & SS 异构体总量）	Fenvalerate and esfenvalerate（sum of RR & SS isomers）	0.2		不得检出	GB/T 19650
175	氰戊菊酯和高效氰戊菊酯（RS & SR 异构体总量）	Fenvalerate and esfenvalerate（sum of RS & SR isomers）	0.05		不得检出	GB/T 19650
176	氟虫腈	Fipronil	0.01		不得检出	SN/T 1982
177	氟啶虫酰胺	Flonicamid	0.03		不得检出	SN/T 2796

序号	农兽药中文名	农兽药英文名	欧盟标准限量要求 mg/kg	国家标准限量要求 mg/kg	三安超有机食品标准	
					限量要求 mg/kg	检测方法
178	精吡氟禾草灵	Fluazifop – P – butyl	0.05		不得检出	GB/T 5009.142
179	氟啶胺	Fluazinam	0.05		不得检出	SN/T 2150
180	氟苯虫酰胺	Flubendiamide	2		不得检出	SN/T 2581
181	氟环脲	Flucycloxuron	0.05		不得检出	参照同类标准
182	氟氰戊菊酯	Flucythrinate	0.05		不得检出	GB/T 19648
183	咯菌腈	Fludioxonil	0.05		不得检出	GB/T 20772
184	氟虫脲	Flufenoxuron	0.05		不得检出	SN/T 2150
185	—	Flufenzin	0.02		不得检出	参照同类标准
186	氟吡菌胺	Fluopicolide	0.01		不得检出	参照同类标准
187	—	Fluopyram	0.1		不得检出	参照同类标准
188	氟离子	Fluoride ion	1		不得检出	GB/T 5009.167
189	氟腈嘧菌酯	Fluoxastrobin	0.05		不得检出	SN/T 2237
190	氟喹唑	Fluquinconazole	2		不得检出	GB/T 19650
191	氟咯草酮	Fluorochloridone	0.05		不得检出	GB/T 20772
192	氟草烟	Fluroxypyr	0.05		不得检出	GB/T 20772
193	氟硅唑	Flusilazole	0.02		不得检出	GB/T 20772
194	氟酰胺	Flutolanil	0.02		不得检出	GB/T 20772
195	粉唑醇	Flutriafol	0.01		不得检出	GB/T 20772
196	—	Fluxapyroxad	0.01		不得检出	参照同类标准
197	氟磺胺草醚	Fomesafen	0.01		不得检出	GB/T 5009.130
198	氯吡脲	Forchlorfenuron	0.05		不得检出	SN/T 3643
199	伐虫脒	Formetanate	0.01		不得检出	NY/T 1453
200	三乙膦酸铝	Fosetyl – aluminium	0.5		不得检出	参照同类标准
201	麦穗宁	Fuberidazole	0.05		不得检出	GB/T 19650
202	呋线威	Furathiocarb	0.01		不得检出	GB/T 20772
203	糠醛	Furfural	1		不得检出	参照同类标准
204	勃激素	Gibberellic acid	0.1		不得检出	GB/T 23211
205	草胺膦	Glufosinate – ammonium	0.1		不得检出	日本肯定列表
206	草甘膦	Glyphosate	0.05		不得检出	NY/T 1096
207	双胍盐	Guazatine	0.1		不得检出	参照同类标准
208	氟吡禾灵	Haloxyfop	0.01		不得检出	SN/T 2228
209	七氯	Heptachlor	0.2	0.2	不得检出	SN 0663
210	六氯苯	Hexachlorobenzene	0.2		不得检出	SN/T 0127
211	六六六(HCH),α-异构体	Hexachlorociclohexane(HCH), alpha – isomer	0.2	0.1	不得检出	SN/T 0127
212	六六六(HCH),β-异构体	Hexachlorociclohexane(HCH), beta – isomer	0.1	0.1	不得检出	SN/T 0127
213	噻螨酮	Hexythiazox	0.05		不得检出	GB/T 20772
214	噁霉灵	Hymexazol	0.05		不得检出	GB/T 20772

序号	农兽药中文名	农兽药英文名	欧盟标准限量要求 mg/kg	国家标准限量要求 mg/kg	三安超有机食品标准 限量要求 mg/kg	三安超有机食品标准 检测方法
215	抑霉唑	Imazalil	0.05		不得检出	GB/T 20772
216	甲咪唑烟酸	Imazapic	0.01		不得检出	GB/T 20772
217	咪唑喹啉酸	Imazaquin	0.05		不得检出	GB/T 20772
218	吡虫啉	Imidacloprid	0.1		不得检出	GB/T 20772
219	茚虫威	Indoxacarb	2		不得检出	GB/T 20772
220	碘苯腈	Ioxynil	0.05		不得检出	GB/T 20772
221	异菌脲	Iprodione	0.05		不得检出	GB/T 19650
222	稻瘟灵	Isoprothiolane	0.01		不得检出	GB/T 20772
223	异丙隆	Isoproturon	0.05		不得检出	GB/T 20772
224	—	Isopyrazam	0.01		不得检出	参照同类标准
225	异噁酰草胺	Isoxaben	0.01		不得检出	GB/T 20772
226	卡那霉素	Kanamycin	100μg/kg		不得检出	GB/T 21323
227	醚菌酯	Kresoxim - methyl	0.02		不得检出	GB/T 20772
228	乳氟禾草灵	Lactofen	0.01		不得检出	GB/T 19650
229	高效氯氟氰菊酯	Lambda - cyhalothrin	0.5		不得检出	GB/T 19648
230	环草定	Lenacil	0.1		不得检出	GB/T 19650
231	林可霉素	Lincomycin	100μg/kg		不得检出	GB/T 20762
232	林丹	Lindane	0.02	0.1	不得检出	NY/T 761
233	虱螨脲	Lufenuron	0.02		不得检出	SN/T 2540
234	马拉硫磷	Malathion	0.02		不得检出	GB/T 19650
235	抑芽丹	Maleic hydrazide	0.05		不得检出	日本肯定列表
236	双炔酰菌胺	Mandipropamid	0.02		不得检出	参照同类标准
237	二甲四氯和二甲四氯丁酸	MCPA and MCPB	0.1		不得检出	SN/T 2228
238	壮棉素	Mepiquat chloride	0.05		不得检出	GB/T 20769
239	—	Meptyldinocap	0.05		不得检出	参照同类标准
240	汞化合物	Mercury compounds	0.01		不得检出	参照同类标准
241	氰氟虫腙	Metaflumizone	0.02		不得检出	SN/T 3852
242	甲霜灵和精甲霜灵	Metalaxyl and metalaxyl - M	0.05		不得检出	GB/T 20772
243	四聚乙醛	Metaldehyde	0.05		不得检出	SN/T 1787
244	苯嗪草酮	Metamitron	0.05		不得检出	GB/T 19650
245	吡唑草胺	Metazachlor	0.05		不得检出	GB/T 19650
246	叶菌唑	Metconazole	0.01		不得检出	GB/T 20769
247	甲基苯噻隆	Methabenzthiazuron	0.05		不得检出	GB/T 19650
248	虫螨畏	Methacrifos	0.01		不得检出	GB/T 20772
249	甲胺磷	Methamidophos	0.01		不得检出	GB/T 20772
250	杀扑磷	Methidathion	0.02		不得检出	GB/T 20772
251	甲硫威	Methiocarb	0.05		不得检出	GB/T 20769
252	灭多威和硫双威	Methomyl and thiodicarb	0.02		不得检出	GB/T 20772
253	烯虫酯	Methoprene	0.05		不得检出	GB/T 19648

序号	农兽药中文名	农兽药英文名	欧盟标准限量要求 mg/kg	国家标准限量要求 mg/kg	三安超有机食品标准	
					限量要求 mg/kg	检测方法
254	甲氧滴滴涕	Methoxychlor	0.01		不得检出	GB/T 19648
255	甲氧虫酰肼	Methoxyfenozide	0.2		不得检出	GB/T 20772
256	磺草唑胺	Metosulam	0.01		不得检出	GB/T 20772
257	苯菌酮	Metrafenone	0.05		不得检出	参照同类标准
258	嗪草酮	Metribuzin	0.1		不得检出	GB/T 20769
259	绿谷隆	Monolinuron	0.05		不得检出	GB/T 20772
260	灭草隆	Monuron	0.01		不得检出	GB/T 20772
261	甲噻吩嘧啶	Morantel	100μg/kg		不得检出	参照同类标准
262	腈菌唑	Myclobutanil	0.01		不得检出	GB/T 20772
263	萘夫西林	Nafcillin	300μg/kg		不得检出	GB/T 22975
264	敌草胺	Napropamide	0.01		不得检出	GB/T 19650
265	新霉素	Neomycin	500μg/kg		不得检出	SN 0646
266	烟嘧磺隆	Nicosulfuron	0.05		不得检出	日本肯定列表（增补本1）
267	除草醚	Nitrofen	0.01		不得检出	GB/T 19648
268	氟酰脲	Novaluron	10		不得检出	GB/T 20769
269	嘧苯胺磺隆	Orthosulfamuron	0.01		不得检出	GB/T 23817
270	苯唑青霉素	Oxacillin	300μg/kg		不得检出	GB/T 18932.25
271	噁草酮	Oxadiazon	0.05		不得检出	GB/T 19650
272	噁霜灵	Oxadixyl	0.01		不得检出	GB/T 19650
273	环氧嘧磺隆	Oxasulfuron	0.05		不得检出	GB/T 23817
274	奥芬达唑	Oxfendazole	50μg/kg		不得检出	GB/T 22972
275	喹菌酮	Oxolinic acid	100μg/kg		不得检出	GB/T 19650
276	氧化萎锈灵	Oxycarboxin	0.05		不得检出	SN/T 2909
277	羟氯柳苯胺	Oxyclozanide	20μg/kg		不得检出	参照同类标准
278	亚砜磷	Oxydemeton–methyl	0.02		不得检出	GB/T 20772
279	乙氧氟草醚	Oxyfluorfen	0.05		不得检出	GB/T 21317
280	土霉素	Oxytetracycline	100μg/kg		不得检出	GB/T 19650
281	多效唑	Paclobutrazol	0.02		不得检出	GB/T 19650
282	对硫磷	Parathion	0.05		不得检出	GB/T 20772
283	甲基对硫磷	Parathion–methyl	0.01		不得检出	SN/T 2315
284	巴龙霉素	Paromomycin	500μg/kg		不得检出	SN/T 2315
275	戊菌唑	Penconazole	0.05		不得检出	GB/T 20772
286	戊菌隆	Pencycuron	0.05		不得检出	GB/T 19650
277	喷沙西林	Penethamate	50μg/kg		不得检出	GB/T 19648
288	二甲戊灵	Pendimethalin	0.05		不得检出	GB/T 19650
289	甜菜宁	Phenmedipham	0.05		不得检出	GB/T 23205
290	苯醚菊酯	Phenothrin	0.05		不得检出	GB/T 20772
291	甲拌磷	Phorate	0.02		不得检出	GB/T 20772

序号	农兽药中文名	农兽药英文名	欧盟标准限量要求 mg/kg	国家标准限量要求 mg/kg	三安超有机食品标准	
					限量要求 mg/kg	检测方法
292	伏杀硫磷	Phosalone	0.01		不得检出	GB/T 20772
293	亚胺硫磷	Phosmet	0.1		不得检出	GB/T 20772
294	—	Phosphines and phosphides	0.01		不得检出	参照同类标准
295	辛硫磷	Phoxim	0.02		不得检出	GB/T 20772
296	氨氯吡啶酸	Picloram	0.2		不得检出	GB/T 23211
297	啶氧菌酯	Picoxystrobin	0.05		不得检出	GB/T 19650
298	抗蚜威	Pirimicarb	0.05		不得检出	GB/T 20772
299	甲基嘧啶磷	Pirimiphos – methyl	0.05		不得检出	GB/T 20772
300	咪鲜胺	Prochloraz	0.1		不得检出	GB/T 19650
301	腐霉利	Procymidone	0.01		不得检出	GB/T 20772
302	丙溴磷	Profenofos	0.05		不得检出	GB/T 20772
303	调环酸	Prohexadione	0.05		不得检出	日本肯定列表
304	毒草安	Propachlor	0.02		不得检出	GB/T 20772
305	扑派威	Propamocarb	0.1		不得检出	GB/T 20772
306	恶草酸	Propaquizafop	0.05		不得检出	GB/T 20772
307	炔螨特	Propargite	0.1		不得检出	GB/T 19650
308	苯胺灵	Propham	0.05		不得检出	GB/T 19650
309	丙环唑	Propiconazole	0.01		不得检出	GB/T 19650
310	异丙草胺	Propisochlor	0.01		不得检出	GB/T 19650
311	残杀威	Propoxur	0.05		不得检出	GB/T 20772
312	炔苯酰草胺	Propyzamide	0.02		不得检出	GB/T 19650
313	苄草丹	Prosulfocarb	0.05		不得检出	GB/T 19648
314	丙硫菌唑	Prothioconazole	0.05		不得检出	参照同类标准
315	吡蚜酮	Pymetrozine	0.01		不得检出	GB/T 20772
316	吡唑醚菌酯	Pyraclostrobin	0.05		不得检出	GB/T 20772
317	—	Pyrasulfotole	0.01		不得检出	参照同类标准
318	吡菌磷	Pyrazophos	0.02		不得检出	GB/T 20772
319	除虫菊素	Pyrethrins	0.05		不得检出	GB/T 20772
320	哒螨灵	Pyridaben	0.02		不得检出	SN/T 2432
321	啶虫丙醚	Pyridalyl	0.01		不得检出	日本肯定列表
322	哒草特	Pyridate	0.05		不得检出	日本肯定列表
323	嘧霉胺	Pyrimethanil	0.05		不得检出	GB/T 19650
324	吡丙醚	Pyriproxyfen	0.05		不得检出	GB/T 19650
325	甲氧磺草胺	Pyroxsulam	0.01		不得检出	SN/T 2325
326	氯甲喹啉酸	Quinmerac	0.05		不得检出	参照同类标准
327	喹氧灵	Quinoxyfen	0.2		不得检出	SN/T 2319
328	五氯硝基苯	Quintozene	0.01		不得检出	GB/T 19650
329	精喹禾灵	Quizalofop – P – ethyl	0.05		不得检出	SN/T 2150
330	灭虫菊	Resmethrin	0.1		不得检出	GB/T 20772

序号	农兽药中文名	农兽药英文名	欧盟标准限量要求 mg/kg	国家标准限量要求 mg/kg	三安超有机食品标准	
					限量要求 mg/kg	检测方法
331	鱼藤酮	Rotenone	0.01		不得检出	GB/T 20772
332	西玛津	Simazine	0.01		不得检出	SN 0594
333	壮观霉素	Spectinomycin	300μg/kg		不得检出	GB/T 21323
334	乙基多杀菌素	Spinetoram	0.2		不得检出	参照同类标准
335	多杀霉素	Spinosad	0.02		不得检出	GB/T 20772
336	螺螨酯	Spirodiclofen	0.01		不得检出	GB/T 20772
337	螺甲螨酯	Spiromesifen	0.01		不得检出	GB/T 23210
338	螺虫乙酯	Spirotetramat	0.01		不得检出	参照同类标准
339	萱孢菌素	Spiroxamine	0.05		不得检出	GB/T 20772
340	链霉素	Streptomycin	500μg/kg		不得检出	GB/T 21323
341	磺草酮	Sulcotrione	0.05		不得检出	参照同类标准
342	磺胺类(所有属于磺胺类的物质)	Sulfonamides (all substances belonging to the sulfonamide-group)	100μg/kg		不得检出	GB 29694
343	乙黄隆	Sulfosulfuron	0.05		不得检出	日本肯定列表(增补本1)
344	硫磺粉	Sulfur	0.5		不得检出	参照同类标准
345	氟胺氰菊酯	Tau – fluvalinate	0.01		不得检出	SN 0691
346	戊唑醇	Tebuconazole	0.1		不得检出	GB/T 20772
347	虫酰肼	Tebufenozide	0.05		不得检出	GB/T 20772
348	吡螨胺	Tebufenpyrad	0.05		不得检出	GB/T 20772
349	四氯硝基苯	Tecnazene	0.05		不得检出	GB/T 19650
350	氟苯脲	Teflubenzuron	0.05		不得检出	SN/T 2150
351	七氟菊酯	Tefluthrin	0.05		不得检出	日本肯定列表
352	得杀草	Tepraloxydim	0.1		不得检出	GB/T 20772
353	特丁硫磷	Terbufos	0.01		不得检出	GB/T 20772
354	特丁津	Terbuthylazine	0.05		不得检出	GB/T 19650
355	四氟醚唑	Tetraconazole	0.5		不得检出	GB/T 21317
356	四环素	Tetracycline	100μg/kg		不得检出	SN/T 2645
357	三氯杀螨砜	Tetradifon	0.05		不得检出	GB/T 19650
358	噻虫啉	Thiacloprid	0.05		不得检出	GB/T 20772
359	噻虫嗪	Thiamethoxam	0.03		不得检出	GB/T 20772
360	甲砜霉素	Thiamphenicol	50μg/kg		不得检出	GB/T 20756
361	禾草丹	Thiobencarb	0.01		不得检出	GB/T 20762
362	甲基硫菌灵	Thiophanate – methyl	0.05		不得检出	SN/T 0162
363	替米考星	Tilmicosin	50μg/kg		不得检出	GB/T 20762
364	甲基立枯磷	Tolclofos – methyl	0.05		不得检出	GB/T 20772
365	甲苯三嗪酮	Toltrazuril	100μg/kg		不得检出	GB/T 19650
366	甲苯氟磺胺	Tolylfluanid	0.1		不得检出	参照同类标准

序号	农兽药中文名	农兽药英文名	欧盟标准限量要求 mg/kg	国家标准限量要求 mg/kg	三安超有机食品标准 限量要求 mg/kg	检测方法
367	—	Topramezone	0.01		不得检出	参照同类标准
368	三唑酮和三唑醇	Triadimefon and triadimenol	0.1		不得检出	GB/T 20772
369	野麦畏	Triallate	0.05		不得检出	GB/T 20772
370	醚苯磺隆	Triasulfuron	0.05		不得检出	GB/T 20772
371	三唑磷	Triazophos	0.01		不得检出	GB/T 20772
372	三氯苯哒唑	Triclabendazole	225μg/kg		不得检出	GB/T 20772
373	敌百虫	Trichlorphon	0.01		不得检出	参照同类标准
374	绿草定	Triclopyr	0.05		不得检出	SN/T 2228
375	三环唑	Tricyclazole	0.05		不得检出	GB/T 20769
376	十三吗啉	Tridemorph	0.01		不得检出	GB/T 20772
377	肟菌酯	Trifloxystrobin	0.04		不得检出	GB/T 20769
378	氟菌唑	Triflumizole	0.05		不得检出	GB/T 20769
379	杀铃脲	Triflumuron	0.01		不得检出	GB/T 20772
380	氟乐灵	Trifluralin	0.01		不得检出	GB/T 20772
381	嗪氨灵	Triforine	0.01		不得检出	SN 0695
382	甲氧苄氨嘧啶	Trimethoprim	50μg/kg		不得检出	SN/T 1769
383	三甲基锍阳离子	Trimethyl – sulfonium cation	0.05		不得检出	参照同类标准
384	抗倒酯	Trinexapac	0.05		不得检出	GB/T 20769
385	灭菌唑	Triticonazole	0.01		不得检出	GB/T 20769
386	三氟甲磺隆	Tritosulfuron	0.01		不得检出	参照同类标准
387	泰乐霉素	Tylosin	50μg/kg		不得检出	GB/T 20762
388	—	Valifenalate	0.01		不得检出	参照同类标准
389	乙烯菌核利	Vinclozolin	0.05		不得检出	GB/T 20772
390	1 – 氨基 – 2 – 乙内酰脲	AHD			不得检出	GB/T 21311
391	2,3,4,5 – 四氯苯胺	2,3,4,5 – Tetrachloraniline			不得检出	GB/T 19650
392	2,3,4,5 – 四氯甲氧基苯	2,3,4,5 – Tetrachloroanisole			不得检出	GB/T 19650
393	2,3,5,6 – 四氯苯胺	2,3,5,6 – Tetrachloroaniline			不得检出	GB/T 19650
394	2,4,5 – 涕	2,4,5 – T			不得检出	GB/T 20772
395	o,p′ – 滴滴滴	2,4′ – DDD			不得检出	GB/T 19650
396	o,p′ – 滴滴伊	2,4′ – DDE			不得检出	GB/T 19650
397	o,p′ – 滴滴涕	2,4′ – DDT			不得检出	GB/T 19650
398	2,6 – 二氯苯甲酰胺	2,6 – Dichlorobenzamide			不得检出	GB/T 19650
399	3,5 – 二氯苯胺	3,5 – Dichloroaniline			不得检出	GB/T 19650
400	p,p′ – 滴滴滴	4,4′ – DDD			不得检出	GB/T 19650
401	p,p′ – 滴滴伊	4,4′ – DDE			不得检出	GB/T 19650
402	p,p′ – 滴滴涕	4,4′ – DDT			不得检出	GB/T 19650
403	4,4′ – 二溴二苯甲酮	4,4′ – Dibromobenzophenone			不得检出	GB/T 19650
404	4,4′ – 二氯二苯甲酮	4,4′ – Dichlorobenzophenone			不得检出	GB/T 19650
405	二氢苊	Acenaphthene			不得检出	GB/T 19650

序号	农兽药中文名	农兽药英文名	欧盟标准限量要求 mg/kg	国家标准限量要求 mg/kg	三安超有机食品标准限量要求 mg/kg	三安超有机食品标准检测方法
406	乙酰丙嗪	Acepromazine			不得检出	GB/T 20763
407	苯并噻二唑	Acibenzolar – S – methyl			不得检出	GB/T 19650
408	三氟羧草醚	Acifluorfen			不得检出	GB/T 20772
409	涕灭砜威	Aldoxycarb			不得检出	GB/T 20772
410	烯丙菊酯	Allethrin			不得检出	GB/T 20772
411	二丙烯草胺	Allidochlor			不得检出	GB/T 19650
412	烯丙孕素	Altrenogest			不得检出	SN/T 1980
413	莠灭净	Ametryn			不得检出	GB/T 19650
414	双甲脒	Amitraz			不得检出	GB/T 19650
415	杀草强	Amitrole			不得检出	SN/T 1737.6
416	5 – 吗啉甲基 – 3 – 氨基 – 2 – 噁唑烷基酮	AMOZ			不得检出	GB/T 21311
417	氨丙嘧吡啶	Amprolium			不得检出	SN/T 0276
418	莎稗磷	Anilofos			不得检出	GB/T 19650
419	蒽醌	Anthraquinone			不得检出	GB/T 19650
420	3 – 氨基 – 2 – 噁唑酮	AOZ			不得检出	GB/T 21311
421	安普霉素	Apramycin			不得检出	GB/T 21323
422	丙硫特普	Aspon			不得检出	GB/T 19650
423	羟氨卡青霉素	Aspoxicillin			不得检出	GB/T 21315
424	乙基杀扑磷	Athidathion			不得检出	GB/T 19650
425	莠去通	Atratone			不得检出	GB/T 19650
426	莠去津	Atrazine			不得检出	GB/T 19650
427	脱乙基阿特拉津	Atrazine – desethyl			不得检出	GB/T 19650
428	甲基吡噁磷	Azamethiphos			不得检出	GB/T 20763
429	氮哌酮	Azaperone			不得检出	GB/T 20763
430	叠氮津	Aziprotryne			不得检出	GB/T 19650
431	杆菌肽	Bacitracin			不得检出	GB/T 20743
432	4 – 溴 – 3,5 – 二甲苯基 – N – 甲基氨基甲酸酯 – 1	BDMC – 1			不得检出	GB/T 19650
433	4 – 溴 – 3,5 – 二甲苯基 – N – 甲基氨基甲酸酯 – 2	BDMC – 2			不得检出	GB/T 19650
434	噁虫威	Bendiocarb			不得检出	GB/T 20772
435	乙丁氟灵	Benfluralin			不得检出	GB/T 19650
436	呋草黄	Benfuresate			不得检出	GB/T 19650
437	麦锈灵	Benodanil			不得检出	GB/T 19650
438	解草酮	Benoxacor			不得检出	GB/T 19650
439	新燕灵	Benzoylprop – ethyl			不得检出	GB/T 19650
440	倍他米松	Betamethasone			不得检出	SN/T 1970
441	生物烯丙菊酯 – 1	Bioallethrin – 1			不得检出	GB/T 19650

序号	农兽药中文名	农兽药英文名	欧盟标准限量要求 mg/kg	国家标准限量要求 mg/kg	三安超有机食品标准	
					限量要求 mg/kg	检测方法
442	生物烯丙菊酯-2	Bioallethrin-2			不得检出	GB/T 19650
443	溴烯杀	Bromocylen			不得检出	GB/T 19648
444	除草定	Bromacil			不得检出	GB/T 19650
445	溴苯烯磷	Bromfenvinfos			不得检出	GB/T 19650
446	溴硫磷	Bromofos			不得检出	GB/T 19650
447	乙基溴硫磷	Bromophos-ethyl			不得检出	GB/T 19650
448	溴丁酰草胺	Btomobutide			不得检出	GB/T 19650
449	氟丙嘧草酯	Butafenacil			不得检出	GB/T 19650
450	抑草磷	Butamifos			不得检出	GB/T 19650
451	丁草胺	Butaxhlor			不得检出	GB/T 19650
452	苯酮唑	Cafenstrole			不得检出	GB/T 19650
453	角黄素	Canthaxanthin			不得检出	SN/T 2327
454	咔唑心安	Carazolol			不得检出	GB/T 22993
455	卡巴氧	Carbadox			不得检出	GB/T 20746
456	三硫磷	Carbophenothion			不得检出	GB/T 19650
457	唑草酮	Carfentrazone-ethyl			不得检出	GB/T 19650
458	卡洛芬	Carprofen			不得检出	SN/T 2190
459	头孢氨苄	Cefalexin			不得检出	GB/T 22989
460	头孢洛宁	Cefalonium			不得检出	GB/T 22989
461	头孢匹林	Cefapirin			不得检出	GB/T 22989
462	头孢喹肟	Cefquinome			不得检出	GB/T 22989
463	氯氧磷	Chlorethoxyfos			不得检出	GB/T 19650
464	杀螨醇	Chlorfenethol			不得检出	GB/T 19650
465	燕麦酯	Chlorfenprop-methyl			不得检出	GB/T 19650
466	氯甲硫磷	Chlormephos			不得检出	GB/T 19650
467	氯霉素	Chloramphenicolum			不得检出	GB/T 20772
468	氯杀螨砜	Chlorbenside sulfone			不得检出	GB/T 19648
469	氯溴隆	Chlorbromuron			不得检出	GB/T 19648
470	杀虫脒	Chlordimeform			不得检出	GB/T 19648
471	溴虫腈	Chlorfenapyr			不得检出	SN/T 1986
472	氟啶脲	Chlorfluazuron			不得检出	GB/T 20769
473	整形醇	Chlorflurenol			不得检出	GB/T 19650
474	氯地孕酮	Chlormadinone			不得检出	SN/T 1980
475	醋酸氯地孕酮	Chlormadinone acetate			不得检出	GB/T 20753
476	氯苯甲醚	Chloroneb			不得检出	GB/T 19650
477	丙酯杀螨醇	Chloropropylate			不得检出	GB/T 19650
478	氯丙嗪	Chlorpromazine			不得检出	GB/T 20763
479	毒死蜱	Chlorpyrifos			不得检出	GB/T 19650
480	氯硫磷	Chlorthion			不得检出	GB/T 19650

序号	农兽药中文名	农兽药英文名	欧盟标准限量要求 mg/kg	国家标准限量要求 mg/kg	三安超有机食品标准	
					限量要求 mg/kg	检测方法
481	虫螨磷	Chlorthiophos			不得检出	GB/T 19650
482	乙菌利	Chlozolinate			不得检出	GB/T 19650
483	顺式－氯丹	cis－Chlordane			不得检出	GB/T 19650
484	顺式－燕麦敌	cis－Diallate			不得检出	GB/T 19650
485	顺式－氯菊酯	cis－Permethrin			不得检出	GB/T 19650
486	克仑特罗	Clenbuterol			不得检出	GB/T 22286
487	异噁草酮	Clomazone			不得检出	GB/T 20772
488	氯甲酰草胺	Clomeprop			不得检出	GB/T 19650
489	氯羟吡啶	Clopidol			不得检出	GB/T 19650
490	解草酯	Cloquintocet－mexyl			不得检出	GB/T 19650
491	蝇毒磷	Coumaphos			不得检出	GB/T 19650
492	鼠立死	Crimidine			不得检出	GB/T 19650
493	巴毒磷	Crotxyphos			不得检出	GB/T 19650
494	育畜磷	Crufomate			不得检出	GB/T 20772
495	苯腈磷	Cyanofenphos			不得检出	GB/T 20772
496	杀螟腈	Cyanophos			不得检出	GB/T 20772
497	环草敌	Cycloate			不得检出	GB/T 20772
498	环莠隆	Cycluron			不得检出	GB/T 20772
499	环丙津	Cyprazine			不得检出	GB/T 20772
500	敌草索	Dacthal			不得检出	GB/T 19650
501	达氟沙星	Danofloxacin			不得检出	GB/T 22985
502	敌草腈	Dichlobenil			不得检出	GB/T 19650
503	癸氧喹酯	Decoquinate			不得检出	GB/T 20745
504	脱叶磷	DEF			不得检出	GB/T 19650
505	2,2′,4,5,5′－五氯联苯	DE－PCB 101			不得检出	GB/T 19650
506	2,3,4,4′,5－五氯联苯	DE－PCB 118			不得检出	GB/T 19650
507	2,2′,3,4,4′,5－六氯联苯	DE－PCB 138			不得检出	GB/T 19650
508	2,2′,4,4′,5,5′－六氯联苯	DE－PCB 153			不得检出	GB/T 19650
509	2,2′,3,4,4′,5,5′－七氯联苯	DE－PCB 180			不得检出	GB/T 19650
510	2,4,4′－三氯联苯	DE－PCB 28			不得检出	GB/T 19650
511	2,4,5－三氯联苯	DE－PCB 31			不得检出	GB/T 19650
512	2,2′,5,5′－四氯联苯	DE－PCB 52			不得检出	GB/T 19650
513	脱溴溴苯磷	Desbrom－leptophos			不得检出	GB/T 19650
514	脱乙基另丁津	Desethyl－sebuthylazine			不得检出	GB/T 19650
515	敌草净	Desmetryn			不得检出	GB/T 19650
516	地塞米松	Dexamethasone			不得检出	GB/T 21981
517	氯亚胺硫磷	Dialifos			不得检出	GB/T 19650
518	敌菌净	Diaveridine			不得检出	SN/T 1926

序号	农兽药中文名	农兽药英文名	欧盟标准限量要求 mg/kg	国家标准限量要求 mg/kg	三安超有机食品标准	
					限量要求 mg/kg	检测方法
519	驱虫特	Dibutyl succinate			不得检出	GB/T 20772
520	异氯磷	Dicapthon			不得检出	GB/T 19650
521	除线磷	Dichlofenthion			不得检出	GB/T 19650
522	苯氟磺胺	Dichlofluanid			不得检出	GB/T 19650
523	烯丙酰草胺	Dichlormid			不得检出	GB/T 19650
524	敌敌畏	Dichlorvos			不得检出	GB/T 19650
525	苄氯三唑醇	Diclobutrazole			不得检出	GB/T 19650
526	禾草灵	Diclofop – methyl			不得检出	GB/T 19650
527	己烯雌酚	Diethylstilbestrol			不得检出	GB/T 21981
528	双氟沙星	Difloxacin			不得检出	GB/T 20366
529	甲氟磷	Dimefox			不得检出	GB/T 19650
530	哌草丹	Dimepiperate			不得检出	GB/T 19650
531	异戊乙净	Dimethametryn			不得检出	GB/T 19650
532	乐果	Dimethoate			不得检出	GB/T 20772
533	甲基毒虫畏	Dimethylvinphos			不得检出	GB/T 19650
534	地美硝唑	Dimetridazole			不得检出	GB/T 21318
535	二甲草胺	Dinethachlor			不得检出	GB/T 19650
536	二甲酚草胺	Dimethenamid			不得检出	GB/T 19650
537	二硝托安	Dinitolmide			不得检出	GB/T 19650
538	氨氟灵	Dinitramine			不得检出	GB/T 19650
539	消螨通	Dinobuton			不得检出	GB/T 19650
540	呋虫胺	Dinotefuran			不得检出	SN/T 2323
541	苯虫醚 – 1	Diofenolan – 1			不得检出	GB/T 19650
542	苯虫醚 – 2	Diofenolan – 2			不得检出	GB/T 19650
543	蔬果磷	Dioxabenzofos			不得检出	GB/T 19650
544	双苯酰草胺	Diphenamid			不得检出	GB/T 19650
545	二苯胺	Diphenylamine			不得检出	GB/T 19650
546	异丙净	Dipropetryn			不得检出	GB/T 19650
547	灭菌磷	Ditalimfos			不得检出	GB/T 19650
548	氟硫草定	Dithiopyr			不得检出	GB/T 19650
549	强力霉素	Doxycycline			不得检出	GB/T 21317
550	敌瘟磷	Edifenphos			不得检出	GB/T 19650
551	硫丹硫酸盐	Endosulfan – sulfate			不得检出	GB/T 19650
552	异狄氏剂酮	Endrin ketone			不得检出	GB/T 19650
553	恩诺沙星	Enrofloxacin			不得检出	GB/T 22985
554	苯硫磷	EPN			不得检出	GB/T 19650
555	埃普利诺菌素	Eprinomectin			不得检出	GB/T 21320
556	抑草蓬	Erbon			不得检出	GB/T 19650
557	S – 氰戊菊酯	Esfenvalerate			不得检出	GB/T 19650

序号	农兽药中文名	农兽药英文名	欧盟标准限量要求 mg/kg	国家标准限量要求 mg/kg	三安超有机食品标准	
					限量要求 mg/kg	检测方法
558	戊草丹	Esprocarb			不得检出	GB/T 19650
559	乙环唑－1	Etaconazole－1			不得检出	GB/T 19650
560	乙环唑－2	Etaconazole－2			不得检出	GB/T 19650
561	乙嘧硫磷	Etrimfos			不得检出	GB/T 19650
562	氧乙嘧硫磷	Etrimfos oxon			不得检出	GB/T 19650
563	伐灭磷	Famphur			不得检出	GB/T 19650
564	苯线磷砜	Fenamiphos－sulfone			不得检出	GB/T 19650
565	苯线磷亚砜	Fenamiphos sulfoxide			不得检出	GB/T 19650
566	氧皮蝇磷	Fenchlorphos oxon			不得检出	GB/T 19650
567	甲呋酰胺	Fenfuram			不得检出	GB/T 19650
568	仲丁威	Fenobucarb			不得检出	GB/T 19650
569	苯硫威	Fenothiocarb			不得检出	GB/T 19650
570	稻瘟酰胺	Fenoxanil			不得检出	GB/T 19650
571	拌种咯	Fenpiclonil			不得检出	GB/T 19650
572	甲氰菊酯	Fenpropathrin			不得检出	GB/T 19650
573	芬螨酯	Fenson			不得检出	GB/T 19650
574	丰索磷	Fensulfothion			不得检出	GB/T 19650
575	倍硫磷亚砜	Fenthion sulfoxide			不得检出	GB/T 19650
576	麦草氟甲酯	Flamprop－methyl			不得检出	GB/T 19650
577	麦草氟异丙酯	Flamprop－isopropyl			不得检出	GB/T 19650
578	氟苯尼考	Florfenicol			不得检出	GB/T 20756
579	吡氟禾草灵	Fluazifop－butyl			不得检出	GB/T 19650
580	啶蜱脲	Fluazuron			不得检出	GB/T 20772
581	氟苯咪唑	Flubendazole			不得检出	GB/T 21324
582	氟噻草胺	Flufenacet			不得检出	GB/T 19650
583	氟甲喹	Flumequin			不得检出	SN/T 1921
584	氟节胺	Flumetralin			不得检出	GB/T 19648
585	唑嘧磺草胺	Flumetsulam			不得检出	GB/T 20772
586	氟烯草酸	Flumiclorac			不得检出	GB/T 19650
587	丙炔氟草胺	Flumioxazin			不得检出	GB/T 19650
588	氟胺烟酸	Flunixin			不得检出	GB/T 20750
589	三氟硝草醚	Fluorodifen			不得检出	GB/T 19650
590	乙羧氟草醚	Fluoroglycofen－ethyl			不得检出	GB/T 19650
591	三氟苯唑	Fluotrimazole			不得检出	GB/T 19650
592	氟啶草酮	Fluridone			不得检出	GB/T 19650
593	呋草酮	Flurtamone			不得检出	GB/T 19650
594	氟草烟－1－甲庚酯	Fluroxypr－1－methylheptyl ester			不得检出	GB/T 19650
595	地虫硫磷	Fonofos			不得检出	GB/T 19650

序号	农兽药中文名	农兽药英文名	欧盟标准限量要求 mg/kg	国家标准限量要求 mg/kg	三安超有机食品标准 限量要求 mg/kg	检测方法
596	安果	Formothion			不得检出	GB/T 19650
597	呋霜灵	Furalaxyl			不得检出	GB/T 19650
598	庆大霉素	Gentamicin			不得检出	GB/T 21323
599	苄螨醚	Halfenprox			不得检出	GB/T 19650
600	氟哌啶醇	Haloperidol			不得检出	GB/T 20763
601	庚烯磷	Heptanophos			不得检出	GB/T 19650
602	己唑醇	Hexaconazole			不得检出	GB/T 19650
603	环嗪酮	Hexazinone			不得检出	GB/T 19650
604	咪草酸	Imazamethabenz – methyl			不得检出	GB/T 19650
605	脱苯甲基亚胺唑	Imibenconazole – des – benzyl			不得检出	GB/T 19650
606	炔咪菊酯 – 1	Imiprothrin – 1			不得检出	GB/T 19650
607	炔咪菊酯 – 2	Imiprothrin – 2			不得检出	GB/T 19650
608	碘硫磷	Iodofenphos			不得检出	GB/T 19650
609	甲基碘磺隆	Iodosulfuron – methyl			不得检出	GB/T 20772
610	异稻瘟净	Iprobenfos			不得检出	GB/T 19650
611	氯唑磷	Isazofos			不得检出	GB/T 19650
612	碳氯灵	Isobenzan			不得检出	GB/T 19650
613	丁咪酰胺	Isocarbamid			不得检出	GB/T 19650
614	水胺硫磷	Isocarbophos			不得检出	GB/T 19650
615	异艾氏剂	Isodrin			不得检出	GB/T 19650
616	异柳磷	Isofenphos			不得检出	GB/T 19650
617	氧异柳磷	Isofenphos oxon			不得检出	GB/T 19650
618	氮氨菲啶	Isometamidium			不得检出	SN/T 2239
619	丁嗪草酮	Isomethiozin			不得检出	GB/T 19650
620	异丙威 – 1	Isoprocarb – 1			不得检出	GB/T 19650
621	异丙威 – 2	Isoprocarb – 2			不得检出	GB/T 19650
622	异丙乐灵	Isopropalin			不得检出	GB/T 19650
623	双苯噁唑酸	Isoxadifen – ethyl			不得检出	GB/T 19650
624	异噁氟草	Isoxaflutole			不得检出	GB/T 20772
625	噁唑啉	Isoxathion			不得检出	GB/T 19650
626	依维菌素	Ivermectin			不得检出	GB/T 21320
627	交沙霉素	Josamycin			不得检出	GB/T 20762
628	拉沙里菌素	Lasalocid			不得检出	GB/T 22983
629	溴苯磷	Leptophos			不得检出	GB/T 19650
630	左旋咪唑	Levanisole			不得检出	GB/T 19650
631	利谷隆	Linuron			不得检出	GB/T 20772
632	麻保沙星	Marbofloxacin			不得检出	GB/T 22985
633	2 – 甲 – 4 – 氯丁氧乙基酯	MCPA – butoxyethyl ester			不得检出	GB/T 19650
634	甲苯咪唑	Mebendazole			不得检出	GB/T 21324

序号	农兽药中文名	农兽药英文名	欧盟标准限量要求 mg/kg	国家标准限量要求 mg/kg	三安超有机食品标准 限量要求 mg/kg	检测方法
635	灭蚜磷	Mecarbam			不得检出	GB/T 19650
636	二甲四氯丙酸	Mecoprop			不得检出	SN/T 2325
637	苯噻酰草胺	Mefenacet			不得检出	GB/T 19650
638	吡唑解草酯	Mefenpyr – diethyl			不得检出	GB/T 19650
639	醋酸甲地孕酮	Megestrol acetate			不得检出	GB/T 20753
640	醋酸美仑孕酮	Melengestrol acetate			不得检出	GB/T 20753
641	嘧菌胺	Mepanipyrim			不得检出	GB/T 19650
642	地胺磷	Mephosfolan			不得检出	GB/T 19650
643	灭锈胺	Mepronil			不得检出	GB/T 19650
644	硝磺草酮	Mesotrione			不得检出	GB/T 20772
645	呋菌胺	Methfuroxam			不得检出	GB/T 19650
646	灭梭威砜	Methiocarb sulfone			不得检出	GB/T 19650
647	盖草津	Methoprotryne			不得检出	GB/T 19650
648	甲醚菊酯 – 1	Methothrin – 1			不得检出	GB/T 19650
649	甲醚菊酯 – 2	Methothrin – 2			不得检出	GB/T 19650
650	甲基泼尼松龙	Methylprednisolone			不得检出	GB/T 21981
651	溴谷隆	Metobromuron			不得检出	GB/T 19650
652	甲氧氯普胺	Metoclopramide			不得检出	SN/T 2227
653	异丙甲草胺和 S – 异丙甲草胺	Metolachlor and S – metolachlor			不得检出	GB/T 19650
654	苯氧菌胺 – 1	Metominsstrobin – 1			不得检出	GB/T 20772
655	苯氧菌胺 – 2	Metominsstrobin – 2			不得检出	GB/T 19650
656	甲硝唑	Metronidazole			不得检出	GB/T 21318
657	速灭磷	Mevinphos			不得检出	GB/T 19650
658	兹克威	Mexacarbate			不得检出	GB/T 19650
659	灭蚁灵	Mirex			不得检出	GB/T 19650
660	禾草敌	Molinate			不得检出	GB/T 19650
661	庚酰草胺	Monalide			不得检出	GB/T 19650
662	莫能菌素	Monensin			不得检出	GB/T 20364
663	莫西丁克	Moxidectin			不得检出	SN/T 2442
664	合成麝香	Musk ambrecte			不得检出	GB/T 19650
665	麝香	Musk moskene			不得检出	GB/T 19650
666	西藏麝香	Musk tibeten			不得检出	GB/T 19650
667	二甲苯麝香	Musk xylene			不得检出	GB/T 19650
668	二溴磷	Naled			不得检出	SN/T 0706
669	萘丙胺	Naproanilide			不得检出	GB/T 19650
670	甲基盐霉素	Narasin			不得检出	GB/T 20364
671	甲磺乐灵	Nitralin			不得检出	GB/T 19650

序号	农兽药中文名	农兽药英文名	欧盟标准限量要求 mg/kg	国家标准限量要求 mg/kg	三安超有机食品标准 限量要求 mg/kg	三安超有机食品标准 检测方法
672	三氯甲基吡啶	Nitrapyrin			不得检出	GB/T 19650
673	酞菌酯	Nitrothal – isopropyl			不得检出	GB/T 19650
674	诺氟沙星	Norfloxacin			不得检出	GB/T 20366
675	氟草敏	Norflurazon			不得检出	GB/T 19650
676	新生霉素	Novobiocin			不得检出	SN 0674
677	氟苯嘧啶醇	Nuarimol			不得检出	GB/T 19650
678	八氯苯乙烯	Octachlorostyrene			不得检出	GB/T 19650
679	氧氟沙星	Ofloxacin			不得检出	GB/T 20366
680	喹乙醇	Olaquindox			不得检出	GB/T 20746
681	竹桃霉素	Oleandomycin			不得检出	GB/T 20762
682	氧乐果	Omethoate			不得检出	GB/T 20772
683	奥比沙星	Orbifloxacin			不得检出	GB/T 22985
684	杀线威	Oxamyl			不得检出	GB/T 20772
685	丙氧苯咪唑	Oxibendazole			不得检出	SN 0684
686	氧化氯丹	Oxy – chlordane			不得检出	GB/T 21324
687	对氧磷	Paraoxon			不得检出	GB/T 19650
688	甲基对氧磷	Paraoxon – methyl			不得检出	GB/T 19650
689	克草敌	Pebulate			不得检出	GB/T 19650
690	氯菊酯	Permethrin			不得检出	GB/T 19650
691	五氯苯胺	Pentachloroaniline			不得检出	GB/T 19650
692	五氯甲氧基苯	Pentachloroanisole			不得检出	GB/T 19650
693	五氯苯	Pentachlorobenzene			不得检出	GB/T 19650
694	乙滴涕	Perthane			不得检出	GB/T 19650
695	菲	Phenanthrene			不得检出	GB/T 19650
696	稻丰散	Phenthoate			不得检出	GB/T 19650
697	甲拌磷砜	Phorate sulfone			不得检出	GB/T 19650
698	磷胺 – 1	Phosphamidon – 1			不得检出	GB/T 19650
699	磷胺 – 2	Phosphamidon – 2			不得检出	GB/T 19650
700	酞酸苯甲基丁酯	Phthalic acid, benzylbutyl ester			不得检出	GB/T 19650
701	四氯苯肽	Phthalide			不得检出	GB/T 19650
702	邻苯二甲酰亚胺	Phthalimide			不得检出	GB/T 19650
703	氟吡酰草胺	Plicolinafen			不得检出	GB/T 19650
704	增效醚	Piperonyl butoxide			不得检出	GB/T 19650
705	哌草磷	Piperophos			不得检出	GB/T 19650
706	乙基虫螨清	Pirimiphos – ethyl			不得检出	GB/T 19650
707	吡利霉素	Pirlimycin			不得检出	GB/T 19650
708	炔丙菊酯	Prallethrin			不得检出	GB/T 22988
709	泼尼松龙	Prednisolone			不得检出	GB/T 19650
710	环丙氟灵	Profluralin			不得检出	GB/T 21981

序号	农兽药中文名	农兽药英文名	欧盟标准限量要求 mg/kg	国家标准限量要求 mg/kg	三安超有机食品标准限量要求 mg/kg	检测方法
711	茉莉酮	Prohydrojasmon			不得检出	GB/T 19650
712	扑灭通	Prometon			不得检出	GB/T 19650
713	扑草净	Prometryne			不得检出	GB/T 19650
714	炔丙烯草胺	Pronamide			不得检出	GB/T 19650
715	敌稗	Propanil			不得检出	GB/T 19650
716	扑灭津	Propazine			不得检出	GB/T 19650
717	胺丙畏	Propetamphos			不得检出	GB/T 19650
718	丙酰二甲氨基丙吩噻嗪	Propionylpromazin			不得检出	GB/T 19650
719	丙硫磷	Prothiophos			不得检出	GB/T 20763
720	吡唑硫磷	Pyraclofos			不得检出	GB/T 19650
721	吡草醚	Pyraflufen – ethyl			不得检出	GB/T 19650
722	哒嗪硫磷	Ptridaphenthion			不得检出	GB/T 19650
723	啶斑肟 – 1	Pyrifenox – 1			不得检出	GB/T 19650
724	啶斑肟 – 2	Pyrifenox – 2			不得检出	GB/T 19650
725	环酯草醚	Pyriftalid			不得检出	GB/T 19650
726	嘧草醚	Pyriminobac – methyl			不得检出	GB/T 19650
727	嘧啶磷	Pyrimitate			不得检出	GB/T 19650
728	嘧螨醚	Pyrimidifen			不得检出	GB/T 19650
729	喹硫磷	Quinalphos			不得检出	GB/T 19650
730	灭藻醌	Quinoclamine			不得检出	GB/T 19650
731	苯氧喹啉	Quinoxyphen			不得检出	GB/T 19650
732	精喹禾灵	Quizalofop – P – ethyl			不得检出	GB/T 20772
733	喹禾灵	Quizalofop – ethyl			不得检出	GB/T 20769
734	吡咪唑	Rabenzazole			不得检出	GB/T 19650
735	莱克多巴胺	Ractopamine			不得检出	GB/T 21313
736	洛硝达唑	Ronidazole			不得检出	GB/T 21318
737	皮蝇磷	Ronnel			不得检出	GB/T 19650
738	盐霉素	Salinomycin			不得检出	GB/T 20364
739	沙拉沙星	Sarafloxacin			不得检出	GB/T 20366
740	另丁津	Sebutylazine			不得检出	GB/T 19650
741	密草通	Secbumeton			不得检出	GB/T 19650
742	氨基脲	Semduramicin			不得检出	GB/T 19650
743	烯禾啶	Sethoxydim			不得检出	GB/T 19650
744	整形醇	Chlorflurenol			不得检出	GB/T 19650
745	氟硅菊酯	Silafluofen			不得检出	GB/T 19650
746	硅氟唑	Simeconazole			不得检出	GB/T 19650
747	西玛通	Simetone			不得检出	GB/T 19650
748	西草净	Simetryn			不得检出	GB/T 19650
749	螺旋霉素	Spiramycin			不得检出	GB/T 20762

序号	农兽药中文名	农兽药英文名	欧盟标准限量要求 mg/kg	国家标准限量要求 mg/kg	三安超有机食品标准	
					限量要求 mg/kg	检测方法
750	磺胺苯酰	Sulfabenzamide			不得检出	GB/T 21316
751	磺胺醋酰	Sulfacetamide			不得检出	GB/T 21316
752	磺胺氯哒嗪	Sulfachloropyridazine			不得检出	GB/T 21316
753	磺胺嘧啶	Sulfadiazine			不得检出	GB/T 21316
754	磺胺间二甲氧嘧啶	Sulfadimethoxine			不得检出	GB/T 21316
755	磺胺二甲嘧啶	Sulfadimidine			不得检出	GB/T 21316
756	磺胺多辛	Sulfadoxine			不得检出	GB/T 21316
757	磺胺脒	Sulfaguanidine			不得检出	GB/T 21316
758	菜草畏	Sulfallate			不得检出	GB/T 19650
759	磺胺甲嘧啶	Sulfamerazine			不得检出	GB/T 21316
760	新诺明	Sulfamethoxazole			不得检出	GB/T 21316
761	磺胺间甲氧嘧啶	Sulfamonomethoxine			不得检出	GB/T 21316
762	乙酰磺胺对硝基苯	Sulfanitran			不得检出	GB/T 20772
763	磺胺吡啶	Sulfapyridine			不得检出	GB/T 21316
764	磺胺喹沙啉	Sulfaquinoxaline			不得检出	GB/T 21316
765	磺胺噻唑	Sulfathiazole			不得检出	GB/T 21316
766	治螟磷	Sulfotep			不得检出	GB/T 19650
767	硫丙磷	Sulprofos			不得检出	GB/T 19650
768	苯噻硫氰	TCMTB			不得检出	GB/T 19650
769	丁基嘧啶磷	Tebupirimfos			不得检出	GB/T 19650
770	丁噻隆	Tebuthiuron			不得检出	GB/T 20772
771	牧草胺	Tebutam			不得检出	GB/T 19650
772	双硫磷	Temephos			不得检出	GB/T 20772
773	特草灵	Terbucarb			不得检出	GB/T 19650
774	特丁通	Terbumeton			不得检出	GB/T 19650
775	特丁净	Terbutryn			不得检出	GB/T 19650
776	四氢邻苯二甲酰亚胺	Tetrabydrophthalimide			不得检出	GB/T 19650
777	杀虫畏	Tetrachlorvinphos			不得检出	GB/T 19650
778	胺菊酯	Tetramethrin			不得检出	GB/T 19650
779	杀螨氯硫	Tetrasul			不得检出	GB/T 19650
780	噻吩草胺	Thenylchlor			不得检出	GB/T 19650
781	噻菌灵	Thiabendazole			不得检出	GB/T 20769
782	噻唑烟酸	Thiazopyr			不得检出	GB/T 19650
783	噻苯隆	Thidiazuron			不得检出	GB/T 20772
784	噻吩磺隆	Thifensulfuron - methyl			不得检出	GB/T 20772
785	甲基乙拌磷	Thiometon			不得检出	GB/T 20772
786	虫线磷	Thionazin			不得检出	GB/T 19650
787	硫普罗宁	Tiopronin			不得检出	SN/T 2225
788	三甲苯草酮	Tralkoxydim			不得检出	GB/T 19650

序号	农兽药中文名	农兽药英文名	欧盟标准限量要求 mg/kg	国家标准限量要求 mg/kg	三安超有机食品标准 限量要求 mg/kg	三安超有机食品标准 检测方法
789	四溴菊酯	Tralomethrin			不得检出	SN/T 2320
790	反式－氯丹	*trans* – Chlordane			不得检出	GB/T 19650
791	反式－燕麦敌	*trans* – Diallate			不得检出	GB/T 19650
792	四氟苯菊酯	Transfluthrin			不得检出	GB/T 19650
793	反式九氯	*trans* – Nonachlor			不得检出	GB/T 19650
794	反式－氯菊酯	*trans* – Permethrin			不得检出	GB/T 19650
795	群勃龙	Trenbolone			不得检出	GB/T 21981
796	威菌磷	Triamiphos			不得检出	GB/T 19650
797	毒壤磷	Trichloronate			不得检出	GB/T 19650
798	灭草环	Tridiphane			不得检出	GB/T 19650
799	草达津	Trietazine			不得检出	GB/T 19650
800	三异丁基磷酸盐	Tri – *iso* – butyl phosphate			不得检出	GB/T 19650
801	三正丁基磷酸盐	Tri – *n* – butyl phosphate			不得检出	GB/T 19650
802	三苯基磷酸盐	Triphenyl phosphate			不得检出	GB/T 19650
803	烯效唑	Uniconazole			不得检出	GB/T 19650
804	灭草敌	Vernolate			不得检出	GB/T 19650
805	维吉尼霉素	Virginiamycin			不得检出	GB/T 20765
806	杀鼠灵	War farin			不得检出	GB/T 20772
807	甲苯噻嗪	Xylazine			不得检出	GB/T 20763
808	右环十四酮酚	Zeranol			不得检出	GB/T 21982
809	苯酰菌胺	Zoxamide			不得检出	GB/T 19650

7.2 骡脂肪 Mules Fat

序号	农兽药中文名	农兽药英文名	欧盟标准限量要求 mg/kg	国家标准限量要求 mg/kg	三安超有机食品标准 限量要求 mg/kg	三安超有机食品标准 检测方法
1	1,1－二氯－2,2－二(4－乙苯)乙烷	1,1 – Dichloro – 2,2 – bis(4 – ethylphenyl) ethane	0.01		不得检出	日本肯定列表（增补本1）
2	1,2－二氯乙烷	1,2 – Dichloroethane	0.1		不得检出	SN/T 2238
3	1,3－二氯丙烯	1,3 – Dichloropropene	0.01		不得检出	SN/T 2238
4	1－萘乙酸	1 – Naphthylacetic acid	0.05		不得检出	SN/T 2228
5	2,4－滴	2,4 – D	0.05		不得检出	GB/T 20772
6	2,4－滴丁酸	2,4 – DB	0.05		不得检出	GB/T 20769
7	2－苯酚	2 – Phenylphenol	0.05		不得检出	GB/T 19650
8	阿维菌素	Abamectin	0.01		不得检出	SN/T 2661
9	乙酰甲胺磷	Acephate	0.02		不得检出	GB/T 20772
10	灭螨醌	Acequinocyl	0.01		不得检出	参照同类标准
11	啶虫脒	Acetamiprid	0.05		不得检出	GB/T 20772

序号	农兽药中文名	农兽药英文名	欧盟标准限量要求 mg/kg	国家标准限量要求 mg/kg	三安超有机食品标准 限量要求 mg/kg	检测方法
12	乙草胺	Acetochlor	0.01		不得检出	GB/T 19650
13	苯并噻二唑	Acibenzolar－S－methyl	0.02		不得检出	GB/T 20772
14	苯草醚	Aclonifen	0.02		不得检出	GB/T 20772
15	氟丙菊酯	Acrinathrin	0.05		不得检出	GB/T 19648
16	甲草胺	Alachlor	0.01		不得检出	GB/T 20772
17	涕灭威	Aldicarb	0.01		不得检出	GB/T 20772
18	艾氏剂和狄氏剂	Aldrin and dieldrin	0.2	0.2	不得检出	GB/T 19650
19	烯丙孕素	Altrenogest	2μg/kg		不得检出	SN/T 1980
20	—	Ametoctradin	0.03		不得检出	参照同类标准
21	酰嘧磺隆	Amidosulfuron	0.02		不得检出	
22	氯氨吡啶酸	Aminopyralid	0.02		不得检出	GB/T 23211
23	—	Amisulbrom	0.01		不得检出	参照同类标准
24	阿莫西林	Amoxicillin	50μg/kg		不得检出	NY/T 830
25	氨苄青霉素	Ampicillin	50μg/kg		不得检出	GB/T 21315
26	敌菌灵	Anilazine	0.01		不得检出	GB/T 20769
27	杀螨特	Aramite	0.01		不得检出	GB/T 19650
28	磺草灵	Asulam	0.1		不得检出	日本肯定列表（增补本1）
29	印楝素	Azadirachtin	0.01		不得检出	SN/T 3264
30	益棉磷	Azinphos－ethyl	0.01		不得检出	GB/T 19650
31	保棉磷	Azinphos－methyl	0.01		不得检出	GB/T 20772
32	三唑锡和三环锡	Azocyclotin and cyhexatin	0.05		不得检出	SN/T 1990
33	嘧菌酯	Azoxystrobin	0.05		不得检出	GB/T 20772
34	燕麦灵	Barban	0.05		不得检出	参照同类标准
35	氟丁酰草胺	Beflubutamid	0.05		不得检出	参照同类标准
36	苯霜灵	Benalaxyl	0.05		不得检出	GB/T 20772
37	丙硫克百威	Benfuracarb	0.02		不得检出	GB/T 20772
38	苄青霉素	Benzyl penicillin	50μg/kg		不得检出	GB/T 21315
39	联苯肼酯	Bifenazate	0.01		不得检出	GB/T 20772
40	甲羧除草醚	Bifenox	0.05		不得检出	GB/T 23210
41	联苯菊酯	Bifenthrin	3		不得检出	GB/T 19650
42	乐杀螨	Binapacryl	0.01		不得检出	SN 0523
43	联苯	Biphenyl	0.01		不得检出	GB/T 19650
44	联苯三唑醇	Bitertanol	0.05		不得检出	GB/T 20772
45	—	Bixafen	0.02		不得检出	参照同类标准
46	啶酰菌胺	Boscalid	0.7		不得检出	GB/T 20772
47	溴离子	Bromide ion	0.05		不得检出	GB/T 5009.167
48	溴螨酯	Bromopropylate	0.01		不得检出	GB/T 19650
49	溴苯腈	Bromoxynil	0.05		不得检出	GB/T 20772

序号	农兽药中文名	农兽药英文名	欧盟标准限量要求 mg/kg	国家标准限量要求 mg/kg	三安超有机食品标准 限量要求 mg/kg	三安超有机食品标准 检测方法
50	糠菌唑	Bromuconazole	0.05		不得检出	GB/T 19650
51	乙嘧酚磺酸酯	Bupirimate	0.05		不得检出	GB/T 19650
52	噻嗪酮	Buprofezin	0.05		不得检出	GB/T 20772
53	仲丁灵	Butralin	0.02		不得检出	GB/T 19650
54	丁草敌	Butylate	0.01		不得检出	GB/T 19650
55	硫线磷	Cadusafos	0.01		不得检出	GB/T 19650
56	毒杀芬	Camphechlor	0.05		不得检出	YC/T 180
57	敌菌丹	Captafol	0.01		不得检出	GB/T 23210
58	克菌丹	Captan	0.02		不得检出	GB/T 19648
59	甲萘威	Carbaryl	0.05		不得检出	GB/T 20796
60	多菌灵和苯菌灵	Carbendazim and benomyl	0.05		不得检出	GB/T 20772
61	长杀草	Carbetamide	0.05		不得检出	GB/T 20772
62	克百威	Carbofuran	0.01		不得检出	GB/T 20772
63	丁硫克百威	Carbosulfan	0.05		不得检出	GB/T 19650
64	萎锈灵	Carboxin	0.05		不得检出	GB/T 20772
65	卡洛芬	Carprofen	1000μg/kg		不得检出	SN/T 2190
66	头孢喹肟	Cefquinome	100μg/kg		不得检出	GB/T 22989
67	头孢噻呋	Ceftiofur	2000μg/kg		不得检出	GB/T 21314
68	氯虫苯甲酰胺	Chlorantraniliprole	0.2		不得检出	参照同类标准
69	杀螨醚	Chlorbenside	0.05		不得检出	GB/T 19650
70	氯炔灵	Chlorbufam	0.05		不得检出	GB/T 20772
71	氯丹	Chlordane	0.05	0.05	不得检出	GB/T 5009.19
72	十氯酮	Chlordecone	0.1		不得检出	参照同类标准
73	杀螨酯	Chlorfenson	0.05		不得检出	GB/T 19650
74	毒虫畏	Chlorfenvinphos	0.01		不得检出	GB/T 19650
75	氯草敏	Chloridazon	0.1		不得检出	GB/T 20772
76	矮壮素	Chlormequat	0.05		不得检出	GB/T 23211
77	乙酯杀螨醇	Chlorobenzilate	0.1		不得检出	GB/T 23210
78	百菌清	Chlorothalonil	0.07		不得检出	SN/T 2320
79	绿麦隆	Chlortoluron	0.05		不得检出	GB/T 20772
80	枯草隆	Chloroxuron	0.05		不得检出	SN/T 2150
81	氯苯胺灵	Chlorpropham	0.05		不得检出	GB/T 19650
82	甲基毒死蜱	Chlorpyrifos – methyl	0.05		不得检出	GB/T 19650
83	氯磺隆	Chlorsulfuron	0.01		不得检出	GB/T 20772
84	氯酞酸甲酯	Chlorthaldimethyl	0.01		不得检出	GB/T 19650
85	氯硫酰草胺	Chlorthiamid	0.02		不得检出	GB/T 20772
86	烯草酮	Clethodim	0.05		不得检出	GB/T 19650
87	炔草酯	Clodinafop – propargyl	0.02		不得检出	GB/T 19650
88	四螨嗪	Clofentezine	0.05		不得检出	GB/T 20772

序号	农兽药中文名	农兽药英文名	欧盟标准限量要求 mg/kg	国家标准限量要求 mg/kg	三安超有机食品标准 限量要求 mg/kg	检测方法
89	二氯吡啶酸	Clopyralid	0.05		不得检出	SN/T 2228
90	噻虫胺	Clothianidin	0.02		不得检出	GB/T 20772
91	邻氯青霉素	Cloxacillin	300μg/kg		不得检出	GB/T 18932.25
92	黏菌素	Colistin	150μg/kg		不得检出	参照同类标准
93	铜化合物	Copper compounds	5		不得检出	参照同类标准
94	环烷基酰苯胺	Cyclanilide	0.01		不得检出	参照同类标准
95	噻草酮	Cycloxydim	0.05		不得检出	GB/T 19650
96	环氟菌胺	Cyflufenamid	0.03		不得检出	GB/T 23210
97	氟氯氰菊酯和高效氟氯氰菊酯	Cyfluthrin and beta-cyfluthrin	0.05		不得检出	GB/T 19650
98	霜脲氰	Cymoxanil	0.05		不得检出	GB/T 20772
99	氯氰菊酯和高效氯氰菊酯	Cypermethrin and beta-cypermethrin	0.2		不得检出	GB/T 19650
100	环丙唑醇	Cyproconazole	0.05		不得检出	GB/T 20772
101	嘧菌环胺	Cyprodinil	0.05		不得检出	GB/T 19650
102	灭蝇胺	Cyromazine	0.05		不得检出	GB/T 20772
103	丁酰肼	Daminozide	0.05		不得检出	SN/T 1989
104	达氟沙星	Danofloxacin	50μg/kg		不得检出	GB/T 22985
105	滴滴涕	DDT	1	2	不得检出	SN/T 0127
106	溴氰菊酯	Deltamethrin	0.5		不得检出	GB/T 19650
107	燕麦敌	Diallate	0.2		不得检出	GB/T 23211
108	二嗪磷	Diazinon	0.05		不得检出	GB/T 19650
109	麦草畏	Dicamba	0.07		不得检出	GB/T 20772
110	敌草腈	Dichlobenil	0.01		不得检出	GB/T 19650
111	滴丙酸	Dichlorprop	0.05		不得检出	SN/T 2228
112	二氯苯氧基丙酸	Diclofop	0.01		不得检出	参照同类标准
113	氯硝胺	Dicloran	0.01		不得检出	GB/T 19650
114	双氯青霉素	Dicloxacillin	300μg/kg		不得检出	GB/T 18932.25
115	三氯杀螨醇	Dicofol	0.02		不得检出	GB/T 19650
116	乙霉威	Diethofencarb	0.05		不得检出	GB/T 19650
117	苯醚甲环唑	Difenoconazole	0.1		不得检出	GB/T 19650
118	双氟沙星	Difloxacin	100μg/kg		不得检出	GB/T 20366
119	除虫脲	Diflubenzuron	0.05		不得检出	SN/T 0528
120	吡氟酰草胺	Diflufenican	0.05		不得检出	GB/T 20772
121	油菜安	Dimethachlor	0.02		不得检出	GB/T 20772
122	烯酰吗啉	Dimethomorph	0.05		不得检出	GB/T 20772
123	醚菌胺	Dimoxystrobin	0.05		不得检出	SN/T 2237
124	烯唑醇	Diniconazole	0.01		不得检出	GB/T 19650

序号	农兽药中文名	农兽药英文名	欧盟标准限量要求 mg/kg	国家标准限量要求 mg/kg	三安超有机食品标准 限量要求 mg/kg	检测方法
125	敌螨普	Dinocap	0.05		不得检出	日本肯定列表（增补本1）
126	地乐酚	Dinoseb	0.01		不得检出	GB/T 20772
127	特乐酚	Dinoterb	0.05		不得检出	GB/T 20772
128	敌恶磷	Dioxathion	0.05		不得检出	GB/T 19650
129	敌草快	Diquat	0.05		不得检出	GB/T 5009.221
130	乙拌磷	Disulfoton	0.01		不得检出	GB/T 20772
131	二氰蒽醌	Dithianon	0.01		不得检出	GB/T 20769
132	二硫代氨基甲酸酯	Dithiocarbamates	0.05		不得检出	SN 0139
133	敌草隆	Diuron	0.05		不得检出	SN/T 0645
134	二硝甲酚	DNOC	0.05		不得检出	GB/T 20772
135	多果定	Dodine	0.2		不得检出	SN 0500
136	多拉菌素	Doramectin	150μg/kg		不得检出	GB/T 22968
137	甲氨基阿维菌素苯甲酸盐	Emamectin benzoate	0.02		不得检出	GB/T 20769
138	硫丹	Endosulfan	0.05		不得检出	GB/T 19650
139	异狄氏剂	Endrin	0.05	0.05	不得检出	GB/T 19650
140	恩诺沙星	Enrofloxacin	100μg/kg		不得检出	GB/T 20366
141	氟环唑	Epoxiconazole	0.01		不得检出	GB/T 20772
142	茵草敌	EPTC	0.02		不得检出	GB/T 20772
143	红霉素	Erythromycin	200μg/kg		不得检出	GB/T 20762
144	乙丁烯氟灵	Ethalfluralin	0.01		不得检出	GB/T 19650
145	胺苯磺隆	Ethametsulfuron	0.01		不得检出	NY/T 1616
146	乙烯利	Ethephon	0.05		不得检出	SN 0705
147	乙硫磷	Ethion	0.01		不得检出	GB/T 19650
148	乙嘧酚	Ethirimol	0.05		不得检出	GB/T 20772
149	乙氧呋草黄	Ethofumesate	0.1		不得检出	GB/T 20772
150	灭线磷	Ethoprophos	0.01		不得检出	GB/T 19650
151	乙氧喹啉	Ethoxyquin	0.05		不得检出	GB/T 20772
152	环氧乙烷	Ethylene oxide	0.02		不得检出	GB/T 23296.11
153	醚菊酯	Etofenprox	0.5		不得检出	GB/T 19650
154	乙螨唑	Etoxazole	0.01		不得检出	GB/T 19650
155	氯唑灵	Etridiazole	0.05		不得检出	GB/T 20772
156	恶唑菌酮	Famoxadone	0.05		不得检出	GB/T 20772
157	苯硫氨酯	Febantel	50μg/kg		不得检出	GB/T 22972
158	咪唑菌酮	Fenamidone	0.01		不得检出	GB/T 19650
159	苯线磷	Fenamiphos	0.01		不得检出	GB/T 19650
160	氯苯嘧啶醇	Fenarimol	0.02		不得检出	GB/T 20772
161	喹螨醚	Fenazaquin	0.01		不得检出	GB/T 19650
162	苯硫苯咪唑	Fenbendazole	50μg/kg		不得检出	SN 0638

序号	农兽药中文名	农兽药英文名	欧盟标准限量要求 mg/kg	国家标准限量要求 mg/kg	三安超有机食品标准	
					限量要求 mg/kg	检测方法
163	腈苯唑	Fenbuconazole	0.05		不得检出	GB/T 20772
164	苯丁锡	Fenbutatin oxide	0.05		不得检出	SN/T 3149
165	环酰菌胺	Fenhexamid	0.05		不得检出	GB/T 20772
166	杀螟硫磷	Fenitrothion	0.01		不得检出	GB/T 20772
167	精噁唑禾草灵	Fenoxaprop – P – ethyl	0.05		不得检出	GB/T 22617
168	双氧威	Fenoxycarb	0.05		不得检出	GB/T 19650
169	苯锈啶	Fenpropidin	0.02		不得检出	GB/T 19650
170	丁苯吗啉	Fenpropimorph	0.01		不得检出	GB/T 20772
171	胺苯吡菌酮	Fenpyrazamine	0.01		不得检出	参照同类标准
172	唑螨酯	Fenpyroximate	0.01		不得检出	GB/T 19650
173	倍硫磷	Fenthion	0.05		不得检出	GB/T 20772
174	三苯锡	Fentin	0.05		不得检出	SN/T 3149
175	薯瘟锡	Fentin acetate	0.05		不得检出	参照同类标准
176	氰戊菊酯和高效氰戊菊酯（RR & SS 异构体总量）	Fenvalerate and esfenvalerate (sum of RR & SS isomers)	0.2		不得检出	GB/T 19650
177	氰戊菊酯和高效氰戊菊酯（RS & SR 异构体总量）	Fenvalerate and esfenvalerate (sum of RS & SR isomers)	0.05		不得检出	GB/T 19650
178	氟虫腈	Fipronil	0.01		不得检出	SN/T 1982
179	非罗考昔	Firocoxib	60μg/kg		不得检出	参照同类标准
180	氟啶虫酰胺	Flonicamid	0.02		不得检出	SN/T 2796
181	氟苯尼考	Florfenicol	200μg/kg		不得检出	参照同类标准
182	精吡氟禾草灵	Fluazifop – P – butyl	0.05		不得检出	GB/T 5009.142
183	氟啶胺	Fluazinam	0.05		不得检出	SN/T 2150
184	氟苯虫酰胺	Flubendiamide	2		不得检出	SN/T 2581
185	氟环脲	Flucycloxuron	0.05		不得检出	参照同类标准
186	氟氰戊菊酯	Flucythrinate	0.05		不得检出	GB/T 23210
187	咯菌腈	Fludioxonil	0.05		不得检出	GB/T 20772
188	氟虫脲	Flufenoxuron	0.05		不得检出	SN/T 2150
189	杀螨净	Flufenzin	0.02		不得检出	参照同类标准
190	氟甲喹	Flumequin	250μg/kg		不得检出	SN/T 1921
191	氟胺烟酸	Flunixin	100μg/kg		不得检出	GB/T 20750
192	氟吡菌胺	Fluopicolide	0.01		不得检出	参照同类标准
193	—	Fluopyram	0.02		不得检出	参照同类标准
194	氟离子	Fluoride ion	1		不得检出	GB/T 5009.167
195	氟腈嘧菌酯	Fluoxastrobin	0.05		不得检出	SN/T 2237
196	氟喹唑	Fluquinconazole	2		不得检出	GB/T 19650
197	氟咯草酮	Fluorochloridone	0.05		不得检出	GB/T 20772
198	氟草烟	Fluroxypyr	0.05		不得检出	GB/T 20772
199	氟硅唑	Flusilazole	0.1		不得检出	GB/T 20772

序号	农兽药中文名	农兽药英文名	欧盟标准限量要求 mg/kg	国家标准限量要求 mg/kg	三安超有机食品标准 限量要求 mg/kg	三安超有机食品标准 检测方法
200	氟酰胺	Flutolanil	0.02		不得检出	GB/T 20772
201	粉唑醇	Flutriafol	0.01		不得检出	GB/T 20772
202	—	Fluxapyroxad	0.01		不得检出	参照同类标准
203	氟磺胺草醚	Fomesafen	0.01		不得检出	GB/T 5009.130
204	氯吡脲	Forchlorfenuron	0.05		不得检出	SN/T 3643
205	伐虫脒	Formetanate	0.01		不得检出	NY/T 1453
206	三乙膦酸铝	Fosetyl – aluminium	0.5		不得检出	参照同类标准
207	麦穗宁	Fuberidazole	0.05		不得检出	GB/T 19650
208	呋线威	Furathiocarb	0.01		不得检出	GB/T 20772
209	糠醛	Furfural	1		不得检出	参照同类标准
210	勃激素	Gibberellic acid	0.1		不得检出	GB/T 23211
211	草胺膦	Glufosinate – ammonium	0.1		不得检出	日本肯定列表
212	草甘膦	Glyphosate	0.05		不得检出	SN/T 1923
213	氟吡禾灵	Haloxyfop	0.01		不得检出	SN/T 2228
214	七氯	Heptachlor	0.2		不得检出	SN 0663
215	六氯苯	Hexachlorobenzene	0.2		不得检出	SN/T 0127
216	六六六(HCH),α-异构体	Hexachlorociclohexane (HCH), alpha – isomer	0.2	1	不得检出	SN/T 0127
217	六六六(HCH),β-异构体	Hexachlorociclohexane (HCH), beta – isomer	0.1	1	不得检出	SN/T 0127
218	噻螨酮	Hexythiazox	0.05		不得检出	GB/T 20772
219	噁霉灵	Hymexazol	0.05		不得检出	GB/T 20772
220	抑霉唑	Imazalil	0.05		不得检出	GB/T 20772
221	甲咪唑烟酸	Imazapic	0.01		不得检出	GB/T 20772
222	咪唑喹啉酸	Imazaquin	0.05		不得检出	GB/T 20772
223	吡虫啉	Imidacloprid	0.05		不得检出	GB/T 20772
224	双胍辛胺	Iminoctadine	0.1		不得检出	日本肯定列表
225	茚虫威	Indoxacarb	2		不得检出	GB/T 20772
226	碘苯腈	Ioxynil	0.05		不得检出	GB/T 20772
227	异菌脲	Iprodione	0.05		不得检出	GB/T 19650
228	稻瘟灵	Isoprothiolane	0.01		不得检出	GB/T 20772
229	异丙隆	Isoproturon	0.05		不得检出	GB/T 20772
230	—	Isopyrazam	0.01		不得检出	参照同类标准
231	异噁酰草胺	Isoxaben	0.01		不得检出	GB/T 20772
232	依维菌素	Ivermectin	100μg/kg		不得检出	GB/T 21320
233	卡那霉素	Kanamycin	100μg/kg		不得检出	GB/T 21323
234	醚菌酯	Kresoxim – methyl	0.02		不得检出	GB/T 20772
235	乳氟禾草灵	Lactofen	0.01		不得检出	GB/T 19650
236	高效氯氟氰菊酯	Lambda – cyhalothrin	0.5		不得检出	GB/T 23210

7 骡(5种)

序号	农兽药中文名	农兽药英文名	欧盟标准限量要求 mg/kg	国家标准限量要求 mg/kg	三安超有机食品标准 限量要求 mg/kg	三安超有机食品标准 检测方法
237	环草定	Lenacil	0.1		不得检出	GB/T 19650
238	林可霉素	Lincomycin	50μg/kg		不得检出	GB/T 20762
239	林丹	Lindane	0.02	1	不得检出	NY/T 761
240	虱螨脲	Lufenuron	0.02		不得检出	SN/T 2540
241	马拉硫磷	Malathion	0.02		不得检出	GB/T 19650
242	抑芽丹	Maleic hydrazide	0.02		不得检出	GB/T 23211
243	双炔酰菌胺	Mandipropamid	0.02		不得检出	参照同类标准
244	二甲四氯和二甲四氯丁酸	MCPA and MCPB	0.1		不得检出	SN/T 2228
245	壮棉素	Mepiquat chloride	0.05		不得检出	GB/T 23211
246	—	Meptyldinocap	0.05		不得检出	参照同类标准
247	汞化合物	Mercury compounds	0.01		不得检出	参照同类标准
248	氰氟虫腙	Metaflumizone	0.02		不得检出	SN/T 3852
249	甲霜灵和精甲霜灵	Metalaxyl and metalaxyl–M	0.05		不得检出	GB/T 20772
250	四聚乙醛	Metaldehyde	0.05		不得检出	SN/T 1787
251	苯嗪草酮	Metamitron	0.05		不得检出	GB/T 19650
252	安乃近	Metamizole	100μg/kg		不得检出	GB/T 20747
253	吡唑草胺	Metazachlor	0.05		不得检出	GB/T 19650
254	叶菌唑	Metconazole	0.01		不得检出	GB/T 20772
255	甲基苯噻隆	Methabenzthiazuron	0.05		不得检出	GB/T 19650
256	虫螨畏	Methacrifos	0.01		不得检出	GB/T 20772
257	甲胺磷	Methamidophos	0.01		不得检出	GB/T 20772
258	杀扑磷	Methidathion	0.02		不得检出	GB/T 20772
259	甲硫威	Methiocarb	0.05		不得检出	GB/T 20770
260	灭多威和硫双威	Methomyl and thiodicarb	0.02		不得检出	GB/T 20772
261	烯虫酯	Methoprene	0.05		不得检出	GB/T 19650
262	甲氧滴滴涕	Methoxychlor	0.01		不得检出	SN/T 0529
263	甲氧虫酰肼	Methoxyfenozide	0.2		不得检出	GB/T 20772
264	磺草唑胺	Metosulam	0.01		不得检出	GB/T 20772
265	苯菌酮	Metrafenone	0.05		不得检出	参照同类标准
266	嗪草酮	Metribuzin	0.1		不得检出	GB/T 19650
267	绿谷隆	Monolinuron	0.05		不得检出	GB/T 20772
268	灭草隆	Monuron	0.01		不得检出	GB/T 20772
269	莫西丁克	Moxidectin	100μg/kg		不得检出	SN/T 2442
270	腈菌唑	Myclobutanil	0.01		不得检出	GB/T 20772
271	1–萘乙酰胺	1–Naphthylacetamide	0.05		不得检出	GB/T 23205
272	敌草胺	Napropamide	0.01		不得检出	GB/T 19650
273	新霉素（包括framycetin）	Neomycin (including framycetin)	500μg/kg		不得检出	SN 0646
274	烟嘧磺隆	Nicosulfuron	0.05		不得检出	SN/T 2325

序号	农兽药中文名	农兽药英文名	欧盟标准限量要求 mg/kg	国家标准限量要求 mg/kg	三安超有机食品标准	
					限量要求 mg/kg	检测方法
275	除草醚	Nitrofen	0.01		不得检出	GB/T 19650
276	氟酰脲	Novaluron	10		不得检出	GB/T 23211
277	嘧苯胺磺隆	Orthosulfamuron	0.01		不得检出	GB/T 23817
278	苯唑青霉素	Oxacillin	300μg/kg		不得检出	GB/T 18932.25
279	噁草酮	Oxadiazon	0.05		不得检出	GB/T 19650
280	噁霜灵	Oxadixyl	0.01		不得检出	GB/T 19650
281	环氧嘧磺隆	Oxasulfuron	0.05		不得检出	GB/T 23817
282	喹菌酮	Oxolinic acid	50μg/kg		不得检出	日本肯定列表
283	氧化萎锈灵	Oxycarboxin	0.05		不得检出	GB/T 19650
284	亚砜磷	Oxydemeton – methyl	0.02		不得检出	参照同类标准
285	乙氧氟草醚	Oxyfluorfen	0.05		不得检出	GB/T 20772
286	多效唑	Paclobutrazol	0.02		不得检出	GB/T 19650
287	对硫磷	Parathion	0.05		不得检出	GB/T 19650
288	甲基对硫磷	Parathion – methyl	0.01		不得检出	GB/T 5009.161
289	戊菌唑	Penconazole	0.05		不得检出	GB/T 20772
290	戊菌隆	Pencycuron	0.05		不得检出	GB/T 19650
291	二甲戊灵	Pendimethalin	0.05		不得检出	GB/T 19650
292	喷沙西林	Penethamate	50μg/kg		不得检出	参照同类标准
293	甜菜宁	Phenmedipham	0.05		不得检出	GB/T 23205
294	苯醚菊酯	Phenothrin	0.05		不得检出	GB/T 20772
295	甲拌磷	Phorate	0.01		不得检出	GB/T 20772
296	伏杀硫磷	Phosalone	0.01		不得检出	GB/T 20772
297	亚胺硫磷	Phosmet	0.1		不得检出	GB/T 20772
298	—	Phosphines and phosphides	0.01		不得检出	参照同类标准
299	辛硫磷	Phoxim	0.02		不得检出	GB/T 20772
300	氨氯吡啶酸	Picloram	0.01		不得检出	GB/T 23211
301	啶氧菌酯	Picoxystrobin	0.05		不得检出	GB/T 19650
302	抗蚜威	Pirimicarb	0.05		不得检出	GB/T 20772
303	甲基嘧啶磷	Pirimiphos – methyl	0.05		不得检出	GB/T 20772
304	泼尼松龙	Prednisolone	8μg/kg		不得检出	GB/T 21981
305	咪鲜胺	Prochloraz	0.1		不得检出	GB/T 19650
306	腐霉利	Procymidone	0.01		不得检出	GB/T 20772
307	丙溴磷	Profenofos	0.05		不得检出	GB/T 20772
308	调环酸	Prohexadione	0.05		不得检出	日本肯定列表
309	毒草安	Propachlor	0.02		不得检出	GB/T 20772
310	扑派威	Propamocarb	0.1		不得检出	GB/T 20772
311	恶草酸	Propaquizafop	0.05		不得检出	GB/T 20772
312	炔螨特	Propargite	0.1		不得检出	GB/T 19650
313	苯胺灵	Propham	0.05		不得检出	GB/T 19650

序号	农兽药中文名	农兽药英文名	欧盟标准限量要求 mg/kg	国家标准限量要求 mg/kg	三安超有机食品标准 限量要求 mg/kg	检测方法
314	丙环唑	Propiconazole	0.01		不得检出	GB/T 19650
315	异丙草胺	Propisochlor	0.01		不得检出	GB/T 19650
316	残杀威	Propoxur	0.05		不得检出	GB/T 20772
317	炔苯酰草胺	Propyzamide	0.05		不得检出	GB/T 19650
318	苄草丹	Prosulfocarb	0.05		不得检出	GB/T 19650
319	丙硫菌唑	Prothioconazole	0.05		不得检出	参照同类标准
320	吡蚜酮	Pymetrozine	0.01		不得检出	GB/T 20772
321	吡唑醚菌酯	Pyraclostrobin	0.05		不得检出	GB/T 20772
322	—	Pyrasulfotole	0.01		不得检出	参照同类标准
323	吡菌磷	Pyrazophos	0.02		不得检出	GB/T 20772
324	除虫菊素	Pyrethrins	0.05		不得检出	GB/T 20772
325	哒螨灵	Pyridaben	0.02		不得检出	GB/T 19650
326	啶虫丙醚	Pyridalyl	0.01		不得检出	日本肯定列表
327	哒草特	Pyridate	0.05		不得检出	日本肯定列表
328	嘧霉胺	Pyrimethanil	0.05		不得检出	GB/T 19650
329	吡丙醚	Pyriproxyfen	0.05		不得检出	GB/T 19650
330	甲氧磺草胺	Pyroxsulam	0.01		不得检出	SN/T 2325
331	氯甲喹啉酸	Quinmerac	0.05		不得检出	参照同类标准
332	喹氧灵	Quinoxyfen	0.2		不得检出	SN/T 2319
333	五氯硝基苯	Quintozene	0.01		不得检出	GB/T 19650
334	精喹禾灵	Quizalofop – P – ethyl	0.05		不得检出	SN/T 2150
335	灭虫菊	Resmethrin	0.1		不得检出	GB/T 20772
336	鱼藤酮	Rotenone	0.01		不得检出	GB/T 20772
337	西玛津	Simazine	0.01		不得检出	SN 0594
338	壮观霉素	Spectinomycin	500μg/kg		不得检出	GB/T 21323
339	乙基多杀菌素	Spinetoram	0.01		不得检出	参照同类标准
340	多杀霉素	Spinosad	0.02		不得检出	GB/T 20772
341	螺螨酯	Spirodiclofen	0.05		不得检出	GB/T 20772
342	螺甲螨酯	Spiromesifen	0.01		不得检出	GB/T 23210
343	螺虫乙酯	Spirotetramat	0.01		不得检出	参照同类标准
344	莗孢菌素	Spiroxamine	0.05		不得检出	GB/T 20772
345	磺草酮	Sulcotrione	0.05		不得检出	参照同类标准
346	磺胺类（所有属于磺胺类的物质）	Sulfonamides (all substances belonging to the sulfonamide-group)	100μg/kg		不得检出	GB 29694
347	乙黄隆	Sulfosulfuron	0.05		不得检出	SN/T 2325
348	硫磺粉	Sulfur	0.5		不得检出	参照同类标准
349	氟胺氰菊酯	Tau – fluvalinate	0.01		不得检出	SN 0691
350	戊唑醇	Tebuconazole	0.1		不得检出	GB/T 20772

序号	农兽药中文名	农兽药英文名	欧盟标准限量要求 mg/kg	国家标准限量要求 mg/kg	三安超有机食品标准	
					限量要求 mg/kg	检测方法
351	虫酰肼	Tebufenozide	0.05		不得检出	GB/T 20772
352	吡螨胺	Tebufenpyrad	0.05		不得检出	GB/T 19650
353	四氯硝基苯	Tecnazene	0.05		不得检出	GB/T 19650
354	氟苯脲	Teflubenzuron	0.05		不得检出	SN/T 2150
355	七氟菊酯	Tefluthrin	0.05		不得检出	GB/T 23210
356	得杀草	Tepraloxydim	0.1		不得检出	GB/T 20772
357	特丁硫磷	Terbufos	0.01		不得检出	GB/T 20772
358	特丁津	Terbuthylazine	0.05		不得检出	GB/T 19650
359	四氟醚唑	Tetraconazole	0.5		不得检出	GB/T 20772
360	三氯杀螨砜	Tetradifon	0.05		不得检出	GB/T 19650
361	噻虫啉	Thiacloprid	0.05		不得检出	GB/T 20772
362	噻虫嗪	Thiamethoxam	0.03		不得检出	GB/T 20772
363	甲砜霉素	Thiamphenicol	50μg/kg		不得检出	GB/T 20756
364	禾草丹	Thiobencarb	0.01		不得检出	GB/T 20772
365	甲基硫菌灵	Thiophanate – methyl	0.05		不得检出	SN/T 0162
366	替米考星	Tilmicosin	50μg/kg		不得检出	GB/T 20762
367	甲基立枯磷	Tolclofos – methyl	0.05		不得检出	GB/T 19650
368	甲苯三嗪酮	Toltrazuril	150μg/kg		不得检出	参照同类标准
369	甲苯氟磺胺	Tolylfluanid	0.1		不得检出	GB/T 19650
370	—	Topramezone	0.05		不得检出	参照同类标准
371	三唑酮和三唑醇	Triadimefon and triadimenol	0.1		不得检出	GB/T 20772
372	野麦畏	Triallate	0.05		不得检出	GB/T 20772
373	醚苯磺隆	Triasulfuron	0.05		不得检出	GB/T 20772
374	三唑磷	Triazophos	0.01		不得检出	GB/T 20772
375	敌百虫	Trichlorphon	0.01		不得检出	GB/T 20772
376	绿草定	Triclopyr	0.05		不得检出	SN/T 2228
377	三环唑	Tricyclazole	0.05		不得检出	GB/T 20769
378	十三吗啉	Tridemorph	0.01		不得检出	GB/T 20772
379	肟菌酯	Trifloxystrobin	0.04		不得检出	GB/T 19650
380	氟菌唑	Triflumizole	0.05		不得检出	GB/T 20769
381	杀铃脲	Triflumuron	0.01		不得检出	GB/T 20772
382	氟乐灵	Trifluralin	0.01		不得检出	GB/T 20772
383	嗪氨灵	Triforine	0.01		不得检出	SN 0695
384	甲氧苄氨嘧啶	Trimethoprim	100μg/kg		不得检出	SN/T 1769
385	三甲基锍阳离子	Trimethyl – sulfonium cation	0.05		不得检出	参照同类标准
386	抗倒酯	Trinexapac	0.05		不得检出	GB/T 20769
387	灭菌唑	Triticonazole	0.01		不得检出	GB/T 20772
388	三氟甲磺隆	Tritosulfuron	0.01		不得检出	参照同类标准
389	泰乐霉素	Tylosin	100μg/kg		不得检出	GB/T 22941

序号	农兽药中文名	农兽药英文名	欧盟标准限量要求 mg/kg	国家标准限量要求 mg/kg	三安超有机食品标准	
					限量要求 mg/kg	检测方法
390	—	Valifenalate	0.01		不得检出	参照同类标准
391	维达布洛芬	Vedaprofen	100μg/kg		不得检出	参照同类标准
392	乙烯菌核利	Vinclozolin	0.05		不得检出	GB/T 20772
393	2,3,4,5-四氯苯胺	2,3,4,5-Tetrachloraniline			不得检出	GB/T 19650
394	2,3,4,5-四氯甲氧基苯	2,3,4,5-Tetrachloroanisole			不得检出	GB/T 19650
395	2,3,5,6-四氯苯胺	2,3,5,6-Tetrachloroaniline			不得检出	GB/T 19650
396	2,4,5-涕	2,4,5-T			不得检出	GB/T 20772
397	o,p'-滴滴滴	2,4'-DDD			不得检出	GB/T 19650
398	o,p'-滴滴伊	2,4'-DDE			不得检出	GB/T 19650
399	o,p'-滴滴涕	2,4'-DDT			不得检出	GB/T 19650
400	2,6-二氯苯甲酰胺	2,6-Dichlorobenzamide			不得检出	GB/T 19650
401	3,5-二氯苯胺	3,5-Dichloroaniline			不得检出	GB/T 19650
402	p,p'-滴滴滴	4,4'-DDD			不得检出	GB/T 19650
403	p,p'-滴滴伊	4,4'-DDE			不得检出	GB/T 19650
404	p,p'-滴滴涕	4,4'-DDT			不得检出	GB/T 19650
405	4,4'-二溴二苯甲酮	4,4'-Dibromobenzophenone			不得检出	GB/T 19650
406	4,4'-二氯二苯甲酮	4,4'-Dichlorobenzophenone			不得检出	GB/T 19650
407	二氢苊	Acenaphthene			不得检出	GB/T 19650
408	乙酰丙嗪	Acepromazine			不得检出	GB/T 20763
409	三氟羧草醚	Acifluorfen			不得检出	GB/T 20772
410	1-氨基-2-乙内酰脲	AHD			不得检出	GB/T 21311
411	涕灭砜威	Aldoxycarb			不得检出	GB/T 20772
412	烯丙菊酯	Allethrin			不得检出	GB/T 20772
413	二丙烯草胺	Allidochlor			不得检出	GB/T 19650
414	莠灭净	Ametryn			不得检出	GB/T 20772
415	双甲脒	Amitraz			不得检出	GB/T 19650
416	杀草强	Amitrole			不得检出	SN/T 1737.6
417	5-吗啉甲基-3-氨基-2-噁唑烷基酮	AMOZ			不得检出	GB/T 21311
418	氨丙嘧吡啶	Amprolium			不得检出	SN/T 0276
419	莎稗磷	Anilofos			不得检出	GB/T 19650
420	蒽醌	Anthraquinone			不得检出	GB/T 19650
421	3-氨基-2-噁唑酮	AOZ			不得检出	GB/T 21311
422	安普霉素	Apramycin			不得检出	GB/T 21323
423	丙硫特普	Aspon			不得检出	GB/T 19650
424	羟氨卡青霉素	Aspoxicillin			不得检出	GB/T 21315
425	乙基杀扑磷	Athidathion			不得检出	GB/T 19650
426	莠去通	Atratone			不得检出	GB/T 19650
427	莠去津	Atrazine			不得检出	GB/T 20772

序号	农兽药中文名	农兽药英文名	欧盟标准限量要求 mg/kg	国家标准限量要求 mg/kg	三安超有机食品标准 限量要求 mg/kg	检测方法
428	脱乙基阿特拉津	Atrazine – desethyl			不得检出	GB/T 19650
429	甲基吡噁磷	Azamethiphos			不得检出	GB/T 20763
430	氮哌酮	Azaperone			不得检出	SN/T2221
431	叠氮津	Aziprotryne			不得检出	GB/T 19650
432	杆菌肽	Bacitracin			不得检出	GB/T 20743
433	4 – 溴 – 3,5 – 二甲苯基 – N – 甲基氨基甲酸酯 – 1	BDMC – 1			不得检出	GB/T 19650
434	4 – 溴 – 3,5 – 二甲苯基 – N – 甲基氨基甲酸酯 – 2	BDMC – 2			不得检出	GB/T 19650
435	噁虫威	Bendiocarb			不得检出	GB/T 20772
436	乙丁氟灵	Benfluralin			不得检出	GB/T 19650
437	呋草黄	Benfuresate			不得检出	GB/T 19650
438	麦锈灵	Benodanil			不得检出	GB/T 19650
439	解草酮	Benoxacor			不得检出	GB/T 19650
440	新燕灵	Benzoylprop – ethyl			不得检出	GB/T 19650
441	倍他米松	Betamethasone			不得检出	SN/T 1970
442	生物烯丙菊酯 – 1	Bioallethrin – 1			不得检出	GB/T 19650
443	生物烯丙菊酯 – 2	Bioallethrin – 2			不得检出	GB/T 19650
444	生物苄呋菊酯	Bioresmethrin			不得检出	GB/T 20772
445	除草定	Bromacil			不得检出	GB/T 20772
446	溴苯烯磷	Bromfenvinfos			不得检出	GB/T 19650
447	溴烯杀	Bromocylen			不得检出	GB/T 19650
448	溴硫磷	Bromofos			不得检出	GB/T 19650
449	乙基溴硫磷	Bromophos – ethyl			不得检出	GB/T 19650
450	溴丁酰草胺	Btomobutide			不得检出	GB/T 19650
451	氟丙嘧草酯	Butafenacil			不得检出	GB/T 19650
452	抑草磷	Butamifos			不得检出	GB/T 19650
453	丁草胺	Butaxhlor			不得检出	GB/T 19650
454	苯酮唑	Cafenstrole			不得检出	GB/T 19650
455	角黄素	Canthaxanthin			不得检出	SN/T 2327
456	咔唑心安	Carazolol			不得检出	GB/T 20763
457	卡巴氧	Carbadox			不得检出	GB/T 20746
458	三硫磷	Carbophenothion			不得检出	GB/T 19650
459	唑草酮	Carfentrazone – ethyl			不得检出	GB/T 19650
460	头孢洛宁	Cefalonium			不得检出	GB/T 22989
461	头孢匹林	Cefapirin			不得检出	GB/T 22989
462	头孢氨苄	Cefalexin			不得检出	GB/T 22989
463	氯霉素	Chloramphenicolum			不得检出	GB/T 20772
464	氯杀螨砜	Chlorbenside sulfone			不得检出	GB/T 19650

序号	农兽药中文名	农兽药英文名	欧盟标准限量要求 mg/kg	国家标准限量要求 mg/kg	三安超有机食品标准 限量要求 mg/kg	三安超有机食品标准 检测方法
465	氯溴隆	Chlorbromuron			不得检出	GB/T 19650
466	杀虫脒	Chlordimeform			不得检出	GB/T 19650
467	氯氧磷	Chlorethoxyfos			不得检出	GB/T 19650
468	溴虫腈	Chlorfenapyr			不得检出	GB/T 19650
469	杀螨醇	Chlorfenethol			不得检出	GB/T 19650
470	燕麦酯	Chlorfenprop – methyl			不得检出	GB/T 19650
471	氟啶脲	Chlorfluazuron			不得检出	SN/T 2540
472	整形醇	Chlorflurenol			不得检出	GB/T 19650
473	氯地孕酮	Chlormadinone			不得检出	SN/T 1980
474	醋酸氯地孕酮	Chlormadinone acetate			不得检出	GB/T 20753
475	氯甲硫磷	Chlormephos			不得检出	GB/T 19650
476	氯苯甲醚	Chloroneb			不得检出	SN/T 19650
477	丙酯杀螨醇	Chloropropylate			不得检出	GB/T 19650
478	氯丙嗪	Chlorpromazine			不得检出	GB/T 20763
479	毒死蜱	Chlorpyrifos			不得检出	GB/T 19650
480	金霉素	Chlortetracycline			不得检出	GB/T 21317
481	氯硫磷	Chlorthion			不得检出	GB/T 19650
482	虫螨磷	Chlorthiophos			不得检出	GB/T 19650
483	乙菌利	Chlozolinate			不得检出	GB/T 19650
484	顺式 – 氯丹	cis – Chlordane			不得检出	GB/T 19650
485	顺式 – 燕麦敌	cis – Diallate			不得检出	GB/T 19650
486	顺式 – 氯菊酯	cis – Permethrin			不得检出	GB/T 19650
487	克仑特罗	Clenbuterol			不得检出	GB/T 22286
488	异噁草酮	Clomazone			不得检出	GB/T 20772
489	氯甲酰草胺	Clomeprop			不得检出	GB/T 19650
490	氯羟吡啶	Clopidol			不得检出	GB 29700
491	解草酯	Cloquintocet – mexyl			不得检出	GB/T 19650
492	蝇毒磷	Coumaphos			不得检出	GB/T 19650
493	鼠立死	Crimidine			不得检出	GB/T 19650
494	巴毒磷	Crotxyphos			不得检出	GB/T 19650
495	育畜磷	Crufomate			不得检出	GB/T 19650
496	苯腈磷	Cyanofenphos			不得检出	GB/T 19650
497	杀螟腈	Cyanophos			不得检出	GB/T 20772
498	环草敌	Cycloate			不得检出	GB/T 20772
499	环莠隆	Cycluron			不得检出	GB/T 20772
500	环丙津	Cyprazine			不得检出	GB/T 20772
501	敌草索	Dacthal			不得检出	GB/T 19650
502	癸氧喹酯	Decoquinate			不得检出	SN/T 2444
503	脱叶磷	DEF			不得检出	GB/T 19650

序号	农兽药中文名	农兽药英文名	欧盟标准限量要求 mg/kg	国家标准限量要求 mg/kg	三安超有机食品标准 限量要求 mg/kg	检测方法
504	2,2′,4,5,5′－五氯联苯	DE－PCB 101			不得检出	GB/T 19650
505	2,3,4,4′,5－五氯联苯	DE－PCB 118			不得检出	GB/T 19650
506	2,2′,3,4,4′,5－六氯联苯	DE－PCB 138			不得检出	GB/T 19650
507	2,2′,4,4′,5,5′－六氯联苯	DE－PCB 153			不得检出	GB/T 19650
508	2,2′,3,4,4′,5,5′－七氯联苯	DE－PCB 180			不得检出	GB/T 19650
509	2,4,4′－三氯联苯	DE－PCB 28			不得检出	GB/T 19650
510	2,4,5－三氯联苯	DE－PCB 31			不得检出	GB/T 19650
511	2,2′,5,5′－四氯联苯	DE－PCB 52			不得检出	GB/T 19650
512	脱溴溴苯磷	Desbrom－leptophos			不得检出	GB/T 19650
513	脱乙基另丁津	Desethyl－sebuthylazine			不得检出	GB/T 19650
514	敌草净	Desmetryn			不得检出	GB/T 19650
515	地塞米松	Dexamethasone			不得检出	SN/T 1970
516	氯亚胺硫磷	Dialifos			不得检出	GB/T 19650
517	敌菌净	Diaveridine			不得检出	SN/T 1926
518	驱虫特	Dibutyl succinate			不得检出	GB/T 20772
519	异氯磷	Dicapthon			不得检出	GB/T 20772
520	除线磷	Dichlofenthion			不得检出	GB/T 20772
521	苯氟磺胺	Dichlofluanid			不得检出	GB/T 19650
522	烯丙酰草胺	Dichlormid			不得检出	GB/T 19650
523	敌敌畏	Dichlorvos			不得检出	GB/T 20772
524	苄氯三唑醇	Diclobutrazole			不得检出	GB/T 20772
525	禾草灵	Diclofop－methyl			不得检出	GB/T 19650
526	己烯雌酚	Diethylstilbestrol			不得检出	GB/T 20766
527	二氢链霉素	Dihydro－streptomycin			不得检出	GB/T 22969
528	甲氟磷	Dimefox			不得检出	GB/T 19650
529	哌草丹	Dimepiperate			不得检出	GB/T 19650
530	异戊乙净	Dimethametryn			不得检出	GB/T 19650
531	二甲酚草胺	Dimethenamid			不得检出	GB/T 19650
532	乐果	Dimethoate			不得检出	GB/T 20772
533	甲基毒虫畏	Dimethylvinphos			不得检出	GB/T 19650
534	地美硝唑	Dimetridazole			不得检出	GB/T 21318
535	二硝托安	Dinitolmide			不得检出	SN/T 2453
536	氨氟灵	Dinitramine			不得检出	GB/T 19650
537	消螨通	Dinobuton			不得检出	GB/T 19650
538	呋虫胺	Dinotefuran			不得检出	GB/T 20772
539	苯虫醚－1	Diofenolan－1			不得检出	GB/T 19650
540	苯虫醚－2	Diofenolan－2			不得检出	GB/T 19650
541	蔬果磷	Dioxabenzofos			不得检出	GB/T 19650

序号	农兽药中文名	农兽药英文名	欧盟标准限量要求 mg/kg	国家标准限量要求 mg/kg	三安超有机食品标准 限量要求 mg/kg	检测方法
542	双苯酰草胺	Diphenamid			不得检出	GB/T 19650
543	二苯胺	Diphenylamine			不得检出	GB/T 19650
544	异丙净	Dipropetryn			不得检出	GB/T 19650
545	灭菌磷	Ditalimfos			不得检出	GB/T 19650
546	氟硫草定	Dithiopyr			不得检出	GB/T 19650
547	强力霉素	Doxycycline			不得检出	GB/T 20764
548	敌瘟磷	Edifenphos			不得检出	GB/T 19650
549	硫丹硫酸盐	Endosulfan – sulfate			不得检出	GB/T 19650
550	异狄氏剂酮	Endrin ketone			不得检出	GB/T 19650
551	苯硫磷	EPN			不得检出	GB/T 19650
552	埃普利诺菌素	Eprinomectin			不得检出	GB/T 21320
553	抑草蓬	Erbon			不得检出	GB/T 19650
554	S–氰戊菊酯	Esfenvalerate			不得检出	GB/T 19650
555	戊草丹	Esprocarb			不得检出	GB/T 19650
556	乙环唑–1	Etaconazole – 1			不得检出	GB/T 19650
557	乙环唑–2	Etaconazole – 2			不得检出	GB/T 19650
558	乙嘧硫磷	Etrimfos			不得检出	GB/T 19650
559	氧乙嘧硫磷	Etrimfos oxon			不得检出	GB/T 19650
560	伐灭磷	Famphur			不得检出	GB/T 19650
561	苯线磷亚砜	Fenamiphos sulfoxide			不得检出	GB/T 19650
562	苯线磷砜	Fenamiphos – sulfone			不得检出	GB/T 19650
563	氧皮蝇磷	Fenchlorphos oxon			不得检出	GB/T 19650
564	甲呋酰胺	Fenfuram			不得检出	GB/T 19650
565	仲丁威	Fenobucarb			不得检出	GB/T 19650
566	苯硫威	Fenothiocarb			不得检出	GB/T 19650
567	稻瘟酰胺	Fenoxanil			不得检出	GB/T 19650
568	拌种咯	Fenpiclonil			不得检出	GB/T 19650
569	甲氰菊酯	Fenpropathrin			不得检出	GB/T 19650
570	芬螨酯	Fenson			不得检出	GB/T 19650
571	丰索磷	Fensulfothion			不得检出	GB/T 19650
572	倍硫磷亚砜	Fenthion sulfoxide			不得检出	GB/T 19650
573	麦草氟异丙酯	Flamprop – isopropyl			不得检出	GB/T 19650
574	麦草氟甲酯	Flamprop – methyl			不得检出	GB/T 19650
575	吡氟禾草灵	Fluazifop – butyl			不得检出	GB/T 19650
576	啶蜱脲	Fluazuron			不得检出	SN/T 2540
577	氟苯咪唑	Flubendazole			不得检出	GB/T 21324
578	氟噻草胺	Flufenacet			不得检出	GB/T 19650
579	氟节胺	Flumetralin			不得检出	GB/T 19650
580	唑嘧磺草胺	Flumetsulam			不得检出	GB/T 20772

序号	农兽药中文名	农兽药英文名	欧盟标准限量要求 mg/kg	国家标准限量要求 mg/kg	三安超有机食品标准 限量要求 mg/kg	三安超有机食品标准 检测方法
581	氟烯草酸	Flumiclorac			不得检出	GB/T 19650
582	丙炔氟草胺	Flumioxazin			不得检出	GB/T 19650
583	三氟硝草醚	Fluorodifen			不得检出	GB/T 19650
584	乙羧氟草醚	Fluoroglycofen – ethyl			不得检出	GB/T 19650
585	三氟苯唑	Fluotrimazole			不得检出	GB/T 19650
586	氟啶草酮	Fluridone			不得检出	GB/T 19650
587	氟草烟 – 1 – 甲庚酯	Fluroxypr – 1 – methylheptyl ester			不得检出	GB/T 19650
588	呋草酮	Flurtamone			不得检出	GB/T 19650
589	地虫硫磷	Fonofos			不得检出	GB/T 19650
590	安果	Formothion			不得检出	GB/T 19650
591	呋霜灵	Furalaxyl			不得检出	GB/T 19650
592	庆大霉素	Gentamicin			不得检出	GB/T 21323
593	苄螨醚	Halfenprox			不得检出	GB/T 19650
594	氟哌啶醇	Haloperidol			不得检出	GB/T 20763
595	庚烯磷	Heptanophos			不得检出	GB/T 19650
596	己唑醇	Hexaconazole			不得检出	GB/T 19650
597	环嗪酮	Hexazinone			不得检出	GB/T 19650
598	咪草酸	Imazamethabenz – methyl			不得检出	GB/T 19650
599	脱苯甲基亚胺唑	Imibenconazole – des – benzyl			不得检出	GB/T 19650
600	炔咪菊酯 – 1	Imiprothrin – 1			不得检出	GB/T 19650
601	炔咪菊酯 – 2	Imiprothrin – 2			不得检出	GB/T 19650
602	碘硫磷	Iodofenphos			不得检出	GB/T 19650
603	甲基碘磺隆	Iodosulfuron – methyl			不得检出	GB/T 20772
604	异稻瘟净	Iprobenfos			不得检出	GB/T 19650
605	氯唑磷	Isazofos			不得检出	GB/T 19650
606	碳氯灵	Isobenzan			不得检出	GB/T 19650
607	丁咪酰胺	Isocarbamid			不得检出	GB/T 19650
608	水胺硫磷	Isocarbophos			不得检出	GB/T 19650
609	异艾氏剂	Isodrin			不得检出	GB/T 19650
610	异柳磷	Isofenphos			不得检出	GB/T 19650
611	氧异柳磷	Isofenphos oxon			不得检出	GB/T 19650
612	氮氨菲啶	Isometamidium			不得检出	SN/T 2239
613	丁嗪草酮	Isomethiozin			不得检出	GB/T 19650
614	异丙威 – 1	Isoprocarb – 1			不得检出	GB/T 19650
615	异丙威 – 2	Isoprocarb – 2			不得检出	GB/T 19650
616	异丙乐灵	Isopropalin			不得检出	GB/T 19650
617	双苯噁唑酸	Isoxadifen – ethyl			不得检出	GB/T 19650
618	异噁氟草	Isoxaflutole			不得检出	GB/T 20772

序号	农兽药中文名	农兽药英文名	欧盟标准限量要求 mg/kg	国家标准限量要求 mg/kg	三安超有机食品标准	
					限量要求 mg/kg	检测方法
619	噁唑啉	Isoxathion			不得检出	GB/T 19650
620	交沙霉素	Josamycin			不得检出	GB/T 20762
621	拉沙里菌素	Lasalocid			不得检出	SN 0501
622	溴苯磷	Leptophos			不得检出	GB/T 19650
623	左旋咪唑	Levamisole			不得检出	SN 0349
624	利谷隆	Linuron			不得检出	GB/T 19650
625	麻保沙星	Marbofloxacin			不得检出	GB/T 22985
626	2-甲-4-氯丁氧乙基酯	MCPA - butoxyethyl ester			不得检出	GB/T 19650
627	甲苯咪唑	Mebendazole			不得检出	GB/T 21324
628	灭蚜磷	Mecarbam			不得检出	GB/T 19650
629	二甲四氯丙酸	Mecoprop			不得检出	SN/T 2325
630	苯噻酰草胺	Mefenacet			不得检出	GB/T 19650
631	吡唑解草酯	Mefenpyr - diethyl			不得检出	GB/T 19650
632	醋酸甲地孕酮	Megestrol acetate			不得检出	GB/T 20753
633	醋酸美仑孕酮	Melengestrol acetate			不得检出	GB/T 20753
634	嘧菌胺	Mepanipyrim			不得检出	GB/T 19650
635	地胺磷	Mephosfolan			不得检出	GB/T 19650
636	灭锈胺	Mepronil			不得检出	GB/T 19650
637	硝磺草酮	Mesotrione			不得检出	GB/T 20772
638	呋菌胺	Methfuroxam			不得检出	GB/T 19650
639	灭梭威砜	Methiocarb sulfone			不得检出	GB/T 19650
640	盖草津	Methoprotryne			不得检出	GB/T 19650
641	甲醚菊酯-1	Methothrin - 1			不得检出	GB/T 19650
642	甲醚菊酯-2	Methothrin - 2			不得检出	GB/T 19650
643	甲基泼尼松龙	Methylprednisolone			不得检出	GB/T 21981
644	溴谷隆	Metobromuron			不得检出	GB/T 19650
645	甲氧氯普胺	Metoclopramide			不得检出	SN/T 2227
646	苯氧菌胺-1	Metominsstrobin - 1			不得检出	GB/T 19650
647	苯氧菌胺-2	Metominsstrobin - 2			不得检出	GB/T 19650
648	甲硝唑	Metronidazole			不得检出	GB/T 21318
649	速灭磷	Mevinphos			不得检出	GB/T 19650
650	兹克威	Mexacarbate			不得检出	GB/T 19650
651	灭蚁灵	Mirex			不得检出	GB/T 19650
652	禾草敌	Molinate			不得检出	GB/T 19650
653	庚酰草胺	Monalide			不得检出	GB/T 19650
654	莫能菌素	Monensin			不得检出	SN 0698
655	合成麝香	Musk ambrecte			不得检出	GB/T 19650
656	麝香	Musk moskene			不得检出	GB/T 19650
657	西藏麝香	Musk tibeten			不得检出	GB/T 19650

序号	农兽药中文名	农兽药英文名	欧盟标准限量要求 mg/kg	国家标准限量要求 mg/kg	三安超有机食品标准 限量要求 mg/kg	三安超有机食品标准 检测方法
658	二甲苯麝香	Musk xylene			不得检出	GB/T 19650
659	萘夫西林	Nafcillin			不得检出	GB/T 22975
660	二溴磷	Naled			不得检出	SN/T 0706
661	萘丙胺	Naproanilide			不得检出	GB/T 19650
662	甲基盐霉素	Narasin			不得检出	GB/T 20364
663	甲磺乐灵	Nitralin			不得检出	GB/T 19650
664	三氯甲基吡啶	Nitrapyrin			不得检出	GB/T 19650
665	酞菌酯	Nitrothal – isopropyl			不得检出	GB/T 19650
666	诺氟沙星	Norfloxacin			不得检出	GB/T 20366
667	氟草敏	Norflurazon			不得检出	GB/T 19650
668	新生霉素	Novobiocin			不得检出	SN 0674
669	氟苯嘧啶醇	Nuarimol			不得检出	GB/T 19650
670	八氯苯乙烯	Octachlorostyrene			不得检出	GB/T 19650
671	氧氟沙星	Ofloxacin			不得检出	GB/T 20366
672	呋酰胺	Ofurace			不得检出	GB/T 19650
673	喹乙醇	Olaquindox			不得检出	GB/T 20746
674	竹桃霉素	Oleandomycin			不得检出	GB/T 20762
675	氧乐果	Omethoate			不得检出	GB/T 19650
676	奥比沙星	Orbifloxacin			不得检出	GB/T 22985
677	杀线威	Oxamyl			不得检出	GB/T 20772
678	奥芬达唑	Oxfendazole			不得检出	GB/T 22972
679	丙氧苯咪唑	Oxibendazole			不得检出	GB/T 21324
680	氧化氯丹	Oxy – chlordane			不得检出	GB/T 19650
681	土霉素	Oxytetracycline			不得检出	GB/T 21317
682	对氧磷	Paraoxon			不得检出	GB/T 19650
683	甲基对氧磷	Paraoxon – methyl			不得检出	GB/T 19650
684	克草敌	Pebulate			不得检出	GB/T 19650
685	五氯苯胺	Pentachloroaniline			不得检出	GB/T 19650
686	五氯甲氧基苯	Pentachloroanisole			不得检出	SN/T 19650
687	五氯苯	Pentachlorobenzene			不得检出	GB/T 19650
688	氯菊酯	Permethrin			不得检出	GB/T 19650
689	乙滴涕	Perthane			不得检出	GB/T 19650
690	菲	Phenanthrene			不得检出	GB/T 19650
691	稻丰散	Phenthoate			不得检出	GB/T 19650
692	甲拌磷砜	Phorate sulfone			不得检出	GB/T 19650
693	磷胺 – 1	Phosphamidon – 1			不得检出	GB/T 19650
694	磷胺 – 2	Phosphamidon – 2			不得检出	GB/T 19650
695	酞酸苯甲基丁酯	Phthalic acid,benzylbutyl ester			不得检出	GB/T 19650
696	四氯苯肽	Phthalide			不得检出	GB/T 19650

序号	农兽药中文名	农兽药英文名	欧盟标准限量要求 mg/kg	国家标准限量要求 mg/kg	三安超有机食品标准 限量要求 mg/kg	三安超有机食品标准 检测方法
697	邻苯二甲酰亚胺	Phthalimide			不得检出	GB/T 19650
698	氟吡酰草胺	Picolinafen			不得检出	GB/T 19650
699	增效醚	Piperonyl butoxide			不得检出	GB/T 19650
700	哌草磷	Piperophos			不得检出	GB/T 19650
701	乙基虫螨清	Pirimiphos – ethyl			不得检出	GB/T 19650
702	吡利霉素	Pirlimycin			不得检出	GB/T 22988
703	炔丙菊酯	Prallethrin			不得检出	GB/T 19650
704	丙草胺	Pretilachlor			不得检出	GB/T 19650
705	环丙氟灵	Profluralin			不得检出	GB/T 19650
706	茉莉酮	Prohydrojasmon			不得检出	GB/T 19650
707	扑灭通	Prometon			不得检出	GB/T 19650
708	扑草净	Prometryne			不得检出	GB/T 19650
709	炔丙烯草胺	Pronamide			不得检出	GB/T 19650
710	敌稗	Propanil			不得检出	GB/T 19650
711	扑灭津	Propazine			不得检出	GB/T 19650
712	胺丙畏	Propetamphos			不得检出	GB/T 19650
713	丙酰二甲氨基丙吩噻嗪	Propionylpromazin			不得检出	GB/T 20763
714	丙硫磷	Prothiophos			不得检出	GB/T 19650
715	哒嗪硫磷	Ptridaphenthion			不得检出	GB/T 19650
716	吡唑硫磷	Pyraclofos			不得检出	GB/T 19650
717	吡草醚	Pyraflufen – ethyl			不得检出	GB/T 19650
718	啶斑肟 – 1	Pyrifenox – 1			不得检出	GB/T 19650
719	啶斑肟 – 2	Pyrifenox – 2			不得检出	GB/T 19650
720	环酯草醚	Pyriftalid			不得检出	GB/T 19650
721	嘧螨醚	Pyrimidifen			不得检出	GB/T 19650
722	嘧草醚	Pyriminobac – methyl			不得检出	GB/T 19650
723	嘧啶磷	Pyrimitate			不得检出	GB/T 19650
724	喹硫磷	Quinalphos			不得检出	GB/T 19650
725	灭藻醌	Quinoclamine			不得检出	GB/T 19650
726	苯氧喹啉	Quinoxyphen			不得检出	GB/T 19650
727	吡咪唑	Rabenzazole			不得检出	GB/T 19650
728	莱克多巴胺	Ractopamine			不得检出	GB/T 21313
729	洛硝达唑	Ronidazole			不得检出	GB/T 21318
730	皮蝇磷	Ronnel			不得检出	GB/T 19650
731	盐霉素	Salinomycin			不得检出	GB/T 20364
732	沙拉沙星	Sarafloxacin			不得检出	GB/T 20366
733	另丁津	Sebutylazine			不得检出	GB/T 19650
734	密草通	Secbumeton			不得检出	GB/T 19650
735	氨基脲	Semduramicin			不得检出	GB/T 20752

序号	农兽药中文名	农兽药英文名	欧盟标准限量要求 mg/kg	国家标准限量要求 mg/kg	三安超有机食品标准	
					限量要求 mg/kg	检测方法
736	烯禾啶	Sethoxydim			不得检出	GB/T 19650
737	氟硅菊酯	Silafluofen			不得检出	GB/T 19650
738	硅氟唑	Simeconazole			不得检出	GB/T 19650
739	西玛通	Simetone			不得检出	GB/T 19650
740	西草净	Simetryn			不得检出	GB/T 19650
741	螺旋霉素	Spiramycin			不得检出	GB/T 20762
742	链霉素	Streptomycin			不得检出	GB/T 21323
743	磺胺苯酰	Sulfabenzamide			不得检出	GB/T 21316
744	磺胺醋酰	Sulfacetamide			不得检出	GB/T 21316
745	磺胺氯哒嗪	Sulfachloropyridazine			不得检出	GB/T 21316
746	磺胺嘧啶	Sulfadiazine			不得检出	GB/T 21316
747	磺胺间二甲氧嘧啶	Sulfadimethoxine			不得检出	GB/T 21316
748	磺胺二甲嘧啶	Sulfadimidine			不得检出	GB/T 21316
749	磺胺多辛	Sulfadoxine			不得检出	GB/T 21316
750	磺胺脒	Sulfaguanidine			不得检出	GB/T 21316
751	菜草畏	Sulfallate			不得检出	GB/T 19650
752	磺胺甲嘧啶	Sulfamerazine			不得检出	GB/T 21316
753	新诺明	Sulfamethoxazole			不得检出	GB/T 21316
754	磺胺间甲氧嘧啶	Sulfamonomethoxine			不得检出	GB/T 21316
755	乙酰磺胺对硝基苯	Sulfanitran			不得检出	GB/T 20772
756	磺胺吡啶	Sulfapyridine			不得检出	GB/T 21316
757	磺胺喹沙啉	Sulfaquinoxaline			不得检出	GB/T 21316
758	磺胺噻唑	Sulfathiazole			不得检出	GB/T 21316
759	治螟磷	Sulfotep			不得检出	GB/T 19650
760	硫丙磷	Sulprofos			不得检出	GB/T 19650
761	苯噻硫氰	TCMTB			不得检出	GB/T 19650
762	丁基嘧啶磷	Tebupirimfos			不得检出	GB/T 19650
763	牧草胺	Tebutam			不得检出	GB/T 19650
764	丁噻隆	Tebuthiuron			不得检出	GB/T 20772
765	双硫磷	Temephos			不得检出	GB/T 20772
766	特草灵	Terbucarb			不得检出	GB/T 19650
767	特丁通	Terbumeron			不得检出	GB/T 19650
768	特丁净	Terbutryn			不得检出	GB/T 19650
769	四氢邻苯二甲酰亚胺	Tetrabydrophthalimide			不得检出	GB/T 19650
770	杀虫畏	Tetrachlorvinphos			不得检出	GB/T 19650
771	四环素	Tetracycline			不得检出	GB/T 21317
772	胺菊酯	Tetramethirn			不得检出	GB/T 19650
773	杀螨氯硫	Tetrasul			不得检出	GB/T 19650
774	噻吩草胺	Thenylchlor			不得检出	GB/T 19650

序号	农兽药中文名	农兽药英文名	欧盟标准限量要求 mg/kg	国家标准限量要求 mg/kg	三安超有机食品标准 限量要求 mg/kg	三安超有机食品标准 检测方法
775	噻菌灵	Thiabendazole			不得检出	GB/T 20772
776	噻唑烟酸	Thiazopyr			不得检出	GB/T 19650
777	噻苯隆	Thidiazuron			不得检出	GB/T 20772
778	噻吩磺隆	Thifensulfuron – methyl			不得检出	GB/T 20772
779	甲基乙拌磷	Thiometon			不得检出	GB/T 20772
780	虫线磷	Thionazin			不得检出	GB/T 19650
781	硫普罗宁	Tiopronin			不得检出	SN/T 2225
782	三甲苯草酮	Tralkoxydim			不得检出	GB/T 19650
783	四溴菊酯	Tralomethrin			不得检出	SN/T 2320
784	反式－氯丹	trans – Chlordane			不得检出	GB/T 19650
785	反式－燕麦敌	trans – Diallate			不得检出	GB/T 19650
786	四氟苯菊酯	Transfluthrin			不得检出	GB/T 19650
787	反式九氯	trans – Nonachlor			不得检出	GB/T 19650
788	反式－氯菊酯	trans – Permethrin			不得检出	GB/T 19650
789	群勃龙	Trenbolone			不得检出	GB/T 21981
790	威菌磷	Triamiphos			不得检出	GB/T 19650
791	毒壤磷	Trichloronate			不得检出	GB/T 19650
792	灭草环	Tridiphane			不得检出	GB/T 19650
793	草达津	Trietazine			不得检出	GB/T 19650
794	三异丁基磷酸盐	Tri – iso – butyl phosphate			不得检出	GB/T 19650
795	三正丁基磷酸盐	Tri – n – butyl phosphate			不得检出	GB/T 19650
796	三苯基磷酸盐	Triphenyl phosphate			不得检出	GB/T 19650
797	烯效唑	Uniconazole			不得检出	GB/T 19650
798	灭草敌	Vernolate			不得检出	GB/T 19650
799	维吉尼霉素	Virginiamycin			不得检出	GB/T 20765
800	杀鼠灵	War farin			不得检出	GB/T 20772
801	甲苯噻嗪	Xylazine			不得检出	GB/T 20763
802	右环十四酮酚	Zeranol			不得检出	GB/T 21982
803	苯酰菌胺	Zoxamide			不得检出	GB/T 19650

7.3 骡肝脏　Mules Liver

序号	农兽药中文名	农兽药英文名	欧盟标准限量要求 mg/kg	国家标准限量要求 mg/kg	三安超有机食品标准 限量要求 mg/kg	三安超有机食品标准 检测方法
1	1,1－二氯－2,2－二（4－乙苯）乙烷	1,1 – Dichloro – 2,2 – bis（4 – ethylphenyl）ethane	0.01		不得检出	日本肯定列表（增补本1）
2	1,2－二氯乙烷	1,2 – Dichloroethane	0.1		不得检出	SN/T 2238
3	1,3－二氯丙烯	1,3 – Dichloropropene	0.01		不得检出	SN/T 2238

序号	农兽药中文名	农兽药英文名	欧盟标准限量要求 mg/kg	国家标准限量要求 mg/kg	三安超有机食品标准 限量要求 mg/kg	检测方法
4	1-萘乙酸	1-Naphthylacetic acid	0.05		不得检出	SN/T 2228
5	2,4-滴	2,4-D	0.05		不得检出	GB/T 20772
6	2,4-滴丁酸	2,4-DB	0.1		不得检出	GB/T 20769
7	2-苯酚	2-Phenylphenol	0.05		不得检出	GB/T 19650
8	阿维菌素	Abamectin	0.02		不得检出	SN/T 2661
9	乙酰甲胺磷	Acephate			不得检出	GB/T 20772
10	灭螨醌	Acequinocyl	0.01		不得检出	参照同类标准
11	啶虫脒	Acetamiprid	0.1		不得检出	GB/T 20772
12	乙草胺	Acetochlor	0.01		不得检出	GB/T 19650
13	苯并噻二唑	Acibenzolar-S-methyl	0.02		不得检出	GB/T 20772
14	苯草醚	Aclonifen	0.02		不得检出	GB/T 20772
15	氟丙菊酯	Acrinathrin	0.05		不得检出	GB/T 19648
16	甲草胺	Alachlor	0.01		不得检出	GB/T 20772
17	涕灭威	Aldicarb	0.01		不得检出	GB/T 20772
18	艾氏剂和狄氏剂	Aldrin and dieldrin	0.2		不得检出	GB/T 19650
19	烯丙孕素	Altrenogest	2μg/kg		不得检出	SN/T 1980
20	—	Ametoctradin	0.03		不得检出	参照同类标准
21	酰嘧磺隆	Amidosulfuron	0.02		不得检出	参照同类标准
22	氯氨吡啶酸	Aminopyralid	0.02		不得检出	GB/T 23211
23	—	Amisulbrom	0.01		不得检出	参照同类标准
24	阿莫西林	Amoxicillin	50μg/kg		不得检出	NY/T 830
25	氨苄青霉素	Ampicillin	50μg/kg		不得检出	GB/T 21315
26	杀螨特	Aramite	0.01		不得检出	GB/T 19650
27	磺草灵	Asulam	0.1		不得检出	日本肯定列表（增补本1）
28	印楝素	Azadirachtin	0.01		不得检出	SN/T 3264
29	益棉磷	Azinphos-ethyl	0.01		不得检出	GB/T 19650
30	保棉磷	Azinphos-methyl	0.01		不得检出	GB/T 20772
31	三唑锡和三环锡	Azocyclotin and cyhexatin	0.05		不得检出	SN/T 1990
32	嘧菌酯	Azoxystrobin	0.07		不得检出	GB/T 20772
33	燕麦灵	Barban	0.05		不得检出	参照同类标准
34	氟丁酰草胺	Beflubutamid	0.05		不得检出	参照同类标准
35	苯霜灵	Benalaxyl	0.05		不得检出	GB/T 20772
36	丙硫克百威	Benfuracarb	0.02		不得检出	GB/T 20772
37	苄青霉素	Benzyl pencillin	50μg/kg		不得检出	GB/T 21315
38	联苯肼酯	Bifenazate	0.01		不得检出	GB/T 20772
39	甲羧除草醚	Bifenox	0.05		不得检出	GB/T 23210
40	联苯菊酯	Bifenthrin	0.2		不得检出	GB/T 19650
41	乐杀螨	Binapacryl	0.01		不得检出	SN 0523

序号	农兽药中文名	农兽药英文名	欧盟标准限量要求 mg/kg	国家标准限量要求 mg/kg	三安超有机食品标准	
					限量要求 mg/kg	检测方法
42	联苯	Biphenyl	0.01		不得检出	GB/T 19650
43	联苯三唑醇	Bitertanol	0.05		不得检出	GB/T 20772
44	—	Bixafen	0.02		不得检出	参照同类标准
45	啶酰菌胺	Boscalid	0.2		不得检出	GB/T 20772
46	溴离子	Bromide ion	0.05		不得检出	GB/T 5009.167
47	溴螨酯	Bromopropylate	0.01		不得检出	GB/T 19650
48	溴苯腈	Bromoxynil	0.05		不得检出	GB/T 20772
49	糠菌唑	Bromuconazole	0.05		不得检出	GB/T 19650
50	乙嘧酚磺酸酯	Bupirimate	0.05		不得检出	GB/T 19650
51	噻嗪酮	Buprofezin	0.05		不得检出	GB/T 20772
52	仲丁灵	Butralin	0.02		不得检出	GB/T 19650
53	丁草敌	Butylate	0.01		不得检出	GB/T 19650
54	硫线磷	Cadusafos	0.01		不得检出	GB/T 19650
55	毒杀芬	Camphechlor	0.05		不得检出	YC/T 180
56	敌菌丹	Captafol	0.01		不得检出	GB/T 23210
57	克菌丹	Captan	0.02		不得检出	GB/T 19648
58	甲萘威	Carbaryl	0.05		不得检出	GB/T 20796
59	多菌灵和苯菌灵	Carbendazim and benomyl	0.05		不得检出	GB/T 20772
60	长杀草	Carbetamide	0.05		不得检出	GB/T 20772
61	克百威	Carbofuran	0.01		不得检出	GB/T 20772
62	丁硫克百威	Carbosulfan	0.05		不得检出	GB/T 19650
63	萎锈灵	Carboxin	0.05		不得检出	GB/T 20772
64	卡洛芬	Carprofen	1000μg/kg		不得检出	SN/T 2190
65	头孢喹肟	Cefquinome	100μg/kg		不得检出	GB/T 22989
66	头孢噻呋	Ceftiofur	2000μg/kg		不得检出	GB/T 21314
67	氯虫苯甲酰胺	Chlorantraniliprole	0.2		不得检出	参照同类标准
68	杀螨醚	Chlorbenside	0.05		不得检出	GB/T 19650
69	氯炔灵	Chlorbufam	0.05		不得检出	GB/T 20772
70	氯丹	Chlordane	0.05		不得检出	GB/T 5009.19
71	十氯酮	Chlordecone	0.1		不得检出	参照同类标准
72	杀螨酯	Chlorfenson	0.05		不得检出	GB/T 19650
73	毒虫畏	Chlorfenvinphos	0.01		不得检出	GB/T 19650
74	氯草敏	Chloridazon	0.1		不得检出	GB/T 20772
75	矮壮素	Chlormequat	0.05		不得检出	GB/T 23211
76	乙酯杀螨醇	Chlorobenzilate	0.1		不得检出	GB/T 23210
77	百菌清	Chlorothalonil	0.2		不得检出	SN/T 2320
78	绿麦隆	Chlortoluron	0.05		不得检出	GB/T 20772
79	枯草隆	Chloroxuron	0.05		不得检出	SN/T 2150
80	氯苯胺灵	Chlorpropham	0.05		不得检出	GB/T 19650

序号	农兽药中文名	农兽药英文名	欧盟标准限量要求 mg/kg	国家标准限量要求 mg/kg	三安超有机食品标准 限量要求 mg/kg	三安超有机食品标准 检测方法
81	甲基毒死蜱	Chlorpyrifos – methyl	0.05		不得检出	GB/T 19650
82	氯磺隆	Chlorsulfuron	0.01		不得检出	GB/T 20772
83	金霉素	Chlortetracycline	300μg/kg		不得检出	GB/T 21317
84	氯酞酸甲酯	Chlorthaldimethyl	0.01		不得检出	GB/T 19650
85	氯硫酰草胺	Chlorthiamid	0.02		不得检出	GB/T 20772
86	盐酸克仑特罗	Clenbuterol hydrochloride	0.5μg/kg		不得检出	GB/T22147
87	烯草酮	Clethodim	0.05		不得检出	GB/T 19650
88	炔草酯	Clodinafop – propargyl	0.02		不得检出	GB/T 19650
89	四螨嗪	Clofentezine	0.05		不得检出	GB/T 20772
90	二氯吡啶酸	Clopyralid	0.05		不得检出	SN/T 2228
91	噻虫胺	Clothianidin	0.2		不得检出	GB/T 20772
92	邻氯青霉素	Cloxacillin	300μg/kg		不得检出	GB/T 18932.25
93	黏菌素	Colistin	150μg/kg		不得检出	参照同类标准
94	铜化合物	Copper compounds	30		不得检出	参照同类标准
95	环烷基酰苯胺	Cyclanilide	0.01		不得检出	参照同类标准
96	噻草酮	Cycloxydim	0.05		不得检出	GB/T 19650
97	环氟菌胺	Cyflufenamid	0.03		不得检出	GB/T 23210
98	氟氯氰菊酯和高效氟氯氰菊酯	Cyfluthrin and beta – cyfluthrin	0.05		不得检出	GB/T 19650
99	霜脲氰	Cymoxanil	0.05		不得检出	GB/T 20772
100	氯氰菊酯和高效氯氰菊酯	Cypermethrin and beta – cypermethrin	0.2		不得检出	GB/T 19650
101	环丙唑醇	Cyproconazole	0.5		不得检出	GB/T 20772
102	嘧菌环胺	Cyprodinil	0.05		不得检出	GB/T 19650
103	灭蝇胺	Cyromazine	0.05		不得检出	GB/T 20772
104	丁酰肼	Daminozide	0.05		不得检出	SN/T 1989
105	达氟沙星	Danofloxacin	200μg/kg		不得检出	GB/T 22985
106	溴氰菊酯	Deltamethrin	0.03		不得检出	GB/T 19650
107	燕麦敌	Diallate	0.2		不得检出	GB/T 23211
108	二嗪磷	Diazinon	0.01		不得检出	GB/T 19650
109	麦草畏	Dicamba	0.7		不得检出	GB/T 20772
110	敌草腈	Dichlobenil	0.01		不得检出	GB/T 19650
111	滴丙酸	Dichlorprop	0.1		不得检出	SN/T 2228
112	二氯苯氧基丙酸	Diclofop	0.01		不得检出	参照同类标准
113	氯硝胺	Dicloran	0.01		不得检出	GB/T 19650
114	双氯青霉素	Dicloxacillin	300μg/kg		不得检出	GB/T 18932.25
115	三氯杀螨醇	Dicofol	0.02		不得检出	GB/T 19650
116	乙霉威	Diethofencarb	0.05		不得检出	GB/T 19650
117	苯醚甲环唑	Difenoconazole	0.2		不得检出	GB/T 19650

序号	农兽药中文名	农兽药英文名	欧盟标准限量要求 mg/kg	国家标准限量要求 mg/kg	三安超有机食品标准	
					限量要求 mg/kg	检测方法
118	双氟沙星	Difloxacin	800μg/kg		不得检出	GB/T 20366
119	除虫脲	Diflubenzuron	0.05		不得检出	SN/T 0528
120	吡氟酰草胺	Diflufenican	0.05		不得检出	GB/T 20772
121	油菜安	Dimethachlor	0.02		不得检出	GB/T 20772
122	烯酰吗啉	Dimethomorph	0.05		不得检出	GB/T 20772
123	醚菌胺	Dimoxystrobin	0.05		不得检出	SN/T 2237
124	烯唑醇	Diniconazole	0.01		不得检出	GB/T 19650
125	敌螨普	Dinocap	0.05		不得检出	日本肯定列表（增补本1）
126	地乐酚	Dinoseb	0.01		不得检出	GB/T 20772
127	特乐酚	Dinoterb	0.05		不得检出	GB/T 20772
128	敌恶磷	Dioxathion	0.05		不得检出	GB/T 19650
129	敌草快	Diquat	0.05		不得检出	GB/T 5009.221
130	乙拌磷	Disulfoton	0.01		不得检出	GB/T 20772
131	二氰蒽醌	Dithianon	0.01		不得检出	GB/T 20769
132	二硫代氨基甲酸酯	Dithiocarbamates	0.05		不得检出	SN 0139
133	敌草隆	Diuron	0.05		不得检出	SN/T 0645
134	二硝甲酚	DNOC	0.05		不得检出	GB/T 20772
135	多果定	Dodine	0.2		不得检出	SN 0500
136	多拉菌素	Doramectin	100μg/kg		不得检出	GB/T 22968
137	甲氨基阿维菌素苯甲酸盐	Emamectin benzoate	0.08		不得检出	GB/T 20769
138	硫丹	Endosulfan	0.05	0.1	不得检出	GB/T 19650
139	异狄氏剂	Endrin	0.05		不得检出	GB/T 19650
140	恩诺沙星	Enrofloxacin	200μg/kg		不得检出	GB/T 20366
141	氟环唑	Epoxiconazole	0.2		不得检出	GB/T 20772
142	茵草敌	EPTC	0.02		不得检出	GB/T 20772
143	红霉素	Erythromycin	200μg/kg		不得检出	GB/T 20762
144	乙丁烯氟灵	Ethalfluralin	0.01		不得检出	GB/T 19650
145	胺苯磺隆	Ethametsulfuron	0.01		不得检出	NY/T 1616
146	乙烯利	Ethephon	0.05		不得检出	SN 0705
147	乙硫磷	Ethion	0.01		不得检出	GB/T 19650
148	乙嘧酚	Ethirimol	0.05		不得检出	GB/T 20772
149	乙氧呋草黄	Ethofumesate	0.1		不得检出	GB/T 20772
150	灭线磷	Ethoprophos	0.01		不得检出	GB/T 19650
151	乙氧喹啉	Ethoxyquin	0.05		不得检出	GB/T 20772
152	环氧乙烷	Ethylene oxide	0.02		不得检出	GB/T 23296.11
153	醚菊酯	Etofenprox	0.5		不得检出	GB/T 19650
154	乙螨唑	Etoxazole	0.01		不得检出	GB/T 19650
155	氯唑灵	Etridiazole	0.05		不得检出	GB/T 20772

序号	农兽药中文名	农兽药英文名	欧盟标准限量要求 mg/kg	国家标准限量要求 mg/kg	三安超有机食品标准	
					限量要求 mg/kg	检测方法
156	噁唑菌酮	Famoxadone	0.05		不得检出	GB/T 20772
157	苯硫氨酯	Febantel	500μg/kg		不得检出	GB/T 22972
158	咪唑菌酮	Fenamidone	0.01		不得检出	GB/T 19650
159	苯线磷	Fenamiphos	0.01		不得检出	GB/T 19650
160	氯苯嘧啶醇	Fenarimol	0.02		不得检出	GB/T 20772
161	喹螨醚	Fenazaquin	0.01		不得检出	GB/T 19650
162	苯硫苯咪唑	Fenbendazole	500μg/kg		不得检出	SN 0638
163	腈苯唑	Fenbuconazole	0.05		不得检出	GB/T 20772
164	苯丁锡	Fenbutatin oxide	0.05		不得检出	SN/T 3149
165	环酰菌胺	Fenhexamid	0.05		不得检出	GB/T 20772
166	杀螟硫磷	Fenitrothion	0.01		不得检出	GB/T 20772
167	精噁唑禾草灵	Fenoxaprop – P – ethyl	0.05		不得检出	GB/T 22617
168	双氧威	Fenoxycarb	0.05		不得检出	GB/T 19650
169	苯锈啶	Fenpropidin	0.02		不得检出	GB/T 19650
170	丁苯吗啉	Fenpropimorph	0.01		不得检出	GB/T 20772
171	胺苯吡菌酮	Fenpyrazamine	0.01		不得检出	参照同类标准
172	唑螨酯	Fenpyroximate	0.01		不得检出	GB/T 19650
173	倍硫磷	Fenthion	0.05		不得检出	GB/T 20772
174	三苯锡	Fentin	0.05		不得检出	SN/T 3149
175	薯瘟锡	Fentin acetate	0.05		不得检出	参照同类标准
176	氰戊菊酯和高效氰戊菊酯（RR & SS 异构体总量）	Fenvalerate and esfenvalerate（sum of RR & SS isomers）	0.2		不得检出	GB/T 19650
177	氰戊菊酯和高效氰戊菊酯（RS & SR 异构体总量）	Fenvalerate and esfenvalerate（sum of RS & SR isomers）	0.05		不得检出	GB/T 19650
178	氟虫腈	Fipronil	0.01		不得检出	SN/T 1982
179	非罗考昔	Firocoxib	60μg/kg		不得检出	参照同类标准
180	氟啶虫酰胺	Flonicamid	0.03		不得检出	SN/T 2796
181	氟苯尼考	Florfenicol	2000μg/kg		不得检出	GB/T 20756
182	精吡氟禾草灵	Fluazifop – P – butyl	0.05		不得检出	GB/T 5009.142
183	氟啶胺	Fluazinam	0.05		不得检出	SN/T 2150
184	氟苯虫酰胺	Flubendiamide	1		不得检出	SN/T 2581
185	氟环脲	Flucycloxuron	0.05		不得检出	参照同类标准
186	氟氰戊菊酯	Flucythrinate	0.05		不得检出	GB/T 23210
187	咯菌腈	Fludioxonil	0.05		不得检出	GB/T 20772
188	氟虫脲	Flufenoxuron	0.05		不得检出	SN/T 2150
189	—	Flufenzin	0.02		不得检出	参照同类标准
190	氟甲喹	Flumequin	500μg/kg		不得检出	SN/T 1921
191	氟胺烟酸	Flunixin	100μg/kg		不得检出	GB/T 20750
192	氟吡菌胺	Fluopicolide	0.01		不得检出	参照同类标准

序号	农兽药中文名	农兽药英文名	欧盟标准限量要求 mg/kg	国家标准限量要求 mg/kg	三安超有机食品标准 限量要求 mg/kg	三安超有机食品标准 检测方法
193	—	Fluopyram	0.7		不得检出	参照同类标准
194	氟离子	Fluoride ion	1		不得检出	GB/T 5009.167
195	氟腈嘧菌酯	Fluoxastrobin	0.05		不得检出	SN/T 2237
196	氟喹唑	Fluquinconazole	0.3		不得检出	GB/T 19650
197	氟咯草酮	Fluorochloridone	0.05		不得检出	GB/T 20772
198	氟草烟	Fluroxypyr	0.05		不得检出	GB/T 20772
199	氟硅唑	Flusilazole	0.1		不得检出	GB/T 20772
200	氟酰胺	Flutolanil	0.02		不得检出	GB/T 20772
201	粉唑醇	Flutriafol	0.01		不得检出	GB/T 20772
202	—	Fluxapyroxad	0.01		不得检出	参照同类标准
203	氟磺胺草醚	Fomesafen	0.01		不得检出	GB/T 5009.130
204	氯吡脲	Forchlorfenuron	0.05		不得检出	SN/T 3643
205	伐虫脒	Formetanate	0.01		不得检出	NY/T 1453
206	三乙膦酸铝	Fosetyl – aluminium	0.5		不得检出	参照同类标准
207	麦穗宁	Fuberidazole	0.05		不得检出	GB/T 19650
208	呋线威	Furathiocarb	0.01		不得检出	GB/T 20772
209	糠醛	Furfural	1		不得检出	参照同类标准
210	勃激素	Gibberellic acid	0.1		不得检出	GB/T 23211
211	草胺膦	Glufosinate – ammonium	0.1		不得检出	日本肯定列表
212	草甘膦	Glyphosate	0.05		不得检出	SN/T 1923
213	双胍盐	Guazatine	0.1		不得检出	参照同类标准
214	氟吡禾灵	Haloxyfop	0.01		不得检出	SN/T 2228
215	七氯	Heptachlor	0.2		不得检出	SN 0663
216	六氯苯	Hexachlorobenzene	0.2		不得检出	SN/T 0127
217	六六六（HCH），α – 异构体	Hexachlorociclohexane（HCH），alpha – isomer	0.2		不得检出	SN/T 0127
218	六六六（HCH），β – 异构体	Hexachlorociclohexane（HCH），beta – isomer	0.1		不得检出	SN/T 0127
219	噻螨酮	Hexythiazox	0.05		不得检出	GB/T 20772
220	噁霉灵	Hymexazol	0.05		不得检出	GB/T 20772
221	抑霉唑	Imazalil	0.05		不得检出	GB/T 20772
222	甲咪唑烟酸	Imazapic	0.01		不得检出	GB/T 20772
223	咪唑喹啉酸	Imazaquin	0.05		不得检出	GB/T 20772
224	吡虫啉	Imidacloprid	0.3		不得检出	GB/T 20772
225	茚虫威	Indoxacarb	0.05		不得检出	GB/T 20772
226	碘苯腈	Ioxynil	0.05		不得检出	GB/T 20772
227	异菌脲	Iprodione	0.05		不得检出	GB/T 19650
228	稻瘟灵	Isoprothiolane	0.01		不得检出	GB/T 20772
229	异丙隆	Isoproturon	0.05		不得检出	GB/T 20772

序号	农兽药中文名	农兽药英文名	欧盟标准限量要求 mg/kg	国家标准限量要求 mg/kg	三安超有机食品标准	
					限量要求 mg/kg	检测方法
230	—	Isopyrazam	0.01		不得检出	参照同类标准
231	异噁酰草胺	Isoxaben	0.01		不得检出	GB/T 20772
232	依维菌素	Ivermectin	100μg/kg		不得检出	GB/T 21320
233	卡那霉素	Kanamycin	600μg/kg		不得检出	GB/T 21323
234	醚菌酯	Kresoxim – methyl	0.02		不得检出	GB/T 20772
235	乳氟禾草灵	Lactofen	0.01		不得检出	GB/T 19650
236	高效氯氟氰菊酯	Lambda – cyhalothrin	0.5		不得检出	GB/T 23210
237	环草定	Lenacil	0.1		不得检出	GB/T 19650
238	林可霉素	Lincomycin	500μg/kg		不得检出	GB/T 20762
239	林丹	Lindane	0.02	0.01	不得检出	NY/T 761
240	虱螨脲	Lufenuron	0.02		不得检出	SN/T 2540
241	马拉硫磷	Malathion	0.02		不得检出	GB/T 19650
242	抑芽丹	Maleic hydrazide	0.05		不得检出	GB/T 23211
243	双炔酰菌胺	Mandipropamid	0.02		不得检出	参照同类标准
244	二甲四氯和二甲四氯丁酸	MCPA and MCPB	0.1		不得检出	SN/T 2228
245	美洛昔康	Meloxicam	65μg/kg		不得检出	SN/T 2190
246	壮棉素	Mepiquat chloride	0.05		不得检出	GB/T 23211
247	—	Meptyldinocap	0.05		不得检出	参照同类标准
248	汞化合物	Mercury compounds	0.01		不得检出	参照同类标准
249	氰氟虫腙	Metaflumizone	0.02		不得检出	SN/T 3852
250	甲霜灵和精甲霜灵	Metalaxyl and metalaxyl – M	0.05		不得检出	GB/T 20772
251	四聚乙醛	Metaldehyde	0.05		不得检出	SN/T 1787
252	苯嗪草酮	Metamitron	0.05		不得检出	GB/T 19650
253	安乃近	Metamizole	100μg/kg		不得检出	GB/T 20747
254	吡唑草胺	Metazachlor	0.05		不得检出	GB/T 19650
255	叶菌唑	Metconazole	0.01		不得检出	GB/T 20772
256	甲基苯噻隆	Methabenzthiazuron	0.05		不得检出	GB/T 19650
257	虫螨畏	Methacrifos	0.01		不得检出	GB/T 20772
258	甲胺磷	Methamidophos	0.01		不得检出	GB/T 20772
259	杀扑磷	Methidathion	0.02		不得检出	GB/T 20772
260	甲硫威	Methiocarb	0.05		不得检出	GB/T 20770
261	灭多威和硫双威	Methomyl and thiodicarb	0.02		不得检出	GB/T 20772
262	烯虫酯	Methoprene	0.05		不得检出	GB/T 19650
263	甲氧滴滴涕	Methoxychlor	0.01		不得检出	SN/T 0529
264	甲氧虫酰肼	Methoxyfenozide	0.1		不得检出	GB/T 20772
265	磺草唑胺	Metosulam	0.01		不得检出	GB/T 20772
266	苯菌酮	Metrafenone	0.05		不得检出	参照同类标准
267	嗪草酮	Metribuzin	0.1		不得检出	GB/T 19650
268	绿谷隆	Monolinuron	0.05		不得检出	GB/T 20772

序号	农兽药中文名	农兽药英文名	欧盟标准限量要求 mg/kg	国家标准限量要求 mg/kg	三安超有机食品标准 限量要求 mg/kg	三安超有机食品标准 检测方法
269	灭草隆	Monuron	0.01		不得检出	GB/T 20772
270	莫西丁克	Moxidectin	100μg/kg		不得检出	SN/T 2442
271	1-萘乙酰胺	1-Naphthylacetamide	0.05		不得检出	GB/T 23205
272	敌草胺	Napropamide	0.01		不得检出	GB/T 19650
273	新霉素	Neomycin	500μg/kg		不得检出	SN 0646
274	烟嘧磺隆	Nicosulfuron	0.05		不得检出	SN/T 2325
275	除草醚	Nitrofen	0.01		不得检出	GB/T 19650
276	氟酰脲	Novaluron	0.7		不得检出	GB/T 23211
277	嘧苯胺磺隆	Orthosulfamuron	0.01		不得检出	GB/T 23817
278	苯唑青霉素	Oxacillin	300μg/kg		不得检出	GB/T 18932.25
279	噁草酮	Oxadiazon	0.05		不得检出	GB/T 19650
280	噁霜灵	Oxadixyl	0.01		不得检出	GB/T 19650
281	环氧嘧磺隆	Oxasulfuron	0.05		不得检出	GB/T 23817
282	喹菌酮	Oxolinic acid	150μg/kg		不得检出	日本肯定列表
283	氧化萎锈灵	Oxycarboxin	0.05		不得检出	GB/T 19650
284	亚砜磷	Oxydemeton-methyl	0.02		不得检出	参照同类标准
285	乙氧氟草醚	Oxyfluorfen	0.05		不得检出	GB/T 20772
286	土霉素	Oxytetracycline	300μg/kg		不得检出	GB/T 21317
287	多效唑	Paclobutrazol	0.02		不得检出	GB/T 19650
288	对硫磷	Parathion	0.05		不得检出	GB/T 19650
289	甲基对硫磷	Parathion-methyl	0.01		不得检出	GB/T 5009.161
290	巴龙霉素	Paromomycin	1500μg/kg		不得检出	SN/T 2315
291	戊菌唑	Penconazole	0.05		不得检出	GB/T 20772
292	戊菌隆	Pencycuron	0.05		不得检出	GB/T 19650
293	二甲戊灵	Pendimethalin	0.05		不得检出	GB/T 19650
294	喷沙西林	Penethamate	50μg/kg		不得检出	参照同类标准
295	甜菜宁	Phenmedipham	0.05		不得检出	GB/T 23205
296	苯醚菊酯	Phenothrin	0.05		不得检出	GB/T 20772
297	甲拌磷	Phorate	0.02		不得检出	GB/T 20772
298	伏杀硫磷	Phosalone	0.01		不得检出	GB/T 20772
299	亚胺硫磷	Phosmet	0.1		不得检出	GB/T 20772
300	—	Phosphines and phosphides	0.01		不得检出	参照同类标准
301	辛硫磷	Phoxim	0.02		不得检出	GB/T 20772
302	氨氯吡啶酸	Picloram	0.01		不得检出	GB/T 23211
303	啶氧菌酯	Picoxystrobin	0.05		不得检出	GB/T 19650
304	抗蚜威	Pirimicarb	0.05		不得检出	GB/T 20772
305	甲基嘧啶磷	Pirimiphos-methyl	0.05		不得检出	GB/T 20772
306	泼尼松龙	Prednisolone	6μg/kg		不得检出	GB/T 21981
307	咪鲜胺	Prochloraz	0.1		不得检出	GB/T 19650

序号	农兽药中文名	农兽药英文名	欧盟标准限量要求 mg/kg	国家标准限量要求 mg/kg	三安超有机食品标准 限量要求 mg/kg	三安超有机食品标准 检测方法
308	腐霉利	Procymidone	0.01		不得检出	GB/T 20772
309	丙溴磷	Profenofos	0.05		不得检出	GB/T 20772
310	调环酸	Prohexadione	0.05		不得检出	日本肯定列表
311	毒草安	Propachlor	0.02		不得检出	GB/T 20772
312	扑派威	Propamocarb	0.1		不得检出	GB/T 20772
313	恶草酸	Propaquizafop	0.05		不得检出	GB/T 20772
314	炔螨特	Propargite	0.1		不得检出	GB/T 19650
315	苯胺灵	Propham	0.05		不得检出	GB/T 19650
316	丙环唑	Propiconazole	0.01		不得检出	GB/T 19650
317	异丙草胺	Propisochlor	0.01		不得检出	GB/T 19650
318	残杀威	Propoxur	0.05		不得检出	GB/T 20772
319	炔苯酰草胺	Propyzamide	0.05		不得检出	GB/T 19650
320	苄草丹	Prosulfocarb	0.05		不得检出	GB/T 19650
321	丙硫菌唑	Prothioconazole	0.5		不得检出	参照同类标准
322	吡蚜酮	Pymetrozine	0.01		不得检出	GB/T 20772
323	吡唑醚菌酯	Pyraclostrobin	0.05		不得检出	GB/T 20772
324	—	Pyrasulfotole	0.01		不得检出	参照同类标准
325	吡菌磷	Pyrazophos	0.02		不得检出	GB/T 20772
326	除虫菊素	Pyrethrins	0.05		不得检出	GB/T 20772
327	哒螨灵	Pyridaben	0.02		不得检出	GB/T 19650
328	啶虫丙醚	Pyridalyl	0.01		不得检出	日本肯定列表
329	哒草特	Pyridate	0.05		不得检出	日本肯定列表
330	嘧霉胺	Pyrimethanil	0.05		不得检出	GB/T 19650
331	吡丙醚	Pyriproxyfen	0.05		不得检出	GB/T 19650
332	甲氧磺草胺	Pyroxsulam	0.01		不得检出	SN/T 2325
333	氯甲喹啉酸	Quinmerac	0.05		不得检出	参照同类标准
334	喹氧灵	Quinoxyfen	0.2		不得检出	SN/T 2319
335	五氯硝基苯	Quintozene	0.01		不得检出	GB/T 19650
336	精喹禾灵	Quizalofop-P-ethyl	0.05		不得检出	SN/T 2150
337	灭虫菊	Resmethrin	0.1		不得检出	GB/T 20772
338	鱼藤酮	Rotenone	0.01		不得检出	GB/T 20772
339	西玛津	Simazine	0.01		不得检出	SN 0594
340	乙基多杀菌素	Spinetoram	0.01		不得检出	参照同类标准
341	多杀霉素	Spinosad	0.02		不得检出	GB/T 20772
342	螺螨酯	Spirodiclofen	0.05		不得检出	GB/T 20772
343	螺甲螨酯	Spiromesifen	0.01		不得检出	GB/T 23210
344	螺虫乙酯	Spirotetramat	0.03		不得检出	参照同类标准
345	葚孢菌素	Spiroxamine	0.2		不得检出	GB/T 20772
346	磺草酮	Sulcotrione	0.05		不得检出	参照同类标准

序号	农兽药中文名	农兽药英文名	欧盟标准限量要求 mg/kg	国家标准限量要求 mg/kg	三安超有机食品标准	
					限量要求 mg/kg	检测方法
347	磺胺类(所有属于磺胺类的物质)	Sulfonamides (all substances belonging to the sulfonamide-group)	100μg/kg		不得检出	GB 29694
348	乙黄隆	Sulfosulfuron	0.05		不得检出	SN/T 2325
349	硫磺粉	Sulfur	0.5		不得检出	参照同类标准
350	氟胺氰菊酯	Tau – fluvalinate	0.01		不得检出	SN 0691
351	戊唑醇	Tebuconazole	0.1		不得检出	GB/T 20772
352	虫酰肼	Tebufenozide	0.05		不得检出	GB/T 20772
353	吡螨胺	Tebufenpyrad	0.05		不得检出	GB/T 19650
354	四氯硝基苯	Tecnazene	0.05		不得检出	GB/T 19650
355	氟苯脲	Teflubenzuron	0.05		不得检出	SN/T 2150
356	七氟菊酯	Tefluthrin	0.05		不得检出	GB/T 23210
357	得杀草	Tepraloxydim	0.1		不得检出	GB/T 20772
358	特丁硫磷	Terbufos	0.01		不得检出	GB/T 20772
359	特丁津	Terbuthylazine	0.05		不得检出	GB/T 19650
360	四氟醚唑	Tetraconazole	0.5		不得检出	GB/T 20772
361	四环素	Tetracycline	300μg/kg		不得检出	GB/T 21317
362	三氯杀螨砜	Tetradifon	0.05		不得检出	GB/T 19650
363	噻虫啉	Thiacloprid	0.3		不得检出	GB/T 20772
364	噻虫嗪	Thiamethoxam	0.03		不得检出	GB/T 20772
365	甲砜霉素	Thiamphenicol	50μg/kg		不得检出	GB/T 20756
366	禾草丹	Thiobencarb	0.01		不得检出	GB/T 20772
367	甲基硫菌灵	Thiophanate – methyl	0.05		不得检出	SN/T 0162
368	替米考星	Tilmicosin	1000μg/kg		不得检出	GB/T 20762
369	甲基立枯磷	Tolclofos – methyl	0.05		不得检出	GB/T 19650
370	甲苯三嗪酮	Toltrazuril	500μg/kg		不得检出	参照同类标准
371	甲苯氟磺胺	Tolylfluanid	0.1		不得检出	GB/T 19650
372	—	Topramezone	0.05		不得检出	参照同类标准
373	三唑酮和三唑醇	Triadimefon and triadimenol	0.1		不得检出	GB/T 20772
374	野麦畏	Triallate	0.05		不得检出	GB/T 20772
375	醚苯磺隆	Triasulfuron	0.05		不得检出	GB/T 20772
376	三唑磷	Triazophos	0.01		不得检出	GB/T 20772
377	敌百虫	Trichlorphon	0.01		不得检出	GB/T 20772
378	绿草定	Triclopyr	0.05		不得检出	SN/T 2228
379	三环唑	Tricyclazole	0.05		不得检出	GB/T 20769
380	十三吗啉	Tridemorph	0.01		不得检出	GB/T 20772
381	肟菌酯	Trifloxystrobin	0.04		不得检出	GB/T 19650
382	氟菌唑	Triflumizole	0.05		不得检出	GB/T 20769
383	杀铃脲	Triflumuron	0.01		不得检出	GB/T 20772

序号	农兽药中文名	农兽药英文名	欧盟标准限量要求 mg/kg	国家标准限量要求 mg/kg	三安超有机食品标准 限量要求 mg/kg	三安超有机食品标准 检测方法
384	氟乐灵	Trifluralin	0.01		不得检出	GB/T 20772
385	嗪氨灵	Triforine	0.01		不得检出	SN 0695
386	甲氧苄氨嘧啶	Trimethoprim	100μg/kg		不得检出	SN/T 1769
387	三甲基锍阳离子	Trimethyl – sulfonium cation	0.05		不得检出	参照同类标准
388	抗倒酯	Trinexapac	0.05		不得检出	GB/T 20769
389	灭菌唑	Triticonazole	0.01		不得检出	GB/T 20772
390	三氟甲磺隆	Tritosulfuron	0.01		不得检出	参照同类标准
391	泰乐霉素	Tylosin	100μg/kg		不得检出	GB/T 22941
392	—	Valifenalate	0.01		不得检出	参照同类标准
393	维达布洛芬	Vedaprofen	100μg/kg		不得检出	参照同类标准
394	乙烯菌核利	Vinclozolin	0.05		不得检出	GB/T 20772
395	2,3,4,5 – 四氯苯胺	2,3,4,5 – Tetrachloraniline			不得检出	GB/T 19650
396	2,3,4,5 – 四氯甲氧基苯	2,3,4,5 – Tetrachloroanisole			不得检出	GB/T 19650
397	2,3,5,6 – 四氯苯胺	2,3,5,6 – Tetrachloroaniline			不得检出	GB/T 19650
398	2,4,5 – 涕	2,4,5 – T			不得检出	GB/T 20772
399	o,p′ – 滴滴滴	2,4′ – DDD			不得检出	GB/T 19650
400	o,p′ – 滴滴伊	2,4′ – DDE			不得检出	GB/T 19650
401	o,p′ – 滴滴涕	2,4′ – DDT			不得检出	GB/T 19650
402	2,6 – 二氯苯甲酰胺	2,6 – Dichlorobenzamide			不得检出	GB/T 19650
403	3,5 – 二氯苯胺	3,5 – Dichloroaniline			不得检出	GB/T 19650
404	p,p′ – 滴滴滴	4,4′ – DDD			不得检出	GB/T 19650
405	p,p′ – 滴滴伊	4,4′ – DDE			不得检出	GB/T 19650
406	p,p′ – 滴滴涕	4,4′ – DDT			不得检出	GB/T 19650
407	4,4′ – 二溴二苯甲酮	4,4′ – Dibromobenzophenone			不得检出	GB/T 19650
408	4,4′ – 二氯二苯甲酮	4,4′ – Dichlorobenzophenone			不得检出	GB/T 19650
409	二氢苊	Acenaphthene			不得检出	GB/T 19650
410	乙酰丙嗪	Acepromazine			不得检出	GB/T 20763
411	三氟羧草醚	Acifluorfen			不得检出	GB/T 20772
412	1 – 氨基 – 2 – 乙内酰脲	AHD			不得检出	GB/T 21311
413	涕灭砜威	Aldoxycarb			不得检出	GB/T 20772
414	烯丙菊酯	Allethrin			不得检出	GB/T 20772
415	二丙烯草胺	Allidochlor			不得检出	GB/T 19650
416	莠灭净	Ametryn			不得检出	GB/T 20772
417	双甲脒	Amitraz			不得检出	GB/T 19650
418	杀草强	Amitrole			不得检出	SN/T 1737.6
419	5 – 吗啉甲基 – 3 – 氨基 – 2 – 噁唑烷基酮	AMOZ			不得检出	GB/T 21311
420	氨丙嘧吡啶	Amprolium			不得检出	SN/T 0276
421	莎稗磷	Anilofos			不得检出	GB/T 19650

7 骡（5 种）

序号	农兽药中文名	农兽药英文名	欧盟标准限量要求 mg/kg	国家标准限量要求 mg/kg	三安超有机食品标准限量要求 mg/kg	检测方法
422	蒽醌	Anthraquinone			不得检出	GB/T 19650
423	3-氨基-2-噁唑酮	AOZ			不得检出	GB/T 21311
424	安普霉素	Apramycin			不得检出	GB/T 21323
425	丙硫特普	Aspon			不得检出	GB/T 19650
426	羟氨卡青霉素	Aspoxicillin			不得检出	GB/T 21315
427	乙基杀扑磷	Athidathion			不得检出	GB/T 19650
428	莠去通	Atratone			不得检出	GB/T 19650
429	莠去津	Atrazine			不得检出	GB/T 20772
430	脱乙基阿特拉津	Atrazine-desethyl			不得检出	GB/T 19650
431	甲基吡噁磷	Azamethiphos			不得检出	GB/T 20763
432	氮哌酮	Azaperone			不得检出	SN/T2221
433	叠氮津	Aziprotryne			不得检出	GB/T 19650
434	杆菌肽	Bacitracin			不得检出	GB/T 20743
435	4-溴-3,5-二甲苯基-N-甲基氨基甲酸酯-1	BDMC-1			不得检出	GB/T 19650
436	4-溴-3,5-二甲苯基-N-甲基氨基甲酸酯-2	BDMC-2			不得检出	GB/T 19650
437	噁虫威	Bendiocarb			不得检出	GB/T 20772
438	乙丁氟灵	Benfluralin			不得检出	GB/T 19650
439	呋草黄	Benfuresate			不得检出	GB/T 19650
440	麦锈灵	Benodanil			不得检出	GB/T 19650
441	解草酮	Benoxacor			不得检出	GB/T 19650
442	新燕灵	Benzoylprop-ethyl			不得检出	GB/T 19650
443	倍他米松	Betamethasone			不得检出	SN/T 1970
444	生物烯丙菊酯-1	Bioallethrin-1			不得检出	GB/T 19650
445	生物烯丙菊酯-2	Bioallethrin-2			不得检出	GB/T 19650
446	除草定	Bromacil			不得检出	GB/T 20772
447	溴苯烯磷	Bromfenvinfos			不得检出	GB/T 19650
448	溴烯杀	Bromocylen			不得检出	GB/T 19650
449	溴硫磷	Bromofos			不得检出	GB/T 19650
450	乙基溴硫磷	Bromophos-ethyl			不得检出	GB/T 19650
451	溴丁酰草胺	Btomobutide			不得检出	GB/T 19650
452	氟丙嘧草酯	Butafenacil			不得检出	GB/T 19650
453	抑草磷	Butamifos			不得检出	GB/T 19650
454	丁草胺	Butaxhlor			不得检出	GB/T 19650
455	苯酮唑	Cafenstrole			不得检出	GB/T 19650
456	角黄素	Canthaxanthin			不得检出	SN/T 2327
457	咔唑心安	Carazolol			不得检出	GB/T 20763
458	卡巴氧	Carbadox			不得检出	GB/T 20746

695

序号	农兽药中文名	农兽药英文名	欧盟标准限量要求 mg/kg	国家标准限量要求 mg/kg	三安超有机食品标准 限量要求 mg/kg	检测方法
459	三硫磷	Carbophenothion			不得检出	GB/T 19650
460	唑草酮	Carfentrazone – ethyl			不得检出	GB/T 19650
461	头孢洛宁	Cefalonium			不得检出	GB/T 22989
462	头孢匹林	Cefapirin			不得检出	GB/T 22989
463	头孢氨苄	Cefalexin			不得检出	GB/T 22989
464	氯霉素	Chloramphenicolum			不得检出	GB/T 20772
465	氯杀螨砜	Chlorbenside sulfone			不得检出	GB/T 19650
466	氯溴隆	Chlorbromuron			不得检出	GB/T 19650
467	杀虫脒	Chlordimeform			不得检出	GB/T 19650
468	氯氧磷	Chlorethoxyfos			不得检出	GB/T 19650
469	溴虫腈	Chlorfenapyr			不得检出	GB/T 19650
470	杀螨醇	Chlorfenethol			不得检出	GB/T 19650
471	燕麦酯	Chlorfenprop – methyl			不得检出	GB/T 19650
472	氟啶脲	Chlorfluazuron			不得检出	SN/T 2540
473	整形醇	Chlorflurenol			不得检出	GB/T 19650
474	氯地孕酮	Chlormadinone			不得检出	SN/T 1980
475	醋酸氯地孕酮	Chlormadinone acetate			不得检出	GB/T 20753
476	氯甲硫磷	Chlormephos			不得检出	GB/T 19650
477	氯苯甲醚	Chloroneb			不得检出	GB/T 19650
478	丙酯杀螨醇	Chloropropylate			不得检出	GB/T 19650
479	氯丙嗪	Chlorpromazine			不得检出	GB/T 20763
480	毒死蜱	Chlorpyrifos			不得检出	GB/T 19650
481	氯硫磷	Chlorthion			不得检出	GB/T 19650
482	虫螨磷	Chlorthiophos			不得检出	GB/T 19650
483	乙菌利	Chlozolinate			不得检出	GB/T 19650
484	顺式－氯丹	cis – Chlordane			不得检出	GB/T 19650
485	顺式－燕麦敌	cis – Diallate			不得检出	GB/T 19650
486	顺式－氯菊酯	cis – Permethrin			不得检出	GB/T 19650
487	克仑特罗	Clenbuterol			不得检出	GB/T 22286
488	异噁草酮	Clomazone			不得检出	GB/T 20772
489	氯甲酰草胺	Clomeprop			不得检出	GB/T 19650
490	氯羟吡啶	Clopidol			不得检出	GB 29700
491	解草酯	Cloquintocet – mexyl			不得检出	GB/T 19650
492	蝇毒磷	Coumaphos			不得检出	GB/T 19650
493	鼠立死	Crimidine			不得检出	GB/T 19650
494	巴毒磷	Crotxyphos			不得检出	GB/T 19650
495	育畜磷	Crufomate			不得检出	GB/T 19650
496	苯腈磷	Cyanofenphos			不得检出	GB/T 19650

序号	农兽药中文名	农兽药英文名	欧盟标准限量要求 mg/kg	国家标准限量要求 mg/kg	三安超有机食品标准	
					限量要求 mg/kg	检测方法
497	杀螟腈	Cyanophos			不得检出	GB/T 20772
498	环草敌	Cycloate			不得检出	GB/T 20772
499	环莠隆	Cycluron			不得检出	GB/T 20772
500	环丙津	Cyprazine			不得检出	GB/T 20772
501	敌草索	Dacthal			不得检出	GB/T 19650
502	癸氧喹酯	Decoquinate			不得检出	SN/T 2444
503	脱叶磷	DEF			不得检出	GB/T 19650
504	2,2′,4,5,5′-五氯联苯	DE – PCB 101			不得检出	GB/T 19650
505	2,3,4,4′,5-五氯联苯	DE – PCB 118			不得检出	GB/T 19650
506	2,2′,3,4,4′,5-六氯联苯	DE – PCB 138			不得检出	GB/T 19650
507	2,2′,4,4′,5,5′-六氯联苯	DE – PCB 153			不得检出	GB/T 19650
508	2,2′,3,4,4′,5,5′-七氯联苯	DE – PCB 180			不得检出	GB/T 19650
509	2,4,4′-三氯联苯	DE – PCB 28			不得检出	GB/T 19650
510	2,4,5-三氯联苯	DE – PCB 31			不得检出	GB/T 19650
511	2,2′,5,5′-四氯联苯	DE – PCB 52			不得检出	GB/T 19650
512	脱溴溴苯磷	Desbrom – leptophos			不得检出	GB/T 19650
513	脱乙基另丁津	Desethyl – sebuthylazine			不得检出	GB/T 19650
514	敌草净	Desmetryn			不得检出	GB/T 19650
515	氯亚胺硫磷	Dialifos			不得检出	GB/T 19650
516	敌菌净	Diaveridine			不得检出	SN/T 1926
517	驱虫特	Dibutyl succinate			不得检出	GB/T 20772
518	异氯磷	Dicapthon			不得检出	GB/T 20772
519	除线磷	Dichlofenthion			不得检出	GB/T 20772
520	苯氟磺胺	Dichlofluanid			不得检出	GB/T 19650
521	烯丙酰草胺	Dichlormid			不得检出	GB/T 19650
522	敌敌畏	Dichlorvos			不得检出	GB/T 20772
523	苄氯三唑醇	Diclobutrazole			不得检出	GB/T 20772
524	禾草灵	Diclofop – methyl			不得检出	GB/T 19650
525	己烯雌酚	Diethylstilbestrol			不得检出	GB/T 20766
526	二氢链霉素	Dihydro – streptomycin			不得检出	GB/T 22969
527	甲氟磷	Dimefox			不得检出	GB/T 19650
528	哌草丹	Dimepiperate			不得检出	GB/T 19650
529	异戊乙净	Dimethametryn			不得检出	GB/T 19650
530	二甲酚草胺	Dimethenamid			不得检出	GB/T 19650
531	乐果	Dimethoate			不得检出	GB/T 20772
532	甲基毒虫畏	Dimethylvinphos			不得检出	GB/T 19650
533	地美硝唑	Dimetridazole			不得检出	GB/T 21318
534	二硝托安	Dinitolmide			不得检出	SN/T 2453

序号	农兽药中文名	农兽药英文名	欧盟标准限量要求 mg/kg	国家标准限量要求 mg/kg	三安超有机食品标准	
					限量要求 mg/kg	检测方法
535	氨氟灵	Dinitramine			不得检出	GB/T 19650
536	消螨通	Dinobuton			不得检出	GB/T 19650
537	呋虫胺	Dinotefuran			不得检出	GB/T 20772
538	苯虫醚－1	Diofenolan－1			不得检出	GB/T 19650
539	苯虫醚－2	Diofenolan－2			不得检出	GB/T 19650
540	蔬果磷	Dioxabenzofos			不得检出	GB/T 19650
541	双苯酰草胺	Diphenamid			不得检出	GB/T 19650
542	二苯胺	Diphenylamine			不得检出	GB/T 19650
543	异丙净	Dipropetryn			不得检出	GB/T 19650
544	灭菌磷	Ditalimfos			不得检出	GB/T 19650
545	氟硫草定	Dithiopyr			不得检出	GB/T 19650
546	强力霉素	Doxycycline			不得检出	GB/T 20764
547	敌瘟磷	Edifenphos			不得检出	GB/T 19650
548	硫丹硫酸盐	Endosulfan－sulfate			不得检出	GB/T 19650
549	异狄氏剂酮	Endrin ketone			不得检出	GB/T 19650
550	苯硫磷	EPN			不得检出	GB/T 19650
551	埃普利诺菌素	Eprinomectin			不得检出	GB/T 21320
552	抑草蓬	Erbon			不得检出	GB/T 19650
553	S－氰戊菊酯	Esfenvalerate			不得检出	GB/T 19650
554	戊草丹	Esprocarb			不得检出	GB/T 19650
555	乙环唑－1	Etaconazole－1			不得检出	GB/T 19650
556	乙环唑－2	Etaconazole－2			不得检出	GB/T 19650
557	乙嘧硫磷	Etrimfos			不得检出	GB/T 19650
558	氧乙嘧硫磷	Etrimfos oxon			不得检出	GB/T 19650
559	伐灭磷	Famphur			不得检出	GB/T 19650
560	苯线磷亚砜	Fenamiphos sulfoxide			不得检出	GB/T 19650
561	苯线磷砜	Fenamiphos－sulfone			不得检出	GB/T 19650
562	苯硫苯咪唑	Fenbendazole			不得检出	SN 0638
563	氧皮蝇磷	Fenchlorphos oxon			不得检出	GB/T 19650
564	甲呋酰胺	Fenfuram			不得检出	GB/T 19650
565	仲丁威	Fenobucarb			不得检出	GB/T 19650
566	苯硫威	Fenothiocarb			不得检出	GB/T 19650
567	稻瘟酰胺	Fenoxanil			不得检出	GB/T 19650
568	拌种咯	Fenpiclonil			不得检出	GB/T 19650
569	甲氰菊酯	Fenpropathrin			不得检出	GB/T 19650
570	芬螨酯	Fenson			不得检出	GB/T 19650
571	丰索磷	Fensulfothion			不得检出	GB/T 19650
572	倍硫磷亚砜	Fenthion sulfoxide			不得检出	GB/T 19650
573	麦草氟异丙酯	Flamprop－isopropyl			不得检出	GB/T 19650

序号	农兽药中文名	农兽药英文名	欧盟标准限量要求 mg/kg	国家标准限量要求 mg/kg	三安超有机食品标准	
					限量要求 mg/kg	检测方法
574	麦草氟甲酯	Flamprop – methyl			不得检出	GB/T 19650
575	麦草氟异丙酯	Flamprrop – methyl			不得检出	GB/T 19650
576	吡氟禾草灵	Fluazifop – butyl			不得检出	GB/T 19650
577	啶蜱脲	Fluazuron			不得检出	SN/T 2540
578	氟苯咪唑	Flubendazole			不得检出	GB/T 21324
579	氟噻草胺	Flufenacet			不得检出	GB/T 19650
580	氟节胺	Flumetralin			不得检出	SN/T 1921
581	唑嘧磺草胺	Flumetsulam			不得检出	GB/T 20772
582	氟烯草酸	Flumiclorac			不得检出	GB/T 19650
583	丙炔氟草胺	Flumioxazin			不得检出	GB/T 19650
584	氟胺烟酸	Flunixin			不得检出	GB/T 20750
585	三氟硝草醚	Fluorodifen			不得检出	GB/T 19650
586	乙羧氟草醚	Fluoroglycofen – ethyl			不得检出	GB/T 19650
587	三氟苯唑	Fluotrimazole			不得检出	GB/T 19650
588	氟啶草酮	Fluridone			不得检出	GB/T 19650
589	氟草烟 – 1 – 甲庚酯	Fluroxypr – 1 – methylheptyl ester			不得检出	GB/T 19650
590	呋草酮	Flurtamone			不得检出	GB/T 19650
591	地虫硫磷	Fonofos			不得检出	GB/T 19650
592	安果	Formothion			不得检出	GB/T 19650
593	呋霜灵	Furalaxyl			不得检出	GB/T 19650
594	庆大霉素	Gentamicin			不得检出	GB/T 21323
595	苄螨醚	Halfenprox			不得检出	GB/T 19650
596	氟哌啶醇	Haloperidol			不得检出	GB/T 20763
597	庚烯磷	Heptanophos			不得检出	GB/T 19650
598	己唑醇	Hexaconazole			不得检出	GB/T 19650
599	环嗪酮	Hexazinone			不得检出	GB/T 19650
600	咪草酸	Imazamethabenz – methyl			不得检出	GB/T 19650
601	脱苯甲基亚胺唑	Imibenconazole – des – benzyl			不得检出	GB/T 19650
602	炔咪菊酯 – 1	Imiprothrin – 1			不得检出	GB/T 19650
603	炔咪菊酯 – 2	Imiprothrin – 2			不得检出	GB/T 19650
604	碘硫磷	Iodofenphos			不得检出	GB/T 19650
605	甲基碘磺隆	Iodosulfuron – methyl			不得检出	GB/T 20772
606	异稻瘟净	Iprobenfos			不得检出	GB/T 19650
607	氯唑磷	Isazofos			不得检出	GB/T 19650
608	碳氯灵	Isobenzan			不得检出	GB/T 19650
609	丁咪酰胺	Isocarbamid			不得检出	GB/T 19650
610	水胺硫磷	Isocarbophos			不得检出	GB/T 19650
611	异艾氏剂	Isodrin			不得检出	GB/T 19650

序号	农兽药中文名	农兽药英文名	欧盟标准限量要求 mg/kg	国家标准限量要求 mg/kg	三安超有机食品标准 限量要求 mg/kg	三安超有机食品标准 检测方法
612	异柳磷	Isofenphos			不得检出	GB/T 19650
613	氧异柳磷	Isofenphos oxon			不得检出	GB/T 19650
614	氮氨菲啶	Isometamidium			不得检出	SN/T 2239
615	丁嗪草酮	Isomethiozin			不得检出	GB/T 19650
616	异丙威 – 1	Isoprocarb – 1			不得检出	GB/T 19650
617	异丙威 – 2	Isoprocarb – 2			不得检出	GB/T 19650
618	异丙乐灵	Isopropalin			不得检出	GB/T 19650
619	双苯噁唑酸	Isoxadifen – ethyl			不得检出	GB/T 19650
620	异噁氟草	Isoxaflutole			不得检出	GB/T 20772
621	噁唑啉	Isoxathion			不得检出	GB/T 19650
622	交沙霉素	Josamycin			不得检出	GB/T 20762
623	拉沙里菌素	Lasalocid			不得检出	SN 0501
624	溴苯磷	Leptophos			不得检出	GB/T 19650
625	左旋咪唑	Levamisole			不得检出	SN 0349
626	利谷隆	Linuron			不得检出	GB/T 19650
627	麻保沙星	Marbofloxacin			不得检出	GB/T 22985
628	2 – 甲 – 4 – 氯丁氧乙基酯	MCPA – butoxyethyl ester			不得检出	GB/T 19650
629	灭蚜磷	Mecarbam			不得检出	GB/T 19650
630	二甲四氯丙酸	Mecoprop			不得检出	SN/T 2325
631	苯噻酰草胺	Mefenacet			不得检出	GB/T 19650
632	吡唑解草酯	Mefenpyr – diethyl			不得检出	GB/T 19650
633	醋酸甲地孕酮	Megestrol acetate			不得检出	GB/T 20753
634	醋酸美仑孕酮	Melengestrol acetate			不得检出	GB/T 20753
635	嘧菌胺	Mepanipyrim			不得检出	GB/T 19650
636	地胺磷	Mephosfolan			不得检出	GB/T 19650
637	灭锈胺	Mepronil			不得检出	GB/T 19650
638	硝磺草酮	Mesotrione			不得检出	参照同类标准
639	呋菌胺	Methfuroxam			不得检出	GB/T 19650
640	灭梭威砜	Methiocarb sulfone			不得检出	GB/T 19650
641	盖草津	Methoprotryne			不得检出	GB/T 19650
642	甲醚菊酯 – 1	Methothrin – 1			不得检出	GB/T 19650
643	甲醚菊酯 – 2	Methothrin – 2			不得检出	GB/T 19650
644	甲基泼尼松龙	Methylprednisolone			不得检出	GB/T 21981
645	溴谷隆	Metobromuron			不得检出	GB/T 19650
646	甲氧氯普胺	Metoclopramide			不得检出	SN/T 2227
647	苯氧菌胺 – 1	Metominsstrobin – 1			不得检出	GB/T 19650
648	苯氧菌胺 – 2	Metominsstrobin – 2			不得检出	GB/T 19650
649	甲硝唑	Metronidazole			不得检出	GB/T 21318
650	速灭磷	Mevinphos			不得检出	GB/T 19650

序号	农兽药中文名	农兽药英文名	欧盟标准限量要求 mg/kg	国家标准限量要求 mg/kg	三安超有机食品标准 限量要求 mg/kg	三安超有机食品标准 检测方法
651	兹克威	Mexacarbate			不得检出	GB/T 19650
652	灭蚁灵	Mirex			不得检出	GB/T 19650
653	禾草敌	Molinate			不得检出	GB/T 19650
654	庚酰草胺	Monalide			不得检出	GB/T 19650
655	莫能菌素	Monensin			不得检出	SN 0698
656	合成麝香	Musk ambrecte			不得检出	GB/T 19650
657	麝香	Musk moskene			不得检出	GB/T 19650
658	西藏麝香	Musk tibeten			不得检出	GB/T 19650
659	二甲苯麝香	Musk xylene			不得检出	GB/T 19650
660	萘夫西林	Nafcillin			不得检出	GB/T 22975
661	二溴磷	Naled			不得检出	SN/T 0706
662	萘丙胺	Naproanilide			不得检出	GB/T 19650
663	甲基盐霉素	Narasin			不得检出	GB/T 20364
664	甲磺乐灵	Nitralin			不得检出	GB/T 19650
665	三氯甲基吡啶	Nitrapyrin			不得检出	GB/T 19650
666	酞菌酯	Nitrothal – isopropyl			不得检出	GB/T 19650
667	诺氟沙星	Norfloxacin			不得检出	GB/T 20366
668	氟草敏	Norflurazon			不得检出	GB/T 19650
669	新生霉素	Novobiocin			不得检出	SN 0674
670	氟苯嘧啶醇	Nuarimol			不得检出	GB/T 19650
671	八氯苯乙烯	Octachlorostyrene			不得检出	GB/T 19650
672	氧氟沙星	Ofloxacin			不得检出	GB/T 20366
673	呋酰胺	Ofurace			不得检出	
674	喹乙醇	Olaquindox			不得检出	GB/T 20746
675	竹桃霉素	Oleandomycin			不得检出	GB/T 20762
676	氧乐果	Omethoate			不得检出	GB/T 19650
677	奥比沙星	Orbifloxacin			不得检出	GB/T 22985
678	杀线威	Oxamyl			不得检出	GB/T 20772
679	奥芬达唑	Oxfendazole			不得检出	GB/T 22972
680	丙氧苯咪唑	Oxibendazole			不得检出	GB/T 21324
681	氧化氯丹	Oxy – chlordane			不得检出	GB/T 19650
682	对氧磷	Paraoxon			不得检出	GB/T 19650
683	甲基对氧磷	Paraoxon – methyl			不得检出	GB/T 19650
684	克草敌	Pebulate			不得检出	GB/T 19650
685	五氯苯胺	Pentachloroaniline			不得检出	GB/T 19650
686	五氯甲氧基苯	Pentachloroanisole			不得检出	GB/T 19650
687	五氯苯	Pentachlorobenzene			不得检出	GB/T 19650
688	氯菊酯	Permethrin			不得检出	GB/T 19650
689	乙滴涕	Perthane			不得检出	GB/T 19650

序号	农兽药中文名	农兽药英文名	欧盟标准限量要求 mg/kg	国家标准限量要求 mg/kg	三安超有机食品标准 限量要求 mg/kg	检测方法
690	菲	Phenanthrene			不得检出	GB/T 19650
691	稻丰散	Phenthoate			不得检出	GB/T 19650
692	甲拌磷砜	Phorate sulfone			不得检出	GB/T 19650
693	磷胺-1	Phosphamidon-1			不得检出	GB/T 19650
694	磷胺-2	Phosphamidon-2			不得检出	GB/T 19650
695	酞酸苯甲基丁酯	Phthalic acid, benzylbutyl ester			不得检出	GB/T 19650
696	四氯苯肽	Phthalide			不得检出	GB/T 19650
697	邻苯二甲酰亚胺	Phthalimide			不得检出	GB/T 19650
698	氟吡酰草胺	Picolinafen			不得检出	GB/T 19650
699	增效醚	Piperonyl butoxide			不得检出	GB/T 19650
700	哌草磷	Piperophos			不得检出	GB/T 19650
701	乙基虫螨清	Pirimiphos-ethyl			不得检出	GB/T 19650
702	吡利霉素	Pirlimycin			不得检出	GB/T 22988
703	炔丙菊酯	Prallethrin			不得检出	GB/T 19650
704	丙草胺	Pretilachlor			不得检出	GB/T 19650
705	环丙氟灵	Profluralin			不得检出	GB/T 19650
706	茉莉酮	Prohydrojasmon			不得检出	GB/T 19650
707	扑灭通	Prometon			不得检出	GB/T 19650
708	扑草净	Prometryne			不得检出	GB/T 19650
709	炔丙烯草胺	Pronamide			不得检出	GB/T 19650
710	敌稗	Propanil			不得检出	GB/T 19650
711	扑灭津	Propazine			不得检出	GB/T 19650
712	胺丙畏	Propetamphos			不得检出	GB/T 19650
713	丙酰二甲氨基丙吩噻嗪	Propionylpromazin			不得检出	GB/T 20763
714	丙硫磷	Prothiophos			不得检出	GB/T 19650
715	哒嗪硫磷	Ptridaphenthion			不得检出	GB/T 19650
716	吡唑硫磷	Pyraclofos			不得检出	GB/T 19650
717	吡草醚	Pyraflufen-ethyl			不得检出	GB/T 19650
718	啶斑肟-1	Pyrifenox-1			不得检出	GB/T 19650
719	啶斑肟-2	Pyrifenox-2			不得检出	GB/T 19650
720	环酯草醚	Pyriftalid			不得检出	GB/T 19650
721	嘧螨醚	Pyrimidifen			不得检出	GB/T 19650
722	嘧草醚	Pyriminobac-methyl			不得检出	GB/T 19650
723	嘧啶磷	Pyrimitate			不得检出	GB/T 19650
724	喹硫磷	Quinalphos			不得检出	GB/T 19650
725	灭藻醌	Quinoclamine			不得检出	GB/T 19650
726	精喹禾灵	Quizalofop-P-ethyl			不得检出	GB/T 20769
727	吡咪唑	Rabenzazole			不得检出	GB/T 19650

序号	农兽药中文名	农兽药英文名	欧盟标准限量要求 mg/kg	国家标准限量要求 mg/kg	三安超有机食品标准限量要求 mg/kg	三安超有机食品标准检测方法
728	莱克多巴胺	Ractopamine			不得检出	GB/T 21313
729	洛硝达唑	Ronidazole			不得检出	GB/T 21318
730	皮蝇磷	Ronnel			不得检出	GB/T 19650
731	盐霉素	Salinomycin			不得检出	GB/T 20364
732	沙拉沙星	Sarafloxacin			不得检出	GB/T 20366
733	另丁津	Sebutylazine			不得检出	GB/T 19650
734	密草通	Secbumeton			不得检出	GB/T 19650
735	氨基脲	Semduramicin			不得检出	GB/T 20752
736	烯禾啶	Sethoxydim			不得检出	GB/T 19650
737	氟硅菊酯	Silafluofen			不得检出	GB/T 19650
738	硅氟唑	Simeconazole			不得检出	GB/T 19650
739	西玛通	Simetone			不得检出	GB/T 19650
740	西草净	Simetryn			不得检出	GB/T 19650
741	壮观霉素	Spectinomycin			不得检出	GB/T 21323
742	螺旋霉素	Spiramycin			不得检出	GB/T 20762
743	链霉素	Streptomycin			不得检出	GB/T 21323
744	磺胺苯酰	Sulfabenzamide			不得检出	GB/T 21316
745	磺胺醋酰	Sulfacetamide			不得检出	GB/T 21316
746	磺胺氯哒嗪	Sulfachloropyridazine			不得检出	GB/T 21316
747	磺胺嘧啶	Sulfadiazine			不得检出	GB/T 21316
748	磺胺间二甲氧嘧啶	Sulfadimethoxine			不得检出	GB/T 21316
749	磺胺二甲嘧啶	Sulfadimidine			不得检出	GB/T 21316
750	磺胺多辛	Sulfadoxine			不得检出	GB/T 21316
751	磺胺脒	Sulfaguanidine			不得检出	GB/T 21316
752	莱草畏	Sulfallate			不得检出	GB/T 19650
753	磺胺甲嘧啶	Sulfamerazine			不得检出	GB/T 21316
754	新诺明	Sulfamethoxazole			不得检出	GB/T 21316
755	磺胺间甲氧嘧啶	Sulfamonomethoxine			不得检出	GB/T 21316
756	乙酰磺胺对硝基苯	Sulfanitran			不得检出	GB/T 20772
757	磺胺吡啶	Sulfapyridine			不得检出	GB/T 21316
758	磺胺喹沙啉	Sulfaquinoxaline			不得检出	GB/T 21316
759	磺胺噻唑	Sulfathiazole			不得检出	GB/T 21316
760	治螟磷	Sulfotep			不得检出	GB/T 19650
761	硫丙磷	Sulprofos			不得检出	GB/T 19650
762	苯噻硫氰	TCMTB			不得检出	GB/T 19650
763	丁基嘧啶磷	Tebupirimfos			不得检出	GB/T 19650
764	牧草胺	Tebutam			不得检出	GB/T 19650
765	丁噻隆	Tebuthiuron			不得检出	GB/T 20772

序号	农兽药中文名	农兽药英文名	欧盟标准限量要求 mg/kg	国家标准限量要求 mg/kg	三安超有机食品标准 限量要求 mg/kg	检测方法
766	双硫磷	Temephos			不得检出	GB/T 20772
767	特草灵	Terbucarb			不得检出	GB/T 19650
768	特丁通	Terbumeron			不得检出	GB/T 19650
769	特丁净	Terbutryn			不得检出	GB/T 19650
770	四氢邻苯二甲酰亚胺	Tetrabydrophthalimide			不得检出	GB/T 19650
771	杀虫畏	Tetrachlorvinphos			不得检出	GB/T 19650
772	胺菊酯	Tetramethirn			不得检出	GB/T 19650
773	杀螨氯硫	Tetrasul			不得检出	GB/T 19650
774	噻吩草胺	Thenylchlor			不得检出	GB/T 19650
775	噻菌灵	Thiabendazole			不得检出	GB/T 20772
776	噻唑烟酸	Thiazopyr			不得检出	GB/T 19650
777	噻苯隆	Thidiazuron			不得检出	GB/T 20772
778	噻吩磺隆	Thifensulfuron – methyl			不得检出	GB/T 20772
779	甲基乙拌磷	Thiometon			不得检出	GB/T 20772
780	虫线磷	Thionazin			不得检出	GB/T 19650
781	硫普罗宁	Tiopronin			不得检出	SN/T 2225
782	三甲苯草酮	Tralkoxydim			不得检出	GB/T 19650
783	四溴菊酯	Tralomethrin			不得检出	SN/T 2320
784	反式–氯丹	*trans* – Chlordane			不得检出	GB/T 19650
785	反式–燕麦敌	*trans* – Diallate			不得检出	GB/T 19650
786	四氟苯菊酯	Transfluthrin			不得检出	GB/T 19650
787	反式九氯	*trans* – Nonachlor			不得检出	GB/T 19650
788	反式–氯菊酯	*trans* – Permethrin			不得检出	GB/T 19650
789	群勃龙	Trenbolone			不得检出	GB/T 21981
790	威菌磷	Triamiphos			不得检出	GB/T 19650
791	毒壤磷	Trichloronate			不得检出	GB/T 19650
792	灭草环	Tridiphane			不得检出	GB/T 19650
793	草达津	Trietazine			不得检出	GB/T 19650
794	三异丁基磷酸盐	Tri – *iso* – butyl phosphate			不得检出	GB/T 19650
795	三正丁基磷酸盐	Tri – *n* – butyl phosphate			不得检出	GB/T 19650
796	三苯基磷酸盐	Triphenyl phosphate			不得检出	GB/T 19650
797	烯效唑	Uniconazole			不得检出	GB/T 19650
798	灭草敌	Vernolate			不得检出	GB/T 19650
799	维吉尼霉素	Virginiamycin			不得检出	GB/T 20765
800	杀鼠灵	War farin			不得检出	GB/T 20772
801	甲苯噻嗪	Xylazine			不得检出	GB/T 20763
802	右环十四酮酚	Zeranol			不得检出	GB/T 21982
803	苯酰菌胺	Zoxamide			不得检出	GB/T 19650

7.4 骡肾脏 Mules Kidney

序号	农兽药中文名	农兽药英文名	欧盟标准限量要求 mg/kg	国家标准限量要求 mg/kg	三安超有机食品标准	
					限量要求 mg/kg	检测方法
1	1,1 – 二氯 – 2,2 – 二(4 – 乙苯)乙烷	1,1 – Dichloro – 2,2 – bis(4 – ethylphenyl)ethane	0.01		不得检出	日本肯定列表（增补本1）
2	1,2 – 二氯乙烷	1,2 – Dichloroethane	0.1		不得检出	SN/T 2238
3	1,3 – 二氯丙烯	1,3 – Dichloropropene	0.01		不得检出	SN/T 2238
4	1 – 萘乙酸	1 – Naphthylacetic acid	0.05		不得检出	SN/T 2228
5	2,4 – 滴	2,4 – D	1		不得检出	GB/T 20772
6	2,4 – 滴丁酸	2,4 – DB	0.1		不得检出	GB/T 20769
7	2 – 苯酚	2 – Phenylphenol	0.05		不得检出	GB/T 19650
8	阿维菌素	Abamectin	0.01		不得检出	SN/T 2661
9	乙酰甲胺磷	Acephate	0.02		不得检出	GB/T 20772
10	灭螨醌	Acequinocyl	0.01		不得检出	参照同类标准
11	啶虫脒	Acetamiprid	0.2		不得检出	GB/T 20772
12	乙草胺	Acetochlor	0.01		不得检出	GB/T 19650
13	苯并噻二唑	Acibenzolar – S – methyl	0.02		不得检出	GB/T 20772
14	苯草醚	Aclonifen	0.02		不得检出	GB/T 20772
15	氟丙菊酯	Acrinathrin	0.05		不得检出	GB/T 19648
16	甲草胺	Alachlor	0.01		不得检出	GB/T 20772
17	涕灭威	Aldicarb	0.01		不得检出	GB/T 20772
18	艾氏剂和狄氏剂	Aldrin and dieldrin	0.2		不得检出	GB/T 19650
19	—	Ametoctradin	0.03		不得检出	参照同类标准
20	酰嘧磺隆	Amidosulfuron	0.02		不得检出	参照同类标准
21	氯氨吡啶酸	Aminopyralid	0.3		不得检出	GB/T 23211
22	—	Amisulbrom	0.01		不得检出	参照同类标准
23	阿莫西林	Amoxicillin	50μg/kg		不得检出	NY/T 830
24	氨苄青霉素	Ampicillin	50μg/kg		不得检出	GB/T 21315
25	敌菌灵	Anilazine	0.01		不得检出	GB/T 20769
26	杀螨特	Aramite	0.01		不得检出	GB/T 19650
27	磺草灵	Asulam	0.1		不得检出	日本肯定列表（增补本1）
28	印楝素	Azadirachtin	0.01		不得检出	SN/T 3264
29	益棉磷	Azinphos – ethyl	0.01		不得检出	GB/T 19650
30	保棉磷	Azinphos – methyl	0.01		不得检出	GB/T 20772
31	三唑锡和三环锡	Azocyclotin and cyhexatin	0.05		不得检出	SN/T 1990
32	嘧菌酯	Azoxystrobin	0.07		不得检出	GB/T 20772
33	燕麦灵	Barban	0.05		不得检出	参照同类标准
34	氟丁酰草胺	Beflubutamid	0.05		不得检出	参照同类标准
35	苯霜灵	Benalaxyl	0.05		不得检出	GB/T 20772
36	丙硫克百威	Benfuracarb	0.02		不得检出	GB/T 20772

序号	农兽药中文名	农兽药英文名	欧盟标准限量要求 mg/kg	国家标准限量要求 mg/kg	三安超有机食品标准 限量要求 mg/kg	三安超有机食品标准 检测方法
37	苄青霉素	Benzyl pencillin	50μg/kg		不得检出	GB/T 21315
38	联苯肼酯	Bifenazate	0.01		不得检出	GB/T 20772
39	甲羧除草醚	Bifenox	0.05		不得检出	GB/T 23210
40	联苯菊酯	Bifenthrin	0.2		不得检出	GB/T 19650
41	乐杀螨	Binapacryl	0.01		不得检出	SN 0523
42	联苯	Biphenyl	0.01		不得检出	GB/T 19650
43	联苯三唑醇	Bitertanol	0.05		不得检出	GB/T 20772
44	—	Bixafen	0.02		不得检出	参照同类标准
45	啶酰菌胺	Boscalid	0.3		不得检出	GB/T 20772
46	溴离子	Bromide ion	0.05		不得检出	GB/T 5009.167
47	溴螨酯	Bromopropylate	0.01		不得检出	GB/T 19650
48	溴苯腈	Bromoxynil	0.05		不得检出	GB/T 20772
49	糠菌唑	Bromuconazole	0.05		不得检出	GB/T 19650
50	乙嘧酚磺酸酯	Bupirimate	0.05		不得检出	GB/T 19650
51	噻嗪酮	Buprofezin	0.05		不得检出	GB/T 20772
52	仲丁灵	Butralin	0.02		不得检出	GB/T 19650
53	丁草敌	Butylate	0.01		不得检出	GB/T 19650
54	硫线磷	Cadusafos	0.01		不得检出	GB/T 19650
55	毒杀芬	Camphechlor	0.05		不得检出	YC/T 180
56	敌菌丹	Captafol	0.01		不得检出	GB/T 23210
57	克菌丹	Captan	0.02		不得检出	GB/T 19648
58	甲萘威	Carbaryl	0.05		不得检出	GB/T 20796
59	多菌灵和苯菌灵	Carbendazim and benomyl	0.05		不得检出	GB/T 20772
60	长杀草	Carbetamide	0.05		不得检出	GB/T 20772
61	克百威	Carbofuran	0.01		不得检出	GB/T 20772
62	丁硫克百威	Carbosulfan	0.05		不得检出	GB/T 19650
63	萎锈灵	Carboxin	0.05		不得检出	GB/T 20772
64	卡洛芬	Carprofen	1000μg/kg		不得检出	SN/T 2190
65	头孢喹肟	Cefquinome	200μg/kg		不得检出	GB/T 22989
66	头孢噻呋	Ceftiofur	6000μg/kg		不得检出	GB/T 21314
67	氯虫苯甲酰胺	Chlorantraniliprole	0.2		不得检出	参照同类标准
68	杀螨醚	Chlorbenside	0.05		不得检出	GB/T 19650
69	氯炔灵	Chlorbufam	0.05		不得检出	GB/T 20772
70	氯丹	Chlordane	0.05		不得检出	GB/T 5009.19
71	十氯酮	Chlordecone	0.1		不得检出	参照同类标准
72	杀螨酯	Chlorfenson	0.05		不得检出	GB/T 19650
73	毒虫畏	Chlorfenvinphos	0.01		不得检出	GB/T 19650
74	氯草敏	Chloridazon	0.1		不得检出	GB/T 20772
75	矮壮素	Chlormequat	0.05		不得检出	GB/T 23211
76	乙酯杀螨醇	Chlorobenzilate	0.1		不得检出	GB/T 23210

序号	农兽药中文名	农兽药英文名	欧盟标准限量要求 mg/kg	国家标准限量要求 mg/kg	三安超有机食品标准 限量要求 mg/kg	三安超有机食品标准 检测方法
77	百菌清	Chlorothalonil	0.2		不得检出	SN/T 2320
78	绿麦隆	Chlortoluron	0.05		不得检出	GB/T 20772
79	枯草隆	Chloroxuron	0.05		不得检出	SN/T 2150
80	氯苯胺灵	Chlorpropham	0.2		不得检出	GB/T 19650
81	甲基毒死蜱	Chlorpyrifos – methyl	0.05		不得检出	GB/T 19650
82	氯磺隆	Chlorsulfuron	0.01		不得检出	GB/T 20772
83	金霉素	Chlortetracycline	600μg/kg		不得检出	GB/T 21317
84	氯硫酰草胺	Chlorthiamid	0.02		不得检出	GB/T 20772
85	盐酸克仑特罗	Clenbuterol hydrochloride	0.5μg/kg		不得检出	GB/T 22147
86	烯草酮	Clethodim	0.05		不得检出	GB/T 19650
87	炔草酯	Clodinafop – propargyl	0.02		不得检出	GB/T 19650
88	四螨嗪	Clofentezine	0.05		不得检出	GB/T 20772
89	二氯吡啶酸	Clopyralid	0.05		不得检出	SN/T 2228
90	噻虫胺	Clothianidin	0.02		不得检出	GB/T 20772
91	邻氯青霉素	Cloxacillin	300μg/kg		不得检出	GB/T 18932.25
92	黏菌素	Colistin	200μg/kg		不得检出	参照同类标准
93	铜化合物	Copper compounds	30		不得检出	参照同类标准
94	环烷基酰苯胺	Cyclanilide	0.01		不得检出	参照同类标准
95	噻草酮	Cycloxydim	0.05		不得检出	GB/T 19650
96	环氟菌胺	Cyflufenamid	0.03		不得检出	GB/T 23210
97	氟氯氰菊酯和高效氟氯氰菊酯	Cyfluthrin and beta – cyfluthrin	0.05		不得检出	GB/T 19650
98	霜脲氰	Cymoxanil	0.05		不得检出	GB/T 20772
99	氯氰菊酯和高效氯氰菊酯	Cypermethrin and beta – cypermethrin	0.2		不得检出	GB/T 19650
100	环丙唑醇	Cyproconazole	0.5		不得检出	GB/T 20772
101	嘧菌环胺	Cyprodinil	0.05		不得检出	GB/T 19650
102	灭蝇胺	Cyromazine	0.05		不得检出	GB/T 20772
103	丁酰肼	Daminozide	0.05		不得检出	SN/T 1989
104	达氟沙星	Danofloxacin	200μg/kg		不得检出	GB/T 22985
105	滴滴涕	DDT	1		不得检出	SN/T 0127
106	溴氰菊酯	Deltamethrin	0.03		不得检出	GB/T 19650
107	地塞米松	Dexamethasone	0.75μg/kg		不得检出	SN/T 1970
108	燕麦敌	Diallate	0.2		不得检出	GB/T 23211
109	二嗪磷	Diazinon	0.01		不得检出	GB/T 19650
110	麦草畏	Dicamba	0.7		不得检出	GB/T 20772
111	敌草腈	Dichlobenil	0.01		不得检出	GB/T 19650
112	滴丙酸	Dichlorprop	0.7		不得检出	SN/T 2228
113	二氯苯氧基丙酸	Diclofop	0.01		不得检出	参照同类标准

序号	农兽药中文名	农兽药英文名	欧盟标准限量要求 mg/kg	国家标准限量要求 mg/kg	三安超有机食品标准	
					限量要求 mg/kg	检测方法
114	氯硝胺	Dicloran	0.01		不得检出	GB/T 19650
115	双氯青霉素	Dicloxacillin	300μg/kg		不得检出	GB/T 18932.25
116	三氯杀螨醇	Dicofol	0.02		不得检出	GB/T 19650
117	乙霉威	Diethofencarb	0.05		不得检出	GB/T 19650
118	苯醚甲环唑	Difenoconazole	0.2		不得检出	GB/T 19650
119	双氟沙星	Difloxacin	600μg/kg		不得检出	GB/T 20366
120	除虫脲	Diflubenzuron	0.05		不得检出	SN/T 0528
121	吡氟酰草胺	Diflufenican	0.05		不得检出	GB/T 20772
122	油菜安	Dimethachlor	0.02		不得检出	GB/T 20772
123	烯酰吗啉	Dimethomorph	0.05		不得检出	GB/T 20772
124	醚菌胺	Dimoxystrobin	0.05		不得检出	SN/T 2237
125	烯唑醇	Diniconazole	0.01		不得检出	GB/T 19650
126	敌螨普	Dinocap	0.05		不得检出	日本肯定列表（增补本1）
127	地乐酚	Dinoseb	0.01		不得检出	GB/T 20772
128	特乐酚	Dinoterb	0.05		不得检出	GB/T 20772
129	敌噁磷	Dioxathion	0.05		不得检出	GB/T 19650
130	敌草快	Diquat	0.05		不得检出	GB/T 5009.221
131	乙拌磷	Disulfoton	0.01		不得检出	GB/T 20772
132	二氰蒽醌	Dithianon	0.01		不得检出	GB/T 20769
133	二硫代氨基甲酸酯	Dithiocarbamates	0.05		不得检出	SN 0139
134	敌草隆	Diuron	0.05		不得检出	SN/T 0645
135	二硝甲酚	DNOC	0.05		不得检出	GB/T 20772
136	多果定	Dodine	0.2		不得检出	SN 0500
137	多拉菌素	Doramectin	60μg/kg		不得检出	GB/T 22968
138	甲氨基阿维菌素苯甲酸盐	Emamectin benzoate	0.08		不得检出	GB/T 20769
139	硫丹	Endosulfan	0.05	0.03	不得检出	GB/T 19650
140	异狄氏剂	Endrin	0.05		不得检出	GB/T 19650
141	恩诺沙星	Enrofloxacin	200μg/kg		不得检出	GB/T 20366
142	氟环唑	Epoxiconazole	0.02		不得检出	GB/T 20772
143	茵草敌	EPTC	0.02		不得检出	GB/T 20772
144	红霉素	Erythromycin	200μg/kg		不得检出	GB/T 20762
145	乙丁烯氟灵	Ethalfluralin	0.01		不得检出	GB/T 19650
146	胺苯磺隆	Ethametsulfuron	0.01		不得检出	NY/T 1616
147	乙烯利	Ethephon	0.05		不得检出	SN 0705
148	乙硫磷	Ethion	0.01		不得检出	GB/T 19650
149	乙嘧酚	Ethirimol	0.05		不得检出	GB/T 20772
150	乙氧呋草黄	Ethofumesate	0.1		不得检出	GB/T 20772
151	灭线磷	Ethoprophos	0.01		不得检出	GB/T 19650

7　骡（5种）

序号	农兽药中文名	农兽药英文名	欧盟标准限量要求 mg/kg	国家标准限量要求 mg/kg	三安超有机食品标准 限量要求 mg/kg	检测方法
152	乙氧喹啉	Ethoxyquin	0.05		不得检出	GB/T 20772
153	环氧乙烷	Ethylene oxide	0.02		不得检出	GB/T 23296.11
154	醚菊酯	Etofenprox	0.5		不得检出	GB/T 19650
155	乙螨唑	Etoxazole	0.01		不得检出	GB/T 19650
156	氯唑灵	Etridiazole	0.05		不得检出	GB/T 20772
157	噁唑菌酮	Famoxadone	0.05		不得检出	GB/T 20772
158	苯硫氨酯	Febantel	50μg/kg		不得检出	GB/T 22972
159	咪唑菌酮	Fenamidone	0.01		不得检出	GB/T 19650
160	苯线磷	Fenamiphos	0.01		不得检出	GB/T 19650
161	氯苯嘧啶醇	Fenarimol	0.02		不得检出	GB/T 20772
162	喹螨醚	Fenazaquin	0.01		不得检出	GB/T 19650
163	苯硫苯咪唑	Fenbendazole	50μg/kg		不得检出	SN 0638
164	腈苯唑	Fenbuconazole	0.05		不得检出	GB/T 20772
165	苯丁锡	Fenbutatin oxide	0.05		不得检出	SN/T 3149
166	环酰菌胺	Fenhexamid	0.05		不得检出	GB/T 20772
167	杀螟硫磷	Fenitrothion	0.01		不得检出	GB/T 20772
168	精噁唑禾草灵	Fenoxaprop-P-ethyl	0.05		不得检出	GB/T 22617
169	双氧威	Fenoxycarb	0.05		不得检出	GB/T 19650
170	苯锈啶	Fenpropidin	0.02		不得检出	GB/T 19650
171	丁苯吗啉	Fenpropimorph	0.01		不得检出	GB/T 20772
172	胺苯吡菌酮	Fenpyrazamine	0.01		不得检出	参照同类标准
173	唑螨酯	Fenpyroximate	0.01		不得检出	GB/T 19650
174	倍硫磷	Fenthion	0.05		不得检出	GB/T 20772
175	三苯锡	Fentin	0.05		不得检出	SN/T 3149
176	薯瘟锡	Fentin acetate	0.05		不得检出	参照同类标准
177	氰戊菊酯和高效氰戊菊酯（RR & SS 异构体总量）	Fenvalerate and esfenvalerate (sum of RR & SS isomers)	0.2		不得检出	GB/T 19650
178	氰戊菊酯和高效氰戊菊酯（RS & SR 异构体总量）	Fenvalerate and esfenvalerate (sum of RS & SR isomers)	0.05		不得检出	GB/T 19650
179	氟虫腈	Fipronil	0.01		不得检出	SN/T 1982
180	非罗考昔	Firocoxib	10μg/kg		不得检出	参照同类标准
181	氟啶虫酰胺	Flonicamid	0.03		不得检出	SN/T 2796
182	氟苯尼考	Florfenicol	300μg/kg		不得检出	GB/T 20756
183	精吡氟禾草灵	Fluazifop-P-butyl	0.05		不得检出	GB/T 5009.142
184	氟啶胺	Fluazinam	0.05		不得检出	SN/T 2150
185	氟苯虫酰胺	Flubendiamide	1		不得检出	SN/T 2581
186	氟环脲	Flucycloxuron	0.05		不得检出	参照同类标准
187	氟氰戊菊酯	Flucythrinate	0.05		不得检出	GB/T 23210
188	咯菌腈	Fludioxonil	0.05		不得检出	GB/T 20772

序号	农兽药中文名	农兽药英文名	欧盟标准限量要求 mg/kg	国家标准限量要求 mg/kg	三安超有机食品标准 限量要求 mg/kg	检测方法
189	氟虫脲	Flufenoxuron	0.05		不得检出	SN/T 2150
190	—	Flufenzin	0.02		不得检出	参照同类标准
191	氟甲喹	Flumequin	1000μg/kg		不得检出	SN/T 1921
192	氟胺烟酸	Flunixin	200μg/kg		不得检出	GB/T 20750
193	氟吡菌胺	Fluopicolide	0.01		不得检出	参照同类标准
194	—	Fluopyram	0.7		不得检出	参照同类标准
195	氟离子	Fluoride ion	1		不得检出	GB/T 5009.167
196	氟腈嘧菌酯	Fluoxastrobin	0.1		不得检出	SN/T 2237
197	氟喹唑	Fluquinconazole	0.3		不得检出	GB/T 19650
198	氟咯草酮	Fluorochloridone	0.05		不得检出	GB/T 20772
199	氟草烟	Fluroxypyr	0.05		不得检出	GB/T 20772
200	氟硅唑	Flusilazole	0.5		不得检出	GB/T 20772
201	氟酰胺	Flutolanil	0.02		不得检出	GB/T 20772
202	粉唑醇	Flutriafol	0.01		不得检出	GB/T 20772
203	—	Fluxapyroxad	0.01		不得检出	参照同类标准
204	氟磺胺草醚	Fomesafen	0.01		不得检出	GB/T 5009.130
205	氯吡脲	Forchlorfenuron	0.05		不得检出	SN/T 3643
206	伐虫脒	Formetanate	0.01		不得检出	NY/T 1453
207	三乙膦酸铝	Fosetyl – aluminium	0.5		不得检出	参照同类标准
208	麦穗宁	Fuberidazole	0.05		不得检出	GB/T 19650
209	呋线威	Furathiocarb	0.01		不得检出	GB/T 20772
210	糠醛	Furfural	1		不得检出	参照同类标准
211	勃激素	Gibberellic acid	0.1		不得检出	GB/T 23211
212	草胺膦	Glufosinate – ammonium	0.1		不得检出	日本肯定列表
213	草甘膦	Glyphosate	0.05		不得检出	SN/T 1923
214	双胍盐	Guazatine	0.1		不得检出	参照同类标准
215	氟吡禾灵	Haloxyfop	0.02		不得检出	SN/T 2228
216	七氯	Heptachlor	0.2		不得检出	SN 0663
217	六氯苯	Hexachlorobenzene	0.2		不得检出	SN/T 0127
218	六六六(HCH),α-异构体	Hexachlorociclohexane (HCH), alpha – isomer	0.2		不得检出	SN/T 0127
219	六六六(HCH),β-异构体	Hexachlorociclohexane (HCH), beta – isomer	0.1		不得检出	SN/T 0127
220	噻螨酮	Hexythiazox	0.05		不得检出	GB/T 20772
221	噁霉灵	Hymexazol	0.05		不得检出	GB/T 20772
222	抑霉唑	Imazalil	0.05		不得检出	GB/T 20772
223	甲咪唑烟酸	Imazapic	0.01		不得检出	GB/T 20772
224	咪唑喹啉酸	Imazaquin	0.05		不得检出	GB/T 20772
225	吡虫啉	Imidacloprid	0.3		不得检出	GB/T 20772

序号	农兽药中文名	农兽药英文名	欧盟标准限量要求 mg/kg	国家标准限量要求 mg/kg	三安超有机食品标准	
					限量要求 mg/kg	检测方法
226	茚虫威	Indoxacarb	0.05		不得检出	GB/T 20772
227	碘苯腈	Ioxynil	0.05		不得检出	GB/T 20772
228	异菌脲	Iprodione	0.05		不得检出	GB/T 19650
229	稻瘟灵	Isoprothiolane	0.01		不得检出	GB/T 20772
230	异丙隆	Isoproturon	0.05		不得检出	GB/T 20772
231	—	Isopyrazam	0.01		不得检出	参照同类标准
232	异噁酰草胺	Isoxaben	0.01		不得检出	GB/T 20772
233	卡那霉素	Kanamycin	2500μg/kg		不得检出	GB/T 21323
234	醚菌酯	Kresoxim – methyl	0.05		不得检出	GB/T 20772
235	乳氟禾草灵	Lactofen	0.01		不得检出	GB/T 19650
236	高效氯氟氰菊酯	Lambda – cyhalothrin	0.5		不得检出	GB/T 23210
237	环草定	Lenacil	0.1		不得检出	GB/T 19650
238	林可霉素	Lincomycin	1500μg/kg		不得检出	GB/T 20762
239	林丹	Lindane	0.02	0.01	不得检出	NY/T 761
240	虱螨脲	Lufenuron	0.02		不得检出	SN/T 2540
241	马拉硫磷	Malathion	0.02		不得检出	GB/T 19650
242	抑芽丹	Maleic hydrazide	0.5		不得检出	GB/T 23211
243	双炔酰菌胺	Mandipropamid	0.02		不得检出	参照同类标准
244	二甲四氯和二甲四氯丁酸	MCPA and MCPB	0.1		不得检出	SN/T 2228
245	甲苯咪唑	Mebendazole	60μg/kg		不得检出	GB/T 21324
246	美洛昔康	Meloxicam	65μg/kg		不得检出	SN/T 2190
247	壮棉素	Mepiquat chloride	0.05		不得检出	GB/T 23211
248	—	Meptyldinocap	0.05		不得检出	参照同类标准
249	汞化合物	Mercury compounds	0.01		不得检出	参照同类标准
250	氰氟虫腙	Metaflumizone	0.02		不得检出	SN/T 3852
251	甲霜灵和精甲霜灵	Metalaxyl and metalaxyl – M	0.05		不得检出	GB/T 20772
252	四聚乙醛	Metaldehyde	0.05		不得检出	SN/T 1787
253	苯嗪草酮	Metamitron	0.05		不得检出	GB/T 19650
254	安乃近	Metamizole	100μg/kg		不得检出	GB/T 20747
255	吡唑草胺	Metazachlor	0.05		不得检出	GB/T 19650
256	叶菌唑	Metconazole	0.01		不得检出	GB/T 20772
257	甲基苯噻隆	Methabenzthiazuron	0.05		不得检出	GB/T 19650
258	虫螨畏	Methacrifos	0.01		不得检出	GB/T 20772
259	甲胺磷	Methamidophos	0.01		不得检出	GB/T 20772
260	杀扑磷	Methidathion	0.02		不得检出	GB/T 20772
261	甲硫威	Methiocarb	0.05		不得检出	GB/T 20770
262	灭多威和硫双威	Methomyl and thiodicarb	0.02		不得检出	GB/T 20772
263	烯虫酯	Methoprene	0.05		不得检出	GB/T 19650
264	甲氧滴滴涕	Methoxychlor	0.01		不得检出	SN/T 0529

序号	农兽药中文名	农兽药英文名	欧盟标准限量要求 mg/kg	国家标准限量要求 mg/kg	三安超有机食品标准 限量要求 mg/kg	检测方法
265	甲氧虫酰肼	Methoxyfenozide	0.1		不得检出	GB/T 20772
266	磺草唑胺	Metosulam	0.01		不得检出	GB/T 20772
267	苯菌酮	Metrafenone	0.05		不得检出	参照同类标准
268	嗪草酮	Metribuzin	0.1		不得检出	GB/T 19650
269	绿谷隆	Monolinuron	0.05		不得检出	GB/T 20772
270	灭草隆	Monuron	0.01		不得检出	GB/T 20772
271	莫西丁克	Moxidectin	50μg/kg		不得检出	SN/T 2442
272	腈菌唑	Myclobutanil	0.01		不得检出	GB/T 20772
273	1-萘乙酰胺	1-Naphthylacetamide	0.05		不得检出	GB/T 23205
274	敌草胺	Napropamide	0.01		不得检出	GB/T 19650
275	新霉素	Neomycin	5000μg/kg		不得检出	SN 0646
276	烟嘧磺隆	Nicosulfuron	0.05		不得检出	SN/T 2325
277	除草醚	Nitrofen	0.01		不得检出	GB/T 19650
278	氟酰脲	Novaluron	0.7		不得检出	GB/T 23211
279	嘧苯胺磺隆	Orthosulfamuron	0.01		不得检出	GB/T 23817
280	苯唑青霉素	Oxacillin	300μg/kg		不得检出	GB/T 18932.25
281	噁草酮	Oxadiazon	0.05		不得检出	GB/T 19650
282	噁霜灵	Oxadixyl	0.01		不得检出	GB/T 19650
283	环氧嘧磺隆	Oxasulfuron	0.05		不得检出	GB/T 23817
284	喹菌酮	Oxolinic acid	150μg/kg		不得检出	日本肯定列表
285	亚砜磷	Oxydemeton-methyl	0.02		不得检出	参照同类标准
286	乙氧氟草醚	Oxyfluorfen	0.05		不得检出	GB/T 20772
287	土霉素	Oxytetracycline	600μg/kg		不得检出	GB/T 21317
288	多效唑	Paclobutrazol	0.02		不得检出	GB/T 19650
289	对硫磷	Parathion	0.05		不得检出	GB/T 19650
290	甲基对硫磷	Parathion-methyl	0.01		不得检出	GB/T 5009.161
291	巴龙霉素	Paromomycin	1500μg/kg		不得检出	SN/T 2315
292	戊菌唑	Penconazole	0.05		不得检出	GB/T 20772
293	戊菌隆	Pencycuron	0.05		不得检出	GB/T 19650
294	二甲戊灵	Pendimethalin	0.05		不得检出	GB/T 19650
295	喷沙西林	Penethamate	50μg/kg		不得检出	GB/T 19650
296	甜菜宁	Phenmedipham	0.05		不得检出	GB/T 23205
297	苯醚菊酯	Phenothrin	0.05		不得检出	GB/T 20772
298	甲拌磷	Phorate	0.02		不得检出	GB/T 20772
299	伏杀硫磷	Phosalone	0.01		不得检出	GB/T 20772
300	亚胺硫磷	Phosmet	0.1		不得检出	GB/T 20772
301	—	Phosphines and phosphides	0.01		不得检出	参照同类标准
302	辛硫磷	Phoxim	0.02		不得检出	GB/T 20772
303	氨氯吡啶酸	Picloram	5		不得检出	GB/T 23211

序号	农兽药中文名	农兽药英文名	欧盟标准限量要求 mg/kg	国家标准限量要求 mg/kg	三安超有机食品标准	
					限量要求 mg/kg	检测方法
304	啶氧菌酯	Picoxystrobin	0.05		不得检出	GB/T 19650
305	抗蚜威	Pirimicarb	0.05		不得检出	GB/T 20772
306	甲基嘧啶磷	Pirimiphos – methyl	0.05		不得检出	GB/T 20772
307	泼尼松龙	Prednisolone	15μg/kg		不得检出	GB/T 21981
308	咪鲜胺	Prochloraz	0.1		不得检出	GB/T 19650
309	腐霉利	Procymidone	0.01		不得检出	GB/T 20772
310	丙溴磷	Profenofos	0.05		不得检出	GB/T 20772
311	调环酸	Prohexadione	0.05		不得检出	日本肯定列表
312	毒草安	Propachlor	0.02		不得检出	GB/T 20772
313	扑派威	Propamocarb	0.1		不得检出	GB/T 20772
314	恶草酸	Propaquizafop	0.05		不得检出	GB/T 20772
315	炔螨特	Propargite	0.1		不得检出	GB/T 19650
316	苯胺灵	Propham	0.05		不得检出	GB/T 19650
317	丙环唑	Propiconazole	0.01		不得检出	GB/T 19650
318	异丙草胺	Propisochlor	0.01		不得检出	GB/T 19650
319	残杀威	Propoxur	0.05		不得检出	参照同类标准
320	炔苯酰草胺	Propyzamide	0.05		不得检出	GB/T 20772
321	苄草丹	Prosulfocarb	0.05		不得检出	GB/T 23211
322	丙硫菌唑	Prothioconazole	0.5		不得检出	GB/T 19650
323	吡蚜酮	Pymetrozine	0.01		不得检出	GB/T 20772
324	吡唑醚菌酯	Pyraclostrobin	0.05		不得检出	GB/T 20772
325	—	Pyrasulfotole	0.01		不得检出	GB/T 19650
326	吡菌磷	Pyrazophos	0.02		不得检出	GB/T 20772
327	除虫菊素	Pyrethrins	0.05		不得检出	GB/T 20772
328	哒螨灵	Pyridaben	0.02		不得检出	日本肯定列表
329	啶虫丙醚	Pyridalyl	0.01		不得检出	GB/T 20772
330	哒草特	Pyridate	0.05		不得检出	GB/T 20772
331	嘧霉胺	Pyrimethanil	0.05		不得检出	GB/T 20772
332	吡丙醚	Pyriproxyfen	0.05		不得检出	GB/T 19650
333	甲氧磺草胺	Pyroxsulam	0.01		不得检出	GB/T 19650
334	氯甲喹啉酸	Quinmerac	0.05		不得检出	GB/T 19650
335	喹氧灵	Quinoxyfen	0.2		不得检出	SN/T 2319
336	五氯硝基苯	Quintozene	0.01		不得检出	GB/T 19650
337	精喹禾灵	Quizalofop – P – ethyl	0.05		不得检出	SN/T 2150
338	灭虫菊	Resmethrin	0.1		不得检出	GB/T 20772
339	鱼藤酮	Rotenone	0.01		不得检出	GB/T 20772
340	西玛津	Simazine	0.01		不得检出	SN 0594
341	壮观霉素	Spectinomycin	5000μg/kg		不得检出	GB/T 20772
342	乙基多杀菌素	Spinetoram	0.01		不得检出	GB/T 20772

序号	农兽药中文名	农兽药英文名	欧盟标准限量要求 mg/kg	国家标准限量要求 mg/kg	三安超有机食品标准	
					限量要求 mg/kg	检测方法
343	多杀霉素	Spinosad	0.02		不得检出	日本肯定列表
344	螺螨酯	Spirodiclofen	0.05		不得检出	GB/T 20772
345	螺甲螨酯	Spiromesifen	0.01		不得检出	GB/T 20772
346	螺虫乙酯	Spirotetramat	0.03		不得检出	GB/T 20772
347	葚孢菌素	Spiroxamine	0.2		不得检出	GB/T 19650
348	磺草酮	Sulcotrione	0.05		不得检出	GB/T 19650
349	磺胺类（所有属于磺胺类的物质）	Sulfonamides（all substances belonging to the sulfonamide-group）	100μg/kg		不得检出	GB/T 19650
350	乙黄隆	Sulfosulfuron	0.05		不得检出	GB/T 19650
351	硫磺粉	Sulfur	0.5		不得检出	GB/T 19650
352	氟胺氰菊酯	Tau－fluvalinate	0.01		不得检出	GB/T 20769
353	戊唑醇	Tebuconazole	0.1		不得检出	GB/T 20772
354	虫酰肼	Tebufenozide	0.05		不得检出	GB/T 20772
355	吡螨胺	Tebufenpyrad	0.05		不得检出	SN 0594
356	四氯硝基苯	Tecnazene	0.05		不得检出	GB/T 19650
357	氟苯脲	Teflubenzuron	0.05		不得检出	SN/T 2150
358	七氟菊酯	Tefluthrin	0.05		不得检出	GB/T 23210
359	得杀草	Tepraloxydim	0.1		不得检出	GB/T 20772
360	特丁硫磷	Terbufos	0.01		不得检出	GB/T 20772
361	特丁津	Terbuthylazine	0.05		不得检出	GB/T 19650
362	四氟醚唑	Tetraconazole	0.5		不得检出	GB/T 20772
363	四环素	Tetracycline	600μg/kg		不得检出	GB/T 21317
364	三氯杀螨砜	Tetradifon	0.05		不得检出	GB/T 19650
365	噻虫啉	Thiacloprid	0.3		不得检出	GB/T 20772
366	噻虫嗪	Thiamethoxam	0.03		不得检出	GB/T 20772
367	甲砜霉素	Thiamphenicol	50μg/kg		不得检出	GB/T 20756
368	禾草丹	Thiobencarb	0.01		不得检出	GB/T 20772
369	甲基硫菌灵	Thiophanate－methyl	0.05		不得检出	SN/T 0162
370	替米考星	Tilmicosin	1000μg/kg		不得检出	GB/T 20762
371	甲基立枯磷	Tolclofos－methyl	0.05		不得检出	GB/T 19650
372	甲苯三嗪酮	Toltrazuril	250μg/kg		不得检出	参照同类标准
373	甲苯氟磺胺	Tolylfluanid	0.1		不得检出	GB/T 19650
374	—	Topramezone	0.05		不得检出	参照同类标准
375	三唑酮和三唑醇	Triadimefon and triadimenol	0.1		不得检出	GB/T 20772
376	野麦畏	Triallate	0.05		不得检出	GB/T 20772
377	醚苯磺隆	Triasulfuron	0.05		不得检出	GB/T 20772
378	三唑磷	Triazophos	0.01		不得检出	GB/T 20772
379	敌百虫	Trichlorphon	0.01		不得检出	GB/T 20772

序号	农兽药中文名	农兽药英文名	欧盟标准限量要求 mg/kg	国家标准限量要求 mg/kg	三安超有机食品标准	
					限量要求 mg/kg	检测方法
380	绿草定	Triclopyr	0.05		不得检出	SN/T 2228
381	三环唑	Tricyclazole	0.05		不得检出	GB/T 20769
382	十三吗啉	Tridemorph	0.01		不得检出	GB/T 20772
383	肟菌酯	Trifloxystrobin	0.04		不得检出	GB/T 19650
384	氟菌唑	Triflumizole	0.05		不得检出	GB/T 20769
385	杀铃脲	Triflumuron	0.01		不得检出	GB/T 20772
386	氟乐灵	Trifluralin	0.01		不得检出	GB/T 20772
387	嗪氨灵	Triforine	0.01		不得检出	SN 0695
388	甲氧苄氨嘧啶	Trimethoprim	100μg/kg		不得检出	SN/T 1769
389	三甲基锍阳离子	Trimethyl – sulfonium cation	0.05		不得检出	参照同类标准
390	抗倒酯	Trinexapac	0.05		不得检出	GB/T 20769
391	灭菌唑	Triticonazole	0.01		不得检出	GB/T 20772
392	三氟甲磺隆	Tritosulfuron	0.01		不得检出	参照同类标准
393	泰乐霉素	Tylosin	50μg/kg		不得检出	GB/T 22941
394	—	Valifenalate	0.01		不得检出	参照同类标准
395	维达布洛芬	Vedaprofen	1000μg/kg		不得检出	参照同类标准
396	乙烯菌核利	Vinclozolin	0.05		不得检出	GB/T 20772
397	2,3,4,5 – 四氯苯胺	2,3,4,5 – Tetrachloraniline			不得检出	GB/T 19650
398	2,3,4,5 – 四氯甲氧基苯	2,3,4,5 – Tetrachloroanisole			不得检出	GB/T 19650
399	2,3,5,6 – 四氯苯胺	2,3,5,6 – Tetrachloroaniline			不得检出	GB/T 19650
400	2,4,5 – 涕	2,4,5 – T			不得检出	GB/T 20772
401	o,p′ – 滴滴滴	2,4′ – DDD			不得检出	GB/T 19650
402	o,p′ – 滴滴伊	2,4′ – DDE			不得检出	GB/T 19650
403	o,p′ – 滴滴涕	2,4′ – DDT			不得检出	GB/T 19650
404	2,6 – 二氯苯甲酰胺	2,6 – Dichlorobenzamide			不得检出	GB/T 19650
405	3,5 – 二氯苯胺	3,5 – Dichloroaniline			不得检出	GB/T 19650
406	p,p′ – 滴滴滴	4,4′ – DDD			不得检出	GB/T 19650
407	p,p′ – 滴滴伊	4,4′ – DDE			不得检出	GB/T 19650
408	p,p′ – 滴滴涕	4,4′ – DDT			不得检出	GB/T 19650
409	4,4′ – 二溴二苯甲酮	4,4′ – Dibromobenzophenone			不得检出	GB/T 19650
410	4,4′ – 二氯二苯甲酮	4,4′ – Dichlorobenzophenone			不得检出	GB/T 19650
411	二氢苊	Acenaphthene			不得检出	GB/T 19650
412	乙酰丙嗪	Acepromazine			不得检出	GB/T 20763
413	三氟羧草醚	Acifluorfen			不得检出	GB/T 20772
414	1 – 氨基 – 2 – 乙内酰脲	AHD			不得检出	GB/T 21311
415	涕灭砜威	Aldoxycarb			不得检出	GB/T 20772
416	烯丙菊酯	Allethrin			不得检出	GB/T 20772
417	二丙烯草胺	Allidochlor			不得检出	GB/T 19650
418	α – 六六六	Alpha – HCH			不得检出	GB/T 19650

序号	农兽药中文名	农兽药英文名	欧盟标准限量要求 mg/kg	国家标准限量要求 mg/kg	三安超有机食品标准 限量要求 mg/kg	检测方法
419	烯丙孕素	Altrenogest			不得检出	SN/T 1980
420	莠灭净	Ametryn			不得检出	GB/T 20772
421	双甲脒	Amitraz			不得检出	GB/T 19650
422	杀草强	Amitrole			不得检出	SN/T 1737.6
423	5-吗啉甲基-3-氨基-2-噁唑烷基酮	AMOZ			不得检出	GB/T 21311
424	氨丙嘧吡啶	Amprolium			不得检出	SN/T 0276
425	莎稗磷	Anilofos			不得检出	GB/T 19650
426	蒽醌	Anthraquinone			不得检出	GB/T 19650
427	3-氨基-2-噁唑酮	AOZ			不得检出	GB/T 21311
428	安普霉素	Apramycin			不得检出	GB/T 21323
429	丙硫特普	Aspon			不得检出	GB/T 19650
430	羟氨卡青霉素	Aspoxicillin			不得检出	GB/T 21315
431	乙基杀扑磷	Athidathion			不得检出	GB/T 19650
432	莠去通	Atratone			不得检出	GB/T 19650
433	莠去津	Atrazine			不得检出	GB/T 20772
434	脱乙基阿特拉津	Atrazine-desethyl			不得检出	GB/T 19650
435	甲基吡噁磷	Azamethiphos			不得检出	GB/T 20763
436	氮哌酮	Azaperone			不得检出	SN/T2221
437	叠氮津	Aziprotryne			不得检出	GB/T 19650
438	杆菌肽	Bacitracin			不得检出	GB/T 20743
439	4-溴-3,5-二甲苯基-N-甲基氨基甲酸酯-1	BDMC-1			不得检出	GB/T 19650
440	4-溴-3,5-二甲苯基-N-甲基氨基甲酸酯-2	BDMC-2			不得检出	GB/T 19650
441	噁虫威	Bendiocarb			不得检出	GB/T 20772
442	乙丁氟灵	Benfluralin			不得检出	GB/T 19650
443	呋草黄	Benfuresate			不得检出	GB/T 19650
444	麦锈灵	Benodanil			不得检出	GB/T 19650
445	解草酮	Benoxacor			不得检出	GB/T 19650
446	新燕灵	Benzoylprop-ethyl			不得检出	GB/T 19650
447	倍他米松	Betamethasone			不得检出	SN/T 1970
448	生物烯丙菊酯-1	Bioallethrin-1			不得检出	GB/T 19650
449	生物烯丙菊酯-2	Bioallethrin-2			不得检出	GB/T 19650
450	除草定	Bromacil			不得检出	GB/T 20772
451	溴苯烯磷	Bromfenvinfos			不得检出	GB/T 19650
452	溴烯杀	Bromocylen			不得检出	GB/T 19650
453	溴硫磷	Bromofos			不得检出	GB/T 19650
454	乙基溴硫磷	Bromophos-ethyl			不得检出	GB/T 19650

序号	农兽药中文名	农兽药英文名	欧盟标准限量要求 mg/kg	国家标准限量要求 mg/kg	三安超有机食品标准	
					限量要求 mg/kg	检测方法
455	溴丁酰草胺	Btomobutide			不得检出	GB/T 19650
456	氟丙嘧草酯	Butafenacil			不得检出	GB/T 19650
457	抑草磷	Butamifos			不得检出	GB/T 19650
458	丁草胺	Butaxhlor			不得检出	GB/T 19650
459	苯酮唑	Cafenstrole			不得检出	GB/T 19650
460	角黄素	Canthaxanthin			不得检出	SN/T 2327
461	咔唑心安	Carazolol			不得检出	GB/T 20763
462	卡巴氧	Carbadox			不得检出	GB/T 20746
463	三硫磷	Carbophenothion			不得检出	GB/T 19650
464	唑草酮	Carfentrazone – ethyl			不得检出	GB/T 19650
465	头孢洛宁	Cefalonium			不得检出	GB/T 22989
466	头孢匹林	Cefapirin			不得检出	GB/T 22989
467	头孢氨苄	Cefalexin			不得检出	GB/T 22989
468	氯霉素	Chloramphenicolum			不得检出	GB/T 20772
469	氯杀螨砜	Chlorbenside sulfone			不得检出	GB/T 19650
470	氯溴隆	Chlorbromuron			不得检出	GB/T 19650
471	杀虫脒	Chlordimeform			不得检出	GB/T 19650
472	氯氧磷	Chlorethoxyfos			不得检出	GB/T 19650
473	溴虫腈	Chlorfenapyr			不得检出	GB/T 19650
474	杀螨醇	Chlorfenethol			不得检出	GB/T 19650
475	燕麦酯	Chlorfenprop – methyl			不得检出	GB/T 19650
476	氟啶脲	Chlorfluazuron			不得检出	SN/T 2540
477	整形醇	Chlorflurenol			不得检出	GB/T 19650
478	氯地孕酮	Chlormadinone			不得检出	SN/T 1980
479	醋酸氯地孕酮	Chlormadinone acetate			不得检出	GB/T 20753
480	氯甲硫磷	Chlormephos			不得检出	GB/T 19650
481	氯苯甲醚	Chloroneb			不得检出	GB/T 19650
482	丙酯杀螨醇	Chloropropylate			不得检出	GB/T 19650
483	氯丙嗪	Chlorpromazine			不得检出	GB/T 20763
484	毒死蜱	Chlorpyrifos			不得检出	GB/T 19650
485	氯硫磷	Chlorthion			不得检出	GB/T 19650
486	虫螨磷	Chlorthiophos			不得检出	GB/T 19650
487	乙菌利	Chlozolinate			不得检出	GB/T 19650
488	顺式 – 氯丹	cis – Chlordane			不得检出	GB/T 19650
489	顺式 – 燕麦敌	cis – Diallate			不得检出	GB/T 19650
490	顺式 – 氯菊酯	cis – Permethrin			不得检出	GB/T 19650
491	克仑特罗	Clenbuterol			不得检出	GB/T 22286
492	异噁草酮	Clomazone			不得检出	GB/T 20772
493	氯甲酰草胺	Clomeprop			不得检出	GB/T 19650

序号	农兽药中文名	农兽药英文名	欧盟标准限量要求 mg/kg	国家标准限量要求 mg/kg	三安超有机食品标准 限量要求 mg/kg	检测方法
494	氯羟吡啶	Clopidol			不得检出	GB 29700
495	解草酯	Cloquintocet – mexyl			不得检出	GB/T 19650
496	蝇毒磷	Coumaphos			不得检出	GB/T 19650
497	鼠立死	Crimidine			不得检出	GB/T 19650
498	巴毒磷	Crotxyphos			不得检出	GB/T 19650
499	育畜磷	Crufomate			不得检出	GB/T 19650
500	苯腈磷	Cyanofenphos			不得检出	GB/T 19650
501	杀螟腈	Cyanophos			不得检出	GB/T 20772
502	环草敌	Cycloate			不得检出	GB/T 20772
503	环莠隆	Cycluron			不得检出	GB/T 20772
504	环丙津	Cyprazine			不得检出	GB/T 20772
505	敌草索	Dacthal			不得检出	GB/T 19650
506	癸氧喹酯	Decoquinate			不得检出	SN/T 2444
507	脱叶磷	DEF			不得检出	GB/T 19650
508	2,2′,4,5,5′–五氯联苯	DE – PCB 101			不得检出	GB/T 19650
509	2,3,4,4′,5–五氯联苯	DE – PCB 118			不得检出	GB/T 19650
510	2,2′,3,4,4′,5–六氯联苯	DE – PCB 138			不得检出	GB/T 19650
511	2,2′,4,4′,5,5′–六氯联苯	DE – PCB 153			不得检出	GB/T 19650
512	2,2′,3,4,4′,5,5′–七氯联苯	DE – PCB 180			不得检出	GB/T 19650
513	2,4,4′–三氯联苯	DE – PCB 28			不得检出	GB/T 19650
514	2,4,5–三氯联苯	DE – PCB 31			不得检出	GB/T 19650
515	2,2′,5,5′–四氯联苯	DE – PCB 52			不得检出	GB/T 19650
516	脱溴溴苯磷	Desbrom – leptophos			不得检出	GB/T 19650
517	脱乙基另丁津	Desethyl – sebuthylazine			不得检出	GB/T 19650
518	敌草净	Desmetryn			不得检出	GB/T 19650
519	氯亚胺硫磷	Dialifos			不得检出	GB/T 19650
520	敌菌净	Diaveridine			不得检出	SN/T 1926
521	驱虫特	Dibutyl succinate			不得检出	GB/T 20772
522	异氯磷	Dicapthon			不得检出	GB/T 20772
523	除线磷	Dichlofenthion			不得检出	GB/T 20772
524	苯氟磺胺	Dichlofluanid			不得检出	GB/T 19650
525	烯丙酰草胺	Dichlormid			不得检出	GB/T 19650
526	敌敌畏	Dichlorvos			不得检出	GB/T 20772
527	苄氯三唑醇	Diclobutrazole			不得检出	GB/T 20772
528	禾草灵	Diclofop – methyl			不得检出	GB/T 19650
529	己烯雌酚	Diethylstilbestrol			不得检出	GB/T 20766
530	二氢链霉素	Dihydro – streptomycin			不得检出	GB/T 22969
531	甲氟磷	Dimefox			不得检出	GB/T 19650

序号	农兽药中文名	农兽药英文名	欧盟标准限量要求 mg/kg	国家标准限量要求 mg/kg	三安超有机食品标准	
					限量要求 mg/kg	检测方法
532	哌草丹	Dimepiperate			不得检出	GB/T 19650
533	异戊乙净	Dimethametryn			不得检出	GB/T 19650
534	二甲酚草胺	Dimethenamid			不得检出	GB/T 19650
535	乐果	Dimethoate			不得检出	GB/T 20772
536	甲基毒虫畏	Dimethylvinphos			不得检出	GB/T 19650
537	地美硝唑	Dimetridazole			不得检出	GB/T 21318
538	二硝托安	Dinitolmide			不得检出	SN/T 2453
539	氨氟灵	Dinitramine			不得检出	GB/T 19650
540	消螨通	Dinobuton			不得检出	GB/T 19650
541	呋虫胺	Dinotefuran			不得检出	GB/T 20772
542	苯虫醚 - 1	Diofenolan - 1			不得检出	GB/T 19650
543	苯虫醚 - 2	Diofenolan - 2			不得检出	GB/T 19650
544	蔬果磷	Dioxabenzofos			不得检出	GB/T 19650
545	双苯酰草胺	Diphenamid			不得检出	GB/T 19650
546	二苯胺	Diphenylamine			不得检出	GB/T 19650
547	异丙净	Dipropetryn			不得检出	GB/T 19650
548	灭菌磷	Ditalimfos			不得检出	GB/T 19650
549	氟硫草定	Dithiopyr			不得检出	GB/T 19650
550	强力霉素	Doxycycline			不得检出	GB/T 20764
551	敌瘟磷	Edifenphos			不得检出	GB/T 19650
552	硫丹硫酸盐	Endosulfan - sulfate			不得检出	GB/T 19650
553	异狄氏剂酮	Endrin ketone			不得检出	GB/T 19650
554	苯硫磷	EPN			不得检出	GB/T 19650
555	埃普利诺菌素	Eprinomectin			不得检出	GB/T 21320
556	抑草蓬	Erbon			不得检出	GB/T 19650
557	S - 氰戊菊酯	Esfenvalerate			不得检出	GB/T 19650
558	戊草丹	Esprocarb			不得检出	GB/T 19650
559	乙环唑 - 1	Etaconazole - 1			不得检出	GB/T 19650
560	乙环唑 - 2	Etaconazole - 2			不得检出	GB/T 19650
561	乙嘧硫磷	Etrimfos			不得检出	GB/T 19650
562	氧乙嘧硫磷	Etrimfos oxon			不得检出	GB/T 19650
563	伐灭磷	Famphur			不得检出	GB/T 19650
564	苯线磷亚砜	Fenamiphos sulfoxide			不得检出	GB/T 19650
565	苯线磷砜	Fenamiphos - sulfone			不得检出	GB/T 19650
566	氧皮蝇磷	Fenchlorphos oxon			不得检出	GB/T 19650
567	甲呋酰胺	Fenfuram			不得检出	GB/T 19650
568	仲丁威	Fenobucarb			不得检出	GB/T 19650
569	苯硫威	Fenothiocarb			不得检出	GB/T 19650
570	稻瘟酰胺	Fenoxanil			不得检出	GB/T 19650

序号	农兽药中文名	农兽药英文名	欧盟标准限量要求 mg/kg	国家标准限量要求 mg/kg	三安超有机食品标准 限量要求 mg/kg	检测方法
571	拌种咯	Fenpiclonil			不得检出	GB/T 19650
572	甲氰菊酯	Fenpropathrin			不得检出	GB/T 19650
573	芬螨酯	Fenson			不得检出	GB/T 19650
574	丰索磷	Fensulfothion			不得检出	GB/T 19650
575	倍硫磷亚砜	Fenthion sulfoxide			不得检出	GB/T 19650
576	麦草氟异丙酯	Flamprop – isopropyl			不得检出	GB/T 19650
577	麦草氟甲酯	Flamprop – methyl			不得检出	GB/T 19650
578	吡氟禾草灵	Fluazifop – butyl			不得检出	GB/T 19650
579	啶蜱脲	Fluazuron			不得检出	SN/T 2540
580	氟苯咪唑	Flubendazole			不得检出	GB/T 21324
581	氟噻草胺	Flufenacet			不得检出	GB/T 19650
582	氟节胺	Flumetralin			不得检出	GB/T 19650
583	唑嘧磺草胺	Flumetsulam			不得检出	GB/T 20772
584	氟烯草酸	Flumiclorac			不得检出	GB/T 19650
585	丙炔氟草胺	Flumioxazin			不得检出	GB/T 19650
586	三氟硝草醚	Fluorodifen			不得检出	GB/T 19650
587	乙羧氟草醚	Fluoroglycofen – ethyl			不得检出	GB/T 19650
588	三氟苯唑	Fluotrimazole			不得检出	GB/T 19650
589	氟啶草酮	Fluridone			不得检出	GB/T 19650
590	氟草烟 – 1 – 甲庚酯	Fluroxypr – 1 – methylheptyl ester			不得检出	GB/T 19650
591	呋草酮	Flurtamone			不得检出	GB/T 19650
592	地虫硫磷	Fonofos			不得检出	GB/T 19650
593	安果	Formothion			不得检出	GB/T 19650
594	呋霜灵	Furalaxyl			不得检出	GB/T 19650
595	庆大霉素	Gentamicin			不得检出	GB/T 21323
596	苄螨醚	Halfenprox			不得检出	GB/T 19650
597	氟哌啶醇	Haloperidol			不得检出	GB/T 20763
598	庚烯磷	Heptanophos			不得检出	GB/T 19650
599	己唑醇	Hexaconazole			不得检出	GB/T 19650
600	环嗪酮	Hexazinone			不得检出	GB/T 19650
601	咪草酸	Imazamethabenz – methyl			不得检出	GB/T 19650
602	脱苯甲基亚胺唑	Imibenconazole – des – benzyl			不得检出	GB/T 19650
603	炔咪菊酯 – 1	Imiprothrin – 1			不得检出	GB/T 19650
604	炔咪菊酯 – 2	Imiprothrin – 2			不得检出	GB/T 19650
605	碘硫磷	Iodofenphos			不得检出	GB/T 19650
606	甲基碘磺隆	Iodosulfuron – methyl			不得检出	GB/T 20772
607	异稻瘟净	Iprobenfos			不得检出	GB/T 19650
608	氯唑磷	Isazofos			不得检出	GB/T 19650

序号	农兽药中文名	农兽药英文名	欧盟标准限量要求 mg/kg	国家标准限量要求 mg/kg	三安超有机食品标准 限量要求 mg/kg	检测方法
609	碳氯灵	Isobenzan			不得检出	GB/T 19650
610	丁咪酰胺	Isocarbamid			不得检出	GB/T 19650
611	水胺硫磷	Isocarbophos			不得检出	GB/T 19650
612	异艾氏剂	Isodrin			不得检出	GB/T 19650
613	异柳磷	Isofenphos			不得检出	GB/T 19650
614	氧异柳磷	Isofenphos oxon			不得检出	GB/T 19650
615	氮氨菲啶	Isometamidium			不得检出	SN/T 2239
616	丁嗪草酮	Isomethiozin			不得检出	GB/T 19650
617	异丙威 – 1	Isoprocarb – 1			不得检出	GB/T 19650
618	异丙威 – 2	Isoprocarb – 2			不得检出	GB/T 19650
619	异丙乐灵	Isopropalin			不得检出	GB/T 19650
620	双苯噁唑酸	Isoxadifen – ethyl			不得检出	GB/T 19650
621	异噁氟草	Isoxaflutole			不得检出	GB/T 20772
622	噁唑啉	Isoxathion			不得检出	GB/T 19650
623	交沙霉素	Josamycin			不得检出	GB/T 20762
624	拉沙里菌素	Lasalocid			不得检出	SN 0501
625	溴苯磷	Leptophos			不得检出	GB/T 19650
626	左旋咪唑	Levamisole			不得检出	SN 0349
627	利谷隆	Linuron			不得检出	GB/T 19650
628	麻保沙星	Marbofloxacin			不得检出	GB/T 22985
629	2 – 甲 – 4 – 氯丁氧乙基酯	MCPA – butoxyethyl ester			不得检出	GB/T 19650
630	灭蚜磷	Mecarbam			不得检出	GB/T 19650
631	二甲四氯丙酸	Mecoprop			不得检出	SN/T 2325
632	苯噻酰草胺	Mefenacet			不得检出	GB/T 19650
633	吡唑解草酯	Mefenpyr – diethyl			不得检出	GB/T 19650
634	醋酸甲地孕酮	Megestrol acetate			不得检出	GB/T 20753
635	醋酸美仑孕酮	Melengestrol acetate			不得检出	GB/T 20753
636	嘧菌胺	Mepanipyrim			不得检出	GB/T 19650
637	地胺磷	Mephosfolan			不得检出	GB/T 19650
638	灭锈胺	Mepronil			不得检出	GB/T 19650
639	硝磺草酮	Mesotrione			不得检出	参照同类标准
640	呋菌胺	Methfuroxam			不得检出	GB/T 19650
641	灭梭威砜	Methiocarb sulfone			不得检出	GB/T 19650
642	异丙甲草胺和 S – 异丙甲草胺	Metolachlor and S – metolachlor			不得检出	GB/T 19650
643	盖草津	Methoprotryne			不得检出	GB/T 19650
644	甲醚菊酯 – 1	Methothrin – 1			不得检出	GB/T 19650
645	甲醚菊酯 – 2	Methothrin – 2			不得检出	GB/T 19650
646	甲基泼尼松龙	Methylprednisolone			不得检出	GB/T 21981

序号	农兽药中文名	农兽药英文名	欧盟标准限量要求 mg/kg	国家标准限量要求 mg/kg	三安超有机食品标准	
					限量要求 mg/kg	检测方法
647	溴谷隆	Metobromuron			不得检出	GB/T 19650
648	甲氧氯普胺	Metoclopramide			不得检出	SN/T 2227
649	苯氧菌胺 - 1	Metominsstrobin - 1			不得检出	GB/T 19650
650	苯氧菌胺 - 2	Metominsstrobin - 2			不得检出	GB/T 19650
651	甲硝唑	Metronidazole			不得检出	GB/T 21318
652	速灭磷	Mevinphos			不得检出	GB/T 19650
653	兹克威	Mexacarbate			不得检出	GB/T 19650
654	灭蚁灵	Mirex			不得检出	GB/T 19650
655	禾草敌	Molinate			不得检出	GB/T 19650
656	庚酰草胺	Monalide			不得检出	GB/T 19650
657	莫能菌素	Monensin			不得检出	SN 0698
658	合成麝香	Musk ambrecte			不得检出	GB/T 19650
659	麝香	Musk moskene			不得检出	GB/T 19650
660	西藏麝香	Musk tibeten			不得检出	GB/T 19650
661	二甲苯麝香	Musk xylene			不得检出	GB/T 19650
662	萘夫西林	Nafcillin			不得检出	GB/T 22975
663	二溴磷	Naled			不得检出	SN/T 0706
664	萘丙胺	Naproanilide			不得检出	GB/T 19650
665	甲基盐霉素	Narasin			不得检出	GB/T 20364
666	甲磺乐灵	Nitralin			不得检出	GB/T 19650
667	三氯甲基吡啶	Nitrapyrin			不得检出	GB/T 19650
668	酞菌酯	Nitrothal - isopropyl			不得检出	GB/T 19650
669	诺氟沙星	Norfloxacin			不得检出	GB/T 20366
670	氟草敏	Norflurazon			不得检出	GB/T 19650
671	新生霉素	Novobiocin			不得检出	SN 0674
672	氟苯嘧啶醇	Nuarimol			不得检出	GB/T 19650
673	八氯苯乙烯	Octachlorostyrene			不得检出	GB/T 19650
674	氧氟沙星	Ofloxacin			不得检出	GB/T 20366
675	喹乙醇	Olaquindox			不得检出	GB/T 20746
676	竹桃霉素	Oleandomycin			不得检出	GB/T 20762
677	氧乐果	Omethoate			不得检出	GB/T 19650
678	奥比沙星	Orbifloxacin			不得检出	GB/T 22985
679	杀线威	Oxamyl			不得检出	GB/T 20772
680	奥芬达唑	Oxfendazole			不得检出	GB/T 22972
681	丙氧苯咪唑	Oxibendazole			不得检出	GB/T 20772
682	氧化氯丹	Oxy - chlordane			不得检出	GB/T 19650
683	对氧磷	Paraoxon			不得检出	GB/T 19650
684	甲基对氧磷	Paraoxon - methyl			不得检出	GB/T 19650
685	克草敌	Pebulate			不得检出	GB/T 19650

序号	农兽药中文名	农兽药英文名	欧盟标准限量要求 mg/kg	国家标准限量要求 mg/kg	三安超有机食品标准 限量要求 mg/kg	检测方法
686	五氯苯胺	Pentachloroaniline			不得检出	GB/T 19650
687	五氯甲氧基苯	Pentachloroanisole			不得检出	GB/T 19650
688	五氯苯	Pentachlorobenzene			不得检出	GB/T 19650
689	氯菊酯	Permethrin			不得检出	GB/T 19650
690	乙滴涕	Perthane			不得检出	GB/T 19650
691	菲	Phenanthrene			不得检出	GB/T 19650
692	稻丰散	Phenthoate			不得检出	GB/T 19650
693	甲拌磷砜	Phorate sulfone			不得检出	GB/T 19650
694	磷胺-1	Phosphamidon-1			不得检出	GB/T 19650
695	磷胺-2	Phosphamidon-2			不得检出	GB/T 19650
696	酞酸苯甲基丁酯	Phthalic acid, benzylbutyl ester			不得检出	GB/T 19650
697	四氯苯肽	Phthalide			不得检出	GB/T 19650
698	邻苯二甲酰亚胺	Phthalimide			不得检出	GB/T 19650
699	氟吡酰草胺	Picolinafen			不得检出	GB/T 19650
700	增效醚	Piperonyl butoxide			不得检出	GB/T 19650
701	哌草磷	Piperophos			不得检出	GB/T 19650
702	乙基虫螨清	Pirimiphos-ethyl			不得检出	GB/T 19650
703	吡利霉素	Pirlimycin			不得检出	GB/T 22988
704	炔丙菊酯	Prallethrin			不得检出	GB/T 19650
705	丙草胺	Pretilachlor			不得检出	GB/T 21981
706	环丙氟灵	Profluralin			不得检出	GB/T 19650
707	茉莉酮	Prohydrojasmon			不得检出	GB/T 19650
708	扑灭通	Prometon			不得检出	GB/T 19650
709	扑草净	Prometryne			不得检出	GB/T 19650
710	炔丙烯草胺	Pronamide			不得检出	GB/T 19650
711	敌稗	Propanil			不得检出	GB/T 19650
712	扑灭津	Propazine			不得检出	GB/T 19650
713	胺丙畏	Propetamphos			不得检出	GB/T 19650
714	丙酰二甲氨基丙吩噻嗪	Propionylpromazin			不得检出	GB/T 20763
715	丙硫磷	Prothiophos			不得检出	GB/T 19650
716	哒嗪硫磷	Ptridaphenthion			不得检出	GB/T 19650
717	吡唑硫磷	Pyraclofos			不得检出	GB/T 19650
718	吡草醚	Pyraflufen-ethyl			不得检出	GB/T 19650
719	啶斑肟-1	Pyrifenox-1			不得检出	GB/T 19650
720	啶斑肟-2	Pyrifenox-2			不得检出	GB/T 19650
721	环酯草醚	Pyriftalid			不得检出	GB/T 19650
722	嘧螨醚	Pyrimidifen			不得检出	GB/T 19650
723	嘧草醚	Pyriminobac-methyl			不得检出	GB/T 19650
724	嘧啶磷	Pyrimitate			不得检出	GB/T 19650

序号	农兽药中文名	农兽药英文名	欧盟标准限量要求 mg/kg	国家标准限量要求 mg/kg	三安超有机食品标准	
					限量要求 mg/kg	检测方法
725	喹硫磷	Quinalphos			不得检出	GB/T 19650
726	灭藻醌	Quinoclamine			不得检出	GB/T 19650
727	吡咪唑	Rabenzazole			不得检出	GB/T 19650
728	莱克多巴胺	Ractopamine			不得检出	GB/T 21313
729	洛硝达唑	Ronidazole			不得检出	GB/T 21318
730	皮蝇磷	Ronnel			不得检出	GB/T 19650
731	盐霉素	Salinomycin			不得检出	GB/T 20364
732	沙拉沙星	Sarafloxacin			不得检出	GB/T 20366
733	另丁津	Sebutylazine			不得检出	GB/T 19650
734	密草通	Secbumeton			不得检出	GB/T 19650
735	氨基脲	Semduramicinduramicin			不得检出	GB/T 20752
736	烯禾啶	Sethoxydim			不得检出	GB/T 19650
737	氟硅菊酯	Silafluofen			不得检出	GB/T 19650
738	硅氟唑	Simeconazole			不得检出	GB/T 19650
739	西玛通	Simetone			不得检出	GB/T 19650
740	西草净	Simetryn			不得检出	GB/T 19650
741	螺旋霉素	Spiramycin			不得检出	GB/T 20762
742	链霉素	Streptomycin			不得检出	GB/T 21323
743	磺胺苯酰	Sulfabenzamide			不得检出	GB/T 21316
744	磺胺醋酰	Sulfacetamide			不得检出	GB/T 21316
745	磺胺氯哒嗪	Sulfachloropyridazine			不得检出	GB/T 21316
746	磺胺嘧啶	Sulfadiazine			不得检出	GB/T 21316
747	磺胺间二甲氧嘧啶	Sulfadimethoxine			不得检出	GB/T 21316
748	磺胺二甲嘧啶	Sulfadimidine			不得检出	GB/T 21316
749	磺胺多辛	Sulfadoxine			不得检出	GB/T 21316
750	磺胺脒	Sulfaguanidine			不得检出	GB/T 21316
751	菜草畏	Sulfallate			不得检出	GB/T 19650
752	磺胺甲嘧啶	Sulfamerazine			不得检出	GB/T 21316
753	新诺明	Sulfamethoxazole			不得检出	GB/T 21316
754	磺胺间甲氧嘧啶	Sulfamonomethoxine			不得检出	GB/T 21316
755	乙酰磺胺对硝基苯	Sulfanitran			不得检出	GB/T 20772
756	磺胺吡啶	Sulfapyridine			不得检出	GB/T 21316
757	磺胺喹沙啉	Sulfaquinoxaline			不得检出	GB/T 21316
758	磺胺噻唑	Sulfathiazole			不得检出	GB/T 21316
759	治螟磷	Sulfotep			不得检出	GB/T 19650
760	硫丙磷	Sulprofos			不得检出	GB/T 19650
761	苯噻硫氰	TCMTB			不得检出	GB/T 19650
762	丁基嘧啶磷	Tebupirimfos			不得检出	GB/T 19650
763	牧草胺	Tebutam			不得检出	GB/T 19650

序号	农兽药中文名	农兽药英文名	欧盟标准限量要求 mg/kg	国家标准限量要求 mg/kg	三安超有机食品标准	
					限量要求 mg/kg	检测方法
764	丁噻隆	Tebuthiuron			不得检出	GB/T 20772
765	双硫磷	Temephos			不得检出	GB/T 20772
766	特草灵	Terbucarb			不得检出	GB/T 19650
767	特丁通	Terbumeron			不得检出	GB/T 19650
768	特丁净	Terbutryn			不得检出	GB/T 19650
769	四氢邻苯二甲酰亚胺	Tetrabydrophthalimide			不得检出	GB/T 19650
770	杀虫畏	Tetrachlorvinphos			不得检出	GB/T 19650
771	胺菊酯	Tetramethirn			不得检出	GB/T 19650
772	杀螨氯硫	Tetrasul			不得检出	GB/T 19650
773	噻吩草胺	Thenylchlor			不得检出	GB/T 19650
774	噻菌灵	Thiabendazole			不得检出	GB/T 20772
775	噻唑烟酸	Thiazopyr			不得检出	GB/T 19650
776	噻苯隆	Thidiazuron			不得检出	GB/T 20772
777	噻吩磺隆	Thifensulfuron – methyl			不得检出	GB/T 20772
778	甲基乙拌磷	Thiometon			不得检出	GB/T 20772
779	虫线磷	Thionazin			不得检出	GB/T 19650
780	硫普罗宁	Tiopronin			不得检出	SN/T 2225
781	三甲苯草酮	Tralkoxydim			不得检出	GB/T 19650
782	四溴菊酯	Tralomethrin			不得检出	SN/T 2320
783	反式－氯丹	*trans* – Chlordane			不得检出	GB/T 19650
784	反式－燕麦敌	*trans* – Diallate			不得检出	GB/T 19650
785	四氟苯菊酯	Transfluthrin			不得检出	GB/T 19650
786	反式九氯	*trans* – Nonachlor			不得检出	GB/T 19650
787	反式－氯菊酯	*trans* – Permethrin			不得检出	GB/T 19650
788	群勃龙	Trenbolone			不得检出	GB/T 21981
789	威菌磷	Triamiphos			不得检出	GB/T 19650
790	毒壤磷	Trichloronatee			不得检出	GB/T 19650
791	灭草环	Tridiphane			不得检出	GB/T 19650
792	草达津	Trietazine			不得检出	GB/T 19650
793	三异丁基磷酸盐	Tri – *iso* – butyl phosphate			不得检出	GB/T 19650
794	三正丁基磷酸盐	Tri – *n* – butyl phosphate			不得检出	GB/T 19650
795	三苯基磷酸盐	Triphenyl phosphate			不得检出	GB/T 19650
796	烯效唑	Uniconazole			不得检出	GB/T 19650
797	灭草敌	Vernolate			不得检出	GB/T 19650
798	维吉尼霉素	Virginiamycin			不得检出	GB/T 20765
799	杀鼠灵	War farin			不得检出	GB/T 20772
800	甲苯噻嗪	Xylazine			不得检出	GB/T 20763
801	右环十四酮酚	Zeranol			不得检出	GB/T 21982
802	苯酰菌胺	Zoxamide			不得检出	GB/T 19650

7.5 骡可食用下水 Mules Edible Offal

序号	农兽药中文名	农兽药英文名	欧盟标准限量要求 mg/kg	国家标准限量要求 mg/kg	三安超有机食品标准 限量要求 mg/kg	检测方法
1	1,1-二氯-2,2-二(4-乙苯)乙烷	1,1-Dichloro-2,2-bis(4-ethylphenyl)ethane	0.01		不得检出	日本肯定列表（增补本1）
2	1,2-二氯乙烷	1,2-Dichloroethane	0.1		不得检出	SN/T 2238
3	1,3-二氯丙烯	1,3-Dichloropropene	0.01		不得检出	SN/T 2238
4	1-萘乙酸	1-Naphthylacetic acid	0.05		不得检出	SN/T 2228
5	2,4-滴丁酸	2,4-DB	0.05		不得检出	GB/T 20769
6	2,4-滴	2,4-D	0.05		不得检出	GB/T 20772
7	2-苯酚	2-Phenylphenol	0.05		不得检出	GB/T 19650
8	阿维菌素	Abamectin	0.02		不得检出	SN/T 2661
9	乙酰甲胺磷	Acephate	0.02		不得检出	GB/T 20772
10	灭螨醌	Acequinocyl	0.01		不得检出	参照同类标准
11	啶虫脒	Acetamiprid	0.05		不得检出	GB/T 20772
12	乙草胺	Acetochlor	0.01		不得检出	GB/T 19650
13	苯并噻二唑	Acibenzolar-S-methyl	0.02		不得检出	GB/T 20772
14	苯草醚	Aclonifen	0.02		不得检出	GB/T 20772
15	氟丙菊酯	Acrinathrin	0.05		不得检出	GB/T 19648
16	甲草胺	Alachlor	0.01		不得检出	GB/T 20772
17	涕灭威	Aldicarb	0.01		不得检出	GB/T 20772
18	艾氏剂和狄氏剂	Aldrin and dieldrin	0.2		不得检出	GB/T 19650
19	一	Ametoctradin	0.03		不得检出	参照同类标准
20	酰嘧磺隆	Amidosulfuron	0.02		不得检出	参照同类标准
21	氯氨吡啶酸	Aminopyralid	0.01		不得检出	GB/T 23211
22	一	Amisulbrom	0.01		不得检出	参照同类标准
23	敌菌灵	Anilazine	0.01		不得检出	GB/T 20769
24	杀螨特	Aramite	0.01		不得检出	GB/T 19650
25	磺草灵	Asulam	0.1		不得检出	日本肯定列表（增补本1）
26	印楝素	Azadirachtin	0.01		不得检出	SN/T 3264
27	益棉磷	Azinphos-ethyl	0.01		不得检出	GB/T 19650
28	保棉磷	Azinphos-methyl	0.01		不得检出	GB/T 20772
29	三唑锡和三环锡	Azocyclotin and cyhexatin	0.05		不得检出	SN/T 1990
30	嘧菌酯	Azoxystrobin	0.07		不得检出	GB/T 20772
31	燕麦灵	Barban	0.05		不得检出	参照同类标准
32	氟丁酰草胺	Beflubutamid	0.05		不得检出	参照同类标准
33	苯霜灵	Benalaxyl	0.05		不得检出	GB/T 20772
34	丙硫克百威	Benfuracarb	0.02		不得检出	GB/T 20772
35	联苯肼酯	Bifenazate	0.01		不得检出	GB/T 20772

序号	农兽药中文名	农兽药英文名	欧盟标准限量要求 mg/kg	国家标准限量要求 mg/kg	三安超有机食品标准	
					限量要求 mg/kg	检测方法
36	甲羧除草醚	Bifenox	0.05		不得检出	GB/T 23210
37	联苯菊酯	Bifenthrin	0.2		不得检出	GB/T 19650
38	乐杀螨	Binapacryl	0.01		不得检出	SN 0523
39	联苯	Biphenyl	0.01		不得检出	GB/T 19650
40	联苯三唑醇	Bitertanol	0.05		不得检出	GB/T 20772
41	—	Bixafen	0.02		不得检出	参照同类标准
42	啶酰菌胺	Boscalid	0.3		不得检出	GB/T 20772
43	溴离子	Bromide ion	0.05		不得检出	GB/T 5009.167
44	溴螨酯	Bromopropylate	0.01		不得检出	GB/T 19650
45	溴苯腈	Bromoxynil	0.2		不得检出	GB/T 20772
46	糠菌唑	Bromuconazole	0.05		不得检出	GB/T 19650
47	乙嘧酚磺酸酯	Bupirimate	0.05		不得检出	GB/T 19650
48	噻嗪酮	Buprofezin	0.05		不得检出	GB/T 20772
49	仲丁灵	Butralin	0.02		不得检出	GB/T 19650
50	丁草敌	Butylate	0.01		不得检出	GB/T 19650
51	硫线磷	Cadusafos	0.01		不得检出	GB/T 19650
52	毒杀芬	Camphechlor	0.05		不得检出	YC/T 180
53	敌菌丹	Captafol	0.01		不得检出	GB/T 23210
54	克菌丹	Captan	0.02		不得检出	GB/T 19648
55	甲萘威	Carbaryl	0.05		不得检出	GB/T 20796
56	多菌灵和苯菌灵	Carbendazim and benomyl	0.05		不得检出	GB/T 20772
57	长杀草	Carbetamide	0.05		不得检出	GB/T 20772
58	克百威	Carbofuran	0.01		不得检出	GB/T 20772
59	丁硫克百威	Carbosulfan	0.05		不得检出	GB/T 19650
60	萎锈灵	Carboxin	0.05		不得检出	GB/T 20772
61	氯虫苯甲酰胺	Chlorantraniliprole	0.2		不得检出	参照同类标准
62	杀螨醚	Chlorbenside	0.05		不得检出	GB/T 19650
63	氯炔灵	Chlorbufam	0.05		不得检出	GB/T 20772
64	氯丹	Chlordane	0.05		不得检出	GB/T 5009.19
65	十氯酮	Chlordecone	0.1		不得检出	参照同类标准
66	杀螨酯	Chlorfenson	0.05		不得检出	GB/T 19650
67	毒虫畏	Chlorfenvinphos	0.01		不得检出	GB/T 19650
68	氯草敏	Chloridazon	0.1		不得检出	GB/T 20772
69	矮壮素	Chlormequat	0.05		不得检出	GB/T 23211
70	乙酯杀螨醇	Chlorobenzilate	0.1		不得检出	GB/T 23210
71	百菌清	Chlorothalonil	0.2		不得检出	SN/T 2320
72	绿麦隆	Chlortoluron	0.05		不得检出	GB/T 20772
73	枯草隆	Chloroxuron	0.05		不得检出	SN/T 2150
74	氯苯胺灵	Chlorpropham	0.05		不得检出	GB/T 19650

序号	农兽药中文名	农兽药英文名	欧盟标准限量要求 mg/kg	国家标准限量要求 mg/kg	三安超有机食品标准	
					限量要求 mg/kg	检测方法
75	甲基毒死蜱	Chlorpyrifos – methyl	0.05		不得检出	GB/T 19650
76	氯磺隆	Chlorsulfuron	0.01		不得检出	GB/T 20772
77	氯酞酸甲酯	Chlorthaldimethyl	0.01		不得检出	GB/T 19650
78	氯硫酰草胺	Chlorthiamid	0.02		不得检出	GB/T 20772
79	烯草酮	Clethodim	0.2		不得检出	GB/T 19650
80	炔草酯	Clodinafop – propargyl	0.02		不得检出	GB/T 19650
81	四螨嗪	Clofentezine	0.05		不得检出	GB/T 20772
82	二氯吡啶酸	Clopyralid	0.05		不得检出	SN/T 2228
83	噻虫胺	Clothianidin	0.02		不得检出	GB/T 20772
84	铜化合物	Copper compounds	30		不得检出	参照同类标准
85	环烷基酰苯胺	Cyclanilide	0.01		不得检出	参照同类标准
86	噻草酮	Cycloxydim	0.05		不得检出	GB/T 19650
87	环氟菌胺	Cyflufenamid	0.03		不得检出	GB/T 23210
88	氟氯氰菊酯和高效氟氯氰菊酯	Cyfluthrin and beta – cyfluthrin	0.05		不得检出	GB/T 19650
89	霜脲氰	Cymoxanil	0.05		不得检出	GB/T 20772
90	氯氰菊酯和高效氯氰菊酯	Cypermethrin and beta – cypermethrin	0.2		不得检出	GB/T 19650
91	环丙唑醇	Cyproconazole	0.5		不得检出	GB/T 20772
92	嘧菌环胺	Cyprodinil	0.05		不得检出	GB/T 19650
93	灭蝇胺	Cyromazine	0.05		不得检出	GB/T 20772
94	丁酰肼	Daminozide	0.05		不得检出	SN/T 1989
95	滴滴涕	DDT	1		不得检出	SN/T 0127
96	溴氰菊酯	Deltamethrin	0.5		不得检出	GB/T 19650
97	燕麦敌	Diallate	0.2		不得检出	GB/T 23211
98	二嗪磷	Diazinon	0.01		不得检出	GB/T 19650
99	麦草畏	Dicamba	0.7		不得检出	GB/T 20772
100	敌草腈	Dichlobenil	0.01		不得检出	GB/T 19650
101	滴丙酸	Dichlorprop	0.05		不得检出	SN/T 2228
102	二氯苯氧基丙酸	Diclofop	0.05		不得检出	参照同类标准
103	氯硝胺	Dicloran	0.01		不得检出	GB/T 19650
104	三氯杀螨醇	Dicofol	0.02		不得检出	GB/T 19650
105	乙霉威	Diethofencarb	0.05		不得检出	GB/T 19650
106	苯醚甲环唑	Difenoconazole	0.2		不得检出	GB/T 19650
107	除虫脲	Diflubenzuron	0.1		不得检出	SN/T 0528
108	吡氟酰草胺	Diflufenican	0.05		不得检出	GB/T 20772
109	油菜安	Dimethachlor	0.02		不得检出	GB/T 20772
110	烯酰吗啉	Dimethomorph	0.05		不得检出	GB/T 20772
111	醚菌胺	Dimoxystrobin	0.05		不得检出	SN/T 2237

序号	农兽药中文名	农兽药英文名	欧盟标准限量要求 mg/kg	国家标准限量要求 mg/kg	三安超有机食品标准 限量要求 mg/kg	三安超有机食品标准 检测方法
112	烯唑醇	Diniconazole	0.01		不得检出	GB/T 19650
113	敌螨普	Dinocap	0.05		不得检出	日本肯定列表（增补本1）
114	地乐酚	Dinoseb	0.01		不得检出	GB/T 20772
115	特乐酚	Dinoterb	0.05		不得检出	GB/T 20772
116	敌噁磷	Dioxathion	0.05		不得检出	GB/T 19650
117	敌草快	Diquat	0.05		不得检出	GB/T 5009.221
118	乙拌磷	Disulfoton	0.01		不得检出	GB/T 20772
119	二氰蒽醌	Dithianon	0.01		不得检出	GB/T 20769
120	二硫代氨基甲酸酯	Dithiocarbamates	0.05		不得检出	SN 0139
121	敌草隆	Diuron	0.05		不得检出	SN/T 0645
122	二硝甲酚	DNOC	0.05		不得检出	GB/T 20772
123	多果定	Dodine	0.2		不得检出	SN 0500
124	甲氨基阿维菌素苯甲酸盐	Emamectin benzoate	0.08		不得检出	GB/T 20769
125	硫丹	Endosulfan	0.05		不得检出	GB/T 19650
126	异狄氏剂	Endrin	0.05		不得检出	GB/T 19650
127	氟环唑	Epoxiconazole	0.02		不得检出	GB/T 20772
128	茵草敌	EPTC	0.02		不得检出	GB/T 20772
129	乙丁烯氟灵	Ethalfluralin	0.01		不得检出	GB/T 19650
130	胺苯磺隆	Ethametsulfuron	0.01		不得检出	NY/T 1616
131	乙烯利	Ethephon	0.05		不得检出	SN 0705
132	乙硫磷	Ethion	0.01		不得检出	GB/T 19650
133	乙嘧酚	Ethirimol	0.05		不得检出	GB/T 20772
134	乙氧呋草黄	Ethofumesate	0.1		不得检出	GB/T 20772
135	灭线磷	Ethoprophos	0.01		不得检出	GB/T 19650
136	乙氧喹啉	Ethoxyquin	0.05		不得检出	GB/T 20772
137	环氧乙烷	Ethylene oxide	0.02		不得检出	GB/T 23296.11
138	醚菊酯	Etofenprox	0.5		不得检出	GB/T 19650
139	乙螨唑	Etoxazole	0.01		不得检出	GB/T 19650
140	氯唑灵	Etridiazole	0.05		不得检出	GB/T 20772
141	噁唑菌酮	Famoxadone	0.05		不得检出	GB/T 20772
142	咪唑菌酮	Fenamidone	0.01		不得检出	GB/T 19650
143	苯线磷	Fenamiphos	0.01		不得检出	GB/T 19650
144	氯苯嘧啶醇	Fenarimol	0.02		不得检出	GB/T 20772
145	喹螨醚	Fenazaquin	0.01		不得检出	GB/T 19650
146	腈苯唑	Fenbuconazole	0.05		不得检出	GB/T 20772
147	苯丁锡	Fenbutatin oxide	0.05		不得检出	SN/T 3149
148	环酰菌胺	Fenhexamid	0.05		不得检出	GB/T 20772
149	杀螟硫磷	Fenitrothion	0.01		不得检出	GB/T 20772

序号	农兽药中文名	农兽药英文名	欧盟标准限量要求 mg/kg	国家标准限量要求 mg/kg	三安超有机食品标准 限量要求 mg/kg	检测方法
150	精噁唑禾草灵	Fenoxaprop – P – ethyl	0.05		不得检出	GB/T 22617
151	双氧威	Fenoxycarb	0.05		不得检出	GB/T 19650
152	苯锈啶	Fenpropidin	0.02		不得检出	GB/T 19650
153	丁苯吗啉	Fenpropimorph	0.01		不得检出	GB/T 20772
154	胺苯吡菌酮	Fenpyrazamine	0.01		不得检出	参照同类标准
155	唑螨酯	Fenpyroximate	0.01		不得检出	GB/T 19650
156	倍硫磷	Fenthion	0.05		不得检出	GB/T 20772
157	三苯锡	Fentin	0.05		不得检出	SN/T 3149
158	薯瘟锡	Fentin acetate	0.05		不得检出	参照同类标准
159	氰戊菊酯和高效氰戊菊酯(RR & SS 异构体总量)	Fenvalerate and esfenvalerate (sum of RR & SS isomers)	0.2		不得检出	GB/T 19650
160	氰戊菊酯和高效氰戊菊酯(RS & SR 异构体总量)	Fenvalerate and esfenvalerate (sum of RS & SR isomers)	0.05		不得检出	GB/T 19650
161	氟虫腈	Fipronil	0.01		不得检出	SN/T 1982
162	氟啶虫酰胺	Flonicamid	0.03		不得检出	SN/T 2796
163	精吡氟禾草灵	Fluazifop – P – butyl	0.05		不得检出	GB/T 5009.142
164	氟啶胺	Fluazinam	0.05		不得检出	SN/T 2150
165	氟苯虫酰胺	Flubendiamide	1		不得检出	SN/T 2581
166	氟环脲	Flucycloxuron	0.05		不得检出	参照同类标准
167	氟氰戊菊酯	Flucythrinate	0.05		不得检出	GB/T 23210
168	咯菌腈	Fludioxonil	0.05		不得检出	GB/T 20772
169	氟虫脲	Flufenoxuron	0.05		不得检出	SN/T 2150
170	杀螨净	Flufenzin	0.02		不得检出	参照同类标准
171	氟吡菌胺	Fluopicolide	0.01		不得检出	参照同类标准
172	—	Fluopyram	0.7		不得检出	参照同类标准
173	氟离子	Fluoride ion	1		不得检出	GB/T 5009.167
174	氟腈嘧菌酯	Fluoxastrobin	0.05		不得检出	SN/T 2237
175	氟喹唑	Fluquinconazole	0.3		不得检出	GB/T 19650
176	氟咯草酮	Fluorochloridone	0.05		不得检出	GB/T 20772
177	氟草烟	Fluroxypyr	0.05		不得检出	GB/T 20772
178	氟硅唑	Flusilazole	0.5		不得检出	GB/T 20772
179	氟酰胺	Flutolanil	0.05		不得检出	GB/T 20772
180	粉唑醇	Flutriafol	0.01		不得检出	GB/T 20772
181	—	Fluxapyroxad	0.01		不得检出	参照同类标准
182	氟磺胺草醚	Fomesafen	0.01		不得检出	GB/T 5009.130
183	氯吡脲	Forchlorfenuron	0.05		不得检出	SN/T 3643
184	伐虫脒	Formetanate	0.01		不得检出	NY/T 1453
185	三乙膦酸铝	Fosetyl – aluminium	0.5		不得检出	参照同类标准
186	麦穗宁	Fuberidazole	0.05		不得检出	GB/T 19650

序号	农兽药中文名	农兽药英文名	欧盟标准限量要求 mg/kg	国家标准限量要求 mg/kg	三安超有机食品标准 限量要求 mg/kg	检测方法
187	呋线威	Furathiocarb	0.01		不得检出	GB/T 20772
188	糠醛	Furfural	1		不得检出	参照同类标准
189	勃激素	Gibberellic acid	0.1		不得检出	GB/T 23211
190	草胺膦	Glufosinate - ammonium	0.1		不得检出	日本肯定列表
191	草甘膦	Glyphosate	0.05		不得检出	SN/T 1923
192	双胍盐	Guazatine	0.1		不得检出	参照同类标准
193	氟吡禾灵	Haloxyfop	0.1		不得检出	SN/T 2228
194	七氯	Heptachlor	0.2		不得检出	SN 0663
195	六氯苯	Hexachlorobenzene	0.2		不得检出	SN/T 0127
196	六六六（HCH），α-异构体	Hexachlorociclohexane（HCH），alpha - isomer	0.2		不得检出	SN/T 0127
197	六六六（HCH），β-异构体	Hexachlorociclohexane（HCH），beta - isomer	0.1		不得检出	SN/T 0127
198	噻螨酮	Hexythiazox	0.05		不得检出	GB/T 20772
199	噁霉灵	Hymexazol	0.05		不得检出	GB/T 20772
200	抑霉唑	Imazalil	0.05		不得检出	GB/T 20772
201	甲咪唑烟酸	Imazapic	0.01		不得检出	GB/T 20772
202	咪唑喹啉酸	Imazaquin	0.05		不得检出	GB/T 20772
203	吡虫啉	Imidacloprid	0.3		不得检出	GB/T 20772
204	茚虫威	Indoxacarb	0.05		不得检出	GB/T 20772
205	碘苯腈	Ioxynil	0.2		不得检出	GB/T 20772
206	异菌脲	Iprodione	0.05		不得检出	GB/T 19650
207	稻瘟灵	Isoprothiolane	0.01		不得检出	GB/T 20772
208	异丙隆	Isoproturon	0.05		不得检出	GB/T 20772
209	—	Isopyrazam	0.01		不得检出	参照同类标准
210	异噁酰草胺	Isoxaben	0.01		不得检出	GB/T 20772
211	醚菌酯	Kresoxim - methyl	0.02		不得检出	GB/T 20772
212	乳氟禾草灵	Lactofen	0.01		不得检出	GB/T 19650
213	高效氯氟氰菊酯	Lambda - cyhalothrin	0.5		不得检出	GB/T 23210
214	环草定	Lenacil	0.1		不得检出	GB/T 19650
215	林丹	Lindane	0.02	0.01	不得检出	NY/T 761
216	虱螨脲	Lufenuron	0.02		不得检出	SN/T 2540
217	马拉硫磷	Malathion	0.02		不得检出	GB/T 19650
218	抑芽丹	Maleic hydrazide	0.02		不得检出	GB/T 23211
219	双炔酰菌胺	Mandipropamid	0.02		不得检出	参照同类标准
220	二甲四氯和二甲四氯丁酸	MCPA and MCPB	0.5		不得检出	SN/T 2228
221	壮棉素	Mepiquat chloride	0.2		不得检出	GB/T 23211
222	—	Meptyldinocap	0.05		不得检出	参照同类标准
223	汞化合物	Mercury compounds	0.01		不得检出	参照同类标准

序号	农兽药中文名	农兽药英文名	欧盟标准限量要求 mg/kg	国家标准限量要求 mg/kg	三安超有机食品标准	
					限量要求 mg/kg	检测方法
224	氰氟虫腙	Metaflumizone	0.02		不得检出	SN/T 3852
225	甲霜灵和精甲霜灵	Metalaxyl and metalaxyl – M	0.05		不得检出	GB/T 20772
226	四聚乙醛	Metaldehyde	0.05		不得检出	SN/T 1787
227	苯嗪草酮	Metamitron	0.05		不得检出	GB/T 19650
228	吡唑草胺	Metazachlor	0.05		不得检出	GB/T 19650
229	叶菌唑	Metconazole	0.01		不得检出	GB/T 20772
230	甲基苯噻隆	Methabenzthiazuron	0.05		不得检出	GB/T 19650
231	虫螨畏	Methacrifos	0.01		不得检出	GB/T 20772
232	甲胺磷	Methamidophos	0.01		不得检出	GB/T 20772
233	杀扑磷	Methidathion	0.02		不得检出	GB/T 20772
234	甲硫威	Methiocarb	0.05		不得检出	GB/T 20770
235	灭多威和硫双威	Methomyl and thiodicarb	0.02		不得检出	GB/T 20772
236	烯虫酯	Methoprene	0.05		不得检出	GB/T 19650
237	甲氧滴滴涕	Methoxychlor	0.01		不得检出	SN/T 0529
238	甲氧虫酰肼	Methoxyfenozide	0.1		不得检出	GB/T 20772
239	磺草唑胺	Metosulam	0.01		不得检出	GB/T 20772
240	苯菌酮	Metrafenone	0.05		不得检出	参照同类标准
241	嗪草酮	Metribuzin	0.1		不得检出	GB/T 19650
242	绿谷隆	Monolinuron	0.05		不得检出	GB/T 20772
243	灭草隆	Monuron	0.01		不得检出	GB/T 20772
244	腈菌唑	Myclobutanil	0.01		不得检出	GB/T 20772
245	1 – 萘乙酰胺	1 – Naphthylacetamide	0.05		不得检出	GB/T 23205
246	敌草胺	Napropamide	0.01		不得检出	GB/T 19650
247	烟嘧磺隆	Nicosulfuron	0.05		不得检出	SN/T 2325
248	除草醚	Nitrofen	0.01		不得检出	GB/T 19650
249	氟酰脲	Novaluron	0.7		不得检出	GB/T 23211
250	嘧苯胺磺隆	Orthosulfamuron	0.01		不得检出	GB/T 23817
251	噁草酮	Oxadiazon	0.05		不得检出	GB/T 19650
252	噁霜灵	Oxadixyl	0.01		不得检出	GB/T 19650
253	环氧嘧磺隆	Oxasulfuron	0.05		不得检出	GB/T 23817
254	氧化萎锈灵	Oxycarboxin	0.05		不得检出	GB/T 19650
255	亚砜磷	Oxydemeton – methyl	0.02		不得检出	参照同类标准
256	乙氧氟草醚	Oxyfluorfen	0.05		不得检出	GB/T 20772
257	多效唑	Paclobutrazol	0.02		不得检出	GB/T 19650
258	对硫磷	Parathion	0.05		不得检出	GB/T 19650
259	甲基对硫磷	Parathion – methyl	0.01		不得检出	GB/T 5009.161
260	戊菌唑	Penconazole	0.05		不得检出	GB/T 20772
261	戊菌隆	Pencycuron	0.05		不得检出	GB/T 19650
262	二甲戊灵	Pendimethalin	0.05		不得检出	GB/T 19650

序号	农兽药中文名	农兽药英文名	欧盟标准限量要求 mg/kg	国家标准限量要求 mg/kg	三安超有机食品标准限量要求 mg/kg	检测方法
263	甜菜宁	Phenmedipham	0.05		不得检出	GB/T 23205
264	苯醚菊酯	Phenothrin	0.05		不得检出	GB/T 20772
265	甲拌磷	Phorate	0.02		不得检出	GB/T 20772
266	伏杀硫磷	Phosalone	0.01		不得检出	GB/T 20772
267	亚胺硫磷	Phosmet	0.1		不得检出	GB/T 20772
268	—	Phosphines and phosphides	0.01		不得检出	参照同类标准
269	辛硫磷	Phoxim	0.02		不得检出	GB/T 20772
270	氨氯吡啶酸	Picloram	0.5		不得检出	GB/T 23211
271	啶氧菌酯	Picoxystrobin	0.05		不得检出	GB/T 19650
272	抗蚜威	Pirimicarb	0.05		不得检出	GB/T 20772
273	甲基嘧啶磷	Pirimiphos – methyl	0.05		不得检出	GB/T 20772
274	咪鲜胺	Prochloraz	0.1		不得检出	GB/T 19650
275	腐霉利	Procymidone	0.01		不得检出	GB/T 20772
276	丙溴磷	Profenofos	0.05		不得检出	GB/T 20772
277	调环酸	Prohexadione	0.05		不得检出	日本肯定列表
278	毒草安	Propachlor	0.02		不得检出	GB/T 20772
279	扑派威	Propamocarb	0.1		不得检出	GB/T 20772
280	恶草酸	Propaquizafop	0.05		不得检出	GB/T 20772
281	炔螨特	Propargite	0.1		不得检出	GB/T 19650
282	苯胺灵	Propham	0.05		不得检出	GB/T 19650
283	丙环唑	Propiconazole	0.01		不得检出	GB/T 19650
284	异丙草胺	Propisochlor	0.01		不得检出	GB/T 19650
285	残杀威	Propoxur	0.05		不得检出	GB/T 20772
286	炔苯酰草胺	Propyzamide	0.02		不得检出	GB/T 19650
287	苄草丹	Prosulfocarb	0.05		不得检出	GB/T 19650
288	丙硫菌唑	Prothioconazole	0.5		不得检出	参照同类标准
289	吡蚜酮	Pymetrozine	0.01		不得检出	GB/T 20772
290	吡唑醚菌酯	Pyraclostrobin	0.05		不得检出	GB/T 20772
291	—	Pyrasulfotole	0.01		不得检出	参照同类标准
292	吡菌磷	Pyrazophos	0.02		不得检出	GB/T 20772
293	除虫菊素	Pyrethrins	0.05		不得检出	GB/T 20772
294	哒螨灵	Pyridaben	0.02		不得检出	GB/T 19650
295	啶虫丙醚	Pyridalyl	0.01		不得检出	日本肯定列表
296	哒草特	Pyridate	0.05		不得检出	日本肯定列表
297	嘧霉胺	Pyrimethanil	0.05		不得检出	GB/T 19650
298	吡丙醚	Pyriproxyfen	0.05		不得检出	GB/T 19650
299	甲氧磺草胺	Pyroxsulam	0.01		不得检出	SN/T 2325
300	氯甲喹啉酸	Quinmerac	0.05		不得检出	参照同类标准
301	喹氧灵	Quinoxyfen	0.2		不得检出	SN/T 2319

序号	农兽药中文名	农兽药英文名	欧盟标准限量要求 mg/kg	国家标准限量要求 mg/kg	三安超有机食品标准 限量要求 mg/kg	检测方法
302	五氯硝基苯	Quintozene	0.01		不得检出	GB/T 19650
303	精喹禾灵	Quizalofop – P – ethyl	0.05		不得检出	SN/T 2150
304	灭虫菊	Resmethrin	0.1		不得检出	GB/T 20772
305	鱼藤酮	Rotenone	0.01		不得检出	GB/T 20772
306	西玛津	Simazine	0.01		不得检出	SN 0594
307	乙基多杀菌素	Spinetoram	0.01		不得检出	参照同类标准
308	多杀霉素	Spinosad	0.5		不得检出	GB/T 20772
309	螺螨酯	Spirodiclofen	0.05		不得检出	GB/T 20772
310	螺甲螨酯	Spiromesifen	0.01		不得检出	GB/T 23210
311	螺虫乙酯	Spirotetramat	0.03		不得检出	参照同类标准
312	莨孢菌素	Spiroxamine	0.05		不得检出	GB/T 20772
313	磺草酮	Sulcotrione	0.05		不得检出	参照同类标准
314	乙黄隆	Sulfosulfuron	0.05		不得检出	SN/T 2325
315	硫磺粉	Sulfur	0.5		不得检出	参照同类标准
316	氟胺氰菊酯	Tau – fluvalinate	0.3		不得检出	SN 0691
317	戊唑醇	Tebuconazole	0.1		不得检出	GB/T 20772
318	虫酰肼	Tebufenozide	0.05		不得检出	GB/T 20772
319	吡螨胺	Tebufenpyrad	0.05		不得检出	GB/T 19650
320	四氯硝基苯	Tecnazene	0.05		不得检出	GB/T 19650
321	氟苯脲	Teflubenzuron	0.05		不得检出	SN/T 2150
322	七氟菊酯	Tefluthrin	0.05		不得检出	GB/T 23210
323	得杀草	Tepraloxydim	0.1		不得检出	GB/T 20772
324	特丁硫磷	Terbufos	0.01		不得检出	GB/T 20772
325	特丁津	Terbuthylazine	0.05		不得检出	GB/T 19650
326	四氟醚唑	Tetraconazole	0.5		不得检出	GB/T 20772
327	三氯杀螨砜	Tetradifon	0.05		不得检出	GB/T 19650
328	噻虫啉	Thiacloprid	0.01		不得检出	GB/T 20772
329	噻虫嗪	Thiamethoxam	0.03		不得检出	GB/T 20772
330	禾草丹	Thiobencarb	0.01		不得检出	GB/T 20772
331	甲基硫菌灵	Thiophanate – methyl	0.05		不得检出	SN/T 0162
332	甲基立枯磷	Tolclofos – methyl	0.05		不得检出	参照同类标准
333	甲苯氟磺胺	Tolylfluanid	0.1		不得检出	GB/T 19650
334	一	Topramezone	0.05		不得检出	参照同类标准
335	三唑酮和三唑醇	Triadimefon and triadimenol	0.1		不得检出	GB/T 20772
336	野麦畏	Triallate	0.05		不得检出	GB/T 20772
337	醚苯磺隆	Triasulfuron	0.05		不得检出	GB/T 20772
338	三唑磷	Triazophos	0.01		不得检出	GB/T 20772
339	敌百虫	Trichlorphon	0.01		不得检出	GB/T 20772
340	绿草定	Triclopyr	0.05		不得检出	SN/T 2228

序号	农兽药中文名	农兽药英文名	欧盟标准限量要求 mg/kg	国家标准限量要求 mg/kg	三安超有机食品标准 限量要求 mg/kg	三安超有机食品标准 检测方法
341	三环唑	Tricyclazole	0.05		不得检出	GB/T 20769
342	十三吗啉	Tridemorph	0.01		不得检出	GB/T 20772
343	肟菌酯	Trifloxystrobin	0.04		不得检出	GB/T 19650
344	氟菌唑	Triflumizole	0.05		不得检出	GB/T 20769
345	杀铃脲	Triflumuron	0.01		不得检出	GB/T 20772
346	氟乐灵	Trifluralin	0.01		不得检出	GB/T 20772
347	嗪氨灵	Triforine	0.01		不得检出	SN 0695
348	三甲基锍阳离子	Trimethyl – sulfonium cation	0.05		不得检出	参照同类标准
349	抗倒酯	Trinexapac	0.05		不得检出	GB/T 20769
350	灭菌唑	Triticonazole	0.01		不得检出	GB/T 20772
351	三氟甲磺隆	Tritosulfuron	0.01		不得检出	参照同类标准
352	—	Valifenalate	0.01		不得检出	参照同类标准
353	乙烯菌核利	Vinclozolin	0.05		不得检出	GB/T 20772
354	2,3,4,5 – 四氯苯胺	2,3,4,5 – Tetrachloraniline			不得检出	GB/T 19650
355	2,3,4,5 – 四氯甲氧基苯	2,3,4,5 – Tetrachloroanisole			不得检出	GB/T 19650
356	2,3,5,6 – 四氯苯胺	2,3,5,6 – Tetrachloroaniline			不得检出	GB/T 19650
357	2,4,5 – 涕	2,4,5 – T			不得检出	GB/T 20772
358	o,p′ – 滴滴滴	2,4′ – DDD			不得检出	GB/T 19650
359	o,p′ – 滴滴伊	2,4′ – DDE			不得检出	GB/T 19650
360	o,p′ – 滴滴涕	2,4′ – DDT			不得检出	GB/T 19650
361	2,6 – 二氯苯甲酰胺	2,6 – Dichlorobenzamide			不得检出	GB/T 19650
362	3,5 – 二氯苯胺	3,5 – Dichloroaniline			不得检出	GB/T 19650
363	p,p′ – 滴滴滴	4,4′ – DDD			不得检出	GB/T 19650
364	p,p′ – 滴滴伊	4,4′ – DDE			不得检出	GB/T 19650
365	p,p′ – 滴滴涕	4,4′ – DDT			不得检出	GB/T 19650
366	4,4′ – 二溴二苯甲酮	4,4′ – Dibromobenzophenone			不得检出	GB/T 19650
367	4,4′ – 二氯二苯甲酮	4,4′ – Dichlorobenzophenone			不得检出	GB/T 19650
368	二氢苊	Acenaphthene			不得检出	GB/T 19650
369	乙酰丙嗪	Acepromazine			不得检出	GB/T 20763
370	三氟羧草醚	Acifluorfen			不得检出	GB/T 20772
371	1 – 氨基 – 2 – 乙内酰脲	AHD			不得检出	GB/T 21311
372	涕灭砜威	Aldoxycarb			不得检出	GB/T 20772
373	烯丙菊酯	Allethrin			不得检出	GB/T 20772
374	二丙烯草胺	Allidochlor			不得检出	GB/T 19650
375	烯丙孕素	Altrenogest			不得检出	SN/T 1980
376	莠灭净	Ametryn			不得检出	GB/T 20772
377	双甲脒	Amitraz			不得检出	GB/T 19650
378	杀草强	Amitrole			不得检出	SN/T 1737.6

序号	农兽药中文名	农兽药英文名	欧盟标准限量要求 mg/kg	国家标准限量要求 mg/kg	三安超有机食品标准 限量要求 mg/kg	检测方法
379	5－吗啉甲基－3－氨基－2－噁唑烷基酮	AMOZ			不得检出	GB/T 21311
380	氨苄青霉素	Ampicillin			不得检出	GB/T 21315
381	氨丙嘧吡啶	Amprolium			不得检出	SN/T 0276
382	莎稗磷	Anilofos			不得检出	GB/T 19650
383	蒽醌	Anthraquinone			不得检出	GB/T 19650
384	3－氨基－2－噁唑酮	AOZ			不得检出	GB/T 21311
385	安普霉素	Apramycin			不得检出	GB/T 21323
386	丙硫特普	Aspon			不得检出	GB/T 19650
387	羟氨卡青霉素	Aspoxicillin			不得检出	GB/T 21315
388	乙基杀扑磷	Athidathion			不得检出	GB/T 19650
389	莠去通	Atratone			不得检出	GB/T 19650
390	莠去津	Atrazine			不得检出	GB/T 20772
391	脱乙基阿特拉津	Atrazine－desethyl			不得检出	GB/T 19650
392	甲基吡噁磷	Azamethiphos			不得检出	GB/T 20763
393	氮哌酮	Azaperone			不得检出	SN/T2221
394	叠氮津	Aziprotryne			不得检出	GB/T 19650
395	杆菌肽	Bacitracin			不得检出	GB/T 20743
396	4－溴－3,5－二甲苯基－N－甲基氨基甲酸酯－1	BDMC－1			不得检出	GB/T 19650
397	4－溴－3,5－二甲苯基－N－甲基氨基甲酸酯－2	BDMC－2			不得检出	GB/T 19650
398	噁虫威	Bendiocarb			不得检出	GB/T 20772
399	乙丁氟灵	Benfluralin			不得检出	GB/T 19650
400	呋草黄	Benfuresate			不得检出	GB/T 19650
401	麦锈灵	Benodanil			不得检出	GB/T 19650
402	解草酮	Benoxacor			不得检出	GB/T 19650
403	新燕灵	Benzoylprop－ethyl			不得检出	GB/T 19650
404	苄青霉素	Benzyl pencillin			不得检出	GB/T 21315
405	倍他米松	Betamethasone			不得检出	SN/T 1970
406	生物烯丙菊酯－1	Bioallethrin－1			不得检出	GB/T 19650
407	生物烯丙菊酯－2	Bioallethrin－2			不得检出	GB/T 19650
408	生物苄呋菊酯	Bioresmethrin			不得检出	GB/T 20772
409	除草定	Bromacil			不得检出	GB/T 20772
410	溴苯烯磷	Bromfenvinfos			不得检出	GB/T 19650
411	溴烯杀	Bromocylen			不得检出	GB/T 19650
412	溴硫磷	Bromofos			不得检出	GB/T 19650
413	乙基溴硫磷	Bromophos－ethyl			不得检出	GB/T 19650
414	溴丁酰草胺	Btomobutide			不得检出	GB/T 19650

序号	农兽药中文名	农兽药英文名	欧盟标准限量要求 mg/kg	国家标准限量要求 mg/kg	三安超有机食品标准 限量要求 mg/kg	三安超有机食品标准 检测方法
415	氟丙嘧草酯	Butafenacil			不得检出	GB/T 19650
416	抑草磷	Butamifos			不得检出	GB/T 19650
417	丁草胺	Butaxhlor			不得检出	GB/T 19650
418	苯酮唑	Cafenstrole			不得检出	GB/T 19650
419	角黄素	Canthaxanthin			不得检出	SN/T 2327
420	咔唑心安	Carazolol			不得检出	GB/T 20763
421	卡巴氧	Carbadox			不得检出	GB/T 20746
422	三硫磷	Carbophenothion			不得检出	GB/T 19650
423	唑草酮	Carfentrazone – ethyl			不得检出	GB/T 19650
424	卡洛芬	Carprofen			不得检出	SN/T 2190
425	头孢洛宁	Cefalonium			不得检出	GB/T 22989
426	头孢匹林	Cefapirin			不得检出	GB/T 22989
427	头孢喹肟	Cefquinome			不得检出	GB/T 22989
428	头孢噻呋	Ceftiofur			不得检出	GB/T 21314
429	头孢氨苄	Cefalexin			不得检出	GB/T 22989
430	氯霉素	Chloramphenicolum			不得检出	GB/T 20772
431	氯杀螨砜	Chlorbenside sulfone			不得检出	GB/T 19650
432	氯溴隆	Chlorbromuron			不得检出	GB/T 19650
433	杀虫脒	Chlordimeform			不得检出	GB/T 19650
434	氯氧磷	Chlorethoxyfos			不得检出	GB/T 19650
435	溴虫腈	Chlorfenapyr			不得检出	GB/T 19650
436	杀螨醇	Chlorfenethol			不得检出	GB/T 19650
437	燕麦酯	Chlorfenprop – methyl			不得检出	GB/T 19650
438	氟啶脲	Chlorfluazuron			不得检出	SN/T 2540
439	整形醇	Chlorflurenol			不得检出	GB/T 19650
440	氯地孕酮	Chlormadinone			不得检出	SN/T 1980
441	醋酸氯地孕酮	Chlormadinone acetate			不得检出	GB/T 20753
442	氯甲硫磷	Chlormephos			不得检出	GB/T 19650
443	氯苯甲醚	Chloroneb			不得检出	GB/T 19650
444	丙酯杀螨醇	Chloropropylate			不得检出	GB/T 19650
445	氯丙嗪	Chlorpromazine			不得检出	GB/T 20763
446	毒死蜱	Chlorpyrifos			不得检出	GB/T 19650
447	金霉素	Chlortetracycline			不得检出	GB/T 21317
448	氯硫磷	Chlorthion			不得检出	GB/T 19650
449	虫螨磷	Chlorthiophos			不得检出	GB/T 19650
450	乙菌利	Chlozolinate			不得检出	GB/T 19650
451	顺式－氯丹	cis – Chlordane			不得检出	GB/T 19650
452	顺式－燕麦敌	cis – Diallate			不得检出	GB/T 19650

序号	农兽药中文名	农兽药英文名	欧盟标准限量要求 mg/kg	国家标准限量要求 mg/kg	三安超有机食品标准	
					限量要求 mg/kg	检测方法
453	顺式-氯菊酯	*cis* - Permethrin			不得检出	GB/T 19650
454	克仑特罗	Clenbuterol			不得检出	GB/T 22286
455	异噁草酮	Clomazone			不得检出	GB/T 20772
456	氯甲酰草胺	Clomeprop			不得检出	GB/T 19650
457	氯羟吡啶	Clopidol			不得检出	GB 29700
458	解草酯	Cloquintocet - mexyl			不得检出	GB/T 19650
459	邻氯青霉素	Cloxacillin			不得检出	GB/T 18932.25
460	蝇毒磷	Coumaphos			不得检出	GB/T 19650
461	鼠立死	Crimidine			不得检出	GB/T 19650
462	巴毒磷	Crotxyphos			不得检出	GB/T 19650
463	育畜磷	Crufomate			不得检出	GB/T 19650
464	苯腈磷	Cyanofenphos			不得检出	GB/T 19650
465	杀螟腈	Cyanophos			不得检出	GB/T 20772
466	环草敌	Cycloate			不得检出	GB/T 20772
467	环莠隆	Cycluron			不得检出	GB/T 20772
468	环丙津	Cyprazine			不得检出	GB/T 20772
469	敌草索	Dacthal			不得检出	GB/T 19650
470	达氟沙星	Danofloxacin			不得检出	GB/T 22985
471	癸氧喹酯	Decoquinate			不得检出	SN/T 2444
472	脱叶磷	DEF			不得检出	GB/T 19650
473	2,2′,4,5,5′-五氯联苯	DE - PCB 101			不得检出	GB/T 19650
474	2,3,4,4′,5-五氯联苯	DE - PCB 118			不得检出	GB/T 19650
475	2,2′,3,4,4′,5-六氯联苯	DE - PCB 138			不得检出	GB/T 19650
476	2,2′,4,4′,5,5′-六氯联苯	DE - PCB 153			不得检出	GB/T 19650
477	2,2′,3,4,4′,5,5′-七氯联苯	DE - PCB 180			不得检出	GB/T 19650
478	2,4,4′-三氯联苯	DE - PCB 28			不得检出	GB/T 19650
479	2,4,5-三氯联苯	DE - PCB 31			不得检出	GB/T 19650
480	2,2′,5,5′-四氯联苯	DE - PCB 52			不得检出	GB/T 19650
481	脱溴溴苯磷	Desbrom - leptophos			不得检出	GB/T 19650
482	脱乙基另丁津	Desethyl - sebuthylazine			不得检出	GB/T 19650
483	敌草净	Desmetryn			不得检出	GB/T 19650
484	地塞米松	Dexamethasone			不得检出	SN/T 1970
485	氯亚胺硫磷	Dialifos			不得检出	GB/T 19650
486	敌菌净	Diaveridine			不得检出	SN/T 1926
487	驱虫特	Dibutyl succinate			不得检出	GB/T 20772
488	异氯磷	Dicapthon			不得检出	GB/T 20772
489	除线磷	Dichlofenthion			不得检出	GB/T 20772
490	苯氟磺胺	Dichlofluanid			不得检出	GB/T 19650

序号	农兽药中文名	农兽药英文名	欧盟标准限量要求 mg/kg	国家标准限量要求 mg/kg	三安超有机食品标准	
					限量要求 mg/kg	检测方法
491	烯丙酰草胺	Dichlormid			不得检出	GB/T 19650
492	敌敌畏	Dichlorvos			不得检出	GB/T 20772
493	苄氯三唑醇	Diclobutrazole			不得检出	GB/T 20772
494	禾草灵	Diclofop – methyl			不得检出	GB/T 19650
495	双氯青霉素	Dicloxacillin			不得检出	GB/T 18932.25
496	己烯雌酚	Diethylstilbestrol			不得检出	GB/T 20766
497	双氟沙星	Difloxacin			不得检出	GB/T 20366
498	二氢链霉素	Dihydro – streptomycin			不得检出	GB/T 22969
499	甲氟磷	Dimefox			不得检出	GB/T 19650
500	哌草丹	Dimepiperate			不得检出	GB/T 19650
501	异戊乙净	Dimethametryn			不得检出	GB/T 19650
502	二甲酚草胺	Dimethenamid			不得检出	GB/T 19650
503	乐果	Dimethoate			不得检出	GB/T 20772
504	甲基毒虫畏	Dimethylvinphos			不得检出	GB/T 19650
505	地美硝唑	Dimetridazole			不得检出	GB/T 21318
506	二硝托安	Dinitolmide			不得检出	SN/T 2453
507	氨氟灵	Dinitramine			不得检出	GB/T 19650
508	消螨通	Dinobuton			不得检出	GB/T 19650
509	呋虫胺	Dinotefuran			不得检出	GB/T 20772
510	苯虫醚 – 1	Diofenolan – 1			不得检出	GB/T 19650
511	苯虫醚 – 2	Diofenolan – 2			不得检出	GB/T 19650
512	蔬果磷	Dioxabenzofos			不得检出	GB/T 19650
513	双苯酰草胺	Diphenamid			不得检出	GB/T 19650
514	二苯胺	Diphenylamine			不得检出	GB/T 19650
515	异丙净	Dipropetryn			不得检出	GB/T 19650
516	灭菌磷	Ditalimfos			不得检出	GB/T 19650
517	氟硫草定	Dithiopyr			不得检出	GB/T 19650
518	多拉菌素	Doramectin			不得检出	GB/T 22968
519	强力霉素	Doxycycline			不得检出	GB/T 20764
520	敌瘟磷	Edifenphos			不得检出	GB/T 19650
521	硫丹硫酸盐	Endosulfan – sulfate			不得检出	GB/T 19650
522	异狄氏剂酮	Endrin ketone			不得检出	GB/T 19650
523	恩诺沙星	Enrofloxacin			不得检出	GB/T 20366
524	苯硫磷	EPN			不得检出	GB/T 19650
525	埃普利诺菌素	Eprinomectin			不得检出	GB/T 21320
526	抑草蓬	Erbon			不得检出	GB/T 19650
527	红霉素	Erythromycin			不得检出	GB/T 20762
528	S – 氰戊菊酯	Esfenvalerate			不得检出	GB/T 19650
529	戊草丹	Esprocarb			不得检出	GB/T 19650

序号	农兽药中文名	农兽药英文名	欧盟标准限量要求 mg/kg	国家标准限量要求 mg/kg	三安超有机食品标准	
					限量要求 mg/kg	检测方法
530	乙环唑－1	Etaconazole－1			不得检出	GB/T 19650
531	乙环唑－2	Etaconazole－2			不得检出	GB/T 19650
532	乙嘧硫磷	Etrimfos			不得检出	GB/T 19650
533	氧乙嘧硫磷	Etrimfos oxon			不得检出	GB/T 19650
534	伐灭磷	Famphur			不得检出	GB/T 19650
535	苯线磷亚砜	Fenamiphos sulfoxide			不得检出	GB/T 19650
536	苯线磷砜	Fenamiphos－sulfone			不得检出	GB/T 19650
537	苯硫苯咪唑	Fenbendazole			不得检出	SN 0638
538	氧皮蝇磷	Fenchlorphos oxon			不得检出	GB/T 19650
539	甲呋酰胺	Fenfuram			不得检出	GB/T 19650
540	仲丁威	Fenobucarb			不得检出	GB/T 19650
541	苯硫威	Fenothiocarb			不得检出	GB/T 19650
542	稻瘟酰胺	Fenoxanil			不得检出	GB/T 19650
543	拌种咯	Fenpiclonil			不得检出	GB/T 19650
544	甲氰菊酯	Fenpropathrin			不得检出	GB/T 19650
545	芬螨酯	Fenson			不得检出	GB/T 19650
546	丰索磷	Fensulfothion			不得检出	GB/T 19650
547	倍硫磷亚砜	Fenthion sulfoxide			不得检出	GB/T 19650
548	麦草氟异丙酯	Flamprop－isopropyl			不得检出	GB/T 19650
549	麦草氟甲酯	Flamprop－methyl			不得检出	GB/T 19650
550	氟苯尼考	Florfenicol			不得检出	GB/T 20756
551	吡氟禾草灵	Fluazifop－butyl			不得检出	GB/T 19650
552	啶蜱脲	Fluazuron			不得检出	SN/T 2540
553	氟苯咪唑	Flubendazole			不得检出	GB/T 21324
554	氟噻草胺	Flufenacet			不得检出	GB/T 19650
555	氟甲喹	Flumequin			不得检出	SN/T 1921
556	氟节胺	Flumetralin			不得检出	GB/T 19650
557	唑嘧磺草胺	Flumetsulam			不得检出	GB/T 20772
558	氟烯草酸	Flumiclorac			不得检出	GB/T 19650
559	丙炔氟草胺	Flumioxazin			不得检出	GB/T 19650
560	氟胺烟酸	Flunixin			不得检出	GB/T 20750
561	三氟硝草醚	Fluorodifen			不得检出	GB/T 19650
562	乙羧氟草醚	Fluoroglycofen－ethyl			不得检出	GB/T 19650
563	三氟苯唑	Fluotrimazole			不得检出	GB/T 19650
564	氟啶草酮	Fluridone			不得检出	GB/T 19650
565	氟草烟－1－甲庚酯	Fluroxypr－1－methylheptyl ester			不得检出	GB/T 19650
566	呋草酮	Flurtamone			不得检出	GB/T 19650
567	地虫硫磷	Fonofos			不得检出	GB/T 19650

序号	农兽药中文名	农兽药英文名	欧盟标准限量要求 mg/kg	国家标准限量要求 mg/kg	三安超有机食品标准 限量要求 mg/kg	检测方法
568	安果	Formothion			不得检出	GB/T 19650
569	呋霜灵	Furalaxyl			不得检出	GB/T 19650
570	庆大霉素	Gentamicin			不得检出	GB/T 21323
571	苄螨醚	Halfenprox			不得检出	GB/T 19650
572	氟哌啶醇	Haloperidol			不得检出	GB/T 20763
573	庚烯磷	Heptanophos			不得检出	GB/T 19650
574	己唑醇	Hexaconazole			不得检出	GB/T 19650
575	环嗪酮	Hexazinone			不得检出	GB/T 19650
576	咪草酸	Imazamethabenz – methyl			不得检出	GB/T 19650
577	脱苯甲基亚胺唑	Imibenconazole – des – benzyl			不得检出	GB/T 19650
578	炔咪菊酯 – 1	Imiprothrin – 1			不得检出	GB/T 19650
579	炔咪菊酯 – 2	Imiprothrin – 2			不得检出	GB/T 19650
580	碘硫磷	Iodofenphos			不得检出	GB/T 19650
581	甲基碘磺隆	Iodosulfuron – methyl			不得检出	GB/T 20772
582	异稻瘟净	Iprobenfos			不得检出	GB/T 19650
583	氯唑磷	Isazofos			不得检出	GB/T 19650
584	碳氯灵	Isobenzan			不得检出	GB/T 19650
585	丁咪酰胺	Isocarbamid			不得检出	GB/T 19650
586	水胺硫磷	Isocarbophos			不得检出	GB/T 19650
587	异艾氏剂	Isodrin			不得检出	GB/T 19650
588	异柳磷	Isofenphos			不得检出	GB/T 19650
589	氧异柳磷	Isofenphos oxon			不得检出	GB/T 19650
590	氮氨菲啶	Isometamidium			不得检出	SN/T 2239
591	丁嗪草酮	Isomethiozin			不得检出	GB/T 19650
592	异丙威 – 1	Isoprocarb – 1			不得检出	GB/T 19650
593	异丙威 – 2	Isoprocarb – 2			不得检出	GB/T 19650
594	异丙乐灵	Isopropalin			不得检出	GB/T 19650
595	双苯噁唑酸	Isoxadifen – ethyl			不得检出	GB/T 19650
596	异噁氟草	Isoxaflutole			不得检出	GB/T 20772
597	噁唑啉	Isoxathion			不得检出	GB/T 19650
598	依维菌素	Ivermectin			不得检出	GB/T 21320
599	交沙霉素	Josamycin			不得检出	GB/T 20762
600	卡那霉素	Kanamycin			不得检出	GB/T 21323
601	拉沙里菌素	Lasalocid			不得检出	SN 0501
602	溴苯磷	Leptophos			不得检出	GB/T 19650
603	左旋咪唑	Levamisole			不得检出	SN 0349
604	林可霉素	Lincomycin			不得检出	GB/T 20762
605	利谷隆	Linuron			不得检出	GB/T 19650
606	麻保沙星	Marbofloxacin			不得检出	GB/T 22985

序号	农兽药中文名	农兽药英文名	欧盟标准限量要求 mg/kg	国家标准限量要求 mg/kg	三安超有机食品标准	
					限量要求 mg/kg	检测方法
607	2－甲－4－氯丁氧乙基酯	MCPA－butoxyethyl ester			不得检出	GB/T 19650
608	甲苯咪唑	Mebendazole			不得检出	GB/T 21324
609	灭蚜磷	Mecarbam			不得检出	GB/T 19650
610	二甲四氯丙酸	Mecoprop			不得检出	SN/T 2325
611	苯噻酰草胺	Mefenacet			不得检出	GB/T 19650
612	吡唑解草酯	Mefenpyr－diethyl			不得检出	GB/T 19650
613	醋酸甲地孕酮	Megestrol acetate			不得检出	GB/T 20753
614	醋酸美仑孕酮	Melengestrol acetate			不得检出	GB/T 20753
615	嘧菌胺	Mepanipyrim			不得检出	GB/T 19650
616	地胺磷	Mephosfolan			不得检出	GB/T 19650
617	灭锈胺	Mepronil			不得检出	GB/T 19650
618	硝磺草酮	Mesotrione			不得检出	参照同类标准
619	呋菌胺	Methfuroxam			不得检出	GB/T 19650
620	灭梭威砜	Methiocarb sulfone			不得检出	GB/T 19650
621	异丙甲草胺和 S－异丙甲草胺	Metolachlor and S－metolachlor			不得检出	GB/T 19650
622	盖草津	Methoprotryne			不得检出	GB/T 19650
623	甲醚菊酯－1	Methothrin－1			不得检出	GB/T 19650
624	甲醚菊酯－2	Methothrin－2			不得检出	GB/T 19650
625	甲基泼尼松龙	Methylprednisolone			不得检出	GB/T 21981
626	溴谷隆	Metobromuron			不得检出	GB/T 19650
627	甲氧氯普胺	Metoclopramide			不得检出	SN/T 2227
628	苯氧菌胺－1	Metominsstrobin－1			不得检出	GB/T 19650
629	苯氧菌胺－2	Metominsstrobin－2			不得检出	GB/T 19650
630	甲硝唑	Metronidazole			不得检出	GB/T 21318
631	速灭磷	Mevinphos			不得检出	GB/T 19650
632	兹克威	Mexacarbate			不得检出	GB/T 19650
633	灭蚁灵	Mirex			不得检出	GB/T 19650
634	禾草敌	Molinate			不得检出	GB/T 19650
635	庚酰草胺	Monalide			不得检出	GB/T 19650
636	莫能菌素	Monensin			不得检出	SN 0698
637	莫西丁克(莫西霉素)	Moxidectin			不得检出	SN/T 2442
638	合成麝香	Musk ambrecte			不得检出	GB/T 19650
639	麝香	Musk moskene			不得检出	GB/T 19650
640	西藏麝香	Musk tibeten			不得检出	GB/T 19650
641	二甲苯麝香	Musk xylene			不得检出	GB/T 19650
642	萘夫西林	Nafcillin			不得检出	GB/T 22975
643	二溴磷	Naled			不得检出	SN/T 0706
644	萘丙胺	Naproanilide			不得检出	GB/T 19650

序号	农兽药中文名	农兽药英文名	欧盟标准限量要求 mg/kg	国家标准限量要求 mg/kg	三安超有机食品标准 限量要求 mg/kg	三安超有机食品标准 检测方法
645	甲基盐霉素	Narasin			不得检出	GB/T 20364
646	新霉素	Neomycin			不得检出	SN 0646
647	甲磺乐灵	Nitralin			不得检出	GB/T 19650
648	三氯甲基吡啶	Nitrapyrin			不得检出	GB/T 19650
649	酞菌酯	Nitrothal – isopropyl			不得检出	GB/T 19650
650	诺氟沙星	Norfloxacin			不得检出	GB/T 20366
651	氟草敏	Norflurazon			不得检出	GB/T 19650
652	新生霉素	Novobiocin			不得检出	SN 0674
653	氟苯嘧啶醇	Nuarimol			不得检出	GB/T 19650
654	八氯苯乙烯	Octachlorostyrene			不得检出	GB/T 19650
655	氧氟沙星	Ofloxacin			不得检出	GB/T 20366
656	喹乙醇	Olaquindox			不得检出	GB/T 20746
657	竹桃霉素	Oleandomycin			不得检出	GB/T 20762
658	氧乐果	Omethoate			不得检出	GB/T 19650
659	奥比沙星	Orbifloxacin			不得检出	GB/T 22985
660	苯唑青霉素	Oxacillin			不得检出	GB/T 18932.25
661	杀线威	Oxamyl			不得检出	GB/T 20772
662	奥芬达唑	Oxfendazole			不得检出	GB/T 22972
663	丙氧苯咪唑	Oxibendazole			不得检出	GB/T 21324
664	喹菌酮	Oxolinic acid			不得检出	日本肯定列表
665	氧化氯丹	Oxy – chlordane			不得检出	GB/T 19650
666	土霉素	Oxytetracycline			不得检出	GB/T 21317
667	对氧磷	Paraoxon			不得检出	GB/T 19650
668	甲基对氧磷	Paraoxon – methyl			不得检出	GB/T 19650
669	克草敌	Pebulate			不得检出	GB/T 19650
670	五氯苯胺	Pentachloroaniline			不得检出	GB/T 19650
671	五氯甲氧基苯	Pentachloroanisole			不得检出	GB/T 19650
672	五氯苯	Pentachlorobenzene			不得检出	GB/T 19650
673	氯菊酯	Permethrin			不得检出	GB/T 19650
674	乙滴涕	Perthane			不得检出	GB/T 19650
675	菲	Phenanthrene			不得检出	GB/T 19650
676	稻丰散	Phenthoate			不得检出	GB/T 19650
677	甲拌磷砜	Phorate sulfone			不得检出	GB/T 19650
678	磷胺 – 1	Phosphamidon – 1			不得检出	GB/T 19650
679	磷胺 – 2	Phosphamidon – 2			不得检出	GB/T 19650
680	酞酸苯甲基丁酯	Phthalic acid, benzylbutyl ester			不得检出	GB/T 19650
681	四氯苯肽	Phthalide			不得检出	GB/T 19650
682	邻苯二甲酰亚胺	Phthalimide			不得检出	GB/T 19650
683	氟吡酰草胺	Picolinafen			不得检出	GB/T 19650

序号	农兽药中文名	农兽药英文名	欧盟标准限量要求 mg/kg	国家标准限量要求 mg/kg	三安超有机食品标准 限量要求 mg/kg	三安超有机食品标准 检测方法
684	增效醚	Piperonyl butoxide			不得检出	GB/T 19650
685	哌草磷	Piperophos			不得检出	GB/T 19650
686	乙基虫螨清	Pirimiphos – ethyl			不得检出	GB/T 19650
687	吡利霉素	Pirlimycin			不得检出	GB/T 22988
688	炔丙菊酯	Prallethrin			不得检出	GB/T 19650
689	泼尼松龙	Prednisolone			不得检出	GB/T 21981
690	丙草胺	Pretilachlor			不得检出	GB/T 19650
691	环丙氟灵	Profluralin			不得检出	GB/T 19650
692	茉莉酮	Prohydrojasmon			不得检出	GB/T 19650
693	扑灭通	Prometon			不得检出	GB/T 19650
694	扑草净	Prometryne			不得检出	GB/T 19650
695	炔丙烯草胺	Pronamide			不得检出	GB/T 19650
696	敌稗	Propanil			不得检出	GB/T 19650
697	扑灭津	Propazine			不得检出	GB/T 19650
698	胺丙畏	Propetamphos			不得检出	GB/T 19650
699	丙酰二甲氨基丙吩噻嗪	Propionylpromazin			不得检出	GB/T 20763
700	丙硫磷	Prothiophos			不得检出	GB/T 19650
701	哒嗪硫磷	Ptridaphenthion			不得检出	GB/T 19650
702	吡唑硫磷	Pyraclofos			不得检出	GB/T 19650
703	吡草醚	Pyraflufen – ethyl			不得检出	GB/T 19650
704	啶斑肟 – 1	Pyrifenox – 1			不得检出	GB/T 19650
705	啶斑肟 – 2	Pyrifenox – 2			不得检出	GB/T 19650
706	环酯草醚	Pyriftalid			不得检出	GB/T 19650
707	嘧螨醚	Pyrimidifen			不得检出	GB/T 19650
708	嘧草醚	Pyriminobac – methyl			不得检出	GB/T 19650
709	嘧啶磷	Pyrimitate			不得检出	GB/T 19650
710	喹硫磷	Quinalphos			不得检出	GB/T 19650
711	灭藻醌	Quinoclamine			不得检出	GB/T 19650
712	吡咪唑	Rabenzazole			不得检出	GB/T 19650
713	莱克多巴胺	Ractopamine			不得检出	GB/T 21313
714	洛硝达唑	Ronidazole			不得检出	GB/T 21318
715	皮蝇磷	Ronnel			不得检出	GB/T 19650
716	盐霉素	Salinomycin			不得检出	GB/T 20364
717	沙拉沙星	Sarafloxacin			不得检出	GB/T 20366
718	另丁津	Sebutylazine			不得检出	GB/T 19650
719	密草通	Secbumeton			不得检出	GB/T 19650
720	氨基脲	Semduramicin			不得检出	GB/T 20752
721	烯禾啶	Sethoxydim			不得检出	GB/T 19650
722	氟硅菊酯	Silafluofen			不得检出	GB/T 19650

序号	农兽药中文名	农兽药英文名	欧盟标准限量要求 mg/kg	国家标准限量要求 mg/kg	三安超有机食品标准	
					限量要求 mg/kg	检测方法
723	硅氟唑	Simeconazole			不得检出	GB/T 19650
724	西玛通	Simetone			不得检出	GB/T 19650
725	西草净	Simetryn			不得检出	GB/T 19650
726	壮观霉素	Spectinomycin			不得检出	GB/T 21323
727	螺旋霉素	Spiramycin			不得检出	GB/T 20762
728	链霉素	Streptomycin			不得检出	GB/T 21323
729	磺胺苯酰	Sulfabenzamide			不得检出	GB/T 21316
730	磺胺醋酰	Sulfacetamide			不得检出	GB/T 21316
731	磺胺氯哒嗪	Sulfachloropyridazine			不得检出	GB/T 21316
732	磺胺嘧啶	Sulfadiazine			不得检出	GB/T 21316
733	磺胺间二甲氧嘧啶	Sulfadimethoxine			不得检出	GB/T 21316
734	磺胺二甲嘧啶	Sulfadimidine			不得检出	GB/T 21316
735	磺胺多辛	Sulfadoxine			不得检出	GB/T 21316
736	磺胺脒	Sulfaguanidine			不得检出	GB/T 21316
737	菜草畏	Sulfallate			不得检出	GB/T 19650
738	磺胺甲嘧啶	Sulfamerazine			不得检出	GB/T 21316
739	新诺明	Sulfamethoxazole			不得检出	GB/T 21316
740	磺胺间甲氧嘧啶	Sulfamonomethoxine			不得检出	GB/T 21316
741	乙酰磺胺对硝基苯	Sulfanitran			不得检出	GB/T 20772
742	磺胺吡啶	Sulfapyridine			不得检出	GB/T 21316
743	磺胺喹沙啉	Sulfaquinoxaline			不得检出	GB/T 21316
744	磺胺噻唑	Sulfathiazole			不得检出	GB/T 21316
745	治螟磷	Sulfotep			不得检出	GB/T 19650
746	硫丙磷	Sulprofos			不得检出	GB/T 19650
747	苯噻硫氰	TCMTB			不得检出	GB/T 19650
748	丁基嘧啶磷	Tebupirimfos			不得检出	GB/T 19650
749	牧草胺	Tebutam			不得检出	GB/T 19650
750	丁噻隆	Tebuthiuron			不得检出	GB/T 20772
751	双硫磷	Temephos			不得检出	GB/T 20772
752	特草灵	Terbucarb			不得检出	GB/T 19650
753	特丁通	Terbumeron			不得检出	GB/T 19650
754	特丁净	Terbutryn			不得检出	GB/T 19650
755	四氢邻苯二甲酰亚胺	Tetrabydrophthalimide			不得检出	GB/T 19650
756	杀虫畏	Tetrachlorvinphos			不得检出	GB/T 19650
757	四环素	Tetracycline			不得检出	GB/T 21317
758	胺菊酯	Tetramethrin			不得检出	GB/T 19650
759	杀螨氯硫	Tetrasul			不得检出	GB/T 19650
760	噻吩草胺	Thenylchlor			不得检出	GB/T 19650
761	噻菌灵	Thiabendazole			不得检出	GB/T 20772

序号	农兽药中文名	农兽药英文名	欧盟标准限量要求 mg/kg	国家标准限量要求 mg/kg	三安超有机食品标准 限量要求 mg/kg	三安超有机食品标准 检测方法
762	甲砜霉素	Thiamphenicol			不得检出	GB/T 20756
763	噻唑烟酸	Thiazopyr			不得检出	GB/T 19650
764	噻苯隆	Thidiazuron			不得检出	GB/T 20772
765	噻吩磺隆	Thifensulfuron – methyl			不得检出	GB/T 20772
766	甲基乙拌磷	Thiometon			不得检出	GB/T 20772
767	虫线磷	Thionazin			不得检出	GB/T 19650
768	替米考星	Tilmicosin			不得检出	GB/T 20762
769	硫普罗宁	Tiopronin			不得检出	SN/T 2225
770	三甲苯草酮	Tralkoxydim			不得检出	GB/T 19650
771	四溴菊酯	Tralomethrin			不得检出	SN/T 2320
772	反式－氯丹	trans – Chlordane			不得检出	GB/T 19650
773	反式－燕麦敌	trans – Diallate			不得检出	GB/T 19650
774	四氟苯菊酯	Transfluthrin			不得检出	GB/T 19650
775	反式九氯	trans – Nonachlor			不得检出	GB/T 19650
776	反式－氯菊酯	trans – Permethrin			不得检出	GB/T 19650
777	群勃龙	Trenbolone			不得检出	GB/T 21981
778	威菌磷	Triamiphos			不得检出	GB/T 19650
779	毒壤磷	Trichloronate			不得检出	GB/T 19650
780	灭草环	Tridiphane			不得检出	GB/T 19650
781	草达津	Trietazine			不得检出	GB/T 19650
782	三异丁基磷酸盐	Tri – iso – butyl phosphate			不得检出	GB/T 19650
783	甲氧苄氨嘧啶	Trimethoprim			不得检出	SN/T 1769
784	三正丁基磷酸盐	Tri – n – butyl phosphate			不得检出	GB/T 19650
785	三苯基磷酸盐	Triphenyl phosphate			不得检出	GB/T 19650
786	泰乐霉素	Tylosin			不得检出	GB/T 22941
787	烯效唑	Uniconazole			不得检出	GB/T 19650
788	灭草敌	Vernolate			不得检出	GB/T 19650
789	维吉尼霉素	Virginiamycin			不得检出	GB/T 20765
790	杀鼠灵	War farin			不得检出	GB/T 20772
791	甲苯噻嗪	Xylazine			不得检出	GB/T 20763
792	右环十四酮酚	Zeranol			不得检出	GB/T 21982
793	苯酰菌胺	Zoxamide			不得检出	GB/T 19650